HANDBUCH DER PALÄOBOTANIK

VON

DR. MAX HIRMER

A. O. PROFESSOR DER BOTANIK UND PALÄOBOTANIK
AN DER UNIVERSITÄT MÜNCHEN

MIT BEITRÄGEN VON

DR. JULIUS PIA UND DR. WILHELM TROLL

BAND I:

THALLOPHYTA - BRYOPHYTA - PTERIDOPHYTA

MIT 817 FIGUREN

MÜNCHEN UND BERLIN 1927

DRUCK UND VERLAG VON R. OLDENBOURG

Vorwort.

Das Handbuch der Paläobotanik, dessen erster Band hiermit vorliegt, und dessen zweiter (letzter) sich bereits in Vorbereitung befindet, wendet sich an Botaniker und Geologen in gleicher Weise. Es stellt den Versuch dar, die derzeit bekannten Pflanzenfossilien, sowohl die mit Struktur erhaltenen und anatomischen Untersuchungen zugänglichen, als die im Abdruck (im weitesten Sinn) auf uns gekommenen miteinander in möglichst vollständiger Form und unter Heranziehung eines ausgedehnten Abbildungsmateriales zur Darstellung zu bringen.

Ein derartiges, alle bekannten Formen vereinigendes Unternehmen liegt vor, was die rezenten Pflanzen betrifft, in den »Natürlichen Pflanzenfamilien« von A. Engler und K. Prantl und für die fossilen Tiere in den von K. A. Zittel begründeten und von F. Broili u. a. bearbeiteten Grundzügen der Paläontologie. Wie in letzterem Werk nur bis zur Aufführung der Gattung zu gehen, wäre auf paläobotanischem Gebiete nicht zu rechtfertigen gewesen: einmal nicht vom rein botanischen Standpunkt aus, da der Begriff der Gattung in der paläobotanischen Systematik bei vielen Formengruppen, vor allem denen der höheren Stämme ein derzeit noch vergleichsweise sehr weit gefaßter ist; sodann auch nicht vom paläobotanisch-stratigraphischen Gesichtspunkt aus; ist doch hier, in vielleicht noch größerem Umfang als das für die fossilen Tiere gilt, die Art und nicht die Gattung ausschlaggebend für die stratigraphischen Bewertungen — vor allem im Gebiet der Karbondetailstratigraphie, für die ja bekanntlich die pflanzlichen Fossilien von hervorragender Bedeutung sind.

Was den Inhalt der beiden Bände des Handbuches der Paläobotanik betrifft, so umfaßt der vorliegende I. Band die Thallophyten (Algen und Pilze), die Bryophyten und die Pteridophyten. An ihre systematische Darstellung schließen sich Übersichten über die zeitliche Verbreitung sowie, in der Abteilung Pteridophyten, Bemerkungen zur allgemeinen Morphologie der einzelnen Formengruppen und zur vergleichenden Morphologie der Pteridophyten überhaupt an. Von einer Behandlung allgemeiner pflanzengeographischer Probleme sowie von der Darstellung der Gesamtflorenverhältnisse innerhalb der einzelnen Erdperioden ist in diesem Band Abstand genommen worden. Sie würde, ohne Kenntnis der im II. Band zu behandelnden Formen, doch nur eine lückenhafte sein können.

Der II. Band wird die Gymnospermen im weitesten Sinn und im Anschluß an die Darstellung der Pteridospermen auch die Behandlung der farnähnlichen Blattreste von wahrscheinlich Pteridospermenverwandtschaft sowie die Angiospermen behandeln, und mit der Behandlung allgemeiner pflanzengeographischer Probleme sowie der Darstellung der einzelnen Florenperioden schließen.

Hinsichtlich der Behandlung des Stoffes, so ist den den Pteridophyten gewidmeten und den primitiveren Gymnospermen zu widmenden Kapiteln in Hinblick auf die große allgemeine morphologische Bedeutung dieser Formen für das Verständnis der höheren Pflanzen eine breitere Darstellung zubemessen als den Thallophyten und Angiospermen.

Bei der schweren Zugänglichkeit guten und einwandfrei bestimmten fossilen Pflanzenmaterials ist größter Wert auf gutes und reiches Abbildungsmaterial gelegt worden. Dieses ist so umfassend gewählt worden, daß ebenso wie alle botanisch wichtigen Typen, auch alle stratigraphisch belangvollen Fossilien in möglichst typischen, Spezialmonographien entnommenen Exemplaren, und soweit möglich in natürlicher oder fast natürlicher Größe zur Abbildung gelangt sind. Wo irgend möglich suchen Rekonstruktionen der Vorstellungskraft des Lesers zu Hilfe zu kommen.

Wenn dem Buch, wie sich der Verfasser wohl bewußt ist, in den speziellen systematischen Teilen manche Unvollkommenheiten anhaften, so mag das damit einigermaßen entschuldigt werden, daß bei der derzeitigen Zerstreutheit der Literatur, ihrer Ungleichwertigkeit und dem vielfachen Mangel monographischer Bearbeitungen, ja selbst noch bei dem Fehlen eines zu speziellen systematischen Studien nötigen gleichmäßig auswertbaren Abbildungsmateriales eine feinere systematische Erfassung der Arten mancher Gattungen und der speziellen pflanzengeographischen Verhältnisse unmöglich war. Das mag die Zukunft bringen.

Über die systematische und historisch-stratigraphische Behandlung der Formen hinaus versucht das Buch in den den Pteridophyten gewidmeten und den Gymnospermen zu widmenden Teilen einem größeren Kreis von Botanikern und im besonderen den deutschen Botanikern, bei denen, nach langer stiefmütterlicher Behandlung der fossilen Pflanzen, in neuester Zeit das Interesse dafür in mehr und mehr steigendem Maße zu erwachen scheint, die Formenwelt der Pflanzen vergangener Erdperioden unter Zugrundelegung der vergleichenden systematischen und allgemeinen Morphologie vor Augen zu führen — ein Plan, der auszuführen dem Verfasser seit Jahren dringendes Bedürfnis war. Dies um so mehr, als das Material, das der Darstellung harrte, wenn schon lückenhaft wie alles, was aus vergangenen Zeiten überliefert ist, doch in vieler Hinsicht von höchstem Interesse und für das Verständnis der rezenten Pflanzenwelt von zum Teil elementarer Wichtigkeit ist. Im übrigen möchte das vorliegende Buch auch neue Fachgenossen der

Paläobotanischen Forschung zu gewinnen suchen. Wartet doch überall, vor allem aber noch in den deutschen Ländern und in Nordamerika, eine Fülle wertvollsten Materiales der Bearbeitung.

Freilich ist das allgemeine Interesse, das heute morphologischen und systematischen Problemen gezollt wird, ein weniger ausgedehntes und in den biologischen Disziplinen der Naturwissenschaften steht heute die Bearbeitung und Erforschung der physiologischen Probleme im Vordergrund des Interesses. Das ist selbstverständlich angesichts der bahnbrechenden Erfolge, die erzielt worden sind, nach Einführung physikalischer und chemischer Untersuchungsmethoden in die Biologie, und die, zusammen mit den Erfolgen, die die Vererbungswissenschaft aufzuweisen hat, geeignet erscheinen mögen, die systematisch-morphologische Betrachtungsweise in der Biologie zurückzudrängen, um nicht zu sagen zu verdrängen.

An Stelle des Zieles der Erfassung der biologischen Formenwelt in ihrer Mannigfaltigkeit und in ihrer historischen und geographischen Entwicklung ist als Ziel getreten die in mannigfacher Hinsicht von Erfolg gekrönte experimentelle Erforschung der elementaren Lebensvorgänge. Über die Größe dieses Ziels und seine Bedeutung für die Biologie zu streiten wäre sinnlos. Anders aber, daß dieses *eine* Ziel biologischer Forschung für viele Fachgenossen *das* Ziel geworden ist. Mehr noch, daß für viele, die lediglich quantitative Erfassung einzelner physiologischer Phänomene einer erstaunlichen morphologischen und historischen Bedürfnislosigkeit in erschreckendem Maße Raum gegeben hat. Deshalb doppelt verfehlt, da experimentelle Untersuchungen — des großen nötigen Materiales willen — nur mit wenigen Typen durchgeführt werden können und das Verhalten der mannigfaltigen Gesamtheit der biologischen Formen stets das Korrektiv der am Einzelobjekt experimentell gewonnenen Theorie zu sein hat.

Auch muß der Einseitigkeit biologischen Denkens gegenüber, wie sie sich in der derzeitigen Überschätzung des Experimentes in der Biologie ausdrückt, immer wieder betont werden, daß der Gesamtkomplex des Lebens — dessen Erforschung ja das Ziel der Biologie sein muß — nicht nur im Experiment am Einzelobjekt im Laboratorium und auf dem Versuchsfeld erkannt werden kann. Vielmehr bietet die Erkenntnis der morphologischen und phylogenetischen Entwicklung der Organismenwelt als Ganzes uns gleichfalls einen der Schlüssel zur Erkenntnis dessen, was Leben heißt. Auch wenn auf diesem Wege unsere Erkenntnis »nur vergleichend morphologisch« und »nur deskriptiv« und nicht experimentell gewonnen werden kann.

Allen, die mich bei der Bearbeitung dieses Buches gefördert haben, zu danken, ist mir eine angenehme Pflicht.

In erster Linie gilt mein Dank meinen beiden Mitarbeitern: Herrn Julius *Pia*, Kustos am Naturhistorischen Museum und Privatdozent der

Paläontologie an der Universität Wien, daß er sein reiches Wissen auf dem Gebiet fossiler Algen in diesem Buch zusammengefaßt und sich auch der Mühe der Bearbeitung der übrigen fossilen Thallophyten unterzogen hat, und meinem Freunde Wilhelm Troll, Assistent am Botanischen Institut und Privatdozent der Botanik an der Universität München, dessen umfangreiche Kenntnis der rezenten Bryophyten die Zusammenstellung des fossilen Bryophytenmateriales wertvoll gemacht hat.

Herrn Geheimrat Professor Dr. K. v. Goebel danke ich auf das herzlichste, daß er mir in gütigster und großzügigster Weise seine umfangreiche paläobotanische Separatensammlung zu freiester Verfügung gestellt hat. Ebenso danke ich verbindlich Herrn Professor Dr. F. Broili für die liberale Überlassung des paläobotanischen Teiles der Paläontologischen Staatssammlung in München; ferner Herrn Professor Dr. W. Gothan, sowie der Direktion der Preuß. Geologischen Landesanstalt in Berlin für freigiebige Überlassung von Abbildungsmaterial, Herrn Professor Dr. D. H. Scott für die gütige Genehmigung der Entnahme von Figuren aus seinen beiden Büchern »Studies in fossil plants« und »Extinct plants and problems of evolution«, sowie Herrn Dr. W. J. Jongmans für freundschaftliche Unterstützung mit Literatur; endlich Herrn Dr. W. Doll, dem eifrigen Zeichner der diesem Buch beigefügten Rekonstruktionen und Fräulein Dr. C. Ossenbeck, die mir bei der Anfertigung des Inhaltsverzeichnisses und beim Lesen der Korrektur behilflich war.

Nicht zuletzt sei mein Dank meinem Verleger, Herrn Kommerzienrat Wilhelm Oldenbourg, ausgesprochen, der mich ermutigt hat das vorliegende Buch zu schreiben, und der trotz der schweren Zeit in größter wissenschaftlicher Opferfreudigkeit die Bestimmung des Umfanges von Text und Abbildungsmaterial frei und uneingeschränkt in meine Hand gelegt hat.

München, Anfang September 1927.

Der Verfasser.

Inhaltsübersicht.

Die Erhaltung der fossilen Pflanzen

1. Abteilung: Thallophyta

2. Abteilung: Bryophyta

Bearbeitet von Wilhelm Troll.

Seite

3. Abteilung: Pteridophyta

Bearbeitet von Max Hirmer.

Die Erhaltung der fossilen Pflanzen

bearbeitet von

JULIUS PIA.

Unsere Kenntnis des Pflanzenlebens der Vorzeit ist wohl noch lückenhafter, als die der vorzeitlichen Tierwelt. Doch wird dieser Umstand dadurch wettgemacht, daß die fossilen Pflanzen in den günstigsten Fällen so vollkommen erhalten sind, wie es bei Tieren nicht vorkommt. Mit Hilfe von Dünnschliffen erkennen wir an ihnen alle Einzelheiten des mikroskopischen Baues wie an Schnitten durch heute lebende Formen. Nicht nur die für die Bestimmung so wichtigen Fortpflanzunsorgane, sondern auch die Fortpflanzungszellen selbst sind nicht all zu selten erhalten. In manchen Fällen sind sogar gewisse Bestandteile der einzelnen Zellen, wie die Kerne und die Chromatophoren, zu sehen.

Die Erhaltungsarten der pflanzlichen Reste sind äußerst mannigfaltig, je nach der ursprünglichen Beschaffenheit des Organismus und nach den Vorgängen bei seiner Fossilisation. Das Aussehen der Objekte hängt in hohem Grad vom Erhaltungszustand ab. Es ist deshalb unerläßlich, diesen Gegenstand etwas genauer zu behandeln.

A. Pflanzen mit mineralischem Skelett.

Die Hauptmasse der hier zu besprechenden Reste gehört zu den Algen. Wir müssen drei Arten der Erhaltung pflanzlicher Skelette unterscheiden.

1. Mehr oder weniger unveränderte Erhaltung des Skelettes.

Das Skelett hat dieselbe Gestalt und annähernd dieselbe chemische Beschaffenheit, wie in der lebenden Pflanze.

a) Kalkskelette.

Der Kalk wird entweder einfach dadurch niedergeschlagen, daß die Pflanze dem umgebenden kalkreichen Wasser Kohlensäure entzieht. Oder das Kalzium ist in der Pflanze zunächst in einer organischen Verbindung vorhanden und wird erst bei der Ausscheidung in Karbonat übergeführt. Entsprechend der verschiedenen Art der Bildung ist auch die Anordnung des Kalkes eine wechselnde. In vielen Fällen haftet er der Pflanze nur äußerlich an, so daß man kaum von einem Skelett sprechen kann. Hierher gehören die Kalkniederschläge auf den Blättern vieler Blütenpflanzen des Süßwassers, wie Potamogeton, Helodea, Nymphaea (vergl. Fig. 3) u. v. a. Diese Krusten werden meist bald durch die Wellen abgeschlagen und tragen zur Bildung der sog. Seekreide bei. Sie zeigen oft Abdrücke der Gefäßbündel der Blätter, von denen sie stammen, sind aber in der Regel zu weich, um erkennbare Fossilien zu liefern. Fester sind schon die Kalkkrusten und -knollen, die die Lager vieler Spaltalgen umhüllen. Rivularia ist wohl die bekannteste unter ihnen. Vergl. auch Fig. 24—26. Den entgegengesetzten Fall stellen aber die Skelette vieler Meeresalgen, besonders der Korallinazeen, dar. Hier sind die Zellwände selbst im Inneren der Pflanze verkalkt, während gerade die oberflächlichen, an denen die Assimilation erfolgt, kalkfrei bleiben. (Fig. 80, 81, 83). Bei den Dasykladazeen lösen sich die äußersten Schichten der Zellwände in Schleim auf, der den Raum zwischen den Wirtelästen ausfüllt. In diesen Schleim wird dann der Kalk eingelagert. (Fig. 39 folg.). Doch scheint daneben auch eine gewisse Verkrustung der nicht verschleimten Zellwände vorzukommen.

Was wir bisher der Einfachheit halber kurz Kalk genannt haben, ist in vielen Fällen auch chemisch reines Kalziumkarbonat. Nicht selten ist aber eine gewisse Menge von Magnesiumkarbonat zugegen, so daß der Kalk als dolomitisch zu bezeichnen ist. Nach neuen amerikanischen Untersuchungen ist der Magnesiumgehalt am höchsten bei den Skeletten der Korallinazeen warmer Meere. Geringer ist er bei derselben Gruppe unter kälterem Klima. Andere Rotalgen und alle untersuchten Grünalgen scheiden fast reinen Kalzit aus. Die folgende Zahlentafel soll dies erläutern.

Zusammensetzung des Skelettes von Kalkalgen:

	Gewichtsteile $MgCO_3$ in ‰ von $CaCO_3$
Durchschnitt aus 26 Analysen von Korallinazeen . .	219 ± 12
Höchster beobachteter Wert (Goniolithon strictum)	342
Niedrigster beobachteter Wert (Lithothamnium glaciale)	124
Zwei Werte für verschiedene Teile derselben Pflanze von Lithophyllum pachydermum.	339, 186
Galaxaura fragilis	12
Durchschnitt aus fünf Analysen von Halimeda . .	7 ± 2
Reiner Dolomit ($CaMgC_2O_6$)	839,9

In jüngeren Erdschichten, beispielsweise in tertiären Sanden und Tegeln, findet man die Kalkskelette der Algen oft annähernd unverändert. In älteren festen Gesteinen hat der Kalk meist eine kristalline Beschaffenheit angenommen. Aus solchen Schichten lassen sich die Schalen schwer befreien. Man untersucht sie deshalb in Dünnschliffen. Z. B. Fig. 24—26, 79—81. Da sie sehr oft eine andere Farbe haben, als das umgebende Gestein, heben sie sich recht gut ab. Die Hohlräume im Skelett sind in verschiedener Weise ausgefüllt. Sind sie weit genug, wie beispielsweise die Achsenhohlräume bei den Dasykladazeen, so ist die umgebende Gesteinsmasse, so lange sie noch weich war, in sie eingedrungen. Sind sie aber sehr eng oder überhaupt geschlossen, wie die Zellen der Korallinazeen, so blieben sie anfangs leer und wurden später von kristallinem, durchsichtigem Kalkspat ausgefüllt. Nicht selten findet man das Skelett innen von einer unregelmäßigen Lage eines dunklen, undurchsichtigen Stoffes ausgekleidet. Es dürfte sich hier um kohlige Reste des zersetzten Weichkörpers der Pflanze handeln, die das Gestein örtlich so stark färben. Das Skelett selbst ist meist heller als das umgebende Gestein. Doch kommt auch das Gegenteil vor, wahrscheinlich wieder infolge eines Gehaltes der Kalkschale an organischen Stoffen.

b) Kieselskelette.

Bei manchen niedrigen Pflanzen, besonders Spaltpilzen, besteht die Kruste, die die Zellen umgibt, aus Brauneisenerz. Da dieses aber in älteren Schichten kaum unverändert vorkommt, soll davon erst im nächsten Abschnitt die Rede sein. Sehr wichtig sind dagegen die aus Kieselsäure aufgebauten Pflanzenskelette. Außer in einigen weniger gut untersuchten Fällen kommen sie besonders bei den Diatomeen allgemein vor. Fig. 29—32. Ihre Kieselpanzer finden sich nicht selten in tertiären Schichten. Wo sie gesteinsbildend auftreten, entstehen die als Kieselgur, Tripel und Saugschiefer bekannten Absätze. Fig. 32. Von einer unveränderten Erhaltung des Skelettes kann man hier allerdings nicht ganz streng sprechen. Denn die Schale der Diatomeen besteht im Leben aus einer organischen Siliziumverbindung, die erst nach dem Tode der Pflanze in die einfache Form der Kieselsäure übergeht. Es kommt aber häufig vor, daß wenigstens weitere chemische Veränderungen unterbleiben, daß also die fossilen Panzer chemisch denen in den gereinigten Präparaten heutiger Diatomeen gleichen.

Der Besitz eines kieseligen Skelettes ist unter den Pflanzen nicht auf die Algen beschränkt. Bekannt ist der große Kieselsäuregehalt der Gräser. Bei jüngst ausgeführten Untersuchungen an subfossilen Hirsekörnern ist es gelungen, durch Ausglühen und Behandeln mit Salzsäure Kieselskelette der Oberhaut zu erhalten, die wichtige Anhaltspunkte für die nähere Bestimmung boten.

2. Abdrücke und Steinkerne.

Es wurde schon erwähnt, daß die kalkigen Skelette der Algen sich durch den Grad der Verunreinigung, durch die kristalline Beschaffenheit, oft wohl auch chemisch, z. B. durch einen abweichenden Dolomitgehalt, von dem umgebenden Gestein meist unterscheiden, auch dann, wenn dieses selbst ein Kalk oder Dolomit ist. Dadurch wird ein gewisser Unterschied der Löslichkeit bedingt. So kommt es, daß nicht gerade selten die Kalkschalen der Algen wie die der Tiere vollkommen aufgelöst werden, während das umgebende Gestein sowie die Ausfüllung der inneren Hohlräume erhalten bleibt. Es entsteht ein Loch im Gestein, das außen den Abdruck des Pflanzenrestes zeigt, innen aber den sog. Steinkern, d. h. den Ausguß der ursprünglich vorhandenen Höhlungen. Vergl. Fig. 56. Für die Untersuchung ist diese Art der Erhaltung nicht günstig, besonders deshalb, weil der Steinkern oft nur die gröberen Hohlräume des Skelettes wiedergibt, nicht aber die feinen Teile der Poren, die für die Bestimmung wichtig sind. Doch gibt es einige Arten von Dasykladazeen, die nur als Abdrücke und Steinkerne bekannt sind und deren Bau trotzdem so ziemlich aufgeklärt werden konnte. Fig. 50. Dagegen dürften bei anderen Kalkalgengruppen wohl keine deutbaren Reste übrigbleiben, wenn das Skelett aufgelöst wird. Besonders häufig ist die Auflösung der Schalen in solchen Gesteinen, die nachträglich in Dolomit verwandelt wurden. Gewiß spielt sie sich auch in klastischen Gesteinen, wie Sanden häufig ab. Bei der Kleinheit der Reste kommt in diesem Falle aber kein erkennbarer Steinkern zustande. Von Diatomeenschalen sind Steinkerne aus Schwefelkies beschrieben.

Recht oft beobachtet man, daß der durch die Lösung der Schale entstandene Hohlraum von Drusen feiner Kalzit- oder Dolomitkristalle ganz ausgekleidet ist, ein Hinweis darauf, daß eine Wiederausscheidung dieser Minerale begonnen hat. Es wird wohl auch vorkommen, daß der gebildete Hohlraum sich endlich wieder ganz schließt. Solche Algenreste sehen auf der verwitterten Gesteinsoberfläche oft recht schön erhalten aus, zeigen aber im Dünnschliff nichts von den feineren Einzelheiten des Baues. Allerdings kann die Struktur sicher auch auf andere Weise, durch Umkristallisation der ganzen Gesteinsmasse ohne Bildung von Hohlräumen, zerstört werden.

3. Pseudomorphosen.

Die im letzten Abschnitt besprochene Erscheinung der Lösung und Wiederausscheidung von Gesteinsteilen läßt es nicht verwunderlich erscheinen, daß gelegentlich anstatt des gelösten Minerales ein anderes gefällt wird, daß also die Fossilreste nach ihrer Einbettung ins Gestein eine durchgreifende chemische Veränderung erleiden. Selten nur scheint sich diese so abzuspielen, daß zuerst ein Hohlraum entsteht, der dann von einem anderen Mineral ausgefüllt wird. In der Regel handelt es sich wohl um eine ganz allmähliche, molekülweise Verdrängung des einen Stoffes durch den anderen. Über den Zeitpunkt, zu dem die Umwandlung erfolgte, und über die Ursachen, warum gewisse Stoffe an einer Stelle gelöst und an einer anderen unter scheinbar ganz ähnlichen Bedingungen wieder gefällt werden, wissen wir noch zu wenig. Ganz allgemein wird man wohl behaupten dürfen, daß die sich zersetzenden organischen Verbindungen dabei eine wichtige Rolle spielen. Jedenfalls bleibt die Tatsache bestehen, daß sehr viele Skelettreste uns heute in einer mineralischen Beschaffenheit vorliegen, die sie am lebenden Organismus sicher nicht hatten. Abgesehen von der Analogie mit den rezenten Verwandten wird dies wohl schon dadurch bewiesen, daß dieselbe Art von Versteinerung gelegentlich in zwei oder drei verschiedenen mineralischen Ausbildungen vorkommen kann. Die neu ausgeschiedenen Stoffe wurden dem Gestein offenbar manchmal von außen zugeführt, durch aufdringende heiße Lösungen im Gefolge vulkanischer Vorgänge oder durch Auslaugung benachbarter Schichtglieder. Viel häufiger waren sie aber in dem Muttergestein der Fossilien schon ursprünglich vorhanden, jedoch ganz fein verteilt. Nachträglich wurden sie in den Tier- und Pflanzenschalen, oft auch nur in einem Teil von ihnen, vereinigt.

Nach meiner Erfahrung scheint es mir, daß Algenreste von einer so weitgehenden chemischen Umwandlung weniger oft getroffen werden als viele tierische Schalen. Immerhin läßt sich eine Reihe von Beispielen dafür nennen.

Wohl die häufigste Art der Bildung von Pseudomorphosen nach Fossilien ist die Verkieselung. Sehr viele Kalke enthalten fein verteilte Kieselsäure. Dieser Stoff hat eine große Neigung, sich in reineren Massen zu vereinigen. Oft bildet er bloße Knollen, nicht selten formt er aber ursprünglich kalkige Versteinerungen genau ab. Für die Erkenntnis der äußeren Form dieser Reste ist die Verkieselung oft sehr günstig. Infolge der schweren Löslichkeit der Kieselsäure wittern sie auf der Oberfläche des Gesteines aus, von dem man sie sonst gar nicht befreien könnte. Auch der innere Feinbau bleibt bei der Verkieselung oft sehr gut erhalten, falls sie vollständig, nicht bloß — wie dies oft vorkommt — auf die Bildung einer oberflächlichen Kruste beschränkt ist. Verkieselte Kalkalgenskelette (die Codiacee Gymnocodium bellerophontis) treten gelegentlich in dem oberpermischen Bellerophonkalk Südtirols auf.

Merkwürdigerweise wird die Kieselsäure, die sich so oft an die Stelle anderer Minerale, besonders des Kalkes, setzt, dort, wo sie ursprünglich vorhanden ist, nicht gerade selten ihrerseits verdrängt. So kommt es, daß die Schalen der Diatomeen manchmal in einer ihnen im Leben ganz fremden chemischen Beschaffenheit vorliegen. In paleozänen Tonen Nordeuropas (England, Dänemark, Pommern) sind sie, wenigstens teilweise, in Schwefelkies verwandelt. Im Pliozän von Japan kommen kalkige Diatomeenschalen vor, in tunesischen Phosphatlagern bestehen sie aus Phosphorit.

Zu den Pseudomorphosen muß man — wenn ihre Deutung richtig ist — auch die fossilen Eisenbakterien rechnen, die im Miozän des Gouvernements Samara in Südostrußland gefunden wurden (vgl. S. 32). Ihre ursprünglich aus Eisenoxydhydrat bestehende Verkrustung wurde nachträglich, wahrscheinlich durch die chemische Tätigkeit anderer Bakterien, in Doppeltschwefeleisen umgewandelt.

B. Pflanzen ohne mineralisches Skelett.

Wir werden hier viel mehr einzelne Fälle zu unterscheiden haben als in dem vorhergehenden Abschnitt. Im wesentlichen werden aber auch sie sich in drei Gruppen bringen lassen: Entweder die ursprünglich vorhandenen organischen Stoffe bleiben — wenn auch nur teilweise und in chemisch veränderter Form — erhalten; oder sie verschwinden vollständig, der Pflanzenrest wird aber durch das umgebende Gestein abgeformt; oder sie werden unter mehr oder weniger vollkommener Wahrung des Feinbaues durch mineralische Stoffe ersetzt.

1. Fossilien mit mehr oder minder weitgehender Erhaltung ihrer ursprünglichen organischen Substanz.

a) Verkohlung.

Dieser Vorgang spielt bei der Entstehung von Fossilien — im Gegensatz zu der gleich zu besprechenden Inkohlung — nur eine sehr untergeordnete Rolle. Man versteht unter Verkohlung jene Vorgänge, bei denen sich aus Holz oder anderen pflanzlichen Stoffen die Holzkohle bildet (entsprechend auch die Tierkohle). Das bekannteste Beispiel dafür ist das Kohlenbrennen im Meiler. Ein ganz ähnliches Ergebnis erzielt man aber auch durch Behandlung von Holz mit starken Säuren. Die Holzkohle besteht — im Gegensatz zu den Mineralkohlen — zum größten Teil aus elementarem Kohlenstoff. Eine gewisse Menge organischer Verbindungen enthält allerdings auch sie.

Fossilien, die in Holzkohle verwandelt sind, können zunächst in den jüngsten Erdschichten vorkommen, wo sie auf die Tätigkeit des Menschen zurückgehen, beispielsweise an den Lagerplätzen eiszeitlicher Jäger. Da die Holzkohle der Verwesung viel besser widersteht als das Holz, und oft den Feinbau sehr gut bewahrt hat, können solche Kohlenreste wichtige Aufschlüsse über den Pflanzenwuchs und damit über das Klima zur Zeit einer bestimmten Kultur geben.

Holzkohlen, die in tertiären Braunkohlenflözen auftreten, mögen vielleicht von Waldbränden herrühren. Sie sind nicht besonders häufig. Gelegentlich kommen Holzkohlen auch in vulkanischen Aschen vor, die beim Absatz noch heiß waren.

Viel verbreiteter sind sie in den Steinkohlen. Man nimmt allgemein an, daß sie hier nicht auf Brände zurückgeführt werden können. Diese müßten an manchen Stellen fast alljährlich gewütet haben, was bei dem zweifellos recht feuchten Klima der Steinkohlenwälder wohl ausgeschlossen ist. Auch die Vermutung einer Verkohlung durch Schwefelsäure, die aus zersetztem Schwefelkies entstanden wäre, ist gegenwärtig verlassen. Die ganze Frage ist überhaupt noch ungeklärt. Es ist aber wahrscheinlich, daß die Holzkohle, die als Einlagerung in Steinkohlenflözen auftritt, von Stellen stammt, an denen die Ausgangsstoffe schon bei Beginn der Inkohlung (siehe unten) eine abweichende Beschaffenheit hatten. Man dachte an zeitweise Austrocknung mancher Teile der Steinkohlenmoore, an starke Erwärmung infolge von Gährung ähnlich wie bei der Selbstentzündung des Heus, aber auch an eine Eigentümlichkeit bestimmter Pflanzenarten, wie mancher Gymnospermenhölzer, die sich der Vertorfung gegenüber anders verhalten hätten als die Hauptmasse der Steinkohlenpflanzen. Sicher ist, daß die holzkohlenartigen Lagen oft innerhalb von strukturlosen Steinkohlenflözen den Bau der alten Pflanzen recht deutlich zeigen. Ob sie übrigens in chemischer Hinsicht mit der Meilerholzkohle ganz übereinstimmen, scheint noch keineswegs geklärt.

b) Inkohlung.

Sie ist eine unvergleichlich wichtigere und verbreitetere Erscheinung als die eben besprochene Verkohlung. Die überwiegende Masse der Braun- und Steinkohlenflöze ist durch diesen Vorgang entstanden. Die meisten sog. Pflanzenabdrücke, die als dunkle Figuren auf Schieferflächen u. dgl. so häufig sind, bestehen aus dünnen Kohlenhäutchen, sind also keineswegs wirkliche Abdrücke, sondern enthalten noch einen Teil des Stoffbestandes der lebenden Pflanze. Z. B. Fig. 435. Man versteht unter Inkohlung die ganze Reihe der Vorgänge, durch die aus dem Zell- und Holzstoff zunächst Torf, dann Braunkohle und Steinkohle wird. Diese Umwandlung spielt sich nur ab, wenn die Sauerstoffzufuhr durch Wasser- oder Gesteinsbedeckung gehemmt ist, so daß die Pflanzenreste nicht vollständig verwesen können. Ein Teil der in den Ausgangsstoffen für die Kohlenbildung vorhandenen Elemente geht bei der Inkohlung in einfache gasförmige Verbindungen über, besonders Grubengas oder Methan und Kohlensäure. Diese Gase entweichen. Der verbleibende Rest wird dabei immer kohlenstoffreicher, wie aus der folgenden Zahlentafel hervorgeht:

Durchschnittliche Zusammensetzung verschiedener Brennstoffe. (Nach O. Stutzer.)

	Kohlenstoff %	Wasserstoff %	Sauerstoff %	Stickstoff %
Holzfaser	50	6	43	1
Torf	59	6	33	2
Braunkohle	69	5,5	25	0,8
Steinkohle	82	5	13	0,8
Anthrazit	95	2,5	2,5	Spur

Im Gegensatz zur Verkohlung entsteht jedoch auf diesem Wege kein freier Kohlenstoff. Auch die Steinkohle enthält dieses Element nur in chemischer Verbindung. Zur Bildung von Graphit kommt es scheinbar nur durch besondere Vorgänge, die von der gewöhnlichen Inkohlung abweichen.

Der Erhaltungszustand der inkohlten Pflanzenreste ist ein sehr verschiedener. Ist die Veränderung noch sehr wenig fortgeschritten, wie bei vielen geologisch jungen Hölzern, Früchten u. dgl., so kann man den Feinbau oft so wie an rezenten Pflanzen untersuchen. Tertiäre Baumstämme lassen sich manchmal wie frisches Holz mit dem Messer schneiden und so für die mikroskopische Untersuchung herrichten. In den quartären Mergeln von Tarent kann man die Algenklassen noch nach der Färbung unterscheiden. Schreitet die Inkohlung weiter vor, so werden die Gewebe der Pflanzen großenteils zerstört. Doch gibt es einzelne Teile, die sich als äußerst widerstandsfähig erweisen und oft sogar an Resten aus der Steinkohlenzeit noch gut mikroskopisch zu untersuchen sind, wie besonders die Oberhaut der Blätter und Zweige (Fig. 1), die Hüllen der Sporen oder Pollenkörner, manche Gefäße usw. Die Ursache der günstigen Erhaltung ist meist eine besondere chemische Beschaffenheit des lebenden Gewebes (Cuticularisierung, Wachsreichtum). Um solche Teile zu befreien und durchsichtig zu machen, behandelt man kleine Stücke der kohligen Pflanzenreste mit Chlornatron (Eau de Javelle) oder einer Mischung von Kaliumchlorat und Salpetersäure (Schulze'sche Flüssigkeit, $KClO_3 + HNO_3$). Man kann sie dann unter dem Mikroskop wie Präparate lebender Pflanzen untersuche und viele für die Bestimmung wichtige Merkmale, die Gestalt der Oberhautzellen, die Form und Anzahl der Spaltöffnungen (Fig. 1), etwa vorhandene Haare u. dgl. erkennen. Auch in festen Steinkohlen kann man auf diese Weise zahlreiche geformte Pflanzenreste nachweisen. Sonst ist an diesen die Zusammensetzung aus Pflanzenresten ja meist nicht unmittelbar zu sehen. Doch gibt es Flöze, die schon äußerlich aus zahlreichen, kreuz und quer liegenden Baumstämmen, hauptsächlich von Bärlappgewächsen (Lepidodendren und Sigillarien) bestehen. In Oberschlesien scheinen sie besonders häufig zu sein. Alle inkohlten Pflanzenreste sind wegen des starken Massenverlustes während der chemischen Veränderungen und wegen des Druckes der überlagernden Schichten, der den umschließenden Torf oder Ton zusammenpreßt, stark flachgedrückt.

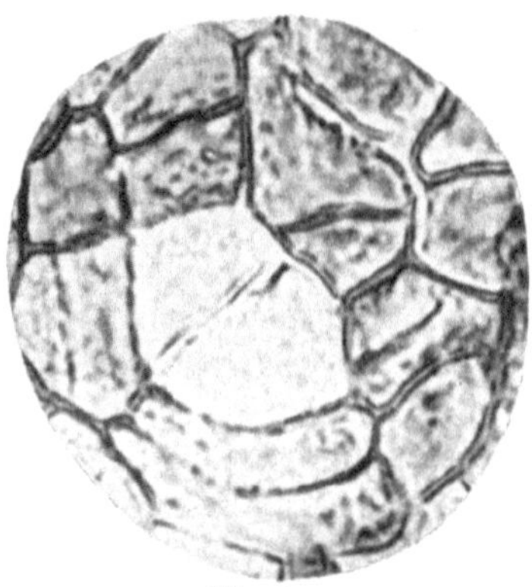

Fig. 1.
Epidermis der Unterseite eines Blattes von Dicotylophyllum neglectum Florin, mit Spaltöffnung. Oligocän von Flörsheim am Main. 1100 : 1.

Als eine Besonderheit ist hier noch die sog. Blätterkohle oder Hautkohle, die im russischen Gouvernement Tula südlich von Moskau auftritt, zu erwähnen. Sie besteht fast nur aus papierartigen, dunkelbraunen Oberhautfetzen von Bothrodendraceenstämmen, die so lose verbunden sind, daß sie vom Wind auseinandergeblasen werden können, und so wenig verändert, daß sie sich fast wie frische Gewebe färben lassen. Dem Aussehen und dem chemischen Verhalten nach erinnert diese Kohle an Braunkohle. Sie gehört aber dem Unterkarbon, also dem ältesten Schichtglied, in dem überhaupt bauwürdige Flöze auftreten, an.

Inkohlte Pflanzenreste bilden in feinkörnigen Tonen, Schiefern oder Mergeln recht oft den Kern von Konkretionen, rundlicher Massen von Limonit, Kalk od. dgl. Die aus dem Fossil sich entwickelnden Verbindungen wirken auf die Lösungen, die das Gestein durchziehen, als Fällungsmittel ein. Die Erhaltung ist in diesen Konkretionen oft eine besonders gute.

Nicht nur höhere Pflanzen, sondern auch größere skelettlose Algen liegen oft als inkohlte Reste vor. Dagegen scheint die Vermutung, daß aus großen Massen von diesen auch Glanzkohlen entstehen können, kaum je zuzutreffen.

c) Bituminierung.

Sie unterscheidet sich von der Inkohlung hauptsächlich dadurch, daß der Luftabschluß infolge Wasserbedeckung von Anfang an ein vollständigerer ist. In der Regel ist der Ausgangsstoff, der Faulschlamm, auch verhältnismäßig fettreich. Algen, Sporenexine, Pollenkörner u. dgl. sind in den durch die Bituminierung entstehenden Faulkohlen oft ausgezeichnet erhalten. Die verschiedenen Bogheads, besonders aber die eozänen Ölschiefer der westlichen Vereinigten Staaten sind bekannte Beispiele dafür. In diesen sind sogar die Chromatophoren mancher Algen noch zu sehen.

2. Abdrücke, Abgüsse und Steinkerne.

a) Abdrücke.

Über sie können wir uns nach dem, was schon auf S. 3—4 gesagt wurde, kurz fassen. Der Abdruck zeigt auf der Bruchfläche des Gesteins ein Negativ des ehemaligen Pflanzenteiles, während dieser selbst ganz verschwunden ist. Vergl. z. B. Fig. 230. Der Zeitpunkt, zu dem die Substanz der Pflanze zerstört wurde, kann ganz verschieden sein. Manchmal wird sie in wenigen Jahren vollständig verwest sein, wie in den jungen Kalktuffen oder Travertinen des Süßwassers. In anderen Fällen mag sie zuerst inkohlt worden und erst viel später, nach allerhand mineralogischen Veränderungen, ganz verschwunden sein. Schließlich kann man jeden inkohlten Blattrest künstlich in einen Abdruck verwandeln, indem man die Kohlenschicht mit der Präpariernadel absprengt. Sehr oft haftet die Kohle beim Spalten des Gesteins von selbst nur auf einer Seite, während auf der Gegenseite ein Abdruck erscheint.

Reine Abdrücke werden sich meist nur in ziemlich durchlässigen Gesteinsmassen finden. In dichten, wie Schiefern, wird in der Regel eine gewisse Menge Kohle zurückbleiben. Ist das umgebende Gestein ein Kalk, etwa — wie oben erwähnt — ein Süßwassertuff, so gelingt es manchmal, die von den Pflanzen zurückgelassenen Hohlräume mit Wachs auszufüllen und das Gestein dann in Salzsäure aufzulösen. Man erhält auf diese Weise sehr schöne positive Abgüsse der verschwundenen Pflanzen. Die eozänen Kalke von Sézanne östlich von Paris (vergl. Fig. 137—145) sind das bekannteste Vorkommen, das sich für dieses Verfahren eignet. Auch die wesentlich jüngeren Tuffe von Meximeux bei Lyon und von Cannstatt bei Stuttgart lassen sich ähnlich behandeln.

Ein merkwürdiger Fall der Bildung von Pflanzenabdrücken sind die Einschlüsse in Bernstein. Die Harztropfen der eozänen Nadelbäume umflossen wie die der heutigen nicht selten kleine Tiere oder Pflanzenstückchen, die auf ihnen haften blieben oder der Rinde schon aufsaßen. Diese Fossilien erscheinen im Bernstein in dunkler Farbe, aber ganz in ihrer ursprünglichen Form. Es handelt sich jedoch, wie man sich durch Auflösen der umgebenden Masse überzeugen kann, in der Regel nur um einen Hohlraum, der mit einer äußerst dünnen Kohlenschicht ausgekleidet ist und deshalb dunkel erscheint. Der Schutz durch die harzige Umhüllung ist eben in den meisten Fällen doch nicht genügend, um das allmähliche Verwesen der Einschlüsse zu verhindern.

b) Natürliche Abgüsse.

Es ist nicht weiter erstaunlich, daß der Hohlraum, der bei den echten Abdrücken an Stelle der Pflanzenreste vorhanden ist, nachträglich oft ausgefüllt wird. Wenn es gelingt, diese Ausfüllung aus dem umgebenden Gestein zu lösen, hat man ein positives Abbild des ursprünglichen Restes vor sich, in dem aber von der Substanz der Pflanze und von ihrem Feinbau nichts mehr erhalten ist. Die Sache verhält sich also genau so, als ob ein Gipsabguß des Pflanzenteiles gemacht worden wäre (vgl. auch die oben erwähnten Wachsausgüsse solcher natürlicher Hohlräume). In den Lehrbüchern wurde für diese Art der Erhaltung oft der Name »Steinkern« gebraucht. Wir werden im nächsten Abschnitt sehen, daß man darunter zunächst etwas ganz anderes, nämlich den Ausguß von Hohlräumen im Pflanzenkörper versteht. Es empfiehlt sich nicht, zwei so verschiedene Dinge gleich zu benennen.

Der Hohlraum im Gestein kann entweder dadurch ausgefüllt werden, daß weiche Sedimentmasse von oben her durch Öffnungen eindringt, oder dadurch, daß Minerale aus Lösungen niedergeschlagen werden. In diesem zweiten Fall könnte man wohl schon von einer Pseudomorphose sprechen (vgl. S. 4). Von den unten zu behandelnden echten Versteinerungen weicht ein solches Gebilde durch das Fehlen jeder inneren organischen Struktur ab. Da diese aber auch aus anderen Gründen nicht erhalten sein kann, wird die Unterscheidung im einzelnen Fall nicht immer leicht sein.

Die mechanische Ausfüllung geschieht am öftesten durch Sand. Man kennt mehrere Beispiele, in denen das ganze Wurzelsystem von karbonischen Bärlappgewächsen (die Stigmarien) in Form von Sandstein erhalten ist. Fig. 336. Manchmal kann man nachweisen, daß diese Masse mit der einer höheren Gesteinsbank, an der das Fossil endet, vollkommen übereinstimmt. Der Vorgang war hier offenbar der, daß zunächst die Wurzeln und der untere Teil des Stammes von Sediment eingehüllt wurden. Dann stand die Aufschüttung eine Zeitlang still. Die Pflanze verweste vollständig. Das umhüllende Gestein war inzwischen hinlänglich erhärtet, daß es nicht in die Hohlräume nachsank. Als dann eine nächste Schicht abweichenden Sedimentes abgelagert wurde, drang dieses unter Mithilfe des Wassers in alle die Hohlräume ein.

Für die Bildung von Abgüssen durch aus Lösungen gefällte Stoffe seien ebenfalls einige Beispiele genannt. Im Buntsandstein ist die Kohle von Blattresten oft durch Roteisenerz ersetzt. In dunklen karbonischen Schiefern der Tarentaise (Savoien, französische Alpen) findet man Farnblätter, die in weißen Talk verwandelt sind. Fig. 2. Häufig sind die Hohlräume durch Schwefelkies ausgefüllt. Doch führt uns dies schon zu den echten Versteinerungen hinüber. Oft werden die Fällungen aus Lösungen nicht unmittelbar an die Stelle der unveränderten Pflanze treten, sondern an die ihres inkohlten Restes, dessen Dicke bereits stark abgenommen hat. Das ist bei der Untersuchung zu berücksichtigen. Bei den Abgüssen durch mechanische Sedimente dürfte es weniger in Betracht kommen. Dieser Vorgang muß sich ja verhältnismäßig bald, weil knapp unter der Oberfläche abspielen.

Fig. 2.
In Talk verwandeltes Farnblatt (Neuropteris alpina Sternberg), etwas verkleinert. Oberkarbon. Moutiers, Savoyen.

Eine besonders merkwürdige Art der Abformung von Pflanzen durch das umgebende Gestein ist der halbseitige Abguß. Der Rest erscheint dabei auf der Unterseite einer Gesteinsplatte als erhabenes Relief, läßt sich aber von ihr nicht ablösen, sondern geht ohne Grenze in sie über. Auf der Oberseite der nächst tieferen Platte entspricht ihm ein negativer Abdruck. Zur Erklärung dachte man in erster Linie daran, daß fleischige Pflanzenteile, die im Gestein eingeschlossen sind, ganz verwesen können, während die deckende Schicht noch weich ist. Dann wird diese nachsinken und den in der unteren Platte vorhandenen Abdruck

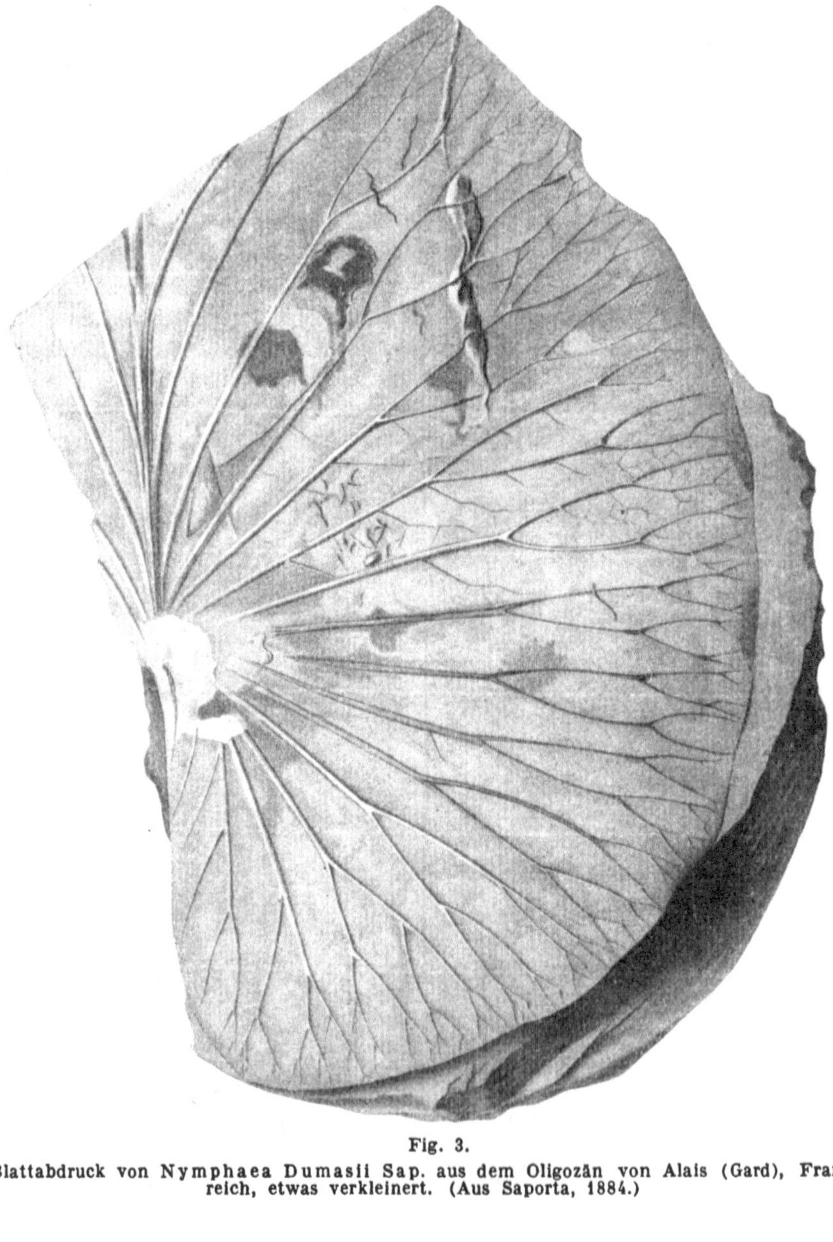

Fig. 3.
Blattabdruck von Nymphaea Dumasii Sap. aus dem Oligozän von Alais (Gard), Frankreich, etwas verkleinert. (Aus Saporta, 1884.)

schließlich ausfüllen. Von manchen wurde für möglich gehalten, daß Zweige sich einem weichen Schlamm durch ihr eigenes Gewicht eindrücken, später aber vom Wind weggeblasen werden. Wenn die Schlammfläche hernach von einem anderen Sediment bedeckt wird, muß ein Halbrelief entstehen. Endlich wäre denkbar, daß weiche Hangendschichten durch eine vorübergehende Abtragung samt den an ihrer Basis liegenden Pflanzenresten entfernt werden, während eine mehr verfestigte Gesteinsbank mit den Abdrücken dieser Reste erhalten bleibt und später wieder zugedeckt wird. Alle diese Vorstellungen sind, wenn man sie genauer durchzuführen versucht, recht schwierig. Meine Auffassung weicht von der der meisten Lehrbücher etwas ab.

Die Fälle, die von dem hauptsächlichen Verfechter des Vorkommens halbseitiger Erhaltung von Pflanzenresten, dem Marquis de Saporta, als Beispiele angeführt werden, sind, wenn man sie nach ihrer Beweiskraft ordnet, folgende vier:

a) Seerosenblätter in oligozänen Süßwasserablagerungen von Alais, Dép. Gard, Frankreich. Fig. 3. So weit sich aus den Abbildungen urteilen läßt, wurden nur (?) Abdrücke der Unterseite beobachtet. Sie zeigen die Blattnerven in ausgezeichneter Weise. Ich möchte vermuten, daß es sich hier um ungewöhnlich stark entwickelte Kalkkrusten handelt (vergl. S. 2), die sich schließlich loslösten, flach zu Boden sanken und von Sediment bedeckt wurden. Daß die Erhaltung in diesem Fall nur einseitig sein kann, versteht sich von selbst. Saporta erwähnt, daß die Abdrücke stellenweise einen dünnen Kalzitüberzug tragen. Das mag ein umkristallisierter Rest der Kalkkruste sein.

b) Teile der Wurzelstöcke von Seerosen mit den Narben der Blätter und Wurzeln. Der Abdruck hat manchmal noch einen dünnen kohligen Überzug. Schon Graf Solms-Laubach hat vermutet, daß es sich hier um losgelöste dünne Rindenlagen von Stämmen handelt, die im übrigen vollständig verwest waren. Die bruchstückweise Erhaltung geht auch aus der Urbeschreibung hervor. Eine Klärung könnten nur besonders darauf gerichtete Untersuchungen an heutigen Standorten von Seerosen bringen. Bekannt ist, daß gerade die kurz gestielten submersen Blätter der Seerosen am reichlichsten Kalk fällen. Es wäre zu fragen, ob diese Verkalkung nicht auf die benachbarten Stammteile übergreift.

c) Beblätterte Zweige von Nadelbäumen (Pachyphyllum, Brachyphyllum) aus marinen lithographischen Kalken des Kimmeridge von Cerin im Juragebirge. Fig. 4. Die pflanzliche Na-

Fig. 4.
Brachyphyllum gracile Brongn. aus dem Oberjura von Cirin im Juragebirge. (Aus Saporta, 1884.)

tur dieser Reste ist wohl nicht über jeden Zweifel erhaben. Sichere Kriechspuren sind Koniferenzweigen manchmal außerordentlich ähnlich. Bezeichnend ist wohl auch, daß die besprochenen Fossilien anfangs für Algen gehalten wurden.

d) Die große Masse der sog. Hieroglyphen oder problematischen Pflanzenreste, z. B. Fig. 5. Ich glaube nicht, daß sich unter ihnen wirkliche Pflanzen befinden. Es handelt sich vielmehr um Fährten, Fließwülste usw.

Fig. 5.
Saportia striata Squin. 1 : 2. (Aus Squinabol, 1891.) Eozän. Madonna del Monte bei Genua.

Es scheint mir demnach nicht sicher bewiesen, daß ein in das Gestein eingeschlossener Pflanzenkörper durch spätere Vorgänge zu einem halbseitigen Abguß werden kann.

c) Steinkerne oder Ausgüsse.

Das Wesen der Steinkerne wurde schon oben (S. 10) auseinandergesetzt. Der Hohlraum, der von Sediment erfüllt wird, kann schon in der lebenden Pflanze vorhanden gewesen sei. Man denke etwa an die Stengel des Schilfrohres oder des Bambus. Ähnlich verhält es sich wahrscheinlich — wenigstens bis zu einem gewissen Grad — mit den Kalamiten, deren Steinkerne ja zu den häufigsten pflanzlichen Fossilien der Steinkohlenzeit gehören. Fig. 494. Die Furchen auf ihnen entsprechen den Gefäßbündeln, der ausgefüllte Hohlraum liegt also in der Markregion. Dasselbe gilt von den als Artisia oder Sternbergia bekannten eigentümlichen Fossilien. Fig. 6. Es sind zylindrische Gesteinskörper mit zahlreichen ringsum laufenden Furchen. Sie entstanden durch Ausfüllung des Hohlraumes im Mark der Kordaiten. Dieser war durch viele Querwände unvollständig geteilt, ähnlich wie auch bei mehreren lebenden Pflanzen, dem Walnußbaum, manchen Föhrenarten und anderen.

Fig. 6.
Artisia transversa Sternbg. Oberkarbon. Chomle bei Radwitz, Böhmen.

In sehr vielen Fällen entstand die auszufüllende Höhlung erst durch Verwesung gewisser innerer Teile der Stämme, Wurzeln oder Früchte. Gerade bei den Bäumen älterer Zeit scheint dieser Vorgang besonders häufig gewesen zu sein, wohl deshalb, weil bei vielen von ihnen der Holzkörper wenig entwickelt und der Stamm hauptsächlich durch harte Rindengewebe verfestigt war. Es wird nicht überflüssig sein, einige solche Steinkerne flüchtig kennen zu lernen. Oft finden sie sich beispielsweise als Erhaltungsform der Lepidodendren und Sigillarien. Besonders bei jenen sind die Verhältnisse recht verwickelt. Ihre sehr dicke Rinde bestand aus einer ganzen Anzahl verschieden gebauter Lagen, die sich voneinander loslösen konnten. War nur mehr die alleräußerste Rindenschicht vorhanden, dann sind die Skulpturen auf dem Steinkern denen auf der Außenfläche eines inkohlten Stückes oder eines Abgusses sehr ähnlich. Fig. 259. Man bezeichnete sie früher mit dem Gattungsnamen Bergeria. Etwas tiefer im Inneren dürften die sog. Aspidiarien liegen, bei denen die einzelnen Blattpolster nur mehr verschwommen zu sehen sind und von den feineren Marken der Außenfläche des Stammes das Gefäßbündel allein noch zu erkennen ist. Die eigentümlichen Knorrien, (Fig. 260) auf deren Oberfläche man zahlreiche sehr steil nach oben verlaufende Gefäßbündel sieht, gehören als Steinkerne zu einem noch tieferen Teil der Lepidodendronrinde (und wohl auch zu anderen Gattungen). Wenn man bedenkt, daß allen diesen verschiedenen Steinkernen selbstverständlich Abdrücke entsprechen, daß ferner das Alter der Pflanze und ihre mehr oder weniger frische Beschaffenheit zur Zeit der Einbettung weitere Unterschiede bedingen, wird es einen nicht wundern, zu hören, daß Reste, die man jetzt zu einer einzigen Art, Lepidodendron Velt-

Fig. 7.
Rinde von Eospermatopteris textilis Dawson spec. aus dem Oberdevon, Giboa, New York. (Aus Goldring, 1924.)

heimianum (Fig. 227—230), rechnet, unter 28 verschiedenen Namen beschrieben worden sind.

Eine häufige Verzierung der Oberfläche von Steinkernen ist die sog. Diktyoxylon-Rinde. Sie besteht aus maschen- oder netzartig angeordneten Furchen. Fig. 7. Es hat sich gezeigt, daß diese Strängen von sklerenchymatischen Zellen entsprechen, die offenbar die Aufgabe hatten, den Stamm gegen Knickung zu schützen. Man findet diese Einrichtung bei ganz verschiedenen Pflanzen, bei Sigillarien, aber auch bei Pteridospermen, wie Lyginopteris und Eospermatopteris.

Die zuletzt erwähnten Steinkerne entsprechen Ausfüllungen von Hohlräumen, die von der Rinde umgeben waren. Es kommt aber auch vor, daß nur das Mark verwest war, daß also der Steinkern ein Ausguß eines Hohlraumes in der Mitte des Holzkörpers ist. So scheint die Gattung Tylodendron aus dem russischen Perm der Ausguß des Markes eines Araukaria-ähnlichen Nadelbaumes zu sein.

d) Zellsteinkerne.

Ebenso wie die Abgüsse können auch die Steinkerne sowohl durch Einschwemmung von Ton oder Sand, als durch chemische Fällung entstehen. Dieser letztere Vorgang kann sich jedoch nicht nur innerhalb größerer Hohlräume, sondern auch innerhalb der einzelnen Zellen eines Pflanzengewebes abspielen. Die Zellmembranen können dabei als kohlige Häutchen erhalten bleiben oder auch ganz verschwinden. Solche Fossilien sind meist sehr mürb, zerbrechlich und schwer aufzubewahren. Die Steinkerne zeigen auf ihrer Oberfläche oft bezeichnende Verzierungen, die Abdrücke der Tüpfel, Membranverdickungen usw. der Zellen und Gefäße.

In einzelnen Fällen tritt Schwefelkies in dieser Gestalt auf. Die in Kupferglanz erhaltenen Ullmannienzweige aus dem Perm von Frankenberg in Hessen, bekannt als »Frankenberger Kornähren«, zeigen wenigstens stellenweise diese Art der Erhaltung. In einigen Gegenden kennt man Ton als Ausfüllung der Zellräume von Hölzern, so in den vulkanischen Tuffen des Kaiserstuhls am Rhein (Baden), auch in karbonischen Schichten Böhmens (Chomle bei Radnitz) und Westgaliziens (Niedzielisko bei Jaworznow). Man muß sich offenbar vorstellen, daß das Tonerdesilikat in solchen Fällen aus Lösungen niedergeschlagen worden ist, da es in die Zellen ja nicht eingeschwemmt werden konnte. In schwefelführenden Pliozänschichten bei Altavilla (Provinz Benevent, Italien) findet man Holzstücke, deren Zellen und Gefäße mit gediegenem Schwefel ausgefüllt sind. Häufiger enthalten die Zellen natürlich die gewöhnlichsten versteinernden Minerale, Kalk, Dolomit, Eisenspat und Kieselsäure. Es ist nicht selten möglich, die Zellsteinkerne ganz auseinanderzunehmen und einzeln zu untersuchen. Man bezeichnet diese zarten Körper gewöhnlich als Spiculae. Fig. 8. Brauneisensteinausfüllungen sind wohl auf Umwandlung von Eisenkies, Roteisenstein auf Eisenspat zurückzuführen. Hält die Mineralzufuhr an, nachdem die Zellwände ganz zerfallen sind, so werden die Zwischenräume zwischen den Spiculae allmählich ausgefüllt. Man kennt mehrere Fälle, in denen diese Ausfüllung eine unvollkommene ist, so daß den Zellwänden poröse Gesteinsstreifen entsprechen. Hierher gehören beispielsweise verkieselte Hölzer aus dem Perm von Autun im Departement Saône et Loire und aus dem Departement Allier. Von hier ist offenbar nur mehr ein kleiner Schritt zur Bildung einer einheitlichen, lückenlosen Kieselmasse.

Fig. 8. Steinkern einer Zelle aus der Wurzel des kretazischen Farnes Rhizodendron oppoliense Göpp. 120 : 1. (Aus Seward, 1898.)

Bevor wir zur Betrachtung dieser Versteinerungen im eigentlichen Sinn übergehen, muß jedoch noch kurz auf die lehrreichen Fälle hingewiesen werden, in denen rezente Hölzer den Beginn der Steinkernbildung in den Zellen zeigen. In römischen Bauten sind mehrfach Holzstücke gefunden worden, deren Zellen teilweise von Kalk ausgefüllt sind. Ich nenne z. B. antike Holzroste als Unterlage von Gebäuden in Bourbonne les Bains (Departement Haute Marne) und Buchenholzstücke aus einer Wasserleitung in Eilsen unweit Bückeburg westlich Hannover. Die Verkalkung schreitet von einzelnen Mittelpunkten aus allseitig fort, hat aber in den erwähnten Fällen noch nicht die ganze Holzmasse durchdrungen. Dagegen waren in einem Eichenholz nicht genau bekannten Alters von Gera in Thüringen alle Zellen und Gefäße von Kalk erfüllt. Verkieselt werden rezente Hölzer gelegentlich in der Nachbarchaft heißer Kieselquellen. Im Yellowstone National Park ändert sich infolge des raschen Wachsens der Kieselterrassen häufig der Lauf des heißen Wassers. Dadurch werden Teile des benachbarten Waldes zum Absterben gebracht. Die entblätterten und entrindeten Stämme bleiben noch längere Zeit stehen. Das kieselsäurereiche Wasser wird in ihnen emporgesaugt und verdunstet weiter oben langsam. Dadurch werden die Hohlräume mit einer anfangs weichen, später aber erhärtenden Kieselmasse ausgefüllt. Man hat daraus schließen wollen, daß alle verkieselten Hölzer in ähnlicher Weise entstanden seien. Doch ist dies gewiß nicht richtig. In vielen Fällen ist die Verkieselung offenbar erst erfolgt, nachdem der Pflanzenrest schon von Sediment bedeckt war.

Nicht ohne Bedeutung sind die Versuche, die Zellen von Pflanzen auf künstlichem Wege mit Mineralien auszufüllen. Es ist dies schon mit einer Reihe von Stoffen gelungen, beispielsweise mit Eisenoxyd durch Einlegen in eine Eisensulfatlösung, auch mit verschiedenen Edelmetallen, besonders mit Silber nach einjähriger Aufbewahrung in konzentrierter Lösung von salpetersaurem Silber. Künstliche Verkieselung wird manchmal angewendet, um verkohlte Holzreste besser mikroskopisch untersuchen zu können. Man legt sie mehrere Wochen in eine Mischung von Wasserglaslösung und Salzsäure und zerstört hierauf die Zellwände durch eine Lauge. Auf diese Art erhält man Steinkerne der Zellen mit Abdrücken aller Verzierungen der Zellwände.

Nicht immer bleibt bei der Ausscheidung von Mineralen im Inneren pflanzlicher Gewebe die Struktur erhalten. Die amorphe Kieselsäure wird sich der fremden Form am leichtesten anpassen. Die Karbonate aber entwickeln sich, wenn ihre Kristallisationskraft groß ist und die Zellwände schon stark erweicht sind, zu automorphen Gebilden statt zu Pseudomorphosen. Es entstehen Kristalldrusen oder radialfaserige, oolithähnliche Konkretionen, an deren Außenseite die unkenntlichen Reste der organischen Substanz zusammengeschoben werden.

3. Echte Versteinerungen.

In der Phytopaläontologie versteht man unter »Versteinerung« im engeren Sinn ein Fossil, in dem die Pflanzensubstanz unter Wahrung des Feinbaues nach Art einer Pseudomorphose durch ein Mineral ersetzt ist. Größere Hohlräume bleiben dabei manchmal offen. Die Zellen sind aber wohl immer ausgefüllt. Wir haben schon gesehen, daß diese Art der Fossilisation sich aus der Steinkernbildung in den Zellhohlräumen entwickeln kann. In der Tat scheint dies die Regel zu sein. Damit die Struktur sichtbar bleibt, muß man im Dünnschliff jene Mineralmasse, die die Zellwände ersetzt, von der unterscheiden können, die die Zellräume ausfüllt. Fast immer erscheinen die Zellwände dunkler als der Zellinhalt, offenbar deshalb, weil das Mineral dort feinverteilte inkohlte Reste von Zellstoff oder Holzstoff enthält. In manchen Fällen sind die Membranen sogar verhältnismäßig wenig verändert, aber ganz von Mineralmasse durchtränkt. Freilich wird man die obige Regel hier ebensowenig gedankenlos anwenden dürfen, als bei den Kalkalgen (S. 3). Vor allem ist nicht ohne weiteres sicher, daß die dunklen Linien im Schliff genau die gleiche Breite haben, wie die ursprünglichen Zellwände. Es können da

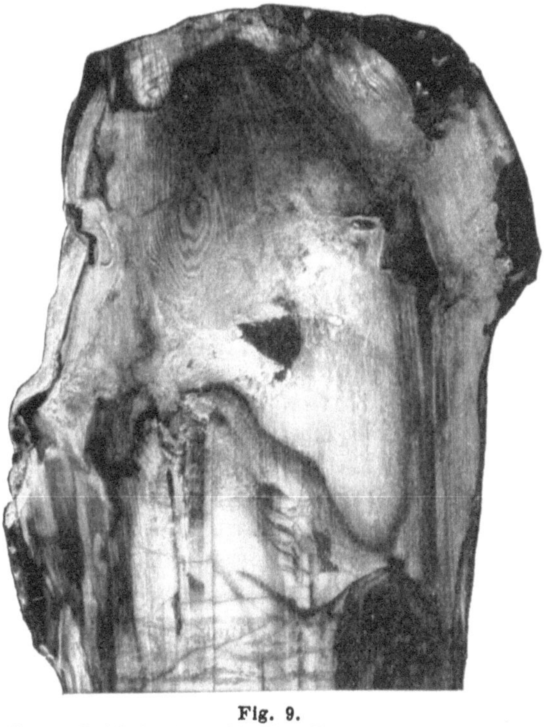

Fig. 9.
Längsschnitt durch verkieseltes Koniferenholz. Miozän, Arka, Ungarn. 1 : 4·5. Aus Schaffer, 1915.

mannigfache Verschiebungen der Verhältnisse vorkommen, Auflagerung kohliger Reste, die aus dem Zellinhalt stammen, aber auch Verdünnungen infolge Schwindens der Membranen vor der Mineralisation.

Die Stoffe, die versteinernd auftreten, sind wieder sehr mannigfaltig. Am verbreitetsten ist wohl Verkieselung. Die Kieselsäure findet sich bald wasserhältig als Opal, bald als Chalzedon oder in anderen Modifikationen. Weitaus am häufigsten findet man verkieselte Hölzer (Fig. 9), seltener Blätter, Blüten, Sporangien. Berühmte Fundstellen

Fig. 10.
Verkieselter Stamm von *Cycadeoidea colossalis* Ward aus der Unterkreide der Black Hills, South Dakota, Nordamerika. 1 : 5. *C* — *C'* = Stelle, an der die Blattkrone entsprang. (Aus Scott, 1924.)

solcher zarterer Pflanzenteile sind beispielsweise das Oberkarbon von Grand' Croix bei St. Étienne (Departement Loire, Südfrankreich), das Rotliegende von Sachsen (Chemnitz und Plauenscher Grund bei Dresden) und von Autun (Departement Saône et Loire, Ostfrankreich). Eigentümliche verkieselte Blätter von weißer Farbe sind aus den Gondwanaschichten Indiens bekannt gemacht worden. Von den vielen Örtlichkeiten, an denen verkieselte Stämme vorkommen, seien genannt: Das Perm der Gegend von Koburg und von Slatin bei Radowenz in Böhmen, Oberjura und untere Kreide der Black Hills in South Dakota und Wyoming, Nordamerika (vergl. Fig. 10), das Eozän von Mokattam bei Kairo, das Miozän von Arka in Ungarn (Fig. 9), die pliozänen Schotter der

Umgebung von Wien. Sehr viel hat endlich das Vorkommen verkieselter Pflanzen von Rhynie bei Aberdeen in Schottland in den letzten Jahren von sich reden gemacht. (Vergl. S. 149ff.). Es handelt sich hier um eines der ältesten Lager fossiler Landpflanzen, das wahrscheinlich dem unteren Mitteldevon angehört. Die dortigen Arten, hauptsächlich Psilophytales, wuchsen auf feuchtem Boden, teilweise vermutlich ganz untergetaucht im Wasser, und bauten ein Torflager auf. Bevor die Vertorfung aber noch wesentlich fortschreiten konnte, wurde die ganze Masse — vielleicht durch die Einwirkung des Wassers heißer Quellen — verkieselt. Der innere Bau der Pflanzen ist vorzüglich erhalten, aber auch ihre äußere Form ist gut zu erkennen, weil die bis mehrere dm langen Stengel oft unverletzt vorliegen. Es ist dies ein recht seltener Fall, der es mit sich bringt, daß gerade diese ältesten Landpflanzen zu den am besten allseitig bekannten gehören. Verkieselte Weichkörper von Thallophyten gehören zu den Ausnahmen. Das wichtigste Beispiel sind wohl die Prototaxiten aus dem Unterdevon. Fig. 77. In Rhynie kommen Reste von Algen und Pilzen vor. Fig. 120. Pilzhyphen finden sich auch sonst gelegentlich in verkieselten Hölzern.

Etwas weniger häufig, aber für die Kenntnis der fossilen Pflanzen ebenfalls außerordentlich wichtig sind die Fälle, in denen das Gewebe durch Karbonate ersetzt ist. Reiner Spateisenstein spielt eine geringe Rolle, dagegen sind kalkige und dolomitische Versteinerungen, meist mit einer gewissen Beimengung von Eisenerz, vielfach untersucht worden. Die folgenden Analysen zweier solcher Konkretionen aus dem mittleren Oberkarbon von Lancashire in England (nach Stopes und Watson) geben von der chemischen Zusammensetzung eine Vorstellung:

	I	II
Kalziumkarbonat, $CaCO_3$	51.188	87.827
Magnesiumkarbonat, $MgCO_3$	42.820	6.212
Eisenkarbonat, $FeCO_3$	2.342	1.026
Mangankarbonat, $MaCO_3$	0.521	0.853
Aluminiumoxyd, Al_2O_3	Spur	Spur
Kalziumphosphat, $Ca_3P_2O_8$	0.525	Spur
Schwefeleisen, FeS_2	0.339	1.430
Tonerde	0.119	0.000
Organische Kohlenstoffverbindungen	1.855	2.579
Freies Wasser	0.264	0.100

Diese Minerale bilden meist unregelmäßige Knollen in gewissen Kohlenflözen, die nicht einem bestimmten einzelnen größeren Pflanzenrest entsprechen, sondern ein Haufwerk von Zweigen, Blättern, Früchten und Wurzeln umschließen. Die Reste sind oft nur teilweise in dem Knollen enthalten, während das Ende sich in der umgebenden Kohle verliert. Es kommt auch vor, daß man die Fortsetzung in einer benachbarten Konkretion wiederfindet. Die Knollen stellen also gewissermaßen erhaltene Ausschnitte aus einem alten Pflanzenlager dar, dessen Hauptmasse zu Kohle ohne deutliche organische Struktur umgewandelt wurde.

In Deutschland sind diese Gebilde als Torfdolomite bekannt, weil sie in Westfalen gewöhnlich aus Dolomit bestehen (wie der erste der oben analysierten englischen) und die wirr verfilzten Pflanzenreste die Ableitung von einem Torf schon äußerlich erkennen lassen (z. B. Fig. 251). Die Erfahrung lehrt, daß diese Knollen regelmäßig nur in solchen Flözen auftreten, die von marinen Schichten überlagert werden. Offenbar haben wir uns vorzustellen, daß aus diesen durch das Grundwasser Kalk ausgelaugt wurde, der in dem unterlagernden Torf wieder ausfiel. Daß der Torf noch frisch war, beweist die vorzügliche, unverdrückte Beschaffenheit vieler Reste. Nicht selten sind die Zwischenräume zwischen den Stengeln und Blättern, ja auch diese selbst, von Stigmarien, den Wurzeln einer etwas jüngeren Pflanzendecke, durchwachsen. Torfdolomite und Kalke fand man zuerst in England, in den Kohlenfeldern von Lancashire und Yorkshire. Später entdeckte man sie in Westfalen bei Langendreer und an anderen Orten, in Europa und auch in Nordamerika. Selten sind sie in Braunkohlen.

Nicht in einzelnen Knollen, sondern in ganzen Bänken treten Kalke, die mit versteinerten karbonischen Pflanzenresten erfüllt sind, bei Burntisland in Fifeshire nördlich Edinburgh und auf der Insel Aran, beides in Schottland, auf. Ihre Bildung scheint hier mit vulkanischen Vorgängen zusammenzuhängen.

Außer den genannten weitaus wichtigsten können auch viele andere Minerale gelegentlich echte Pflanzenversteinerungen mit erhaltenem Feinbau bilden, treten aber an Häufigkeit sehr zurück. So ist Holz in Flußspat, Gips, Phosphorit umgewandelt worden. Andere Fälle sind weniger geklärt. Es wird auch Schwefelkies, Kupferglanz, Schwerspat usw. als Versteinerungsmittel genannt, doch ist nicht sicher, ob es sich da nicht um Abgüsse im Sinn von S. 10 handelt.

4. Lebensspuren.

Außer durch erhaltene Teile von Pflanzen läßt sich deren früheres Vorkommen manchmal, ähnlich wie bei Tieren, durch sog. Lebensspuren nachweisen. Besonders bei niederen Formen, Pilzen und Algen, kommt dieser Fall nicht selten vor. Wenn man beispielsweise an den Knochen fossiler Wirbeltiere Krankheitserscheinungen auffindet, die heute nur durch Infektionen entstehen, kann man auf das frühere Vorhandensein gewisser schmarotzender Spaltpilze schließen (vgl. S. 33). In manchen verkieselten Hölzern beobachtet man bezeichnende Zerstörungen der Gewebe, die in der Gegenwart durch verschiedene Pilze hervorgerufen werden. Auch die Tätigkeit mancher Pflanzen als Gesteinsbildner ist hier zu nennen. So dürften gewisse Eisenerzlager und feinkörnige Kalke wenigstens zum Teil das Erzeugnis von Spaltpilzen sein. Zu den Lebensspuren kann man schließlich auch die Bohrgänge rechnen, die mehrere Gattungen von Algen und Pilzen in Kalksteinen, besonders aber in Kalkschalen von Tieren anlegen (vgl. S. 131). Manche von ihnen wären vielleicht als Abdrücke zu bezeichnen, in vielen Fällen stimmt aber die Gestalt des Hohlraumes keineswegs mit der der erzeugenden Pflanze überein.

C. Durch die Art der Erhaltung bedingte Schwierigkeiten bei der Untersuchung fossiler Pflanzen.

Die Schwierigkeiten bei der Bestimmung pflanzlicher Fossilien rühren zunächst von dem Mangel an erkennbaren Merkmalen her. Wo es sich nur um inkohlte Reste von Blättern oder dgl. handelt, sind die systematisch wichtigen Merkmale, nach denen wir rezente Pflanzen einzureihen gewohnt sind, fast nie zu sehen. Man ist vielmehr auf den Vergleich der Umrißform und der Aderung angewiesen. Daß diese Merkmale innerhalb einer Art und noch mehr innerhalb größerer Gruppen sehr veränderlich sind, daß sie oft bei systematisch weit voneinander entfernten Arten sehr ähnlich aussehen, ist zu allgemein bekannt, als daß es notwendig wäre, dabei zu verweilen. Ein wesentlicher Fortschritt wurde allerdings durch die Mazerationsmethoden erreicht, die es in vielen Fällen ermöglichen, auch bei inkohlten Pflanzenresten gewisse anatomische Merkmale für die Bestimmung heranzuziehen.

Erschwert wird die Arbeit des Bestimmens noch dadurch, daß selbst die wenigen sichtbaren Merkmale durch die Art der Erhaltung sehr stark verändert sein können. Die Pflanzenreste werden nicht nur durch den Überlastungsdruck der höheren Schichten stark abgeflacht. In gestörten Gebirgen werden sie außerdem infolge plastischer Umformung der umschließenden Gesteine mannigfach verzerrt. Sehr stark kann das Aussehen von Blättern durch eine fortgeschrittene Verwesung im Zeitpunkt der Einbettung verändert werden. Wie jeder aus der Beobachtung in unseren Laubwäldern weiß, verwesen die Blattspreiten viel rascher als die Gefäßbündel, so daß schließlich nur diese übrigbleiben. Unter Umständen kann dadurch eine ganz andere Pflanze vorgetäuscht werden. Gewissen Coenopteridineen fehlte die Blattspreite auch im Leben, ihre Blätter sahen also mehr wie verzweigte Stengel aus. Stark vermoderte Blätter anderer Farngruppen können diesen recht ähnlich werden.

Mit Exkrementen erfüllte Bohrgänge von Insektenlarven können in Dünnschliffen durch versteinerte Pflanzenteile täuschend wie Sporangien aussehen.

Schon weiter oben war davon die Rede, wie sehr verschieden Abdrücke und Steinkerne derselben Art je nach der Lage der entblößten Fläche sein können (S. 15).

Eine ganz besondere Schwierigkeit verursacht schließlich der Umstand, daß in der überwiegenden Mehrzahl der Fälle nur Bruchstücke der fossilen Pflanzen, nicht aber ganze Exemplare überliefert sind. Eine Ausnahme bilden die meisten Kalk- und Kieselalgen, auch manche kleinere Landpflanzen unter besonders günstigen Verhältnissen. So enthält der verkieselte Torf von Rhynie (vgl. S. 21) viele Stücke von Rhynia und Hornea, die von der Wurzel bis zu den Sporangien vollständig sind. Schon bei Asteroxylon (Fig. 183 ff.) aus demselben Fundort war aber die Zugehörigkeit der Sporangien zu den beblätterten Sprossen nicht restlos sicher zu erweisen.

Selbst Teile desselben Organes können recht verschieden aussehen, so daß ihre Zusammengehörigkeit nicht unmittelbar einleuchtet. Man denke z. B. an die oberen und unteren Stammteile solcher Bäume, die im Alter eine starke Borke entwickeln. Ähnlich scheinen sich manche Sigillarien verhalten zu haben. Wäre von Archaesigillaria primaeva nicht zufällig im Devon von New York ein ganzer Stamm gefunden worden, so hätte man kleinere Stücke sicher zu verschiedenen Gattungen gestellt, weil sich die Skulptur der Rinde im oberen Teil mehr der von Lepidodendron, im unteren mehr der von Sigillaria nähert. Vgl. S. 311.

Die Schwierigkeit, ja Unmöglichkeit, den Zusammenhang verschiedener Teile einer Pflanze zu beweisen, bringt es mit sich, daß man für die einzelnen Organe verschiedene Gattungs- und Artnamen verwenden muß. So bezieht sich, um einige Beispiele herauszugreifen, der Name Calamites zunächst auf die ungemein häufigen Steinkerne der Markhöhlen. Viele wenden ihn auch auf echt versteinerte Reste an. Andere gebrauchen dafür den Ausdruck Arthropitys und Calamodendron. (Fig. 462 u. 471). Für die Blätter sind ganz allgemein die Namen Annularia und Asterophyllites üblich. Die Blüten (S. 401 ff. u. 452 ff.) heißen Calamostachys, Palaeostachya usw. Die unterirdischen Stammabschnitte der karbonischen Lepidophyten werden als Stigmaria (Fig. 336 ff,) beschrieben, weil sich im einzelnen Fall meist nicht entscheiden läßt, ob sie zu Lepidodendron, Lepidophloios, Sigillaria oder Bothrodendron u. a. gehören.

Diese getrennte Benennung der Teile ist durchaus notwendig, wenn nicht rein hypothetische Vorstellungen in die Namengebung eindringen und heillose Verwirrung stiften sollen. Sie bietet auch den Vorteil, daß man aus dem Namen allein schon ersehen kann, welches Organ dem Verfasser vorlag. Selbstverständlich ist es aber doch eine der wichtigsten Aufgaben der weiteren Forschung, die einzelnen Teile richtig zu verbinden und so ein Bild der ganzen Pflanzen zu gewinnen. Verschiedene Beobchtungen können dazu führen, anfänglich getrennt gefundene und beschriebene Pflanzenteile mehr oder weniger sicher als zur selben Art gehörig zu erkennen:

1. Am einwandfreiesten ist der Zusammenhang natürlich dann, wenn es später gelingt, die Stücke in unmittelbarer Verbindung zu finden. Gerade in jüngster Zeit hat sich ein besonders überraschender Fall dieser Art zugetragen. Es sind aus dem Mitteldevon von Elberfeld im Rheinland größere Gesteinsplatten gewonnen worden, die zeigen, daß die bisher als Hostimella, Psilophyton und Thursophyton be-

schriebenen Fossilien Teile derselben Pflanze sind. Vgl. S. 173. Eine gewisse Vorsicht ist nur notwendig, damit man nicht durch ein rein zufälliges Zusammenstoßen getäuscht wird, wenn zahlreiche Pflanzenreste kreuz und quer auf derselben Gesteinsfläche liegen. Man vergleiche etwa die noch ungelöste Frage, ob die scheinbaren Stiele von Parka wirklich zu ihr gehören (siehe S. 109).

2. Vielfach konnte der Zusammenhang getrennt gefundener Organe dadurch nachgewiesen werden, daß ihnen bezeichnende anatomische Merkmale gemeinsam sind. So ist der innere Bau der Achse jener Blüten, die ursprünglich als Bruckmannia Grand'Euryi beschrieben wurden, vollkommen der eines jungen Zweiges von Calamites. Es ist nicht zu bezweifeln, daß die Blüten zu dieser Gattung gehören, wenn auch die genaue Art nicht festzustellen war. Beim Beweis der Zusammengehörigkeit der Stämme, Blätter und Samen von Lyginopteris oldhamia spielten die eigentümlichen, mit einer Drüse endenden Stacheln eine große Rolle, die alle Teile der Pflanze mit Ausnahme der Wurzeln bedeckten. Wie schon auf S. 23 erwähnt, scheint mehreren Gattungen der ganz vorwiegend aus versteinerten Resten bekannten Farngruppe der Coenopteridineen die Lamina gefehlt zu haben. Außerdem ist bei manchen unter ihnen die Stellung der Fiedern eine eigentümliche. Sie verzweigen sich nicht in der Ebene der Hauptachse, sondern senkrecht darauf. Ich habe versucht, auf Grund dieser Merkmale einen inkohlten Rest derselben Familie zuzuweisen, wenn auch nicht ganz ohne Zweifel (vgl. S. 515). Mehrere Coenopteridineengattungen haben ein im Querschnitt H-förmiges Xylem z. B. Fig. 607. Die Achsen der als Corynepteris beschriebenen Blattabdrücke zeigen zwei erhabene Längsleisten mit einer Furche dazwischen. Fig. 618. Es ist sehr wahrscheinlich, daß dies ebenfalls auf ein H-förmiges Gefäßbündel hindeutet und daß die genannten Versteinerungen und Abdrücke zusammengehören.

3. Für die Frage, ob gewisse getrennt gefundene männliche und weibliche Blüten zur selben Art oder doch zur selben Gattung zu stellen sind, kann es unter Umständen bedeutsam sein, wenn man Pollenkörner von bezeichnender Form in den Staubbeuteln und auf oder in den weiblichen Blüten nachweisen kann. In jüngster Zeit ist dieses Verfahren bei den Caitoniales aus dem englischen Jura angewendet worden. Man fand nämlich übereinstimmende Pollenkörner in männlichen Blüten, die als Antholithus Arberi beschrieben waren (Fig. 11), und auf den Narben der Gristhorpia Nathorsti genannten Fruchtanlagen (Fig. 12). Da beide Reste in derselben Schicht und in geringer Entfernung voneinander gefunden wurden, schloß der Erforscher, daß sie zusammengehören. Die Berechtigung dieses Schlusses ist hier nicht zu erörtern. Es muß jedoch darauf verwiesen werden, daß nicht selten auch fremder Pollen die Narben massenhaft bedeckt. In Kerners »Pflanzenleben« (3. Auflage von Hansen, Bd. 2, S. 481) finden wir eine Reihe solcher Fälle zusammengestellt. Auf der Narbe von Viola odorata waren

durch Insekten Pollen von Eranthis hiemalis, von Salix daphnoides, Daphne mezereum und Crocus vernus abgeladen worden. Auf den Narben von Crocus fand sich Blütenstaub von Daphne. Auch durch den Wind gelangt artfremder Pollen auf die Narben. So wurde auf Paris quadrifolia Pollen von Picea excelsa und von Mercurialis perennis beobachtet. Die Narbe von Gagea lutea war mit Pollen von Alnus viridis dicht belegt. Noch wichtiger ist die Beobachtung, daß in der Pollenkammer der weiblichen Blüten von Ginkgo fremde, einer Abietinee angehörige Blütenstaubkörner sogar Schläuche ausgetrieben hatten.

Fig. 11. Rekonstruktion von Antholithus Arbeni Thomas aus dem Dogger von Yorkshire. 3 : 1. (Aus Thomas, 1925.)

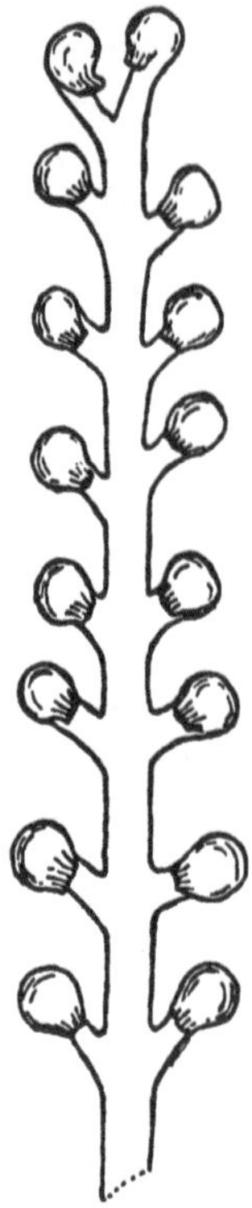

Fig. 12. Rekonstruktion von Gristhorpia Nathorsti Thomas aus dem Dogger von Yorkshire. 2 : 1. (Aus Thomas, 1925.)

4. Am unsichersten sind die Schlüsse, die aus dem regelmäßigen Zusammenvorkommen von Pflanzenresten an mehreren Fundorten auf ihre Zusammengehörigkeit gezogen werden. Es wird hier natürlich sehr viel auf die Zahl der Beobachtungen und auf die anderen Umstände ankommen. Wenn zwei Organe öfter allein, unter Ausschluß aller anderen Reste, miteinander auftreten, wird dies mehr Gewicht haben, als wenn sie in einer reichen Flora vergesellschaftet sind. Ein Beispiel für eine Pflanzenrekonstruktion, deren Teile nur auf Grund des örtlichen Vorkommens, aber höchst wahrscheinlich in zutreffender Weise zusammengefügt wurden, ist Eospermatopteris. Vgl. Fig. 13. Daß sowohl die

Fig. 13.
Rekonstruktion des oberdevonischen Waldes von Gilboa im Staate New York. Der farnartige Baum ist Eospermatopteris, außerdem sind Bäume von Archaeosigillaria zu sehen. (Aus Pia, 1926.)

Stämme als die Blätter mit den Fortpflanzungswerkzeugen zu baumförmigen Pflanzen gehörten, ist nach ihrer Größe sicher. Wenn sie verschiedene Arten sind, wäre es ein sonderbarer Zufall, daß von einer immer nur Stämme, von der anderen immer nur Blätter gefunden würden, zumal es sich um eine ganze Reihe benachbarter Stellen handelt. Der einzige in denselben Schichten noch auftretende Baum, Archaeosigillaria, kommt als Träger der Blätter keinesfalls in Betracht.

Bei der Auswertung der Ergebnisse der Phytopaläontologie für weitere Schlüsse biologischer oder geologischer Art ist außer den eben dargelegten Schwierigkeiten der Bestimmung noch eine zweite Unvollkommenheit des Ausgangsmaterials im Auge zu behalten. Nicht nur die einzelnen Pflanzen liegen bruchstückweise vor, sondern in vielleicht noch höherem Grad die Floren der verschiedenen Zeiten und Länder. Im allgemeinen haben nur die Pflanzen der Niederungen und der Nähe von Gewässern gute Aussichten auf fossile Erhaltung. Von anderen Landpflanzenformationen dagegen, wie der Steppe, dem Buschwald oder den Hochgebirgsmatten, ist so gut wie nichts überliefert. Wir werden zwar nicht annehmen dürfen, daß in den Hoch- und Trockengebieten ganz andere Klassen von Pflanzen lebten, als in den Niederungen. Gewisse Gruppen könnten aber doch auf jene beschränkt gewesen sein. Wenn wir beispielsweise finden, daß eine Pflanzenordnung in den Erdschichten plötzlich mit großer Formenmannigfaltigkeit erscheint, ohne daß man ihre allmähliche Entwicklung nachweisen könnte, muß sie nicht — wie man oft dachte — aus einem versunkenen Kontinent stammen. Sie könnte sich auch in demselben Land, aber an für die Erhaltung ungünstigen Standorten entwickelt haben, um dann erst in die feuchten Niederungen einzudringen. Besonders für die Entstehung der Angiospermen, deren plötzliches Auftreten um die Mitte der Kreidezeit mit einer großen Anzahl fertig ausgebildeter Familien so rätselhaft ist, hat man solche Möglichkeiten erwogen. Ein ähnlicher Fall liegt wahrscheinlich bei den Säugetieren vor, die nachweislich schon während des größten Teiles des Mesozoikums vorhanden waren und wohl schon in eine Reihe von Ordnungen zerfielen, von denen wir aber vor dem Tertiär fast nichts kennen, vermutlich weil sie auf Bäumen lebten und die Erhaltungsaussichten für die Reste baumbewohnender Tiere äußerst gering sind.

Um eine ungefähre Vorstellung von dem Grad der Lückenhaftigkeit unserer Kenntnisse zu gewinnen, habe ich folgende Überlegung angestellt: Zu den am besten erforschten fossilen Pflanzengruppen gehören wohl die Dasycladaceen der Trias. Man kennt von ihnen jetzt (einschließlich einiger noch unbeschriebener) 39 Arten. Wie die neueren Erfahrungen zeigen, beträgt die Lebensdauer einer Spezies meist weniger als eine Triasstufe. Nach meiner Schätzung hätten wir in der Trias mindestens neun Floren mit eigenen Arten zu erwarten. Die Zahl der lebenden Dasycladaceenspezies wird mit 34 angegeben. Selbst wenn die Floren der Trias nicht reicher waren, als die heutige, müßten also während dieser Periode im Ganzen etwa 300 Arten gelebt haben. Wir kennen also bestenfalls etwa 13 % der triadischen Dasycladaceen. Nun handelt es sich hier um eine Gruppe, deren Lebensweise besonders gute Erhaltungsbedingungen schafft und die außerdem sehr leicht zu bestimmen ist. In fast allen anderen Fällen liegen die Verhältnisse sicher viel ungünstiger.

Interessant ist auch die Anwendung dieser Zahlen auf die Wahrscheinlichkeit, eine größere zusammenhängende Artreihe zu gewinnen. Nehmen wir an, wir kennten ein Zehntel der in Betracht kommenden Spezies. Dann ist die Wahrscheinlichkeit, daß uns auch der unmittelbare Vorfahre einer schon gefundenen Art vorliegt, 0,1. Die Wahrscheinlichkeit, daß zugleich auch dessen Vorfahre bekannt ist, beträgt 0,01. Die Wahrscheinlichkeit, eine zusammenhängende Reihe aus fünf Arten herstellen zu können, ist nur 0,0001. Man sieht daraus, wie voreilig es wäre, aus dem Fehlen größerer Artreihen auf eine sprunghafte Entwicklung schließen zu wollen.

Literatur

Zugleich Aufzählung einiger besondes wichtiger Werke über allgemeine Phytopaläontologie.

Cayeux, L., Introduction à l'étude pétrographique des roches sédimentaires. Mém. carte géol. dét. de la France. Paris, Minist. des travaux publ., 1916.

Clarke, F. W. & Wheeler, W. C., The inorganic constituents of marine invertebrates. 2nd ed. U. S. Geol. Surv., Prof. Pap. 124, Washington 1922.

Deecke, W., Phytopaläontologie und Geologie. Berlin 1922.

Deecke, W., Die Fossilisation. Berlin 1923.

De Gasparis, A., Le alghe delle argille marnose pleistoceniche di Taranto. Atti Acc. Sc. fis. e mat. Soc. R. di Napoli, R. 2, Bd. 12, Nr. 4, 1905.

Doß. B., Melnikowit, ein neues Eisenbisulfid, und seine Bedeutung für die Genesis der Kieslagerstätten. Zeitschr. f. prakt. Geol., Bd. 20, S. 453, Berlin 1912.

Gothan, W.. Karbon und Perm-Pflanzen. G. Gürich, Leitfossilien, Lfg. 3 Berlin 1923.

Gothan, W., Paläobiologische Betrachtungen über die fossile Pflanzenwelt. Fortschr. d. Geol. u. Pal., H. 8 Berlin 1924.

Hirmer, M., Über Vorkommen und Verbreitung der Dolomitknollen und deren Flora. Comptes Rendus du Congrès pour l'Etude de la Stratigraphie du Carbonifère dans les differents centres houillers de l'Europe. Heerlen 1927.

Hofmann, E., Frühgeschichtliche Pflanzenfunde aus der großen Peggauer Höhle (Steiermark). Speläol. Jahrb., Bd. 3, S. 130, Wien 1922.

Kerner, A., v. Marilaun, Pflanzenleben. 3. Aufl., bearb. v. A. Hansen. Leipzig 1921—22.

Kräusel, R. & Weyland, H., Beiträge zur Kenntnis der Devonflora. II. Abh. Senckenb. Naturf. Ges., Bd. 40, S. 115, Frankfurt a. M. 1926.

Pia, J., Über einen merkwürdigen Landpflanzenrest aus den Nötscher Schichten (Carbon der Gegend von Bleiberg in den östlichen Gailtaler Alpen). Sitzungsber. Ak. Wiss. Wien, Math.-nat. Kl., Abt. I, Bd. 133, S. 543, Wien 1924.

Pia, J., Pflanzen als Gesteinsbildner. Berlin 1926.

Potonié, H., Lehrbuch der Paläobotanik. 2. Auflage, umgearb. v. W. Gothan. Berlin 1921

Potonié, H. & Gothan, W., Paläobotanisches Praktikum. Bibl. f. naturw. Praxis, Bd. 6 Berlin 1913.

Pontonié, R., Einführung in die allgemeine Kohlenpetrographie. Berlin 1924.
Reis, O., Oolithartige Versteinerung von Pflanzenresten aus dem Tertiär der Rheinpfalz. Geognost. Jahresh., Bd. 36, S. 1, München 1923.
Renault, B., Cours de botanique fossile fait au Muséum d'histoire naturelle. Bd. 1, Paris 1881.
Sahni, B., Foreign pollen in the ovules of Ginkgo and of fossil plants. New Phytol., Bd. 14, S. 149, London, 1915.
Saporta, G., Marquis de, A propos des algues fossiles. Paris 1882.
Saporta, G., Marquis de, Les organismes problématiques des anciennes mers. Paris 1884.
Schimper, W. Ph., Traité de Paléontologie végétale etc. Paris 1869-74.
Scott, D. H., Studies in fossil botany. 3d ed. London 1920-23.
Seward, A. C., Fossil plants, a text-book for students of botany and geology. Cambridge 1898-1919.
Solms-Laubach, H. Graf zu, Einleitung in die Paläophytologie vom botanischen Standpunkt aus. Leipzig 1887.
Thomas, H. H., The Caitoniales, a new group of angiospermous plants from the Jurassic rocks of Yorkshire. Philos. Transact. R. Soc. London, Ser. B, Bd. 213, S. 299, 1925.
Unger, F., Versuch einer Geschichte der Pflanzenwelt. Wien 1852.
Walton, J., A note on the strukture of the plant cuticles in the paper-coal from Toula in Central Russia. Mem. & Proc. Manchester Litt. & Philos. Soc., Bd. 70, S. 119, Manchester 1926.
Zeiler, R., Observations sur quelques cuticules fossiles. Ann. Sc. Nat., R. 6, Botanique, Bd. 13, S. 217, Paris 1882.
Zeiler, R., Éléments de paléobotanique. Paris 1900.

1. Abteilung: Thallophyta

bearbeitet von

JULIUS PIA.

Der beschränkte Raum, der innerhalb eines Lehrbuches den Thallophyten gewidmet werden kann, war für die Art der Darstellung maßgebend. Er mußte vor allem den Gruppen vorbehalten werden, über die wir eingehendere anatomische und systematische Kenntnisse haben. Bei ihnen habe ich auch versucht, die Arten vollständig anzuführen. Inkohlte Reste und Abdrücke konnten nur zu einem geringen Teil berücksichtigt werden. Ebenso wurden von den Algae und Fungi incertae sedis nur einige der wichtigsten herausgegriffen. Die Pseudoalgen oder Hieroglyphen mußte ich ganz weglassen. Es ist dies — obwohl es sich ja nicht um Pflanzen handelt — bedauerlich, weil diese interessanten Fossilien auch anderswo in den neueren Lehrbüchern — sowohl den paläozoologischen wie den paläobotanischen — überhaupt nicht mehr dargestellt werden.

Auf alle Angaben, die wesentlich an rezentem Material gewonnen sind, mußte ich verzichten. Es wäre vielleicht wünschenswert gewesen, bei den wichtigeren Familien einleitend die lebenden Vertreter kurz zu besprechen. Ich muß diesbezüglich aber auf botanische Lehrbücher und auf meine »Pflanzen als Gesteinsbildner« (Berlin 1926) verweisen. Die Angaben über die geologische Verbreitung habe ich je nach der stratigraphischen Wichtigkeit der einzelnen Gruppen verschieden genau gehalten. In den Schriftenverzeichnissen habe ich mich auf jene Werke beschränkt, aus denen man die weitere Literatur am besten finden kann.

Die systematische Anordnung ist der Lückenhaftigkeit des Materials und dem praktischen Bedürfnis angepaßt. Es erwies sich als das Beste, eine Reihe von Klassen und innerhalb dieser nur Familien anzuführen. Dadurch wird die große Menge von Einheiten mit nur einer Unterabteilung oder ganz ohne fossile Vertreter vermieden, die sich bei einer reicheren systematischen Gliederung notwendig ergeben hätte.

Herzlich danke ich allen denen, die mich durch ihre wertvollen Auskünfte und bei der sehr schwierigen Beschaffung der Literatur unterstützt haben, besonders den Herrn O. Abel (Wien), R. Bleichsteiner, (Wien), F. Broili (München), W. N. Edwards (London), J. Frenguelli (Santa Fe, vergl. S. 44), J. Groves (Trevarshian), E. Hennig (Tübingen), B. Howell (Princeton), K. v. Keissler (Wien), O. Kühn (Wien), E. Kutassy (Budapest), W. N. Logan (Indianopolis), R. Meslin (Caen), G. H. Perkins (Burlington,) P. A. Pravoslavlev (Petersburg), R. Ruedemann (Albany), B. Sahni (Lucknow), F. X. Schaffer (Wien), S. Squinabol (Turin), E. v. Stromer (München), J. Walton (Manchester), A. Zahlbruckner (Wien). Nicht alle die interessanten Mitteilungen, die ich erhielt, konnten hier wiedergegeben werden. Ich hoffe dies aber bei späteren Gelegenheiten nachzuholen. Schließlich bin ich Herrn Kollegen M. Hirmer zu aufrichtigem Dank verpflichtet, daß er mich angeregt hat, meine zerstreuten Vormerkungen über fossile Thallophyten zusammenzufassen.

I. Klasse. Schizomycetes.

Trotz der Schwierigkeit des Gegenstandes liegen eine Reihe von Angaben über fossile Bakterien vor. Viele von ihnen sollten nachgeprüft werden, doch wird man kaum so weit gehn dürfen, das Vorkommen versteinerter Spaltpilze überhaupt zu bezweifeln. Ellis hat jüngst mit Recht darauf hingewiesen, daß es auf Grund der heutigen Kenntnisse und mit unseren optischen Mitteln möglich ist, Bakterien im Dünnschliff unter günstigen Bedingungen recht sicher zu erkennen. Da die Reste, um die es sich handelt, weniger ein morphologisches als ein biologisches Interesse haben, sollen sie nach biologischen Gruppen besprochen werden.

1. Eisenbakterien.

Reste, die an Bazillen erinnern, sind aus oberalgonkischen Eisenerzen Nordamerikas (Fig. 14) und aus mesozoischen Eisenoolithen Westeuropas beschrieben. In jenen kommen auch fädige Formen vor. Aus dem Miozän Südrußlands wird **Gallionella Ehrenbg.** angegeben.

2. Schwefelbakterien.

Ihre fossilen Reste wurden jüngst im deutschen Kupferschiefer (Perm) nachgewiesen, bei dessen Entstehung sie offenbar eine wichtige Rolle gespielt haben. Im miozänen Dysodil des Rieses in Bayern soll **Beggiatoa Trevisan** auftreten.

3. Kalkbakterien.

Auf die jetzt viel verhandelte Frage nach der geologischen Bedeutung der Spaltpilze für die Entstehung von Kalkbänken kann hier nicht eingegangen werden. Es sei nur erwähnt, daß fossile Micrococcen aus algonkischen Kalken beschrieben sind und mit deren Bildung in Verbindung gebracht werden.

Fig. 14.
Eisenbakterien in einer algonkischen Kieselmasse. 260 : 1. Mesabi-Kette, Minnesota, Nordamerika. (Aus Gruner, 1922.)

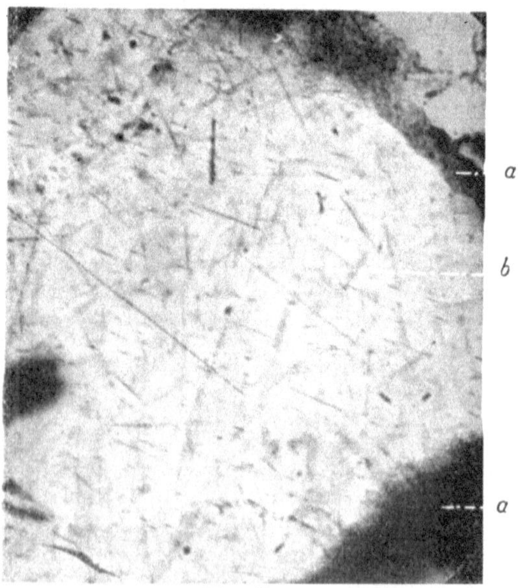

Fig. 15.
Zellinhalt eines Pflanzenrestes mit Bakterienketten. 400 : 1. *a* Zellwände, *b* Zellumen. Unterkreide, Folkestone, England. (Aus Ellis, 1915.)

4. Saprophytische Bakterien.

Auf diese Gruppe beziehen sich weitaus die meisten Angaben im Schrifttum. Es handelt sich um Reste in Pflanzenteilen (Fig. 15), in Knochen und in Koprolithen. Eine große Reihe von Arten der Gattungen **Micrococcus Hallier** und **Bacillus Cohn** sind aufgestellt worden. Vgl. Fig. 16—18. Auch fadenförmige Kolonien werden angegeben, Fig. 15. Zu den ältesten Resten gehören die aus devonischen Fischknochen und aus unterkarbonischen Pflanzen. Die Frage der Bedeutung der Bakterien für die chemischen Vorgänge bei der Bildung der Kohle ist auch heute noch nicht entschieden.

Fig. 16. Bacillus vorax Ren. 400 : 1. Unterkarbon. Esnost (Saône et-Loire), Frankreich. (Aus Renault, 1896.)

5. Pathogene Bakterien.

Man hat versucht, aus Erscheinungen an fossilen Knochen auf durch Bakterien erregte Krankheiten zu schließen. Das kann in den meisten Fällen wohl nur mit sehr viel Vorbehalt geschehen. Da auch noch keine fossilen Reste hieher gehöriger Spaltpilze gefunden wurden, ist es nicht notwendig, auf den Gegenstand näher einzugehen.

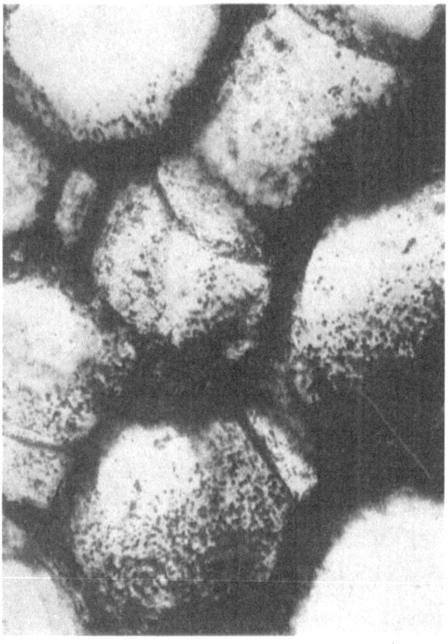

Fig. 17. Verkieseltes pflanzliches Parenchym mit vielen Micrococcen, bes. M. Guignardi Ren. und M. hymenophagus Ren. Schliff. 250 : 1. Oberkarbon. Grand'Croix bei Saint-Etienne, Dep. Loire, Südfrankreich. (Aus Renault, 1900.)

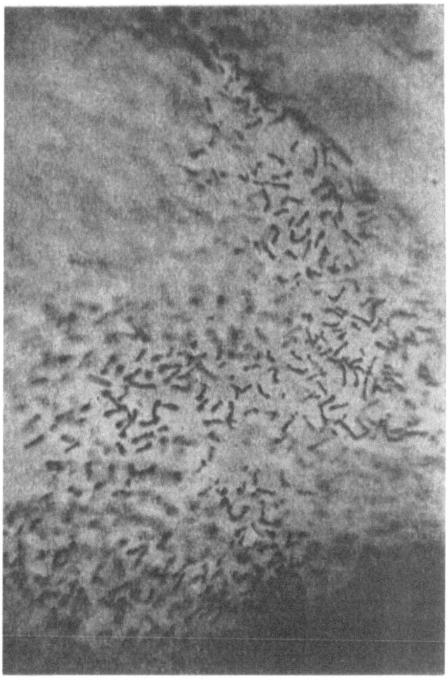

Fig. 18. Bacillus ozodeus Ren. in einem verkieselten Sporangium eines Lepidophyten. Schliff. 450 : 1. Oberkarbon. Grand' Croix bei Saint-Etienne, Dep. Loire, Südfrankreich. (Aus Renault, 1900.) Von C. E. Bertrand werden diese Strukturen als Membranverdickungen der Sporangienwand gedeutet.

Literatur über fossile Bakterien.

Bleicher, Sur la structure microscopique du minerai de fer oolithique de Lorraine. Comptes Rend. Ac. Sc. Paris, Bd. 114, S. 590, 1892.

Ellis, D., Fossil micro-organisms from the Jurassic and Cretaceous Rocks of Great Britain. Proc. Roy. Soc. Edinburgh, Bd. 35, S. 110, 1915.

Gruner, J. W., The origin of sedimentary iron formations: the Biwabik formation of the Mesabi Range. Econ. Geol., Bd. 17, S. 407, Lancaster 1922.

Harz, C. O., Über den Dysodil. Botan. Zentralbl., Bd. 37, S. 39 u. 72, Cassel 1882.

Lipman, C. B., A critical and experimental study of Drew's bacterial hypothesis on $CaCO_3$ precipitation in the sea. Carnegie Inst. of Washington, Publ. 340, S. 181, 1925.

Meschinelli, A., Fungorum fossilium omnium hucusque cognitorum iconographia. Edit. ultima, Vicetiae 1902.

Moodie, R. L. Paleopathology. An introduction to the study of ancient evidences of disease. Urbana, Ill. 1923.

Renault, B., Recherches sur les bactériacées fossiles. Ann. Sc. Nat., R. 8, Bd. 2, S. 275, Paris 1896.

Renault, B., Bassin houiller et permien d'Autun et d'Épinac. Fasc. 4, flore fossile, 2me partie. Études gites minér. de la France. Paris, Minist. des trav. publ., 1896.

Renault, B., Sur quelques microorganismes des combustibles fossiles. Bull. Soc. de l'Ind. Minér., R. 3, Bd. 13, S. 865, Saint-Etienne 1899 u. Bd. 14, S. 1, 1900. Mit Atlas in 4°.

Schneiderhöhn, H., Chalkographische Untersuchung des Mansfelder Kupferschiefers. Neues Jahrb. f. Min. usw., Beilagebd. 47, S. 1, Stuttgart 1923.

Walcott, C. D., Discovery of Algonkian Bacteria. Proc. Nation Ac. Sc. U. S. America, Bd. 1, S. 256, Washington 1915.

II. Klasse. Schizophyceae.

Bei fossilen Objekten, die man nicht zytologisch untersuchen kann, fällt es oft sehr schwer, zu entscheiden, ob sie zu den Schizophyzeen oder zu den äußerlich oft so ähnlichen Chlorophyzeen gehören. Die meisten der im folgenden zu nennenden Gattungen können also nur mit einem gewissen Vorbehalt im System untergebracht werden. Auch ist es oft nicht möglich, eindeutige Beziehungen zu bestimmten Familien zu finden. Ich will deshalb zuerst einige fossile Algen nennen, die sich mit genügender Wahrscheinlichkeit bei rezenten Schizophyzeenfamilien unterbringen lassen. Anschließend sollen solche Formen besprochen werden, die zwar vermutlich auch Spaltalgen sind, aber nicht näher klassifiziert werden konnten.

1. Chroococcaceae.

Gloioconis Renault.

G. Borneti Ren. aus dem Perm von Frankreich soll der rezenten Gloeocapsa sehr ähnlich sein.

Subtetrapedia Renault.

S. russiana Ren. aus dem russischen Unterkarbon wird mit der heute lebenden Tetrapedia verglichen.

2. Protophyceae.

Ich möchte versuchen, unter diesem von Lindenbein aufgestellten Namen zwei Algen zusammenzufassen, die vielleicht etwas verschieden ausgebildete Glieder eines einheitlichen Stammes sein könnten. Die Stellung der ganzen Familie ist noch nicht geklärt, man wird sie aber vorläufig wohl am besten an die Spaltalgen anschließen. Zu untersuchen bleibt, ob sie nicht doch den Botryococcaceen (S. 56) nahesteht.

Gloeocapsomorpha Zalessky

Zellen deutlich in kurzen, radialen Reihen angeordnet.

Gl. prisca Zal. gehört dem Ordovizium an. Fig. 19.

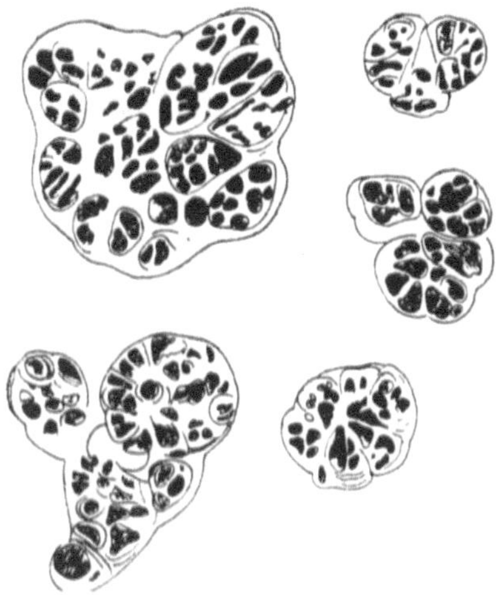

Fig. 19.
Gloeocapsomorpha prisca Zal. 720:1. Ordovizium. Erras-Salla, Estland. (Aus Lindenbein, 1919).

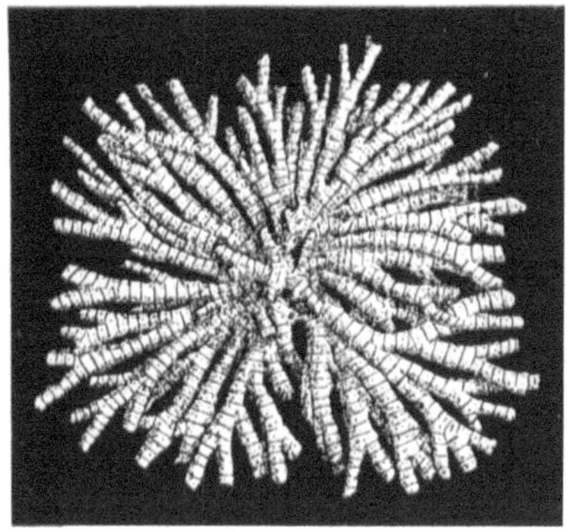

Fig. 20.
Cladiscothallus Keppeni Ren. 150 : 1. Unterkarbon. Rußland. (Aus Renault, 1896.)

Cladiscothallus Renault

kann vielleicht als eine Weiterentwicklung von Gloeocapsomorpha verstanden werden. Die Alge besteht aus einreihigen, gegabelten Zellfäden, die allseits radial ausstrahlen.

Cl. Keppeni Ren. aus dem Unterkarbon, Fig. 20. **C. Wardi** Ren. aus dem Oberkarbon.

3. Oscillatoriaceae.

Spirulina Turpin,

eine heute noch lebende Gattung, soll auch im Eozän vorkommen.

Marpolia Walcott

ist nach den neuen Untersuchungen Waltons der rezenten Schizothrix in mehrfacher Beziehung recht ähnlich.

Nur die Art **M. spissa** Walc. aus dem Mittelkambrium ist bisher genauer bekannt. Fig. 21.

Fig. 21.
Marpolia spissa Walc. 2 : 1. Mittelkambrium. Burgess Pass, British Columbia. (Aus Walcott, 1919.)

Archaeothrix Kidst u. Lang.

Unverzweigte, in Zellen gegliederte Fäden. Man wird sie vorläufig hier anschließen dürfen.

Die typische Art ist **A. oscillatoriaeformis** K. u. L. aus dem Devon.

Anhangsweise wären hier endlich die bisher mit keinem Namen versehenen, frei im Gestein liegenden Röhrchen ohne Gliederung in Zellen zu nennen, die durch ihr hohes geologisches Alter — sie kommen schon im oberen Archaikum vor — besonderes Interesse verdienen. Ihre organische Entstehung ist allerdings nicht sicher (vergl. Hawley).

4. Rivulariaceae.

Ternithrix Reis.

T. compressa Reis aus dem Miozän bildet um ihre schwach wellig gebogenen Scheiden Kalkkrusten, die örtlich Gesteinsbänke zusammensetzen. Fig. 22.

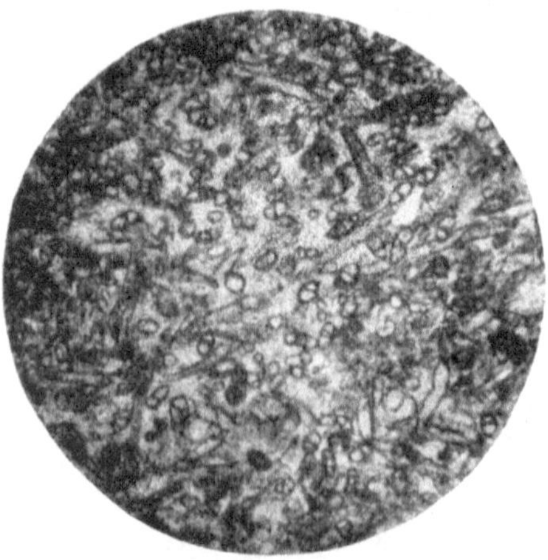

Fig. 22.
Ternithrix compressa Reis. Schliff. 25 : 1. Miozän. Harxheim-Zell, Rheinpfalz. (Aus Reis, 1923.)

Wir gelangen nun zu jener Reihe von Fossilien, die sich nicht in bestimmten lebenden Familien unterbringen lassen, meiner Meinung nach aber wahrscheinlich großenteils zu den Schizophyzeen gehören. Ich glaube, die Übersicht zu fördern, wenn ich sie in ein künstliches System bringe.

5. Spongiostromata.

Sie zeigen keine deutliche organische Struktur, oft aber bezeichnende Wuchsformen. Ich vermute auf Grund des Vergleiches mit ähnlichen rezenten und tertiären Gebilden, daß sie durch Fällung von Kalk in Algenlagern, aber außerhalb der Zellwände, entstanden sind.

a) Stromatolithi.

Dem festen Meeresboden oder sonst einer breiten Unterlage aufgewachsen. Hieher gehören die Reste, die beschrieben sind als

Weedia Walcott, Spongiostroma Gürich, Collenia Walc., Cryptozoon Hall, Archaeozoon Matthew, Gymnosolen Steinm.

Wird schon der Wert dieser Gattungen von vielen sehr angezweifelt — obwohl sie zur kurzen Bezeichnung der Wuchsform immerhin brauchbar sind — so dürften die Arten wohl kaum zu halten sein. Ich verzichte darauf, sie anzuführen. Die meisten der genannten Fossilien sind aus dem Algonk und Altpaläozoikum beschrieben worden. Doch kommen ganz ähnliche Formen auch im Karbon und im Mesozoikum vor. Durch genauere Definition der den einzelnen Gattungsnamen entsprechenden Wuchsformen wird man das künstliche System noch weiter ausgestalten können (vergl. Fig. 23).

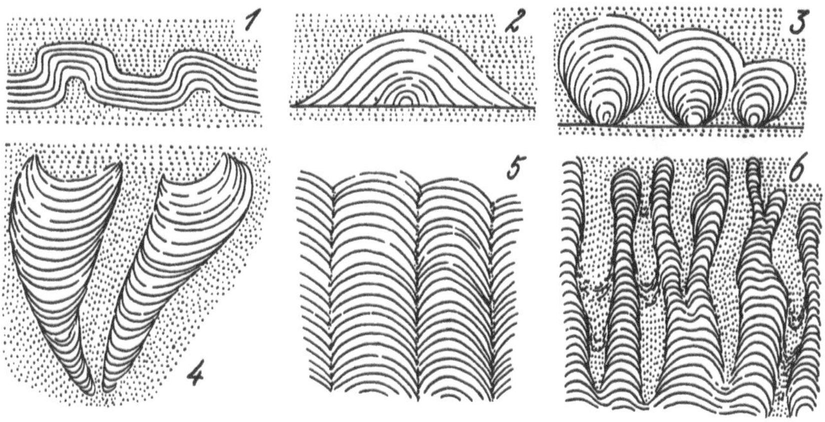

Fig. 23.
Die wichtigsten Wuchstypen der Stromotolithi, verschieden stark verkleinert. 1. Weedia Walcott, 2. Collenia Walc., 3. Cryptozoon Hall, 4. »Cryptozoon« boreale Dawson, 5. Archaeozoon Matthew, 6. Gymnosolen Steinm.

b) Oncolithi.

Außer den festgewachsenen gibt es auch frei im Gestein liegende Knollen von ähnlicher Struktur, für die die Namen

Pycnostroma Gürich, Spongiostroma Rothpletz non Gürich, Osagia Twenhofel, Ottonosia Twenh., Wingia Seely

verwendet wurden. Oft umhüllen sie einen kleinen Fremdkörper.

Von den bisher besprochenen Formen ohne organische Struktur, die deshalb oft als rein mineralische Bildungen angesehen wurden, heben sich solche mit deutlichen, im Mikroskop erkennbaren Röhrchen ab. Ich bezeichne sie als

6. Porostromata.

Nach der Anordnnng der Röhrchen kann man unter ihnen 2 Gruppen bilden.

a) Agathidia.

Die ungegliederten, gegabelten, verzweigten Röhren sind ähnlich wie die Fäden in einem Knäuel zu einem Knollen vereinigt. Die Gruppe ist hauptsächlich vertreten durch

Girvanella Nich. & Eth.

Die sehr zahlreichen Arten kommen vom Kambrium bis zur Kreide vor. Wir nennen:

aus dem Kambrium **G. incrustans** Born. spec., **G. antiqua** Daws.;
aus dem Ordovizium **G. problematica** Nich. u. Eth., **G. ocellata** Seely spec., **G. atrata** Seely spec., **G. Brainerdi** Seely spec., **G. prunus** Seely spec.;
aus dem Silur **G. richmondensis** Miller spec., **G. conferta** Chapm.;
aus dem Unterkarbon **G. incrustans** Weth. non Born. (angeblich auch Silur), **G. Ducii** Weth., **G.? sinensis** Yabe;
aus dem Dogger **G. pisolitica** Weth., **G. Lucii** Weth., **G. minuta** Weth., **G. intermedia** Weth.;
aus der Unterkreide **G. minima** Romanes.

Sphaerocodium Rothpl.

ist meiner Überzeugung nach nur ein Name für knollige Verwachsungen verschiedener Arten von Girvanella, Pycnostroma und wohl noch anderer, bisher nicht einzeln benannter Algen. Solche Gebilde wurden aus dem Silur: **S. gotlandicum** Rothpl. (Fig. 24) u. **S. Munthei** Rothpl., aus den Devon: **S. Zimmermanni** Rothpl. und aus der Trias: **S. Bornemanni** Rothpl. u. **S. Kokeni** Wagn. beschrieben.

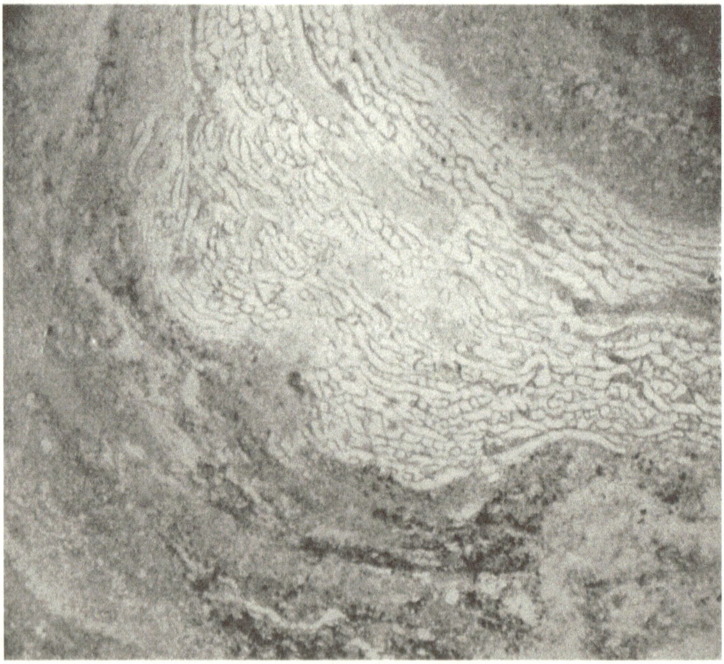

Fig. 24.
Sphaerocodium gotlandicum Rothpl. Schliff. 40 : 1. Silur. Ronehamn, Gotland, Schweden. (Aus Munthe, 1910.)

b) Thamnidia.

Unter diesem Namen sind ein paar Gattungen zu nennen, deren Röhrchen mehr oder weniger senkrecht zur Oberfläche der Stöcke angeordnet sind, die sich also im Bauplan etwa mit den Rivulariaceen vergleichen lassen.

Epiphyton Bornem.

Die Zweige stehen dicht gedrängt, so daß sie im Querschnitt eine polygonale Form aufweisen. Aus dem Kambrium werden mehrere Arten angeführt, so z. B. **E. flabellatum** Bornem.

Hedströmia Rothpl.

mit 2 silurischen Arten ist der vorigen sehr ähnlich. Die Äste sind gegen außen stark verjüngt.

Mitcheldeania Weth. und Ortonella Garw.

stammen aus dem Kohlenkalk. Sie sind nur durch untergeordnete Merkmale verschieden. Auch bei ihnen scheinen nicht selten mehrere Species zusammen einen Knollen aufzubauen. — **Mich. gregaria** Nichols., **Ort. furcata** Garw. Fig. 25.

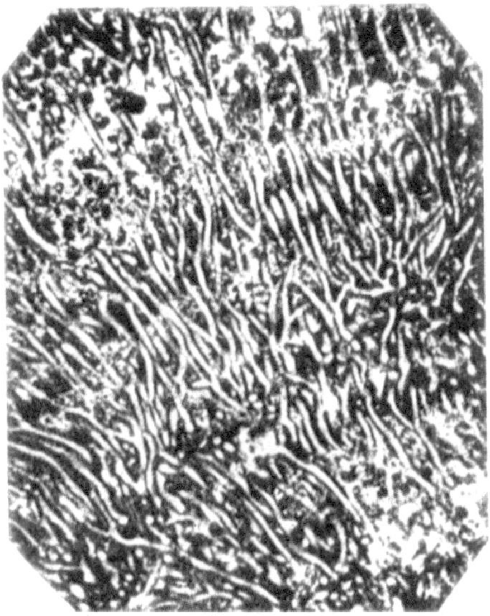

Fig. 25.
Ortonella furcata Garw. 20 : 1. Unterkarbon. Ravenstonedale, Westmorland, England. (Aus Garwood, 1914.)

Fig. 26.
Dimorphostroma palatinum Reis. Schliff. 15 : 1. Miozän. Birkweiler, Rheinpfalz. (Aus Reis, 1923.)

Zonotrichites Bornem.

aus triadischen Süßwasserschichten erinnert stark an Mitcheldeania. **Z. lissaviensis** Bornem. ist die einzige Art.

Dimorphostroma Reis

aus dem Miozän ist ein Beispiel dafür, daß ganz ähnliche Strukturen, wie die eben besprochenen, auch im Jungtertiär vorkommen. Die wichtigste Art ist **D. palatinum** Reis. Fig. 26.

Brachydactylus Reis

Br. radialis Reis aus dem Miozän, zeichnet sich durch sehr gedrungene, reichlich verzweigte Äste aus. Einige andere von Reis aufgestellte tertiäre Gattungen sind ungenügend gekennzeichnet und sollen hier übergangen werden.

Wenn sich auch nicht sicher beweisen läßt, daß die hier aufgezählten Gattungen systematisch zusammengehören, sind sie einander doch äußerlich so ähnlich, daß man sie am besten beisammen läßt, so lange man keinen zwingenden Grund hat, sie zu trennen.

Literatur über fossile Schizophyceae.

Bassler. R. S., Bibliographic Index of American Ordovician and Silurian fossils. U. S. Nation. Mus., Bull. Nr. 92, Washington 1915.

Bornemann, J. G., Geologische Algenstudien. Jahrb. Preuß. Geol. Landesanst. f. 1886, S. 116, Berlin 1887.

Bornemann, J. G., Die Versteinerungen des Cambrischen Schichtensystems der Insel Sardinien nebst vergleichenden Untersuchungen über analoge Vorkommnisse aus anderen Ländern. Verh. Leopold.-Carolin. Deutschen Akad. d. Naturforsch., Bd. 51, S. 1, Halle 1887 u. Bd. 56, S. 425, 1891.

Cayeux, L., Les algues calcaires du groupe des Girvanella et la formation des oolithes. Comptes Rend. Acc. Sc. Paris, Bd. 150, S. 359, 1910.

Chapman, F., Newer Silurian fossils of Eastern Victoria. Part I. Rec. Geol. Surv. Victoria, Bd. 2 S. 67, Melbourne 1907.

Clarke, J. M., The Cryptozoon reefs near Saratoga. New-York State Mus. Bull. Nr. 253, S. 20, Albany 1924.

Cushing, H. P. & Ruedemann, R., Geology of Saratoga Springs and vicinity. New-York State Mus. Bull. Nr. 169, Albany 1914.

Davis, C. A., On the fossil algae of the petroleum-yielding shales of the Green River formation of Colorado und Utah. U. S. Nation. Ac. Sc., Proc. Bd. 2, S. 114, Washington 1916.

Dawson, W., Note on Cryptozoon and other ancient fossils. Canad. Rec. of Sc., Bd. 7, 1896, S. 203, Montreal 1897.

Garwood, E. J., On the important part played by calcareous algae at certain geological horizons, with spezial reference to the Palaezoic rocks. Geol. Mag., R. 5, Bd. 10, S. 440, 490, 545, London 1913.

Garwood, E. J., Some new rock-building organisms from the lower Carboniferous beds of Westmorland. Geol. Mag., R. 6, Bd. 1, S. 265, London 1914.

Gordon, W. T., Scottish national Antarctic expedition, 1902—1904: Cambrian organic remains from a dredging in the Weddell Sea. Transact. Roy. Soc. Edinburgh, Bd. 52, S. 681, 1920.

Gruner, J. W., Discovery of life in the Archean. Journ. of Geol., Bd. 33, S. 151, Chicago 1925.

Gürich, G., Les Spongiostromides du Viséen de la province de Namur. Mém. Mus. Belge Hist. Nat., Bd. 3, Bruxelles 1906.

Hawley, J. E.: An evaluation of the evidence of life in the Archean. Journ. of Geol., Bd. 34, S. 441, Chicago 1926.

Holtedahl, O., On the occurence of structures like Walcott's Algonkian algae in the Permian of England. Amer. Journ. of Sc., R. 5, Bd. 1, S. 195, New Haven 1921.

Kidston, R. u. Lang, W. H., On Old Red Sandstone plants showing structure, from the Rhynie chert bed, Aberdeenshire. Part V. The Thallophyta etc. Transact. Roy. Soc. Edinburgh, Bd. 52, S. 855, 1921.

Matthew, G. F., Note on Archaeozoon. Nat. Hist. Soc. New Brunswick Bull. 25, S. 547, St. John 1907.

Nicholson, H. A., On certain anomalous organisms which are concerned in the formation of the Palaeozoic limestones. Geol. Mag., R. 3, Bd. 5, S. 15, London 1888.

Nicholson, H. A. u. Etheridge R., A monograph of the Silurian fossils of the Girvan district in Ayrshire with special reference to those contained in the „Gray collection". Bd. 1, Edinburgh u. London 1880.

Reis, O. M., Referat über E. Kalkowsky: Über Oolith und Stromatolith im norddeutschen Buntsandstein. Neues Jahrb. f. Min. usw., 1908 II, S. -114-.

Reis, O. M., Über eine stromatolithische Versteinerung eines karbonischen Pflanzenrestes. Geogn. Jahresh., Bd. 25, 1912, S. 113, München 1913.

Reis, O. M., Kalkalgen und Seesinterkalke aus dem rheinpfälzischen Tertiär. Geogn. Jahresh., Bd. 36, S. 103, München 1923.

Renault, B., „Autun et Épinac", vergl. S. 34.

Renault, B., „Microorganismes fossiles", vergl. S. 34.

Romanes, M. F., Note on an algal limestone from Angola. Transact. Roy. Soc. Edinburgh, Bd. 51, S. 581, 1916.

Rothpletz, A., Fossile Kalkalgen aus den Familien der Codiaceen und der Corallinaceen. Zeitschr. d. Deutsch. Geol. Ges., Bd. 43, S. 295, Berlin 1891.

Rothpletz, A., Über die Kalkalgen, Spongiostromen und einige andere Fossilien aus dem Obersilur Gottlands. Sverig. Geol. Unders., R. Ca, H. 10, Stockholm 1913.

Rothpletz, A., Über Sphaerocodium Zimmermanni n. sp., eine Kalkalge aus dem Oberdevon Schlesiens. Jahrb. Preuß, Geol. Landesanst., Bd. 32, 1911 — II, S. 112, Berlin 1914.

Rothpletz, A., Über die systematische Deutung und die stratigraphische Stellung der ältesten Versteinerungen Europas und Nordamerikas mit besonderer Berücksichtigung der Cryptozoen und Oolithe. I—III. Abh. Bayer. Ak. Wiss., Math.-phys. Kl., Bd. 28, H. 1, München 1915; H. 4, 1916; Bd. 29, H. 5, 1922.

Rüger, L., Die Ergebnisse neuerer Untersuchungen über den estnischen Kuckersit und einige sich daran knüpfende Fragen. Geol. Rundsch., Bd. 17, S. 23, Berlin 1926.

Sampelayo, P. H., Fosiles de Galicia. — Nota sobre la fauna paleozoica de la Provincia de Lugo. Bol. Inst. Geol. de España, Bd. 36, S. 277, Madrid 1915.

Seely, H. M., The Stromatoceria of Isle La Motte, Vermont. Rep. State Geol. Vermont, Bd. 4, 1903—1904, S. 144, Montpellier 1904.

Seely, H. M., Cryptozoa of the early Champlain sea. Rep. State Geol. Vermont, Bd. 5. 1905—1906, S. 156, Montpellier 1906.

Steinmann, G., Über Gymnosolen Ramsayi, eine Coelenterate von der Halbinsel Kanin. W. Ramsay, Beiträge zur Geologie der Halbinsel Kanin. Fennia, Bull. Soc. de Géogr. Finlande, Bd. 31. Nr. 4, S. 18, Helsingfors 1911.

Twenhofel, W. H., Pre-Cambrian and Carboniferous algal deposits. Amer. Journ. of Sc., R. 5, Bd. 48, S. 339, New Haven 1919.

Wagner, G., Beiträge zur Stratigraphie und Bildungsgeschichte des oberen Hauptmuschelkalks und der unteren Lettenkohle in Franken. Geol. und Paläont. Abh., N. F., Bd. 12, H. 3, Jena 1913.

Walcott, C. D., Pre-Cambrian Algonkian algal flora. Cambrian Geol. u. Pal., Bd. 3, H. 2. Smithson. Misc. Coll., Bd. 64, H. 2, S. 77, Washington 1914.

Walcott, C. D., Middle Cambrian algae. Cambrian Geol. u. Pal., Bd. 4, H. 5. Smithson. Misc. Coll., Bd. 67, H. 5, Washington 1919.

Walton, J., On the structure of a Middle Cambrian alga from British Columbia (Marpolia spissa Walcott). Proc. Cambridge Phil. Soc., Biol. Sc., Bd. 1, S. 59, 1923.

Wethered, E., On the occurence of the genus Girvanella in oolitic rocks, and remarks on oolitic structure. Quart. Journ. Geol. Soc. London, Bd. 46, S. 270, 1890.

Wethered, E., On the microscopic structure of the Wenlock limestone with remarks on the formation generally. Quart. Journ. Geol. Soc. London, Bd. 49, S. 236, 1893.

Yabe, H., Über einige gesteinsbildende Kalkalgen von Japan und China. Science Rep. Tôhoku Imp. Univ. Sendai, R. 2, Geol., Bd. 1, S. 1, 1912.

III. Klasse Flagellatae.

Aus dieser primitiven Organismengruppe, die an der Grenze zwischen Tier- und Pflanzenreich steht, so daß die Zugehörigkeit vieler Gattungen noch zweifelhaft ist, sind 2 Familien für den Paläontologen wichtig.

1. Coccolithophoraceae.

Ihre pflanzliche Natur ist gesichert. Die Zellhaut trägt einen Panzer, die Coccosphäre, die aus einzelnen Kalkplättchen oder Coccolithen besteht.

Sieht man von einigen seltenen Typen ab, so lassen sich unter den Panzerstücken der heute lebenden Kalkgeißler folgende Hauptformen unterscheiden:

a) Undurchbohrte oder von vielen kleinen Poren durchsetzte Coccolithen.
   1. Discolithen. Scheiben mit verdicktem Rand.
   2. Lopadolithen. Tonnenförmig, mit der Öffnung nach außen.
   3. Calyptrolithen. Becherförmig, mit dem Boden nach außen.

b) Coccolithen mit einer weiten Hauptdurchbohrung.
   4. Placolithen. Zwei durchbohrte Scheiben, die durch eine kurze Röhre verbunden sind.
   5. Rhabdolithen. Langröhrenförmig.

Unter den fossilen Formen gibt es mehrere, die sich in diese rezenten Gruppen nicht einfügen lassen.

Cribrosphaera Archangelski

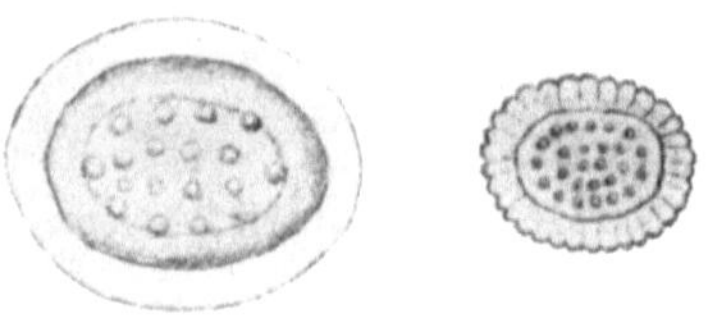

Fig. 27. Cribrosphaera Murrayi Arch. (links) und Cr. Ehrenbergii Arch. (rechts). Coccolithen. 2250 : 1. Zenoman, Saratow, Rußland (Aus Archangelski, 1912.)

ist besonders bemerkenswert. Der Coccolith ähnelt einem Placolithen, die Röhre ist aber sehr weit und nicht offen, sondern auf einer Seite durch eine siebartig durchlöcherte Kalkplatte verschlossen. **Cr. Murrayi** Arch. und **Cr. Ehrenbergii** Arch. (Fig. 27) kommen im Zenoman vor.

Nach Gümbel kann man die Coccolithen bis in das Kambrium zurückverfolgen. Die komplizierten Formen, wie besonders die Placolithen, scheinen aber erst von der Kreide an aufzutreten.

2. Dictyochaceae (Silicoflagellatae).

Ihre Zugehörigkeit zum Pflanzenreich ist noch zweifelhaft. Von den lebenden generisch abweichende fossile Skelette sind bis jetzt nicht bekannt geworden. Wir können aber auch hier beobachten, daß die komplizierten Formen erst verhältnismäßig spät erscheinen. Das erste Auftreten ist nach unserer gegenwärtigen Kenntnis etwa folgendes:

Mesocena Ehrenberg.

Paleozän.

Dictyocha Ehr.

Sicher im Senon, angeblich schon im Gault und untersten Dogger.

Distephanus Stöhr.

Miozän. (Fig. 32).

Cannopilus Haeckel.

Miozän.

Die zweite Familie der Silikoflagellaten, die Ebriaceae, ist fossil nicht bekannt.

Literatur über fossile Flagellaten.

(Weitere Nachweise besonders bei Pia und Stromer.)

Carnevale, P., Radiolarie e Silicoflagellati di Bregonzano (Reggio Emilia). Mem. Ist. Veneto Sc. Lett. ed Arti, Bd. 28, H. 3, Venezia 1908.

Cocco, L., I Radiolari fossili del tripoli di Condrò (Sicilia). Rendic. e Mem. Acc. Sc. Lett. ed Arti di Acireale. R. 3, Bd. 3, 1903, Cl. di Sc., S. 1, Acireale 1905.

Hok, T. S.: On a Young-Tertiary limestone of the Isle of Rotti with Coccoliths, calci- and manganese-peroxide-spherulites. Proc. Akad. van Wetensch. Amsterdam, Bd. 29, S. 1095, 1926.

Martin, G. C., Radiolaria. Maryland Geol. Surv., Miocene, S. 447, Baltimore 1904.

Pia, J., Geologisches Alter und geographische Verbreitung der wichtigsten Algengruppen. Österr. bot. Zeitschr., 1924, S. 174.

Stolley, E., Über Diluvialgeschiebe des Londonthons in Schleswig-Holstein und das Alter der Molerformation Jütlands, sowie das baltische Eozän überhaupt. Archiv f. Anthr. u. Geol. Schleswig-Holsteins, Bd. 3, S. 105, Kiel 1900.

Stromer, E., Bemerkungen über Protozoen. Centralbl. f. Min. usw., 1906, S. 225.

IV. Klasse Myxomycetes.

Unter den wenigen Angaben über das fossile Auftreten dieser Gruppe verdient **Myxomycetes Mangini** Renault aus dem Karbon noch am ehesten erwähnt zu werden. Es handelt sich um Parasiten in den Rindenzellen von Gefäßpflanzen. Sicher lassen sich natürlich auch diese Reste nicht deuten.

Bretonia Hardinghenl Bertr. & Hovel. aus dem Oberkarbon und Perm ist noch viel zweifelhafter.

Literatur.

Bertrand, C. E., Le boghead d'Autun. Bull. Soc. de Industr. Minér., R. 3, Bd. 6, S. 453, St.-Etienne 1892.

Bertrand, C. E. & Renault, B., Le boghead d'Autun. Comptes rend. Ac. Sc. Paris, Bd. 115, S. 138, 1892.

Renault, B., „Autun et Épinac“ u. „Microorganismes des combustibles“. Vergl. S. 34.

V. Klasse Peridineae (Dinoflagellatae).

Die Kenntnisse über fossile Peridineen sind äußerst gering. Aus dem Jungmesozoikum werden aber einige recht sichere Arten von **Peridinium** Ehrenb. angeführt, so vor allem **P. delitiense** Ehr. und **P. pyrophorum** Ehr. aus der Kreide? (Fig. 28), auch **P. cf. cinctum** Ehr. aus dem Oberjura. Das Vorkommen der Gattung im Karbon ist dagegen sehr zweifelhaft.

Literatur.

Ehrenberg, C. G., Mikrogeologie. Vergl. S. 53.

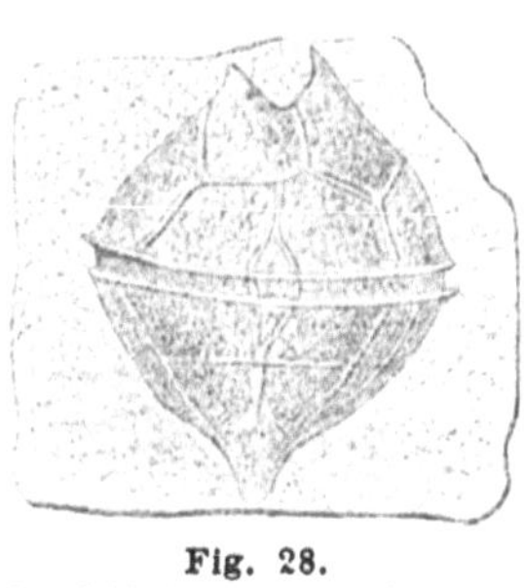

Fig. 28.
Peridinium pyrophorum Ehrenb. 300:1. Kreide? Delitzsch, Prov. Sachsen, Preußen. (Aus Ehrenberg, 1854.)

VI. Klasse Diatomeae (Bacillariophyta).

(Im wesentlichen Übersetzung eines Manuskriptes von Prof. J. Frenguelli in Santa Fe, Argentinien).

Da ich (Pia) mich mit fossilen Diatomeen bisher viel zu wenig beschäftigt hatte, wandte ich mich an den bekannten Spezialisten Prof. J. Frenguelli mit der Bitte um einige Auskünfte. Er hatte die große Liebenswürdigkeit, mir daraufhin ein ausführliches Manuskript zu schicken, das ich im folgenden etwas gekürzt und ins Deutsche übersetzt wiedergebe. Vorher möchte ich nur einiges bemerken über

die ältesten bekannten Diatomeenreste.

Rothpletz hat einmal eine Navicula aus dem Obersilur beschrieben. Aus der Abbildung geht jedoch hervor, daß der Rest kaum sicher zu deuten ist. Derselbe Zweifel gilt für die angeblichen Diatomeen des Devons von Nordamerika (M. C. White). Das Alter der von Castracane aus dem Karbon angegebenen Diatomeen wird gegenwärtig — offenbar mit Recht — für gänzlich unerwiesen gehalten. Es handelt sich jedenfalls um rezente Diatomeenschalen, die nachträglich unter die Kohlen gelangt sind. Ebenso wenig verläßlich ist eine von Ehrenberg abgebildete „Gallionella" aus triadischem Steinsalz. Die diatomeenführenden Tone aus New Jersey, die A. M. Edwards für triadisch ansah, dürften jedenfalls viel jünger sein (vergl. den Nachtrag am Ende dieses Bandes).

Es bleibt demnach als ältestes Diatomeenvorkommen das durch Rothpletz beschriebene aus dem Lias. Hier tritt die Gattung **Stephanopyxis Ehrenb. (Pyxidicula Ehrenb.)** auf, die auch heute noch Vertreter hat. Fig. 29. Wenig jünger sind die

Fig. 29. Pyxidicula bollensis Rothpl. 500:1. Oberlias. Boll, Württemberg. (Aus Rothpletz, 1896.)

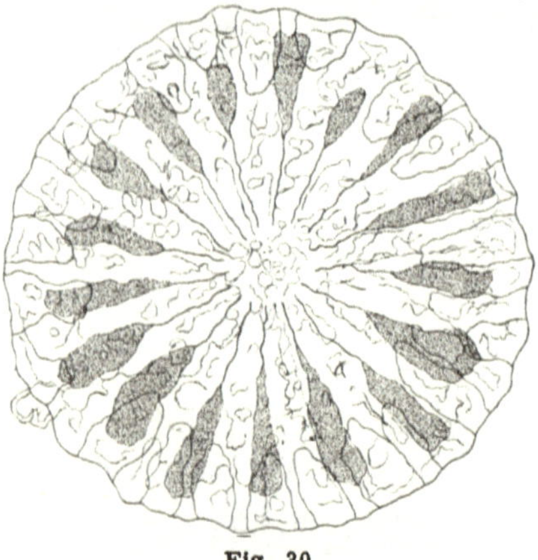

Fig. 30. Actinoclava Frankei O. Müll. 250 : 1. Oberkreide, Rilmerich, Westfalen, Deutschland. (Aus Müller, 1911).

Angehörigen der Gattung **Coscinodiscus,** die Rüst beschrieben hat. Cayeux's Angaben über Diatomeen aus dem Oberjura wurden später widerrufen. Dagegen wurde Stephanopyxis (Pyxidicula) schon vor langer Zeit durch Ehrenberg aus dem Oberjura von Krakau erwähnt. Durch Rothpletz ist sie dann auch noch aus der untersten Kreide nachgewiesen. Ebenfalls aus der unteren Kreide, u. zw. Australiens, kennt man durch Dun wieder einen Coscinodiscus.

Es ist wohl kein Zufall, daß diese zwei Gattungsnamen im Mesozoikum immer wiederkehren.

Nur aus dem Turon kennt man bisher **Actinoclava O. Müller.** Sie gehört in die Familie der Actinodisceae. Die einzige Art ist **A. Frankei** O. Müll. Fig. 30. Übrigens scheint die Oberkreide schon wesentlich diatomeenreicher zu sein, als das tiefere Mesozoikum. Leider liegen darüber gar keine neueren Arbeiten vor und die alten sind systematisch, vor allem aber stratigraphisch kaum zu verwenden. Die höchst merkwürdigen Mitteilungen O'Mearas beispielsweise wären dringend zu prüfen.

Wirklich reich entwickelt ist erst die

Diatomeenflora im Tertiär.

Sie wird im folgenden durch Prof. Frenguelli dargestellt, dessen geistiges Eigentum die weiteren Ausführungen bis zum Schluß des Kapitels sind. Nur in einer Hinsicht habe ich mir eine kleine Änderung erlaubt: Das Alter der ersten drei weiter unten angeführten Fundorte läßt sich nämlich aus geologischen Gründen recht genau festlegen. Diese Ergebnisse habe ich unter meinem Namen hinzugefügt.

Viele ältere Autoren (Castracane, O'Meara, Edwards) bezweifelten, ob es überhaupt ausgestorbene Diatomeenarten gebe oder schätzten doch den stratigraphischen Wert dieser Gruppe sehr gering ein. (Heribaud). Der Erste, der im Gegensatz dazu auch den Diatomeen einen chronologischen Wert beimaß, scheint Pantocsek (1894) gewesen zu sein. Er suchte sie in Ermangelung anderer Anhaltspunkte nach denselben Grundsätzen, die für andere Fossilien gelten, zur Bestimmung des Alters heranzuziehen. In derselben Richtung bewegen sich die Forschungen Peragallos. Im Anschluß an Lyells Methode der Tertiärgliederung untersuchte er das Verhältnis der lebenden und ausgestorbenen Arten in den Diatomeen führenden Schichten. Er drückte dieses Verhältnis durch eine Kurve aus und gelangte so zur folgenden zeitlichen Anordnung der Fundstellen:

Fundstelle	%	
Kusnetzk (Saratow)	2,3 %	Kreide
Ananino (Simbirsk)	11,5 %	Kreide
Diatomeenschichten der Antillen	11,9 %	Kreide
„ Jütlands	16,1 %	Kreide
Oamaru (Neuseeland)	21,1 %	Tertiär
Ältere mediterrane Ablagerungen Ungarns (Szent Peter, Szakal usw.)	40 %	Tertiär
Diatomeenschichten der westlichen Vereinigten Staaten (Santa Monica, Monterey usw.)	41 %	Tertiär
Diatomeenschichten der östlichen Vereinigten Staaten (Richmond, Nottingham usw.)	44 %	Tertiär
Moron (Spanien)	47 %	Tertiär
Griechenland, Algier, Sizilien	66,6 %	Tertiär

Trotz dieser Versuche sind wir noch weit von einer endgiltigen Gliederung entfernt. Wir wissen noch sehr wenig über die genaue stratigraphische Verbreitung der einzelnen Diatomeenarten, ja selbst über die Reihenfolge des Erscheinens der Gattungen und Unterfamilien. Der Hauptgrund der Schwierigkeiten liegt wohl darin, daß die Diatomologen im allgemeinen keine Geologen waren und umgekehrt die Geologen sich nicht um die Diatomeen gekümmert haben. Es ist deshalb sehr schwierig, das genaue Alter der einzelnen Tripelablagerungen aus dem Schrifttum zu entnehmen.

Trotz aller dieser Schwierigkeiten habe ich die unten folgende Tabelle zusammengestellt, die als ein erster Versuch gewiß noch mit manchen Mängeln behaftet sein wird. Es sind darin — nach dem System von H. van Heurck — alle Gattungen mit Ausnahme einiger ganz unbedeutender aufgezählt.

Die Fundorte folgen in chronologischer Weise aufeinander. Die Nummern am Kopf der Tabelle entsprechen den folgenden Örtlichkeiten:

1.) Kusnetzk (Saratow). Von Pantocsek für Trias, von Peragallo für Unterkreide gehalten. (Nach den russischen geologischen Aufnahmen sicher Paleozän. Pia).

2.) Ananino (Simbirsk). Von Pantocsek und Peragallo für Kreide angesehen. (Wohl auch Paleozän. Pia).

3.) Zementstein von Jütland (Dänemark). Nach Peragallo Oberkreide (nach den dänischen Geologen, z. B. Ussing, unterstes Eozän i. e. S. Pia).

4.) Haiti und Barbados (Antillen). Von Pantocsek zur Oberkreide, von Peragallo zur Mittelkreide, von anderen (Ehrenberg, Brun) ins Miozän gestellt, vielleicht aber dem Eozän angehörig.

5.) Oamaru (Neuseeland). Diese Ablagerung wurde von Grove und Sturt ins Obereozän, von Pantocsek, Wollman, David, Peragallo etwa an die Grenze zwischen Kreide und Tertiär gestellt, gehört aber wohl zusammen mit dem Rest der Oamaru Formation in das Oligozän.

6.) Moron (Spanien). Wird ins Aquitan (unterstes Miozän) gestellt. Die Diatomeenflora macht allerdings einen sehr jungen, eher pliozänen Eindruck.

7.) Shilo, N. J. (Vereinigte Staaten) und Neussarge, Joursac, La Garde usw. in der Auvergne, Frankreich. Miozän (Tempère et Peragallo, Héribaud), genauer Burdigalien (Dall, Haug).

8.) Szent Peter, Szakal, Nagy-Kürtös in Ungarn; Marmorito, Bergonzano, Monte Gibbio, Licata, Grotte in Italien. Miozän, nach Forti Helvetische Stufe.

9.) Santa Monica und Monterey in Californien. Monterey-Stufe, ungefähr mittleres Miozän.

10.) Richmond, Virginia und Nottingham, Maryland. Miozän, vielleicht etwa dem Helvet entsprechend.

11.) Abauj-Szanto, Aranyos, Czekehaza in Ungarn; Dolje in Kroatien. Sarmatische Stufe, oberstes Miozän. (Pantocsek).

12.) Elesd, Bory, Bremia usw., in Ungarn; Celles, La Bade, La Bourboule usw. in der Auvergne, Frankreich. Pontische Stufe, unterstes Pliozän (Pantocsek, Héribaud).

13.) Sendai, Yeso, Yeddo in Japan. Nach Brun Pliozän. Die Flora macht einen etwas älteren, vielleicht obermiozänen Eindruck.

14.) Casaux in Frankreich und die Ablagerungen des Villafranchiano (Oberpliozän) von Sizilien, Griechenland und Algier.

15.) Quartärablagerungen von Schottland, Schweden, Ostpreußen, Italien, Soddo (Eritrea, Ostafrika). (Gregory, Cleve, Hustedt, Bauer, Clerici, Forti).

16.) Heute lebend.

	1	2	3	4	5	6	7	8	9	10	11	12	13	14	15	16
Raphideae																
Cymbelleae																
Amphora	.	.	.	+	+	+	.	+	.	.	+	+	+	+	+	+
Cymbella	.	.	.	.	.	.	+	+	.	.	+	+	+	+	+	+
Encyonema	.	.	.	.	.	.	+	.	.	.	.	+	+	+	+	+
Naviculeae																
Mastogloia	.	.	.	+	+	.	.	.	.	.	+	+	+	+	+	+
Stigmaphora	.	.	.	.	.	.	.	.	.	.	.	.	.	.	.	+
Dictyoneis	.	.	.	.	+	.	.	.	.	.	.	+	+	.	+	+
Stauroneis	.	.	.	.	.	.	+	.	.	.	.	.	+	+	+	+
Navicula (Fig. 32)	+	+	.	+	+	+	+	+	+	+	+	+	+	+	+	+
Rhoiconeis	.	.	.	.	.	.	.	.	.	.	.	.	.	.	.	+
Cymatoneis	.	.	.	.	.	.	.	.	.	.	.	.	.	.	.	+
Colletonema	.	.	.	.	.	.	.	.	.	.	.	.	.	.	.	+
Vanheurckia	.	.	.	.	+	.	+	.	.	.	.	.	.	+	+	+
Stenoneis	.	.	.	.	.	.	.	.	.	.	.	.	.	.	.	+
Cistula	.	.	.	.	.	.	.	.	.	.	.	.	.	.	.	+
Amphipleura	.	.	.	.	.	.	.	.	.	.	.	.	.	+	+	+
Reicheltia	.	.	.	.	.	.	.	+	.	.	.	+	.	.	+	+
Brebissonia	.	.	.	.	.	.	.	.	.	.	.	.	.	.	.	+
Berkeleya	.	.	.	.	.	.	.	+	.	.	.	.	.	.	.	+
Scoliopleura	.	.	.	.	.	.	.	+	.	.	.	.	.	+	.	+
Donkinia	.	.	.	.	+	.	.	.	.	.	.	.	.	.	.	+
Pleurosigma	.	.	.	.	.	+	+	+	.	+	+	+	+	+	+	+
Rhoicosigma	.	.	.	.	.	.	.	.	.	.	.	.	.	+	.	+
Amphiprora	.	.	.	.	+	.	.	.	.	.	+	+	+	+	+	+
Tropidoneis	.	.	.	.	.	.	.	.	.	.	.	.	.	.	.	+
Auricula	.	.	.	.	.	.	.	.	.	.	.	.	+	.	.	+
Gomphonemeae																
Gomphonema	.	.	.	.	.	.	+	.	.	.	+	.	+	+	+	+
Rhoicosphenia	.	.	.	.	.	.	+	.	.	.	.	.	.	+	+	+
Achnantheae																
Achnanthidium	.	.	.	.	.	.	.	.	.	.	.	.	.	+	+	+
Achnanthes	.	.	.	.	.	.	+	+	.	.	+	+	+	+	+	+
Cocconeideae																
Orthoneis	.	.	.	+	+	+	+	+	+	+	+	+	.	+	.	+
Anorthoneis	.	.	.	.	.	.	+	.	.	.	.	.	.	.	.	+
Campyloneis	.	.	.	+	+	+	.	+	.	.	.	.	.	.	.	+
Cocconeis	.	.	.	+	+	+	+	+	+	+	+	+	+	+	+	+
Pseudo-Raphideae																
Epithemieae																
Epithemia	.	.	.	.	.	.	+	.	.	.	+	+	+	+	+	+
Eunotia	.	.	.	+	+	.	+	.	.	.	.	+	+	+	+	+
Pseudo-Eunotia	.	.	.	.	.	.	.	.	.	.	.	.	.	.	+	+

	1	2	3	4	5	6	7	8	9	10	11	12	13	14	15	16
Ceratoneis	.	.	.	.	.	.	+	.	.	.	.	.	.	+	+	+
Actinella	.	.	.	+	.	.	+	.	.	.	.	.	+	.	+	+
Synedreae																
Synedra	.	.	.	.	+	+	+	+	.	.	+	+	+	+	+	+
Asterionella	.	.	.	.	.	.	.	.	.	.	.	.	.	+	+	+
Thalassiothrix	.	.	.	.	.	.	.	.	.	.	.	.	+	.	.	+
Fragilarieae																
Fragilaria	.	.	.	.		+	+	+	.	.	+	+	+	+	+	+
Cymatosira	.	.	.	.		.	.	.	.	.	.	?	+	.	.	+
Campylosira	.	.	.	.		.	.	.	.	.	.	.	.	.	.	+
Raphoneideae																
Clavicula	.	.	.	.	+	.	.	+	.	.	.	+	+	.	.	.
Terebraria	.	.	.	+	.	.	.	.	.	.	.	.	.	.	.	.
Raphoneis	.	+	.	.	+	+	.	+	.	.	+	+	+	+	+	+
Sceptroneis	.	.	.	.	.	.	.	+	.	+	.	.	+	.	.	+
Grunoviella	.	.	+	.	.	.	.	.	.	.	.	.	.	.	.	.
Peronia	.	.	.	.	.	.	.	.	.	.	.	?	.	.	+	+
Opephora	.	.	.	.	.	.	+	+	.	.	.	.	.	.	.	+
Plagiogrammeae																
Glyphodesmis	.	.	.	.	+	.	.	.	.	.	.	.	.	.	.	+
Dimeregramma	.	.	.	.	+	+	.	+	.	.	+	+	.	+	+	+
Tubularia	.	.	.	.	+	.	.	.	.	.	.	.	.	.	.	.
Plagiogramma	.	.	.	+	+	.	.	+	+	.	+	+	+	.	.	+
Entopyleae																
Entopyla	.	.	.	.	.	+	.	+	+	.	.	+	.	.	.	+
Gephyria	.	.	.	+	+	+	+	+	+	.	.	.	+	+	.	+
Licmophoreae																
Climacosphenia	.	.	.	.	.	.	.	.	+	.	+	+	.	.	.	+
Licmophora	.	.	.	.	.	.	.	+	.	.	.	.	.	.	.	+
Meridioneae																
Meridion	.	.	.	.	.	.	.	.	.	.	.	.	.	.	+	+
Diatomeae																
Diatoma	.	.	.	.	.	.	+		.	.	.	.	+	+	+	+
Denticula	.	.	.	.	.	.	.		.	.	.	.	.	+	+	+
Tabellarieae																
Diatomella	.	.	.	.	.	.	.	.	.	.	.	.	.	.	+	+
Grammatophora (Fig. 32)	.	.	.	.	+	+	.	+	+	.	+	+	+	+	+	+
Tabellaria	.	.	.	.	.	.	+	+	.	.	.	.	.	+	+	+
Tetracyclus	.	.	.	.	.	.	+	.	.	.	.	+	+	+	+	+
Stylobiblium	.	.	.	.	.	.	.	.	.	.	.	.	+	.	.	.
Rhabdonema	.	.	.	.	.	+	.	+	.	.	+	+	+	+	+	+
Climacosira	.	.	.	.	.	.	.	.	.	.	.	.	.	.	.	+

	1	2	3	4	5	6	7	8	9	10	11	12	13	14	15	16
Striatella	.	.	.	.	.	.	.	.	.	.	.	.	.	.	.	+
Lamella	.	.	.	.	+	.	.	.	.	.	.	.	.	.	.	.
Surirellineae																
Podocystis	.	.	.	.	.	.	.	.	.	.	.	.	.	.	.	+
Hydrosilicon	.	.	.	.	.	.	.	.	.	.	.	.	.	.	.	+
Cymatopleura	.	.	.	.	.	.	+	.	.	.	.	.	.	+	+	+
Surirella	.	.	.	.	.	+	+	+	+	+	+	+	+	+	+	+
Campylodiscus	.	.	.	.	.	+	+	+	+	.	+	+	+	+	+	+
Nitzschieae																
Nitzschia	.	.	.	.	+	.	.	+	.	.	+	+	+	+	+	+
Gomphonitzschia	.	.	.	.	.	.	.	.	.	.	.	.	.	.	.	+
Cylindrotheceae																
Cylindrotheca	.	.	.	.	.	.	.	.	.	.	.	.	.	.	.	+
Crypto-Raphideae																
Chaetocereae																
Rhizosolenia	.	.	.	.	.	.	.	.	.	.	.	.	+	+	.	+
Dactyliosolen	.	.	.	.	.	.	.	.	.	.	.	.	.	.	.	+
Guinardia	.	.	.	.	.	.	.	.	.	.	.	.	.	.	.	+
Lauderia	.	.	.	.	.	.	.	.	.	.	.	.	.	.	.	+
Attheya	.	.	.	.	.	.	.	.	.	.	.	.	.	.	.	+
Chaetoceros	.	.	.	+	+	+	.	+	+	+	+	.	+	+	.	+
Ditylum	.	.	.	.	+	.	.	+	+	+	.	.	+	.	.	+
Syndetoneis	+	.	.	.	+	.	.	.	.	.	.	.	.	.	.	.
Pyrgodiscus	.	+	+	+	.	.	?	.	.	.	.	.	.	.	.	.
Syringidium	.	.	.	+	.	.	.	.	.	.	.	.	.	.	.	+
Hercotheca	.	.	.	+	.	.	.	.	.	.	.	.	.	.	.	.
Goniothecium	.	+	+	+	+	+	+	+	+	+	.	.	+	.	.	.
Melosireae																
Pyxilla	+	+	+	+	+	+	+	+	+	+	.	.	+	.	.	.
Ktenodiscus	+	.	.	.	.	.	.	+	.	.	.	.	.	.	.	.
Peponia	.	.	.	+	.	.	.	.	.	.	.	.	.	.	.	.
Strangulonema	.	.	.	+	.	.	.	.	.	.	.	.	.	.	.	.
Syndetocystis	.	.	.	+	.	.	.	.	.	.	.	.	.	.	.	.
Rutilaria	.	.	.	+	+	.	.	+	+	.	.	.	+	.	.	+
Clavularia	.	.	.	+	.	.	.	.	.	.	.	.	.	.	.	.
Stephanopyxis	+	+	+	+	+	+	+	+	+	+	+	+	+	+	.	+
Muelleriella	.	.	.	.	.	.	.	+	+	+	.	.	+	.	.	.
Thalassiosira	.	.	.	.	.	.	.	.	.	.	.	.	.	.	.	+
Skeletonema	+	.	.	+	.	.	.	+	.	.	.	.	+	.	.	+
Stephanogonia	.	+	.	+	+	.	.	+	+	+	+	.	.	.	.	.
Pantocsekia	+	.	.	.	.	.	.	+	.	.	.	.	.	.	.	.
Melosira	+	+	+	+	+	+	+	+	+	+	+	+	+	+	+	+
Endyctia	.	.	.	.	.	+	.	+	+	.	.	+	.	+	.	+
Cyclotella	.	+	.	.	+	.	+	+	.	.	.	.	+	+	+	+
Podosira	.	.	.	+	+	.	.	+	+	.	.	+	+	+	+	+

	1	2	3	4	5	6	7	8	9	10	11	12	13	14	15	16
Druridgea	.	.	.	.	.	.	.	.	.	.	.	.	.	.	.	+
Hyalodiscus	+	+	.	.	+	+	+	+	+	+	+	+	.	+	.	+
Centroporus	.	+	.	.	.	.	.	.	.	.	.	.	.	.	.	.
Biddulphieae																
Isthmia	.	.	.	+	+	+	.	+	.	.	.	+	+	+	.	+
Terpsinoë	.	.	.	.	+	.	+	+	.	.	.	+	+	.	+	+
Hydrosera	.	.	.	.	.	.	.	+	.	.	.	+	+	.	.	+
Anaulus	+	+	.	.	+	+	.	+	.	+	.	+	+	.	.	+
Helminthopsis	.	.	.	.	+	.	.	.	.	.	.	.	.	.	.	.
Hemiaulus	+	+	+	+	+	+	.	+	+	+	.	+	.	.	.	+
Trinacria (Fig. 31)	+	+	+	+	+	.	.	+	.	.	.	.	+	.	.	.
Ploiaria	.	.	.	.	.	.	.	+	.	.	.	.	.	.	.	.
Graya	.	.	.	.	+	.	.	.	+	+	.	.	.	.	.	.
Pseudo-Rutilaria	.	.	.	.	+	.	.	.	.	.	.	.	.	.	.	.
Rutilariopsis	.	.	.	.	.	.	.	.	.	.	.	.	.	.	.	+
Baxteria	.	.	.	+	.	.	.	.	.	.	.	.	.	.	.	.
Eucampia	.	.	.	.	.	.	.	.	.	+	.	.	.	.	.	+
Bellerochea	.	.	.	.	.	.	.	.	.	.	.	.	.	.	.	+
Lithodesmium	.	.	.	+	.	+	.	+	.	.	.	.	+	.	.	+
Biddulphia	+	+	+	+	+	+	+	+	+	+	+	+	+	+	+	+
Cerataulus	.	.	.	+	+	.	.	+	+	.	.	+	+	+	+	+
Triceratium	+	+	+	+	+	+	+	+	+	+	+	+	+	+	+	+
Entogonia	.	.	.	+	+	+	.	.	.	.	.	.	+	.	.	.
Porpeia	.	.	.	+	.	.	.	.	+	.	.	.	.	.	.	+
Tabulina	.	.	.	.	.	.	.	.	.	.	.	.	+	.	.	.
Odontotropis	+	+	+	+	.	.	.	+	+	.	.	.	?	.	.	.
Keratophora	+	.	.	.	.	.	.	.	.	.	.	.	.	.	.	.
Kittonia	.	.	.	+	+	.	.	.	.	.	.	.	.	.	.	.
Huttonia	.	.	.	.	+	.	.	.	.	.	.	.	.	.	.	.
Grovea	.	.	.	.	+	.	.	.	.	.	.	.	.	.	.	.
Eupodisceae																
Auliscus	.	+	.	+	+	+	+	+	+	+	+	+	+	+	+	+
Pseudo-Auliscus	.	+	.	+	+	.	+	+	.	+	.	.	+	+	.	+
Pseudo-Cerataulus	+	+	.	.	.	.	.	.	.	.	.	+	.	.	.	.
Monopsis	.	.	.	.	+	.	.	.	.	.	.	.	.	.	.	.
Glyphodiscus	.	.	.	.	+	.	.	.	+	.	.	.	.	.	.	.
Fenestrella	.	.	.	+	+	.	.	.	.	.	.	.	+	.	.	.
Bergonia	.	.	.	+	.	.	.	.	.	.	.	.	.	.	.	.
Eupodiscus	.	.	.	+	.	.	+	.	+	.	.	.	+	.	+	+
Aulacodiscus	+	+	+	+	+	+	+	+	+	+	.	+	+	.	.	+
Craspedoporus	.	+	.	+	+	.	.	+	.	.	.	.	+	.	.	.
Roperia	.	.	.	.	.	.	.	.	.	.	.	.	.	.	.	+
Isodiscus	.	.	.	+	+	.	.	.	.	.	.	.	.	.	.	.
Rattrayella	.	+	.	.	+	.	+	.	.	.	.	+	.	.	.	.
Cestodiscus	.	+	.	+	+	+	.	+	.	+	.	.	.	.	.	+

	1	2	3	4	5	6	7	8	9	10	11	12	13	14	15	16
Heliopelteae																
Actinoptychus (Fig. 32)	+	+	+	+	+	+	+	+	+	+	+	+	+	+	+	+
Truania	·	+	·	?	·	·	·	·	·	·	·	·	·	·	·	·
Actinodiscus	·	·	·	+	+	·	·	·	·	+	·	·	+	·	·	·
Anthodiscus	·	·	·	·	+	·	·	·	·	·	·	·	·	·	·	·
Actinodictyon	·	+	·	·	·	·	·	·	·	·	·	·	·	·	·	·
Lepidodiscus	·	+	·	·	+	·	·	·	·	·	·	·	·	·	·	·
Wittia	·	+	·	·	·	·	·	·	·	·	·	·	+	·	·	·
Asterolampreae																
Cladogramma	·	·	·	+	·	·	·	+	+	+	·	·	+	·	·	+
Mastogonia	·	+	+	·	·	+	·	+	+	+	·	·	·	·	·	+
Gyrodiscus	+	+	·	·	·	·	·	+	·	·	·	+	·	·	·	·
Asterolampra	·	·	·	+	+	+	·	+	+	+	+	+	+	+	+	+
Asteromphalus	·	·	·	+	·	+	+	+	+	+	·	+	+	+	+	+
Rylandsia	·	·	·	+	·	·	·	·	·	·	·	·	·	·	·	·
Stictodiscus	+	+	·	+	+	+	+	+	+	+	+	+	--	+	·	+
Arachnoidiscus	+	+	·	+	+	+	·	+	+	·	·	+	--	+	·	+
Radiopalma	·	·	·	+	·	+	·	·	·	·	·	·	·	·	·	·
Coscinodisceae																
Pyxidicula (Fig. 29)	·	+	·	·	+	·	·	+	·	+	+	+	·	+	·	+
Liradiscus	+	·	·	+	+	·	·	+	·	·	·	·	+	·	·	+
Xanthiopyxis	·	·	·	+	+	+	·	+	+	+	·	+	+	+	·	·
Brightwellia	+	·	·	+	+	·	·	·	·	·	·	·	+	·	·	·
Heterodictyon	·	·	·	+	·	·	·	·	·	·	·	·	·	·	·	·
Craspedodiscus	·	·	+	+	·	·	·	+	·	+	·	·	·	·	·	?
Porodiscus	·	+	·	+	+	·	·	·	·	·	·	·	+	·	·	+
Brunia	·	·	·	·	·	·	·	·	+	+	·	·	+	·	·	·
Acanthodiscus	+	·	·	·	·	·	·	·	·	·	·	·	·	·	·	·
Bruniella	+	·	·	+	+	·	·	·	·	·	·	·	+	·	·	·
Stephanodiscus	·	·	·	·	·	·	+	+	·	·	·	+	+	+	+	+
Cosmiodiscus	+	·	·	·	+	·	·	·	+	·	·	+	·	·	·	·
Anisodiscus	·	·	·	·	·	·	·	·	·	·	·	+	·	·	·	·
Actinocyclus (Fig. 32)	·	·	·	+	·	+	+	+	+	+	+	+	+	+	+	+
Coscinodiscus (Fig. 32)	+	+	+	+	+	+	+	+	+	+	+	+	+	+	+	+
Haynaldiella	·	·	·	·	·	·	·	+	·	·	·	+	·	+	·	·
Janischia	·	·	+	·	·	·	·	·	·	·	·	·	·	·	·	·
Willemoesia	·	·	·	·	·	·	·	+	·	·	·	·	·	+	·	?
Euodia	·	·	·	·	+	+	·	+	+	·	+	+	+	+	·	+
Palmeria	·	·	·	·	·	·	·	+	·	·	·	·	·	·	·	+
Leudugeria	·	·	·	·	+	·	·	+	+	·	·	·	+	·	·	+
Genera dubia																
Vanheurckiella	·	·	·	·	+	·	·	·	·	·	·	·	·	·	·	·
Cheloniodiscus	·	+	·	·	·	·	·	·	·	·	·	·	·	·	·	·

Viele Lücken in dieser Tabelle rühren daher, daß in manchen Stufen die Süßwasserablagerungen nicht genügend untersucht sind, wogegen sie in anderen viel mehr als die marinen berücksichtigt wurden.

Es scheint aus der Tabelle hervorzugehen, daß gegenwärtig die Raphideae vorherrschen, wogegen früher, besonders während des Miozän, in dem die Diatomeen wohl den Höhepunkt ihrer Entwicklung erreicht haben (vgl. Fig. 32), die Cryp-

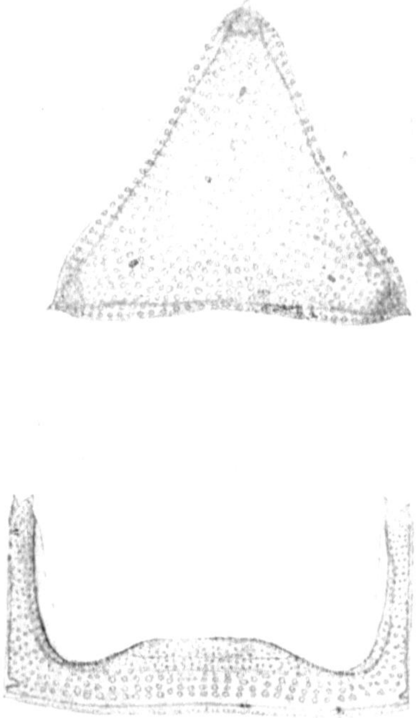

Fig. 31.
Trinacria Regina Heibg. 440 : 1. Eozän. Mors, Dänemark. (Aus Schmidt, 1886.)

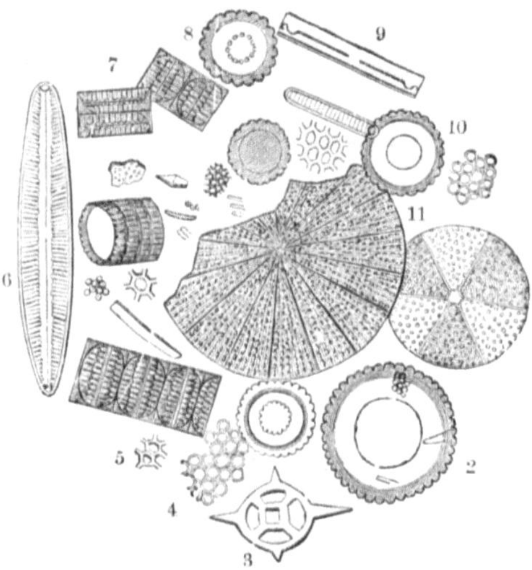

Fig. 32.
Miozäne Diatomeen-Erde von Richmond, Virginia. 350 : 1. 1 Actinoptychus undulatus Ralfs. 2, 5, 7, 8, 10 Paralia sulcata Ehrenb. spec. 3 Distephanus crux Ehrenbg. spec. 4 Coscinodiscus gigas Ehrenbg. 6 Navicula peregrina Kütz. 9 Grammatophora serpentina Ralfs. 11 Actinocyclus Ehrenbergii Ralfs. (Aus Schimper & Schenk, 1890.)

toraphideae überwogen. Die Mehrzahl der erloschenen Gattungen gehört dieser Unterfamilie an und viele der noch lebenden Gattungen, die in der Vergangenheit zahlreiche Arten hatten, sind jetzt nur mehr durch eine oder wenige Spezies vertreten, also vermutlich dem Aussterben nahe.

Literatur über fossile Diatomeen.

Die mit * bezeichneten Arbeiten, die sich auf den Abschnitt über die ältesten Diatomeen beziehen, sind von Pia hinzugefügt.

Antonelli S. e Bonetti F. — Le diatomee fossili di Tor di Valle nei dintorni di Roma — Memorie della Pont. Accad. dei Nuovi Lincei — vol. IX — Roma, 1893.

Bauer M. — Das diluviale Diatomeenlager aus dem Wilmsdorfer Forst bei Zinten in Ostpreußen — Zeitschr. d. Deutsch. geolog. Gesellsch. Bd. XXXIII,2 — 1881.

Brun J. — Espèces nouvelles marines, fossiles ou pelagiques. Mémoires Soc. de Phys. et d'Hist. Nat. de Genève — T. XXXI, n. 1 — 1891.

Brun J. — Diatomées lacustres, marines ou fossiles. »Le Diatomiste«, vol. II, Tab. XIV a XVII — Paris, 1895.

Brun J. — Notes sur quelques Diatomées miocènes. »Le Diatomiste«, n. 22—23, pag. 209 — Paris, 1895.

Brun J. et Tempère J. — Diatomées fossiles du Japon. Mémoires de la Soc. de Physique et d'Hist. Natur. de Genève — T. XXX, n. 9 — 1889.

Castracane F. — Su le Diatomee dell' etá del Carbone — Atti dell'Accad. Pontif. dei Nuovi Lincei — Anno XXVI — Roma, 1874.

Castracane F. — Die Diatomeen in der Kohlenperiode — Jahrb. f. wissen. Botanik — Bd. X — Berlin, 1874.

Castracane F. — Le diatomee in relazione alla geologia a proposito di scoperta fattane in una lignite del territorio di Urbino — Atti Accad. Pont. d. Nuovi Lincei, — A. XXVII — Roma, 1874.

Castracane F. — Le diatomee e il trasformismo darwiniano — Memorie d. Pont. Accad. d. Nuovi Lincei — Vol. III, — Roma, 1888.

Cayeux L. — Sur la présence de nombreuses Diatomées dans les gaizes jurassiques et crétacées du bassin de Paris — An. Soc. Géolog. du Nord — Vol. XX, p. 57 — Lille, 1892.

*Cayeux, L., Contribution à l'étude micrographique des terrains sedimentaires. Mém. Soc. Géol. du Nord, Bd. 4, H. 2, Lille 1897.

Clerici E. — Sul giacimento diatomifero di S. Tecla presso Acireale — Bollettino Soc. Geol. Italiana — Vol. XXIII, n. 4, p. 430 — Roma, 1904.

Clerici E. — Analisi microscopica del calcare farinoso di S. Demetrio nei Vestini — Boll. Soc. Geol. Ital. — XXVI, 4, p. 557 — Roma, 1907.

Cleve P. T. — Synopsis of the naviculoid Diatoms — K. Svenska Vet.-Akad. Handl. — Bd. 26, n. 2 u. 27, n. 3 — Stockholm, 1894—95.

Cleve A. — On recent freshwater Diatoms from Lule Lappmark in Sweden — Svenska Vet.-Akad. — Bd. 21, a. III, n. 2 — Stockholm, 1895.

Dahms P. — Über Bergmehl und diatomeenführende Schichten in Westpreußen — Naturwissenschaft. Wochenschr. — Bd. XII, n. 33 — Berlin, 1897.

De Toni G. B. — Sylloge Algarum omnium hucusque cognitarum. — Vol. II: Bacillarieae. — Padova, 1891—94.

*Dun, W. S., Rands, W. H., & David, Note on the occurrence of Diatoms, Radiolaria and Infusoria in the Rolling Downs Formation (Lower Cretaceous), Queensland. Proc. Linn. Soc. New South Wales, Bd. 26. 1901, S. 299, Sydney 1902.

*Edwards, A. M., The Diatomaceae of the Triassic (?) sandstone of New Jersey. Amer. Naturalist, Bd. 27, S. 817, Philadelphia 1893.

Edwards A. M. — Fossil Diatoms. — Journal of the Queckett Microsc. Club, March 1895.

*Ehrenberg, C. G., Über einige Jura-Infusorien-Arten des Coralrags bei Krakau. Berichte Verh. Preuß. Ak. Wiss. Berlin 1843, S. 61.

Ehrenberg C. G. — Mikrogeologie. Das Erden und Felsen schaffende Wirken des unsichtbar kleinen selbständigen Lebens auf der Erde. — Bd. I: Text; Bd. II: Atlas. — Leipzig, 1854.

Forti A. — Primo elenco delle diatomee fossili contenute nei depositi miocenici di Bergonzano (Reggio Emilia). — „La Nuova Notarisia", ser. XIX, p. 30, Luglio 1908.

Forti A. — Contribuzioni diatomologiche IX—XI. — Atti del R. Istit. Veneto di Scienze, Lettere ed Arti, T. LXIX, parte II, p. 1249. — 1910.

Forti A. — Primo elenco delle diatomee fossili contenute nei calcari marnosi biancastri di Monte Gibbio. — „La Nuova Notarisia", Ser. XXIII, p. 79; Aprile 1912.

Forti A. — Contribuzioni diatomologiche XIII. — Atti R. Istit. Veneto di Sc., Lett. e Arti — T. LXII, parte II, p. 1535; Venezia 1913.

Giesenhagen, K., Kieselguhr als Zeitmaß für eine Interglazialzeit. Zeitschr. f. Gletscherkunde 14. 1925.

Gregory W. — Notice of a Diatomaceous Earth found in the Isle of Mull. Quarterly Journal of Microsc. Science. — vol. I, p. 92 — London, 1853.

Gregory W. — Addicional observation on the diatomaceous Deposit of Mull. — Quart. Journ. of Micr. Sc. — Vol. II, p. 24. — London, 1854.

Gregory W. — Notice of the New Forms and Varities of known Forms occurring in the diatomaceous Earth of Mull. — Quart. Journ. of Micr. Science. — Vol. II, p. 90. — London, 1854.

Gregory W. — On a post-tertiary lacustrine sand, containing diatomaceous exsuviae, from Glenshira, near Inverary. — Quart. Journ. Micr. Science. — Vol. III, p. 30, 1855; Vol. IV, p. 35, 1856; Vol. V, p. 67, 1857.

Grove E. and Sturt G. — On a fossil marine Diatomaceous Deposit from Oamaru, Otago, New Zealand. — Quekett Microsc. Club Journal, ser. II, n. 16, p. 321, 1886; n. 17, p. 7, 1887; n. 18, p. 63, 1887; n. 19, p. 131, 1887.

Grunow A. — Beiträge zur Kenntniß der fossilen Diatomeen Österreich-Ungarns.— Beiträge zur Paläontologie von Öst.-Ung. Bd. II, 4, p. 136. — Wien 1882.

Heiberg P. A. C. — Conspectus criticus Diatomacearum danicarum (Kritisk oversigt over de danske Diatomeer). — Kjöbenhavn, 1863.

Héribaud J. — Les Diatomées d'Auvergne. — Paris, 1893.

Héribaud J. — Les Diatomées fossiles d'Auvergne. — Paris, 1902.

Héribaud J. — Les Diatomées fossiles d'Auvergne (Second Mémoire). — Paris, 1903.

Héribaud J. — Les Diatomées des travertins d'Auvergne. — Bruxelles, 1920.

Hustedt F. — Die Bacillariaceen-Vegetation des Sarekgebirges. — Naturwissensch. Untersuch. des Sarekgebirges in Schwedisch-Lappland; Bd. III, Botanik, p. 525. — Stockholm, 1924.

Kitton F. — On diatomaceous deposits from Jutland. — Quart. Journ. Micr. Soc., vol. II, pp. 99 u. 168. — London, 1870—71.

Lanzi M. — Le diatomee fossili del terreno quaternario di Roma. — Annali dell' Istituto Botanico di Roma. — Vol. III, n. 1, — Roma, 1887.

*Müller, O., Diatomeenreste aus den Turonschichten der Kreide. Ber. Deutsch. Bot. Ges., Bd. 29, S. 661, Berlin 1911.

*O'Meara, E., Diatomaceae occurring in chalk. Natur. Hist. Rev. Bd. 4, Notices S. 256, London 1857.

O'Meara, E. — On the occurrence of recent Diatomaceae in the lower tertiaries of Hampshire. — Natur. Hist. Review; Vol. 6, p. 68. — London, 1859.

Pantocsek J. — Beiträge zur Kenntniß der fossilen Bacillarien Ungarns. — Th. I, Berlin, 1903; Th. II, Berlin 1903; Th. III, Pozsony, 1905.

Peragallo H. et M. — Diatomées marines de France et des districts maritimes voisins. — Grez-sur-Loing, 1897—1908.

Petit P. — Diatomées nouvelles et rares observées dans les lignites de Sendaï (Nord du Japon). — Journal de Micrographie, 25 Janvier 1890.

*Pia, J., »Verbreitung der wichtigsten Algengruppen«, bes. Anm. 14, vergl. S. 43.

Prinz W. et Van Ermengen E. — Recherches sur la structure de quelques diatomées contenues dans le »Cementstein« du Jutland. — Annales de la Société Belge de Microscopie, vol. VIII. — Bruxelles, 1883.

*Rosanow, A. N., Quelques données nouvelles sur la géologie de la partie Nord du gouv. de Saratoff. Annuaire géologique et minéralog. de la Russie, Bd. 12, S. 289, Novo-Alexandrie 1910.

*Rothpletz, A., Radiolarien, Diatomaceen und Sphaerosomatiten im silurischen Kieselschiefer von Langenstrieges in Sachsen. Zeitschr. Deutsch. Geol. Ges., Bd. 32, S. 447, Berlin 1880.

*Rothpletz, A., Über die Flysch-Fucoiden und einige andere fossile Algen, sowie über liasische, Diatomeen führende Hornschwämme. Zeitschr. Deutsch. Geol. Ges., Bd. 48, S. 854, Berlin 1896.

*Rothpletz, A., Über einen neuen jurassischen Hornschwamm und die darin eingeschlossenen Diatomeen. Zeitschr. Deutsch. Geol. Ges., Bd. 52, S. 154, Berlin 1900. Nachtrag dazu ebend. S. 388.

*Rüst, Beiträge zur Kenntnis der fossilen Radiolarien aus Gesteinen des Jura. Paläontogr., Bd. 31, S. 269, Stuttgart 1885.
Schmidt A. — Atlas der Diatomaceenkunde. — Leipzig, 1874 — 1925.
Tempère J. — Recherche et récolte des Diatomées; Diatomées fossiles. — »Le Diatomiste«, vol. I, n. 7, p. 61. — Paris, 1891.
Tempère et Peragallo. — Diatomées du Monde entier. — Collection; 2e édition. — Arcachon, 1915.
Truan A. und Witt O. — Die Diatomaceen der Polycystinenkreide von Jérémie in Hayti, (West-Indien). — Berlin 1888.
Van Heurck H. et Grunow A. — Synopsis des Diatomées de Belgique. — Anvers, 1880 — 1885.
Van Heurck H. — Traité des Diatomées. — Anvers, 1899.
*White, M. C., Discovery of microscopic organisms in the siliceous nodules of the Paleozoic rocks of New-York. Amer. Journ. of Sc., R. 2, Bd. 33, S. 385, New Haven 1862.
Witt Otto N. — Über den Polierschiefer von Archangelsk-Kurojedowo. — Schrift. Russisch. Mineral. Ges. — St. Petersburg, 1885.

VII. Klasse Conjugatae.

Vereinzelte Angaben über fossile Conjugaten aus ganz jungen Schichten können hier übergangen werden.

1. Desmidiaceae.

Xanthidium Ehrenb.

Unter diesem Gattungsnamen werden mikroskopische Körper aus Hornsteinen verschiedener Formationen (Devon, Jura, Kreide) angeführt, die große Ähnlichkeit mit den Zygosporen dieser Familie haben, so **X. pilosum** Ehrenb. aus dem Oberjura, **X. furcatum** Ehrenb. (Fig. 33), **X. hirsutum** Ehr. aus der Kreide (?) u. a. Auffallend ist nur, daß es sich offenbar meist um marine Schichten handelt. Die Reste werden daher jetzt meist als Eier pelagischer Tiere (Krebse?) angesehen, wie sie in sehr ähnlicher Gestalt rezent bekannt sind. Auch aus der Schreibkreide wird die Gattung angegeben. Sollte es sich dabei teilweise um schlecht erhaltene Rhabdosphären handeln? Besonders **X. tubiferum** Ehrenb. erweckt diesen Verdacht.

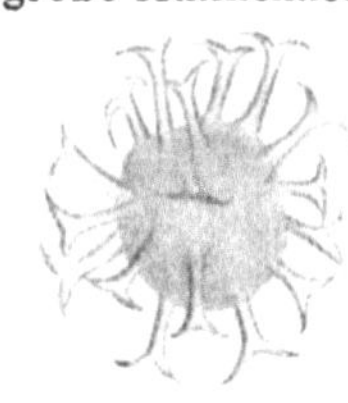

Fig. 33. Xanthidium furcatum Ehrenb. 300 : 1. Kreide? Delitzsch, Prov. Sachsen, Preußen. (Aus Ehrenberg, 1854.)

Über Zygosporites Williamson vgl. S. 114.

2. Zygnemataceae.

Spirogyra Link

ist in eozänen Ölschiefern nachgewiesen.

Literatur über fossile Conjugaten.

Davis, C. A., »Green River Formation«, vergl. S. 40.
Ehrenberg, C. G., vergl. S. 53, beide Arbeiten.
Fuchs, Th., Über die Natur von Xanthidium Ehrenberg. Centralbl. f. Min. usw. 1905, S. 340.
Renault, B., Sur quelques nouveaux Champignons et Algues fossiles, de l'époque houillière. Comptes rend. Ac. Sc. Paris. Bd. 136, S. 904, 1903.
Seward, C. A., Fossil plants. I, S. 220.
White, M. C., vergl. S. 55.
Winchester, D. E., Oil shales of the Rocky Mountain region. U. S. Geol. Surv. Bull. 729, Washington 1923.

VIII. Klasse Chlorophyceae.

Diese Klasse ist wohl die wichtigste unter den fossilen Thallophyten. Eine ganze Reihe von Familien läßt sich mit mehr oder weniger Sicherheit in den älteren Erdschichten nachweisen und manche von ihnen spielen als Gesteinsbildner sowie als Leitfossilien eine große Rolle.

1. Chlamydomonadaceae.

Hieher wird von dem Erforscher — wenn auch mit Zweifel — eine recht gut erhaltene Alge aus dem Oberjura gestellt.

Gloeocystis Naegeli.

G. oxfordiensis Lignier. Es handelt sich um unregelmäßig rundliche Zellen mit einer deutlichen Membran. Kerne oder Chromatophoren wurden nicht beobachtet, wohl aber Teilungszustände. Die Art könnte gerade so gut zu den Schizophyzeen gehören. Gloeocystis wird gegenwärtig als Synonym von Chlamydomonas angesehen.

Literatur.

Lignier, O., Sur une Algue oxfordienne (Gloeocystis oxfordiensis n. sp.). Bull. Soc. Bot. de France, Bd, 53, S. 527, Paris 1906.

2. Phacotaceae.

Phacotus Perty.

Die jetzt noch lebende Gattung, deren zweiklappige, charakteristisch verzierte Kalkschale leicht kenntlich ist, wurde außer in verschiedenen quartären Ablagerungen auch im Miozän gefunden. Die tertiäre Art scheint dem rezenten **Ph. lenticularis** Ehrenb. spec. mindestens sehr nahe zu stehen.

Literatur.

Lagerheim, G., Untersuchungen über fossile Algen. II. Über das Vorkommen von Phacotus lenticularis (Ehrenb.) Stein in tertiären und quartären Ablagerungen. Geol. Fören. i Stockholm Förh., Bd. 24, 1902, S. 481.

3. Botryococcaceae.*)

Botryococcus Kützing (= Elaeophyton Thyssen)

ist eine rezente Gattung, die in Binnenseen eigentümliche Faulschlamme bildet und die allergrößte Ähnlichkeit mit den gleich zu besprechenden Pilen und Reinschien hat.

Pila Bertr. u. Ren.

bildete unregelmäßig rundliche Kolonien von einigen hundert Zellen. Die lebenden Individuen waren an der Oberfläche angeordnet, das Innere scheint von den Hüllen abgestorbener Zellen erfüllt gewesen zu sein. Offenbar handelt es sich um freischwimmende Algen.

Man kennt die Gattung aus dem Unterkarbon: **P. Karpinskyi** Renault; aus dem Oberkarbon: **P. kentuckyana** Ren. u. a.; aus dem Perm: **P. bibractensis.** Bertr. u. Ren. u. a. und vielleicht aus dem Lias: **P.? liasica** Ren.

Reinschia Betr. u. Ren.

unterscheidet sich von Pila durch geringere Größe der einzelnen Zellen, steht ihr aber jedenfalls äußerst nahe.

Der Typus der Gattung ist **R. australis** Bertr. u. Ren. aus dem Perm (Fig. 34).

*) Vergl. den Nachtrag am Ende dieses Bandes.

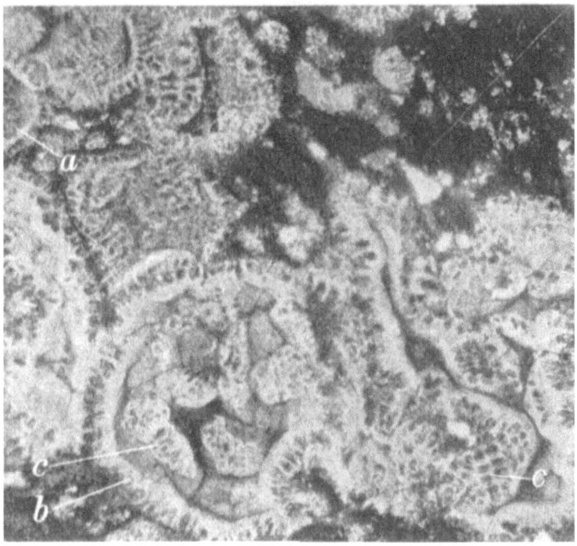

Fig. 34.
Reinschia australis Bertr. & Ren. Schnitt. 150 : 1. *a* Medianschnitt eines kleineren Thallus. *b* Erwachsener Thallus. *c* Einstülpungen seiner Zellschicht. Perm. New South Wales, Australien. (Aus Renault, 1899.)

Literatur.

Renault, B., »Autun et Épinac«, vgl. S. 34.
Renault, B., »Microorganismes fossiles«, vgl. S. 34.
Thyssen, R., Origin of the Boghead coals. (U. S. Geol. Surv. Prof. Pap. 132 - I, S. 119, Washington 1925.)
Zalessky, M. D., Sur les nouvelles algues découvertes dans le sapropélogène du lac Beloe (Hauteurs de Valdei) et sur une algue sapropélogène, Botryococcus Braunii Kützing. (Revue génér. de Botan., Bd. 38, S. 31, Paris 1926.)

4. Hydrodictyaceae.

Pediastrum Meyen,

rezent; auch im Eozän der Vereinigten Staaten aufgefunden. Leider wurde darüber bisher nichts Näheres veröffentlicht.

Literatur.

Davis, C. A., »Green River Formation«, vergl. S. 40.

5. Coelastraceae.

Bei dieser Familie sind — wenn auch mit starkem Vorbehalt — zwei durch je eine Art vertretene, karbonische Gattungen anzuführen.

Thylax Renault.

Th. britannicus Renault bildet netzförmig durchbrochene, rundliche oder sehr unregelmäßige Kolonien, die einigermaßen an Coelastrum erinnern und jedenfalls frei im Wasser schwebten. Es ist zweifelhaft, ob die Gattung nicht doch zu den Botryococcaceen gehört.

Lagenlastrum Renault.

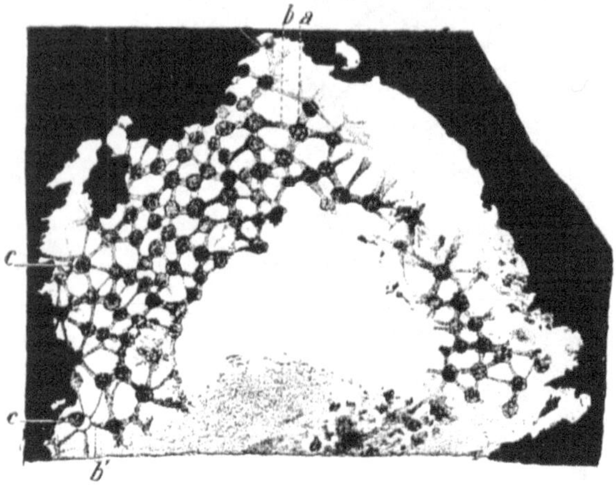

Fig. 35.
Lagenlastrum macrosporae Ren. 300 : 1. Unterkarbon. Frankreich. (Aus Renault, 1896.)

L. macrosporae Renault wurde nur in Makrosporen von Lepidodendren gefunden, in denen die Alge scheinbar parasitierte (Fig. 35). Die Kolonie besteht zuerst aus einer etwa flaschenförmigen Membran, auf der die Zellen mit ziemlich großen Abständen verteilt sind. Sie schmiegt sich in ihrer Form der Sporenhülle mehr oder weniger an. Später zerfällt die Membran in netzförmige Stränge, die die Zellen verbinden. Die Ähnlichkeit mit der Sektion Hariotina der Gattung Coelastrum ist nicht zu verkennen. Ob sie auf systematischer Verwandtschaft beruht, ist wohl nicht eben so sicher.

Literatur.

Renault, B., „Autun et Épinac", vergl. S. 34.

6. Codiaceae.*)

Im Gegensatz zu den bisher besprochenen Grünalgenfamilien spielt diese geologisch eine beträchtliche Rolle, wenn sie auch von der nächsten noch übertroffen wird. Die bisher bekannten fossilen Codiaceen schließen sich mit wenigen Ausnahmen eng an die rezente Halimeda an. Eine wesentliche Weiterentwicklung des Bauplanes ist seit dem ersten Auftreten im Untersilur nicht zu erkennen. Doch mag die scheinbare Formengleichheit daher kommen, daß die Sporangien infolge ihrer Lage außen an der Rindenschicht nicht erhaltungsfähig sind.

Halimeda Lamx.,

eine heute noch als Gesteinsbildner, besonders in den Lagunen der Korallriffe, recht wichtige Gattung, ist im Tertiär mehrfach nachgewiesen.

Man findet sie auf verschiedenen Indopazifischen Inseln in gehobenen Riffen jungtertiären oder quartären Alters. Im Miozän von Borneo kommt die rezente **Hal. opuntia** Lamx. f. **triloba** vor. Aus dem Oligozän wird eine **H. praeopuntia** Morellet angeführt, aus dem Eozän eine **H. Saportae** Fuchs, von der allerdings nur ein Abdruck vorliegt (**„Hal. Fuggeri"** Lorenz aus der Oberkreide ist keine Alge).

Boueina Toula

ist mit Halimeda offenbar sehr nahe verwandt. Der Querschnitt des Thallus ist stets annähernd kreisförmig, wie dies bei der rezenten Gattung nur ausnahmsweise der Fall ist. Auch war die Pflanze unverzweigt.

*) Vergl. den Nachtrag am Ende dieses Bandes.

Ob sie aus mehreren Gliedern bestand oder nicht, scheint mir nicht sicher.

Der Typus des Genus, **B. Hochstetteri** Toula, stammt aus der Unterkreide. Fig. 36c. Es liegt mir aber noch unbeschriebenes Material vor, das beweist, daß im Perm Codiaceen auftreten, die Boueina mindestens sehr ähnlich sind.

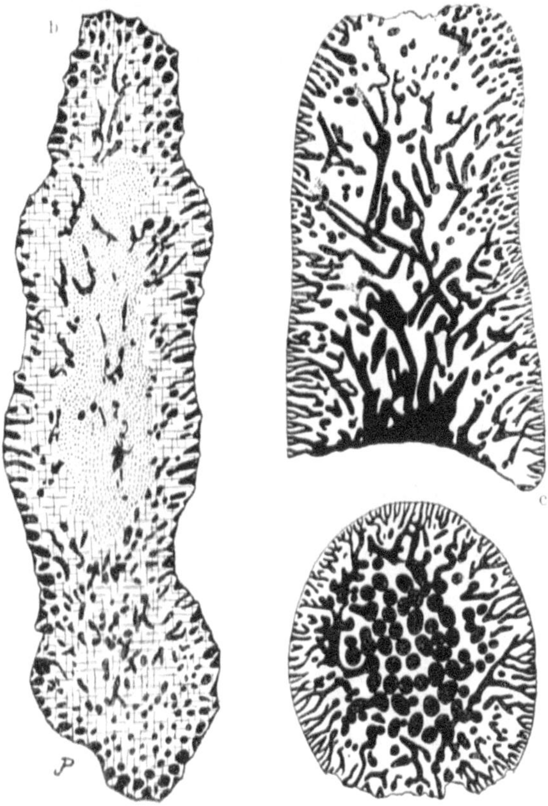

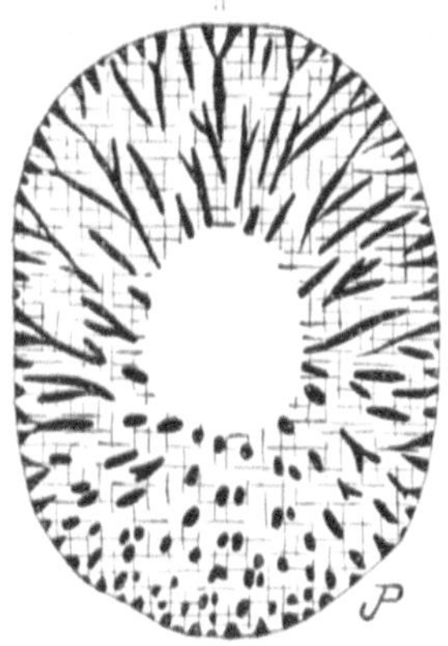

Fig. 36.

Schnitt durch einige der wichtigsten fossilen Codiaceen. a) Palaeoporella variabilis Stoll. 18 : 1. Ordovizium, Skandinavien. b) Gymnocodium nov. spec. aff. bellerophontis. Perm. Südtirol. c) Boueina Hochstetteri Toula. Unterkreide. Serbien. (Aus Pia, 1926.)

Gymnocodium Pia

unterscheidet sich von Boueina durch die weniger stark verzweigten Schläuche, die in voller Breite, ohne Bildung einer kleinzelligen Rindenschicht, nach außen münden, wobei sie sich oft noch erweitern.

G. bellerophontis Rothpl. spec. ist ein wichtiges Leitfossil des oberen Perm Süsosteuropas. Vergl. Fig. 36b.

Palaeoporella Stolley

hat schlanke, reichlich aber recht unregelmäßig verzweigte Schläuche, deren Enden eine sehr feine Rindenschicht bilden. Der Thallus bestand aus mehreren durch unverkalkte Gelenke verbundenen Gliedern.

P. variabilis Stoll. aus dem Untersilur ist weitaus die wichtigste Art. Fig. 36a. **P. grandis** Stoll. ist etwas zweifelhaft.

Ovulites Lamk.

weicht von den bisher besprochenen Codiaceen sehr stark ab. Es handelt sich um kleine, stäbchen-, tonnen- oder eiförmige, hohle Kalkkörper, deren Wand von feinen Poren durchsetzt ist. An den Enden befindet sich je eine größere Öffnung. Gelegentlich kommen auf einer Seite auch zwei vor. Ich halte die von Munier-Chalmas gegebene Deutung für die richtige, daß wir es mit der Kalkhülle der einzelnen Fäden aus dem Schopf einer Penicillus sehr ähnlichen Alge zu tun haben. Doch dürfte es besser sein, die Gattungen getrennt zu halten. Die fossilen Arten waren offenbar stärker verkalkt, als die rezenten, und damit hängt das Auftreten größerer und regelmäßigerer Poren zusammen. Diese waren im Leben jedenfalls von Ausstülpungen der Zellschläuche erfüllt, die den Gasaustausch besorgten. Die Gattung scheint bisher auf das Eozän beschränkt zu sein. Die wichtigsten Arten sind in Fig. 37 dargestellt.

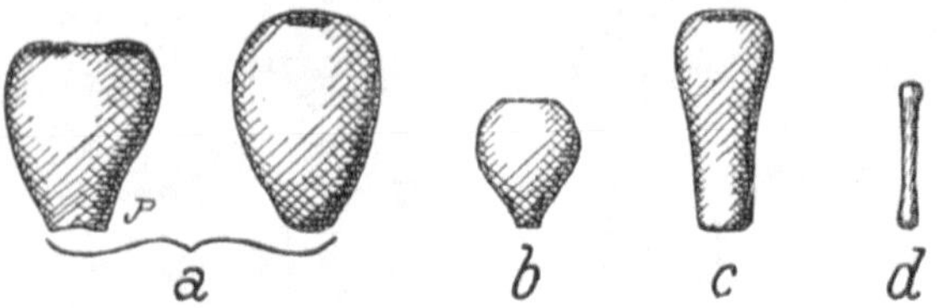

Fig. 37.
Einzelne Glieder verschiedener Arten von Ovulites. 6 : 1. a) Ov. margaritula Lmk. b) Ov. pyriformis Schwag. c) Ov. Oehlerti Mun.-Chalm. d) Ov. elongatus Lmk. (Aus Pia, 1926.)

Avrainvilleopsis Forti.

A. cyatiformis Mass. sp. aus dem Paleozän hat die Gestalt eines kräftigen, gestielten Fächers mit einer Gitterskulptur auf den Flächen.

In den Spileccoschichten von Verona scheinen auch noch andere Codiaceen vorzukommen.

Microcodium Glück

wird von seinem Erforscher ebenfalls zu den Codiaceen gestellt. Fig. 38. Es handelt sich um kugelige oder unregelmäßig lappige Körper. Ob sie festgewachsen waren, weiß man nicht. Um einen kleinen Kern, der scheinbar keine organische Struktur, sondern nur Kalkspatkristalle zeigt, sind ringsum große Palisadenzellen angeordnet. Ob Microcodium wirklich eine Codiacee ist, wird zweifelhaft bleiben, bis man im Mark Schläuche gefunden hat.

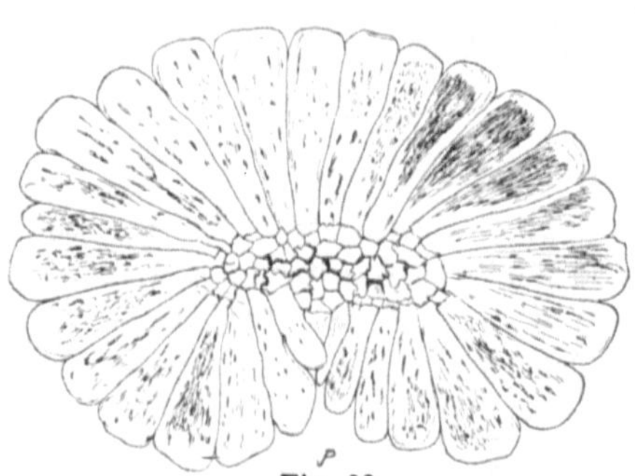

Fig. 38.
Microcodium elegans Glück. 50 : 1. Miozän. Randengebiet, Baden, Deutschland. (Nach Glück, 1912.)

Die Gattung kommt im Miozän Deutschlands und Nordafrikas vor. Die einzige näher bekannte Art ist **M. elegans** Glück.

Literatur über fossile Codiaceen.

Chapman, F. u. Mawson, D., On the importance of Halimeda as a reef-forming organism; with a description of the Halimeda-limestones of the New Hebrides. Quart. Journ. Geol. Soc. London, Bd. 62, S. 702, 1906.

Forti, A., Alghe del Paleogene di Bolca (Verona) e loro affinità con tipi oceanici viventi. Mem. Ist. geol. Padova, Bd. 7, S. 1, 1926.

Fuchs, Th., Über eine fossile Halimeda aus dem eocänen Sandstein von Greifenstein. Sitzungsber. Ak. Wiss., Wien, Math.-nat. Kl., Bd. 103, Abt. I, S. 200, 1894.

Fuchs, Th., Kritische Besprechung einiger im Verlaufe der letzten Jahre erschienenen Arbeiten über Fucoiden. Jahrb. Geol. Reichsanst., Wien, Bd. 54, S. 359, 1904.

Glück, H., Eine neue gesteinsbildende Siphonee (Codiacee) aus dem marinen Tertiär von Süddeutschland. Mitt. Badisch. Geol. Landesanst., Bd. 7, S. 1, Heidelberg 1914.

Morellet, L. u. J., Contribution à l'étude paléontologique du genre Halimeda Lamx. (Algue Siphonée de la famille des Codiacées). Bull. Soc. Géol. de France, R. 4, Bd. 22, S. 291, Paris 1923.

Munier-Chalmas, Obervations sur les Algues calcaires confondues avec les Foraminifères et appartenant au groupe des Siphonées dichotomes. Bull. Soc. Géol. de France, R. 3, Bd. 7, S. 661, Paris 1879.

Pia, J., »Siphoneae verticillatae« vgl. S. 87.

Raineri, R., Alghe sifonee fossili della Libia. Atti Soc. Ital. Sc. Nat., Milano, Bd. 61, S. 72, 1922.

Raineri, R., Alghe fossili mioceniche di Cirenaica raccolte dall'Ing. C. Crema. Nuova Notarisia, Bd. 35, S. 28, Padova 1924.

Rothpletz, A., Ein geologischer Querschnitt durch die Ostalpen nebst Anhang über die sog. Glarner Doppelfalte. Stuttgart 1894.

Rutten, L., On the occurrence of Halimeda in Old-Miocene coastreefs of East-Borneo. Proc. Ac. Sc. Amsterdam, Bd. 23, S. 506, 1920.

Schwager, C., Die Foraminiferen aus den Eocaenablagerungen der libyschen Wüste und Ägyptens. Palaeontogr., Bd. 30, I, S. 79, Cassel 1883.

Steinmann, G., Über Boueïna, eine fossile Alge aus der Familie der Codiaceen. Ber. Naturforsch. Ges., Freiburg i. Br., Bd. 11, S. 62, 1899.

Stolley, E., Über silurische Siphoneen. Neues Jahrb. f. Min. usw., 1893 II, S. 135.

Stolley, E., Neue Siphoneen aus baltischem Silur. Archiv f. Anthropol. u. Geol. Schleswig-Holst., Bd. 3, S. 40, Kiel u. Leipzig 1898.

Toula, F., Geologische Untersuchungen im westlichen Teile des Balkan und in den angrenzenden Gebieten. (X.) Von Pirot nach Sophia, auf den Vitoš, über Pernik nach Trn und über Stol nach Pirot. Sitzungsber. Ak. Wiss., Wien, Math.-nat. Kl., Bd. 88, Abt. I, S. 1279, 1883.

7. Dasycladaceae (Siphoneae verticillatae).

In keiner anderen Familie der Thallophyten und wohl überhaupt nur in sehr wenigen Gruppen von Organismen sind die fossilen Vertreter so gut bekannt, wie bei den Dasycladaceen. Den 10 rezenten Gattungen stehen nicht weniger als 58 gegenüber, die auch fossil oder nur fossil bekannt sind. Mit Ausnahme einer großen Lücke im Devon und Unterkarbon kennen wir vertizillierte Siphoneen seit dem Ordovizium aus allen Formationen und fast aus allen Abteilungen der geologischen Gesteinsreihe.

Es soll hier versucht werden, dieses reiche Material wieder einmal systematisch zusammenzustellen, wobei auch die rein rezenten Gattungen an ihrer Stelle wenigstens kurz angeführt werden.

Es wäre gewiß wünschenswert, die Familie zunächst in wenige große Unterfamilien zu zerlegen. Die Formen widerstreben aber bis jetzt einem solchen Versuch. Dagegen gliedern sie sich ziemlich natürlich in kleinere, nur wenige Gattungen umfassende Gruppen, die ich wegen dieses geringen Umfanges lieber als Tribus bezeichne.

Den Bau setze ich bei dieser wie bei früheren Familien als bekannt voraus. Ich mache nur darauf aufmerksam, daß eine Reihe von Merkmalen, die heute für die Dasycladaceen bezeichnet sind, einem großen Teil der fossilen Vertreter fehlen, so die selbständigen Sporangien, die wirtelige Stellung der Äste und deren Verzweigung. Ein durchgängiges Kennzeichen der Familie ist der Besitz einer großen ungeteilten Stammzelle, an der ringsum Äste von gleicher Beschaffenheit und Anordnung sitzen.

a) Tribus Dasyporelleae.

Stammzelle einfach oder gegabelt, Äste stets regellos gestellt, meist einfach, nur bei wenigen Arten dichotomierend. Ihre Enden bilden eine schlecht zusammenhängende Rindenschicht aus rundlichen Elementen. Wahrscheinlich überragten sie die Kalkschale nicht wesentlich. Diese ist nie gegliedert. Vorwiegend im Altpaläozoikum, seltener im Jungpaläozoikum.

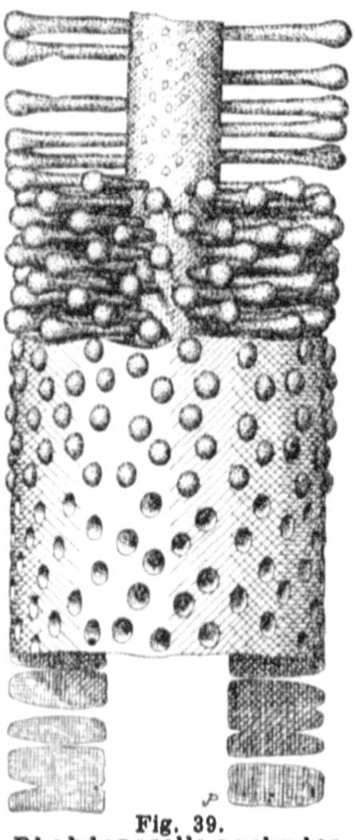

Fig. 39. Rhabdoporella pachyderma Rothpl. Lebensbild. 180:1. Obersilur. Gotland, Schweden. (Aus Pia, 1926.)

Rhabdoporella Stolley.

Schale zylindrisch, gerade, unverzweigt, mit gleichweiten oder gegen außen etwas erweiterten Poren. Zu dieser Gattung gehören wohl die ursprünglichsten Dasycladaceen. Sie gibt uns ein Bild von der möglichen Stammform der ganzen Familie.

Rh. bacillum Stoll., Ordovizium; **Rh. pachyderma** Rothpl., Silur, Fig. 39; **Rh. Stolleyi** Rothpl., Silur.

Vermiporella Stolley.

Poren ganz ähnlich, wie bei der vorigen Gattung, der Thallus ist aber verzweigt und oft stark gekrümmt. Ordovizium, Silur und Perm. Die Arten sind nur teilweise mit Namen belegt.

V. fragilis Stoll., Ordovizium; **V. velebitana** Schubert spec., Perm.

Dasyporella Stolley.

Die Äste sind verhältnismäßig viel zahlreicher, länger und dünner als bei den vorigen Gattungen. Die Stammzelle ist nicht verzweigt (?), aber oft stark gekrümmt.

D. silurica Stoll. und **D. multipora** Stoll., beide aus dem Ordovizium.

Anthracoporella Pia

unterscheidet sich von den anderen Dasyporelleen dadurch, daß die Äste unter sehr spitzem Winkel einmal oder auch zweimal gegabelt sind. Der Thallus ist ausgiebig verzweigt.

Man kennt nur eine Art, **A. spectabilis** Pia aus dem Oberkarbon. Fig. 40.

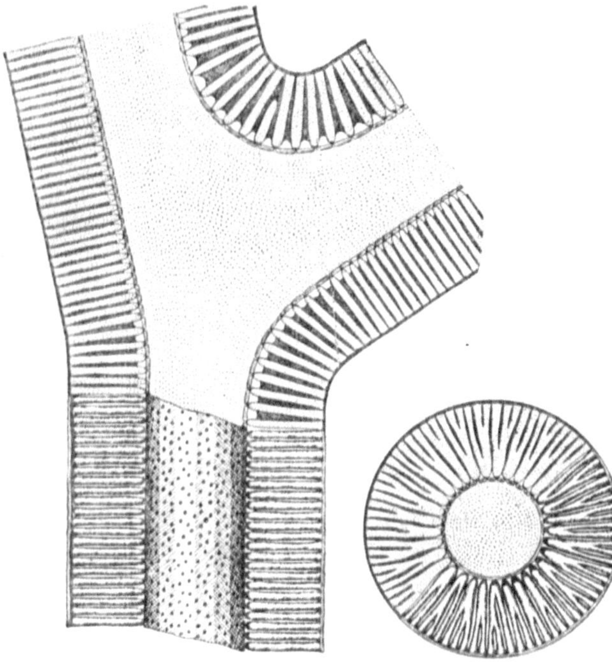

Fig. 40.
Anthracoporella spectabilis Pia. Lebensbild. 10 : 1. Oberkarbon, Karnische Alpen. (Aus Pia, 1920.)

b) Tribus Cyclocrineae.

Gesamtform des Thallus kugelig bis langgestreckt eiförmig. Wirteläste regellos gestellt. Ihre Enden bilden eine wohlgeschlossene Rindenschicht. Sporangien sind keine vorhanden, die Sporen wurden also jedenfalls in der Stammzelle gebildet. Nur im Paläozoikum.

a) Untertribus Cyclocrininae.

Poren einfach, Außenmembranen der Rindenzellen oft mehr oder weniger verkalkt.

Coelosphaeridium Roem.

Kugelige Thallome, bestehend aus einer birnförmigen, gestielten Stammzelle, von deren oberem, dickerem Teil allseits unverzweigte Äste ausgehen. Diese erweitern sich stets nach außen, und zwar teils allmählich, teils plötzlich erst gegen das distale Ende. Hier bilden sie eine geschlossene Rindenlage. Die Außenmembran ist nur ausnahmsweise verkalkt. Dagegen ist zwischen den Ästen Kalk vorhanden, der bis zur Stammzelle reichen kann.

Die Gattung ist nur aus dem Ordovizium bekannt. — **C. cyclocrinophilum** Roem., Fig. 41, **C. excavatum** Stoll., **C. wesenbergense** Stoll. — **Pasceolus shianensis** Reed dürfte wohl am ehesten zu Coelosphaeridium gehören.

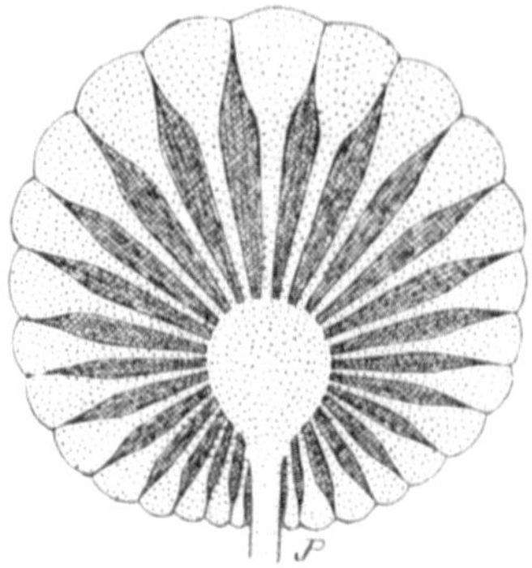

Fig. 41. Coelosphaeridium cyclocrinophilum Röm. Vereinfachter Längsschnitt. 5 : 1. Ordovizium. Geschiebe im norddeutschen Diluvium. (Nach Stolley, 1896.)

Mizzia Schubert.

Der innere Bau schließt sich vollständig an Coelosphaeridium an, doch bestand der Thallus aus mehreren Gliedern. Ob er auch verzweigt war, läßt sich nicht nachweisen. Die Außenmenbranen sind oft verkalkt, aber ohne besondere Skulptur.

Nach den neueren Untersuchungen scheinen alle Arten dem Perm, nicht — wie man früher glaubte — auch dem Karbon anzugehören. — **M. velebitana** Schub., Fig. 42; **M. Yabei** Karpinski.

Fig. 42. Mizzia velebitana Schub. Lebensbild. 15 : 1. Perm, Südalpen und Dinariden. (Aus Pia, 1920.)

Cyclocrinus Eichw. (Pasceolus Billings, Cerionites Meek et Worthen usw.)

Form und allgemeiner Bau sind Coelosphaeridium sehr ähnlich, mit dem die Gattung sicher nahe verwandt ist. Die Verkalkung ist aber sehr schwach, die Äste sind sehr deutlich in einen dünnnen Stiel und eine flache Rindenzelle gegliedert, außen mit einer kalkigen Membran verschlossen, die regelmäßig angeordnete Durchbrechungen zeigt. Ich halte es für richtig, die Gattung Cyclocrinus in demselben Sinn wie Stolley zu fassen, ihr also Pasceolus und die anderen von ihm angeführten Genera als Synonyme anzuschließen. Die europäischen Arten sind von

Fig. 43 a.

Fig. 43.
Cyclocrinus porosus Stoll.

a) Vereinfachter Längsschnitt. 5 : 1. Nach Stolley 1896.

b) Lebensbild. 14 : 1. Aus Pia 1926.

Ordovizium. Geschiebe im norddeutschen Diluvium.

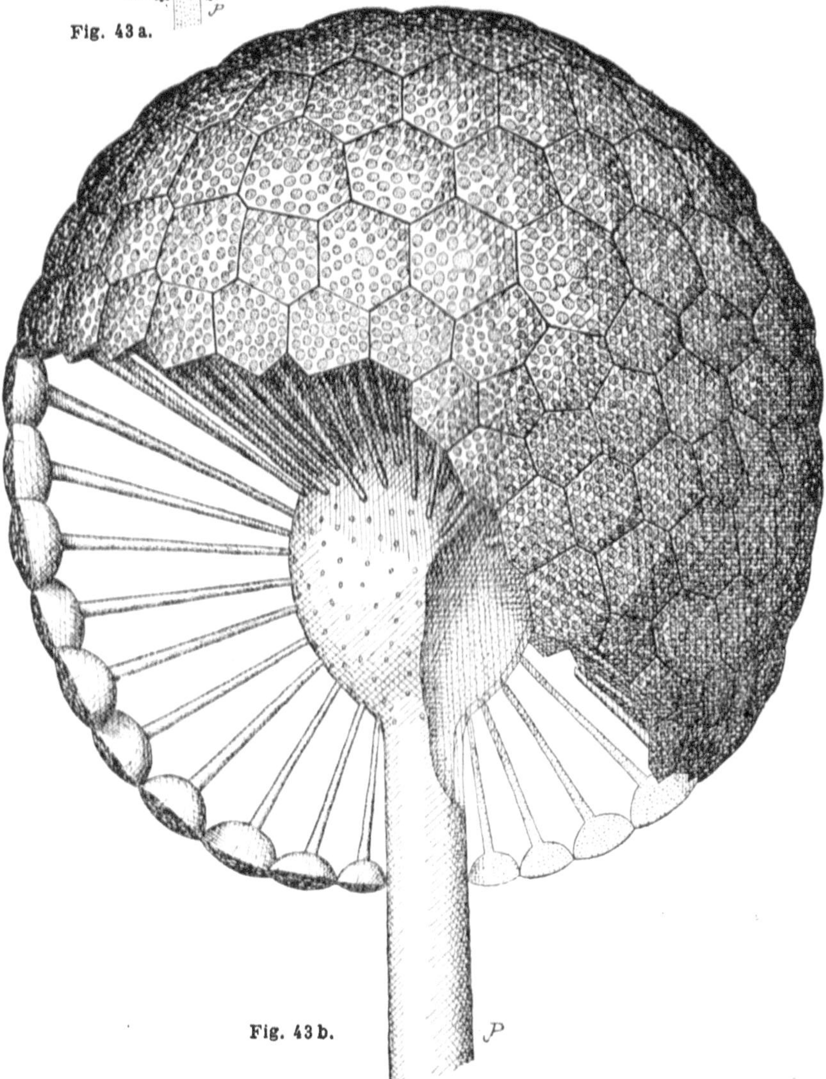

Fig. 43 b.

dem genannten Autor eingehend untersucht worden. Allerdings hat Kiesow behauptet, daß viele von ihnen nur auf Erhaltungszustände begründet sind. Diese Frage könnte man nur lösen, wenn man sehr reiches Material untersucht, was mir bisher nicht möglich war. Die amerikanischen Arten sind meist ungenügend bekannt. Viele von den Stücken werden wohl überhaupt nicht genau bestimmbar sein, weil die Außenmembranen mit ihren bezeichnenden Skulpturen fehlen. Man kann vorläufig nichts tun, als diese Artnamen ohne weitere Kritik zusammenstellen.

Die durch Stolley beschriebenen Arten — sämtlich aus den oberen Teilen des Ordovizium — sind: **C. Spasskii** Eichwald, **C. Roemeri** Stolley, **C. planus** St., **C. subtilis** St., **C. membranaceus** St., **C. balticus** St., **C. porosus** St. (Fig. 43), **C. oelandicus** St., **C. Vanhöffeni** St., **C. pyriformis** St., **C. multicavus** St., **C. Mickwitzi** St., **C. Schmidti** St. Die anderen in der Literatur genannten Species sind, so weit mir bekannt: Aus dem Ordovizium **C. Billingsii** Roemer spec., **C. Claudei** Miller spec., **C. Darwini** Mill. spec., **C. globosus** Bill. spec., **C. hospitalis** Salter spec., **C. mellifluus** Salt. spec.; aus dem Silur **C. camdensis** Foerste spec., **C. dactylioides** Owen spec., **C. Goughii** Salt. spec., **C. gregarius** Bill. spec., **C. Halli** Bill. spec., **C. intermedius** Bill. spec., **C. Sedgwigki** Salt. spec.

β) Untertribus Mastoporinae.

Rindenzellen sehr klein und zahlreich, Wirteläste vermutlich verzweigt, Außenmembranen meist unverkalkt, ausnahmsweise gleichmäßig verkalkt, aber stets ohne Verzierung.

Fig. 44.
Mastopora pyriformis Bassler spec. 2 : 1. Ordovizium. Strasburg, Virginia, U. S. N. A. (Aus Bassler, 1909).

Mastopora Eichwald (Nidulites Salter).

Die Rindenzellen sind prismatisch, mit schwach gewölbtem Boden. Ihre Seitenwände zeigen einen sehr deutlichen Verdickungsring, ganz ähnlich wie bei der lebenden Bornetella. Manche Arten erreichten die Abmessungen eines größeren Apfels. Die Gestalt war meist kugelig oder eiförmig, in einem Falle fast keulenförmig.

Alle bisher bekannten Species gehören dem Ordovizium an. Es sind: **M. concava** Eichw., **M. fava** Salt., **M. Odini** Stoll., **M. parva** Nich. u. Ether. spec., **M. pyriformis** Bassl. spec. (Fig. 44). Zu untersuchen wäre, ob nicht einzelne der oben bei Cyclocrinus angeführten Arten ebenfalls z u Mastopora gehören.

Apidium Stolley

unterscheidet sich von Mastopora durch die viel geringere Größe des ganzen Körpers und der einzelnen Rindenzellen. Auf dem Scheitel ist oft eine Vertiefung vorhanden. Allerdings ist zu vermuten, daß sie bei ganz ausgewachsenen Stücken verschwindet. Die Außenmembranen der Zellen sind in einigen Fällen etwas verkalkt.

Alle bekannten Arten stammen aus dem Ordovizium: **A. Krausei** Kiesow spec., **A. sororis** Stoll., **A. pygmaeum** St., **A. indicum** Reed.

Epimastopora Pia.

Unter diesem Namen habe ich eine permokarbonische Kalkalge angeführt, die nur aus Skelettbruchsücken bekannt ist und später näher beschrieben werden soll. Sie scheint Mastopora sehr ähnlich zu sein.

c) Tribus Primicoralllineae.

Gesamtform des Thallus langgestreckt. Äste mehrfach verzweigt, ohne Rindenzellen endigend.

Primicorallina Whitf.

Die regellos gestellten Äste erinnern im ganzen Aufbau außerordentlich an die sterilen Kurztriebe von Dasycladus. Sie verzweigen sich zweimal in je 4 Teile. Die Endglieder sind stumpf zugespitzt. Die Verkalkung ist sehr gering. — **P. trentonensis** Whitf., Ordovizium. Fig. 45.

? Callithamniopsis Whitf.

Die Zugehörigkeit zu den Dasycladazeen ist zweifelhaft, aber nicht unwahrscheinlich. An einer schlanken, hohlen Stammzelle sitzen viele Paare von gegenständigen Ästen. Sie verzweigen sich sehr ähnlich, wie bei der vorigen Gattung.

C. fruticosa Whitf., **C. delicatula** Ruedem., beide aus dem Ordovizium (vgl. auch Chaetocladus, S. 106).

d) Tribus Teutloporelleae.

Das wesentliche Merkmal dieser Gruppe liegt in den sehr zahlreichen, dünnen, gegen außen noch deutlich verjüngten, ungeteilten Ästen. Ihre Stellung ist regellos oder wirtelig. Manchmal ändert sich die Form der Äste periodisch in aufeinanderfolgenden Wirteln (sog.

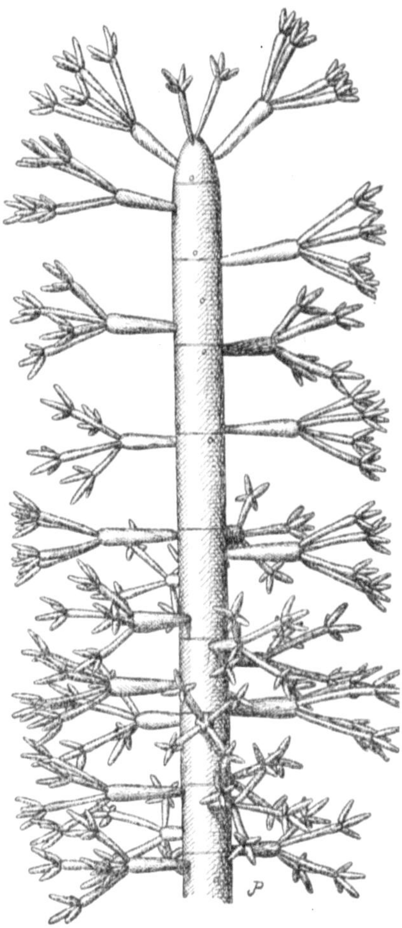

Fig. 45.

Primicorallina trentonensis Whitf. Lebensbild. 11 : 1. Ordovizium. New York. (Aus Pia, 1926.)

Wirtelserien). Die Sporen wurden wahrscheinlich meist in der Stammzelle gebildet. Der Thallus ist stets unverzweigt.

Teutloporella Pia

ist die einzige Gattung der Tribus.

Sie scheint auf die Mitteltrias beschränkt zu sein. Angaben über ihr Vorkommen im Lias sind noch nicht genügend belegt. — **T. aequalis** Gümb. spec., ladinisch; **T. herculea** Stopp. spec. (Fig. 46), lad.; **T. vicentina** Tornquist spec., lad.; **T. nodosa** Schafh. spec., lad.; **T. triasina** Schaur. spec., oberanisisch; **T. tenuis** Pia, anis.

e) Tribus Diploporeae.

Stammzelle und Äste unverzweigt, Gesamtform meist zylindrisch bis lang keulenförmig. Die Sporen wurden teils in der Stammzelle, teils in den Ästen gebildet. Die Tribus geht wohl sicher auf die Dasyporelleae zurück. Ob sie mit den ihr ja sehr ähnlichen Teutloporelleen näher verwandt ist, ist noch nicht aufgeklärt. Mitteltrias bis Eozän. Wichtige Stammgruppe für alle mesozoischen und känozoischen Dasycladaceen.

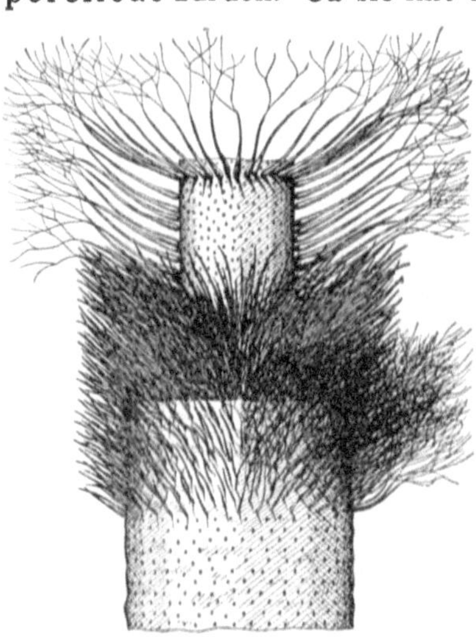

Fig. 46. Teutloporella herculea Stopp. spec. Lebensbild. 5 : 1. Mitteltrias, Ostalpen. (Aus Diener, 1925.)

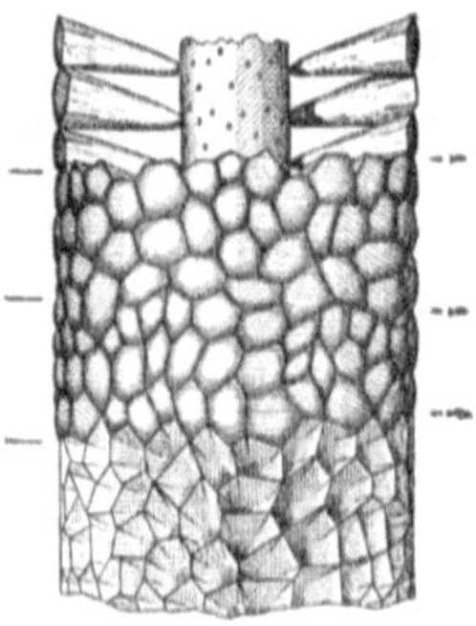

Fig. 47. Macroporella dinarica Pia. Lebensbild. 25 : 1. Mitteltrias, Dinariden. (Aus Diener, 1925.)

α) Untertribus Macroporellinae.

Die Äste stehen in Wirteln oder regellos, aber nie in Büscheln.

Macroporella Pia.

Äste gegen außen allmählich, aber deutlich erweitert, so daß die Außenmembranen ein zusammenhängendes Mosaik bilden.

M. dinarica Pia, (Fig. 47) Mitteltrias, anisische Stufe; **M. alpina** Pia, anis.; **M. Beneckei** Salomon spec, Mitteltrias, ladinische Stufe; **M. perforatissima** Pia, anis.; **M. sondaica** Pia, Obertrias, norische St.; **M. irregularis** Pia, nor.; **M. pygmaea** Gümb. spec., Malm. — Nach einer vereinzelten neuen Angabe soll die Gattung schon im Perm auftreten; das müßte aber erst näher geprüft werden.

Stichoporella Pia

unterscheidet sich von Macroporella nur dadurch, daß die Außenmembranen leicht verkalkt sind. Die Äste stehen in Wirteln, was bei den triadischen Macroporellen nicht zutrifft. M. pygmaea vermittelt in dieser Beziehung einen Übergang.

Die einzige Art ist **S. cylindrica** Lignier spec. aus dem Dogger.

Thaumatoporella nov. gen.

Form und Anordnung der Äste ist im allgemeinen so wie bei den triadischen Macroporellen. Die Gestalt des Thallus und der Stammzelle ist aber eine sehr unregelmäßige, verzweigte und verkrümmte. Das erinnert an die Dasyporelleen. Doch besteht mit diesen wohl kaum ein direkter Zusammenhang, die Gattung dürfte vielmehr auf Macroporella zurückgehen.

Th. parvovesiculifera Raineri spec., Oberkreide.

Gyroporella Gümbel.

Die Wirteläste sind gegen außen erweitert und dann rundlich geschlossen, ganz von Kalk bedeckt. Sie sind jedenfalls als Sporangien aufzufassen. Mittel- und Obertrias; das Auftreten im Perm ist ganz zweifelhaft.

G. ampleforata Gümb., oberanisisch; **G. vesiculifera** Gümb. Fig. 48, norisch; **G. maxima** Pia, Alter unbekannt.

Oligoporella Pia.

Äste in Wirteln gestellt und gegen außen verjüngt. Wenigstens an jungen Pflanzen dürften sie sich in der Assimilation dienende Haare fort-

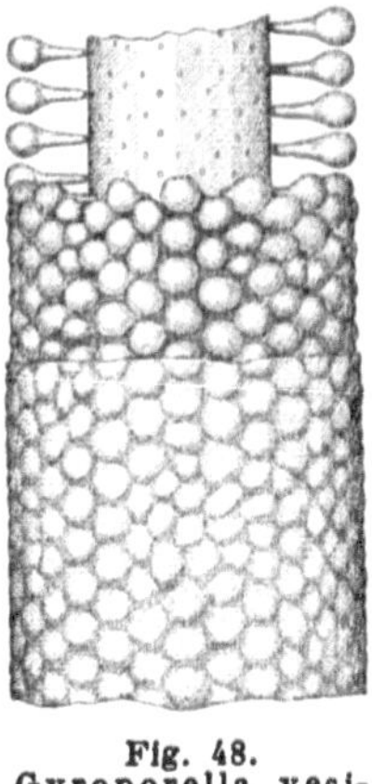

Fig. 48. Gyroporella vesiculifera Gümb. Lebensbild. 8 : 1. Obertrias, Südalpen. (Aus Diener, 1925.)

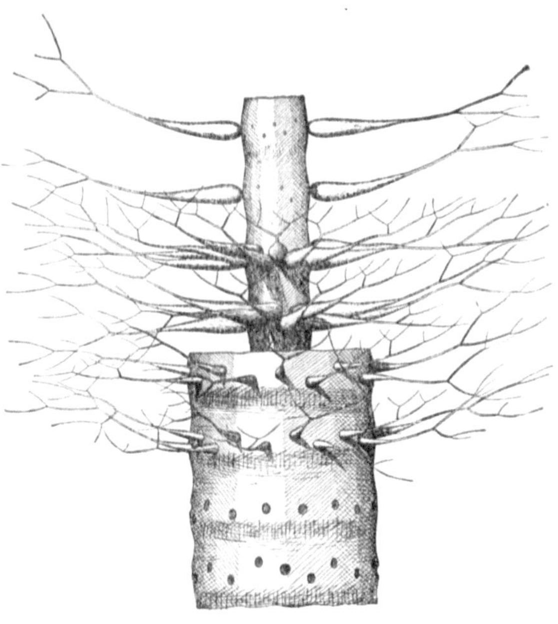

Fig. 49. Oligoporella pilosa Pia. Lebensbild. 10 : 1. Mitteltrias, Dinariden. (Aus Diener, 1925.)

gesetzt haben. An der Basis des Thallus kommen gelegentlich gegen außen erweiterte Äste vor, wohl ein Hinweis auf die Abstammung von Macroporella. Die Gesamtform der Alge ist zylindrisch.

Die Gattung ist bisher nur in der anisischen Stufe der Mitteltrias nachgewiesen. Von der recht ähnlichen Teutloporella unterscheidet sich Oligoporella durch die viel geringere Zahl und die weniger deutliche Verjüngung der Wirteläste. — **O. pilosa** Pia, (Fig. 49), **O. serripora** Pia, **O. prisca** Pia; **O. duplicata** Pia (Alter nicht bekannt).

Actinoporella Alth

steht Oligoporella sehr nahe. Der Unterschied liegt im Skelett, das bei Actinoporella keinen zusammenhängenden Zylinder bildet, sondern jeden Ast für sich umhüllt. Zwischen den Wirteln laufen Furchen durch, die die Kalkschale in Glieder zerlegen. Die Gattung scheint auf den Oberjura beschränkt zu sein.

A. podolica Alth. (Fig. 50), **A. sulcata** Alth. (»A. cretacica« Raineri ist ein Seeigelstachel).

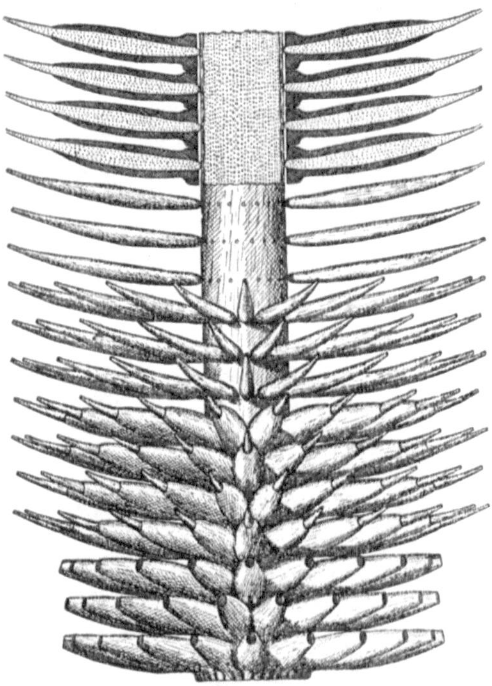

Fig. 50. Actinoporella podolica Alth. Lebensbild. 20 : 1. Oberjura. Niżniow, Ostgalizien. (Aus Pia, 1920.)

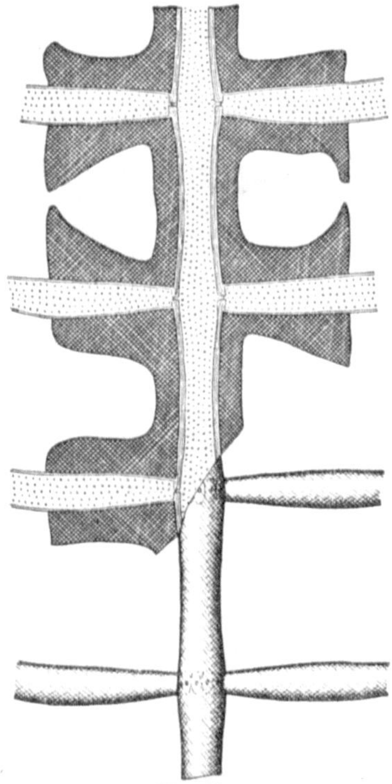

Fig. 51. Munieria baconica Hantken. Lebensbild. 30 : 1. Unterkreide. Bakony-Gebirge, Ungarn. (Aus Pia, 1920.)

Munieria Deecke.

Auch bei dieser Gattung ist der Bau der Weichteile sehr ähnlich wie bei Oligoporella. Die Kalkschale springt um jeden Wirtel kragenartig vor, dazwischen ist sie tief und breit eingekerbt. Außen sind die Kerben aber oft von Kalk fast ganz überwachsen.

M. baconica Hantken, Unterkreide. Fig. 51.

Physoporella Steinmann

ist jedenfalls von Oligoporella abzuleiten. Es ist sogar zweifelhaft, ob man die beiden Gattungen nicht später wieder wird vereinigen müssen. Das Unterscheidungsmerkmal von Physoporella liegt darin, daß die gegen außen verjüngten Wirteläste in der Schale blind endigten, nicht über sie vorragten. Sie sind jedenfalls als Sporangien aufzufassen. Es ist aber wahrscheinlich, daß auch sie in der Jugend mehr oder weniger lange Zeit Haare trugen.

Man kennt Arten der Gattung bisher nur aus der anisischen Stufe der Mitteltrias: **Ph. pauciforata** Gümb. spec. (Fig. 52), **Ph. praealpina** Pia, **Ph. dissita** Gümb. spec., **Ph. minutula** Gümb. spec.

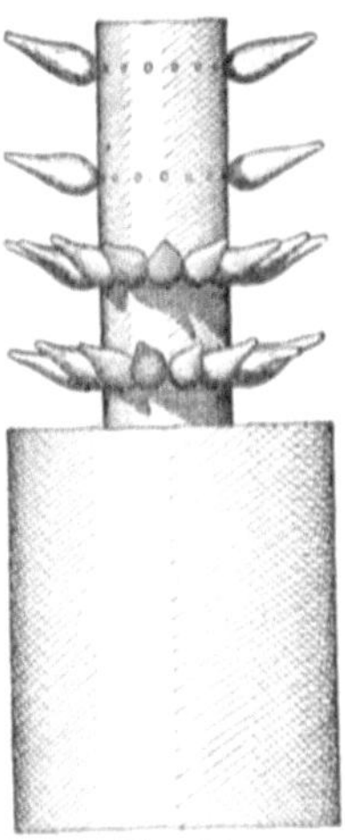

Fig. 52. Physoporella pauciforata Gümb. spec. Lebensbild. 12 : 1. Mitteltrias, Ostalpen. (Aus Diener, 1925.)

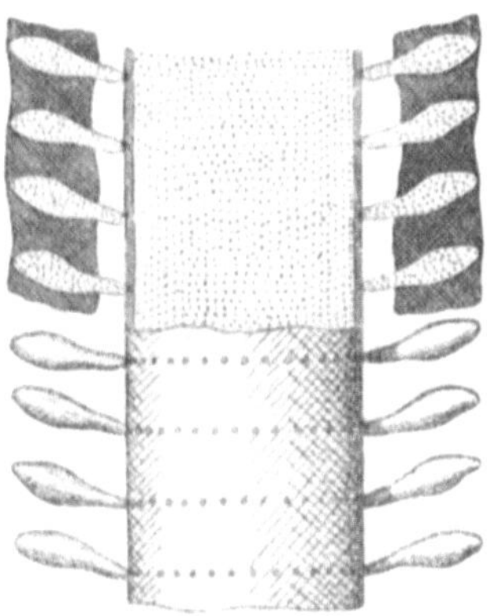

Fig. 53. Uragiella suprajurassica Gümb. spec. Lebensbild. 10 : 1. Oberjura. Oberau b. Kehlheim, Bayern. (Aus Pia, 1924.)

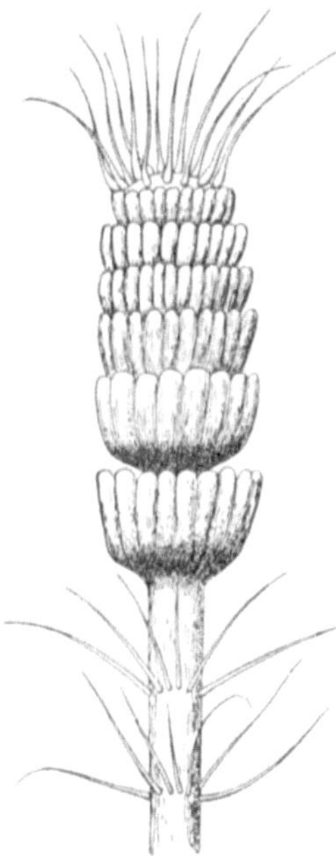

Fig. 54. Clypeina marginoporella Mich. Lebensbild. 15 : 1. Eozän. Pariser Becken. (Aus Morellet, 1918.)

Uragiella Pia

erinnert an Gyroporella und Physoporella, dürfte aber wohl kaum direkt auf eine dieser Gattungen zurückgehen. Die Wirteläste waren in der Mitte am dicksten, wahrscheinlich ganz von Kalk überdeckt.

Man kennt nur eine Art aus dem Oberjura, **U. suprajurassica** Gümb. spec., Fig. 53.

Clypeina Michelin[1])

ist der jüngste Vertreter der Macroporellinen. Bisher wurde die Gattung zwar zu den Acetabularieen oder (von mir selbst) zu den Cymopolieen

[1]) Vergl. den Nachtrag am Ende dieses Bandes.

a

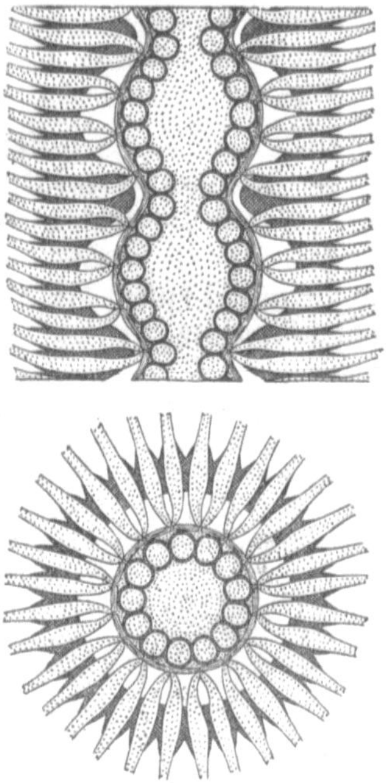

b

Fig. 55. Diplopora.
a bis *d* Diplopora phanerospora Pia aus einem nicht sicher bekannten, jedenfalls triadischen Gestein von Hindelang in den bayerischen Alpen. 14 : 1. (Aus Pia, 1926.) Die Figuren sollen auch eine Vorstellung davon geben, wie man zur Wiederherstellung des Lebensbildes gelangt. *a* Etwas vereinfachter Schrägschnitt durch die Schale, wie er sich im Dünnschliff darstellt. Dunkel das Skelett, weiß das umgebende Gestein. *b* Bauplan im Längs- und Querschnitt. Es bezeichnen gekreuzte Schraffen den Kalk, unterbrochene Längsstriche die verdickte Haut der Stammzelle, Punkte den Zellinhalt. *c* Ein Wirtel von oben, ergänzt und entkalkt. In der durchschnittenen Stammzelle die Sporen. *d* Lebensbild, unten mit, oben ohne Kalkschale, ganz unten diese allein. Ganz oben sind die vorderen Wirteläste entfernt, in der Mitte die Verzweigungen der Haare.

c

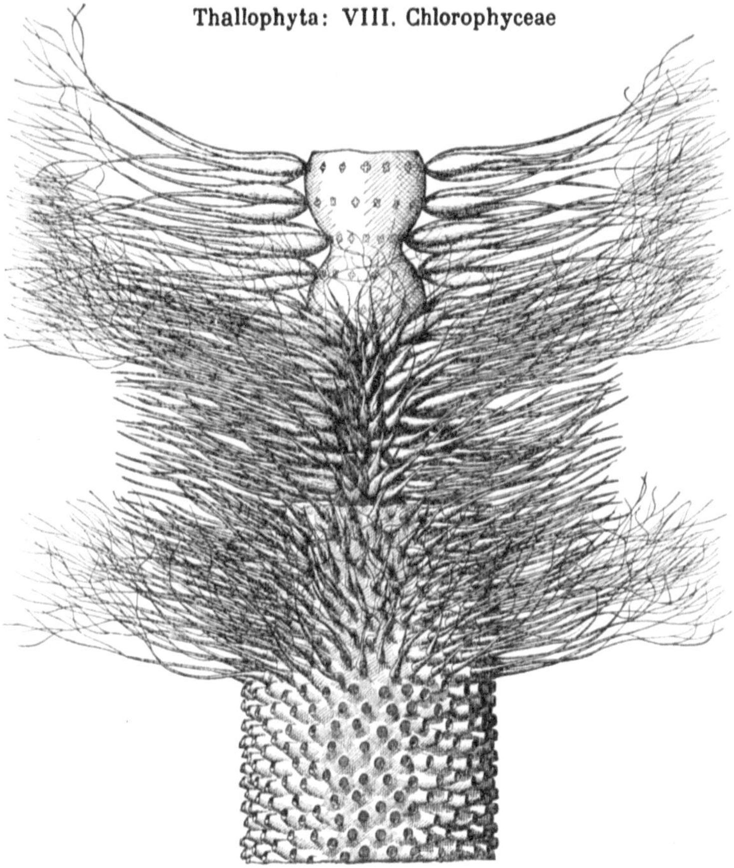

gerechnet, doch scheinen mir diese Auffassungen nicht mehr haltbar. Vielmehr drängt sich der Vergleich mit Physoporella und Actinoporella auf. Die mehr oder weniger stark nach oben gerichteten Wirteläste sind in Sporangien umgewandelt und teilweise durch Kalk miteinander verkrustet. An der Basis der Pflanze und am Scheitel waren sterile Haare vorhanden.

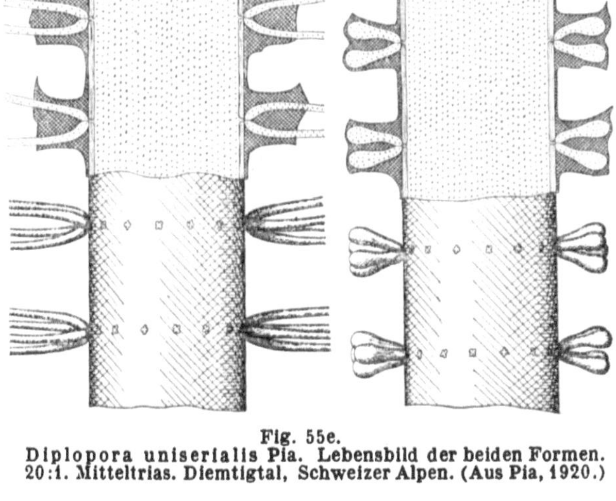

Fig. 55e.
Diplopora uniserialis Pia. Lebensbild der beiden Formen. 20:1. Mitteltrias. Diemtigtal, Schweizer Alpen. (Aus Pia, 1920.)

Die Gattung gehört dem Eozän an. Folgende Arten sind beschrieben: **C. marginoporella** Mich. (Fig. 54), **C. digitata** Park. u. Jones spec., **C. helvetica** Morellet, **C. Pezanti** Mor.

? Salpingoporella Pia.

Organisation und systematische Stellung sind noch nicht genügend geklärt. Die Äste sind in Wirteln angeordnet, gegen außen deutlich erweitert, ohne aber zu einer Rindenschicht zusammenzuschließen. Das Skelett ist ungegliedert. — **S. Mühlbergii** Lorenz spec., Unterkreide.

β) Untertribus Diploporinae.

Das bezeichnende Merkmal dieser nur durch eine Gattung vertretenen Gruppe ist die Anordnung der Wirteläste in kleinen Büscheln zu je 3—6 oder mehr. Diese Büschel sitzen in Wirteln auf der Stammzelle.

Diplopora Schafhäutl

ist nur in der Mitteltrias sicher nachgewiesen. Angaben über ihr Auftreten im Perm und in der Obertrias sind bisher nicht überzeugend. Die Gestalt ist stabähnlich bis keulenförmig. Die Wirteläste waren entweder in Haare verlängert, oder sie bildeten eine Rindenschicht, oder sie konnten endlich auch zu Sporangien umgewandelt sein. Manchmal treten zwei dieser Ausbildungsweisen an sonst übereinstimmenden Individuen auf. Ich habe diese Erscheinung als Dimorphismus innerhalb einer Art gedeutet.

D. praecursor Pia, anisische St.; **D. philosophi** Pia, oberanisisch; **D. hexaster** Pia, anis.; **D. helvetica** Pia, oberanis.; **D. annulatissima** Pia, oberanis.; **D. clavaeformis** Pia, oberanis.; **D. uniserialis** Pia, anis. (Fig. 55); **D. annulata** Schafh., ladinische St.; **D. phanerospora** Pia, Alter unbekannt (Fig. 55). — Zu Diplopora annulata gehören jedenfalls auch Kantia crassipora Bubnoff und die Mehrzahl der von Baretti unterschiedenen Arten. Nur Kantia monregalensis mag vielleicht mit Dipl. annulatissima zusammenfallen. Dasselbe gilt vermutlich von Kantia J. v. Piae Reis.

f) Tribus Linoporelleae.

Diese Tribus umfaßt die wenigen mesozoischen Dasycladaceen, deren Äste verzweigt, aber durchaus schlank, also wahrscheinlich nicht zu Sporangien umgebildet waren.

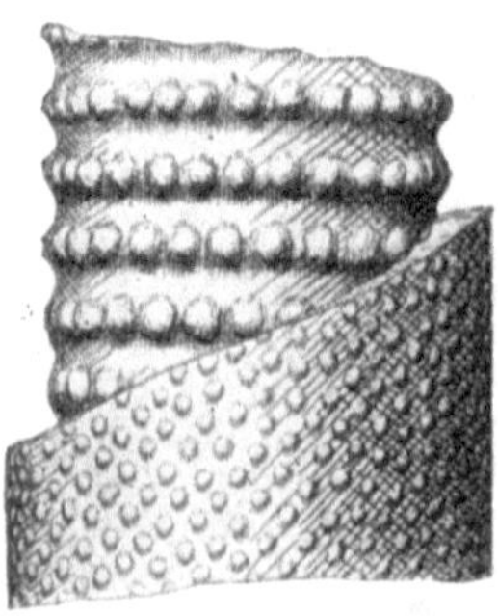

Fig. 56.

Myrmekioporella mosana Pia. Schale und Steinkern. 13 : 1. Oberjura, St. Mihiel, Dep. Meuse, Frankreich. (Aus Pia, 1924.)

Linoporella Steinmann

ist von zylindrischer Gestalt. Die primären Äste stehen in Wirteln. Sie verzweigen sich büschelig. Ob Teilung in Zweige dritter Ordnung vorkam, ist zweifehaft. Eine Angabe über das Auftreten von Sporen in den Hauptästen halte ich für recht unwahrscheinlich. Es ist vielmehr anzunehmen, daß die Fortpflanzungszellen in der Stammzelle entstanden.

2 oberjurassische Arten: **L. capriotica** Oppenh. spec., Tithon; **L. taurica** Pčelincev spec. Kimmeridge.

? Myrmekioporella Pia.

Die Gattung ist wegen der geringen Verkalkung ungenügend bekannt. Die sekundären Zweige waren außen von einer Kalklamelle bedeckt. Darin liegt ein sicherer Unterschied gegenüber Linoporella. Die primären Äste endeten mit einer stumpfen Spitze. Es ist deshalb vielleicht wahrscheinlich, daß sie nicht zu Sporenschläuchen erweitert waren. Dann gehört die Gattung zur Tribus der Linoporelleen.

M. mosana Pia, Oberjura, Rauracien. Fig. 56.

g) Tribus Triploporelleae.

Keulenförmige bis kugelige Dasycladaceen mit einmal büschelig verzweigten, in Wirteln gestellten Ästen. In den stark erweiterten primären Ästen wurden die Sporen gebildet. Wahrscheinlich sind die Triploporelleen von Dasycladaceen ähnlich Oligoporella abzuleiten.

Triploporella Steinm.

Sekundäre Äste dünn, jedenfalls in ein Haar auslaufend. Gestalt der ganzen Pflanze keulenförmig.

T. Remeši Steinm. spec., Oberjura, Tithon, Fig. 57; **T. Fraasi** Steinm., Oberkreide, Cenoman; **T. apenninica** Baretti, Cenoman.

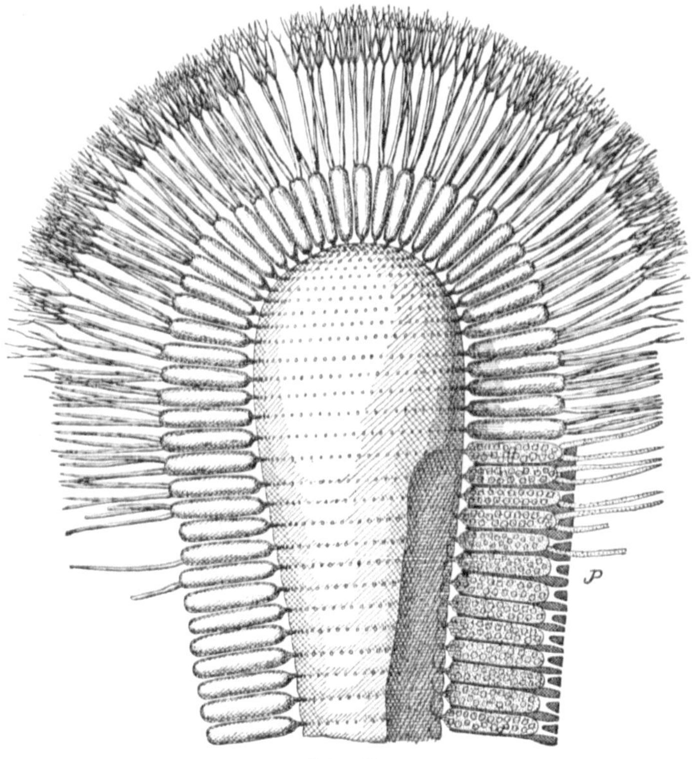

Fig. 57.

Triploporella Remeši Steinm. spec. Lebensbild. 8 : 1. Oberjura. Stramberg, Mähren. (Aus Pia, 1926.)

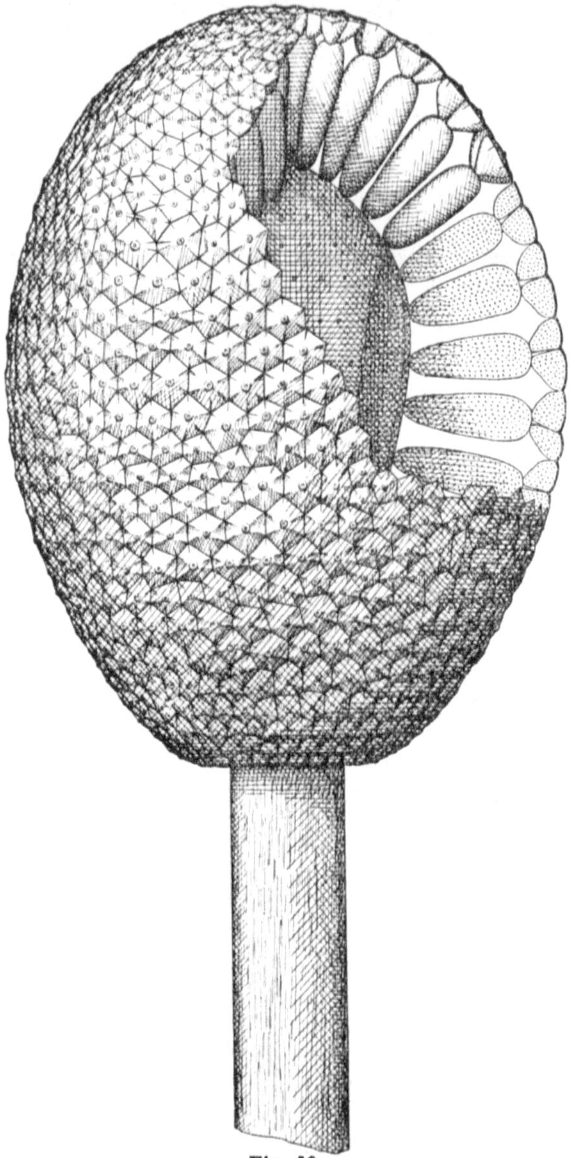

Fig. 58.
Goniolona geometrica Roem. spec. Lebensbild. 3 : 1. Oberjura von Mitteleuropa. (Aus Pia, 1920.)

Bröckella Morellet

unterscheidet sich von Triploporella durch die größere Zahl der sekundären Wirteläste und dadurch, daß die Schale gegliedert ist.

B. belgica Mor., Paläozän; **B. ranikotensis** Walton spec., Eozän.

Goniolina d'Orbigny.

Der Thallus ist kugel- oder eiförmig, mit einem nackten Stiel. Die Äste zweiter Ordnung bilden eine sehr schöne, mosaikartige Rindenschicht. Gelegentlich sieht man auf ihnen die Narben abgefallener Haare.

Bisher nur im Oberjura: **G. geometrica** Roemer spec., Fig. 58, hauptsächlich im Kimmeridge; **G. Thurmanni** Étallon, untere Grenze des Kimmeridge; **G. Janeti** Saporta, Corallien; **G. Croizieri** Sap., Kimmeridge.

? Sestrosphaera Pia.

Die Arten dieser Gattung sind so schwach verkalkt, daß der innere Bau nicht zu erkennen ist. Äußerlich besteht der Thallus aus einem Hals und einem kugeligen Kopf. Es ist wohl am wahrscheinlichsten, daß diese Algen sich an die Triploporelleen anschließen, obwohl es sich nicht beweisen läßt. — **S. liasina** Pia aus dem Lias und eine noch nicht mit Namen belegte Art aus der norischen Stufe der Obertrias.

h) Tribus Uterieae,

nur durch eine Gattung vertreten.

Uteria Michelin

ist trotz der in der letzten Zeit gemachten Fortschritte noch ungenügend bekannt. Das Skelett zerfällt in zahlreiche Glieder. Diese sind tonnenförmig, oben und unten geschlossen, mit einer weiten Kalkröhre für die Stammzelle in der Mitte. Die Anordnung der Poren auf dieser Röhre und auf der Außenfläche der Tonne beweist, daß sie von mehreren Wirteln verzweigter Äste durchsetzt wurde. Außerdem scheinen zwischen den Gliedern sterile Wirtel vorhanden gewesen zu sein. Auf der Innenseite der Außenwand der Glieder fanden sich Reste von Sporangien. Von Rindenzellen ist nichts zu sehen. Ich kann mir schwer vorstellen, wie die beschriebene tonnenförmige Kalkhülle sich bildete, wenn sie nicht ganz von einem Weichkörper ausgefüllt war. Das müßten dann wohl die zu Sporenschläuchen erweiterten verwachsenen, distalen Teile der Äste erster Ordnung gewesen sein. Schon bei Bröckella sind zwischen diesen nur ganz dünne Kalkplättchen vorhanden. Die in den Gliedern gefundenen »Sporangien« wären dann den »mehrfächerigen verkalkten Sporen« von Triploporella zu vergleichen. Das alles führt uns dazu, die Uterieen (in teilweiser Übereinstimmung mit Morellet) unmittelbar an die Triploporelleen anzuschließen.

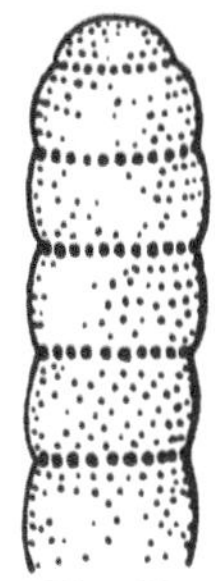

Fig. 59. Uteria encrinella Mich. Vereinfachtes Lebensbild, 7:1. Eozän, Pariser Becken. (Aus Morellet, 1913.)

U. encrinella Mich., Fig. 59, Paleozän und Eozän; **U. Brocchii** Morell., Paleozän.

i) Tribus Thyrsoporelleae.

Nicht nur die primären Wirteläste, sondern auch die sekundären und gelegentlich solche höherer Ordnung sind stark verdickt, so daß sie als Sporangien aufgefaßt werden müssen. Die Tribus geht wahrscheinlich auf die Triploporelleen zurück. Sie ist in der Oberkreide und im Alttertiär verbreitet.

Trinocladus Raineri.

Es sind höchstens Äste dritter Ordnung vorhanden. Häufig sind im Kalkskelett nur Abdrücke von primären und sekundären Ästen zu sehen. Diese sind aber auch dann sehr dick. Wahrscheinlich war die Art der Verzweigung — wenigstens bei manchen Species — nicht in allen Teilen des Thallus gleich.

Die Gattung ist bisher nur aus der Oberkreide (Cenoman oder Turon) bekannt. **T. tripolitanus** Rain., **T. ondulatus** Rain. spec.

Thyrsoporella Gümbel.

Es sind 4 Ordnungen von Zweigen vorhanden. Alle bis auf die letzten sind sackartig erweitert Die Zweigenden sprangen wahrscheinlich über die Schale vor.

Th. cancellata Gümb., Fig. 60, Eozän.

Fig. 60. Thyrsoporella cancellata Gümb. Teil eines Wandquerschnittes. 300:1. Eozän, Pariser Becken. (Aus Morellet, 1913.)

Belzungia Morell. (Gümbelina Mun.-Chalm.)

unterscheidet sich von Thyrsoporella nur dadurch, daß die Schale in Glieder zerfiel.

B. Borneti Mor., Paleozän; **B. Terquemi** Mor., Eozän.

k) Tribus Petrasculeae.

Vermutlich geht auch diese Tribus auf die Triploporelleen zurück. Doch ist die einzige hierher gehörige Gattung so eigenartig, daß ich es jetzt vorziehe, sie ganz gesondert zu behandeln.

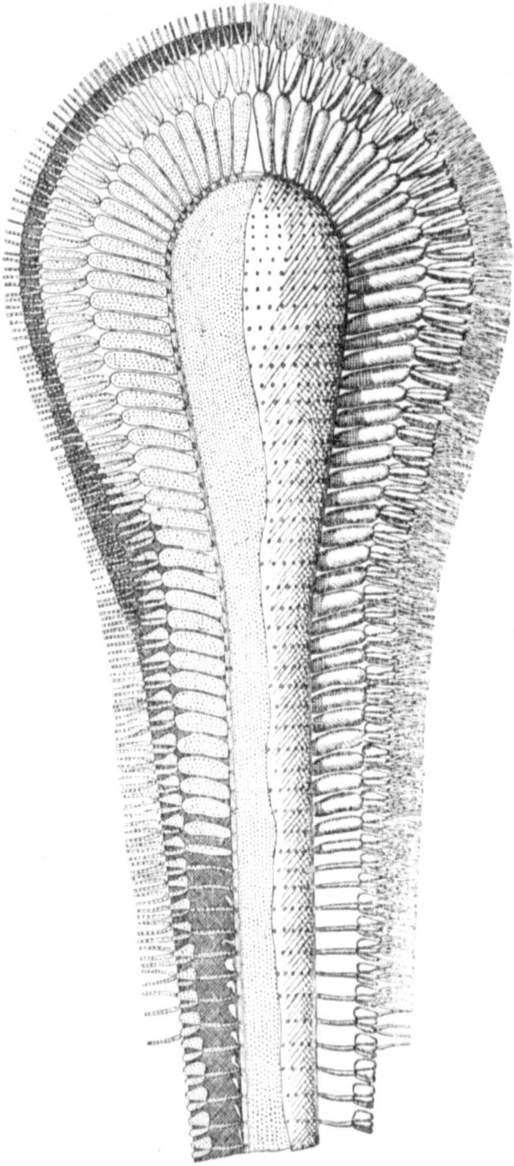

Fig. 61.
Petrascula bursiformis Ét. spec. Lebensbild. 6 : 1. Oberjura. Juragebirge. (Aus Pia, 1920.)

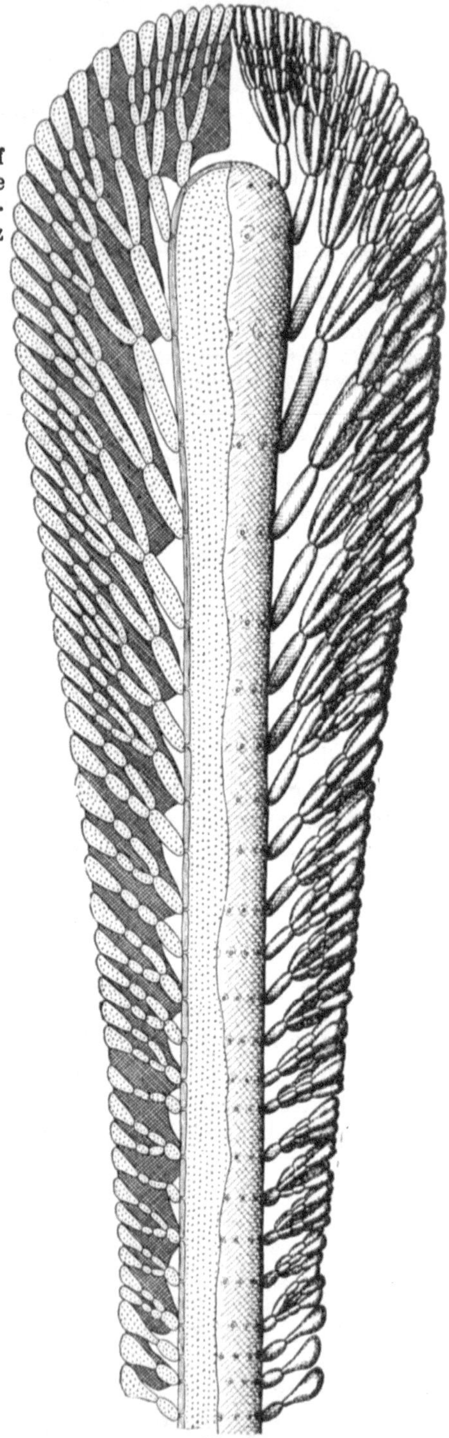

Fig. 62.
Palaeodasycladus mediterraneus Pia. L
bensbild. 25 : 1. Lias. M. Pollino nördl. Serra D
cedorme, Calabrien. (Aus Pia, 1920.)

Petrascula Gümb.

Die Äste sind zweimal büschelig verzweigt. Im oberen Teil des keulenförmigen Thallus sind die primären Äste dick und offenbar als Sporangien anzusehen. Im unteren Teil aber, wo sie ganz schlank sind, wurden Sporen vielleicht in gewissen, sack- oder spornartig erweiterten sekundären Zweigen gebildet. Man könnte vermuten, daß an der einen Stelle männliche, an der anderen weibliche Gameten erzeugt wurden.

Die Gattung kommt nur im Oberjura vor. — **P. bursiformis** Étallon (Fig. 61), **P.? globosa** Alth. spec.

l) Tribus Coniporeae.

Äste zweimal verzweigt. Außen bilden sie bei den bisher bekannten Arten eine wohlgeschlossene Rindenschicht. Die Lage der Sporangien ist noch nicht recht geklärt. Der untere Teil der keulenförmigen Algen ist einfacher gebaut als der obere. Gewisse Gründe sprechen dafür, die Tribus von der Gattung Diplopora abzuleiten.

Palaeodasycladus nov. nom.
(**Palaeocladus Pia** 1920 non **Ettingshausen** 1885)

Äste sehr schräg gestellt, teilweise durch Einschnürungen gegliedert. An der Basis der Pflanze sind nur primäre Äste vorhanden, weiter oben teilen sie sich einmal, dann zweimal büschelig.

P. mediterraneus Pia, Fig. 62, Mittellias.

Conipora d'Archiac.

Die Verkalkung ist auf die Rindenzellen beschränkt. Deshalb ist der innere Bau nicht genügend bekannt. Wahrscheinlich ähnelte er

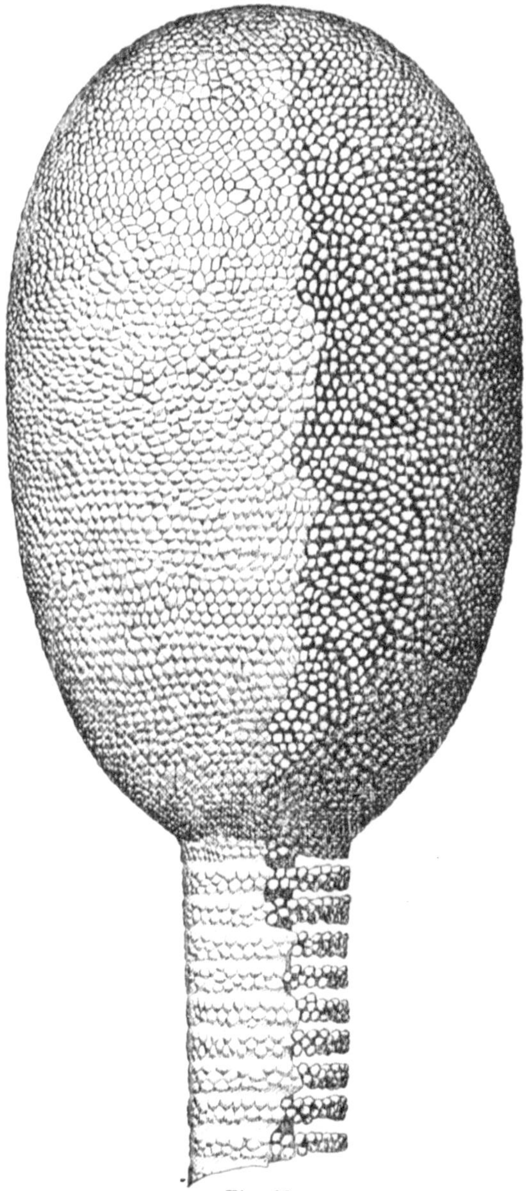

Fig. 63.
Conipora clavaeformis d'Arch. Lebensbild. 3 : 1. Dogger, Frankreich. (Aus Pia, 1920.)

aber dem von Palaeocladus. Ein Unterschied liegt darin, daß die Außenmembranen der sehr kleinen Rindezellen verkalkt sind.

C. clavaeformis d'Arch., Fig. 63, Dogger; **C. subtilis** Steinm., Malm.

m) Tribus Dactyloporeae.

In dieser Gruppe vereinige ich jene Dasycladaceen, die selbständige Sporangien tragen, deren Wirteläste aber unverzweigt sind. Sie dürften von Macroporella abzuleiten sein. Mit den ihnen bezüglich der Sporangien ähnlichen Bornetellen haben sie phylogenetisch wohl nichts zu tun.

α) Untertribus Dactyloporinae.

An jedem Wirtelast mehrere bis zahlreiche Sporangien. Äste außen zu Rindenzellen erweitert.

Dactylopora Lamarck.

Dicke Äste folgen in Wirteln dicht über einander. Auf der Außenfläche bilden die Rindenzellen ein zusammenhängendes Mosaik. Unterhalb der Rindenschicht sitzen an den Ästen zahlreiche kleine, runde Sporangien. Die Stammzelle trägt eine sehr zarte eigene Kalkhülle.

Man kennt nur eine Art, **D. cylindracea** Lmk. aus dem Eozän, Fig. 64.

Digitella Morellet

unterscheidet sich von Dactylopora wesentlich nur dadurch, daß die Sporangien größer, weniger zahlreich und von einer Kalkmasse ausgefüllt sind, in der ganz ähnlich wie bei Acicularia kleine Sporenhöhlen liegen.

D. dactyloporoides Morell., Eozän, Fig. 65.

Fig. 64. Dactylopora cylindracea Lmk. Halbe Schale von innen. 5:1. Eocän. Le Fayel, Pariser Becken. (Aus Morellet, 1913.)

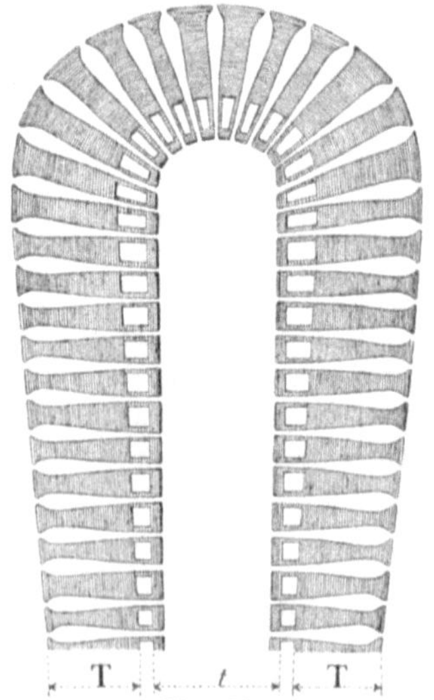

Fig. 65. Digitella dactyloporoides Mor. Schalenlängsschnitt ohne Sporangien, 16 : 1. T = eigentliche Kalkschale, t = Kalkhülle der Stammzelle. Eozän, Echempeu b. Lizy-sur-Ourcq, Pariser Becken. (Aus Morellet, 1913.)

Zittelina Mun.-Chalm. (einschl. **Maupasia M.-Ch.**).

Der Kalk bildet unter der Rinde eine dünne zusammenhängende Schicht, der die ähnlich wie bei Digitella gebauten Sporangien in einer oder mehreren Lagen angeklebt sind. Die inneren Teile der Pflanze sind manchmal von einer eigenen schwachen Kalkhülle umgeben. Die Wirteläste sind ganz dünn. Ist schon der Unterschied zwischen Zittelina und Digitella systematisch nicht sehr wichtig, da eigentlich nur in der Art der Verkalkung gelegen, so scheint es mir ganz unmöglich, Zittelina und Maupasia zu trennen.

Alle Arten gehören dem Eozän an: **Z. elegans** M.-Ch., **Z. Dumasi** Morell. spec., **Z. simplex** Mor. spec., **Z. parisiensis** Mor. spec.

β) Untertribus Montiellinae.

An jedem Wirtelast nur ein einziges Sporangium.

Montiella Morell.

steht den übrigen Dactyloporeen etwas fremd gegenüber. Es scheint, daß die Wirteläste nicht zu Rindenzellen erweitert waren. Vielleicht trugen sie Haare. Ob das Sporangium über oder unter dem Ast lag, ist vorläufig wohl kaum zu entscheiden.

Die Gattung gehört dem Paleozän an. **M. Munieri** Mor., **M. macropora** Mor.

n) Tribus Dasycladeae.

Die Gruppe ist bisher fossil nicht bekannt, was bei ihrer sehr geringen Verkalkung nicht zu verwundern ist. Sie wird hier nur der Vollständigkeit halber kurz erwähnt. Die Sporangien sitzen seitlich oder am Ende der Zweige. Rindenzellen sowohl als echte Haare fehlen nicht nur der erwachsenen Pflanze, sondern auch in der ganzen Entwicklung. Die Tribus ist vielleicht von den Coniporeae abzuleiten.

Dasycladus Agardh, Batophora Ag., ? **Chlorocladus Sonder.**

Nur je eine lebende Art. Es bleibt zu untersuchen, ob die letzte Gattung nicht zu den Neomereen gehört.

o) Tribus Neomereae.

Die Äste stehen in Wirteln und sind einmal büschelig verzweigt. Die Sporangien sitzen an den Ästen erster Ordnung. An den jungen — ausnahmsweise auch an den erwachsenen Pflanzen endigen die Zweige zweiter Ordnung in Haare.

α) Untertribus Neomerinae.

Sporangien im fertigen Zustand am Ende des primären Astes (wenn auch ursprünglich etwas seitlich angelegt). Die Zahl der sekundären Zweige an einem Ast beträgt stets 2.

Meminella Morell.

Das wichtigste Merkmal dieser Gattung scheint mir darin zu liegen, daß die sekundären Poren außen nicht in einer Vertiefung, sondern auf einem kleinen Kegel ausmünden. Wir müssen wohl annehmen, daß die Zweige sich in Haare fortsetzten. Die Verkalkung ist sehr kräftig.

M. larvarioides Mor., Eozän. Fig. 66.

Lemoinella Mor.

Auch diese Gattung ist viel stärker verkalkt, als Neomeris. Die beiden sekundären Zweige umgreifen das kugelige Sporangium in einer zur Hauptachse der Pflanze normalen Ebene. Gegen außen erweitern sie sich allmählich, aber bedeutend, so daß die Rindenzellen von ihrem Stiel nicht deutlich abgesetzt sind.

Fig. 66. Meminella larvarioides Mor. Längsschnitt durch die Schalenwand. 30 : 1. Eozän, Pariser Becken. (Aus Morellet, 1913.)

Die bekannten Arten der Gattung treten im unteren Teil des Eozän auf: **L. geometrica** Mor., Fig. 67; **L. Bureaui** Mor.

Fig. 67. Lemoinella geometrica Mor. Teil eines Wandquerschnittes. 45 : 1. Eozän. Grignon, Pariser Becken. (Aus Morellet, 1913.)

Neomeris Lamouroux.

Verkalkung stets geringer, als bei den vorhergehenden Gattungen. Die Enden der Äste zweiter Ordnung bilden eine zusammenhängende Rindenschicht. Das Sporangium ist birnförmig, nicht so kugelig, wie bei Meminella und Lemoinella. Es scheint, daß bei der Gattung Neomeris und vielleicht bei der ganzen Untertribus niemals halbrund geschlossene obere Enden der Kalkschale auftreten, sondern daß diese stets beiderseits offen ist.

Neomeris kommt vom Cenoman bis zur Gegenwart vor. Man kann innerhalb des Genus 3 Sektionen unterscheiden.

Sektion Descaisnella Mun.-Chalm.

Sporangium und zugehörige Zweige liegen in einer Ebene, die aber — im Gegensatz zu Lemoinella — nicht gleichzeitig die Ebene des Wirtels ist. Die durch die Kalkhüllen der Sporangien gebildeten Ringe bleiben voneinander frei.

N. pseudo-eruca Morell., Eozän; **N. annulata** Dickie, Eozän und Gegenwart; **N. ignota** Morell., Miozän.

Sektion Vaginopora Defrance.

Anordnung der Zweige wie bei der vorigen Untergattung, die Verkalkung ist aber stärker, so daß ein zusammenhängendes Skelett zustandekommt. Manchmal ist auch eine besondere Hülle der Stammzelle erhalten.

N. cretacea Steinm., Cenoman; **N. scrobiculata** Gümb. spec., Paleozän; **N. herouvalensis** Mun.-Chalm., Paleozän; **N. radiata** Morell., Eozän; **N. fragilis** Defrance, Eozän; **N. arenularia** M.-Ch., Eozän; **N. pustulosa** Mor., Eozän; **N. Courtyi** Mor., Oligozän; **N. ambigua** Morell., Miozän.

Sektion Larvaria Defrance.

Die Unterschiede zwischen Larvaria und Neomeris scheinen mir nicht hinzureichen, um sie als getrennte Gattungen aufrecht zu halten. Im Gegensatz zu den vorigen Sektionen liegen bei Larvaria Sporangium und Zweige zweiter Ordnung nicht in einer Ebene, sondern diese befinden sich nebeneinander unter jenem.

Die Sektion beginnt in der obersten Kreide mit einer nicht näher bestimmbaren Art. Im Tertiär kennt man: **N. montensis** Mor. spec., Paleozän; **N. fragilis** Defr. spec., Paleozän; **N. Defrancei** Mor. spec., Paleozän; **N. limbata** Defr. spec., Paleozän und Eozän; **N. reticulata** Defr. spec., **N. auversiensis** Mor. spec.; **N. filiformis** Mor. spec. und **N. encrinula** Defr. spec., sämtliche vier aus dem Eozän.

Munier-Chalmas hat noch eine ganze Reihe weiterer Namen aufgestellt. Teils sind sie als Synonyme erwiesen, teils liegt ihnen kein genügendes Material zugrunde, so daß sie hier übergangen werden.

β) Untertribus Cymopoliinae.

Thallus gegliedert. Zahl der sekundären Zweige an einem primären Ast größer als 2. Sporangien am Ende der primären Äste. Eine deutliche Rindenschicht ist vorhanden.

Cymopolia Lamouroux.

Der Thallus ist verzweigt und zerfällt in Glieder, die nicht nur durch eine Unterbrechung der Kalkschale, sondern auch durch eine periodische Änderung der Form der Äste gekennzeichnet sind.

Die Gattung soll schon in Cenoman auftreten. In der obersten Kreide ist sie häufiger. Aus dem Tertiär kennt man folgende Arten: **C. elongata** Defr. spec., Paleozän-Oligozän; **C. Dollfusi** Mor., Eozän; **C. rarifistulosa** Mor., Neogen.

Karreria Mun.-Chalm.

Ich ziehe es vor, diese Gruppe von Arten als selbständige Gattung anzusehen, wie es auch Munier-Chalmas getan hat. Als ihr wesentliches Merkmal betrachte ich nicht die längliche Form der Sporangien, sondern die eigentümliche Verbreiterung des distalen Teiles der primären Äste, die zur Bildung eines mehr oder weniger geschlossenen Ringes führt. Dann gehören folgende Arten zur Gattung:

K. tibetica Mor. spec., Fig. 68, oberste Kreide; **K. Zittelli** Mor., Eozän; **K. miocaenica** Karrer spec., Miozän.

Fig. 68. Karreria tibetica Mor. spec. Querschnitt. 30 : 1. Oberkreide. Kampa Dzong, Tibet. (Aus Morellet in Douvillé, 1916.)

γ) Untertribus Parkerellinae

Sporangien seitlich an den primären Ästen, wenig zahlreich, stets zu Paaren vereinigt. Thallus ungegliedert, zylindrisch. Nur im Alttertiär.

Jodotella Morell.

Die Äste sind einmal gegabelt, die birnförmigen Sporangien sitzen ihnen gleich innerhalb der Gabelungsstelle an.

J. veslensis Mor., Paläozän, Fig. 69.

? Parkerella Mor.

wird später vielleicht als bloße Untergattung von Jodotella aufzufassen sein. Doch ist ihr Bau noch nicht genügend geklärt. Die Schale besteht aus losen Ringen, die je einem Wirtel entsprechen. Die Sporangien sind genau so angeordnet, wie bei Jodotella, aber von mehr kugeliger Gestalt. Eine Gabelung der Poren ist nicht beobachtet. Dieser Punkt wäre entscheidend. Sind sekundäre Äste vorhanden, dann wird man die beiden Genera wohl vereinigen dürfen; fehlen sie, so muß man die zuletzt besprochenen Gattungen überhaupt umgruppieren.

P. montensis Mor., **P. binodosa** Mor., beide aus dem Paleozän.

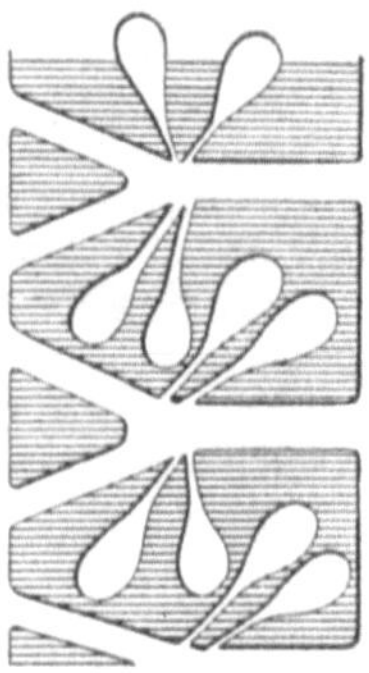

Fig. 69. Jodotella veslensis Mor. Wandlängsschnitt. 60 : 1. Paleozän. Chalon-sur-Vesles, Pariser Becken. (Aus Morellet, 1913.)

δ) Untertribus Bornetellinae.

Thallus keulenförmig bis kugelig, niemals verzweigt oder gegliedert. Die kleinen Sporangien sitzen in großer Zahl seitlich an den Ästen erster Ordnung. Sie sind nicht zu Paaren vereinigt.

Bornetella Mun.-Chalm.

ist nur rezent bekannt.

p) Tribus Acetabularieae.

Fertile und sterile Wirtel wechseln miteinander mehr oder weniger regelmäßig ab. In jenen sind die primären Äste zu dem sog. Krönchen rückgebildet, die sekundären nur mehr durch hinfällige Haare vertreten. Dagegen ist das ursprünglich an der Unterseite des Astes gelegene Sporangium sehr groß geworden, nach außen gerückt und oft mit seinen Nachbarn zu einem Schirm verbunden.

Halicoryne Harvey und Chalmasia Solms

sind fossil nicht bekannt.

Acetabularia Lamx.

Die Äste jedes fertilen Wirtels sind meist zu einem Schirm verwachsen. In vielen Fällen trägt die Stammzelle nur einen solchen Schirm, in anderen aber mehrere. Im Inneren der Sporangien wird kein Kalk ausgeschieden. Nach dem Grad der Verwachsung der Schirmstrahlen und nach der Entwicklung der Krönchen unterscheidet man mehrere Untergattungen.

Fossil kennt man nur eine Art, **Acetabularia (Acetabuloides) chiavonica** Squinabol aus dem Oligozän, Fig. 70.

Acicularia d'Archiac.

Sie unterscheidet sich von Acetabularia dadurch, daß die Sporangien von nadelförmigen Kalkmassen ausgefüllt sind, die in zahlreichen runden Höhlen die Sporen enthalten. Reste dieser Gattung sind seit dem Paleozän bekannt.

Sektion Acicularia s. str.

Die Sporenhöhlen sind rings um die Kalknadeln entwickelt.

A. clavata Mor. und **A. eocaenica** Mor., beide Paleozän; **Ac. pavantina** d'Arch., Fig. 71; **A. cornigera** Mor., **A. Michelini** Mor. u. **A. parvula** Mor., sämtliche vier Eozän; **A. micropora** Mor., Oligozän; **A. miocaenica** Reuß, Miozän; **A. italica** Clerici Pliozän; **A. Schenckii** Solms, rezent.

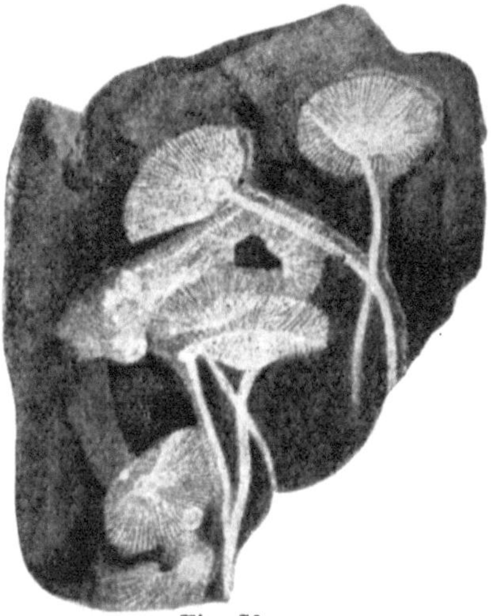

Fig. 70.
Acetabularia chiavonica Squin. Nat. Gr. Oligozän. Chiavon bei Bassano, Prov. Vicenza, Italien. (Aus Squinabol, 1902.)

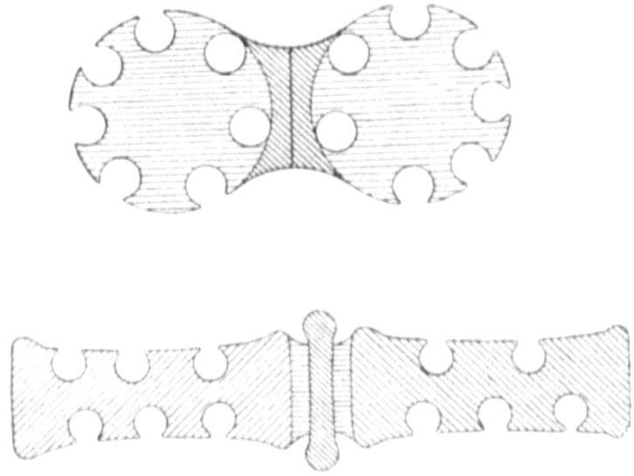

Fig. 71.
Querschnitte durch je zwei Schirmstrahlen von Acicularia. Oben Acicularia (Acicularia) pavantina d'Arch., 40 : 1, Eozän, Frankreich. Unten Acicularia (Briardina) Munieri Mor., 100 : 1, Eozän, Pariser Becken. (Aus Morellet, 1913.)

Sektion Briardina Mun.-Chalm.

Die Sporenhöhlen befinden sich nur auf der flachen Ober- und Unterseite der Kalknadeln.

A. Munieri Mor. (Fig. 71) und **A. Heberti** Mor., Eozän; **A. Archiaci** Mor., Oligozän; **A. Andrussowi** Solms, Miozän.

? Orioporella Mun.-Chalm.

Die Zurechnung dieser Gattung ist zweifelhaft. Es handelt sich um gefächerte Scheiben mit einer breiten mittleren Öffnung. Ober- und Unterseite der Scheibe sind siebartig durchbohrt.

Man kennt das Fossil nur aus dem Paleozän. — **O. Bonieri** Mor., **O. Briardi** Mor.

q) Dasycladaceae incertae tribus.

Der Bau mancher Teile der Dasycladaceen ist ein so bezeichnender, daß man nicht selten auch solche fossile Reste bei ihnen einreihen kann, die nur wenige Merkmale der Pflanze erkennen lassen. Es ist dann aber natürlich nicht möglich, die genauere systematische Stellung des Fossils zu bestimmen.

α) Ganze Skelette.

Griphoporella Pia.

Eine Sammelgattung für stäbchenförmige oder langgestreckt keulenförmige Dasycladaceen, deren Schale so dünn ist, daß man die Gestalt der Wirteläste nicht erschließen kann.

G. curvata Gümb. spec., Obertrias: norische Stufe; **G. Gümbeli** Salomon spec., Mitteltrias: ladinische Stufe; **G. irregularis** Pia, Oberjura: Rauracien; **G. undulata** Pia, Oberjura: Tithon.

Furcoporella Pia.

Thallus zylindrisch, gerade gestreckt. Poren gegen außen erweitert, in der Ebene des Wirtels zu je 2 an der Basis vereinigt. Ob diese Poren Ästen zweiter Ordnung entsprachen, wie es wohl wahrscheinlich ist, läßt sich vorläufig nicht entscheiden. Sporangien unbekannt.

F. diplopora Pia, Eozän.

β) Einzelne Sporangienausfüllungen.

Kalkkörper ganz ähnlich denen, die in den geschlossenen Skeletten von Digitella, Zittelina, Uteria auftreten. Wahrscheinlich gehören sie zu Pflanzen, die im übrigen unverkalkt waren.

Aciculella nov. gen.

Zylindrische Kalkstäbchen mit zahlreichen kugeligen, durch einen Porus geöffneten Hohlräumen längs der Peripherie, aber ohne achsiale Durchbohrung. Offenbar die Ausfüllung der Stammzelle einer sonst unverkalkten Dasycladacee, deren Sporen in der Stammzelle gebildet wurden.

A. bacillum nov. spec. aus der ladinischen Stufe der Mitteltrias wird demnächst beschrieben.

Terquemella Mun.-Chalm.

Kugelige oder scheibenförmige Körper, allseits bedeckt von Poren, die in die Sporenhöhlen führen.

Die Gattung kommt schon in der Oberkreide vor. Im Alttertiär gehören ihr an: **T. bellovacina** Mun.-Chalm., Paleozän; **T. macrocarpus** Mun.-Chalm., Paleozän; **T. parisiensis** Mun.-Chalm., **T. parvula** Mor. und **T. dissimilis** Mor., alle drei aus dem Eozän.

Carpenterella Mun.-Chalm.

Plankonvexe und konkavkonvexe Kalkscheibchen mit zahlreichen Sporenhöhlen im Inneren. Diese münden alle ganz nahe beieinander in einer zentralen Vertiefung der flachen Seite aus. Erstes Auftreten im Paleozän.

Im Eozän **C. Jonesi** Mor.

Hagenmulleria Mun.-Chalm.

ist ebenfalls für lose Sporangien aufgestellt, die aber noch nicht beschrieben sind.

Literatur über fossile Dasycladaceen.*)

Vergleiche vor allem die Listen bei Morellet und bei Pia (1920 u. 1922), dazu noch

Aßmann, P., Die Fauna der Wirbellosen und die Diploporen der oberschlesichen Trias mit Ausnahme der Brachiopoden, Lamellibranchiaten, Gastropoden und Korallen. Jahrb. Preuß. Geol. Landesa. f. 1925. Bd. 46, S. 504, Berlin 1926.

Baretti, A., Alghe sifonee fossili nei calcari cretacici dell'Appennino. Atti Soc. Ital. Sc. Nat. Milano, Bd. 61, S. 115, 1922.

Bassler, R. S., The cement resources of Virginia west of the Blue Ridge. Virginia Geol. Surv. Bull. Nr. II-A, Charlottesville 1909.

Diener, C., Leitfossilien der Trias. Wirbellose Tiere und Kalkalgen. G. Gürich, Leitfossilien, Lfg. 4, Berlin 1925.

Di-Stefano, G., La dolomia principale dei dintorni di Palermo e di Castellamare del Golfo (Trapani). Palaeont. Ital., Bd. 18, S. 57, Pisa 1912.

*) Vergl. den Nachtrag am Ende dieses Bandes.

Endo, R., Stratigraphical studies of the palaeozoic formation in the southern part of the Kitakami mountainland. Japanisch. Journ. Geol. Soc. Tokyo, Bd. 31, S. 230, 1924. Englischer Auszug in Jap. Journ. of Geol. u. Geogr., Bd. 3, S. (5), Tokyo 1924.

Hohenstein, V., Beiträge zur Kenntnis des mittleren Muschelkalks und des unteren Trochitenkalks am östlichen Schwarzwaldrand. Geol. u. paläont. Abh., n. F., Bd. 12, H. 2, Jena 1913.

Huot, P., Le Goniolina geometrica. Bull. Soc. Linn. Seine marit., Bd. 6, S. 13, Le Havre 1920.

Kräusel, R. u. Stromer E., »Fossile Floren Ägyptens« (vgl. S. 104).

Morellet, L. u. J., Nouvelle contribution a l'étude des Dasycladacées tertiaires. Mém. Soc. Géol. de France, Paléontologie, Bd. 25, H. 2, Mém. 58, Paris 1922.

Morellet, L. u. J., Les Dasycladacées du Neogène de Kostej (Banat) et de Lapugy (Transylvanie). Bull. Soc. Géol. de France, R. 4, Bd. 26. S. 223. Paris 1927.

Ogilvie Gordon, M. M., Das Vorkommen von Diplopora annulatissima im Langkofelgebiet. Verh. Geol. Bundesamst., Wien, 1925, S. 187.

Ozawa, Y., Paleontological and stratigraphical studies on the Permo-Carboniferous limestone of Nagato. II. Paleontology. Journ. College of Sc. Univers. Tokyo, Bd. 45, H. 6, 1925.

Pčelincev, V., »Dasycladaceen der Krim« (vgl. S. 99).

Pia, J., Zur Altersbestimmung des Chocsdolomites. Jahrb. Ung. Geol. Reichsanst. f. 1916, S. 256, Budapest 1919.

Pia, J., Die Siphoneae verticillatae vom Karbon bis zur Kreide. Abh. Zool.-bot. Ges., Bd. 11, H. 2, Wien 1920.

Pia, J., Einige Ergebnisse neuerer Untersuchungen über die Geschichte der Siphoneae verticillatae. Zeitschr. f. indukt. Abstammungsl., Bd. 30, S. 63, Berlin 1922.

Pia, J., Einige neue oder ungenügend bekannte Siphoneae verticillatae aus dem mitteleuropäischen Malm. Ann. Naturh. Mus., Wien, Bd. 38, S. 82, 1924.

Pia, J., Die Diploporen der Trias von Süddalmatien. Sitz. Ak. Wiss., Wien., Math.-nat. Kl., Bd. 133, 1924, Abt. I, S. 329, Wien 1925.

Pia, J., Einige Dasycladaceen aus der Obertrias der Molukken. Geologische Onderzoekingen in den Oostelijken Oost-Indischen Archipel door H. A. Brouwer. Jaarb. v. h. Mijnwezen in Ned. Oost-Ind., Bd. 52, 1923, Verh., S. 137, s'Gravenhage 1924.

Pia, J., Die Gliederung der alpinen Mitteltrias auf Grund der Diploporen. Akad. Anz., Wien, 1925, S. 214.

Pia, J.: Die Diploporen der deutschen Trias und die Frage der Gleichsetzung der deutschen und alpinen Triasstufen. Zeitschr. d. Deutsch. Geol. Ges., Bd. 78, Monatsb., S. 192, Berlin 1926.

Raineri, R., »Alghe della Libia« (vgl. S. 61).

Raineri, R., »Alghe fossili di Cirenaica« (vgl. S. 61).

Reed, F. R. C., Ordovician and Silurian fossils from the central Himalayas. Palaeont. Ind., R. 15, Bd. 7, H. 2, Calcutta 1912.

Reis, O. M., Die Fauna des Wettersteinkalks. III. Teil: Gastropoden, Bivalven, Brachiopoden etc. Geogn. Jabresh., Bd. 39, S. 87, München 1926.

Rothpletz, A., »Kalkalgen Gottlands« (vgl. S. 41).

Svedelius, N., Zur Kenntnis der Gattung Neomeris. Svensk Bot. Tidskr., Bd. 17, S. 449, Stockholm 1923.

Walton, J., On a calcareous Alga belonging to the Triploporelleae (Dasycladaceae) from the Tertiary of India. Rec. Geol. Survey India, Bd. 56, S. 213, Calcutta 1925.

IX. Klasse Charophyta.

Die Eizelle der Charophyten wird bekanntlich von einzelligen Schläuchen umgeben, die schraubig um sie herumgewunden sind. Bei allen lebenden Arten sind es immer 5 Schläuche und sie sind ausnahmslos im Sinne des Uhrzeigers gewunden. Die Membran der Eizelle und die ihr anliegenden Teile der Zellhäute der Hüllschläuche werden bei der Reifung der Frucht hart, holzig und teilweise kieselig. Die Außenmembranen der Schläuche bleiben weich. In ihrem Inneren wird aber bei vielen Arten Kalk ausgeschieden, der entweder den ganzen ursprünglich vom Plasma eingenommenen Raum erfüllt oder nur auf der Innenseite eine Kruste bildet. Die so entstehenden Kalkstreifen verwachsen zu einer einheitlichen Hülle. Sind die Außenmembranen zerstört, so sieht die Skulptur der Frucht je nach dem Grade der Verkalkung verschieden aus. Man hat entweder breite Spiralwülste mit schmalen Furchen, in denen die Nähte verlaufen, oder umgekehrt schmale Grate mit den Nähten, die durch breite Täler getrennt sind. Unter den lebenden Characeengattungen hat nur Nitella niemals verkalkte Früchte. Doch fehlen sie auch manchen Arten der anderen Genera. Außerdem ist die Verkalkung offenbar vom Standort abhängig. Die Merkmale der Früchte gelten als systematisch sehr wichtig, sind aber an den fossilen Resten zum Teil nicht zu erkennen, besonders das sog. Krönchen, dessen Beschaffenheit für die Zerlegung der Characeae in Unterfamilien maßgebend ist. Man hat deshalb neben einigen Resten, die auf andere rezente Gattungen bezogen werden können, und solchen, die sicher zu ausgestorbenen Gattungen gehören, eine große Masse von fossilen Früchten vor sich, die sich in das System der lebenden Armleuchtergewächse nicht einreihen lassen. Meist werden sie alle als Chara bezeichnet. Dieser Vorgang ist kaum zu billigen. Tuzson hat für solche Fossilien den Namen Characeites vorgeschlagen. Vielleicht ist es noch zweckmäßiger, den alten Lamarckschen Namen Gyrogonites, unter dem sie ja zuerst beschrieben wurden, für sie wieder aufzunehmen. Als Characeites werde ich dagegen Stengelreste ohne Früchte bezeichnen.

Außer den sicheren Charophytenresten gibt es, besonders im Paläozoikum, auch eine Reihe von Formen, die an Charafrüchte erinnern, deren Zugehörigkeit zu unserer Klasse aber von vielen bestritten wird. Sie sollen anhangweise besprochen werden.

A. Sichere Charophyten.

1. Characeae.

Eizelle von 5 im Sinne des Uhrzeigers gewundenen Schläuchen umhüllt.

a) Unterfamilie Nitelleae.

Nitella Agardh.

In quartären Schichten kennt man Reste dieser unverkalkten Gattung.

Vielleicht gehört auch die oligozäne N.? **prisca** Unger und die miozäne N.? **Boulleti** A. Braun hierher oder in die Nähe.

Tolypella A. Braun

ist wahrscheinlich bis in das Oligozän zurück zu verfolgen:

T. headonensis Reid u. Groves, **T. parvula** R. u. Gr.

b. Unterfamilie Chareae.

Tolypellopsis Leonh. (Nitellopsis Hy)

ist im Altquartär nachgewiesen.

Chara Vaill.

Die meist unter diesem Namen beschriebenen Früchte gehören wohl verschiedenen, zum Teil ganz ausgestorbenen Gattungen an. Sie werden deshalb erst weiter unten besprochen. Berindete Stengel und Blätter kommen heute nur bei Chara vor. Da aber beispielsweise auch Lagynophora Rindenzellen hat, läßt sich aus diesem Merkmal allein nicht einmal die Unterfamilie erschließen. Wenn es also auch wahrscheinlich ist, daß ein guter Teil der später zu nennenden fossilen Früchte und Stengel zu Chara gehört, ist es doch gegenwärtig kaum möglich, ganz sichere Beispiele dafür anzuführen.

c) Unterfamilie Lagynophoreae.

Früchte lang flaschenförmig, in den Achseln der Blätter sitzend. Bisher nur im Paleozän.

Lagynophora Stache.

Die Stengel scheinen stets berindet zu sein.

L. articulata Stache, **L. foliosa** St., **L. liburnica** St. (Fig. 72), **L. nodulifera** St., **L. symmetrica** St. (Fig. 72).

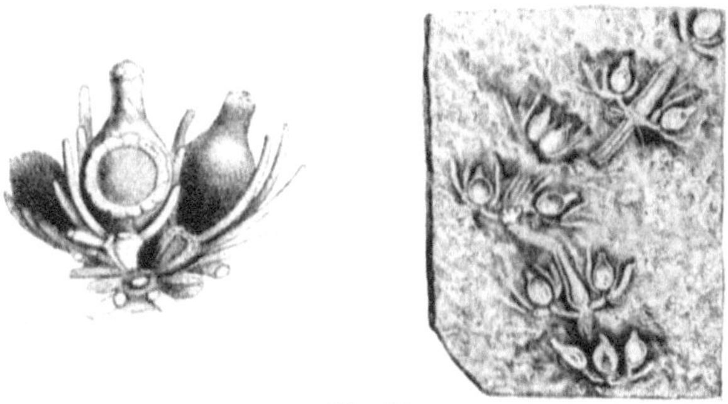

Fig. 72.
Links Lagynophora liburnica Stache. Eiknospen, angewittert. 15 : 1. Paleozän. Nördliches Adriagebiet.
Rechts Lag. symmetrica Stache auf einem Gesteinsanschliff. 3 : 1. Paleozän. Corgnale bei Triest, Italien. (Aus Stache, 1889.)

Fig. 73. Gyrogonites medicaginula Lamk. 25:1. Eozän. Pariser Becken. (Aus Schimper & Schenk, 1890.)

d) Künstliche Sammelgattungen für fossile Characeenreste.

Characeites (Tuzson) Pia.

Berindete Stengelreste fossiler Characeen ohne anhängende Früchte, z. B.:

Ch. minimus Saporta spec., Paleozän; **Ch.? fyeensis** Crié spec., Eozän; **Ch. Schübleri** Braun spec., **Ch. Zieteni** Br. spec., **Ch. Blassianus** Heer spec. u. **Ch. Zollerianus** Heer spec., sämtliche vier aus dem Miozän.

Gyrogonites Lamarck.

Hierher rechne ich alle fossilen Characeen mit 5 glatten Kalkbändern auf den Früchten, die vorläufig nicht einer natürlichen Gattung zugewiesen werden können. Ich führe die mir bekannten Arten in stratigraphischer Reihenfolge an.

1. Lias: **G.? liassicus** Moore spec. — 2. Dogger: **G. laevigatus** Upton spec. — 3. Malm: **G. Jaccardi** Heer spec. — 4. Unterkreide: **G.? Knowltoni** Seward spec. — 5. Oberkreide: **G. brewsterensis** Groves spec., **G. Malcolmsonii** Sowerby spec., **G. polonicus** Unger spec., **G. Stantoni** Knowlton spec., **G. texensis** Groves spec. — 6. Paleozän: **G. cosinensis** Stache spec., **G. devestitus** St. spec., **G. doliolum** St. spec., **G. Gardnerae** Grov. spec., **G. globulus** St. spec., **G. helicteres**

Sternbg. spec., **G. robustus** Stache spec., **G. sparnacensis** Watel spec., **G. Stacheanus** Unger spec., **G. subimpressus** Stache spec., **G. torulosus** Dollfus u. Fritel spec. — 7. Eozän: **G. acuminatus** Tuzson spec., **G. Anoplotheriorum** Saporta spec., **G. aragonensis** Braun spec., **G. Archiaci** Watel spec., **G. compressus** Knowlton spec., **G. crassus** D. u. Fr. spec., **G. distortus** Reid u. Groves spec., **G. elegans** D. u. Fr spec., **G. globosus** Tuzson spec., **G. helicteres** Sternbg. spec., **G. Lemanii** Brong. spec., **G. Lyellii** Braun spec., **G. medicaginula** Lmk. (Fig. 73), **G. politus** R. u. Gr. spec., **G. sideroliticus** Grepin spec., **G. strobilocarpus** R. u. Gr. spec., **G. subcylindricus** R. u. Gr. spec., **G. tornatus** R. u. Gr. spec., **G. turbinatus** R. u. Gr. spec., **G. Voltzii** Braun spec., **G. Wrightii** Salter spec. — 8. Oligozän: **G. Brongniarti** Braun spec., **G. depressus** Watel spec., **G. elegans** D. u. Fr. spec., **G. Escheri** Braun spec., **G. helicteres** Sternberg spec., **G. Langeri** Ettingsh. spec., **G. medicaginula** Lamk., **G. Meriani** Braun spec., **G. petrolei** Andreae spec., **G. Tournoueri** Dollfus spec., **G. Ungeri** Ettingsh. spec., **G. variabilis** Andreae spec. — 9. Miozän: **G. Bernoullii** Braun spec., **G. Brongniarti** Braun spec., **G. Escheri** Braun spec., **G. granulifer** Heer spec., **G. helicteres** Sternb. spec., **G. inconspicuus** Braun spec., **G. medicaginula** Lamk., **G. Meriani** Braun spec., **G. peritulus** Cockerell spec., **G. Rochettianus** Heer spec., **G. Reussianus** Ettingsh. spec., **G. Rollei** Unger spec., **G. Sadleri** Ung. spec., **G. stiriacus** Ung. spec., **G. Woodringi** Berry spec. — 10. Pliozän: **G. Zoberbieri** Fritsch spec. — 11. Plistozän: **G. Springerae** Knowlt. spec. u. a.

Kosmogyra Stache

ist eine rein fossile Gattung, die sich dadurch auszeichnet, daß die Außenseiten der einzelnen spiraligen Kalkbänder durch Knoten verziert sind. Von manchen Autoren wird diesem Merkmal keinerlei Bedeutung beigemessen. Dem scheint aber zu widersprechen, daß es — so viel ich augenblicklich sehe — mit Ausnahme einer jurassischen nur bei alttertiären Arten angegeben wird. Übergänge zu glatten Früchten kommen wohl vor, doch gilt dasselbe auch von so manchem anderen Gattungsmerkmal. Wenn die Früchte derselben Species wirklich teils glatt, teils beknotet sind, kann das sehr wohl von dem Grad der Verkalkung herrühren. Ich behalte die Gattung Kosmogyra also bei und zähle zu ihr die folgenden Arten:

Fig. 74. Kosmogyra superba Stache. 15 : 1. Paleozän. Divacca bei Triest, Italien. (Aus Stache, 1889.)

1. Oberjura: **K. Bleicheri** Saporta spec. — 2. Paleozän: **K. acanthica** Stache, **K. cingulata** St., **K. Dutemplei** Watel spec., **K. guttifera** St., **K. Nielfalensis** Dollf. u. Frit. spec., **K. onerata** Wat. spec., **K. ornata** St., **K. perarmata** St., **K. squarrosa** D. u. Fr. spec., **K. superba** St. (Fig. 74). — 3. Eozän: **K. caelata** Reid u. Groves spec., **K.? destructa** Sap. spec., **K. Grepini** Heer spec., **K. vasiformis** R. u. Gr. spec., **K. verrucosa** Tuzson spec. — 4. Oligozän: **K. tuberculata** Lyell spec.

Kosmogyrella Stache

ist eine noch wesentlich zweifelhaftere Gattung, als Kosmogyra. Man rechnet hierher Früchte, bei denen die Kalkbänder konkav sind und die Kiele zwischen ihnen außer der Sutur noch Verzierungen tragen.

K. carinata Stache, Paleozän; **K. undulata** Dolf. u. Fr. spec., Eozän.

2. Palaeocharaceae.

Bau der Früchte wie bei Gyrogonites, doch ist die Zahl der Hüllschläuche größer als 5.

Palaeochara Bell.

Bei der einzigen bisher bekannten Art sind 6 Hüllschläuche vorhanden.

P. acadica Bell, Oberkarbon.

Ich vermute, daß zur selben Familie noch andere paläozoische Fossilien gehören. Sie sollen aber erst unten bei den zweifelhaften Formen besprochen werden.

3. Clavatoraceae

Die Frucht ist von einer äußeren Hülle umgeben, die wahrscheinlich aus verwachsenen Blättchen (Bracteolen) besteht. Auch die Art der Berindung ist von allen lebenden Characeen verschieden. Die einzige Gattung ist bisher

Clavator Reid u. Groves

C. Reidii Groves aus dem Purbeck (obersten Jura). Vielleicht gehört auch die gleichalterige **Chara Maillardi** Saporta hierher.

B. Zweifelhafte Charophytenreste.

Einige durchwegs dem Devon angehörige Reste, die meiner Meinung nach am ehesten an die Characeen angeschlossen werden können.

Palaeonitella Kidst. und Lang.

Deutlich in Knoten und Internodien gegliederte vegetative Sprosse mit wirtelig gestellten Kurztrieben. Fortpflanzungsorgane sind bis jetzt nicht bekannt. Viele Einzelheiten der Organisation erinnern an die Characeen.

P. Cranii K. u. L., Fig. 75, Mitteldevon. — Im Oberdevon oder Unterkarbon des Kellerwaldes sind ähnliche characeenartige Reste gefunden worden.

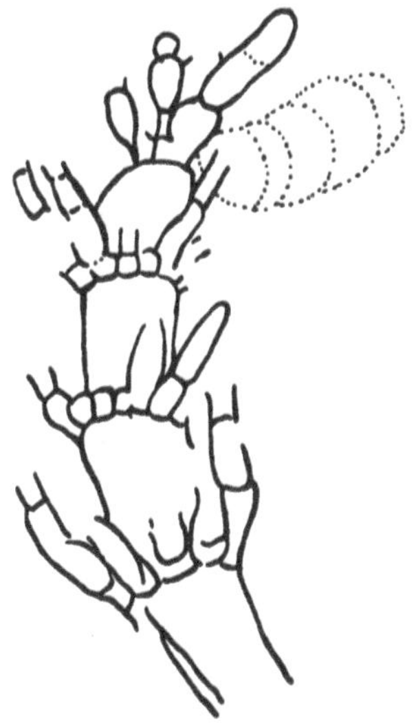

Fig. 75. Palaeonitella Cranii Kidst. et Lang. 155 : 1. Mitteldevon. Rhynie, Aberdeenshire, Schottland. Nach Kidston & Lang aus Groves & Bullock-Webster, 1924.

Trochiliscus Pander.

Der allgemeine Habitus erinnert sehr an Characeenfrüchte. Der innere Bau soll zwar recht abweichend sein, doch scheint er mir noch nicht genügend geklärt. Schwierigkeiten der Erhaltung spielen vielleicht eine wesentliche Rolle. Äußerlich unterscheiden sich die Trochilisken von echten Characeenfrüchten dadurch, daß die Zahl der Spiralbänder bei ihnen stets größer, nämlich 8—18 ist und daß diese entgegen dem Sinn des Uhrzeigers gedreht sind. Demgegenüber wäre aber folgendes hervorzuheben: Schon die oben erwähnte Palaeochara, die von den Trochilisken zeitlich nicht mehr allzu weit absteht, hat 6 Hüllschläuche statt 5. Daß die Charophyten schon im Devon lebten, wird durch Palaeonitella sehr wahrscheinlich gemacht. Noch im Jura kommen viele von den rezenten abweichende, erst zum geringen Teil beschriebene Gruppen vor. Es ist also gewiß nicht unwahrscheinlich, daß es im Devon sowohl links als rechts gewundene Oogonhüllen gab. Denn es handelt sich ja natürlich nicht darum, die devonischen Reste in die heute lebende Familie einzureihen, sondern nur in deren weitere Verwandtschaft. Aus diesen Überlegungen heraus halte ich es für wahrscheinlich, daß die Trochilisken einer besonderen, ausgestorbenen Familie der Charophyten angehören.

Folgende devonische Arten von zum Teil allerdings zweifelhafter Selbständigkeit werden zu Trochiliscus gezählt: **T. bulbiformis** Karpinsky (Fig. 76, d u. e), **T. ingricus** Karp., **T. Lemoni** Knowlt. spec., **T. robustus** Williamson spec.

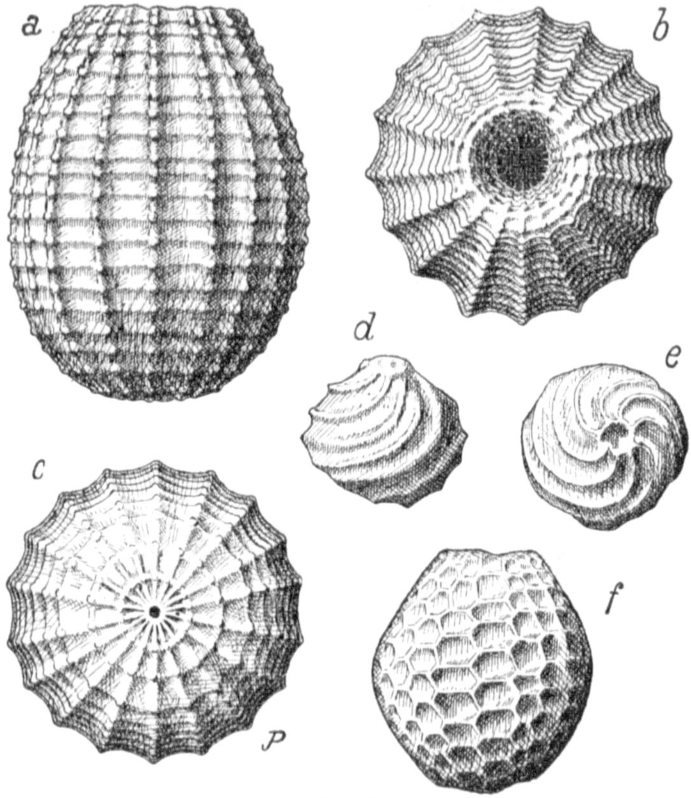

Fig. 76.
Vermutliche Charophytenfrüchte aus dem Devon Rußlands. *a* bis *c* Sycidium melo Sandb. 28 : 1. *d*, *e* Trochiliscus bulbiformis Karp. 60 : 1. *f* Sycidium Panderi Ehrenb. spec. 44 : 1. (Aus Pia, 1926.)

Sycidium Sandberger.

Die Zugehörigkeit dieses Fossils zu den Charophyten wird von fast allen Autoren abgelehnt. Sie scheint mir aber doch eher möglich, als eine Unterbringung bei den Dasycladaceen oder Codiaceen. Vielleicht ist eine gewisse äußere Ähnlichkeit der Früchte von Clavator mit Sycidium auch nicht ganz bedeutungslos. Die Sycidien sind rundliche, hohle, an beiden Enden offene Kalkschälchen, über deren Außenfläche meridionale Rippen verlaufen. Die breiten Täler zwischen ihnen sind durch Querrippen untergeteilt.

Man rechnet hierher folgende Arten: **S. reticulatum** Sandberg, **S. melo** Sandb. (Fig. 76, a—c), **S. Panderi** Karp. (Fig. 76, f), **S. Volborthi** Karp.

Literatur über fossile Charophyten.

Vergleiche zunächst Groves u. Bullock-Webster. Mein Verzeichnis ist nur eine Ergänzung zu dem dortigen.

Berry, E. W., Tertiary fossil plants from the republic of Haiti. Proc. U. S. Nation. Mus., Bd. 62, Art. 14, Washington 1922.

Cayeux, L., »Roches sedimentaires« (vgl. S. 29).
Cockerell, T. D. A., The fossil flora of Florissant (Colorado). Bull. Amer. Mus. Nat. Hist., Bd. 24, S. 71, New York 1908.
Crié, L., Recherches sur la végétation de l'Ouest de la France a l'époque tertiaire. Ann. Sc. Géol., Bd. 9, Art. 4, Paris 1877.
Ettingshausen, C. Freih. v., Die fossile Flora von Sagor in Krain. I. Denkschr. Ak. Wiss. Wien, Math.-nat. Kl., Bd. 32, S. 159, 1872.
Fritsch, K. v., Das Pliozän im Thalgebiete der zahmen Gera in Thüringen. Jahrb. Preuß. Geol. Landesanst. f. 1884, S. 389, Berlin 1885.
Groves, J., A curious fossil Charophyte fruit. Geol. Mag. Bd. 57, S. 126, London 1920.
Groves, J., Fossil Charophyte-fruits from Texas. Amer. Journ. of Sc., R. 5, Bd. 10, S. 12, New Haven 1925.
Groves, J. u. Bullock-Webster, G. R., A sketch of the geological history of the Charophyta. British Charophyta, Bd. 2, S. 72, Ray Soc., London 1924.
Heer, O., Flora tertiaria Helvetiae. Die tertiäre Flora der Schweiz. I. Winterthur 1855.
Heer, O., Flora fossilis Helvetiae. Die vorweltliche Flora der Schweiz. Zürich 1877.
Heim, A., Die Entstehung des Asphaltes im Département du Gard. Eclog. Geolog. Helvet., Bd. 17, S. 467, Lausanne 1923.
Joukowsky, E. u. Favre, J., Monographie géologique et paléontologique du Salève. Mém. Soc. de phys., et d'hist. nat. Genève, Bd. 37, S. 295, 1913.
Kaiser E., Die Diamantenwüste Südwest-Afrikas. Berlin 1926.
Knowlton, F. H., Description of a new fossil species of Chara. Botan. Gaz., Bd. 18, S. 141, Bloomington 1893.
Knowlton, F. H., Description of a new fossil species of Chara. Torreya, Bd. 2, S. 71, New York 1902.
Liebus, A., Ergebnisse einer mikroskopischen Untersuchung der organischen Einschlüsse der oberbayerischen Molasse. Jahrb. Geol. Reichsanst., Wien, Bd. 52, S. 71, 1902.
Raineri, R., »Alghe fossili della Libia« (vgl. S. 61).
Saporta, G. de, Études sur la végétation du Sud-Est de la France à l'époque tertiaire. Ann. Sc. Nat., Bot., R. 4, Bd. 16, S. 309; Bd. 17, S. 191; Bd. 19, S. 5; R. 5, Bd. 3, S. 5; Bd. 4, S. 5. Paris 1862—1865.
Sowerby, J., Organic remains collected by Mr. Malcolmson. J. G. Malcolmson, On the fossils of the eastern portion of the great basaltic district of India. Transact. Geol. Soc., London, R. 2, Bd. 5, Taf. 47, 1840.
Tuzson, J., Beiträge zur fossilen Flora Ungarns. Addimenta ad floram fossilem Hungariae III. Mitt. aus d. Jahrb. d. ung. geol. Reichsanst., Bd. 21, S. 233, Budapest 1914.
Unger, F., Über fossile Pflanzen des Süßwasser-Kalkes und Quarzes. Denkschr. Ak. Wiss., Wien, Math.-nat. Kl., Bd. 14, S. 1, 1858.
Unger, F., Die Pflanzenreste der Lignit-Ablagerung bei Schönstein in Untersteiermark. Anhang zu F. Rolle, Die Lignit-Ablagerungen von Schönstein. Sitzungsb. Ak. Wiss., Wien, Math.-nat. Kl., Bd. 41, S. 47, 1860.

X. Klasse Phaeophyceae.

Da dieser große Algenstamm keine Formen mit erhaltungsfähigem Skelett enthält, sind unsere Kenntnisse über seine geologische Geschichte sehr gering. Es ist aber sehr wahrscheinlich, daß er schon im Paläozoikum hochentwickelte Vertreter hatte.

1. Desmarestiaceae.

Desmarestia Lamx.

wird aus dem Miozän von Kalifornien angegeben. Näheres ist darüber nicht bekannt.

2. Laminariaceae.

Lessonia Bory

soll in denselben Schichten, wie die eben erwähnte Desmarestia, vorkommen.

Zoophycos Massalongo.

Z. Caput Medusae Mass. aus dem Eozän wird neuerdings mit der rezenten Postelsia palmaeformis Rupr. verglichen. (Die Aufstellung der neuen Gattung Postelsiopsis Forti ist offenbar unzulässig, da es sich ja um den Typus von Zoophycos Mass. handelt).

In den letzten Jahren ist die Meinung geäußert worden, daß die Fucoiden des Flysches auf Rhizoiden von Laminariaceen zurückzuführen seien. Ich vermag mich dieser Auffassung aber vorläufig nicht anzuschließen.

3. Chordaceae.

Chordites Fliche

Ch. Lebruni Fliche aus dem Muschelkalk scheint große Ähnlichkeit mit der rezenten Chorda filum gehabt zu haben.

4. Fucaceae.

Hier sind eine Reihe von Fossilien zu erwähnen, deren jüngere meist zu lebenden Gattungen gestellt werden, während für die älteren eigene Genera errichtet wurden. Gerade unter diesen befinden sich die besser bekannten Formen.

Himanthalia Amphisylarum Schimp. aus dem Oligozän kann wohl nicht als genügend gesichert gelten.

Sargassum globiferum Sternberg spec. aus dem Eozän gehört möglicherweise hierher.

Cystoseira Agardh.

Zu dieser Gattung werden eine ganze Reihe tertiärer Arten gestellt, so **C. filiformis** Sternb. und **C. helvetica** Heer aus dem Eozän, **C. communis** Ung. und **C. Hellii** Ung. aus dem Oligozän u. a. m.

Cystoseirites Sternberg.

Diese vorsichtigere Bezeichnung wird man wohl mindestens für die vortertiären Fossilien, die sich an Cystoseira anschließen, besser anwenden, so **C. triasicus** Fliche aus dem Muschelkalk.

Palaeohalidrys Gardner

steht der rezenten Halidrys nahe. — **P. californica** Gard., Miozän.

Liasophycus Fliche

scheint durch ungewöhnlich gut erhaltene Stücke vertreten zu sein, die aber leider bisher nicht abgebildet wurden. Die parenchymatische Beschaffenheit der Gewebe ist gut zu erkennen. Auch sieht man die den Verzweigungen des Thallus einseitig angehefteten Sporangien. Die Gattung erinnert am meisten an rezente australische Genera, wie Scythothalia oder Seirococcus. — **L. scythothalioides** Fliche, Unterlias.

5. Prototaxitaceae.

Prototaxites Dawson (Nematophycus Carruthers, Nematophyton Penhallow).

Es scheint mir am besten, diese äußerst interessante Gattung vorläufig als Vertreter einer besonderen Familie an die Phäophyten anzuschließen, wenn ihre Stellung auch gewiß nicht gesichert ist. Als Name kann nach den Nomenklaturregeln nur der von Dawson gegebene in Betracht kommen. Die bisher untersuchten Reste von Prototaxites sind echt versteinert, größtenteils verkieselt. Die äußere Form der Pflanze kennt man nicht. Der Durchmesser der erhaltenen Stammstücke erreicht in manchen Fällen 1 m. Der ganze Körper besteht aus locker angeordneten,

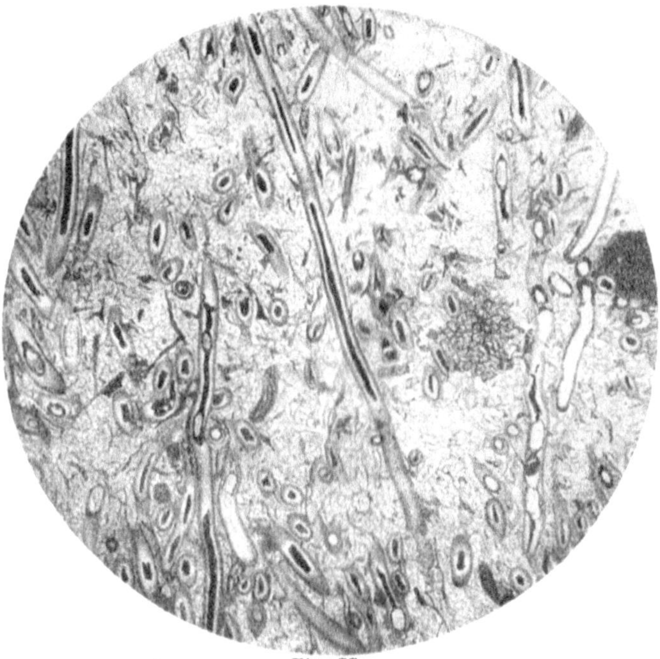

Fig. 77.
Prototaxites Ortoni Penh. spec. Längsschnitt. 45 : 1. Devon. Ohio. (Aus Penhallow, 1896.)

etwas wellig gebogenen, gabelig verzweigten, längs verlaufenden Schläuchen, in denen nur selten Querwände zu sehen sind. Bei manchen Arten ist außer diesen Hauptschläuchen ein Geflecht viel dünnerer, hyphenartiger Röhrchen vorhanden. Ein periodischer Wechsel der Dicke der Schläuche bringt auf dem Querschnitt nicht selten eine an Jahresringe erinnernde Zeichnung hervor. In der Rinde sind die Hauptschläuche dünner, die Zwischenmasse zwischen ihnen ist viel mächtiger als im Mark. Von der Fortpflanzung ist nichts bekannt. Der beschriebene Bau erinnert einesteils an Codiaceen, andernteils an Laminariaceen. Schon die bedeutende Größe des Fossils läßt diese zweite Beziehung als die wahrscheinlichere erscheinen. Die Gattung Prototaxites umfaßt eine Reihe von silurischen und devonischen Arten:

P. Hicksii Eth. spec. und **P. Storriei** Barb. spec., Silur; **P. Logani** Daws., Silur und Devon; **P. crassus** Daws., **P. laxus** Daws., **P. tenuis** Daws., **P. Dechenianus** Pied.,

P. forfarensis Kidst. spec. und **P. Ortoni** Penh. spec. (Fig. 77), sämtliche 6 aus dem Devon.

Literatur über fossile Phaeophyceen.

Außer den Handbüchern von Schimper und Seward (s. S. 30) vergleiche man besonders:

Chaney, R. W., A fossil flora from the Puente formation of the Monterey group. Amer. Journ. of Sc., R. 5, Bd. 2, S. 90, New Haven 1921.

Fliche, P., Flore fossile du Trias en Lorraine et en Franche-Comté. Bull. Soc. Sc. Nancy, R. 3, Bd. 6, Nr. 3, 1905.

Fliche, P., Sur une algue fossile du Sinémurien. C. R. Ac. Sc. Paris, Bd. 148, S. 210, 1909.

Forti, A., »Alghe di Bolca«, vgl. S. 61.

Fossa-Mancini, E., Fucoidi eocenici e Laminarie viventi. Boll. Soc. Geol. Ital., Bd. 42, 1923, S. XXXV, Roma 1924.

Gardner, N. L., Two new fossil algae from the Miocene. Proc. Ac. Natur. Sc. Philadelphia, Bd. 75, 1923, S. 361, Philadelphia 1924.

Hörich, O., Einige strukturbietende Pflanzenreste aus deutschem Culm und Devon. Jahrb. Preuß. Geol. Landesanst., Bd. 36, I, 1915, S. 508, Berlin 1916.

Kidston, R. u. Lang, W. H., Notes on fossil plants from the Old Red Sandstone of Scotland. II. Nematophyton Forfarense, Kidston sp. Transact. R. Soc. Edinburgh, Bd. 53, S. 603, 1924.

Lang, W. H., Contributions to the study of the Old Red Sandstone flora of Scotland. V. On the identification of the large »stems« in the Carmyllie beds of the Lower Old Red Sandstone as Nematophyton. Transact. R. Soc. Edinburgh, Bd. 54, S. 792, 1926.

XI. Florideae.

Die Rotalgen nehmen in bezug auf ihre paläontologische Brauchbarkeit eine Mittelstellung zwischen den Grünalgen und den Braunalgen ein. Zum Teil sind die hier untergebrachten Reste nur Abdrücke, deren Deutung ja stets mehr oder weniger unsicher bleibt. Zum Teil handelt es sich aber um im Leben verkalkte Arten, bei denen viele der wichtigsten Merkmale überliefert sind. Wir wollen zuerst jene, dann diese besprechen, wie es übrigens auch der gebräuchlichen systematischen Anordnung gemäß ist.

1. Chaetangiaceae

Sie haben Vertreter im Perm, die aber leider noch nicht genügend untersucht sind, um hier behandelt zu werden.

2. Sphaerococcaceae.

Sphaerococcites Sternbg.

Sph. cartilagineus Unger aus dem Oligozän soll dem rezenten Sphaerococcus cartilagineus äußerst ähnlich sein.

3. Rhodymeniaceae.

Lomentarites Fliche

zeigt äußerlich große Ähnlichkeit mit der lebenden Lomentaria.

L. Borneti Fl., Untertrias.

4. Delesseriaceae.

Man kennt aus sehr verschieden alten Schichten Abdrücke, die auffallend an die rezenten Delesserien erinnern. Wie in ähnlichen Fällen auch sonst, ist es üblich, die jüngeren Reste zu dieser Gattung selbst zu stellen, die älteren als Delesserites (oder Delessertites) abzutrennen. Ohne diesem Vorgang eine größere Bedeutung beizumessen, soll er doch beibehalten werden.

Delesserites Sternb.

D. salicifolia Ruedemann, Fig. 78, aus dem Ordovizium von Nordamerika hat eine verblüffende Ähnlichkeit mit der lebenden Gattung.

Delesseria Lamouroux.

Da eine mehrfache Erfahrung lehrt, daß die rezenten Algengattungen ungefähr bis in die Oberkreide zurückverfolgt werden können, stelle ich die kretazischen und tertiären Arten hierher, z. B. **D. Friedaui** Ung. spec. und **D. fulva** Lesqu. aus der Oberkreide; **D. bolcensis** Massal., **D. gozzolana** Brongn. spec. u. a. aus dem Eozän; **D. pinnata** Ung. spec. aus dem Oligozän; **D. crispa** Zanard., eine lebende Art, ist auch im Diluvium nachgewiesen.

Fig. 78. Delesserites salicifolia Rued. Ordovizium. Holland Patent, Mohawk Valley, New York. (Aus Ruedemann, 1925.)

Literatur zu den letzten 4 Familien.

De Gasparis, A., „Alghe di Taranto" (vergl. S. 29).
Fliche, P., »Trias en Lorraine« (vgl. S. 96).
Knowlton, F. H., The Laramie flora of the Denver basin with a review of the Laramie problem. U. S. Geol. Surv. Prof. Pap. 130, Washington 1922.
Ruedemann, R., The Utica and Lorraine formations of New York. Part. 2. Systematic Paleontology. Nr. 1. Plants etc. New York State Mus. Bull., H. 262, Albany 1925.
Schimper, W. Ph., »Traité« (vgl. S. 30).
Stiehler, A. W., Beiträge zur Kenntnis der vorweltlichen Flora des Kreidegebirges im Harze. Palaeontogr., Bd. 5, S. 45, Cassel 1857.

5. Solenoporaceae

Trotz vieler wertvoller Beiträge sind Bau und systematische Stellung von Solenopora noch keineswegs endgültig geklärt. Nachdem sie längere Zeit unbestritten bei den Florideen untergebracht war, hat sich jüngst Pčelincev entschieden dafür eingesetzt, daß es sich doch um eine tabulate Koralle handelt. Die Gesamtform der Solenoporen ist knollig. Das Zellgewebe erinnert im ganzen entschieden an Lithothamnien, doch sind die Querwände oft recht undeutlich. Der Nachweis von Fortpflanzungsorganen ist meiner Meinung nach bisher nicht gelungen. Es ist mir wahrscheinlich, daß sie überhaupt nicht in den Thallus versenkt waren, sondern oberflächlich lagen, wie bei den Squamariaceen. Deshalb scheint es mir auch nicht möglich, Solenopora zur Familie der Corallinaceae zu stellen, selbst wenn man die Verwandtschaft für erwiesen hält. Es ist wohl das beste, eine eigene Familie zu errichten, die allerdings mit den Corallinaceen und Squamariaceen eine engere Gruppe bilden dürfte.

Solenopora Dybowski

unterscheidet sich von Lithothamnium und Lithophyllum außer durch das Fehlen der Konzeptakeln auch durch die meist viel größere Breite der Zellen (Ausnahme Sol. gracilis). Sonst ist der ganze Aufbau — wenigstens bei vielen Arten — ein übereinstimmender, während andere allerdings stärker von den lebenden Corallinaceen abweichen, beispielsweise durch einen sternförmigen Querschnitt der Zellen (Sol. dendriformis).

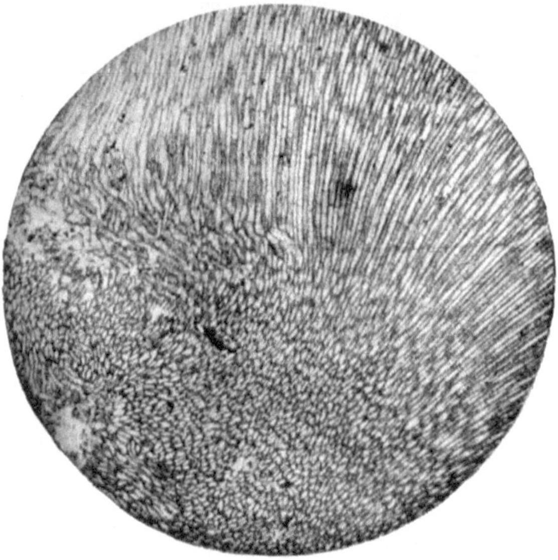

Fig. 79.
Solenopora spongioides Dyb. Dünnschliff. 12 : 1. Ordodicium. Peikull bei Sak, Estland. (Nach Rothpletz, aus Pia, 1926).

Arten: **S. dendriformis** Brown, **S. fusiformis** Brown, **S. lithothamnioides** Brown, **S. nigra** Brown und **S. spongioides** Dyb., Fig. 79, aus dem Ordovizium; **S. compacta** Billings und **S. filiformis** Nichols. aus Ordovizium und Silur; **S. gotlandica** Rothpl. und **S. gracilis** Garw. u. Goodyear aus dem Silur; **S. Garwoodi** Hinde, Unterkarbon; **S. triasica** Vinassa, Obertrias; **S. jurrassica** Nichols., Dogger.

Solenoporella Rothpl.

soll sich von Solenopora durch das Fehlen von Poren in den Zellwänden unterscheiden. Die Selbständigkeit der Gattung wird vielfach bezweifelt.

S. jurassica Rothpl. non Nicholson, Dogger.

Metasolenopora Yabe

soll eine Mittelstellung zwischen Solenopora und Lithothamnium einnehmen, doch ist der Wert der Gattung sehr zweifelhaft.

M. Rothpletzi Yabe aus den Grenzschichten zwischen Jura und Kreide.

Lithocaulon Bornemann

schließt sich durch die Größe seiner Zellen an Solenopora an, unterscheidet sich von ihr aber durch sehr regelmäßige Anordnung der Querwände, die an das Hypothallium von Lithophyllum erinnert.

L. antarcticum Bornem. aus der Kreide des Feuerlandes. Fig. 80.

Petrophyton Yabe

steht Lithocaulon scheinbar sehr nahe, besonders durch die in gleicher Höhe auftretenden Querböden. Vielleicht werden beide Gattungen später vereinigt werden müssen.

P. miyakoense Yabe, Cenoman von Japan.

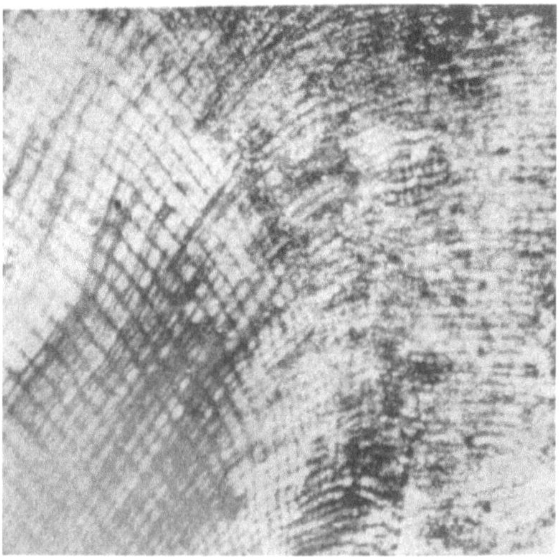

Fig. 80.
Lithocaulon antarcticum Bornem. Schliff. 33 : 1. Kreide. Ushuaia, Feuerland. (Aus Richter, 1925.)

Solenomeris Douvillé

soll sich von den anderen Solenoporazeen dadurch unterscheiden, daß die Zellen in benachbarten Längsreihen miteinander alternieren und dadurch eine im Längsschnitt kurz sechseckige — nicht viereckige — Form erhalten.

S. O'Gormani Douv., Paleozän.

Cheilosporites Wähner

zeigt eine undeutliche Zellstruktur, aber keine Sporangien. Die systematische Stellung ist sehr zweifelhaft.

Ch. tirolensis Wähn., oberste Trias.

Paronipora Capeder.

Der wahre Bau dieses Fossils ist wegen der eigentümlichen Erhaltung schwer zu erkennen, doch dürfte es am ehesten an die Solenoporaceen anzuschließen sein.

P. penicillata Caped. Grenzschichten zwischen Kreide und Paläozän.

Literatur über Solenoporaceae.

Ausführliche Liste bei Lemoine, dazu noch:

Dietrich, W. O., Über sog. Tabulaten des Jura und der Kreide, insbesondere die Gattung Acantharia Qu. Centralbl. f. Min. usw. 1919, S. 208.

Douvillé, H., Un nouveau genre d'Algues calcaires. Compte rend. Soc. Géol. de France, 1924, S. 169.

Garwood, E. J. u. Goodyear, E., On the geology of the Old Radnor District, with special reference to an algal development in the Woolhope Limestone. Quart. Journ. Geol. Soc., Bd. 74, 1918, S. 1, London 1919.

Lemoine, P., Contribution à l'étude des Corallinacées fossiles. I. Généralités sur la structure des Corallinacées. II. Etat actuel de nos connaissances sur les Corallinacées fossiles. Bull. Soc. géol. de France, R. 4, Bd. 17, S. 233, Paris 1917.

Pčelincev, V., Hydrozoen und Dasycladaceen aus den mesozoischen Ablagerungen der Krim. Trav. Soc. des Natural. de Leningrad, Bd. 55, H. 4, Sect. de Géol. et de Minér., S. 69, 1925. Russisch mit sehr kurzem englischem Auszug.

Richter, M., Beiträge zur Kenntnis der Kreide in Feuerland. Neues Jahrb. f. Min. usw., Beilagebd. 52, Abt. B, S. 524, Stuttgart 1925.

Wähner, F., Das Sonnwendgebirge im Unterinntal. I. Teil. Leipzig u. Wien 1903.

6. Corallinaceae.

In der hier gewählten Abgrenzung umfaßt die Familie nur heute noch lebende Gattungen. Deshalb wird, wie bei den Diatomeen, hauptsächlich von der geologischen Verbreitung die Rede sein. Nur über die Grundlagen der Systematik muß vorher ein Wort gesagt werden. Als Haupteinheiten innerhalb der Familie dürften sich für paläontologische Zwecke wohl nur 2 Unterfamilien empfehlen, die Melobesieae und die Corallineae. Dazu kommen als gleichwertig die Schmitzielleae, die aber fossil nicht bekannt sind. Für die Zerlegung der Melobesieen in Gattungen hat man sich dann hauptsächlich zweier Merkmale bedient, der Entwicklung der Tetrasporenkonzeptakeln und des Aufbaues des vegetativen Thallus. (Von der Entwicklung der Cystokarpien können wir hier absehen, da deren Deutung noch zu zweifelhaft ist.) Die Botaniker legen meist auf jene, die Paläontologen aus begreiflichen Gründen in neuerer Zeit auf diesen das größere Gewicht. Nun läßt sich eine solche Frage aber offenbar nicht nach der Zweckmäßigkeit entscheiden, sondern sie ist von grundsätzlicher Bedeutung. Unsere Erfahrungen bei den Chlorophyceen lassen es durchaus möglich erscheinen, daß die vegetativen Merkmale wirklich systematisch wichtiger sind. Daß die verschiedenen Anordnungen der Tetrasporangien eine Anpassungsreihe bilden, ist ja höchst wahrscheinlich. Sie können also wohl mehrfach parallel entwickelt worden sein. Der vegetative Aufbau von Achaeolithothamnium erinnert stark an den von Lithophyllum. Falls beide voneinander abstammen, müssen wohl Zwischenformen mit Lithothamnium-Konzeptakeln vorhanden gewesen sein. Ein wirklicher Beweis für diese Zusammenhänge scheint mir aber nicht erbracht, ja nicht einmal versucht worden zu sein. In den meisten Fällen ist die generische Zuweisung der Arten nach beiden Methoden ja dieselbe. Es gibt aber doch Ausnahmen davon, beispielsweise Lith. lichenoides oder Lith. vignyense, die nach ihren Konzeptakeln zu Lithothamnium, nach ihrem vegetativem Aufbau aber zu Lithophyllum gehören würden. Es müßte wohl möglich sein, bei solchen Arten — wenigstens bei rezenten — durch Heranziehen weiterer Merkmale, besonders der sexuellen Fortpflanzung, zu entscheiden, ob sie sich näher an sichere Lithothamnien oder an sichere Lithophyllen anschließen.

a) Unterfamilie Melobesieae.

Thallus nicht durch Gelenke gegliedert, krusten-, blatt- oder knollenförmig. Die Unterfamilie ist etwa von der Mittelkreide an nachweisbar. Angaben über ältere Arten sind überaus zweifelhaft. Lithothamnium triadicum Tornqu. und ähnliche Reste, die ich selbst in der Mitteltrias fand, zeigen ebenso wie Lith. ellisianum Howe et Goldman aus dem Jura gar keine Struktur. Lithothamnium jurassicum Gümb. könnte am Ende auch eine kleinzellige Solenoporacee sein.

Archaeolithothamnium Rothpl. (Sporolithon Heydrich) ist anatomisch viel weniger scharf gekennzeichnet, als die anderen Gattungen. Da auch in bezug auf die Sporangien Übergänge zu Lithothamnium bestehen (z. B. Arch. Paronai), wird es sich wohl um eine Stammgattung handeln, in der man später vielleicht verschiedene Reihen unterscheiden kann. Auch die relative Häufigkeit in älteren Schichten könnte in diesem Sinne gedeutet werden.

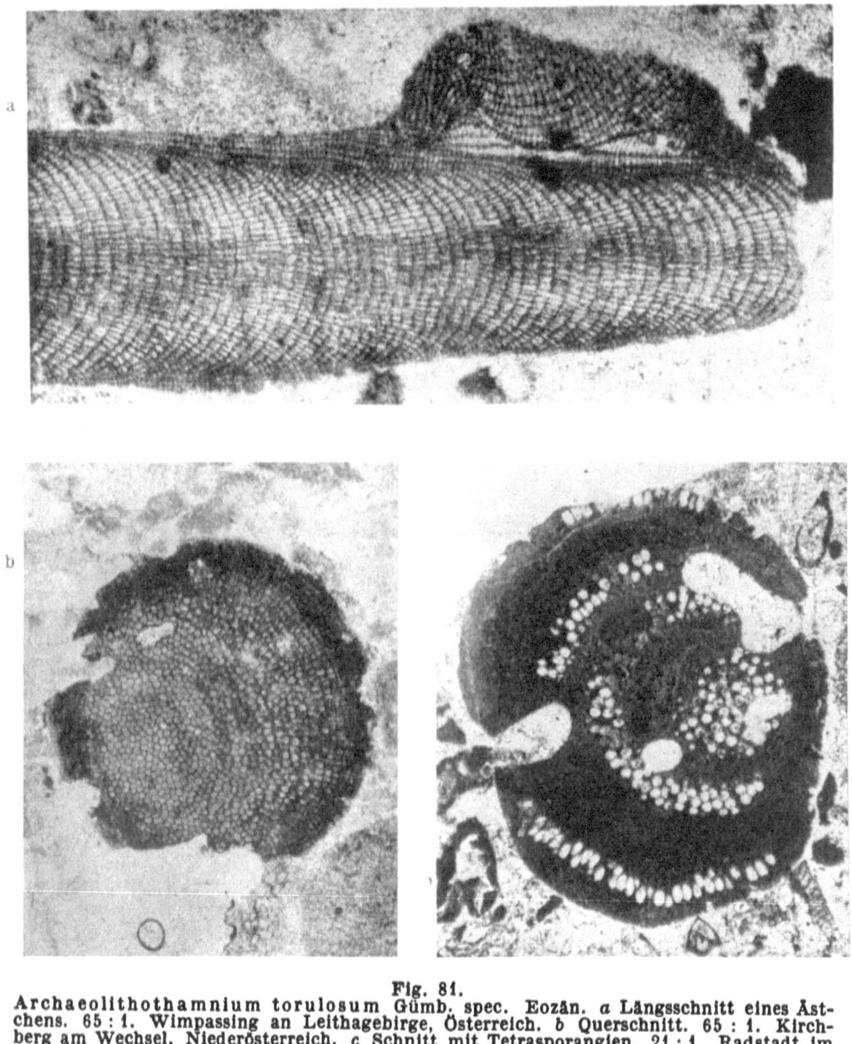

Fig. 81.
Archaeolithothamnium torulosum Gümb. spec. Eozän. *a* Längsschnitt eines Ästchens. 65 : 1. Wimpassing an Leithagebirge, Österreich. *b* Querschnitt. 65 : 1. Kirchberg am Wechsel, Niederösterreich. *c* Schnitt mit Tetrasporangien. 21 : 1. Radstadt im Pongau, Österreich. (Aus Trauth, 1918.)

A. rude Lemoine, Unterkreide (Apt und Alb); **A. curasavicum** Martin spec., Kreide, wahrscheinlich mittlere; **A. lycoperdioides** Mich. spec. = A. cenomanicum Rothpl., Zenoman; **A. Paronai** Rain., Zenoman oder Turon; **A. turonicum** Rothpl.,

Turon (und Zenoman?); **A. gosaviense** Rothpl., Senon (und Turon?); **A. Aschersoni** Schwag. spec., oberste Kreide (Dänische St.); **A. parisiense** Gümb. spec., tiefstes Paleozän (Montian); **A. nummuliticum** Gümb. spec., Eozän, seltener Oligozän; **A. torulosum** Gümb. spec. Fig. 81, Eozän und Oligozän; **A. Rothpletzi** Trabucco, Olig.; **A. affine** Howe, Olig.; **A. intermedium** Raineri, Miozän; **A. cyrenaicum** Rain., Mioz.; **A.? Rosenbergi** Martin spec., Neogen; **A. episporum** Howe, Pleistozän und rezent; außerdem etwa 5 nur rezent bekannte Arten.

Lithothamnium Philippi.

Die Gattung bevorzugt heute kühlere Meere. Fig. 82.

Arten: 1. Unterkreide: **L. angolense** Romanes, Alb. — 2. Oberkreide: **L. lybium** Rain., Zenoman oder Turon; **L. Goldfüssi** Gümb., **L. mamillosum** Gümb.; **L. palmatum** Goldf. spec. und **L. racemosum** Goldf. spec., alle 4 aus dem Senon. — 3. Paleozän: **L. applanatum** Lemoine, **L. montainvillense** Lem., beide aus dem Montian. — 4. Eozän: **L. bolcense** Mun.-Chalm., **L. cavernosum** Capeder, **L.? Dekinni** Morren, **L. effusum** Gümb., **L. etruscum** Pantanelli, **L. Meneghinii** Pant. — 5. Oligozän: **L. arenularium** Cap., **L. concretum** Howe, **L. isthmi** Howe, **L. ovatum** Cap., **L. suganum** Rothpl., **L. Trabuccoi** Foslie, **L. tuberosum** Gümb., **L. Vaughani** Howe. — 6. Miozän: **L. batata** Di Stefani, **L. Bourcarti** Lem., **L. caravellense** Lem., **L. cavernosum** Caped., **L. corallinaeforme** Lem., **L. dentatum** Cap., **L. Douvillei** Lem., **L. Florea-Brassica** Millet spec., **L. Fosliei** Trab., **L. glomeratum** Cap., **L. incrustans** Cap., **L. Lacroixi** Lem., **L. langhianum** Trab., **L. magnum** Cap., **L. peleense** Lem., **L. Pennyi** Howe, **L. polymorphum** Cap., **L. ramosissimum** Reuss, **L. rotundum** Cap., **L. saxorum** Cap., **L. spinosum** Cap., **L. suganum** Rothpl., **L. taurinense** Cap., **L. tenue** Cap., **L. tophiforme** Ung., **L. undulatum** Cap., **L. Vernae** Trab. — 7. Pliozän und Quartär: **L. asperulum** Gümb., **L. fruticulosum** Kütz., **L. Haucki** Rothpl., **L. hermineum** Pantan., **L. minutum** Pant., **L. Philippii** Fosl., **L.? pliocaenum** Gümb., **L. rhodicum** Ung. spec., **L. spinosum** Caped., **L. tenuiseptum** Cap., **L. tophiforme** Ung. — Die Zahl der lebenden Arten wird mit etwa 100 angegeben.

Fig. 82.
Lithothamnium spec. ind. Nat. Gr. Miozän. Hohndorf b. Leobschütz, Oberschlesien. (Aus Pia, 1926.)

Melobesia Lamx.

ist begreiflicherweise fossil nur selten beobachtet.

Die einzigen mir bekannten Beispiele sind **M.? membranacea** Massal. spec. aus dem Eozän und **M. spec ind.** Rain. aus dem Miozän.

Dermatolithon Foslie.

Wird auch als Untergattung von Lithophyllum betrachtet.

Zugehörig sind folgende miozäne Arten: **D. Cremae** Rain., **D. Dublanqui** Lem., **D. Lovisatoi** Samsan. **D. praeprototypum** Lem. Seit dem Unterpliozän ist **D. papillosum** Zanard. spec. bekannt.

Lithophyllum Philippi,

in der Gegenwart eine Gattung der warmen Meere.

1. Kreide: **L.? belgicum** Fos., Apt, **L. amphiroaeformis** Rothpl., Alb, Turon, **L. perulatum** Gümb. und **L. procaenum** Gümb., Senon. — 2. Paläogen: **L. vignyense** Lem., Montian, **L. homogeneum** Howe, Eozän oder Oliogoz., **L.? molare** Howe, Olig. — 3. Miozän: **L. albanense** Lem., **L. expansum** Phil. (auch Pliozän und rezent), **L. Giraudi** Lem., **L. Koritzae** Lem., **L. Lemoini** Rain., **L. lichenoides** Ell. u. Sol. (auch rezent), **L. martinicense** Lem., **L. praelichenoides** Lem., **L. praemoluccense** Lem., **L. sphaeroides** Lem., **L. trinitense** Howe, **L.? uvaria** Mich. spec., **L. racemus** Lmk. spec. (?, sicher im Pliozän, auch rezent). — Gegenwärtig zählt die Gattung etwa 50 Arten. Nebst den oben schon erwähnten, bis ins Miozän zurückreichenden sind einige von ihnen auch in quartären Schichten nachgewiesen.

Lithoporella Foslie.

Eine habituell an Melobesia erinnernde, schwach verkalkte Gattung. Die rezente **L. melobesioides** Fosl. wird auch aus dem Oligozän angegeben.

b) Unterfamilie Corallineae.

Thallus strauchförmig, reich verzweigt, durch unverkalkte Gelenke gegliedert. Der anatomische Bau der Glieder ist ähnlich wie der der Äste von Lithophyllum.

Amphiroa Lamx.

A. Mattiroliana Rain., Fig. 83, Oberkreide; **A. spec. ind.** Weber, Eozän; **A praefragilissima** Lem., Miozän; **A. fragilissima** L. spec., Pliozän und rezent.

Arthrocardia Decaisne.

Vielfach als bloße Untergattung von Amphiroa aufgefaßt.

A. cretacica Rain., Cenoma oder Turon; **A. Mangini** Lem., Miozän.

Corallina Tourn.

C. Cossmanni Lem., Miozän.

Jania Lamx.,

eine unbestimmte Art im Miozän.

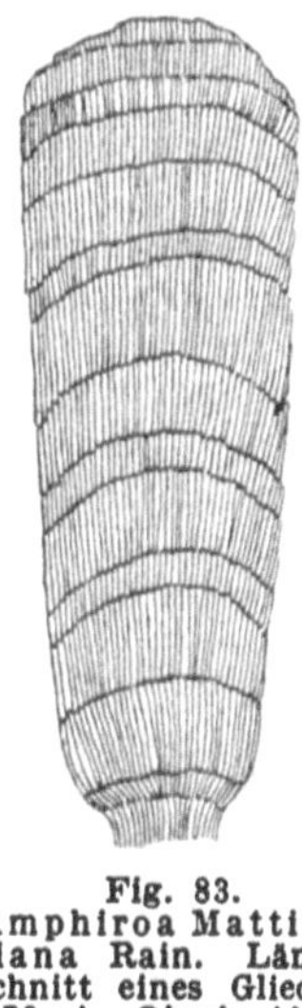

Fig. 83. Amphiroa Mattiroliana Rain. Längsschnitt eines Gliedes. 70 : 1. Oberkreide. Homs, Tripolis. (Aus Raineri, 1920.)

Literatur über fossile Corallinaceae.

Vergleiche die ausführliche Liste bei Lemoine und außerdem:

Chapman, F., Notes on a collection of tertiary limestones and their fossil contents, from King Island. Mem. Nation. Mus., Melbourne, Nr. 4, S. 39, 1912.

Howe, M. A., On some fossil and rezent Lithothamniae of the Panama Canal Zone. Th. W. Vaughan, Contributions to the geology and paleontology of the Canal Zone, Panama, usw., Smithson. Inst., U. S. Nation. Mus., Bull. 103, S. 1, Washington 1918.

Howe, M. A., Tertiary calcareous algae from the islands of St. Bartolomew, Antigua, and Anguilla. Th. W. Vaughan, Contributions to the geology and paleontology of the West Indies. Carnegie Instit. of Washington, Publ. Nr. 291, S. 9, 1919.

Howe, M. A., Two new Lithothamnieae, calcareous algae, from the lower Miocene of Trinidad, British West Indies. U. S. Nation. Mus. Proc., Bd. 62, Art. 7, Washington 1922.

Howe, M. A. u. Goldman, M. J., Lithothamnium (?) ellisianum, sp. nov. from the Jurassic Ellis Formation of Montana. Amer. Journ. of Sc., R. 5, Bd. 10, S. 314, New Haven 1925.

Kräusel, R. u. Stromer, E., Ergebnisse der Forschungsreisen Prof. E. Stromers in den Wüsten Ägyptens. IV. Die fossilen Floren Ägyptens. Abh. Bayer. Ak. Wiss., Math.-nat. Abt., Bd. 30, Abh. 2, München 1924.

Lemoine, Mme. P., Essai de classification des Mélobesiées basée sur la structure anatomique. Bull. Soc. Bot. de France, Bd. 57 (R. 4, Bd. 10), S. 323 u. 367, Paris 1910.

Lemoine, Mme. P., Contributions a l'étude des Corallinaceées fossiles. I—VIII. Bull. Soc. Géol. de France, R. 4, Bd. 17, S. 233 u. 280; Bd. 19, S. 101; Bd. 23, S. 62 u. 275; Bd. 25, S. 3; Paris 1917—1925.

Lemoine, Mme. P., Étude de quelques Nullipora de Millet et de Michelin. C. R. Congr. Soc. savantes, 1923, Sciences, S. 178.

Martelli, A., Le formazioni geologische ed i fossili di Paxos e Antipaxos nel mare Jonio. Boll. Soc. geol. Ital., Bd. 20, S. 394, Roma 1901.

Martelli, A., I fossili dei terreni eocenici di Spalato in Dalmazia. Palaeontogr. Ital., Bd. 8, S. 43, Pisa 1902.

Martin, K., Geologische Studien über Niederländisch Westindien, auf Grund eigener Untersuchungsreisen. Separatausg. d. 2. Teiles v. K. Martin, Bericht über eine Reise nach Niederländisch Westindien und darauf gegründete Studien, Leiden 1888.

Martin, K., Lithothamnium in cretaceischen und jüngeren Ablagerungen tropischer Inseln. Centralbl. f. Min. usw. 1901, S. 161.

Massalongo, D. A. B., Palaeophyta rariora formationis tertiariae agri Veneti. Atti Ist. Ven. Sc. Lett., R. 3, Bd. 3, S. 729, Venetia 1858.

Newton, R. B., Foraminiferal and Nullipore structures in some tertiary limestones from New Guinea. Geol. Mag., R. 6, Bd. 5, S. 203, London 1918.

Oppenheim, P., Neue Beiträge zur Eozänfauna Bosniens. Beitr. Pal. Geol. Öst.-Ung., Bd. 25, S. 87, Wien 1912.

Raineri, R., Alghe fossili Corallinacee della Libia. Atti Soc. Ital. Sc. Nat., Bd. 59, S. 137, Milano 1920.

Raineri, R., »Alge fossili di Cirenaica« (vgl. S. 61).

Trauth, F., Das Eozänvorkommen bei Radstadt im Pongau und seine Beziehungen zu den gleichalterigen Ablagerungen bei Kirchberg am Wechsel und Wimpassing am Leithagebirge. Denkschr. Ak. Wiss., Wien, Math.-nat. Kl., Bd. 95, S. 171, 1918.

Uhlig, V., Über eine Mikrofauna aus dem Alttertiär der westgalizischen Karpathen. Jahrb. Geol. Reichsanst., Wien, Bd. 36, S. 141, 1886.

XII. Algae incertae sedis.

Wie schon eingangs erwähnt, mußte ich mich bei diesen botanisch ja oft weniger interessanten Formen noch mehr, als in den vorigen Abschnitten, auf das Herausgreifen einzelner Beispiele beschränken. Ganz übergangen konnten diese Dinge nicht werden, denn sie geben uns immerhin eine Ahnung davon, wie wenig wir von den ehemaligen Algenfloren wissenschaftlich zu erfassen vermögen. Ein Teil der vorne bei den zweifelhaften Spaltalgen angeführten Gattungen hätte vielleicht gerade so gut hier Platz finden können.

Von mehreren Seiten ist der Vorschlag gemacht worden, Algenreste, die sich an keine rezente Familie anschließen lassen, als Algacites Schloth. oder Algites Seward zusammenzufassen. Ich vermag dem nicht beizustimmen. Wie die folgenden Zeilen zeigen werden, gibt es auch unter diesen Fossilien deutlich zusammengehörige Gruppen von Arten mit einem bezeichnenden Gesamttypus. Es ist für die Verständigung jedenfalls notwendig, in solchen Fällen eigene Gattungsnamen zu verwenden.

Mangels eines anderen Einteilungsgrundes ordne ich die Gattungen stratigraphisch an.

1. Kambrium.

Ascosomaceae Lorenz.

Unter diesem Namen faßt Lorenz 2 Arten von offenbar kalkabsondernden Algen aus China zusammen, deren Aufbau sich nach der kurzen Beschreibung am ehesten mit Codiaceen vergleichen läßt. Er nennt sie **Ascosoma phaneroporata** Lor. und **Mitscherlichia chinensis** Lor. Leider sind sie nie abgebildet worden.

Confervites Brongniart. Ein Sammelname für fädige fossile Algenreste. Außer vielen jüngeren Arten werden auch 2 kambrische angeführt, **C. chantransioides** Bornem. und **C. oedogonus** Bornem. aus Sardinien (**C. primordialis** Bornem. schließt sich wohl meinen Thamnidia, S. 38, an).

Walcott hat aus mittelkambrischen Schiefern von British Columbia eine ganze Reihe von Algengattungen beschrieben. Marpolia wurde schon weiter oben (S. 35) erwähnt. Die anderen seien hier kurz angeführt. Walcott versucht, sie in verschiedene Klassen einzuteilen, offenbar ohne irgend zureichenden Grund.

Morania Walc. Unregelmäßige Lager aus wirren Zellfäden. 6—8 Arten.

Yuknessia Walc. Von einem kurzen, wie mit Schildern bedeckten Stamm gehen ringsum kräftige, ungeteilte Haare aus. 1 Art.

Waputikia Walc. Auf einem Hauptstamm sitzen in unregelmäßigen Abständen kräftige Seitenäste, die sich mehrfach bis zu zahlreichen äußerst feinen Ästchen verzweigen. 1 Art. Fig. 84.

Fig. 84.
Waputikia ramosa Walc. 2 : 1. Mittelkambrium. Burgess Pass, British Columbia. (Aus Walcott, 1919.)

Dalya Walc. Mehrfach gabelig oder büschelig verzweigte Fäden von unbekanntem innerem Bau. 2 Arten. Fig. 85.

Wahpia Walc. Der vorigen nicht unähnlich. 3 Arten.

Bosworthia Walc. Der Thallus besteht aus gewundenen, band- oder lappenartigen, wenig verzweigten, gleichstarken Ästen. 2 Arten.

Oldhamia Forbes sei hier nur kurz erwähnt als eine kambrische Gattung, die vielleicht wenigstens teilweise echte Algen enthält.

2. Ordovizium.

Chaetocladus Whitfield. An einer kräftigen Hauptachse sitzen ein- oder mehrreihige Wirtel von — je nach der Art — verzweigten oder unverzweigten Haaren. Die Gattung erinnert sehr an Dasycladaceen. Es ist aber bisher nicht gelungen, nachzuweisen, daß die Achse den Charakter einer hohlen Stammzelle hat. — **Ch. plumula** Whitf., Fig. 86. Dieselbe Gattung kommt auch noch im Obersilur vor: **Ch. capillatus** Höeg. Eine dritte hierher gestellte Art, **Ch. Sardesoni** Ruedemann aus

Fig. 86. Chaetocladus plumula Whitf. 3 : 1 Ordovizium. Platteville, Wisconsin. (Aus Ruedemann, 1909.)

Fig. 85. Dalyia racemata Walc. 2 : 1. Mittelkambrium. Burgess Pass, British Columbia. (Aus Walcott, 1919.)

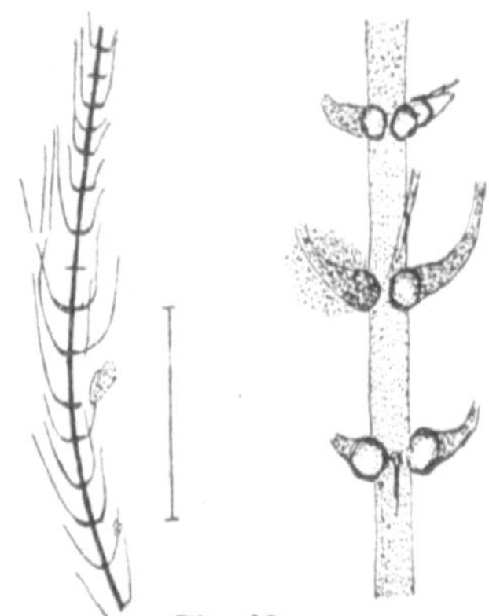

Fig. 87. »Chaetocladus« Sardesoni Rued. 3 · 1 und 12 : 1. Ordovizium. Minneopolis, Minnesota. (Aus Ruedemann, 1909.)

dem Ordovizium, Fig. 87, vertritt jedenfalls eine eigene Gattung. Sie ähnelt Oligoporella so sehr, daß an ihrer Zugehörigkeit zu den Dasycladaceen kaum gezweifelt werden kann.

Corematocladus Ruedem. ist Yuknessia offenbar recht ähnlich und höchst wahrscheinlich nahe mit ihr verwandt. Er hat jedoch mehrfach verzweigte Haare. In ihrem Inneren wurden Querwände erkannt. Es ist nicht ganz ausgeschlossen, daß es sich um einen Graptolithen handelt. — **C. densa** Ruedem., Fig. 88.

Sphenophycus Ruedem. Sehr eigentümliche Gebilde, die teilweise stark an Fließwülste erinnern. Doch sind manche von ihnen kohlig erhalten. Kleine Spirorben und Graptolithen sitzen ihnen auf. Besonders merkwürdig, aber in ihrer Zugehörigkeit wohl nicht ganz gesichert, sind die »Schwimmanhänge«. — **S. latifolius** Hall spec. (Fig. 89), **S. lobatus** Ruedem., **S. succulentus** Ruedem.

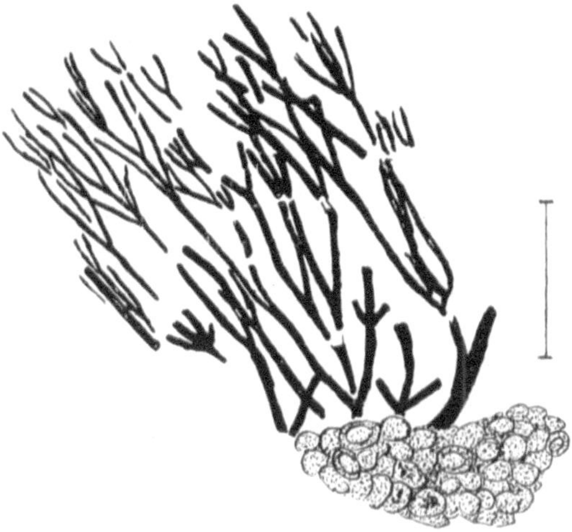

Fig. 88.
Corematocladus densa Rued. 3 : 1. Ordovizium. Glens Falls, New York. (Aus Ruedemann, 1909.)

Fig. 89.
Sphenophycus latifolius Hall spec. Ordovizium. Schenectady, Mohawk Valley, New York. (Aus Ruedemann, 1912.)

3. Silur i. e. S. (Gotlandium).

Arthroporella Stolley besteht aus Ketten eiförmiger, dünnwandiger, an Einschnürungen zusammenhängender Kalkkörper. Die Wände sind von feinen Poren durchsetzt. Die Deutung als Alge ist wohl zweifelhaft. — **A. catenularia** Stoll.

Pachytheca Hooker kommt im Obersilur und im Unterdevon vor. Sie ist eines der rätselhaftesten pflanzlichen Fossilien, denn obwohl man die innere Struktur sehr genau kennt, läßt sich keinerlei sicheres Urteil über ihre Zugehörigkeit gewinnen. Die Pachytheken sind rundliche Körper von einigen Millimetern Durchmesser. In der Mitte

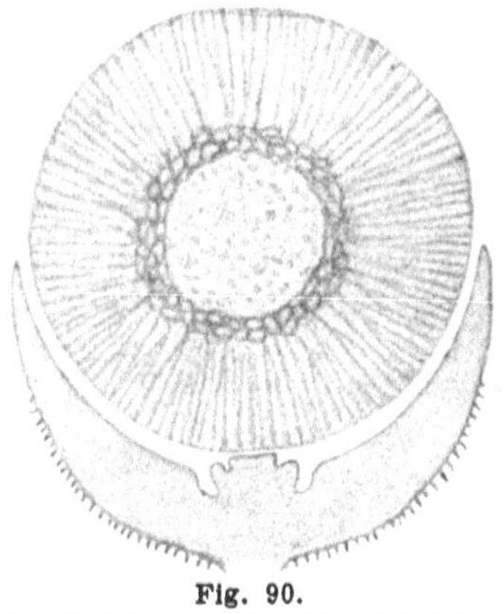

Fig. 90.
Pachytheca spec. Vereinfachter Längsschnitt. 7 : 1. Gegend von Cardiff, England. (Aus Murray, 1895.)

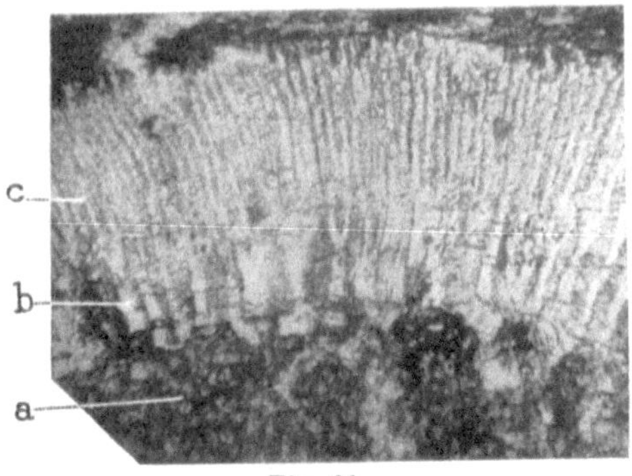

Fig. 91.
Pachytheca fasciculata Kidst. & Lang. Schnitt durch die Rinde. 50 : 1. Unterdevon. Glen Coe, Argyllshire, Schottland. (Aus Kidston & Lang, 1924.)

findet man ein Mark aus unregelmäßig miteinander verwobenen einreihigen Fäden langgestreckter Zellen. Am Außenrand der Markregion biegen die Fäden plötzlich um und verlaufen durch die Rindenzone radial. Sie sind hier von Scheiden umschlossen, und zwar je nach der Art jeder für sich allein oder mehrere zusammen. An einer Stelle ist die Rinde (immer?) unterbrochen und das Mark bildet eine knopfförmige Vorragung. Einmal wurde eine Pachytheca in einer becherartigen Hülle gefunden. Fig. 90. Heute bestehen die besprochenen Fossilien aus Kieselsäure. Ihre ursprüngliche Zusammensetzung ist unbekannt. Daß sie zu den Algen im weiteren Sinn gehören, ist wohl nicht zu bezweifeln. Welcher Klasse sie aber zuzuweisen sind, ob sie überhaupt selbständige Organismen oder vielleicht eine Art Brutknospen waren, darüber wissen wir nichts.

Die anatomisch am besten bekannten Arten sind **P. Hookeri** Kidst. u. Lang aus dem Silur sowie **P. media** und **P. fasciculata** Kidst. u. Lang aus dem unteren Old Red. Fig. 91. Andere Arten lassen sich noch nicht genügend definieren.

4. Devon.

Thamnocladus White. Ein reich verzweigter, unverkalkter Thallus mit einem deutlichen medianen Strang in den Ästen, der etwa an Fucaceen oder Dictyotaceen, aber auch an Florideen wie Stenogramma erinnert. Es ist vielleicht nicht ganz sicher, ob es sich nicht doch um Psilophytalen handelt. — **Th. Clarkei** White, Fig. 92; **Th. passifrons** Hollick.

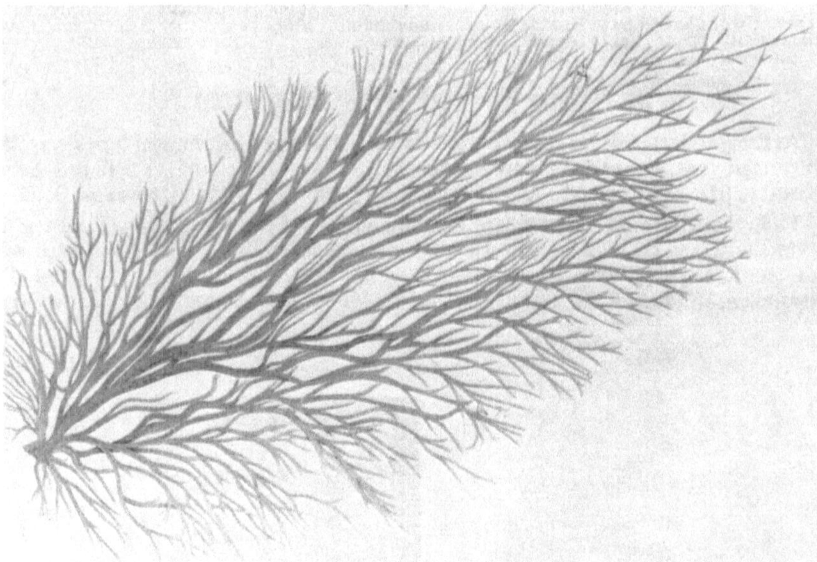

Fig. 92.
Thamnocladus Clarkei White. ⅓. Devon. East Windsor, New York. (Aus White, 1902.)

Taeniocrada White. Ein großer Teil der in der Literatur als Haliserites Dechenianus Göppert bezeichneten Reste hat sich bekanntlich als zu den Psilophytalen gehörig erwiesen (siehe diese). Der ursprüngliche Typus der Gattung, Haliserites Reichii Sternb. aus dem Zenoman, ist ein durchaus zweifelhafter Rest, aber wahrscheinlich keine Alge. Verschiedene Autoren kamen jedoch zu der Annahme, daß sich unter den devonischen sog. Haliseriten auch echte Algen befinden. Für diese schlägt White den Namen Taeniocrada vor.

Der Typus ist **T. Lesquereuxi** White, die an die rezente Dictyopteris delicatula erinnert.

Parka Fleming. Die Gestalt des Thallus war wohl flach scheibenförmig. Er ist oben und unten von 2 Lagen verschieden großer Zellen bedeckt. Dazwischen befinden sich zahlreiche Häufchen von Sporen, die durch steriles Gewebe getrennt sind. Der Aufbau erinnert einigermaßen an Melobesia, doch ist die Pflanze nicht verkalkt. Einige Beobachtungen deuten darauf hin, daß sie — vielleicht nur in der Jugend — an einem schlanken Stiel saß. Ob es sich um eine Alge handelt, ist noch nicht sicher.

Die einzige bekannte Art ist **P. decipiens** Flem. aus dem Unterdevon. Fig. 93.

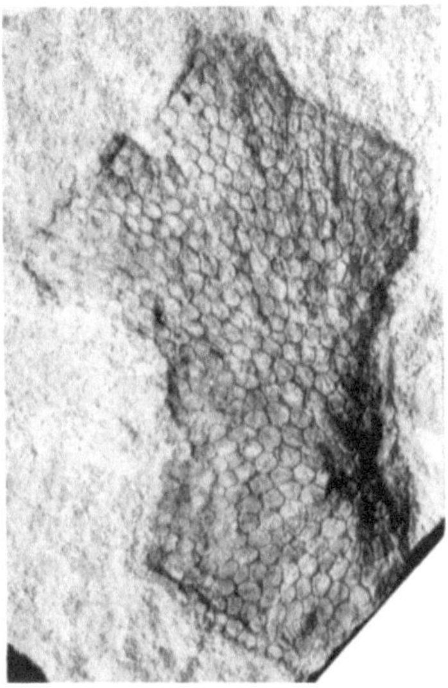

Fig. 93. Parka decipiens Flem. Nat. Gr. Devon, Forfarshire, England. (Aus Don & Hickling, 1917.)

Foerstia White et Stadnichenko. Isolierte Spitzen einer übrigens unbekannten Pflanze, vielleicht einer Alge. Sie kommen in marinen Oberdevonschichten Nordamerikas stellenweise sehr reichlich vor. Oft sind sie gabelförmig gespalten. Im Inneren findet man eine geringe Anzahl in Tetraden angeordneter, dickwandiger Sporen. Sie scheinen nicht frei in einem Hohlraum zu liegen, sondern dem Gewebe eingebettet zu sein.

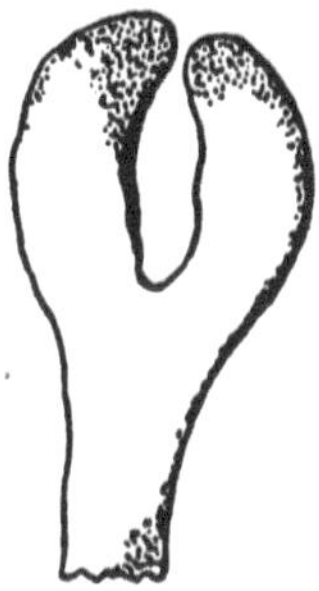

Fig. 94. Foerstia furcata Daws. spec. 10 : 1. Devon. Columbus, Ohio, U. S. N. A. (Aus Dawson, 1888.)

F. furcata Dawson spec., Fig. 94.

Nematophora Grüß. Leider ist es mir und anderen nicht gelungen, aus der veröffentlichten Beschreibung ein Bild vom Bau dieses eigentümlichen Fossils zu gewinnen.

N. fascigera Gr. soll aus dem Devon stammen, doch ist auch dies nicht gewiß.

5. Karbon.

Aphralysia Garwood. Ein verkalkter Organismus, der ähnlich wie Girvanella Knollen um Fremdkörper bildet, aber nicht aus Röhrchen, sondern aus etwa halbkugeligen Zellen besteht, die die flache Seite nach innen wenden und regellos übereinander gelagert sind. Es ist so gut wie sicher, daß die Gattung mit Aulacera Plummer = Beatricea Billings zusammenfällt. Diese gilt meist als Hydrozoe.

A. carbonaria Garw. aus dem Kohlenkalk.

Aus dem Perm ist mir kein Rest bekannt, der hier besprochen werden müßte.

6. Trias.

Calcinema Bornemann ist nach Ansicht des Autors eine röhrchenförmige, unverzweigte Kalkalge, die keine Knollen bildet, sondern ganze Bänke erfüllt. Doch hat Frantzen diese Deutung der Gesteinsstruktur bestritten und die Sache wäre neuerlich zu untersuchen.

C. triasinum Bornem., Muschelkalk.

Algacites Schloth. Unter diesem schon S. 104 erwähnten Namen sind einige mitteltriadische Pflanzenabdrücke beschrieben worden, die wenig gemeinsam haben. Ich nenne den breit-bandförmigen **A. Mougeoti** Fliche, den gelappten **A. landsburgiaeformis** Fl., den langen, schmalen **A. simplex** Fl. usw.

7. Jura.

„Chondrites„ lumbricarius Münst. Weitaus die meisten Chondriten haben meiner Meinung nach mit Algen nichts zu tun. Bei der angeführten Art aus den Solenhofener Schiefern (oberstem Jura) ist jedoch ein so kritischer Beobachter wie Fuchs der Ansicht, daß es sich um eine echte Alge handelt. Scheinbar auf irgendeinem nicht recht sichtbaren Fremdkörper sitzt ein dichter Rasen sehr schlanker, verzweigter Fäden. Fig. 95.

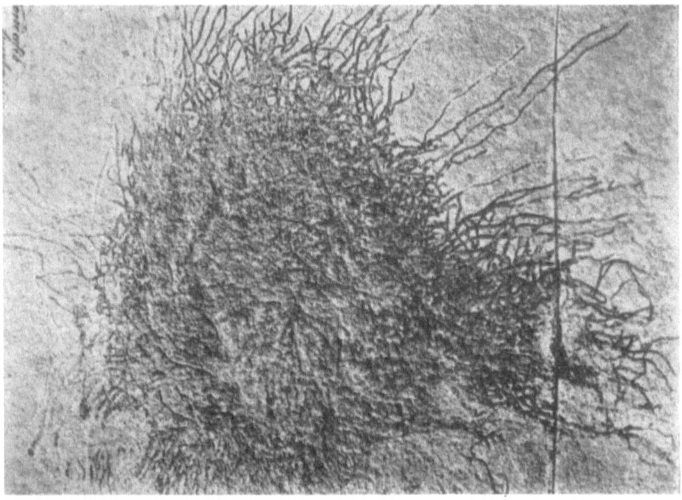

Fig. 95.
Chondrites lumbricarius Münst. 1 : 3. Oberjura, Solnhofen, Bayern.
(Aus Fuchs, 1895.)

8. Kreide.

Algites Seward. Der untersten Kreide gehören die Arten an, für die dieser Gattungsname zuerst gebraucht wurde. Es handelt sich um gabelig verzweigte, kohlige Abdrücke, **A. valdensis** Sew. und **A. catenelloides** Sew. Noch zweifelhafter ist **A. americana** Berry aus dem Turon.

9. Paläogen.

Siphonothallus Rothpletz. Schlanke, dichotom oder seitlich verzweigte Bänder. Über den inneren Bau ist nichts bekannt. Der Schluß, daß es Siphoneen waren, ist keineswegs zwingend, aber um Algen handelt es sich wohl sicher.

3 Arten im Oligozän: **S. taeniatus** Rothpl., **S. accrescens** Rothpl., **S. caulerpoides** Rothpl.

10. Neogen.

Chlorellopsis Reis. Streng kugelige Körper mit einer dünnen Haut und einer sekundären Ausfüllung durch Kalzitkristalle Ich bin überzeugt, daß die Haut schon im Leben etwas verkalkt gewesen sein muß. Die Zellen sind oft zu stockartigen Lagern vereinigt. Was für ein Organismus hier vorliegt, ist noch unbekannt.

Ch. coloniata Reis und 2 andere, seltenere Arten aus dem Miozän.

Palmella oligocaenica Harz soll in miozänen Dysodilen massenhaft auftreten.

Conferva L. In einem ähnlich weiten Sinn, wie früher in der Lehre von den rezenten Algen, wurde dieser Name gelegentlich auch in der Paläontologie gebraucht. So sind aus dem Miozän 2 Arten, **C. geniculata** Ludw. und **C. sericata** Ludw. beschrieben, verästelte Fäden, teilweise eher an Characeen erinnernd, aber nicht sicher deutbar.

Vaucheria antiqua Ludw. aus denselben Schichten ist ein ebenso problematisches Fossil.

Literatur über Algae incertae sedis.

Andrew, G., Note on the occurence of Pachytheca in Buildwas beds (Shropshire). Mem. & Proc. Manchester Lit. & Phil. Soc., Bd. 69, S. 57, 1925.

Berry, E. W., Thallophyta. Maryland Geol. Surv., Upper Cretaceous, S. 757, Baltimore 1916.

Bornemann, J. G., »Sardinien« (vgl. S. 40).

Edwards, W. N., Note on Parka decipiens. Ann. u. Mag. Nat. Hist., R. 9, Bd. 7, S. 442, London 1921.

Fliche, P., »Trias en Lorraine« (vgl. S. 96).

Frantzen, W., Untersuchungen über die Gliederung des unteren Muschelkalks in einem Teile von Thüringen und Hessen und über die Natur der Oolithkörner in diesen Gebirgsschichten. Jahrb. Preuß. Geol. Landesanst. f. 1887, S. 1, Berlin 1888.

Fuchs, Th., Studien über Fucoiden und Hieroglyphen. Denkschr., Ak. Wiss., Wien, Math.-nat. Kl., Bd. 62, S. 369, Wien 1895.

Garwood, E. J., »Rockbuilding organisms« (vgl. S. 40).

Grüß, J., Nematophora fascigera gen. nov., eine Devonalge als Vorläufer der Gymnospermen und ihre Beziehungen zu einer Kohlentheorie auf gärphysiologischer Grundlage. Berlin 1924.

Harz, C. O., „Dysodil", vgl. S. 34.

Höeg, O. A. u. Kiär, J., A new plantbearing horizon in the marine Ludlow of Ringerike. Avh. Norske Vidensk.-Ak., Math.-nat. Kl., Oslo 1926, Nr. 1.

Hollick, A., A new fossil fucoid. Bull. Torrey Bot. Cl., Bd. 37, S. 305, New York 1910.

Kidston, F. u. Lang, W. H., On the presence of tetrads of resistant spores in the tissue of Sporocarpon furcatum Dawson from the upper Devonian of America. Transact. R. Soc. Edinburgh, Bd. 53, S. 597, 1924.

Kidston, R. u. Lang, W. H., Notes on fossil plants from the Old Red Sandstone of Scotland. III. On two species of Pachytheca (P. media and P. fasciculata) based on the characters of the algal filaments. Transact. Edinburgh R. Soc., Bd. 53, S. 604, 1924.

Lorenz, Th., Ascosomaceae, eine neue Familie der Siphoneen aus dem Cambrium von Schantung. Vorläufige Mitteilung. Centralbl. f. Min. usw., 1904, S. 193.

Ludwig, R., Fossile Pflanzen aus der jüngsten Wetterauer Braunkohle. Palaeontogr., Bd. 5, S. 81, Cassel 1857.

Reis, O. M., »Kalkalgen und Seesinterkalke« (vgl. S. 41).

Rothpletz, A., »Flysch-Fucoiden« (vgl. S. 54).

Seward, A. C., Catalogue of the mesozoic plants in the department of geology British Museum (Natural History). The Wealden flora. Part. I. — Thallophyta-Pteridophyta, London 1894.

Stolley, E., »Silurische Siphoneen« (vgl. S. 61).

Walcott, C. D., »Middle Cambrian Algae« (vgl. S. 41).

White, D., Description of a fossil alga from the Chemung of New York, with remarks on the genus Haliserites Sternberg. New York State Mus. Bull. Nr. 52, Rep. of State Paleont. for 1901 = State Mus. Rep., Bd. 55, 1901, S. 593, Albany 1902.

XIII. Klasse Fungi.

Die fossilen Pilze können sich weder an botanischer noch an geologischer Bedeutung mit den Algen messen. Es ist auch viel schwieriger, sie darzustellen, da es an kritischen, zusammenfassenden Arbeiten über einzelne Gruppen ganz fehlt. Die von Meschinelli verfaßte Übersicht ist zwar sehr nützlich, kann aber eine eigentliche Revision nicht ersetzen. Immer wieder findet man im Schrifttum hervorgehoben, daß eine monographische Bearbeitung der fossilen Fungi sicher sehr dankbar wäre, wenn ein genauer Kenner der lebenden Formen sie unternimmt. Die Hauptschwierigkeit einer solchen Arbeit läge wohl in der Beschaffung des Materials. Denn fossile Pilze sind zu selten, als daß man hoffen könnte, durch neue Aufsammlungen einen genügenden Grundstock für eine Monographie zu gewinnen (wie dies bei den meisten Algengruppen möglich ist). Man müßte vielmehr trachten, die schon beschriebenen Reste aus den verschiedenen Museen zu beschaffen oder aufzusuchen.

Da den Pilzen ein eigenes mineralisches Skelett fast ausnahmslos fehlt, liegen sie entweder als echte Versteinerungen oder in inkohltem Zustand vor. Die häufigsten Reste sind Myzelien in versteinerten Teilen höherer Pflanzen, Sporen — besonders Konidien — in solchen oder in Faulschlammabsätzen und Perithezien auf inkohlten Blättern.

Die Menge der im Schrifttum niedergelegten Beobachtungen über fossile Fungi ist durchaus nicht gar so gering. Wir werden 39 Familien zu nennen haben, wobei freilich nur für zwei Drittel das Vorkommen halbwegs gesichert ist. Die Einreihung der Reste gründet sich auf die Voraussetzung, daß ihre überwiegende Mehrzahl zu heute noch lebenden Familien gehört. Nach dem, was wir von dem Alter der Algenfamilien wissen, ist diese Annahme wohl zulässig. Die allgemeinen Züge der geologischen Geschichte der Pilze lassen sich noch nicht erkennen. Es ist aber auffallend, daß in dem so ausgezeichnet untersuchten Mitteldevon von Rhynie in Schottland nur die wahrscheinlich zu den Phycomyceten gehörigen, einander jedenfalls recht nahe stehenden Paläomycen gefunden wurden, aber keine Basidiomyceten, wie sie in jüngeren Süßwasserabsätzen häufig sind.

Den rezenten Gattungen habe ich die fossilen Stücke im Anschluß an frühere Autoren nicht bedingungslos zugewiesen. Ich verwende dagegen reichlich Genusnamen mit der Nachsilbe »ites«. Dadurch soll ausgedrückt werden, daß ein fossiler Rest einer lebenden Gattung verglichen wird und sich von ihr durch kein erkennbares Merkmal unterscheidet, daß er aber nicht ausreicht, um die Zugehörigkeit sicher zu behaupten. Eine große Anzahl von Genera fossiler Pilze sind künstliche Sammelgattungen. Ihre Verwendung ist an sich nicht zu tadeln, nur sollten sie wenigstens durch äußere Merkmale scharf gekennzeichnet sein. Leider ist dies großenteils nicht der Fall, so daß der Gebrauch des einen oder anderen Namens oft recht willkürlich ist. Auch hier wäre ein reiches Feld für eine ordnende Hand.

Sicher befindet sich unter den sog. fossilen Fungi eine Anzahl von Resten, die überhaupt nicht in diese Klasse gehören. Insektengallen sind im fossilen Zustand schwer von blattbewohnenden Pilzen zu unterscheiden. Traquairia Carruth. ist nach Williamson eine Makrospore einer Gefäßpflanze. Gyromyces Ammonis

Göpp. erwies sich als Gehäuse eines kleinen Röhrenwurmes. Gewisse Spongien der Gattung Coeloptychium erinnern äußerlich auffallend an Hutpilze und wurden — wenn auch meines Wissens nur von Laien — für solche gehalten. Auf mögliche weitere Fälle ähnlicher Verwechslungen wird später hinzuweisen sein.

A. Unterklasse Phycomycetes.

1. Oochytriaceae.

Oochytrium Lepidodendri Renault. Form und Anordnung der Sporangien lassen die Zurechnung zu der Ordnung der Chytridiales, weniger die zu einer bestimmten Familie, als wohlbegründet erscheinen. Die Art bewohnte die Zweige von Lepidodendren.

Urophlyctites Oliverianus Magnus lebte als Parasit auf den Blättern von Alethopteris. Fig. 96. Auf der Unterseite der Fiedern treten kugelige, hohle Vorsprünge auf, in deren Innerem von dünnen Hyphen Sporen getragen werden. **Ur. stigmariae** F. E. Weiß ist eine hypothetische Art, die aus histologischen Veränderungen einer Stigmaria erschlossen wurde.

Fig. 96.
Querschnitt durch eine Fieder von Alethopteris aquilina Schloth. mit Rezeptakeln (*a* und *b*) von Urophlyctites Oliverianus Magnus. 20 : 1. Oberkarbon. Grand-Croix bei Saint-Etienne, Dep. Loire, Frankreich. (Aus Oliver, 1903.)

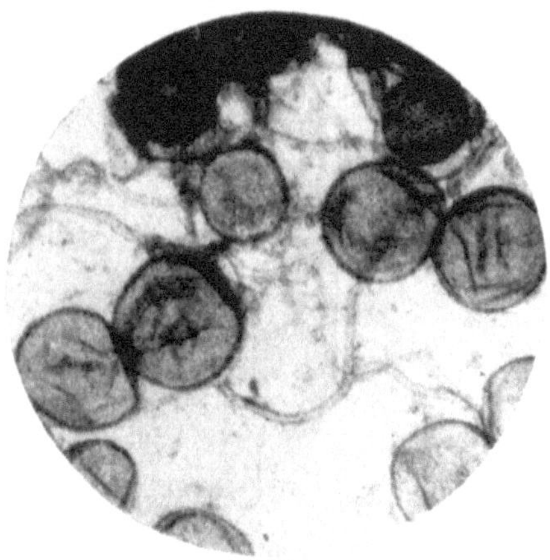

Fig. 97.
Pythites disodylis Bacc. spec. Sporen und Mycelfäden. 100 : 1. Miozän. Melilli, Sizilien. (Aus Pampaloni, 1902.)

In verschiedenen karbonischen Samen, wie Sphaerospermum, Polylophospermum, Stephanospermum, Conostoma, treten parasitische Pilze auf, die mit der Ordnung der Chytridiales verglichen werden, ohne daß es möglich wäre, sie einer bestimmten Familie zuzuweisen. Am besten untersucht (aber leider nicht abgebildet) ist wohl **Grilletia sphaerospermi** Ren. u. Bertr.

2. Pythiaceae.

Der miozäne **Pythites dysodilis** Pamp. mit erhaltenen Fortpflanzungsorganen kann wohl als Vertreter dieser Familie anerkannt werden. Fig. 97.

3. Peronosporaceae.

Peronosporites Worth. Sm. Die Zugehörigkeit einiger unter diesem Namen angeführter Arten zur Familie ist ziemlich sicher. **Per. antiquarius** Worth. Sm. (Fig. 98) und **Per. gracilis** Ren. spec. aus karbonischen Pflanzenresten gehören zu den besser bekannten fossilen Pilzen. **Per. miocaenicus** Pampal. und **Per siculus** Pamp. sind auf Oogonien aus dem Miozän begründet.

Peronosporoides palmi Berry aus oligozänem Palmholz, an dem Oogonien und Antheridien zu sehen sind, scheint ebenfalls ein sicherer Vertreter der Familie zu sein.

? 4. Mucoraceae.

Mucorites combrensis Ren. spec. aus dem Karbon erinnert im vegetativen Aufbau an Schimmelpilze, doch sind die Fortpflanzungswerkzeuge nicht beobachtet.

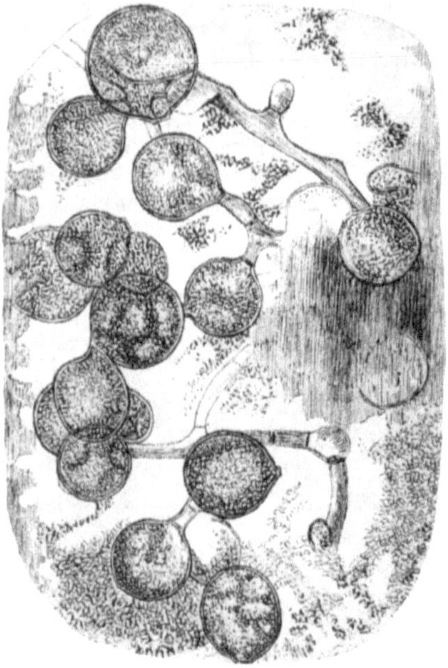

Fig. 98.
Peronosporites antiquarius Worth. Smith. 300 : 1. Karbon. Yorkshire, England. (Nach Worthington Smith aus Meschinelli, 1902.)

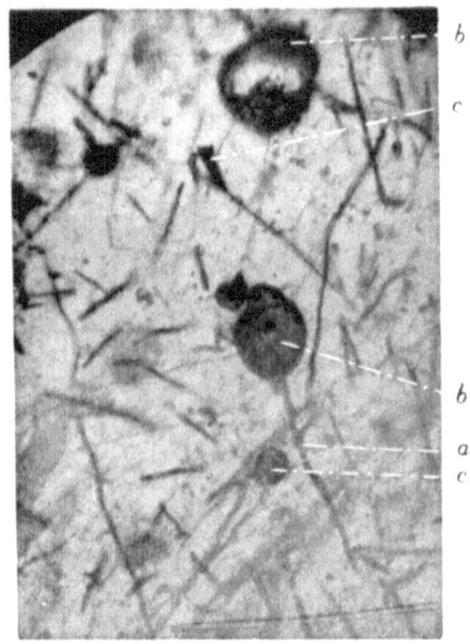

Fig. 99.
Phycomycites Frodinghamii Ellis. Schliff. 250 : 1. *a* Hyphen, *b* reife Sporangien, *c* junge Sporangien. Lias. Frodingham, Lincolnshire, England. (Aus Ellis, 1915.)

Zygosporites Williams. ähnelt den oben (S. 55) besprochenen Xanthidien. Von Seward wurde aber beobachtet, daß die Stachelkugel an einem hyphenähnlichen Stiel sitzt. Man vergleicht das Fossil deshalb mit den Sporangien von Mucor. Karbon.

Phycomycites Frodinghamii Ellis wurde in marinen Juraschichten gefunden. Er scheint schon im Leben mit Eisenocher verkrustet gewesen zu sein. Obwohl das Fossil sich keiner bestimmten Familie zuweisen läßt, sei es hier anhangsweise erwähnt. Fig. 99.

B. Unterklasse Ascomycetes.

1. Protomycetaceae.

Zu dieser Familie wird ein karbonischer Parasit auf Lepidodendron-Wurzeln gestellt, **Protomycites protogenes** Worth. Sm. spec., von dem man außer Hyphen auch Sporangien kennt.

? 2. Erysiphaceae.

Erysiphites Melilli Pampal. und **Uncinulites Baccarinii** Pamp. aus dem Miozän werden vom Begründer der Arten hier eingereiht. Salmon wendet sich aber scheinbar mit guten Gründen gegen diese Deutung, so daß als einziger möglicher fossiler Vertreter der Familie höchstens **Erysiphites protogaeus** Schmalhausen aus dem Eozän in Betracht käme.

? 3. Perisporiaceae.

Perisporiacites Felix (Perisporites Pampaloni). Aus dem Eozän und Miozän werden im ganzen 3 Arten angeführt, deren systematische Stellung aber durchwegs nicht ganz gesichert ist.

4. Microthyriaceae.

Ihr Vorkommen im Tertiär ist sehr gut belegt. Die wichtigsten Reste fanden sich zufällig beim Anfertigen von Cuticula-Präparaten aus fossilen Koniferennadeln.

Von **Phragmothyrites eocaenica** Edwards aus dem Eozän kennt man verschiedene Entwicklungszustände des Fruchtkörpers, Fig. 100, und vielleicht auch mehrzellige Sporen. Ein freies Myzel fehlt.

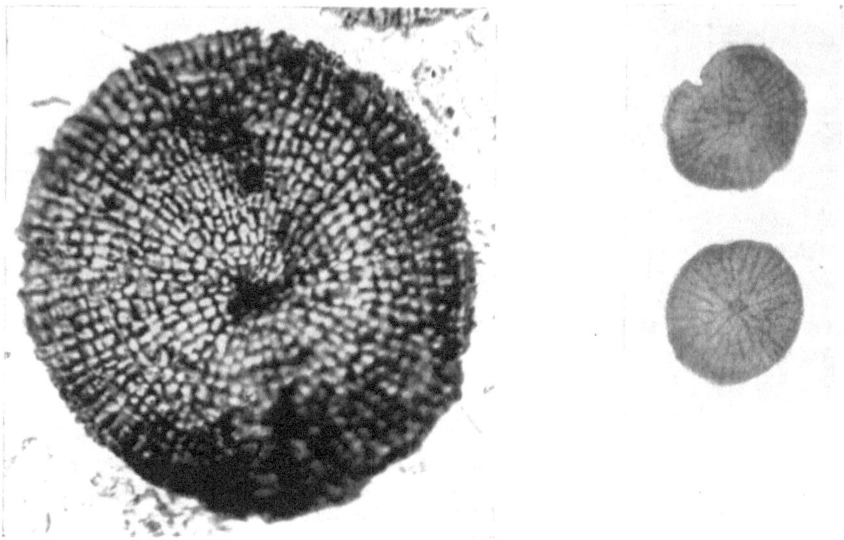

Fig. 100.
Phragmothyrites eocaenica Edwards. Fruchtkörper verschiedenen Alters. 380 : 1. Auf einer Koniferenkutikel aus dem Eozän von Mull, Schottland. (Aus Edwards, 1922.)

Weniger klar ist die Stellung von **Microthyrites dysodilis** Pamp. aus dem Miozän.

Aus dem Jungtertiär werden auch Blattpilze angeführt, die an die rezente Asterina erinnern.

Endlich wäre an dieser Stelle **„Xylomites" asteriformis** Braun zu nennen, ein wahrscheinlich parasitischer Pilz auf dem rhätischen Cycadophyten Weltrichia. Mit den anderen Xylomiten (vgl. unten S. 126) hat er offenbar nichts zu tun.

5. Aspergillaceae.

Penicillites curtipes Berkel. spec. aus preußischem Bernstein (Eozän) kann auf Grund der Form der Konidienträger wohl mit Sicherheit hier angeführt werden. Fig. 101.

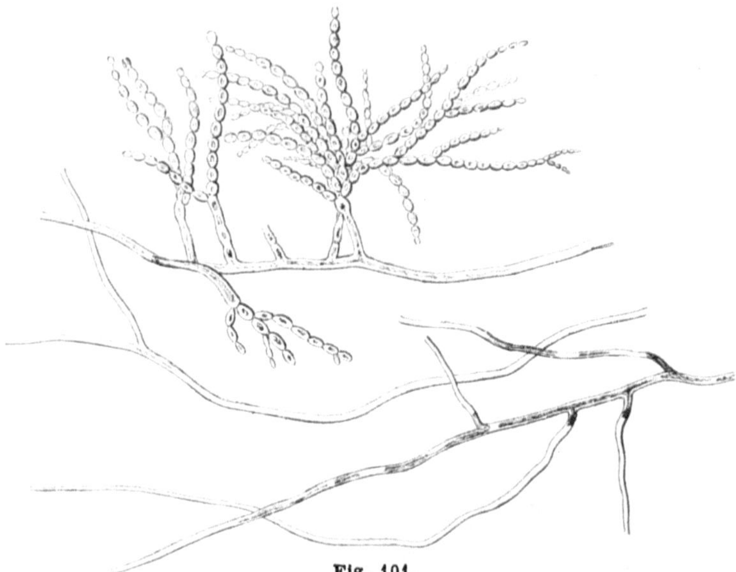

Fig. 101.
Penicillites curtipes Berk. spec. 600 : 1. Eozän. Ostpreußischer Bernstein. (Aus Berkeley, 1848.)

? 6. Hysteriaceae.

Unter dem Namen **Hysterites Göppert** werden außer etwa einem Dutzend tertiärer Arten auch einige ältere beschrieben, so **Hyst. aneimitis** Matth. aus dem Oberdevon (?), **Hyst. cordaitis** Grand 'Eury aus dem Karbon und Perm, **Hyst. Friesii** Nath. aus dem Rhät. Der Vergleich mit Hysterium beruht in allen Fällen nur auf der äußeren Gestalt der Perithezien.

? 7. Phacidiaceae.

Gegen 50 blattbewohnende Pilze aus der Oberkreide, dem Tertiär und dem Quartär werden nach der äußeren Ähnlichkeit den Gattungen **Phacidites** Mesch. und **Rhytismites** Mesch. zugezählt. Näheres ist über sie nicht bekannt.

? 8. Stictidaceae.

Stegites poacitum Al. Br. spec. bildet auf miozänen Grasblättern Flecke mit heller Mitte und dunklem, aufgewulstetem Rand.

? 9. Pezizaceae.

Pezizites Göpp. und Ber. umfaßt einige tertiäre Arten, die auf Grund der allgemeinen Form mit Peziza verglichen werden. **Pez. candidus** Göpp u. Ber. wurde auf Insekten im Bernstein gefunden. Die Entwicklung des Fruchtkörpers ist ziemlich eingehend verfolgt.

? 10. Cenangiaceae.

Cenangites piri Ludw. spec. aus dem Miozän wird nach der äußeren Form mit Cenangium verglichen.

11. Hypocreaceae.

Besser bekannt ist nur der miozäne **Melanosporites Stefanii** Pampal., an dem außer dem Perithezium auch Sporen gesehen wurden.

? 12. Dothideaceae.

Dothidites Bur. und Pat. Etwa 8 tertiäre Arten kleiner Blattpilze, deren innerer Bau nicht bekannt ist.

13. Chaetomiaceae.

Chaetomites intricatus Pamp., ein stark behaarter Fruchtkörper aus dem Miozän.

14. Sordariaceae.

Sporen, die zu **Sordaria** Ces. et de Not. gehören dürften, kennt man aus den miozänen Dysodilen Siziliens.

15. Sphaeriaceae.

Chaetosphaerites Felix ist nur auf mehrzellige Sporen begründet worden, deren mittlere Glieder dunkel gefärbt, deren Endzellen dagegen durchsichtig sind. Solche Sporen finden sich bei der rezenten Chaetosphaeria, recht ähnlich allerdings auch bei gewissen Helminthosporien. **Chaet. bilychnis** Felix stammt aus dem Eozän. Fig. 102.

Rosellinites Potonié nennt man flach zitzen- oder kegelförmige Perithezien mit sichtbarer zentraler Mündung (Ostiolum). **Ros. Beyschlagii** Pot. aus dem Perm ist noch ungenügend bekannt. Dagegen dürfte an der Deutung des oligozänen **Ros.**

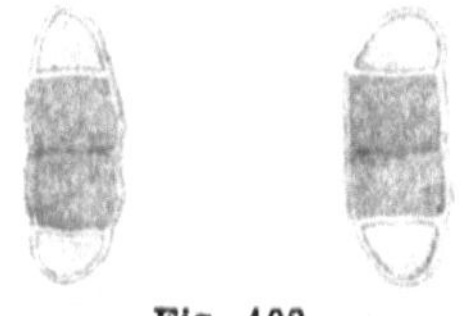

Fig. 102. Chaetosphaerites bilychnis Felix. Sporen. 670:1. Eozän. Perekeschkul bei Baku, im Holz von Rhammacinium affine. (Aus Felix, 1894.)

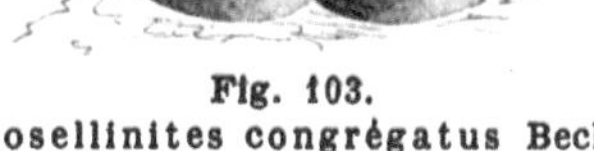

Fig. 103. Rosellinites congrégatus Beck spec. 2 Perithezien. 25 : 1. Oligozän. Brandis b. Leipzig, Sachsen. (Aus Engelhardt, 1887.)

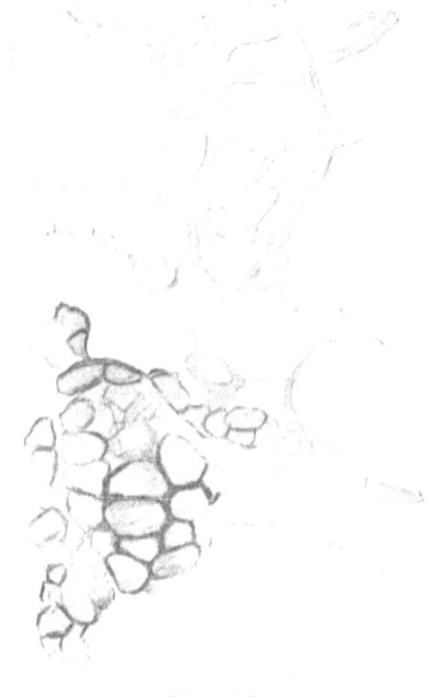

Fig. 104. Petrosphaeria japonica Stopes & Fujii. Oben Hyphen in Rindenzellen von Saururopsis. 300 : 1. Unten dickwandige Dauerzellen. 480 : 1. Oberkreide. Hokkaido, Japan. (Aus Stopes & Fujii, 1911.)

congregatus Beck spec. nicht zu zweifeln sein (vgl. Abb. 103). Dasselbe gilt wohl von den Urstücken des quartären **Ros. Schusteri** Rehm, doch mögen unter diesem Namen auch andere Sphäriaceen gehen.

Cenococcum geophilum aut. non Fries ist ebenfalls ein Sammelname für nicht sicher unterscheidbare Pyrenomyceten aus quartären Schieferkohlen. Mit der Tuberacee Cenococcum haben sie wohl wenig zu tun.

Petrosphaeria japonica Stopes und Fujii, Fig. 104, kann vorläufig hier angeschlossen werden, obwohl man die Perithezien nicht kennt. Es wurden eigentümliche, im Gewebe der Wirtspflanze liegende Anhäufungen dickwandiger Dauerzellen beobachtet, wie sie ähnlich bei Sphäriaceen vorkommen. Die Art stammt aus der Oberkreide.

Einige der weiter unten als **Xylomites** zu erwähnenden Pilze zeigen auch Anklänge an die Sphaeriaceae, so etwa **Xyl. zamitae** Goepp. aus dem Rhät.

Sphaerites Ung. erscheint als die größte Gattung fossiler Pilze, da über 100

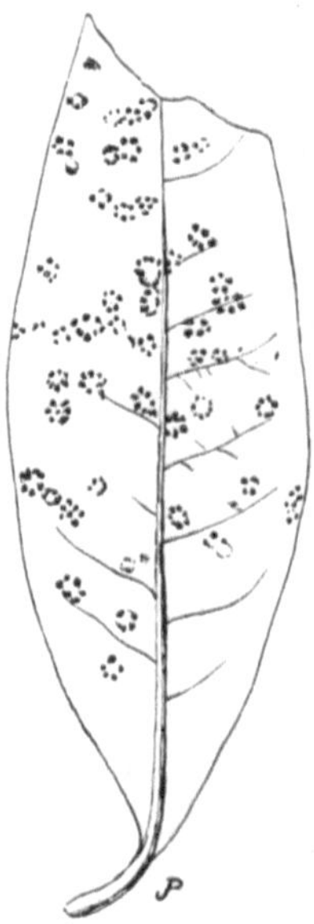

Fig. 105. Sphaerites Suessi Ettingsh. spec. auf Rhamnus(?). Oligozän. Savine b. Sagor, Jugoslawien. (Nach Ettingshausen, 1872.)

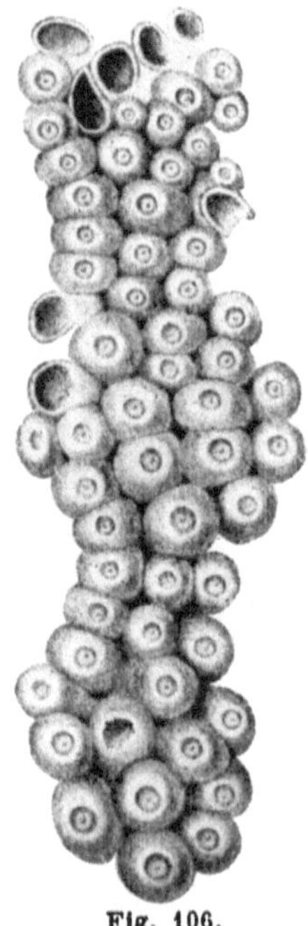

Fig. 106. Sphaerites areolata Fresen. et Meyer spec. Perithezien. 10:1. Miozän. Hessenbrückener Hammer, Wetterau, Deutschland. (Aus Fresenius u. Meyer, 1856.)

Arten zu ihr gestellt werden. Doch ist in keinem Fall der innere Bau bekannt. Es handelt sich also um eine reine Sammelgattung für kleine, blatt- und rindenbewohnende Pilze mit rundlichen Perithezien. Die meisten hierher gestellten Reste finden sich im Tertiär. Vgl. Fig. 105 u. 106. Einige stammen aus der Oberkreide, so unter andern **Sph. alabamensis** Berry (Fig. 107) und **Sph. raritanensis** Berry. Schließlich werden auch 2 oberkarbonische Arten angeführt, **Sph. Feistmantelianus** Rabenh. spec. und **Sph. carbonarius** Schuster.

16. Amphisphaeriaceae.

Der oligozäne **Trematosphaerites lignitum** Heer soll der rezenten Trematosphaeria pertusa Pers. spec. sehr nahe stehen.

17. Mycosphaerellaceae.

Laestadites Nathorstii Mesch. aus dem Quartär ist auf ringförmig angeordnete Perithezien begründet.

18. Pleosporaceae.

Pleosporites Shirainus Suzuki lebte als Parasit in den Geweben der oberkretazischen Konifere Cryptomeriopsis. Die Schliffe zeigen in den Perithezien die erhaltenen Asci und Paraphysen. Fig. 108.

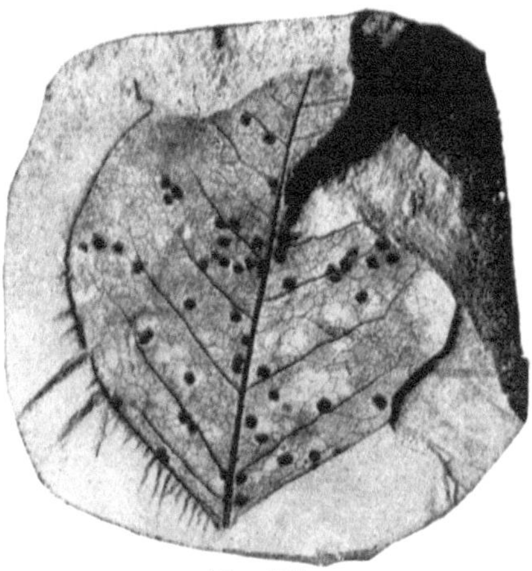

Fig. 107.
Sphaerites alabamensis Berry auf einem Blatt. Oberkreide, Shirleys Mill, Fayette County, Alabama. (Aus Berry, 1919.)

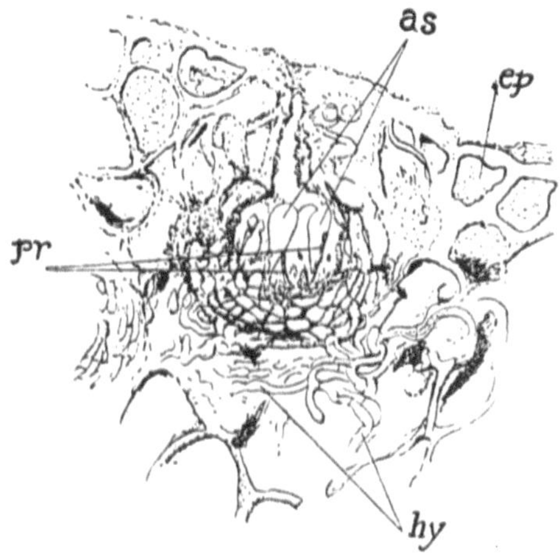

Fig. 108.
Pleosporites Shirainus Suzuki in einem Blatt von Cryptomeriopsis mesozoica aus der Oberkreide von Hokkaido, Japan. Schliff. 370 : 1. *as* = Asci, *pr* = Paraphysen, *hy* = Hyphen, *ep* = Epidermis des Wirtes. (Aus Suzuki, 1910.)

Leptosphaerites Lemoinii Richon aus dem Eozän ist zwar nicht versteinert erhalten, doch konnten aus den Perithezien Sporen und Spermatien (?) freigelegt werden. **Lept. Ligeae** Felix ist dagegen nur auf einzelne mehrzellige Sporen aus dem Eozän begründet.

Didymosphaerites Betheli Cocker. spec. heißen punktförmige Perithezien ohne bekannte Struktur auf Typha-Blättern aus dem Miozän.

19. Xylariaceae.

Xylaria glandiceps Murr wird aus der quartären Höttinger Breccie angegeben. Die kohligen Stromata der rezenten Gattung **Hypoxylon Bull.** mit den zugehörigen Sporen sind in diluvialen Schieferkohlen nachgewiesen.

C. Unterklasse Basidiomycetes.

1. u. 2. Tilletiaceae und Coleosporiaceae.

Wie die vorige Familie sind auch diese fossil nur in quartären Kohlen vertreten (**Tilletia Tulasne. Urocystis Rabenh., Coleosporium Leveillé**).

3. Pucciniaceae.

Die lebenden Gattungen **Uromyces Link** und **Puccinia Pers.** sind auch im Diluvium nachgewiesen.

Puccinites lanceolatus Ettingsh. aus dem Oligozän erinnert rein äußerlich an Arten wie Puccinia graminis. Auch oberkretazische Species werden unter Puccinites angeführt, z. B. **Pucc. cretaceus** Velen. und **Pucc. Whitfordi** Knowlt.

Aecidites Deb. und Ett. umfaßt 4 Formen scheinbar auf Blättern schmarotzender Pilze aus der Oberkreide und dem Tertiär. Teilweise wird nur aus der Durchbrechung der Blattlamellen auf die Tätigkeit des Pilzes geschlossen.

Phelonites Chevalier, jetzt als Synonym von Licea angesehen, wurde in erster Reihe für einige Myxomyceten gebraucht. **Phel. lignitum** Fres. aus dem Miozän dürfte aber eher ein Aecidium sein.

Teleutosporites Milloti Renault spec. bezeichnet Sori, die in Makrosporen von Lepidodendron beobachtet wurden. Wenn auch die Zuweisung zu einer bestimmten Familie kaum möglich ist, handelt es sich doch wahrscheinlich um Teleutosporen einer Uredinee.

4. Hypochnaceae.

Hypochnites Mesch. Ein mit keinem Artnamen belegter Pilz aus eozänem Bernsteinholz.

? 5. Clavariaceae.

Eine wohl wenig gesicherte Art, **Clavaria turbinata** Murr, im Quartär.

6. Hydnaceae.

Hydnites Argillae Ludw. spec. ist als Abdruck im miozänen Tegel recht gut erhalten. Die Stacheln des Hymeniums erscheinen als Röhrchen.

7. Polyporaceae.

Polyporites Lindl. und Hutt. Man stellt hierher einige baumschwammartige Gebilde aus dem Tertiär, wie **Pol. foliatus** Ludw. spec. In anderen Fällen gründet sich der Vergleich mit dem rezenten Polyporus auf die Zerstörungen in tertiären und quartären Hölzern. Dagegen ist der karbonische **Pol. Bowmani** Lindl. u. Hutt., für den die Gattung aufgestellt wurde, ein ganz zweifelhaftes Gebilde, dessen pflanzliche Natur nicht feststeht.

Fomes pinicola Fries spec. ist außer rezent auch aus quartären Kohlen bekannt.

Trametites Mesch. Manche fossile Hölzer der Oberkreide und des Alttertiärs weisen so bezeichnende Zersetzungserscheinungen auf, daß man auf die Anwesenheit der Gattung Trametes schließen und die etwa noch erkennbaren Myzelien auf sie beziehen kann.

Daedaleites Mesch. umfaßt nur wenige und ungenügend bekannte Reste aus dem Tertiär und Quartär.

Lenzitites Gastaldii Heer spec., ein Baumschwamm an miozänen Stämmen, wird wegen der Beschaffenheit der Lamellen der Gattung Lenzites angeschlossen.

Pseudopolyporus carbonicus Hollik aus der Karbonformation, ein Rest, der äußerlich sehr an einen Hutpilz erinnert, aber ganz aus einer eisenreichen, sandigen Masse besteht, dürfte vielleicht doch nur eine Konkretion sein.

Dactyloporus archaeus Herzer, ebenfalls aus der Steinkohlenformation, scheint in Limonit erhalten zu sein. Die Länge des Stieles hätte 1 Fuß betragen, der

Durchmesser des Hutes mindestens ½ Fuß. Der Hymenophor hätte nur einzelne zapfenförmig herabhängende Vorsprünge gebildet, die im Inneren eine Röhrenstruktur aufwiesen. Es ist durchaus zweifelhaft, ob es sich wirklich um einen Pilz handelt.

8. Agaricaceae.

Agaricites Mesch. Hierher gehört ein vollständiger kleiner Hutpilz, **Ag. Wardianus** Mesch. aus dem Miozän. In anderen Fällen handelt es sich nur um Myzelien, deren bezeichnendes Verhalten im Holz der Wirtspflanzen für die Bestimmung benützt wird, so bei **Ag. melleus** Conw. spec. und **Ag. Conwentzi** Platen.

? 9. Lycoperdaceae.

Geasterites florissantensis Cocker. spec. aus dem Miozän Nordamerikas ist ein sternförmiger, kohliger Abdruck mit etwas unregelmäßigen Strahlen ohne Spur einer Aderung. Er erinnert an einen geöffneten Geaster oder Astraeus. Fig. 109.

Fig. 109. Geasterites florissantensis Cocker. spec. Miozän. Florissant, Colorado. (Aus Cockerell, 1908.)

D. Fungi imperfecti.

? 1. Sphaerioideaceae.

Depazites Geinitz. Eine Sammelgattung für fossile blattbewohnende Pilze, die sich in der allgemeinen Form den lebenden Arten von Phyllosticta, Septoria, Ascochyta usw. anschließen. Vgl. Fig. 110. Etwa 16 tertiäre Arten und **Dep. Rabenhorsti** Gein., der auf einem karbonischen Farnblatt gefunden wurde.

Fig. 110. Depazites picta Heer spec. auf Acer trilobatum. Miozän, Öningen, Baden, Deutschland. (Aus Heer, 1855.)

? 2. Excipulaceae.

Excipulites Göpp. Unter diesem Namen werden nur 3 karbonische, den vorigen ähnliche Pilze auf Blättern angeführt. J. Schuster möchte die Gattung zu den Sphäriaceen ziehen.

3. Melanconiaceae.

Pestalozzites Berry. P. sabalana Berry, die auf miozänen Fächerpalmblättern auftritt, ist den rezenten Pestalozzien gleicher Lebensweise so ähnlich, daß die Bestimmung trotz der Unkenntnis des inneren Baues recht wahrscheinlich ist.

4. Mucedinaceae.

Acremonites succineus Casp. spec., ein Myzel mit aufrechten, sporentragenden Fäden, und **Botrytites similis** Menge u. Göpp. spec., ein dem rezenten Botrytis ähnlicher Pilz, wurden im eozänen Bernstein gefunden.

Diplosporites ovalis Ren. spec. ist auf zweizellige Konidien aus dem Oligozän gegründet.

Fusidites Mesch. Eine keimende Spore im Bernstein.

Gonatobotrytites primigenius Casp. spec. Sporentragende Pilzfäden auf einer Blüte im Bernstein. Die Gestalt ist so bezeichnend, daß die Beziehung zur Gattung Gonatobotrys wohl begründet erscheint. Fig. 111.

Fig. 111.
Gonatobotrytites primigenius Casp. spec. 278 : 1. Eozän. Ostpreußischer Bernstein. Rechts Fadenspitze, 400 : 1, und Sporen, 500 : 1. (Aus Caspary, 1907.)

Monilites albida Pampal. aus dem Miozän zeigt ein Myzel mit kurzen Konidienketten.

Mucedites Renault umfaßt Ketten rundlicher Zellen, die im Perm (**Muc. stercoraria** Bertr. u. Ren.) und im Lias (**M. aninoensis** Ren.) gefunden wurden. Sporangien sind nicht bekannt.

Ramularites oblongisporus Casp. spec. Verzweigte Fäden aus tonnenförmigen Zellen, die im oberen Teil elliptische Sporen abgliedern. Die Art kommt im Bernstein (Eozän) vor.

Sporotrichites Göpp. Vorwiegend auf Insektenresten im Bernstein, beispielsweise **Sp. heterospermus** Göpp.

5. Dematiaceae.

Cercosporites spec. Salmon aus dem Miozän gleicht in der Bildung eines fädigen Dauermyzels mit verdickten Zellgruppen der rezenten Cercospora. Fig. 112.

Cladosporites bipartitus Felix, eine eozäne Art, ist durch Myzelien und durch zweizellige Konidien vertreten. Später wurden zu derselben Gattung einige andere, recht abweichende Arten gestellt, wie der ebenfalls eozäne **Cladosp. fasciculatus** Berry, der im Inneren der Wirtszellen Büschel von Myzelfäden, gelegentlich mit Konidien an den Enden, bildet; ferner **Cl. oligocaenicus** Berry aus oligozänem Palmoxylon.

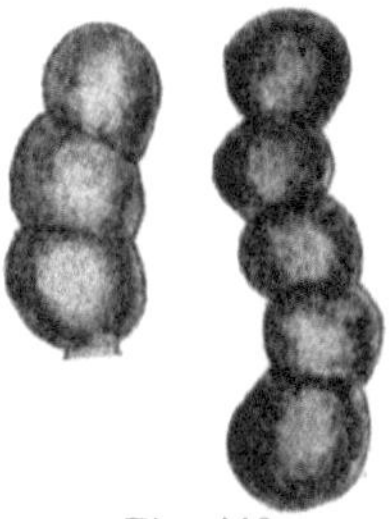

Fig. 112. Cercosporites spec. Dauerzellen. 400 : 1. Miozän. Melilli, Sizilien. (Aus Salmon, 1903.)

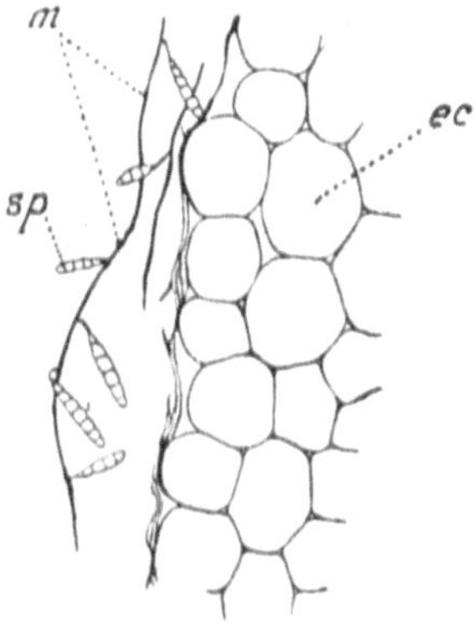

Fig. 113. Clasterosporites eocaenicus Fritel & Viguer spec. In Equisetum noviodunense aus dem Paleozän. Schnitt. 120 : 1. (Aus Fritel & Viguier, 1909.) *ec* = Rindenzellen des Wirtes, *m* = Mycelium, *sp* = Conidien.

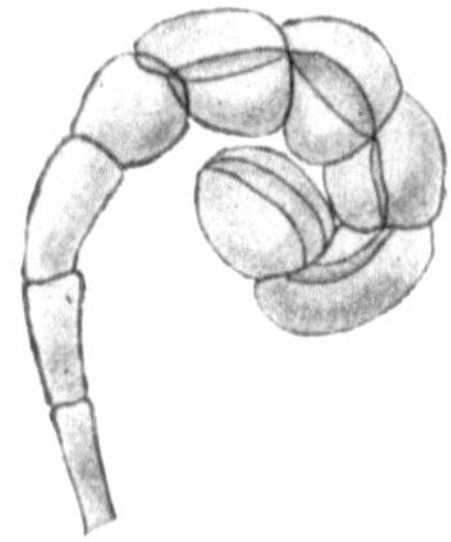

Fig. 114. Helicoma spec. Konidie. 600 : 1. Miozän. Grünberg, Schlesien. (Aus Kräusel, 1920.)

Clasterosporites eocaenicus Fritel und Viguier spec. lebte im Rhizom des eozänen Equisetum noviodunense. Man kennt Myzele mit Querwänden und mehrzelligen Sporen. Fig. 113.

Dictyosporites loculatus Felix wurde für vielzellige, »mauerförmige« Konidien aus einem eozänen Rhamnaceenholz aufgestellt.

Haplographites Felix. Ketten von kurz-spindelförmigen Konidien, die auch im Zusammenhang mit dem Myzel beobachtet wurden. 2 Arten im Tertiär.

Mit der rezenten Gattung **Helicoma Sac.** werden schneckenförmig angeordnete mehrzellige Konidien verglichen, die auf den Nadeln von Sequoia Langsdorfii im Miozän gefunden wurden. Fig. 114.

Helminthosporites. Renault beschreibt aus verschiedenen tertiären Ligniten etwa 12 Formen von Konidien, die er zur Gattung Helminthosporium und teils zu neuen fossilen, teils zu lebenden Arten zählt.

Macrosporites spec. ind. Kräusel ist durch ein auf verschiedenen miozänen Blättern saprophytisch lebendes Hyphengeflecht mit mehr oder weniger vereinzelt stehenden Konidien vertreten. Von anderen, ebenfalls tertiären Arten, **M. subtrichellus** Ren. spec. und **M. ropaloides** Ren. spec., kennt man nur Konidien.

Morosporium Renault. Zellige, verzweigte Myzelien, denen die aus Zellhaufen bestehenden Konidien gelegentlich noch ansitzen. 2 eozäne und eine liasische Art. Der Typus ist **Mor. lignitum** Ren. Die Gattung soll dem rezenten Stemphylium am nächsten stehen.

Sirodesmites subgranulosus Ren. spec. ist auf mehrzellige Konidien aus bituminösen Schiefern des Oligozän begründet.

Streptotrichites spiralis Berkel. spec. hat mit dem Bakterium Streptothrix offenbar nichts zu tun. Es dürfte sich vielmehr eher um eine Dematiacee handeln. Die Myzelfäden sind eigentümlich spiral gewunden. Die elliptischen Sporen sitzen teilweise am Ende sehr zarter Ästchen. Fig. 115.

Fig. 115.
Streptotrichites spiralis Berk. spec. 600 : 1. Eozän. Ostpreußischer Bernstein. (Aus Berkeley, 1848.)

Torulites. 3 Arten aus dem Bernstein schließen sich eng an die rezente Gattung Torula an. Es sind Ketten rundlicher Zellen von zweierlei Dicke. Die dickeren werden als Conidien gedeutet. Als Beispiel diene **Tor. moniliformis** Menge spec. Fig. 116.

Trichosporites Conwentzi Felix. Runde, einzellige Sporen in einem oberkretazischen Holz.

6. Stilbaceae.

Stilbites succini Casp. spec. aus dem Bernstein soll dem rezenten Stilbum vulgare sehr ähnlich sein. Fig. 117.

Die Gattung **Brachycladites** Mesch. mit einer Art aus dem Bernstein würde

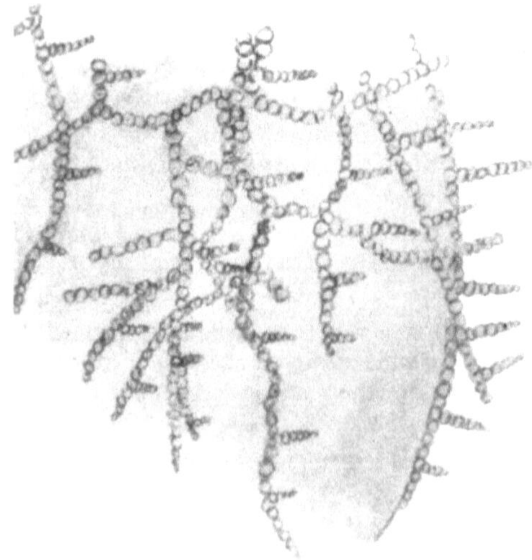

Fig. 116.
Torulites moniliformis Menge spec. 170 : 1. Eozän. Preußischer Bernstein. (Aus Caspary, 1907.)

Fig. 117.
Stilbites succini Caspary spec. 180 : 1. Eozän. Ostpreußischer Bernstein. (Aus Caspary, 1907.)

sich nach Meschinelli wegen der Vereinigung der Hyphen zu Bündeln hier, und nicht an die Dematiaceen anschließen. Fig. 118.

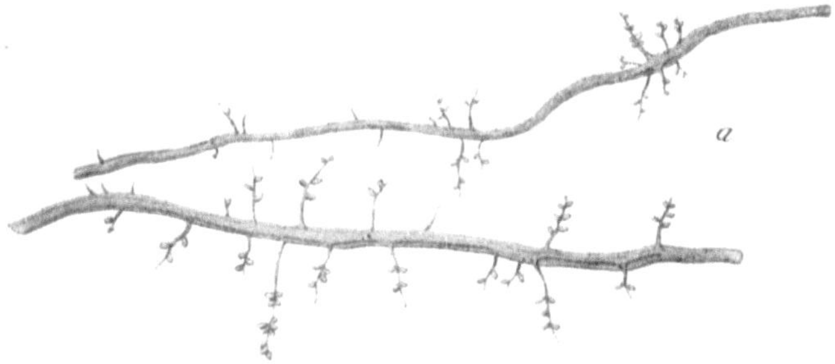

Fig. 118.
Brachycladites Thomasinus Berkel. spec. 600 : 1. Eozän. Ostpreußischer Bernstein. (Aus Berkeley, 1848.)

Fig. 119.
Spegazzinites cruciformis Felix. Conidium. 410 : 1. Tertiär, Mecklenburg. (Aus Felix, 1894.)

7. Tuberculariaceae.

Spegazzinites cruciformis Felix. Konidien, deren 4 Zellen zu einer Kreuzform zusammengeordnet und manchmal bestachelt sind, aus einem tertiären Holz. Fig. 119.

E. Fungi incertae sedis.

Die sog. Gattungen, die hier anzuführen sind, sind teils ausgesprochene Sammelnamen, die in der Absicht aufgestellt wurden, ganz verschiedene, aber nicht genauer einreihbare Pilze zu bezeichnen. Teilweise handelt es sich auch um wohl gekennzeichnete fossile Typen, die sich aber nicht im System der rezenten Pilze unterbringen lassen, entweder weil entscheidende Teile nicht bekannt sind, oder weil sie ganz ausgestorbenen Gruppen angehören.

Palaeomyces Renault. Der Begründer hat diesen Namen für gewisse karbonische Pilze eingeführt, die teilweise später bestimmten Familien zugewiesen werden konnten, so Peronosporites gracilis, der ursprüngliche Typus der Gattung (vgl. S. 114). Unter dem Einfluß von Seward wurde er von einigen späteren Forschern als allgemeiner Sammelname für nicht genauer bestimmte fossile Pilze verwendet. Von den Arten, die zu Palaeomyces gestellt wurden, sind vor allem die aus dem Mitteldevon von Rhynie zu nennen, 6 benannte und 9 weitere, nicht benannte Typen. Die Hyphen sind mit wenigen Ausnahmen ungegliedert. Sie zeigen stellenweise rundliche Anschwellungen und außerdem endständige Dauersporen. Höchstwahrscheinlich handelt es sich um Phycomyceten, vielleicht um Oomyceten. **Pal. Gordoni** Kidst. u. Lang sei als Beispiel genannt. Fig. 120. **Pal. majus** Ren. ist eine keimende Chlamydospore aus dem Karbon mit sehr dicker Membran. **Pal. bacilloides** Ellis, ebenfalls aus dem Karbon, hat zweierlei Hyphen von sehr verschiedener Dicke. Die dünnen konnten scheinbar in Stäbchen zerfallen, die wie Bakterien aussehen. Die Art erinnert an die Saprolegniacee Achlya.

Fungites Hallier ist ebenfalls eine ganz allgemeine Sammelgattung. Wir finden unter diesem Namen holzbewohnende Myzelien, wie **F. jenensis** Hall. aus dem Muschelkalk, aber auch solche, die außen auf Blättern, Blüten und Zweigen sitzen, wie **F. capillaris** Casp. und eine Anzahl anderer aus dem eozänen Bernstein.

Xylomites Unger. Gegen 60 Arten, mit wenigen Ausnahmen blattbewohnende Pilze. Größtenteils wird es sich wohl um Perithezien von Pyrenomyzeten handeln. Die meisten gehören dem Tertiär und der Oberkreide an, doch werden sie auch aus dem Dogger (**Xyl. polaris** Heer) und aus der Obertrias (**Xyl. zamitae** Göpp., **X. clathrophylli** Fliche u. a.), ja sogar aus dem Karbon angeführt. Über „**Xyl.**" **asteriformis** vgl. S. 115.

Caenomyces Berry soll känozoische, auf Blättern lebende Pilze umfassen, deren systematische Stellung nicht zu erkennen ist. Die meisten von ihnen gehören wohl zu den Ascomyzeten. Aus dem Eozän sind etliche solche Reste beschrieben, wie **Caen. sapotae** Berry u. a.

Nyctomyces Hartig. Einige tertiäre, holzbewohnende Myzelien. Teilweise ist ihre Pilznatur fraglich (**Nyct. entoxylinus** Ung. nach Kräusel).

Anthracomyces Ren. Vielfach gabelig verzweigte Myzele, teilweise mit endständigen Konidien. Sie treten in Pflanzenresten und Fischknochen des Karbon und Perm auf. **Anthr. cannallensis** Ren., **A. Rochei** Ren.

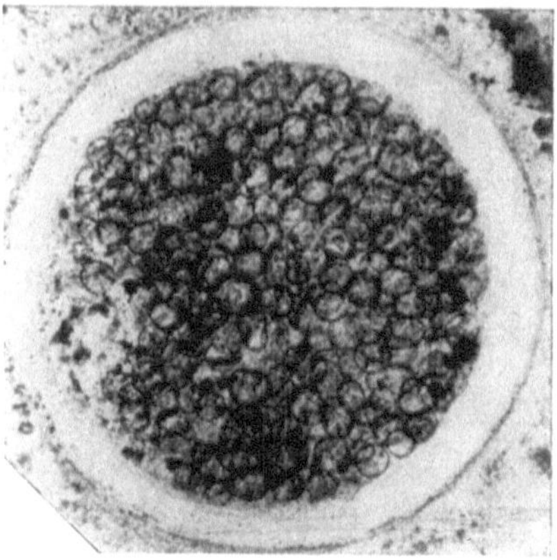

Fig. 120.
Palaeomyces Gordoni var. major Kidst. & Lang. Große Dauerspore, erfüllt von Hyphen und Sporen einer anderen Art. 100 : 1. Mitteldevon. Rhynie, Aberdeenshire, Schottland. (Aus Kidston & Lang, 1921.)

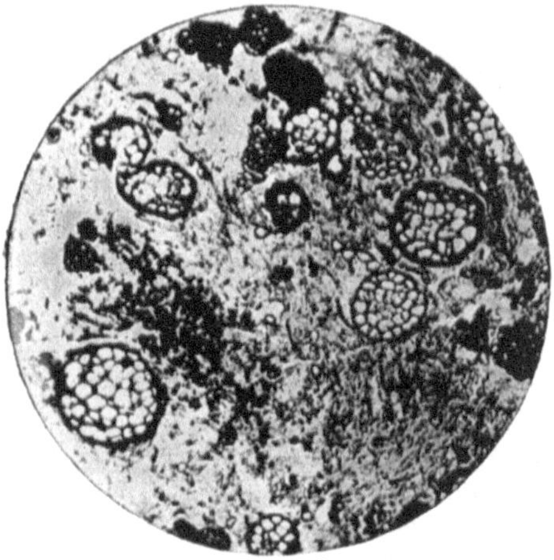

Fig. 121.
Sclerotites brandonianus Jeffrey & Chrysler in einem tertiären Dicotylenholz. 45 : 1. Brandon, Vermont. (Aus Jeffrey & Chrysler, 1906.)

Hyphomycetes stephaniensis Ren. Wenig verzweigte, lange Myzelfäden in karbonischen Hölzern. Der Gattungsname wird von Renault auch für Myzele in rezentem Torf verwendet.

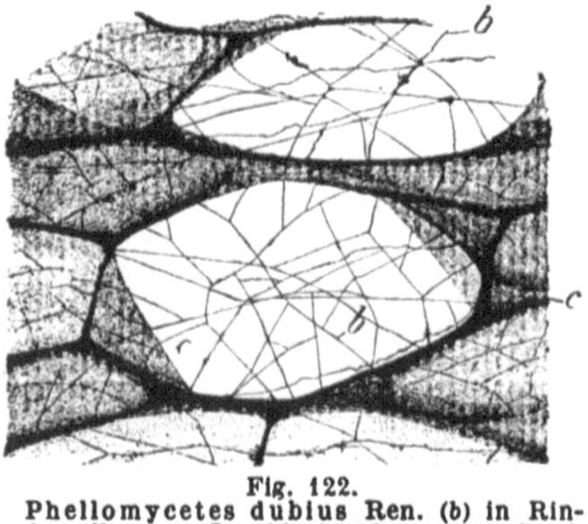

Fig. 122.
Phellomycetes dubius Ren. (b) in Rindenzellen von Lepidodendron (c). Stark vergrößert. Unterkarbon, Dep. Saône et Loire, Frankreich. (Aus Renault, 1896.)

Sclerotites Geinitz. Der Name wäre zweckmäßigerweise auf echte fossile Sklerotien, d. h. feste Geflechte dickwandiger Hyphen, die eine Art Dauerzustand darstellen, zu beschränken. Es gehen unter ihm aber großenteils Perithezien aus der Oberkreide und dem Tertiär. Merkwürdig, aber nicht ohne weiteres deutbar ist **Scl. brandonianus** Jeffr. u. Chrysl., rundliche Massen dickwandiger Zellen in einem tertiären Lignit. Fig. 121.

Himantites alopecurus Deb. und Ett. ist ein eigentümliches, myzelartiges Gebilde auf einem Laubblatt aus der Oberkreide.

Phellomycetes dubius Ren. Äußerst dünne, verzweigte, sterile Myzelfäden im Innneren der Rindenzellen von Lepidodendren. Fig. 122.

Incolaria securiformis Herzer soll eine Myzelmasse sein, die Spalten in der Rinde von Sigillarien erfüllt. Es ist zweifelhaft, ob es sich um eine organische Bildung handelt.

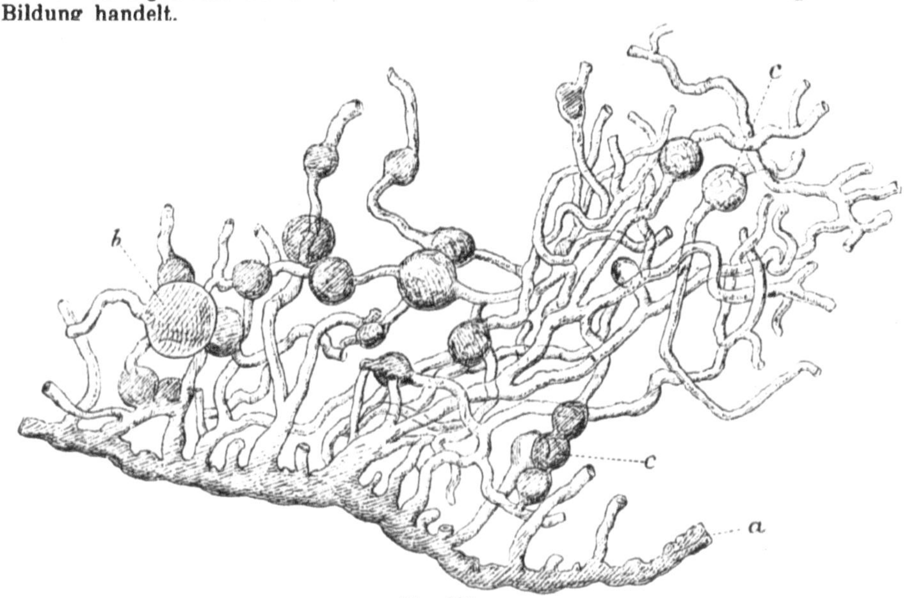

Fig. 123.
Archagoricon bulbosum Hancock & Atthey. Innerer Bau. 60 : 1. *a* = Oberhaut, *b* = endständige Blase, *c* = blasenförmige Erweiterung eines Schlauches. Oberkarbon. Northumberland, England. (Aus Hancock & Atthey.)

Rhizomorphites Göpp. Die Rhizomorphen sind bekanntlich strangartige Dauermyzele verschiedener Pilze. Solche Gebilde werden auch fossil angegeben, wie **Rh. intertextus** Sternbg. spec. aus dem Oberjura, **Rh. sigillariae** Lesqu. spec. aus dem Karbon und **Rh. polymorphus** Matth. spec. aus dem Oberdevon (?). Doch scheint ihre Natur in keinem Falle sicher festzustehen.

Archagaricon Hancock und Attey. Rundliche, mehr oder weniger abgeflachte Körper in karbonischen Schiefern, die heute aus Kieselsäure bestehen dürften. Der innere Bau ist verschieden. In manchen Fällen sieht man Schläuche mit oder ohne blasige Erweiterungen (Fig. 123), in anderen Zellen oder auch eine gleichförmige, strukturlose Masse. Danach wurden 5 Arten unterschieden. Daß es sich um Pilze handelt, scheint ziemlich sicher. Die genauere Deutung steht aber noch aus.

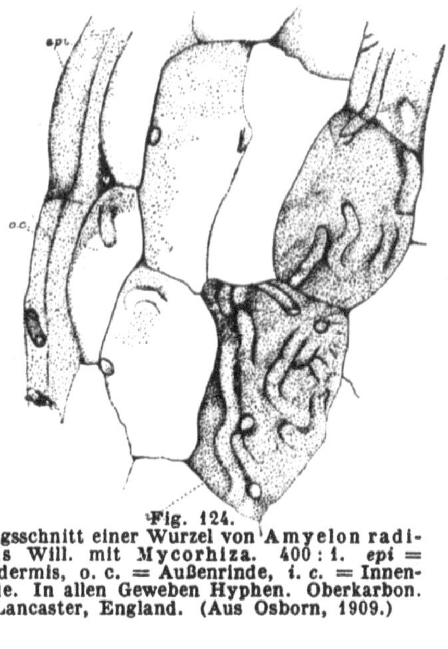

Fig. 124.
Längsschnitt einer Wurzel von Amyelon radicans Will. mit Mycorhiza. 400 : 1. *epi* = Epidermis, o. c. = Außenrinde, *i. c.* = Innenrinde. In allen Geweben Hyphen. Oberkarbon. Lancaster, England. (Aus Osborn, 1909.)

Mykorhizen, d. h. Pilzgeflechte, die mit den Wurzeln höherer Pflanzen in Symbiose leben, sind fossil wiederholt beobachtet worden. Vergl. Fig. 124. Es ist nicht unwahrscheinlich, daß manche der Pilze, die oben unter Palaeomyces erwähnt wurden, als Mykorhizen devonischer Psilophytalen aufzufassen sind. Aus dem Karbon kennt man die Erscheinung von Cordaiten und von noch nicht näher bestimmten, Mycorhizonium Weiss und Radiculites Lignier genannten Pflanzen.

Unbenannte Pilzreste. Aus der großen Menge solcher, die im Schrifttum gelegentlich erwähnt werden, sei nur ein Beispiel herausgegriffen. Die weicheren Gewebe der unter dem Namen Lagenostoma ovoides bekannten karbonischen Samen sind oft dicht durchsetzt von Pilzhyphen. Zusammen mit ihnen kommen zweierlei Sporen vor, die vielleicht auf das Vorhandensein von 2 Arten deuten.

Literatur über fossile Pilze.

Ergänzung zu dem Verzeichnis bei Meschinelli.

Baccarini, P., Sopra alcuni microrganismi del disodile di Melilli (Nota preliminare). Boll. Acc. Gioenia Sc. Nat., H. 64, S. 3, Catania 1900.

Berry, E. W., The upper Cretaceous and Eocene floras of South Carolina and Georgia. U. S. Geol. Surv. Prof. Pap. 84, Washington 1914.

Berry, E. W., »Cretaceous Thallophyta« (vgl. S. 111).

Berry, E. W., The lower Eocene floras of Southeastern North America. U. S. Geol. Surv. Prof. Pap. 91, Washington 1916.

Berry, E. W., Remarkable fossil Fungi. Mycologia, Bd. 8, S. 73, Lancaster 1916.

Berry, E. W., The physical conditions and age indicated by the flora of the Alum Bluff formation. U. S. Geol. Surv. Prof. Pap. 98, S. 41, Washington 1916.

Berry, E. W., Upper Cretaceous floras of the Eastern Gulf region in Tennessee, Mississippi, Alabama, and Georgia. U. S. Geol. Surv. Prof. Pap. 112, Washington 1919.

Cash, W. u. Hick, Th., On fossil Fungi from the lower Coal Mearures of Halifax. Proc. Yorkshire Geol. Soc., Bd. 7, S. 115, Leeds 1879.

Caspary, R., Die Flora des Bernsteins und anderer fossiler Harze des ostpreußischen Tertiärs. Nach dem Nachlasse bearb. v. R. Klebs. Bd. I. Abh. Preuß. Geol. Landesa., N. F., H. 4, Berlin 1906—07.

Cockerell, T. D. A., »Flora of Florissant« (vgl. S. 93).

Cockerell, T. D. A., Descriptions of Tertiary plants, II. Amer. Journ. of Sc., R. 4, Bd. 26, S. 537, New Haven 1908.

Cohn, F., Über den merkwürdigen Steinkohlenpilz Archagaricon. Jahresber. d. Schles. Ges. f. vaterl. Kultur, Bd. 48, 1870, S. 62, Breslau 1871.

Coulter, J. M. u. Land, W. J. G., An American Lepidostrobus. Botan. Gaz., Bd. 51, S. 449, Chicago 1911.

Edwards, W. N., An Eocene Microthyriaceous Fungus from Mull, Scotland. Transact. Brit. Mycolog. Soc., Bd. 8, S. 66, Cambridge 1922.

Ellis, D., »Fossil Micro-organisms« (vgl. S. 34).

Ellis, D., The Jurassic fossil Fungus, Phycomycites Frodinghamii. Geol. Mag., R. 6, Bd. 4, S. 102, London 1917.

Ellis, D., Phycomycetous Fungi from the English lower Coal Measures. Proc. R. Soc. Edinburgh, Bd. 38, S. 130, 1918.

Engelhardt, H. u. Kinkelin, F., Oberpliocäne Flora und Fauna des Untermaintales, insbesondere des Frankfurter Klärbeckens. Abh. Senckenb. Naturf. Ges., Bd. 29, S. 149, Frankfurt a. M. 1908.

Fliche, P., »Trias en Lorraine« (vgl. S. 96).

Fritel, P. H. u. Viguier, R., Sur un champignion des Equisetum fossiles. Revue gén. de Bot., Bd. 21, S. 143, Paris 1909.

Goeppert, H. R. u. Menge, A., Die Flora des Bernsteins und ihre Beziehungen zur Flora der Tertiärformation und der Gegenwart. I. Bd. Herausgegeb. v. d. Naturforsch.-Ges. in Danzig, 1883.

Hallier, E., Mykologische Studien. 1. Über einen fossilen Coniomyceten. Botan. Ztg., Bd. 24, S. 153, Leipzig 1866.
Harz, C. O., Über den Dysodil, vgl. S. 34.
Herzer, H., Un nouveau champignon des couches de houille. Traduit par R. Ferry. Revue Mycolog., Bd. 17, S. 115, Toulouse 1895.
Hollick, A., A new fossil Polypore, Pseudopolyporus carbonicus gen. et sp. nov. Mycologia, Bd. 2, S. 93, Lancaster 1910.
Jeannet, A., Les charbons feuilletés de la vallée de la Linth entre les lacs de Zurich et de Walenstadt. Die diluvialen Schieferkohlen der Schweiz. Beitr. z. Geol. d. Schweiz, Geotechn. Ser., Lfg. 8, S. 106, Bern 1923.
Jeffrey, E. C. u. Chrysler, M. A., The lignites of Brandon. Rep. Vermont State Geologist, Bd. 5, 1905—1906, S. 195, Montpellier 1906.
Kaunhowen, F., Über einige Mikroorganismen der fossilen Brennstoffe. Nach B. Renault. Zeitschr. f. prakt. Geol., Bd. 9, S. 46 u. 97, Berlin 1901.
Kidston, R. u. Lang, W. H., »Old Red Sandstone plants« (vgl. S. 40).
Knowlton, F. H., A catalogue of the Mesozoic and Cenozoic plants of North America. U. S. Geol. Surv. Bull. 696, Washington 1919.
Kräusel, R., Nachträge zur Tertiärflora Schlesiens. I. Jahrb. Preuß. Geol. Landesa. f. 1918, Bd. 39, Tl. I, S. 329, Berlin 1920.
Kräusel, R. u. Stromer, E., »Fossile Floren Ägyptens« (vgl. S. 104).
Laurent, L. u. Marty, P., Flore foliaire pliocène des argilles de Reuver et des gisements synchroniques voisins (Limbourg hollandais). Mededeel. v. s'Rijks geolog. Dienst, Ser. B., Nr. 1, Leiden 1923.
Lignier, O., Radiculites reticulatus, radicelle fossile de Sequoinée. Bull. Soc. Bot. de France, Bd. 53, S. 193, Paris 1906.
Magnus, P., Ein von F. W. Oliver nachgewiesener fossiler parasitischer Pilz. Ber. d. Deutsch. Bot. Ges., Bd. 21, S. 248, Berlin 1903.
Matthew, G. F. On some new species of Silurian and Devonian plants. Proc. and Transact. R. Soc. Canada, R. 3, Bd. 1, Sect. 4, S. 185, Ottawa 1907.
Meschinelli, A., »Fungorum fossilium iconographia« (vgl. S. 34).
Moodie, R. L., »Paleopathology« (vgl. S. 34).
Murr, J., Neue Übersicht über die fossile Flora der Höttinger Breccie. Jahrb. Geol. Bundesanst., Wien, Bd. 76, 1926, S. 153.
Nathorst, A. G., Über Trias- und Jurapflanzen von der Insel Kotelny. Result. scient. de l'Expéd. Polaire Russe 1900—1903, Sect. C: Géol. et Pal., livr. 2; Mém. Acad. Sc. St.-Pétersb., R. 8, Bd. 21, H. 2, St. Petersburg 1907.
Nathorst, A. G., Tertiäre Pflanzenreste aus Ellesmere Land. Rep. 2nd Norweg. Arctic Exped. in the »Fram« 1898—1902, Nr. 35, Kristiania 1915.
Oliver, F. W., Notes on fossil Fungi. New Phytologist, Bd. 2, S. 49, London 1903.
Osborn, T. G. B., The lateral roots of Amyelon radicans, Will. and their Mycorhiza. Ann. of Bot., Bd. 23, S. 603, London 1909.
Pampaloni, L., Microflora e Microfauna nel disodile di Melilli in Sicilia. Atti Acc. Lincei, Anno 299, 1902, Ser. 5, Rendic., Classe Sc. fis. etc., Bd. 11, Sem. 2, S. 248, Roma 1902.
Pampaloni, L., I resti organici nel disodile di Melilli in Sicilla. Palaeont. Ital., Bd. 8, S. 121, Pisa 1902.
Pax, F., Beiträge zur fossilen Flora der Karpathen. A. Englers Botan. Jahrb., Bd. 38, S. 272, Leipzig 1906.
Platen, P., Untersuchungen fossiler Hölzer aus dem Westen der Vereinigten Staaten von Nordamerika. Sitzungsber. Naturf.-Ges., Leipzig, Bd. 34, 1907, S. 1, Leipzig 1908.
Prankerd, Th. L., On the structure of the Palaeozoic seed Lagenostoma ovoides, Will. Journ. Linn. Soc., Bot., Bd. 40, S. 461, London 1912.
Renault, B., Sur la constitution des lignites. Le Naturaliste, Bd. 20, S. 221, Paris 1898.

Renault, B., »Microorganismes des combustibles« (vgl. S. 34).
Renault, B., Sur quelques nouveaux Champignons et Algues fossiles, de l'époque houillère. Comptes Rend. Ac. des Sc., Bd. 136, S. 904, Paris 1903.
Rytz, W., Die Pflanzenwelt der Schieferkohlen von Gondiswil-Zell. Die diluvialen Schieferkohlen der Schweiz. Beitr. z. Geol. d. Schweiz, Geotechn. Ser., Lfg. 8, S. 79, Bern 1923.
Salmon, E. S., Cercosporites spec., a new fossil Fungus. Journ. of Bot., Bd. 41, S. 127, London 1903.
Schuster, J., Zur Kenntnis der Flora der Saarbrücker Schichten und des pfälzischen Oberrotliegenden. Geogn. Jahresh., Bd. 20, 1907, S. 183, München 1908.
Schuster, J., Paläobotanische Notizen aus Bayern. 6. Ein neuer Pilz aus der interglazialen Schieferkohle. Ber. Bayer. Bot. Ges., Bd. 12, München 1909—1910, S. 56.
Schuster, J., Weltrichia und die Bennettitales. K. Svenska Vetensk. Akad. Handl., Bd. 46, Nr. 11, Stockholm u. Upsala 1911.
Scott, D. H., The present position of Paleozoic Botany. Progr. Rei Botan., Bd. 1, S. 139, Jena 1907.
Seward, A. C., »Fossil plants« (vgl. S. 30).
Staub, M., Die aquitanische Flora des Zsilthales im Comitate Hunyad. Mitt. aus d. Jahrb. d. Ung. Geol. Anstalt, Bd. 7, H. 6, S. 221, Budapest 1887.
Stopes, M. C. u. Fujii, K., Studies on the structure and affinities of Cretaceous plants. Philos. Transact. R. Soc. London, Ser. B., Bd. 201, S. 1, 1911.
Suzuki, Y., On the structure and affinities of two new Conifers and a new Fungus from the upper Cretaceous of Hokkaido (Yezo). Botan. Mag., Bd. 24, S. 181, Tokyo 1910.
Tuzson, J., Monographie der fossilen Pflanzenreste der Balatonseegegend. Result. d. wiss. Erforsch. d. Balatonsees, I. Bd., I. Tl., Anhang: Palaeontologie, Bd. 4, Wien 1911, Nr. 1.
Weiß, F. E., A probable parasite of Stigmarian rootlets. New Phytologist, Bd. 3, S. 63, London 1904.
Weiß, F. E., A Mycorhiza from the lower Coal-Measures. Ann. of Bot., Bd. 18, S. 255, London 1904.

XIV. Lichenes.

Fig. 125.
Cetraria spec. 2,5 : 1. Eozän. Ostpreußischer Bernstein.
(Aus Caspary, 1907.)

Fossile Flechtenreste sind außerordentlich selten. Hauptsächlich wird dieser Umstand wohl dadurch verursacht, daß fast alle Lichenen nach dem Tode äußerst rasch zerfallen. Die angeblichen Flechtenreste aus dem Paläozoikum werden heute meist nicht mehr anerkannt. Erwähnenswert — aber ebenfalls recht zweifelhaft — ist höchstens Rhizomorpha lichenoides Matth. aus Schichten von angeblich unterdevonischem, in Wirklichkeit wohl eher karbonischem Alter. Im Keuper soll ein Ramalinites lacerus Braun auftreten, von dem aber nicht mehr als der Name bekannt ist. Aus der Oberkreide und dem Alttertiär wird mehrfach die Gattung Opegrapha Humb. oder Opegraphites Debey angegeben. Die Apothezien dieser Flechte könnten in guten Abdrücken wohl kenntlich sein. Freilich können Hysteriaceen recht ähnlich aussehen. Aus dem Bernstein ist eine ganze Reihe von Genera genannt worden. Nach Caspary handelt es sich aber meist um unbestimmbare Reste. Nur die Gattungen Cladonia Wainio und Cetraria Achar. können als sicher nachgewiesen gelten. Fig. 125. Endlich sind auch aus Braunkohlenflözen wiederholt fossile Lichenen angeführt worden. Auf sie kann hier eben so wenig wie auf die subfossilen Flechten eingegangen werden.

Literatur über fossile Flechten.

Braun, F., Beiträge zur Urgeschichte der Pflanzen. G. Graf zu Münsters Beitr. z. Petrefacten-Kunde, H. 6, S. 1, Bayreuth 1843.

Caspary, R., »Flora des Bernsteins« (vgl. S. 128).

Debey, M. H. u. Ettingshausen, C. Ritt. v., Die urweltlichen Thallophyten des Kreidegebirges von Aachen und Maestricht. Denkschr. Ak. Wiss., Wien, Math.-nat. Kl., Bd. 16, 1858, S. 131, Wien 1859.

Göppert, H. R., Übersicht der fossilen Flora Schlesiens. F. Wimmer, Flora von Schlesien preußischen und österreichischen Antheils, 2. Aufl., 2. Bd., S. 157, Breslau 1844.

Göppert, H. R., Über die Braunkohlenflora des nordöstlichen Deutschlands. Zeitschr. d. Deutsch. Geol. Ges., Bd. 4, 1852, S. 484, Berlin 1852.

Göppert, H. R. u. Berendt, G. C., Der Bernstein und die in ihm befindlichen Pflanzenreste der Vorwelt. G. C. Berendt, Die im Bernstein befindlichen organischen Reste der Vorwelt usw., I. Bd., 1. Abth., Berlin 1845.

Krempelhuber, A. v., Geschichte und Litteratur der Lichenologie von den ältesten Zeiten bis zum Schlusse des Jahres 1865. 2 Bd., München 1867—1869.

Lesquereux, L., Contributions to the fossil flora of the Western Territories. Part. II. The Tertiary flora. Report U. S. Geol. Surv. of the Territories, Bd. 7, Washington 1878.

Matthew, G. F., „Silurian and Devonian plants" 1907. Vgl. S. 129.

Sernander, R., Subfossile Flechten. Flora, Bd. 111 u. 112, Festschr. f. E. Stahl, S. 703, Jena 1918.

XV. In Schalen und Steinen bohrende Pilze oder Algen.

Angeblich sollen sowohl Algen als Pilze in mineralischen Massen Bohrgänge erzeugen. Es ist aber unmöglich, die beschriebenen Arten auf Grund des Schrifttumes allein halbwegs sicher aufzuteilen. Ich hielt es deshalb für das beste, anhangsweise einige Beispiele solcher bohrender Thallophyten anzuführen. Über heutige Vertreter dieses Anpassungstypus vergleiche man die Zusammenstellung bei Oltmanns, ferner etwa noch die unten genannten Arbeiten von Bornemann, Cayeux, Chodat, Duncan, Jehu, Kölliker, Tilden.

Achlyites penetrans Duncan spec. ist ein Sammelname für lange, verzweigte Gänge, die in rezenten und tertiären Korallen- und Foraminiferenskeletten auftreten. Manche begreifen auch paläozoische Bohrgänge unter demselben Namen, doch war dies offenbar nicht die Absicht Duncans. Man zieht sie besser zu der nächsten Gattung.

Palaeachlya Duncan. Es dürfte sich empfehlen, diesen Namen auf paläozoische Bohrgänge zu beschränken, die äußerlich Achlyites penetrans ähnlich sind. Dunkle Körner in den Kanälen oder ihren erweiterten Enden werden als Sporen gedeutet. Nach dem Verlauf und den Größenverhältnissen der Kanäle unterscheidet man einige Arten, so **Pal. perforans** Dunc. aus Korallen des Silur und Devon, **Pal. tortuosa** Ether. aus dem Permokarbon, **Pal. torquis** Eth. aus dem Devon. **Pal. tuberosa** Chapm. aus dem Miozän wäre vielleicht besser an Achlyites anzuschließen.

Palaeoperone endophytica Ether., Permokarbon. Längliche, ziemlich gerade Hohlräume in einer Koralle, die auf der einen Seite zugespitzt, auf der anderen etwas kugelig erweitert sind. Sie werden als Sporangien aufgefaßt, enthielten in einem Fall auch sporenähnliche Körnchen. Die Verbindung mit einem vegetativen Körper ist nicht bekannt. Fig. 126.

Palaeopede Whiteleggei Ether. Gabelig verzweigte Ketten länglichrunder Zellen in einer devonischen Koralle. Hie und da ist eine Zelle vergrößert und dunkler gefärbt. Das ganze Bild erinnert sehr an Spaltalgenfäden mit Grenzzellen. Fig. 127. (Der Vergleich, den Etheridge mit Nostocaceen aus Süßwasserkalkknollen zieht, beruht freilich auf einem Irrtum, denn bei diesen handelt es sich ja nicht um angebohrte Gerölle, sondern um Kalkfällung durch die Algen.)

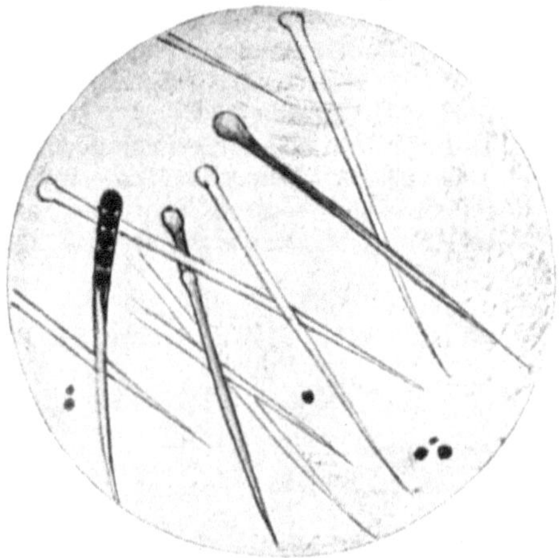

Fig. 126.
Palaeoperone endophytica Ether. in Stenopora crinita. Permokarbon. Wollongong, New South Wales. Stark vergrößert. (Aus Etheridge, 1891.)

Fig. 127.
Palaeopede Whiteleggei Ether. in Favosites aus dem Devon. 170 : 1. Tamworth District, N. S. Wales. (Aus Etheridge, 1899.)

Stichus mermisoides Ether. Gerade Reihen rundlicher, sehr kleiner Hohlräume, die manchmal sternähnliche Erweiterungen aussenden. Die Art fand sich in einer Bivalvenschale aus der Kreide.

Peronosporites Worth. Sm. Diese Gattung wurde schon oben bei den Phykomyzeten besprochen. Es sind aber unter ihrem Namen auch 3 Arten von Thallophyten beschrieben worden, die in Schalen von Meerestieren des Silur bohrten. Von Palaeachlya unterscheiden sie sich dadurch, daß die Röhrchen am Ende oder auch in ihrem Verlauf starke rundliche Anschwellungen aufweisen. Fig. 128. Es mag sich wohl um einen Phykomyzeten handeln. Die Zurechnung zu Peronosporites erscheint in Anbetracht der verschiedenen Lebensweise nicht glücklich. Es wäre besser, eine eigene Gattung aufzustellen.

Mycelites ossifragus Roux, der in Knochen reich verästelte Gänge bildet, wird nicht nur aus rezenten, sondern auch aus verschiedenen fossilen Resten zurück bis in die Mitteltrias angegeben. Es handelt sich zweifellos um eine Sammelart. Fig. 129.

Chaetophorites gomontoides Pratje kommt in verschiedenen fossilen Schalen des Lias vor. Es sind Gänge, die sich vorwiegend parallel zur Oberfläche verzweigen. Kugelige Anschwellungen sind vielleicht Sporangien. Das Fossil wird als Alge gedeutet. (Der Name ist übrigens nicht richtig gebildet, da er die Möglichkeit ausdrücken würde, daß die Gattung Chaetophora selbst vorliegt.)

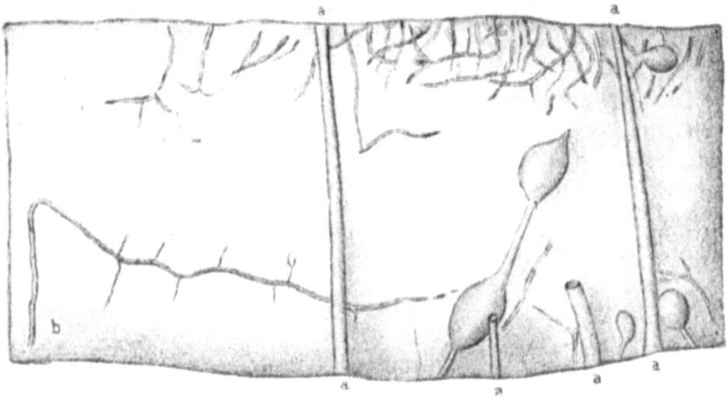

Fig. 128.
Peronosporites ramosus Loomis in einer Brachiopodonschale. 150 : 1. Silur. Rochester, New York. (Aus Loomis, 1900.) Die Poren *a* gehören zur ursprünglichen Struktur der Schale. *b* = ein Bohrgang.

Girvanella Nich. u. Ether. Wie wir auf S. 38 sahen, sind die eigentlichen Girvanellen wohl sicher kalkabscheidende Algen. Es dürften unter diesem Namen aber auch durch Pflanzen erzeugte Bohrgänge in Oolithkörnern mit verstanden worden seien.

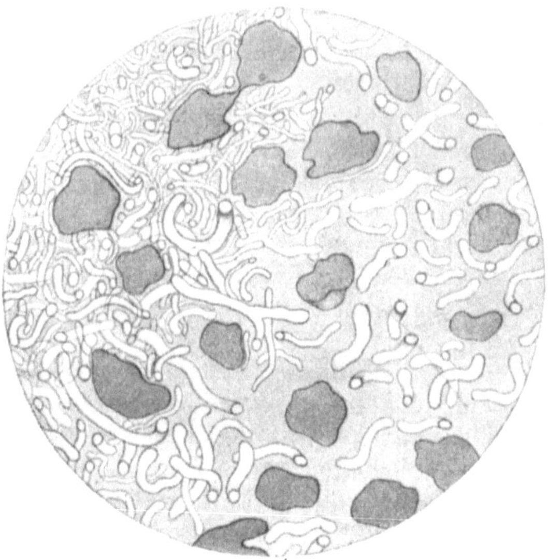

Fig. 129.
Mycelites ossifragus Roux in einem Wirbel von Lamna. Schliff. 480 : 1. Oberkreide. Strehlen b. Dresden, Sachsen. (Aus Roux, 1887.)

Literatur über bohrende Pilze und Algen.

Bornemann, J. G., »Algenstudien« (vgl. S. 40).

Cayeux, L., »Girvanella« (vgl. S. 40).

Cayeux, L., »Roches sédimentaires« (vgl. S. 29).

Chapman, F., Foraminifera, Ostracoda, and parasitic Fungi from the Kainozoic limestones of Cyrenaica, Quart. Journ. Geol. Soc., London, Bd. 67, 1911, S. 654.

Chapman, F., »King Island« (vgl. S. 103).

Chapman, F., Descriptions of new and rare fossils obtained by deep boring in the Mallee. Part I. Plantae; and Rhizopoda to Brachiopoda. Proc. R. Soc. Victoria, N. R., Bd. 26, S. 165, Melbourne 1913.

Chodat, R. J., Algues incrustantes et perforantes. Arch. d. Sc. phys. et nat., R. 4, Bd. 3, S. 512, Genève 1897.

Duncan, P. M., On some unicellular Algae parasitic within Silurian and Tertiary Corals, with a notice on their presence in Calceola sandalina and other fossils. Quart. Journ. Geol. Soc., London, Bd. 32, S. 205, London 1876.

Duncan, M., On some Thallophytes parasitic within recent Madreproraria. Proc. R. Soc., London, Bd. 25, 1876—1877, S. 238.

Etheridge, R., On the occurence of microscopic Fungi, allied to the genus Palaeachlya, Duncan, in the Permo-Carboniferous rocks of N. S. Wales and Queensland. Rec. Geol. Surv. N. S. Wales, Bd. 2, S. 95, Sydney 1891.

Etheridge, R., On two additional perforating bodies, believed to be Thallophytic Cryptogams, from lower Palaeozoic rocks of N. S. Wales. Rec. Austral. Mus., Bd. 3, S. 121, Sydney 1899.

Etheridge, R., An endophyte (Stichus mermisoides) occuring in the test of a Cretaceous Bivalve. Rec. Austral. Mus., Bd. 5, S. 255, Sydney 1904.

Hayes, A. O., Wabana iron ore of Newfoundland. Canada Geol. Surv., Memoir 78 = Geol. Ser. Nr. 66, Ottawa 1915.

Jehu, J., Rock-boring organisms as agents in coast erosion. Scott. Geogr. Mag., Bd. 34, S. 1, Edinburgh 1918.

Kölliker, A., Über das ausgebreitete Vorkommen von pflanzl. Parasiten in den Hartgebilden niederer Thiere. Zeitschr. f. wissensch. Zool., Bd. 10, S. 215, Leipzig 1860.

Loomis, F. B., Siluric Fungi from Western New York. Bull. New York State Mus., Nr. 39, Bd. 8, S. 223, Albany 1900.

Oltmanns, F., Morphologie und Biologie der Algen. 3. Bd., 2. Aufl., Leipzig 1923.

Pratje, O., Fossile kalkbohrende Algen (Chaetophorites gomontoides) in Liaskalken. Centralbl. f. Min. usw., 1922, S. 299.

Roux, W., Über eine in Knochen lebende Gruppe von Fadenpilzen (Mycelites ossifragus). Zeitschr. f. wissensch. Zool., Bd. 45, S. 227, Leipzig 1887.

Tilden, J. E., Some new species of Minnesota Algae wich live in a calcareous or siliceous matrix. Botan. Gaz., Bd. 23, S. 95, Chicago 1897.

Übersicht der bisher nachgewiesenen geologischen Verbreitung von Thallophyten-Gruppen.

Punktierte Linien wurden in der Tabelle dort angewendet, wo ein besonders starker Zweifel ausgedrückt werden sollte.

Kennzeichnend für die Geschichte der Thallophyten, so weit sie durch Fossilien belegt ist, sind besonders zwei Eigenheiten:

Man kennt verhältnismäßig sehr wenige ausgestorbene Familien. Wir zählen in der Tabelle nur 5 gegenüber etwa 68 heute noch lebenden. Einige weitere verbergen sich allerdings sicher unter den Algae et Fungi incertae sedis.

Bekanntlich ist es eine der merkwürdigsten Erscheinungen der Paläozoologie, daß eine große Zahl hochorganisierter Tierklassen fast gleichzeitig am Beginn der geologischen Zeit auftritt. Man schließt daraus, daß schon weit ins Archaicum hinein Tiere lebten, von denen uns nichts erhalten ist. Die Thallophyten und die Pflanzen überhaupt verhalten sich anders. Ihre bisher bekannten Reste würden der Vorstellung nicht widersprechen, daß sich die ganze Entfaltung des Pflanzenreiches — mit Ausnahme der allerersten Entwicklungsstufen — innerhalb der geologischen Zeit abgespielt hat. Wir treffen im Algonk nur Spaltpflanzenreste. Im Kambrium herrschen diese noch vor. Zu ihnen kommen die Flagellaten. Im Ordovizium erscheinen die Grünalgen und Rotalgen, im Silur die Braunalgen und die Pilze (sowie die ersten Cormophyten), im Devon die Charophyten. Die jüngsten Algenklassen scheinen die Peridineen und Diatomeen zu sein.

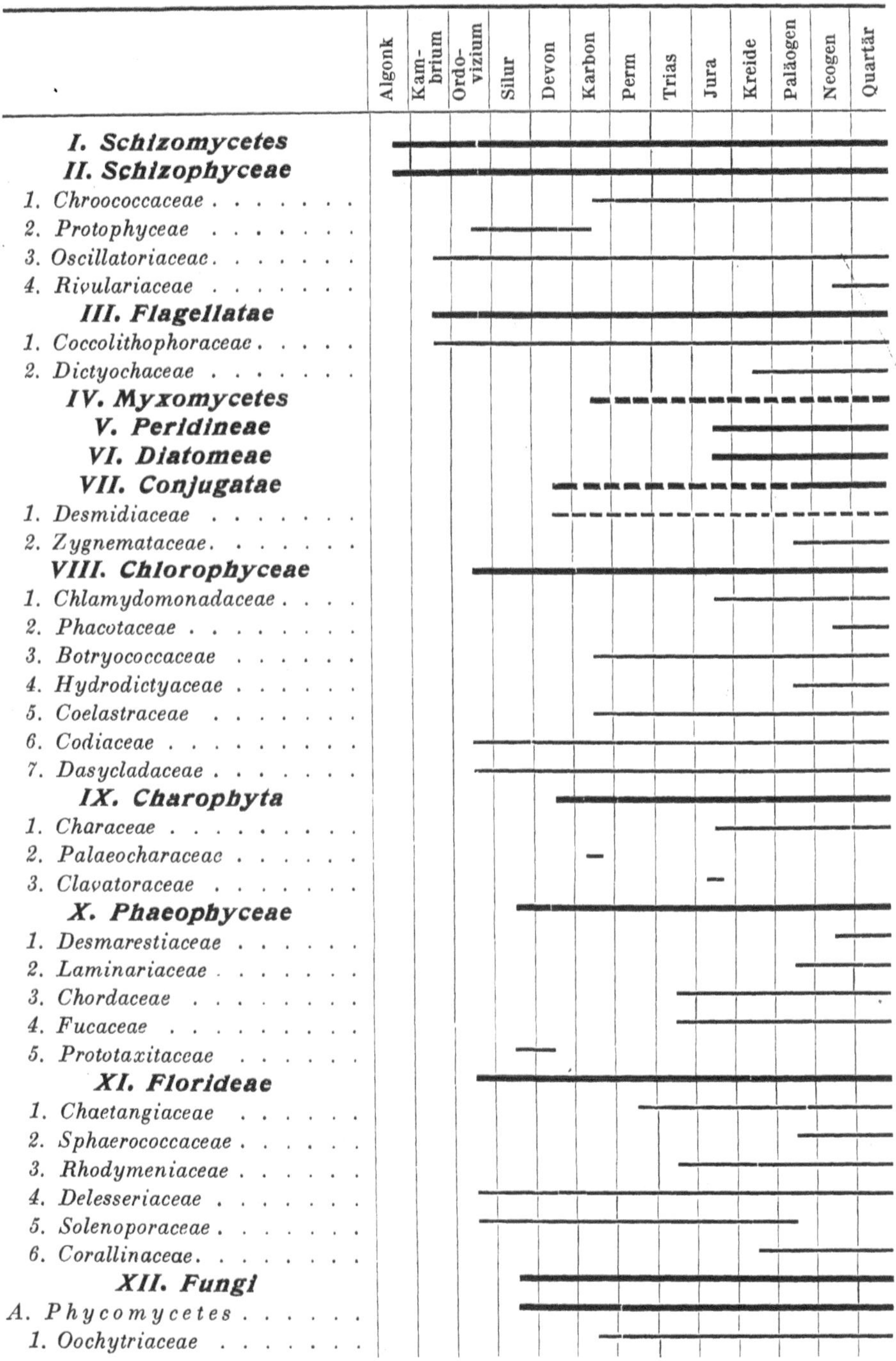
Algonk
Kam-brium
Ordo-vizium
Silur
Devon
Karbon
Perm
Trias
Jura
Kreide
Paläogen
Neogen
Quartär
I. Schizomycetes
II. Schizophyceae
1. Chroococcaceae
2. Protophyceae
3. Oscillatoriaceae
4. Rivulariaceae
III. Flagellatae
1. Coccolithophoraceae
2. Dictyochaceae
IV. Myxomycetes
V. Peridineae
VI. Diatomeae
VII. Conjugatae
1. Desmidiaceae
2. Zygnemataceae
VIII. Chlorophyceae
1. Chlamydomonadaceae
2. Phacotaceae
3. Botryococcaceae
4. Hydrodictyaceae
5. Coelastraceae
6. Codiaceae
7. Dasycladaceae
IX. Charophyta
1. Characeae
2. Palaeocharaceae
3. Clavatoraceae
X. Phaeophyceae
1. Desmarestiaceae
2. Laminariaceae
3. Chordaceae
4. Fucaceae
5. Prototaxitaceae
XI. Florideae
1. Chaetangiaceae
2. Sphaerococcaceae
3. Rhodymeniaceae
4. Delesseriaceae
5. Solenoporaceae
6. Corallinaceae
XII. Fungi
A. Phycomycetes
1. Oochytriaceae

	Algonk	Kambrium	Ordovizium	Silur	Devon	Karbon	Perm	Trias	Jura	Kreide	Paläogen	Neogen	Quartär
2. *Pythiaceae*												—	—
3. *Peronosporaceae*						—	—	—	—	—	—	—	—
4. *Mucoraceae*						- -	- -	- -	- -	- -	- -	- -	- -
B. *Ascomycetes*					- -	—	—	—	—	—	—	—	—
1. *Protomycetaceae*						—	—	—	—	—	—	—	—
2. *Erysiphaceae*											- -	- -	- -
3. *Perisporiaceae*											- -	- -	- -
4. *Microthyriaceae*								—	—	—	—	—	—
5. *Aspergillaceae*											—	—	—
6. *Hysteriaceae*					- -	- -	- -	- -	- -	- -	- -	- -	- -
7. *Phacidiaceae*										- -	- -	- -	- -
8. *Stictidaceae*												- -	- -
9. *Pezizaceae*											- -	- -	- -
10 *Cenangiaceae*												- -	- -
11. *Hypocreaceae*												—	—
12. *Dothideaceae*											- -	- -	- -
13. *Chaetomiaceae*												—	—
14. *Sordariaceae*												—	—
15. *Sphaeriaceae*						- -	- -	- -	- -	—	—	—	—
16. *Amphisphaeriaceae*											—	—	—
17. *Mycosphaerellaceae*													—
18. *Pleosporaceae*										—	—	—	—
19. *Xylariaceae*													—
C. *Basidiomycetes*						- -	- -	- -	- -	—	—	—	—
1. *Tilletiaceae*													—
2. *Coleosporiaceae*													—
3. *Pucciniaceae*						- -	- -	- -	- -	—	—	—	—
4. *Hypochnaceae*											—	—	—
5. *Clavariaceae*													- -
6. *Hydnaceae*												—	—
7. *Polyporaceae*						- -	- -	- -	- -	—	—	—	—
8. *Agaricaceae*												—	—
9. *Lycoperdaceae*												- -	- -
D. *Fungi imperfecti*						- -	—	—	—	—	—	—	—
1. *Sphaerioidaceae*						- -	- -	- -	- -	- -	- -	- -	- -
2. *Excipulaceae*						- -	- -	- -	- -	- -	- -	- -	- -
3. *Melanconiaceae*												—	—
4. *Mucedinaceae*							—	—	—	—	—	—	—
5. *Dematiaceae*									—	—	—	—	—
6. *Stilbaceae*											—	—	—
7. *Tuberculariaceae*												—	—
XIII. Lichenes						- -	- -	- -	- -	- -	- -	- -	- -
1. *Graphidaceae*										- -	- -	- -	- -
2. *Cladoniaceae*											—	—	—
3. *Parmeliaceae*											—	—	—

2. Abteilung: Bryophyta

bearbeitet von

WILHELM TROLL.

Die Bryophyten haben ebenso wie die nachfolgend zu behandelnden Pteridophyten einen ausgeprägten antithetischen Generationswechsel, d. h. es wechselt bei ihnen eine haploide geschlechtliche Generation mit einer diploiden ungeschlechtlichen regelmäßig ab, wobei beide Generationen morphologisch wohl unterschieden sind. Die geschlechtliche Generation oder der Gametophyt erzeugt die Geschlechtsorgane oder Gametangien, in denen die Geschlechtszellen (Gameten) gebildet werden: als Eizelle und biciliate Spermatozoiden. Die ungeschlechtliche Generation oder der Sporophyt dagegen erzeugt einzellige Sporen, d. s. ungeschlechtliche Keimzellen, aus denen der Gametophyt hervorgeht.

Im Gegensatz zu den Pteridophyten stellt bei den Bryophyten der haploide Gametophyt die in vegetativer Hinsicht wesentlich kräftiger entwickelte Generation dar, deren Vegetationskörper bei den niedrigeren Formen thallos ist, bei den höher stehenden dagegen bereits eine deutliche Gliederung in Sproß und Blätter aufweist. Von den Thallophyten unterscheiden sich die Bryophyten vor allem durch den eigenartigen Bau ihrer Gametangien, der Antheridien und Archegonien, die in ähnlicher Ausbildung auch bei den Pteridophyten wiederkehren, weshalb man beide Klassen auch unter der gemeinsamen Bezeichnung Archegoniaten zusammenfaßt.

Die Entwicklung der Spore zum Gametophyten verläuft bei den Bryophyten indirekt (heteroblastische Keimung). Die Spore treibt zunächst einen faden- oder flächenförmigen Vorkeim (Protonema). An diesem erst treten besondere Knospen auf, aus welchen der ganz anders gestaltete Gametophyt, die Moospflanze, hervorkeimt. Die ungeschlechtliche Generation, der Sporophyt, den man seit Sachs auch als Sporogonium bezeichnet (die »Moosfrucht« der älteren Botaniker), entsteht aus der befruchteten Eizelle im Archegonium und bleibt zeitlebens auf dem Gametophyten sitzen, auf dessen Kosten er ein halbparasitäres Dasein führt. Damit steht seine geringe Gliederung in Zusammenhang, vor allem der vollkommene Mangel von Blättern oder blattartigen Emergenzen. Er besteht in den meisten Fällen aus dem sog. Fuß, d. i.

das angeschwollene basale Ende, womit er im Gametophyten verankert ist, der sog. Seta, einer stielartigen Achse und der Kapsel, in welcher die Sporen gebildet werden.

Die Bryophyten umfassen die Lebermoose (Hepaticae) und die Laubmoose (Musci). Beide Gruppen sind, sowohl was den Bau des Gametophyten als den des Sporophyten betrifft, in charakteristischer Weise voneinander verschieden.

Unsere Kenntnisse über die geologische Geschichte der Bryophyten sind sehr dürftig, was verständlich ist bei der Zartheit dieser Pflanzen, aber überraschen muß, wenn man bedenkt, daß diese Organismen gewöhnlich in Massenvegetation und mitunter ausgedehnten Polstern auftreten. Immerhin werden die Moose z. B. im Torf ausgezeichnet konserviert und erhalten sich darin ziemlich lange in leicht kenntlichem Zustand. Man sollte demnach erwarten, daß sich Spuren von ihnen auch in den Torfdolomiten (Coal balls) der Steinkohlenflöze in größerer Zahl erhalten haben; doch ist hier bisher nichts von Moosen nachgewiesen worden. Bis vor kurzem waren vielmehr aus dem gesamten Palaeozoikum fossile Moose nicht mit Sicherheit festgestellt; nur Reste, die äußerlich an rezente Laubmoose erinnern, aber keine irgendwie sichere Klassifikation erlauben, sind beschrieben worden. Erst in der allerletzten Zeit sind einwandfrei Bryophyten, und zwar Lebermoose, im mittleren produktiven Karbon nachgewiesen worden.

I. Hepaticae, Lebermoose.

Der Gametophyt der Lebermoose tritt sowohl als blattloser Thallus wie als beblätterter Sproß auf, ist aber im allgemeinen nicht so hoch organisiert wie der Gametophyt der Laubmoose. Namentlich die anatomische Differenzierung steht auf einer sehr niederen Stufe, mit Ausnahme vieler Marchantiaceen, deren Thallus ein kompliziertes Luftkammersystem aufweist. Hinsichtlich der Symmetrieverhältnisse herrscht große Einheitlichkeit, insoferne als der dorsiventrale Typus und damit der plagiotrope Wuchs der Sprosse weitaus überwiegt.

Die äußere Gliederung der thallosen Formen besteht zumeist in dem Auftreten einzelliger Rhizoiden und sog. Ventralschuppen (bei den Marchantiales). Die Verzweigung des Thallus folgt vorzüglich dem lateralen Typus und ist dichotomisch. Die Gabelung des Thallus geschieht in der Weise, daß sich der Scheitel unter Einschaltung des sog. Mittellappens teilt. Übergänge von dichotomischer zu monopodialer Verzweigung finden sich reichlich. Es kommt aber auch zu ventraler Verzweigung und im Gefolge davon zu einer oft erstaunlich hohen Differenzierung in »Wurzel-« und Assimilationssprosse.

Die beblätterten (foliosen) Formen sind durch Übergangsbildungen mit den thallosen verbunden. Im typischen Falle sind drei Blattzeilen vorhanden, zwei seitliche (Seitenblätter) und eine ventrale (Amphigastrien). Diese kann fehlen, so daß das Stämmchen nur zweizeilig beblättert ist. Die Amphigastrien sind kleiner als die Seitenblätter, aber stets symmetrisch, während die Seitenblätter asymmetrisch gebildet sind. Vielfach sind diese in einen Ober- und Unterlappen gegliedert. Letzterer wird in manchen Fällen zu einem Wassersack umgestaltet.

Für den Sporophyten der Lebermoose ist allgemein charakteristisch, daß die Entwicklung der Kapsel der des Stieles vorangeht, d. h. sie ist eher fertig als der Stiel, der dementsprechend auch nur eine sehr kurze Lebensdauer hat.

In systematischer Hinsicht zerfallen die Lebermoose in drei Ordnungen, die Anthocerotales, die Marchantiales und die Jungermanniales. Die beiden ersteren enthalten nur thallose Formen; die Jungermanniales teilt man weiter auf Grund der Stellung der Archegonien ein in zwei Gruppen, die Anacrogynae (Archegonien auf dem Rücken des Thallus) und die Acrogynae, welch letztere mit scheitelständigen Archegonien sich aus den anacrogynen Formen ableiten. Was die Gestaltung des Gametophyten anlangt, so vermitteln die Anacrogynae den Übergang von den thallosen zu den foliosen Lebermoosen.

Fossil treten die Hepaticae, wie oben bemerkt, erstmals im mittleren Produktiven Karbon auf, reichen also bis ins Palaeozoikum zurück. Die bedeutsamsten Funde haben Wills und Walton (12) beschrieben. Es handelt sich dabei trotz des Fehlens der ungeschlechtlichen Generation um unzweifelhafte Lebermoosreste von zum Teil so vortrefflicher Erhaltung, daß man daran die Zellstruktur, Rhizoiden usw. gut unterscheiden kann. Walton beschreibt sie unter dem Genusnamen Hepaticites gen. nov.; die von Račiborski geprägte Bezeichnung Palaeohepatica und Saportas Genus Jungermannites sind nicht anwendbar, weil sich die eine auf recht umstrittene Reste bezieht, mit Jungermannites aber schon eine bestimmt umgrenzte Verwandtschaft bezeichnet ist[1]).

Hepaticites Walton.

Die in dieser Gattung zusammengefaßten Arten gehören zum Teil dem thallosen, zum Teil dem foliosen Typ an.

a) Thallose Reste. Hier haben wir es mit Riccia- oder Marchantia-ähnlichen Formen zu tun, von denen besonders Beachtung verdient:

H. Willsi Walton[2]) (Fig. 130 u. 131). Die Verzweigung des Thallus ist rein dichotomisch und scheint, wie bei den rezenten Marchantiales, nur in einer Ebene (lateral) erfolgt zu sein. In Fig. 131 ist ein Thallusende wieder-

---

[1]) Kidston (6, auch 5) erwähnt aus dem Unterkarbon von Berwickshire ebenfalls zwei Lebermoose, die er als Marchantites beschreibt und von denen er sagt, daß ihre Übereinstimmung mit rezenten Lebermoosen sehr groß ist.

[2]) Staffordian Series der Upper Coal Measures von Staffordshire.

Fig. 131.

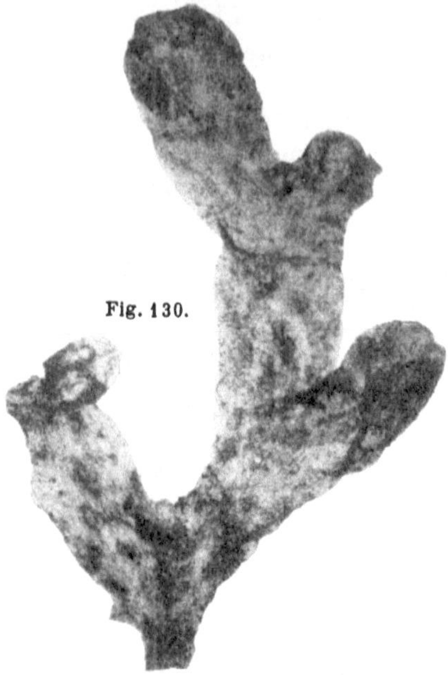

Fig. 130.

Fig. 134.

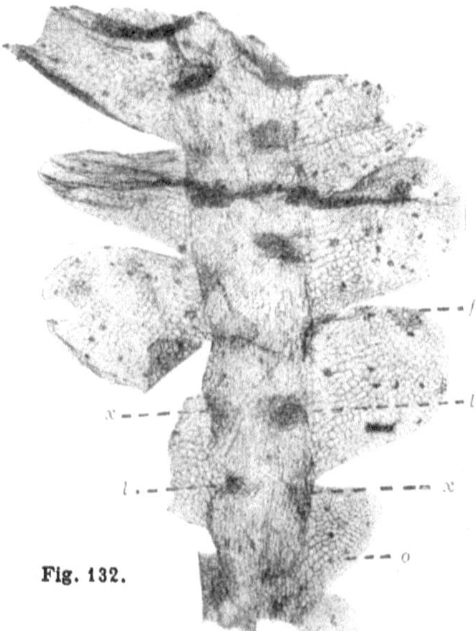

Fig. 132.

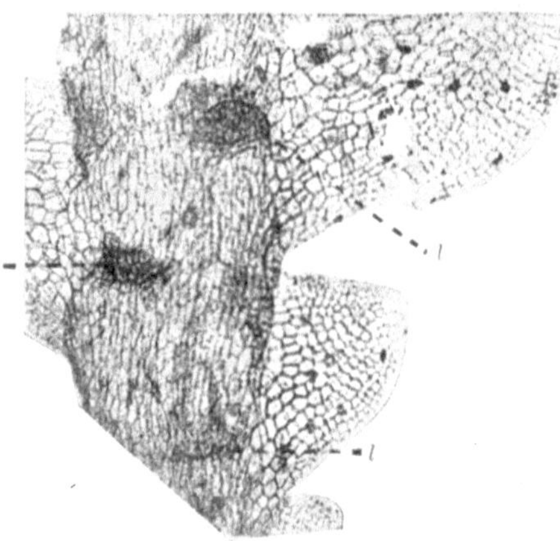

Fig. 133.

Hepaticites Willsi Walton Upper Coal Measures von Staffordshire.

Fig. 130. Thallusstück. 18 ×. Nach Walton 1925.

Fig. 131. Ende eines Thallusastes mit zwei Vegetationspunkten (*a*), zwischen welchen der Mittellappen steht; auch die gegabelte Mittelrippe ist zu sehen. 36 ×. Nach Walton 1925.

Hepaticites Kidstoni Walton. Middle Coal Measures von Stropshire.

Fig. 132. Stück des beblätterten Sprosses; *o* Zellen mit schwarzem Inhalt; *f*: Zellgruppe mit körnigem Inhalt; *l*: kleine Unterblätter (Amphigastrien); *x*: Stellen, wo die Seitenblätter der Achse aufliegen. 36 ×. Nach Walton 1925.

Fig. 133. Teil des in Fig. 132 dargestellten Sproßstückes in stärkerer Vergrößerung. 63 ×. Nach Walton 1925.

Hepaticites lobatus Walton. Middle Coal Measures von Stropshire.

Fig. 134. Teil eines vegetativen Sprosses. Die dunklen Stellen rühren wahrscheinlich von Pilzen her. 36 ×. Nach Walton 1925.

gegeben, an dem man ausgezeichnet die beginnende Gabelung an der Spitze erkennen kann: man sieht die Einbuchtungen, in denen die beiden Vegetationspunkte geborgen sind und die durch den sogenannten, später sich teilenden Mittellappen getrennt sind. Auch kann man den sich hinter dem Scheitel gabelnden Mittelnerven zum größten Teil deutlich erkennen.

H. Langi Walton[1]). Der vorigen ähnlich; Rhizoiden wohl erhalten.

b) Foliose Reste liegen vor in Hepaticites Kidstoni und H. lobatus, die beide in gleicher Weise beachtenswert sind.

H. Kidstoni Walton[1]) (Fig. 132 u. 133) kann der Größe nach verglichen werden mit kleineren rezenten Lebermoosen des foliosen Typs. Die Pflanze ist in eine Achse und daran schräg inserierte Blätter von zweierlei Art gegliedert, welche in je zwei Reihen zu beiden Seiten der dorsiventralen Achse stehen. Die eine von den beiden Reihen jeder Sproßhälfte besteht aus großen Blättern und alterniert mit der entsprechenden Reihe der anderen Stammseite, die andere aber aus relativ sehr kleinen Blättern, die jeweils über bzw. unter einem großen Blatte stehen. Es läßt sich nämlich nicht feststellen, welche von beiden Seiten die Oberseite des dorsiventralen Sprosses ist, zumal Reproduktionsorgane auch hier fehlen. Es ist indes wahrscheinlich, daß es sich bei den kleinen Blättern um Amphigastrien handelt, ähnlich denen, welche wir bei Blasia pusilla antreffen, daß der Sproß also in der Fig. 132 u. 133 seine Unterseite darbietet.

H. lobatus Walton[1]) ist etwas einfacher gebaut (Fig. 134). Vor allem ist die Scheidung von Achse und Blättern nicht so scharf durchgeführt wie bei H. Kidstoni: die Buchten zwischen den einzelnen Blättern greifen nicht ganz bis zur Achse durch. Es ist also eine jener interessanten Zwischenstufen zwischen thallosen und foliosen Formen wie, was die Thalluskonfiguration betrifft, unter den rezenten Lebermoosen etwa Blasia pusilla. Beide Arten dürften, wie die genannte rezente Gattung, auch zu den anacrogynen foliosen Lebermoosen zu stellen sein.

* * *

Häufiger sind Lebermoosreste im Mesozoikum gefunden und unter den Gattungsnamen Palaeohepatica, Marchantites und Schizolepidella beschrieben worden. Fruktifikationen sind allerdings nicht bekannt.

Palaeohepatica Račiborski.

P. Rostafinskii Račiborski, Keuper von Galizien. Ziemlich einwandfreie Reste eines Marchantia ähnlichen thallosen Lebermooses. Die Erhaltung dieser Reste ist so gut, daß man die Luftkammergrenzen noch erkennen kann (Fig. 135 u. 136).

---

[1]) Yorkian Series der Middle Coal Measures von Shropshire.

Marchantites Brongniart.

M. erectus Leckenby, Jura von England, ist in reich verzweigten Exemplaren gefunden. Der Thallus ist kleiner und seine Äste sind schmäler als bei Palaeohepatica.

M. Zeilleri Seward, Wealden von England. Von der vorigen Art unterscheidet sich diese nur durch die gedrungenere Wuchsform des Thallus.

Schizolepidella Halle.

Sch. gracilis Halle aus dem Jura der Hope Bay, Grahamland. Die Lebermoosnatur der Reste dieses Namens ist durchaus unsicher

Fig. 135.

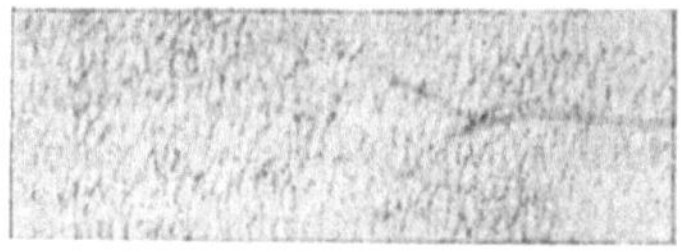

Fig. 136.

Palaeohepatica Rostafinskii Raciborski. Keuper von Galizien.

Fig. 135. Thallusstück. Die dichotome Verzweigung und die Mittelrippe sind gut zu sehen. Nat. Größe.

Fig. 136. Thallus-Ausschnitt, welcher die durch die Luftkammern bedingte kammerige Struktur der Oberfläche zeigt. — 9 ×. Beide Figuren nach Raciborski 1894.

und es wäre ebensowohl möglich, daß es sich um sterile Zweige einer Conifere oder anderen Gymnosperme handelt.

* * *

Weitaus die meisten Reste wurden natürlich im Känozoikum gefunden, wovon die alttertiären Formen am meisten Beachtung verdienen. Wir kennen solche sowohl als Abdrücke wie als Einschlüsse in Bernstein, in welch letzterem bereits eine ganze Anzahl von noch lebenden Gattungen der Lebermoose nachgewiesen ist.

Marchantites Brongniart.

M. Stephansoni Berry (1) aus dem Eozän möchten wir nicht als »exceedingly characteristic representative« für die Klasse der Lebermoose ansehen und die kaum zweifelhafte Ansicht äußern, daß es sich nicht so sehr um einen Lebermoos- als um einen Farnrest handelt. Die Art, wie die Mittelrippe abgesetzt ist, und der Habitus als solcher sprechen entschieden dafür, daß hier die Blattfieder einer Form wie Matonia sarmentosa Bak. vorliegt.

M. Pealei Knowlton dagegen ist sicher ein thalloses, Marchantia ähnliches Lebermoos (7).

M. sezannensis Brongt. aus dem Eozän des Pariser Beckens (Sézanne, Dep. Marne) ist dadurch ausgezeichnet, daß sich an ihm auch Fruktifikationen finden und außerdem auch Organe, die man wohl als Brutbecher ansprechen darf (Fig. 137 u. 138). In den Feldern der Luftkammern kann man hier ferner die Atemöffnungen (Fig. 141) erkennen, und auf der Unterseite des Thallus eine Reihe von Ventralschuppen zu

Fig. 140.

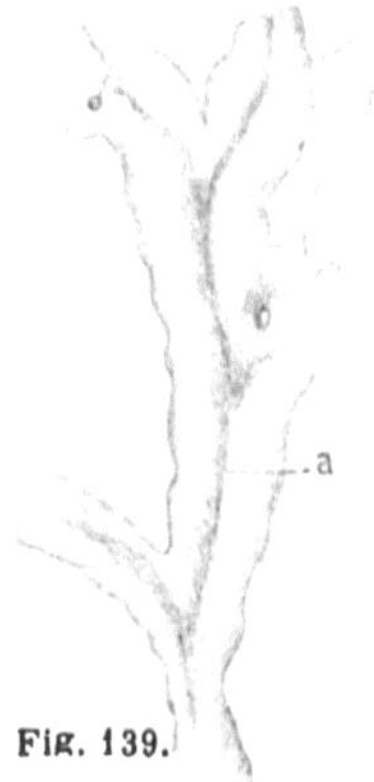

Fig. 139.

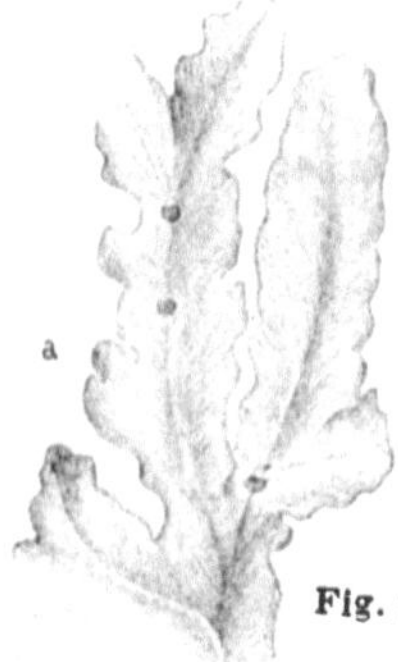

Fig. 137.

Fig. 138.

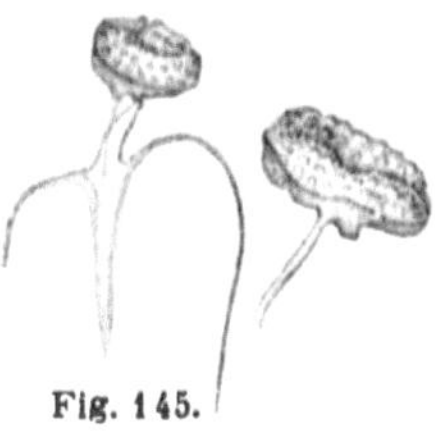

Fig. 145.

Fig. 144.

Fig. 143.

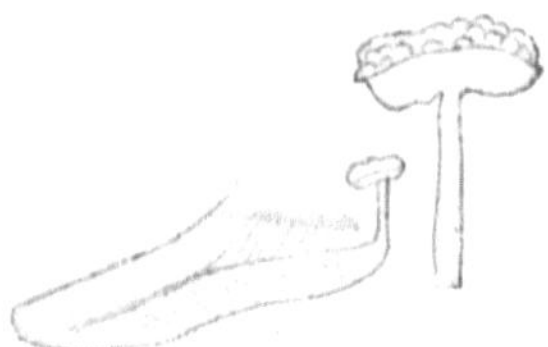

Fig. 142.

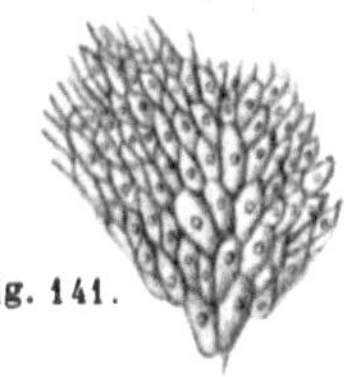

Fig. 141.

Marchantites sezannensis Brongt. Eocän von Sézanne bei Paris.
Fig. 137. Stück des Thallus mit brutbecherähnlichen Organen auf der Mittelrippe.
Fig. 138. Dasselbe stärker vergrößert.
Fig. 139. Stück des Thallus von unten; die Mittelrippe (*a*) wird beiderseits von je einer Reihe von Ventralschuppen begleitet.
Fig. 140. Ventralschuppen, stärker vergrößert.
Fig. 141. Stück von der Oberseite des Thallus, noch stärker vergrößert als in Fig. 138. Die Luftkammergrenzen treten deutlich hervor und in der Mitte jedes Feldes ist eine Atemöffnung zu sehen.
Fig. 142. Thalluslappen mit Antheridienträger, daneben ein einzelner »Hut«.
Fig. 143. Einzelner Antheridienträger, wie in Fig. 142.
Fig. 144. »Hut« von oben gesehen.
Fig. 145. Thallusstück mit Antheridienträger und einzelner »Hut« wie in Fig. 142.
Sämtliche Figuren nach Saporta 1868.

beiden Seiten der Mittelrippe (Fig. 139 u. 140). In den Fruktifikationen (Fig. 142—145) liegen wohl Antheridienstände vor, wie man nach dem Vergleich mit rezenten Formen schließen darf. Die fertilen Sprosse gehen aus dem Scheitel gewöhnlicher Thallusäste hervor und unterscheiden sich von diesen in zweifacher Hinsicht, in ihrem physiologischen Verhalten: weil sie nicht plagiotrop sondern orthotrop orientiert sind, und in ihrem Bau. Es sind an ihnen nämlich die »Flügel« der sterilen Thallusäste reduziert, so daß ein stielartiger »Träger« entsteht, der oben mit einem »Hut« abschließt. Der Stiel scheint keine bedeutende Länge erreicht zu haben, war also wohl in Reduktion begriffen wie bei manchen rezenten Formen. Dasselbe gilt vom »Hut«. Dieser zeigt rundlichen Umriß oder eine nur unbedeutende Gliederung des Randes, die noch auf die Herkunft aus einem Sproßsystem hinweist. Ähnlich verhalten sich wieder rezente Formen, z. B. Preissia; und wie diese so dürfen wir auch die Hüte von Marchantites sezannensis als reduzierte Systeme auffassen — ihre ursprüngliche Gliederung ist verlorengegangen und verwischt worden (9, 11).

Die zahlreichen Lebermoosreste, die sich im Bernstein (Oligozän) als Einschlüsse finden, wurden von Goeppert und Berendt (2) beschrieben und abgebildet und von Gottsche (3) mit den rezenten Gattungen Frullania, Jungermannia u. a. identifiziert. Amphigastrien sowohl wie die zu Wassersäcken umgebildeten Unterlappen der Seitenblätter sind zum Teil deutlich zu erkennen.

Literatur.

1. Berry, E. W., The middle and upper eocene floras of southeastern North-America. U. S. geolog. Surv. Prof. Pap. 92, 1924.
2. Goeppert, H. R. und Berendt, G. C., Der Bernstein und die in ihm befindlichen Pflanzenreste der Vorwelt. Berlin 1845.
3. Gottsche, C. M., Über die im Bernstein eingeschlossenen Lebermoose. Bot. Central. vol. XXV, 1886.
4. Halle, T. G., The mesozoic flora of Graham Land. Wiss. Erg. d. Schwed. Südpolar-Exp. 1901—1903. Bd. III, 1913.
5. Jongmans, W. J., Anleitung zur Bestimmung der Karbonpflanzen Westeuropas. I. Bd. Freiberg in Sachsen 1911.
6. Kidston, R., Note on carboniferous plants from Berwickshire. Summary of Progress of the geol. surv. of the United Kingdom for 1900. Dasselbe 1901.
7. Knowlton, F. H., Description of new fossil liverwort from the Fort Union beds of Montana. Proc. of the U. St. National-Mus. Vol. XXXV, 1908.
8. Račiborski, M., Flora Kopalna. Pamiet Akad. Umiejetnosci. 1894.
9. Saporta, G. de, Prodrome d'une flore fossile des travertins anciens de Sézanne. Mem. de la Soc. Geol. de France, sér. 2, Tom. VIII. 1868.
10. Seward, A. C., Catalogue of the Mesozoic plants in the department of geology British Museum. I u. III, 1894 u. 1900.
11. Watelet, A., Description des plantes fossiles du bassin de Paris. Paris 1866.
12. Walton, I., Carboniferous Bryophyta. Annals of Botany XXXIX, 1925.

II. Musci, Laubmoose.

Der Gametophyt der Laubmoose ist stets ein beblätterter Sproß, den bei verschiedenen Gattungen ein zentrales Leitbündel durchzieht. Die Blätter bestehen in vielen Fällen nur aus einer einzigen Zellschicht, meist aber sind sie in der Mittellinie mehrschichtig. Bei den Polytrichaceen sind sie durchaus mehrschichtig und außerdem auf der Oberseite mit einschichtigen Längslamellen versehen. Eigenartig gebaut sind die Blätter der Sphagnumarten, wo neben schmalen Assimilationszellen weite, mit offenen Poren versehene Ampullenzellen vorkommen.

Am Sporophyten geht, umgekehrt wie bei den Lebermoosen, die Fertigstellung des Stieles der Ausbildung der Kapsel voraus, von der äußerlich lange Zeit nichts zu sehen ist, während sich der Stiel schon stark gestreckt hat.

Die Laubmoose zerfallen wie die Lebermoose in drei Ordnungen, die der Sphagnales, Andreaeales und Bryales, welch letztere die meisten Arten umfaßt und abermals sich gliedert in die Acrocarpi und Pleurocarpi. Bei jenen stehen die Archegonien und somit auch die Sporogone am Ende des Hauptstengels, der deshalb mit der Bildung des Sporogons sein Wachstum einstellt. Bei den Pleurocarpi dagegen wachsen die Hauptachsen unbegrenzt weiter, und die Archegonien, folglich auch die Sporogone, stehen auf besonderen kurzen Seitenzweigen.

Ist schon unsere Kenntnis der fossilen Lebermoose dürftig genug, so ist es darin noch schlechter mit den Laubmoosen bestellt, weshalb sie nur kurz gestreift werden sollen. Die aus älteren Schichten bekannt gewordenen Reste hat man in die Sammelgattung **Muscites** Brongniart zusammengefaßt, da an eine Unterscheidung verschiedener Genera bei der mangelhaften Erhaltung nicht gedacht werden kann.

Der bekannteste Rest aus dem Palaeozoikum, der mit Laubmoosen verglichen wurde, ist **Muscites polytrichaceus** Ren. et Zeiller (Fig. 146) aus dem Oberen Ober-

Fig. 146.
Muscites polytrichaceus Renault et Zeiller. Oberes Oberkarbon von Commentry. Sproßstücke, rechts ein solches stärker vergrößert. Der Polsterwuchs ist noch deutlich zu erkennen. Nach Renault und Zeiller. 1888/90.

karbon von Commentry (4). Diese fossile Form steht von den rezenten Moosen habituell am nächsten dem Genus Rhizogonium (Mniaceae) oder dem Genus Polytrichum; mehr läßt sich über seine systematische Stellung aber nicht aussagen. Erwähnt sei noch, daß sich der Polsterwuchs deutlich erkennen läßt.[1])

Noch schlechter bestellt ist es mit anderen palaeozoischen und mesozoischen Resten, die zunächst als Lycopodites und Selaginellites beschrieben, später

[1]) In diesem Zusammenhang mag erwähnt werden: **Muscites Bertrandi** Lignier, aus dem Oberen Oberkarbon der Loire (Bull. Soc. Linn. Normandie, 6. sér. Bd. 7. Caen 1914). Es handelt sich um den Querschliff eines Stämmchens, aus dem Rhizoiden mit schräg gestellten Querwänden entspringen. Das Rindengewebe besteht aus großzelligem Parenchym, die Epidermis aus kleinen Zellen mit verdickten Wänden; der allenfalls vorhandene Zentralzylinder ist nicht erhalten.

zu den Moosen gestellt worden sind (2). Ihre Zugehörigkeit zu diesen ist aber in hohem Grade zweifelhaft.

Häufiger und besser erhalten sind Laubmoosreste im Tertiär, vor allem die im Bernstein eingeschlossenen, die auch einer näheren Bestimmung zugänglich sind, z. B. **Muscites tortifolius** Caspary; zum Teil sind sie mit lebenden Formen (Dicranum) verwandt. Miozäne Laubmoosreste sind in Abdrücken bekannt, z. B. aus dem Miozän von Bonn und dem Obermiozän von Oeningen. Aus dem Miozän von Nassau ist ein Moosrest mit Kapseln: **Muscites ferrugineus** Ludwig (3) beschrieben, den Schimper (5) später, aber ganz zu Unrecht, als Sphagnum ansprach. Besonders gut erhalten aber ist die oberpliozäne Moosflora des Frankfurter Klärbeckens (6). Die in ihr gefundenen Reste weisen sämtlich auf pleurokarpe Moose hin, und zwar auf die Gattungen **Neckera** Hedw., **Leskea** Hedw., **Heterocladium** Bruch et Schimp., **Eurhynchium** Schimp., **Thamnium** Schimp. und **Anomodon** Hook. et Tayl.

Merkwürdig ist, daß der Nachweis von Sphagnum im Tertiär noch nicht geglückt ist, dessen Arten im Diluvium wie in der Jetztzeit eine so große Rolle spielen; man sollte Reste davon wenigstens in den pliozänen oder miozänen Braunkohlen erwarten.

Literatur.

1. Brotherus, V. F. in Engler, A. und Prantl, K., Die natürlichen Pflanzenfamilien. 2. Aufl. 11. Bd. 1925.
2. Lesquereux, L., Atlas to the Coal Flora of Pennsylvania and of the Carboniferous formation throughout the United States. Second Geol. Surv. Penn. Report of Progress P. Harrisburg, 1879.
3. Ludwig, R., Fossile Pflanzen aus der ältesten Abteilung der Rheinisch-Wetterauer Tertiärformation. Palaeontograph, vol. VIII.
4. Renault, R. et Zeiller, R., Etudes sur le terrain houiller de Commentry. St. Etienne, 1888—1890.
5. Schimper, W. P. und Schenk, A., Palaeophytologie. Zittels Handbuch der Palaeontologie, Abt. 2. München und Leipzig, 1890.
6. Weyland, H., Beiträge zur Kenntnis fossiler Moose. Senckenbergiana Bd. VII, 1925.
7. Dixon, H. N., in Jongmans, W. J., Catalogus Fossilium. II. Plantae. Musci. Berlin 1927.

3. Abteitung: Pteridophyta

bearbeitet von

MAX HIRMER.

Pflanzen mit — soweit sie rezent bekannt sind und davon auf die fossilen Formen geschlossen werden kann — deutlich ausgeprägtem antithetischen Generationswechsel. Die die männlichen und weiblichen Sexualzellen erzeugende haploide Generation, der Gametophyt, ist stets nur thalloidisch entwickelt. Dagegen zeigt die diploide Generation, der Sporophyt, echte Sproßbildung (unter entsprechender, zum Teil weitgehender anatomischer Differenzierung), wobei bei den höher entwickelten Formenkreisen Differenzierung in den Sproß selbst und die an ihm exogen entstehenden Blätter und endogen entstehenden Wurzeln auftritt. Wo Blätter ausgebildet sind, folgen diese entweder dem Mikrophyllinentyp (Psilophytales z. T., Lycopodiales, Psilotales, Articulatales) oder dem Makrophyllinentyp (Cladoxylales z. T. und Filicales). Sporangien in den primitivsten Fällen (Psilophytales z. T.) terminal am Sproß oder an eigenen seitenständigen Fruktifikationssprossen (Psilophytales z. T. und Cladoxylales z. T.) oder von den bei den einzelnen Gruppen mannigfaltig ausgebildeten Blättern getragen. Teils Homo- und teils Heterosporie.

Die Pteridophyten gliedern sich in folgende Stämme:

1. Psilophytales (nur fossil bekannt).
2. Lycopodiales.
3. Psilotales (nur rezent bekannt).
4. Articulatales.
5. Cladoxylales (nur fossil bekannt).
6. Filicales.

Literatur.

Was diese betrifft, so ist die spezielle jeweils nach Darstellung der einzelnen Formenkreise der Stämme angeführt. Vorweg sei aber ein für allemal verwiesen auf folgende Werke:

Bertrand, P., Conférences de Paléobotanique Paris 1926.

Bower, F. O., The Origin of a Land Flora. London 1908.

Bower, F. O., The Ferns. Bd. I u. II. Cambridge 1923 und 1926.

Campbell, D. H., The Structure and Development of Mosses and Ferns. 3. Auflage. New York u. London 1918.

Engler, A. und Prantl, K., Die natürlichen Pflanzenfamilien I. 4. Pteriodophyta. Leipzig 1902.

Goebel, K. v., Organographie der Pflanzen II. 2. Pteridophyten. 2. Aufl. Jena 1918.
Gothan, W., Neubearbeitung von Potonié, H., Lehrbuch der Palaeobotanik. Berlin 1921.
Gothan, W., in Gürich, G., Leitfossilien: III. Karbon u. Perm. Berlin 1923.
Gothan, W., Palaeobiologische Betrachtungen über die fossile Pflanzenwelt. Berlin 1924.
Lotsy, J. P., Vorträge über botanische Stammesgeschichte. Bd. II. Jena 1909.
Pelourde, F., Paléontologie végétale (Cryptogames cellulaires et Cr. vasculaires). Paris 1914.
Renault, B., Cours de Botanique fossile 4 Bde. Paris 1881—85.
Scott, D. H., Studies on fossil Botany I u. II. 3. Aufl. London 1920/23.
Scott, D. H., Extinct Plants and Problems of Evolution. London 1925.
Schenk, A. (u. Schimper, W. P.) Palaeophytologie in K. A. Zittel, Handb. d. Palaeontologie München u. Leipzig 1879—1890.
Seward, A. C., Fossil Plants. Bd. I u. II. Cambridge 1899/1910.
Solms-Laubach, H. Graf zu, Einleitung in die Palaeophytologie. Leipzig 1887.
Wettstein, R. von, Handbuch der systematischen Botanik. 3. Auflage. Leipzig und Wien 1924.
Zeiller, R., Éléments de Paléobotanique. Paris 1900.

Ferner seien aus der älteren Literatur folgende für die Systematische Palaeobotanik grundlegende Werke vorweg angeführt:

Sternberg, G. v., Versuch einer geognostisch-botanischen Darstellung der Flora der Vorwelt. Leipzig 1820—38.
Brongniart, A., Histoire des Végétaux fossiles. 2 Bde. (der zweite unvollendet). Paris 1828—38.
Brongniart, A., Prodrome d'une histoire des Végétaux fossiles. Paris 1828.
Lindley, J. und Hutton, W., The fossil flora of Great Britain. 3 Bde. 1831—37. Vgl. dazu Kidston, R., Notes on the Palaeozoic species mentioned in Lindley and Hutton's: Fossil flora. Proceed. R. Phys. Soc. Edinburgh. 10. 1889/90.
Goeppert, H. R., Die Gattungen der fossilen Pflanzen. Bonn 1841.
Unger, F., Genera et species plantarum fossilium. Wien 1850.
Schimper, W. P., Traité de Paléontologie Végétale. 3 Bde. u. Atlas. Paris 1869—74.

Was die Literatur zu den folgenden die Pteridophyten behandelnden Einzelkapiteln betrifft, so ist ihre Aufzählung keine ganz gleichmäßige. Im allgemeinen ist größter Wert auf Aufführung der wichtigen moderneren Abhandlungen gelegt; einerseits wegen des Abbildungsmateriales, das hier — bei den technischen Fortschritten der letzten Jahrzehnte — sowohl für die Anatomie als insbesondere für die spezielle Systematik und die sich an sie anschließenden stratigraphischen und pflanzengeographischen Probleme einen unvergleichlich größeren Wert als das der älteren Literatur besitzt, anderseits auch deswegen, weil in den neueren Abhandlungen ohnedies der Nachweis der älteren gegeben ist. Hinsichtlich der Menge der zitierten Abhandlungen sei noch bemerkt, daß — um das Buch nicht unnötig zu belasten — in denjenigen Fällen, wo moderne monographische Bearbeitungen vorliegen, die Aufführung der die Einzelbeschreibungen enthaltenden Floren auf die wertvollsten und wichtigsten beschränkt ist, während in Fällen, wo moderne zusammenfassende Abhandlungen noch fehlen, Literaturzitate in möglichst umfassender Weise zu geben angestrebt wurde.

I. Psilophytales.

Das hauptsächlichste Charakteristikum der Gruppe besteht darin, daß die mit mehrschichtiger Wand versehenen homosporen Sporangien terminal an den Enden der vegetativen Sprosse oder eigener Fruktifikationssproßsysteme stehen, ohne daß eine Beziehung der Sporangien zu echten Blättern oder blattähnlichen Organen vorhanden wäre. Krautige bis baumförmige Pflanzen. Die vegetativen Sproßsysteme der krautigen Gewächse der Gruppe bestehen aus blattlosen, oder mit kleinen dornartigen Blättchen ringsum besetzten, meist deutlich rein gabelig, seltener sympodial-gabelig bis monopodial verzweigten Luftsprossen, und horizontal kriechenden, gegabelten Rhizomsprossen oder gelappten protokormartigen Rhizomknollen, von welchen sich die Luftsprosse erheben. Bei dem baumförmigen Typus trägt ein zunächst unverzweigter Stamm eine größere Anzahl annähernd gleich starker von seinem oberen Ende abgehender Äste, die ihrerseits seitlich verzweigt sind.

Für die Anatomie gilt da, wo sie bekannt ist, folgendes: Stele zylindrisch; bestehend aus einem meist massiven, im Querschnitt kreis- oder sternförmigen, von Schrauben- und Ringtracheiden gebildeten Xylemstrang, der von einem Phloemmantel aus dünnwandigen, langgestreckten Zellen umgeben ist. Rinde in der Regel in äußere und innere Zone differenziert. Epidermis mit Spaltöffnungen.

Isospor; Sporen nach vorhergegangener Tetradenteilung gebildet.

Die Gruppe der Psilophytales reicht vom Obersilur bis zur Grenze zwischen Mittel- und Oberdevon, mit dem Höhepunkt ihrer Entwicklung im Unter- und Mitteldevon; sie ist bisher nachgewiesen im nordwestlichen Europa und in Ostkanada.

1. Rhyniaceae.

Typus der Familie ist:

Rhynia Kidston und Lang.

Luftsprosse gabelig verzweigt, vollkommen nackt, ohne irgendwelche Besetzung mit Blättern oder Dornen; sich erhebend von gabelig verzweigten blattlosen, an der Bauchseite mit Rhizoiden besetzten Rhizomsprossen. Sporangien terminal an den Enden der Luftsprossgabeläste mit mehrschichtiger Wand ohne Öffnungsmechanismus. Das ganze Innere von Sporen erfüllt.

Rh. Gwynne-Vaughani Kidston und Lang. Oberes Unter- bis unteres Mitteldevon (mittlerer Old Red Sandstein) von Rhynie bei Aberdeenshire, Schottland. (Fig. 147, 149—157.) Die Rekonstruktion (Fig. 147) zeigt den Gesamtaufbau der Pflanze. Von einem gabelig verzweigten Rhizom erhebt sich ein Teil der Gabelzweige als Luftsprosse. Von den Bauchseiten der Rhizomgabelzweige gehen über kleinere oder größere Flächen verteilt Rhizoiden ab. Die (ebenso wie die Rhizome) öfters gabelig verzweigten Luftsprosse sind ausgezeichnet durch kleine, ovale Erhebungen, die über ihre ganze Oberfläche regellos verstreut sind (Fig. 155); gelegentlich gehen von den Luftsprossen mehr oder minder lange Seitensprosse ab, die ihren Ursprung aus den eben erwähnten kleinen Erhebungen nehmen. An den Enden der Luftsproßgabelzweige befinden sich terminal die Sporangien.

Was die Größenverhältnisse betrifft, so erreichen die Luftsprosse im Maximum eine Länge von 15 bis 20 cm bei einem Durchmesser von 2 bis 3 mm. Gleichen Durchmesser wie die Luftsprosse weisen auch die Rhizome auf. Die Sporangien messen 2½ bis etwa 3 mm in der Länge bei 1 bis 1½ mm Durchmesser.

Hinsichtlich der anatomischen Verhältnisse sei zunächst auf die der Luftsprosse eingegangen. Zu unterscheiden ist die zentrale Stele aus Xylem und Phloëm und die Rinde mit der daran anschließenden Epidermis (Fig. 150—151). Die Stele, die etwa ein Drittel des gesamten Durchmessers der Luftsprosse einnimmt, besteht aus einem zentralen Strang von Tracheiden und einem Mantel von Phloëm. Eine Abgrenzung gegen die innere Rinde durch Perizykel und Endodermis ist nicht vorhanden. Der Übergang des Phloëms in das Parenchym der inneren Rinde findet ganz unvermittelt statt. Die Zahl der Tracheiden im Querschnitt wechselt je nach den Ausmaßen der einzelnen Luftsprosse. Meistens sind sämtliche Tracheiden untereinander gleich. Eine Unterscheidung in protoxylematische englumerigere und metaxylematische weitlumigere Tracheiden ist nur in den seltensten Fällen durchgeführt. Tracheiden in der Regel ring-, seltener schraubenförmig verdickt. Der vier bis fünf Zellagen breite Mantel des Phloëms besteht aus gleichartigen, eng aneinander geschlossenen, im Querschnitt vier- bis sechsseitigen langprismatischen, dünnwandigen Elementen. Siebplatten sind nicht gefunden. Die Abgrenzung des Phloëms gegen die innere Rinde ist bei der im Vergleich zu den inneren Rindenzellen beträchtlich größeren Länge der Phloëmzellen und der Schrägstellung ihrer oberen und unteren Zellwände klar. Die Rinde (Fig. 150—152) besteht aus zwei deutlich voneinander verschiedenen Zonen: der sechs bis sieben Zellagen tiefen Innenrinde mit im Längsschnitt kurz prismatischen, im Querschnitt runden Zellen, zwischen denen ansehnliche Interzellularräume vorhanden sind, und der Außenrinde, die aus einer bis vier Lagen von nahezu isodiametrischen, relativ großen Zellen gebildet ist. Da die Zellen der äußeren Rinde stets glashell und durchsichtig erscheinen, während die Zellen der inneren Rinde sehr häufig körneligen Inhalt, der wohl als Chlorophyll- oder Stärkekörner gedeutet werden kann, aufweisen, dürfte wohl die i n n e r e Rinde als Assimilationsgewebe anzusprechen sein. Die Epidermis (Fig. 152 bis 154) besteht aus im Querschnitt verhältnismäßig sehr kleinen, in der Längsansicht länglich sechseckigen Zellen mit dicker, kutikularisierter Außenwand. Spaltöffnungen, von einfachem Bau, sind über die ganzen Luftsproßsysteme verbreitet, aber nicht gerade sehr zahlreich. Die geringe Zahl der Spaltöffnungen als Hinweis auf Xerophytismus zu deuten, dürfte verfehlt sein. Vielmehr ist zu betonen, daß die Spaltöffnungen nicht im mindesten unter das allgemeine Niveau der Epidermis eingesenkt waren, ja selbst auch zum Teil an den obenerwähnten kleinen Buckeln der Luftsprosse, und zwar an deren höchster Erhebung, also geradezu an exponierter Stelle angebracht waren.

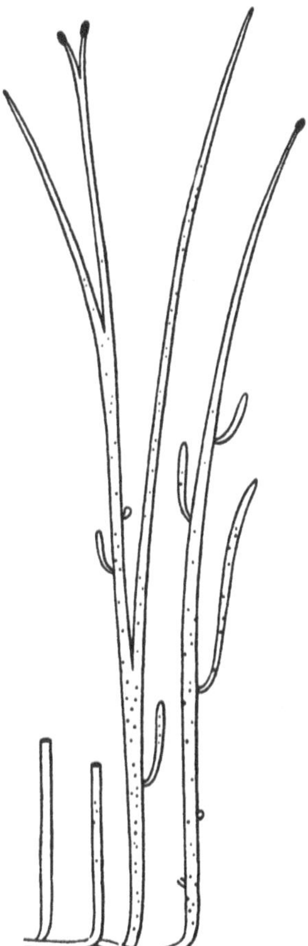

Fig. 147.

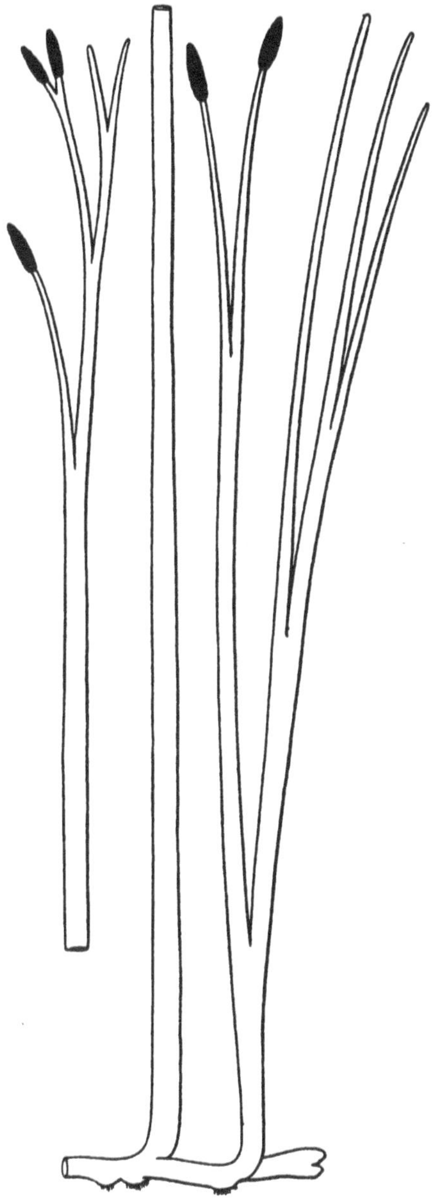

Fig. 148.

Rhynia Gwynne-Vaughani Kidston u. Lang und Rhynia maior Kidston u. Lang.
Mittlerer Old Red Sandstein von Schottland.
Rekonstruktion in $^{2}/_{3}$ nat. Gr. Nach Kidston u. Lang. 1921.

Rhynia Gwynne-Vaughani Kidston u. Lang. Mittlerer Old Red Sandstein von Schottland.

Fig. 149. Partie aus dem Rhynie-Quarz mit zahlreichen quer getroffenen Sprossen. ca. $4^1/_2\times$. Nach Kidston u. Lang 1917.

Fig. 150. Querschliff durch einen Luftsproß. *ph* = Phloëm, *x* = Xylem der Stele. 54 ×. Nach Kidston u. Lang 1917.

Fig. 151. Längsschliff durch einen Luftsproß. *ep* = Epidermis, *oc* = äußere Rinde, *ic* = innere Rinde, *ph* = Phloëm, *x* = Xylem. — 54 ×. Nach Kidston u. Lang 1917.

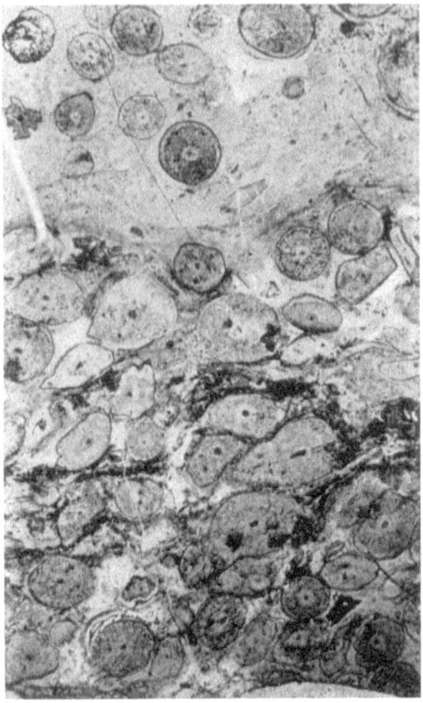

Fig. 149.

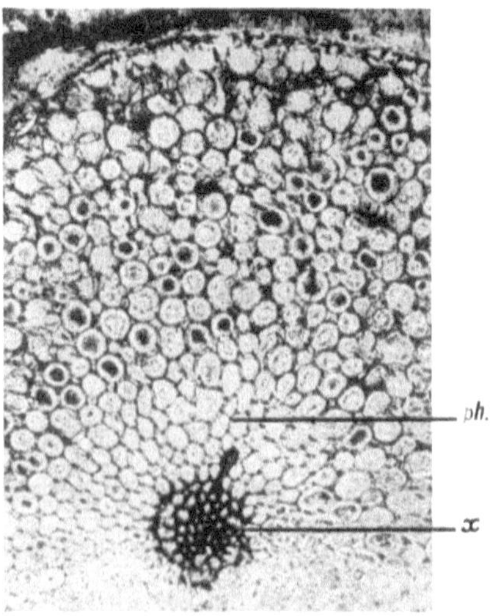

Fig. 150.

Fig. 151.

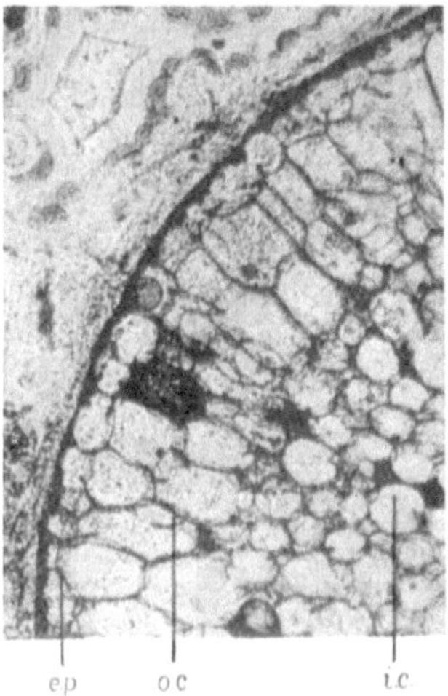

Fig. 152.

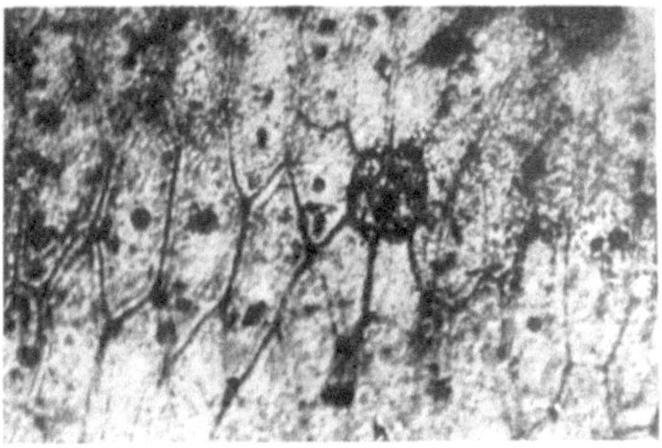

Fig. 153.

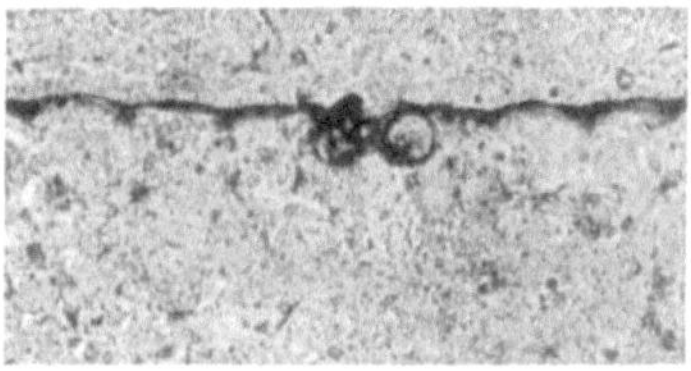

Fig. 154.

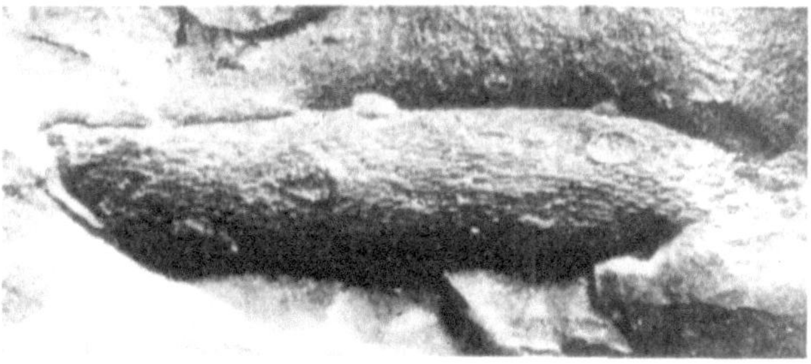

Fig. 155.

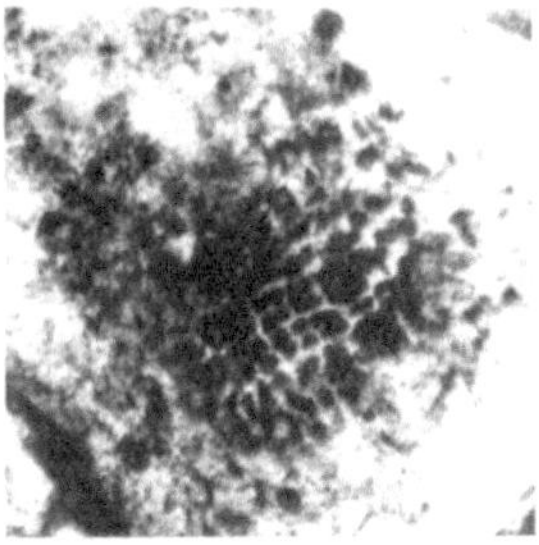

Fig. 157.

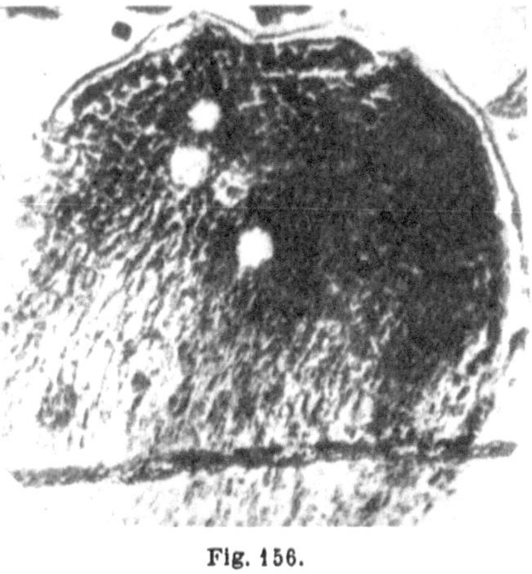

Fig. 156.

Rhynia Gwynne Vaughani Kidston u. Lang. Mittlerer Old Red Sandstein von Schottland.

Fig. 152. Querschliff durch die Rinde eines Luftsprosses. *ep*: Epidermis; *oc* und *ic* = äußere und innere Rinde. — 54 ×. Nach Kidston u. Lang 1917.

Fig. 153. Epidermis des Luftsprosses in Flächenansicht; mit Spaltöffnung. 144 ×. Nach Kidston u. Lang 1917.

Fig. 154. Querschliff durch eine Spaltöffnung. 144 ×. Nach Kidston u. Lang 1917.

Fig. 155. Stück eines Luftsprosses mit deutlich sichtbaren Epidermiszellen und den ovalen Höckern. 12½ ×. Nach Kidston u. Lang 1917.

Fig. 156 u. 157. Vegetationspunkt eines Luftsprosses im Längs- und Querschliff. 84 ×. Nach Kidston u. Lang 1920.

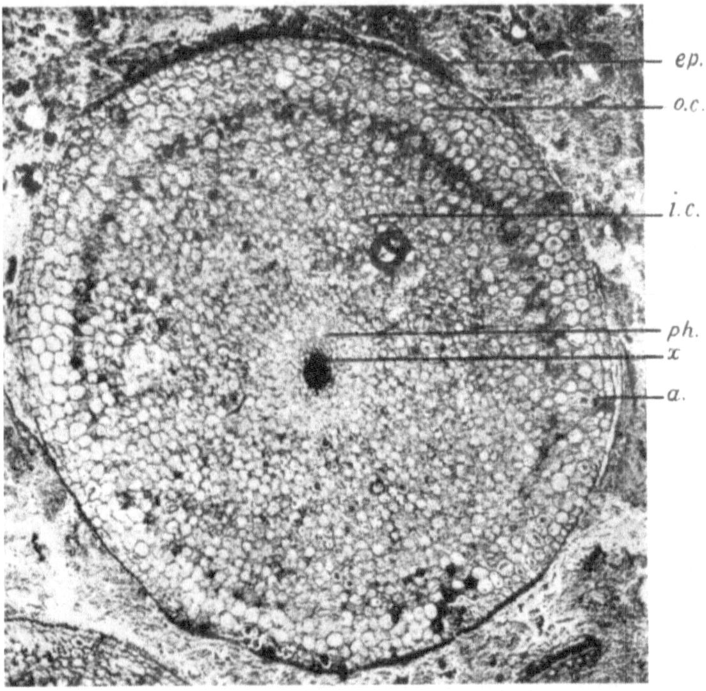

Fig. 158.

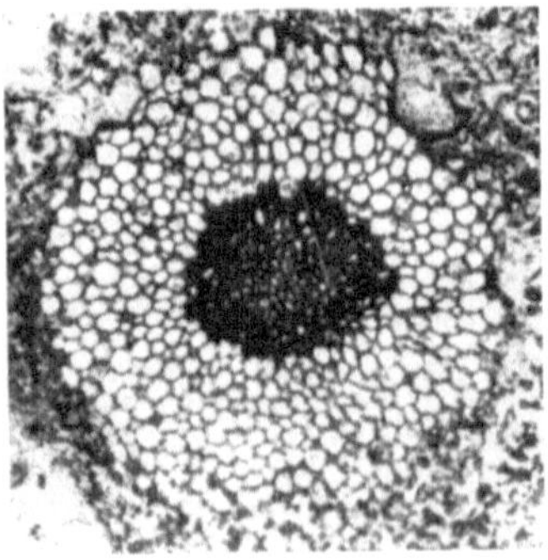

Fig. 159.

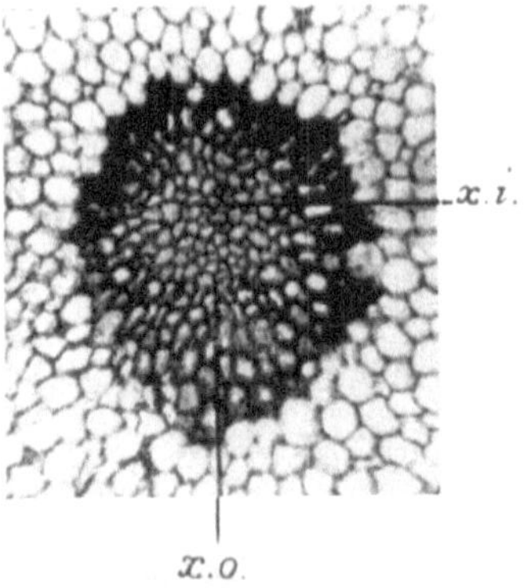

Fig. 160.

Rhynia maior Kidston u. Lang. Mittlerer Old Red Sandstein von Schottland.

Fig. 158. Querschliff durch einen Luftsproß. *ep*: Epidermis; *oc*: äußere, *ic*: innere Rinde; *ph*: Phloëm; *x*: Xylem; *a*: Spaltöffnungshöhle. 18 ×. Nach Kidston u. Lang 1920.

Fig. 159 u. 160. Detail aus Fig. 158. Fig. 159. Stele mit Phloëm u. Xylem. 30 ×. — Fig. 160. Xylem der Stele; *xi*: protoxylematisches inneres Xylem; *xo*: metaxylematisches äußeres Xylem. 54 ×. Beide nach Kidston u. Lang 1920.

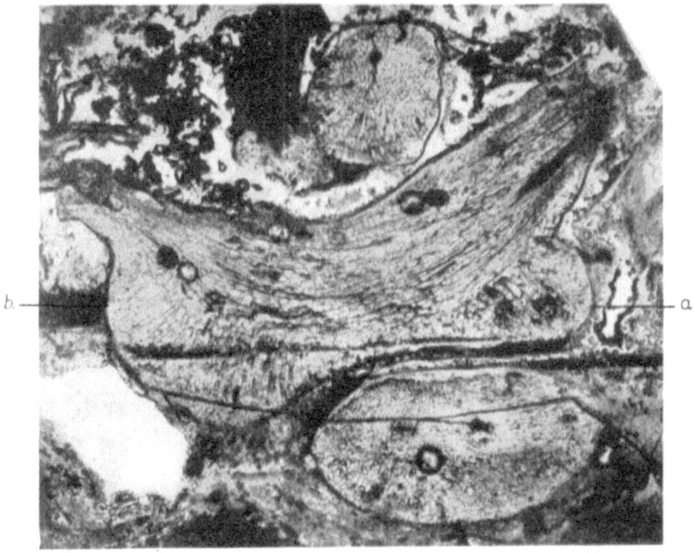

Fig. 161.

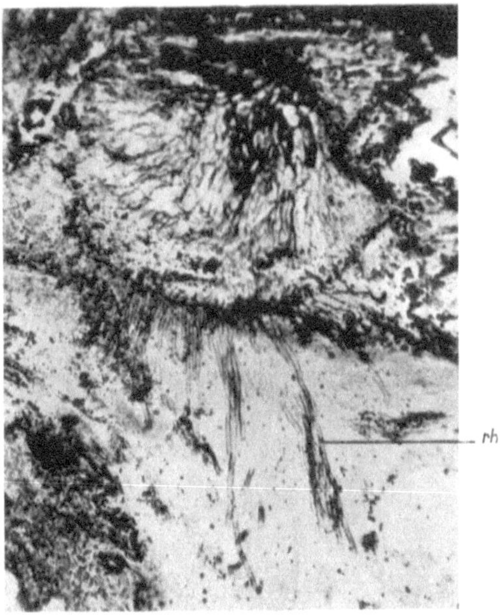

Fig. 162.

Rhynia maior Kidston u. Lang. Mittlerer Old Red Sandstein von Schottland.

Fig. 161. Längsschliff durch ein Rhizom mit zwei Rhizoiden-tragenden Höckern (*a* und *b*); ober und unterhalb zwei weitere Rhizome quer getroffen. — 11 ×. Nach Ridston u. Lang 1917.

Fig. 162. Rhizoiden tragender Rhizomhöcker mit zahlreichen anhaftenden einzelligen Rhizoiden, (*rh*). — 25 ×. Nach Kidston u. Lang 1917.

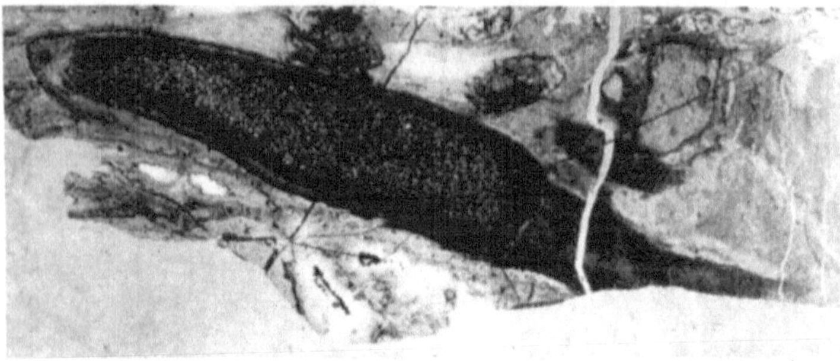

Fig. 163.

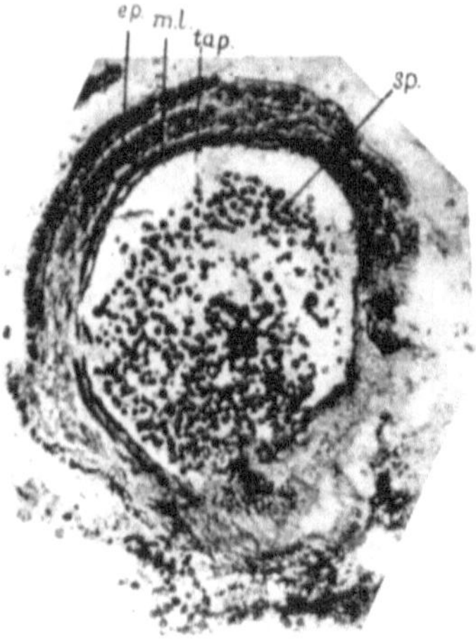

Fig. 164.

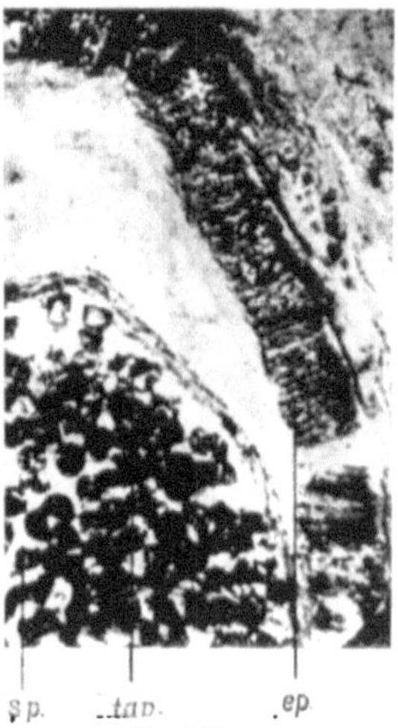

Fig. 165.

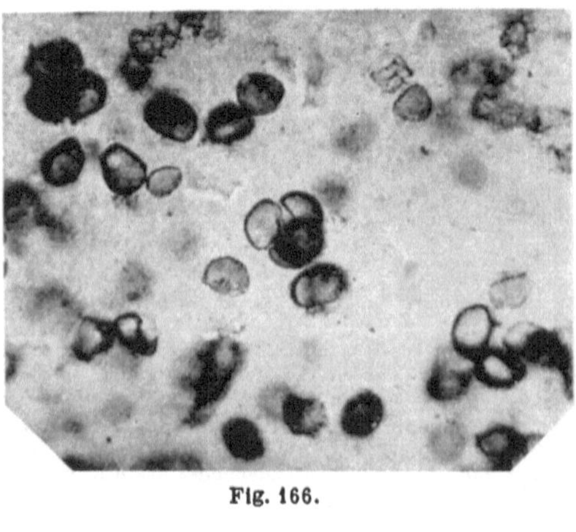

Fig. 166.

Rhynia maior Kidston u. Lang. Mittlerer Old Red Sandstein von Schottland.

Fig. 163. Sporangium im Längsschliff. 4¾ ×. Nach Kidston u. Lang 1917.

Fig. 164. Sporangium im Querschliff. *ep*: äußerste Wandschicht; *ml*: anschließende Zellschichten aus dünnwandigen Zellen; *tap*: Tapetum des Sporensackes; *sp*: dessen Sporen. — 12½ ×. Nach Kidston u. Lang 1917.

Fig. 165. Partie aus einem Querschliff durch ein anderes Sporangium. — 54 ×. Zeichenerklärung wie in Fig. 164. Nach Kidston u. Lang 1917.

Fig. 166. Sporen, zum Teil noch zu Tetraden zusammenliegend; aus einem Querschliff durch ein Sporangium. — 128 ×. Nach Kidston u. Lang 1917.

Der breit-halbkugelförmige Vegetationspunkt der Sprosse (Fig. 156 bis 157) ist von einer großen Anzahl kleiner, sehr protoplasmareicher Zellen gebildet.

Während die für die Luftsprosse charakteristischen bucklig-ovalen Auswüchse, die etwa $\frac{1}{3}$ mm lang und halb so breit sind, an den Stellen nahe des Abgangs der Luftsprosse von den Rhizomen meist mit Rhizoiden dicht besetzt sind, wachsen sie weiter oben am Luftsproß öfters zu mehr oder minder kurzen Seitentrieben aus. Diese selbst sind an der Basis ziemlich stark eingeschnürt und mit einer Stele ähnlich der der Luftsprosse, die aber keine Verbindung mit der des Abstammungssprosses hat, versehen. Es liegt nahe, in ihnen Organe vegetativer Propagation zu erblicken.

Die länglich-ovalen Sporangien besitzen eine mehrschichtige Wand aus dickwandigen, langprismatischen Epidermiszellen und einigen Lagen von sehr dünnwandigen Zwischenzellen. Rings um das Sporenlager ist deutlich noch das Tapetum nachweisbar. Die zahlreichen, in fertigem Zustand tetraedrischen Sporen sind in einigen Sporangien noch im Tetradenverband aufgefunden worden. Ein Hinweis auf irgendeine besondere Dehiszenzstelle am Sporangium ist nicht vorhanden (vgl. dazu die Figuren 163 bis 166 des ebenso gebauten Sporangiums von Rhynia maior).

Die Rhizome gleichen in der allgemeinen Anatomie im wesentlichen den Luftsprossen, nur daß ihre Stele sowohl in der Xylem- als Phloëmregion von geringerem Ausmaß, und die Epidermis ohne Kutikularisierung der Außenwände und spaltöffnungslos ist. Die von der Rhizombauchseite abgehenden Rhizoiden sind einzellig.

Rh. maior Kidston und Lang. Oberes Unter- bis unteres Mitteldevon (mittlerer Old Red Sandstein) von Rhynie bei Aberdeenshire, Schottland. (Fig. 148, 158—166). Abgesehen von geringfügigen Abweichungen stimmt diese wesentlich größere und kräftiger gebaute Art mit Rh. Gwynne-Vaughani überein (Fig. 148). Die Dimensionen sind folgende: Durchmesser der größeren Luftsprosse und Rhizome 5 bis 6 mm; Länge der Luftsprosse etwa 40 bis 50 cm; Sporangien bis 12 mm lang und bis zu 4 mm im Durchmesser.

Die Rhizome von Rhynia maior unterscheiden sich äußerlich von denen von Rhynia Gwynne-Vaughani dadurch, daß die gleichfalls einzelligen Rhizoiden von polsterförmigen Erhebungen, die sich zahlreich auf der dem Substrat zugekehrten Seite der Rhizome finden, entspringen (Fig. 161 u. 162). Den Luftsprossen von Rhynia maior fehlen die für Rhynia Gwynne-Vaughani charakteristischen kleinen buckeligen Erhebungen und die aus ihnen entspringenden Seitensprößchen.

Konform mit den größeren Dimensionen im allgemeinen geht bei dieser Art die stärkere Entwicklung und Ausbreitung der einzelnen Gewebeelemente. So zeigt, was die Anatomie der Luftsprosse betrifft, ein Blick auf die Fig. 158, daß die innere Rinde — das vermutliche Assimilationsgewebe —, wesentlich breiter entwickelt ist, und ebenso ist das der Fall bei Phloëm und Xylem (Fig. 159 u. 160). Letzteres zeigt stets eine Differenzierung in zentrales Protoxylem aus engen dünnwandigen Tracheiden und peripheres Metaxylem mit weitlumigeren Tracheiden. Inwieweit Unterschiede im Verdickungsmodus der Tracheiden vorhanden waren, ist nicht festgestellt, da die Wandverdickungen durchwegs ungenügend erhalten sind. Eine besondere Abgrenzung des relativ mächtig entwickelten Phloëmmantels gegen die innere Rinde ist hier, gleich wie bei Rh. Gwynne-Vaughani nicht ausgebildet. Epidermis und Spaltöffnungen sind hier wie dort genau dieselben. — Der von den Luftsprossen bekannte Vegetationspunkt ist im wesentlichen wie der der vorher beschriebenen Art. Die Anatomie der Rhizome gleicht ebenfalls der der Rhizome von Rh. Gwynne-Vaughani; nur daß hier, wie auch bei den Luftsprossen, die einzelnen Gewebearten stärker entwickelt sind.

In ausgezeichneter Weise sind von dieser Art die Sporangien erhalten. Sehr häufig an eben gerade gegabelten Sproßspitzen terminal stehend, sind sie von ganz dem gleichen Typ wie die der vorigen Art, nur größer. Die Fig. 163—166 geben ein deutliches Bild davon.

Wahrscheinlich gehören in den Kreis dieser Familie auch folgende Gattungen, deren Reste allerdings nur in Abdrücken und nicht, oder doch kaum strukturbietend erhalten sind:

Hicklingia Kidston und Lang.

H. Edwardi Kidston und Lang. Mittlerer Old Red Sandstein von Caithness, Schottland. Zahlreiche dicht gebüschelt gewachsene Sprosse erheben sich von einer im einzelnen morphologisch nicht klar gestellten Basis. Die Sprosse vollkommen nackt, ganz ähnlich denen von Rhynia; 1 bis 2 mm breit und bis 15 cm lang, vielfach gabelig verzweigt, gelegentlich mit Übergängen zu mehr minder monopodialer Verzweigung. Endständig an den jüngsten Zweigen oval-keulenförmige Sporangien.

Loganella Stolley.

L. canadensis Stolley. Old Red von Campbellton, Neu-Braunschweig. Bekannt in bis über 50 cm langen Sprossen, die in ihren unteren Teilen bis zu 1 cm Durchmesser erreichen können. Sprosse vollkommen nackt, nur mit feiner Längsstreifung; reichlich sympodial-dichotom verzweigt; Fruktifikation unbekannt. Hierher vielleicht auch Psilophyton robustius Dawson, vom gleichen Fundort.

Haliserites Sternberg p. p.

H. Dechenianus Goeppert p. pte. Unterdevon des Niederrheins. Bekannt in nackten, vielfach gabelig verzweigten Sprossen, deren stärkste bis gegen 1 cm Durchmesser erreichen. In der zentralen Stele sind Treppentracheiden nachgewiesen. Fruktifikation unbekannt. Die Pflanzen wuchsen an manchen Stellen, z. B. bei Daun und Neunkirchen in der Eifel in solcher Menge und Dichte, daß sie eine Art von Kohle bildeten.

2. Horneaceae.

Die typische Gattung ist:

Hornea Kidston und Lang.

Luftsprosse vielfach hintereinander gabelig verzweigt, vollkommen blatt- und dornlos, sich einzeln je von einer protokormartigen, gelappten, mit Rhizoiden besetzten Rhizomknolle erhebend. Sporangien terminal an den Enden der jüngsten Luftsproßgabelzweige. Wand der Sporangien mehrschichtig, ohne besonderen Öffnungsmechanismus. Inneres des Sporangiums erfüllt von dem glockenförmigen Sporenlager und der in dessen Mitte befindlichen, aus sterilem Gewebe gebildeten Collumella.

H. Lignieri Kidston und Lang. Oberes Unter- bis unteres Mitteldevon (mittlerer Old Red Sandstein) von Rynie bei Aberdeenshire, Schottland. (Fig. 167—174.)

Die Pflanze (Fig. 167) stimmt, was die vegetative Region der Luftsprosse betrifft, äußerlich im wesentlichen mit den beiden Ryniaarten überein, unterscheidet sich aber von diesen beträchtlich in der Art der Rhizombildung und der Form und Ausbildung der Sporangien.

Das Rhizom ist protokormartig, gelappt-knollig. Von jeder Rhizomknolle erhebt sich ein mehrfach gegabelter Luftsproß. Meist hängen eine größere Anzahl von Rhizomknollen miteinander kettenförmig zusammen (Fig. 171). Derartige Ketten entstehen, indem die Rhizomknollen an ihren Flanken mittels adventiver seitlicher Auswüchse neue Rhizomknollen, die dann ihrerseits jeweils wieder einen gabelnden Luftsproß tragen, erzeugen. Der Durchmesser der Rhizome bewegt sich um die Werte 8 mm × 2 mm. An der Bauchseite und den unteren Partien der Seitenflanken sind die Rhizome dicht mit einzelligen Rhizoiden besetzt (Fig. 173).

Die Luftsprosse, die einen Maximaldurchmesser von etwa 2 mm und eine Länge von bis zu 15 cm aufweisen, zeigen etwas häufiger Gabelung als das bei den beiden Rhyniaarten der Fall war. Dabei kann die erste Gabelung bereits so tief unten am Sproß einsetzen, daß es den Anschein hat, als entsprängen gelegentlich an einer Rhizomknolle zwei Luftsprosse. Ganz ebenso wie bei Rhynia sind die Luftsprosse vollständig blattlos. Terminal an den Enden der mehrfach gegabelten Sproßpartien stehen die Sporangien.

Was die Anatomie betrifft, so sei zunächst auf die der Luftsprosse eingegangen. In der dünn kutikularisierten Epidermis sind Spaltöffnungen vom Typ derer von Rhynia nachgewiesen[1]). In der Rinde zeigt sich keine deutliche Differenzierung in Außen- und Innenrinde, lediglich vermindert sich gegen innen zu die Größe der im allgemeinen etwas länglichen Rindenzellen. An die Rinde schließt wieder unvermittelt — genau wie bei Rhynia — der Phloëmmantel der Stele (Fig. 174) an. Dieser umgibt den zentralen Strang des Xylems, in welchem eine deutliche Scheidung in einen äußeren Mantel von weitlumerigen Tracheiden des Metaxylems mit unregelmäßig ringförmigen Wandverdickungen und den englumigen Tracheiden des zentral gelegenen Protoxylems vorhanden ist. Dabei ist eigentümlich, daß die Protoxylemtracheiden nicht in einheitlichem Zug liegen, sondern, da sie offenbar

[1]) Nach Zimmermann 1926. S. 150/51.

Fig. 168.

Fig. 167.

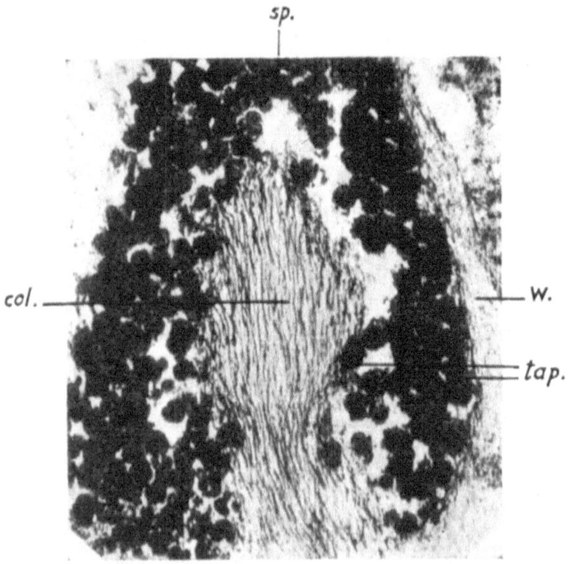

Fig. 169.

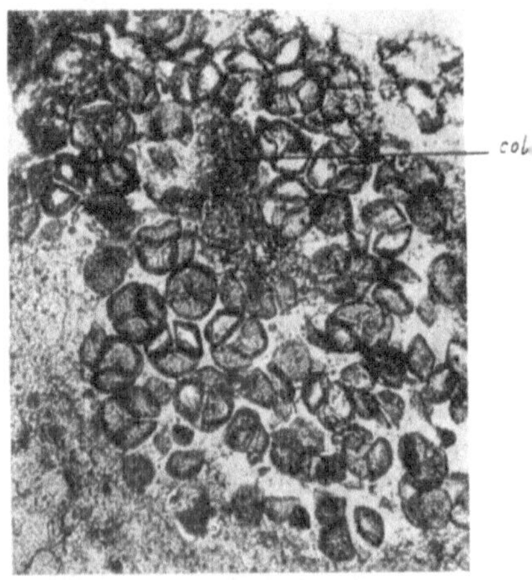

Fig. 170.

Hornea Lignieri Kidston u. Lang. Mittlerer Old Red Sandstein von Schottland.

Fig. 167. Rekonstruktion in $^{2}/_{3}$ nat. Größe. Nach Kidston u. Lang 1921.

Fig. 168. Die terminalen Sporangien zweier Luftsprosse (*st*); das linke Sporangium gegabelt; Sporangienwand, glockenförmiges Sporenlager und Kolumella sind in beiden Sporangien deutlich zu sehen. — 12 ½ ×. Nach Kidston u. Lang 1920.

Fig. 169. Sporangium im Längsschliff; *W*: Wand (ohne deren Epidermis); *tap*: das das Sporenlager umgebende Tapetum; *col*: Kolumella. — ca. 50 × —. nach Kidston u. Lang 1920.

Fig. 170. Partie aus dem Sporenlager; die Sporen noch zumeist zu Tetraden zusammenliegend. 95 ×. Nach Kidston u. Lang 1920.

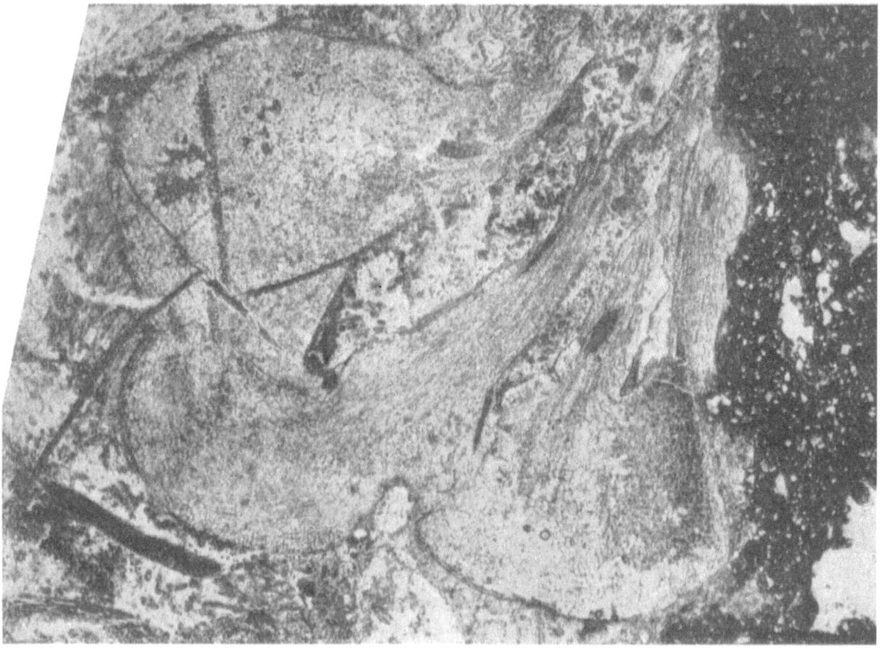

Fig. 171.

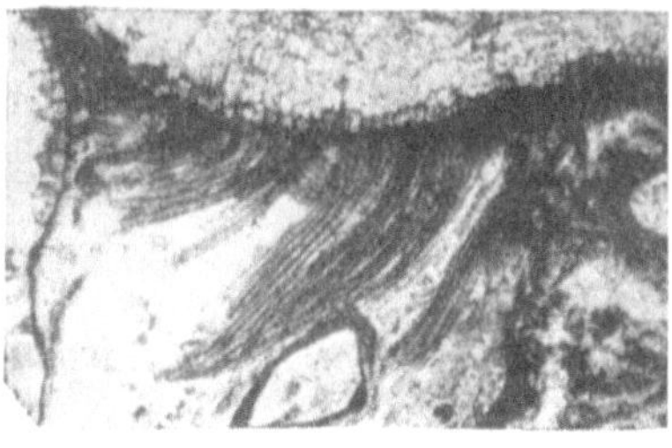

Fig. 173.

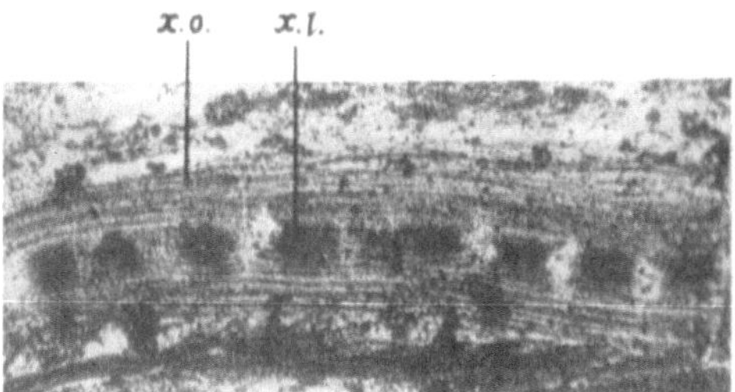

Fig. 174.

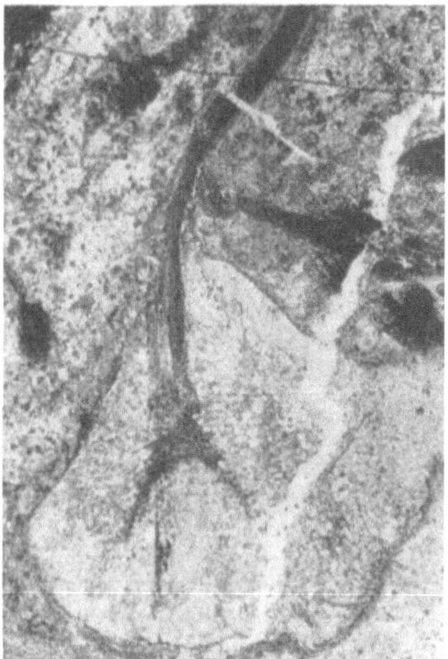

Fig. 172.

Hornea Lignieri Kidston u. Lang. Mittlerer Old Red Sandstein von Schottland.

Fig. 171. Drei aneinanderhängende Rhizomknollen, von deren jeder sich ein Luftsproß erhebt. — 10½ ×. Nach Kidston u. Lang 1920.

Fig. 172. Längsschliff durch einen Luftsproß und zugehörige Rhizomknolle; in dieser die glockenförmige Stele. — 12½ ×. Nach Kidston u. Lang 1920.

Fig. 173. Untere Partie einer Rhizomknolle mit den aus ihrer Epidermis entstehenden einzelligen Rhizoiden. — ca. 26 ×. Nach Kidston u. Lang 1920.

Fig. 174. Längsschliff durch einen Luftsproß; in der Stele das zerrissene Protoxylem (*xi*) und das einheitliche Metaxylem (*xo*). — 54 ×. Nach Kidston u. Lang 1920.

dem nach ihrer Fertigstellung einsetzenden Streckungswachstum der Sprosse nicht folgen konnten, in kleine Partien auseinander gerissen sind. Im Rhizom, das im wesentlichen aus dünnwandigem Parenchymgewebe mit kleinlumigen Interzellularen besteht, findet der Xylemstrang der Stele des Luftsprosses seine Fortsetzung, während dessen Phloëm allmählich in gewöhnliches Parenchym übergeht. Dabei endet der Xylemstrang in der Mitte des Rhizoms glockenförmig (Fig. 172); während die Tracheiden am Hals der Glocke noch von der gleichen Form wie die des Metaxylems der Luftsprosse sind, ist die eigentliche Glocke aus sehr kurzen Tracheiden, deren Wände mit unregelmäßig ringförmigen Verdickungen versehen sind, gebildet; der Glockenrand selbst besteht nur noch aus Parenchym mit stark verdickten Wänden.

Der Bau des Sporangiums (Fig. 168 u. 169) erinnert sehr an den der Kapsel des Sporophyten von Sphagnum. Bei einer Länge von bis zu 4 mm und einer Breite von bis zu 2 mm hat es im allgemeinen eiförmige Gestalt. Seine Wand ist gebildet von einer Epidermis, deren Zellen verdickte Außen- und Radialwände haben, und einer größeren Anzahl von Lagen aus äußerst dünnwandigen Zellen: der Zwischenschicht. Eine besondere Dehiszenzstelle ist nicht vorhanden. Rings um das glockenförmige Sporenlager ist das Tapetum entwickelt und in die Glockenbucht hinein ragt von unten her die aus englumigen, langgestreckten und dünnwandigen Zellen gebildete Kolumella. Die Sporen sind auch hier in einigen Sporangien noch im Tetratenverband gefunden worden (Fig. 170). Gelegentlich sind die Sporangien selbst noch in Gabelteilung gefunden (Fig. 168, links).

Sporogonites Halle.

Eine provisorische Gattung.

Sp. exuberans Halle. Unterdevon von Roeragen, Norwegen. Nur inkohlt erhaltene und isoliert gefundene Sporangienreste, im wesentlichen vom Bau derer von Hornea. Auf einem Träger, der im Maximum 5 cm lang ist und etwa 0,5 mm Durchmesser aufweist, sitzt das 6 bis 9 mm lange, im Durchmesser 2 bis 4 mm breite Sporangium. Sein Scheitel ist rund, während es, sich allmählich gegen den Träger zu verjüngend, nach unten spitz zuläuft. Während die untere Hälfte des Sporangiums von sterilem Gewebe erfüllt ist, umschließt die obere den Sporensack, in den die aus gleichfalls sterilem Gewebe gebildete Kolumella hineinragt. Ein Öffnungsmechanismus scheint nicht vorhanden gewesen zu sein.

3. Pseudosporochnaceae.

Pseudosporochnus Potonié und Bernard.

Ps. Krejčii (Stur ex pte.) Pot. und Bern. Oberes Mitteldevon von Böhmen. (Fig. 175—179.) Ein Pflanzentyp, der, wiewohl seine Reste nur mangelhaft erhalten sind, doch größtes Interesse beanspruchen darf, insofern hier die Übertragung der primitiven Pteridophytenform der krautigen Rhynien und Verwandter ins Baumförmige vorliegt.

Es handelt sich um eine Pflanze, die bei ausgesprochen baumförmigem Wuchs gegen 2 bis 3 m Höhe erreicht hat. Von den erhaltenen Stämmen

Pseudosporochnus Krejčii (Stur ex pte). Potonié u. Bernard. Oberes Mitteldevon von Böhmen.

Fig. 175. Größter bekannter Stammrest mit mehrfacher schnell aufeinander folgender Gabelverzweigung an seinem oberen Ende. (ca. $^1/_{10,5}$).

Fig. 176. Basis eines anderen (dünneren) Stammes mit noch anhaftenden Wurzeln. $^2/_3$ ×.

Fig. 177. Durch mehrfache Gabelung der oberen Stammpartie entstandene Astkrone einer jüngeren, weniger starken Pflanze. An den Hauptgabelzweigen seitlich die fertilen Ästchen. ca. $^1/_3$ ×.

Fig. 178. Aststück (einer anderen Pflanze als der in Fig. 175, 176 u. 177 abgebildeten) mit den fertilen Ästchen. An den letzten Gabelzweigen die terminalen Sporangien ($^1/_1$).

Fig. 179. Sporangien (3 × vergr.).

Sämtl. Fig. nach Potonié-Bernard 1904.

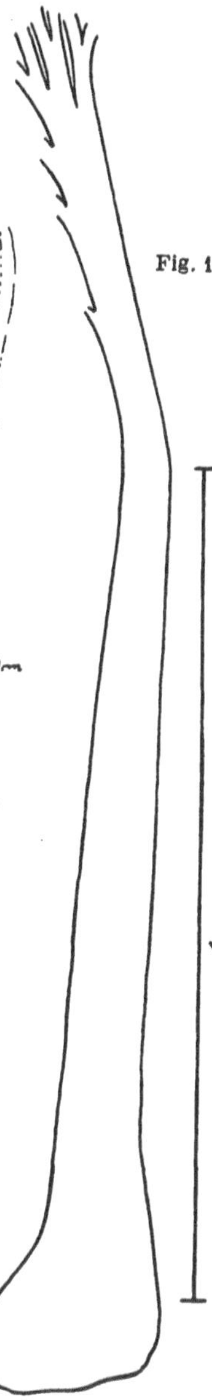

Fig. 175.

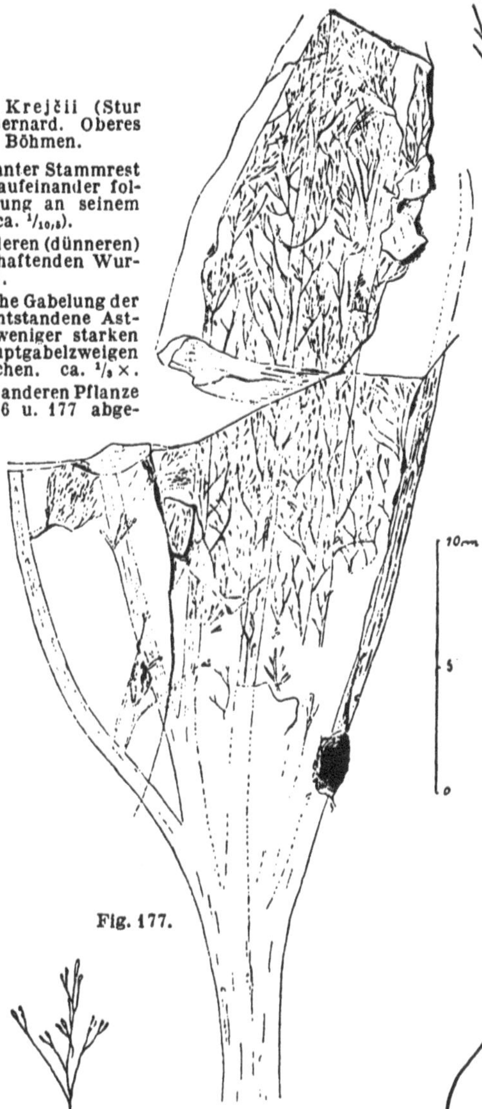

Fig. 177.

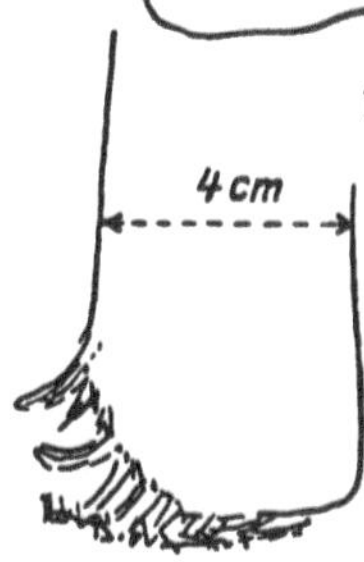

Fig. 176.

Fig. 178.

Fig. 179.

mißt der größte in seiner unverzweigten Partie, über der sich die reich verzweigte Krone erhob, 1 m 60 cm Länge bei einer mittleren Dicke von ca. 10 cm und einer Stärke seiner ringsum bewurzelten, angeschwollenen Basis von ca. 20 cm (Fig. 175). An der Unterseite der angeschwollenen Stammbasis entsprangen wurzelähnliche Bildungen (Fig. 176). Die Stämme trugen an ihrem oberen Ende eine Krone mehrerer annähernd gleichstarker Äste, die ihrerseits etwa die gleiche Höhe wie der sie tragende unverzweigte Stammteil erreicht haben (Fig. 177). Sie sind offenbar durch mehrfache unmittelbar hintereinander und in mehreren Ebenen erfolgende Gabelteilung des oberen Hauptstammendes entstanden. Die einzelnen Äste trugen wesentlich dünnere Zweige, von welchen dann schließlich ringsum zahllose, feine, öfters gegabelte Ästchen ausgingen (Fig. 178); endständig an den letzten Gabelzweigen das selbst noch oft mehr minder gegabelte Sporangium (Fig. 179). — Mittels Mazeration konnten an inkohlten Stammresten Tracheiden mit einreihig gestellten kreisrunden Tüpfeln und solche mit ringförmiger Wandverdickung festgestellt werden.

4. Psilophytaceae.

Psilophyton Dawson.

Die typische Gattung der Familie. Luftsprosse gabelig verzweigt, ringsum mit kleinen Dornfortsätzen besetzt; von gabelig verzweigten, dornlosen (mit? Rhizoiden besetzten) Rhizomsprossen sich erhebend. Wachsende Region der Luftsprosse bischofstabähnlich eingerollt.

Ps. princeps Dawson. Unterdevon, südl. Ostkanada und Westeuropa (Fig. 180). Von im Boden horizontal verlaufenden zylindrischen, hie und da gegabelten Rhizomen erheben sich aufrechte, reich gabelig verzweigte Luftsprosse, die an der Basis einen Durchmesser von etwa $\frac{1}{4}$ bis $\frac{3}{4}$ cm haben. Gelegentlich sind die Gabeläste ungleich stark entwickelt, so daß das Bild einer mehr oder minder monopodialen seitlichen Verzweigung entsteht. Die Sprosse sind mit dornförmigen Auswüchsen ringsum besetzt. Ihre wachsende Endregion ist bischofstabförmig eingerollt. Struktur bietendes Material von Sprossen zeigte im Zentrum der Stele einen massiven Strang von Ringtracheiden, die von schlecht erhaltenem Phloëm mantelförmig umgeben sind. Darum ein breiter Rindenmantel von innen parenchymatischen, außen prosenchymatischen Elementen, woran die Epidermis anschließt. Spaltöffnungen mit Kutikularleisten und papillösen Nachbarzellen.

Die länglichen, spitzeiförmigen Sporangien stehen einzeln oder in Paaren an den obersten noch mehrfach gegabelten, aber nicht mehr mit Dornauswüchsen besetzten Enden der Luftsprosse; sie dürften denen von Rhynia ähnlich gewesen sein, doch ist ihre Struktur nicht genauer bekannt.

Die Art wurde zusammen mit der Gattung 1859 von Dawson begründet auf die aus dem Unterdevon von Gaspé, südl. Ostkanada,

Fig. 180.

Fig. 180. Psilophyton princeps Dawson. Unterdevon von Südost-Kanada. Rekonstruktion nach Dawson 1888. ca. ⅓ nat. Gr. Links bei *a*: das Ende eines Gabelzweiges mit Sporangien; bei *b*: ein Stück von der unteren Partie eines Luftsprosses mit den dornartigen Blättchen.

Fig. 181.

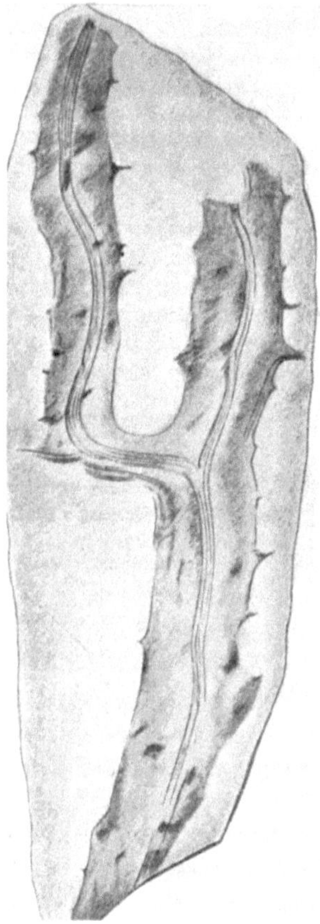

Fig. 182.

Fig. 181—182. Arthrostigma gracile Dawson.
Fig. 181 aus dem Unteren Old Red Sandstein von Schottland. ¾. Nach Kidston 1893. — Fig. 182 aus dem Unterdevon von Roeragen (Norwegen). — Im Zentrum die Stele sichtbar — ¾. Nach Halle 1916.

stammenden Fossilien. Damit völlig idente Reste werden noch angegeben von Hamilton of Main und New York. Sehr nahe stehen solche von Unterdevonschichten von Roeragen (Norwegen), ferner werden noch — aber ohne daß die spezifische Identität sicher stünde — Psilophytonreste vom Bulandet-Archipel (Westnorwegen), aus dem Old Red Sandstein von Schottland, von Matringhem (Nordfrankreich) und — die als Lepidodendron Burnotense Gilkinet beschriebenen Reste — aus dem Unterdevon von Burnot (Belgien) angegeben.

Die meisten übrigen von Dawson, Gilkinet und anderen Autoren der älteren und neueren Literatur zu Psilophyton gestellten Fossilien sind zu schlecht erhalten, als daß ihre Einreihung in die Gattung zu rechtfertigen wäre. Als mit einiger Sicherheit zur Gattung zu rechnende Formen, deren Fruktifikation allerdings nicht bekannt ist, seien genannt:

Ps. Dechenianum Carruthers, aus dem Old Red Sandstein von Nord-Schottland.

Ps. Goldschmidtii Halle. Unterdevon von Roeragen, Norwegen.

Ps. (?) **Hedei** Halle. Unteres Ludlow (oberes Salopian) des Obersilur von Gotland, eine Pflanze, die wegen ihres hohen Alters von besonderem Interesse ist. Ein Rest ähnlicher Art wurde (nach Seward 1923) von Dawson auch aus dem Obersilur von Kanada angegeben.

Dawsonites Halle.

D. arcuatus Halle. Fruktifikationen vom Typ derer vom Psilophyton princeps beschriebenen. Da die Fruktifikation an drei verschiedenen, weit voneinander entfernten Stellen (Ostkanada, Norwegen und Nordfrankreich) in ständiger Assoziation mit Psilophyton princeps gefunden wurde, ist sehr wahrscheinlich, daß es sich — wie auch von anderen Autoren angenommen wird — nur um die Fruktifikation von Psilophytum princeps handelt.

Arthrostigma Dawson.

A. gracile Dawson. Unterdevon von Gaspé (Ostkanada), unterer Old Red Sandstein von Callander (Schottland), Unterdevon von Röragen (Norwegen). Luftsprosse von gut über 1 cm Dicke und von ähnlichem Habitus wie die von Psilophyton princeps (Fig. 181—182). Fruktifikation unbekannt[1]).

5. Asteroxylaceae.

Asteroxylon Kidston und Lang.

Luftsprosse mit kleinen, dornförmigen Blättchen ringsum besetzt; mehr oder minder deutlich monopodial, gelegentlich gabelig verzweigt; sie erheben sich von gabelig verzweigten blatt- und rhizoidenlosen Rhizomsprossen. Von diesen gehen nach abwärts vielfach gabelig verzweigte, dünne, wurzelähnliche Gabeläste ab. Sporangien terminal an den Verzweigungen eigener an den Luftsprossen seitlich entspringender mehrfach verzweigter Fruktifikationssysteme. Diese ohne dornförmige Blättchen. Sporangien von birnförmiger Gestalt, mit mehrschichtiger Wand und apikaler Dehiszenzstelle. Binnenraum ganz von Sporen erfüllt.

A. Mackiei Kidston und Lang. Oberes Unter- bis unteres Mitteldevon (mittlerer Old Red Sandstein) von Rhynie bei Aberdeenshire, Schottland. (Fig. 183—197).

Die, was den Gesamthabitus der Luftsprosse betrifft, bärlappähnliche Pflanze besitzt ein horizontal kriechendes gabelig verzweigtes, blattloses Rhizom, ähnlich dem von Rhynia. Während sich ein Teil der Gabeläste des Rhizoms als Luftsprosse über das Substrat erhebt, dringen andere wurzelähnliche, vielfach weiter gabelnd, mehr oder minder vertikal abwärts, in das Substrat ein. Auch von ihnen können sich übrigens wieder

---

[1]) Ein Arthrostigma gracile nahestehender Rest ist von J. C. Cookson (Proc. R. Soc. Victoria, Bd. 38. 1926) aus devonischen Schichten von Victoria (Südostaustralien) beschrieben worden. Doch ist weder die Identität mit Arthrostigma, noch mangels erhaltener Fruktifikation die wirkliche Zugehörigkeit zu den Psilophytales sichergestellt. Würde sie sich beweisen lassen, wäre die Tatsache von besonderem Interesse, insofern als damit das Vorhandensein der Psilophyten auch auf der Südhemisphäre erwiesen wäre.

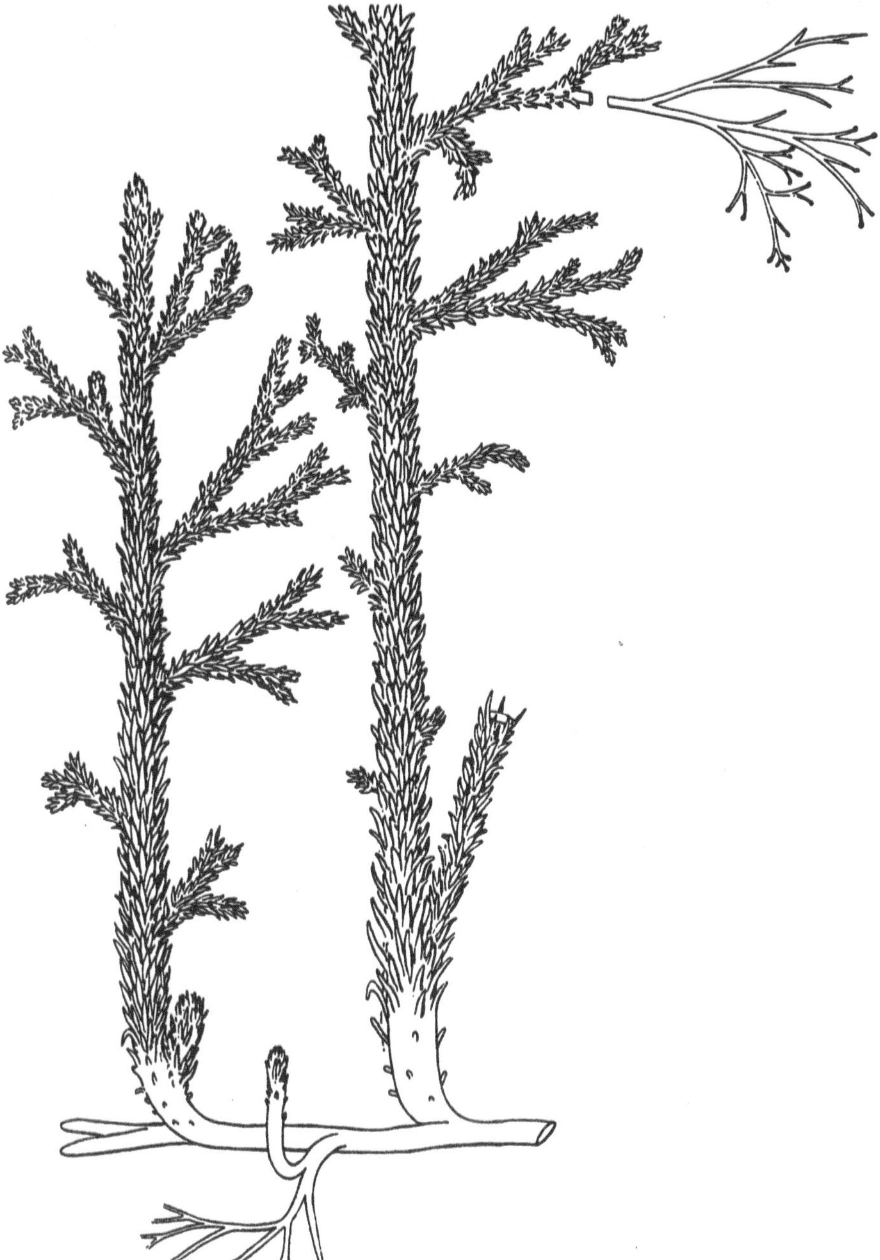

Fig. 183.

Asteroxylon Mackiei Kidston u. Lang.
Mittlerer Old Red Sandstein von Schottland.
Rekonstruktion in ⅔ nat. Größe. Nach Kidston u. Lang 1920.

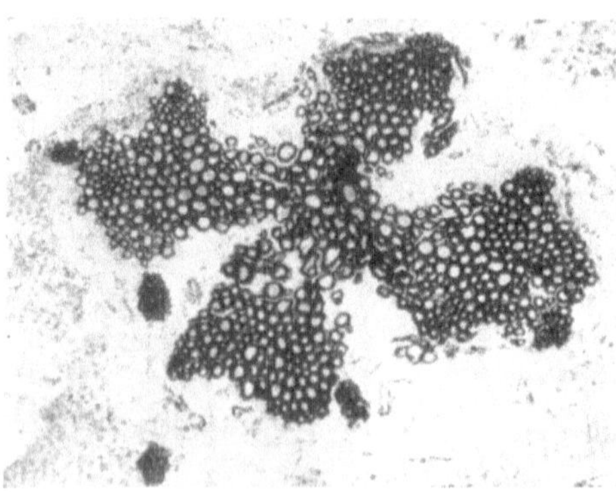

Fig. 185.

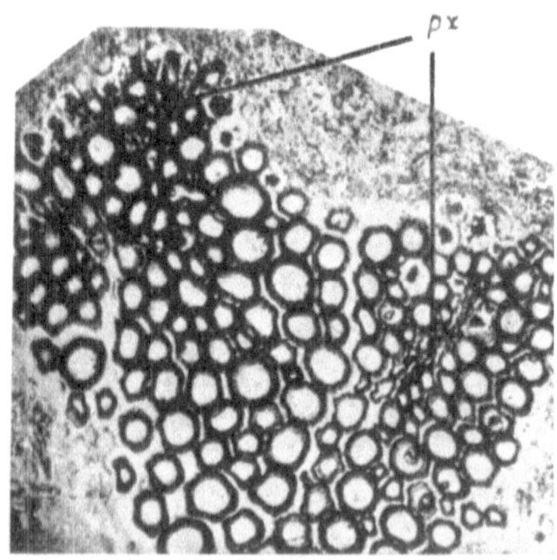

Fig. 186.

Asteroxylon Mackiei Kidston u. Lang. Mittlerer Old Red Sandstein von Schottland.

Fig. 184. Ein Luftsproß im Längsschliff und mehrere im Querschliff. — ca. 6 ×. Aus Scott, Ext. Pl. 1925.

Fig. 185. Xylem der Stele eines Luftsprosses, quer; rings außen eine Anzahl Blattspurstränge, die ihren Ursprung von den verbreiterten Xylemkreuzarmen nehmen. — 26 ×. Nach Kidston u. Lang 1920.

Fig. 186. Querschliff durch einen Xylemarm. Bei *px* zwei Protoxylemgruppen. — 84 ×. Nach Kidston u. Lang 1920.

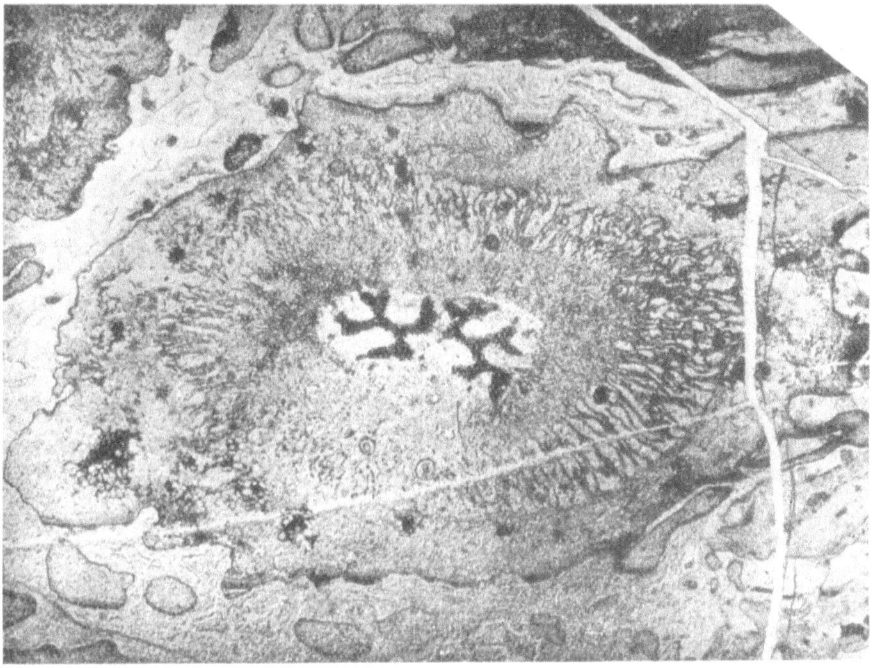

Fig. 187.

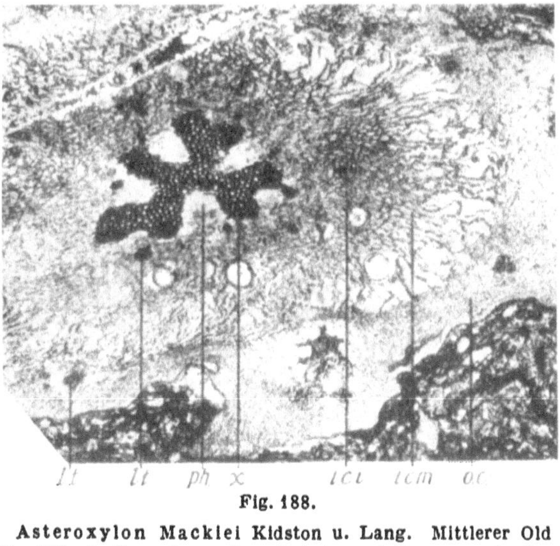

Fig. 188.

Fig. 189.

Asteroxylon Mackiei Kidston u. Lang. Mittlerer Old Red Sandstein von Schottland.

Fig. 187. Luftsproß an einer Gabelungsstelle quer getroffen; Stele bereits zweigeteilt. Ringsum den Sproß zahlreiche (leitbündellose) Blätter quer getroffen. — 8½ ×. Nach Kidston u. Lang 1920.

Fig. 188. Luftsproß im Querschliff. *oc*: Äußerer Rindenmantel; *icm*: mittlere Zone; *ici*: innere Zone der inneren Rinde; *ph*: Phloëm (zerstört); *x*: Xylem; *lt*: Blattspursprünge. — 11 ×. Nach Kidston u. Lang 1920.

Fig. 189. Längsschliff durch das Xylem eines Luftsprosses. *px*: Protoxylemtracheiden; rechts davon Netz- und Ringtracheiden des Metaxylems. — 189 ×. Nach Kidston u. Lang. 1920.

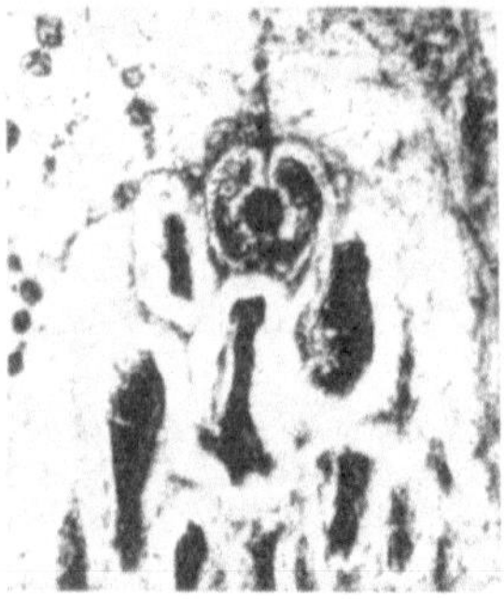

Fig. 190.

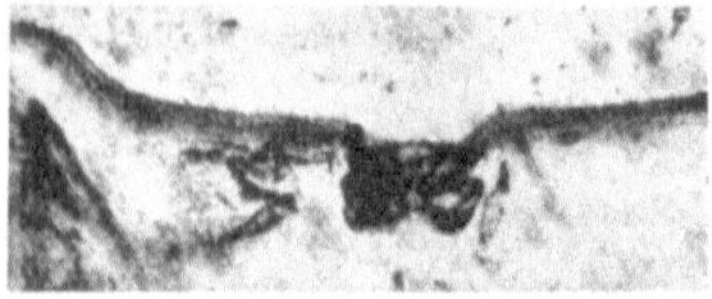

Fig. 191.

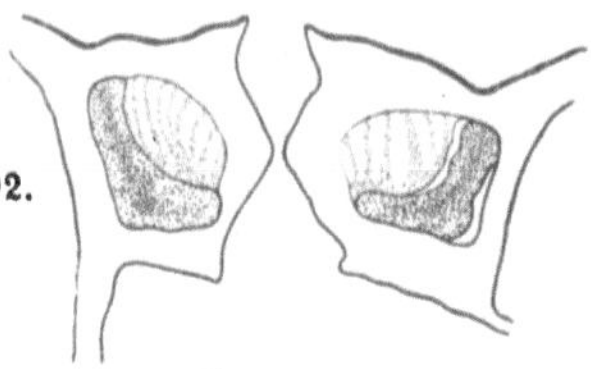

Fig. 192.

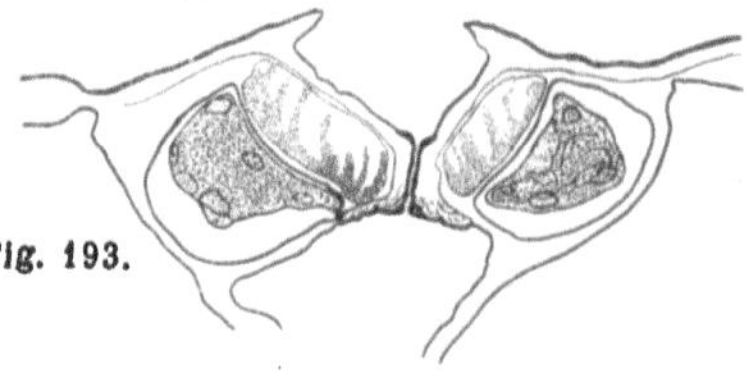

Fig. 193.

Asteroxylon Mackiei Kidston u. Lang. Mittlerer Old Red Sandstein von Schottland.

Fig. 190. Epidermiszellen und Spaltöffnung eines Luftsprosses in Oberflächenansicht. — 168 ×. Nach Kidston u. Lang 1920.

Fig. 191. Spaltöffnung im Querschliff. — 168 ×. Nach Kidston und Lang 1920.

Fig. 192 u. 193. Spaltöffnungen von einer jungen (Fig. 192) und einer ausgewachsenen (Fig. 193) Sproßpartie. Vor den eigentlichen Schließzellumina die sekundären Anlagerungsschichten an die Bauchwände der Schließzellen. — 375 ×. Nach Zimmermann 1926.

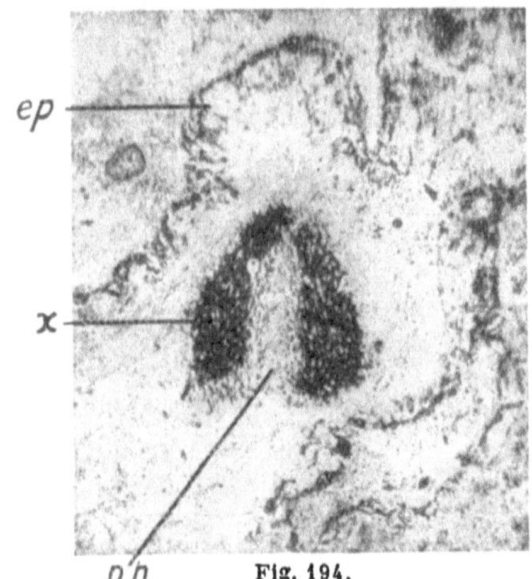

Fig. 194.

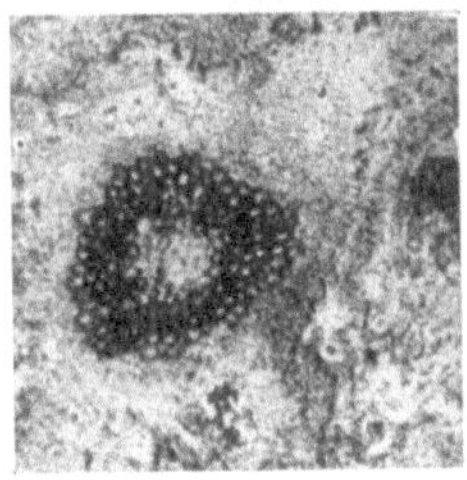

Fig. 195.

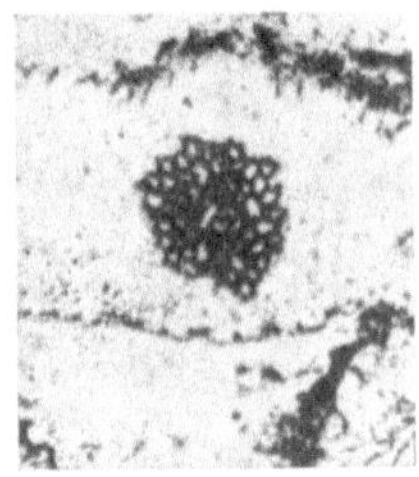

Fig. 196.

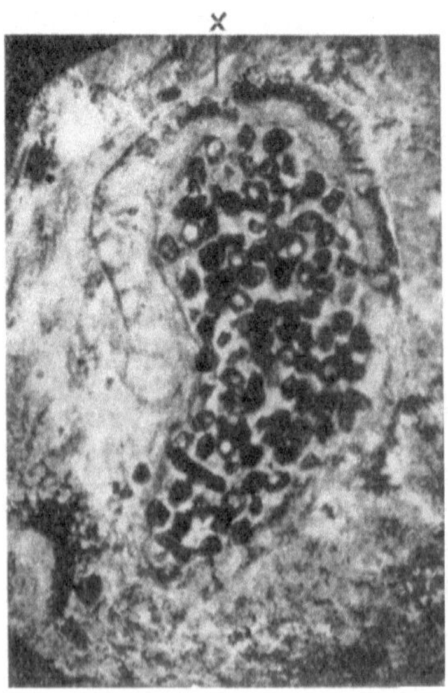

Fig. 197.

Asteroxylon Mackiei Kidston u. Lang. Mittlerer Old Red Sandstein von Schottland.

Fig. 194—196. Querschliffe durch die Stele verschiedener Abschnitte der Fruktifikationssysteme. 54 ×. Nach Kidston u. Lang 1920.

Fig. 197. Sporangium im Längsschliff; bei *x* die Dehiszenzstelle an der sonst von dickwandigen Zellen gebildeten Epidermis der mehrschichtigen Sporangienwand. 54 ×. Nach Kidston u. Lang 1920.

Gabelsprosse als Luftsprosse entwickeln, wie die Rekonstruktion der Fig. 183 zeigt. Was die Ausmaße der verschiedenen Sproßformen betrifft, so zeigen die kräftigsten Luftsprosse bei bis zu 40 und mehr cm Länge bis über 1 cm Dicke, die wurzelähnlichen Sprosse höchstens 2 bis 3 mm Durchmesser, während die Rhizomsprosse an Stärke etwa die Mitte zwischen beiden halten. Die Rhizome sind durchweg ohne Rhizoiden.

Die Luftsprosse sind allseitig mit kleinen dornähnlichen Blättern, deren genauere Stellung unbekannt ist, besetzt. Gelegentlich zeigen die Luftsprosse echte Gabelung, doch überwiegt über diesen ursprünglicheren Verzweigungsmodus bei weitem der der monopodialen (seitlichen) Verzweigung, indem von den starken Hauptluftsprossen, wohl allseits und nicht nur in einer Verzweigungsebene, wesentlich schmälere Seitensprosse, die sich ihrerseits weiterhin noch mehr minderhäufig gabelig verzweigen, ausgehen. Daß deren Ursprung zwar im allgemeinen exogener Natur ist, gelegentlich aber auch endogen erfolgt, sei schon hier hervorgehoben.

Zwischen den Luftsprossen und den Rhizomen vermittelt eine — auch anatomisch — intermediär ausgestaltete Übergangsregion an der Basis der Luftsprosse. Hier sind die Blättchen ganz locker gestellt und mehr oder minder zu kleinen Schuppen reduziert.

Entsprechend der höheren Differenzierung in der äußeren Erscheinung, ist auch die Anatomie von Asteroxylon eine kompliziertere.

Was die Luftsprosse betrifft, so ist die Epidermis aus in der Flächenansicht länglich tafelförmigen, deutlich kutikularisierten Zellen gebildet. Die Spaltöffnungen darin sind unter das Niveau der Epidermisaußenfläche, etwa eine Zellage tief, eingesenkt (Fig. 190—193). Es sind Spaltöffnungen von einem hochentwickelten Organisationstypus, mit sehr starken Bauchwänden (wobei die Verstärkung mittels Membrananlagerung vom Schließzellumen her erfolgte), und deutlicher Vorhofbildung (Fig. 192—193). — Die Rinde weist eine reiche Differenzierung auf. Während die Außenrinde im allgemeinen schwach entwickelt ist, zeigt die innere Rinde bei den Sprossen mit stärkster Gewebedifferenzierung eine Sonderung in drei Zonen, wobei die mittlere aus im Sproß radiär verlaufenden trabekulären Bändern zwischen weiten Interzellularräumen besteht (Fig. 187 u. 188). Wie wohl im einzelnen die Erhaltung der Gewebe keine gute ist, hat es doch den Anschein, als ob bereits die innerste Rindenschicht als Endodermis ausgebildet gewesen sei. — Das Phloëm der Stele (Fig. 187 u. 188) ist gegen die Rinde deutlich abgesetzt. Das Xylem ist im Querschnitt sternförmig mit Gruppen von Protoxylem in den einzelnen Sternarmen nahe ihrem äußeren Rande (Fig. 185 u. 186). Rings um das Xylem, und auch die Buchten zwischen den einzelnen Xylemsternarmen ausfüllend, befindet sich der Phloëmmantel, an den Stellen gerade vor den Xylemsternarmen von sehr geringer Breite. Im einzelnen unterscheiden sich die durchweg gleichartigen Phloëmelemente nicht von denen von Rhynia und Hornea. Die Tacheiden, sowohl die engeren des Protoxylems als die weiteren des Metaxylems zeigen, meist mehr oder minder unregelmäßige ringförmige, seltener schraubige Verdickung der Wände (Fig. 186).

Die protostelischen »Blattspur«stränge, bestehend aus einem dünnen zentralen Tracheidenstrang und einem schmalen Phloëmmantel ringsum, nehmen ihren Ursprung von den Xylemsternarmen, wobei mehrere vertikale Reihen von solchen Strängen von jedem Xylemarm ausgehen. (Fig. 185). Sie verlaufen zunächst eine längere Strecke vertikal am äußersten Stelenrand, bei Passage der Innenrinde ist ihr Verlauf ziemlich schräge, während sie durch die Außenrinde wieder annähernd vertikal ziehen. Sie reichen nur bis an die Blattbasis. Die Blätter selbst (Fig. 184) sind leitbündellos. Aus einheitlichem Parenchym, ähnlich dem der Außenrinde der Sprosse gebildet, setzen sie mit breiter Basis an den Sproß an. Ihre Epidermis weist zahlreiche Spaltöffnungen auf.

Einfacher als bei den Luftsprossen ist die Anatomie der Rhizome, die im wesentlichen der der Rhizome von Rhynia gleicht. An die aus kleinlumigen Zellen gebildete spaltöffnungslose Epidermis schließt die Außenrinde an, die aus fünf oder mehr Lagen von ziemlich großen Parenchymzellen gebildet ist. Die Innenrinde besteht aus kleinlumigen, sehr dünnwandigen Zellen. Die Stele enthält einen nicht sehr umfangreichen Zylinderstrang von spiral- bis ringförmig verdickten Tracheiden, wobei eine Differenzierung in Proto- und Metaxylem nicht erkennbar ist. Das Phloëm umgibt als verhältnismäßig breiter Mantel das Xylem. — Diese Art von Ausbildung trifft für die größeren eigentlichen Rhizome zu. Bei den dünnen, vielfach gegabelten wurzelähnlichen Rhizomen sind alle Gewebelemente weniger zahlreich entwickelt, wobei besonders die Reduktion des äußeren und inneren Rindenmantels auf nur je ein bis zwei Zellagen Breite auffällt.

Die Übergangsregion zwischen Rhizomen und Luftsprossen verhält sich hinsichtlich der Rindenausbildung ähnlich wie die Rhizome, dagegen weist die Epidermis gleich wie die der Luftsprosse bereits Spaltöffnungen auf und die Stele ist durch sternförmiges Xylem charakterisiert.

Alle diese Angaben beziehen sich auf wohlentwickelte Sprosse der verschiedenen Kategorien. Daß bei schwach entwickelten Sprossen die anatomischen Verhältnisse entsprechend reduziert sind, ist selbstverständlich.

Was die fertile Region von Asteroxylon Mackiei betrifft, so ist ein organischer Zusammenhang zwischen den Luftsprossen und den aller Wahrscheinlichkeit nach zu ihnen gehörigen Sporangien tragenden Sproßsystemen bisher nicht gefunden. Da aber das im folgenden zu beschreibende Fruktifikationssystem zusammen mit Luftsprossen und Rhizomen von Asteroxylon in ein und demselben Block und frei von allen Beimengungen irgend anderer Pflanzenreste gefunden wurde, und da das Vorkommen von Asteroxylon wenigstens im Rhynie-Quarzbett ein auf ganz wenige schmale Lagen beschränktes ist, und auch die anatomischen Details nicht dagegen sprechen, so ist die Zusammengehörigkeit der in Rede stehenden Fruktifikation mit den vegetativen Sproßsystemen von Asteroxylon nahezu über allen Zweifel erhaben, um so mehr, als für das neu gefundene Asteroxylon elberfeldense (vgl. unten) ganz der gleiche Typus von Fruktifikationssystemen einwandfrei nachgewiesen ist.

Die Fruktifikationssysteme, die — wie das auch in der Rekonstruktion (Fig. 183) zum Ausdruck kommt — offenbar seitenständig von den Luftsprossen getragen wurden, zeigen wiederholte Gabelung. Völlig blattlos, enden die einzelnen letzten Gabelzweigchen in terminal stehenden Sporangien.

Bezüglich der Anatomie, so ist die Epidermis mit Spaltöffnungen versehen und die ganze Rinde von im wesentlichen einheitlichem Bau, aus parenchymatischen Zellen gebildet. Die Anordnung der Gewebe in der Stele ist von größerer Mannigfaltigkeit. Im einfachsten Fall (Fig. 196) handelt es sich um einen zylindrischen Xylemstrang aus im Zentrum englumigeren, in der Peripherie weitlumigeren Tracheiden, deren Verdickungen infolge schlechter Erhaltung unbekannt sind. Darum herum ein einheitlicher Phloëmmantel. In anderen Fällen (Fig. 194) ist das Xylem im Querschnitt hufeisenförmig und das es umgebende Phloëm dringt auch in die Bucht zwischen die zwei Xylemarme ein, sie ganz ausfüllend — ein Übergang zu der sternförmigen Xylemausbildung der kräftig entwickelten Luftsprosse. Im extremsten Fall (Fig. 195) schließen sich die beiden Arme des hufeisenförmigen Xylems, so daß im Querschnitt das Bild eines Ringes entsteht, wobei Phloëm das Innere des Ringes ausfüllt und rings um ihn noch als Mantel vorhanden ist.

Die Sporangien selbst sind von birnförmiger Gestalt. (Fig. 197.) Im allgemeinen ist die Epidermis der mehrschichtigen Wand gebildet von pallisadenförmigen, langgestreckten Zellen mit verdickten Innen- und Seitenwänden. Dagegen nehmen die Epidermiszellen am Scheitel des Sporangiums an Größe ab und die Verdickungen der Wände verringern sich. Es ist das die Dehiszenz-Stelle des Sporangiums, die offenbar rein terminal liegt. Das Innere des Sporangiums ist ganz ausgefüllt von Sporen, die in einigen Fällen noch zu Tetraden beisammenliegend gefunden wurden.

A. elberfeldense Kräusel und Weyland. Mitteldevon von Nordwestdeutschland, Böhmen, Schottland und Norwegen. (Fig. 198—199.) Die Pflanze, deren untere und beblätterte Luftsproßpartien bisher als Thursophyton Milleri Nathorst, deren obere und unbeblätterte als Hostimella hostimensis Potonié und Bernard beschrieben wurden, ist dank glücklicher Funde am Kirberg bei Elberfeld jetzt gut bekannt. Sie stimmt, was den allgemeinen Aufbau betrifft, in Vielem mit A. Mackiei überein.

Fig. 198.

Fig. 199.

Asteroxylon elberfeldense Kräusel und Weyland. Oberes Mitteldevon von Mittel- und Nordeuropa.

Fig. 198. Rekonstruktion in $^3/_{25}$ nat. Gr. Nach Kräusel und Weyland 1926.
Fig. 199. Schematischer Querschliff durch die Stele im unteren Teil eines Luftsprosses. Punktiert: das zentrale Mark; schwarz: Xylem; weiß bis zur äußeren Grenzlinie: Phloëm. $12^1/_2\times$. Nach Kräusel u. Weyland 1926.

Von ihrem nackten, gabelig verzweigten Rhizom erhob sich ein Teil der Gabeläste als beblätterte Luftsprosse, während andere (meist schmächtigere) Gabeläste unter vielfacher unregelmäßiger Verzweigung und unbeblättert, Wurzeln ähnlich, im Substrat weiterwuchsen. Die beblätterten, mehrfach dichotom-sympodial verzweigten Achsen der Luftsprosse erreichten bei kaum 5 mm Dicke eine Länge von bis gegen 1 m. Blättchen in schraubiger Anordnung, wenige Millimeter lang, an der Basis keulig verdickt. Oberer Teil der Sprosse vielfach verzweigt und allmählich blattlos werdend[1]). An den letzten, dünnen Seitenzweigsystemen endständig die Sporangien, deren Struktur noch nicht genauer bekannt ist.

Was die Anatomie betrifft, so weist die Pflanze unter allen strukturbietend erhaltenen Psilophyten die größte Differenzierung auf: Untere (beblätterte) Partien der Luftsprosse mit vielarmig-stellater Stele; diese im Zentrum mit parenchymatischem Mark. (Fig. 199.) Xylemtracheiden mit treppenförmiger Wandverdickung, zum Teil auch mit runden Tüpfeln. Phloëm ohne echte Siebröhren. Stele der oberen und nackten Sproßpartien rein protostelisch, mit zentralem, im Querschliff kreisrunden Xylemstrang. Rinde stets in eine innere parenchymatische und eine äußere mehr prosenchymatische Zone differenziert. Epidermis kutikularisiert, Spaltöffnungen wohl vorhanden, jedoch (infolge der ungünstigen Erhaltung der Sprosse) noch nicht gefunden.

Allgemeines.

Was die Biologie der oben geschilderten Psilophyten betrifft, so dürften die krautigen Vertreter Gewächse gewesen sein, die in Massenvegetation auftraten. Darauf deutet die Art ihres Vorkommens im allgemeinen hin, besonders aber sprechen dafür die Verhältnisse in dem von Kidston und Lang genauest untersuchten Rhynie-Quarzbett, dem die oben genannten Rhynia Gwynne-Vaughani, Rh. maior, Hornea Lignieri und Asteroxylon Mackiei entstammen. Um auf diese berühmte Fundstätte etwas genauer einzugehen, so hat offensichtlich das Auftreten der einzelnen der genannten Pflanzenarten mit dem Wassergehalt des Substrates und dessen Wasserbedeckung gewechselt. Auf mäßig feuchtem Substrat sind allem Anschein nach die beiden Arten von Rhynia gewachsen. Hornea Lignieri dagegen scheint — was ihr Zusammenvorkommen mit Algen (Paläonitella Cranii) und kleinen Krustazeen mitbeweist — die Stellen und Zeiten mit mehr oder minder starker Wasserüberflutung des Substrates vorgezogen zu haben (wie übrigens auch das weitverbreitete Asteroxylon elberfeldense). Dagegen dürfte Asteroxylon Mackiei, das in dem genannten Vorkommen von Rhynie stets an mit Sand überdeckte, also wenig mit Wasser durchtränkte Stellen gebunden ist, die relativ am meisten Trockenheit liebende Pflanze gewesen sein. Mit diesen Annahmen steht in Einklang, daß bei den beiden Rhyniaarten und wohl auch bei Hornea die Spaltöffnungen noch im gleichen Niveau mit der Epidermis und bei R. Gwynne-Vaughani zum Teil sogar

[1]) Gelegentlich unter den Stellen der Astabgänge hervortretende buckelartige Hervorragungen dürften herrühren von abgebrochenen oder im weiteren Wachstum gehemmten Anlagen von Gabelästen, die unmittelbar unter einer weiteren Gabelteilung des sie tragenden Sproßsystems und in einer anderen Verzweigungsebene zur Anlage gelangt waren.

auf den kleinen Buckeln über der Epidermis an exponierter Stelle liegen, während sie bei Asteroxylon Mackiei unter das Niveau der Epidermis eingesenkt sind.

Die Mannigfaltigkeit der ökologischen Bedingungen, unter denen somit die genannten Psilophyten lebten, die Tatsache, daß selbst zwei äußerlich recht ähnliche Arten einer Gattung (Asteroxylon Mackiei und A. elberfeldense) offensichtlich unter wenigstens bis zu einem gewissen Grad extremen Bedingungen lebten, endlich der Umstand, daß gegen Ende der Epoche dieser Gruppe sogar noch ein baumförmiger Typus (Pseudosporochnus) erstand, machen es zur Gewißheit, daß es verfehlt wäre, in den primitiven Formverhältnissen dieser Gruppe etwa eine an extreme Anpassung geknüpfte morphologische Reduktion sehen zu wollen. Es handelt sich vielmehr — worauf ja schließlich auch das hohe geologische Alter der Gruppe hinweist — ganz sicher um primitivste Pteridophyten, deren einfache morphologische Verhältnisse in den an verschiedenste ökologische Bedingungen angepaßten krautigen und zuletzt sogar baumförmigen Typen abgewandelt werden. Ihre geradezu klassisch primitive Morphologie hat uns — wie am Ende dieses Bandes auseinanderzusetzen sein wird — überhaupt erst den Schlüssel zum Verständnis der höheren Formenkreise in die Hand gegeben.

Hier sei bezüglich der Morphologie der Psilophytales nur folgendes hervorgehoben, wobei in erster Linie die bestbekannten Formen berücksichtigt sind.

Die Gruppe zeigt zwei Typenreihen, in deren jeder die Einzelglieder sich in eine aufsteigende Reihe einordnen lassen, und deren Anfangsglieder zweifellos eng miteinander verwandt sind.

1. Reihe: Rhynia-Hornea-Pseudosporochnus. Sicher den primitivsten Typus sowohl der ganzen Gruppe als auch innerhalb dieser Reihe stellen die beiden Rynia-Arten dar. Ihre rein gabeligen Sproßsysteme sind prinzipiell durchwegs gleichartig, sowohl in der basalen submersen als in der oberirdischen Region. Die einzige Differenzierung ist die in die prinzipiell dauernd wachstumsfähigen Rhizomgabelsprosse und in die nach Ablauf einer gewissen Entwicklung im Wachstum begrenzten und mit terminalen Sporangien abschließenden Luftsprosse. Ein Abbau der Wachstumsfähigkeit der Basalpartien hat bei Hornea Lignieri stattgefunden. Die knollige Basis dieser Pflanze ist zweifellos wachstumsbegrenzt, wennschon durch seitliche Aussprossung sekundär auch hier die Begrenzung noch keine absolute ist. Das ist erst endgültig der Fall bei dem Endglied der Reihe: Pseudosporochnus Krejčii, wo die Stammbasis, von der ein einziger aufrechter Sproß sich erhebt, lediglich noch seitlich entspringende wurzelähnliche Bildungen besitzt.

Hinsichtlich des allgemeinen Aufbaus ihrer oberirdischen Luftsprosse stimmt Hornea nahezu vollständig mit den beiden Rhynia-Arten überein. Und eine prinzipielle Übereinstimmung herrscht auch noch zwischen Pseudosporochnus einerseits und Rhynia und Hornea anderseits. Was die erstere von den letzteren unterscheidet, sind lediglich Momente, die mit der Baumförmigkeit dieses Typs verknüpft, wennschon nicht unbedingt dadurch geboten sind: Zusammendrängung der vom Hauptsproß vollzogenen Gabelteilungen auf eine Strecke minimaler Ausdehnung, wodurch eine vom oberen Ende des Hauptstammes aus divergent ausstrahlende Krone zustande kommt. Sympodial-gabelige bis monopodiale Verzweigung dieser Hauptäste der Krone und ebenso seitliche Stellung der die terminalen Sporangien tragenden Äste letzter Ordnung sind eine weitere bis zu einem gewissen Grad zweifellos in der Kronenbildung räumlich-korrelativ gegebene Erscheinung[1]).

---

[1]) Immerhin muß betont werden, daß es eben eine Lösungsvariante ist, wenn hier von der für Rhynia und Hornea charakteristischen reinen Gabelverzweigung abgegangen wird; denn daß baumförmiger Wuchs und streng gabelige Verzweigung sich nicht ausschließen, zeigen unter den Lepidophyten die Angehörigen der Gattungen Lepidodendron, Lepidophloios und Bothrodendron.

2. Reihe: Psilophyton-Asteroxylon. Es handelt sich um die Formen mit beginnender Blattbildung, womit diese Formenreihe zur vorhergehenden in prinzipiellem Gegensatz steht.

Was die Blattbildung betrifft, so kann davon bei den hier zu betrachtenden Formen allerdings nur bis zu einem gewissen Grad gesprochen werden; und es geht vielleicht noch nicht an, sie mit der der höheren Pteridophytengruppen, auch nicht der mikrophyllinen unter ihnen gleichzustellen. Es handelt sich um intermediäre Bildungen zwischen Sproßemergenzen und echten mikrophyllen Blättern. Darauf deutet bei Asteroxylon Mackiei (bei den übrigen Formen sind die Dinge nicht bekannt) die Tatsache, daß das »Blatt«spurbündel nur bis zur »Blatt«basis reicht, aber in das »Blatt« selbst, das sich strukturell nur wenig von einer Sproßemergenz unterscheidet, nicht eintritt.

Hinsichtlich des allgemeinen Aufbaus der Formen dieser Reihe schließt Psilophyton princeps engstens an die beiden Rhynia-Arten an, nur daß die unteren Teile der Luftsprosse die kleinen dornartigen Blättchen tragen. Dagegen ist der Aufbau von Asteroxylon ein wesentlich komplizierterer. Das drückt sich aus: 1. in der sympodial-gabeligen bis monopodialen Verzweigung der Luftsprosse (die übrigens auch — wenigstens unter den krautigen Formen — sicher die höchste anatomische Differenzierung zeigen: A. Mackiei, stellate Protostele; A. elberfeldense, polystellate Siphonostele); 2. in der Herausdifferenzierung wurzelähnlicher Seitensprosse[1]) des Rhizoms, das sonst ebenso wie das von Psilophyton in seiner allgemeinen Morphologie mit dem der Rhynia-Arten übereinstimmt; und 3. in der Ausbildung eigener seitlich getragener Fruktifikationssprosse, welch letztere Erscheinung unter den Psilophytales ihre Parallele bei Pseudosporochnus hat.

Daß diese seitenständigen Fruktifikationssysteme die Urform der makrophyllinen Beblätterungstypen sind, wird später[2]) zu zeigen sein. Daß anderseits in der Psilophyton princeps—Asteroxylon-Reihe, wenn man von der Sporangientragung absieht, die Reihen der mikrophyllen Pteridophyten, wenn schon wohl nicht ihre phylogenetischen Ahnen, so doch ihre morphogenetischen Urtypen haben, ist sicher. Worin sich die genannten Psilophyten von den höheren mikrophyllinen Pteridophyten unterscheiden, ist die Tatsache, daß bei den letzteren die Fruktifikation in räumliche Beziehung zur Beblätterung tritt, während sie bei Psilophyton von den Endgabelzweigen der Luftsprosse selbst, bei Asteroxylon von eigenen Fruktifikationszweigen, aber jedenfalls jedesmal endständig daran getragen wird.

Für Asteroxylon im besonderen gilt, daß es, vom morphogenetischen Standpunkt aus betrachtet — einem Standpunkt, den Verfasser dem phylogenetischen prinzipiell gegenüberstellen möchte —, einerseits mit Psilophyton zusammen den Urtyp mikrophyll beblätterter Pteridophyten darstellt, anderseits in seinen seitenständig getragenen Fruktifikationssystemen auch den Ausgang makrophylliner Beblätterung repräsentiert, somit also eine Mittelstellung, d. h. richtiger: noch eine verbindende Stellung zwischen beiden Grundtypen der Pteridophyten einnimmt.

Im Gegensatz zu Asteroxylon, das somit von den Psilophytales aus eine Brücke zu den höheren Pteridophytengruppen darstellt, handelt es sich — um auf Formen der ersten Reihe nochmals zurückzukommen — bei Rhynia um einen Typus, dessen allgemeine Morphologie sowohl innerhalb der Psilophytales als ebenso der ganzen Gruppe der Pteridophyten die denkbar einfachste ist. Wenn, was die generellste Morphologie der Bryophyten einerseits und der Pteridophyten andererseits betrifft, die ersteren in Größe und Differenzierung ein Überwiegen des haploiden

[1]) Von echten Wurzeln kann wohl noch kaum gesprochen werden. Wie unstabil aber, oder besser gesagt, wie sehr noch in Fluß begriffen die Organbildung dieser Form ist, zeigt die Tatsache, daß selbst an den Luftsprossen die Seitenzweige gelegentlich endogen entstehen.

[2]) In dem der Vergleichenden Morphologie der Pteridophyten gewidmeten Abschnitte am Ende dieses Bandes.

Gametophyten, die letzteren ein Überwiegen des diploiden Sporophyten zeigen, so kann man in einer Form, wie sie der (uns allein bekannte) Sporophyt der Rhyniaarten, vor allem der von R. maior, aufweist, von — allgemein morphogenetisch betrachtet — starken Anklängen an den Bryophyten-Diplonten sprechen: die Terminalität des Sporangiums ist da wie dort vorhanden; nur das es tragende System ist bei den Bryophyten unverzweigt, bei Rhynia dagegen verzweigt und außerdem in eine rhizomatische Basalpartie und eine die Fruktifikation tragende Luftsproßpartie differenziert. Von dieser Verzweigung abgesehen weicht tatsächlich die ganze vegetative Region der Sporophyten der Rhyniaarten prinzipiell in nichts ab von dem was den vegetativen Teil des Sporophyten der Bryophyten im allgemeinen charakterisiert. Wenn man umgekehrt analoge Bildungen im Bereich der Pteridophyten-Haplonten sucht, so kann einem Vergleich mit den Prothallien[1]) der Psilotales die Berechtigung nicht abgesprochen werden, soferne man absieht von dem mit der Bildung der Antheridien und Archegonien notwendig verknüpften prinzipiell gegebenen Unterschied und ebenso von der Tatsache, daß es sich beim Sporophyten von Rhynia um einen autotrophen, in Luftsprosse und Rhizom differenzierten Organismus, bei den genannten Prothallien um unterirdisch und rein saprophytisch lebende Pflanzenkörper ohne analoge Differenzierung handelt.

Mit diesem Vergleich — das sei eindringlichst betont — soll keinerlei phylogenetische Spekulation in Hinblick auf eine allenfallsige nahe Verwandtschaft zwischen Psilophytales und Psilotales einerseits und Bryophyten andererseits verknüpft sein; im Gegenteil; denn wir wissen derzeit ja gar nichts Positives darüber. Lediglich die Tatsache soll herausgestellt sein, daß es sich bei den einfachsten Psilophytales wie Rhynia (und abgesehen von der Dornbeblätterung stimmt damit ja auch Psilophyton princeps im wesentlichen überein) ganz allgemein morphologisch betrachtet um einen Pteridophytentypus handelt, der seine Analogien einerseits im Sporophyten der Bryophyten und andererseits im Gametophyten gewisser Pteridophyten heute noch hat. Und in dieser Tatsache liegt der hervorragende Wert der Entdeckung von Rhynia. —

In den Bereich der oben gegebenen Betrachtung der beiden Psilophytenreihen ist lediglich der Gesamtaufbau der Pflanzen und die Art, wie ihre Fruktifikation getragen ist, herangezogen; nicht aber auch der feinere Bau der Sporangien. Was hiervon bekannt ist, spricht nicht gegen die oben aufgestellten Reihen. Jedenfalls zeigen den primitivsten Bautyp die Sporangien von Rhynia[2]), mit denen, soviel sich erkennen läßt, die von Psilophyton princeps übereinzustimmen scheinen. Die Ausbildung einer zentralen Kolumella unter dem glockenförmigen Sporensack bei Hornea und Sporogonites ist nur eine graduelle Abweichung, aber kein prinzipieller Fortschritt. Dieser wird erst erreicht bei Asteroxylon, dessen Sporangium die ersten Anfänge eines Dehiszenzmechanismus, zum mindesten eine wohl vorgebildete Aufrißstelle am Scheitel zeigt.

Literatur zu Psilophytales.

Arber, E. A. N., Devonian Floras, a Study of the Origin of Cormophyta. Cambridge 1920.

Bertrand, P., Note prélim. s. l. Psilophytons d. grès de Matringhem. Ann. soc. Geol. du Nord. Lille 1913.

---

[1]) Lawson, A. A., The Prothallus of Tmesipteris tannensis Transact. R. Soc. Edinburgh 51. 1917. Ders., The Gametophyte Generation of the Psilotales. Ibid. 52. 1917. — Holloway, J. E., The Prothallus and Young Plant of Tmesipteris. Transact. and Proceed. New Zeeland Inst. 50. 1917. Ders., Further Notes on the Prothallus, Embryo and Young Sporophyt of Tmesipteris. Ibid. 53. 1921.

[2]) Wie denn auch bei dieser Gattung noch direkte Übergänge zwischen sterilem Sproß und Sporangium bekannt sind.

Carruthers, W., On some Lycopodiaceous plants from the Old Red Sandstone of the North of Scotland. Journal of Botany 1873.

Dawson, J. W., On fossil Plants from the Devonian rocks of Canada. Quarterly Journ. Geol. Soc. of London, vol. 11. 1859.

Dawson, J. W., The fossil plants of the Devonian and Upper Silurian Formations of Canada I. Geol. Surv. of Canada. Montreal 1871.

Dawson J. W., Geological History of Plants. New York 1888.

Edwards, W. N., On the cuticular structure of the Devonian plant Psilophyton. Journ. Linn. Soc. Bot. 46. 1924.

Gilkinet, A., Sur quelques plantes fossiles de l'étage du poudinghe de Burnot (Devon inf.). — Bull. Acad. Roy. de Belgique sér. 2, vol. 40. 1875.

Halle, T. G., Lower Devonian plants from Roeragen in Norway. Svensk. Vetensk. Akad. Hdlg. 57. 1916.

Halle, T. G., A fossil sporogonium from the Lower Devonian of Roeragen in Norway. Botaniska Notiser. Lund 1916.

Halle, T. G., Psilophyton (?) Hedei, n. sp. Svensk. botanisk Tidskrift, vol. 14. 1920.

Kidston, R., On the occurrence of Arthrostigma gracile Dawson. Proc. R. Physical Soc. Edinburgh. Vol. 12. 1893.

Kidston, R., und Lang, W. H., On Old Red Sandstone plants showing structure, from the Rhynie Chert Bed, Aberdeenshire I—V. Transact. R. Soc. Edinburgh. Vol. 51 u. 52. 1917/21.

Kidston, R., und Lang, W. H., Notes on fossil plants from the Old Red Sandstone of Scotland I. Hicklingia Edwardi K. u. L. Transact. R. Soc. Edinburgh. Vol. 53. 1923.

Kräusel, R., und Weyland, H., Beiträge zur Kenntnis der Devonflora. Senckenbergiana Bd. 5, Heft 5 u. 6. Frankfurt 1923.

Kräusel, R., und Weyland, H., Beiträge zur Kenntnis der Devonflora. 2. Abh. Senckenberg Naturforsch. Ges. Bd. 40, Heft 2. Frankfurt 1926.

Lang, W. H., Contributions to the study of the Old Red Sandstone Flora of Scotland. 1. On Plantremains from the Fish-Beds of Cromarty. Seite 259—266. Transact. R. Soc. of Edinburgh. Vol. 54, pt. 2. 1925.

Nathorst, A. G., Zur Devonflora des westl. Norwegens. Bergens Museums Aarbok 1914/15. Nr. 9.

Pia, J., Der Stand unserer Kenntnisse von den ursprünglichsten Gefäßpflanzen (Psilophytales). Zeitschr. f. indukt. Abstammungs- u. Vererbungslehre. 35. 1924.

Potonié, H., und Bernard, Ch. Flore dévonienne de l'Etage H. de Barrande. Leipzig 1904.

Seward, A. C., Anniversary Adress of the President. The Quaterly Journal of the Geological Society. Vol. 79 1923.

Solms-Laubach, H. Graf zu, Über devon. Pflanzenreste a. d. Lenneschiefern der Gegend von Gräfrath am Niederrhein. Jahrb. preuß. geolog. Landesanst. Bd. 15. 1895.

Stolley, E., Die Psilophyten. 18. Jahresber. d. Niedersächs. geolog. Ver. zu Hannover. 1925; und Erwiderung (Zur Kritik der Königsberger Serodiagnostik). Ibid. 19. Jahresber. 1925.

White, D., in Smith, G. O., u. White, D., The geology of the Perry Basin in Southeastern Maine. U. S. Geol. Survey. Professional paper Nr. 35. 1905.

Zimmermann, W., Die Spaltöffnungen der Psilophyta und Psilotales. Zeitschr. f. Botanik 19. 1926.

II. Lycopodiales.

Sproß mehr oder minder reich gabelig verzweigt; aufrecht und (bei den palaeozoischen Formen) oft baumförmig entwickelt oder kriechend und krautig. Mikrophyll. Blätter in der Regel ungeteilt (Ausnahme: Protolepidodendron), mehr minder lang. Sporophylle im wesentlichen den sterilen Blättern gleich, wennschon oft ± schildförmig. Sporangien stets mit mehrschichtiger Wand, einzeln am Grund der Sporophylle, und zwar meist auf deren Oberseite. Sporophylle oft zu endständigen Blütenzapfen vereinigt. Homo- und Heterosporie entwickelt. Spermatozoiden bi- oder polyziliat.

Die Gruppe zerfällt in zwei Formenreihen: die Lycopodiales ligulatae, Formen, deren Blätter eine Ligula, d. h. ein der Blattoberseite meist ziemlich sproßnah eingesenktes und mehr oder minder blättchenförmiges Gebilde besitzen, und die Lycopodiales eligulatae, Formen, deren Blätter keine Ligula aufweisen. Spermatozoiden der rezenten Lyc. eligulatae biziliat. Die rezenten Lyc. ligulatae gliedern sich weiterhin in die Selaginellaceae mit biciliaten Spermatozoiden und die Isoetaceae mit polyciliaten Spermatozoiden.

I. Rezente Formen.

a) Lycopodiales eligulatae:

Lycopodiaceae mit zwei Gattungen: Lycopodium L., mit ca. 180 Arten der tropischen und temperierten Gebiete und Phylloglossum Kunze, mit einer Art in Westaustralien, Viktoria, Tasmanien und Neuseeland.

b) Lycopodiales ligulatae:

a) Biciliatae:

Selaginellaceae mit der einzigen Gattung Selaginella Spring, mit ca. 700 Arten; meist tropisch, nur wenige in den temperierten Gebieten und deren Gebirgen.

b) Polyciliatae:

Isoetaceae mit der einzigen Gattung Isoetes L., mit zirka 60 Arten; weit verbreitet, am meisten in den gemäßigten Klimaten und da besonders in Europa und Nordamerika.

II. Fossile Formen.

Was diese betrifft, so läßt sich derzeit noch keine präzise Einteilung analog der wie sie bei den rezenten Formen getroffen ist durchführen. Zunächst ist klar, daß das Kriterium der Spermatozoidenausbildung bei den fossilen Formen nicht herangezogen werden kann. Was dann noch die Teilung in ligulate und eligulate Formen betrifft, so ist auch hier die Forschung derzeit noch nicht so weit gelangt, daß alle bekannten Formen ihren endgültigen Platz finden könnten. Zwar ist für eine Anzahl von Gattungen baumförmiger Lycopodiales einwandfrei der Besitz einer Ligula nachgewiesen. Daneben aber ist eine Anzahl von Gattungen gleichfalls baumförmiger Lycopodiales bekannt, bei welchen weder Existenz noch Fehlen der Ligula eindeutig festgestellt ist, und gleiches gilt für alle fossilen krautigen Lycopodiales.

Diesem Mißstand zufolge sind die im folgenden darzustellenden fossilen Lycopodiales hier nur provisorisch eingeteilt in krautige und baumförmige. Innerhalb des letzteren Komplexes sind dann die Formen, bei denen der Besitz einer Ligula feststeht, als Lepidophyten abgegrenzt. Für den Rest der baumförmigen Gattungen sowie alle krautigen Formen kann — wie bei deren Behandlung genauer dargelegt werden wird — eine endgültige systematische Plazierung noch nicht durchgeführt werden.

A. Baumförmige, ligulate Lycopodiales: Lepidophyta.

Baumförmige Pflanzen, zum guten Teil von beträchtlichen Ausmaßen; Stämme vielfach (Lepidodendraceae und Bothrodendraceae) reich verzweigt und mit bedeutender Kronenbildung, in anderen Fällen (Sigillariaceae) selten oder nicht verzweigt. Die Basalpartien der Stämme bilden die als Stigmaria Brongniart bezeichneten, vielfach gabelig verzweigten Rhizomsprosse, die ihrerseits die Wurzeln tragen. Stämme, Äste und Stigmariarhizome in der Regel mit sekundärem Dickenwachstum, wobei das des Xylemteiles der Stele von dem des äußeren Rindenmantels wesentlich übertroffen wird. Sporophylle zu Blüten vereinigt, iso- und heterospor. Die hieher gehörigen Formen zeigen teils (Lepidodendraceae und Eusigillarien) infolge Blattpolsterbildung ausgeprägte Sproßskulpturierung, die trotz des sehr beträchtlichen sekundären Dickenwachstums der Stämme und Zweige, lange erhalten bleibt; teils (Subsigillarien und Bothrodendraceae) sind die durch Blattpolsterbildung entstehenden Skulpturen auf die jüngsten Zustände der Sprosse beschränkt und werden bei Einsetzen stärkeren sekundären Dickenwachstums »ausgelöscht«. Immer (mit Ausnahme der die Sporophylle tragenden Blütenachsen) ist die Ligula in einer über der Blattansatzstelle am Sproß (bzw. Blattpolster) befindlichen Ligulargrube und nicht am Blatt selbst inseriert.

1. Lepidodendraceae.

Blattpolster rhombisch bis spindelig-rhombisch; bei Lepidodendron liegt die eigentliche Blattnarbe annähernd in der Mitte bis im oberen Drittel des Blattpolsters, bei Lepidophloios in der Regel am unteren (selten am oberen) Ende des sichtbaren Teiles des Blattpolsters, dessen andere Hälfte nach innen umgeschlagen und sproßwärts gewandt und von außen nicht sichtbar ist.

Lepidodendron, Sternberg.

Baumförmige Pflanzen (vgl. die Rekonstruktion in Fig. 200) mit teils rein gabeliger, teils sympodialgabeliger Verzweigung des Sproßsystems. Stämme an der Basis bis zu 2 m im Durchmesser, und einschließlich der aus den reich verzweigten Gabelästen gebildeten Krone bis gegen 30 m Höhe erreichend. Die Basis der Stämme, die in sumpfigem Boden, gelegentlich wohl auch ganz unter Wasserbedeckung wuchs, ist gebildet von dem als Stigmaria bezeichneten, mehrfach gegabelten Rhizomsystem, das — wie oben bemerkt — für die ganze Gruppe der Lepidophyten charakteristisch ist. An den jeweils jüngsten Rhizomgabelzweigen ringsum Wurzeln (Appendices genannt). Blätter nur an den jüngeren Zweigen der Baumkrone, die älteren Äste und Sproßpartien blattlos, nur die sehr kräftig skulptierten Blattpolster (vgl. oben) zeigend. Blätter im Querschnitt breit rhombisch, bei den verschiedenen Arten von sehr verschiedener Länge, wenige Zentimeter bis gegen 1 m lang. Blütenzapfen meist endständig an den jüngsten Gabelzweigen; bei einigen Arten von Isosporophyllen, bei den meisten Arten von Mikro- und Megasporophyllen gebildet. Bei einigen Arten (L. Veltheimii u. a.) wurden aller Wahrscheinlichkeit nach die Blütenzapfen an kurzen Gabelzweigsystemen, die alternierend zweizeilig gestellt aus dem alten Holz des Stammes und der ersten Gabelzweige hervorbrachen, getragen. (Vgl. dazu die Rekonstruktion von Bothrodendron minutifolium (Fig. 351), wo die Tragung der Blüten offenbar die gleiche war.)

Durch das ganze Karbon, bis an die Grenze des Rotliegenden reichend.

Es ist zu bemerken, daß hier wie bei vielen anderen Gattungen die einzelnen Teile der Pflanze, ehe ihr Zusammenhang zueinander bekannt war, mit eigenen Hilfsgattungsnamen bezeichnet wurden. So bedeutet Lepidodendron im engeren Sinne die Negativ- und Positivabdrücke der Oberfläche der Stämme und dickeren Zweige, die Blattpolsterskulptur zeigen und die strukturbildenden Sproßreste. Mit Knorria, Bergeria, Aspidiaria und Aspidiopsis werden Positiv-Steinkerne und Negativabdrücke von ± tief entrindeten Stamm- und Zweigstücken bezeichnet. Als Lepidophyllum werden die im Abdruck oder strukturbildend erhaltenen losen vegetativen Blätter und Sporophylle bezeichnet. Lepidostrobus ist der Name für im Abdruck oder mit Struktur erhaltene Blütenzapfen; u. a. (vgl. S. 231/232).

A. Äußere Gestalt.

Über die Morphologie der Lepidodendren finden sich in der Literatur zahlreiche Angaben, wenn schon nur wenige genauere Aufnahmen und Messungen über Größe und Verzweigung der Stämme vorliegen. Immerhin stehen so viel Angaben zur Verfügung, daß das Gesamtbild ein klares ist. Was zunächst den Durchmesser der Basalpartie der Stämme betrifft, so wird er meistens in den zusammenfassenden Werken mit bis über 1 m angegeben, doch muß hervorgehoben werden, daß ein so vorzüglicher Kenner der Karbonflora wie R. Zeiller[1]) den Durchmesser

[1]) Bas. houill. de Valenciennes, Fl. foss. S. 432. 1886/88.

als bis über 2 m angibt. Als ein sehr großes, genauer beschriebenes Stammstück mag die von Hawkshaw (1842)[1]) aus dem Karbon zwischen Manchester und Boston beschriebene ca. 4 m hoch erhaltene Basalpartie eines Lepidodendronstammes[2]) angeführt sein, die an der Basis einen Durchmesser von $1^2/_3$ m und in etwa $3\frac{1}{2}$ m Höhe noch einen Durchmesser von 80 cm hat.

Über die Art der Stammverzweigung liegen einige genaue Aufnahmen an großen Stämmen vor. Der an Ausmaßen bedeutendste Stammrest (Fig. 201) ist der von Lindley und Hutton (1835/37), beschriebene, den die Autoren unter L. Sternbergi aufgeführt haben, der aber spezifisch nicht genauer bestimmbar ist, da er nur in dem subepidermalen Bergeria-Rindenzustand erhalten ist. Es handelt sich um einen Stamm, der an der Basis zwischen 90 und 100 cm Durchmesser erreicht und bis zum Beginn der ersten Gabelung 12 m hoch ist. Der noch über der ersten Gabelstelle erhaltene unterste Teil der Krone hat dann noch eine Höhe von 3 m, doch sind davon nur die allerersten und untersten Gabelzweige, auf denen sich dann erst die eigentliche aus einem Gewirr zahlloser dünnerer Gabeläste gebildete Krone aufgebaut hat, erhalten. Die Gabelung der erhaltenen Äste ist eine fast streng regelmäßige; von den beiden ersten Gabelästen des Stammes ist der eine (im Bild linke) nur wenig dicker als der andere; die weiteren jeweils in Ebenen senkrecht zur vorangehenden Gabelungsebene erfolgenden Verzweigungen lieferten gleichfalls noch nahezu gleich starke Gabeläste.

Fällen mit so regelmäßiger Gabelung der ersten Stammverzweigungen stehen andere gegenüber, wo eine ausgesprochen sympodial-dichotome Kronenausbildung vorliegt. Dafür sei der von Stur aus den Waldenburger Schichten beschriebene Stammrest von L. Veltheimi angeführt, der bis in $5\frac{1}{2}$ m Höhe erhalten ist (Fig. 202). Er zeigt nahe seiner oberen Abbruchstelle die erste Gabelung, die aber so ungleichwertig ausgefallen ist, daß der linke Gabelzweig von dem die Sproßachse fortsetzenden rechten ganz zur Seite gedrängt wird und der Stamm den Eindruck nahezu monopodialer Verzweigung bietet. Der Stamm hat nahe der unteren Abbruchstelle einen maximalen Durchmesser von 63 cm und behielt diese Stärke bis über $2\frac{1}{4}$ m weit bei, erst dann allmählich seinen Durchmesser verringernd (Durchmesser der oberen Abbruchstelle 31 cm). Was den bis zu 2,34 m Länge erhaltenen Ast betrifft, so ist seine Verzweigung auch zunächst sympodial-dichotom, erst nahe seinem äußeren Ende werden die Gabelteilungen gleichmäßiger.

Offenbar nur um einen Ast handelt es sich — den Größenverhältnissen nach zu schließen — bei dem Stück, das zuerst Sternberg und später Brongniart[3]) beschrieben hat, das aber infolge der weithin erhaltenen Verzweigung von besonderem Interesse ist. Es stammt aus dem Hangenden des Radnitzer Flözes (oberes Oberkarbon von Böhmen) und dürfte L. dichotomum angehören. Der Ast hat in seinem unteren Teil eine Breite von 21 cm; in einer Höhe von 1,92 m ist die erste, nicht ganz gleiche Gabelung; der (im Bild) linke Gabelast ist der stärkere und setzt die Hauptrichtung des Astes fort. Bei der zweiten Gabelung des Astes (eigentlich der ersten des linken Gabelastes) in 2,38 m Höhe ist die Sache umgekehrt, indem jetzt der (im Bild) rechte Gabelast der stärker entwickelte ist. Die weiteren Gabelteilungen sind bald mehr gleichmäßig, bald mehr sympodial dichotomisch.

---

[1]) Zitiert Seite 299.

[2]) Obwohl infolge der Entrindung des Stammes der direkte Nachweis der Zugehörigkeit zu Lepidodendron nicht zu erbringen ist, so ist doch aus dem Umstand der Anhäufung zahlreicher Lepidodendron-Blütenzapfen rings um die Basis des erwähnten Stammes ein Zweifel, daß ein Stamm von Lepidodendron vorliegt, kaum berechtigt.

[3]) Hist. Végét. Foss. II. T. 16. Fig. 1.

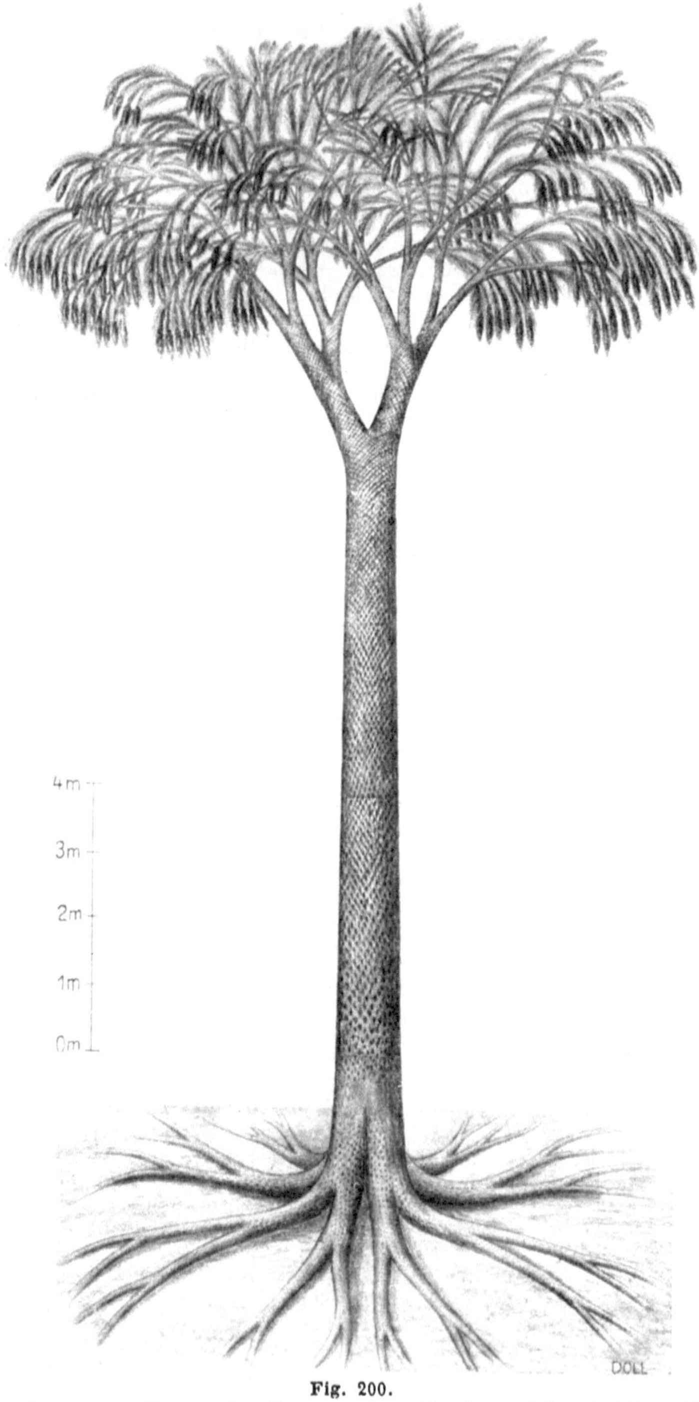

Fig. 200.
Lepidodendron, vom Typus des L. obovatum Sternberg. Rekonstruktion. (Blüten, der Deutlichkeit halber, relativ zu groß gezeichnet). Original.

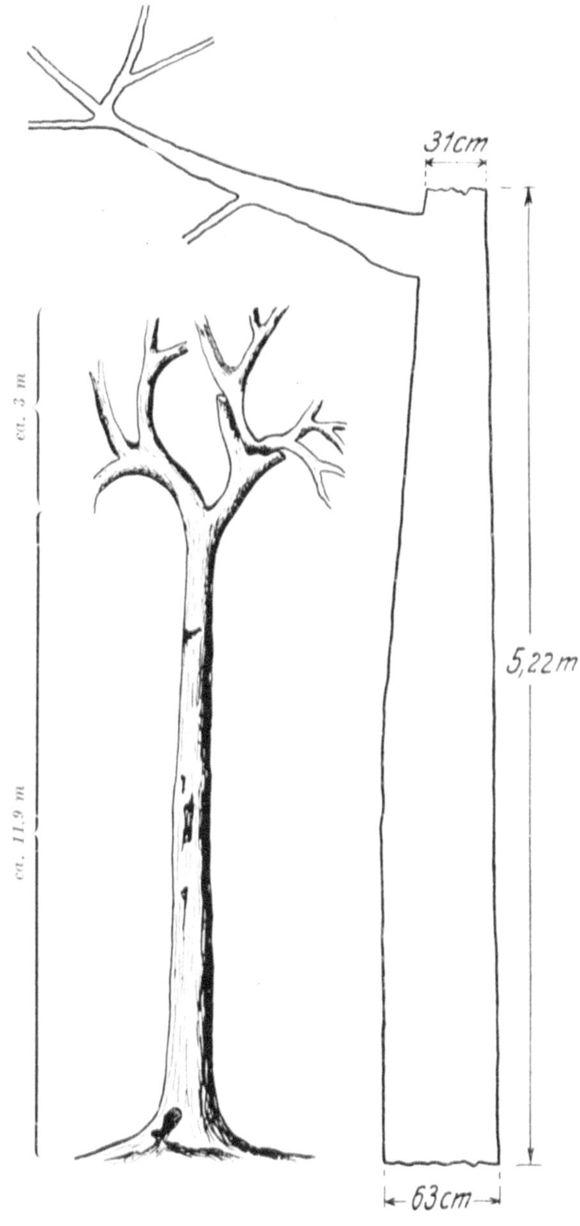

Fig. 201. Fig. 202.

Fig. 201. **Lepidodendron spec.** aus dem mittleren Oberkarbon von Großbritannien. Nach Lindley und Hutton 1835/37.

Fig. 202. **Lepidodendron Veltheimii Sternberg.** Aus dem unteren Oberkarbon von Niederschlesien nach Stur 1877.

Fig. 203.
Lepidodendron lycopodioides Sternberg. Aus dem mittleren Oberkarbon von Westfalen ca. 1/4 nat. Gr. Original.

Was die Verzweigung der nahe der Peripherie der Krone gelegenen Sproßpartien betrifft, so zeigen zahllose in den Museen aufgestellte Schaustücke, daß die letzten Verzweigungen meist ziemlich regelmäßig gabelig waren (Fig. 203); daß daneben gelegentlich auch nahezu rein seitliche Verzweigung stattfand ist sicher. So findet sich bei Zeiller (Valenciennes-Flora, T. 70) ein Zweigstück von L. lycopodioides von etwa 5 cm Breite abgebildet, von dem seitlich einige ganz dünne, höchstens 1 cm breite und dann ganz regelmäßig gabelig geteilte Zweige abgehen. Und ähnliches zeigt Fig. 204.

Über die Basalpartien der Stämme vgl. unter Stigmaria, S. 285 ff.

Die Beblätterung der Lepidodendren wurde am verzweigten Stamm nur von den jüngeren und jüngsten Zweigen an der Peripherie der Krone getragen; an den Sproßenden bilden die zusammenneigenden Blätter besonders bei den langblättrigen Arten eine domförmige Spitze; weiter ab von der Sproßspitze dürften sie mehr abstehend angesessen haben. Die Form der Blätter ist eine ziemlich einheitliche; sie sind im Querschnitt durchwegs breit rhombisch und in ihrer Gesamtform fast nadelähnlich. Ihre Länge ist nicht nur bei den einzelnen Arten, sondern

Fig. 204.

Lepidodendron elegans Brongniart aus dem Mittleren Oberkarbon von Böhmen. Zweige und Blütenzapfen-Bruchstück (links). Beachte die kürzeren und feineren Blätter an den dünneren Zweigen gegenüber den längeren und derberen an dem stärksten Sproßstück. — ⅔ nat. Gr. Original.

auch noch je nach dem Alter, das sie besitzen, verschieden, insoferne, allgemein und ganz besonders bei den langblättrigen Arten, die Blätter offenbar ein ziemlich langdauerndes Längenwachstum besessen haben. So sind bei diesen, wozu L. obovatum, L. aculeatum und L. dichotomum gehören, die Blätter an den jüngsten Zweigpartien kaum 8 bis 10 cm lang (Fig. 206 u. 231), um an älteren Ästen bis gegen 1 m Länge zu erreichen (Fig. 205). Solchen Arten mit schließlich sehr langen Blättern stehen andere gegenüber mit dauernd nur ziemlich kurz bleibenden; so überschreiten sie bei L. Veltheimii kaum 2 cm. Bezüglich der Anatomie der Blätter vgl. S. 227/228 und Fig. 261 u. 262.

Die Stellung der Blätter ist in der Mehrzahl der Fälle eine schraubige, in Werten, die nahe an den der Limitdivergenz von 137° 30′ 28″ herankommen. Nur bei L. Volk-

Fig. 205.

Lepidodendron dichotomum Sternberg aus dem oberen Oberkarbon von Radnitz (Böhmen). Zweigstück mit den ca. 1 m langen Blättern. — ca. $^1/_3$ n. Gr. — Nach Ettingshausen 1854.

mannianum sind die Blätter, aller Wahrscheinlichkeit nach, in vielgliedrigen, alternierenden Quirlen angeordnet. Was die Schraubenstellung bei den anderen Arten betrifft, so hat Stur an einer größeren Anzahl von Sprossen verschiedener Arten genaue Untersuchungen über die Stellung der Blattpolster durchgeführt und gezeigt, daß bei allen untersuchten Sproßstücken von L. Veltheimi und L. Rhodeanum Stbg. und bei den dickeren Sprossen der von ihm als L. Goepperti Presl und L. phlegmarioides Rhode aufgeführten Stücke die Blattstellung nach den Divergenzen 55/144 und 89/233, also in Werten, die ganz nahe an den der Limitdivergenz herankommen, angeordnet sind. Zu bemerken ist aber, daß neben Fällen mit normaler schraubiger Blattstellung, d. h. mit der Einordnung aller Organe in eine einzige Grundspirale sich sehr häufig komplexe Schraubenstellungen mit 2 bis 7 am selben Sproß parallel laufenden Grundspiralen finden, Stellungen, die sich, was recente Pflanzen betrifft, noch finden in Fällen, wo zahlreiche kleine Organe an relativ dicken Achsen dichtgedrängt stehen, wie z. B. im Androeceum vieler Ranunculacaen u. a.

Diese Verschiedenheit der Zahl der Grundspiralen an den verschiedenen uns überlieferten Sproßresten, ebenso die von vornherein vorhandene, bei vielen Arten gut nachweisbare, verschiedene Größe der Blattpolster (vgl. S. 190) und die verschiedene Dicke der primären Xylemteile der Sproßstelen, über die S. 222/223 berichtet wird, zeigen, daß die primären Durchmesser des Stammes, der Zweige erster und späterer Verzweigungsgrade von vornherein verschieden große waren, wobei wohl mit zunehmendem Verzweigungsgrad die primäre Dicke eine immer geringere wurde.

Für die spezielle Systematik der Lepidodendren von größter Wichtigkeit ist die Ausbildung und Skulptur der Blattpolster, derjenigen Partie der Stammoberfläche, die in unmittelbarer Umgebung der Blattinsertion befindlich, eine bei den einzelnen Arten bestimmte Gestaltung zeigt. Ihr systematischer Wert ist deshalb ein so großer, weil bei den Lepidodendren und — wie gleich vorweggenommen sei — auch bei den übrigen baumförmigen Lycopodiales die äußerste primäre Rinde der Sprosse, trotz des oft beträchtlichen Dickenwachstums derselben, sehr lange nicht gesprengt und abgeworfen wird, sondern erhalten bleibt, indem die äußersten Rindenpartien der Sprosse lang anhaltende tangentiale Dehnungsfähigkeit, die konform mit dem radialen Dickenwachstum der Stämme geht, besitzen. Bei stärkerem Dickenwachstum der Sprosse dehnen sich die Polster beträchtlich und auch die zunächst sehr geringen seitlichen Zwischenräume zwischen ihnen erscheinen als breite Bänder. Bei Sprossen mit starkem, exzentrischem Dickenwachstum, eine Erscheinung die gar nicht selten ist und die z. B. der Querschliff der Fig. 245 andeutet, kommt es dann, daß einzelne Partien der Stammoberfläche stärker gedehnt werden als andere, und daß alle Übergänge zwischen ungebänderten und gebänderten Sproßskulpturen zu sehen sind (Fig. 233). Bei sehr beträchtlichem Dickenwachstum der Stämme schwinden allmählich die Blattpolsterskulpturen: sie werden ausgelöscht, was besonders schön die Zweige und Stämme von L. Volkmannianum zeigen. (Fig. 224 u. 225.) Häufig finden sich dann auch an der Oberfläche der Sprosse Längsrisse, die beweisen, daß der tangentialen Dehnungsfähigkeit der Rinde bei sehr lang anhaltendem sekundärem Dickenwachstum der Stämme letzten Endes doch eine Grenze gesetzt ist.

Daß die tangentiale Dehnungsfähigkeit der äußersten Partien der primären Stammrinde ziemlich beträchtlich war, beweist ohne weiteres der Umstand, daß Sproßstücke mit ganz intakt erhaltener primärer Stammrindenskulptur bis zu beträchtlichem Umfang bekannt sind, obwohl doch die Sprosse vor Beginn des sekundären Dickenwachstums wohl nicht viel über 10 cm Durchmesser gehabt haben dürften (vgl. S. 222). So hat Stur (1877) von L. Veltheimi folgende große Stammpartien mit noch erhaltener Blattpolsterskulptur beschrieben:

	Umfang	Durchmesser
Stur 1877, S. 251—254 u. 273—274; Fig. 47 u. Taf. 20, Fig. 2.	mindestens 70 cm (möglicherweise nach Sturs Berechnung 112 cm)	mindestens $22^1/_2$ cm (möglicherweise ca. 33 cm)
Stur 1877, S. 272; Taf. 20, Fig. 1.	über 60 cm	über ca. 19 cm

Darüber hinaus beweisen zahlreiche in den verschiedensten Museen aufbewahrte Teilstücke des Rindenmantels von Lepidodendronstämmen, daß, wie aus den (im Vergleich zu den von Stur abgebildeten Stücken) stärker gedehnten Blattpolstern und dazwischen liegenden Partien hervorgeht, die Dehnungsfähigkeit der Stämme noch eine bedeutendere war, als sie aus den bei Stur gegebenen Beispielen hervorgeht. (Vgl. auch die Fig. 227—229, wo bei gleicher Höhe (somit wohl gleicher Anfangsgröße) die Polster in Fig. 229 gegen jene in Fig. 227 etwa um das Dreifache gedehnt sind).

Was die Dimensionen der Blattpolster betrifft, so ist klar, daß sie durch das sekundäre Dickenwachstum der Stämme allmählich quer gedehnt wurden, es ist aber anderseits zu betonen, daß die Blattpolstergröße, vor allem ihre Längenausdehnung, an den einzelnen Partien des Stammes von vornherein eine sehr verschiedene gewesen sein muß. Finden sich doch bei allen besser bekannten Arten die verschiedensten Größen von Blattpolstern, die, wie schon ihre verschiedene Höhe, die ja nicht oder doch kaum sekundär verändert werden kann, beweist, nicht allein durch tangentiale Dehnung beim Dickenwachstum der von ihnen bekleideten Sprosse bedingt sein kann. (Fig. 231 u. 232, 223 u. 224, 234 u. 236.) Im übrigen ist hervorzuheben, daß offenbar selbst am Hauptstamm, solange er noch ungeteilt wuchs, bereits zahlreiche Varianten in bezug auf Polstergröße aufgetreten sind. Blattpolsterform und räumliche Beziehung der Blattpolster zueinander sind an den dünnen Keimpflanzen und an den jüngeren noch dünnen Stämmchen sicher andere gewesen als später nach Erstarken des Stammes, wo wohl von einem relativ breiten Vegetationsscheitel die Anlage der Organe besorgt wurde.

Daß Verschiedenheiten der Polsterbildung und Polstergröße selbst an kurz aufeinander folgenden Stammpartien nicht selten sind, zeigt auch die sog. Wechselzonenbildung: Partien am Sproß, bei welchen in kurzen aufeinanderfolgenden Abständen sei es durch Licht oder sonstige Ernährungsbedingungen veranlaßt, sehr verschieden starkes Streckungswachstum stattgefunden hat (Fig. 226).

Betrachtet man die feineren Skulpturen der eigentlichen Blattnarbe und des sie umgebenden Blattpolsters (Fig. 241; vgl. auch die Fig. 232,

236—238 u. a.), so zeigt die Blattnarbe selbst drei nebeneinanderliegende Male, von welchen das mittlere der Austrittsstelle des in das Blatt abgehenden Blattleitbündels entspricht, während die beiden seitlichen die Mündungsstelle der links und rechts das Blattbündel begleitenden »Parichnos«züge darstellen. Zwei Male unterhalb der Blattnarbe auf der unteren Partie des Blattpolsters, annähernd gerade unter den Parichnosnarben, sind die sog. Transpirationsöffnungen. Die Eintiefung in der Mitte der oberen Blattpolsterpartie über der Blattnarbe entspricht der Ligulargrube, in deren Tiefe die Ligula war. Ein schematischer Längsschnitt durch ein Blattpolster und das unmittelbar darunter liegende Rindengewebe mag zur weiteren Aufklärung dienen (Fig. 242). Hier zeigt sich oberhalb der vorspringenden eigentlichen Blattnarbe die Ligulargrube; gegen die Blattnarbenmitte zu mündet das Blattleitbündel, dicht unter ihm — etwas seitlich links und rechts von ihm zu denken — die beiden Parichnosgabelarme, womit sich weiter hinten in der Rinde die sehr interzellularreichen Gewebezüge verbinden, die unter der Blattnarbe als Transpirationsöffnungen des Stammes nach außen münden und, wie später bei der Behandlung der Anatomie der Sprosse (S. 218ff.) dargestellt werden wird, mit dem lakunösen inneren Teil der Innenrinde in Verbindung stehen.

Die Fruktifikation der Lepidodendren sind Blütenzapfen (Fig. 206 bis 208), die aus zahlreichen um eine Achse dicht gedrängt angeordneten Sporophyllen gebildet sind; bei vielen Arten stehen die Sporophylle in alternierenden Quirlen, bei andern in schraubiger Anordnung. Die Länge der Zapfen wechselt bei den verschiedenen Arten; neben Arten mit Blüten von kaum 1 cm Durchmesser und nur wenigen Zentimetern Länge sind andere bekannt mit Blütenzapfen von bis über ¾ m Länge. Was die Ausbildung der Blütenzapfen selbst betrifft, so ist hinsichtlich der Form der Sporophylle zu bemerken, daß ihre distale Partie nahezu im rechten Winkel von der Zapfenachse abstehend, das sehr lange Sporangium trug. Nahe dessen der Achse abgekehrten Ende biegt das Sporophyll nach (der Zapfenspitze zu) fast rechtwinklig um, um mit seiner bei den größten Typen bis über 10 cm langen freien Partie die über ihm und benachbart stehenden Sporophylle zu decken. Ein an der Umbiegungsstelle des Sporophylls befindlicher nach unten zu gelegener Wulst mag gleichfalls während der Knospenlage der Sporophylle am Zapfen eine schützende Funktion besessen haben. Zwischen dem abaxialen Ende des Sporangiums und dem nach oben geschlagenen Teil des Sporophylls ist die Ligula inseriert. (Fig. 210). Die Form der Sporangien geht klar hervor aus den beiden Fig. 210 u. 214, von denen die erstere einen Längsschnitt, die andere einen Querschnitt durch Sporophyll und Sporangium darstellt. Immer ist das Sporangium in radialer Richtung wesentlich länger als es in tangentialer breit ist. In seinen unteren Teil ragt die über der Anheftungsstelle mehrfach gelappte placentare Gewebemasse herein, wohl zum Zwecke

Fig. 206.

Lepidodendron obovatum Sternberg aus dem mittleren Karbon von Belgien. Junger Zweig der Krone mit endständigem Blütenzapfen und zum Teil anhaftender Beblätterung. 19/20. Nach Renier 1910.

Fig. 207.

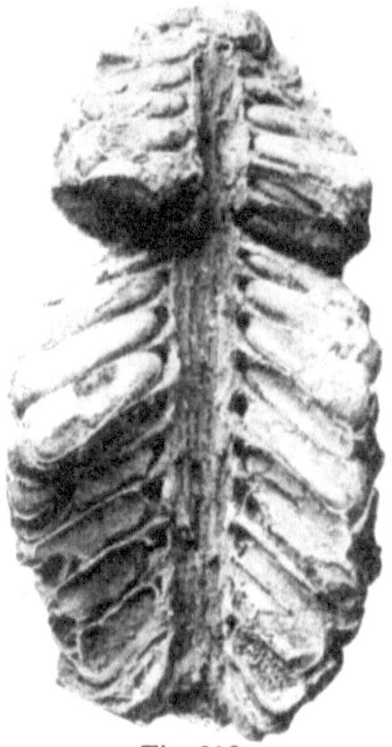

Fig. 208.

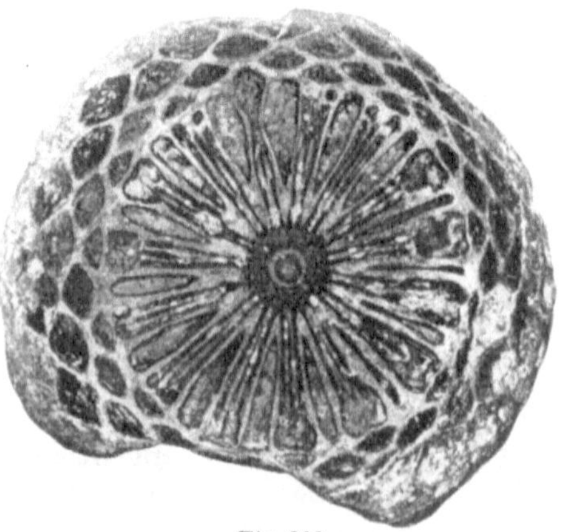

Fig. 209.

Lepidostrobus Brownii Schimper spec. Mittleres Oberkarbon von Nord-Frankreich.

Fig. 207. Blütenzapfen in Oberflächenansicht; beachte die schildförmige Ausbreitung der Sporophylle vor den Sporangien. — 19/20. Nach Zeiller 1914.

Fig. 208. Derselbe Blütenzapfen längs durchbrochen. — 19/20. Nach Zeiller 1914.

Fig. 209. Querschliff durch einen anderen Zapfen der gleichen Art; nahe der Achse sind zahlreiche Sporangien, weiter außen die sich deckenden freien Sporophyllabschnitte getroffen. — 8 ×. Nach Zeiller 1914.

Fig. 210. Lepidostrobus vom Typ des L. oldhamius Williamson. Schematischer Längsschliff durch einen Teil des Blütenzapfens; schwarz: die Sporenmasse. — Original.

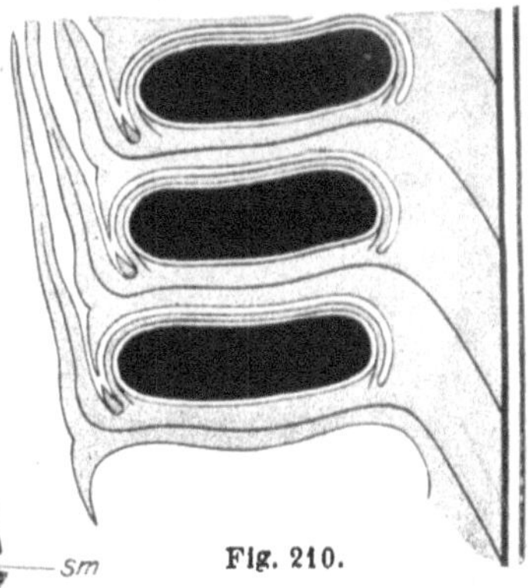

Fig. 210.

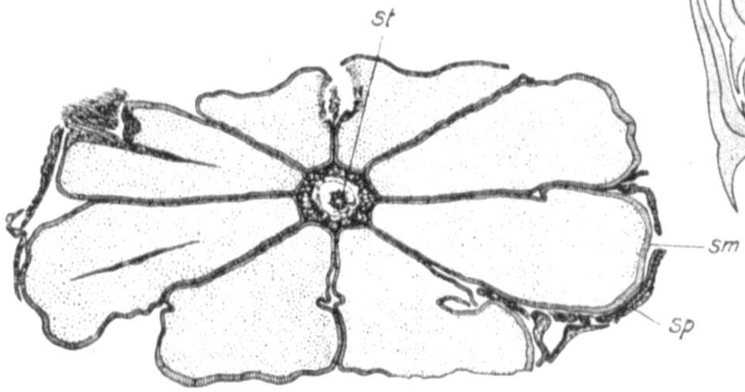

Fig. 211.

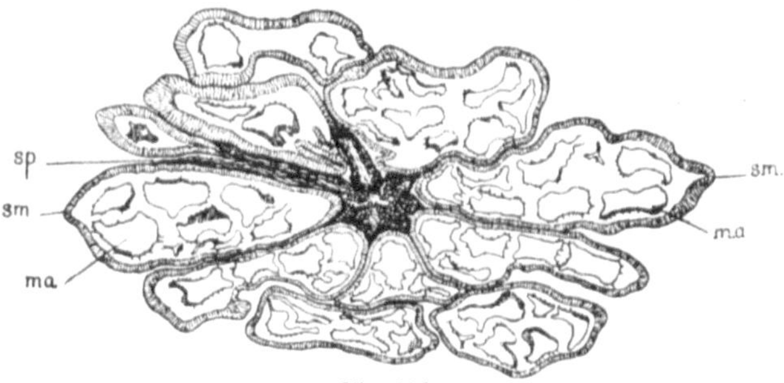

Fig. 212.

Lepidodendron Veltheimii Sternberg aus dem Unterkarbon (Calciferous Sandstone Series) von Schottland.

Fig. 211. Querschliff durch den Blütenzapfen in der Region der Mikrosporophylle. — ca. 5 ×. Aus Scott-Studies 1920.

Fig. 212. Querschliff durch den Blütenzapfen in der Region der Megasporophylle. — ca. 5 ×. Aus Scott-Studies 1920.

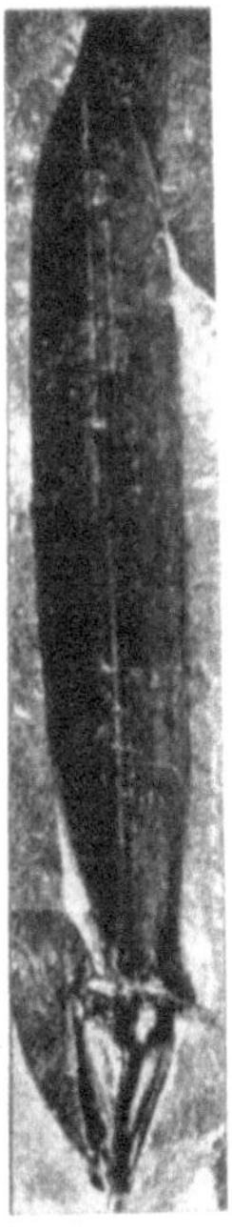

Fig. 213.

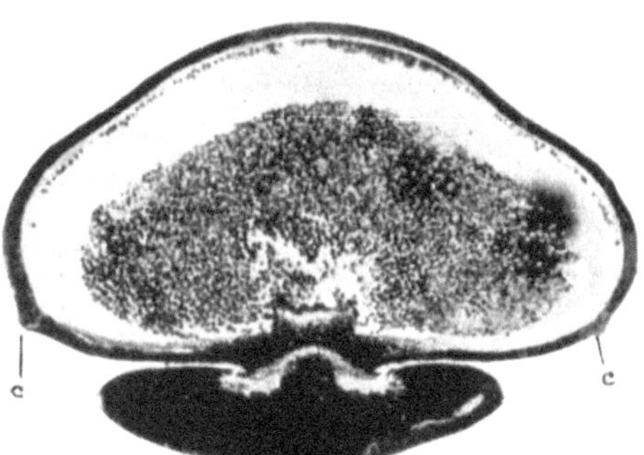

Fig. 214.

Fig. 213. Lepidostrobophyllum maius Brongniart spec. Aus dem Upper Coal Measures von England. Am proximalen Ende das noch anhaftende Sporangium. — 4/5 n. Gr. Nach Arber 1924.

Fig. 214. Lepidostrobus Brownii Schimper spec. Querschliff durch ein Mikrosporophyll. — 9 ×. Nach Zeiller 1914.

Fig. 218.

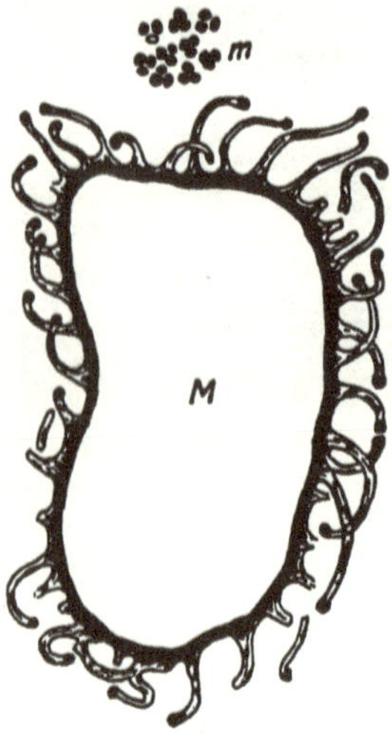

Fig. 215.

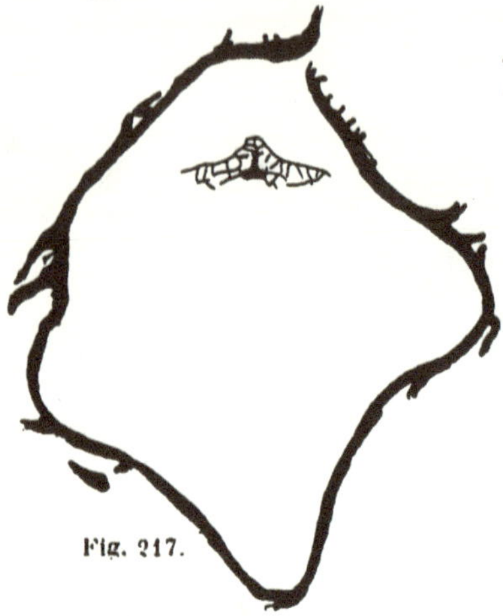

Fig. 217.

Fig. 220.

Fig. 219.

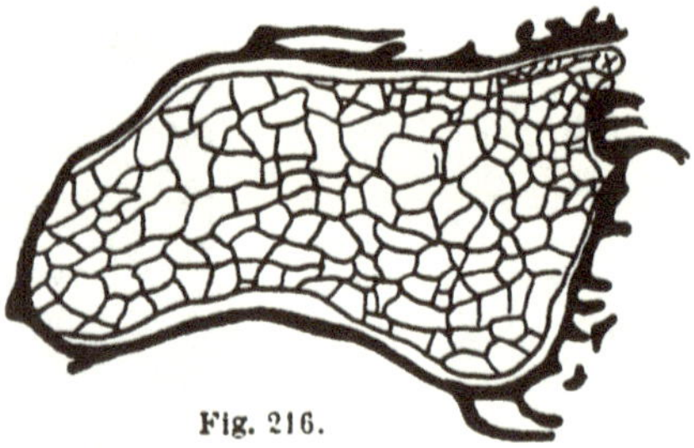

Fig. 216.

Fig. 215—218.
Lepidodendron Veltheimii Sternberg. Aus dem Unterkarbon (Calciferous Sandstone Series) von Schottland.

Fig. 215. Megaspore (*M*) und Mikrosporen (*m*). — ca. 70 ×. Aus Scott-Studies 1920.

Fig. 216. Megaspore mit Megaprothallium. — ca. 50 ×. Aus Scott-Studies 1920.

Fig. 217. Megaspore mit bruchstückweise erhaltenem Megaprothallium bzw. einem Archegonium desselben. — 60 ×. Nach Gordon 1910.

Fig. 218. Megaprothallium- und Archegoniumrest aus Fig. 216. — 165 ×. Nach Gordon 1910.

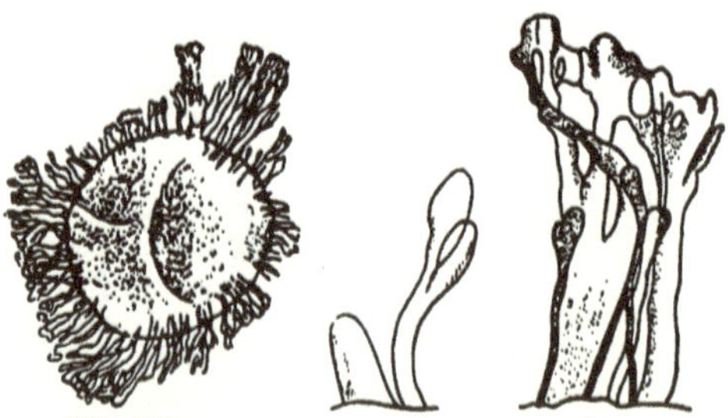

Fig. 221. *a)* *b)*

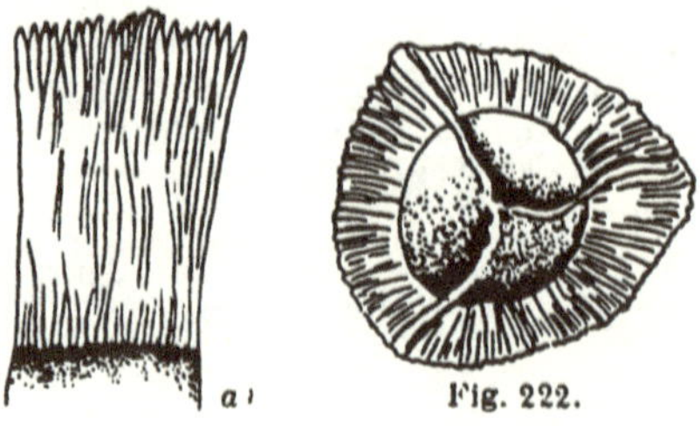

a) Fig. 222.

Fig. 219—222.
Megasporen karbonischer Lycopodiales.

Fig. 219. Triletes-Lagenicula, Typ I. 15 ×.

Fig. 220. Triletes-Lagenicula, Typ I. var. maior. — 15 ×. Beide aus dem Unterkarbon von Schottland.

Fig. 221. Triletes, Gruppe Zonales, Typ XV. — 15 ×. Millstone Grit von Schottland.
a und *b*: Verzierungen der Kanten. — 75 ×.

Fig. 222. Triletes, Gruppe Zonales, Typ XVIII. — 15 ×. Millstone Grit und Coal Measures von Schottland.
a: Partie der Kantenverzierung. — 75 ×.

Sämtliche nach Bennie u. Kidston 1885/88.

einer gleichmäßigeren Versorgung der Elemente des Sporensackes Wand mehrschichtig. Die Öffnung des Sporangiums erfolgte durch einen radial gerichteten Längsriß.

Was die Sporenverhältnisse der Lepidostroben betrifft, so ist von einem Teil der Zapfenarten bekannt, daß sie heterospor waren. Die Zahl der Mikrosporen, die zwischen 0,02 und 0,03 mm Durchmesser besitzen und oft noch zu Tetraden vereinigt liegend gefunden sind, ist in den meist recht großen Sporangien eine zum Teil enorme, während die Zahl der Megasporen, die bei den einzelnen Arten verschieden groß waren und zwischen 0,5 mm und 2 mm im Durchmesser haben, meist zwischen 8 und 16, seltener nur 4 im Megasporangium beträgt[1]). Die Verteilung der Sporophylle an heterosporen Zapfen ist so, daß gegen das apikale Zapfenende die Mikrosporophylle, gegen das basale zu die Megasporophylle inseriert sind. Während die Membran der Mikrosporen ganz oder nahezu skulpturlos ist, weist die der Megasporen sehr oft zahllose feine, ziemlich lange und an der Spitze umgebogene Dornfortsätze auf, Hervorragungen, die zweifellos zum Auffangen und Festhalten der Mikrosporen gedient haben (Fig. 215 bis 218).

Daneben sind noch andere Megasporentypen[2]) mit anderen Skulpturen bekannt. So z. B. bandförmige Zusammenfassung der Dornfortsätze an den Kanten von Megasporen mit tetraederischer Form (Fig. 221 u. 222), Lappenbildung an einer Stelle (wohl der Aufrißstelle der Megaspore bei der Keimung) (Fig. 219 u. 220) u. a.

Neben heterosporen Zapfen sind noch Zapfen bekannt, die bislang nur mit e i n e r Sporophyllart und mit Sporen von 0,02 bis 0,03 mm Durchmesser gefunden wurden. Während manche Forscher annehmen, daß es sich hier um homospore Blüten handelt, neigen andere zu der Ansicht, daß die Zapfen der Lepidodendren wohl insgesamt heterospor waren und daß in den Fällen, wo nur Zapfen mit mikrosporophyllähnlichen Sporophyllen gefunden sind, anzunehmen ist, daß sie Arten angehören, bei welchen eigene Mikro- und Megasporophyllzapfen gebildet und möglicherweise sogar von verschiedenen Individuen produziert wurden und daß es nur von der mangelhaften Überlieferung der Reste kommt, wenn nur eine Zapfenart bekannt ist. Demgegenüber muß aber hervorgehoben werden, daß in L e p i d o s t r o b u s B e r t r a n d i Zalessky (vgl. S. 230) ein Fall vorliegt, wo die Größendifferenz zwischen Mikro-

[1]) Unbekannt ist, wie die Bildung der Megasporen im Megasporangium erfolgte; möglich ist: entweder daß von einer größeren Anzahl von Sporenmutterzellen nur einige (bzw.) eine allein die Tetradenteilung vollzogen und ihre je vier Abkömmlinge zu Megasporen wurden, oder daß von allen oder doch einer größeren Anzahl von Sporenmutterzellen des Megasporangiums nach erfolgter Tetradenteilung nur je eine der je vier entstandenen Tetradenzellen zur Reife gelangte und die je drei übrigen zugrunde gingen.

[2]) Da bezüglich dieser meist isoliert (d. h. ohne Zusammenhang mit sonstigen Sproß- oder Blütenresten) gefundener Megasporen die Zugehörigkeit weder zu einer bestimmten Art noch selbst einer bestimmten Gattung unter den palaeozoischen Lycopodiales bekannt ist, gehen sie unter dem Sammelnamen T r i l e t e s Reinsch (vgl. S. 231/232).

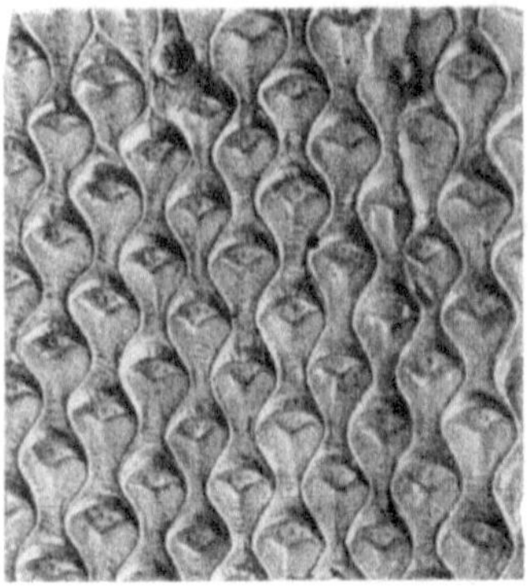

Fig. 223.

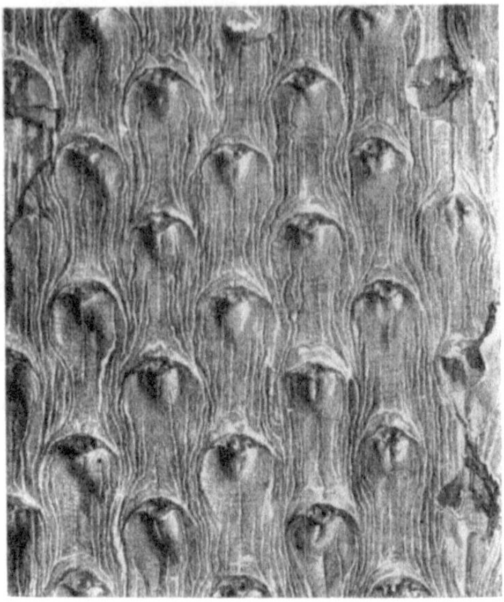

Fig. 224.

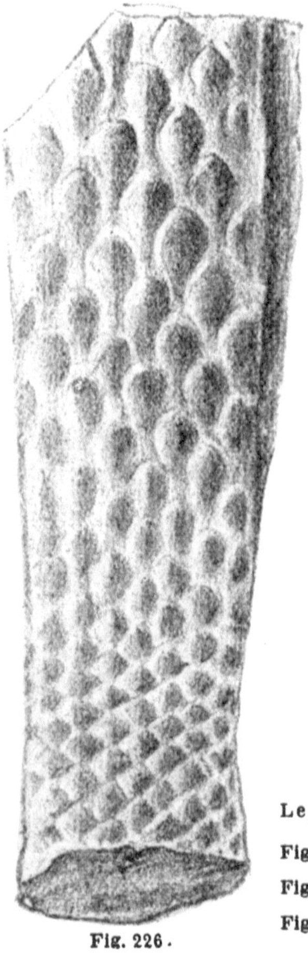

Fig. 226.

Fig. 225.

Lepidodendron Volkmannianum Sternberg aus dem unteren Oberkarbon von Niederschlesien.

Fig. 223. Partie eines Sproßstückes mit relativ kleinen Blattpolstern. — 19/20. — Nach Stur 1877.

Fig. 224 u. 225. Partien von älteren Sproßstücken mit »verlöschenden« Blattpolstern. — 19/20. — nach Stur 1877.

Fig. 226. Sproßstück mit Wechselzonen. — 19/20. Nach Potonié-Fischer 1905.

Fig. 230.

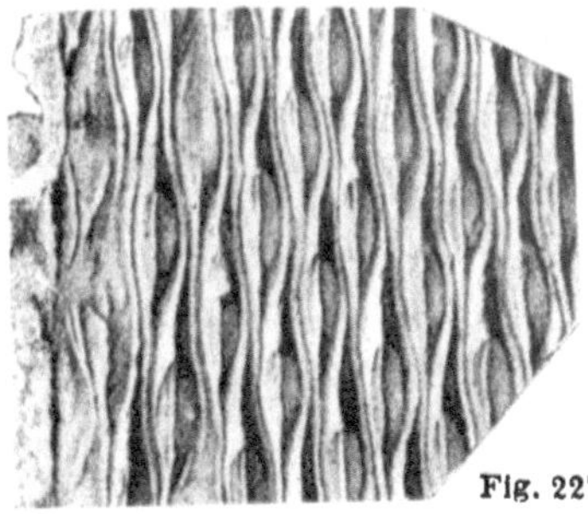

Fig. 227.

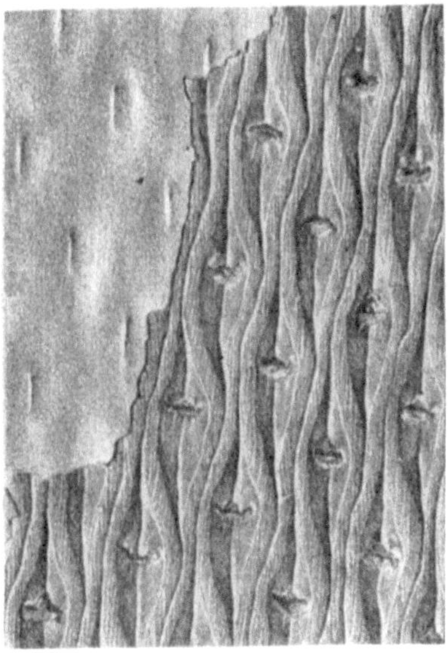

Fig. 228.

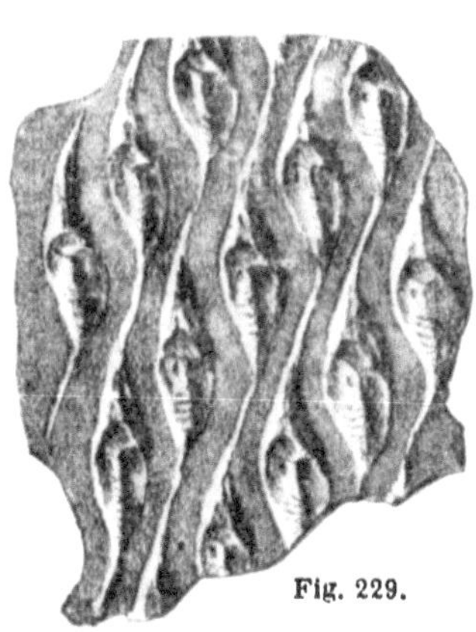

Fig. 229.

Lepidodendron Veltheimii Sternberg aus dem Unterkarbon des Harzes (Fig. 227 u. 229) und dem Unteren Oberkarbon von Niederschlesien (Fig. 228 u. 230).

Fig. 227—229. Sproßstücke mit annähernd gleich langen, aber infolge des verschieden weit fortgeschrittenen Dickenwachstums der einzelnen Sprosse, verschieden breiten Blattpolstern und verschieden breit entwickelten Bändern zwischen den Blattpolstern.
Fig. 230. Stammstück mit außergewöhnlich kurzen Blattpolstern und drei »ulodendroiden« Narben.
Fig. 227 u. 229 nach Potonié-Fischer 1905. Fig. 228 u. 230 nach Stur 1877. Sämtl. 19/20.

Fig. 231. Lepidodendron obovatum Sternberg aus dem mittleren Oberkarbon von Belgien. Jüngerer Zweig der Baumkrone mit anhaftender Beblätterung. — 19/20. Nach Renier. 1910.

Fig. 232. Lepidodendron obovatum Sternberg aus dem mittleren Oberkarbon von Oberschlesien. Partie der Stammoberfläche mit Blattpolstern (Negativ). — 19/20. Nach Potonié-Fischer 1905.

Fig. 231. Fig. 232.

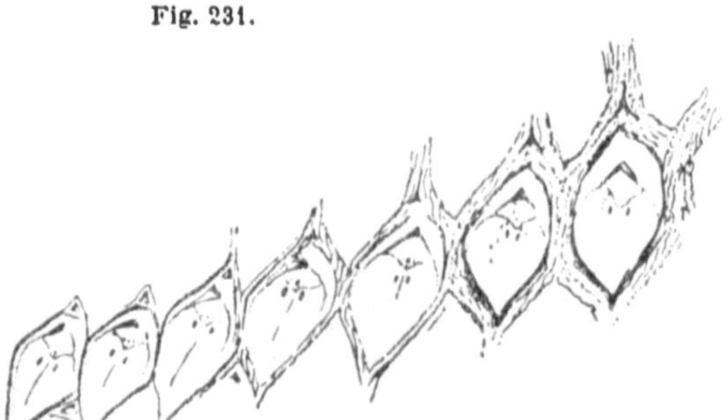

Fig. 233.

Fig. 233. Lepidodendron obovatum Sternberg. Bänderbildung in — zufolge asymmetrischen Dickenwachstums des Sprosses — verschiedener Breite. $^1/_1$. Nach Potonié-Fischer 1905.

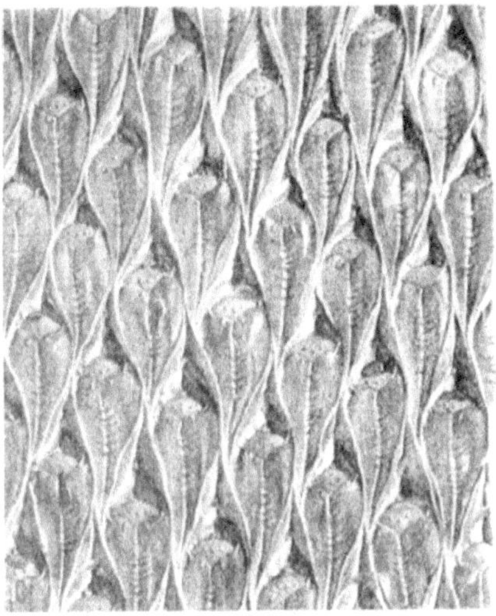

Fig. 234.

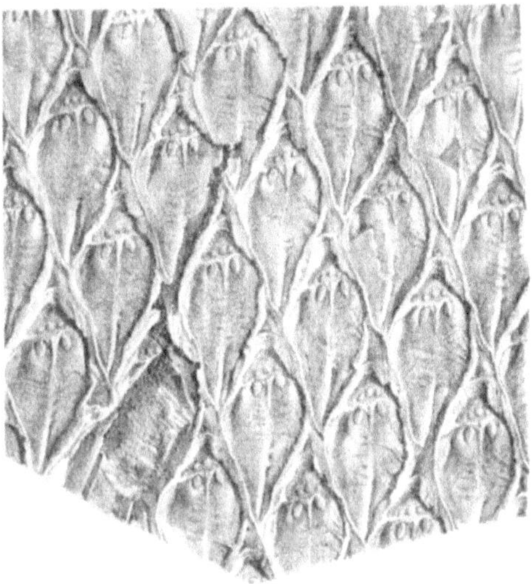

Fig. 235.

Fig. 234 u. 235. Lepidodendron aculeatum Sternberg aus dem unteren Oberkarbon von Niederschlesien. Oberflächenansicht von 2 Sprossen mit annähernd gleich langen, aber infolge verschieden weit fortgeschrittenen Dickenwachstums der beiden Sprosse verschieden breiten Blattpolstern. — 19/20. Nach Stur 1877.

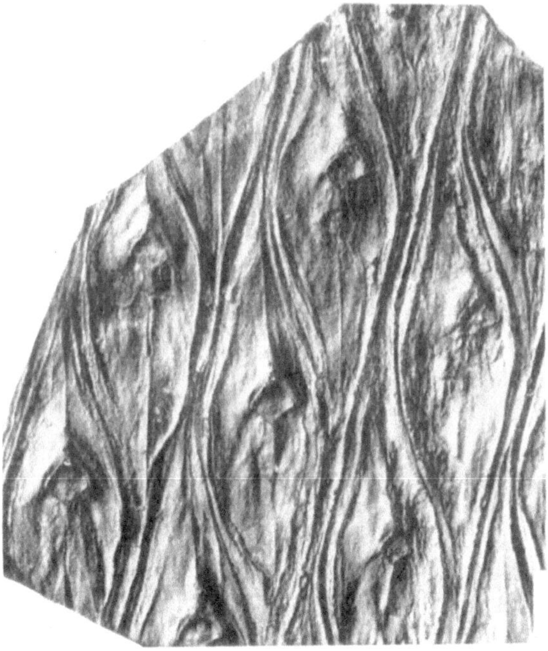

Fig. 236.

Fig. 236. Lepidodendron aculeatum Sternberg aus dem mittleren Oberkarbon von Belgien. Partie eines Sproßstückes mit sehr großen Blattpolstern. — 19/20. Nach Renier 1910.

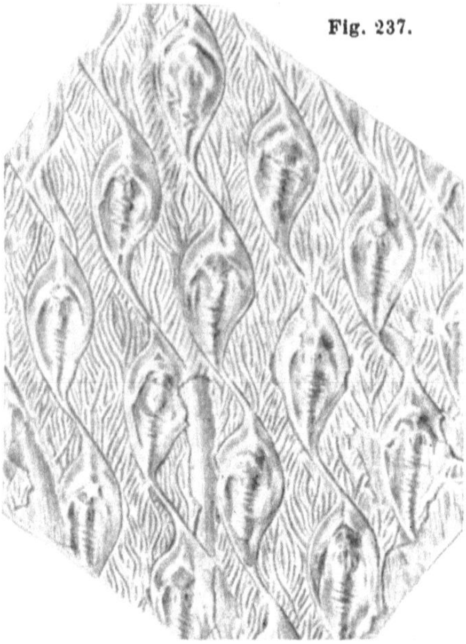

Fig. 237.

Fig. 237. Lepidodendron serpentigerum Koenig aus dem Mittleren Oberkarbon von England. $^1/_1$. Nach Fischer 1906.

Fig. 238. Lepidodendron Nathorsti Kidston aus dem Unterkarbon von Schottland. 19/20. Nach Nathorst 1914.

Fig. 238.

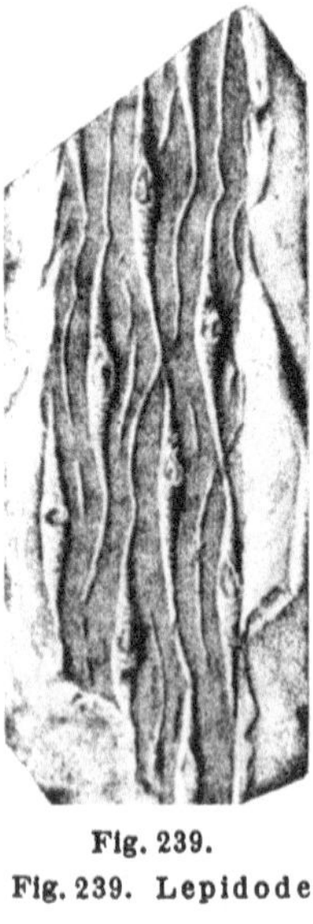

Fig. 239. Fig. 240.

Fig. 239. Lepidodendron Jaschei Roemer aus dem Unterkarbon des Harzes. 19/20. Nach Potonié-Fischer 1905.

Fig. 240. Sublepidodendron Nordenskiöldii Nathorst aus dem Unterkarbon von Spitzbergen. Zwei verschieden dicke Zweige mit noch anhaftender Beblätterung. Beachte die pro Querschnitt wesentlich größere Anzahl der Blattpolster auf dem stärkeren Sproßstück gegenüber den wenigen an dem schwächeren. 19/20. Nach Nathorst 1920.

und Megasporen außerordentlich gering ist und bei einem Durchmesser von 0,025 mm für die Mikrosporen und einem solchen von 0,050 mm für die Megasporen ein Verhältnis von nur 1 : 2 besteht[1]). Hier handelt es sich also um eine Art, wo die Differenzierung in Mikro- und Megasporen eben erst beginnt. So ist es doch sehr wohl möglich, daß es daneben auch noch Lepidodendronarten mit überhaupt nur einer Sporenart, also isospore Lepidodendren, gegeben hat; eine Annahme, die um so mehr Wahrscheinlichkeit hat, als es ja eine ganze Anzahl zum Teil recht häufiger Blütenzapfen„arten" gibt, die, wie L. oldhamius u. a., bislang stets nur mit einer Sporensorte (und zwar kleinen Sporen) gefunden wurden.

Bei einigen heterosporen Arten sind in den isolierten Megasporen Reste des Megaprothalliums gefunden worden. Am besten bekannt sind die Dinge bei L. Veltheimii. Hier hat das Megaprothallium den ganzen Binnenraum der Megaspore ausgefüllt, eine Differenzierung in einen der Megasporenöffnung zugekehrten apikalen und ihr abgewandten basalen Teil, wie das bei Selaginella der Fall ist, ist hier kaum vorhanden, wennschon der der Megasporenöffnung abgekehrte Teil großzelligeres Gewebe (Fig. 216) zeigt als der Apikalteil, auf den die Archegonien (Fig. 219 u. 220) beschränkt gewesen sein dürften. Deren Halsteil besteht aus drei Etagen von Halszellen, Reste der Kanal- und Zentralzelle sind festgestellt. Die Ähnlichkeit mit den Archegonien der Megaprothallien von Isoetes und Selaginella ist eine große. Ähnliches ist von L. esnostense Renault erwähnt. Es sind Megasporen bekannt, in deren Prothallium flaschenförmige Eintiefungen auf Archegonien hinweisen.

B. Im Abdruck erhaltene Stamm- und Zweigreste.

L. Volkmannianum Sternberg. Hauptsächlich Unterkarbon, seltener Unteres Oberkarbon von Europa. (Fig. 223—226.) Blattpolster in alternierenden vielzähligen Quirlen[2]). Blattpolster im oberen Teil wesentlich breiter als im untern. Am unteren Ende abgestutzt, dem halbkreisförmigen oberen Ende des in der gleichen Längszeile nächstunteren Blattpolsters gerade in der Mitte aufsitzend. Blattpolster an älteren Sprossen allmählich verlöschend, Wechselzonenbildung häufig. Anatomie, Beblätterung und Fruktifikation unbekannt. Von den im Abdruck erhaltenen Sproßstücken sind solche bis zu über 24 cm Umfang beschrieben worden, doch dürfte der Hauptstamm wohl wesentlich bedeutenderen Umfang erreicht haben.

L. Grigariewi Zalessky. Mittleres Oberkarbon von Rußland (Donetz) und **L. Andrewsii** Lesquereux, Oberkarbon von Pennsylvanien; beide dem L. Volkmannianum nahestehend.

---

[1]) Verhältnismäßig gering ist die Größendifferenz zwischen Mega- und Mikrosporen auch noch bei einer Form wie Lepidostrobus Brownii Schimper spec., wo die Mikrosporen 0,04 und die Megasporen 0,4 mm haben, das Verhältnis also erst 1 : 10 ist; dagegen ist es bei L. Veltheimii 1 : 30—40 (Mikrosporen: 0,02 mm, Megasporen: 0,6—0,8 mm).

[2]) Zu der Ansicht Sturs, daß es sich bei der Blattstellung der Sprosse dieser Art gleichfalls wie bei den übrigen Lepidodendren um eine schraubige nach der Divergenz 89/233 handele, wobei aber infolge der nachträglichen Drehung des Stammes die 21er Parastiche genau vertikal, die 5er Parastiche genau horizontal verliefe (Stur 1877, S. 260ff. und S. 291ff.) kann sich Verfasser nicht bekennen.

L. Tonderae Zalessky, unterstes Oberkarbon von Dombrowa (Rußland). Kleinpolsterige Form, oder wenigstens nur in einem Rest mit kleinen Polstern bekannt. Polster ca. 1 ½ cm lang, 3 ½ mal so lang als breit; rhombisch, leicht hervortretend, scheinbar sich etwas schuppig deckend. Blattnarbe im obern Drittel des Polsters.

L. Wortheni Lesquereux, Mittleres bis Oberes Oberkarbon von Großbritannien, Belgien, Holland und Nordfrankreich; Nordamerika. Blattpolster sehr variabel, stark assymetrisch, ohne scharfe untere und obere Begrenzung. Transpirationsöffnung und Ligulargrube nicht beobachtet. Blätter gegen 5 cm lang, an der Basis etwa 3 mm breit.

L. Veltheimii Sternberg (**L. brevifolium** Williamson für die strukturbietenden Reste). Häufig im Unterkarbon, seltener im Unteren Oberkarbon. Europa und Spitzbergen (Fig. 227—230). Blattpolster gestreckt, spindelförmig schon an relativ dünnen Sprossen durch die zwischen den Polstern verlaufenden, oft etwas wulstigen Bänder voneinander getrennt. Sehr häufig fehlen die Narben der Transpirationsöffnungen, doch steht auf Grund des Befundes an einzelnen Stücken fest, daß sie auch bei dieser Art vorhanden waren, wenn sie auch oft weniger deutlich ausgeprägt oder stellenweise ganz unterdrückt waren.

Der größte genauer beschriebene Stammrest ist der von Stur beschriebene, S. 183 erwähnte, mit 63 cm Breite an der unteren Abbruchstelle und nahezu 5¼ m Höhe bis zur oberen Abbruchstelle. (Über weitere bekannte Sproßreste größeren Umfanges vgl. S. 190 und S. 223.)

Die Art gehört zu dem Typ der kurzblättrigen Lepidodendren, indem die Blätter nur eine Länge von 2 cm und eine Breite von 2 bis 3 mm erreichen. Blätter in schraubiger Stellung (vgl. S. 189). Blütenzapfen heterospor; im übrigen vgl. das S. 229 Aufgeführte und Fig. 211, 212 u. 215—218.

Blütentragende Zweige offenbar aus dem alten Holz des Stammes und der ältesten Äste hervorbrechend, analog denen von Bothrodendron und Ulodendron; wohl kurze, wenig verzweigte Zweigsysteme mit endständigen Blüten bildend. Hievon rühren die zweizeilig alternierend gestellten »ulodendroiden« Schüsselnarben am Stamm und den stärksten Astpartien her. Sie erreichen eine beträchtliche Größe; so bildet Stur (1877, T. 21) die eine Seite eines Sproßstückes von etwa 44 cm Umfang ab, mit Schüsselnarben von etwa 10 × 6 cm Durchmesser. In Fig. 230 ist ein Sproßstück wiedergegeben, das sehr gut erhaltene, allerdings recht kleine Blattpolster von nur etwa 7 bis 8 mm Länge und halb so großer Breite aufweist. Das Stück zeigt gut wie zwischen das System der schraubig gestellten Blattpolster nachträglich und die ursprünglichen Verhältnisse störend, die den zweizeilig gestellten Schüsselnarben entsprechenden Astsysteme durchgebrochen sind.

Von Stur (1877, S. 280) werden noch zwei Stammstücke von je etwa 14 bis 15 cm Breite mit vierzeiliger (also wohl dekussierter) Anordnung der Schüsselnarben beschrieben.

Über die anatomischen Verhältnisse der vegetativen Sprosse vgl. S. 219 ff. und Fig. 257 u. 258.

L. Glincanum Eichwald spec. Carboniferous Limestone Series von Großbritannien und äquivalente Schichten des östl. Ural. Kleinpolstrige Form, sonst in vielem der vorigen nahestehend.

L. Landsburgii Kidston. Lower Coal Measures von Ayrshire. Schottland. Mit ulodendroiden Narben.

L. belgicum Kidston. Mittleres Oberkarbon (Belgien) mit ulodendroiden Narben.

L. obovatum Sternberg (= **L. Hickii** Watson für die strukturbietenden Reste). Unteres bis Oberes, hauptsächlich Mittleres Oberkarbon, von weitester Verbreitung (Fig. 231—233). Blattpolster rhombisch, von ziemlich gedrungener Form, höchstens zweimal so hoch als breit, an dünneren Ästen oft nahezu quadratisch; unterste Partie der Polster in der Regel nicht weit ausgezogen. Blätter an jüngsten

Zweigen 4 bis 5 cm lang, im ausgewachsenen Zustand 60 bis 80 cm Länge erreichend. Blütenzapfen gegen 6 cm lang und 1½ cm im Durchmesser (Fig. 206).

Nach F. Fischer (1904) sind folgende Formen ident oder zumindesten sehr nahestehend:

L. clypeatum Lesquereux, **L. modulatum** Lesquereux, **L. carinatum** Lesquereux, **L. cuspidatum** Lesquereux, **L. obtusum** Lesquereux, sämtliche aus dem Oberkarbon von Pennsylvania.

L. longifolium Brongniart, Mittleres Oberkarbon; und

L. scutatum Lesquereux. Oberkarbon von Nordamerika; beides junge Zweigreste, die L. obovatum nahestehen.

L. dichotomum Sternberg (L. loricatum Arber) (= **L. fuliginosum** Williamson, für die strukturbietenden Reste). Mittleres und Oberes Oberkarbon; weit verbreitet (Fig. 205). Eine ziemlich seltene Art, die hinsichtlich der Blattpolsterskulptur L. obovatum sehr nahe steht. Blattpolster an jungen Rindenstücken von nahezu quadratischer Form, an älteren Sprossen rhombisch, an den Seitenecken abgerundet, an den oberen und unteren dagegen spitz zulaufend, aber ohne Schwänzung. Die Polster liegen seitlich einander meist ganz nahe, nur an den dicksten Sprossen sind sie durch Bänderung voneinander getrennt. Transpirationsöffnungen nicht beobachtet; Blätter in ausgewachsenem Zustande bis gegen 1 m lang, zunächst aber an den jüngsten Sproßpartien nur 2 bis 6 cm lang.

Möglicherweise gehören hieher auch die von Ettingshausen (Steinkohlenflora von Radnitz) als L. brevifolium Ettingsh. abgebildeten Reste; zwar sind deren Blätter wesentlich kürzer, aber die Sprosse im ganzen sind habituell denen des L. dichotomum des gleichen Fundorts sehr ähnlich. Zweige zum Teil mit endständigen Blütenzapfen von gegen 7 cm Länge und 2 cm Durchmesser. Sporenverhältnisse nicht bekannt.

L. Feistmanteli Zalessky, Mittleres Oberkarbon von Rußland (Donetz) und

L. latifolium Lesquereux, Oberkarbon von Pennsylvanien; beide hinsichtlich der Blattpolsterausbildung dem L. dichotomum nahestehend.

L. aculeatum Sternberg. Unteres bis Oberes, hauptsächlich Mittleres Oberkarbon, von weiter Verbreitung (Fig. 234—236). Blattpolster ähnlich denen der vorigen Art, aber bis zweieinhalbmal so lang als breit, auch bereits an dünneren Zweigen dieser Art. Blattnarben oft sehr weit im oberen Polsterteil. Blätter in ausgewachsenem Zustand bis 1 m lang, bei ca. 1 cm Breite an der Basis. — Fruktifikation unbekannt. Über die strukturbietenden Reste vgl. S. 222.

L. Rhodeanum Sternberg. Unteres Oberkarbon, dem L. aculeatum nahestehend.

L. ophiurus Brongniart[1]). Mittleres und Oberes Oberkarbon. Polsterform, ähnlich der von L. obovatum, nur wesentlich kleiner. Blätter nur bis zu 5 cm lang bekannt, an den Enden ganz dünner Zweige noch wesentlich kürzer: 1 bis 2 cm. Blütenzapfen 10 bis 15 cm lang und bis 2 cm im Durchmesser, Sporophylle bis 1¾ cm lang. Sporenverhältnisse nicht bekannt.

L. simile Kidston-Crookall. Mittleres Oberkarbon von England. Ähnlich der vorigen.

L. Jaraczewskii Zeiller. Mittleres Oberkarbon von Nordfrankreich, Großbritannien, Rußland (Donez) und Kleinasien. Blattpolster lang und vergleichsweise schmal.

L. Gaudryi Renault. Oberes Oberkarbon des französischen Zentralplateaus, Karbon von China. Polster wenig vortretend, sehr lang und durch deutliche Bänder voneinander getrennt. Blüten bekannt; vgl. S. 231.

L. vestitum Lesquereux. Oberkarbon von Pennsylvanien.

---

[1]) Diese Art wird von A. Renier (C. R. Acad. Sc. Paris 182, S. 408—410; 1926) — aber doch wohl mit fraglichem Recht — zu Ulodendron gestellt.

L. pedroanum Carruthers. Oberkarbon von Brasilien.

L. oculus felis Zeiller. Permokarbon von Ostasien (China und Korea).

L. serpentigerum Koenig. Mittleres bis oberstes Oberkarbon von Europa und Nordamerika. (Fig. 237.) Blattpolster breitspindelförmig bis oval. Seitenecken abgerundet, Endecken scharf geschwänzt. Häufig gehen die Schwänze der in einer Schrägzeile aufeinander folgenden Polster ineinander über. Narbe oberhalb der Polstermitte. Alle fünf Närbchen sichtbar. Anatomie, zugehörige Beblätterung und Fruktifikation unbekannt.

Idente oder nahestehende Formen sind **L. distans** Lesquereux und **L. Tigoni** Lesquereux, beide aus dem Oberkarbon von Pennsylvanien.

L. rimosum Sternberg. Mittleres Oberkarbon von Europa und Nordamerika. Dem L. serpentigerum sehr ähnlich, jedoch mit schmäleren Blattpolstern und ohne Transpirationsöffnungen, Bänderung gleichfalls schmäler. Möglicherweise handelt es sich nur um einen jüngeren Sproßzustand der genannten Art.

L. Zeilleri Zalessky. Mittleres Oberkarbon von Rußland (Donetz); dem vorigen nahestehend jedoch mit größeren Blattpolstern.

L. fusiforme Corda spec. Mittleres Oberkarbon, gleichfalls dem L. rimosum ähnlich.

Seltene und weniger weit verbreitete kulmische Formen sind noch:

L. spetzbergense Nathorst. Kulm von Spitzbergen. Blattpolster spindelförmig, klein, in vergleichweise weiten Abständen voneinander.

L. Nathorsti Kidston. Kulm von Schottland (Fig. 238).

L. Jaschei Roemer. Kulm von Schlesien, Harz und Vogesen. (Fig. 239). Blattpolster sehr lang und langgeschwänzt.

L. culmianum Fischer. Kulm von Schlesien und Harz.

L. Heerii Nathorst. Kulm von Spitzbergen.

Im Anschluß an die vier letzterwähnten Arten sind noch einige Formen anzuführen, die von Nathorst den echten Lepidodendren angeschlossen werden unter dem Sammelgattungsnamen:

Sublepidodendron. Was die Stammoberflächenskulptur der nur in relativ dünnen Stengelresten erhaltenen Stücke betrifft, so ist sie wesentlich einfacher als bei den typischen Arten von Lepidodendron selbst. Sehr häufig sind von den hieher gehörigen Fossilien auch nur subepidermale Erhaltungszustände bekannt. Am Blattpolster ist die obere von der (größeren) unteren Hälfte durch eine feine Bogenlinie, die wohl der Stelle des aus dem Stamm austretenden Blattleitbündels entspricht, getrennt. Weitere Narben, wie die der Parichnoszüge, Transpirationsöffnungen und Ligulargrube sind nicht festzustellen. Wenn die Formen hier trotzdem unter Lepidodendron aufgeführt werden, so geschieht es in Anschluß an Nathorst, (1920) der Lepidodendron als eine „sehr umfangreiche Kollektivgattung" ansieht. Bei mehreren Arten hat es den Anschein, als seien die Stämme ähnlich denen vieler Sigillarien und Ulodendren unverzweigt gewesen.

Subl. mirabile Nathorst. Stamm wohl im wesentlichen unverzweigt, Stammreste bis zu 20 cm breit gefunden, zum Teil mit großen Schüsselnarben wie bei L. Veltheimi und anderen. **Subl. Nordenskiöldii** Nathorst. Stämme bis zu 6½ cm Breite bekannt, vielfach gabelig verzweigt, kleinblättrig (Fig. 240). **Subl. fallax** Nathorst, **Subl. subfallax** Nathorst, **Subl. calamitoides** Nathorst. — Sämtliche aus dem Kulm von Spitzbergen.

Eine Zwischenstellung zwischen den echten Lepidodendren und den Sublepidodendren nimmt ein:

L. Roberti Nathorst. Kulm von Spitzbergen.

Anhangsweise sei darauf hingewiesen, daß junge beblätterte Zweigreste, bei welchen die Blattpolster noch nicht fertig ausgebildet sind, und die daher eine Einreihung in die oben besprochenen Arten, die ja auf Grund der Blattpolsterform an älteren Sproßstücken unterschieden werden, nicht ermöglichen, in der Literatur unter eigenen Namen gehen; so:

L. selaginoides Sternberg. Mittleres Oberkarbon von Europa. Jüngere Zweigstücke mit sehr schmalen, kaum 1 cm langen Blättern.

L. elegans Brongniart. Mittleres und oberes Oberkarbon (Fig. 204). Zweigstücke mit relativ kurzen (wenige Zentimeter langen) Blättern. Blütenzapfen gegen 10 cm lang und kaum 1 cm dick.

L. Brittsii Lesquereux. Oberkarbon von Nordamerika. Jüngere Zweigstücke mit gegen 6 und mehr cm langen schmalen Blättern;

L. Haidingeri Ettingshausen. Mittleres Oberkarbon. Blätter an den dünneren Zweigenden 1 ½ bis 3 cm lang und an der Basis bis 3 mm breit, an stärkeren Zweigen bis 6 cm lang und 5 mm breit.

L. lycopodioides Sternberg (= L. elegans Sternberg und L. lanceolatum Lesquereux). Mittleres Oberkarbon. (Fig. 203.) Der vorigen ähnlich aber mit etwas kürzeren Blättern.

Literatur (zu Teil A und B).

Arber, E. A. N., Contrib. to our Knowledge of the Floras of the Irish Carboniferous Rocks I. S. 168—173. Scientific Proceed. R. Dublin Soc. 13. 1911/13.

Arber, E. A. N., Critical Studies of Coal-Measure Plant-Impressions. II. Lepidodendron lycopodioides, ophiurus and loricatum. Journ. Linn. Soc. Bot. 46. 1922/24.

Bureau, M. E., Flores foss. Bassin de la Basse Loire. S. 43—51, 105—142, 161—167 und 180—190. Paris 1914.

Crookal, R., On the fossil Flora of the Bristol and Somerset Coalfield I. S. 169—172, II. S. 391—392. The Geolog. Magaz. 62. 1925.

Ettingshausen, C. von, Die Steinkohlenflora von Radnitz in Böhmen. S. 52—56. Abh. K. K. Geolog. Reichs-Anst. II, 3. Wien 1854.

Feistmantel, O., Die Versteinerungen der böhmischen Kohlenablagerungen. 2. Abteilung (zum größten Teil) Palaeontographica 23. 1875/76.

Fischer, Fr., Zur Nomenklatur von Lepidodendron und zur Artkritik dieser Gattung. — Abh. K. Preuß. Geolog. Landes-Anst. N. F. 39. Berlin 1904.

Fischer, Fr., in Potonié, H., Abbildungen und Beschreibungen fossiler Pflanzen. III: 41—51 und IV: 71—79. Berlin 1905/06.

Grand'Eury, C., Mém. flore carbonifère du Département de la Loire et du Centre de la France. S. 138—141, 145—149. Mém. sav. étr. Acad. Sc. 24, 1. Paris 1877.

Grand'Eury, C., Géologie et Paléontologie du Bassin houiller du Gard. S. 232—235 und 259—260. St. Etienne 1890.

Kidston, R., Catalogue of the Palaeozoic Plants in the Department of Geology and Palaeontology, British Museum, Nat. Hist. S. 148—169 und S. 196—201. London 1886.

Kidston, R., On the fossil Flora of the Staffordshire Coalfield. Pt. I: S. 326/27; Pt. II: S. 81—83 und 86—94; Pt. III: S. 132—137. Transact. R. Soc. Edinburgh. 35, 1888; 36, 1891; 50, 1914.

Kidston, R., Foss. Plants of the Kilmarnock, Galston and Kilwinning Coalfields, Ayrshire. S. 334—343 und 349/50. Transact. R. Soc. Edinburgh 37. 1893.

Kidston, R., Fossil Flora of the South Wales Coal Field. S. 598—604. Transact. R. Soc. Edinburgh 37. 1894.

Kidston, R., The foss. Plants of the Carboniferous Rocks of Canonbie, Dumfriesshire and of Parts of Cumberland and Northumberland. S. 754—756; 762—765; 779—782; 795; 809—811; 820—825 zum Teil. Transact. R. Soc. Edinburgh 40. 1903.

Kidston, R., Les végétaux houillers receuillis dans le Hainaut belge. S. 134—147 und S. 153—158. Brüssel 1911.

Lesquereux, L., Coal Flora of the Carboniferous Formation in Pennsylvania. II: S. 363—396 und 431—459, III: S. 783—788. Harrisburg 1880/84.

Nathorst, A. G., Zur palaeozoischen Flora der arktischen Zone. S. 13/14, 31—44, 60/61. Stockholm 1894.

Nathorst, A. G., dto. Nachträge z. palaeozoischen Flora Spitzbergens. S. 37—66. Stockholm 1914.

Nathorst, A. G., Zur Kulmflora Spitzbergens. S. 18—30. Stockholm 1920.

Potonié, H., Die (Silur- und) Kulmflora des Harzes und Magdeburgischen. S. 101 bis 147. Abh. K. Preuß. Geolog. Landes-Anst. N. F. 36. Berlin 1901.

Renault, B., Flore fossile du Terrain houiller de Commentry. II. S. 497—513 und 518—529. St. Etienne 1890.

Renier, A., Paléontologie du terrain houiller. S. 12/13, Taf. 1—7. Liège 1910.

Roehl, E. von, Foss. Flora der Steinkohlenformation Westfalens. S. 124—137 und 140—143. Palaeontogr. 18. 1869.

Stur, D., Die Culmflora: I. des Mährisch-Schlesischen Dachschiefers. S 79/80. dto. II. der Ostrauer und Waldenburger Schichten. S. 214—292. Abh. K. K. Geolog. Reichs-Anst. Bd. 8. Wien 1875/77.

Weiß, Ch. E., Foss. Flora der jüngsten Steinkohlenformation und des Rotliegenden im Saar-Rhein-Gebiete. S. 145—150 und 173—176. Bonn 1869—72.

White, D., Fossil flora of the Lower Coal Measures of Missouri. S. 187—201 und S. 212—218. Monogr. U. S. Geolog. Survey 37. Washington 1899.

White, D., Foss. floras of the Pottsville Formation in the Southern Anthracite Coal Field, Pennsylvania. S. 867, 901/02. 20. Annual Report, U. S. Geolog. Survey 1898/99. Washington 1900.

Zalessky, M. D., Végétaux fossiles du terrain carbonifère du bassin du Donetz: I. Lycopodiales. S. 3—30, 38—43 und 81—99, 102—105 Mém. Comité Géolog. N. S. 13. St. Petersburg 1904.

Zalessky, M. D., Contribution à la flore foss. du terrain houiller du Donetz. I. S. 179 bis 181 und 183—184 und II. S. 435—437 und 438—439. Bull. Comité Géolog. 26. St. Petersburg 1907.

Zalessky, M. D., Beitr. z. Kenntnis d. foss. Flora d. Steinkohlenreviers von Dombrowa. S. 51—61. Mém. Comité Géolog. N. S. 33. St. Petersburg 1907.

Zalessky, M. D., Note sur les Débris végétaux du Terrain carbonifère de la Chaine de Mugodžary. S. 3—7. Extr. du tome 28 des Bull. Com. Géolog. Nr. 153. St. Petersburg 1909.

Zalessky, M. D., Sur le coussinet foliaire du Lepidodendron obovatum Stbg. Etudes paléobot. I. Suppl. St. Petersburg 1912.

Zeiller, R., Flore fossile du Bassin houiller de Valenciennes. S. 432—470 und 496—509. Paris 1886—88.

Zeiller, R., Note sur la flore fossile des gisments houillers de Rio Grande do Sul. Bull. Soc. Géolog. France 23. S. 607—615. 1896.

Zeiller, R., Etude sur la flore fossile du Bassin houiller d'Héraclée. S. 70—75. Mém. Soc. Géol. France. Paléont. Nr. 21. Paris 1899.

C. Strukturbietende Stamm- und Zweigreste.

Die erhaltenen strukturbietenden Reste gehören vier verschiedenen anatomischen Typen an:

1. mit Protostele (S. 219):
   - L. esnostense Renault,
   - L. rhodumnense Renault,
   - L. nothum Unger,
   - L. saalfeldense Solms-Laubach,
   - L. pettycurense Kidston. (Fig. 256).
2. mit Siphonostele, mit gemischtem Mark im Zentrum der Stele (S. 207):
   - L. vasculare Binney (Fig. 244—255).
   - L. obovatum Sternberg (= L. Hickii Watson).

3. mit Siphonostele, mit reinem parenchymatischen Mark im Zentrum (S. 219):
   L. Veltheimii Sternberg (= L. brevifolium Williamson) (Fig. 257—258),
   L. cf. aculeatum Sternberg.
4. mit Siphonostele und mit abnormem Dickenwachstum (S. 222):
   L. dichotomum Sternberg (= L. fuliginosum Williamson),
   L. intermedium Williamson.

Was die Einzelbeschreibungen der in strukturbietenden Resten erhaltenen Lepidodendren betrifft, so sei begonnen mit der der

Siphonostelische Arten mit gemischtem Mark im Zentrum,

da die oft außergewöhnlich gute Erhaltung der Sprosse des in diesen Formenkreis gehörigen L. vasculare eine sehr genaue anatomische Durchforschung ermöglicht hat.

L. vasculare Binney. Lower Coal Measures von England; mittleres Oberkarbon von Westfalen u. a. (Fig. 244—255).

Die Identifikation von L. vasculare mit L. selaginoides Sternberg (= L. Sternbergii Brongniart), für die Kidston (1886) eingetreten ist, ist nach Seward (Foss. Pl. II, S. 110) nicht einwandfrei. Die hieher gehörigen Sprosse demnach nur anatomisch bekannt.

Größte beschriebene Stücke (sämtliche ohne erhaltene Blattpolster) sind folgende:

Binney 1865, Nr. 2: Umfang 41 cm; Durchmesser (auf normal berechnet) ca. 13 ¼ cm (19 cm × 9,5 cm); Stele [1]) 2,7 cm im Durchmesser.

Binney 1875, Nr. 39: Umfang 33 cm; Durchmesser (auf normal berechnet) ca. 10 ½ cm (13,5 × 8,1 cm); Stele 2,7 cm im Durchmesser.

Seward (Foss. Pl. II, S. 120, Fig. 153): Umfang ca. 36 cm; Durchmesser (auf normal berechnet) ca. 11,5 cm (16 × 7,5 cm); Stele ca. 3,2 cm im Durchmesser.

Die Stele ist dadurch ausgezeichnet, daß die Tracheiden des Primärxylems sich bis ins Zentrum der Stele ausdehnen, im innersten Teil untermischt mit Parenchym (Fig. 247—248). Wo innerhalb des einheitlichen Metaxylem-Tracheidenringes die Durchmischung mit Parenchym beginnt, sind die Tracheiden wesentlich verkürzt und haben hier zweifellos mehr die Funktion der Wasserspeicherung als der Leitung. Tracheiden des eigentlichen Metaxylemringes an Tangential- und Radialwänden treppenförmig verdickt; Wandverdickung der wasserspeichernden Tracheiden des Zentrums annähernd ring- oder netzförmig; bei allen Metaxylemtracheiden sind die einzelnen derberen Querringe durch feine Längsleisten verbunden (Fig. 246 u. 248). Nach außen schließen an den Metaxylemring Protoxylemtracheiden an, die in ± regelmäßig längs der Stele verlaufenden Bändern dem Metaxylemmantel vorgelagert sind. Davor erscheinen paremchymatische Zellen mit Wänden, die zum Teil unregelmäßig netzförmig verdickt sind. In jungen Sproßstücken, wo noch keine sekundäre Gewebebildung in der Stele stattgefunden hat, schließt nun das Phloëm an, das — nur in den besterhaltenen Stücken sichtbar —, aus dünnwandigem, ziemlich kleinlumigem

[1]) d. h. gemischtes Mark, Primär- und Sekundärxylem; das mangelhaft erhaltene Phloëm ist nicht mit eingerechnet.

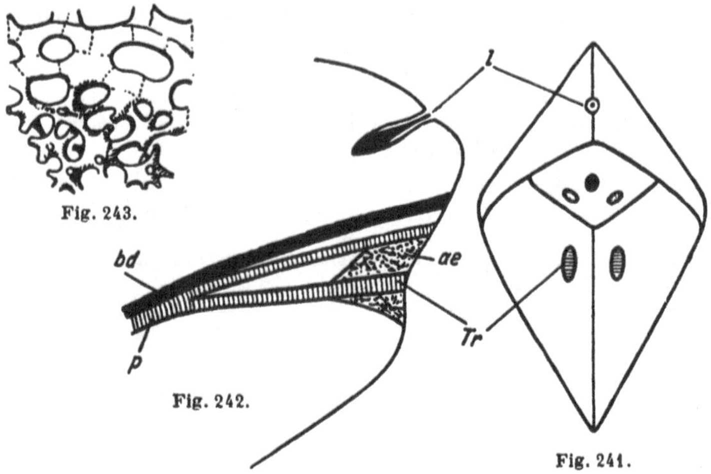

Fig. 243.

Fig. 242.

Fig. 241.

Fig. 241—243. Lepidodendron.

Fig. 241. Schematische Aufsicht auf ein Blattpolster; in der Mitte die eigentliche Blattnarbe mit dem Mal des Blattleitbündels (schwarz) und den beiden Parichnosmalen links und rechts davon (schraffiert). Im oberen Blattpolsterfeld die Ligulargrube (*l*), im unteren Blattpolsterfeld die beiden Transpirationsöffnungen (*Tr*). — Original.

Fig. 242. Schematischer Längsschnitt durch ein Blattpolster und die darunter befindlichen Rinden- und Peridermpartien. *l*: Ligulargrube mit Ligula. *bd*: Blattspurbündel; bei *p* der es vom Rand der inneren primären Rinde her begleitende Parichnosstrang, der sich weiter außen in die beiden oberen und eigentlichen Parichnosstränge und die beiden unteren zu den Transpirationsöffnungen ziehenden Arme teilt; davon und von den beiden Parichnossträngen, die alle in Wirklichkeit je teils links und teils rechts des Blattspurbündels ziehen, ist in der Figur nur je ein Arm (der in die Ebene des Schnittes projiziert ist) zu sehen. Bei *ae*: lockeres lufthaltiges Gewebe. — Original.

Fig. 243. Lepidodendron vasculare Binney. Partie aus dem sehr lufthaltigen Gewebe in der Gegend der Transpirationsöffnungen unter dem Blattpolster. Stärker vergr. Nach F. E. Weiß 1907.

Parenchym und weiten Zwischenräumen, die, analog den Verhältnissen bei Lepidophloios fuliginosus, durch Auflösung dünnwandiger Elemente zustande gekommen sein dürften (vgl. S. 246 und Fig. 277—281). Zwischen diesen beiden Komponenten des Phloëms findet sich dunkelgefärbtes Material, das seine Entstehung im wesentlichen sekretorischen Zellelementen zu danken haben dürfte — eine Sache, die nicht ganz klargestellt ist. Als Abschluß des Stelengewebes folgt ein ziemlich breiter Mantel von einheitlichem, weitlumigen und etwas tangential gestreckten Parenchym: der Perizykel.

An älteren Sprossen findet sekundäre Gewebebildung in Xylem (Fig. 245—247 u. 249—251) und Phloëm der Stele statt. Dabei ist hervorzuheben, daß bei L. vasculare sekundäre Gewebebildung der Stele schon an sehr jungen, kaum 1 cm Durchmesser haltenden Zweigen stattfindet, und sich also auch auf die letzten Zweigsysteme an der Kronenperipherie erstreckt, ganz im Gegensatz zu den meisten anderen Arten, wo sekundärer Gewebezuwachs der Stele lediglich auf den Stamm und dessen älteste Astpartien beschränkt ist. Bei Beginn des sekundären Dickenwachstums der Stele entwickelt sich aus dem oben erwähnten, an das Protoxylem anschließenden Parenchymring eine wenige Zellagen breite Zone meristema-

Fig. 244.

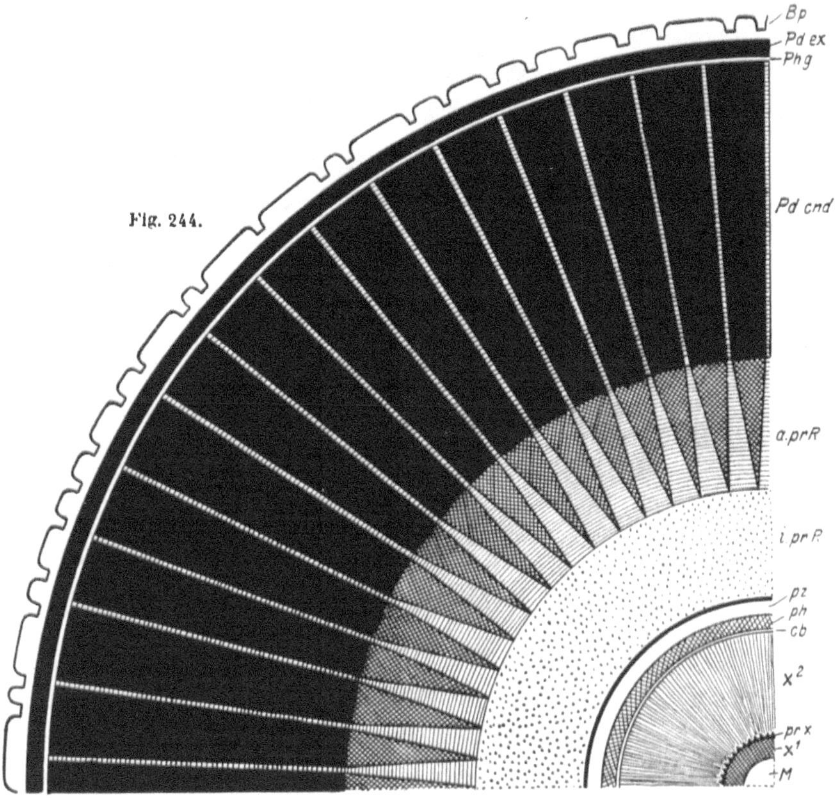

Fig. 244. Lepidodendron vasculare Binney. Schematischer Querschnitt durch den Stamm. *M*: gemischtes Mark der Stele; x_1: Metaxylem, *prx*: Protoxylem des Primärxylems; x_2 Sekundärxylem; *cb*: Cambium; *ph*: Phloëm; *pz*: Perizykel; *iprR*: innere lakunöse primäre Rinde, zu innerst die Endodermis; *aprR*: äußere primäre Rinde (quer schraffiert: die parenchymatischen, tangential dehnungsfähigen Partien; kreuz schraffiert: die mechanisch-festigenden Partien); *Pd end*: innerer Teil des Periderms (Endophelloderm); *Phg*: Phellogen; *Pdex*: äußerer Teil des Periderms (Exophelloderm); *Bp*: äußerste an das Periderm nach außen anschließende Partie der primären Rinde mit den Blattpolstern. — Nicht eingezeichnet sind die von der Stele zu den Blattpolstern ziehenden Blattspurstränge. — Das Schema entspricht Verhältnissen, wie sie ein ca. ⅓ m starker Stamm zeigt. — Original.

tischen Gewebes. Oft schließen die ältesten Tracheiden des Sekundärholzes direkt an das Protoxylem an; doch bleibt häufig auch eine Zellage des erwähnten Parenchymbandes mit Zellen mit netzförmiger Wandverdickung dazwischen eingeschaltet. Das Sekundärholz besteht aus in regelmäßigen Radialreihen angeordneten Treppentracheiden mit Wandverdickung der Radial- und Tangentialwände (Fig. 244). Mit den ± breiten Streifen der radial gereihten Sekundärxylemtracheiden wechseln Streifen von Parenchymzellen ab, die tangential gestreckt und backsteinförmig sind: sie mögen kurz als sekundäre Markstrahlen bezeichnet werden. Doch ist zu bemerken, daß primäre Markstrahlen überhaupt nicht vorhanden sind, indem der Primärxylemmantel ja ringsum einheitlich geschlossen ist. Die sekundären Markstrahlen (Fig. 246 u. 247) sind von ziemlich variablen Ausmaßen, zum Teil nur eine Zelle

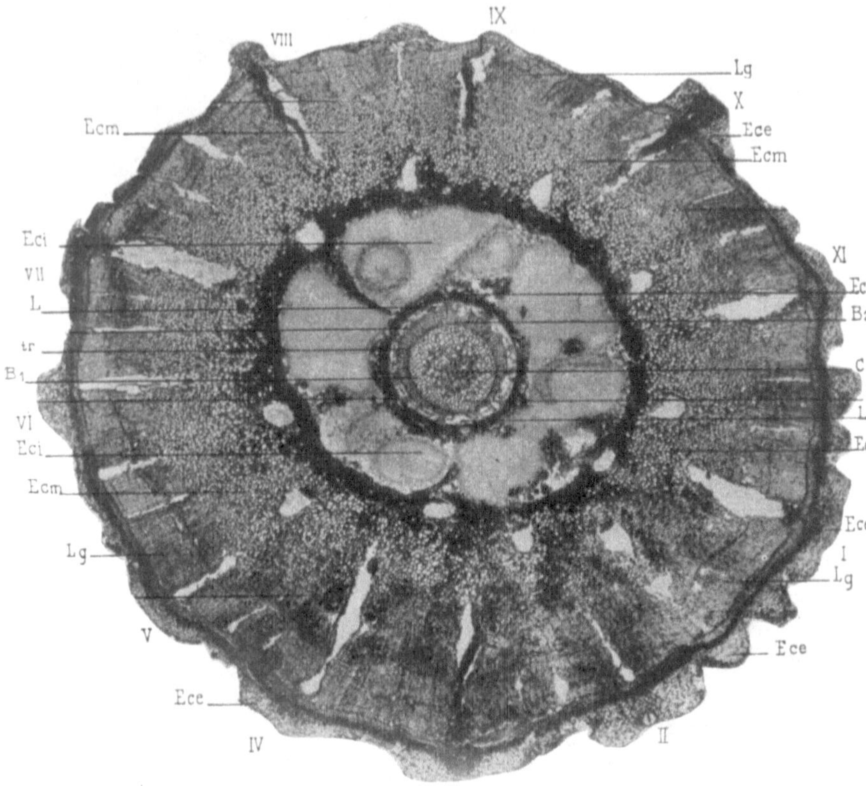

Fig. 245.

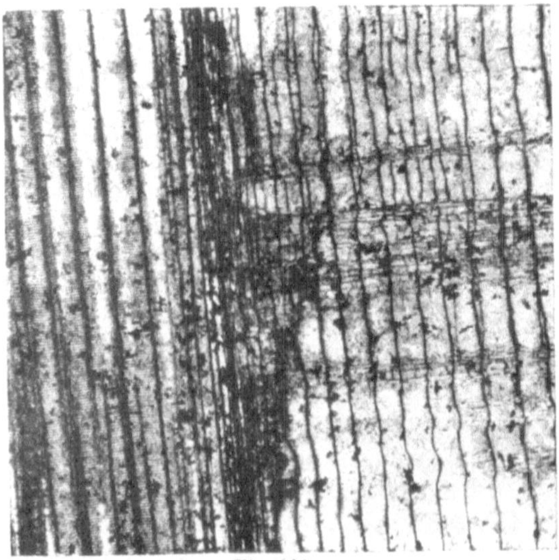

Fig. 246.

Lepidodendron vasculare Binney aus den Lower Coal Measures von England.

Fig. 245. Querschliff durch ein 2 cm starkes Zweigstück. *Cy*: zentrales gemischtes Mark; B_1: Metaxylem; *tr*: Protoxylem des Primärxylems; B_2 Sekundärxylem; *L*: Zone des Phloëms; *Eci*: Innere (lakunöse) primäre Rinde; *Ecm*: äußere primäre Rinde; *Lg*: Periderm; *Ece*: Blattpolsterzone, die Stellen der einzelnen im Querschliff getroffenen Blattpolster mit röm. Ziffern (*I—XI*) bezeichnet. — Vergr. 5,4 ×. — Nach Hovelacque 1892.

Fig. 246. Radialer Längsschliff durch einen Teil des Xylems. Links: Metaxylem und anschließend: Protoxylem (= die englumigen Elemente) des Primärxylems; rechts: Sekundärxylem mit drei sekundären »Mark«strahlen. — Vergr. ca. 25 ×. Aus Scott-Studies 1920.

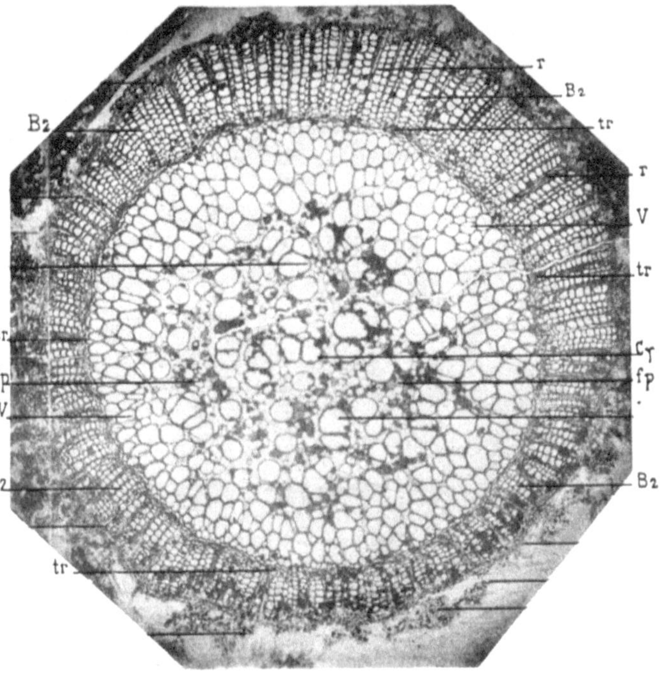

Fig. 247.

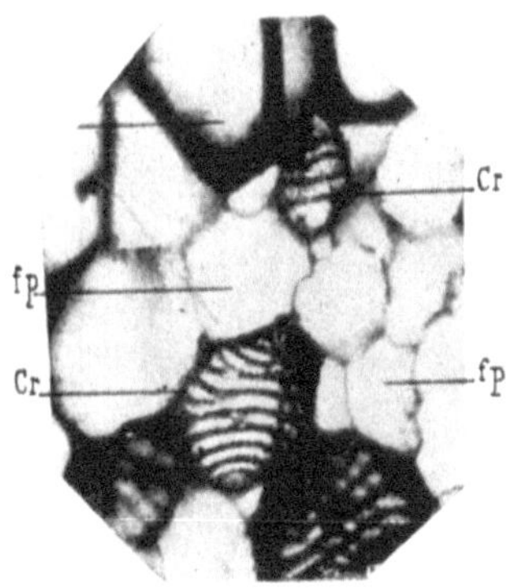

Fig. 248.

Lepidodendron vasculare Binney. Aus den Lower Coal Measures von England.

Fig. 247. Querschliff durch die Xylempartie der Stele eines Zweigstückes von ähnlichem Durchmesser wie das der Fig. 245. *Cy*: Speichertracheiden; *fp*: Parenchym des zentralen gemischten Markes; *v*: Metaxylem; *tr*: Protoxylem des Primärxylems; B_2: Sekundärxylem; *r*: sekundäre »Mark«strahlen in diesem. — Vergr. 18 ×. Nach Hovelacque 1892.

Fig. 248. Speichertracheiden (*Cr*) und Parenchym (*fp*) aus dem zentralen gemischten Mark der Stele. — Vergr. ca. 72 ×. Nach Hovelacque 1892.

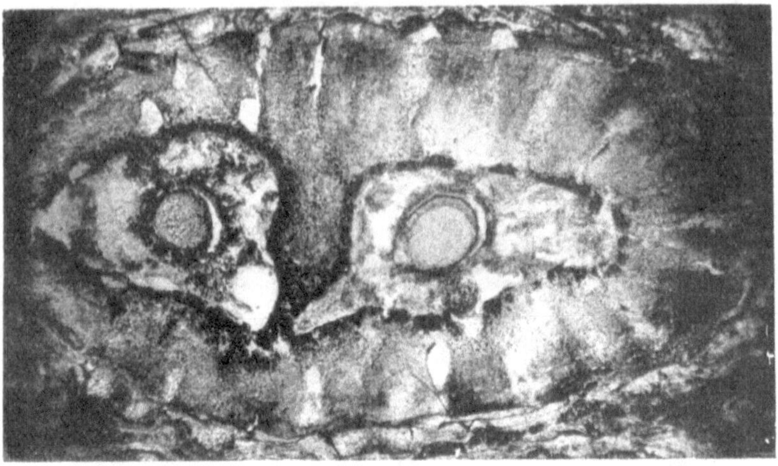

Fig. 249.

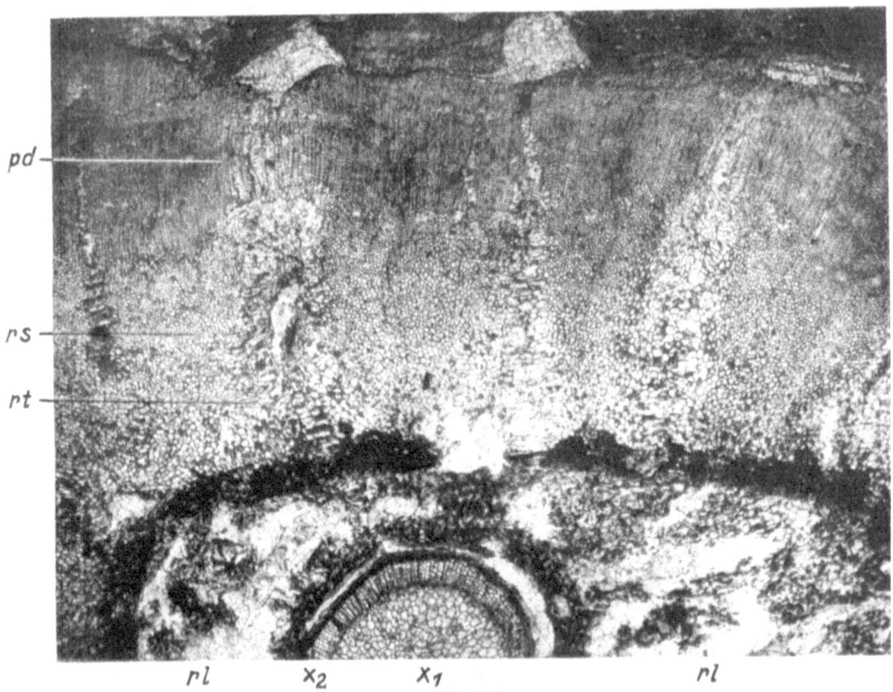

Fig. 250.

Lepidodendron vasculare Binney aus den Lower Coal Measures von England.

Fig. 249. Querschliff durch einen Sproß unmittelbar über einer Gabelstelle. Die beiden Stelen mit ungleich großem Sekundärzuwachs des Xylems; in der äußeren primären Rinde Differenzierung in mechanisch festigende und in tangential-dehnungsfähige Gewebepartien (vergl. die Vergrößerung in Fig. 250). Außen Periderm. $2^2/_3$ ×. — Original. (PSS. 43.)

Fig. 250. Detail aus Fig. 249. x_1 und x_2. primäres und sekundäres Xylem der in Fig. 249 rechten Stele; *rl*: Interzellularenreiche innere prim. Rinde, zum guten Teil zerstört; *rs*: prosenchymatische, *rt*: tangential-dehnungsfähige parenchymatische Teile der äußeren prim. Rinde; *pd*: Periderm. 10 ×. Original. (PSS. 43).

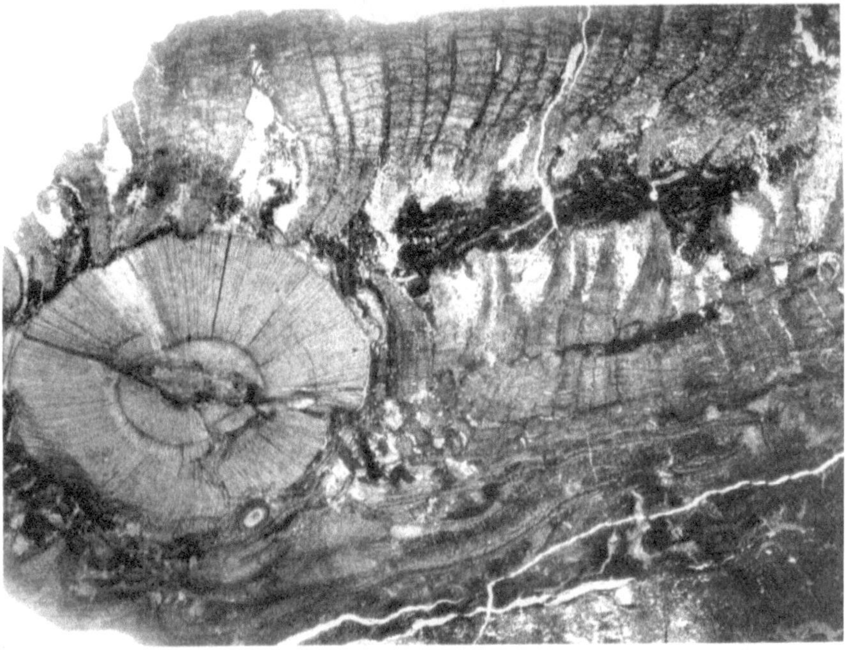

Fig. 251.

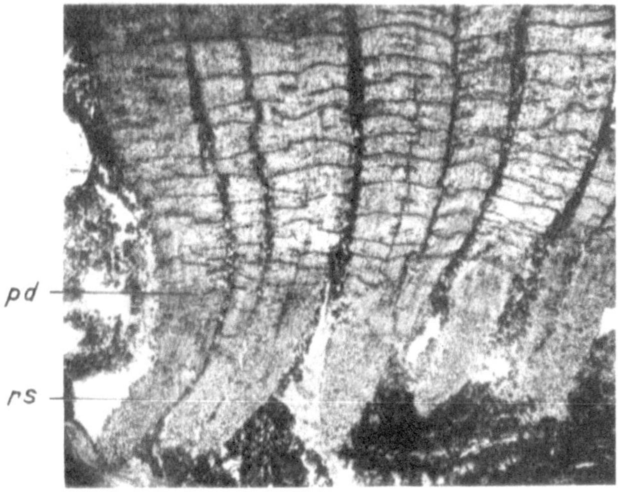

Fig. 252.

Lepidodendron vasculare Binney aus den Lower Coal Measures von England.

Fig. 251. Partie eines Querschliffs durch einen älteren Sproß mit beträchtlicherem Sekundärzuwachs in Stele und Rinde. — Im Bild unten: Stigmaria ficoides Bgt. im Querschliff. — 2 ×. — Original. (PSS. 71.)

Fig. 252. Detail aus der Rindenpartie von Fig. 251. *pd*: Periderm, *rs*: mechanisch-festigende prosenchymatische Teile der äußeren primären Rinde. Übrige Partien der prim. Rinde zerstört. — $4^1/_2$ ×. — Original. (PSS. 71.)

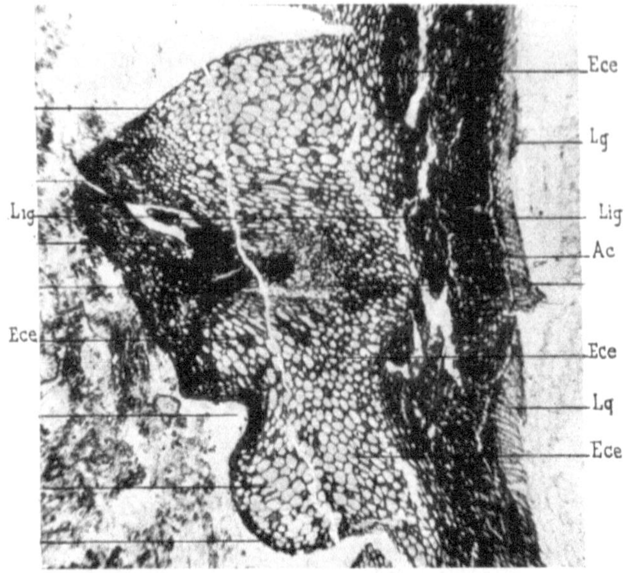

Fig. 253.

Lepidodendron vasculare Binney aus dem mittleren Oberkarbon von Westfalen.

Radialer Längsschliff durch ein Blattpolster eines jüngeren Zweiges. *Lig*: Ligula; *Ece*: eigentliche Blattpolsterregion; *Ac*: äußerste (vor dem Periderm gelegene) Partie der eigentlichen primären Rinde des Sprosses. *Lg*: Periderm. — Vergr. 22,5 ×. — Nach Hovelacque 1892.

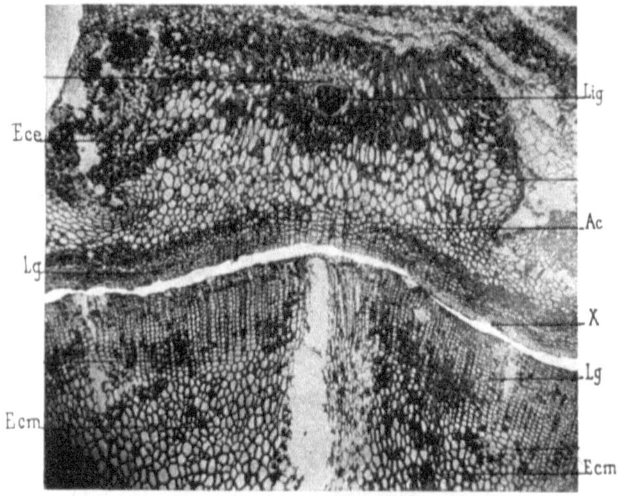

Fig. 254.

Lepidodendron vasculare Binney aus den Lower Coal Measures von England.

Querschliff durch ein Blattpolster und die angrenzenden Rindenpartien. *Ece*: eigentliche Blattpolsterregion; *Lig*: Ligula; *Ac*: äußerste (vor dem Periderm gelegene) Partie der primären Rinde des Sprosses; *Lg* u. *X*: Periderm, und zwar: *X*: Phellogen, *Lg*: außerhalb von *X*: Exophelloderm; *Lg* innerhalb von *X*: Endophelloderm; *Ecm*: äußere primäre Rinde, die Lücke in ihm die Stelle der Parichnosscheide des blattwärts ziehenden Bündels. — Vergr. 22,5 ×. — Nach Hovelacque 1892.

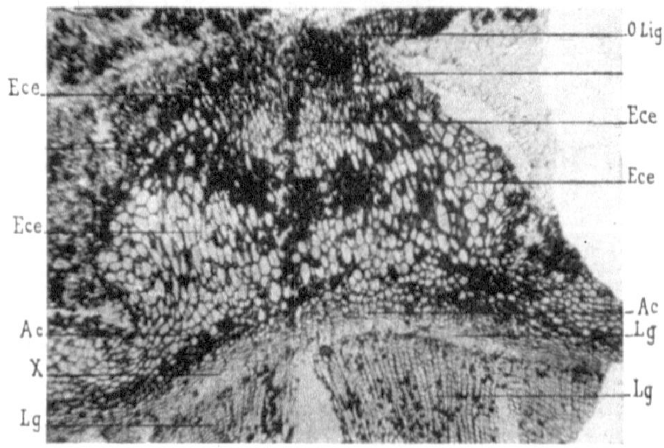

Fig. 255.

Lepidodendron vasculare Binney aus den Lower Coal Measures von England.

Querschliff durch ein Blattpolster und die angrenzenden Rindenpartien. Bei *X* noch sehr gut das Phellogen zu erkennen. Legende sonst wie bei Fig. 254. Vergr. 22,5 × —. Nach Hovelacque 1892.

hoch und ebenso breit, zum Teil mehrere Zellen hoch und eine oder mehrere breit. Sehr häufig sind die größeren Markstrahlen teilweise von Zellen mit netzförmig oder schraubig verdickten Wänden gebildet, die wohl der Wasserversorgung des Sprosses in radialer Richtung durch das Holz gedient haben. Das vom Kambium nach außen zu gebildete sekundäre Phloëm erreicht nur ganz geringe Ausmaße; im einzelnen stimmt es mit dem primären Phloëm vollkommen überein.

Was die Gewebe außerhalb der Stele betrifft, so ist die primäre Rinde gegen das Perizykel durch eine einschichtige Endodermis mit tangential gestreckten Zellen getrennt. Außerdem läßt sich in der primären Rinde eine innere und äußere Zone deutlich unterscheiden. Die innere Rindenzone, die nur in den bestkonservierten Sprossen erhalten ist, besteht im allgemeinen aus lockerem Parenchym von $\pm$ isodiametrischen, ziemlich zartwandigen Zellen; nur diejenigen Zelllagen, welche unmittelbar an die Endodermis anschließen, sind aus Elementen mit dickerer Wand gefügt. Eine mittlere Partie dieser inneren Rindenzone ist dadurch ausgezeichnet, daß im Querschnitt die Zellen in deutlich hervortretenden radialen Reihen liegen. Die ganze innere Zone der primären Rinden stellt ein Durchlüftungssystem größten Stiles dar, das durch die Parichnosstränge (vgl. S. 218) mit der Außenwelt in direkter Verbindung steht. Die äußere Rinde, die infolge der größeren Derbwandigkeit, der sie aufbauenden Zellen fast stets $\pm$ gut erhalten ist, besteht aus zwei verschiedenen Gewebesorten, die keilförmig ineinandergreifen (Fig. 249—252 u. 244). Die auf dem Querschnitt nach der Innenrinde spitz zulaufenden Gewebeteile bestehen aus derbwandigen, isodiametrischen bis prosenchymatischen Elementen, die anderen, nach der Stammperipherie spitz zulaufenden Teile aus dünnwandigeren, tangential dehnungsfähigen, tafelförmigen Zellen. Wie Tangentialschliffe erkennen lassen, ist die Gewebeverteilung so, daß die dehnungsfähigen parenchymatischen Partien die Gestalt von Kegelpyramiden mit einer in der Richtung der Sproßachse längeren Basis haben und die derbwandigen Partien die Zwischenräume ausfüllen. Übrigens ist zu betonen, daß die Differenzierung in die beiden verschiedenen Gewebetypen entweder offenbar erst im späteren Alter der Sprosse oder vielleicht überhaupt nur bei von vornherein stärkeren Sprossen, also solchen, die später noch starkes sekundäres Dickenwachstum erfahren, statthat. Sehr dünne Sprosse zeigen sie jedenfalls nicht oder doch kaum (Fig. 245). Außerhalb der Keilzone der äußeren primären Rinde schließt bei ganz jungen Sprossen, bei welchen sekundäre Gewebebildung der Rinde noch nicht stattgefunden hat, parenchymatisches dünnwandiges Gewebe an, das bis zur Epidermis reicht. Diese Partie ist von ziemlich geringer Tiefe, sie umfaßt im wesentlichen nur die Gewebe, welche die Blattpolster ausfüllen.

Bei allen Lepidodendronarten beginnen die Sprosse bereits in frühem Alter mit der Bildung sekundären Rindengewebes. Bei L.

vasculare, wo ja, wie oben bemerkt, die Bildung sekundären Stelengewebes schon sehr frühe einsetzt, findet sogar noch vor Beginn der Kambiumtätigkeit der Stele die Bildung sekundärer Rindenelemente statt, um dann bei älteren Sprossen sehr beträchtliche Ausmaße zu erreichen (Fig. 244--245 u. 249—255). Das Phellogen (das Meristem der sekundären Rinde) entsteht an der Grenze zwischen der Keilzone und der Blattpolsterregion der Außenrinde (Fig. 254 u. 255). Sekundäre Rindenelemente werden sowohl nach außen als in besonders reichlichem Maße nach innen gebildet. Ob die nach außen gebildeten Elemente als Kork anzusprechen sind, d. h. ob sie verkorkte Membranen besessen haben, wie das im allgemeinen bei den jetzt lebenden Pflanzen der Fall ist, ist nicht bekannt; in Hinblick auf die lange Persistenzfähigkeit der primären Rindenpartien der Blattpolsterregion außerhalb der sekundären Rinde ist es nicht wahrscheinlich. Es seien daher — um für beide Gewebeteile einen neutralen Namen zu haben — die vom Phellogen nach außen zu gebildeten sekundären Rindengewebe Exphelloderm, die nach innen gebildeten Endophelloderm genannt; die Gesamtheit der sekundären Rindenpartien wird, wie allgemein üblich, als Periderm bezeichnet. Charakteristisch für das Endophelloderm ist, daß das ganze in radialen Reihen gefügte Gewebe (Fig. 251 u. 252) von in konzentrischen Kreisen angeordneten Sekretgängen durchzogen wird und daß die bereits in der primären Außenrinde vorhandenen Gewebepartien aus tangential gestreckten dünnwandigen, dehnungsfähigen Zellen als schmale radiale Bänder hier durch das ganze Endophelloderm bis zum Phellogen ihre Fortsetzung finden. (Fig. 244, 251 u. 252).

Es ist kein Zweifel, daß die Differenzierung in mechanisch-festigende, prosenchymatische und in tangential-dehnungsfähige, parenchymatische Partien, wie sie die äußere primäre Rinde und das Endophelloderm zeigen, eine Einrichtung darstellt, die bei zunehmendem Sekundärzuwachs der Sproßstele die dadurch entstehende Gewebespannung auszugleichen imstande ist. Eine derartige Ausgleich-Einrichtung ist im Bereich der lakunösen inneren primären Rinde überflüssig; hier vermag das Gewebe bei seiner Lockerheit jederzeit bei Anwachsen des Stelendurchmessers dem auf dasselbe gerichteten Druck nachzugeben. Dagegen würde — da ja auch die gesamte innerhalb des Periderms gelegene äußere primäre Rinde und ebenso, so wie das Phellogen gelegen ist, auch das ganze Endophelloderm während der ganzen Lebensdauer von Stamm und Ästen erhalten bleiben muß — bei mehr und mehr zunehmenden Stelendurchmesser von innen heraus ein allmählich unerträglicher Druck gegen die gesamten fester gebauten Rindenpartien stattfinden, wenn nicht tangential-dehnungsfähige Elemente in radialer Anordnung entsprechend eingefügt wären: die keilförmigen Gewebekomplexe im Bereich der äußeren primären Rinde (Fig. 244, 249 u. 250) und die an sie anschließenden parenchymatischen Bänderplatten im Endophelloderm

(Fig. 244, 251 u. 252). Damit ist jedenfalls ein Mittel geschaffen, dem durch das sekundäre Dickenwachstum der Stele bedingten radial auswärts gerichteten Druck an allen, auch noch an den äußersten Stammpartien mittels tangentialer Gewebeverbreiterung nachgeben zu können.

Aus im wesentlichen einheitlich radial gereihten, isodiametrischen Elementen ist das Exophelloderm gefügt; an Tiefe bleibt es immer weit hinter dem Endophelloderm zurück. Bei starker Zunahme des Durchmessers von Stamm und Zweigen dürften die äußeren und älteren Partien des Exophelloderms, ebenso wie die davor befindliche Blattpolsterregion abgesprengt worden sein. Es ist aber eine Eigentümlichkeit dieser Art wie der Lepidophyten überhaupt, daß trotz des infolge des Sekundärzuwachses der Rinde und der Sproßstele bedingten oft sehr beträchtlichen Anwachsens des äußeren Stammumfanges die Blattpolsterzone der primären Außenrinde ungewöhnlich lange erhalten blieb, indem dieses Gewebe offenbar durch eine außerordentliche Dehnungsfähigkeit ausgezeichnet war. Wenn häufiger auf Schliffen in der Partie unter den einzelnen Blattpolstern stellenweise primäres und sekundäres Gewebe durch einen kurzen Tangentialriß getrennt erscheinen, wie z. B. in Fig. 254, so ist das lediglich ein sekundärer Vorgang, der durch die Fossilisation bedingt ist. Wie weit, d. h. bis zum Wievielfachen des ursprünglichen Umfanges die Blattpolsterregion dem radialen Dickenwachstum des Stammes mit seinen zwei gleichzeitig tätigen Meristemen mittels tangentialen Streckungswachstums zu folgen imstande war, ist nicht genau bekannt. Es ist das bei dieser Art auch noch deshalb schwer festzustellen, da — wie oben bemerkt — eine sichere Identifikation mit in Abdrücken erhaltenen Stammpartien nicht möglich ist und breitere Sproßstücke immer noch eher im Abdruck als in strukturbietendem Material erhalten sind. Ob bei den (S. 207) mit Maßen aufgeführten dicksten bekannten strukturbietenden Resten die fehlende primäre Außenrinde schon als Folge des sekundären Dickenwachstums der Sprosse oder nur infolge Zerstörungen vor oder bei der Fossilisation abgesprengt ist, steht naturgemäß nicht fest. Der Vergleich mit anderen Arten legt aber jedenfalls den Schluß nahe, daß die primäre Außenrinde auf ein Vielfaches der ursprünglichen Fläche gedehnt werden konnte.

Nochmals ist hier zu betonen, daß — worauf schon weiter oben hingewiesen wurde — sowohl bei L. vasculare als allen anderen baumförmigen Lycopodiales der Sekundärzuwachs der Stele von dem der Rinde um ein Mehrfaches an Tiefe übertroffen wurde (vgl. das Schema Fig. 244). Als mechanisch wirksames Element der Sproßkonstruktion dürfte wesentlich mehr das Periderm, vor allem das Endophelloderm, als das Sekundärxylem von Belang gewesen sein.

Mit einigen Worten ist noch einzugehen auf die Anatomie der Blattspurstränge und ihren Verlauf im Stamm. Der Xylemteil der Blattspurstränge nimmt seinen Ursprung von der Spitze der Protoxylemvorragungen, während der Phloëmteil sich daran anschließt, wenn der Blattspurstrang das Stelenphloëm durchzieht. Damit wird der Bau des Blattbündels ein kollateraler. Zu bemerken ist noch, daß die Blattspurstränge mesarch sind, im Gegensatz zu den Verhältnissen der Sproßstele, wo das Xylem — wie bei allen Lepidodendren — exarch ist. Beim Durchzug durch den Perizykel fügt sich eine schmale Scheide perizykelähnlichen Gewebes um den eigentlichen Bündelstrang. Bis zum Eintritt in die primäre Außenrinde verlaufen die Blattspurstränge schräg aufwärts, um dann mehr horizontal zu ziehen. Vom äußeren Ende der inneren Partie der primären Rinde an fügt sich an die abaxiale Seite des Leitbündels die Parichnosscheide an aus — selten erhaltenem — lockerem Parenchymgewebe[1]). Es umfaßt das Leitbündel in seiner unteren Hälfte und begleitet es auf seinem ganzen Zug durch die äußere primäre, die ganze sekundäre Rinde und die Blattpolsterzone bis zum Eintritt ins Blatt, woselbst es noch eine kurze Strecke mit ihm weiter geht. Kurz vor dem Eintritt ins Blatt gabelt es sich in zwei Arme, die an den Blattabbruchstellen gut erhaltener Stammoberflächen als die zwei Male links und rechts des Blattleitbündels (Fig. 241 u. 242) zu sehen sind und die auch noch mit den von den zwei großen Transpirationsöffnungen an den Blattpolstern herkommenden lakunenreichen Gewebezügen (vgl. auch weiter unten) in Verbindung stehen.

Zu bemerken ist noch, daß im sekundären Holz das Blattbündel, d. h. sein (hier ja erst allein vorhandener) Xylemteil, seinen Weg durch stärker entwickelte Markstrahlen nimmt und daß es im Bereich der äußeren primären Rinde und des Periderm durch die Partien mit dem tangential dehnungsfähigen Gewebe zieht.

Was endlich die Anatomie der gerade unter den äußersten Zellschichten des Blattpolsters befindlichen Gewebepartie betrifft, so besteht sie aus sehr lockerem, lakunenreichem Parenchym (Fig. 243) und dient als erstes Sauerstoffreservoir. Von außen her zuleitende Öffnungen sind die unter der eigentlichen Blattnarbe liegenden Transpirationsöffnungen. Nach innen zu zieht ein rechter und linker Arm aus gleichfalls lakunösem Gewebe gegen den rechten und linken Ast der Parichnosgabel ab und vereinigt sich damit (Fig. 241 u. 242). Damit ist also die direkte Verbindung der primären Rinde mit der Außenwelt durch ein einheitliches lakunöses Gewebesystem hergestellt und im ganzen jenes große radial gerichtete Durchlüftungssystem geschaffen, das in Verbindung mit der lakunösen inneren primären Rinde die dauernde Sauerstoffversorgung der zentralen Partien des Sprosses garantiert. Nach Abfall des Blattes dienen dann auch noch die Abbruchstellen der zwei Parichnosäste an der Blattnarbe als zwei weitere direkte Luft-

---

[1]) Bezüglich Abbildungen der anatomischen Einzelheiten von Blattspurstrang und Parichnos vgl. S. 247 die Fig. 280, 282 und 283 von Lepidophloios fuliginosus, bei dem die Erhaltung seiner Reste eine besonders gute ist.

zuführungen, während, solange das Blatt noch am Sprosse ansitzt, die Leitung frischer Luft von dieser Seite her nur auf dem Umwege durch die Spaltöffnungen des Blattes und dessen lakunöses System an die Parichnosstränge erfolgen konnte.

L. obovatum Sternberg (= **L. Hickii** Watson). Mittleres Oberkarbon. Stele von ähnlichem Bau wie bei L. vasculare. Mark weniger reichlich mit Tracheiden gemischt, Protoxylemgruppen an der Peripherie des primärea Xylems weniger prominent.

Formen mit Protostele.

L. esnostense Renault. Kulm von Esnost bei Autun. Bekannt sind nur junge Zweigstücke von bis zu 2 cm Durchmesser, ferner Blätter und heterospore Blütenzapfen. Die Oberflächenskulptur der jungen Zweige ist ähnlich jener von L. obovatum und verwandten Formen. Infolge schlechter Erhaltung der anatomischen Struktur ist in der Stele nur das Xylem zu erkennen. Die Stele ist eine Protostele mit einheitlichem, massiven Metaxylemstrang aus Treppentracheiden; an der Peripherie Gruppen von Protoxylem aus engen Tracheiden, wovon die Blattspurstränge ihren Ursprung nehmen. Sekundäres Xylem nicht entwickelt. Der Durchmesser des Primärxylemzylinders beträgt ca. ⅓ cm. Alles übrige primäre Gewebe im Innern des Sprosses bis zum Endophelloderm ist nicht erhalten. Dieses ist von beträchtlicher Dicke. Tangentialschliffe lassen ein Netzwerk aus prosenchymatischen, relativ dickwandigen Zellen erkennen, dessen Maschen durch weitlumigeres Parenchym ausgefüllt sind, eine Gewebekonstruktion, die an die Dictyoxylonstruktur mancher paläozoischer Formen verschiedener Verwandtschaftskreise (vgl. bei Sigillaria, S. 277, und Lyginodendron Bd. II) erinnert. Die Blätter sind nur einige Zentimeter lang; an der Basis 1½ bis 2 mm breit und im Querschnitt quer rhombisch bis fast kreisrund (nahe der Spitze). Mesophyll aus typischem Palissadenparenchym, Leitbündel mit Transfusionsgewebe.

Die heterosporen Blütenzapfen mit Mikrosporophyllen in der oberen, Megasporophyllen in der unteren Zapfenpartie. In jedem Megasporangium zahlreiche Megasporen, in diesen zum Teil Reste von Prothalliumgewebe nachgewiesen.

L. rhodumnense Renault. Kulm von Combres (Loire); im wesentlichen mit den vorigen übereinstimmend. Zapfen heterospor.

L. nothum Unger und **L. saalfeldense** Solms-Laubach. Beide aus dem Unteren Unterkarbon von Saalfeld (Thüringen). Beide von ähnlichem Typ wie L. rhodumnense, jedoch nur in mangelhaft erhaltenen Sproßstücken bekannt.

L. pettycurense Kidston. Unterkarbon (Calciferous Sandstone Series) von Schottland (Fig. 256). Ausgezeichnet durch sekundäres Dickenwachstum bei schon verhältnismäßig dünnen Sprossen. Bekannt in zwei Stücken, wovon das stärkere einen Primärxylemstrang von ca. 2 mm Durchmesser und Sekundärxylem von rund 4½ mm Tiefe aufweist. Tracheiden des Primärxylems im Zentrum der Stele ziemlich weitlumig; gegen die Peripherie an Weite abnehmend und allmählich in das Protoxylem übergehend. Sämtliche Tracheiden mit Treppenverdickungen. Im Sekundärxylem Markstrahlen.

Siphonostelische Formen mit reinem parenchymatischem Mark im Zentrum.

L. Veltheimii Sternberg (= **L. brevifolium** Williamson). Strukturbietendes Material aus dem Unterkarbon (Calciferous Sandstone Series) von Schottland (Fig. 257—258). Die Stele besitzt im Zentrum einen breiten Strang von parenchymatischem Mark, darum herum einen Metaxylemmantel, woran nach außen zu Protoxylem anschließt. Dieses ist hier als ein ± deutlich einheitlicher Ring entwickelt. Während Phoëm und Perizykel nicht erhalten sind, ist die Struktur der

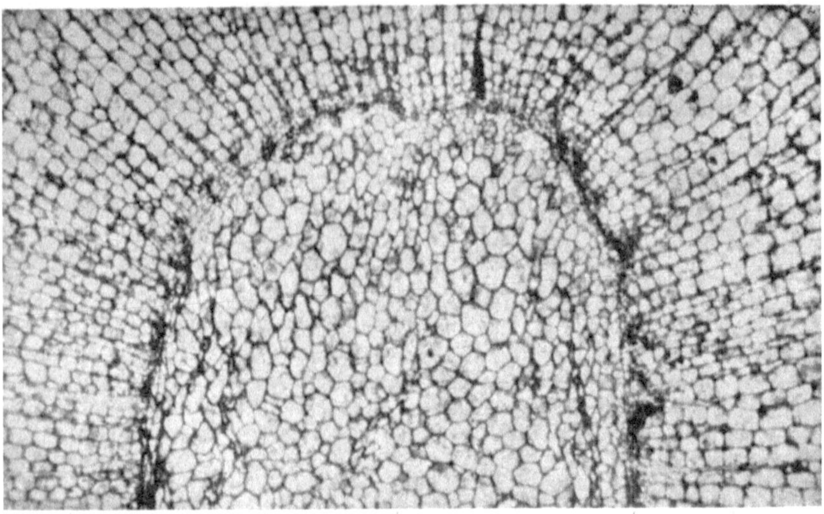

Fig. 256.

Lepidodendron pettycurense Kidston. Unterkarbon (Califerous Sandstone Series) von Schottland.
Querschliff durch die Xylempartie der Stele. *prx*: Protoxylem; x_1: Metaxylem des Primärxylems; x_2 Sekundärxylem. — 40 ×. Nach Kidston 1907.

primären Rinde bekannt. Sie ist bei ganz dünnen Sprossen von nahezu einheitlichem Gefüge, während etwas dickere eine innere Zone aus dünnwandigem Parenchym und eine äußere aus meist prosenchymatischen derbwandigen Elementen, woraus auch im wesentlichen die Blattpolsterregion gebildet ist, unterscheiden lassen. Peridermbildung beträchtlich. Wie bei den anderen, gut durchforschten Arten von Lepidodendron (und auch Lepidophloios) ist, vor Einsatz des sekundären Zuwachses in Stele und Rinde, sowohl bei dünnen Ästen der Kronenperipherie als auch den von vornherein stärkeren Sprossen das Verhältnis von Stele zu Gesamtdurchmesser des Sprosses wie 1 : 10, um, wenn stärkere sekundäre Xylembildung in der Stele einsetzt, bis auf 5 sinken zu können[1]).

Diese Tatsache ist zu betonen, da sich gerade von dieser Art häufig Schliffe finden und z. B. bei Scott 1920, Fig. 61 (= bei Potonié-Gothan 1921, Fig. 171,) und bei Seward, Foss. Pl. II, S. 186 a auch abgebildet sind, wonach es den Anschein hat, als schlösse der äußere (sekundäre Rindenmantel) direkt an die Stele an, womit dann ja nahezu Verhältnisse wie bei den jetzt lebenden Bäumen gegeben wären. Es ist aber hervorzuheben, und das zeigt der Schliff der Fig. 257 sehr deutlich, daß es sich, wenn solche Bilder wie die oben genannten sich ergeben, immer handelt um starke Zerreißungen und Zerstörungen im primären Rindenteil und um eine bei der Fossilisation zustande gekommene nachträgliche Anlagerung einer Partie des allein erhaltenen Periderms an die Stele.

Die primäre Rinde dürfte in ihrem Bau prinzipiell mit der von L. vasculare übereinstimmen. Ebenso ist, was die Details des sekundären Dickenwachstums

---

[1]) Vgl. dazu auch Fig. 245, ferner Fig. 269 des nahe verwandten Lepidophloios Wünschianus, wo, da der ganze innere an die von ihm umschlossene primäre Rinde grenzende Peridermmantel erhalten ist, das Verhältnis von primärer Stele und Rinde (= ca. 1 : 10) gut zu erkennen ist.

Fig. 257.

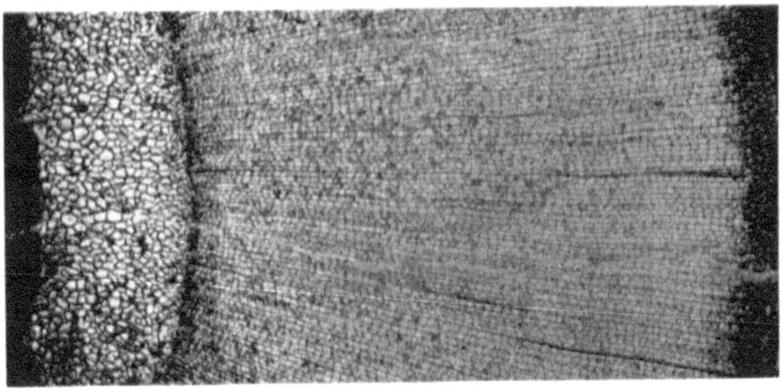

Fig. 258.

Lepidodendron Veltheimii Sternberg (= L. brevifolium Williamson) aus dem Unterkarbon (Calciferous Sandstone Series) von Schottland.

Fig. 257. Querschliff durch einen stärkeren Sproß. In der Mitte die Stele mit beträchtlicherem Sekundärzuwachs. Rings außen Periderm (*pd*), zum Teil längs zerrissen; bei *pc*: Phellogen, bei *bp*· Blattpolster. — ca. 2 ×. — Original. (Slg. H. 2504.)

Fig. 258. Detail aus der Stelenpartie von Fig. 257. x_1· Metaxylem; *prx*: Protoxylem des Primärxylems; x_2 Sekundärxylem mit sek. Markstrahlen. — ca. 7 ×. — Original. (Slg. H. 2504).

der Stele (Fig. 258) und Rinde betrifft, dem bei L. vasculare Angeführten nichts Wesentliches hinzuzufügen.

Daß bei dieser Art zufolge reichlich vorhandenen Materiales der Nachweis langer Erhaltung der Blattpolsterregion und deren bedeutender tangentialer Dehnungsfähigkeit erbracht ist und ein Sproßumfang von bis zu mindestens 70 (möglicherweise 112) cm bei völlig erhaltener äußerster Rinde, d. h. der Blattpolsterregion bekannt ist, ist schon S. 190 erwähnt.

Auch steht von dieser Art genügend strukturbietendes Material zur Verfügung um zu zeigen, daß die primären Durchmesser der Sprosse an verschiedenen Stellen der Bäume verschiedene waren und daß anzunehmen ist, worauf auch schon S. 189 hingewiesen ist, daß der Stamm selbst und auch die ältesten Gabeläste von vornherein stärker waren als die Äste der Kronenperipherie älterer Bäume[1]).

Die verschiedene primäre Sproßdicke läßt sich indirekt erschließen, wenn man die Durchmesser der primären Partie der Stele untersucht (vgl. die nebenstehende Tabelle). Es ergeben sich dabei für L. Veltheimi primäre Stelendurchmesser von 0,5 mm bis mindestens 13,5 mm und für das noch zum Vergleich herangezogene L. vasculare solche von 1,15 mm bis 9,0 mm. Werte, die entsprechend dem oben gesagten mit der Verhältniszahl 10 (für Verhältnis von primärer Sproßdicke zu primärer Stelendicke) multipliziert, auf primäre Sproßstärken von bis 13½ cm für L. Veltheimi und bis 9,0 cm für L. vasculare schließen lassen. Es liegt nahe, analog dem herangezogenen Beispiel von Dracaena, in den von vornherein stärksten Sproßresten solche des unverzweigten Stammes und seiner ersten Gabeläste, in den von vornherein dünneren Sprossen, je nach dem Grad der Dünnheit solche höheren und höchsten Verzweigungsgrades zu erblicken.

L. cf. **aculeatum** Sternberg aus den Lower Coal Measures von England.

Formen mit abnormalem Sekundärzuwachs der Stele.

Lepidodendron fuliginosum Williamson spec. Lower Coal Measures von England und Mittl. Oberkarbon von Rußland. Unter diesem Namen seien die beiden von Scott und Seward 1906 beschriebenen Reste zusammengefaßt, deren Struktur dieselbe ist wie sie S. 243 ff. für Lepidophloios fuliginosus zu beschreiben ist. Trotz der anatomischen Übereinstimmung damit kann kein Zweifel bestehen, daß die beiden erwähnten Reste zu Lepidodendron gehören, und zwar wie Zalessky gefunden hat, zu L. dichotomum Sternberg (nicht zu L. obovatum bzw. L. aculeatum wie Scott bzw. Seward für jeweils den von ihnen beschriebenen Sproßrest vermuteten).

Lepidodendron intermedium Williamson. Lower Coal Measures von England. Eine Form, die hinsichtlich des sekundären Dickenwachstums der Stele mit L. fuliginosum übereinstimmt, sonst aber Ähnlichkeit mit L. vasculare zeigt.

Literatur (zu Teil C).

a) Allgemeines: Lepidodendron (und Lepidophloios).

Binney, E. W., Observations on the structure of fossil Plants found in the Carboniferous Strata. Pt. III. Lepidodendron. Palaeontolog. Soc. London 1871.

Williamson, W. C., On the Organisation of the fossil Plants in Coal Measures. Pt. II u. III, IX—XII, XVI u. XIX. — Phil. Transact. R. Soc. Bd. 162, 169, 171 u. 172, 174, 180 B und 184 B. London 1872—1893.

[1]) Dafür sprechen auch die Beobachtungen an rezenten Pflanzen, die, wie Dracaena draco u. a. sp., Pandanus u. a., gleichfalls einen zunächst mehrere Meter hohen unverzweigten Stamm bilden. Hier hat der Scheitel des zunächst ungeteilten Stammes und auch der ersten Äste eine viel größere Breite als die Scheitel der Äste höherer Verzweigungsgrade großer Kronen.

	Wirkliche Maße der ± verdrückten Stammstelen in 2 zueinander senkrechten Richtungen		Auf normalrunden Stammquerschnitt berechnete Maße	
	Durchm. der prim. Stele (Prim. Xylem u. Mark) mm	Tiefe des sek. Xylems mm	Durchm. der prim. Stele (Prim. Xylem u. Mark) mm	Tiefe des sek. Xylems mm
a) Lepidodendron Veltheimii.				
1. P.S.S.M.[1]), Nr. 93, Lok: Burntisland	ca. 11,75 × 8,5	2,5 2,25—2,5	ca. 10,0	2,25—2,50
2. Slg. H.[1]) Nr. 2504, Lok: Pettycur (= Fig. 257)	14,75 × 9,0	8,0—10,25 9,0—11,25	ca. 12,0	8,0—11,25
3. Slg. B.I.M.[1]), Nr. 42, Lok: Burntisland	17,0 × 10,0	9,25—9,5 ca. 11,5	ca. 13,5	9,25—11,5
b) Lepidodendron vasculare.				
1. Hovelaque T. 1, Fig. 4.	—	—	ca. 1,15	max. ca. 0,4
2. » T. 1, Fig. 1 (= Fig. 245)	—	—	ca. 2,00	max. ca. 0,35
3. Slg. B.I.M. Nr. 19A, Lok: Dulesgate	2,25 × 2,00	0,65—1,0 0,7—0,75	ca. 2,125	0,65—1,0
4. Felix[2]): S. 23: S. L. 65.	2,18 × 2,54	—	ca. 2,5	—
5. P.S.S.M., Nr. 43, (gegabelter Sproß, Lok: Halifax, (= Fig. 249)	{ 2,5 × 3,0 / 2,6 × 3,4	— / 0—0,5	{ ca. 2,75 / ca. 3,0	0 / bis 0,5
6. P.S.S.M., Nr. 70, Lok: Halifax	2,8 × 2,8	—	ca. 2,8	0
7. P.S.S.M., Nr. 76, Lok: Halifax	3,1 × 2,5	7,0—7,5 7,75—8,0	ca. 2,8	7,0—8,0
8. Felix: S. 23: S. L. 74	4,00 × 2,25	9,5—10,25	ca. 3,2	9,5—10,25
9. P.S.S.M., Nr. 63, Lok: Halifax	3,8 × 3,6	0,1—0,2 0—0,1	ca. 3,7	0,1—0,2
10. P.S.S.M., Nr. 75, Lok: Halifax	9,0 × 4,0	16,5—17,3 ?—11,5	ca. 6,5	11,5—17,3
11. P.S.S.M., Nr. 71, Lok: Halifax, (= Fig. 251)	10,0 × 7,0	7,25—7,5 5,25—7,5	ca. 8,5	5,25—7,5
12. Felix: S. 23: S.B.I.	7,0 × 11,0	ca. 7,0	ca. 9,0	ca. 7,0

[1]) P. S. S. M. = Palaeontologische Staatssammlung München,
Slg. H. = Sammlung des Verf.,
Slg. B. I. M. = Sammlung des Botanischen Institutes in München.

[2]) Felix 1897 zit. S. 224.

Williamson, W. C., General Morphological and Histological Index to the Authors Collective Memoirs on the fossil Plants of the Coal Measures. Pt. II. Lit. and Phil. Soc. Manchester. Ser. 4, Bd. 7. 1893.

Williamson, W. C., On the light thrown upon the question of Growth and Development of the Carboniferous Arborescent Lepidodendra by a study of the details of their Organisation. Mem. and Proc. Manchester Lit. and Phil. Soc. Ser. 4, vol. 9. 1895.

Weiss, F. E., On the Phloem of Lepidophloios and Lepidodendron. Mem. and Proceed. Manchester Lit. and Phil. Soc. Bd. 45. III. 1900/01.

Weiss, F. E., On the Parichnos in the Lepidodendracae. Mem. and Proceed. Manchester Lit. and Phil. Soc. Bd. 51. II. 1906/07.

Seward, A. C., On the so-called Phloem of Lepidodendron. New Phytologist. Vol. I. 1902.

b) Literatur zu den einzelnen Arten von Lepidodendron:

Lepidodendron vasculare, Binney.

α) Betreff Nomenklatur:

Kidston, R., Catalogue of the Palaeocoic Plants in the Department of Geology and Palaeontology of the British Museum. London 1886.

Fischer, Fr., Zur Nomenklatur von Lepidodendron und zur Artkritik dieser Gattung. Abh. K. Preuß. Geolog. Landesanst. N. F. 39. Berlin 1904.

Seward, A. C., Fossil Plants. Vol. II, S. 110. Cambridge 1910.

β) Betreff Anatomie:

Williamson, W. C., On the Organisation of fossil Plants of the Coal Measures. Pt. II, IX u. XI. — Philos. Transact. R. Soc. Bd. 162, 169 u. 172. London 1872, 1878 u. 1881.

Williamson, W. C., General, Morphological and Histological Index to the Author's Collective Memoirs on the fossil Plants of the Coal Measures. Pt. II. S. 97—99. Mem. and Proceed. Manchester Lit. and Phil. Soc. 4. ser. Bd. 7. 1893.

Felix, J., Untersuchungen über den inneren Bau westfälischer Karbonpflanzen. S. 17—27. Abh. z. geolog. Spez.-Kte. v. Preußen etc. 7. Berlin 1887.

Hovelaque, M., Recherches sur le Lepidodendron selaginoides (Sternberg). Mem. Soc. Linn. Normandie. Bd. 17. 1892.

Weiss, F. E., und Lomax, J., The Stem and branches of Lepidodendron selaginoides. Mem. and Proceed. Manchester Lit. and Phil. Soc. Bd. 49. III. 1904/05.

Lepidodendron obovatum Sternberg (= L. Hickii Watson).

Watson, D. M. S., On a confusion of two species (Lepidodendron Harcourtii Witham and L. Hickii sp. nov.) under Lepidodendron Harcourtii Witham in Williamson's XIX. Memoir, with a description of L. Hickii sp. nov. Mem. Proc. Manch. Lit. Phil. Soc. 51. 1907.

Zalessky, M. D., Structure du rameau du Lepidodendron obovatum Sternberg. Etudes paléobotaniques I. St. Petersburg 1911.

Zalessky, M. D., Sur le coussinet foliaire du Lepidodendron obovatum Sternberg. Etudes paléobotaniques I. Supplement. St. Petersburg 1912.

Lepidodendron pettycurense Kidston.

Kidston, R., Note on a new species of Lepidodendron from Pettycur. Proc. Roy. Soc. Edinburg. Vol. XXVII, Part. III. 1907.

Lepidodendron esnostense Renault.

Renault, B., Flore fossile du Bassin houiller et permien d'Autun et d'Epinac. Ps. 2. S. 175—183. Paris 1893/96.

L. rhodumnense Renault.

Renault, B., Structure comparée de quelques tiges de la flore carbonifère. Nouv. Arch. du Mus. de Paris. Bd. X. 1879.

L. saalfeldense Solms-Laubach und L. nothum Unger.

Solms-Laubach, H. Graf, Über die seinerzeit von Unger beschriebenen strukturbietenden Pflanzenreste des Unterkulm von Saalfeld. Abh. K. preuß. Geolog. Landes-Anst. N. F. 23. Berlin 1896.

Lepidodendron Veltheimii Sternberg (= L. brevifolium Williamson).

Williamson, W. C., On the organisation of the fossil Plants in the Coal Measures. Pt. III. u. XIX.: Phil. Transact. R. Soc. 162 u. 184. London 1872 u. 1893.

Williamson, W. C., General Morphological and Histological Index to the Author's Collective Memoirs on the fossil Plants of the Coal Measures. Pt. II. S. 100 bis 103. — Mem. and Proc. Manchester Lit. and Phil. Soc. 4 Ser. Bd. 7. 1893.

Kidston, R., Carboniferous Lycopods and Sphenophylls. Transact. Nat. Hist. Soc. Glasgow. Bd. 6. I. 1901.

Lepidodendron cf. aculeatum Sternberg.

Zalessky, M. D., On the Internal Structure of the stem of Type of Lepidodendron aculeatum Sternberg and Sigillaria Boblayi Bgt. Verh. K. Russ. Mineralog. Gesellsch. 46. 1909.

Lepidodendron fuliginosum Williamson spec.

Scott, D. H., Structure of Lepidodendron obovatum. Ann. of Bot. XX. 1906.

Seward, A. C., Anatomy of Lepidodendron aculeatum. Ann. of Bot. XX. 1906.

Zalessky, M. D., Structure du rameau du Lepidodendron obovatum Sternberg. Etudes paléobotaniques I. St. Petersburg 1911.

Zalessky, M. D., Sur le coussinet foliaire du Lepidodendron obovatum Sternberg. Etudes paléobotaniques I. Supplement. St. Petersburg 1912.

Lepidodendron intermedium Williamson.

Williamson, W. C., On the Organisation of the fossil Plants of the Coal Measures. Pt. XVI. S. 198, Fig. 16 u. 17. Philos. Transact. R. Soc. 180 B. London 1889.

Scott, D. H., Studies in fossil Botany. 3. Aufl. Teil I, S. 120 u. 137.

Anhang: Subepidermale Erhaltungszustände von nicht strukturbietenden Sproßresten.

Wie bereits Seite 15 erwähnt, sind von Lepidodendron (wie übrigens auch von manchen anderen baumförmigen Lycopodiales Stamm- und Zweigreste bekannt, die nicht mehr die am lebenden Stück vorhandene Rindenoberfläche zeigen, sondern die vielmehr offenbar mehr minder weitgehend entrindet zur Fossilisation gelangt sind. Derartige Sproßreste sind teils in Positiv- und Negativabdrücken, teils in Steinkernausgüssen erhalten.

Zu unterscheiden sind folgende Erhaltungszustände:

Zustand: **Bergeria** Presl. z. T. (Fig. 259).

Es handelt sich um im Positiv vorliegende Abgüsse von Sproßstücken, die nur der alleroberflächlichsten Rindenschichten beraubt sind. Die Blattpolster im ganzen, nicht aber die feineren Skulpturen und Blattnarben sind noch zu erkennen. Die Leitbündelnarbe liegt mehr im Zentrum des Polsters. Das ist verständlich, wenn man bedenkt, daß das Blattspurbündel bis zum Eintritt ins Blatt, bzw. Austritt aus dem Sproß in diesem noch schräg zieht und daß es an der Stelle, wo die (im Bergeria-Zustand nicht mehr erhaltene) Rinde abgeschürft wurde, im Verhältnis zum Blattpolster noch tiefer lag, als es an der eigentlichen Sproßoberfläche zu sehen

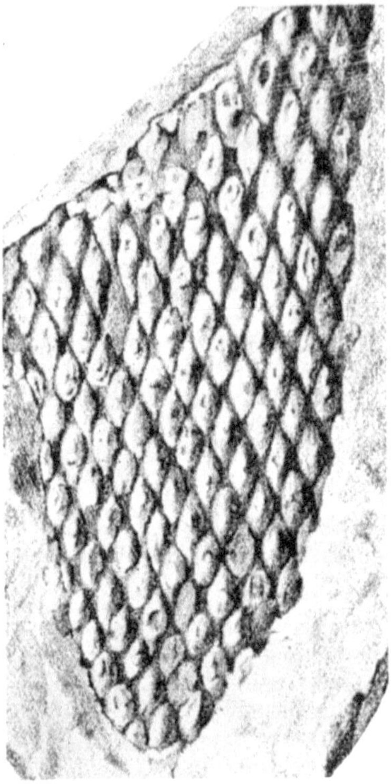

Fig. 259.

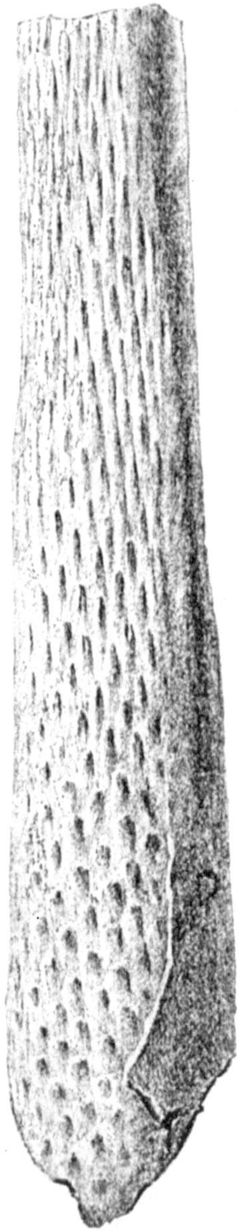

Fig. 260.

Fig. 259. Lepidodendronsproß in Bergeria-Zustand aus dem Unterkarbon des Harzes. 19/20. Nach H. Potonié 1901.

Fig. 260. Lepidodendronsproß in Knorria-Zustand aus dem Unterkarbon des Harzes. Oben Knorria acicularis Goeppert, unten Kn. Selloi Sternberg. 19/20. Nach Fischer 1905.

ist, wo es — ebenso wie die ganze es enthaltende Blattnarbe — wenigstens bei den meisten Arten in der oberen Polsterhälfte liegt.

Zustand: **Aspidiaria** Presl.

Gesteinsausgüsse des Zwischenraumes, der nach mehr minder durchgreifender Loslösung der subepidermalen Rindenpartien von den tiefer liegenden Peridermteilen entstanden ist. — Während bei Bergeria der Positivabdruck des Sprosses nach Entfernung der äußersten Rindenpartien vorliegt, handelt es sich bei Aspidiaria um die im Abguß sichtbare Innenfläche der äußersten abgetrennten Rindenpartie der Blattpolsterregion nebst mehr minder durchgreifender Gesteinsausfüllung der Lücke zwischen dieser und der am Stamm verbleibenden Rinde.

Zustand: **Knorria** Sternberg (Fig. 260).

Es sind Steinkerne, d. h. Ausgüsse des Binnenraums von Sprossen, nach Entfernung der Stele und der primären Rinde, oft wohl auch noch des Endophelloderms und hier selbst bis zum Phellogen hin. An der Oberfläche des Steinkernes sind in Schrägzeilen angeordnet kurze zylindrische bis leicht plattgedrückte Vorsprünge, die den Ausguß der die Blattspurbündel begleitenden Parichnoszüge darstellen. Die Tatsache, daß diese Vorsprünge gelegentlich gegabelt sind, beweist, daß es sich um Ausgüsse oft bis unmittelbar unter die Blattpolsterregion handelt, da ja erst hier der Parichnos gabelt.

Knorrien sind besonders in Schichten mit Resten, die einen weiteren Transport hinter sich haben, häufig.

Unterschieden werden verschiedene Typen, so: **Kn. imbricata** Sternberg, **Kn. acicularis** Goeppert, **Kn. Selloi** Sternberg (dies nur ein Erhaltungszustand von Kn. acicularis, indem die Parichnos-Steinkernchen infolge Abbruchs während der Fossilisation nur noch ganz kurz sind) u. a.

Zu betonen ist, daß Knorria-Erhaltungszustände nicht nur von Lepidodendron, sondern auch von Bothrodendron und Cyclostigma bekannt sind.

Zustand: **Aspidiopsis** H. Potonié.

Hier scheint es sich um den an der inkohlten Rinde sichtbaren Negativabdruck des Xylemkörpers von Stelen mit stärkerem sekundären Dickenwachstum zu handeln. Die langgezogenen Vorsprünge scheinen den stärkeren Markstrahlen des Sekundärxylems zu entsprechen.

Literatur (zu Anhang von C).

Fischer, Fr. F., in Potonié, H. Abb. u. Beschr. foss. Pflanzen III. 42—45 u. 47. Berlin 1905.

Potonié, H., Die (Silur- u.) Kulmflora des Harzes und des Magdeburgischen. Abh. K. Preuß. Geolog. Landes-Anst. N. F. 36. Berlin 1901.

Šusta, V., Lépidodendron et la chute des coussinets de son écorse. Bull. Acad. Sc. Bohême 1924.

D. Beblätterung.

Hinsichtlich der anatomischen Verhältnisse der Blätter von Lepidodendron sind unsere Kenntnisse ziemlich mangelhaft. Im Querschnitt sind die Blätter, ebenso wie die wesentlich besserbekannten der Sigillarien (vgl. S. 278 ff.) rautenförmig, mit zwei ziemlich tiefen Rillen auf der Unterseite und seitlich der Blattmediane. Auf diese Partien sind die Spaltöffnungen beschränkt (Fig. 261 u. 262). In der Blattmediane verläuft ein kollaterales Leitbündel, das auf seiner Phloemseite und auch an seinen beiden Flanken von dem sogenannten Transfusionsgewebe scheidenförmig umgeben wird. Dieses Gewebe, das sehr ausgeprägt entwickelt auch bei den Sigillarienblättern wieder auftritt (vgl. S. 281), und auch den Blättern vieler rezenter Coniferales eigen ist, besteht aus radial um das Bündel angeordneten Bändern von Tracheiden, die mit ebenso gestellten Parenchymbändern abwechseln. Physiologisch betrachtet, dient dieses Gewebe gleichfalls der Wasserleitung und mag als Ersatz der den Blättern der genannten Gruppen fehlenden Seitennerven betrachtet werden. Was die übrigen Partien des Blattes betrifft, so ist das Blattmesophyll aus parenchymatischem, mehr minder interzellularenreichem Gewebe gebildet; unter der Epidermis, mit Ausnahme der Gegend der Spaltöffnungsrillen, ist sklerenchymatisches Hypoderm entwickelt. Ein ausgesprochen palisadenförmig entwickeltes Assimilationsgewebe ist bei den untersuchten Blättern nicht festgestellt.

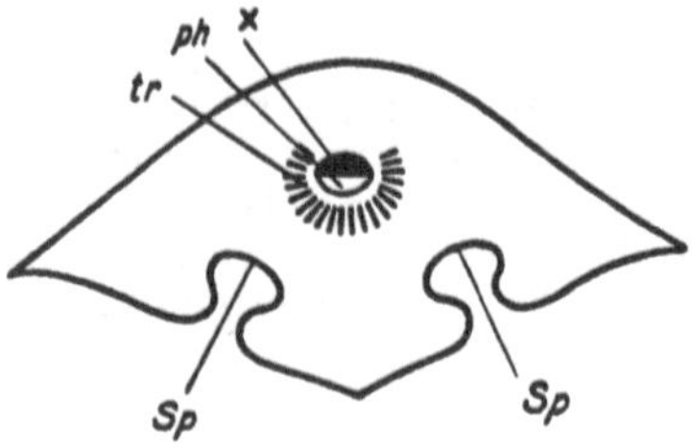

Fig. 261.

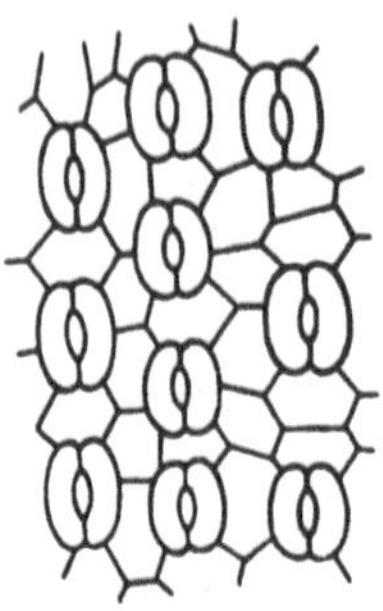

Fig. 262.

Lepidodendron.

Fig. 261. Blattquerschnitt schematisiert; *Sp*: die die Spaltöffnungen bergenden Rillen; *x*: Xylem; *ph*: Phloëm des einzigen Leitbündels; *tr*: dessen Transfusionsgewebe. Original.

Fig. 262. Spaltöffnungen in Oberflächenansicht aus Seward Foss. Pl. II. 1910. Vergrößert.

Bekannt sind Blätter von **L. esnostense** Renault, aus den Kulmkieseln von Autun und von **L. obovatum** Stbg. (= **L. Hickii** Watson) aus den Lower Coal Measures von England.

Was die Ligula betrifft, so ist bereits oben auseinandergesetzt, daß sie — wie übrigens bei allen Lepidophyten — soweit es sich um vegetative Sprosse handelt, nicht auf der Blattfläche selbst befestigt, sondern von dieser auf die obere Blattpolsterregion am Sproß verlagert ist. Sie besteht aus zartwandigem Gewebe und scheint histologisch im wesentlichen mit der der rezenten Ligulaten Lycopodiales übereinzustimmen. In der Regel besteht eine eigene Gewebeverbindung zwischen der Basis der Ligulargrube und dem darunter liegenden Blattspurbündel des zugehörigen Blattes: meist in Form eines Gewebezuges langgestreckter, zartwandiger Zellen; bei anderen Arten (z. B. L. obovatum = Hickii) umfassen kurze Tracheiden becherförmig die Ligulargrube, ganz ähnlich wie das für Isoetes und manche Selaginellaarten bekannt ist.

Literatur (zu Teil D).

Vgl. die S. 222 ff. unter C aufgeführten einschlägigen Abhandlungen.

E. Blüten-Zapfen (Lepidostrobus Brongniart).

Die Blütenzapfen der Lepidodendren sind in größerer Anzahl sowohl in Abdrücken und inkohlten Resten als auch in strukturbietendem Material erhalten. Eine Identifizierung mit vegetativen Sproßsystemen ist bisher nur in wenigen Fällen möglich gewesen. Bezüglich der allgemeinen Morphologie ist bereits S. 191 ff. das Nötige gesagt. Hier sei noch folgendes angeführt.

Die anatomischen Verhältnisse der Blütenzapfenachse stimmen, wo bekannt, im wesentlichen mit denen schmächtiger vegetativer Sprosse überein, sowohl was die Verhältnisse der Stele als die der primären Rinde betrifft. Sekundäre Gewebeelemente wurden nicht gebildet, vielmehr scheinen die Zapfen unmittelbar nach dem Abblühen, d. h. nach der Öffnung der Sporangien und der Ausstreuung der Sporen abgeworfen worden zu sein. Sporophylleitbündel von mesarchem Bau, in der Zapfenachsenrinde ziemlich steil aufsteigend.

Was die Systematik der Lepidostroben betrifft, so sind nach Arber (1922/24) auf Grund der Sporophyllgestaltung folgende Untergruppen zu unterscheiden:

a) Sporophylle den sterilen Blättern verhältnismäßig ähnlich; basaler, sporangientragender Teil (Pedikulus) nicht sehr vom distalen, freien Teil (Lamina) verschieden: Eulepidostrobus.

b) Pedikulus und Lamina deutlich verschieden.

α) Pedikulus relativ klein im Vergleich zu der großen Lamina: Ortholepidostrobus.

β) Pedikulus größer als die nur schwach entwickelte Lamina: Sublepidostrobus.

Im folgenden konnte diese Einteilung, mangels einer durchgreifenden Bearbeitung der aufzuführenden Reste, noch nicht durchgeführt werden[1]; sie ist aber für die von Arber untersuchten Arten vermerkt.

1. In strukturbietenden Resten erhaltene Lepidostroben.

a) Lepidostroben, deren Zugehörigkeit zu vegetativen Zweigsystemen bekannt ist.

L. Veltheimianus Sternberg. Zugehörig zu Lepidodendron Veltheimii Sternberg (= L. brevifolium Williamson). Bekannt aus dem Unterkarbon (Calciferous Sandstone Series) von Schottland (Fig. 211, 212 und 215—218).

Blütenzapfen im Zusammenhang mit vegetativen Ästen von Lepidodendron Veltheimii gefunden. Blütenzapfenachse vom Bau der vegetativen Sprosse, nur ohne sekundäre Stelenelemente.

Zapfen verhältnismäßig klein, nur etwa 4 cm lang und 1 cm im Durchmesser; heterospor; Megasporophylle im unteren Zapfenteil. Sporophylle flach und ziemlich breit. Stellung wechselnd, bald in alternierenden 6- bis 8gliedrigen Quirlen, bald in schraubiger Anordnung. Sporangien etwa 4 mm lang und ca. 1½ bis 2 mm hoch und breit. Mikrosporen in großer Menge im Mikrosporangium von ca. 0,02 mm Durchmesser. Megasporen zu 8 bis 16 im Megasporangium von 0,6 bis 0,8 mm Durchmesser. Außenmembran mit stachligen Fortsätzen, ihr Scheitel mit drei Lappen rings um die Aufrißstelle. Prothallium bekannt (Fig. 216—218); nur in Sporen, die nicht mehr im Megasporangium eingeschlossen waren, gefunden. Über Einzelheiten vgl. das S. 201 Gesagte.

---

[1]) Im übrigen scheint es noch recht fraglich, ob die von Arber angegebenen Kriterien bei einer ein größeres Material umfassenden Untersuchung werden standhalten können. Jedenfalls dürfte sich dann zeigen, daß zum mindesten die Aufrechterhaltung der Gruppe Eulepidostrobus schwer durchzuführen sein wird, da ja die schildförmige Ausbildung des Sporophylls auch bei den von Arber hier zugezogenen Resten vorhanden ist und damit doch, ebenso wie bei Arbers Ortho- und Sublepidostroben, eine gegenüber den sterilen Blättern prinzipiell andere Blattbildung vorliegt.

b) Lepidostroben ohne bekannte Zugehörigkeit.

L. oldhamius Williamson. Lower Coal Measures von England und anderswo. Blütenzapfen von 7—15 cm Länge und 1 bis 4 cm im Durchmesser. Sporophylle bis fast 9 cm lang. Hinter dem horizontalen der Zapfenachse nahen Teil in flachen Bogen nach oben aufbiegend: Typus Eulepidostrobus Arber. Zapfen nur mit einer Sporophyllart bekannt. Deren Sporangien 1 bis 1½ cm lang, gegen die Anheftungsstelle zu tangential stark eingeschnürt, im Innern durch eine gelegentlich mehrfach geteilte Längswand sterilen Gewebes in zwei bis mehrere Kammern geteilt. Sporen 0,02 mm im Durchmesser.

Stele der Blütenzapfenachse mit parenchymatischem Mark im Zentrum. Darum der Primärxylemmantel mit nach außen vorspringenden Protoxylemzügen. Daran anschließend etwas Parenchym und dann Phloëm, aus einigen Schichten langgestreckter dünnwandiger Zellen bestehend. Rinde mit dem für die Lepidodendronarten typischen Bau. Sporophyllbündel mesarch.

Mit L. oldhamius ident dürften die als **L. variabilis** Lindley und Hutton beschriebenen in Abdrücken bekannten Blütenzapfenreste sein, die sich im Mittleren Oberkarbon in weiter Verbreitung finden.

L. Brownii Schimper. Mittleres Oberkarbon von Frankreich (Fig. 207—209 u. 214), Zapfen bis über 6½ cm im Durchmesser und bis gegen 12 cm lang; heterospor. Mikrosporen 0,04 mm, Megasporen 0,4 mm im Durchmesser. Sporangien an der Basis mit großer plazentaler Gewebepartie, wovon Gewebeplatten ziemlich weit in den Sporenraum hineinreichen.

L. Fischeri Scott und Jeffrey. Oberkarbon von Nordamerika.

L. Bertrandi Zalessky. Mittleres Oberkarbon von Rußland (Donetz). Ziemlich großer Zapfen von gegen 5 cm im Durchmesser; heterospor; jedoch verhält sich die Durchmessergröße der Megasporen zu der der Mikrosporen nur wie 2 : 1 (0,05 mm : : 0,025 mm) und die Megasporen haben einen achtmal kleineren Durchmesser als die kleinsten sonst von Lepidodendron bekannten (L. Brownii, mit 0,4 mm). Es handelt sich hier offenbar um eine Art, bei der die morphologische Differenzierung in Mikro- und Megasporen erst im Entstehen begriffen ist (vgl. S. 195).

L. Binneyanus Arber. Lower Coal Measures von England. Kleiner Zapfen mit nur einer Sporenart von ca. 0,03 mm Durchmesser.

L. gracilis Arber eben daher.

L. foliaceus Williamson-Maslen. Lower Coal Measures von England. Kleiner heterosporer Zapfen; im Megasporangium nur vier (aus einer Sporentetrade hervorgegangene) Megasporen; über ihrem Scheitel ein episporiales Anhangsgebilde, ähnlich dem der Schwimmblasen bei Azolla.

2. In Abdrücken erhaltene Lepidostroben:

a) Lepidostroben vom Typus Eulepidostrobus Arber:

L. variabilis Lindley und Hutton. Siehe oben.

L. Russellianus Binney. Mittleres Oberkarbon; dem vorigen nahestehend, aber heterospor.

b) Lepidostroben vom Typus Ortholepidostrobus Arber:

L. brevifolius Lesquereux. Oberer Teil des mittleren Oberkarbon von England und Pennsylvania.

L. hastatus Lesquereux. Ebenda.

L. intermedius Lindley und Hutton. Mittleres und oberes Oberkarbon von Großbritannien, Frankreich (Commentry) und Rußland. Großer Zapfen, mit bis 3 cm im Durchmesser.

L. lanceolatus Lindley und Hutton. Mittleres Oberkarbon, weit verbreitet.

L. longibracteatus Prestwich. Mittleres Oberkarbon von England.

L. maior Brongniart. Mittleres Oberkarbon von Europa. (Fig. 213.)

L. minor Goode. Mittleres Oberkarbon von England.

L. Moyseyi Arber. Mittlerer Teil des Mittleren Oberkarbon von England.

L. radians Schimper. Ebenda.

L. triangularis Zeiller. Mittlerer Teil des Mittleren Oberkarbon von England und Nordfrankreich. Zapfen 7 und mehr cm lang und bis 2 cm breit.

c) Lepidostroben vom Typus Sublepidostrobus Arber:

L. Jacksoni Arber. Mittlerer Teil des Mittleren Oberkarbon von England. Zapfen von mittlerer Größe, untere Sporophyllpartie breit und schuppenförmig; obere sehr schmal.

Ferner seien folgende Lepidostroben angeführt:

L. Hibbertianus Binney. Mittleres Oberkarbon von England. Heterosporer Zapfen mit quirlig gestellten Sporophyllen; gegen 15 cm lang und 1½—2 cm breit.

L. Gaudryi Renault. Oberes Oberkarbon des französischen Zentralplateaus. Zugehörig zu Lepidodendron Gaudryi. Großer Blütenzapfen, wovon Bruchstücke bis zu 33 cm lang bekannt sind. Durchmesser 6 cm. Sporangien bis 1½ cm lang, die freie Sporophyllpartie rechtwinklig aufgebogen, bis 6 cm lang und bis 7 mm breit. Sporenverhältnisse unbekannt.

L. Geinitzii Schimper. Mittleres und oberes Oberkarbon von Europa. Großer, bis über 30 cm langer Blütenzapfen und bis 6 cm im Durchmesser, mit bis 2 cm langen Sporangien. Sporenverhältnisse unbekannt.

L. Goldenbergi Schimper. Mittleres Oberkarbon des Saargebietes; auch für Pennsylvanien angegeben. Ähnlicher, gleichfalls großer Zapfen.

L. praelongus Lesquereux. Zapfen über 78 cm lang. Oberkarbon von Pennsylvanien und **L. princeps** Lesquereux, ebendaher.

L. spectabilis Lesquereux. Dem L. variabilis nahestehend. Oberkarbon von Pennsylvanien.

L. Ophiurus Brongniart spec. zu Lepidodendron Ophiurus gehörig. Mittleres und Oberes Oberkarbon vgl. S. 203.

L. ornatus Brongniart. Mittleres Oberkarbon von Europa. Zapfen ca. 15 cm lang und mit bis 2½ cm im Durchmesser; Sporophylle an der Stelle der Umbiegung in dem freien, rechtwinklig aufgebogenem Teil stark keilförmig verdickt und schildförmig verbreitert.

L. Lacoei Lesquereux. Oberkarbon von Pennsylvanien. Großer Zapfen mit kurzen breiten Sporophyllen.

L. ovatifolius Lesquereux. Oberkarbon von Pennsylvanien. Zapfen von mittlerer Größe. Sporophylle kurz, eilanzettlich.

L. Jenneyi D. White. Dem Vorigen nahestehend in großer Menge zusammen mit Lepidodendron Brittsii (vgl. S. 205) gefunden und wohl dazugehörig.

L. missourensis D. White. Zapfen länglich oval, Sporophylle bis 13 cm lang, Zapfen heterospor. Lower Coal Measures von Missouri.

Anhangsweise sei noch angeführt, daß folgende Hilfsgattungsnamen für Teilstücke von Lepidodendronblütenzapfen gebräuchlich sind:

Lepidostrobophyllum nov. gen. Für einzelne Sporophylle mit und ohne anhaftendem Sporangium.[1]) (Fig. 213.)

Lepidocystis Lesquereux. Zu Lepidostroben gehörige Sporangienreste, einzeln oder ± im Verband mit der Zapfenachse.

Sporocystis Lesquereux. Sporengruppen.

Triletes Reinsch. Einzelne Megasporen von Lepidostroben und anderen heterosporen Blütenzapfen von Lycopodialesverwandtschaft. Untergattungen:

Triletes laevigati: Oberfläche glatt (vgl. die Megasporen von Selaginella Martensii Spring).

---

[1]) Der bisher für isolierte sterile Blätter wie auch für Sporophylle gebrauchte Name: Lepidophyllum Brongniart bleibt besser für die ersteren allein reserviert, bezügl. der speziellen Systematik vergl. auch die S. 285 zit. Abh. von H. Bassler.

Triletes apiculati: Oberfläche mit kurzen buckeligen Stacheln (vgl. die Megasporen von Selaginella haematodes Spring oder Isoetes echinospora Durien).

Triletes zonales: Mit bänderartiger Zusammenfassung der ± mannigfaltig gestalteten Dornfortsätze der Außenmembran über den Kanten der tetraedrischen Megaspore (vgl. Selaginella caulescens Spring. Fig. 221 u. 222).

Triletes: Gruppe Lagenicula Kidston. Megaspore am Scheitel mit drei Lappen; sonst mit feinen Stacheln besetzt (Fig. 219 u. 220).

Es ist Gepflogenheit, die verschiedenen Typen innerhalb der einzelnen Gruppen mit römischen Buchstaben zu bezeichnen.

Literatur (zu Teil E).

Binney, E. W., Observations on the structure of fossil plants found in the Carboniferous Strata II. London 1871.

Williamson, W. C., On the Organization of fossil plants of the Coal Measures. Pt. III. Transact. R. Soc. London 162. 1872.
Pt. XIX. Ibid. B 184. 1893.

Bower, F. O., On the structure of Lepidostrobus Brownii Schimper. Annales of Bot. VII. 1893.

Bower, F. O., Studies in the Morphology of Spore producing Members: Equisetaceae and Lycopodineae. Phil. Trans. R. Soc. London. Bd. 185. 1894.

Maslen, A. J., The Ligule in Lepidostrobus. Ann. of Botany XII. 1898.

Maslen, A. J., The structure of Lepidostrobus. Transact. Linnean Soc. V. 1899.

Kidston, R., Carboniferous Lycopods and Sphenophylls. Trans. Nat. Hist. Soc. Glasgow VI. Pt. 1. 1901.

Zalessky, M., Végétaux fossiles du terrain carbonifère du bassin du Donetz II. Etude sur la structure anatomique d'un Lepidostrobus. Mém. Com. Geol. Livr. 46. 1908.

Coulter, J. M., und Land, W. J. G., An American Lepidostrobus. Bot. Gaz. 51. 1911.

Arber, A., On the structure of Lepidostrobus lamiratus n. sp. Rep. Mit. Assoc. Dundee. 1912/13.

Arber, A., Anatomical Study of the Palaeozoic cone genus Lepidostrobus. Transact. Linn. Soc. VIII. 1914.

Scott, D. H., und Jeffrey, On fossil Plants, showing structure, from the Base of the Waverley shale of Kentucky. Phil. Transact. R. Soc. London B 205. 1914.

Zeiller, R., Etude sur le Lepidostrobus Brownii. Mém. de l'Acad. des Sciences. Paris. 1914.

Coulter, J. M., und Land, W. J. G., A homosporous american Lepidostrobus. Bot. Gazette 72. 1921.

Arber, E. A. N., Critical Studies of Coal-Measure Plant-Impressions. Pt. I. A revision of the British Kpper Carboniferous Species of the Genus Lepidostrobus Bgt., preserved as incrustations. Journ. Linn. Soc. Botany. Bd. 46. 1922/24.

Campos, J. D. A new specimen of Lepidostrobus foliaceus. The Bot. Gaz. 79. 1925.

Betreffs weiterer Literatur siehe die zu Abschnitt A und B (S. 205 ff.) aufgeführten Florenwerke.

c. Sporen von Lepidostrobus und Prothallium.

Bennie, J., und Kidston, R., On the Occurrence of Spores in the Carboniferous formation of Scotland. Proc. R. Physic. Soc. Edinbg. IX. 1885—88.

Renault, B., Flore fossile du Bassin houiller et permien d'Autun et d'Epinac. II. S. 181—83. Paris 1893/96.

Scott, Rina, On the Megaspore of Lepidostrobus foliaceus. New Phytologist V. 1906.

Gordon, W. T., Note on the Prothallus of Lepidodendron Veltheimianum. Ann. of Bot. XXIV. 1910.

Kidston, R., Les Végétaux foss. recueillis dans le Hainaut belge Brüssel 1910.

Lepidophloios Sternberg.

A. Allgemeines. Äußere Gestalt und Systematik.

Die Gattung stimmt in vielem mit der vorhergehenden überein, vor allem in Hinblick auf den allgemeinen Aufbau und die allgemeinen Wachstums- und Verzweigungsverhältnisse des Stammes und der Äste und auch hinsichtlich der Morphologie der Blätter und Blüten. Die prinzipiellen Unterschiede gegenüber Lepidodendron bestehen, außer in der Tatsache, daß die Lepidophloiosbäume offenbar nie die Dimensionen der Bäume der großwüchsigen Lepidodendronarten erreicht haben, noch in der Konfiguration des Blattpolsters, der offenbar weniger starken Verzweigung der Baumkrone und der Art der Blütentragung.

Die Konfiguration des Blattpolsters (Fig. 264 u. 266) weicht, wie bereits S. 181 angedeutet wurde, insoferne prinzipiell von der bei Lepidodendron ab, als die eine der beiden Blattpolsterhälften, und zwar in der Regel die unter der eigentlichen Blattnarbe gelegene Partie unter diese und die andere Blattpolsterhälfte, dem Sproß zugekehrt nach einwärts geschlagen ist, wie dies das Schema der Fig. 266 erläutert. Bei den meisten Arten ist die Gestalt des freien, von außen sichtbaren Blattpolsterteiles zusammen mit der eigentlichen Blattnarbe eine rautenförmige. Im übrigen liegen die Dinge ähnlich wie bei Lepidodendron: das einzige Blattleitbündel ist in der Mitte der Blattnarbe, und flankiert von den beiden Armen des Parichnoszuges. Transpirationsöffnungen und die ihnen entsprechenden, von den Parichnosästen abgehenden Gewebezüge scheinen dagegen nicht entwickelt gewesen zu sein. Die Ligulargrube ist stets in der freien Blattpolsterhälfte, also in der Regel in der oberen eingesenkt.

Daß die sichtbare Blattpolsterhälfte in der Regel wirklich die obere ist, läßt sich einwandfrei an der Hand zahlreicher bekannter Stücke mit noch anhaftender Beblätterung beweisen. Man könnte geneigt sein, das auch noch daraus zu schließen, daß die Ligula, die ja bei allen Lepidophyten als ein der Blattoberseite angehöriges Organ in der oberen Blattpolsterhälfte, also über der eigentlichen Blattnarbe angebracht ist, auch hier stets in der Blattpolsterpartie über der Blattnarbe liegt. Es muß demgegenüber aber darauf hingewiesen werden, daß von einer Anzahl der bekannten Arten (L. scoticus, L. laricinus und L. acerosus) Stücke bekannt sind, wo die Dinge gerade umgekehrt liegen und an Hand von noch anhaftender Beblätterung oder sichtbarer Zweiggabelung einwandfrei erwiesen werden kann, daß hier die freie Blattpolsterpartie und auch die in sie eingesenkte Ligulargrube unterhalb der Blattnarbe liegt. Derartige Stücke gingen früher unter dem Gattungsnamen Lomatophloios Corda, doch hat sich herausgestellt, daß sie sicher zu den eben genannten Arten der Gattung Lepidophloios gehören. Wie man sich diesen Wechsel der Blattpolsterausbildung, mit dem auch noch die Verschiebung der Ligulargrube auf die der Blattunterseite entsprechende, d. h. sie fortsetzende untere Blattpolsterhälfte verknüpft ist, bleibt rätselhaft. Am ehesten könnte man vielleicht noch daran denken, daß die Sprosse, bzw. Blattpolster, stark geotropisch reagiert haben und daß die inverse Orientierung etwa bei hängenden Zweigen aufgetreten sein könnte. Tatsache ist jedenfalls, daß die invers orientierten Blattpolster nur an dünnen Sproßstücken, die sicher der Kronenperipherie angehört haben und vielleicht $\pm$ hängend getragen wurden, und außerdem noch an Blütenstielen, die zufolge des

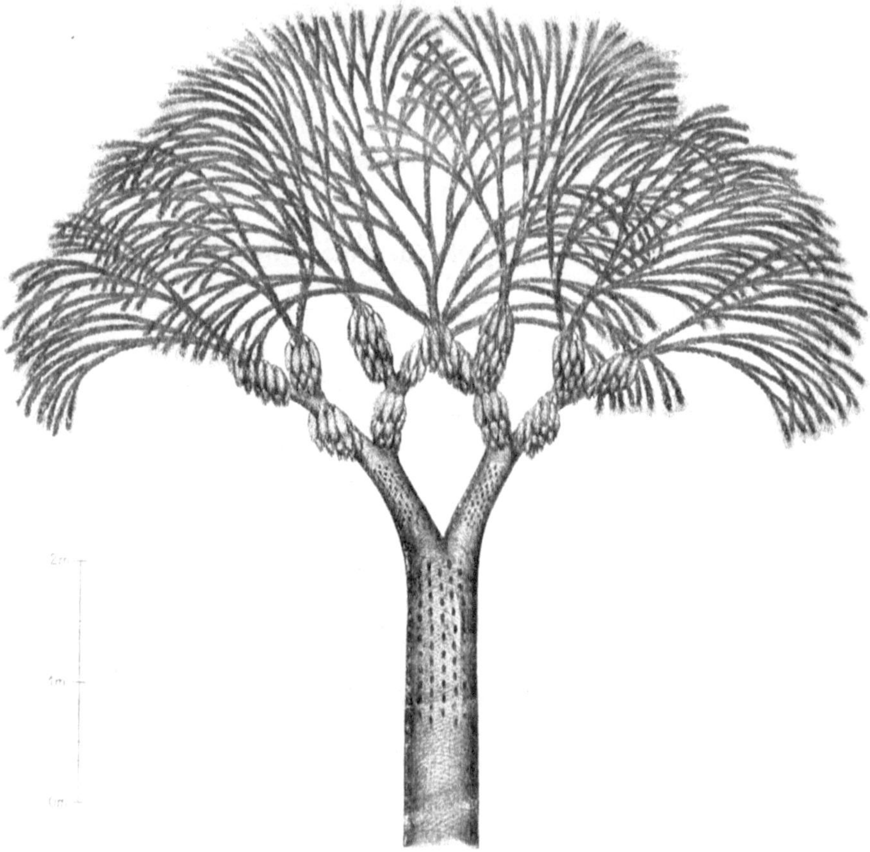

Fig. 263. Lepidophloios vom Typ des L. laricinus Sternberg. Rekonstruktion der oberen Stammpartie. Original.

größeren Gewichtes der von ihnen getragenen Zapfen sicher nach abwärts hingen (vgl. S. 236) gefunden worden sind, was für die oben geäußerte Ansicht spricht. Wenn dem so wäre, so fände sich übrigens — mutatis mutandis — eine Parallele in dem Verhalten der Blätter an Pflanzen mit inverser Blatttragung, wie Alstroemeria u. a. oder solcher an plagiotropen Sprossen, wo es (allerdings infolge Beleuchtungs- und nicht Schwerkrafteinflüssen) bekanntlich zu einer vollständigen Umorientierung der Gewebeverteilung gegenüber der beim normal orientierten Blatt anderer Pflanzen kommt.

Was die Verzweigung der Baumkrone bei Lepidophloios betrifft, so war sie sicherlich eine ausgedehntere, wenn auch eine so starke Verästelung wie bei Lepidodendron nicht vorhanden gewesen zu sein scheint. Prinzipiell anders war die Art, wie die Blüten getragen wurden, indem diese aus dem alten Holz der oberen Stammpartie und der älteren Gabelzweige der Krone, und zwar in größeren Mengen neben- und übereinander hervorbrachen. (Fig. 263.) Das beweisen die zu Lepidophloios zugehörigen Sproßpartien, die unter dem Namen Halonia Lindley und

Fig. 265.

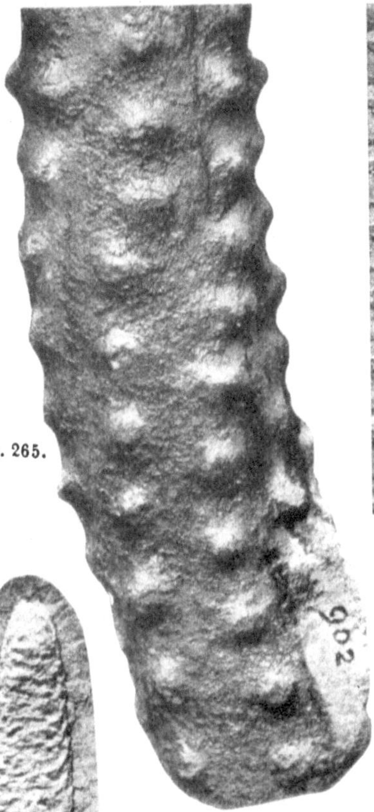

Fig. 264.

Fig. 264. Lepidophloios laricinus Sternberg aus dem Mittleren Oberkarbon von Belgien. Sproßstück mit Blattpolsterung; beachte die deutlich sichtbare Ligulargrube über den Blattnarben. — 19/20. Nach Renier 1910.

Fig. 265. Halonia regularis Lindley u. Hutton aus dem Mittleren Oberkarbon von Belgien. Der obersten Rindenpartien beraubtes Stück mit Blütenmalen. — ⅔ nat. Größe. — Nach Renier 1910.

Fig. 266. Schema der normalen Blattpolsterausbildung bei Lepidophloios. O: obere, U: untere (nach innen eingeschlagene Blattpolsterpartie; l: Ligula, lt: Blattspurbündel; p: einer der beiden Parichnosarme. Punktiert: Kontur zweier weiterer (seitlicher) Blattpolster. Original.

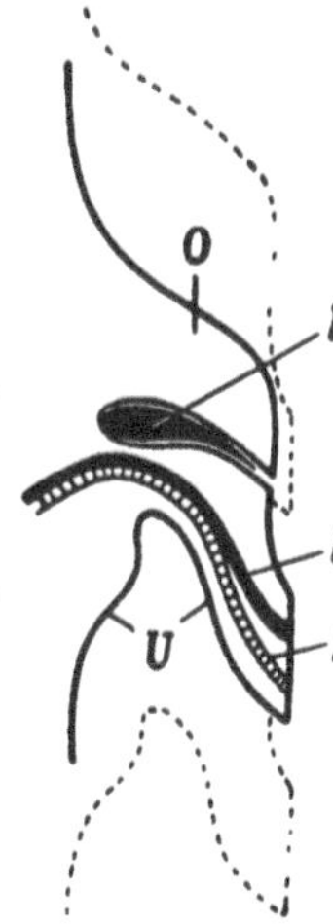

Fig. 267. Fig. 266.

Lepidophloios scoticus Kidston. Calciferous Sandstone Series von Schottland.

Fig. 267. Stück eines jüngeren Zweiges mit Blattpolstern und den Narben der abgefallenen Blüten. 19/20. Nach Kidston 1902.

Fig. 268. Fig. 268. Blütenzapfen mit Stiel (zum Teil). 19/20. Nach Kidston 1902.

Hutton beschrieben wurden (Fig. 265). Sie sind in verschiedener Stärke bekannt und zeigen zahlreiche, in der Regel — deutlich quinkunzial (d. h. in ± regelmäßig alternierenden, vielgliedrigen Quirlen) angeordnete Male von 1 bis 2 cm Durchmesser. Diese stellten teilweise die direkte Ansatzstelle der an längerem Stiel getragenen Blüten dar, wie das z. B. für L. scoticus (Fig. 267 u. 268) nachgewiesen ist[1]). In anderen Fällen gingen von den Malen etwas kräftigere Sproßsysteme aus, die offenbar erst nach einigen Verzweigungen die Blüten trugen; das scheint wenigstens bei L. laricinus so gewesen zu sein. Es ist aber zu betonen, daß es sich auch in diesen Fällen immer nur um schwache und nur wenige Male verzweigte Sproßsysteme handelt und nicht um bedeutendere und vielfach hintereinander verzweigte, wie sie zum Beispiel für Bothrodendron minutifolium (vgl. Fig. 351—353) nachgewiesen und für andere Arten der Gattung, ebenso für Ulodendron (Fig. 365—367) und einige Lepidodendren (Fig. 230) wahrscheinlich sind. Dafür spricht sowohl die Kleinheit der Narben, die bei Lepidophloios kaum den fünften Teil des für die obengenannten Bothrodendren, Ulodendren und Lepidodendren bekannten Astmaldurchmessers aufweisen, sodann auch die Tatsache, daß der Vertikal- und Horizontalabstand der Narben bei den Haloniazweigen von Lepidophloios ein so geringer ist, daß Sproßsysteme mit stärkerer Verzweigung gar nicht hätten Platz finden können. Die Annahme, daß die Blüten bzw. die die Blüten tragenden kleinen Äste aus dem alten Holz der Haloniazweige hervorgebrochen sind, beweist der Umstand, daß da, wo an den Haloniazweigen noch die Blattpolster erhalten sind, die Anordnung der Blüten- bzw. Blütenastmale keine Beziehungen zu der der Blattnarben- bzw. Polster zeigt (Fig. 267).

Die Blütenzapfen selbst scheinen in nichts von denen der Lepidodendren abgewichen zu sein, ein Umstand, der, wenn die Blüten nicht in direktem Zusammenhang mit vegetativen Zweigen gefunden werden, ihre systematische Einreihung sehr erschwert. Aus diesem Grunde ist es sehr wohl möglich, daß von den (S. 228 ff.) unter Lepidostrobus beschriebenen Blütenzapfen auch der eine oder andere zu Lepidophloios gehört.

Die Gattung ist eine rein karbonische.

Bekannt sind folgende Arten:

L. scoticus Kidston. Unteres Unterkarbon. (Fig. 267 u. 268.) Freie Blattpolsterpartie länglichrund, glatt. Blüten 4 bis 5 cm lang. Über die Blütentragung vgl. oben.

L. angulatus Weiß. Unterkarbon von Thüringen. Vielleicht ident mit der vorigen.

L. laricinus Sternberg (einschließlich **L. dilatatus** Lesquereux). Mittleres Oberkarbon. (Fig. 264.) Freie Blattpolsterpartie etwa zweimal so breit als hoch, rautenförmig, von ziemlich variabler Größe; über die Blütentragung vgl. oben.

L. fimbriatus Bureau. Unteres Oberkarbon der Loiregegend. Der vorigen sehr ähnlich.

---

[1]) Ähnlich war auch die Blütentragung bei den Sigillarien; vgl. Fig. 288, 299 u. 311.

L. macrolepidotus Goldenberg. Mittleres Oberkarbon. Gleichfalls dem L. laricinus nahestehend, jedoch mit großen, bis 3 cm breiten Blattpolstern.

L. Van Ingeni White. Oberkarbon von Missouri. Gleichfalls dem L. laricinus sehr nahestehend. Blattpolster sehr flach; bis 4 cm breit.

L. acerosus Lindley und Hutton. Unterer und mittlerer Teil des Mittleren Oberkarbons. Freie Blattpolsterpartie im ganzen der von L. laricinus ähnlich, jedoch mit starker Kielung in der Mitte. Blätter gegen 10 cm lang und 8—10 mm breit.

L. crassicaulis Corda. Unteres und Mittleres Oberkarbon. Dem L. acerosus nahestehend, jedoch die freie Blattpolsterpartie mehr länglich bis zu 2 cm lang und 1½ cm breit.

L. auriculatus Lesquereux. Unteres Oberkarbon (Nordamerika und Frankreich: Loire). Freie Blattpolsterpartie seitlich mit ohrartigen Flügeln.

Die als **Halonia** Lindley und Hutton benannten Sproßpartien sind in der älteren Literatur unter mehreren Artnamen beschrieben worden, wie **H. regularis** L. u. H., **H. tuberculosa** Bgt., **H. tortuosa** Schimper, **H. tuberculata** Unger u. a. Diese Namen drücken aber kein Zugehörigkeitsverhältnis zu einzelnen der oben genannten, auf die Sproßoberflächenskulpturen begründeten Arten von Lepidophloios aus, sondern bedeuten nur Erhaltungszustände verschieden weit entrindeter Haloniazweige.

Literatur.

Bureau, M. E., Flore foss. du Bassin de la Basse Loire. S. 167—180. Paris 1914.

Goldenberg, Fr., Flora Saraepontana fossilis I. S. 20—23 und III. S. 25—40. Saarbrücken 1862.

Grand'Eury, C., Mém. flore carbonifère du Département de la Loire et du Centre de la France. S. 141/42 u. 145. — Mém. sav. étr. Acad. Sc. 24, 1. Paris 1877.

Grand'Eury, C., Géologie et Paléontologie du Bassin houiller du Gard. S. 234—236. St. Etienne 1890.

Kidston, R., Catalogue of the Palaeozoic Plants in the Department of Geology and Palaeontology, British Museum, Nat. Hist. S. 169—174. London 1886.

Kidston, R., On Lepidophloios and on the British species of the Genus. Transact. R. Soc. Edinburgh 37. 1893.

Kidston, R., Carboniferous Lycopods and Sphenophylls. S. 63 ff. Trans. Nat. Hist. Soc. Glasgow. N. S. 4. 1901.

Kidston, R., Les végétaux houillers recueillis dans le Hainaut belge. S. 148—152. Brüssel 1911.

Lesquereux, L., Coal flora of the Carboniferous Formation in Pennsylvania. II. S. 409—429 und III. S. 781—783. Harrisburg 1880/84.

Potonié, H., Die (Silur- und) Kulmflora des Harzes und Magdeburgischen. S. 147 bis 150. Abh. K. Preuß. Geolog. Landes-Anst. N. F. 36. Berlin 1901.

Renault, B., Flore fossile du Terrain houiller de Commentry. II. S. 513—518. St. Etienne 1890.

Renier, A., Paléontologie du terrain houiller. S. 13, Taf. 8—12. Liège 1910.

Weiß, Ch. E., Foss. Flora der jüngsten Steinkohlenformation und des Rotliegenden im Saar-Rhein-Gebiete. S. 150—156. Bonn 1869—72.

Weiß, Ch. E., Beitrag zur Kulmflora von Thüringen. S. 99—100. Jahrb. K. Preuß. Geolog. Landes-Anst. f. 1883. Berlin 1884.

White, D., Fossil flora of the Lower Coal Measures of Missouri. S. 202—211. Monogr. U. S. Geolog. Survey 37. Washington 1899.

Zalessky, M. D., Végétaux fossiles du Terrain Carbonifère du Bassin du Donetz. I. Lycopodiales: S. 30—32 und 99—101. Mém. Comité Géolog. N. S. 13. St. Petersburg 1904.

Zeiller, R., Flore fossile du Bassin houiller de Valenciennes. S. 470—478. Paris 1886—88.

B. Strukturbietende Sproßreste.

Hinsichtlich der Anatomie der Gattung Lepidophloios ist zu bemerken, daß prinzipielle Unterschiede gegenüber Lepidodendron nicht vorhanden sind. Sowohl die gesamte Verteilung der Gewebemassen in Stele und Rinde als die Art des sekundären Gewebezuwachses in beiden sind die gleichen. Auch die bei Lepidodendron beobachteten verschiedenen Stelentypen finden sich alle vier wieder; allerdings erscheinen die Dinge in Hinblick auf Auftreten von Proto- und Haplostelie hier selbst innerhalb einer Art variabel. Zu bemerken ist, daß sich der Typus mit abnormem sekundären Dickenwachstum der Stele in beiden Gattungen wiederholt.

L. Harcourtii Witham of Lartington spec. — **L. Wünschianus** Carruthus spec. Unterkarbon (Calciferous Sandstone Series) von Schottland und England.

Unter diesen beiden Artnamen werden Sproßreste beschrieben, die beide, allem Anschein nach, einer einzigen Lepidophloios-Art angehört haben.

a) **L. Harcourtii** Witham of Lartington (Fig. 271—273). Stele im Zentrum in der Regel mit parenchymatischem Mark, darum ein breiter Metaxylemmantel aus Treppentracheiden; nach außen anschließend Protoxylem aus Spiraltracheiden, dem Metaxylem in Längsstreifen, die auf dem Querschliff als zahlreiche einzelne getrennte Gruppen erscheinen, vorgelagert. Nach Seward ziehen die Protoxylemgruppen in Vertikalreihen an dem Metaxylemmantel lang, während sie nach C. E. Bertrand durch vielfache Anastomosen vor ihm ein Maschenwerk bilden sollen.

Dem Xylem der Stele vorgelagert befindet sich etwas Parenchym. Das anschließende Phloëm, das als wenig tiefer Mantel den Xylemkörper umgibt, ist schlecht erhalten, von Perizykel und Endodermis ist gar nichts erhalten. Die innere Zone der primären Rinde besteht aus zartwandigem Parenchym, das nach außen zu sehr lakunös wird. Die äußere Zone der primären Rinde besteht aus dickwandigem sklerenchymatischen Gewebe, woran sich dann in jungen Zuständen, d. h. vor Beginn der Peridermbildung, die Blattpolsterregion anschließt. Es setzt jedoch die Bildung der sekundären Rinde verhältnismäßig früh ein, wobei vom Phellogen (das sich aus der äußeren primären Rinde unmittelbar unter der Blattpolsterregion bildet) reichlich Periderm und zwar wieder hauptsächlich Endophelloderm[1]) erzeugt wird. Hier und in der äußeren primären Rinde Zellzüge sekretorischer Natur.

Was die Blattspurbündel betrifft, so entspringen sie aus dem Protoxylem der Stele, und zwar seitlich aus den einzelnen Protoxylemreihen (Fig. 273). Im übrigen haben sie die für die Blattspurstränge der Gruppe übliche mesarche Protoxylemlage. Von dem lakunösen Außenteil der

[1]) Vgl. die Definition S. 216.

inneren primären Rinde ab gesellt sich die Parichnosscheide dazu, womit auch hier wieder ein Durchlüftungssystem geschaffen ist, wie es für die Stämme der Lepidophyten charakteristisch ist und an Hand von L vasculare ausführlicher geschildert wurde.

Das größte bekannte Stück dieses Typs hat ohne Einrechnung der für die Blattbasen in Frage kommenden Gewebemasse einen Durchmesser von rund etwas unter 9 cm, wobei Xylem und Mark der Stele einen Durchmesser von etwas über 1 cm aufweisen.

Während nun für die unter L. Harcourtii beschriebenen Sproßreste trotz ihres zum Teil bereits beträchtlichen Durchmessers sekundäre Gewebebildung der Stele nicht nachgewiesen ist, finden sich diese bei Stammresten, die — trotz sonst gleicher anatomischer Verhältnisse — unter

b) **L. Wünschianus** Carruthers spec. beschrieben wurden. Diese Stammreste sind bekannt aus den unterkarbonischen vulkanischen Aschen der Lagganbay der Insel Arran (England) und ferner — in einem sehr starken Sproßrest — aus den Calciferous Sandstones von Dalmeny (Lindlithgowshire).

Was das große Stammstück von Dalmeny (Fig. 269, 270 u. 274) betrifft, so hat es einen Durchmesser von 33 cm. Außer dem nur in 6 cm Tiefe erhaltenen Peridermmantel ist das Xylem und zentrale Mark der Stele mit einem Gesamtdurchmesser von 6½ cm erhalten. Davon treffen 1,4 cm des Durchmessers auf das zentrale Mark, während das primäre Xylem eine Tiefe von 4 bis 4½ mm und das sekundäre eine solche von über 22½ mm aufweist.

Hinsichtlich der anatomischen Einzelheiten, so besteht das zentrale Mark außer aus isodiametrischem Parenchym auch noch aus prosenchymatischen Elementen. Der es umgebende primäre Xylemring ist zum größten Teil aus Treppentracheiden gebildet; gegen die äußere Peripherie zu gehen sie in die englumigen Protoxylemelemente, die ebenso wie bei L. Harcourtii leistenförmig vorspringen, über. Zwischen dem Metaxylem und dem eigentlichen zentralen Markkörper ist eine Übergangsregion ausgebildet, die aus annähernd isodiametrischen tracheidalen Elementen mit treppen- und netzförmiger Wandverdickung besteht.

Es handelt sich hier um gleiche Elemente, wie sie sich bei Lepidodendron vasculare u. a. innerhalb des gemischten Markes finden, Elemente, die, was ihre Funktion betrifft, da wie dort der Wasserspeicherung gedient haben. Phylogenetisch betrachtet, weisen sie auf die ursprünglich protostelische Ausbildung der Stele von Lepidodendron und Lepidophloios hin, eine Erscheinung, die noch dadurch betont wird, daß dünnere, zu L. Harcourtii-Wünschianus gehörige Sprosse (von der Insel Arran) bekannt sind, die überhaupt eine solide Protostele (ohne Markentwicklung) zeigen.

Das Sekundärxylem besteht aus Treppentracheiden, zwischen deren radialen Reihen Markstrahlen von ein bis mehreren Zellen Höhe und Breite und aus radial langgestreckten und netzförmig verdickten Zellen ziehen. Zwischen den ersten Sekundärxylemelementen und dem Protoxylem bleibt noch ein Teil des dünnwandigen mit Schrauben- und Netz-

Fig. 269.

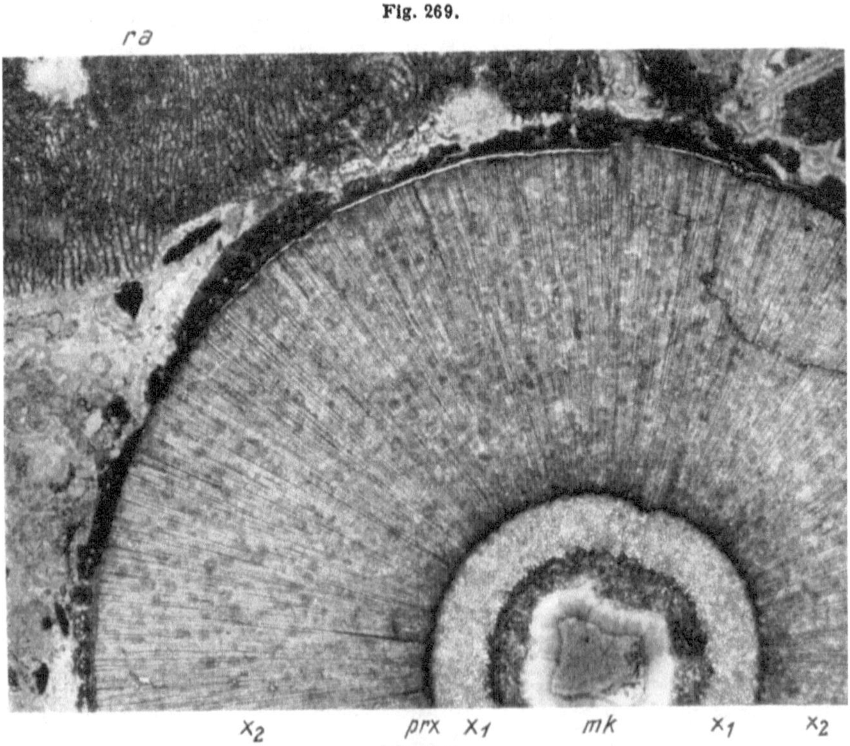

Fig. 270.

Fig. 269—270. Lepidophloios Harcourtii Witham — Wünschianus Carruthers aus dem Unterkarbon (Calciferous Sandstone Series) von Dalmeny, Schottland.
Figurenerklärung auf Seite 241.

Fig. 269. Querschliff durch den stärksten bekannten Sproß (von ca. 33 cm Durchmesser). Erhalten ist der innere Teil des Periderms (Endophelloderms) und die Xylempartien der Stele mit dem 2,3 cm tiefen Sekundärxylemmantel. — ca. ¼ nat. Gr. — Nach Steward und Hill 1900.

Fig. 270. Partie des Querschliffs durch die Stele des in Fig. 269 wiedergegebenen Sprosses. *mk*: (größtenteils zerstörte) Markpartie der Stele; x_1: Metaxylem; *prx*: Protoxylem des Primärxylems; x_2: Sekundärxylem; *ra*: äußere Partie der primären Rinde. — 2 ×. — Original.

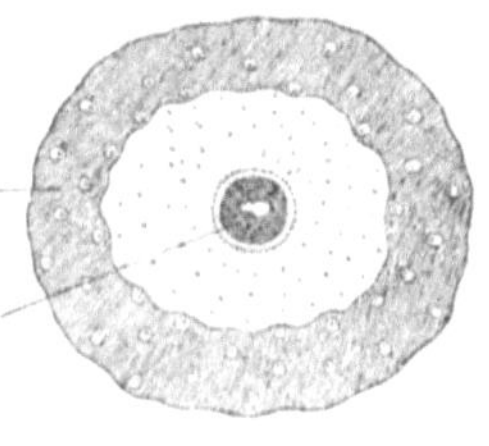

Fig. 271.

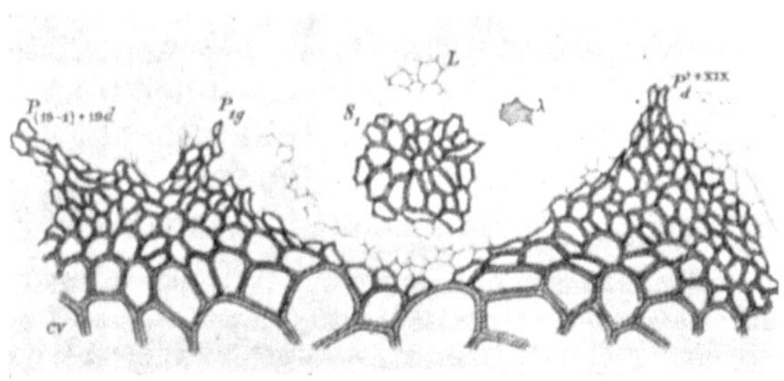

Fig. 273.

Lepidophloios Harcourtii Witham — Wünschianus Carr.

Äußerste Partie des Primärxylems (der Stele eines anderen als in Fig. 271 u. 272 abgebildeten Sprosses) mit etwas Metaxylem (= die weitlumigeren Elemente unten) und dem zahnartig vorspringenden Protoxylem; bei S_1 eines der mesarchen Blattspurbündel. 50 ×. — Nach C. E. Bertrand 1891.

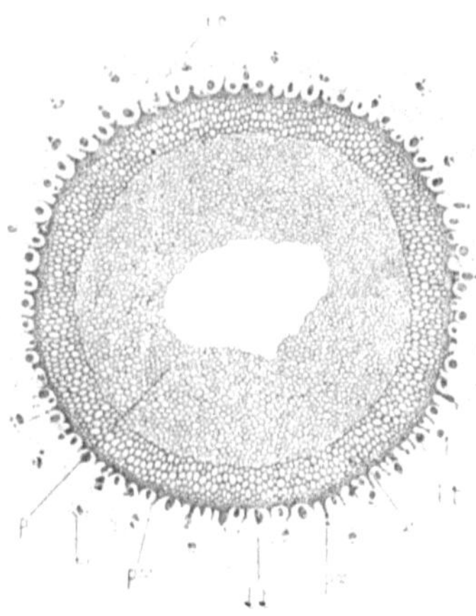

Fig. 272.

Lepidophloios Harcourtii Witham-Wünschianus Carruthers aus dem Unterkarbon (Calciferous Sandstone Series) von Arran (England).

Fig. 271. Querschliff durch einen jungen Sproß von ca. 4 ¼ cm Durchmesser. *st*: Stele mit nur Primärxylem (Harcourtii-Zustand); *oc*: äußere Primärrinde; innerhalb derselben die lakunöse innere Primärrinde; in beiden Rindenzonen die quer getroffenen Blattspurstränge. — ⅔ nat. Größe. Aus Scott Studies 1920.

Fig. 272. Stele des in Fig. 271 abgebildeten Sproßstückes. *p*: zentrales Mark (in der Mitte zerrissen); *x*: Metaxylem; *rx*: Protoxylem des allein vorhandenen Primärxylems: *lt* u. *lt'*: Blattspurstränge; *ic*: innere (lakunöse) Primärrinde. Vergr. 4 ⅔ ×. Aus Scott Studies 1920.

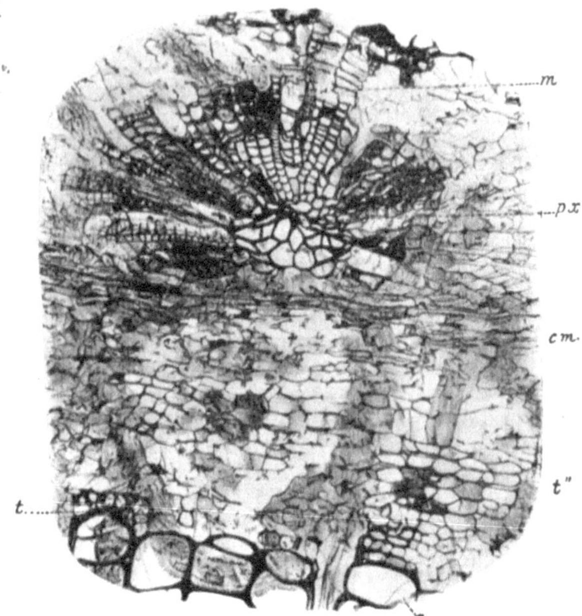

Fig. 274.

Lepidophloios Harcourtii Witham-Wünschianus Carruthers aus dem Unterkarbon (Calciferous Sandstone Series) von Dalmeny (Schottland). Partie aus Fig. 269. *a*: äußerste normale, *t* u. *t'*: anormal kleinlumige Tracheiden des Sekundärxylems der Stele; *cm*: Stelenkambium; darüber im Phloëmteil der Stele ein Blattspurbündel mit reichlich Sekundärxylem; *px*: sein mesarches Protoxylem; *m*: Bündelkambium. — 90 ×. Nach Seward u. Hill 1900.

verdickungen versehenen Parenchyms eingeschaltet, das vor Eintritt des sekundären Dickenwachstums der Stele zwischen Phloëm und Primärxylem vorhanden war und aus dessen äußerem Teil das Stelenkambium sich entwickelt hat. Kambium mehrschichtig. Im Phloëm sind neben englumigen Elementen reichlich weitlumige vorhanden, die möglicherweise auf gleiche Art zustande gekommen sind wie die analogen Elemente im Phloëm von Lepidophloios fuliginosus (vgl. S. 246).

Auffallend ist, daß trotz des starken Sekundärzuwachses des Xylems kein solcher des Phloëms festzustellen ist und daß der vorhandene breite Phloëmmantel anscheinend ganz primärer Natur ist.

Bemerkt mag noch werden, daß an der äußeren Grenze des sekundären Xylems, also der jüngsten Elemente, auffallend kleine Tracheiden vorhanden sind, sowohl in dem Stück von Dalmeny als auch übrigens bei den Resten andere Lepidodendron- und Lepidophloiosarten, was vielleicht mit Störungen, die zu Beginn der Fossilisation einsetzten, zusammenhängen mag.

Im Periderm, von dem nur das Endophelloderm erhalten ist, finden sich im Querschliff gesehen, in mehrfachen Abständen hintereinander sekretorische Gewebezüge. Die Blattpolsterregion ist bei den großen Stammresten von Dalmeny und der Insel Arran nicht mehr erhalten, wohl aber bei den kleineren zugehörigen Sproßresten aus dem letzteren Fundort. Diese zeigen die für Lepidophloios typischen Längs- und Querschliffbilder.

Die Blattspurstränge, die ihren Ursprung von den Protoxylemzügen der Stele nehmen, ziehen zunächst kurz aufwärts, um dann in einem breiteren Markstrahl langlaufend quer durch das sekundäre Xylem zu gehen. In der Meristemzone der Stele angelangt, verlaufen sie abermals steil aufwärts. Die mesarchen Bündel sind zunächst ohne sekundäre Gewebeelemente, erhalten aber beim Durchzug durch das Sekundärxylem auch noch sekundäre Xylemelemente angelagert. (Fig. 274). Beim Durchzug durch das Phloëm gliedern sich dann noch hievon Elemente dem ursprünglich nur Xylem enthaltenden Leitbündel an, so daß es jetzt kollateral wird. Weiter außen verlieren sich die sekundären Xylemelemente wieder.

Während die Blattspurstränge in ihrem Verlauf durch die primäre Rinde infolge deren Zerstörung nicht verfolgt werden können, ist ihr Verlauf durch das Periderm wieder bekannt. Hier ziehen sie annähernd horizontal und sind von dem lakunösen Parichnosgewebe begleitet.

Was das Verhältnis von L. Harcourtii zu L. Wünschianus betrifft, so ist es schon oben gesagt worden, daß die beiden Arten so gut wie sicher identisch sind und daß L. Harcourtii die dünneren Stamm- und Sproßteile ohne sekundäres Dickenwachstum der Stele, L. Wünschianus die stärkeren mit solchem darstellt. Das ergibt sich vor allem noch aus folgendem. Neben den stärkeren, mit sekundärem Dickenwachstum der Stele ausgestatteten Stammstücken der Insel Arran und dem Dalmeny-Stück bewahrt das Britische Museum von dem ersteren Fundort und von den Calciferous Sandstones von Craiglieth eine Anzahl dünnerer Stämme ohne sekundären Zuwachs der Stele, die sonst ganz vom Typus der mit sekundärem Dickenwachstum versehenen Sprosse von L. Wünschianus sind. Das stärkste davon bekannte Stück ist ein gabelnder Sproß von 14 cm Durchmesser ohne Spuren sekundären Dickenwachstums der Stele. Da die stärksten von L. Harcourtii bekannten Sprosse nur bis über 8 cm Durchmesser aufweisen, von Sproßresten der oben genannten Fundorte von Arran und Craiglieth, die sicher mit den echten »L. Wünschianus«resten von dort ident sind, noch solche von bis zu über 14 cm

Durchmesser ohne sekundäres Dickenwachstum der Stele bekannt sind, und nun anderenteils die Anatomie der unter beiden Artnamen bekannten Stammstücke sonst völlig gleich und auch für beide die Zugehörigkeit zu Lepidophloios auf Grund der Oberflächenskulptur der Stammteile, die, was die dickeren Sprosse betrifft, wenigstens noch an dem über 14 cm dicken Sproßstück erhalten ist, so kann wohl an der Identität nicht zu zweifeln sein.

Anhangsweise sei bemerkt, daß von Arran als Lepidostrobus Wünschianus Binney beschriebene heterospore Blütenzapfen bekannt sind, deren Zugehörigkeit zu Lepidophloios Harcourtii-Wünschianus wahrscheinlich ist, und daß einer der gefundenen Zweige die Haloniaausbildung zeigt.

L. macrophyllus Williamson spec. Lower Coal Measures von England. Nur in dünnen Sproßresten ohne sekundären Gewebezuwachs der Stele bekannt. Stele mit parenchymatischem Mark im Zentrum. Das Charakteristikum der Art besteht in der im Verhältnis zum Sproßumfang außergewöhnlichen Breite der Blattpolster.

L. Scottii Gordon. Unterkarbon (Calciferous Sandstone Series) von Pettycur, Schottland. Sproßstücke mit typischen Lepidophloiosblattpolstern und von Haloniatyp mit quinkunzial angeordneten Ansatzstellen der Blüten; sehr wahrscheinlich ident mit dem im Abdruck erhaltenen L. scoticus Kidston.

Bekannt sind gabelig verzweigte Sproßstücke von 2½ bis 3¾ cm Durchmesser und bis zu 1 m Länge, ohne sekundäres Dickenwachstum der Stele. Das Stelenzentrum ist in einigen Fällen nahezu rein aus Tracheiden gebildet und nur ganz in der Mitte ist etwas dünnwandiges Pyrenchym teils in Nestern verstreut, teils als einheitlicher Gewebezug; in anderen Fällen dagegen ist die Markbildung im Stelenzentrum eine ziemlich bedeutende. Von einigen von Gordon untersuchten Stammstücken von annähernd gleichem Durchmesser verhielten sich die Durchmesser von Xylemsäule im ganzen (einschließlich Mark) zu Marksäule allein folgendermaßen:

1.)	Xylemsäule im ganzen 3,3 mm	Mark in Spuren bis zu 2 mm
2.)	» » » 4,3 »	» 2,5 mm
3.)	» » » 3,4 »	» 1,6 »

Obendrein schwankt das Auftreten des Markes auch im selben Stammstück in verschiedenen Höhen; so ist in dem unter 1 aufgeführten Stück 5 cm unterhalb der oben genannten Stelle minimaler Markentwicklung Mark bis zu 1,4 mm Durchmesser und weitere 10 cm unterhalb eine Marksäule von 2 mm bei immer gleichem Gesamtdurchmesser der Stele festgestellt. Das zeigt — gerade wie die Verhältnisse bei L. Harcourtii-Wünschianus — wie labil in Hinsicht auf Proto- und Haplostelie hier die Dinge sind. Insgesamt handelt es sich eben hier um Formen, bei denen sich gerade der Übergang von der Proto- in die Siphonostele vollzieht.

Wo Mark in der Stele zur Entwicklung kommt, sind darum herum und in ihm verstreut noch ± isodiametrische Tracheiden. An das Metaxylem nach außen schließen Protoxylemzüge an, die im Querschnitt nicht besonders stark vorspringen. Von ihren Flanken nehmen die Blattspuren ihren Ursprung. An das Primärxylem schließt Phloëm an, daran der Perizykel aus leicht tangential gestrecktem Parenchym. Es folgt die parenchymatische innere Rinde in einer Dicke von etwa ein Fünftel des Gesamtdurchmessers. Die Außenrinde, von der aus nahe der Blattpolsterregion eine beträchtliche Peridermentwicklung ihren Ursprung nimmt, ist in ihren primären prosenchymatischen Gewebepartien annähernd ebenso breit als die innere Rinde. An den Partien nahe dieser sind Nester von offenbar sekretorischen Zellen eingestreut. Im Periderm ist, wie immer bei den Lepidophyten, das Endophelloderm stärker entwickelt. Blattbündel von normalem (mesarchem) Bau.

Die Art ist außerdem spezifisch charakterisiert dadurch, daß der Parichnos erst unmittelbar vor Eintritt ins Blatt gabelt, ferner durch die Kieligkeit der Blattpolster, die sich über ¾ deren Länge erstreckt.

L. fuliginosus Williamson spec. Lower Coal Measures von England und anderswo (Fig. 275—283). Die Art ist bekannt in Sproß-

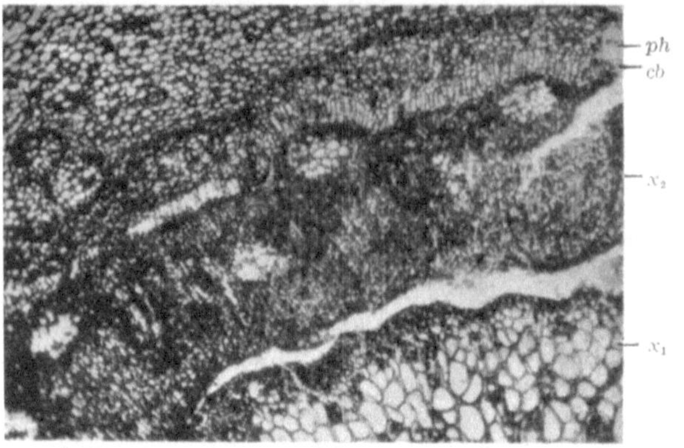

Fig. 275.

Lepidophloios fuliginosus Williamson spec. Lower Coal Measures von England.

Fig. 275. Querschliff durch die Stele eines Sprosses von ca. 7 ½ cm Durchmesser. x_1 Primärxylem; x_2: dem Sekundärxylem homologe Elemente mit einigen Blattspurbündeln; *cb*: Cambium; *ph*: Phloëm. — ca. 18 ×.

Fig. 276 u. 277. 2 Querschliffe durch Kambium (*cb*) und Phloëm (*ph*) des gleichen Sprosses wie in Fig. 275. Im Phloëm von Fig. 277 besonders gut eine Anzahl Phloëmkanäle vor Auflösung der Binnenwände sichtbar. — ca. 55 ×.

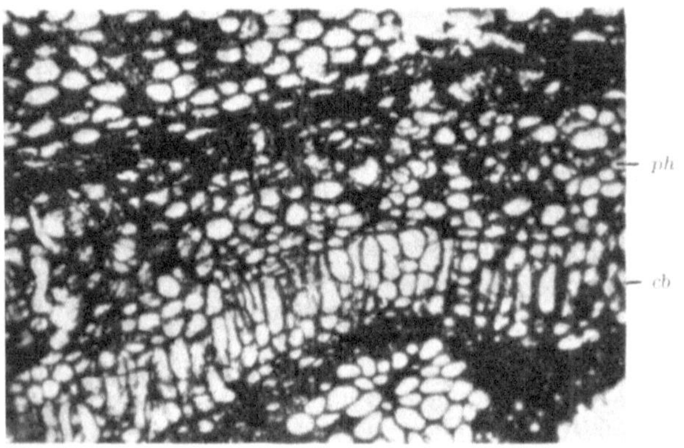

Fig. 276.

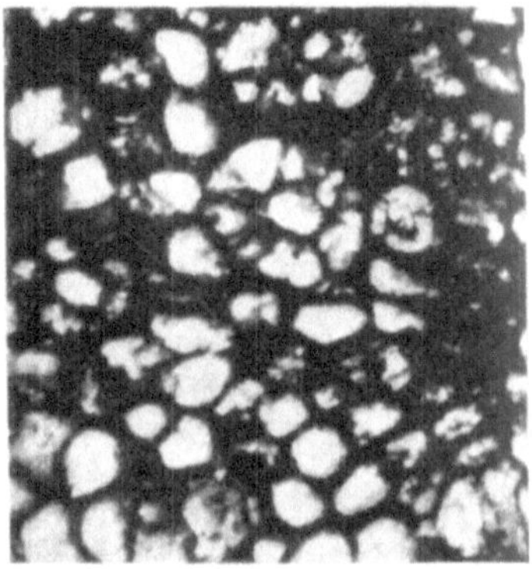

Fig. 278.

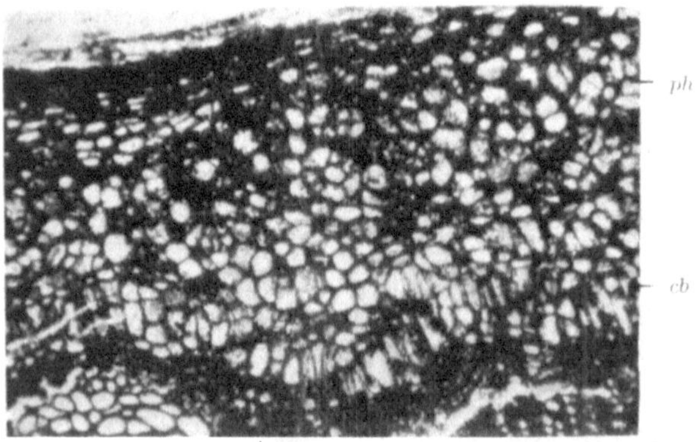

Fig. 277.

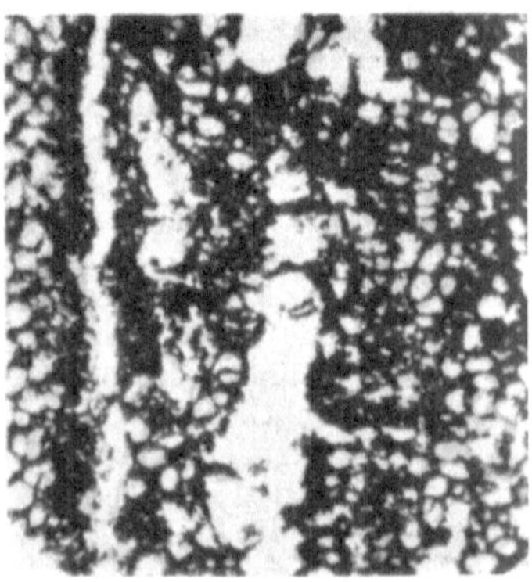

Fig. 279.

Fig. 278. Detail aus Fig. 277. Phloëmkanalzellen vor Auflösung der Binnenwände. — Vergr. ca. 110 ×.

Fig. 279. Längsschliff durch das Phloëm mit mehreren Phloëmkanälen; bei *x* noch Reste der in Auflösung begriffenen Binnenwände der die Kanäle ursprünglich bildenden Zellen. — Vergr. ca. 55 ×.

Sämtliche Figuren nach F. E. Weiß 1901.

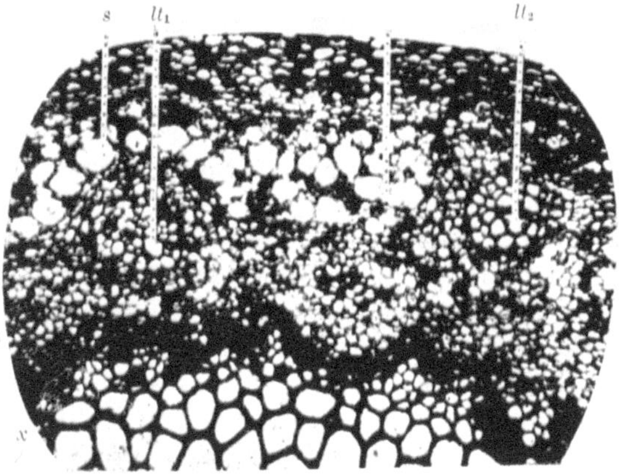

Fig. 280.

Lepidophloios fuliginosus Williamson spec. Lower Coal Measures von England.

Fig. 280. Querschliff durch die äußere Partie der Stele eines Sprosses von ca. 2½ cm Durchmesser; *x*: Primärxylem mit weitlumigen Metaxylem- und englumigen Protoxylemtracheiden; anschließend die Parenchymzone (*a*) und weiter Phloëm mit den weiten Kanälen (*s*). lt_1 u. lt_2 sind 2 Blattspurbündel. — 45 ×.

Fig. 281. Längsschliff durch einen Teil der Stele; *x*: Primärxylem; *a*: Parenchymzone; *s*: eigentliche Phloëmzone. — 45 ×.

Fig. 281.

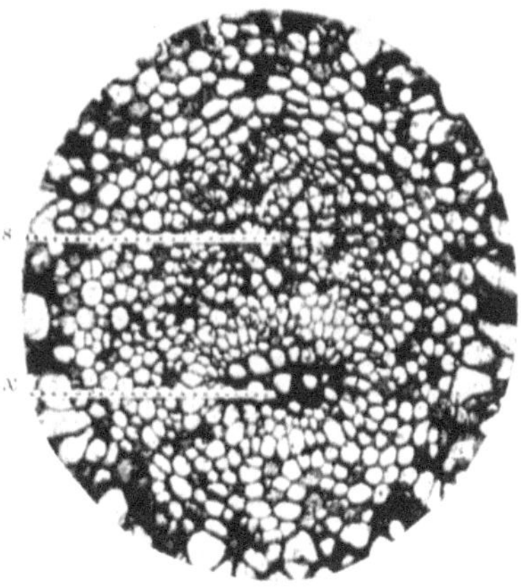

Fig. 282.

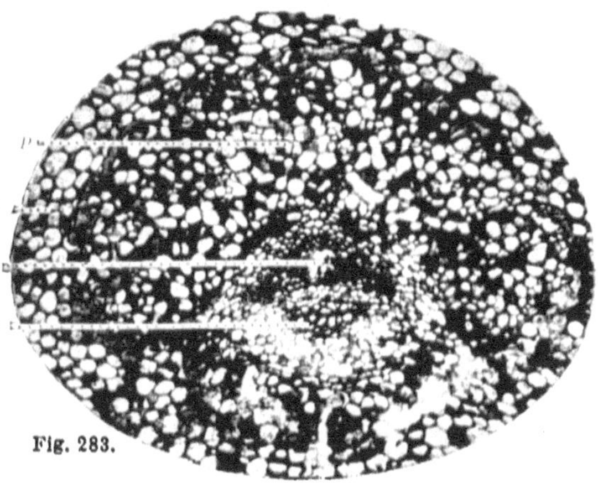

Fig. 283.

Fig. 282. Querschliff durch ein Blattspurbündel während seines Verlaufes in der inneren Primärrinde. *x*: sein Xylem; *s*: sein Phloëm. — 45 ×.

Fig. 283. Querschliff durch ein Blattspurbündel während seines Verlaufes in der äußeren Primärrinde; *x*: Xylem; *s*: Phloëm; *p*: Parichnosscheide; *c*: Gewebe der äußeren Primärrinde. — 45 ×. Sämtl. nach Seward 1900.

resten, Haloniazweigen mit (zum Teil) zweizeilig alternierend gestellten Blütennarben und homosporen Blütenzapfen. Die Stele zeigt einen zentralen Markzylinder aus Parenchym. Isodiametrische Zellen mit netzförmig verdickten Wänden leiten über zu dem Metaxylemring, der aus Treppentracheiden gebildet ist. Ihm vorgelagert befindet sich ein Kranz von Protoxylemgruppen; daran schließen isodiametrische Elemente mit netzverdickten Wänden an und weiter zwei bis drei Schichten polygonaler Zellen mit dunklem Inhalt, die überleiten zu reinem Parenchymgewebe, das einige Zellagen tief ist und, wie der Längsschliff (Fig. 281) zeigt, aus sehr regelmäßig horizontal gelagerten Zellen besteht. Daran schließt (bei Sprossen noch ohne Sekundärzuwachs der Stele) (Fig. 280) die eigentliche Phloëmzone an, bestehend aus parenchymatischen und isodiametrischen Elementen, zwischen denen breite und länger gestreckte Räume sich befinden. Diese gehen, wie F. E. Weiß nachgewiesen hat, hervor aus einem System von um einen mittleren Zellzug ringsum radial angeordneten Zellstreifen, wie das Querschnittsbild der Fig. 277, 278 u. 280 zeigt. Daß es mehrere Etagen von sternförmig angeordneten Zellen sind, die letzten Endes ihre inneren Wände auflösen, um die größeren langgestreckten Räume zu bilden, geht aus dem Längsschliff der Fig. 279 hervor, wo noch die nicht aufgelösten Querwände als feine Linien zu sehen sind.

Es kann wenig Zweifel sein, daß auch bei den übrigen Lepidophloios- und Lepidodendrenarten das Zustandekommen der weitlumigen langgestreckten Räume, die sich zwischen dem Phloëmparenchym finden, ebenso wie bei L. fuliginosus vor sich ging, nur eben infolge schlechterer Erhaltung der Reste sonst nicht so deutlich zu erkennen ist.

Bei dieser Gelegenheit mag darauf hingewiesen werden, daß die eben behandelte Gewebeschicht nicht von allen Palaeobotanikern als Phloëm angesprochen wird; vor allem Seward ist für eine neutralere Bezeichnung und Deutung eingetreten, indem er den Ausdruck »secretory zone« dafür gebraucht. Es ist aber doch zu betonen, daß gegen die Deutung der in Rede stehenden Gewebeschicht als Phloëm nichts im Wege steht als die Tatsache der abnormalen Bildung der weiten Röhrensysteme und das Fehlen typischer Siebplatten.

Was den letzteren Punkt betrifft, so hat F. E. Weiß darauf hingewiesen, daß Siebplatten auch im Phloëm der rezenten Lycopodiumarten fehlen oder zumindesten in den wenigsten Fällen zu beobachten sind. Er hat das Fehlen von Siebplatten in Zusammenhang mit der anderen physikalischen und chemischen Beschaffenheit der Wände der Phloëmzellen dieser Pflanzen im Vergleich mit denen anderer, echte Siebröhren besitzender Pflanzen gebracht: die Wände der Phloëmzellen bei Lycopodium bestehen nicht aus Zellulose, sondern aus »Amyloid«, einem Semihydrat von der Formel $n\ (C_{12}\,H_{22}\,O_{11})$, das dem Schleim verwandt ist, so daß schon die Zellwände selbst wesentlich mehr permeabel sind als die aus Zellulose bestehenden der Siebröhrenzellen im Phloëm anderer Pflanzen, und die Bildung echter Siebplatten dadurch unnötig sein mag.

Rein gewebeentwicklungsgeschichtlich betrachtet, mag der Hinweis gegeben werden, daß in der weniger differenzierten Form des Phloëms der palaeozoischen Lepidophyten und von Lycopodium, noch ein relativ primitiver Zustand, hinsichtlich der Phloëmbildung zu erblicken ist, der noch hinleitet zu dem Ausgangszustand, wo in der Stele das Phloëm aus dem Perizykel noch nicht differenziert war, wie das z. B. innerhalb der Pteridophyten bei den devonischen Psilophyten, wenigstens noch bis zu einem gewissen Grad, der Fall ist. Hier bei Lepidophloios fuliginosus und den übrigen Lepidophyten bestände dann der erste Differenzierungsschritt darin, daß Siebröhren aus annähernd normalem Parenchym durch Auflösung eines größeren Komplexes dieser Zellen sekundär zustande kommen, ohne Ausbildung spezifischer Strukturen wie der Siebplatten und nur erst unter Änderung der chemischen Beschaffenheit der Zellwände in der oben von E. F. Weiß angedeuteten Richtung.

Um auf die Anatomie der Stele von L. fuliginosus wieder zurückzukommen, so folgt auf das Phloëm der Perizykel aus engmaschigem, ziemlich kleinlumigem Parenchym. Gegen ihn ist die Innenrinde durch eine deutlich ausgeprägte Endodermis abgegrenzt. Die Innenrinde, ein sehr lakunöses Parenchym aus verschieden großen Zellen, stellt wieder das innere Durchlüftungsgewebe des Stammes dar, das mit der Außenwelt durch die die Blattleitbündel nach ihrem Austritt aus der inneren Rinde umsäumende Parichnosscheide (Fig. 283) die in der bekannten Weise nach außen mündet, in Verbindung steht. Weitlumigeres, aber enggefügtes Parenchym bildet die Außenrinde. Wie auch sonst ist knapp innerhalb der Blattpolsterregion die Ursprungsstelle des Periderms, von dem auch bei dieser Art das Endophelloderm am stärksten entwickelt und von im Querschnitt in konzentrischen Ringen angeordnetem sekretorischen Gewebe durchsetzt ist.

Was die Bildung sekundären Gewebes in der Stele betrifft (Fig. 275 bis 277), so ist zunächst zu bemerken, daß das Kambium aus dem auf das primäre Xylem folgende Paremchymband, von dem oben die Rede war, hervorgeht, und wie auch sonst meist in dieser Gruppe nur xylemwärts sekundäres Gewebe produziert. Dabei wird aber hier bei dieser Art oft auf große Strecken nur $\pm$ isodiametrisches Parenchym gebildet oder dieses kann entweder in kleinen Nestern oder in $\pm$ breiten radialen Streifen Tracheiden von der Art derer des Metaxylems enthalten (Fig. 275).

Mit einigen Worten sei noch auf die Beschreibung der Blattspurbündel eingegangen, um so mehr als die Erhaltung ihrer Struktur, wie besonders die Mikrophotogramme der Fig. 280, 282 u. 283 zeigen, zum Teil als glänzend bezeichnet werden muß. Über ihren Verlauf ist dem bei den bislang besprochenen Arten von Lepidophloios und Lepidodendron Gesagten nichts hinzuzufügen. Die Fig. 280 zeigt zwei Blattbündel quer getroffen, während ihres Durchzugs durch das Phloëm; zunächst nur aus Xylem bestehend, erhalten sie nach ihrem Eintritt ins Phloëm außenwärts die Phloëmpartie angefügt. In Fig. 282 ist ein Blattspurbündel dargestellt auf seinem Wege durch die lakunöse Innenrinde, wovon Teile rings außen in der Figur zu sehen sind. In dem kollateralen Bündel sind mesarches Xylem (im Bild unten) und Phloëm (im Bild oben) durch einen Parenchymstreifen getrennt und das ganze Bündel von einer Perizykelscheide umhüllt. Der Querschnitt der Fig. 283 endlich zeigt das Blattspurbündel auf seinem Zug durch die Außenrinde mit ihrem fester gefügtem Parenchym. Xylem und Phloëm sind in dem kollateralen Bündel wieder gut zu erkennen, ebenso der Streifen Parenchyms dazwischen und die Perizykelscheide ringsum. Und in der oberen Hälfte des Bildes — die abaxial gelegene Phloëmpartie des Bündels umgreifend — die halbmondförmige Parichnosscheide aus lockerem lakunösen Gewebe, ähnlich dem der Innenrinde.

Literatur.

Lepidophloios Harcourtii Witham spec.-Wünschianus. Carr. spec.

Wünsch, E. A., Discovery of Erect Stems of fossil Trees in Trappean Ash in Arran. Transact. Geol. Soc. Glasgow. Bd. II. 1867.

Williamson, W. C., Note on Lepidodendron Harcourtii and L. fuliginosum. Proc. R. Soc. London. Bd. 42. 1887.

Bertrand, C. E., Remarques sur le Lepidodendron Harcourtii de Witham. Trav. et Mém. des facultés de Lille. Mém. Nr. 6. Lille 1891.

Seward, A. C., und Hill, A. W., On the Structure and Affinities of a Lepidendroid stem from the Calciferous Sandstone of Dalmeny, Scotland possibly identical with Lepidophloios Harcourtii Witham. Trans. R. Soc. Edinburgh. 39. 1900.

Lepidophloios macrophyllus Williamson. spec.

Carruthers, W., On the structure of the Stems of the arborescent Lycopodiaceae of the Coal Measures. Monthly. Micr. Journ. 1872.

Williamson, W. C., On the Organization of fossil plants of the Coal Measures. Pt. III: S. 298, T. 45, Fig. 35. Phil. Transact. R. Soc. London 162. 1872. Pt. XIX: S. 30, ibid. B 184. 1893.

Lepidophloios Scottii Gordon.

Gordon, W. T., On Lepidophloios Scottii, a new species from the Calciferous Sandstone Series at Pettycur, Fife. Trans. R. Soc. Edinburgh. 46, 1908.

Lepidophloios fuliginosus Williamson spec.

Williamson, W. C., Note on Lepidodendron Harcourtii and L. fuliginosum. Proc. R. Soc. London. Bd. 42. 1887.

Seward, A. C., Notes on the Binney Collection of Coal Measure Plants. 1. Lepidophloios. Proc. Cambridge Philos. Soc. Vol. X. 1900.

Weiß, E. F., On the Phloem of Lepidophloios and Lepidodendron. Mem. and Proceed. Manchester Lit. and Phil. Soc. 45. 1900/01.

Weiss, F. E., A biseriate Halonial branch of Lepidophloios fuliginosus. Transact. Linnean Soc. London VI. 4. 1903.

Leclercq, S., Les Coal balls de la couche Bauxharmont des charbonnages de Wérister. Mém, Soc. Géolog. Belg. 1924/25.

2. Sigillariaceae.

Die einzige Gattung der Familie ist:

Sigillaria Brongniart.

A. Allgemeines. Baumförmige Pflanzen mit hohen, nicht oder nur wenig verzweigten Stämmen, die besonders gegen die Basis zu sehr zu konischer Verdickung neigen.

Charakteristisch ist die Konfiguration der Blattpolster, auf Grund derer weiterhin auch die Gruppen Eusigillaria und Subsigillaria, und unter ersterer die Untergruppen Favularia und Rhytidolepis, unter letzterer die Untergruppen Clathraria und Leiodermaria unterschieden werden, worüber in Abschnitt B. nachzusehen ist.

Was die Oberflächenskulptur der Stämme und Zweige ganz allgemein betrifft, so ist die Ausbildung des Blattpolsters (wenigstens in den meisten Fällen) eine ebenso deutliche und ausgeprägte, wie dies bei den Lepidodendraceen der Fall ist. Zu unterscheiden ist wieder die eigentliche Blattnarbe mit der Leitbündelabrißstelle und den beiden sie flankierenden Parichnosmalen, und ferner das die Blattnarbe umgebende Polster. Auf ihm ist über der Blattnarbe die Ligulargrube angebracht, die an gut erhaltenem Material bei allen Arten zu erkennen ist. Die bei Lepidodendron in der Regel vorhandenen Transpirationsöffnungen fehlen bei fast allen Arten. Das Blattpolster als solches ist lediglich bei den favularischen Eusigillarien und den clathrarischen Subsigillarien für sich ringsum wohlbegrenzt ausgebildet, bei den rhytidolepen Eusigillarien dagegen mehr minder durchgreifend mit den übrigen der gleichen Längszeile zu einer einheitlichen Polsterzeile oder Rippe verschmolzen, bei den leiodermen Subsigillarien nur in jüngeren Sproßzuständen entwickelt und bald verlöschend.

Wie bei den Lepidodendraceen aber gilt ganz allgemein, daß die Größe des Blattpolsters, abgesehen von den spezifischen Differenzen der einzelnen Arten, selbst an ein und demselben Individuum verschieden gewesen sein dürfte, und zwar nicht nur hinsichtlich der Breite, die ja natürlich durch das sekundäre Dickenwachstum des Sprosses verändert werden mußte, sondern auch hinsichtlich der Länge. So dürften relativ große Blattpolster angelegt worden sein an den oberen Partien älterer Stämme, deren Scheitel sicherlich wesentlich breiter war als der junger und noch schmächtiger Pflanzen. Anderseits dürfte die Scheitelgröße und damit auch die Blattpolstergröße an den Sproßgabelästen mit zunehmendem Verzweigungsgrad wieder abgenommen haben, wennschon hier (wo überhaupt vorhanden) die Verzweigung nirgends eine sehr weitgehende und damit wohl auch die Scheitelbreitenverringerung gegenüber dem Hauptsproß keine sehr durchgreifende war.

Daß tatsächlich mit fortschreitendem Alter des Stammes eine allmähliche Verbreiterung des Scheitels stattfand, kann man sehr schön bei rhytidolepen Eusigillarien erkennen, wo, ähnlich wie bei rezenten Pflanzen mit analogen Verhältnissen (Cactaceen und stammsukulente Euphorbiaceen) in größerer Stammhöhe mehr und mehr Blattpolsterzeilen eingeschoben wurden. Das zeigt der in Fig. 287 abgebildete Stamm einer rhytidolepen Eusigillara, der 2 m lang erhalten ist und in dessen unterem Teil 29, in dessen oberem Teil 45 Blattpolsterzeilen vorhanden sind, ohne daß anzunehmen wäre, daß sich konform mit steigender Polsterzeilenzahl deren Breite verringert hätte. Vielmehr hat diese, wie die ganze Polstergröße, zweifellos noch ihrerseits zugenommen, was oben auseinandergesetzt wurde und wofür eben ein großes, für viele Arten bekanntes Vergleichsmaterial eindeutig spricht.

Wie sehr dehnungsfähig übrigens auch bei den Sigillarien die periphersten (primären und sekundären) Rindenpartien waren, zeigt gleichfalls der oben erwähnte Stamm der Fig. 287, wo die Blattpolsterzeilen an der unteren Stammabbruchstelle eine Breite von 5½ cm, an der oberen eine solche von nur 2⅓ cm benutzen. Gleiches zeigt der in Fig. 286 abgebildete Stammrest einer gleichfalls rhytidolepen Eusigillaria, der einen basalen Durchmesser von etwa 1 m (gegenüber 35 cm in 2 m Höhe) besitzt. Die einzelnen Blattpolsterzeilen haben in etwa ½ m über der unteren Abbruchstelle des Stammes eine Breite von über 6½ cm, gegenüber nicht ganz 3 cm um 2 m weiter oben. Gegenüber den angeführten Maßen von 5½ bis 6½ cm Polsterbreite ist auf die Tatsache hinzuweisen, daß bei den allermeisten rhytidolepen Eusigillarien die normale Polsterzeilenbreite von jüngeren Stammstücken, die noch keinen so starken Sekundärzuwachs wie die oben behandelten haben, durchschnittlich 1 bis 2 cm beträgt und nur bei wenigen Arten eine offenbar von vornherein größere ist, wie z. B. bei S. belgica Kidston mit ca. 3 cm und S. sol Kidston mit ca. 2,6 cm. Demnach ergibt sich eine sekundäre Dehnungsfähigkeit um mindestens das 3- bis 6fache.

Häufig ist Wechselzonenbildung beobachtet, d. h. daß die vertikal aufeinander folgenden Blattpolster verschiedene Höhe besitzen (Fig. 288); außerdem ist bei manchen Arten überhaupt die Konfiguration der Polster und

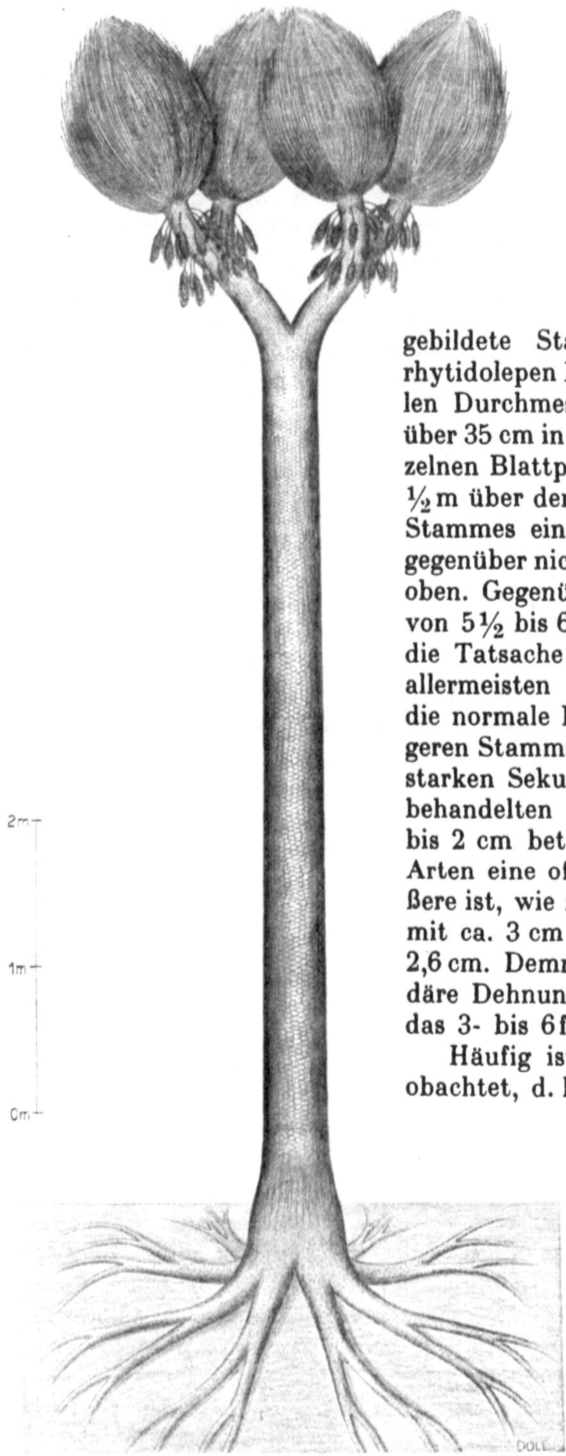

Fig. 284.
Sigillaria elegans Brongniart. Unterer bis mittlerer Teil des Mittleren Oberkarbon. Rekonstruktion. Blattpolster der Deutlichkeit halber verhältnismäßig zu groß gezeichnet. — Original.

Narben selbst an ein und demselben nur kurzen Sproßrest eine recht verschiedene (vgl. Fig. 315 von S. Brardii).

Die Blattpolsteranordnung bzw. die Verhältnisse der Blattstellung sind bei Sigillaria nicht genauer untersucht, es ist aber sehr wahrscheinlich, daß mehr minder komplexe schraubige Stellungen vorhanden waren, wie sie für Lepidodendron (vgl. S. 187) nachgewiesen sind.

Die Verzweigung der Stämme war sicher keine beträchtlichere; bei den rhytidolepen Eusigillarien scheint Unverzweigtheit des Stammes (Fig. 285) sogar die Regel gewesen zu sein — eine merkwürdige Erscheinung, wenn man bedenkt, daß die Stämme bei über 1 m basaler Dicke sicher 10 bis 20 und mehr Meter Höhe erreicht haben. Bei den favularischen Eusigillarien (Fig. 284) und den Subsigillarien ist der Stamm mehrfach gegabelt gewesen, doch ist es auch hier zu keiner ausgedehnteren Kronenbildung gekommen.

Die Blätter, die bei einer größeren Anzahl von Arten sehr lang (gegen 1 m) gewesen sind und bei manchen bis 1 cm Durchmesser erreicht haben (was die Größe der Blattnarbe erschließen läßt), haben an der Stammspitze bzw. den wenigen Gabelästen als ein gewaltiger Busch zusammengesessen.

Die Blüten, an mehr minder langen Stielen getragen, brachen in einzelnen (Fig. 284 u. 288) oder vielen (Fig. 285 u. 299) dicht übereinander stehenden Quirlen aus dem älteren Holz des Stammes und der Gabelzweige hervor:

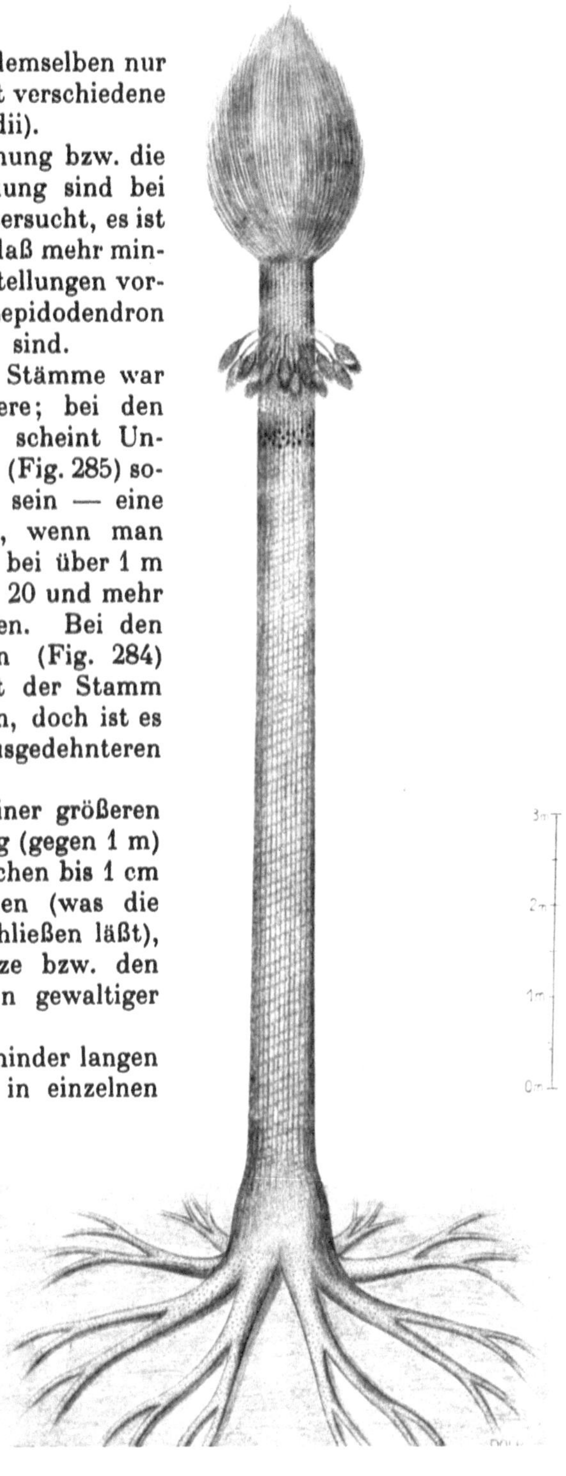

Fig. 285.
Sigillaria der Gruppe Eurhytidolepis. Rekonstruktion. — Original.

Fig. 286.
Stammbasis einer Sigillaria der Gruppe Eurhytidolepis in Syringodendron-Erhaltungszustand. Aus dem Mittleren Oberkarbon von Sachsen. Aus H. Potonié u. W. Gothan: Entstehung der Steinkohle usw. 1920.

zum Teil in größeren Horizontalabständen innerhalb eines Quirls, zum Teil ganz dicht nebeneinander zwischen jeder Blattpolsterzeile.

Über die Verzweigung der Basalpartie der Stämme ist unter Stigmaria Brongniart und Stigmariopsis Grand'Eury (S. 285 ff.) nachzusehen.

Die Gattung ist bekannt vom Unteren Oberkarbon bis zum Oberen Rotliegenden.

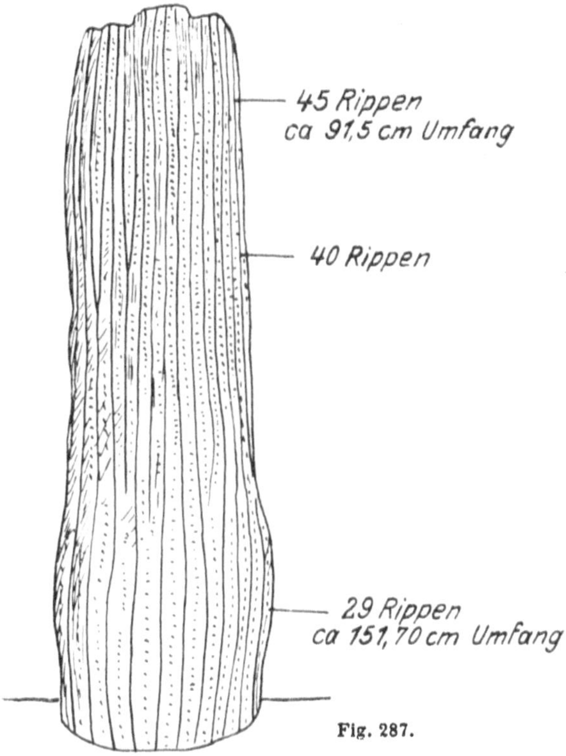

Fig. 287.

Stamm einer Sigillaria der Eurhytidolepis-Gruppe. Beispiel für Einschiebung von Blattpolsterzeilen (Rippen) in zunehmender Stammhöhe. Nach Kidston 1897.

B. Im Abdruck erhaltene Sproßreste.

Gruppe Eusigillaria.

Blattpolsterung stets deutlich ausgeprägt und nicht verlöschend. Während bei der Untergruppe Favularia die Blattpolster ebenso deutlich nach oben und unten als nach den Seiten hin abgegrenzt sind, sind sie bei der Untergruppe Rhytidolepis unter mehr minder durchgreifendem Verlust seitlicher Begrenzung zu deutlich hervortretenden Längszeilen zusammengefaßt.

I. Untergruppe Favularia.

Blattnarben auf deutlich ausgeprägten, sechsseitigen Blattpolstern. Diese in zahlreichen Längsreihen an Stamm und Zweigen angeordnet;

die durch die seitliche Begrenzung der sechsseitigen Blattpolster gegebene Zickzacklinie immer deutlich hervortretend.

Es ist zu bemerken, daß sich von dem Formenkomplex der Favularien die beiden anderen, der der rhytidolepen Eusigillarien und der der Subsigillarien, morphologisch ableiten lassen: Die rhytidolepen Eusigillarien, indem die Blattpolsterbegrenzung oben und unten mehr und mehr schwindet und unter allmählicher Geradestreckung der seitlichen Polsterbegrenzung es zu einer einheitlichen Zusammenfassung der Polster einer Längszeile kommt; die Subsigillarien, indem die bei manchen Formen noch recht favularienähnliche Blattpolsterausbildung mehr und mehr verlischt, bis letzten Endes Formen resultieren, bei welchen die Sprosse in relativ frühem Alter bereits keinerlei Blattpolsterung mehr zeigen.

Von der phylogenetischen Seite aus betrachtet, ist interessant, daß mit dieser morphologischen Reihenfolge die historische Entwicklung der Gruppe in Einklang steht. So schließen die Favularien die größte Menge der ältesten Arten (aus dem unteren Oberkarbon) ein und gehen nicht über den mittleren Teil des mittleren Oberkarbons hinauf. Unter den rhytidolepen Eusigillarien sind die ältesten Arten in der unten als Subrhytidolepis zusammengefaßten Formengruppe, Arten, die noch deutliche Anklänge an die Favularien zeigen. Schließlich, was den jüngsten Formenkreis, den der Subsigillarien betrifft, so zeigen auch dessen ältere, auf das Karbon beschränkte Formen unter stärkerer Ausprägung der Blattpolster noch deutliche Beziehungen zu den favularischen Eusigillarien; die jüngeren, bis ins Rotliegende reichenden Formen, bei welchen die Blattpolsterbildung nahezu oder völlig verschwunden ist, rekapitulieren wenigstens noch ontogenetisch die Phylogenie der Gattung, indem auch hier die jüngsten Sproßzustände noch Andeutung von Blattpolsterbildung zeigen.

S. elegans Sternberg spec. (S. elegans Brongniart). Unteres Oberkarbon bis untere Hälfte des Mittleren Oberkarbon (Rekonstruktion in Fig. 284). Blattnarbe sechsseitig, Seitenecken schärfer ausgeprägt als die oberen und unteren. Blattpolster in der Regel deutlich abgegrenzt; Furchen zwischen den Blattpolsterzeilen meist ausgesprochen zickzackförmig. Freie Blattpolsterpartie im Verhältnis zur Blattnarbe meist sehr gering entwickelt; ihre untere Partie entweder ganz glatt (S. elegans Bgt. s. str. im Sinne mancher Autoren) oder durch zwei divergierende Kielstreifen etwas skulptiert (S. elegantula Weiß), doch sind beide Formen durch Übergänge miteinander verbunden und eine spezifische Trennung daher nicht angebracht. Ebensowenig stichhaltig ist die von Ch. E. Weiß vorgenommene Auflösung (worauf dann noch weitere Artaufspaltungen basiert waren) in Centratae: Blattnarben allseits in der Mitte der Blattpolster, Contiguae: seitlich der Blattnarben größere Polsterentwicklung als oben und unten, und Eccentrae: Blattpolster unter der Blattnarbe wesentlich mehr entwickelt als oben und seitlich davon. Daß die aufgeführten Verschiedenheiten keinen spezifisch-systematischen Wert besitzen, beweist die Tatsache, daß sie durch Übergänge selbst oft am selben Stück miteinander verbunden sind.

Im ganzen lassen sich folgende Formenkreise herausstellen, doch ist ihr spezifisch-genetischer Wert noch strittig und zum mindesten nicht bei allen gleich sicher:

S. elegans Sternberg spec. (= S. elegans Bgt.) im engeren Sinn, einschließlich S. loricata Weiß, z. T. Unteres Oberkarbon und unterer Teil des Mittleren Oberkarbon (Fig. 288—289). Blattnarben und Polster mittelgroß, ohne extreme Ausprägung eines Momentes; Blattnarben zentrisch bis exzentrisch. Stamm mehrfach gabelig verzweigt. Blüten in vielzähligen Quirlen; die einzelnen Blüten etwa drei Blattpolsterreihen seitlich voneinander entfernt, zwischen den Polsterzeilen (nicht über den Polstern); die einzelnen Quirle in geringeren oder größeren Abständen übereinander.

S. fossorum Weiß. Ebenda (Fig. 291). Blattpolster relativ sehr groß (8—10 mm breit und 6—8 mm hoch). Blattnarben zentrisch bis exzentrisch.

S. Eugenii Stur. Unteres Oberkarbon (Nieder- und Oberschlesien) nächst verwandt.

S. microrhombea Weiß, einschl. S. loricata Weiß, z. T. Unterer Teil des Mittleren Oberkarbon (Fig. 290). Blattpolster sehr klein (3—4 mm breit und 1½—2 mm hoch). Blattnarben zentrisch.

S. bicuspidata Weiß. Unteres Oberkarbon. Blattpolster ebenfalls sehr klein, Seitenpartie der Polster breiter als oben und unten.

S. cancriformis Weiß. Unterer Teil des Mittleren Oberkarbon (Ober- und Niederschlesien). Blattpolster klein bis mittelgroß, Blattnarbe am oberen Rande mit auffälliger Kerbe.

S. decorata Weiß. Mittlerer Teil des Mittleren Oberkarbon. Blattnarben sehr exzentrisch gestellt, Blattpolster unten birnförmig erweitert und abgerundet.

S. trigona Sternberg. Mittlerer Teil des Mittleren Oberkarbon. Blattpolster birnförmig-sechseckig, über 8 mm hoch und gegen 7 mm breit. Blattnarben hochsechsseitig mit ganz abgerundeten oberen und unteren Ecken.

S. limbata Zalessky. Ebenda.

II. Untergruppe Rhytidolepis.

Blattpolster zwar deutlich ausgeprägt und, solange die Außenrinde am Stamm erhalten, auch dauernd deutlich wahrnehmbar, jedoch unter mehr minder weitgehender Verwischung der oberen und unteren Begrenzungslinien zu Längszeilen zusammengefaßt.

Es erscheint zweckmäßig, die Gruppe in zwei Hauptformenkreise aufzulösen: die Subrhytidolepen und die Eurhytidolepen.

Die Surbhytidolepen sind Formen, die in vielem noch engste Verwandtschaft mit den Favularien zeigen. Die Horizontalbegrenzung der Blattpolster ist stets deutlich ausgeprägt und auch ihre seitliche Begrenzung ist, entsprechend der zugrunde liegenden Sechseck-Konfiguration der Blattpolster noch stets eine winklige.

Die Eurhytidolepen umfassen die Formen mit im allgemeinen ganz einheitlicher Zusammenfassung der Blattpolster einer Längszeile, wobei deren Randkontur — unter weitgehender Unterdrückung der Konfiguration der einzelnen Blattpolster, aus denen sie sich zusammensetzt — ein gerader wird. Nur bei wenigen Formen (Formenkreis der S. mamillaris) tritt gelegentlich das Einzelpolster noch markanter in Erscheinung.

A. Subrhytidolepis.

S. inferior Weiß. Unteres Oberkarbon (Oberschlesien) (Fig. 292). Blattpolsterlängszeilen deutlich aber mit ausgesprochen zickzackförmigem bis welligem Kontur; Horizontalbegrenzung der einzelnen Polster meist deutlich; Vertikalabstand zweier Narben einer Längszeile $1^2/_3$ bis 2 Narbenhöhen. Blattnarben annähernd in der Polstermitte, bikonvex, mit Einkerbung am Oberrand.

S. canobiana Kidston. Unteres Oberkarbon (Carboniferous Limestone Series) von Schottland. Der vorigen ähnlich; Blattnarben höher, in mehr minder weitem Abstand; obere Polsterhälfte nur etwa halb so hoch als die untere.

S. strilevensis Kidston. Unterster Teil des Mittleren Oberkarbon (Schottland). Der vorigen nahestehend.

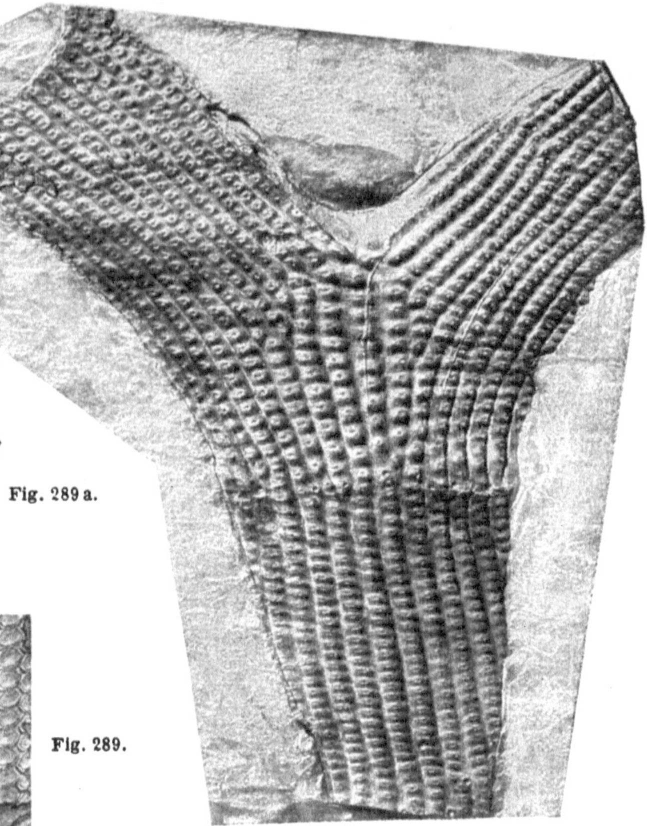

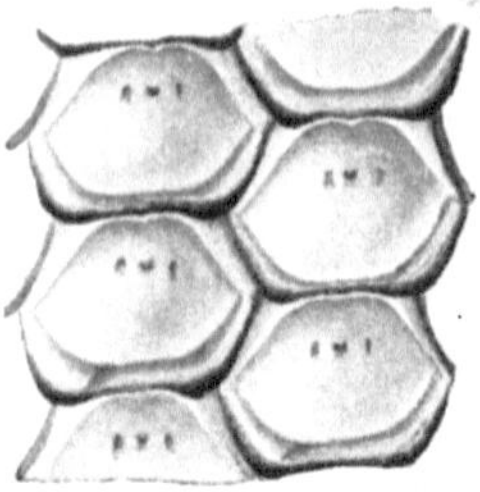

Fig. 289 a.

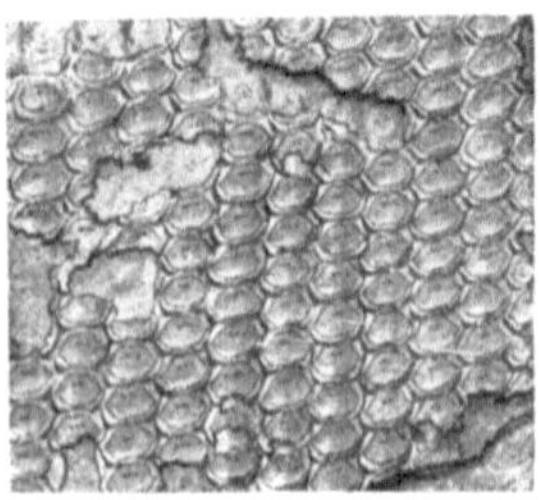

Fig. 289.

Fig. 288.

Fig. 288. **Sigillaria elegans Sternberg** aus dem Mittleren Oberkarbon von Westfalen. Gabelnder Sproß; unter der Gabelungsstelle die Male eines Blütenquirls. Blattpolster darunter niedriger als oberhalb. — Ca. ½ nat. Gr. Aus Gothan in Gürich: Leitfossilien 3. 1923.

Fig. 289 u. 289 a. **Sigillaria elegans Sternberg** aus dem Mittleren Oberkarbon von Westfalen. 1/1 bzw. 4/1 ×. Nach Koehne 1905.

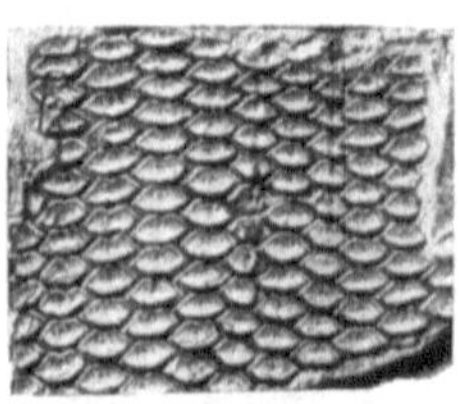

Fig. 290.

Fig. 290a.

Fig. 290 u. 290a. **Sigillaria microrhombea Weiß** aus dem Mittleren Oberkarbon von Westfalen 1/1 bzw. 4/1 ×. Nach Koehne 1905.

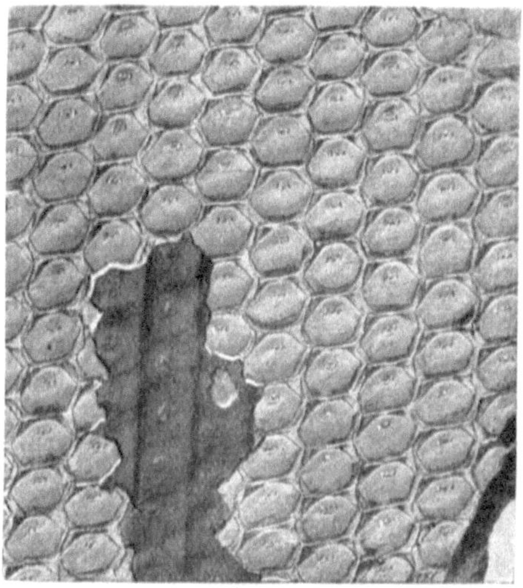

Fig. 291.

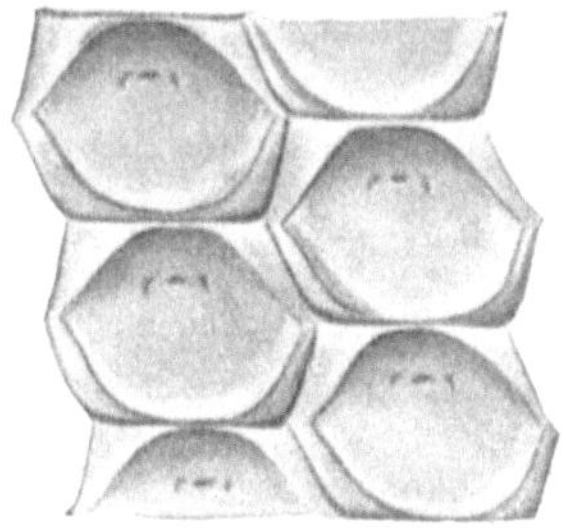

Fig. 291a.

Fig. 291 u. 291 a. **Sigillaria fossorum Weiß** aus dem Mittleren Oberkarbon von Westfalen. $^{1}/_{1}$ bzw. 2½ × Nach Koehne 1905.

Fig. 292 u. 292a u. b. **Sigillaria inferior Weiß** aus dem Unteren Oberkarbon von Oberschlesien. $^{1}/_{1}$ bzw. $^{2}/_{1}$ ×. Nach Koehne 1905.

Fig. 293 u. 294. **Sigillaria polyploca Boulay** aus dem Mittleren Oberkarbon von Nordfrankreich. $^{19}/_{20}$ Nach Zeiller 1886/88.

Fig. 292.

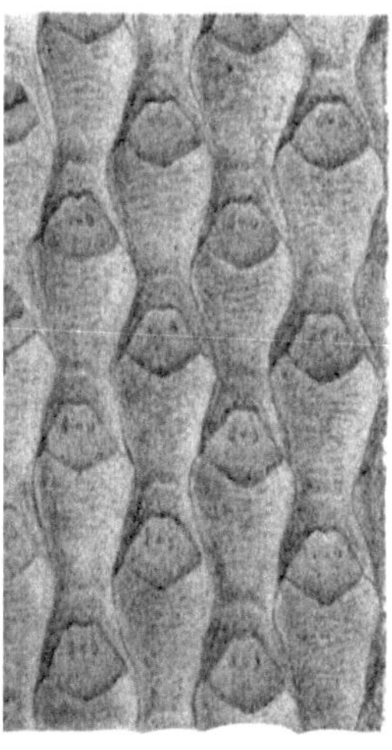

Fig. 293.

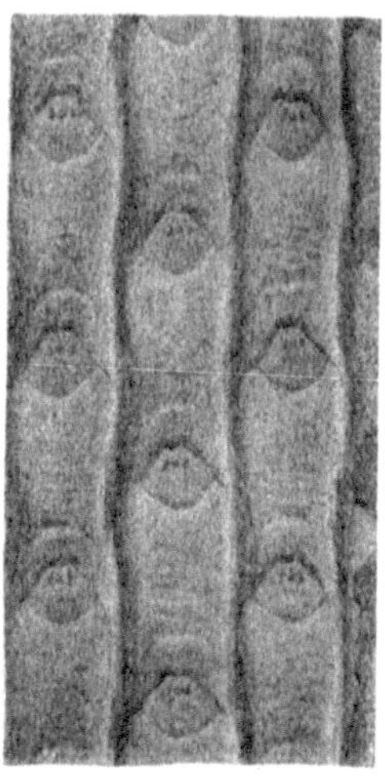

Fig. 294.

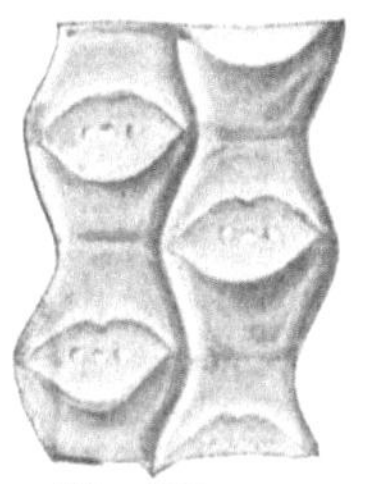

Fig. 292a.

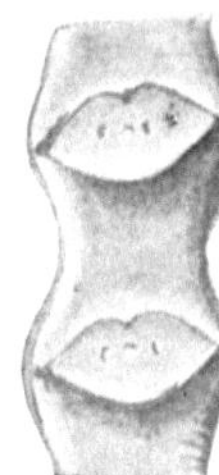

Fig. 292b.

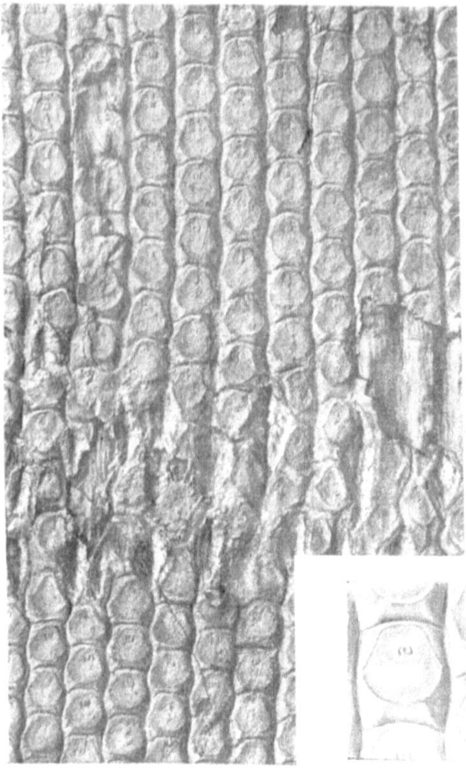

Fig. 295. Fig. 295a.

Fig. 295 u. 295a. Sigillaria mamillaris Brongniart aus dem Mittleren Oberkarbon von Niederschlesien. $^1/_1$ bzw. $^2/_1$. Nach Koehne 1904.

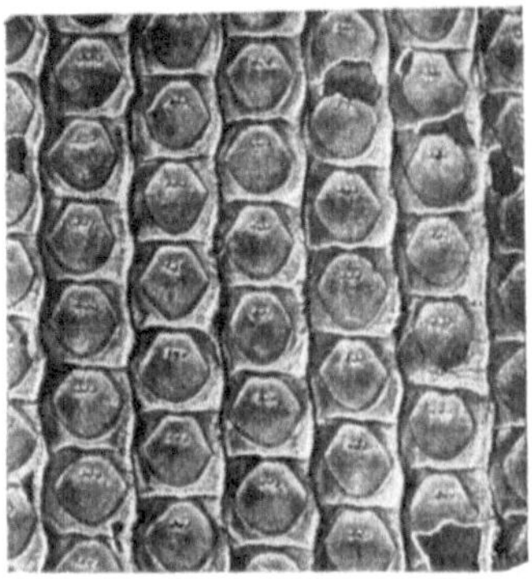

Fig. 296.

Fig. 296. Sigillaria barbata Weiß aus dem Mittleren Oberkarbon von Niederschlesien. $^1/_1$. Nach Koehne 1905.

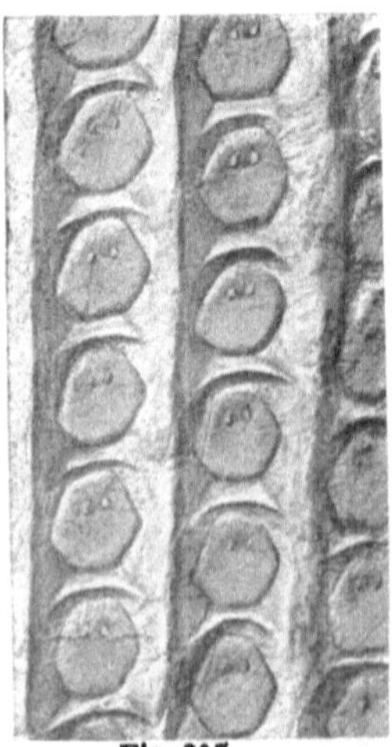

Fig. 297.

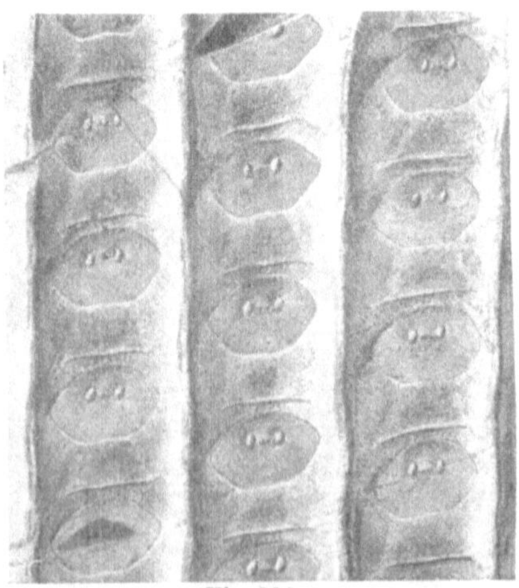

Fig. 298.

Fig. 297 u. 298. Sigillaria Boblayi Brongniart aus dem Mittleren Oberkarbon von Westfalen. $^1/_1$. Nach Koehne 1905.

Fig. 299. Sigillaria tessellata Brongniart aus dem Mittleren Oberkarbon von Belgien. In dem mittleren Teil zwischen den Längszeilen der Blattpolster die Narben der abgefallenen Blütenzapfen. $^{9}/_{10}$. Nach Renier 1910.

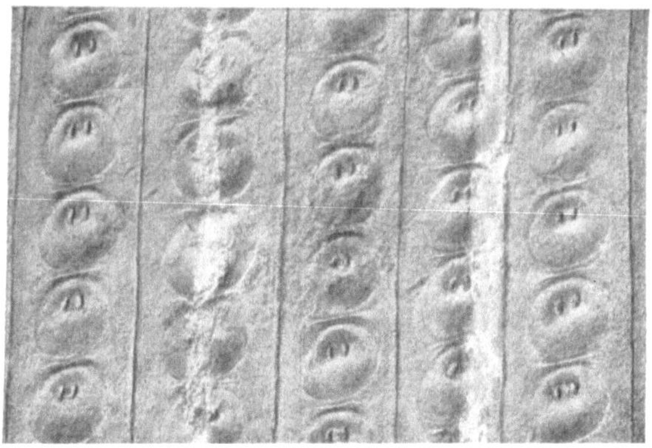

Fig. 300.

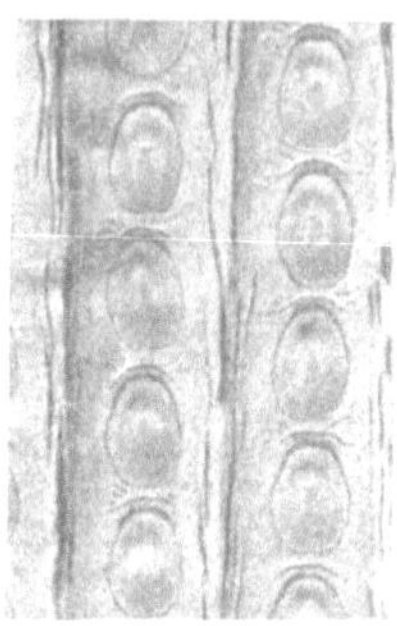

Fig. 301.

Fig. 300 u. 301. Sigillaria tessellata Brongniart aus dem Mittleren Oberkarbon von Westfalen (Fig. 300) und Saar (Fig. 301). $^{1}/_{1}$. Nach Koehne. 1903.

Fig. 302.

Fig. 302. Sigillaria principis Weiß aus dem Mittleren Oberkarbon von Westfalen. $^{1}/_{1}$. Nach Koehne 1905.

Fig. 303.

Fig. 303. Sigillaria cordiformis Kidston. Mittleres Oberkarbon von Belgien. $^{19}/_{20}$. Nach Kidston 1909.

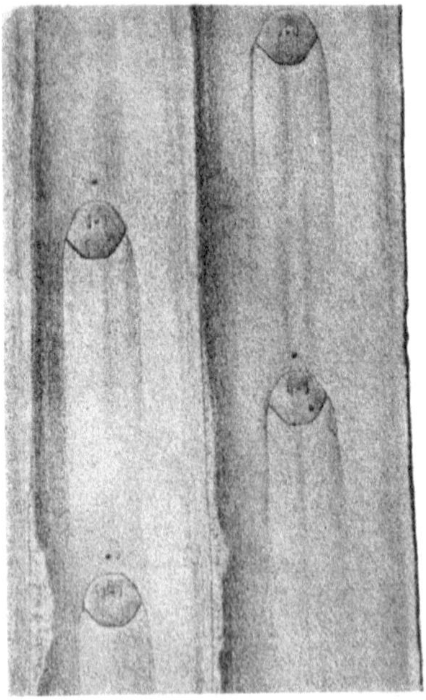

Fig. 305.

Fig. 305. Sigillaria laevigata Brongniart aus dem Mittleren Oberkarbon von Nordfrankreich. $^{19}/_{20}$. Nach Zeiller 1886/88.

Fig. 304.

Fig. 304. Sigillaria euxina Zeiller aus dem Mittleren Oberkarbon des Saargebietes. $^{1}/_{1}$. Nach Koehne 1904.

Fig. 306.

Fig. 306. Sigillaria rugosa Brongniart aus dem Mittleren Oberkarbon von Belgien. $^{19}/_{20}$. Nach Renier 1910.

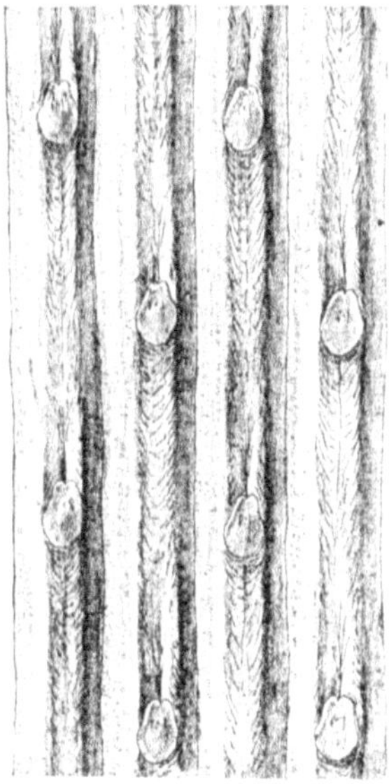

Fig. 307.

Fig. 307. Sigillaria Voltzi Brongniart aus dem Mittleren Oberkarbon von Oberschlesien. $^{1}/_{1}$. Nach Koehne 1905.

Fig. 308 u. 309. Sigillaria Schlotheimiana Brongniart aus dem Mittleren Oberkarbon von Oberschlesien. $^{1}/_{1}$. Nach Koehne 1905.

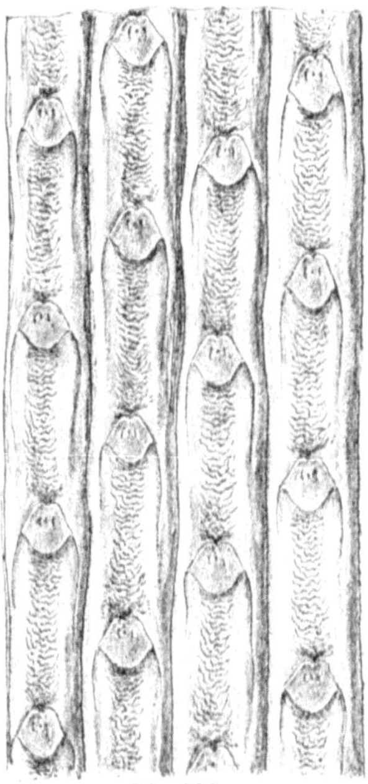

Fig. 308.

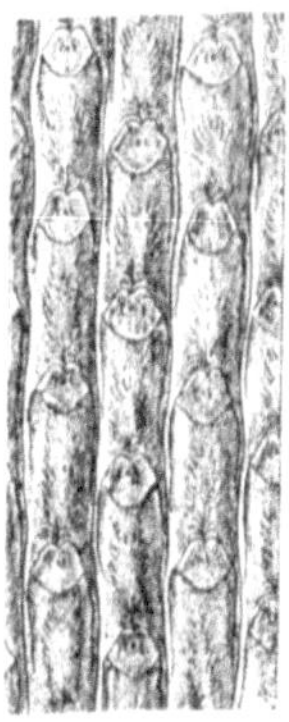

Fig. 309.

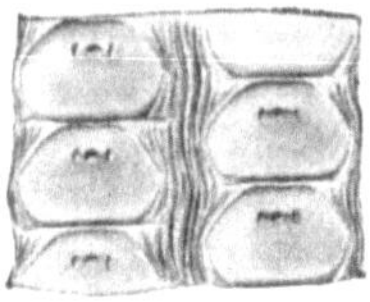

Fig. 310.

Fig. 310 u. 310a. Sigillaria cumulata Weiß aus dem mittleren Oberkarbon von Westfalen. $^{2}/_{1}$. Nach Koehne 1905.

S. Youngiana Kidston. Unteres Oberkarbon (Carboniferous Limestone-Series) von Schottland. Blattpolsterlängszeilen mit sehr welligem Kontur. Blattnarben annähernd in der Polstermitte.

S. polyploca Boulay. Mittleres Oberkarbon. (Fig. 293 u. 294). Bekannt in Stücken, die denen der S. canobiana ähnlich sind und in weiteren, bei denen unter gerader seitlicher Polsterbegrenzung mehr einheitliche Polsterlängszeilen ausgebildet sind.

S. formosa Grand'Eury. Oberes Oberkarbon. (Frankreich: Gard.)

B. Eurhytidolepis.

1. Formen mit ausgeprägter oder zum mindesten angedeuteter Querbegrenzung der einzelnen Blattpolster einer Längszeile.

a) Formen, bei welchen der Randkontur der Blattpolsterlängszeilen noch meist oder gelegentlich ein welliger ist.

S. mamillaris Brongniart. Mittleres Oberkarbon, besonders dessen mittlerer Teil (Fig. 295). Polsterlängszeilen meist noch mit etwas welligem Kontur. Vertikalabstand der Narbenmitten einer Längszeile meist weniger als eine Narbenhöhe; Blattnarben annähernd sechsseitig, ca. 5 mm breit und 6 bis 7 mm hoch; untere und obere Ecken abgerundet, seitlich spitz. Blattpolster kaum breiter als die Blattnarben.

S. germanica Weiß. Mittleres Oberkarbon.

S. Davreuxi Brongniart. Hauptsächlich mittlerer Teil des Mittleren Oberkarbon. An S. mamillaris anschließend, jedoch meist mit deutlicher betonter Zusammenfassung der Polster einer Längszeile und sehr langgestreckten Blattnarben.

S. Graeseri Brongniart. Ebenda.

S. Feistmanteli Geinitz. Oberer Teil des Mittleren Oberkarbon (Böhmen).

b) Formen mit geradem oder annähernd geradem Kontur der Blattpolsterlängszeilen.

α) Zwischenpartie zwischen zwei Blattnarben ohne Runzelskulpturen.

S. barbata Weiß. Mittleres Oberkarbon (Niederschlesien) (Fig. 296). Blattpolster annähernd quadratisch, Narben sehr regelmäßig sechseckig; horizontale Polsterbegrenzung noch sehr betont. Polster höchstens 1⅓mal so breit als die Narben. Blüten in mehreren unregelmäßigen Quirlen übereinander. Die einzelnen Blüten zwischen jeder Polsterzeile.

S. Micaudi Zeiller. Mittlerer und oberer Teil des Mittleren Oberkarbon. Ähnlich der vorigen, Blattpolster größer, Narben sechseckig, mit starker Ausschweifung unter den Seitenecken.

S. Boblayi Brongniart. Mittlerer Teil des Mittleren Oberkarbon; weit verbreitet (Fig. 297 u. 298). Blattnarben über der Polstermitte, groß: mindestens 6 mm hoch; Vertikalabstand zweier Narben etwa eine halbe Narbenhöhe. Polster höchstens 1⅔mal so breit als die Blattnarben. Blütentragung wie bei S. barbata.

S. hexagonalis Achepohl, **S. transversalis** Brongniart und **S. Sauveuri** Brongniart. Mit leichter Kielung unter den Seitenecken der Blattpolster. Sämtliche ebenda.

S. nortonensis Crookall. Oberer Teil des Mittleren Oberkarbon von England.

S. sol Kidston. Mittlerer Teil des Mittleren Oberkarbon. Blattnarben sechsseitig, sehr groß: ca. 1 cm hoch und 1⅓ cm breit; Zwischenraum zwischen zwei Narben etwa eine Narbenhöhe; Polsterlängszeilen über 2½ cm breit.

S. Antoninae Zalessky. Mittleres Oberkarbon (Donetz). Der Vorigen sehr ähnlich.

S. Saullii Brongniart. Mittleres Oberkarbon. Blattnarben ca. 8 mm hoch und 7 mm breit. Polsterzeilen gegen 10 mm breit; Zwischenraum zwischen zwei Narben etwa eine Narbenhöhe.

S. Lutugini Zalessky. Mittleres Oberkarbon (Donetz). Blattnarben ziemlich rundlich, etwa 11 mm hoch; Zwischenraum zwischen zwei Narben etwa drei Narbenhöhen. Polsterzeilen etwa doppelt so breit als die Blattnarben.

S. Schmalhauseni Zalessky. Ebenda.

S. reniformis Brongniart. Oberer Teil des Mittleren Oberkarbon. Blattnarben breit sechsseitig, an den Seitenecken mit Kielung. Polsterzeilen etwa doppelt so breit als die Blattnarben.

S. Kidstoni Crookall. Oberer Teil des Mittleren Oberkarbon von England.

S. tessellata Brongniart. Mittlerer und oberer Teil des Mittleren, und Oberes Oberkarbon (Fig. 299—301). Blattnarben rundlich, seltener leicht oval; in geringem Abstand voneinander, Polsterzeilen höchstens doppelt so breit als die Blattnarben. Blüten in sehr vielgliedrigen, zu vielen dicht und ziemlich regelmäßig übereinander stehenden Quirlen; die einzelnen Blüten sehr nahe neben- und übereinander, zwischen jeder Blattpolsterzeile (Fig. 299).

S. principis Weiß. Oberer Teil des Mittleren Oberkarbon (Fig. 302). Blattnarben trapezoidisch mit abgerundeten unteren und oberen Ecken und sehr prominenter, von den beiden Seitenecken ausgehender Kielung. Blattnarben 5—7½ mm hoch und gegen 7½ mm breit; Blattpolsterzeilen nur 1½- bis 2mal so breit als die Blattnarben. Narbenabstand 2 bis 3 Narbenhöhen.

S. arzinensis Corda. Oberer Teil des Mittleren Oberkarbon.

β) Zwischenpartie zwischen zwei Blattpolstern mit deutlichen Runzelskulpturen.

S. scutellata Brongniart. Obere Hälfte des Mittleren Oberkarbon. Blattnarben trapezoidisch, meist höher als breit (5 bis 8 mm breit), mit von den Seitenecken ausgehenden Kielen. Zwischennarbenskulpturen ziemlich deutlich, gleichbreit; Polsterzeilen nur bis 2mal so breit als die Blattnarben. Blüten ziemlich regellos zu vielen über- und nebeneinander zwischen den einzelnen Blattpolsterzeilen hervorbrechend.

S. Bäumleri von Roehl und **S. acuta** Zeiller, beide im Mittleren Oberkarbon.

S. elongata Brongniart. Mittleres Oberkarbon. Narben langgestrecktsechseckig, untere Ecken abgerundet; Seitenecken mit ansitzender Kielung. Zwischennarbenskulpturen: feine aber deutliche Runzeln auf leicht erhabenem, nach unten sich etwas verschmälerndem Bande. Blattpolsterzeilen 3- bis 4mal so breit als die Blattnarben.

S. Weissii Zeiller. Mittleres Oberkarbon. Band der Zwischennarbenskulptur unter der Blattnarbe an Breite zu- und nach unten hin wieder abnehmend; Blattpolsterzeilen wenig breiter als die Narben.

2. Formen ohne alle Andeutung einer Querbegrenzung der einzelnen Blattpolster einer Längszeile; Kontur der Längszeilen in der Regel ein gerader.

a) Blattnarben sechsseitig bis rundlich, ohne Kiele unter den Seitenecken.

S. ovata Sauveur. Mittlerer und oberer Teil des Mittleren Oberkarbon. Blattnarben trapezoidal bis kreisrund oder oval; 8 bis 10 mm hoch; Vertikalabstand zwischen zwei Narben 2½ bis 3½ Narbenhöhen. Polsterzeilen 2½ bis 4½mal so breit als die Blattnarbe.

S. Esseniana Achepohl. Ebenda.

S. cordiformis Kidston. Ebenda (Belgien) (Fig. 303), mit kleineren Blattnarben.

S. Pringlei Kidston. Mittl. T. d. Mittl. Oberkarbon (England).

S. Walchi Sauveur. Mittlerer und oberer Teil des Mittleren Oberkarbon. Der S. ovata nahestehend, Blattpolsterzeilen jedoch nur 1½- bis 2mal so breit als die Blattnarben, und diese mit geringerem Vertikalabstand.

S. depressa Zallesky. Mittleres Oberkarbon (Donetz). Blattnarben in beträchtlichem Vertikalabstand, Polsterzeilen schmal.

S. cordigera Zeiller. Mittlerer Teil des Mittleren Oberkarbon. Blattnarben ausgesprochen herzförmig, Größe und Verteilung wie bei S. Walchii.

Einen eigenen, hier anhangsweise einzuschaltenden Formenkreis stellen dar:

S. euxina Zeiller. Obere Hälfte des Mittleren Oberkarbon (Saar und Kleinasien). (Fig. 304). Blattpolsterzeilen sehr schmal (3½—4 mm breit), schmaler als die annähernd rautenförmige Blattnarbe, die mit ihren Seitenecken über den Kontur der Polsterzeilen vorspringt. Narbenabstand über vier Narben hoch.

S. rhytidolepis Corda. Mittleres Oberkarbon. Ähnlich der vorigen; Zwischenpartie der Polsterzeilen zwischen den Blattnarben mit Runzelskulpturen.

S. punctirugosa Kidston. Mittlerer Teil des Mittleren Oberkarbon (Staffordshire).

b) Blattnarben mit von den Seitenecken ausgehenden Kielen.

S. laevigata Brongniart. Mittlerer und oberer Teil des Mittleren Oberkarbon (Fig. 305). Blattnarben sechsseitig mit Abrundung der oberen und unteren Ecken. Vertikalabstand zwei bis mehr Narbenhöhen. Polsterzeilen 2½- bis 3½mal so breit als die Blattnarben.

S. belgica Kidston. Ebenda (Belgien).

S. nudicaulis Boulay. Obere Hälfte des Mittleren Oberkarbon.

S. distans Sauveur. Mittlerer Teil des Mittleren Oberkarbon.

c) Zwischen den Blattnarben jeder Blattpolsterzeile deutliche Skulpturbänder.

S. Schlotheimiana Brongniart. Oberster Teil des Unteren und untere Hälfte des Mittleren Oberkarbon (Fig. 308 u. 309). Blattnarbe sechsseitig-trapezoidal mit Abrundung der oberen und unteren Ecken; oberer Teil meist höher als der untere; an den beiden Seitenecken meist kielige Vorsprünge; 0,3 mm hoch und 0,35 mm breit bis 0,8 mm hoch und 0,9 mm breit. Narbenabstand 3 bis 5 Narbenhöhen. Zwischennarbenskulpturen aus zahlreichen (in selteneren Fällen nur schwach angedeuteten) Querrunzeln. Polsterzeilen mit gelegentlich leicht gewelltem Kontur, etwa 1½- bis höchstens 2mal so breit als die Blattnarben.

S. Sillimanni Brongniart. Mittleres Oberkarbon.

S. Voltzi Brongniart. Grenze zwischen Unterem und Mittlerem Oberkarbon (Fig. 307). Blattnarbe birnförmig-sechseckig, etwa ²/₃ (4—6 mm) so hoch als breit, mit größerer Oberpartie. Blattpolsterzeilen bis 3mal so breit als die Blattnarben. Vertikalabstand der Narben bis zu 7 Narbenhöhen, jedoch auch manchmal nicht viel mehr als eine (forma densifolia); Runzelskulptur zwischen den Narben stets gleich breit und so breit als diese.

S. undulata Goeppert. Unteres Oberkarbon von Oberschlesien.

S. rugosa Brongniart. Obere Hälfte des Mittleren und (selten) Oberes Oberkarbon (Fig. 306). Blattnarben ausgesprochen birnförmig, bis 9 mm hoch und 4 mm breit. Abstand 2 bis 4 Narbenhöhen. Blattpolsterzeilen bis 4mal so breit als die Narben. Zwischen narbenskulpturen aus deutlichen Runzeln, in der Mitte der unteren Hälfte schmäler als weiter oben und unten.

S. Candollei Brongniart. Mittleres und Oberes Oberkarbon.

S. Deutschi Brongniart. Oberer Teil des Mittleren Oberkarbon.

S. Polleriana Brongniart. Oberer Teil des Mittleren Oberkarbon. Blattpolsterzeilen außergewöhnlich breit: bis 7mal so breit als die Blattnarben; diese trapezoidal, breiter als hoch; Skulpturen denen der beiden vorigen ähnlich.

Anhang: eine isolierte Stellung unter den Eusigillarien nimmt ein:

S. cumulata Weiß. Oberer Teil des Mittleren Oberkarbon. (Fig. 310). Blattpolstervertikal einander ganz nahe stehend, denen von S. elegans sehr ähnlich. Zwischen den Polsterzeilen Zwischenstreifen mit langwelligen Runzeln.

Gruppe: Subsigillaria.

Blattpolster nie zu einheitlichen Längszeilen zusammenhängend, bei den meisten der älteren und rein karbonischen Arten offenbar länger (vielleicht dauernd) erhalten bleibend, bei den bis ans Ende des Rotliegenden reichenden Formenkreisen anscheinend auf jüngere Zustände des Stammes und auf die dünneren Gabelzweige beschränkt, und besonders an den ersteren bald verlöschend.

a) Arten mit noch ausgesprochener Blattpolsterbildung: Clathraria.

S. Mc. Murtriei Kidston. Oberster Teil des Mittleren und Oberes Oberkarbon. Blattpolster kräftig entwickelt und stark erhaben; bikonvex bis konvex-trapezoidisch, in letzterem Fall mit stärkerer Vergrößerung der unteren Polsterhälfte, bis 2¼ cm breit. Blattnarbe bikonvex.

S. decorata Weiß. Oberster Teil des Mittleren Oberkarbon.

S. limbata Zalessky. Ebenda (Donetz).

S. ichthyolepis Sternberg (einschl. S. Defrancei Brongniart). Oberes Oberkarbon (Fig. 311 u. 312). Blattpolster kräftig ausgebildet, bikonvex, groß: bis über 2¼ cm breit, aber kaum halb so hoch.

S. semipulvinata Kidston. Mittlerer Teil des Mittleren Oberkarbon.

S. Biercei Newberry. Oberes Oberkarbon (Nordamerika).

S. incerta Kidston. Unterster Teil des Mittleren Oberkarbon.

b) Arten mit sehr bald verlöschender Polsterbildung, so daß die Blattnarben sehr bald auf der mehr oder minder glatten Sproßrinde sitzen: Leiodermaria.

S. Brardii Brongniart. Vom mittleren Teil des Mittleren Oberkarbon bis zum Rotliegenden (Fig. 314—318). Bekannt in Sproßstücken mit relativ weit entfernt stehenden Blattnarben, mit bikonvex-trapezoidischen Blattpolstern (Fig. 314) oder ohne alle Polsterbildung (Fig. 316 u. 317); ferner noch in Sproßresten mit relativ enggestellten Blattnarben auf deutlich ausgebildeten, aber sehr variabel geformten Blattpolstern, wofür die einem einzigen (im unteren Teil gegabelten) Sproßrest von etwa 35 cm Länge entnommenen Blattpolster der Fig. 315a—e ein Beispiel abgeben. Es liegt nahe, an Hand des für Lepidodendron Bekannten, in den Stücken mit weiterer Blattnarbenstellung (und, wo vorhanden, größeren Blattpolstern) Reste des Hauptstammes und der ersten Gabeläste, in den Stücken mit engerer Narbenstellung und kleineren Polstern solche von Gabelästen höheren Verzweigungsgrades zu sehen. — Blattnarben bis zu 9 mm hoch, annähernd sechsseitig, mit spitzen Seitenecken; unter den Blattnarben öfters ein bis zwei rundliche Male (Fig. 316), die auf gelegentliche Ausbildung von Transpirationsöffnungen analog denen bei Lepidodendron schließen lassen. Blüten in einzelnen, weiter voneinander entfernten Quirlen und in lockerer Stellung.

forma **Menardi** Brongniart. Ebenda. Besonders kleinnarbige Brardiformen (Fig.)313; den Übergang dazu dürften Stücke bilden, wie das, von dem in Fig. 315a—e die Blattpolster wiedergegeben sind.

S. reticulata Lesquereux. Mittlerer Teil des Mittleren Oberkarbon.

S. Danziana Weiß. Oberes Oberkarbon. Den polsterlosen Zuständen von S. Brardi ähnlich, die Blattnarben jedoch fast rautenförmig, gleich hoch wie breit, mit deutlicher Saumbildung ringsum.

S. biangula Weiß. Oberes Oberkarbon. Gleichfalls den polsterlosen Zuständen von S. Brardi ähnlich, Blattnarben aber querelliptisch.

S. Moureti Zeiller und **S. halensis** Weiß, beide im obersten Oberkarbon.

Literatur (zu Abschnitt A, B, D und E).

Bureau, M. E., Flore foss. du Bassin de la Basse Loire. S. 191—200. Paris 1914.
Crookal, R., On the fossil Flora of the Bristol and Somerset Coal field I. S. 165—169. The Geolog. Magaz. 62. 1925.
Feistmantel, O., Die Versteinerungen der böhmischen Kohlenablagerungen. 3. Abt. S. 225—256. Palaeontographica 23. 1875/76.
Goldenberg, Fr., Flora Saraepontana fossilis I. S. 24—30 u. II. Saarbrücken 1862.
Grand'Eury, C., Mém. flore carbonifère du Département de la Loire et du Centre de la France. S. 152—166. Mém. sav. étr. Acad. Sc. 24, 1. Paris 1877.
Grand'Eury, C., Géologie et Paléontologie du Bassin houiller du Gard. S. 243—259. St. Étienne 1890.
Kidston, R., Catalogue of the Palaeozoic Plants in the Department of Geology and Palaeontology. British Mus. Nat. Hist. S. 174—196. London 1886.
Kidston, R., On the fossil Flora of the Staffordshire Coalfield. Pt. I: S. 327/29; Pt. II: S. 83—86, 88—93; Pt. III: S. 138—146. Transact. R. Soc. Edinburgh 35, 1888; 36, 1891; 50, 1914.
Kidston, R., Foss. Plants of the Kilmarnock, Galston and Kilwinning Coalfields, Ayrshire. S. 345—349. Transact. R. Soc. Edinburgh 37. 1893.
Kidston, R., Fossil Flora of the South Wales Coalfield. S. 605—610. Transact. R. Soc. Edinburgh 37. 1894.
Kidston, R., Fossil Flora of the Yorkshire Coalfield II. Transact. R. Soc. Edinburgh 39. 1897.
Kidston, R., The foss. Plants of the Carboniferous Rocks of Canonbie, Dumfriesshire and of Parts of Cumberland and Northumberland. S. 765—767; 795—797. Transact. R. Soc. Edinburgh 40. 1903.
Kidston, R., Les végétaux houillers recueillis dans le Hainaut belge. S. 177—208. Brüssel 1911.
Kidston, R., Contrib. to our Knowledge of British Palaeozoic Plants I: Foss. Plants from the Scottish Coal Measures. S. 711—717. Transact. R. Soc. Edinburgh 51. 1916.
Kidston, R. The Forest of Wyre and Titterstone Clee Hill Coal Fieds: The foss. Plants etc. S. 1048—57. Transact. R. Soc. Edinburgh 51. 1917.
Koehne, W., in Potonié, H., Abbildungen u. Beschreibungen foss. Pflanzen. I. 18—20, II. 32—37, III. 52—60. Berlin 1903—05.
Koehne, W., Sigillarienstämme, Unterscheidungsmerkmale, Arten, geologische Verbreitung bes. m. Rücks. auf d. preuß. Steinkohlenrev. Abh. K. Preuß. Geolog. Landes-Anst. N. F. 43. Berlin 1904.
Lesquereux, L., Coal Flora of the Carboniferous Formation in Pennsylvania. II. S. 466—509; III. 792—801. Harrisburg 1880/84.
Potonié, H., Die Wechselzonenbildung der Sigillariaceen. Jahrbuch K. Preuß. Geolog. Landes-Anst. für 1893. Berlin 1894.
Renier, A., Paléontologie du terrain houiller. S. 15—16, Taf. 19—34. Liège 1910.
Renault, B., Flore fossile du Terrain houiller de Commentry. II. S. 530—549. St. Étienne 1890.
Roehl, E. von, Foss. Flora d. Steinkohlenformation Westfalens. S. 92—118. Palaeontogr. 18. 1869.
Stur, D., Die Culmflora d. Ostrauer u. Waldenburger Schichten. S. 292—301. Abh. K. K. Geolog. Reichs-Anst. Bd. VIII, 2. Wien 1877.
Weiß, Ch. E., Foss. Flora d. jüngst. Steinkohlenformation u. d. Rotliegenden im Saar-Rhein-Gebiete. S. 156—168 u. 176/77. Bonn 1869—72.
Weiß, Ch. E., Die Sigillarien der preußischen Steinkohlengebiete: I. Die Gruppe der Favularien. Abh. geolog. Spezialkarte von Preußen etc. Bd. 7, 3. Berlin 1887.

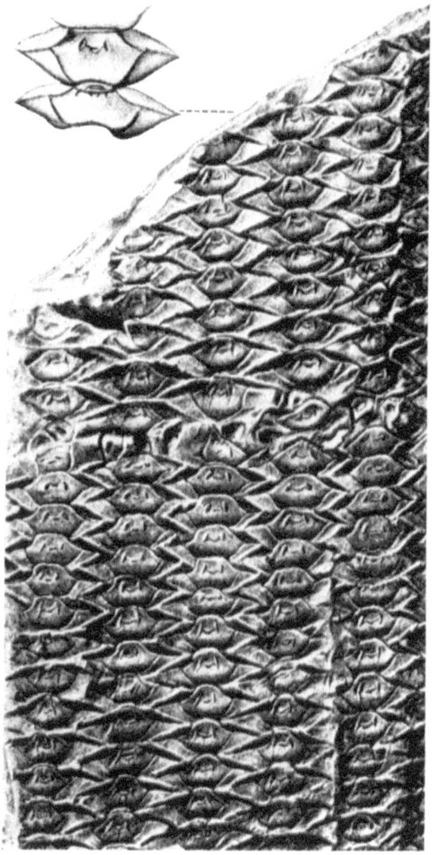

Fig. 311.

Fig. 311, 311a u. 312. **Sigillaria ichthyolepis Brongniart** aus dem Oberen Oberkarbon des Saargebietes. Fig. 311 u. 312: $^{10}/_{10}$, Fig. 311a: ca. 1½ ×. Nach Weiß-Sterzel 1893.

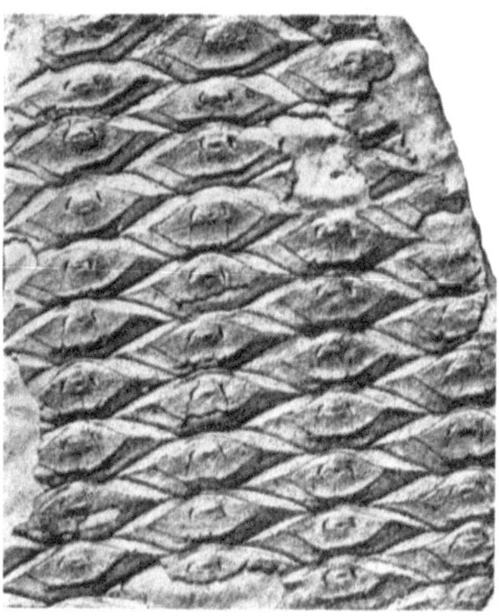

Fig. 312.

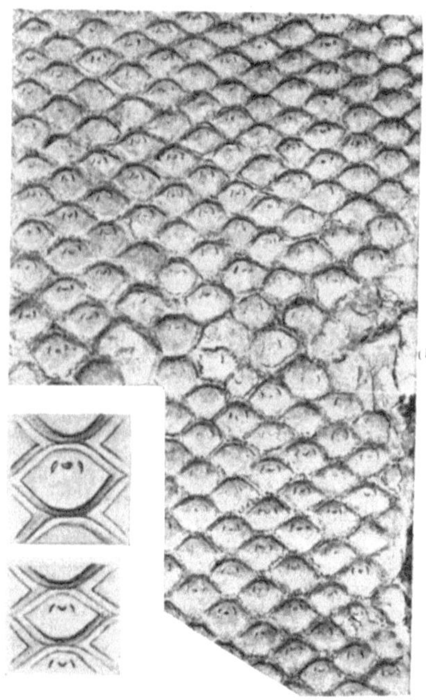

Fig. 313.

Fig. 313. **Sigillaria Brardi Bgt., forma Menardi Brongniart** aus dem Unteren Rotliegenden des Harzes. $^{10}/_{10}$ bzw. ca. 2 ×. Nach Weiß-Sterzel 1893.

Fig. 314 u. 314a **Sigillaria Brardi** Brongniart aus dem Oberen Oberkarbon von Wettin. $^{19}/_{10}$ bzw. ca. 2 ×. Nach Weiß-Sterzel 1893.

Fig. 314.

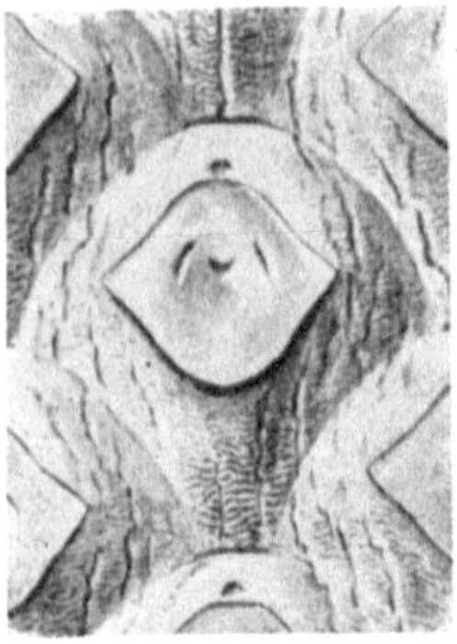

Fig. 314a.

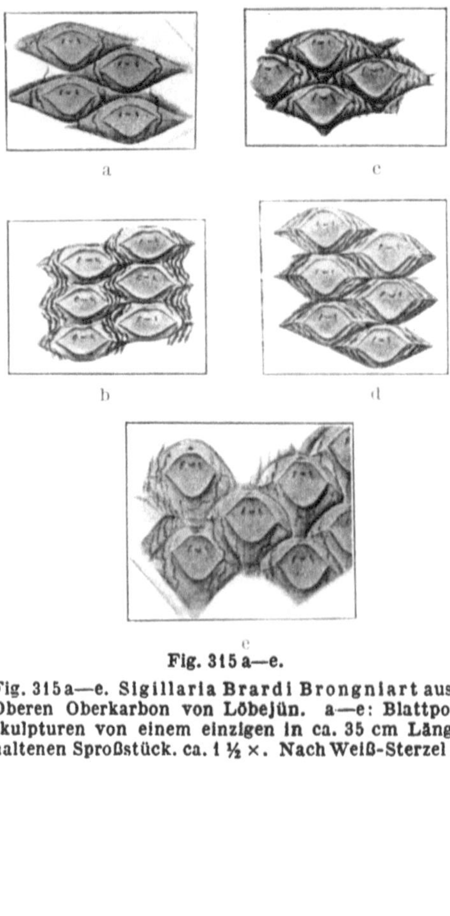

Fig. 315a—e.

Fig. 315a—e. **Sigillaria Brardi** Brongniart aus dem Oberen Oberkarbon von Löbejün. a—e: Blattpolsterskulpturen von einem einzigen in ca. 35 cm Länge erhaltenen Sproßstück. ca. 1½ ×. Nach Weiß-Sterzel 1893.

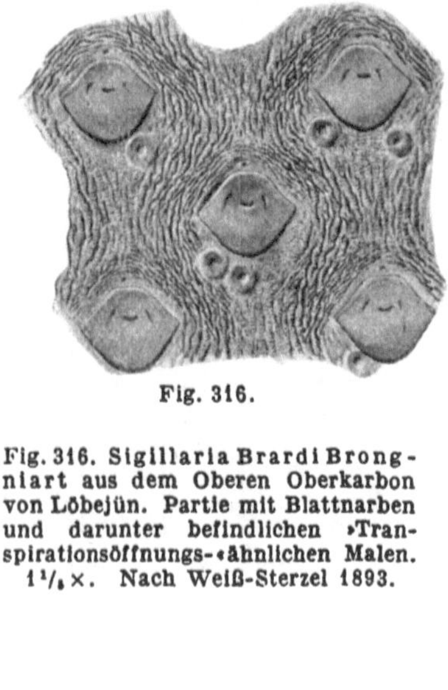

Fig. 316.

Fig. 316. **Sigillaria Brardi** Brongniart aus dem Oberen Oberkarbon von Löbejün. Partie mit Blattnarben und darunter befindlichen »Transpirationsöffnungs-«ähnlichen Malen. $1^1/_4$ ×. Nach Weiß-Sterzel 1893.

Fig. 317.

Fig. 318.

Fig. 317. Sigillaria Brardi Brongniart aus dem Oberen Oberkarbon von Wettin. Rechts: Negativabdruck der Stammoberfläche mit den Blattnarben; links: anhaftend der inkohlte Stammrindenmantel mit den großen Parichnosmalen und dem Blattspurbündelmal jeweils zwischen ihnen. $^{18}/_{10}$. Nach Weiß-Sterzel 1893.

Fig. 318. Syringodendron, von der Basis eines Stammes von Sigillaria Brardii Bgt. Zu sehen ist die äußere Oberfläche der (zum größten Teil abgetragenen) inkohlten Außenrinde mit den großen Parichnosmalen und außerdem der Negativabdruck dieser Rinde mit der Stamm mittwärts gekehrten Grenzfläche gegen die Innenrinde. Der Vergleich der Parichnosnarben der Rinden-›Außen‹-Innenfläche zeigt deren Durchmesserzunahme im Gang durch die Rinde nach außen. ½ ×. Nach Potonié 1910.

Weiß, Ch. E. (u. Sterzel, T.), Die Sigillarien der preußischen Steinkohlen- und Rotliegenden-Gebiete: II. Die Gruppe der Subsigillarien. Abh. K. Preuß. Geolog. Landesanstalt. N. F. 2. Berlin 1893.
White, D., Fossil Flora of the Lower Coal Measures of Missouri. S. 241—43. Monogr. U. S. Geolog. Survey 37. Washington 1899.
White, D., Foss. floras of the Pottsville Formation in the Southern Anthracite Coalfield, Pennsylvania S. 867. 20. Annual Report, U. S. Geolog. Survey 1898/99. Washington 1900.
Zalessky, M. D., Sur quelques Sigillaires recueillis dans le terrain houiller du Donetz. Mém. Comité Géolog. 17, 3. St. Petersburg 1902.
Zalessky, M. D., Végétaux foss. du terrain carbonifère du bassin du Donetz I. Lycopodiales. S. 49—76 und 109—123. Mém. Comité Géolog. N. S. 13. St. Petersburg 1904.
Zalessky, M. D., Contribution à la flore foss. du terrain houiller du Donetz I. S. 385 und II. S. 441—447. Bull. Comité Geolog. 26. St. Petersburg 1907.
Zalessky, M. D., Beitr. z. Kenntnis der foss. Flora des Steinkohlenreviers von Dombrowa. S. 62. Mém. Comité Géolog. N. S. 33. St. Petersburg 1907.
Zeiller, R., Flore fossile du Bassin houiller de Valenciennes. S. 510—608. Paris 1886—88.
Zeiller, R., Étude sur la flore fossile du Bassin houiller d'Héraclée. S. 75—79. Mém. Soc. Géol. France. Paléont. Nr. 21. Paris 1899.
Zeiller, R., Flore fossile du Bassin houiller et permien de Blanzy et du Creusot. S. 160—181. Paris 1906.

C. Anatomie des Sprosses.

Diese schließt sich im allgemeinen engstens an die Verhältnisse bei Lepidodendron an. Ein wesentliches Moment gegenüber Lepidodendron zeigt sich nur bei den Formen aus dem Rotliegenden in der teilweisen Auflösung des Primärxylemmantels in einzelne, durch Primärmarkstrahlen gegeneinander abgegrenzte Bündel. Die aus dem Mittleren Oberkarbon bekannten Eusigillarien weisen noch einen einheitlichen Primärxylemmantel, allerdings von mehr minder wechselnder Tiefe auf. Bei der bereits aus dem Rotliegenden stammenden Subsigillaria Brardi, forma Menardi, vollzieht sich gerade der Übergang vom einen Typ zum andern.

Die Anatomie der extraxylematischen Teile ist bei den Sprossen von Sigillaria mangels günstiger Erhaltung weit weniger genau bekannt als bei denen von Lepidodendron. Doch steht soviel fest, daß ein prinzipieller Unterschied nicht vorlag.

Zu bemerken ist, daß die Basis der älteren Stämme der Sigillarien sehr häufig starke konische Verdickungen zeigen (vgl. Fig. 286), ein Umstand, der wohl mit der Bildung reichlichen lockeren Rindenparenchyms an dieser Stelle in Zusammenhang steht und in Einklang mit der bedeutenden Entwicklung der der Durchlüftung des Stammes dienenden Parichnosmale (Fig. 317 u. 318) wohl darauf hinweist, daß die Angehörigen der Gattung an besonders feuchten Stellen im Karbonflachmoorwald wuchsen, ähnlich wie die aus den atlantisch-amerikanischen Swamps bekannten Nyssa und Taxodiumbäume, die ähnliche konische Stammbasenverdickung zeigen.

Strukturbietend bekannt sind folgende Arten:

1. Eusigillaria.
   a) Favularia:
      S. elegans Sternberg spec. (Kidston 1905),
      S. spec. (Williamson 1872, Fig. 29—32).
   b) Rhytidolepis:
      S. mamillaris Bgt. (Kidston 1907),
      S. Boblayi Bgt. (Zalessky 1909),
      S. reniformis Bgt. (Williamson 1872),
      S. scutellata Bgt. (Kidston 1907, Arber und Thomas 1907),
      S. elongata Bgt. (C. E. Bertrand 1899; Seward: Foss. Pl. II. 1910, Fig. 202B und C),
      S. spec. (Arber und Thomas 1907),
      S. spec. (Scott, Studies 1909 bzw. 1920).
2. Subsigillaria:
      S. Brardi, forma Menardi Bgt. (Brongniart 1839),
      S. Brardi, forma spinulosa Germar (Renault und Grand'Eury 1875, Scott 1920),
      S. xylina Renault (Renault 1896),
      Sigillariopsis Decaisnei Renault (Renault 1879).

1. Favularische Eusigillarien.

Sigillaria elegans Sternberg spec. (Fig. 319—321). Die Stele (Fig. 319 u. 321) hat parenchymatisches Mark im Zentrum, an welches ein einheitlicher nicht durchbrochener Mantel von exarchem Primärxylem anschließt. Das dem Mark zugekehrte Metaxylem zeigt gegen dieses eine im Querschnitt wellige Kontur, indem in kleinen Abständen die Tiefe des Metaxylemmantels schwankt; der äußeren Peripherie des Metaxylems sind in kleinen Abständen Protoxylemgruppen vorgelagert, so daß auch der Außenkontur des Protoxylemmantels im Querschnitt ein welliger ist. Die Lage der Protoxylemgruppen weist räumlich keine Beziehungen zu den Vorsprüngen bzw. Eintiefungen, die das Metaxylem gegen das Mark zu zeigt, auf. Dagegen hat es den Anschein, als ob die Anzahl der Protoxylemgruppen eine ebenso große sei als die der Blattpolster an der Sproßperipherie in der gleichen Querschnittshöhe. Wellenförmig im Außenkontur ist im Querschliff auch das Sekundärxylem; die Vorsprünge nach außen fallen über die durch die Protoxylemgruppen bedingten äußeren Primärxylemvorsprünge. Proto-, Meta- und Sekundärxylem aus Treppentracheiden. Gelegentlich ist zwischen dem Primär- und Sekundärxylem ein bis zwei Zellagen tief dünnwandiges Parenchym eingeschaltet (wie das bei manchen Lepidodendraceen-Arten in noch viel ausgedehnterem Maße der Fall ist), im allgemeinen aber schließen beide Xylempartien direkt aneinander an. Im Primärxylem ist keinerlei Parenchym entwickelt, im Sekundärxylem sind Markstrahlen von ein bis drei Zellen Höhe und ein bis zwei Zellen Breite vorhanden (Fig. 321).

Über die Struktur der außerhalb des Xylems gelegenen Elemente der Stele und der inneren Rinde ist infolge mangelhafter Erhaltung der untersuchten Reste nichts bekannt. Erhalten ist nur wieder die äußerste Rindenpartie mit den Blattpolstern (Fig. 322), unter denen Peridermbildung festzustellen ist.

Die Blattspurstränge entspringen stets in den Buchten zwischen den Protoxylemvorsprüngen; sie sind von mesarchem Bau und ohne Sekundärxylem; vor Eintritt in das Blatt bereits zweigeteilt.

Die Dimensionen waren bei dem einzigen mit Stele und Oberflächenskulptur erhaltenen Sproßstück folgende: Gesamtdurchmesser des Sproßstückes ca. 4½ cm, Durchmesser der Stele ca. ¾ cm, Tiefe des Primärxylems ca. 1 mm, des Sekundärxylems ca. ¾—1¼ mm.

2. Rhytidolepe Eusigillarien.

Die Arten dieser Gruppe, deren Sprosse anatomisch untersucht werden konnten, stimmen, was den Bau der Stele betrifft, prinzipiell mit der favularischen S. elegans überein.

Bei der von Scott beschriebenen, spezifisch nicht bestimmbaren rhytidolepen Sigillaria (Fig. 323) ist auch der wellige Innenkontur des Primärxylems und ebenso der den Protoxylemgruppen konform gehende wellige Außenkontur des Sekundärxylems (dies auch noch bei stärkerem Zuwachs) ebenso wie bei S. elegans stark betont.

Bei **S. scutellata** Brongniart, wo die Protoxylemelemente sehr zahlreich und nahezu wie ein kontinuierlicher Mantel vor dem Metaxylem liegen, sind sie am stärksten an den Stellen entwickelt, wo das Metaxylem weniger tief ist und an dessen Innenkontur also die Eindellungen liegen. Bei **S. mamillaris** Bgt. und **S. Boblayi** Bgt. scheint die Xylemwellung nicht sehr prominent ausgebildet.

Die Bildung der sekundären Rindenpartien ist gut bekannt bei den verschiedenen von Scott (1909 bzw. 1920) (Fig. 323) und von Arber und Thomas beschriebenen **Sigillaria-spec.**-Resten.

Das nahe der ursprünglichen Sproßperipherie entspringende Phellogen erzeugt nach außen zu beträchtliches Exophelloderm, so daß an älteren Sproßstücken die Blattpolster in ihren inneren Partien zum guten Teil aus ihm gebildet sind. Das vom Phellogen nach innen zu gebildete Endophelloderm ist gleichfalls beträchtlich entwickelt und, wie die radiale Schichtung einer Anzahl wohl abgesetzter Mäntel andeutet, offenbar periodisch produziert.

Hervorgehoben sei noch, daß bei der Untersuchung von **S. scutellata** Bgt. und **S. mamillaris** Bgt. die Ausbildung einer in einer tiefen Ligulargrube im Blattpolster befindlichen Ligula auch anatomisch festgestellt wurde, eine Tatsache, die allerdings an Hand der Oberflächenmorphologie der Sprosse der Sigillarien aller drei Gruppen bereits ehedem so gut wie bewiesen war.

Was den Verlauf des Blattspurbündels betrifft, so nimmt es auch bei den Formen dieser Gruppe seinen Ursprung aus den Einbuchtungen zwischen je zwei Protoxylemgruppen. Hervorzuheben ist, daß es sich bei Eintritt in das Phelloderm wie bei S. elegans in zwei Stränge teilt (nachgewiesen für S. scutellata, S. mamillaris, S. Boblayi und S. spec. Arber und Thomas). Diese Trennung scheint dann auch beim Eintritt in das Blatt selbst beibehalten zu werden, wie aus den Untersuchungen von strukturbietend erhaltenen Blättern hervorgeht (vgl. S. 279 ff.).

3. Subsigillarien.

S. Brardii Bgt., forma **Menardi** Brongniart spec. Davon ist ein Sproßstück von ca. 4 cm Durchmesser aus den Rotliegendkieseln von Autun bekannt. Auffällig ist zunächst der relativ sehr beträchtliche Durchmesser der Stele, (Mark und Xylem der Stele, ca. 1,6 cm). Das zentral gelegene Mark ist zerstört, dagegen der Xylemteil der Stele wohl erhalten. Das Primärxylem ist in eine größere Anzahl (nach der Zeichnung von Brongniart: 45) einzelner im Querschnitt halbkreisförmiger Bündel, mit exarchem Protoxylem aufgelöst — ein wesentlicher Unterschied gegenüber den karbonischen Eusigillarien. Anschließend folgt ein einheitlicher Mantel von Sekundärxylem, der nur an den Stellen, wo die primären Markstrahlen die einzelnen Primärbündel trennen, von deren sekundärer Fortsetzung unterbrochen ist. Die primären Markstrahlen sind übrigens kaum breiter als die sekundären, die ein bis drei Zellagen breit und wenige bis viele Zellen hoch sind. Die Blattspurbündel, die zwischen zwei Protoxylemgruppen entspringen, sind von mesarcher Struktur; das Zentrifugalholz tritt zu, wenn die Sekundärxylemzone passiert wird, wie das auch bei Sigillaria elegans der Fall ist. Im Gegensatz zu dieser begleitet weiter außen das Sekundärxylem das Bündel bis zum Eintritt ins Blatt. In diesem selbst fehlt es ganz oder doch fast. Von der Rinde sind nur noch die äußersten zum Teil sekundären Partien mit und unter den Blattpolstern erhalten.

S. xylina Renault aus den Rotliegend-Kieseln von Autun schließt sich der Anatomie nach an; nur in einem rindenlosen und daher weiter nicht identifizierbaren Sproßstück erhalten. Primärxylem in einzelne Bündel aufgelöst wie bei S. Menardi. Sekundärxylem sehr stark entwickelt. Durchmesser des zentralen Markes sehr gering.

Es finden sich bei Renault (1896, Taf. 38) folgende Sprosse abgebildet:

Fig. 4: Durchmesser der zentralen Marksäule ca. 15 mm; Tiefe des Sekundärxylems 18,5 mm.

Fig. 3: Durchmesser der zentralen Marksäule ca. 5—6 mm; Tiefe des Sekundärxylems bis 22,5 mm.

Fig. 2: Durchmesser der zentralen Marksäule ca. 3—4 mm; Tiefe des Sekundärxylems bis 17,5 mm.

Fig. 1: Durchmesser der zentralen Marksäule kaum 1 mm, darum herum höchstens 12 Bündel von Primärxylem; Tiefe des Sekundärxylems bis 17,5 mm.

S. Brardi Brongniart, forma **spinulosa** Germar. Bekannt in mehreren Sproßstücken aus den Rotliegend-Kieseln von Autun (Fig. 324 u. 325). Besonders interessant sind die anatomischen Verhältnisse des Primärxylems. Dieses — wie bei den übrigen Arten das zentrale Mark einschließend — weist etwa die gleiche Tiefe wie bei forma Menardi

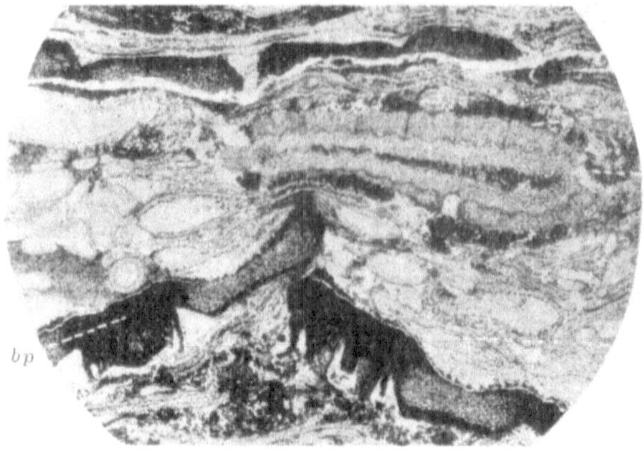

Fig. 319.

Fig. 321.

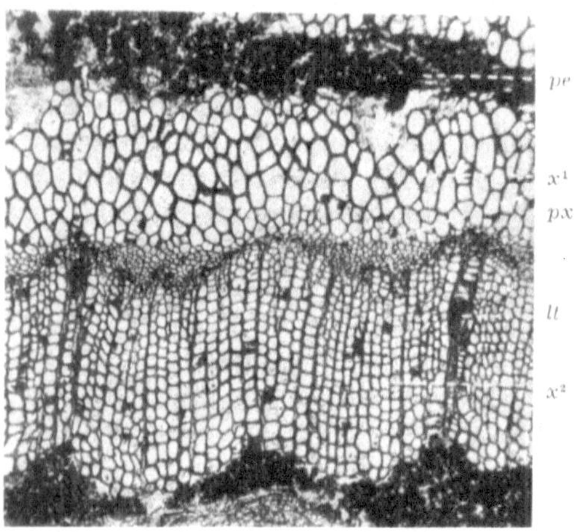

Fig. 320.

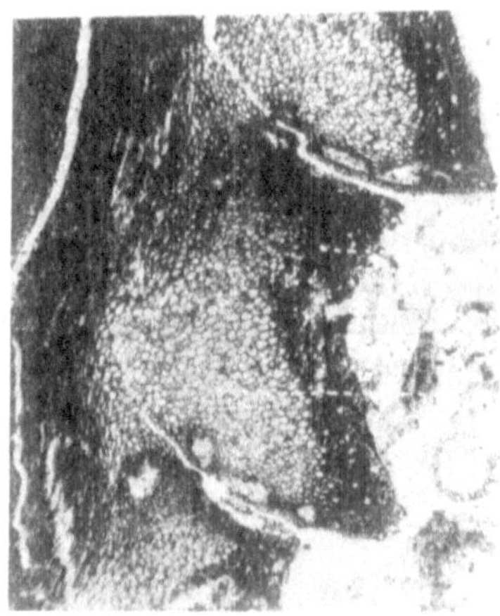

Fig. 322.

Sigillaria elegans Sternberg aus den Lower Coal Measures von England.

Fig. 319. Querschliff durch einen Sproß, in der Mitte die breitgedrückte Stele, außen herum ein Teil der Sproßperipherie mit den Blattpolstern (*bp*). 3,6 ×.

Fig. 320. Partie aus Fig. 319. *pe*: Zentrales Mark der Stele (zerstört); x^1: Metaxylem; *px*: Protoxylem des Primärxylems; x^2: Sekundärxylem; *lt* in einem Markstrahl längsziehender Blattspurstrang. 28 ×.

Fig. 321. Tangentialschliff durch das Sekundärxylem mit den ein- bis wenigzelligen sekundären Markstrahlen. 64 ×.

Fig. 322. Längsschliff durch die Blattpolsterregion. 13⅓ ×.

Sämtliche nach Kidston 1905.

auf. Während es aber dort durchaus in eine größere Anzahl distinkter Einzelbündel gesondert ist, findet sich diese Anordnung hier, wie die Figuren zeigen, nur sektorenweise und auf im Querschnitt größere Strecken ist ein einheitlicher Primärxylemmantel vorhanden, so daß sich also auf ein und demselben Querschliff die den karbonischen Eusigillarien einerseits, und die den Rotliegend-Subsigillarien Menardi und xylina eigentümliche Primärxylemanordnung anderseits kombiniert findet.

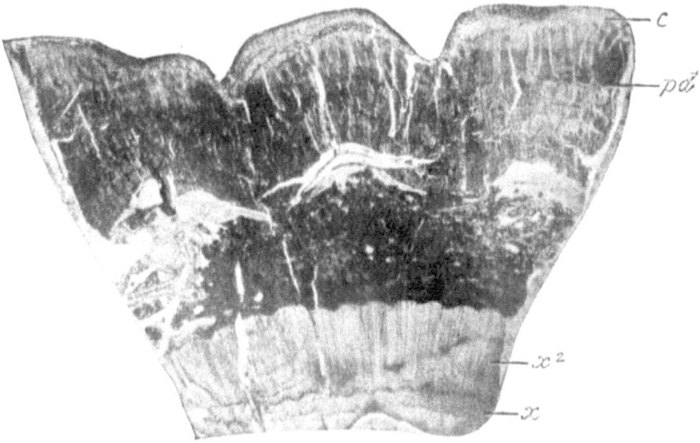

Fig. 323.

Sigillaria der Eurhytidolepis-Gruppe aus den Lower Coal Measures von England. Partie eines Sproßquerschliffes mit drei Blattpolsterzeilen. x: Primärxylem mit beiderseits welligem Kontur; x^2: Sekundärxylem mit gleichfalls welligem Kontur an der Außenseite; pd: Periderm; c: äußerste, die Blattpolsterregion umfassende Partie der primären Rinde. 3 ×. Aus Scott-Studies I. 1920.

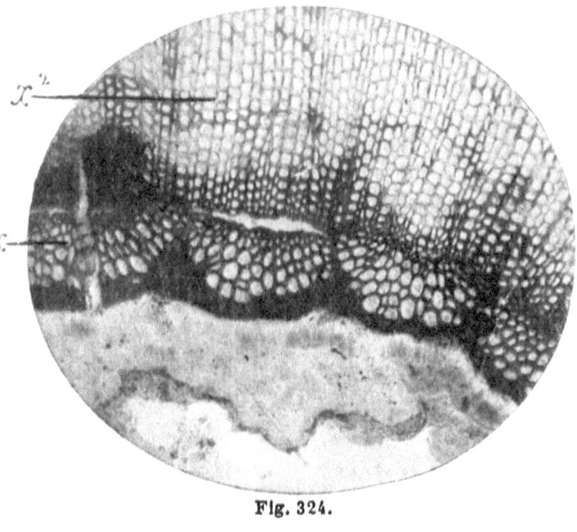

Fig. 324.

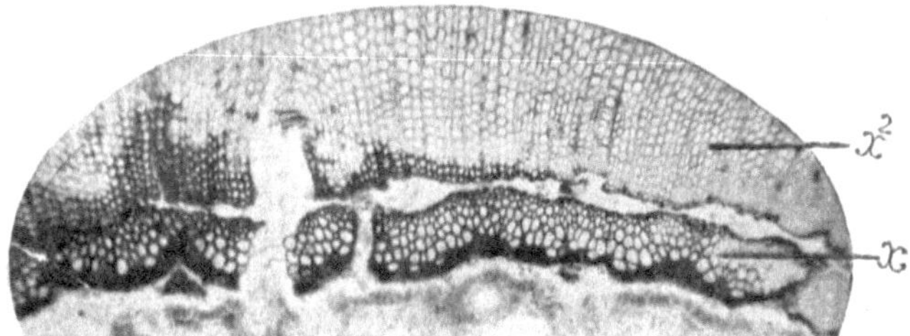

Fig. 325.

Fig. 324 u. 325. Sigillaria Brardi Bgt. forma spinulosa Germar. Rotliegendes von Autun. Teile eines Querschliffes durch das Primär- und Sekundärxylem (x bzw. x^2) der Sproßstele. 9 und 18 × vergrößert. Aus Scott-Studies I. 1920.

Im übrigen liegen die Dinge ähnlich wie bei S. Menardi. Sekundärxylem ist bei dem stärksten der erhaltenen Sprosse bis zu 2 cm Tiefe ausgebildet. Von nicht xylematischen Partien ist nur noch etwas von der Rinde erhalten: Teile der inneren Rinde mit lakunösem Gewebe, von wo aus dann auch die die Blattspurbündel weiter nach außen zu begleitenden Parichnosstränge ihren Ursprung nehmen. Alles im wesentlichen wie bei Lepidodendron, nur daß die Teilung der Parichnosgabeläste bereits in tieferen Rindenpartien erfolgt. Anderseits findet sich eine weitere Teilung beider Arme in jeweils noch einen unteren Strang, der in die Tanspirationsöffnung ausmündet, nur gelegentlich aber nicht regelmäßig (bei den Eusigillarien ist das offenbar gar nie der Fall).

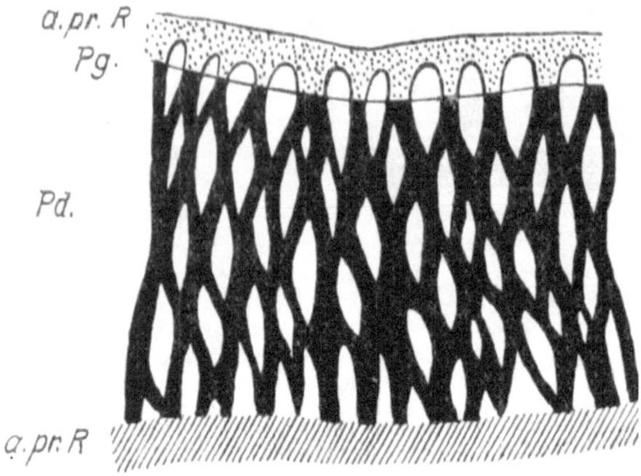

Fig. 326.

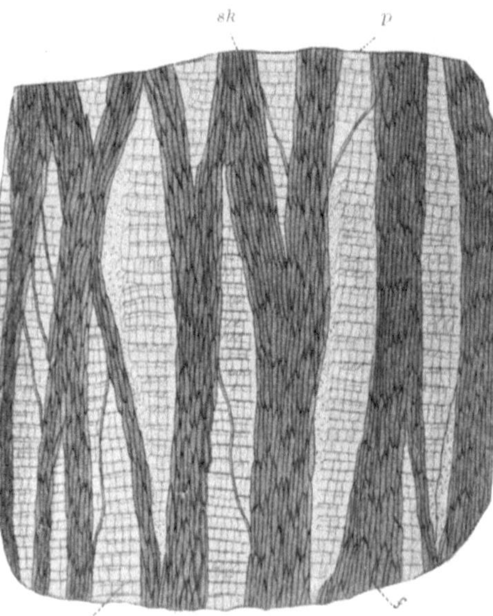

Fig. 327.

Fig. 326 u. 327. **Sigillaria spinulosa Renault.** Rotliegendes von Autun. Partie des Außenrindenmantels im Quer- und Längsschnitt. *a. pr. R.* (oben) äußerster, unter der Blattpolsterregion befindlicher Teil der primären Rinde. *Pg*: Phellogen; *Pd*: Periderm mit sklerenchymatischen Elementen (schwarz bzw. *sk*) und parenchymatischem Gewebe (weiß bzw. *p*); *a. pr. R* (gestrichelt) an das Periderm nach innen zu anschließende äußere primäre Rinde. Vergr. Nach Renault 1875 und Original.

Die primäre Außenrinde besteht in ihrem inneren, an die lakunöse Innenrinde anschließenden Teil und in dem ganz äußeren, der unmittelbar unter den Blattpolstern liegt, aus einheitlichem etwas prosenchymatischen Parenchym. Komplizierter ist der Bau des Periderms (Fig. 326 u. 327), das eine beträchtliche Dicke erreicht. Es besteht aus im wesentlich radial gestellten Platten englumigen Prosenchyms, die sowohl in ihrem radialen als auch vertikalen Verlauf $\pm$ oft untereinander anastomosieren und dazwischen linsenförmige Partien dünnwandigen Parenchyms einschließen. Es ist leicht ersichtlich, daß mit dieser Struktur einerseits die mechanische Festigung des Sprosses, die ja im wesentlichen auf die Stabilität des Rindenmantels aufgebaut ist, garantiert ist, daß aber anderseits durch die linsenförmigen Parenchymeinschübe dem Periderm noch eine gewisse tangentiale Dehnungsmöglichkeit gegeben ist, die geeignet ist, dem von der Stammitte aus erfolgenden Xylemsekundärzuwachs und der damit konform gehenden Tangentialdehnung der Primärrinde Folge zu leisten. Diese übrigens nicht auf diese Art beschränkte Rindenstruktur führt (nach Brongniart) den Namen Dictyoxylonstruktur (vgl. Seite 219).

Anhangsweise mag hier noch erwähnt werden

Sigillariopsis Decaisnei Renault aus den Rotliegend-Kieseln von Autun. Das mit Blättern erhaltene Sproßstück weist hinsichtlich der anatomischen Verhältnisse große Ähnlichkeit mit Subs. Menardi auf; der entscheidende Unterschied besteht aber darin, daß das Sekundärxylem nicht Treppentracheiden, sondern Tracheiden mit getüpfelten Wänden hat — eine sonst nirgends bei den Lycopodiales sich findende Tracheidenausbildung. Über die Anatomie der zugehörigen Blätter vergleiche weiter unten.

Literatur (zu Abschnitt C).

Brongniart, A., Observations sur la structure inférieure du Sigillaria elegans comparée à celle des Lepidodendron et des Stigmaria et à celles des végétaux vivants. Archives du Museum Bd. I. Paris 1839.

Williamson, W. C., On the organisation of foss. plants of the Coal Measures. Pt. II. Philos. Transact. R. Soc. Bd. 162. 1872.

Renault, B., und Grand'Eury, C., Recherches sur les végétaux silifiés d'Autun. Mém. Acad. Paris. Bd. XXII. 1875.

Renault, B., Structure comparée de quelques tiges de la flore Carbonifère. S. 270 bis 272 T. 12, 15—18, 13. 1—4. Nouvelles Archives du Museum. Paris 1879.

Renault, B., Flore fossile du bassin houiller et permien d'Autun et d'Epinac. II. S. 202—207, 209—213, 237—238; betreff Syringsdendron 219—225. Études gîtes min. France. Paris 1896.

Bertrand, C. E., On the structure of the Stem of a ribbed Sigillaria. Annals of Botany XIII. 1899. (Abbildungen des Materials in Seward, A. C. Foss. Plants II. S. 220, Fig. 202 B u. C.)

Kidston, R., On the internal structure of Sigillaria elegans of Brongniart's »Histoire des végétaux fossiles«. Transact. R. Soc. Edinburgh. Bd. 41, III. 1905.

Kidston, R., Preliminary note on the internal structure of Sigillaria mammillaris Bgt. and S. scutellata Bgt. Proc. R. Soc. Edinburgh. Bd. 27. 1907.

Arber, E. A. N., und Thomas, H. H., On the structure of Sigillaria scutellata Bgt. and other Eusigillarian stems, in comparison with those of other Paleozoic Lycopods. Phil. Trans. R. Soc. 200 B. 1907.

Coward, K. H., On the structure of Syringodendron, the bark of Sigillaria. Mem. Proc. Manchester Lit. and Phil. Soc. 51. 1906/07.

Zalessky, M. D., On the internal structure of stem of the type of Lepidodendron aculeatum Sternberg and Sigillaria Boblayi Brongniart. Mem. Imp. Russ. Mineralog. Soc. 46, 2. Petersburg 1909.

Arber, E. A. N., und Thomas, H. H., A Note on the structure of the Cortex of Sigillaria mamillaris Bgt. Ann. of Bot. XXIII. 1909.

Scott, D. H., betreffs einer neubeschriebenen strukturbietenden rhytidolepen Sigillaria, vgl. Studies in Fossil Botany. 2. Aufl. S. 226/27. London 1909. 3. Aufl. Bd. I S. 203—205. London 1920.

Syringodendron Sternberg.

Im Anschluß an die Darstellung der anatomischen Verhältnisse von Sigillaria an Hand strukturbietender Reste sei noch eingegangen auf die Rindenstrukturen, die meist in inkohltem Zustand erhalten sind, und die bekannt sind unter obigem Namen. Sie rühren hauptsächlich von den Basen oder wenigstens unteren Teilen der Stämme her. Diese Partien sind in der Regel der äußersten primären Rindenschichten (d. h. der Blattpolsterregion) beraubt, zeigen aber trotzdem noch meist deutlich die für die einzelnen Untergruppen von Sigillaria charakteristische Blattpolsteranordnung und Zusammenfassung, oft selbst noch bei sehr starken Stämmen (Fig. 286). Charakteristisch und sehr auffällig ist die oft außergewöhnliche Vergrößerung der der Atmung dienenden Parichnosmale (Fig. 318).

An älteren und alten Stämmen ist dann noch beachtenswert nicht nur die durch Zunahme des Stammumfanges gegebene Vergrößerung der Horizontalentfernung der Parichnosnarben der nebeneinander befindlichen Blattzeilen, sondern auch der beträchtliche Vertikalabstand in dem sie innerhalb einer Blattzeile voneinander entfernt sind. Letzteres ist bedingt in der sekundären Vertikaldehnung der peripheren Rindenpartien bei der oben erwähnten konischen Verdickung der Stammbasen.

Literatur (zu Syringodendron.)

Potonié, H., Sehr große Lenticellen (Atmungsöffnungen) an der Basis von Sigillaria-Stämmen. Sitzungsber. der Gesellsch. Naturforschender Freunde. Jahrg. 1910.

Coward, K. H., On the structure of Syringodendron, the Bark of Sigillaria. Mem. and Proceed. of the Manchester Lit. and Phil. Soc. Bd. 51. 1906/07.

D. Beblätterung.

Die Beblätterung der Sigillarien stimmt mit der der Lepidodendraceen (Lepidodendron und Lepidophloios) weitgehend überein, und zwar sowohl in der äußeren Morphologie als im Hinblick auf die anatomischen Verhältnisse.

Was die Morphologie der Sigillarienblätter betrifft, so sind es schmale, mehr minder lange, jedenfalls stets ungeteilte Blätter von nadelförmiger bis schmal-lanzettlicher Form mit meist doppelter Kielung, die, soweit bekannt und je nach den verschiedenen Arten ½ bis 1 m Länge erreicht haben. Ähnlich, wie das für Lepidodendron obovatum, aculeatum, dichotomum u. a. nachgewiesen ist, scheinen sie diese bedeutendere Länge durch längere Zeit anhaltendes Wachstum erreicht zu haben. Die Größe der Blattnarben an Sproßabdrücken und insbesondere deren Höhe, die bei manchen Arten über 1 cm betragen hat, spricht dafür, daß die Durchmesser der Blätter zum mindesten nahe ihrer Basis, beträchtlichere gewesen sein müssen als bei Lepidodendron und anderen Lepidophyten.

Im übrigen wird aus der Tatsache, daß die Blätter an relativ dicken Sprossen noch anhaftend gefunden wurden, allgemein geschlossen, daß sie relativ lange, jedenfalls mehrere Jahre lang, an der sie tragenden Stamm- oder Zweigpartie angesessen haben. Es ist aber zu betonen, daß selbst bei den Sigillarien mit verzweigten Stämmen nur wenige Gabelverzweigungen ausgeführt wurden und daß die blättertragenden Endpartien dieser wenigen, den unverzweigten Teil des Stammes fortsetzenden Gabeläste ihm wohl nur wenig an primärem Umfang nachgestanden haben. Bei der prinzipiellen Übereinstimmung der physiologischen Anatomie der Sigillarien und der Lepidodendraceen ist wohl anzunehmen, daß auch die allgemeinen Wachstumsverhältnisse des Stammes (abgesehen von der verschieden weitgehenden Kronenentwicklung) dieselben gewesen sein werden und daß somit, wie das S. 222 für Lepidodendron Veltheimii und L. vasculare nachzuweisen versucht wurde, Stamm und erste Äste einen von vornherein beträchtlichen Durchmesser (bei L. Veltheimii bis zu über 13 cm) besessen haben. Aus diesen Gründen ist also die Tatsache, daß bei Sigillaria die Blätter an relativ starken Sproßteilen gefunden werden, kein Beweis dafür, daß sie gerade besonders viel länger am Sproß persistiert haben als das bei den Lepidodendraceen, wo man sie meistens an Resten der dünnen Äste der hochverzweigten Krone findet, der Fall ist, da die Stärke der die Blätter tragenden Astteile bei Sigillarien eben keine erst durch $\pm$ langes sekundäres Dickenwachstum gegebene ist.

Wenn man umgekehrt bei Lepidodendron dickere, noch blättertragende Zweigpartien, die den blatttragenden ersten Gabelzweigen der in Entstehung begriffenen Baumkrone entsprechen würden, nur allerseltenst findet, oder vielleicht überhaupt noch nicht gefunden hat, so rührt das wohl nur daher, daß bei der starken Kronenbildung der Lepidodendraceen die Zustände mit wenig verzweigtem Stamm am Individuum nur relativ kurzdauernde waren, und somit die Chance, sie fossilisiert zu finden, demgemäß eine wesentlich geringere ist als bei den Sigillarien. Hier ist, wenn überhaupt Verzweigung auftritt, diese stets nur eine spärliche geblieben, und blättertragende Gabeläste erster Verzweigungsgrade (die, wie oben auseinandergesetzt, stets von vornherein von beträchtlicherer Dicke waren) waren in langdauerndem Längenwachstum am Baum vorhanden und waren bei der Masse der Individuen häufig, so daß sie demgemäß relativ oft fossilisiert zu finden sein müssen.

Hinsichtlich der anatomischen Verhältnisse sind Sigillariablätter von einigen Arten; sowohl Eusigillarien als Subsigillarien in strukturbietenden Resten erhalten. Trotzdem ist unsere Kenntnis darüber noch eine ziemlich mangelhafte.

Der offenbar prinzipielle Unterschied gegenüber den Lepidodendraceenblättern scheint — soweit man sehen kann — darin zu liegen, daß die Blätter statt eines Bündels deren zwei, die ziemlich dicht nebeneinander liegen, besitzen; es gibt allerdings Formen (S. Brardii var. spinulosa und var. latifolia), die nur ein einziges medianes Bündel aufweisen; hier deuten jedoch zwei seitlich links und rechts des Metaxylems gelegene Protoxylemgruppen auf eine Verschmelzung zweier Bündel hin, so daß das Verhalten dieser relativ jungen Sigillarienformen als ein abgeleitetes zu betrachten sein dürfte.

Doppelbündligkeit ist für alle strukturbietend erhaltenen Eusigillarien nachgewiesen; so für **S. elegans** Stbg., **S. scutellata** Bgt., **S. mamillaris** Bgt., **S. Boblayi** Bgt. und **S. cf. tesselata** Bgt. Bei den genannten Arten sind zwar die Blätter selbst nicht bekannt, doch weist die Zweiteilung des Blattspurstranges in zwei Arme, die sich im Endophelloderm vollzieht und dann beibehalten wird, darauf hin, daß auch im Blatt selbst zwei getrennte Bündel vorhanden waren.

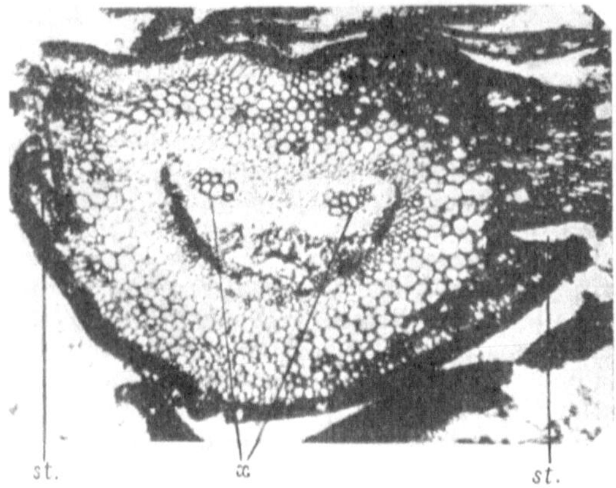

Fig. 328 u. 329. Sigillariopsis sulcata Scott aus den Lower coal measures von England.

Fig. 328. Querschliff durch das Blatt. *x*: die Xylempartien der 2 Blattleitbündel, darunter das diese umfassende Transfusionsgewebe. Bei *st*: die die Spaltöffnungen bergenden Rillen. Ca. 25 ½.

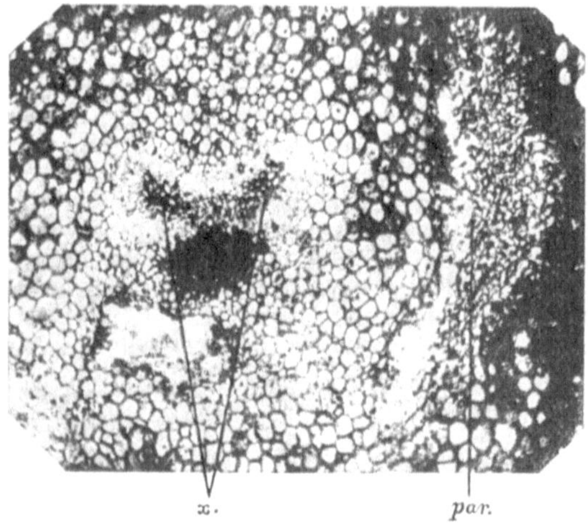

Fig. 329. Tangentialschliff unter der Blattnarbe; *x*: die beiden Xylemarme des (kurz innerhalb in der Rinde) geteilten Blattspurstranges; *p*: einer der beiden Parichnoszüge (quer). Ca. 38 ×.
Beide nach Arber u. Thomas 1908.

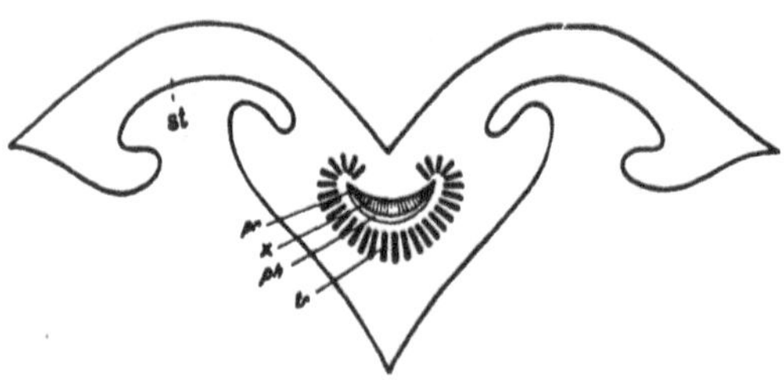

Fig. 330. Sigillaria Brardi Bgt. var. spinulosa Renault. Rotliegendes von Autun. Schematischer Querschliff durch das Blatt. *x*: Metaxylem; *prx*, *ph*, *tr* und *st* wie in Fig. 331 u. 228. — Original.

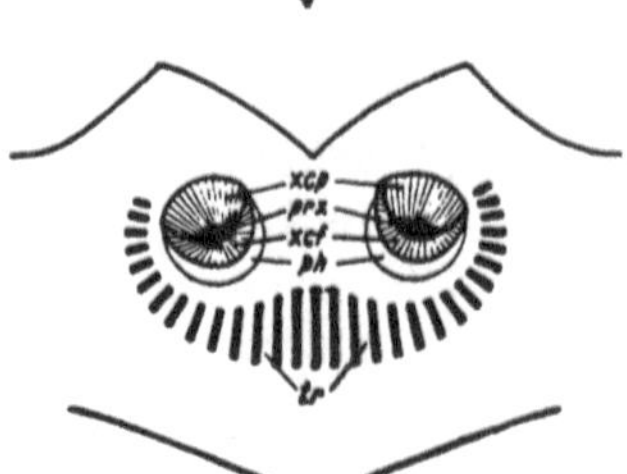

Fig. 331. Sigillariopsis Decaisnei Renault. Rotliegendes von Autun. Schematische Darstellung der Anordnung der Gewebe im Bereich der beiden Blattleitbündel. *prx*: Protoxylem; *xcp*: Zentripetales, *xcf*: zentrifugales Metaxylem; *ph*: Phloëm; *tr*: Transfusionsgewebe. — Original.

Blätter selbst sind von einer Art der englischen Lower Coal Measures, also — dem Alter der sie enthaltenden Schichten nach zu schließen — ebenfalls einer Eusigillarie erhalten. Die Reste gehen unter dem Namen **Sigillariopsis sulcata** Scott (Fig. 328). Die beiden Leitbündel verlaufen seitlich der Blattmediane in einer Entfernung voneinander, die etwa das 1½fache ihres Querdurchmessers beträgt. An den Xylemteil (Protoxylemlage nicht aufgeklärt) scheint Phloëm anzuschließen, daran etwas sklerenchymatisches Gewebe. Die beiden Bündel werden auf ihrer (abaxialen) Seite und auch noch auf den einander abgekehrten Flanken von Transfusionsgewebe umfaßt: jener Gewebepartie, die aus vertikal-parallel wechsellagernden Platten von Tracheiden mit netziger Wandverdickung und solchem aus zartwandigem Parenchym besteht; ebenso wie bei den Blättern der Lepidodendraceen, dürfte sie als Ersatz von das Blatt durchziehenden Seitennerven, die Funktion weiterer Wasserleitung gehabt haben. Im übrigen besteht der Mittelteil des Blattes aus großlumigem Parenchym, das gegen die Blattflanken zu, d. h. über den die Spaltöffnungen bergenden Rillen sehr interzellularenreich wird. Ein ausgeprägtes Assimilations-Palisadengewebe ist nicht vorhanden. Mit Ausnahme der Partien im Bereich der Spaltöffnungen ist sklerenchymatisches Hypoderm unter der Epidermis ausgebildet.

Ein Blatt von ähnlichem Bau wie das eben geschilderte hat **Sigillariopsis Decaisnei Renault,** aus den Rotliegendkieseln von Autun (über den Sproßbau vgl. S. 277). Nach dem, was Seward angibt, scheinen die beiden Blattbündel von kollateralem Bau mit mesarcher Xylemausbildung gewesen zu sein (Fig. 331). Als eine einheitliche, die Phloëmseiten und die freien Xylemflanken der Bündel umfassende Scheide ist wieder das Transfusionsgewebe entwickelt. Weit oben im Blatt, gegen seine Spitze zu, scheinen sich die beiden Bündel in ein medianes vereinigt zu haben. Im Gegensatz zu dem, was sonst von den Sigillarienblättern bekannt ist, sind hier die Spaltöffnungen nicht in zwei seitlich von der Blattmediane längslaufenden Rillen, sondern in den Zwischenräumen zwischen den auf der Blattunterseite langziehenden hypodermalen Sklerenchymbändern gelegen.

Nur ein einziges Bündel, allerdings mit zwei an beiden Flanken gelegenen Protoxylemgruppen, hat, wie bereits oben bemerkt, **Sigillaria Brardi** Brongniart und seine **var. spinulosa** Renault (Fig. 330) und **var. latifolia** Renault besessen, wovon strukturbietendes Material aus den Rotliegendkieseln von Autun bekannt ist. Sonst ist, was Ausbildung des Transfusionsgewebes und der übrigen Blattanatomie betrifft, alles wie bei den vorausgehend geschilderten Arten, nur daß das Assimilationsgewebe der Blattoberseite palisadenartig ausgebildet war. In den die Spaltöffnungen tragenden Rillen ist die Epidermis mit spitzen, einzelligen Haaren reichlich besetzt.

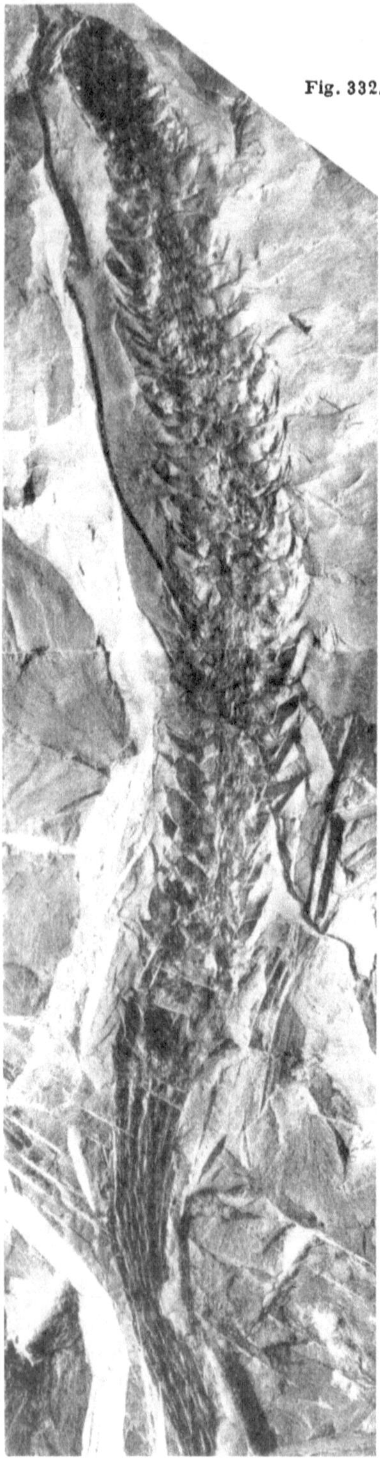

Fig. 332. Sigillariostrobus Tieghemi Zeiller aus dem Mittleren Oberkarbon von Belgien. $^{2}/_{3}$ natürl. Gr. Nach Renier 1910.

Literatur (zu Absch. D).

vergl. auch S. 266/270.

Renault, B., Structure comparée de quelques tiges de la flore carbonifère. S. 270 bis 272. Nouv. Arch. Mus. Paris 1879.

Renault, B., Flore foss. Bassin houiller et permien d'Autun et d'Epinac. II. S. 245 bis 247. Paris 1896.

Scott, D. H., On the Occurence of Sigillariopsis in the Lower Coal Measures of Britain. Ann. of Bot. 18. 1904.

Kidston, R., On the structure of Sigillaria elegans. Transact. R. Soc. Edinburgh. 41. 1905.

Kidston, R., Prelim. Note on Internal structure of Sigillaria mamillaris and S. scutellata. Proc. Roy. Soc. Edinburgh 27. 1907.

Arber, E. A. N., und Thomas, H. H., On the structure of Sigillaria scutellata Bgt. and other Eusigillarian stems in comparison with those of other palaeozoic Lycopods. Phil. Transact. R. Soc. London B. 200. 1908.

Zalessky, M. D., On the Internal structure of stem of the Type of Lepidodendron aculeatum Stbg. and Sigillaria Boblayi Bgt. Mem. Imp. Russ. Mineralog. Soc. 46. St. Petersburg 1912.

E. Blütenzapfen (Sigillariostrobus Schimper).

Über ihre Tragung am Stamm ist bereits S. 251 und weiterhin in Abschnitt B, bei den verschiedenen Arten, wo sie bekannt ist, berichtet worden.

Die Blütenzapfen selbst bestanden aus Mikro- und Megasporophyllen, die offenbar in vielgliedrigen alternierenden Quirlen an der Zapfenachse getragen wurden. Sporophylle einnervig, von rhombisch-lanzettlicher Form, mit größerer distaler Partie und starker keilförmiger Zuspitzung der das Sporangium tragenden proximalen Partie. Zapfen verschieden groß, doch nicht die Dimensionen der größten von Lepidodendron erreichend, im Höchstfall gegen 30 cm

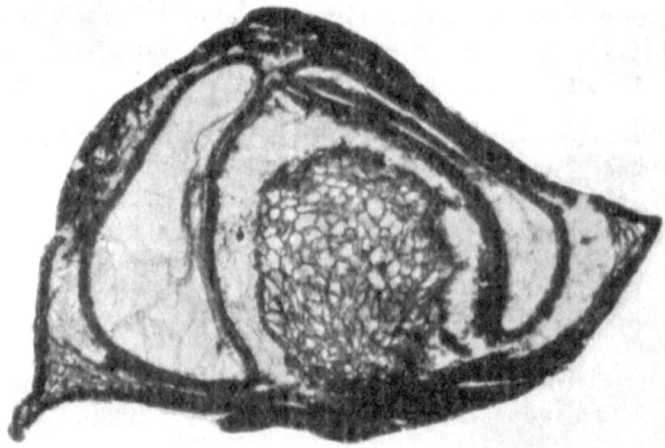

Fig. 333.

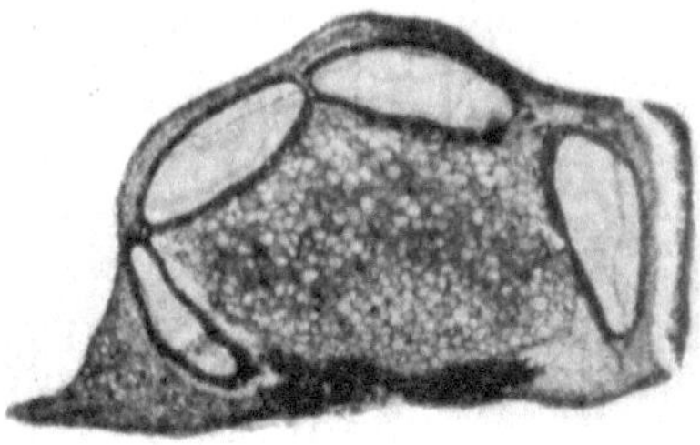

Fig. 334.

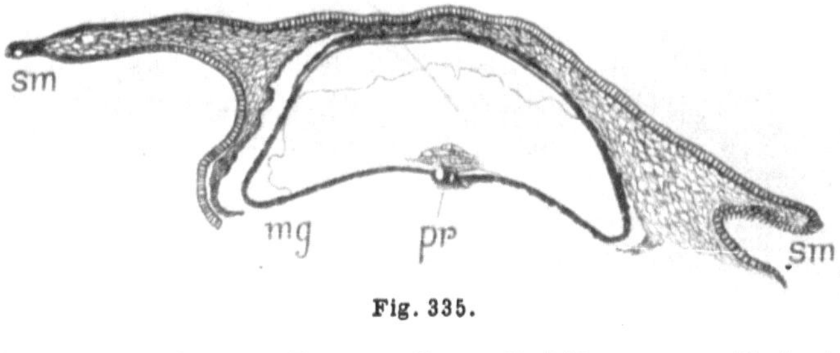

Fig. 335.

Mazocarpon shorense Benson. Lower Coal Measures von England.

Fig. 333. Querschliff durch die Basis des Megasporophylls (unten) und das Megasporangium; in letzterem die sterile Mittelpartie und 2 Megasporen. Ca. 24 ×.

Fig. 334. Megasporangium im Querschliff, mit 4 Megasporen rings um den zentralen sterilen Teil. Die mehrschichtige Sporangienwand wohl erhalten. Ca. 12 ×.

Fig. 335. Bruchstück eines Megasporangiums nach Lösung vom Sporophyll und Zapfen mit einer Megaspore (*mg*); in dieser etwas Prothalliumgewebe (*pr*); *sm*: Teil der Wand des Megasporangiums. Ca. 24 ×.

Sämtliche aus Scott-Studies I. 1920.

lang und gegen 6½ cm im Durchmesser. Die Zapfen wurden an mehr oder minder langen Stielen getragen; deren Beblätterung im wesentlichen der der vegetativen Sprosse ähnlich, nur kürzer und gegen den Zapfen zu allmählich in die Sporophylle übergehend.

Von im Abdruck erhaltenen Resten seien folgende genannt:

Sigillariostrobus Tieghemi Zeiller. Mittleres Oberkarbon (Fig. 332). Zapfen mindestens 16 cm lang und 2½ bis 5 cm dick.

S. nobilis Zeiller. Mittleres Oberkarbon. Zapfen über 30 cm lang und über 6 cm im Durchmesser, an bis über 20 cm langen Stielen getragen.

S. ciliatus Kidston, **S. Crepini** Zeiller, **S. Goldenbergi** Feistmantel, **S. rhombibracteatus** Kidston, **S. rugosus** Grand'Eury, **S. Souichi** Zeiller, sämtliche ebenda.

S. fastigiatus Grand'Eury. Vom mittleren Teil des Mittleren Oberkarbon bis zum Oberen Rotliegenden. Zapfen mehrere Zentimeter dick, Länge nicht genau bekannt.

Literatur siehe S. 266/270.

Strukturbietend erhaltene Zapfenreste, die wahrscheinlich mit Sigillariostrobus ident sind, gehen unter dem Namen:

Mazocarpon Benson.

M. shorense Benson. Lower Coal Measures von England (Fig. 333 bis 335). Blütenzapfen mit Mikro- und Megasporophyllen. Zapfenachse mit Zentripetalxylem. Allgemeine Konfiguration des Sporophylls wie bei Sigillariostrobus, allgemeine Sporangienform und Anheftung wie bei Lepidostrobus. Sporangium wesentlich breiter als der es tragende proximale Teil des Sporophylles (vgl. Fig. 333 unten). Sowohl bei den Mikro- als bei den Megasporophyllen ist ein gut Teil des Binnenraumes des Sporangiums von sterilem Gewebe erfüllt. In dieses gehen vom Sporophyll-Leitbündel aus Tracheiden ein. Zwischen der mehrschichtigen Wand und der zentralen sterilen Gewebepartie trabekuläre Gewebeplatten; in den so gebildeten Zwischenräumen im Megasporangium je eine der im ganzen meist acht Megasporen (Fig. 333 u. 334); diese Tatsache weist darauf hin, daß jede von ihnen offenbar nach Zerstörung der je drei Schwesterzellen einer Tetrade entstanden sein dürfte. Im Mikrosporangium ist die Verteilung des sterilen Gewebes die gleiche, in den einzelnen Binnenräumen zwischen den trabekulären Gewebeplatten liegen die Mikrosporen jeweils in größerer Menge eingebettet.

Megasporen gegen 2 mm im Durchmesser, queroval mit mehr minder starker Eindellung an der nach dem Sporangiuminnern gekehrten Seite, an der sich auch die Aufrißstelle befindet; Außenwand mit kleinen Vorsprüngen. Mikrosporen verhältnismäßig sehr groß: 0,05 bis 0,075 mm im Durchmesser.

Die Keimung der Megasporen dürfte nach Freiwerden derselben (nach Zerfall des Megasporangiums in einzelne Teile) stattgefunden haben (Fig. 335). Vom Prothallium sind Reste der vegetativen Partie bekannt.

Die Art ist vergesellschaftet mit Blättern vom Typ derer von Sigillariopsis sulcata Scott gefunden worden.

M. pettycurense Benson. Unterkarbon (Calciferous Sandstone Series) von Schottland. Im Megasporangium angeblich mehr Megasporen als bei der vorigen.

Literatur (zu Mazocarpon).

Benson, M., Mazocarpon, or the structure of Sigillariostrobus. Ann. of Bot. 32. 1918.
Benson, M., Cantheliophorus, Bassler: new records of Sigillariostrobus. Ann. of Bot. 34. 1920.
Bassler, H., A sporangiophoric Lepidophyte from the Carboniferous. The Botanical Gazette 68. 1919.

Basale Stammteile und Bewurzelung der Lepidodendraceae und Sigillariaceae.

Die basalen Stammpartien der Lepidodendraceen- und Sigillarienbäume sind unter dem Namen Stigmaria Brongniart und Stigmariopsis Grand'Eury bekannt. Eine spezifische Identifizierung ist bei der Einförmigkeit des Gesamtbaues und der Oberflächenskulpturen dieser Organe nicht möglich; wohl aber steht soviel fest, daß die unter Stigmaria Bgt. zusammengefaßten Reste die basalen und unterirdischen Teile der Lepidodendraceen (Lepidodendron und Lepidophloios) sowie der meisten Eusigillarien darstellen, während die als Sigillariopsis Grand'Eury beschriebenen Reste diejenigen der Subsigillarien und vielleicht auch einiger Eusigillarien gewesen zu sein scheinen. Es ist aber ausdrücklich zu betonen, daß die im ganzen Karbon verbreiteten und bis zum obersten Teil des Mittleren Oberkarbon häufigen Stigmarien sehr wohl auch noch zu weiteren karbonischen baumförmigen Lycopodiales gehört haben können, wenn auch ein direkter Zusammenhang bisher nicht erwiesen ist.

Stigmaria Brongniart.

Die Verzweigung ist der der apikalen Stammpartie der Lepidodendraceen und Sigillarien ganz homolog; nur mit dem einzigen Unterschied, daß die beiden ersten in zwei zueinander senkrechten Ebenen ausgeführten Gabelteilungen unmittelbar hintereinander erfolgen, wodurch die Basis des Stammes plötzlich in vier zueinander im Kreuz stehende Gabelarme aufgeteilt ist (Fig. 336—339). In den meisten Fällen gehen diese vier Gabelarme in einem Winkel von 70° bis 80° von der Stammbasis ab, um mit ihren weiteren Verzweigungen annähernd horizontal im Substrat zu verlaufen, nur in selteneren Fällen ist der Abgangswinkel ein steilerer. Jeder der vier Hauptgabelarme ist mehrfach hintereinander verzweigt, und zwar stets in der Ebene parallel zur Oberfläche des Substrates (Fig. 336 u. 337)[1]). Während die erste weitere

[1]) Vgl. auch die Rekonstruktionen Fig. 284 u. 285; die Stigmariateile der Pflanzen sind so gezeichnet, daß man die dem Stamm näheren Partien wie nach Entfernung der obersten sie deckenden Substratschichten sieht, während die jüngeren Gabeläste, die noch die ringsum ausstrahlenden Wurzeln tragen, im Substrat verborgen sind.

Fig. 336.

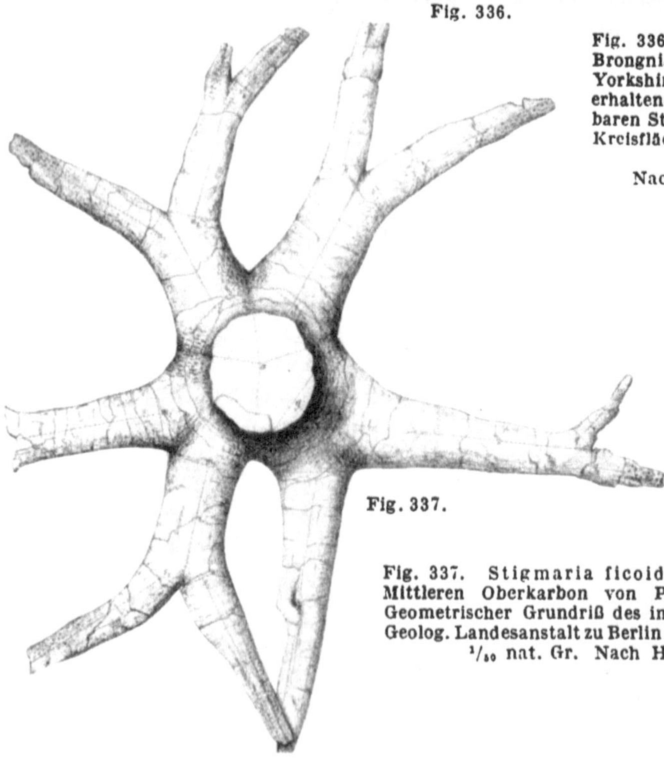

Fig. 337.

Fig. 336. Stigmaria ficoides Brongniart aus dem Karbon von Yorkshire. Die Ausladung der erhaltenen und im Bild sichtbaren Stigmaria-Äste umfaßt eine Kreisfläche von rund 9 m Durchmesser.
Nach Williamson 1887.

Fig. 337. Stigmaria ficoides Brongniart aus dem Mittleren Oberkarbon von Piesberg bei Osnabrück. Geometrischer Grundriß des im Lichthof der Preußisch. Geolog. Landesanstalt zu Berlin aufgestellten Exemplares. $^{1}/_{60}$ nat. Gr. Nach H. Potonié 1892.

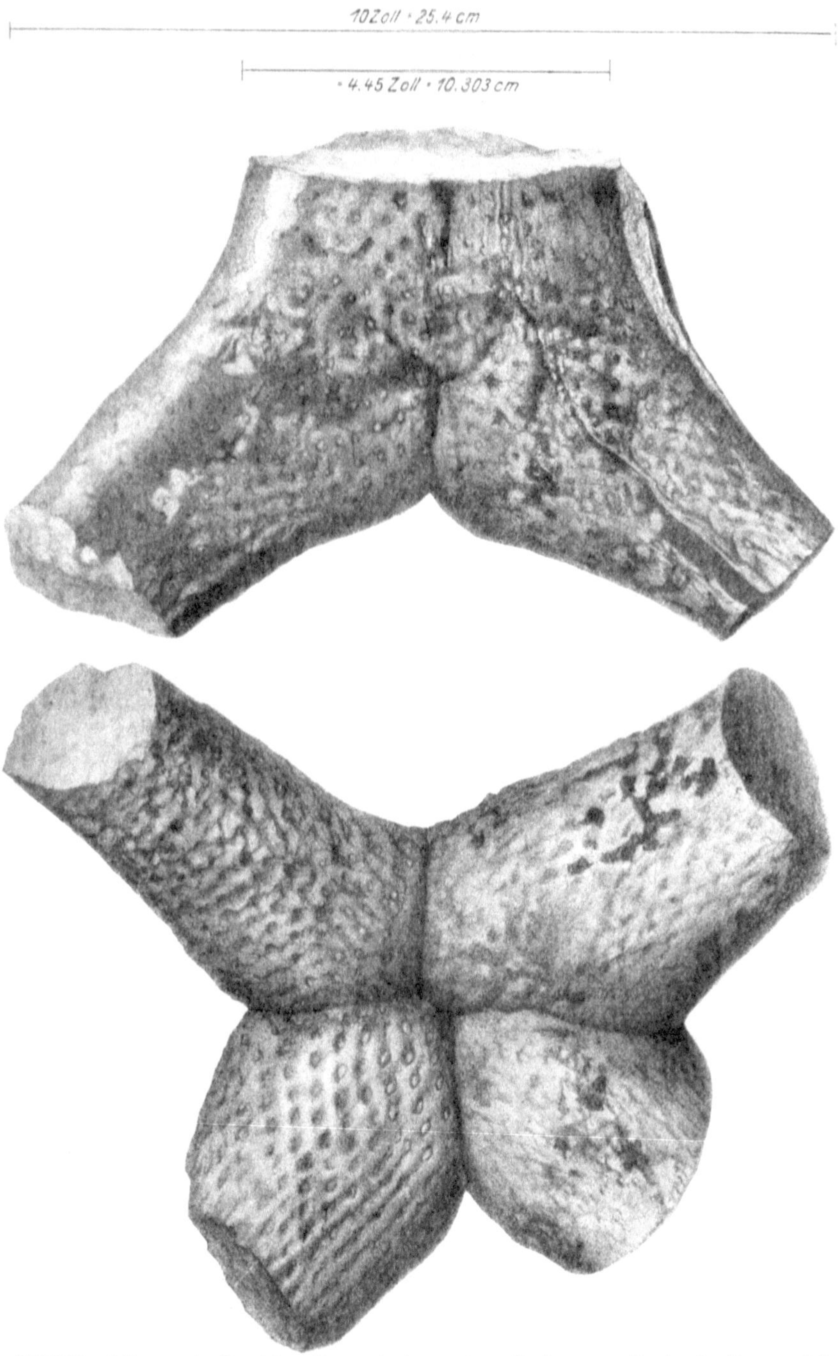

Fig. 338/339 Stigmaria ficoides Brongniart aus dem Karbon von England. Junges Stück von der Seite und von unten; an allen Partien noch die Ansatznarben der Wurzeln (Appendices) sichtbar. Ca. ½ nat. Gr. Nach Williamson 1887.

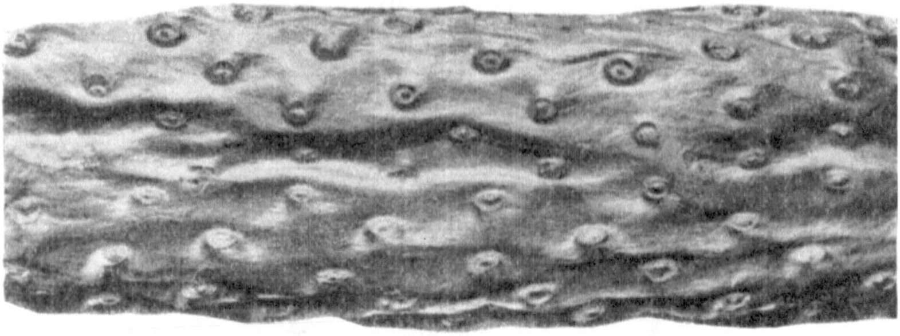

Fig. 340.

Fig. 341.

Stigmaria ficoides Brongniart aus dem Mittleren Oberkarbon von Belgien.

Fig. 340. Jüngeres Gabelstück mit den Narben der abgefallenen Wurzeln (Appendices). $^{9}/_{20}$.

Fig. 341. Jüngeres Gabelstück mit noch anhaftenden Wurzeln (Appendices). $^{19}/_{20}$.

Beide nach Renier 1910.

Gabelteilung der vier Hauptäste in der Regel noch ganz in der Nähe der Stammbasis (Fig. 336) erfolgt, so daß von dieser oft acht annähernd gleichstarke Arme auszugehen scheinen, vollziehen sich die weiteren Gabelteilungen in immer weiteren Abständen voneinander. Im übrigen haben die Teilungen, selbst die allerersten, offenbar durchaus nicht gleichzeitig und in gleicher Entfernung vom Stamm eingesetzt, was Fig. 337 zeigt, wo die beiden im Bild unteren Hauptarme viel eher sich zweigeteilt haben als die im Bild oberen. Die radiale Ausladung der Gabelarm-Komplexe ist eine recht beträchtliche gewesen und es sind Fälle bekannt, wo die radiale Ausstrahlung des Stigmariasystems um die Stammbasis herum über 12 m betragen hat; womit aber sicher nicht die maximale Größe gefunden worden ist; diese ist schwer festzustellen, da naturgemäß der Verfolgung fossiler Reste auf weite Strecken die größten Schwierigkeiten entgegenstehen.

Die Dicke der Gabeläste schwankt je nach dem Alter und der Größe des zur Fossilisation gelangten Baumes und natürlich auch weiterhin nach dem Grad der Entfernung der Gabeläste vom Stamm. Bekannt sind Stücke von bis zu 60 cm im Durchmesser, Dimensionen, die ohne weiteres verständlich sind, wenn man bedenkt, daß die Stämme mancher Lepidodendronarten bis 2 m im Durchmesser erreicht haben, und daß die der Sigillarien, wenn auch im ganzen schlanker, so doch bei ihrer Neigung zu konischer Verdickung an der Basis nicht viel hinter denen der Lepidodendren werden zurückgestanden haben.

An allen Teilen der Stigmarien wurden die von ihnen allseits radial ausstrahlenden Wurzeln, die gewöhnlich unter dem Namen »Appendices« gehen, getragen. Diese waren nicht oder nur selten (ein bis wenige Male) gegabelt und erreichten eine Länge von bis zu 40 cm bei einer Dicke von etwas mehr oder weniger als ½ cm. Bei jungen Pflanzen auch an den dem Stamm nächstgelegenen Stigmariateilen getragen, sind sie an älteren und weitverzweigten Systemen mehr auf die an der Peripherie gelegenen Gabelzweigteile beschränkt gewesen, indem sie an den dem Stamm näheren und stärkeren Stigmariateilen allmählich abstarben. Vielfach sind an den in Abdrücken oder Steinkernen erhaltenen fossilen Resten die Appendices selbst nicht mehr ansitzend erhalten; in solchen Fällen ist die Stelle ihres Abbruchs durch ein kreisförmiges Mal von mehr oder weniger als ½ cm Durchmesser und einer kleinen Erhebung in der Mitte angedeutet. (Fig. 338—340).

Entgegen der so oft fälschlicherweise ausgesprochenen Annahme der Wurzelnatur der Stigmarien sei ausdrücklich betont, daß es keinem Zweifel unterliegen kann, daß die Stigmaria als Ganzes die Auflösung der unteren Stammpartie der Lepidophytenbäume in rhizomatische Verzweigungen darstellen, die der durch wiederholte Gabelteilung zustande kommenden Auflösung der oberen Partie des Hauptstammes der meisten der Lepidophyten vollkommen homolog ist und sich prinzipiell in nichts davon unterscheidet. Erst die von den Stigmariagabelästen getragenen Appendices sind Wurzeln.

Bezüglich der anatomischen Verhältnisse der Stigmarien und der von ihnen getragenen Wurzeln s. unten.

Was die Systematik der in Abdrücken und Steinkernen erhaltenen Stigmariareste betrifft, so ist hauptsächlich auf Grund der Oberflächenskulpturen eine größere Anzahl von Arten unterschieden worden.

St. ficoides Brongniart. Durch das ganze Karbon verbreitet, jedoch selten im Oberen Oberkarbon (Fig. 340 u. 341). Es handelt sich hier sicher um eine Sammelart, die ebenso wie die unter diesem Namen gehenden strukturbietenden Reste (vgl. unten) jedenfalls die basalen Stammteile einer Anzahl von Lepidodendraceen und Eusigillarien und, wie bemerkt, möglicherweise noch anderer baumförmiger Lycopodiales umfaßt. Hinsichtlich der allgemeinen Morphologie von St. ficoides gilt das für die Gattung im ganzen angeführte. Im speziellen sind die Gabelzweigoberflächen dadurch charakterisiert, daß die quinkunzial angeordneten Wurzelnarben in Abständen von längs und quer 5 bis 12 mm inseriert sind. Oberfläche fein chagriniert und oft mehr minder tief gefurcht. Wo die Wurzeln selbst nicht mehr erhalten sind, haben die ihrer Ansatzstelle entsprechenden kreisrunden Male einen Durchmesser von 2 bis 5 und mehr mm Durchmesser.

Unterschieden werden sehr zahlreiche Varietäten, die zum Teil wohl nur Erhaltungszustände darstellen: so **var. undulata** Goeppert, **var. sigillarioides** Goeppert, **var. inaequalis** Goeppert, **var. elliptica** Goeppert, **var. laevis** Goeppert, **var. maior** Grand'Eury, **var. rugosa** Heer u. a.

St. stellata Goeppert. Unteres Oberkarbon von Ober- und Niederschlesien und England. Von den Wurzelnarben strahlen rippenartige Aufwölbungen aus. Dadurch, daß die Rippenstrahlen um jede Wurzelnarbe nicht mit denen der nächsten in ihrem Umkreis liegenden verschmelzen, sondern in halber Entfernung von den umliegenden Wurzelnarben verlöschen, hat es den Anschein als ob die ganze Oberfläche der Stigmariaarme in annähernd achteckige Felder, deren Mittelpunkt die Wurzelansatzstelle, von der aus die Strahlenrippen ausgehen, aufgeteilt sei.

St. minuta Goeppert (= **St. Eveni** Lesquereux). Mittleres Oberkarbon. Wurzelnarben sehr klein.

St. minor Geinitz. Ebenda.

St. rugulosa Gothan. Ebenda. Oberfläche zwischen den Wurzelnarben mit unregelmäßigen Längsrunzeln.

St. reticulata Goeppert. Ebenda. Mit feinen unregelmäßigen, von den Wurzelnarben ausstrahlenden Linien.

St. contracta Brongniart. Ebenda.

Strukturbietende Reste.

St. ficoides Brongniart (vgl. oben) (Fig. 342—348). Im Zentrum der Stele der Stigmariaarme ist parenchymatisches Mark in ausgedehntem Maße entwickelt. Da nur dessen unmittelbar an das Primärxylem anschließende Partien (Fig. 342 u. 343), nie aber die mittleren erhalten sind, ist es sehr wahrscheinlich, daß der zentrale Markteil relativ früh zerriß und so, ähnlich wie bei den Calamiten und anderen ein in der Stele verlaufender Markhohlraum gebildet wurde. Das Xylem, das primäre sowohl als das sekundäre, erscheint auf dem Querschliff (Fig. 342 u. 343) in eine größere Anzahl keilförmiger Bündel zerlegt, doch ist, wie Tangentialschliffe zeigen, die Sache in Wirklichkeit so, daß die an sich einheitliche Xylemsäule von breiten aber nicht sehr hohen, im Tangentialschliff ungefähr eiförmigen primären Markstrahlen durchsetzt ist, wodurch der Eindruck hervorgerufen wird, als bestände das Stelenxylem aus einer größeren Anzahl von Einzelbündeln[1]). Primär- und Sekundärxylem gehen ohne deutliche Grenze ineinander über; beide bestehen aus Treppentracheiden mit Tüpfelung der Radial- und Tangentialwände; zuinnerst, also in endarcher Lage, ist das Protoxylem (aus Schraubentracheiden) entwickelt. Im Sekundärxylem verlaufen zahlreiche sekundäre Markstrahlen ein bis wenige Zellagen hoch und breit. Was die primären Markstrahlen betrifft, so sind ihre Flanken ebenso, wie das für die sekundären der oberirdischen Sprosse der Lepidodendraceen gilt, von radial gestreckten tracheidalen Elementen mit schraubiger oder netziger Wandverdickung gebildet. Vor dem Xylem liegt das Kambium und nach außen anschließend das Phloëm; letzteres von offenbar ähnlichem Bau wie das der oberirdischen Sprosse der Lepidodendraceen. Noch viel lakunöser als dort scheint die primäre Innenrinde entwickelt gewesen zu sein, worauf ihre in der Regel nur sehr mangelhafte Erhaltung hinweist. Aus ziemlich einheitlichem und weitlumigem Parenchym besteht die äußere primäre Rinde. Nur an den jüngeren Stigmariateilen sind davon größere Partien erhalten, da entgegen den Verhältnissen der oberirdischen Sproßteile der Lepidophyten hier die Peridermbildung von einer in der Außenrinde sehr weit innen gelegenen Schicht ihren Ursprung nimmt und die außerhalb des Periderms gelegenen Schichten verhältnismäßig früh abgestreift wurden. Hinsichtlich der Peridermausbildung sind mehrere Typen bekannt. Fälle, in denen — wenigstens längere Zeit hindurch — nur Endophelloderm, und umgekehrt solche, in denen fast nur Exophelloderm gebildet wurde; daneben solche, wo Endo- und Exophelloderm erzeugt worden sind. An älteren Stigmariateilen scheint indes in allen Fällen das prosenchymatische Endophelloderm den Hauptteil des Periderms ausgemacht zu haben. In ihm sind in zonenförmiger Anordnung Schichten sekretorischen Gewebes verteilt. Die mehr isodiametrischen, in den äußersten Lagen tangential gedehnten Zellen des Exophelloderms waren sicher nicht verkorkt, was schon daraus hervorgeht, daß an stärkeren Stigmariateilen aus ihren peripheren Schichten neues Phellogen gebildet wurde, woraus dann unter Erhaltung des älteren und inneren Periderms neues außen anschließend erzeugt wurde.

Was die anatomischen Verhältnisse der eigentlichen Wurzeln, der sogenannten Appendices, betrifft, so sei zunächst eingegangen auf die

[1]) Da, wie weiter unten zu zeigen sein wird, jeder Lücke eines primären Markstrahles ein Wurzelbündel entspricht, d. h. gerade an jedem unteren Markstrahlende ein Wurzelbündel dem Xylem entspringt, so handelt es sich offenbar um eine ähnliche im Konnex mit der Bündelabgabe an Seitenorgane stehende Xylemkörperauflösung, wie sie im Zusammenhang mit der Abgabe der Blattspurbündel, z. B. bei den Sprossen der jüngeren Osmundaceentypen zu beobachten ist und letzten Endes zu der sympodialen Blattspurbündelverkettung führt, die bei Gymno- und Angiospermen-Sprossen so häufig ist.

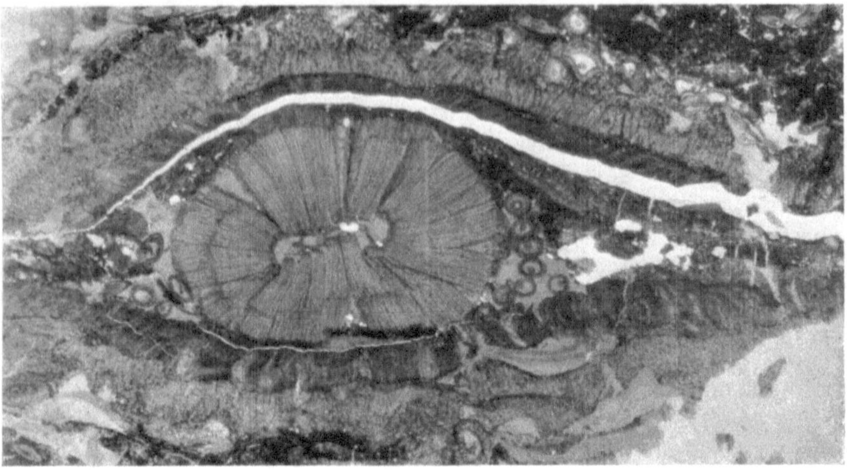

Fig. 342.

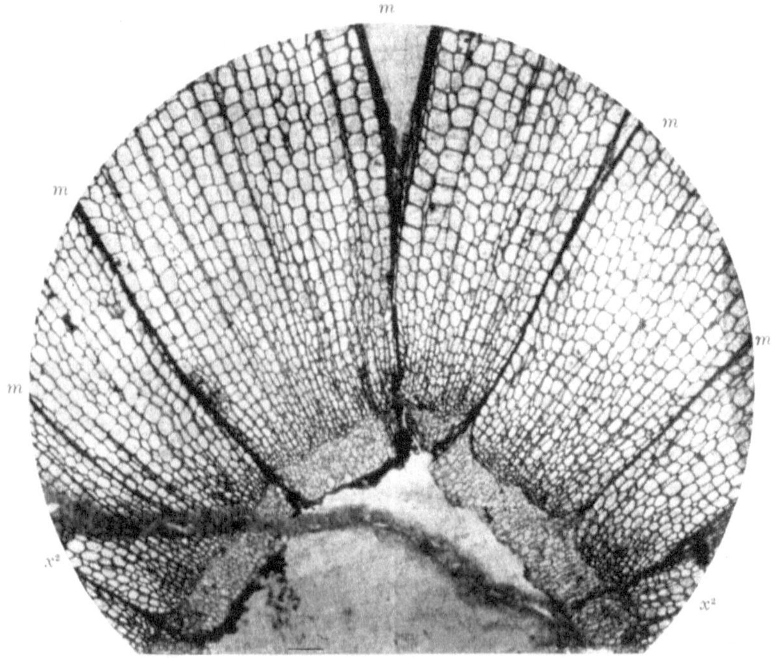

Fig. 343.

Fig. 342. **Stigmaria ficoides** Brongniart aus dem Mittleren Oberkarbon v. Westfalen. Querschliff durch einen jüngeren Gabelast; in der Mitte die Xylemmasse der Stele. Phloëm und ganze primäre Rinde zerstört. Zu äußerst oben und unten im Bild: Periderm aus Endophelloderm (dunkel) und Exophelloderm mit stark tangential gedehnten Zellen (hell und zu äußerst). In dem leeren Zwischenraum zwischen Stele und Periderm zahlreiche von außen her eingedrungene Appendices. Ca. 3 ×. — Original.

Fig. 343. **Stigmaria ficoides** Brongniart aus den Lower Coal Measures von England. Partie der Stele. Zu innerst die noch allein erhaltene periphere Partie des zentralen Markes (*p*); anschließend das endarche Primärxylem (*x*) und das Sekundärxylem (x^2); *m*: Markstrahlen. Ca. 15 ×. — Original.

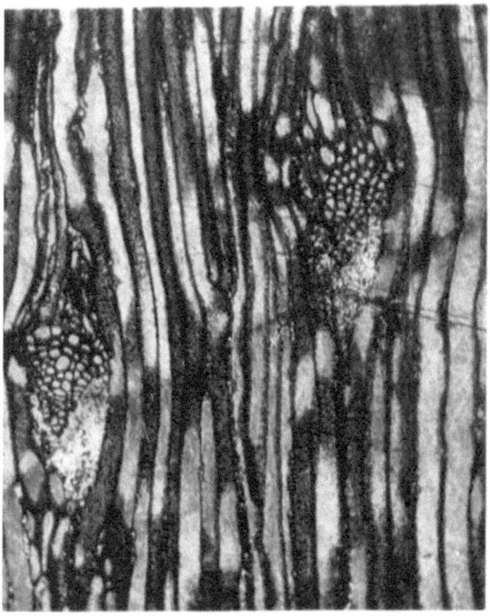

Fig. 344.

Fig. 344. Stigmaria ficoides Brongniart aus dem Mittleren Oberkarbon von Holland. Tangentialschliff durch das Sekundärxylem; links Mitte und rechts weiter oben: zwei Markstrahlen; darin unten das zum Teil zerstörte Markparenchym; oben je ein monarches Wurzelbündel mit Sekundärxylem, dessen Elemente an die der Stigmaria Stele anschließen. Ca. 20 ×. Nach einer von Herrn G. R. Koopmans zur Verfügung gestellten Photographie.

Fig. 345. Stigmaria ficoides Brongniart. Schema der Verteilung der Markstrahlen und der in ihnen verlaufenden Wurzelbündel im Stelenxylem. Die in der Figur obere Partie entspricht der im Stigmariaast stammwärts gekehrten. — Original.

Fig. 345.

freien Partien derselben, d. h. auf die Wurzelteile nach ihrem Austritt aus der Stigmaria (Fig. 346—348). Charakteristisch ist ein einziges endarches und monarches Bündel (Fig. 347), dessen Xylemteil im Querschliff kreisrund bis dreieckig ist und das aus Schraubentracheiden bestehende Protoxylem an der einen Flanke hat. Den Metaxylemteil des Bündels bilden $\pm$ weite Treppentracheiden. Daran anschließend folgt auf der dem Protoxylem abgekehrten Seite das Phloëm, das noch auf die Flanken des Metaxylems übergreift, nicht aber bis über das Protoxylem hinweg ausgedehnt war. Ringsum weiterhin der Perizykel, nur ganz wenige Zellagen tief. Ohne Ausbildung einer Endodermis schließt die aus 5 bis 7 Lagen von Parenchymzellen bestehende innere Rinde an. Den zwischen ihr und dem Außenrindenmantel befindlichen lufterfüllten Raum überbrücken nur gelegentlich trabekuläre Gewebebänder (Fig. 346 u. 348). Die Außenrinde, gleichfalls aus weitlumigem Parenchym (Fig. 347), zeigt in vielen Fällen die innerste, oder einige der inneren Schichten aus derbwandigeren Zellen gebildet (Fig. 348); gelegentlich treten auch nachträglich noch tangentiale Zellteilungen auf, die zu einer geringen Verstärkung des ursprünglichen Außen-

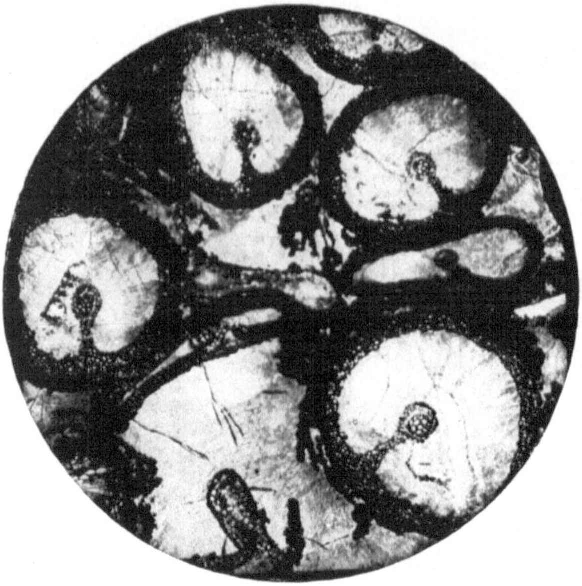

Fig 346.

Fig. 346. Stigmaria ficoides Brongniart aus dem Mittleren Oberkarbon von Westfalen. Einige Wurzeln (Appendices) im Querschliff. Im Zentrum einer jeden das monarche Wurzelbündel, das von der innersten Rinde umschlossen und mit der Außenrinde durch schmale Gewebebänder in Verbindung gehalten ist. Vergr. Aus Gürich-Gothan 1923.

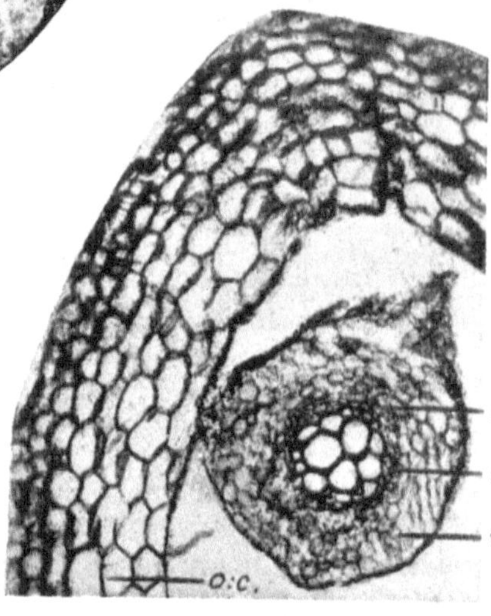

Fig. 347.

Fig. 347. Stigmaria ficoides Brongniart aus den Lower Coal Measures von England. Teil einer Wurzel (Appendix) im Querschliff. *p*: Protoxylem, *ph*: Phloëm des monarchen Bündels; *ic*: Innerste Rinde; *oc* Außenrinde. Ca. 45 ×. Aus Scott Studies 1920.

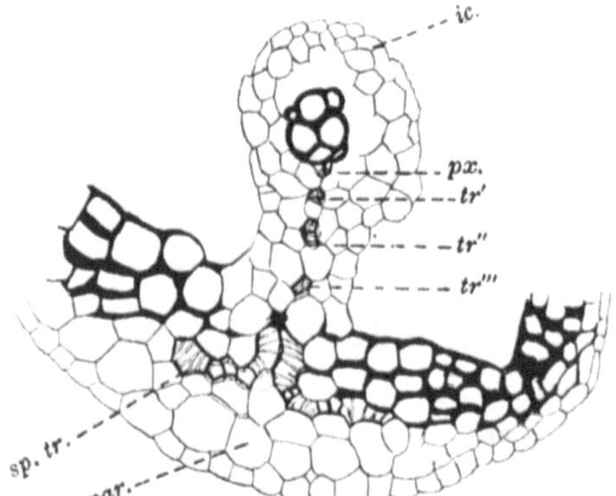

Fig. 348.

Fig. 348. Stigmaria ficoides Brongniart aus den Lower Coal Measures von England. Teil einer Wurzel (Appendix) im Querschliff. In der Außenrinde: Differenzierung in zart- und derberwandige Elemente; dazwischen und ebenso in der Gewebebrücke zwischen Innen- und Außenrinde tracheidale Elemente (*tr'*—*tr'''* und *sp. tr.*). Nach F. E. Weiß 1902.

rindenmantels führen. Die Epidermiszellen haben kleine papillöse Vorwölbungen; echte Wurzelhaare sind jedoch nicht entwickelt. Wichtig für die Wasserleitung in den Wurzeln ist die Tatsache, daß in den inneren Lagen der Außenrinde netzförmig verstreute tracheidale Elemente verbreitet sind, die sich, mehr minder von Pyrenchym unterbrochen, durch die trabekulären Gewebezüge in die Innenrinde und von da bis zum Xylem des Wurzelbündels fortsetzen (Fig. 348). Auf diese Weise ist für das von der Wurzeloberfläche aufgenommene Wasser ein Leitungsgewebe geschaffen, das hier, wo zwischen Außenrinde und den inneren Gewebeelementen ein breiter Luftmantel eingeschoben ist, nötig ist.

Was Entstehung und Verlauf der Wurzeln im Innern der sie tragenden Stigmariaäste betrifft, so nimmt das Xylem der Bündel seinen Ursprung von den innersten Elementen des Stelenxylems. Die Verteilung von Wurzeln und primären Markstrahlen in der Stele von Stigmaria ist, wie weiter oben bereits angedeutet, so, daß unter jedem primären Markstrahl eine Wurzel entspringt, und diese in ihm nach auswärts zieht. Anfangs aus nur wenigen Tracheiden gebildet, erhält das Bündel während seines Durchzuges durch das Sekundärxylem der Stigmariastele Sekundärxylem in größerer Menge angelagert; das Bündel erscheint hier auf Tangentialschliffen durch den Xylemkörper der Stigmaria von annähernd dreieckiger Gestalt. Die Orientierung ist dabei so, daß die Protoxylemelemente des monarchen Bündels nach der Scheitelregion des Stigmariaastes, und Metaxylem und Sekundärxylemelemente nach dessen Basis, also gegen den Stamm zu orientiert sind (Fig. 344 u. 345), eine Lage, die zweckmäßig ist, weil damit das von der freien Wurzel aufgenommene und in den zugehörigen Stigmariaarm zu leitende Wasser direkt an die in der Stigmaria ziehenden Tracheidenbahnen angeschlossen ist. Zu bemerken ist, daß im Bündel der freien Wurzel nur noch wenige oder sogar meist gar keine Sekundärtracheiden mehr angetroffen werden. Während das Wurzelbündel im Bereich der Stigmariastele nahezu horizontal verläuft, zieht es im Gang durch die Innenrinde ziemlich steil aufwärts, um in der Außenrinde wieder mehr horizontal zu verlaufen. Phloëm, innere und äußere Rinde gliedern sich während seines Verlaufes durch die jeweils entsprechenden Zonen an. Der den primären Rindenteilen der Stigmaria außen anlagernde Peridermmantel, ebenso die davor liegenden äußersten primären Rindenschichten, werden von der austretenden Wurzel durchbrochen. Die Trennung von Innen- und Außenrinde, die für die freie Wurzel charakteristisch ist, ist zwar während ihres Zuges durch die Außenrinde und das Periderm schon angedeutet, kommt aber erst nach dem Austritt aus der Stigmaria zur Durchführung.

Auf Grund der Tatsache der Kontinuität der inneren und äußeren Rindenteile der Stigmaria und der Wurzeln kann bei den letztern nicht von endogener Entstehung, die ja sonst die bei den Wurzeln allgemein übliche ist, gesprochen werden. Andernteils handelt es sich auch nicht um rein exogene Entstehung, wie die Tatsache der Durchstoßung des Periderms und der peripheren davor gelegenen primären hypo- und epidermalen Rindenteile beweist (vgl. aber unter St. bacupensis).

St. bacupensis Scott. Lower Coal Measures von England und Belgien. Primärxylempartieen im Querschliff sehr schmal und zahlreich. Wurzeln offenbar von endogener Entstehung.

St. (Xenophyton) radiculosa Hick spec. Lower Coal Measures von England. Vermutlich zu Lepidophloios fuliginosus Williamson spec. (S. 243 ff.) gehörig. Xylem gleichfalls zentrifugal, aber nur schwach entwickelt, mit breiten gleichfalls mit den Wurzelbündeln korrespondierenden Markstrahlen. Rinde aus drei Zonen: innerste (Perizykel?) unmittelbar an das Phloëm anschließend aus 5 bis 6 Lagen kleiner langgestreckter Zellen; mittlere interzellularenreiche Zone aus weitlumigem isodiametrischen Parenchym; Außenzone aus derbwandigen eng aneinander geschlossenen Zellen; in dem hier sich bildenden Periderm sekretorisches Gewebe in zonenförmiger Anordnung. Wurzelbündel schräg aufsteigend; während des Ganges in der mittleren Rinde mit beträchtlichem Parenchymzuwachs an der adaxialen, dem Xylem nahen Seite eine Bildung, die dem Parichnos der Blattspurbündel vergleichbar ist, nur daß dieser dort an der abaxialen Bündelseite hinzutritt.

St. Lohesti Leclercq, Mittleres Oberkarbon von Belgien. Stele ohne Markentwickelung. Zugehörigkeit zu Stigmaria jedoch nicht einwandfrei erwiesen.

Stigmariopsis Grand'Eury.

Die unter diesem Namen beschriebenen Stigmaria-ähnlichen Rhizompartien sind vom Mittleren Oberkarbon ab bekannt, scheinen aber erst vom Oberen Oberkarbon ab häufiger geworden zu sein und bis ins Obere Rotliegende gereicht zu haben. Es handelt sich allem Anschein nach um die Basalpartien der Stämme der Subsigillarien und wohl auch einiger rhytidolepen Eusigillarien, wenn schon die Mehrzahl der letzteren sicher Stigmaria-Basen hatte. Von Stigmaria unterscheidet sich Stigmariopsis prinzipiell nur dadurch, daß die ersten vier Gabelarme in einem etwas steileren Winkel von der Stammbasis abgingen und dann vor allem dadurch, daß die vier Gabeläste ihrerseits nicht streng dichotomisch sondern offenbar mehr minder rein monopodial verzweigt waren (Fig. 349 u. 350) und daß diese Seitenäste, die sogenannten »tap-roots« R. Brown's, ziemlich senkrecht in das Substrat eingingen (Fig. 349). Diese Seitenäste scheinen ihrerseits dann aber wieder einmal oder wenige Male gabelig verzweigt gewesen zu sein. Ganz wie bei Stigmaria gingen von der Oberfläche aller Teile der Stigmariopsis ringsum die Wurzeln ab; ihr Bau scheint, soviel bekannt, von dem der Stigmarien nicht wesentlich abgewichen zu sein. Die Oberfläche der zwischen den Wurzelansatzstellen liegenden Partien ist mit Dictyoxylon-ähnlicher Skulptierung versehen.

Unter den in Abdrücken bekannten Resten sind mehrere Arten unterschieden:

St. rimosa Goldenberg spec., **St. rimosiformis** Kidston, **St. anglica** Kidston, sämtliche aus dem oberen Teil des Mittleren Oberkarbon.

St. (Leaia) Leidyi Jones spec. Oberes Oberkarbon von Frankreich (Gard).

Die anatomischen Verhältnisse sind nur mangelhaft bekannt. Bei **St. (Leaia) Leidyi** Jones spec. ist der Ausguß des vom Stelenxylem umgebenen zentralen Markes als Steinkern erhalten. Seine Kannelierung mit vorspringenden fein gestreiften Rippen spricht, in Zusammenhang mit dem für St. Brardii Renault spec. Bekannten, dafür, daß das Stelenxylem in eine große Anzahl einzelner langziehender

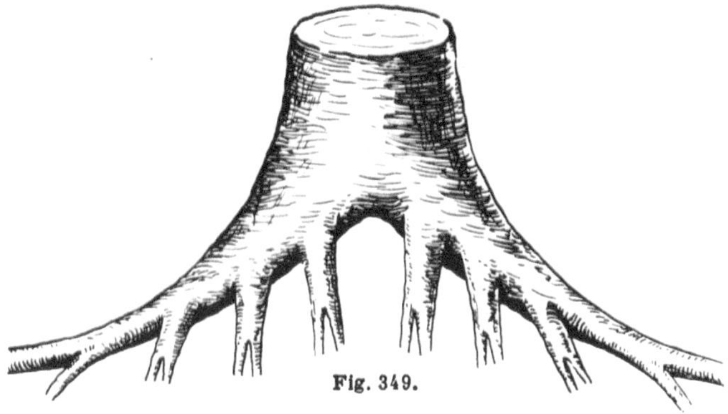

Fig. 349.

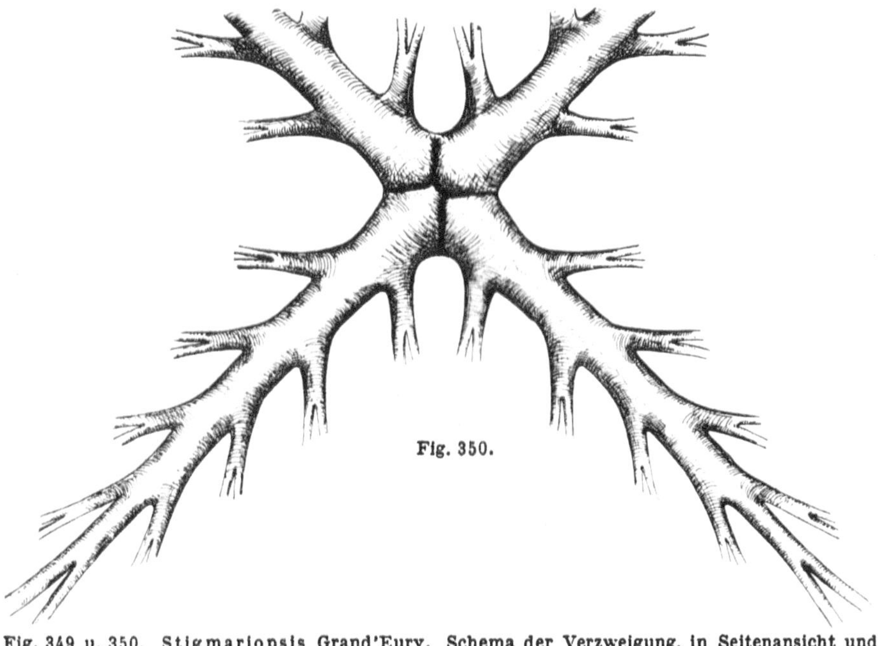

Fig. 350.

Fig. 349 u. 350. Stigmariopsis Grand'Eury. Schema der Verzweigung, in Seitenansicht und im geometrischen Grundriß von unten. — Original.

Keile aufgeteilt war, zwischen denen, wenigstens bis zu einer gewissen Tiefe (vgl. Stigmariopsis Brardii), breite primäre Markstrahlen verliefen. Die Vorsprünge in der Kannelierung des Steinkernes würden demnach deren Ausgüsse bedeuten, während die konkaven Rillen den am lebenden Objekt markwärts prominenten Primärteilen der Xylembündel der Stele entsprechen.

Diese Vorstellung wird, wie bemerkt, unterstützt durch das, was bekannt ist von: **St. Brardii** Renault spec. aus den Rotliegend-Kieseln von Dracy-Saint-Loup bei Autun. Was die Stele der mit Oberfläche erhaltenen Reste betrifft, so umgibt das offenbar endarche Xylem den Markhohlraum, dessen Gewebe zerstört ist. In ihn springt das in seinen inneren Partien in zahlreiche Bündel aufgelöste Xylem vor; zwischen den Xylembündeln die vom Mark her einstrahlenden primären Markstrahlen. Sekundärxylem ist in beträchtlicher Menge entwickelt. Ob die Xylembündel unter allmählicher Obliterierung der primären Markstrahlen (ähnlich wie dies bei manchen Formen von Arthropitys der Fall ist) zu einem massiven und nur von sekundären Markstrahlen durchsetzten Xylemmantel zusammenschließen, ist nicht ganz geklärt, jedoch nach den Figuren Renaults wahrscheinlich. Im Periderm verlaufen zwischen Partien aus dünnwandigeren und isodiametrischen Zellen untereinander anastomosierende, wellenförmige Platten aus tracheidalen, offenbar der Wasserspeicherung dienenden Elementen, die mit dem Wurzelxylem in Verbindung sind. Sie geben den Flächen zwischen den Wurzelansatzstellen die obenerwähnte Dictyoxylonskulptur.

St. spec., von Renault l. c. 1893 beschrieben, aus dem Champ de Borgis, scheint bei sonst mit der Vorigen übereinstimmenden Anordnung der Xylempartien der Stele noch zentripetales Primärxylem besessen zu haben.

Literatur zu Stigmaria und Stigmariopsis.

Binney, E. W., On the remarcable fossil trees lately discovered near St. Helen's. Phil. Mag. 24. 1844.

Binney, E. W., Description of the Dukinfield Sigillaria. Quart. Journ. Geol. Soc. 2. 1846.

Binney, E. W., Some observations on Stigmaria ficoides. Quart. Journ. Geol. Soc. 15. 1858.

Binney, E. W., Observations on the structure of fossil Plants found in the Carboniferous Strata. Pt. IV: Sigillaria and Stigmaria. Palaeontogr. Soc. London 1875.

Bowman, J. E., Observations on the characters of the fossil trees lately discovered on the line of the Bolton railway. Trans. Manch. Geol. Soc. 1. 1841.

Brown, R., On the Geology of Cape Breton (Nova Scotia). Quart. Journ. Geol. Soc. 1. 1845.

Brown, R., On a group of erect trees in the Sydney coal field of Cape Breton (Nova Scotia). Ibid. 2. 1846.

Brown, R., Upright Lepidodendron with Stigmariaroots, in the roof of Sidney Main Coal. Ibid. 4. 1847.

Brown, R., Description of erect Sigillariae with conical taproots, found in the roof of the Sidney Main Coal, in the island of Cape Breton. Proceed. Geol. Soc. 21. March 1849.

Bureau, M. E., Flore foss. du Bassin de la Basse Loire. S. 54—58, 200—206. Paris 1914.
Feistmantel, O., Die Versteinerungen der böhmischen Kohlenablagerungen. 3. Abt. S. 258—264. Palaeontographica 23. 1875/76.
Goeppert, H. R., Die Gattungen der fossilen Pflanzen. S. 13—32. Bonn 1841.
Goeppert, H. R., Die foss. Flora des Übergangsgebirges. S. 221—247. Nova Acta Akad. Leop. Carol. 22. 1852.
Goeppert, H. R., Die fossile Flora der Permischen Formation. S. 187—201. Palaeontogr. 12. 1864.
Goldenberg, Fr., Flora Saraepontana fossilis. I. S. 30/31 und III. S. 6—21. Saarbrücken 1862.
Grand'Eury, C., Mém. flore carbonifère du Département de la Loire et du Centre de la France. S. 166—178. Mém. sav. étr. Acad. Sc. 24, 1. Paris 1877.
Grand'Eury, C., Formation des couches de houille et du terrain houiller. Mém. Soc. Géolog. France 4. 1887.
Grand'Eury, C., Géologie et Paléontologie du Bassin houiller du Gard. S. 236 bis 243. St. Étienne 1890.
Grand'Eury, C., Sur les sols de végétation fossile des Sigillaires et des Lepidodendrées. Comptes Rendus 138. 1904.
Hawkshaw, J., Description of the fossil trees found in the excavations for the Manchester and Bolton Railway. Trans. Geol. Soc. 2 Ser. Bd. 6. 1842.
Hick, T., Is Stigmaria a Root or a Rhizome? Nat. Science 1892 und: A Rejoinder. Ibidem.
Hick, T., On a new fossil Plant from the Lower Coal Measures. Journ. Linnean Society. 29. 1893.
Hick, T., Supplementary note on a new foss. plant. Ibid. 29. 1893.
Kidston, R., Catalogue of the Palaeozoic Plants in the Department of Geology and Palaeontology, Brit. Mus. Nat. Hist. S. 201—205. London 1886.
Kidston, R., Carboniferous Lycopods and Sphenophylls. S. 66—84 und S. 108—115. Transact. Nat. Hist. Soc. Glasgow. N. Ser. 4. 1901.
Kidston, R., The flora of the Carboniferous Period II. (T. 51 Fig. 4). Proceed. Yorkshire Geol. Polytechn. Soc. 14. III. 1902.
Kidston, R., Les végétaux houillers recueillis dans le Hainaut belge. S. 209—214. Brüssel 1911.
Vgl. auch die unter Lepidodendron und Sigillaria, S. 205/06 bzw. 266/70 aufgeführten zahlreichen Bearbeitungen der britischen Kohlenflora von R. Kidston.
Lang, W. H., On the appearently endogenous insertion of the roots of Stigmaria. Mem. Proc. Manchester Lit. Phil. Soc. 67. 1923.
Leclercq, S., Introduction à l'étude anatomique des végétaux houillers de Belgique: Les coal balls de la couche de Bauxharmont des charbonnages de Wéréster. Mém. Soc. Géolog. Belg. 1924/25.
Lesquereux, L., Coal flora of the Carboniferous formation in Pennsylvania. II. S. 509—518. Harrisburg 1884.
Lignier, O., Interprétation de la souche des Stigmaria. Bull. de la Soc. Bot. de France. 60. 1913.
Logan, W. E., On the character of the beds of clay immediately below the Coal seams of S. Wales. Trans. Geol. Soc. London 6. 1842.
Platt, S. S., Notes on a large fossil tree recently found in Shale of Coal Measures at Sparth Bottoms, Rochdale. Trans. Manchester Geol. Soc. 23. 1894/95.
Potonié, H., Der im Lichthof der K. Geolog. Landes-Anst. und Bergakademie aufgestellte Baumstumpf mit Wurzeln aus dem Karbon des Piesberges. Jahrbuch d. K. Preuß. Geolog. Landes-Anst. u. Bergakad. zu Berlin f. 1889. Berlin 1892.
Potonié, H., Eine gewöhnliche Art der Erhaltung von Stigmaria als Beweis für die Autochthonie von Karbonpflanzen. Zeitschr. Deutsch. Geolog. Ges. 1893.

Potonié, H., Die (Silur- u.) Kulmflora d. Harzes u. Magdeburgischen. S. 100. Abh. d. K. Preuß. Geolog. Landes-Anst. N. F. 36. Berlin 1901.

Renault, B., Étude sur les Stigmaria, rhizomes et racines de Sigillaires. Ann. Sc. géolog. 12. 1882.

Renault, B., Sur les Stigmarhizomes. Comptes rendus de l'Acad. de Paris 105. 1887.

Renault, B., Flore fossile du Bassin houiller et permien d'Autun et d'Epinac II. S. 226—239. Paris 1893—96.

Roehl, E. von, Foss. Flora d. Steinkohlenformation Westfalens. S. 118—124. Palaeontogr. 18. 1869.

Solms-Laubach, H. Graf zu, Über Stigmariopsis Grand'Eury. Palaeontolog. Abh. von Dames und Kayser. N. F. 2. 1894.

Weiss, Ch. E., Foss. Flora d. jüngst. Steinkohlenformation u. d. Rotliegenden im Saar-Rhein-Gebiete. S. 168—173. Bonn 1869—72.

Weiss, F. E., The VascularBranches of Stigmarian Rootlets. Ann. of. Bot. 16. 1902.

Weiss, F. E., On Xenophyton radiculosum, and on a Stigmaria rootlet probably related to Lepidophloios fuliginosus. Mem. and Proceed. Manchester Lit. and Phil. Soc. 1902.

Weiss, F. E., The vascular supply of Stigmarian rootlets. Ann. of Bot. 18. 1904.

White, D., Fossil flora of the Lower Coal Measures of Missouri. S. 244—247. — Monogr. U. S. Geolog. Survey 37. Washington 1899.

Williamson, W. C., On the organization of the fossil Plants of the Coal Measures II u. XI. Philos. Transact. R. Soc. London. Bde. 162 u. 172. 1872 u. 1881.

Williamson, W. C., und Hartog, Les Sigillaires et les Lepidodendrons. Ann. Sc. nat. Ser. 6 Bd. 13. 1882.

Williamson, W. C., A Monograph on the morphology and Histology of Stigmaria ficoides. Palaeontolog. Soc. London 1887.

Williamson, W. C., Sigillaria and Stigmaria. Nat. Science 1892.

Williamson, W. C., A Reply to Mr. Hick. Ibid. 1892.

Zeiller, R., Flore fossile du Bassin houiller de Valenciennes. S. 608—620. Paris 1886—88. — Vgl. auch die übrigen unter Lepidodendron und Sigillaria, S. 205/06 bzw. 266/70 aufgeführten zahlreichen Bearbeitungen palaeozoischer Floren von R. Zeiller.

3. Bothrodendraceae.

Bothrodendron Lindley und Hutton.

Die Gattung umgreift in der hier gegebenen Fassung lediglich die karbonischen Formen. Die früher hinzugezogenen oberdevonischen und kulmischen Reste von Cyclostigma kiltorkense Haughton sind entsprechend den neueren Forschungsergebnissen, besonders den Untersuchungen von Cambier und Renier, unter Cyclostigma aufgeführt.

Bäume, die ähnlich wie die meisten Lepidodendren und Lepidophloios eine reich verzweigte Krone trugen und ähnliche Größe erreichten. Blätter sehr klein und kurz, kaum über ½ cm lang (Fig. 352 bis 355); stets nur in Zusammenhang mit dünneren Ästen gefunden, ein Hinweis, daß sie offenbar nur vergleichsweise kurze Zeit, jedenfalls keine längere Reihe von Jahren getragen wurden.

Die Oberfläche älterer Sproßpartien ist fast flach; Blattpolster nur an ganz dünnen Zweigen entwickelt, sehr bald verlöschend. An älteren Stammpartien sind außer den eigentlichen Blattnarben nur noch unregelmäßige, minutiöse Schrunsen und kleine lochartige Vertiefungen zu sehen (Fig. 356). Die Blattnarbe zeigt wie bei den Lepidodendraceen und Sigillarien außer dem Mal des Blattspurstranges links und rechts stets deutlich die beiden Parichnosmale; unmittelbar über der Blattnarbe die Ligulargrube (Fig. 356a). Basalpartie der Stämme stigmariaähnlich.

Als Fruktifikation sind heterospore Blütenzapfen bekannt, die äußerlich im wesentlichen denen von Lepidodendron und Sigillaria gleichen, nur stets ziemlich klein und schmal sind (Fig. 354). Sie sind stets nur in Zusammenhang mit dünnen Zweigen gefunden und waren getragen sowohl bei B. punctatum als B. minutifolium offenbar an den letzten Auszweigungen kurzer reichverästelter Zweigsysteme, die in alternierend zweizeiliger Anordnung aus dem alten Holz des Hauptstammes und der ersten Gabelzweige der Krone hervorbrachen (Fig. 351—353) und denen die für Stamm und stärkste Zweige der genannten Arten charakteristischen großen Schüsselnarben (von bis gegen 10 cm im Durchmesser) entsprechen.

Was die Anatomie betrifft, so ist sie bekannt aus strukturbietendem Material aus den Lower Coal Measures von Englaud und anderswo, das als **B. mundum Williamson spec.** beschrieben ist. Im allgemeinen gleichen die untersuchten Sprosse denen von Lepidodendron und Lepidophloios, wenigstens was die allgemeine Verteilung von Rinde und Stele und die Struktur der Rinde, soweit diese überhaupt bekannt ist, betrifft. Die Identität der Rindenstruktur findet auch ihren Ausdruck in der knorrioiden Ausbildung (vgl. S. 227) der subepidermalen Partien. Die Stele der stärkeren der untersuchten Sprosse zeigt im Zentrum einen Markzylinder, der von einem einheitlichen Mantel von exarchem Primärholz umschlossen wird. In dem relativ schmalen Metaxylemring sehr weite Treppentracheiden; die außen anschließenden zahlreichen Protoxylemgruppen im Querschnitt nicht stark über den allgemeinen Xylemkontur vorspringend. Bei den dünnen Sprossen der Kronenperipherie findet sich eine reine Protostele aus massivem Xylem ohne zentrales Mark. Sekundäres Dickenwachstum ist für die oberirdischen, vegetativen Sproßpartien nicht nachgewiesen, doch beruht das wohl sicher nur auf dem Umstand, daß nur vergleichsweise dünne Sproßstücke zur Untersuchung gelangt sind. Daß sicher sekundäre Gewebebildung in der Stele des Stammes und wenigstens der älteren Zweige stattfand, ergibt sich daraus, daß sowohl die stigmariaähnlichen Basalpartien als selbst die Achsen der Blütenzapfen sekundäres Xylem zeigen.

Bei den stigmariaähnlichen Basalpartien der Stämme (Fig. 359 u. 360) haben die einzelnen Gabeläste beträchtliches sekundäres Dickenwachstum. Ein grundlegender Unterschied gegenüber dem unter Stigmaria Bgt. zusammengefaßten Normaltyp, der den Basalpartien von Lepidodendron, Lepidophloios und der allermeisten Eusigillarien entspricht, ist insofern gegeben, als ein im Querschliff einheitlicher Ring

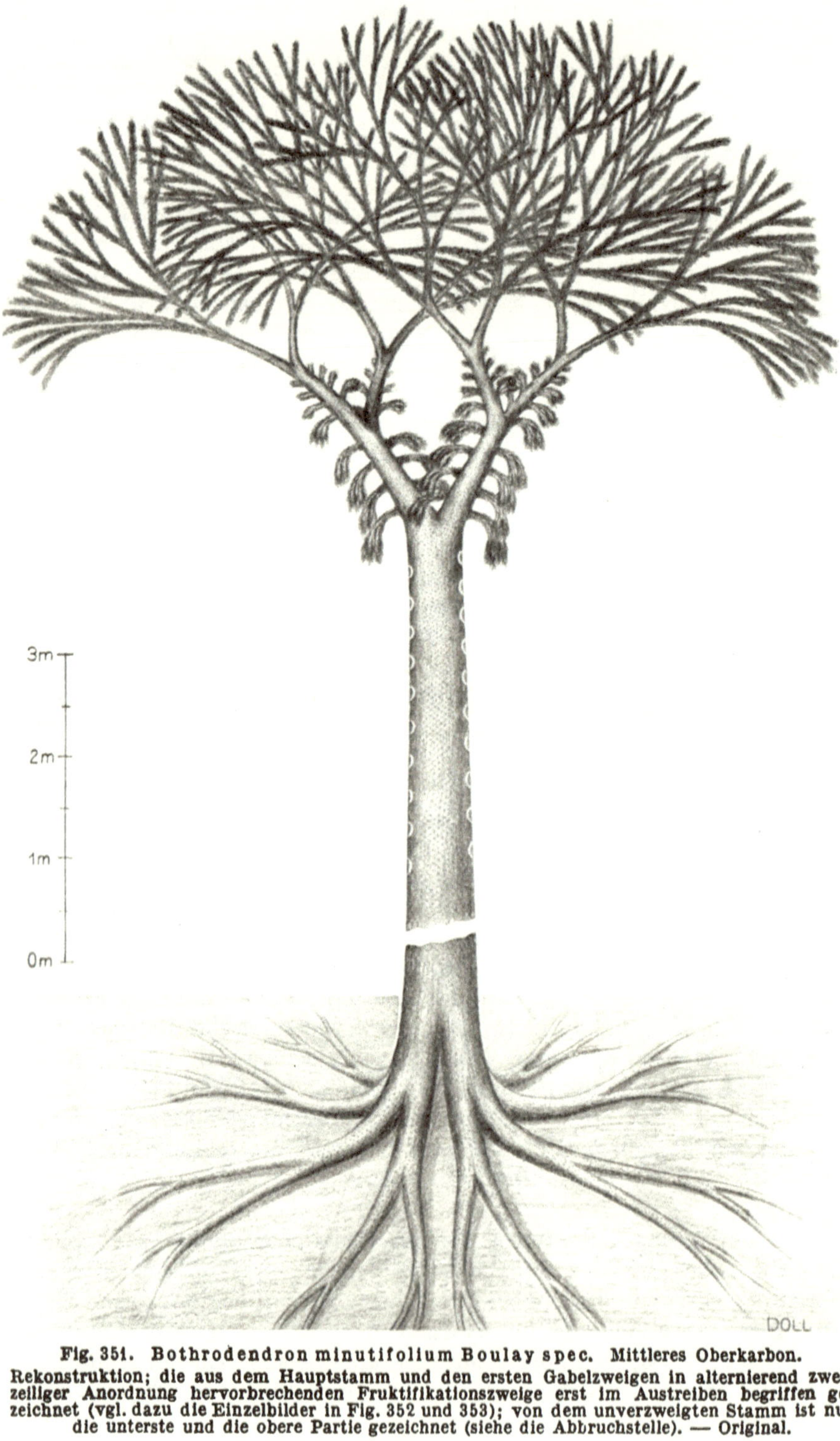

Fig. 351. Bothrodendron minutifolium Boulay spec. Mittleres Oberkarbon. Rekonstruktion; die aus dem Hauptstamm und den ersten Gabelzweigen in alternierend zweizeiliger Anordnung hervorbrechenden Fruktifikationszweige erst im Austreiben begriffen gezeichnet (vgl. dazu die Einzelbilder in Fig. 352 und 353); von dem unverzweigten Stamm ist nur die unterste und die obere Partie gezeichnet (siehe die Abbruchstelle). — Original.

Fig. 352.

Fig. 353.

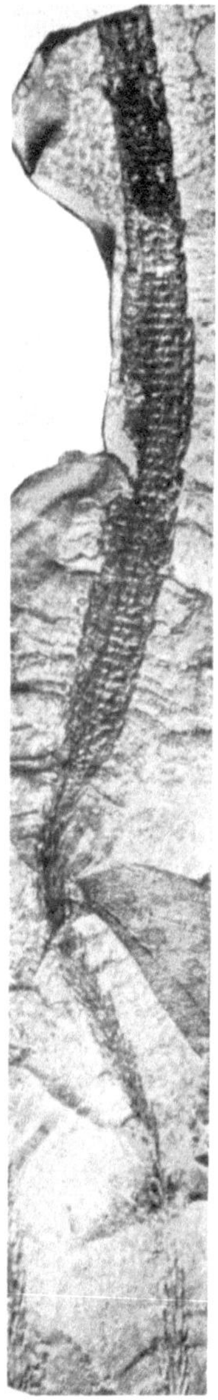

Fig. 354.

Bothrodendron minutifolium Boulay spec.
aus den Middle Coal Measures von England.

Fig. 352. Einer der aus dem alten Holz des Hauptstammes und der ältesten Gabelzweige der Baumkrone hervorbrechenden alternierend zweizeilig gestellten Äste. An den letzten Verzweigungen wurden vermutlich die Blüten getragen. — Ca. $^1/_{10}$ nat. Gr. Nach Lindsey 1915.

Fig. 353. Basis des in Fig. 352 abgebildeten Astes. Ca. $^1/_4$ nat. Gr. Nach Lindsey 1915.

Fig. 354. Beblätterter Zweig mit endständigem Blütenzapfen. 19/20. Nach Kidston 1902.

Fig. 355. Bothrodendron minutifolium Boulay spec. Aus dem Mittleren Oberkarbon von Westfalen. Junger beblätterter Zweig. — 19/20.

Fig. 355 a. Dessen Oberflächenskulpturen mit »verlöschenden« Polstern. $3^1/_2$ ×. Nach Ch. E. Weiß 1893.

Fig. 355.

Fig. 355 a.

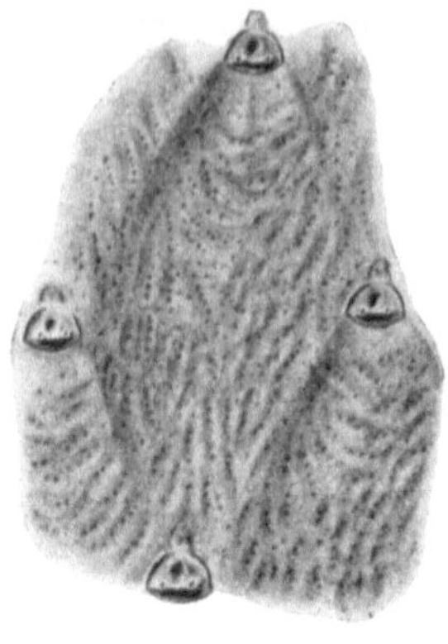

Fig. 356 a.

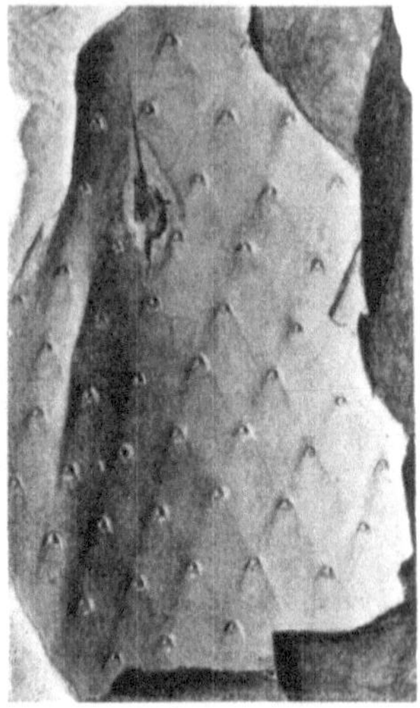

Fig. 356.

Fig. 356 und 356 a. Bothrodendron semicirculare Weiß spec. Aus dem Mittleren Oberkarbon von Westfalen. Partie der Oberfläche eines stärkeren Sprosses. 19/20 bzw. $3^1/_2$ ×. — Nach Ch. E. Weiß 1893.

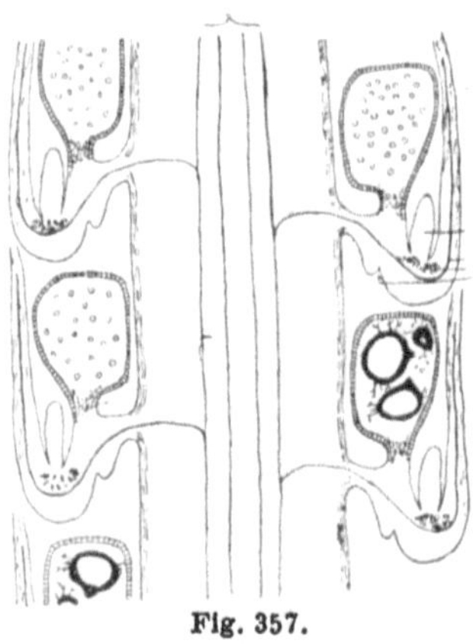

Fig. 357.

Bothrostrobus mundus Williamson spec. Lower Coal Measures von England.

Fig. 357. Längsschliff durch einen Teil des Blütenzapfens, mit 3 Mikro- und 2 Megasporophyllen. 8 ×. Nach Watson 1907.

Fig. 358. Megaspore mit Megaprothalliumrest. Ca. 60 ×. Nach Mc. Lean 1912.

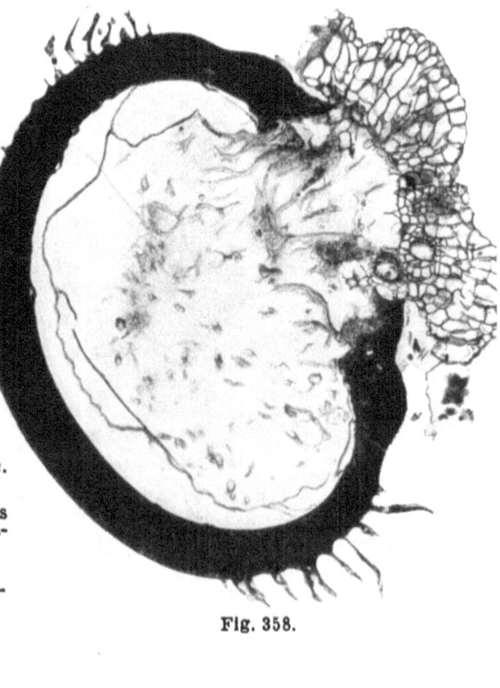

Fig. 358.

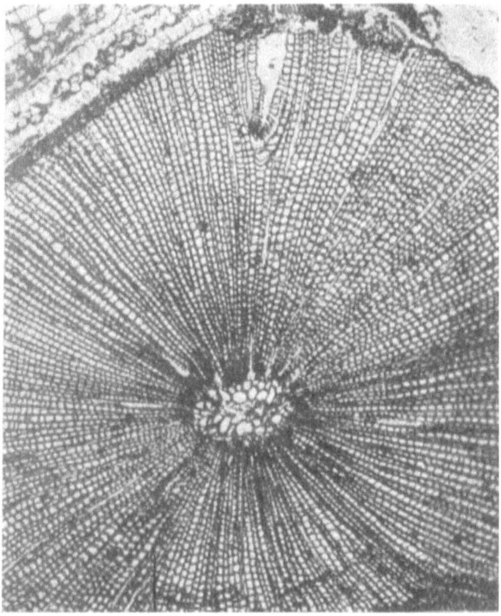

Fig. 359.

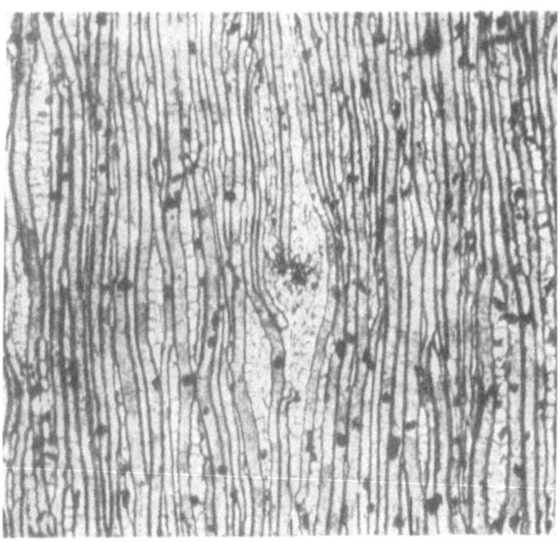

Fig. 360.

Stigmaria von Bothrodendron mundum Williamson spec.
Lower Coal Measures von England.

Fig. 359. Zentralzylinder mit exarchem Primär- und anschließendem Sekundärxylem. 21 ½ ×.

Fig. 360. Längsschliff durch das Sekundärxylem: Treppentracheiden und »Mark«strahlen; in dem breiten Markstrahl in der Mitte ein Appendix-Leitbündel. 41 ½ ×.

Beide nach F. E. Weiß 1908.

primären Xylems das zentrale Mark umgibt und das Metaxylem zentripetal, also wie bei den oberirdischen Stämmen aller ·Lepidophyten entwickelt ist (Fig. 359). Das Sekundärxylem durchsetzen zahlreiche allerdings nicht sehr breite paremchymatische Strahlen (Fig. 360).

Was die Ausbildung der Rinde betrifft, so gleicht sie im wesentlichen der von Stigmaria. In der inneren Partie der äußeren primären Rinde sind jedoch kurze, weitlumige tracheidale Elemente als netzförmiges Gitterwerk eingestreut, die mit dem Xylem der Wurzelleitbündel in Verbindung stehen und offenbar als Wasserspeicher gedient haben.

Eine Identifikation der strukturbietenden unter B. mundum bekannten Reste mit den im Abdruck erhaltenen Resten ist bislang nicht gelungen. Von den letzteren seien folgende, die einander sämtliche sehr nahestehen, aufgeführt:

B. Wükianum Kidston und **B. Kidstoni** Weiß, beide aus dem Unterkarbon von Schottland.

B. punctatum Lindley und Hutton. Mittleres Oberkarbon; weit verbreitet.

B. minutifolium Boulay. Mittleres Oberkarbon von Europa. (Fig. 351—355).

B. semicircularis Weiß (Fig. 356) und **B. punctiformis** Weiß sp. Mittleres Oberkarbon von Westfalen.

Stigmariaartige Rhizome, die nach Seward (Foss. Pl. II. S. 233/34) zu Bothrodendron gehören, sind aus dem Permokarbon von Transvaal bekannt. Die radiale Ausladung der einzelnen Hauptgabeläste hat mehr als 20 m betragen.

Die Blütenzapfen von Bothrodendron (in der Regel als Bothrostrobus bezeichnet) sind zum Teil in Abdrücken, zum Teil in strukturbietenden Resten gefunden. Nur in Abdrücken bekannt sind die von B. minutifolium (bekannt aus dem Oberkarbon von England und Nordfrankreich[1]); schmale Zapfen mit kaum 1 cm Durchmesser, aber über 12 cm Länge. (Fig. 354.) Die genaueren Einzelheiten der Sporophylle, ebenso, ob der Zapfen heterospor war, sind nicht ermittelt.

Als B. mundus Williamson spec. sind aus den englischen Lower Coal Measures strukturbietende Zapfenreste bekannt, die sicher zu B. mundum gehören. (Fig. 357.) Anatomie wie die der vegetativen Zweige, Stele mit sekundärem Dickenwachstum. Zapfen heterospor; Sporophylle in schraubiger Anordnung; Ligula außergewöhnlich groß; Sporangien mit kurzem Stil dem Sporophyll aufsitzend; im Megasporangium nur vier Megasporen.

Bekannt ist auch das Megaprothallium. (Fig. 358.) Es zeigt Differenzierung in eine apikale, aus der Megaspore hervorragende Partie, auf derem Scheitel die Archegonien sich befinden, und in eine basale (histologisch nicht weiter erkennbare) Partie[2]), die wohl ähnlich wie die homologen Teile der Megaprothallien der rezenten heterosporen Lycopodiales eine reservestoffreiche Gewebepartie darstellten. — Aus der Lage der tief eingesenkten Archegonienbäuche, in denen die Eizelle gut zu erkennen ist, ergibt sich, daß die Archegonienhälse ziemlich lang gewesen sein müssen (vgl. dagegen Fig. 216—218 von Lepidodendron Veltheimii).

Literatur.

Zeiller, R., Flore fossile du Bassin houiller de Valenciennes. S. 486—493. Paris 1886—88.

Williamson, W. C., On the Organisation of fossil Plants from the Coal Measures. Pt. XVI. Phil. Transact. R. Soc. B. 180. London 1889.

Weiß, E., u. Sterzel, T., Die Sigillarien der preuß. Steinkohlen- und Rotliegenden Gebiete. II. Die Gruppe der Subsigillarien. Abhandl. K. preuß. geolog. Landes-Anst. N. F. 2. Berlin 1893.

White, D., Foss. floras of the Pottsville Formation in the Southern Anthracite Coald Field, Pennsylvania. S. 867 u. 903. — 20. Annual Report, U. S. Geolog. Survey 1898/99. Washington 1900.

Zalessky, M. D., Végétaux fossiles du Terrain Carbonifère du Bassin du Donetz. I. Lycopodiales: S. 43—47 u. 105—108. Mém. Comité Géolog. N. S. 13. St. Petersburg 1904.

Mellor, E. T., und Leslie, T. N., On a fossil forest recently exposed in the Vaal River at Vereeniging. Transact. Geolog. Soc. South Afr. 9. 1906.

Watson, D. M. S., The Cone of Bothrodendron mundum. Mem. and Proc. Manchester Lit. and Phil. Soc. 52. 1908.

---

[1]) Von hier als Lepidostrobus Olryi Zeiller beschrieben.

[2]) Sie ist von ziemlich viel Pilzhyphen durchsetzt, die aber wohl erst bei der Fossilisation eingewandert sind und mit dem Prothallium als solchen nichts zu tun haben.

Weiß, F. E., A Stigmaria with zentripetal wood. Annals of Botany 22. 1908.
Kidston, R., Les végétaux houillers receuillis dans le Hainaut belge. S. 159—163. Brüssel 1911.
Renier, A., L'origine raméale des cicatrices Ulodendroides. Ann. Soc. géolog. de Belgique 2. Mem. in 4°. Liége 1910.
Mc. Lean, R. C., Two fossil Prothalli from the Lower Coal Measures. The New Phytologist 11. 1912.
Jongmans, W. J., Fossilium Catalogus, II. Plantae: Ps. 1. Lycopodiales. S. 7—21. Berlin 1913.
Lindsay, M., The Branching and Branch-Shedding of Bothrodendron. Ann. of Bot. 29. 1915.

Formal eine Mittelstellung zwischen dem oben beschriebenen Bothrostrobus mundus und den Blütenzapfen der Lepidodendren und Lepidophloien nimmt ein:

Mesostrobus Watson.

M. Scottii Watson. Lower Coal Measures von England. Ein Blütenzapfen von kaum $^9/_{10}$ cm Durchmesser, dessen schraubig gestellte Sporophylle das Sporangium in einer Weise angeheftet tragen, die die Mitte zwischen dem breiten Sporangienansatz bei Lepidostrobus und dem nahezu stielförmigen bei Bothrodendron hält. Ligula sehr groß, distalwärts hinter dem Sporangium. Sporeninhalt nicht gut erhalten. Die wenigen kleinsporigen Reste lassen die Frage offen, ob Mesostrobus ein iso- oder heterosporer Typ ist. Stele der Zapfenachse mit massivem exarchen Xylemstrang von nur geringem Durchmesser.

Literatur.

Watson, D. M. S., On Mesostrobus, a new genus of Lycopodiaceous Cones from the Lower Coal Measures, with a note on the systematic position of Spencerites. Annales of Botany 23. 1909.

Porodendron Zalessky.

Eine Bothrodendron sehr nahestehende Gattung, für die auch der Besitz einer Ligula nachgewiesen ist und zu der von Nathorst ein Blütenzapfen mit Mikro- und Megasporophyllen gezogen wird.

P. Olivieri Eichwald spec. (= **tenerrimum** Auerbach und Trautschold). Papierkohlen des Unterkarbon von Toula, Zentralrußland, Kulm von Spitzbergen; hiezu möglicherweise Porostrobus Zeilleri Nathorst aus dem Kulm von Spitzbergen.

P. Isachsenii Nathorst. Oberdevon der Bäreninsel.

Literatur.

Zeiller, R., Note sur les cuticules fossiles du terrain carbonifère de la Russie centrale. Bulletin de la Soc. botanique de France. 2. Ser., Bd. 2. 1880.
Zeiller, R., Obsérvations sur quelques Cuticules fossiles. Ann. Sciences nat. 6. Ser. Bd. 13, S. 217. 1882.
Nathorst, A. G., Zur Palaeozoischen Flora der arktischen Zone. K. Svenska Vetenskaps Akad. Handlg. Bd. 26. 4. S. 45—48. T. X, 24—26; T. XI, 2—7. (Hier als Bothrodendron tenerrimum). Stockholm 1894.
Nathorst, A. G., Zur fossilen Flora der Polarländer I. 4. Nachträge zur palaeozoischen Flora Spitzbergens. S. 67—71. T. 5, 11—16, T. 13, 37—38. Stockholm 1914.
Zalessky, M. D., Note sur les débris végétaux du terrain carbonifère de la chaine de Mugodzary. Bull. Comité geol. Bd. 28, Nr. 153. St. Petersburg. 1909.
Zalessky, M. D., Obsérvations sur le Lepidodendron Olivieri Eichwald et le Lepidodendron tenerrimum A. et T. Mém. Com. geol. N. S. 125. 1915.
Walton, J., A Note on the Structure of the Plant-Cuticules in the Paper Coal from Toula in Central Russia. Mem. and Proceed. Manchester Lit. and Phil. Soc. 70. 1925/26.

B. Palaeozoische baumförmige Lycopodiales incertae sedis.

Bezüglich der allgemein üblichen Gepflogenheit, die im folgenden zu behandelnden Formen einzureihen als baumförmige eligulate Lycopodiales sei vorausbemerkt, daß — worauf Cambier und Renier mit Recht hingewiesen haben — hinsichtlich der Zugehörigkeit der in Frage kommenden Fossilien zu den eligulaten Lycopodiales damit noch nichts bewiesen ist, daß die Ligulargrube am Blattpolster fehlt. Wenn auch die oben behandelten Lepidophyten an den vegetativen Sprossen die Ligula am Blattpolster zeigen, so ist doch darauf hinzuweisen, daß schon bei den Lepidophyten-Blütenzapfen, soweit sie bekannt sind, die Ligula der Sporophylle sehr weit von der Zapfenachse ab- und über das Sporangium hinaus am Sporophyll hochgerückt ist; und für die rezenten ligulaten Lycopodiales (Selaginella und Isoëtes) gilt ganz allgemein, daß die Ligula auch an den sterilen Blättern erst in einem gewissen Abstand von der Sproßachse eingesetzt ist. Es ist daher nicht ausgeschlossen, daß manche der im folgenden zu besprechenden Form, ligulat waren, nur daß ihre Ligula eben gegebenen Falles nicht dem Blattpolster (bezw. wo dieses fehlt, der ihm entsprechenden Partie) am Sproß eingesenkt war, sondern dem Blatt selbst und so der Beobachtung bisher nicht zugänglich war.

1. Formen ohne deutliche Blattpolsterbildung.

Cyclostigma Haughton.

Baumförmige Pflanzen, wovon Stämme mit bis zu 30 cm Durchmesser und 8 m und mehr Höhe bekannt sind. Obere Stammpartie durch vielfache gabelige Verzweigung eine reich entwickelte Krone bildend. Stammoberfläche ohne Blattpolster, aber mit feiner Längs-, Schräg- und Netzstreifung; Blattnarben sehr klein, rundlich bis annähernd dreieckig; Parichnosnarben nicht mit Sicherheit festgestellt. Über der Blattnarbe keine Ligulargrube. Blattstellung meist schraubig, gelegentlich quirlig. Basalpartie der Stämme Stigmaria-artig.

In der Gattung sind zwei Formenkomplexe vereinigt, die sich durch die Ausbildung der Blätter und die Anordnung der Sporophylle unterscheiden:

a) Eucyclostigma Haughton.

Blätter lang; Sporophylle in zahlreichen Quirlen und zu Blütenzapfen vereinigt.

C. kiltorkense Haughton spec. Blätter bis über 10 cm lang und sehr schmal. Mikrosporophylle mit vielen Mikrosporen im Mikrosporangium, Megasporophylle mit den Mikrosporophyllen am selben Zapfen nachgewiesen, mit je ca. 20 und mehr Megasporen im Megasporangium und gegen 1 mm im Durchmesser. Basalpartie stigmarioid. — Oberdevon von Kiltorkan Hill, Co. Kilkenny in Irland; ferner eine sehr nahestehende oder idente Form im Oberdevon der Bäreninsel; weiterhin ist die Art bekannt aus dem Oberdevon von Nordamerika und Sibirien und dem Kulm des Harzes.

Nahestehende Formen, über deren Fruktifikation allerdings nichts bekannt ist, sind:

C. Wijkianum Heer. **C. Carneggianum** Heer spec. und **C. brevifolium** Nathorst, Oberdevon der Bäreninsel.

C. hercynium Weiß. Kulmgrauwacke des Harzes. Mit knorrioiden Erhaltungszuständen der subepidermalen Rindenpartien.

C. Kidstoni Weiß und Sterzel. Unterkarbon von Schottland.

C. Leslei Seward. Aus Schichten an der Grenze zwischen Oberdevon und Unterkarbon: Vaal River, Vereeniging, Transvaal.

C. australe Feistmantel. Unterkarbon von Neu-Südwales.

Fig. 361.

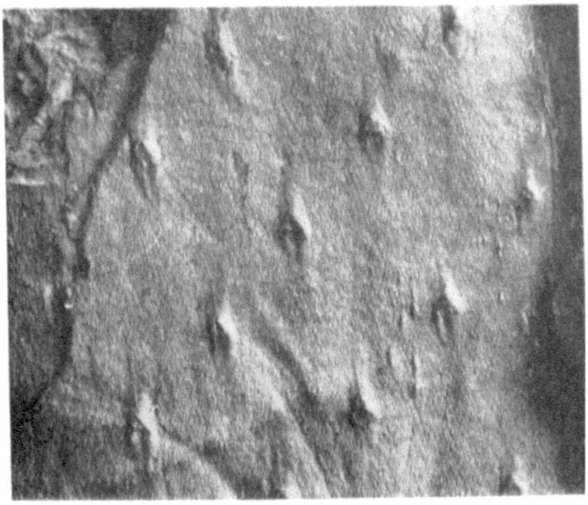

Fig. 362.

Fig. 361—362,
Pinacodendron musivum Weiß
aus dem Mittleren Oberkarbon von Belgien.
Stammoberfläche 19/20 bzw. 3 ×.
Nach Kidston 1911.

b) Pinacodendron Weiß.

Blätter kurz, ± sichelförmig aufgebogen; Sporophylle nicht zu Blütenzapfen vereinigt.

P. Macconochiei Kidston spec. Mittleres Oberkarbon von Westfalen, Großbritannien, Nordfrankreich, Belgien und Holland. Heterospor; zahlreiche Megasporen im Megasporangium.

P. Ohmanni Weiß. Mittleres Oberkarbon von Westfalen und Belgien. Heterospor. Nur je vier Megasporen im Megasporangium.

P. musivum Weiß. Mittleres Oberkarbon von Westfalen und Belgien. (Fig. 361 u. 362.)

Literatur.

Feistmantel, O., Geol. and Palaeont. Rel. of the Coal and Plant-bearing Beds of palaeozoic and mesozoic age in Eastern Australia and Tasmania. S. 141—143. Mem. of the Geolog. Survey of New South Wales, Palaeontology Nr. 3. Sidney 1890.

Weiß, E., und Sterzel, T., Die Sigillarien der preußischen Steinkohlen- und Rotliegenden Gebiete. II. Die Gruppe der Subsigillarien. S. 43—64. Abh. K. preuß. geol. Landes-Anst. N. F. 2. 1893.

Nathorst, A. G., Zur palaeozoischen Flora der arktischen Zone S. 61—70. Svenska Vetensk. Akad. Handlg. 26. 1894.

Nathorst, A. G., Zur oberdevonischen Flora der Bäreninsel. S. 29—41. Ibid. 36. 1902.

Potonié, H., Die (Silur- u.) Kulmflora des Harzes und Magdeburgischen. S. 32—64. Abh. K. Preuß. Geolog. Landes-Anst. N. F. 36. Berlin 1901.

Kidston, R., Les Végétaux houillers recueillis dans le Hainaut belge. S. 164—172. Brüssel 1911.

Cambier, R., und Renier, A., Observations sur Cyclostigma Macconochiei Kidston et Omphalophloios anglicus Sternberg. Ann. de la Soc. géol. de Belgique Mém. in 4°. 1911/12.

Jongmans, W. J., Fossilium Catalogus II: Plantae Ps. 1. Lycopodiales S. 21—27, 28/29. Berlin 1913.

Johnson, T., On Bothrodendron kiltorkense Haughton sp. Scientific Proc. R. Dublin Soc. N. S. XIII. Nr. 34. 1913.

Johnson, T., Bothrodendron kiltorkense, its Stigmaria and Cone. Ibid. N. S. XIV. Nr. 13. 1914.

Asolanus Wood.

Stämme mit im allgemeinen planer Oberfläche, die nur durch kleine Blattpolster und von diesen aus schräg verlaufende, leichtgeschlängelte Runzelstreifen skulptiert ist. Blattnarben schraubig gestellt, querrhombisch mit seitlich spitz ausgezogenen Ecken. Bei Stücken guter Erhaltung zeigt sich die kleine Leitbündelnarbe von einer annähernd kreisförmigen Bildung umzogen, die vielleicht auf ein das Blattleitbündel begleitendes Parichnosgewebe hindeutet. Nur ober- und unterhalb der eigentlichen Blattnarbe ein kleines Stück Blattpolster entwickelt. Gelegentlich findet sich auf der oberen Blattpolsterhälfte die Andeutung einer grubenförmigen Vertiefung, die auf eine Ligulargrube schließen läßt (vgl. Weiß-Sterzel 1893, T. 4, Fig. 22a); doch stehen dem zahlreiche Fälle, wo sich keine Andeutung der Ligulargrube findet, gegenüber. Was die Anatomie betrifft, so sind nur Marksteinkerne bekannt. Die an ihnen langziehenden Längsskulpturen deuten auf Ausbildung zahlreicher Primärxylemstränge hin, sodaß Verhältnisse ähnlich denen bei den Rotliegend-Subsigillarien vorgelegen haben dürften.

A. camptotaenia Wood. Mittleres und oberes Oberkarbon von Westfalen, Niederlande, Belgien, Frankreich, Großbritannien; Donetzgebiet und Nordamerika. Größtes bekanntes Stück 65 cm lang; Verzweigungsverhältnisse, Beblätterung und Blüten unbekannt.

Literatur.

Weiß, E., und Sterzel, T., Die Sigillarien der preußischen Steinkohlen- und Rothliegenden Gebiete. II. Die Gruppe der Subsigillarien. Abh. K. Preuß. geolog. Landesanst. N. F. 2. S. 65—75. 1893.

White, D., Fossil flora of the Lower Coal Measures of Missouri. S. 230—241. Monogr. U. S. Geolog. Survey 37. Washington 1899.

Zalessky, M. D., Végétaux fossiles du Terrain Carbonifère du Bassin du Donetz. I. Lycopodiales: S. 47—49 u. 108. Mém. Comité Géolog. N. S. 13. St. Petersburg 1904.

Zeiller, R., Bassin houiller et permien de Blanzy et du Creusot; Flore fossile. S. 155—159. 1906.

Kidston, R., Les Vegetaux houillers recueillis dans le Hainaut belge. S. 173—176. Brüssel 1911.

Jongmans, W. J., Fossilium Catalogus. II. Plantae. Ps. 1.: Lycopodiales. S. 4—7. Berlin 1913.

Protasolanus Hörich.

Pr. Wieprechti Hörich. Kulm von Neuhaldensleben. Einzige bekannte Art. Baumförmige Pflanze von der bis 4 m lange und bis 12 cm breite unverzweigte Stammstücke bekannt sind. Narben der offenbar quirlig gestellten Blätter in ziemlich weitem Quer- und Höhenabstand, sonst sehr ähnlich denen von Asolanus. Subepidermale Struktur knorrioid. Übrige Anatomie, ferner Verzweigung, Beblätterung und Fruktifikation unbekannt.

Literatur.

Hörich, O., Über Protasolanus, eine neue Lepidophytengattung aus dem deutschen Kulm und über die Gattung Asolanus Wood. Jahrb. Preuß. geolog. Landesanst. 1919. Bd. 40. Berlin 1920.

2. Formen mit ausgeprägter Blattpolsterbildung.

Archaeosigillaria Kidston.

Unter diesem Gattungsnamen pflegt man zwei Arten zu vereinigen, deren Zugehörigkeit zu einer Gattung aber fraglich erscheint.

A. primaeva White. Oberdevon des Staates New York. Fig. 13. Stamm wenig verzweigt, bis zu 5 m lang bekannt. Stammbasis stark angeschwollen, bis zu 38½ cm im Durchmesser bekannt; oberer Stammdurchmesser bis 12 cm. Was die Stammbasis betrifft, so scheint sie nicht weiter verzweigt gewesen zu sein, so daß also hier keine Stigmaria-ähnliche Rhizombildung vorlag. An den alleruntersten Partien der Stammbasis zahlreiche, ziemlich große Ansatzstellen von Wurzeln; diese den Appendices der Stigmarien ähnlich. Während in der unteren Stammpartie die Oberflächenskulptur der der typischen rhytidolepen Sigillarien sehr ähnlich ist, nähert sie sich im oberen Teil des Stammes ziemlich der der Lepidodendren vom Typ des L. aculeatum. Ligula nicht nachgewiesen. Beblätterung am Stamm bis tief herab (noch bis 70 cm über der Basis) erhalten. Blätter über 3 cm lang, vom Stamm bogenförmig abstehend, an der Basis konisch verbreitert.

Literatur.

White, D., A remarkable tree trunk from the Middle Devonian of New York. N. Y. States Museum Bull. 107 Geology 12. 1907.

Pia, J., Pflanzen als Gesteinbildner. Kap. VII, S. 240ff. Berlin 1926.

A. Vanuxemi Goeppert spec. Oberdevon von New York und Unterkarbon von Westeuropa und Spitzbergen. Von der kleinbaumförmigen, mehrfach gabelig verzweigten Pflanze sind Sprosse von mehreren cm Dicke bekannt, die da, wo die Blätter bereits abgefallen sind, favularische Blattpolster zeigen. Genauere Details unbekannt. Die noch blatttragenden Sprosse mit lanzettlichen Blättchen von kaum ½ cm Länge. Fruktifikation und Anatomie unbekannt.

Literatur.

Kidston, R., On the Occurence of Lycopodites (Sigillaria) Vanuxemi Goeppert in Britain, with remarks on its Affinites. Journal Linnean Society. Botany 21. 1884/86.

Kidston, R., Carboniferous Lycopods and Sphenophylls. Transact. Nat. Hist. Soc. of Glasgow. N. Ser. 6. 1899.

Nathorst, A. G., Zur fossilen Flora der Polarländer. I. 4: Nachträge zur palaeozoischen Flora von Spitzbergen. S. 52—55. T. X. 1—17 und XII. 2—10. Stockholm 1914.

Anhang:

A. („Sigillaria") gilboensis Goldring spec. Oberdevon von Gilboa, New York. Sproßstücke mit bis zu 12½ cm Durchmesser bekannt, mit etwas (aber undeutlicher) Stammskulptur. Blätter ringsum am Sproß, über 28 cm lang, von grasblattartigem Aussehen.

Literatur.

Goldring, W., New Upper Devonian Plant Material. New York State Mus. Bull. 267. S. 86/87. Albany 1926.

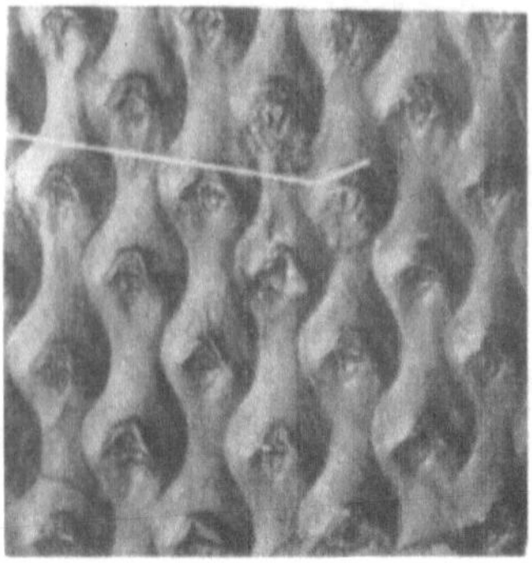
Fig. 363.

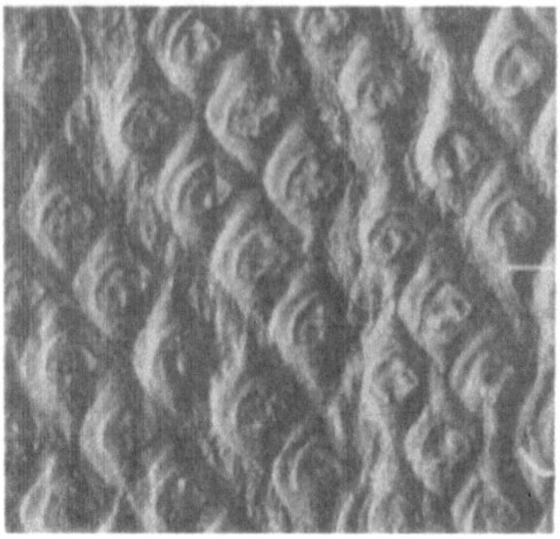
Fig. 364.

Fig. 363 und 364.
Omphalophloios anglicus Sternberg spec. aus dem Mittleren Oberkarbon von Belgien.
Oberflächenpartie von zwei verschieden alten Sproßstücken. 19/20. Nach Cambier u. Renier 1912.

Omphalophloios White.

O. anglicus Sternberg. Oberer Teil des Mittleren Oberkarbon von England, Belgien, Saargebiet und Oberschlesien; Nordamerika (Fig. 363 u. 364). Einzige bekannte Art. Baumförmige Pflanze, Blattpolster am Stamm deutlich ausgebildet in deutlichen Längsreihen, seitlich durch senkrecht verlaufende, wellige Furchen ± voneinander getrennt, oben und unten ohne Trennung ineinander übergehend (Fig. 363). Daneben sind Stücke bekannt, bei denen die rautenförmigen Blattpolster scheinbar nicht in Längsreihen zusammengefaßt sind, wo vielmehr bei den schraubig gestellten Blattpolstern die Schrägzeilen am Stamm besonders auffällig sind, was aber sicher nur von einer Verzerrung einzelner Rindenpartien beim Dickenwachstum der Stämme kommt (Fig. 364). Blattnarbe breit-dreieckig; darunter ein kleines spitzbogiges Närbchen. Keine Ligulargrube bekannt. Stamm vielfach ± gabelig verzweigt, die letzten Verzweigungen mehr monopodial. Blätter ähnlich denen von Lepidophloios, ca. 6—8 cm lang und an der Basis etwa 0,4 mm breit. Sporophylle nicht zu Zapfen vereinigt, sondern an den normalen laubtragenden Sprossen höherer Ordnung periodisch mit den vegetativen Blättern abwechselnd; heterospor.

Literatur.

White, D., Fossil flora of the Lower Coal Measures of Missouri. S. 218—230. Monogr. U. S. Geolog. Survey 37. Washington 1899.

Cambier, R., und Renier, A., Observations sur Cyclostigma Macconochiei Kidston et Omphalophloios anglicus Sternberg. Ann. Soc. géol. Belg. Mém. in 4°. 1911/12; und Note rectificative. Ann. Soc. Scientif. Bruxelles 39. S. 257. 1920.

Jongmans, W. J., Catalogus fossilium. II. Plantae. Ps. 1: Lycopodiales. S. 27/28. Berlin 1913.

Hörich, O., Ein in Deutschland gefundenes Stück von Omphalophloios anglicus. Jahrb. K. preuß. geolog. Landes-Anst. f. 1915. 36. 1915.

Phialophloios Hörich.

Ph. quadratus Hörich. Mittleres Oberkarbon des Saargebietes. Einzige bekannte Art. Wohl baumförmig. Blattpolster rhombisch, einander berührend, in schraubiger Anordnung; Schrägzeilen sehr auffällig; am unteren Ende des Blattpolsters die Blattnarbe. Keine Ligulargrube sichtbar. Das einzige bekannte Stück hat ca. 14 cm Länge und etwa 7 cm Breite. Anatomie, Verzweigung, Beblätterung und Fruktifikation unbekannt.

Literatur.

Hörich, O., Phialophloios quadratus, eine neue Lepidophytengattung. Jahrb. K. preuß. geolog. Landes-Anst. f. 1914. Bd. 35. 1915.

Thaumasiodendron Bureau.

Th. andegavense Bureau. Unteres Oberkarbon von Frankreich (Dep. Maine-et-Loire). Bekannt in bis über 5 cm dicken Sproßstücken; Blattpolster in schraubiger Anordnung, rhombisch mit vorspringendem Mittelteil; Blätter sehr kurz (nur ca. ½ cm lang) mit breiter Basis ansitzend.

Literatur.

Bureau, M. E., Flores fossiles du Bassin de la Basse Loire. S. 148—153. Paris 1914.

Ulodendron Rhode.

Eine Gattung, deren Systematik lange Zeit hindurch dadurch verwirrt war, daß die Oberflächenskulpturen der Stämme oft nur mangelhaft erhalten sind, und daß eine der charakteristischen Eigenschaften des Stammes: große schüsselförmige, am unverzweigten Stammteil und den ältesten Gabelzweigen zweizeilig angeordnete Narben (die aller Wahrscheinlichkeit herrühren von aus dem alten Holz hervorbrechenden kurzen Astsystemen, die die Blütenzapfen trugen) nicht auf die Stämme der verschiedenen Arten dieser Gattung beschränkt ist, sondern sich wiederfindet bei verschiedenen Arten von Bothrodendron uud Lepidodendron. Dieser Tatsache zufolge haben manche Forscher die Ansicht vertreten, daß Ulodendron als Gattung selbst wohl gar nicht zu Recht bestände, und man nur von ulodendroider Asttragung der betreffenden Arten von Bothrodendron und Lepidodendron zu sprechen hätte. Demgegenüber ist aber — in Übereinstimmung mit Zeiller, Renier, Bertrand und Gothan — zu betonen, daß auf Grund der Morphologie der Stammoberfläche und der Beblätterung ein Zweifel an der Existenz der Gattung Ulodendron als solcher nicht bestehen kann, und es ist die Tatsache, daß die erwähnten Arten von Bothrodendron und Lepidodendron eine ähnliche Tragung ihrer blütenbildenden Astsysteme und nach deren Abfall eine ähnliche Narbenbildung zeigen, nichts anderes als eine Konvergenzerscheinung.

Was die Stammoberfläche von Ulodendron betrifft, so sind die deutlich ausgeprägten Blattpolster von meist querrhombischer Form, annähernd gleich hoch als breit und ohne viel weitere Skulpturen, mit dem oberen Teil in das Blatt übergehend. Parichnosnarben, Transpirationsöffnungen und Ligulargrube nicht nachgewiesen (Fig. 365). Was die schüsselförmigen, am Stamm alternierend, zweizeilig inserierten Narben betrifft, so ist zunächst zu bemerken, daß sie einen großen Durchmesser, oft gut über 10 cm erreichen können. Im allgemeinen zeigen sie eine, meist etwas exzentrisch nach unten gelegene Kernnarbe, die von der aus dem Stamm austretenden Aststelle herrührt. Daneben sind Narben bekannt, wo sich je zwei horizontal nebeneinander befindliche Kernnarben finden, was auf eine Gabelung des Astsystems schon unmittelbar vor seinem Austritt aus dem Stamm hinweist. Analoges ist übrigens auch für Bothrodendron punctatum gefunden, nur daß hier die Narbenschüssel nur eine Stelennarbe zeigt und der zugehörige Ast erst unmittelbar nach dem Austritt aus dem Stamm gegabelt ist.

Früher wurde, in Analogie mit den Verhältnissen bei Sigillaria und den meisten Arten von Lepidophloios angenommen, daß die schüsselförmigen Narben die Ansatzstellen der Blütenzapfen selbst bedeuten. Es kann aber jetzt kein Zweifel mehr sein, daß aus den Stellen am Stamm, die durch die Schüsselnarben gekennzeichnet sind, Zweigsysteme austraten, die zunächst vegetativ waren, dann aber nach einigen, wie man wohl annehmen darf, kurz aufeinander folgenden Gabelungen (vgl. die Verhältnisse bei Bothrodendron minutifolium: Fig. 352 u. 353) an den Enden der letzten Gabelzweige die Blüten-

Fig. 365.

Ulodendron subdiscophorum Weiß et Sterzel spec. Mittleres Oberkarbon von Niederschlesien.

Stammoberfläche mit Schüsselnarben und Blattpolstern. — 19/20. Nach Ch. E. Weiß 1893.

zapfen getragen haben. (Fig. 366 u. 367). Durch die Tatsache, daß die Astsysteme zunächst noch vegetativer Natur sind, ist dann auch klargestellt, wie die bedeutende Größe der schüsselförmigen Narben bei Ulodendron und den Lepidophyten mit ulodendroider Narbenbildung zustande kam: Nämlich — worauf Watson und Renier hingewiesen haben — dadurch, daß nach dem (wohl nach der Blütenzapfenreife stattfindenden) Abfall des Astsystems die basale Partie desselben stehenbleibt und ihrerseits konform mit dem sekundären Dickenwachstum des Stammes noch sekundären Gewebezuwachs erfährt.

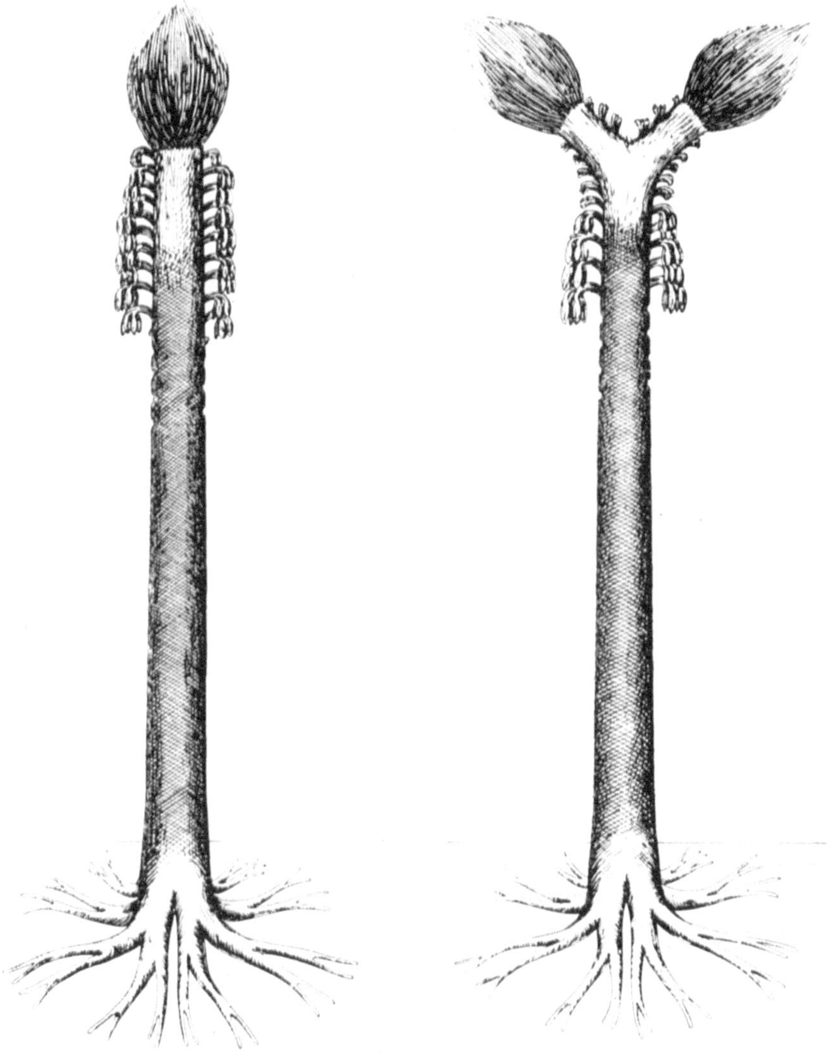

Fig. 366—367.
Ulodendron maius Lindley u. Hutton. Mittleres Oberkarbon.
Rekonstruktion zweier jüngerer Bäume. Original.

Gegen die Annahme einer durch reichliche Verzweigung der oberen Sproßpartie entstandenen Kronenentwicklung, wie sie für Lepidodendron und Bothrodendron sichergestellt ist, steht die Tatsache, daß von Ulodendron nur unverzweigte und relativ breite Sproßstücke gefunden wurden. So ist wohl ebenso wie bei den Sigillarien mit einem nur ganz wenig oder gar nicht verzweigten oberen Sproßende zu rechnen.

Beblätterung nicht leicht abfällig, vermutlich lange Zeit den sie tragenden Sprossen ansitzend. Bei Ulodendron majus sind die Blätter 20 bis 25 cm, bei U. minus nur 1½ bis 3 cm lang. Blütenzapfen unbekannt.

Über die Anatomie des Stammes ist fast nichts bekannt. Die wenigen bei Williamson publizierten Schliffe, die hinsichtlich der Anatomie Verwandtschaft mit Lepidodendron zeigen würden, scheinen hinsichtlich ihrer wirklichen Zugehörigkeit zu den Typen, auf die jetzt der Umfang der Gattung Ulodendron beschränkt ist, zweifelhaft.

U. malus Lindley und Hutton. Mittleres Oberkarbon von Großbritannien, Frankreich, Belgien, Niederlande, Böhmen und Nordamerika.

U. minus Lindley und Hutton. Mittleres Oberkarbon von Westfalen, Großbritannien, Frankreich, Belgien und Nordamerika.

U. Montagnei P. Bertrand. Mittleres Oberkarbon von Nordfrankreich.

U. subdiscophorum Weiß und Sterzel. Mittleres Oberkarbon von Niederschlesien Fig. 365).

Literatur.

Williamson, W. C., On the Organisation of fossil Plants of the Coal Measures II. Transact. R. Soc. Bd. 162. T. 26—28, Fig. 24—28, S. 209—210. London. 1872.

Kidston, R., On the Relationship of Ulodendron to Lepidodendron, Bothrodendron, Sigillaria and Rytilodendron. Annals and Magazine of Natural History 16. 1885.

Zeiller, R., Sur les Ulodendron et Bothrodendron. Bull. Soc. géol. de France. Ser. 3, Bd. 14. 1885.

Watson, D. M. S., On the Ulodendroid Scar. Mem. and Proc. Manchester Lit. and Phil. Soc. 52. 1908.

Renier, A., L'Origine raméale des Cicatrices Ulodendroides. Ann. Soc. géolog. de Belgique 2. Mém. in 4°. 1910.

Bertrand, P., Sur quelques empreintes végétales rares ou nouvelles du terrain houiller de Lievin. Ann. Soc. géol. du Nord 40. 1911.

Jongmans, W. J., Fossilium Catalogus. II. Plantae. Ps. 1. Lycopodiales. S. 31—47: Ulodendron. 1913.

Watson, D. M. S., On the structure and origin of the Ulodendroid scar. Annals of Botany 28. 1914.

Renier, A., La morphologie générale des Ulodendron. R. Acad. Sc. Paris 182. 1926.

Ferner seien noch folgende Florenwerke genannt:

Roehl, E. von, Foss. Flora der Steinkohlenformation Westfalens. S. 138/139. Palaeontogr. 18. 1869.

Lesquereux, L., Coal flora of the Carboniferous Formation in Pennsylvania II. S. 397—407. Harrisburg 1880.

Zeiller, R., Flore fossile du Bassin houiller de Valenciennes. S. 479—486. Paris 1886—88.

Zalessky, M. D., Végétaux fossiles du Terrain Carbonifère du Bassin du Donetz. I. Lycopodiales: S. 33—37 u. 101—102. Mém. Comité Géolog. N. S. 13. St. Petersburg 1904.

Bureau, M. E., Flore foss. du Bassin de la Basse Loire. S. 142—148. Paris 1914.

Lycopodiopsis Renault.

L. Derbyi Renault. Permokarbon von Brasilien. Die Art, die früher zu Lepidodendron zugehörig betrachtet wurde, stellt offenbar einen selbständigen Typus dar

Literatur.

Renault, B., Sur une nouvelle Lycopodiacée houillère (Lycopodiopsis Derbyi). Compt. Rend. 1890.
Zeiller, R., Sur un Lepidodendron silifié du Brésil. Ibid. 1898.
Steinmann, G., Über Lycopodiopsis. Palaeontolog. Zeitschr. 6. 1924.

Anhang.

Arctodendron Nathorst

(l. c. noch versehentlich als Dictyodendron aufgeführt).

A. Kidstonii Nathorst. Kulm von Spitzbergen. Ein Rest fraglicher Verwandtschaft.

Literatur.

Nathorst, A. G., Zur foss. Flora der Polarländer I. 4. Nachträge zur palaeozoischen Flora Spitzbergens. S. 71—77. Stockholm 1914.

3. Formen mit abweichender Blattform.

a) Formen mit schildförmigen Blättern.

Leptophloeum Dawson.

L. australe Mc. Coy spec. Palaeozoische Schichten von Queensland. (Fig. 368 u. 369.) Bekannt in 2 cm breiten Sproßresten, mit alternierend quirlig gestellten

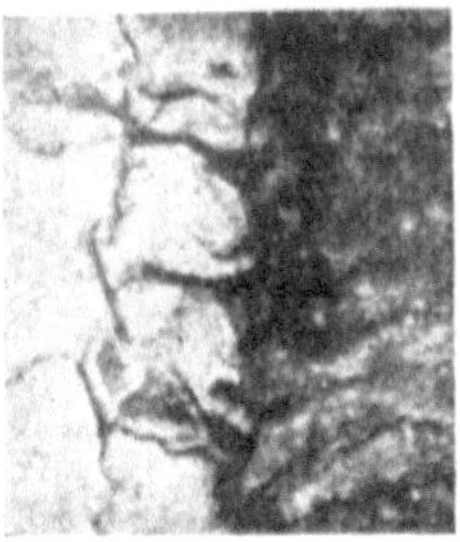

Fig. 368.

Fig. 369.

Leptophloeum australe Mc. Coy spec. Palaeozoikum von Queensland.
Fig. 368. Seitenansicht einer Sproßpartie mit den anhaftenden schildförmigen Blättern. 4 ½ ×.
Fig. 369. Blattpolster in Oberflächenansicht. 4 ½ ×.
Beide nach Walton 1926.

sechseckigen Blattpolstern, die eine zentrale Narbe zeigen. Von besonderem Interesse ist die Beblätterung der Pflanze: Offenbar besitzen alle Sproßteile schildförmige Blättchen — eine Erscheinung, die innerhalb der Lycopodiales in so ausgeprägtem Maße nur noch bei den Sporophyllen der allein bekannten Zapfen von Spencerites und andeutungsweise allerdings auch sonst häufig bei den Sporophyllen der Blüten verschiedener Gattungen der Gruppe zu finden ist.

L. rhombicum Dawson. Oberdevon von Perrybasin, Maine (U. S. A.).

Literatur.

Smith, G. O., und White, D., Geology of the Perry basin. U. S. Geol. Survey: Prof. Paper. Nr. 35. 1905.
Walton, J., On some Australian fossil Plants referable to the Genus Leptophloeum Dawson. Mem. and Proceed. of the Manchester Lit. and Phil. Soc. 70. 1925/26.

Spencerites Scott.

Eligulater Lycopodialer Blütenzapfentyp.

Sp. insignis Scott. Lower Coal Measures von England (Fig. 370). Blütenzapfen von Lycopodialescharakter. Sporophylle mit schildförmiger Verbreiterung der Mittelpartie; nahe dem oberen Teil der schildförmigen Platte die Anheftungsstelle des Sporangiums. Sporophylle in zehngliedrigen alternierend angeordneten Quirlen. Sporangienwand ursprünglich mehrzellschichtig. Äußerste Zellschicht nicht von palisadenförmigen, sondern von flach tafelförmigen Zellen gebildet. Sporen von 0,14 mm Durchmesser, einer Größe, die zwischen der der Mikro- und Megasporen der meisten anderen heterosporen Lycopodiales die Mitte hält. Die Sporen, die häufig zu Tetraden zusammenliegend gefunden wurden, haben annähernd Kugeltetraederform mit drei Leisten an der Stelle, wo die vier Sporen einer Tetrade zusammenliegen. Rings um den Äquator jeder Spore zieht ein hohler Membranring, dessen Außenwandung wesentlich dünner ist als die Membran der eigentlichen Spore (Fig. 370 oben).

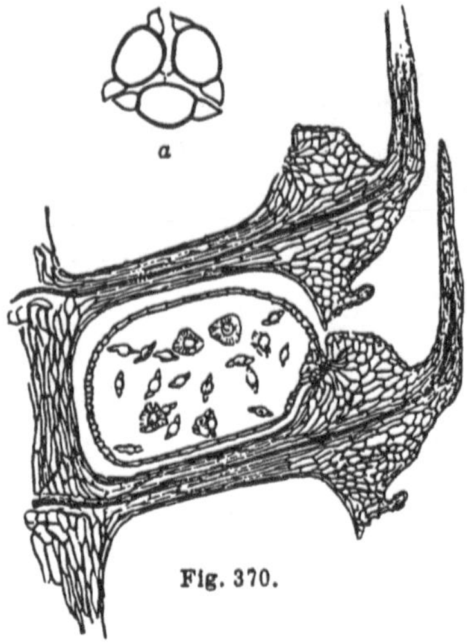

Fig. 370.

Spencerites insignis Williamson. Lower Coal Measures von England. Partie aus dem Längsschnitt durch den Blütenzapfen; halbschematisch. ca. 10 ×. Oberhalb: Sporen einer Tetrade. Nach Berridge 1905.

Blütenzapfenachse im Bau ähnlich den Sprossen von Lepidodendron, im Zentrum, mit Mark aus langgestrecktem, dünnwandigen Perenchym, an das sich ein einheitlicher Xylemring mit 20 exarch gelegenen Protoxylemgruppen anschließt. Metaxylemtracheiden meist treppenförmig verdickt. — Weitere Arten:

Sp. majusculus Scott. Lower Coal Measures von Halifax.

Sp. membranaceus Kubart. Mittleres Oberkarbon von Niederschlesien, Ostrauer Becken.

Literatur.

Williamson, W. C., On the Organisation of the fossil plants of the Coal Measures. Pt. IX. S. 340—344, T. 22, Fig. 38—47, 52—57. Phil. Trans. R. Soc. 169. London. 1878.

Williamson, W. C., do. Pt. X. S. 501/02, T. 15, Fig. 11 u. 12. Ibid. 171. 1880.

Williamson, W. C., do. Pt. XVI. S. 199, T. 7 u. 8, Fig. 19—22. Ibid. B. 180. 1889.

Scott, D. H., On the structure and affinities of fossil Plants from the Palaeozoic Rocks: II. On Spencerites, a new genus of Lycopodiaceous cones from the Coal Measures, founded on the Lepidodendron Spenceri of Williamson. Phil. Trans. R. Soc. B. 189. London. 1897.

Berridge, E. M., On two new specimens of Spencerites insignis. Ann. of Bot. XIX. 1905.

Lang, W. H., Preliminary statement on the morphology of the Cone of Lycopodium cernuum and its bearing on the affinities of Spencerites. Proc. Roy. Soc. Edinburgh XXVIII. Pt. V. 1908.

Kubart, B., Untersuchungen über die Flora des Ostrau-Karwiner Kohlenbeckens. I. Die Spore von Spencerites membranaceus n. sp. Denkschr. K. Akad. Wiss. Wien 85. 1909.

b) Formen mit gegabelten Blättern.

Barrandeina Potonié und Bernard.

B. Dusliana Stur spec. ex pte. Oberes Mitteldevon von Böhmen. Bekannt in bis über 2 cm starken, gabelig verzweigten Sproßstücken, deren Oberfläche ovale blattpolsterartige Erhebungen zeigt. Blätter bis über 7 cm lang und gegen ½ cm breit, gegen die Spitze zu einmal gegabelt, mit mehreren parallel laufenden gabelig geteilten Nerven. — Ein Rest, dessen Zugehörigkeit zu den Lycopodiales sehr fraglich ist.

Protolepidodendron Potonié und Bernard.

Pr. Scharyanum Krejči spec. Oberes Mitteldevon von Böhmen (Fig. 371). Sproßoberfläche mit Polsterung. Blätter nur 6—8 mm lang, an der Spitze gegabelt. Sproßreste nur 4—5 mm stark bekannt, so daß es sich möglicherweise um eine krautige Pflanze handelt.

Pr. Karlsteini Potonié und Bernard. Oberes Mitteldevon von Böhmen, Mittlerer Old Red Sandstein von Schottland. Ob die Blätter der hieher gezogenen Sproßreste, die bis zu 1 cm Dicke bekannt sind, gegabelt waren, steht nicht fest.

Fig. 371. Protolepidodendron Scharyanum Krejči. Oberes Mitteldevon von Böhmen. Ca. 4 ×. Nach Potonié u. Bernard 1904

Literatur zu Barrandeina und Protolepidodendron.

Potonié, H., und Bernard, Ch., Flore Dévonienne de l'Étage H. de Barrande, S. 38—43 und 45—52. Prag 1904.

Lang, W. H., Contributions to the Study of the Old Red Sandstone Flora of Scotland. IV. On a specimen of Protolepidodendron from the Middle Old Red Sandstone of Caithness. Transact. R. Soc. Edinburgh 54. 1926.

C. Fossile krautige Lycopodiales.

1. Formen, die habituell Lycopodium und Selaginella nahestehen.

Der wirklich gültige Nachweis echter fossiler Lycopodien und Selaginellen oder mit diesen Gattungen eng verwandter Formen ist bei der Ähnlichkeit der Laubsprosse gewisser Pflanzen der verschiedensten Verwandtschaftskreise, mit denen der genannten Gattungen, ein äußerst schwieriger. Größeres Gewicht kann jedenfalls nur auf solche Lycopodium- und Selaginella-ähnliche Fossilien gelegt werden, von welchen auch die Fruktifikation erhalten ist. Auch dann ist aber immer noch zu betonen, daß die Unterscheidung, ob es sich um ligulate oder eligulate krautige Lycopodiales handelt, in der Mehrzahl der Fälle und vor allem da, wo nur im Abdruck erhaltene Reste vorliegen, nicht zu entscheiden ist. So ist also von vornherein daran festzuhalten, daß, selbst wenn die allenfalls erhaltene Fruktifikation isospor ist, und also in Analogie mit den Verhältnissen bei den rezenten Vertretern der Gattung Lycopodium ein Hinweis auf Verwandtschaft oder Gattungsgemeinschaft mit Lycopodium gegeben erscheint, doch, soferne nicht eindeutig der Mangel einer Ligula nachgewiesen ist, ebenso noch Verwandtschaft mit den Ligulaten Lycopodiales in Frage kommt; denn es ist klar, daß der Umstand, daß die betreffende Form isospor ist, nicht allein entscheidend sein kann für die Zuweisung zu Lycopodium, da selbstverständlich möglich ist, daß fossile mit Lycopodium nah verwandte

Formen bereits heterospor waren. Und umgekehrt sagt Heterosporie, wenn nicht auch die Ligula nachgewiesen ist, nichts über Verwandtschaft oder Gattungsgemeinschaft mit Selaginella aus, da fossile mit Selaginella verwandte Formen sehr wohl noch homospor gewesen sein können. Unter dieser Reserve sind folgende Formen hier aufzuführen als die noch sicherste Auslese aus der Masse der beschriebenen Arten, wobei die allgemein übliche Praxis beibehalten wird, daß die isosporen Formen unter dem provisorischen Gattungsnamen Lycopodites Brongniart, die heterosporen unter Selaginellites Zeiller aufgeführt werden.

Lycopodites Brongniart.

a) Formen, bei welchen die Sporophylle nicht zu Blütenzapfen zusammengefaßt, sondern periodisch über den ganzen Sproß verteilt sind.

L. hostimensis Potonié und Bernard. Mitteldevon von Böhmen. Erhalten in einem Bruchstück an dem auch Sporangien tragende Blätter vorhanden sind. Sporangien oberhalb der Blattbasis inseriert.

L. lanceolatus Brodie. Rhät des Severntales. Eine sehr kleine Form mit ca. 5 mm langen Blättern ohne Mittelrippe noch Stomata; Sporangien an der Basis der Laubblätter; nur eine Art von Sporen (mit 0,08 mm Durchmesser) bekannt.

b) Sporophylle in eigenen Blütenzapfen.

L. Stocki Kidston. Unterkarbon von Eskdale, Schottland. Erhalten sind Sproßstücke mit endständigen strukturell nicht weiter bekannten Sporophyllzapfen. Die vegetativen Sprosse heterophyll, mit dekussiert stehenden Blättern. Die größeren Blätter herzeiförmig und vorne zugespitzt, die kleineren etwas quer verbreitert. Nach Bower und Kidston sollen die letzteren auch noch Sporangien tragen, was aber nicht gesichert ist. Falls die Deutung der genannten Autoren zu Recht besteht, würde die Art einen Typus repräsentieren, der unter den recenten Formen kein Analogon hat. Sporophylle im Zapfen zu 6 bis 8 in jedem Quirl. Sporenverhältnisse unbekannt.

L. macrophyllus Goldenberg. Mittleres Oberkarbon des Saargebietes. Heterophyll beblättert.

Selaginellites Zeiller.

a) Sporophylle nicht in Blütenzapfen.

S. elongatus Goldenberg spec. Mittleres Oberkarbon des Saargebietes. Gabelig verzweigte, heterophylle Sprosse mit vierzeiliger Beblätterung. Sporophylle größere Strecken lang am Sproß zwischen Partien mit nur vegetativen Blättern eingeschaltet; unsicher ist, ob die Sporangien von den dorsalen und ventralen Blättern am Sproß getragen wurden. Da Megasporangien mit Inhalt nachgewiesen sind, kann ein Zweifel an der Heterosporie der Pflanze nicht bestehen, wenn auch die Mikrosporangien bislang unbekannt sind. Megasporen von ca. 0,45 mm Durchmesser zu 20 und mehr im Megasporangium; von jeder Megasporentetrade alle vier Sporen entwickelt.

Die Erscheinung, daß die Sporophylle trotz Heterosporie nicht zu Blütenzapfen vereinigt sind, sondern an den vegetativen Sprossen periodisch abwechselnd mit den gewöhnlichen vegetativen Blättern getragen wurden, findet sich innerhalb der Lycopodiales nochmals bei den baumförmigen Gattungen Pinakodendron und Omphalophloios.

b) Sporophylle in Blütenzapfen.

S. Suissei Zeiller. Oberes Oberkarbon von Frankreich (Blanzy und Creusot). Fig. 373—376. Sprosse bis 3 mm dick ± gabelig verzweigt; heterophyll, vierzeilig beblättert; größere Blätter bis 6 mm, kleinere bis 2 mm lang. Blütenzapfen bis gegen 15 cm lang; Sporophylle in viergliedrigen alternierenden Quirlen; im unteren Zapfenteil die Megasporophylle; im Megasporangium 16 bis 24 tetraederische Megasporen von ca. 0,60—0,65 mm Durchmesser; Mikrosporen sehr zahlreich im Mikrosporangium, 0,04—0,06 mm im Durchmesser.

S. primaevus Goldenberg spec. Mittleres Oberkarbon des Saargebietes. (Fig. 377.) Vielfach gabelig verzweigte Sprosse, sehr wahrscheinlich heterophyll beblättert. Nachgewiesen sind die großen Blätter der zwei Ventralblattzeilen; die offenbar viel kleineren der dorsalen Blattzeilen nicht erhalten. Sporophylle in schraubiger Stellung im Zapfen. In der unteren Zapfenpartie die Megasporophylle. Im Megasporangium je vier Megasporen.

S. Gutbieri Goeppert. Mittleres Oberkarbon (Fig. 372). Gegabelte heterophylle Sprosse mit sechszeilig gestellten Blättern, davon zwei Blattzeilen mit größeren Blättern und je zwei dorsale und ventrale Zeilen mit kleineren Blättern. Sporophyllzapfen terminal, über 6 cm lang und gegen 4 mm breit. Im Megasporangium wenige Megasporen.

Anhang:

Lycopodites bzw. Selaginellites zuzuweisende Formen ohne bekannte Fruktifikation.

L. Zeilleri Halle. Mittleres Oberkarbon von Zwickau. (Fig. 378.) Sprosse gegabelt, heterophyll. Blätter vierzeilig. Blätter der zwei ventralen Reihen länglich, kurz zugespitzt, wesentlich größer als die der zwei dorsalen Reihen, die mehr rundlich sind und stark gefransten Rand besitzen.

L. denticulatus Goldenberg spec. Mittleres Oberkarbon des Saargebietes. Heterophyll; zwei Reihen kleiner und zwei Reihen größerer Blättchen.

L. carbonaceus Feistmantel spec. Mittleres Oberkarbon von Böhmen und Rußland (Donetz). Sproß mehrfach gabelig verzweigt, vielreihig beblättert; Fruktifikation unbekannt.

L. leptostachys Goldenberg spec. Mittleres Oberkarbon des Saargebietes. Mit über 8 cm langem Blütenzapfen.

L. falcatus Lindley und Hutton. Rhät-Lias von Bornholm.

L. scanicus Nathorst. Rhät von Schonen.

Literatur.

Geinitz, H. Br., Die Versteinerungen der Steinkohlenformation in Sachsen. S. 32ff. Leipzig 1855.

Feistmantel, O., Die Versteinerungen der böhmischen Kohlenablagerungen. 2 Abt. S. 182—183. Palaeontographica 23. 1875/76.

Zeiller, R., Flore fossile du Bassin houiller de Valenciennes. S. 494—496. Paris 1886—88.

Kidston, R., Carboniferous Lycopods and Sphenophylls. Trans. Nat. Hist. Soc. Glasgow N. S. 6, S. 36ff. 1899.

Potonié, H., und Bernard, Ch., Flore dévonienne de l'Étage H. de Barrande. S. 45. Prag 1904.

Zeiller, R., Etude sur la flore fossile du bassin houiller de Blanzy et du Creuzot. S. 140—150. Paris 1906.

Halle, Th. G., Einige krautartige Lycopodiaceen palaeozoischen und mesozoischen Alters. Archiv für Botanik VII. 1908.

Bower, F. O., Origin of a Land flora. S. 298, Fig. 147. London 1908.

Kidston, R., Les végétaux houillers recueillis dans le Hainaut belge. S. 130—133. Brüssel 1911.

2. Isoëtaceae:

Fossile Angehörige dieser Familie werden zwar in größerer Menge genannt, doch kann man nur ein Fossil als mit Sicherheit zur Familie zugehörig gelten lassen:

Isoëtites Choffati Saporta. Untere Kreide von Portugal.

Literatur.

Saporta, G. de, Flore fossile du Portugal. Nouvelles contributions à la flore mésozoique, accompagnées d'une notice stratigr. par P. Choffat. Lissabon 1894.

Fig. 372.

Lycopodites Gutbieri Goeppert.
Aus dem Mittleren Oberkarbon von Sachsen.

19/20. Nach Geinitz 1855. — Bei *a*: Schema der Blattstellung in zwei aufeinander folgenden Quirlen (1 u. 2.) In der Figur oben ein Sproßstück in Seitenansicht, mit den großen Blättern und 2 (der 4 Reihen) kleiner Blätter.

Fig. 375.

Fig. 373.

Fig. 374.

Fig. 376.

Fig. 373—376.
Selaginellites Suissi Zeiller.
Aus dem Oberen Oberkarbon von Frankreich.

Fig. 374: vegetatives Sproßstück; Fig. 373: Sproß mit ansitzenden Blütenzapfen; Fig. 375 u. 376: Blütenzapfen; in Fig. 376 ist die viergliedrig-alternierend-quirlige Sporophyllstellung gut zu sehen. — 19/20.
Nach Zeiller 1906.

Fig. 377.

Fig. 378.

Fig. 377.
Selaginellites primaevus Goldenbg. spec.
Aus dem Mittleren Oberkarbon des Saargebietes.
Sproßstück mit Basis des Blütenzapfens, daran die Megasporophylle.
19/20. Nach Halle 1908.

Fig. 378.
Lycopodites Zeilleri Halle.
Aus dem Mittleren Oberkarbon von Sachsen.
19/20. Nach Halle 1908.

D. Mesozoische Lycopodiales unsicherer Stellung.

Lycostrobus Nathorst.

L. Scotti Nathorst. Oberer Rhät von Helsingborg (Schonen). Bekannt in einem größeren Stück eines Blütenzapfens, der in ganzer Länge etwa 12 cm gemessen haben dürfte. Der Zapfen ist getragen von einem relativ dicken Stiel, der entweder ganz blattlos oder doch nur von wenigen schuppenähnlichen Blättchen bekleidet war. Der an einzelnen Stellen des Stieles noch erhaltene Kohlebelag weist in seiner Dünne darauf hin, daß der Stiel nicht holzig war. Was die Sporophylle, die schraubig angeordnet sind, betrifft, so trug der vorliegende Zapfen fast nur Megasporophylle, zwischen die nur gelegentlich — also nicht an bestimmten Stellen — Mikrosporophylle eingeschaltet waren. Sporangien der beiden Sporophyllarten auf der adaxialen Seite. Megasporen in größerer Anzahl im Megasporangium, 0,55—0,6 mm im Durchmesser mit einer durch drei Aufrißleisten deutlich vorgebildeten Keimungsstelle und zahlreichen kutinisierten Stachelfortsätzen, ähnlich denen mancher Lepidodendron-Megasporen. Mikrosporen 0,036—0,044 mm im Durchmesser, mit leicht punktierter Membran, in den Mikrosporangien in Paketen zusammenliegend.

Das Fossil repräsentiert eine der wenigen größeren Lycopodiales, die aus dem Paläozoikum in das untere Mesozoikum hineinreichen. Die genauere Stellung der Pflanze innerhalb der Gruppe ist mangels der Kenntnis über Vorhandensein oder Fehlen der Ligula unsicher. Unklar ist auch, ob es sich um den Rest eines baumförmigen Gewächses oder, was Nathorst auf Grund der krautigen Beschaffenheit des Zapfenstieles für wahrscheinlicher hält, um eine krautige Form handelt. Jedenfalls aber auch dann um eine Pflanze, die, wie aus der Größe des etwa 12 cm langen Zapfens hervorgeht, alles was heute von krautigen Lycopodiales noch lebt, an Dimension weit hinter sich läßt.

In Zusammenhang mit Lycostrobus ist ein aus dem Lothringer Buntsandstein bekannter Lycopodiales-ähnlicher Stamm von etwa 10—12 cm Durchmesser gebracht worden, der von Schimper und Mougeot ursprünglich als Caulopteris tessellata beschrieben worden ist. Zugehörigkeit indes fraglich.

Literatur.

Nathorst, A. G., Palaeobotanische Mitteilungen. 3. Lycostrobus Scotti. K. Svenska Vetenskapsakad. Handlingar. 43. 3. 1908.

Schimper, F. W., und Mougeot, A., Monographie des plantes fossiles du grès bigarré des Vosges. Taf. 29. Leipzig 1844.

Poecilitostachys Fliche.

P. Haugi Fliche. Buntsandstein von Epinal u. a. O. in Frankreich. Ein fertiler Sproß von ½ cm Dicke und 10 cm lang erhalten; von Lycopodiales-Habitus; an einem Ende Sporophylle. In damit vergesellschaftet gefundenen Sporangien Megasporen.

Inwieweit hiermit die von Brongniart und Schimper u. Mougeot als Echinostachys Bgt. beschriebenen Blütenzapfen verwandt sind, ist nicht entschieden.

Literatur.

Schimper, F. W., und Mougeot, A., Monographie des plantes fossiles du grès bigarré des Vosges. Taf. 22, C u. 23, Fig. 1—2. Leipzig 1844.

Fliche, M., Sur les Lycopodinées des Trias en Lorraine. Comptes Rendus. 136 B. 1903.

Fliche, M., Sur une fructifikation de Lycopodinée trouvée dans le Trias. Comptes Rendus. 148 A. 1909.

Lepidostrobus palaeotriassicus Frentzen. Oberer Buntsandstein von Baden. Langzylindrische Blütenzapfen vom Typ derer der palaeozoischen Lepidostroben von 2 bis 2½ cm Breite und über 10 cm Länge. Zapfenoberfläche durch die sich deckenden Sporophyllenden rhombisch gefeldert, Rhomben 4 × 3 mm groß, in schraubiger Anordnung. Sporophylle mit dem horizontalen Spreitenteil ± rechtwinklig von der Zapfenachse abstehend und in einen kurzen, freien Spitzenteil endend. Sporenverhältnisse nicht klargestellt. Hierzu gehörig wohl:

Knorria palaeotriassica Frentzen. Oberer Buntsandstein von Baden. Bekannt in einem 5,8 cm langen und 1,6 cm × 0,5 cm dicken Sproßsteinkern. Stengel bedeckt mit ca. 1 cm langen elliptischen Wülsten in schraubiger Anordnung. Im ganzen habituell den palaeozoischen Knorrien sehr ähnlich[1]).

Literatur.

Frentzen, K., Die Flora des Buntsandsteins Badens. Mitteil. Badisch. Geolog. Landes-Anst. 8. S. 91—93. 1914.

Stigmarites Fliche.

St. Nicklesi Fliche. Aus dem Buntsandstein von Baccarat (Lothringen). Ein im Ausguß bekannter Rest, der Stigmaria ficoides sehr ähnlich sein soll. Achsendurchmesser ca. 3½ cm. Narben der (?) Appendices 6—7 mm im Durchmesser.

Literatur.

Fliche, P., Sur les Lycopodinées du Trias en Lorraine. Comptes Rendus de l'Acad. des Sc. 136 b. 1903.

Pleuromeia Corda

Pl. Sternbergi Corda. Oberer Buntsandstein von Anhalt und Magdeburg; mittlere Trias von Frankreich; Mesozoikum von Ostsibirien (Wladiwostock) (Fig. 379—385). Pflanzen mit aufrechtem und unverzweigtem, bis über 1 m langem und bis zu 10 cm dickem Stamm. Basalpartie des Stammes durch 2 unmittelbar aufeinanderfolgende Gabelteilungen in 4 nach aufwärts gebogene Rhizomsprosse (Fig. 382 u. 383) geteilt, die gelegentlich durch eine weitere Gabelung noch je in zwei Arme geteilt werden können (Fig. 384). An den basalen Rhizomsprossen, bezüglich deren Homologie mit den ersten Gabelpartien der Stigmarien kein Zweifel bestehen kann, befinden sich die den Appendices der Stigmarien ähnlichen Wurzeln; auch noch an der Sproßbasis über der Stelle der ersten Gabelung sind sie vorhanden. Am Sproß ringsum die Narben der schraubig gestellten Blätter; diese selbst unbekannt. Blattnarben (Fig. 380—382) vergleichsweise sehr groß, quer-rautenförmig; in ihrer Mitte die kleine Leitbündelnarbe und rechts und links davon zwei große dreieckige Narben, die — allerdings ohne weitere anatomische Anhaltspunkte — den Parichnosnarben bzw. den Transpirationsöffnungen der Lepidodendren und Sigillarien verglichen werden. Wo Abdrücke der subepidermalen Oberfläche vor-

---

[1]) Während an der Zugehörigkeit des genannten Fossils zu den Lycopodiales wohl nicht viel zu zweifeln ist, dürfte Lepidodendron keuperianum Chroustschoff (Jahresh. Ver. vaterl. Naturkunde in Württemberg, 24. S. 309ff. 1868) keine Lycopodiale, sondern — nach einer freundlichen Mitteilung von Herrn Dr. K. Frentzen-Karlsruhe — eher eine Cycadeen-Stammknolle sein.

Fig. 379.

Fig. 380.

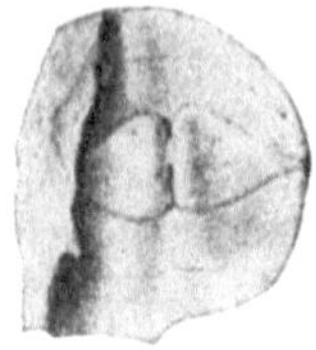

Fig. 380 a.

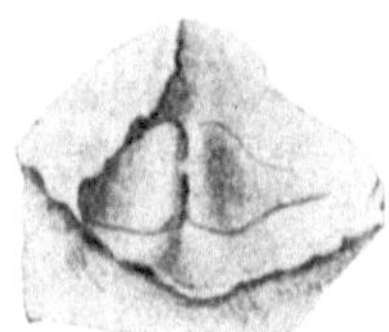

Fig. 380 b.

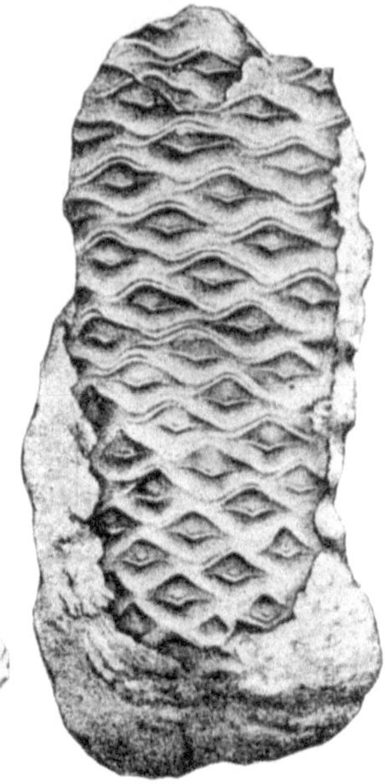

Fig. 381.

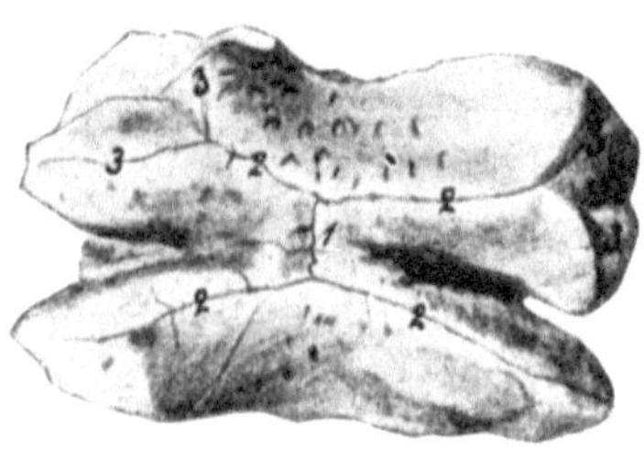

Fig. 384.

Fig. 385.

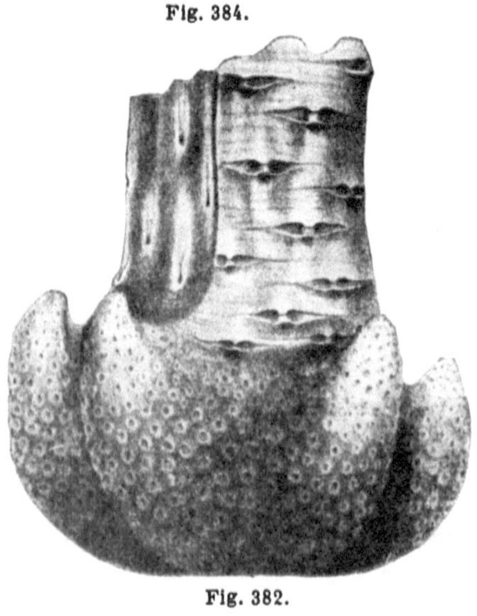

Fig. 382.

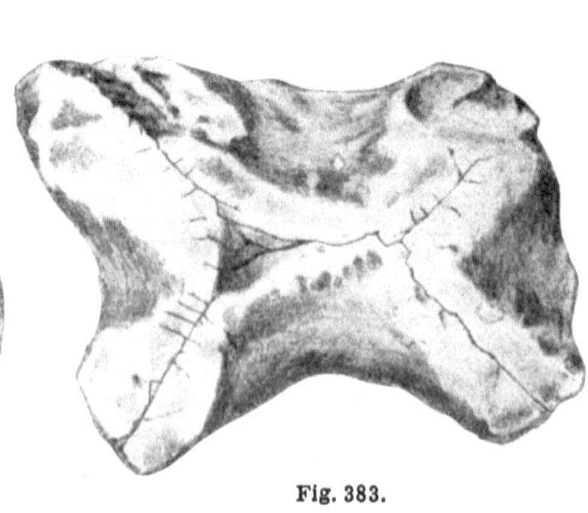

Fig. 383.

liegen, zeigen sich an den mit den Blattansätzen korrespondierenden Stellen vertikal gestreckte Male, die nach obenhin in eine ziemlich lange, allmählich sich verlierende Furche, oder deren mehrere, auslaufen — eine anatomisch nicht geklärte Struktur.

Was die Anatomie der Pflanze betrifft, so sind strukturbietende Reste nicht gefunden; lediglich an den Steinkernen der Sprosse und deren Basalpartien ist öfters eine mehr minder mit kohligen Resten erfüllte Röhre — das Negativ des Xylemteiles der Stammstele — festzustellen, die auf dem Querbruch sternförmig erscheint. Die Sternform dürfte bedingt sein dadurch, daß an der Stammstele ringsum leistenförmige Vorsprünge (vgl. die Protoxylemstreifen vor dem zentripetalen Metaxylemring der Lepidodendren) vorhanden waren. Nach unten zu verlaufen die Leisten allmählich, um neuen Platz zu machen; nach oben zu verlieren sie sich wohl in der Abgangsstelle je eines Blattspurbündels; außerhalb des der Sproßstele entsprechenden Steinkernes ziehen sie je als feiner Kanal in schrägem Aufwärtslauf quer durch die statt der Rinde erhaltene Steinpartie. Die einzelnen Teile der gabelig verzweigten Rhizombasis sind gleichfalls in analoger Weise von einer median gelegenen Stele durchzogen, an die die in die Wurzeln ziehenden Bündel ansetzen.

Die Form der Stele legt den Schluß nahe, daß sekundäre Xylembildung wohl nicht stattgefunden hat, da sonst die als Protoxylemstreifen zu deutenden Längsleisten nicht im Abdruck erhalten sein könnten. Daß aber durch Dehnung oder durch sekundäres Dickenwachstum der Rinde eine nachträgliche Verdickung der Stämme, zum mindesten an ihrer Basis, stattfand, zeigen die Blattnarben am unteren Stammteil; sie sind hier (Fig. 381 u. 382) wesentlich mehr tangential gestreckt als an den oberen Stammpartien, wo sie möglicherweise die wirkliche Größe der Blätter an ihrer Ansatzstelle zeigen.

Terminal schlossen die Sprosse mit einem Blütenzapfen ab, der aus einer großen Anzahl von Sporophyllen gebildet wurde (Fig. 379). Die Sporophylle sind annähernd kreisrund und lappenförmig (Fig. 385); auf ihrer Unterseite befindet sich je ein großes längsgestreiftes Sporangium — eine Sporangienanordnung, die innerhalb der Gruppe der Lycopodiales, wozu Pleuromeia doch zweifellos gehört, ohne Parallele ist.

Durch Fitting ist wahrscheinlich gemacht, daß die großen Sporen von 0,5 bis 0,7 mm Durchmesser, die häufig vergesellschaftet mit Resten von Pleuromeia gefunden wurden, die Megasporen von Pleuromeia sind. Die Sporen, die ursprünglich Kugeltetraederform besessen haben, weisen deutlich drei im Scheitelpunkt zusammenlaufende Scheitelkanten auf und gleichen im wesentlichen den Megasporen von Isoëtes. Mikrosporen unbekannt. Ob die an den Sporangien sichtbaren Längsstreifen auf trabekuläres Gewebe, wie es sich bei Isoëtes findet, schließen läßt, steht dahin.

Pl. oculina (Blanckenhorn) Potonié. Oberer Buntsandstein der nördlichen Rheinprovinz.

Pleuromeia Sternbergi Corda. Aus dem Oberen Buntsandstein von Anhalt.

Fig. 379. Steinkern einer oberen Sproßpartie mit Basalteil der endständigen Blüte. — $^1/_1$.
Fig. 380 u. 381. Oberflächenabdrücke zweier Sproßstücke. — 4/5 ×. Fig. 380 a u. b. Blattnarben von Sproß der Fig. 380. — ca. 2½ ×.
Fig. 382. Basalpartie des Sprosses mit stigmarioider Verzweigung; am Sproß selbst die Narben der Blätter, an den Basalverzweigungen die Narben der Wurzeln. 3/5 ×.
Fig. 383 u. 384. Basalpartien zweier Sprosse von unten gesehen; in Fig. 384 sind die 4 Kreuzarme seltenerweise nochmals gegabelt. — 4/5 ×.
Fig. 385. Zwei Sporophylle mit ihren abaxial gestellten Sporangien (vgl. Fig. 379) von unten gesehen. — $^1/_1$.
Sämtliche Figuren nach Potonié 1904.

Literatur.

Solms-Laubach, H. Graf zu: Über das Genus Pleuromeia. Botan. Zeitg. 57. 1899.

Potonié, H., Pleuromeia Sternbergi Corda und Pl. oculina. Abb. u. Beschr. foss. Pfl. Lief. II. 38 u. 39. 1904.

Fitting, H., Sporen im Buntsandstein — die Makro-Sporen von Pleuromeia. Ber. Deutsch. botan. Ges. 25. 1907.

Kryshtofovich, A., Pleuromeia and Hausmannia in Eastern Siberia, with a Summary of Recent Contributions to the Palaeobotany of the Region. Amer. Journ. Sc. 5. Ser. 5. 1923.

E. Samentragende Lycopodiales Ligulatae: Lepidospermae.

Samentragende Typen haben sich aus zwei Formenkreisen der Ligulaten Lycopodiales herausentwickelt: aus dem die baumartigen Typen umfassenden Formenkreis: in Lepidocarpon, einer Gattung die habituell Lepidodendron nahezustehen scheint, und aus dem Formenkreis der krautigen Ligulaten Lycopodiales: in Miadesmia, einem Typ, der habituell nahesteht den rezenten Selaginellen und denjenigen fossilen Formen, die möglicherweise in Selaginella-Verwandtschaft gehören.

1. Lepidocarpaceae.

Lepidocarpon Scott.

L. Lomaxi Scott. Lower Coal Measures von England u. a. O. (Fig. 388 bis 393.) Bekannt sind nur die Mikrosporophyll- und Megasporophyllblütenzapfen. Diese gleichen habituell den Blütenzapfen der Lepidodendren. Laubtragende Sproßpartien und sonstige vegetative Teile sind nicht gefunden. Zapfenachse im Bau im wesentlichen mit denen von Lepidodendron übereinstimmend. Stele mit Mark im Zentrum und zentripetaler Xylementwicklung. Mega- und Mikrosporophylle je in eigenem Zapfen, in schraubiger Anordnung. Junge Megasporophyllzapfen mit nicht gereiften Samen haben bei ungefähr 4 cm Länge einen Durchmesser von etwa 1 cm.

Die Megasporophylle gleichen in ihrer sterilen Partie im allgemeinen denen der Lepidostroben. Zwischen der distalen, aufwärts gebogenen Partie des Sporophylls und dem Sporangium die Ligula. Median auf dem horizontal inserierten proximalen Teil das große radial-langgestreckte Megasporangium, das — und darin besteht der prinzipielle Unterschied gegenüber Lepidodendron und der phylogenetische »Fortschritt« — von einem sich von der Sporophyllfläche erhebenden becherförmigen, mehrzellschichtigen Integument-Indusium eingehüllt wird. Die apikale Partie des Integument-Indusiums bildet eine Art Mikropyle (Fig. 389 bis 392), die entsprechend der radialen Längsausdehnung des von ihm umgebenen Megasporangiums radial langgezogen ist. Die Wand des Megasporangiums ist mehrschichtig mit palisadenförmig gestreckten

Epidermiszellen. Das Megasporangium scheint an seinem Scheitel zunächst ganz geschlossen gewesen zu sein, jedenfalls ist eine Öffnung, die später wohl irgendwie zustande kam, um dem Inhalt der Mikrosporen Zutritt zu geben, nicht präformiert (Fig. 392 u. 393). Im Megasporangium eine einzige große Megaspore (Fig. 389 u. 391) und die drei kollabierten Schwesterzellen der einzigen Megasporentetrade.

Es hat den Anschein als ob die Prothalliumbildung in der Megaspore erst in einem vergleichsweise späten Stadium stattgefunden hätte. Jedenfalls sind eine Anzahl Megasporen bekannt, deren Umhüllung im allgemeinen gut erhalten ist, die aber keinerlei Prothalliuminhalt zeigen; während gerade das Fossilstück, an dem der Prothalliuminhalt der Megaspore recht gut erhalten ist (Fig. 391 u. 392), sonst nicht besonders gut konserviert ist — ein Beweis dafür, daß bei mangelndem Inhalt nicht der Erhaltungszustand schuld ist, sondern das Megasporangium fossilisiert wurde, in einem Zustand noch ehe sich das Megaprothallium in ihm entwickelt hatte. In dem Stück der Fig. 391 u. 392, wo das Prothallium vorhanden ist, sind Archegonien nicht nachgewiesen. Allerdings werden einige besonders inhaltsreiche hypodermale Prothalliumzellen von Scott als Zentralzellen von in Entstehung begriffenen Archegonien gedeutet. Im Prothallium Differenzierung in einen peripheren großzelligen Teil und eine mittlere Partie aus (Nährstoffe leitenden?) langgestreckten Zellen.

Die Mikrosporophylle gleichen im wesentlichen denen der Lepidodendren, nur sind die Mikrosporangien gleichfalls, allerdings nur nahe der Basis, von einem Indusiumbecher eingeschlossen (Fig. 388). Dieser hat ähnlichen Bau wie das Integument-Indusium der Megasporophylle. Die Tatsache, daß auch die Mikrosporangien von einem ähnlichen, wenn schon nur kleinen, becherförmigen Indusium umfaßt werden, ist insofern besonders interessant, als es sich hier um ein klares Beispiel dafür handelt, daß Strukturen, die zunächst offenbar in der Entwicklungsrichtung eines Formenkreises gegeben, aber noch zwecklos sind: Auftreten des indusialen Bechers an der Sporangiumbasis bei beiden Sporophyllarten, schließlich eine funktionelle Bedeutung erlangen können: Integument-Indusium der Megasporophylle.

In welcher Weise sich die Befruchtung vollzogen hat, ist unbekannt. Es liegt nahe, in Analogie mit den Verhältnissen bei Miadesmia und auf Grund des Befundes bei dem unten zu erwähnenden L. westfalicum, anzunehmen, daß das Megaprothallium in reifem und empfängnisfähigem Zustand die Wand am Scheitel des Megasporangiums durchbrochen hat. Darauf deutet wenigstens die kleine Öffnung am Scheitel, die bei den von L. westfalicum bekannten älteren Megasporangien sichtbar ist. Wenn damit, was Ausdehnung des Megaprothalliums und sein Verhältnis zum Scheitel des Megasporangiums betrifft, Verhältnisse wie bei den rezenten Cycadophyten gegeben gewesen zu sein scheinen, so ist, aus dem Befund an jüngeren Zuständen, wie den in Fig. 391 u. 393

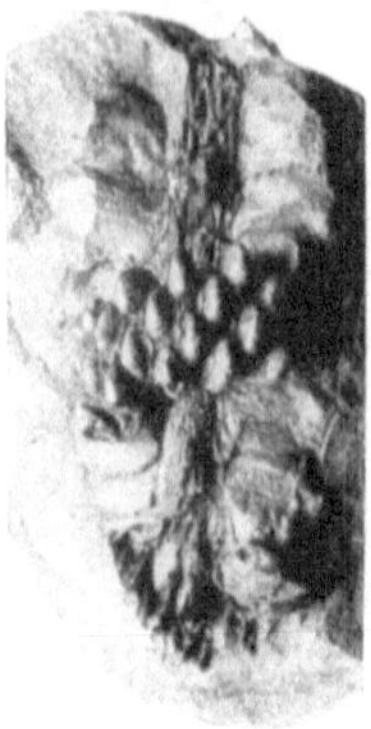

Fig. 386.

Fig. 387.

Lepidocarpon westfalicum Kidston.
Middle Coal Measures von Staffordshire.

Fig. 386. Zapfen mit reifenden Samen. $1\frac{1}{3}$ ×.
Fig. 387. Detail aus Fig. 386. *i*: Integument-Indusium, über das der reifende Same, der nur noch von der Megasporangienwand eingeschlossen ist, hinausgewachsen ist; *sp*: ursprüngliche Öffnungsstelle des Megasporangiums. — $5\frac{1}{3}$ ×.
Beide nach Kidston 1914.

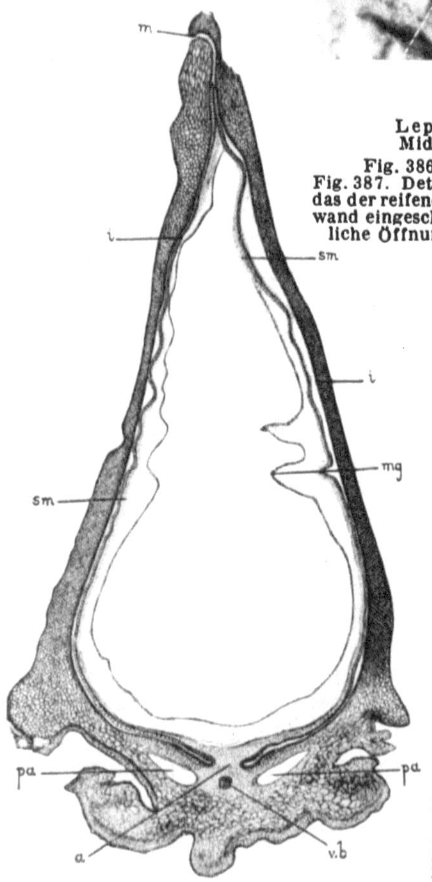

Fig. 389.

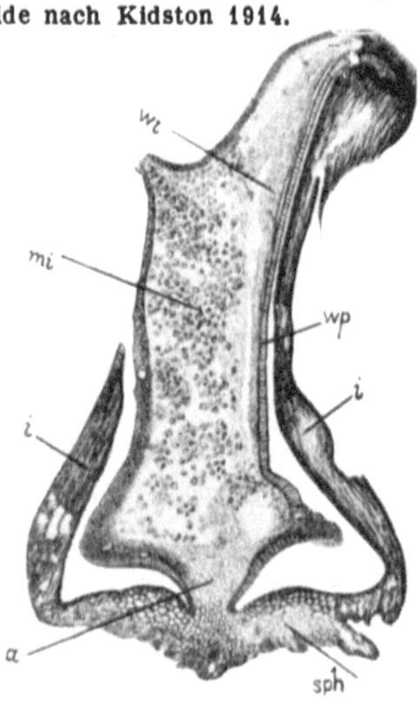

Fig. 388.

Lepidocarpon Lomaxi Scott. Lower Coal Measures von England.

Fig. 388. Mikrosporophyll; Querschliff. *sph:* Sporophyllfläche; *i*: Indusium; *wp*: Epidermis; *wi*: innere Zellschichten der Sporangienwand; *mi*: Mikrosporen. — 21 ×.

Fig. 389. Megasporophyll im Querschliff. *i:* Integument-Indusium; *m:* dessen Mikropylaröffnung; *sm:* Megasporangiumwand; *mg:* Megasporenmembran; *vb:* Leitbündel der freien Sporophyllfläche. — $12^{2}/_{3}$ ×. Beide nach Scott 1901.

Lepidocarpon Lomaxi Scott.
Lower Coal Measures von England.

Fig. 390. Schematische Rekonstruktion des Megasporophylls. *i*: das sich von der Sporophyllfläche erhebende Integument-Indusium; *sm* Megasporangium; *mg*. Megasporenmembran; *pr*: Megaprothallium. — ca. 25 ×. Aus Scott-Studies 1920.

Fig. 392. Detail von Fig. 391: Spitze des Megasporangiums. *pr*. periphere großzellige, *cs*: zentrale Partie des Megaprothalliums; *y*: möglicherweise Zentralzellen von Archegonien; *mg*, *sm* und *i*: wie in Fig. 390. — 20 ×.

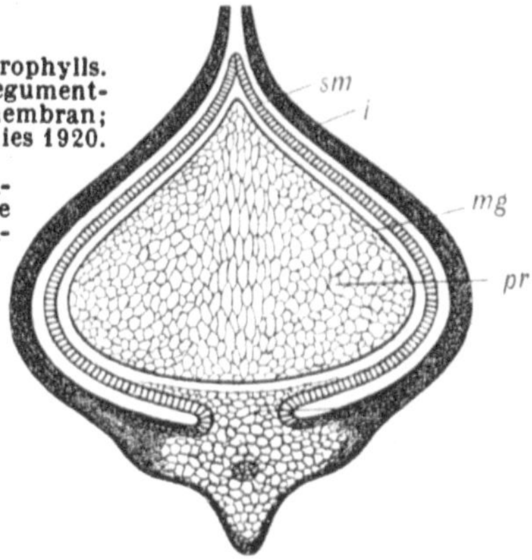

Fig. 390.

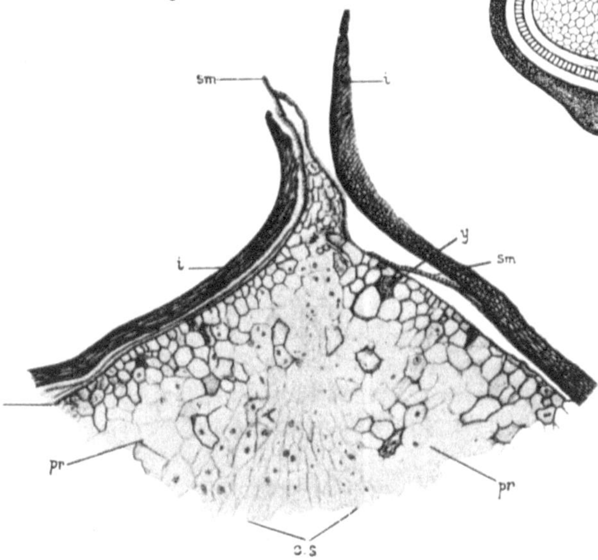

Fig. 392.

Fig. 391. Megasporophyll mit in Entwickelung begriffenem Megaprothallium (*ps*). Vgl. Fig. 392. — 9½ ×.

Fig. 393. Spitzenpartie des Megasporangiums mit noch völlig geschlossener Wand (*wp* und *wi*). *i*: Integument-Indusium. — 66⅔ ×. Sämtl. nach Scott 1901.

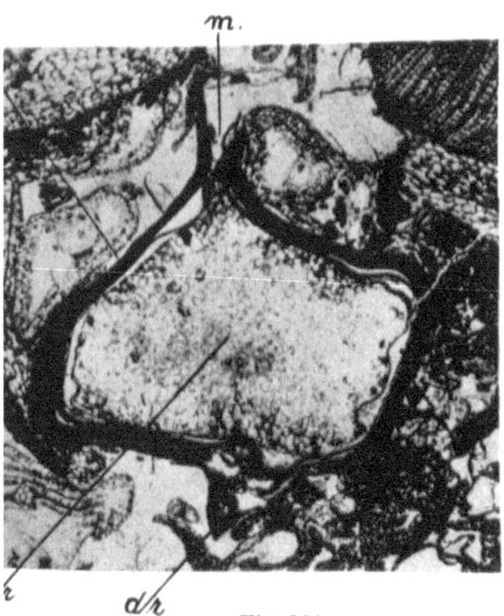

Fig. 391.

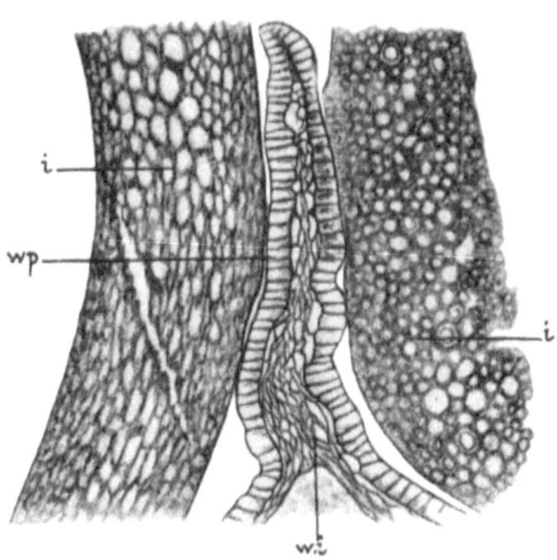

Fig. 393.

abgebildeten, wo der Megasporangiumscheitel ganz geschlossen ist und obendrein eine derbwandige Epidermis besitzt, zu schließen, daß die Bildung einer Pollenkammer, wie sie für Cycadophyten und Gingko bekannt ist, hier nicht gegeben war. Vielmehr hat es den Anschein, und besonders die Verhältnisse bei Miadesmia sprechen dafür, daß die Mikrosporen in kleineren oder größeren Unebenheiten der Megasporangienwand oder des Integument-Indusiums sich in der Nähe des Megasporangienscheitels gefangen haben und die bei ihrer Keimung entstehenden Mikrosporen in adhärierendem Wasser schwimmend zu dem Megaprothallium und dessen Archegonien gelangt sind: Eine Erscheinung, die noch sehr an die Befruchtungsverhältnisse der nicht samentragenden heterosporen Lycopodiales und anderer heterosporer Pteridophyten erinnert.

Was die Bildung der Samenschale betrifft, so liegt gegenüber dem unten zu besprechenden Miadesmia insofern ein prinzipieller Unterschied vor, als dort die Samenschale offenbar vom Integument gebildet wurde, und die Megasporangienwand, wenn sie nicht etwa ganz kollabiert ist, sicher nur eine Verstärkung gebildet haben kann. Bei Lepidocarpon dagegen wurde die Samenschale von der Megasporangienwand, die sich nach der Befruchtung offenbar bis auf einen kleinen Porus wieder schloß, oder vielleicht nie weitgehender geöffnet war, gebildet. Das geht hervor aus dem was bekannt ist über das nur in Abdrücken erhaltene

L. westfalicum Kidston. Middle Coal Measures von Süd-Staffordshire (Fig. 386 u. 387). An dem erhaltenen Zapfenrest (Durchmesser ca. 1½ cm) sind die Samen noch an den sie tragenden Sporophyllen, und diese an der Zapfenachse anhaftend gefunden. Sie sind — im Gegensatz zu den bei L. Lomaxi gefundenen Zuständen — bereits weit über das Integument hinaus ausgedehnt; dieses ist durch den herangereiften Samen in zwei Partien zersprengt, die nur noch links und rechts an dessen Basis zu sehen sind. Am Scheitel des Samens ist die kleine Öffnungsstelle noch zu erkennen, die sich bei Empfängnisfähigkeit des Megaprothalliums gebildet hat (*Sp* in Fig. 387).

Es ist eine noch unbeantwortete Frage, wann eigentlich die Befruchtung stattgefunden hat; ob etwa in einem Stadium, wo das Megasporangium noch vom Integument eingeschlossen war oder in einem, wo es bereits darüber hinausgewachsen war. Daß bei Lepidocarpon trotz der noch bestehenden Unklarheiten und trotz der Tatsache, daß Samen mit Embryo bisher noch nicht gefunden wurden, doch sicher bereits echte Samenbildung stattfand, ist nicht zweifelhaft. Es ist bekannt, wie variabel z. B. die Verhältnisse bei Gingko sind und daß hier die Befruchtung und Embryobildung entweder unmittelbar nach der Bestäubung erfolgt oder daß, besonders bei den in Mitteleuropa kultivierten Bäumen, der Zeitraum zwischen Bestäubung und Befruchtung oft weit auseinander liegt und zwischen beiden die Ausbildung des äußeren Samens eingeschaltet ist. Und bis zu einem gewissen Grad Analoges ließe sich auch von den verschiedensten Koniferen anführen, wo innerhalb der einzelnen Gattungen und Arten große Verschiedenheiten bestehen in Hinblick auf die Zeitspanne, die zwischen Bestäubung und Befruchtung liegt. —

L. Wildianum Scott. Unteres Unterkarbon (Calciferous Sandston-Series) Pettycur, Schottland. Dem L. Lomaxi ähnlich; in strukturbietenden Resten erhalten.

Literatur.

Williamson, W. C., On the Organisation of the fossil Plants of the Coal Measures. Pt. VIII. S. 254, Fig. 117—119. Transact. R. Soc. 167. London. 1877. Pt. X. S. 518, Fig. 64. Ibid. 171. London. 1880.

Wild, G., und Lomax, J., On a new Cardiocarpon bearing Strobilus. Annals of Botany. 1900.

Scott, D. H., On the Seed-like fructification of Lepidocarpon. Phil. Transact. R. Soc. B 194. London 1901.

Kidston, R., On the fossil Flora of the Staffordshire Coalfields; III: The foss. flora of the Westfalian Series of the South Staffordshire Coal Field. Transact. R. Soc. Edinburgh. 50. 1914.

2. Miadesmiaceae.

Miadesmia E. C. Bertrand.

M. membranacea E. C. Bertrand. Lower Coal Measures von England (Fig. 394—399).

Kleine krautige Pflanze, Sprosse ± gabelig verzweigt, sehr wahrscheinlich im allgemeinen schraubig, gelegentlich dekussiert beblättert. Blätter dicht gedrängt, einander deckend. Sprosse nur mit primären Gewebeelementen und einfacher Protostele; in deren Zentralpartie Metaxylemtracheiden, an der Peripherie das exarche Protoxylem aus Tracheiden mit schraubig verdickten Wänden; drei bis sechs Protoxylemgruppen im Querschnitt; anschließend Phloëm; Rinde deutlich differenziert in eine lakunöse Innenzone und eine Außenpartie aus drei Lagen großlumigen, in der Sproßlängsachse gestreckten Zellen; anschließend die Epidermis. Endodermis nicht deutlich differenziert. Blätter bis 2 mm lang, an der Basis dicker als am oberen Ende, mit großer Ligula (Fig. 399). Blattlamina mehrere Zellagen dick, am Rande gesäumt mit einem nur eine Zellage starken Band, woran viele einzellreihige Haare entspringen. An der ganzen Blattoberseite zahlreiche vielzellreihige Haare, besonders stark in der Nähe der Ligulargrube entwickelt. Wurzeln unbekannt.

Fruktifikation in Zapfen. Mikro- und Megasporophylle bekannt, doch steht nicht fest, ob Mikro- oder Megasporophylle am selben Zapfen oder an verschiedenen getragen wurden. Die Zapfenachsen nur im Zusammenhang mit Megasporophyllen bekannt. Zapfenachsenanatomie im wesentlichen übereinstimmend mit der der Laubsprosse. Sporophylle höchst wahrscheinlich dekussiert angeordnet.

Mikrosporophylle ähnlich den sterilen Blättern, aber ohne die vielzellreihigen Haare auf der Fläche, mit Ligula und großem Mikrosporangium; die zahlreichen Mikrosporen von tetraedrischer Form.

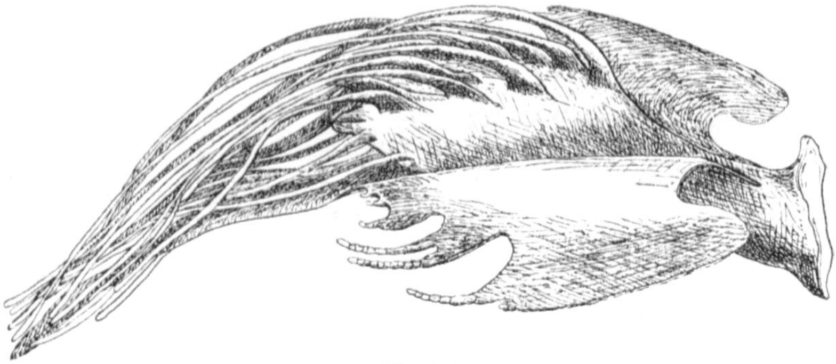

Fig. 394.

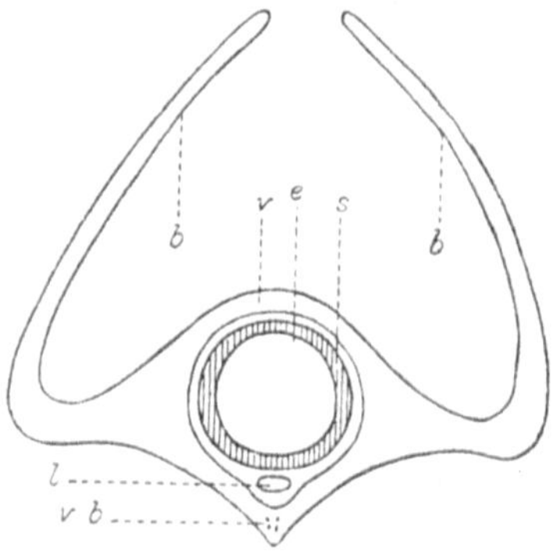

Fig. 395.

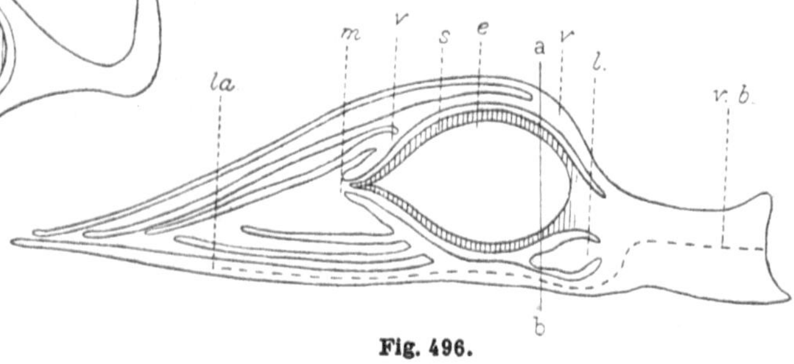

Fig. 496.

Miadesmia membranacea C. E. Bertrand.
Lower Coal Measures von England.

Fig. 394. Rekonstruktion eines Megasporophylls. Ca. 25 ×.

Fig. 395 u. 396. Schematischer Längs- und Querschnitt durch ein Megasporophyll. (Der Querschnitt ist an der im Längsschnitt mit *a—b* bezeichneten Stelle geführt.) *la*: Sporophyll-Lamina; *b*: ihre flügelartigen, einzellschichtigen Randpartien; *vb*: Leitbündel; *l*: Ligula; *v*: Integument-Indusium mit seinen Haarfortsätzen; bei *m*: seine mikropylare Öffnung; *s*: Megasporangienwand; c: der von dem (hier nicht eingezeichneten) Megaprothallium erfüllte Binnenraum. — ca. 16 ×.

Sämtl. nach Benson 1908.

Bei den Megasporophyllen ist die sterile Partie gleichfalls ähnlich dem vegetativen Blatt; mit großer Ligula. Im Gegensatz zu den aufgerichtet angehefteten Mikrosporophyllen stehen die Megasporophylle nahezu horizontal von der Zapfenachse ab. Das vergleichsweise sehr große Megasporangium ist nahezu völlig eingeschlossen von einem integumentartigen mehrzellschichtigen nach oben nahezu geschlossenen Indusiumbecher, von dem ringsum eine größere Anzahl vielzellreihiger Haare entspringt (Fig. 394, 396 u. 397). Es liegt nahe zu

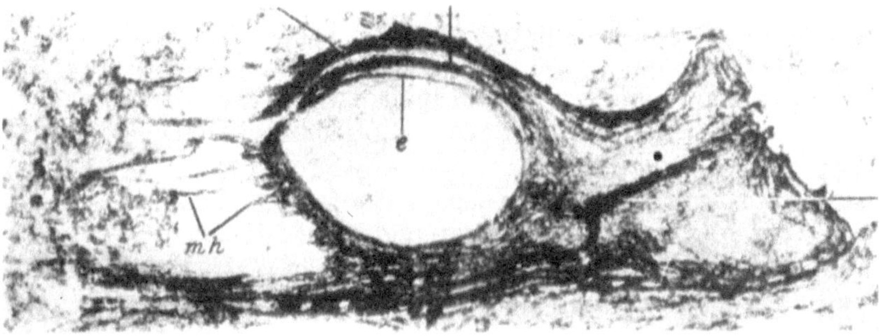

Fig. 397.

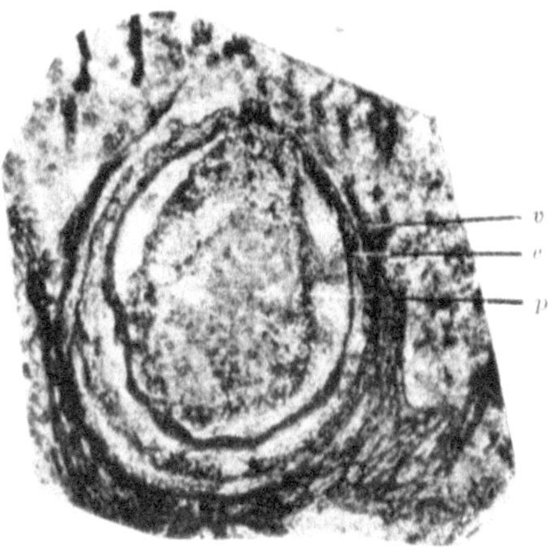

Fig. 398.

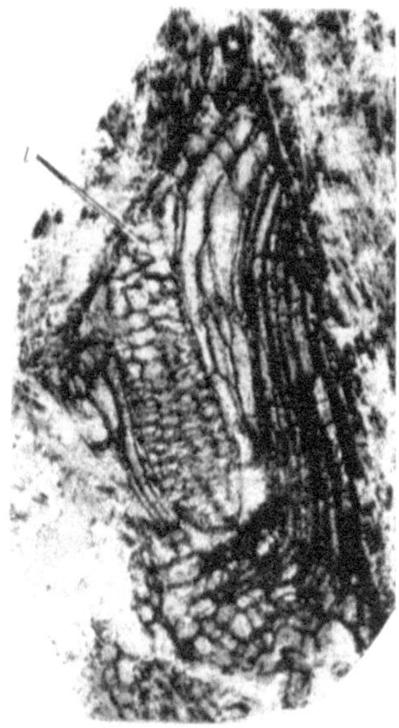

Fig. 399.

Miadesmia membranacea C. E. Bertrand.
Lower Coal Measures von England.

Fig. 397. Längsschliff durch ein Megasporophyll. *v*: Integument-Indusium; *mh*: dessen Haarfortsätze; *s*: Megasporangienwand; *e*: Megasporenmembran; *lt*: Sporophyll-Leitbündel. — 34 ×.

Fig. 398. Schräg-tangential geführter Schliff durch das Megasporophyll. *p*: Megaprothallium; *e* und *v*: wie in Fig. 397. — 31½ ×.

Fig. 399. Längsschliff durch die die Ligula (*l*) tragende Partie eines vegetativen Blattes. — 112 ×.

Sämtl. nach Benson 1908.

denken, daß die Haare, die der mikropylenähnlichen Öffnung des Integument-Indusiums benachbart standen, die Funktion des Festhaltens der Mikrosporen hatten.

Was das Megasporangium und seinen Inhalt betrifft, so umschloß die mehrschichtige Sporangiumwand eine einzige große Megaspore (Fig. 397 u. 398); von Schwesterzellen der Megaspore ist nichts gefunden. Die Megaspore, die gelegentlich mit dem sie ganz erfüllenden, aber immer nur schlecht erhaltenen Prothalliumgewebe (Fig. 398) gefunden wurde, ist durch eine relativ dünne Membran gegen die Sporangiumwand abgegrenzt. Diese selbst besteht nur aus ziemlich zartwandigem Parenchym. Eine der Mikropyle zugekehrte Öffnung, die aber nicht von vornherein vorhanden war, ist offenbar so entstanden, daß — analog den Verhältnissen bei den rezenten Cycadophyten und Ginkgo — der Nuzellusscheitel, d. i. der Scheitel des Megasporangiums, vom Prothallium der Megaspore aufgesogen und durchbrochen wurde, so daß der Inhalt der keimenden Mikrosporen keinen Zutritt zu dem Megaprothalliumscheitel hatte. Über die Entwicklung des Embryos ist nichts bekannt. Dem ausgebildeten Samen mögen die dünnen Partien der ihn tragenden Sporophyllamina als flügelartiges Verbreitungsmittel gedient haben (Fig. 394).

Literatur.

Bertrand, C. E., Sur une nouvelle Centradesmide. Assoc. Française pour l'Avancement des Sciences. 1894.

Benson, M., On a new Sed-like Lycopodiaceous fructification. New Phytologist 1. 1902.

Benson, M., Miadesmia membranacea Bertrand; a new Palaeozoic Lycopod with Seed-like Structure. Phil. Transact. Roy. Soc. B 199. London. 1908.

Allgemeines.

Was die zeitliche Verbreitung der Lycopodiales betrifft, so kann man wohl — trotz der Tatsache, daß heute noch ca. 630 Arten existieren — sagen, daß die Gruppe eine im ganzen palaeophytische ist, und sicher im Mittleren Oberkarbon den Höhepunkt ihrer Entwickelung gehabt hat. Das erste sicher nachgewiesene Auftreten der Gruppe fällt mit den verschiedenen Arten der Gattung Protolepidodendron und mit Lycopodites hostimensis, alles krautigen Formen, in das Obere Mitteldevon, eben die Zeit, wo auf die altpalaeophytische Psilophytenflora die an Typen so reiche jüngere oder eigentliche palaeophytische Flora folgte. Schon im Oberdevon ist bereits eine größere Formenmenge vorhanden: die baumförmigen Archaeosigillaria primaeva, Porodendron Isachseni, die Gattung Eucyclostigma mit mehreren Arten; von mehr minder krautigen Formen: Leptophloem rhombicum und Archaeosigillaria Vanuxemi. Im Unterkarbon treten weitere Formenkreise hinzu: von Lepidophyten mehrere Arten von Lepidodendron, die kleinnarbigen Sublepidodendren, die für den Kulm von Spitzergen und Nachbargbebieten so charakteristisch sind; auch schon Lepidophloios (L. scoticus), Arten von Bothrodendron und Porodendron tenerrimum sowie auch bereits die erste der Samen tragenden Formen: Lepidocarpon Wildianum; ferner weitere Eucyclostigmen, Protasolanus und weitere isospore Lycopodites. Im Mittleren Oberkarbon ist dann, wie bemerkt, der größte Formenreichtum der Gruppe entfaltet: von Lepidophyten die meisten Arten der Gattungen Lepidodendron, Lepidophloios, Bothrodendron, fast alle Eusigillarien; von Samen tragenden: Lepidocarpon Lomaxi; von den übrigen Lycopodiales: die Gattungen Pinacodendron, Asolanus, Phialophloios, Omphalophloios, Spencerites und Ulodendron, diese alle in dieser Zeit allein und alles mehr minder baumförmige Gewächse; von krautigen Formen: viele Arten von Lycopodites und Selaginellites und die samentragende Miadesmia. Von allen Genannten ist mit Eintritt der Rotliegendzeit nichts mehr da. Kaum daß noch Lepidodendron und Eusigillaria allein bis an die Grenze zwischen Karbon und Rotliegendzeit reichen. Im Rotliegenden selbst leben von baumartigen Formen nur noch die Angehörigen der Gruppe der Subsigillarien, die im Oberen Teil des Mittleren Oberkarbon einsetzen und zum Teil durch das Rotliegende reichen — die letzten baumförmigen Typen der Lycopodiales. Was aus triassischen Schichten bekannt ist sind alles nur noch krautige Gewächse. Im Buntsandstein noch Pleuromeia, mit knapp einem Meter hohen Stamm von kaum 10 cm Durchmesser, und nicht viel größer wohl die Formen, zu denen die als Knorria palaeotriassica und Lepidostrobus palaeotriassicus u. a. beschriebenen Reste gehören; im Rhät: Lycostrobus Scottii, ein Zapfen einer gleichfalls nur krautigen Pflanze, wenn auch noch von wesentlich größeren Dimensionen, als die jetzt lebenden sie zeigen; sonst noch einige Lycopodites und Selaginellites. Diese beiden letzteren zusammen mit den (fossil nur aus der Unterkreide nachgewiesenen) Isoeten bis in die Gegenwart hereinreichend; hier erreichen die Gattungen Lycopodium und Selaginella sogar eine gewisse Formenmannigfaltigkeit — eine Tatsache, die frappant ist, wenn man bedenkt, daß schon mit dem Ende des Palaeophytikums, ja selbst schon gegen Ende des oberen Oberkarbon der größte Teil der Lycopodiales wie mit einem Schlage erloschen ist.

Aus der Tatsache, daß von der vielgestaltigen Gruppe der Lycopodiales die überwiegende Mehrzahl der Formen bereits zu Beginn des Mesophytikums (d. h. am Ende des Rotliegenden) erloschen ist und in die Gegenwart nur noch im ganzen vier Gattungen hereinreichen, ergibt sich mit Evidenz die große Bedeutung der Kenntnis der fossilen Lycopodiales für das Verständnis der allgemeinen Morphologie und Systematik der Gruppe.

Was die allgemeine Morphologie der Lycopodiales betrifft, so sind die als Lepidophyten zusammengefaßten ligulaten Familien der Lepidodendraceae, Sigillariaceae und Bothrodendraceae infolge der stigmarioiden Ausbildung der Basalpartien der Stämme von hervorragendem Interesse. Und es mag gleich dazu bemerkt sein, daß es sehr wahrscheinlich ist, daß auch die größere Mehrzahl der hier als »Baumförmige Lycopodiales incertae sedis« aufgeführten paläozoischen Formen, wie Ulodendron, Omphalophloios, Phialophloios, Asolanus, Protasolanus, Cyclostigma und Pinakodendron wohl eine ganz homologe Ausbildung ihrer basalen Stammpartien gehabt haben, wenn auch bei diesen wesentlich selteneren Formen der organische Zusammenhang zwischen Stammresten und stigmarioiden Stammbasen derzeit noch nicht erwiesen ist.

Hinsichtlich der morphologischen Deutung der als Stigmaria und Stigmariopsis bekannten Stammbasen ist bereits S. 289ff. auseinandergesetzt worden, daß kein Zweifel sein kann, daß es sich um echte Sprosse handelt, und daß erst die an den einzelnen Auszweigungen erster und höherer Grade getragenen Appendices echte Wurzeln sind. Somit liegt in der stigmarioiden Ausbildung der Stammbasis eine Verzweigungsform vor, die unter den übrigen höheren Pflanzengruppen ohne Homologon ist: nämlich daß die beiden Sproßpole der Pflanze sich zunächst in gleicher Weise entwickeln und verzweigen und daß erst die von diesen Verzweigungen letzten Endes seitenständig getragenen Organe verschieden sind, indem die an den Verzweigungen der oberen Partie der Sproßachse, der Baumkrone, getragenen Organe Blätter, die an den Verzweigungen der unteren Partie der Sproßachse, der Stigmaria bzw. Stigmariopsis, getragenen Organe Wurzeln sind. Dabei ist sogar nicht selten der Fall, daß das Maß der Verzweigung beider Pole der Sproßachse ein umgekehrtes ist, indem bei Formen wie den rhytidolepen Sigillarien, bei Ulodendron und manchen anderen das obere Stammende nicht oder höchstens ein- bis zweimal verzweigt gewesen zu sein scheint, während zum mindesten für die Stammbasen der genannten Sigillarien stigmarioide Verzweigung nachgewiesen ist.

Über die Embryologie der Lepidophyten ist nichts bekannt. Es ist aber wohl nicht zu gewagt, auf Grund des Befundes an jüngeren und älteren Stigmarien anzunehmen, daß am Embryo beide Hälften (die dem Archegoniumhals zugekehrte und ebenso die von ihm abgekehrte) hinsichtlich ihrer organogenen Potenzen ganz gleich geartet waren, und daß somit jede der beiden Embryohälften zu Wachstum und Verzweigung potentiell gleich befähigt war. Im Verlauf der weiteren Entwickelung ist dann offenbar nur insoferne eine — organogenetisch allerdings prinzipiell belanglose — Differenz gegeben, als die Verzweigung am oberen Pol wesentlich länger hinausgeschoben ist als am unteren: indem vom oberen Embryopol eben zunächst der auf eine beträchtliche Länge unverzweigt wachsende Hauptstamm gebildet wurde, ehe (wenn überhaupt ausgeführt) an dessen oberem Ende die zur Krone führende mehr- bis vielfache Gabelteilung eingesetzt hat; dagegen ist am unteren Embryopol das unverzweigte Längenwachstum jedenfalls nur ein recht unbeträchtliches gewesen und die zur Bildung der Stigmaria bzw. Stigmariopsis führende Verzweigung scheint in einem sehr frühen Stadium eingesetzt zu haben.

Vergleicht man das was über die Embryologie der rezenten Lycopodiales bekannt ist[1]), so ist, gegenüber der bipolaren Sproßentwickelung der Lepidophyten, insofern ein prinzipieller Unterschied gegeben, als hier bei allen Formen eine im wesentlichen unipolare Sproßentwickelung stattfindet: indem nur jeweils eine Embryohälfte mit der Sproßbildung betraut ist, und die andere Embryohälfte nur entwickelt ist als Embryoträger oder haustorial wirkender Fuß, der nach den ersten Keimungsstadien bald zugrunde geht. Es ist aber zu betonen, daß bei den einzelnen der rezenten Lycopodiales-Gattungen der tätige Embryopol, der der »apikale« im Gegensatz zu dem untätigen »basalen« genannt sei, bald auf der dem Archegoniumhals zugekehrten, bald der ihr abgekehrten Hälfte entwickelt ist; ersteres gilt für Isoetes, letzteres für Lycopodium und Selaginella. Bei Isoetes funktioniert der aus nicht sehr vielen Zellen bestehende Komplex der basalen Embryohälfte als Haustorium. Bei Lycopodium und Selaginella dagegen ist ein Embryoträger (Suspensor) entwickelt. Dieser geht bei Lycopodium ohne weitere Teilung aus der einzigen Zelle der durch die erste Querwand am Embryo abgegrenzten basalen Embryohälfte hervor, während bei Selaginella mehr minder weitgehende Teilungen in der basalen Embryohälfte statthaben und der Embryoträger in der Mehrzahl der Fälle nur aus der untersten Zelle hervorgeht. Am einfachsten und denen von Lycopodium am ähnlichsten liegen die Dinge jedenfalls bei Selaginella Martensii: hier finden in der basalen Hälfte nur wenige Zellteilungen statt und der ganze resultierende Komplex ist als Suspensor anzusprechen. Bei anderen Formen dagegen findet in der basalen Hälfte noch lebhaftere Zellteilung statt und der ganze entstehende Komplex der basalen Embryohälfte umfaßt den Embryoträger und darüber auf der einen Seite das Haustorium und auf der anderen die — übrigens einzige — Anlage des Keimwurzelträgers. Hieher gehören Formen wie S. denticulata, rubricaulis u. a. Eine weitere Steigerung in der Richtung der Vergrößerung der basalen Embryohälfte findet sich bei S. Galeotti und möglicherweise bei den übrigen Artikulaten Selaginellen. Hier geht aus der basalen Embryohälfte außer den genannten Organen auch noch das unter den ersten Blättern gelegene »Hypokotyl« hervor.

Für den Vergleich mit dem, was für die Embryologie der Lepidophyten wie oben auseinandergesetzt, zu vermuten ist, ist von Wichtigkeit, daß sich bei Selaginella, trotz Beschränkung des den eigentlichen Sproß liefernden meristematischen Gewebes auf die apikale Embryohälfte, doch bei einer größeren Anzahl von Arten, die basale Embryohälfte, wenigstens vorübergehend, eine größere Bedeutung und Ausdehnung erreicht und aus ihr nicht nur Embryoträger und Haustorium, sondern auch die

[1]) Vgl. darüber K. von Goebel, Organographie II, 2: Pteridophyten. Abschn. 2: Kap. 3, und Abschn. 3: Kap. 2. 2. Aufl. 1917 und die dort zitierte Literatur.

Anlage des Keimwurzelträgers und in gewissen Fällen auch noch das Hypokotyl hervorgeht.

Bei Isoetes liegen dann, wie oben bereits angedeutet, die Dinge überhaupt prinzipiell umgekehrt als bei Selaginella und Lycopodium: Wenn man die Lagebeziehung des Embryos zum Archegonium der Homologisierung der beiden durch die erste Querwand markierten Embryohälften zugrundelegt, so wird der Stammscheitel bei Isoetes gerade an der Hälfte entwickelt, die bei Lycopodium und Selaginella die organogenetisch unwichtige (basale) ist. Mit anderen Worten: der Stammscheitel geht, wie oben bemerkt, bei Lycopodium und Selaginella aus der dem Archegoniumhals abgekehrten, bei Isoëtes aus der ihm zugekehrten Embryohälfte hervor.

Damit ist gezeigt, daß selbst innerhalb der rezenten Lycopodiales — wenigstens prinzipiell — noch beide Embryohälften zur Ausbildung eines Sproßscheitels befähigt sind, wenn es auch de facto so ist, daß immer nur eine Hälfte zum Zug kommt: eben bei Lycopodium und Selaginella die dem Archegoniumhals abgekehrte und bei Isoetes die ihm zugekehrte. Bei den paläozoischen baumförmigen Lycopodiales, zum mindesten den Lepidophyten dagegen sind tatsächlich offenbar beide Embryohälften organogenetisch tätig gewesen, indem aus der einen der Scheitel des oberirdischen Stammes, aus dem anderen der der stigmarioiden Basis hervorgegangen zu sein scheint.

Anklänge an eine derartig weitgehende bipolare Sproßentwicklung finden sich übrigens auch noch bei der untertriadischen Pleuromeia, wo es allerdings in der Regel mit einer Doppelgabelung der unteren Stammpartie sein Bewenden hat, und nur in Ausnahmefällen jeder der so entstehenden vier Gabeläste nochmals zu teilen imstande war. Immerhin liegt die Homologie mit Stigmaria offen zutage.

Dagegen muß ausdrücklich betont werden, daß die Lappenbildung bei Isoetes durchaus nicht homolog ist der ersten Gabelteilung bei Stigmaria, Stigmariopsis und Pleuromeia. Wenn bei Isoetes überhaupt noch von Anklängen an eine derartige gabelige Verzweigung der unteren Sproßpartie gesprochen werden kann, so ist es höchstens noch die gelegentlich mehr minder deutlich auftretende Aufteilung der Sproßstele in zwei nach oben leicht aufgebogene Arme. Da die Ebene, in der die Aufteilung der Sproßstele erfolgt, durchaus nicht mit der der lappigen Teilung der Sproßbasis zusammenfällt, vielmehr zu ihr im rechten Winkel steht, so ist klar, daß die Lappen bei Isoetes nicht als die ersten Gabelarme der stigmarioiden Sproßbasis angesehen werden dürfen[1]).

Was die Verwandtschaftsverhältnisse der fossilen und rezenten Lycopodiales untereinander betrifft, so ist bereits S. 180 auf die Argumente hingewiesen worden, die für die Gliederung der rezenten Lycopodiales als maßgebend betrachtet werden müssen, und ebenso darauf, daß es gerade bei den fossilen Lycopodiales sehr schwer ist, ihr näheres Verwandtschaftsverhältnis zu den rezenten Formen der Gruppe zu überblicken.

Sicher steht fest, daß die hier als Lepidophyten zusammengefaßten Lepidodendraceae, Sigillariaceae und Bothrodendraceae einen engeren Verwandtschaftskreis darstellen, dessen Formen, was allgemeinen Aufbau und Anatomie, Beblätterung und Sporophyllbildung betrifft, weitgehend übereinstimmen.

Parallelbildungen zu den Lepidophyten, deren genauere Verwandtschaftsbeziehungen mangels Kenntnis über Vorhandensein und Fehlen der Ligula jedoch nicht festgestellt sind, sind zweifellos viele der anderen paläozoischen baumförmigen Lycopodiales; so Cyclostigma einschließlich Pinacodendron, ferner Prota-

[1]) Vgl. darüber: Lang, W. H., Studies in the Morphology of Isoëtes I u. II. Mem. and Proceed. Manchester Lit. and Philos. Soc. 59. 1914/15. Fitting, H., Sporen im Buntsandstein; die Macrosporen von Pleuromeia. Ber. Deutsch. Bot. Ges. 25. 1907.

solanus und Asolanus, Omphalophloios, Phialophloios und Ulodendron. Sie alle haben, soviel steht auch über diese weniger genau bekannten Formen fest, wohl im wesentlichen in der allgemeinen Morphologie mit den Lepidophyten übereingestimmt[1]).

Daß Ausläufer der paläozoischen baumförmigen Lycopodiales, allerdings in nur noch mehr minder krautigen Vertretern noch im älteren Mesophytikum existiert haben, beweisen die Seite 324 ff. aufgeführten Reste, wie Lycostrobus, Poecilitostachys, Lepidostrobus palaeotriassicus und Knorria palaeotriassica, sowie Stigmarites Nickelesi, vor allem aber Pleuromeia, das, wie oben bemerkt, wenigstens in seinem vegetativen Teil den Lepidophyten und ihren paläozoischen Parallelbildungen noch nahezustehen scheint.

Unter den rezenten Formen kommt, was nähere Verwandtschaft betrifft, lediglich Isoetes in Frage, wennschon es sich um einen gegenüber den obengenannten fossilen Formen, besonders den paläozoischen, bereits recht abgeleiteten Typus handelt. Immerhin sind Beziehungen noch gegeben in dem, wenn auch nur rudimentären sekundären Dickenwachstum der Stammstele und ihrer gabeligen Verzweigung an der Stammbasis; letzteres, wie vorne bemerkt, noch der letzte Anklang an die bei den paläozoischen und mesozoischen Ahnen verbreitete bipolare Sproßentwickelung. Eigenschaften, wie die gleichartige Ausbildung der Wurzeln und das Fehlen von Wurzelhaaren an diesen können wohl ebensogut Konvergenzerscheinungen sein; der Besitz der Ligula aber ist natürlich ein Gruppenmerkmal weitesten Sinnes.

Daß bei Isoetes keine Blütenbildung auftritt, sondern Sporophylle und sterile Blätter periodisch abwechseln, ist wohl durch die Kürze der unverzweigten Achse bedingt. Im übrigen gibt es jedoch auch ausgesprochen baumförmige Typen, wie die paläozoischen Pinakodendron und Omphalophloios, bei denen gleichfalls keine Zusammenfassung der Sporophylle zu Blüten stattfand, sondern die Mikro- und Megasporophylle in wechselnder Folge mit den sterilen Blättern an den Ästen der Krone getragen wurden.

Was sicher nachgewiesene fossile Eligulate Lycopodiales betrifft, so ist wenigstens eine Gattung bekannt: Spencerites, wohl baumförmige Pflanzen.

Echte krautige Lycopodiales, die den rezenten Lycopodien und Selaginellen nahestehen, sind bereits aus dem Oberen Mitteldevon beschrieben (L. hostimensis); und aus dem Mittleren Oberkarbon ist eine ganze Anzahl von Formen bekannt, die eine frappante Ähnlichkeit mit den genannten rezenten Gattungen haben. Nur ist, was ja bereits bei Besprechung von Lycopodites und Selaginellites auseinandergesetzt wurde, im Einzelfall mangels Kenntnis über Besitz oder Nichtbesitz einer Ligula die genauere Zuweisung nicht möglich. Jedenfalls zeigt aber dieser Komplex fossiler Lycopodiales im ganzen soviel, daß es verfehlt wäre, in den ligulaten Selaginellen der Jetztzeit die zur Krautigkeit reduzierten Nachkömmlinge der baumförmigen Lepidophyten und verwandter Formen zu sehen. Vielmehr ergibt sich mit Bestimmtheit, daß im Karbon neben den damals waldbildend und in Massenvegetation auftretenden baumförmigen Lycopodiales auch schon kleine, den Unterwuchs bildende und wohl auch als Lianen lebende Lycopodiales existiert haben, eben die Vorfahren der derzeitigen Lycopodien und Selaginellen, welch letztere in erstaunlicher Präzision das Bild ihrer Ahnen durch die Jahrmillionen hindurch bewahrt haben.

Um nochmals auf die morphologischen Verhältnisse der Gruppe im ganzen zurückzukommen, so mögen die der fertilen und sterilen Blätter noch kurz ins Auge gefaßt werden.

Die Konfiguration der sterilen Blätter ist in der ganzen Gruppe eine sehr gleichförmige: es handelt sich in der Regel um einfache ungeteilte Blätter,

[1]) Dagegen scheint die oberdevonische Archaeosigillaria weitgehender im allgemeinen Aufbau abgewichen zu sein; wenigstens was die Ausbildung der Stammbasis betrifft, die unverzweigt und knollig angeschwollen war.

die mit einem Leitbündel versehen sind; nur die Länge und relative Breite ist größeren Schwankungen unterworfen. Daneben sind allerdings auch einige Typen bekannt, wo die Blattformen prinzipiell abweichen: so Protolepidodendron Scharyanum und die hinsichtlich seiner Zugehörigkeit zur Gruppe allerdings fragliche Barrandeina Dusliana, beides Formen mit an der Spitze gabelig geteilten Blättern. Schildförmigkeit, eine Erscheinung, die bei den Sporophyllen die Regel ist, und wie oben angedeutet unter dem Gesichtspunkt des Schutzes des jungen Sporangiums wohl verständlich ist, findet sich bei Leptophloeum auch offenbar bei den sterilen Blättern. Wenn diese abweichenden Blattformen auch nur Ausnahmeerscheinungen darstellen gegenüber der Einförmigkeit der Blattkonfiguration der allermeisten Lycopodiales, so zeigen sie anderseits eben doch, daß auch innerhalb dieser Gruppe die Varationsbreite des Blattes eine größere ist, als gemeinhin bekannt ist.

Was die Morphologie der Sporophylle betrifft, so zeigt das Gros der Formen wenig Abweichung von dem von den rezenten Formen her geläufigen Typ. Lediglich die Größe des vom Sporophyll getragenen Sporangiums bedingt notwendig Verschiedenheiten in der Art der Anheftung. Zwischen mehr kugeligen und ganz in der Achsel des Sporophylls getragenen Sporangien (Selaginella) und großen, radial langgestreckten Sporangien, die auf eine größere Strecke dem proximalen Teil des Sporophylles aufsitzen (Lepidodendron, Sigillaria bzw. Mazocarpon, u. a.) sind alle Übergänge vorhanden (Mesostrobus, Bothrodendron). Im übrigen ist klar, daß zum mindesten bei den Megasporangien die Größe des Sporangiums im Verhältnis zu der Menge der enthaltenen Megasporen steht.

Wenn der Typus des Lycopodiales-Sporophylles charakterisiert ist durch Anheftung des Sporangiums an der adaxialen Sporophyllfläche bzw. in der Achsel des Sporophylls zwischen dessen Oberseite und der es tragenden Achse, so liegt in Pleuromeia eine Form vor, wo die Anheftung auf der Unterseite der proximalen Partie des Sporophylles statthat.

Wer in den Sporophyllen der Lycopodiales ein Doppelorgan, ähnlich dem der meisten Artikulaten, erblickt — ein Doppelorgan, bestehend aus dem sterilen, braktealen Teil und dem fertilen Sporangiophor[1]) —, der wird jedenfalls in Pleuromeia eine kräftige Stütze seiner Auffassung finden. Denn die Verlagerung des Sporangiums auf die untere Sporophyllfläche erscheint unter dieser Annahme jedenfalls eher verständlich. Würden dann doch analoge Fälle bei den paläozoischen Artikulatales zu finden sein: auch hier gehen in der Mehrzahl der Fälle, wo Aufteilung in Sporangiophore und Brakteen zu beobachten ist, erstere aus dem adaxialen Abschnitt hervor; daneben aber sind Formen bekannt, wo die Sporangiophore den abaxialen Abschnitten entsprechen; so Cingularia typica und Metacalamostachys; und schließlich gehen bei Sphenophyllum fertile die Sporangiophore sowohl aus dem adaxialen als auch dem abaxialen hervor. Bei Pleuromeia läge dann derselbe Wechsel in der Verteilung des brakteoiden und fertilen Sporophyllabschnittes vor, wie bei Cingularia und Metacalamostachys, indem das Sporangium (bzw. der auf es reduzierte Sporangiophor) ausnahmsweise aus dem der Achse abgekehrten Abschnitt hervorgegangen ist, und somit unter dem sterilen Sporophyllteil liegt. Daß sowohl bei Pleuromeia als bei vielen anderen Lycopodiales vom Sporangiophor nur noch das Sporangium selbst entwickelt ist, kann nicht gegen die obige Theorie sprechen. Es handelt sich bei den stiellos der Fläche des proximalen Sporophyllteiles angehefteten Sporangien stets um relativ sehr große Körper, deren Tragung jedenfalls so besser als auf langem, ± achselständigem Stiel erfolgt. Ein solcher ist aber tatsächlich noch vorhanden in allen den Fällen, wo die Sporangien noch relativ klein sind, so bei Bothrodendron und Selaginella, bei letzterem ist auch die Insertion noch eine ausgesprochen achselständige, entsprechend der Zweiteilung des ganzen Sporophyllkomplexes in seine zwei Abschnitte unmittelbar nach seinem Ursprung an der Achse.

---

[1]) Über den Begriff Sporangiophor vergl. S. 474.

Die anatomischen Verhältnisse der fossilen Lycopodiales sind allein für die Lepidophyten genauer bekannt, und auf sie soll hier auch allein eingegangen werden.

Was die physiologische Anatomie betrifft, so ist bereits bei Besprechung der einzelnen Lepidophytengattungen, besonders an Hand des sehr genau durchuntersuchten Lepidodendron vasculare gezeigt worden, eine wie elegante Lösung das Problem der Sproßkonstruktion sowohl vom rein mechanischen als vom physiologischen Standpunkt aus gefunden hat. Die leitenden Momente sind: 1. Schaffung eines groß angelegten und dauernd unterhaltenen Durchlüftungszylindermantels zwischen Stele und äußerer Rinde. 2. Mittels eines weit außen entstehenden Phellogens Bildung eines, zusammen mit der Xylemsäule der zentralen Stele, die Stabilität des Stammes garantierenden und dauernd an Umfang zunehmenden Peridermmantels. 3. Ausgleich der Gewebespannung, die notwendig eintreten müßte durch das ständige Dickenwachstum des Stelenxylems einerseits und durch die in der Art des Peridermzuwachses gegebenen Erhaltung der nahezu gesamten Masse primärer und sekundärer Rinde — ein Ausgleich der durch Einschübe tangential dehnungsfähiger Gewebepartien in die massiver gefügten Mäntel von Außenrinde und Periderm erfolgt. 4. Schaffung dauernd funktionierender Durchlüftungskanäle, die von der Stammperipherie aus durch die gesamten Rindenmäntel bis zur inneren Durchlüftungszone führen.

In der Zwischenschaltung des sehr lakunösen Gewebezylinders der primären Rinde zwischen die mechanisch wirksamen Gewebeelemente des Sprosses und darin, daß diese weniger durch die sekundären Xylemelemente als vielmehr durch die äußere primäre Rinde, vor allem aber durch die vom Phellogen nach innen zu erzeugten Peridermmassen des Endophelloderms dargestellt werden, ist ein Bautypus geschaffen, der prinzipiell von dem der Bäume aller anderen Gruppen abweicht. In Zusammenhang mit der hervorragenden Bedeutung, die dem Periderm in mechanischer Hinsicht zufällt, steht die Tatsache, daß, wie schon bemerkt, der größte Teil des Periderms dem vom Phellogen nach innen zu erzeugten Endophelloderm angehört, da dieses ja leichter in seiner ganzen Masse erhalten bleiben kann. Und wie sehr — bildlich gesprochen — tatsächlich die ganze Konstruktion der Lepidophytensprosse auf die Erhaltung möglichst des gesamten erzeugten Periderms angelegt ist, das zeigt in extremer Weise noch Stigmaria, wo selbst die Erhaltung nahezu des ganzen Exophelloderms möglich gemacht ist. Nach Produktion einer gewissen Menge von Exophelloderm wird hier neues Phellogen stets in dessen ältester und damit äußerster Partie neugebildet. Damit wird eine Zerreißung des Exophelloderms vermieden, die sonst, wenn das Phellogen immer dasselbe bliebe, durch das immer stärkere Anwachsen der von ihm gleichzeitig nach innen produzierten Endophellodermmassen notwendig eintreten müßte und es ist, wie bemerkt, erreicht, daß annähernd die ganze produzierte Peridermmasse als einheitlicher Mantel erhalten bleiben kann. Es ist klar, daß eine derartige Sproßkonstruktion die Lebendigerhaltung der ganzen Peridermmassen, oder doch größerer Teile derselben zur Voraussetzung hat, eine Erscheinung, die für alle Lepidophyten-Sproßteile Geltung gehabt haben dürfte.

Vom anatomisch-phylogenetischen Standpunkt aus betrachtet, ist jedenfalls am interessantesten, daß mit der zeitlichen Aufeinanderfolge der einzelnen Lepidophytentypen die Entwickelung ihrer Stammstele von der Protostele zur Eustele fortschreitet. Dieser Tatsache, die für die große Masse der Formen gültig ist, tut das keinen Abbruch, daß es nebenher bereits einige Vorläufer gibt, die der Entwickelung, die die große Menge der Typen nimmt, vorauseilen.

Jedenfalls hat die überwiegende Mehrzahl der strukturbietend bekannten unterkarbonischen Lepidophyten eine Protostele, d. h. eine solide Xylemsäule; so Lepidodendron esnostense, rhodumnense, saalfeldense, pettycurense und wenigstens größtenteils Lepidophloios scoticus. Daneben haben allerdings bereits zentrales

Mark, also siphonostelischen Bau, Lepidophloios Harcourtii-Wünschianus und das vom Unterkarbon bis zum Unteren Oberkarbon verbreitete Lepidodendron Veltheimii.

Dieser siphonostelische Bau: ein einheitlicher, durch keine primären Markstrahlen unterbrochener Primärxylemzylinder mit zentralem (reinem oder mit Speichertracheiden untermischtem) Mark ist der Typus der Oberkarbonischen Lepidophyten, vor allen der Formen des mittleren Oberkarbons. Ihn zeigen alle übrigen Lepidodendron- und Lepidophloiosarten, sämtliche bekannten Eusigillarien sowie Bothrodendron mundum.

Eustelischen Bau: d. h. Auflösung des Primärxylemzylinders in einzelne Bündel mittels Einschiebung primärer Markstrahlen haben schließlich die Subsigillarien des Rotliegenden, wobei bei S. Brardi, forma spinulosa die Auflösung gerade noch zu verfolgen ist.

Anhangsweise sei hinzugefügt, daß bereits vom Beginn des Mesophytikums ab Formen mit ausgedehnterer Sekundärxylementwicklung nicht mehr existiert zu haben scheinen, wenn auch rudimentäre Sekundärxylembildung noch in der Stele von Isoetes bis zum heutigen Tag erhalten geblieben ist.

Was schließlich noch die speziellere Anatomie betrifft, so zeigt die Gruppe der Lepidophyten sehr demonstrativ, daß offensichtlich selbst am selben Individuum in dessen einzelnen Teilen die Xylementwickelung verschieden sein kann. So ist bei den oberirdischen Sproßpartien aller strukturell bekannten Lepidophyten das Primärxylem exarchen Ursprungs, also zentripetal; bei Stigmaria ficoides ist es dagegen endarch, also zentrifugal, und bei Stigmariopsis ist eine Art mit zentrifugaler und eine mit zentripetaler Primärxylementwickelung bekannt, wie letzteres auch für die Stigmaria von Bothrodendron gilt. Das beweist, daß das Moment der Entwickelung des Primärxylems sicher nicht von so großer Bedeutung in phylogenetisch-systematischer Hinsicht ist, als von manchen angenommen wird.

III. Psilotales.

Nur rezent bekannt.

Psilotaceae.

Einzige Familie[1]); mit zwei Gattungen:

Tmesipteris Bernh. Mit zwei Arten in Süd- und Ostaustralien, Tasmanien, Neuseeland, Norfolk, Neukaledonien und einigen Inseln von Polynesien.

Psilotum Sw. Mit zwei Arten, in den Tropen und Subtropen beider Hemisphären.

IV. Articulatales.

Mikrophylle Pflanzen mit ungeteilten oder gabelig-geteilten Blättern mit einfacher oder gabelteiliger Nervatur. Sprosse ausgesprochen gliederig gebaut, eine Eigentümlichkeit, die durch die quirlige Anordnung der Blätter noch besonders betont wird. In der fertilen Region ist — wie bei Erörterung der allgemeinen Morphologie der Gruppe eingehender auseinanderzusetzen sein wird — die Aufteilung der Sporophylle in fertile Abschnitte (Sporangiophore) und sterile Abschnitte

[1]) Betreff Literatur vergleiche außer den S. 147/148 aufgeführten einschlägigen Werken von Bower (1908), Campbell (1918) und Goebel (1918) noch: Sahni, B., On Tmesipteris Viellardi etc. Phil. Transact. R. Soc. London B. 213. 1925, wo die ganze einschlägige Spezialliteratur genannt ist.

(Brakteen) eine, wenigstens großen Formenkreisen, gemeinsame Eigentümlichkeit.

Die Gruppe gliedert sich folgendermaßen:

1. Protoarticulatineae: 1. Calamophytaceae (fossil),
   2. Hyeniaceae (fossil).
2. Pseudoborniineae: Pseudoborniaceae (fossil).
3. Sphenophyllineae: Sphenophyllaceae (fossil).
4. Cheirostrobineae: Cheirostrobaceae (fossil).
5. Equisetineae: 1. Asterocalamitaceae (fossil),
   2. Calamitaceae (fossil),
   3. Equisetaceae (fossil und rezent).

1. Protoarticulatineae.

Die Gruppe unterscheidet sich von den folgenden durch die noch mehr minder rein gabelige Verzweigung der Sprosse.

1. Calamophytaceae.

Calamophyton Kräusel und Weyland.

C. **primaevum** Kräusel und Weyland. Oberes Mitteldevon von Nordwestdeutschland (Fig. 400). Einzige Art der Familie. Sprosse in der unteren Partie mehrfach unregelmäßig gabelig, in der oberen offenbar mehr seitenständig verzweigt. Gliederung in blättertragende Knoten und in Internodien größtenteils deutlich ausgeprägt. Stärkste Sprosse in bis 2 cm Dicke bekannt, jüngste und oberste von kaum 2 mm Durchmesser. Blätter 8 bis 10 mm lang, keilförmig mit allmählicher Zuspitzung gegen die Ansatzstelle zu; an der Apikalpartie ein- bis zweimal gabelig geteilt (Fig. 400a), von offenbar ziemlich zarter Struktur.

Während die Anordnung der Blätter eine im allgemeinen quirlige ist, scheint sie an den ältesten und untersten Partien der Pflanze eine unregelmäßig zerstreute gewesen zu sein[1]). Ob die Blätter da, wo sie quirlig standen, in den aufeinanderfolgenden Quirlen alternierend oder superponiert angeordnet waren, steht dahin. An den älteren Sproßpartien, wo die Blätter bereits abgefallen sind, scheinen deren Basen als kurze Dornansätze erhalten geblieben zu sein.

Die Sporophylle wurden getragen an eigenen, gelegentlich gabelig verzweigten Sproßachsen, die stärker waren als die dünnsten, die Laubblättchen tragenden Seitenachsen, so daß wohl anzunehmen ist, daß die die Sporophylle tragenden Achsen solche niedrigeren Auszweigungs-

[1]) Daß, wie Kräusel und Weyland annehmen, dies auf Verschiebungen, die durch das sekundäre Dickenwachstum der Sprosse bedingt seien, zurückzuführen sei, ist wohl mehr als unwahrscheinlich.

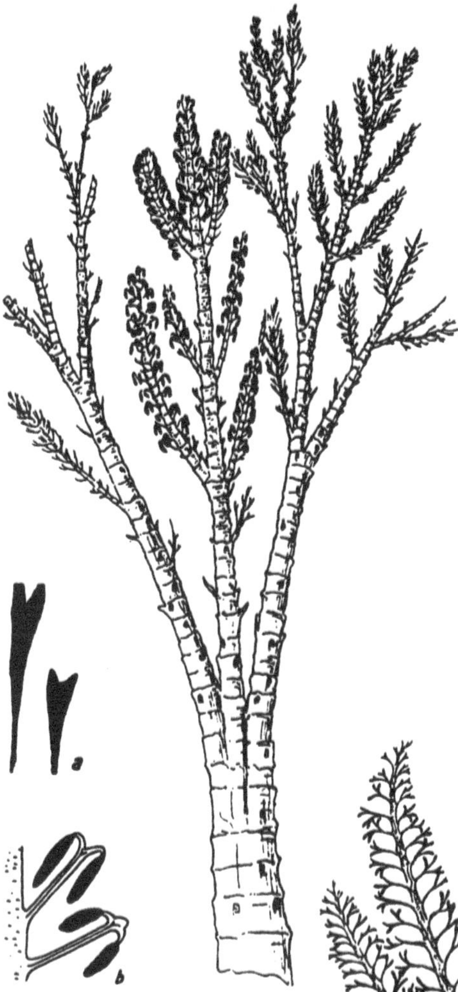

Fig. 400.

Fig. 400. Calamophyton primaevum Kräusel u. Weyland.
Oberes Mitteldevon von Nordwestdeutschland.
Rekonstruktion. Ca. ½ nat. Gr.
a: Einzelne sterile Blätter. 3 ×.
b: Zwei Sporophylle. 5 ×.
Nach Kräusel u. Weyland 1926.

Fig. 401.

Fig. 401. Hyenia elegans Kräusel u. Weyland.
Oberes Mitteldevon von Nordwestdeutschland.
Rekonstruktion. Ca. ½ nat. Größe.
a: Einzelnes steriles Blatt. Ca. 1 ½ ×.
b: Zwei Sporophylle. 2 ×.
Nach Kräusel u. Weyland 1926.

grades waren. Die Stellung der Sporophylle ist eine ziemlich lockere, aber immerhin wohl gleichfalls quirlige gewesen. In der oberen Hälfte einmal gabelig geteilt, trugen sie an jedem Abschnitt ein länglich-eiförmiges Sporangium (Fig. 400*b*). Sporangiuminhalt unbekannt.

Was die anatomischen Verhältnisse betrifft, so ist nur die Stele jüngerer Achsen etwas bekannt: Xylem aus Netz- und hauptsächlich Treppentracheiden, einen im Querschnitt dreieckigen Markstrang umschließend. Protoxylemlage und übriges unbekannt. Da die strukturbietend erhaltenen Achsen nur wenige Millimeter im Durchmesser hatten, daneben aber andere mit etwa dem 10fachen Durchmesser bekannt sind, so ist möglich, daß die Sprosse auch sekundäres Dickenwachstum gehabt haben.

2. Hyeniaceae.

Hyenia Nathorst.

Einzige Gattung.

H. elegans Kräusel und Weyland. Oberes Mitteldevon von Nordwestdeutschland (Fig. 401). Bekannt in gegen ½ cm starken und über 16 cm langen Sproßstücken, die, wie ihre nach einem Mittelpunkt konvergierende Lage im Gestein schließen läßt, von einer gemeinsamen Achse (wohl nach schnell hintereinander erfolgter Gabelteilung) von deren Apikalpartie ausgegliedert und getragen wurden (vgl. die ganz ähnliche Tragung der Kronenäste bei Pseudosporochnus). Blätter 1 bis 2½ cm lang und gegen 1 mm breit, mehrfach mehr minder regelmäßig gabelig geteilt (Fig. 401a); in offenbar viergliedrigen superponierten Quirlen an den Sprossen.

Sporophylle an den oberen Sproßpartien, in anscheinend gleicher Anordnung wie die sterilen Blätter weiter unten; einmal gabelig geteilt, ähnlich wie die von Calamophyton, aber mit je zwei bis drei länglich eiförmigen Sporangien an den Enden ihrer beiden Gabelabschnitte; Sporeninhalt unbekannt.

Anatomie unbekannt.

H. sphenophylloides Nathorst. Oberes Mitteldevon von Westnorwegen (Hyen). Blätter weniger stark zerteilt, offenbar zu je dreien im Quirl. Sporophylle unbekannt.

Literatur zu Protoarticulatineae.

Kräusel, R. und Weyland, H., Beiträge zur Kenntnis der Devonflora, 2. Abh. Senckenberg. Naturforsch. Ges. 40, Heft 2. Frankfurt 1926.

Nathorst, A. G., Zur Devonflora des westlichen Norwegens. Bergens Mus. Aarb. 1914/15.

Scott, D. H., New Discoveries in the Middle Devonian Flora of Germany. The New Phytologist 25. 1926.

2. Pseudoborniineae.

Pseudoborniaceae.

Pseudobornia Nathorst.

Ps. ursina Nathorst. Oberdevon der Bäreninsel. (Fig. 402—404.) Einzige Art der Gruppe. Sprosse deutlich gegliedert in Knoten und Internodien, mehrfach verzweigt. Die Sprosse, deren stärkste bis über sechs Zentimeter im Durchmesser erreichten, sind offensichtlich ähnlich denen der Sphenophyllen nicht hohl gewesen, da Steinkerne von ihnen nicht gefunden sind. Die große Dünnheit der inkohlt erhaltenen Partien an den Abdrücken läßt aber darauf schließen, daß hauptsächlich parenchymatisches Gewebe am Aufbau der Sprosse beteiligt war.

Fig. 402.

Fig. 404. Fig. 403.

Pseudobornia ursina Nathorst. Oberdevon der Bären-Insel.

Fig. 402. Ast (zweiten Verzweigungsgrades) mit Blättern.

Fig. 403. Einzelnes Blatt.

Fig. 404. Teilstück einer Blütenähre.

Sämtliche ⅔ nat. Gr. Nach Nathorst 1902.

An vielen (aber nicht allen) Knoten der stärkeren (Haupt?-) Sprosse ein oder zwei Astabgänge; Astnarben über das allgemeine Niveau der Sproßoberfläche erhaben. Die von den stärksten Sprossen abgehenden Äste erster Ordnung 2 bis 3 cm dick, nochmals mehr minder regelmäßig zweizeilig verzweigt; an den Ästen zweiter (letzter) Ordnung die Blätter in vierzähligen und, sehr wahrscheinlich, superponierten Quirlen. Blätter kurzgestielt, fächerig-gabelteilig (Fig. 403) mit in feine Zipfel zerteiltem Lappenrand; Adern von der Basis aus fächerförmig ausstrahlend. Die zugehörigen Blüten, die bis über 30 cm Länge erreichten, wurden zu mehreren in der Näle der Spitze der Äste erster Ordnung getragen; Blütenglieder in Quirlen; ihre sterilen Abschnitte (Brakteen) ähnlich den vegetativen Blättern; über ihnen die Sporangiophore über deren Bau, Anheftung und Sporeninhalt jedoch Genaueres nicht bekannt ist. Basalpartien der Sprosse und Bewurzelung nicht gefunden.

Literatur.

Nathorst, A. G., Zur Oberdevonischen Flora der Bäreninsel. K. Svenska Vetenskaps. Akad. Handl. 36. 1902.

3. Sphenophyllineae.

Sphenophyllaceae.

Sphenophyllum Brongniart.

Einzige Gattung der Gruppe. Krautige Pflanzen mit dünnen, sehr langem Sproß, der aber selbst bei den größten Arten kaum 1 cm Durchmesser überschreitet; Sproß in blatttragende Knoten und Intennodien gegliedert, reichlich verzweigt. Astabgangsstellen an den Knoten, über den Blattquirlen. Blätter in Quirlen an den Knoten meist zu 6 oder 9, bei manchen Arten bis zu 18 und mehr, jedenfalls in der Regel in einem Vielfachen von drei; stets in allen Quirlen superponiert gestellt; unzerteilt keilförmig oder infolge mehrfacher gabeliger Teilung mehr oder minder stark zerschlitzt, von mehreren bis vielen gleich starken, gabelig verzweigten Leitbündeln durchzogen. Bei einer Anzahl von Arten findet sich Heterophyllie, und zwar so, daß an den Sproßsystemen niedrigerer Ordnung mehr oder minder fein zerteilte Blättchen, an denen höherer Ordnung keilförmige unzerteilte Blättchen getragen wurden. Daneben gibt es homophylle Arten, bei welchen an alen Sprossen entweder durchwegs fein zerschlitzte Blättchen vorhanden sind oder wo an allen Sprossen im wesentlichen unzerteilte, keilförmige Blättchen getragen wurden. Bei manchen der letzteren Arten sind lie (dann jeweils zu sechs im Quirl vorhandenen) Blättchen ungleich groß, und zwar so, daß die zweier Paare größer sind als die des driten (trizygoider Typus). Wenn man die Gesamtheit der bekannten Aren überblickt, ergibt sich, daß die ältesten Formen sehr stark zerteilte kleine Blätter besessen haben, während bei den jüngeren und jüngsten Formen die Vergrößerung und Flächigkeit des Blattes mehr und mehr zunimmt.

Blüten in der Regel an den Enden beblätterter Zweige; in der Regel aus zahlreichen, in vertikaler Alternanz aufeinanderfolgenden

Quirlen mit fertilen Gliedern: Sporangiophoren, und solchen mit sterilen Blättchen: Brakteen[1]). Im einzelnen von sehr verschiedenem Bau; meist homospor, selten heterospor.

Vorkommen: Oberdevon bis Rotliegendes bzw. untere Trias der Gondwanaländer.

A. Morphologie und Anatomie des vegetativen Sprosses.

Hinsichtlich der allgemeinen Morphologie der vegetativen Sprosse ist dem oben in der Gattungsdiagnose Gesagten nicht viel hinzuzufügen. Bemerkt sei noch, daß die Internodien mit Längsrippen, die ebenso wie die Blattquirle nicht alternieren, versehen sind. Die ziemlich reiche Verzweigung der Sprosse erfolgt an den Knoten über den Blättern, doch ist die genaue Lagebeziehung der Seitensprosse zu den Blättern nicht klargestellt.

Was die anatomischen Verhältnisse des Stengels betrifft, so ist zunächst zu bemerken, daß die strukturbietend bekannten Arten im wesentlichen gleichen Bau zeigen. Charakteristisch ist: in der Mitte des Sprosses ein solider Strang von primärem Xylem ohne Mark; Xylem zentripetal von triarcher oder seltener hexarcher Struktur. In der Rinde sehr reiche Peridermbildung.

Als typisches Beispiel sei angeführt:

Sph. plurifoliatum Williamson (strukturbietender Rest des Sph. myriophyllum Crépin); Lower Coal Measures von England und Mittleres Oberkarbon von Europa (Fig. 405—409 u. 411). Primärxylemstrang im Querschnitt dreieckig mit leicht konkaven Wandungen, ganz aus Tracheiden gebildet, ohne alles Mark im Zentrum. An den drei vorspringenden Ecken Protoxylem aus englumigen Schrauben- oder Netztracheiden. Metaxylemtracheiden weitlumig, mit an den Radialwänden vielreihig gestellten Tüpfeln. Proto- und Metaxylem schließen ohne Kanalbildung aneinander (vgl. dagegen Sph. insigne Williamson). Bei jungen Sprossen, bei welchen Bildung sekundärer Stelen Elemente noch nicht stattgefunden hat, schließt an den primären Xylemteil ein mehrschichtiger Ring dünnwandiger Zellen an: Phloëm und Perizykel, die allerdings nur in den seltensten Fällen erhalten sind. Es folgt dann ein breiterer Mantel von derbwandigen, etwas prosenchymatischen Zellen, die die primäre Rinde repräsentieren (Fig. 411). Die alleräußerste Partie des Sprosses ist auf dem Querschnitt ausgezeichnet, durch drei breite Hervorragungen über den Protoxylemgruppen, zwischen welchen drei tiefe aber schmale Einbuchtungen liegen; von er-

[1]) Daß es sich bei derartigen Blüten mit abwechselnd aufeinanderfolgenden Sporangiophor- und Brakteenquirlen um Blüten handelt, bei welchen die einzelnen Blütenglieder: die Sporophylle, in einen fertilen Abschnitt (Sporangiophor) und einen sterilen (Braktee) aufgeteilt sind, deren jeder weiterhin noch verzweigt sein kann, ist in dem der allgemeinen Morphologie der Artikulatalesblüten gewidmeten Abschnitt S. 468 ff. eingehender dargelegt.

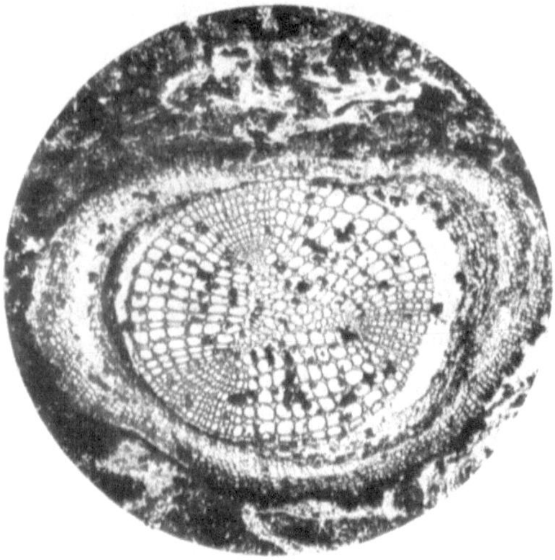

Fig. 405.

Fig. 405. Sphenophyllum plurifoliatum Williamson. Aus den Lower Coal Measures von England. Querschliff durch enen älteren Sproß; sichtbar das im Querschliff dreieckige exarche Primärxylem, mit den 3 Protoxylemgruppen an den Dreieckspitzen. Ringsum Sekundärxylem; weiterhin Kambium und Sekuniär-Phloëm, an dessen äußere Schichten gleich das Periderm anschließt. 14½ ×. Nach Williamson u. Scott 1894.

Fig. 406.

Fig. 406. Sphenophyllum plurifoliatum Williamson aus den Lower Coal Measures von England. Querschliff durch einen ziemlich alten Sproß, mit einem bis 24 Zellschichten tiefen Mantel von Sekundärxylem; außen Periderm. ca. 7 ×. Nach Williamson u. Scott 1894.

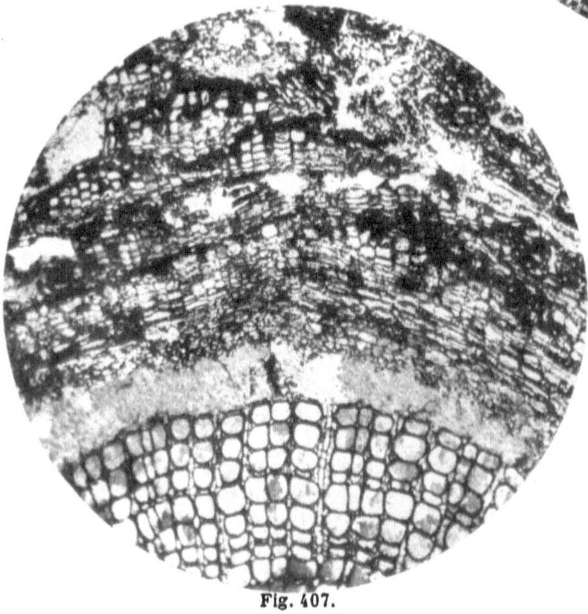

Fig. 407.

Fig. 407. Sphenophyllum plurifoliatum Williamson aus den Lower Coal Measures von England. Teil eines Querschliffes durch einen alten Sproß. Sichtbar der äußerste Teil des (im ganzen 37 Zellschichten tiefen) Sekundärxylems mit vertikalen u. horizontalen Parenchymreihen. Kambium u. Sekundär-Phloëm weniger gut erhalten; an letzteres anschließend 5 Peridermmäntel; die äußeren ziemlich stark zerrissen. 24 ×. Nach Williamson u. Scott. 1894.

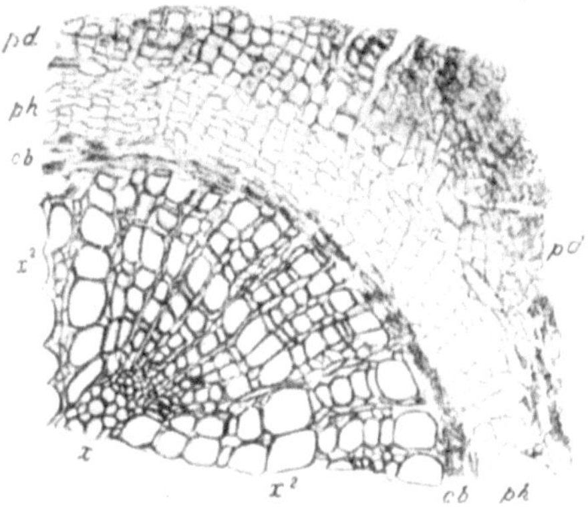

Fig. 408.

Fig. 408. **Sphenophyllum plurifoliatum** Williamson aus den Lower Coal Measures von England. Partie eines Querschliffes durch ein jüngeres Sproßstück mit sehr gut erhaltener Struktur. *x*: primäres, x_2: sekundäres Xylem; *cb*. Kambium; *ph* sekundäres Phloem, dessen äußerste Schichten, zu Phellogen umgebildet das Periderm (*pd*) liefern. 40 ×. Nach Williamson und Scott 1894.

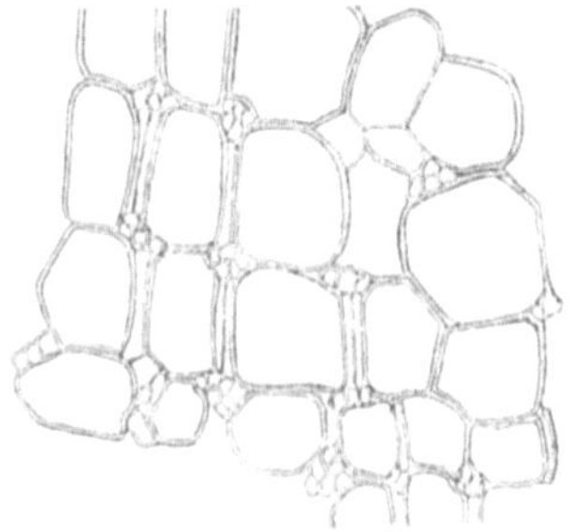

Fig. 410.

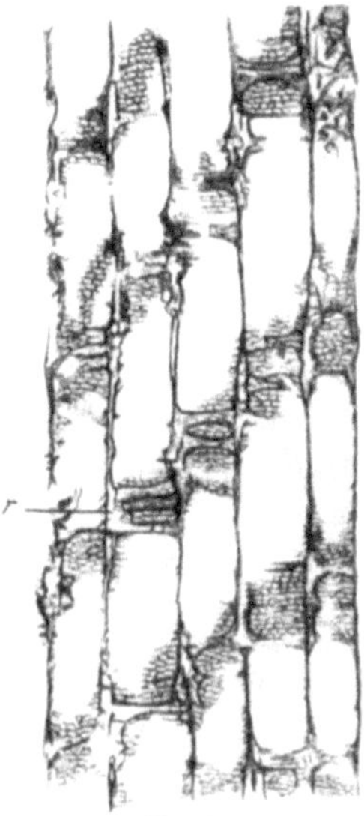

Fig. 409.

Fig. 409. **Sphenophyllum plurifoliatum** Williamson aus den Lower Coal Measures von England. Längsschliff durch das Sekundärxylem. Tracheiden mit vielreihig angeordneten Tüpfeln; dazwischen die vertikal und horizontal ziehenden Bänder von Parenchym 40 ×. Nach Williamson und Scott 1894.

Fig. 410. **Sphenophyllum quadrifidum** Renault. Rotliegendes von Autun. Querschliff durch eine Partie des Sekundärxylems. Zwischen den Tracheiden die quer und längsverlaufenden Parenchymzüge. 60 ×. Nach Renault, 'aus Scott Studies 1920.

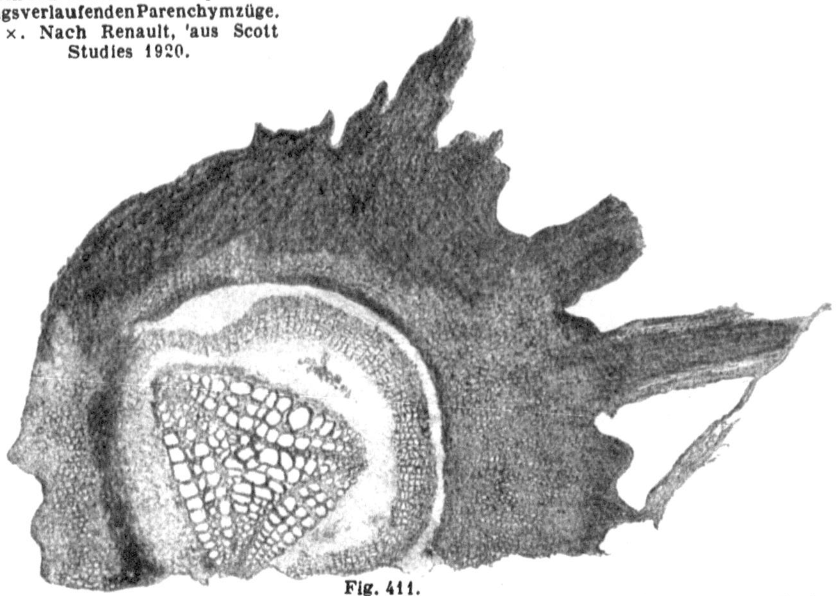

Fig. 411.

Fig. 411. **Sphenophyllum plurifoliatum** Williamson aus den Lower Coal Measures von England. Querschliff durch ein junges Stämmchen. Sekundärxylem erst über den Konkavseiten des Metaxylems entwickelt. Kambium und Phloëm zerstört; weiter außen das Periderm; zu äußerst der Mantel primärer Rinde und die Basen einiger in der Fläche getroffener Blätter. 30 ×. Nach Williamson 1874.

steren rühren an Abdrücken die an den Internodien sichtbaren Längslinien her.

Sowohl bei Haupt- wie Seitensprossen beginnt der Sekundärzuwachs von Stele und Rinde sehr frühzeitig (Fig. 405 u. 411). Das Kambium bildet sich aus der dem Primärxylem nächst liegenden Parenchymschicht. Das Sekundärxylem entsteht zunächst nur über den drei konkaven Seiten der im Querschnitt dreieckigen Primärxylemsäule, bis diese ausgefüllt sind (Fig. 411). Erst dann beginnt auch die Bildung von Sekundärxylem vor den drei Protoxylemgruppen. Es bleibt aber immer in der Ausbildung der sekundären Elemente hier und dort ein Unterschied bestehen, insofern als die Tracheiden über den Protoxylemgruppen wesentlich geringeren Durchmesser besitzen als die viel weitlumigeren Tracheiden über den Konkavseiten des Metaxylems. Die Tracheiden des Sekundärxylems sind gleichfalls an den Radialwänden über und über mit kleinen Hoftüpfeln besetzt, während an den Tangentialwänden nur ganz gelegentlich Tüpfel vorhanden sind. Die Ausbildung sekundärer »Mark«strahlen, wie sie sich sonst bei Pflanzen mit sekundärem Dickenwachstum findet, ist bei Sphenophyllum weniger ausgesprochen verwirklicht. In der Regel finden sich als Ersatz echter sekundärer[1]) »Mark«strahlen zwischen den Tracheiden in den Zwischenräumen, die an den Ecken zwischen den einzelnen Tracheiden durch deren Abrundung entstehen, Züge von kleinen dünnwandigen Parenchymzellen, die durch kleine, ein- oder mehrzellige horizontalgehende Zellzüge in radialer Richtung untereinander in Verbindung stehen (Fig. 407, 409 u. 410). Nur in dem vor dem Protoxylem gelegenen Sekundärxylem kommt es gelegentlich zur Ausbildung einer Art echter sekundärer »Mark«strahlen, in dem die quergehenden Parenchymzellzüge breiter als im übrigen sekundären Xylem ausgebildet sind. An das sekundäre Xylem schließt nach außen — nachweisbar natürlich nur bei Stücken bester Erhaltung — das Kambium aus sehr dünnwandigen flachen Zellen an; weiter folgen radial gereihte Phloëmelemente (Fig. 408), die in vielen Fällen eine Differenzierung in Siebröhren und Phloëmparenchym zeigen. Was die Bildung des Periderms betrifft, so entsteht dieses selbst bei relativ jungen Sproßstücken mit gerade erst beginnendem Sekundärzuwachs der Stele aus den allerinnersten Schichten der Primärrinde, sehr wahrscheinlich sogar aus dem Perizykel. Die außerhalb liegende und bald zerdrückte primäre Rinde wird mehr oder minder schnell abgeworfen; bei älteren Sprossen folgt auf das erste Periderm ein weiteres, ein Vorgang, der sich noch mehrmals wiederholen kann, wobei der zweite und die weiteren Peridermmäntel aus Meristemen hervorgehen, die sich aus parenchymatischen Elementen des sekundären Phloëms bilden. In Fig. 407

[1]) Primäre »Mark«strahlen gibt es natürlich hier überhaupt nicht und auch die sekundären werden besser als Parenchym- denn als Markstrahlen angesprochen, da Mark ja überhaupt nicht vorhanden ist.

ist ein Sproßquerschnitt abgebildet, wo fünf Peridermmäntel übereinander liegend zu sehen sind. Feststeht, daß bei der Peridermbildung vom Phellogen lediglich nach außen zu Elemente abgegeben werden.

Sph. quadrifidum Renault. Rotliegend-Kiesel von Autun. Verhält sich im wesentlichen gleich; nur daß hier die Protoxylemgruppen zu sechs, d. h. dreimal zwei an den drei Knoten des im Querschnitt wieder dreieckigen Primärxylemzylinders angeordnet sind (vgl. auch S. 354).

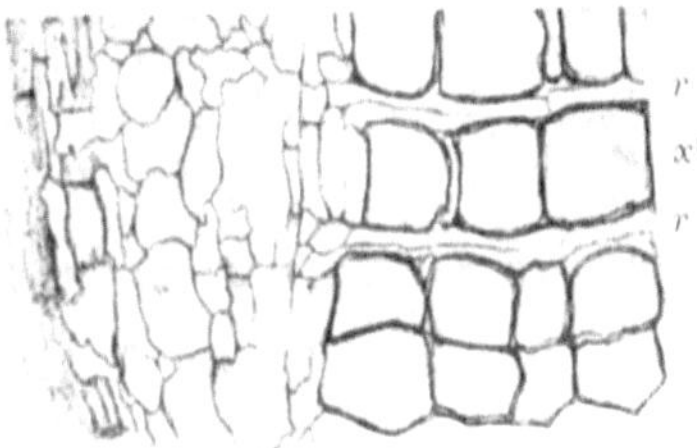

Fig. 412.

Fig. 413.

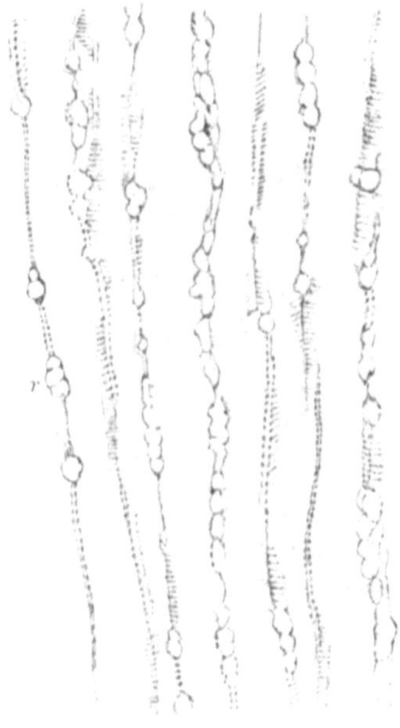

Fig. 414.

Fig. 412—414. Sphenophyllum insigne Williamson. Aus dem Unterkarbon von Schottland.

Fig. 412: Querschliff durch das Sekundärxylem (x^2) und dessen Parenchymstrahlen (*r*); nach links anschließend Kambium und Phloëm. 80 ×.

Fig. 413: Radialschliff durch Phloëm (*ph*), Kambium (*cb*) und Sekundärxylem (x^2) 80 ×.

Fig. 114: Tangentialschliff durch das Sekundärxylem; *r*: dessen Parenchymstrahlen. 80 ×. Sämtliche nach Williamson und Scott 1894.

Sph. insigne Williamson. Unterkarbon von Schottland, Thüringen und Schlesien. Fig. 412—414. Unterscheidet sich anatomisch in mehreren Punkten von den oben genannten jüngeren Sphenophyllen. Die Sprosse dieser Art erreichen den größten Durchmesser innerhalb der Gattung: bis gegen 1 cm. Während die allgemeine Organisation der anatomischen Verhältnisse mit der der anderen Arten übereinstimmt, ist hier das an den drei Kanten des zentralen primären Xylemstranges befindliche Protoxylem von dem Metaxylem dahinter durch je einen Kanal getrennt, der durch Desorganisation von Protoxylemelementen entstanden ist. Die Tracheiden des Metaxylems wie auch des Sekundärxylems sind fast stets treppenförmig verdickt, nur die zentralsten Metaxylemtracheiden haben gelegentlich vielreihige Tüpfelung. Im Sekundärxylem verlaufen typisch ausgebildete sekundäre »Mark«strahlen von ein bis zwei Zellagen Breite und ein bis mehreren Zellen Höhe. Die Siebröhren sind besonders weitlumig. In der mehrfachen Peridermbildung stimmt die Art ganz mit dem oben besprochenen Sph. plurifoliatum Williamson überein.

Über die Ausbildung der Blätter von Sphenophyllum ist bereits eingangs genügend erwähnt worden und weiteres findet sich noch bei Beschreibung der einzelnen Arten. Was die Innervierung der Blätter betrifft, so sind die Verhältnisse am besten bekannt bei **Sph. quadrifidum** Renault (vgl. S. 353). Von den sechs Protoxylemecken der Stele geht je ein Bündelzug ab, der sich sehr bald nach dem Eintritt in die Rinde in 2—4 Arme gabelt, die zusammen in je eines der sechs Blätter eintreten, worin dann noch weitere Gabelungen der Nerven stattfinden. Bei **Sph. plurifoliatum** Williamson (vgl. S. 349), wo von den drei Protoxylemgruppen 18 bis 24 Blätter innerviert werden müssen, geht zunächst von jeder der drei Protoxylemgruppen ein Strang ab, der sich innerhalb der Rinde mehrfach teilt. Jedes Blatt besitzt an seiner Basis entweder nur einen Nerv, der sich dann erst innerhalb des Blattes weiterteilt, oder es treten gleich von vornherein zwei Bündel in das Blatt ein. Bei vielen anderen Arten besitzt das Blatt an seiner Basis nur ein Leitbündel, das sich dann erst im Blatt selbst mehr oder minder oft gabelt.

Im Blatt weisen die Leitbündel annähernd konzentrischen Bau auf. Das Mesophyll ist ganz gleichförmig ausgebildet, Palisadenparenchym nicht entwickelt. Auffällig sind die sehr dicken Zellwände der Epidermis bei Formen wie Sph. quadrifidum und anderen.

Über die Insertion der Wurzeln ist Genaueres nicht bekannt, doch steht soviel fest, daß sie von den Knoten an den Sprossen abgingen. Bekannt sind die

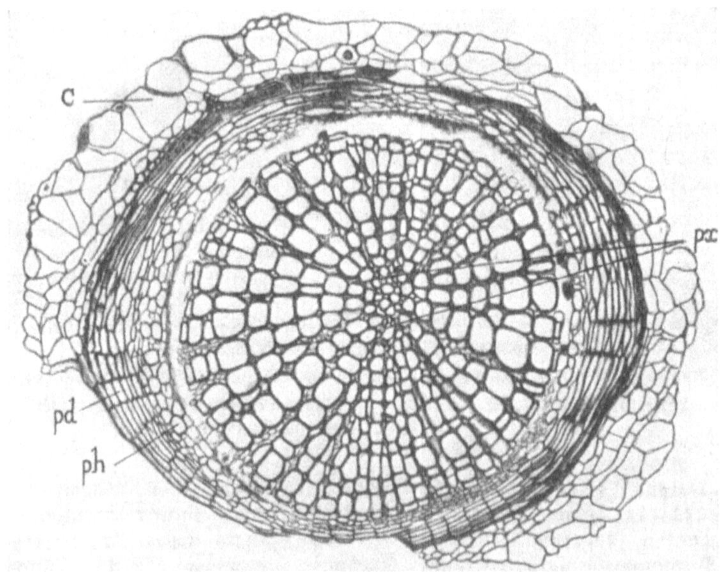

Fig. 415.

Wurzel von Sphenophyllum aus den Lower Coal Measures von England. *px*: Protoxylem des diarchen Primärxylems; *ph*: Phloëm; *pd*: Periderm; *C*: weitlumige Zellen der Primärrinde ca. 25 ×. Aus Scott-Studies I. 1920.

anatomischen Verhältnisse der Wurzeln von **Sph. quadrifidum, insigne** und **plurifoliatum.** Als Beispiel sei die von Scott beschriebene Wurzel aus den englischen Lower Coal Measures angeführt (Fig. 415). Primärxylem di- bis tetrarch, selten triarch. Die Protoxylemgruppen bei tetrarchen Wurzeln paarweise am Rand der primären Xylemplatte. Sekundäre Xylembildung beträchtlich; Parenchymstrahlenbildung wie bei den Sprossen von Sph. plurifoliatum. Periderm entsteht auch hier aus Perizykel bzw. Phloëm.

B. Morphologie der Blüte (Sphenophyllostachys.)

Die Blüten von Sphenophyllum wurden an den Zweigspitzen endständig getragen. Sie bestehen aus quirlig angeordneten Sporophylleinheiten, die in der Regel in einen adaxialen, fertilen und einen abaxialen, (in den meisten Fällen) sterilen Abschnitt aufgeteilt sind. Im übrigen ist, wie im folgenden zu zeigen sein wird, die Ausbildung der fertilen Abschnitte (Sporangiophore) und der sterilen (Brakteen) eine mannigfaltige. Auch sind Fälle bekannt, wo die Sporophylle nicht zu Blüten vereinigt, sondern periodisch mit den Laubblättern abwechselnd getragen waren.

Sphenophyllostachys Dawsoni Williamson forma *a* Scott. (Fruktifikation von Sph. cuneifolium Sternberg.) Bekannt in strukturbietenden Resten aus dem Lower Coal Measures von England. (Fig. 417 und 418, 430, 433, 434). Blüten bis mehr als 12 cm lang und von über 1 cm Durchmesser. Durchmesser der Blütenachse 1 bis 2 mm. An der Achse folgen in kurzen Abständen die Sporangiophor- und Brakteenquirle aufeinander; die ziemlich variable Zahl der Glieder eines Brakteenquirls bewegt sich um den 4- bis 7fachen Wert von 3 herum. Ob die Brakteen der einzelnen aufeinanderfolgenden Quirle miteinander alternieren, was Scott annimmt, oder übereinander superponiert stehen, was im Hinblick auf die Verhältnisse bei den vegetativen Zweigen zu erwarten wäre, steht nicht sicher fest. Die Brakteen sind an der Basis verwachsen, ihr freier langausgezogener oberer Teil deckt die Basis von drei bis vier höher inserierten Brakteenquirlen. Von der Oberfläche der Basalpartien der Brakteen erhebt sich über jeder Braktee ein dreiarmiger Sporangiophor, dessen einzelne Arme wohl infolge zunächst serialer und weiterhin noch teilweise kollateraler Gabelung der gesamten Sporangiophoranlage zustande gekommen sind. Im übrigen ist die Anordnung der Arme derart, daß von den beiden durch seriale Teilung entstandenen Armen abwechselnd der eine (obere und kürzere) und der andere (untere und längere) kollateral gabelt; so kommt es, daß im Quirl die zweiarmigen Sporangiophoräste abwechselnd über und abwechselnd unter dem einarmigen Ast liegen, eine Anordnung, die sehr geschickt den für die Sporangien zur Verfügung stehenden Raum ausnützt. Jeder Sporangiophorarm trägt an seinem apikalen Ende ein Sporangium. Die Sporangiophorarme sind an der Basis dünn und verbreitern sich gegen oben, da wo das vorn überhängende Sporangium ansitzt.

Die Blütenachse besitzt eine im Querschnitt dreieckige, hexarche Stele mit je zwei Protoxylemgruppen an den Ecken. Im übrigen gleichen die anatomischen

Verhältnisse der Blütenachse sehr denen junger Laubsprosse vor Eintritt der sekundären Gewebebildung. Die Leitbündelversorgung der Brakteen und der je zwei über ihnen liegenden Sporangiophore erfolgt so, daß von den sechs Protoxylemgruppen der Stele zunächst je ein Bündel abgeht. Jedes der Bündel teilt sich dann während seines Verlaufes durch die Rinde in soviele Arme als über seinem Bereich Brakteen liegen (also bei einem Quirl mit 12 Brakteen in zwei, bei einem Quirl mit 18 in drei Arme usw.). Unmittelbar vor Eintritt in die Braktee gabelt sich jeder Leitbündelarm in einen unteren in die Braktee selbst eintretenden Ast und in einen oberen, der sich gleich darauf nochmals serial teilt und dessen zwei Arme dann jeweils einen der beiden übereinander stehenden Sporangiophorarme innerviert.

Die Sporangien, deren Wand mehrschichtig ist, sind von zahlreichen Sporen erfüllt, die alle annähernd gleich groß (0,09 mm Durchmesser) sind, so daß also offenbar Homosporie vorliegt. Die Außenwand der Sporen ist mit zahlreichen Dornfortsätzen versehen.

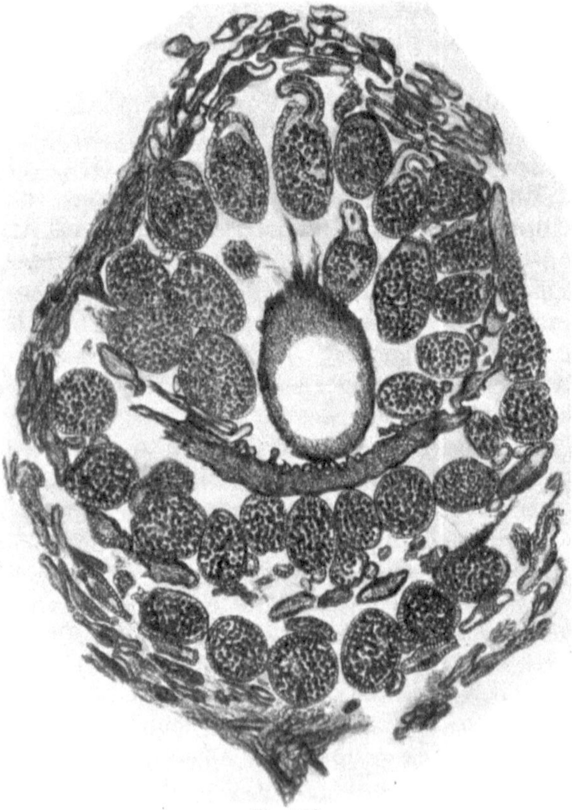

Fig. 416.

Sphenophyllostachys Dawsoni Williamson forma β aus den Lower Coal Measures von England.

Fig. 416. Schief geführter Querschliff durch eine Blüte; getroffen sind 3 Sporangiophor- und 3 Brakteenquirle, die in der unteren Hälfte der Figur in wechselnder Folge zu sehen sind. In dem hier obersten Brakteenquirl sind die (nahe der Basis getroffenen) Glieder zu einer einheitlichen Ringplatte verwachsen. In den Sporangiophorquirlen sind teils die Sporangien, teils die Stiele der Sporangiophorarme getroffen. 13 ×. Nach Williamson 1891.

Sph. Dawsoni Williamson forma β, wahrscheinlich zu Sph. myriophyllum Crépin = Sph. plurifoliatum Williamson gehörig (Fig. 416). Die Stele der Blütenährenachse enthält nur drei Protoxylemgruppen. Nach dem in Fig. 416 wiedergegebenen Schliff macht es den Eindruck, als seien die Brakteen der einzelnen Quirle superponiert; wie bei Sph. Dawsoni Williamson forma α sind die Sporangiophorarme jeweils in zwei Reihen übereinander angeordnet und wechselweise gegabelt.

Sph. Dawsoni Williamson, forma γ, (Fig. 419 u. 420). Unter diesem Namen mögen Blüten gehen, die offenbar auch zu Sph. cuneifolium gehören, sich von Sph. Dawsoni forma α aber dadurch unterscheiden, daß über jeder Braktee bis zu sechs Sporangiophorarme angeordnet sind. Indem die Gesamtsporangiophoranlage sich analog den Verhältnissen bei forma α, jedoch doppelt so oft alternierend serial und kollateral gegabelt hat, sind vier Etagen von Sporangiophorarmen, die alternierend in lateraler und serialer Richtung geteilt sind, vorhanden. Prinzipiell weichen derartige Bildungen nicht weiter von der oben unter Sph. Dawsoni forma α beschriebenen ab, nur daß eben eine öftere seriale Teilung jeder Primäranlage eines Sporangiophors stattfindet. Es handelt sich wohl um gelegentlich auftretende reichere Ausbildung der forma α des Sph. Dawsoni.

Die Blüten von **Sph. emarginatum** Brongniart, die nur aus Abdrücken und nur mangelhaft bekannt sind, gleichen im Typ den Blüten von Sph. Dawsoni Williamson forma α, nur daß sie wesentlich kleiner, nur 2—4 cm lang und kaum über ½ cm breit sind.

Sph. (Bowmanites) Roemeri Solms-Laubach. Mittleres Oberkarbon des Kohlenwerkes Niedzielisko bei Jaworzno (Polen) (Fig. 421 bis 423). Bekannt ist nur ein ganz kleiner, aber sehr wohl erhaltener Rest der Blüte. Vegetative Teile ganz unbekannt, selbst die Blütenachse ist nicht erhalten. Brakteen an der Basis etwas verwachsen, in allen Quirlen übereinander superponiert; zwischen den Brakteenquirlen die der Sporangiophore. Sporangiophore über jeder Braktee ähnlich wie bei Sph. Dawsoni forma α im ganzen dreigeteilt. Durch die verschiedene Länge der Arme je zweier im Quirl nebeneinander befindlicher Sporangiophore sind die Sporangien in 3 Reihen übereinander angeordnet und außerdem noch untereinander alternierend verteilt, so daß die Glieder der äußersten und innersten Reihe superponiert sind (vgl. das Schema der Fig. 421). Die einzelnen Sporangiophorarme tragen je zwei Sporangien. Zunächst stielförmig, verbreitern sich die einzelnen Arme an ihrem oberen Ende beträchtlich und bilden eine kleine Platte, von deren linkem und rechtem Rand je ein Sporangium herabhängt. Sporangienwand mehrschichtig, in jedem Sporangium zahlreiche Sporen mit dornig skulptierten Wänden. Zahlenverhältnisse der Sporangiophore und Brakteen unbekannt.

Sph. fertilis Scott. Lower Coal Measures von England. (Fig. 424 und 425.) Nur die Blüte bekannt; die im wesentlichen völlige Übereinstimmung der Anatomie der Blütenachse mit der von Sph. Dawsoni forma β garantiert die Berechtigung der Zurechnung zur Gattung, wenn auch die Ausbildung der Sporangiophore in wesentlichen Punkten von dem sonst bei Sphenophyllum gewohnten abweicht. Die Sporangiophore zu 9 bis 12 im Quirl und aller Wahrscheinlichkeit nach in Superposition sind je in einen fertilen distalen und ventralen Abschnitt gegabelt, wovon jeder wieder durch doppelte kollaterale Gabelung in vier Arme aufgeteilt ist, so daß also jede Sporangiophoranlage im ganzen acht Teilsporangiophore hat. Jeder der Teilsporangiophore trägt an seinem freien oberen Ende eine Platte, die längs gestellt

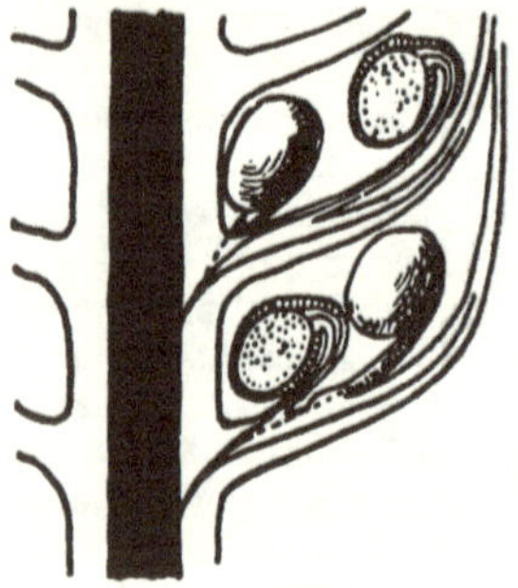

Fig. 418.

Sphenophyllostachys Dawsoni Williamson forma « aus den Lower Coal Measures von England.

Fig. 417. Diagrammatische Aufsicht auf die Hälfte je eines Brakteen- und Sporangiophorquirls — Original.

Fig. 418. Schematischer Längsschnitt durch einen Teil der Blüte. Von dem über jeder Braktee liegenden Gesamtsporangiophorkomplex ist der mediane Ast längs halbiert gezeichnet; von den beiden lateralen ist nur der hintere zu sehen. — Original.

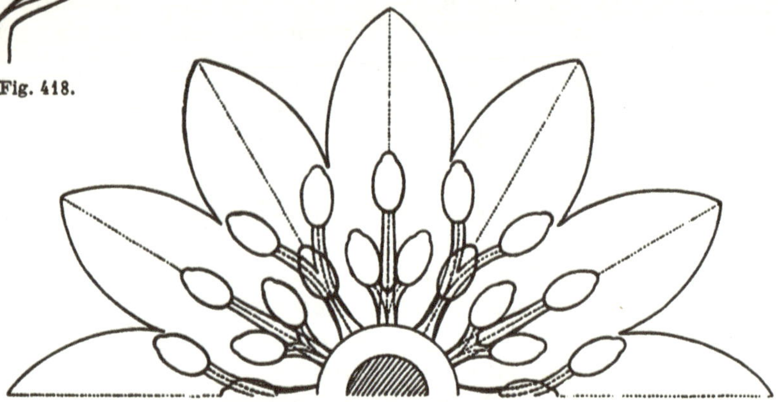

Fig. 417.

Fig. 419.

Sphenophyllostachys Dawsoni Williamson forma γ. Mittleres Oberkarbon.

Fig. 419. Diagrammatische Aufsicht auf einen Teil je eines Brakteen- und Sporangiophorquirls. — Original.

Fig. 420. Schematischer Längsschnitt durch einen Teil der Blüte. Art der Darstellung wie in Fig. 20. — Original.

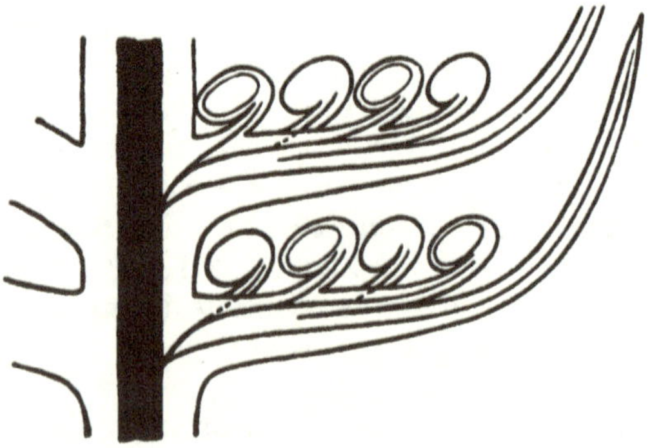

Fig. 420.

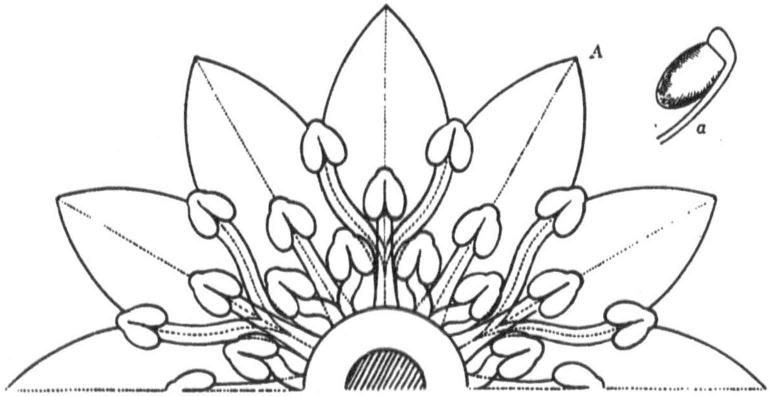

Fig. 421.

Sphenophyllostachys Roemeri Solms-Laubach. Mittleres Oberkarbon von Polen.

Fig. 421. Diagrammatische Aufsicht auf die Hälfte je eines Sporangiophor- und Brakteenquirls. Bei *a*: ein Sporangiophorarm längs halbiert mit einem der zwei Sporangien. — Original.

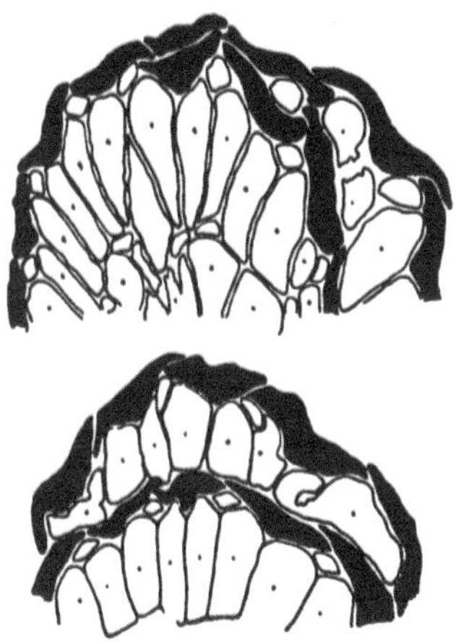

Fig. 422 u. 423.

Fig. 422 u. 423. Querschliffe durch die Blüte (schwarz: die Brakteen). Fig. 23: Getroffen sind teilweise 2 Brakteenquirle und die darüber befindlichen Sporangiophorquirle. Im inneren Sporangiophorquirl: 2 Reihen von Sporangiophorarmen übereinander und alternierend. Im (nur rechts sichtbaren) äußeren ist nur eine Sporangiophorarmreihe getroffen. — Fig. 24: Getroffen sind teilweise 2 Brakteen- und 2 Sporangiophorquirle, von letzteren nur immer 1 Sporangiophorarmreihe. Beachte die Superposition der Brakteen. Nach Solms-Laubach 1895.

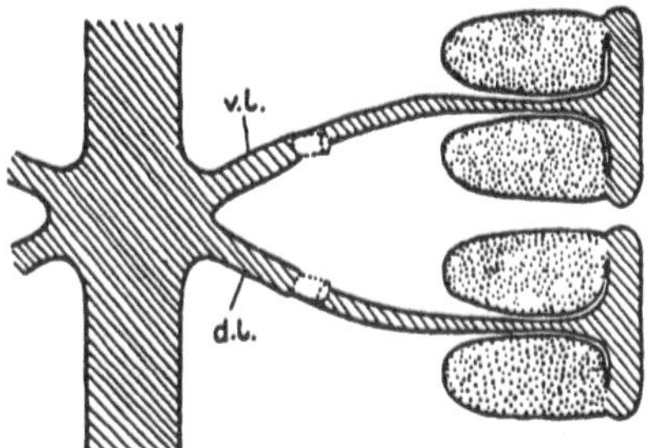

Fig. 424.

Sphenophyllostachys fertilis Scott. Lower Coal Measures von England.

Fig. 424. Sporophyllkomplex in Längsansicht; *vl*: adaxialer, *dl*: abaxialer Sporangiophorkomplex

Fig. 425. Oberer Sporangiophorkomplex in Aufsicht von oben (bzw. unten).

Beide ca. $5\,^1/_2\times$. Nach Scott 1905.

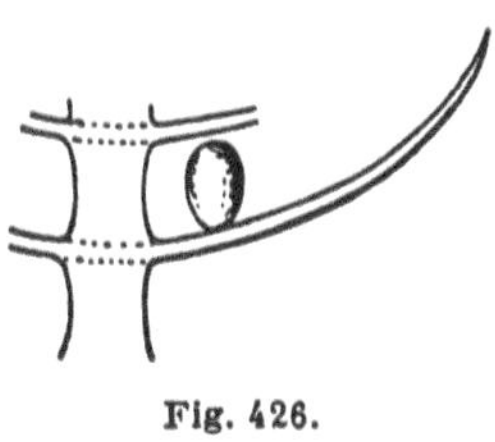

Fig. 426.

Fig. 426. Sphenophyllum trichomatosum Stur. Unterkarbon bis Unteres Oberkarbon. Schema der Sporangientragung in der Blüte.

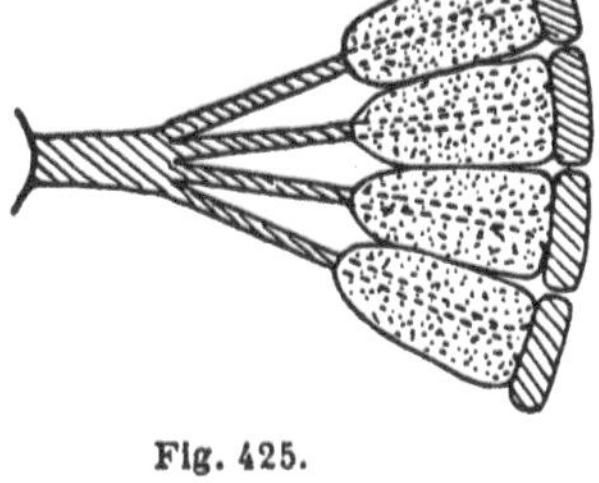

Fig. 425.

ist und an deren Rand oberhalb und unterhalb des Stieles je ein Sporangium mit mehrschichtiger Wand und zahlreichen gleich großen elliptischen Sporen von ca. 0,07 × 0,09 mm im Durchmesser ansitzt. Brakteen sind, da ja die ihnen entsprechenden Sporophyllabschnitte fertil sind, nicht vorhanden. In der Stele der Blütenachse ist der Xylemteil dreieckig, mit drei Protoxylemgruppen an den Ecken. Das einzige bekannte Exemplar zeigt etwas Sekundärxylem.

Sph. majus Bronn. Mittleres Oberkarbon. (Fig. 439.) Ausbildung eines eigentlichen Blütenzapfens ist nicht vorhanden, vielmehr finden sich laubblattähnliche Brakteen mit aufsitzenden Sporangien an einzelnen Ästen in mehreren aufeinanderfolgenden Quirlen, während Quirle mit sterilen Laubblättern vorausgehen und folgen. Die sporangientragenden Blätter, deren Zahl pro Quirl nicht bekannt ist, sind in ihrem oberen Ende zweimal hintereinander gegabelt. In einiger Entfernung von der Basis tragen sie auf der Oberseite vier, seltener sechs birnförmige, völlig stiellose Sporangien, die sternförmig angeordnet sind. (Vergl. Fig. 563).

Sph. trichomatosum Stur. Mittleres Oberkarbon. (Fig. 426.) Mit echten Blüten; die unzerteilten Brakteen tragen nahe ihrer Basis je ein an einem kurzen Sporangiophorstielchen sitzendes Sporangium.

Sph. tenerrimum Ettingshausen. Unterkarbon bis unteres Oberkarbon. Das gleichfalls einzige Sporangium über jeder Braktee ist von dieser nahezu achselständig getragen. (Vergl. Fig. 563).

Sph. verticillatum Schlotheim (Fig. 435 und 436) zeigt eine ähnliche Bildung bei den weiblichen Blüten, wo die jeweils nur in Einzahl vorhandenen Megasporangien (wie bei der vorigen Art die isosporen Sporangien) von den zugehörigen Brakteen nahezu achselständig getragen werden. Die wesentlich zahlreicheren Mikrosporangien dürften wohl in einer Weise getragen worden sein, die der von Sph. Dawsoni entspricht.

Literatur (zu Teil A und B).

Felix, J. Untersuchungen über den inneren Bau westfälischer Karbonpflanzen S. 42—48, Abh. z. Geolog. Spez.-Kte von Preußen etc. 7. Berlin 1887.

Kidston. R. On the fructification of Sphenophyllum trichomatosum Stur, from the Yorkshire Coalfield. Proceed. R. Phys. Soc. Edinburgh 11. 1890/91.

Kidston, R. vergl. auch die Seite 370 aufgeführten Abhandlungen von 1899/1900, 1911 und 1914.

Leclercq, S. Les Coal balls, de la couche Bauxharmont des charbonnages de Wérister. Mém. soc. Geolog. Belg. 1924/25.

Lignier, O. Equisetales et Sphenophyllales. Leur origine filicinéenne commune. Bull. Soc. Linn. Norm. Caen. 5. sér. Bd. 7. 1903.

Lignier, O. Sur l'origine des Sphenophyllées. Bull. soc. Bot. de France. 4. sér. Bd. 8. 1908.

Potonié, H. Über die Stellung der Sphenophyllaceae im System. Ber. Deutsch. Botan. Ges. 12. 1894.

Potonié, H. Die Beziehungen der Sphenophyllaceae zu den Calamariaceae. Neues Jahrb. f. Mineralogie, 2, 1896.

Renault, B. Recherches sur l'organisation des Sphenophyllum et des Annularia. Ann. sc. nat. 5. sér. Bot. 18. 1873.

Renault, B. Nouvelles recherches sur la structure des Sphenophyllum et sur leurs affinités botaniques. Ann. sc. nat. 6. sér. Bot. 4. Paris 1876.
Vergl. auch die S. 370 zit. Abh. von 1893/96.

Scott, D. H. On a new type of Sphenophyllum Cone (Sph. fertile) from the Lower Coal Measures. Philos. Transact. R. Soc. B 198. 1905.

Solms-Laubach, H. Graf zu. Bowmanites Roemeri, eine neue Sphenophyllumfruktifikation. Jahrb. K. K. Geolog. Reichsanst. Wien 1895.

Solms-Laubach, H. Graf zu. Über die s. Zt. v. Unger beschr. strukturbietenden Pflanzenreste des Unterculm v. Saalfeld in Thüringen. VII. Sphenohyllum. S. 80—83. Abh, k. Preuß. Geolog. Landesanst. N. F. 23. Berlin 1896.

Thodây, D. On a suggestion of Heterospory in Sphenophyllum Dawsoni. The New Phytologist, 5. 1906.

Williamson, W. C. On the organisation of an undescribed verticillate strobilus, etc. Mem. Manchester Lit. and Phil. Soc. 1871.

Williamson, W. C. Organisation of fossil Plants of the Coal Measures Pt V, XVII u. XVIII. Philos. Transact. R. Soc. 164, B. 181 u. B. 182. London 1874, 1890 u. 1891.

Williamson, W. C. General Morphological and Histological Index to the Authors Collectiv Memoirs on the fossil Plants of the Coal Measures Pt. II. Mem. and Proceed. Manchester Lit. and Phil. Soc. Ser. 4 Bd 7. 1892/93.

Williamson, W. C. und Scott, D. H. Further Observations on the fossil Plants of the Coal Measures, Pt. I. Calamites, Calamostachys and Sphenophyllum. Philos. Transact. R. Soc. B 185, London 1895.

Zeiller, R. Etude sur la constitution de l'appareil fructificateur des Sphenophyllum. Mém Soc. Géol. de France. Paléontologie, Mém. 11. 1893.

C. Beschreibung der im Abdruck erhaltenen Sproßreste.

1. Sämtliche Blätter der Pflanze fein zerschlitzt, ein- bis mehrfach gegabelt.

Sph. tenerrimum Ettingshausen. Unterkarbon und Unteres Oberkarbon. (Fig. 427.) Sprosse 3—4 mm im Durchmesser, mehrfach unregelmäßig verzweigt; Blätter zu 9 bis 12 im Quirl, einfach bis doppelt gegabelt; Gabelzipfel oft haarfein ausgezogen, Zipfelenden abgestumpft. — Blüten klein und gedrungen, Brakteen von ähnlicher Form wie die vegetativen Blätter. Die birnförmigen Sporangien ohne alle Spur eines Trägers einzeln in den Achseln der Brakteen.

Sph. trichomatosum Stur. Mittleres Oberkarbon. Eine der vorigen sehr ähnliche Art. Stengel mit punktförmigen Eindrücken, wohl Anheftungsstellen von Haaren; an den Knoten leicht angeschwollen; Blattzipfel zugespitzt. In der Blüte auf jeder Braktee in einiger Entfernung von der Achse je ein Sporangium sitzend. (Fig. 426.)

Sph. subtenerrimum Nathorst. Oberdevon von Spitzbergen. Ähnlich wie Sph. tenerrimum, Blätter im Quirl wohl noch zahlreicher als dort; Blüten nicht bekannt.

Sph. arcticum Nathorst. Kulm von Spitzbergen.

Sph. myriophyllum Crépin. (Strukturbietende Reste: Sph. plurifoliatum Williamson. Mittleres Oberkarbon. (Fig. 428 u. 429.) Stengel 3—4 mm im Durchmesser; mehrere Male verzweigt; Blätter zu 9 bis 24 im Quirl, durch Einschnitte, die fast bis zu ihrer Basis reichen, in zwei bis vier sehr schmale, spitz zulaufende Zipfel zerteilt. Blüte im Abdruck unbekannt; die als Sph. Dawsoni Williamson forma β beschriebenen strukturbietenden Reste wahrscheinlich hierher gehörig.

2. Heterophylle Pflanzen.

An den unteren Partien der Pflanze in der Regel mehr oder weniger fein zerteilte Blätter, ähnlich denen der Formen von Gruppe 1; an den oberen Sproßteilen und den Zweigen höherer Ordnung in der Regel unzerteilte keilförmige Blätter; an den die Blüten tragenden Sprossen gelegentlich wieder fein zerteilte Blättchen.

Sph. cuneifolium Sternberg spec. Oberkarbon, besonders im Mittleren. (Fig. 430—434.) Blätter an den dickeren Stengeln gegen die Basis zu haarfein zerteilt, bisweilen so sehr, daß es den Anschein hat, als handelte es sich um zahlreiche einfache, lineale Blätter ähnlich denen von Asterophyllites. Nach oben zu am Sproß nimmt die Zerteilung der Blätter ab und die Blätter, welche an den oberen Partien stärkerer Sprosse entwickelt sind, und ebenso die der Äste höheren Verzweigungsgrades sind $\pm$ keilförmig und unzerteilt; sie stehen zu 6 bis 18 im Quirl; ihr Vorderrand ist mit schmalen Zähnen versehen. Zwischen den zerteilten und nicht zerteilten Blättchen finden sich alle Übergänge. Blüten (Sph. Dawsoni Williamson forma α und forma γ, Fig. 417—420.) sehr groß bis mehr als 10 cm lang mit zahlreichen Brakteenquirlen. Zahl der Brakteen im Quirl wechselnd, bis 18; Brakteen in den sukzessiven Quirlen vermutlich superponiert gestellt, lanzettlich, an der Basis miteinander verwachsen. Sporangiophoranlagen über jeder Braktee mehrfach geteilt, so daß die Sporangiophorarme in zwei bis vier Reihen übereinander liegen. Je ein homospores Sporangium an jedem Teilsporangiophor.

Sph. emarginatum Brongniart. Mittleres Oberkarbon bis Rotliegendes (Fig. 437). Blätter mehr oder minder keilförmig zu sechs bis neun im Quirl; von der vorigen Art unterschieden dadurch, daß die Zähne der Blättchen halbkreisförmig abgerundet sind; bekannt sind schmälere und breitere Blättchen. Die letzteren nur mit mehr oder minder starker Einschneidung in der Mitte. Blüten, nur in Abdrücken bekannt, ähnlich denen der vorigen Art, aber kleiner.

Sph. verticillatum Schlotheim spec. Oberes Oberkarbon und Unteres Rotliegendes. (Fig. 435 u. 436.) Pflanze in allen Teilen in Abdrücken bekannt. Stengel niedriger Ordnung mit mehr oder minder fein zerteilten, öfter gegabelten Blättchen. Stengel höherer Ordnung mit unzerteilt keilförmigen Blättchen; Blättchen zu sechs im Quirl. Blüten heterospor (einzige bekannte Art). Es finden sich Mikro- und Megasporangien tragende Ähren. Je sechs Brakteen im Quirl; die Mikrosporangien tragenden Sporangiophore aller Wahrscheinlichkeit nach viel zerteilt, ähnlich denen von Sph. Dawsoni, über den Brakteen stehend; wenigstens finden sich mehrere Mikrosporangien in der Achsel der Brakteen. In den die Megasporangien tragenden Blüten jeweils ein Sporangium in der Achsel jeder Braktee. Die Art ist sehr ähnlich Sph. emarginatum und wird von manchen Autoren damit vereinigt.

Sph. Sewardi Zeiller. Mittleres Oberkarbon von Kleinasien.

Sph. oblongifolium Germar und Kaulfuß (Fig. 438). Oberes Oberkarbon bis Mittleres Rotliegendes. An den Knoten der dickeren Stengel niedriger Ordnung einfache oder gegabelte, fast lineale Blättchen, an den Stengeln höherer Ordnung keilförmige Blättchen, die in der Mitte am breitesten sind und einen mehr oder minder tief eingeschnittenen Oberrand haben; je sechs Blättchen im Quirl, gelegentlich ungleich groß und nach dem Trizygia-Typ gruppiert; Blüte nicht sicher bekannt.

Sph. majus Bronn. Mittleres Oberkarbon. (Fig. 439.) Blätter wesentlich größer als bei den oben beschriebenen Formen; bis zu 2 cm lang und bis 1 ¼ cm breit; zu sechs bis neun im Quirl; entweder keilförmig mit nur leichtem Einschnitt in der Mitte oder zwei- bis vierfach stark zerteilt. Zähne scharf. Die Sporangien-tragenden Blättchen bilden keine eigentliche Blüte, sondern stehen nur in mehreren durch kürzere Internodien getrennten Quirlen an sonst weiter unter- und oberhalb mit sterilen Blättern besetzten Ästen. Fertile Blättchen zweimal gè-

Fig. 427. Sphenophyllum tenerrimum Ettingshausen. Unterkarbon bis Unteres Oberkarbon. Beblätterte und verzweigte Sprosse; bei *a*: ein Blattquirl in Aufsicht. $^{19}/_{20}$. Nach Stur 1877.

Fig. 427.

Fig. 428.

Fig. 429.

Sphenophyllum myriophyllum Crépin aus dem Mittleren Oberkarbon von Böhmen.

Fig. 428. Dreifach verzweigte Sproßachsen mit Beblätterung. $^{19}/_{20}$. Original.

Fig. 429. An der Achse ansitzendes Blättchen. Vergr. Nach Zeiller 1886.

Fig. 431. Fig. 432. Fig. 430.

Sphenophyllum cuneifolium Sternberg spec. aus dem Mittleren Oberkarbon von Niederschlesien.

Fig. 430. Untere Stengelstücke mit feinzerteilten Blättchen, Seitensprosse mit keilförmigen Blättchen.

Fig. 431. Oberes Sproßstück mit keilförmigen Blättchen und zwei Blüten; unmittelbar unter dieser wieder feinzerteilte Blättchen.

Beide $^{19}/_{20}$. Nach Stur 1887.

Fig. 432a—e. Blättchen zum Teil keilförmig, zum Teil in verschieden weitgehender Durchteilung. Ca. 2 ×. Nach Stur 1887 und Jongmans 1911.

Sphenophyllum cuneifolium Sternberg spec.

Fig. 433 u. 434. Bruchstücke von Blüten in 5 ½- und 5facher Vergr. Aus Jongmans 1911 nach Zeiller 1893

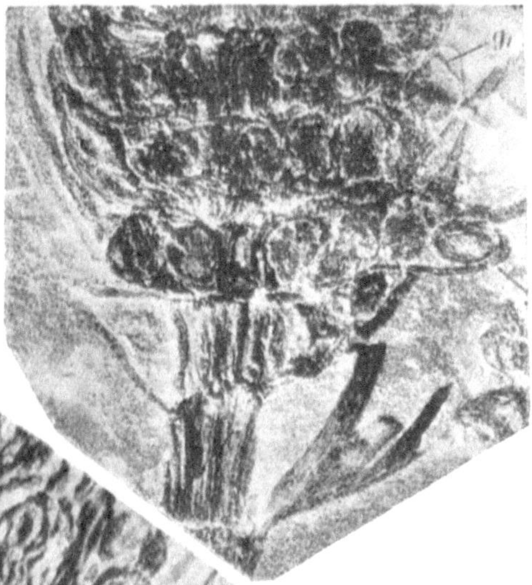

Fig. 434.

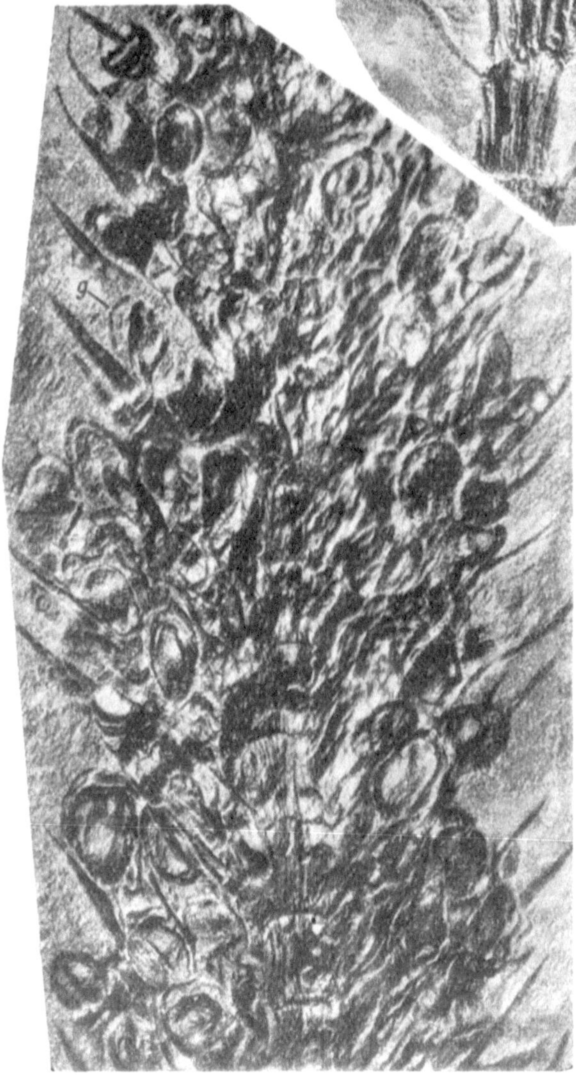

Fig. 433.

a

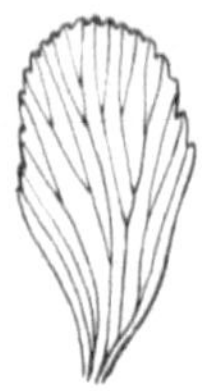

b

Fig. 435.

Fig. 436.

Sphenophyllum verticillatum Schlotheim aus dem oberen Oberkarbon von Wettin.

Fig. 435. Verzweigter Sproß; Blätter seiner untersten Quirle fein zerschlitzt, die der oben folgenden Quirle in abnehmendem Maße zerteilt und allmählich immer flächiger werdend. Blättchen der Seitensprosse (zu 6 im Quirl) rein keilförmig (vgl. Fig. a u. b).

Fig. 436: Äste mit Mikrosporophyllblüten (oben) und einer Megasporophyllblüte (unten beim Pfeil). *a*: Megasporophyllquirl, *b*: Mikrosporophyllquirl vergrößert. Sämtliche nach Zobel 1910.

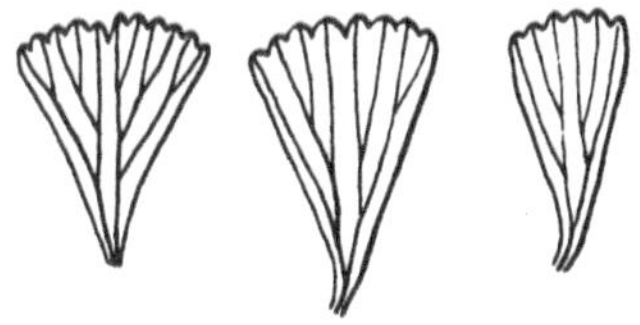

Fig. 437.

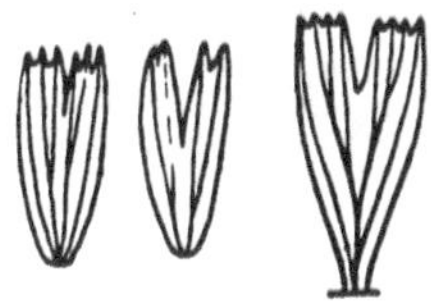

Fig. 438.

Fig. 437. Sphenophyllum emarginatum Brongniart. Oberer Teil des Mittleren Oberkarbon. Verschiedene Blättchenformen. 2× Nach Zeiller 1886.

Fig. 438. Sphenophyllum oblongifolium Germar und Kaulfuß, Oberes Oberkarbon bis Mittleres Rotliegendes. Blättchen. Ca. 2 ×. Nach Jongmans 1911.

Fig. 439a.

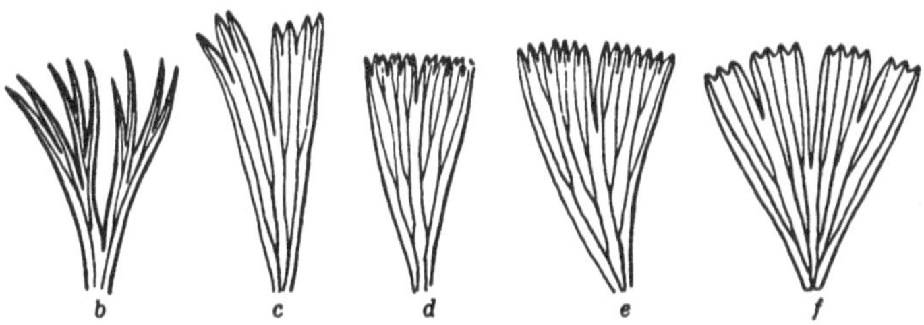

Fig. 439 b—f.

Fig. 439. Sphenophyllum maius Bronn. Mittleres Oberkarbon. a: Fertiles Blatt mit Sporangien. Ca. 2 ×. Nach Kidston 1902. b—f: Sterile Blätter. Ca. 1 ½ ×. Nach Jongmans 1911.

Fig. 440a.

Fig. 440.

Fig. 440. Sphenophyllum longifolium. Germar. Aus dem oberen Oberkarbon von Wettin. a: Einzelnes Blättchen. Ca. 1 ⅓ ×. Nach Zobel 1910 und Zeiller 1906.

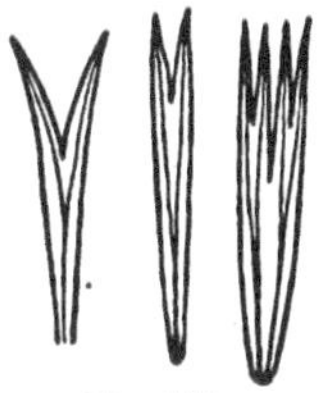

Fig. 441.

Fig. 441. Sphenophyllum angustifolium. Germar. Oberes Oberkarbon. Nach Jongmans 1911.

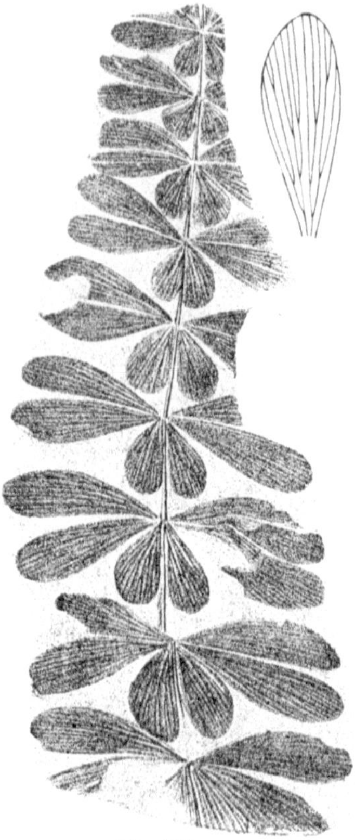

Fig. 442.

Fig. 442. Sphenophyllum speciosum Royle. Ältere Gondwanaschichten. $^{19}/_{20}$. Nach Arber 1905.

Fig. 443. Sphenophyllum Thoni Marr aus dem Oberen Oberkarbon v. Frankreich. $^{19}/_{20}$. Nach Zeiller 1878.

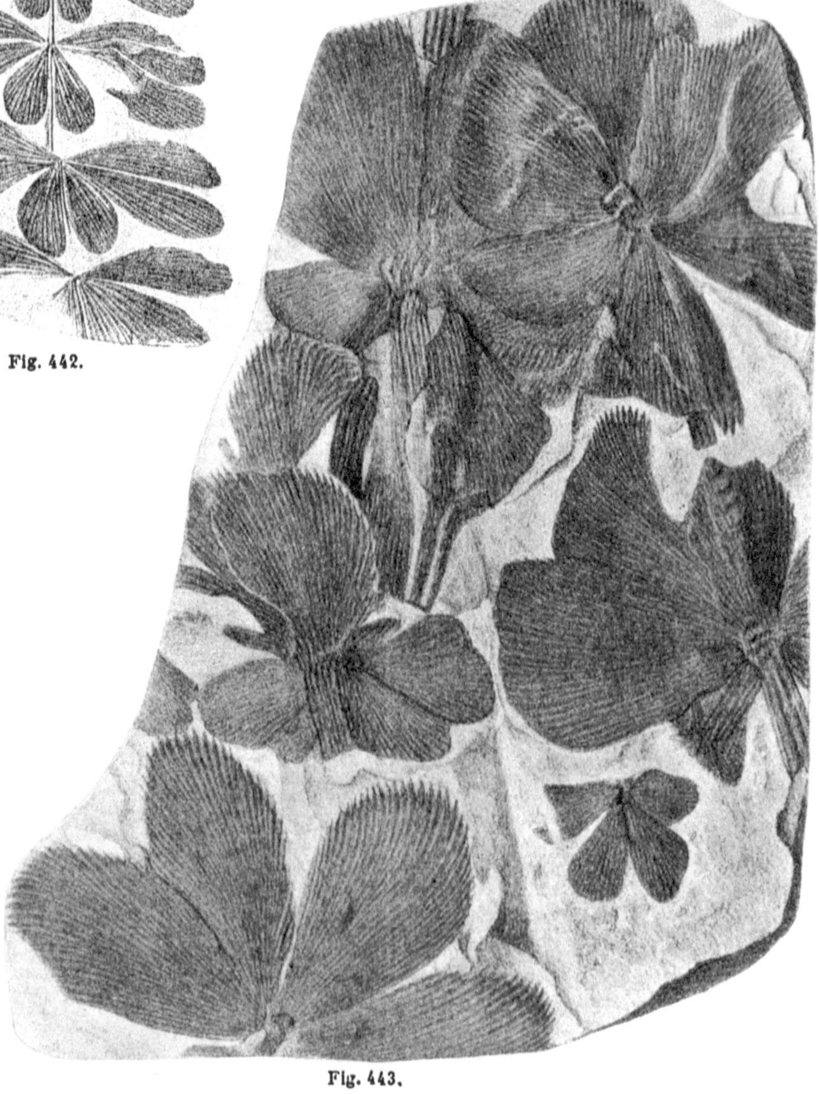

Fig. 443.

gabelt, mit vier bis sechs ganz stiellosen, sternförmig angeordneten Sporangien auf der Oberseite.

Sph. Gehleri Zalessky. Mittleres Oberkarbon von Rußland (Donetz).

3. Blätter der meisten Arten ziemlich groß, annähernd rein keilförmig, an den verschiedenen Sproßsystemen nicht wesentlich verschieden ausgebildet.

Sph. angustifolium Germar. Oberes Oberkarbon bis Rotliegendes. (Fig. 441.) Sprosse mehrfach verzweigt, Blättchen zu sechs im Quirl, schmal, keilförmig, 1—1½ cm lang, mit tiefem Mitteleinschnitt. Abschnitte links und rechts davon geteilt oder ungeteilt, so daß das Blättchen im ganzen zwei bis vier Zähne hat. Blütenähren ca. 10 cm lang; über jeder Braktee je ein Sporangium an kurzem Sporangisphor.

Sph. tenuifolium Fontaine und White. Oberes Oberkarbon von Frankreich (Brive) und Nordamerika.

Sph. Lescurianum White. Oberkarbon von Nordamerika.

Sph. longifolium Germar. Oberes Oberkarbon. (Fig. 440.) Stengel bis über 1 cm breit; Internodien bis 4 cm lang. Blätter zu sechs im Quirl, 2—4 cm lang und an der breitesten Stelle über 1⅓ cm breit, keilförmig; selten ganz, meist zweilappig oder mehr oder minder tief vierlappig gespalten. Fruktifikation unbekannt.

Sph. Thoni Marr. Oberes Oberkarbon und Rotliegendes. (Fig. 443.) Stengel kräftig, doch nicht so stark als bei der vorigen Art; Blätter zu sechs im Quirl, sehr groß: bis 5½ cm lang und bis 3 cm breit, in trizygoider Anordnung; im gleichen Wirtel oft sehr ungleich groß. Oberrand gefranst. Fruktifikation unbekannt.

Sph. costae Sterzel. Oberes Oberkarbon von Portugal. Blätter zu sechs im Quirl, in drei ungleich großen Paaren, trizygoid angeordnet. Die längeren Blätter bis 3⅓ cm lang und 2 cm breit, die kürzeren nur bis gegen 2 cm lang, aber bis 2,8 cm breit. Fruktifikation unbekannt.

Sph. speciosum Royle. Ältere Gondwanaschichten von Indien und Australien. (Fig. 442.) Blätter vollkommen ganzrandig, sehr ausgeprägt trizygoid angeordnet; deutliches Blattmosaik zeigend.

Sph. sinocoreanum Yabe. Untere Trias von Korea und China (Provinz Fukien).

4. Formen, bei welchen die Sporangiophore über gewöhnlichen Laubblättern und nicht über morphologisch von den Laubblättern verschiedener Brakteen getragen werden.

Sph. charaeforme Jongmans. Unteres Oberkarbon von Niederschlesien. Stämmchen sehr schlank, nur 1—2 mm breit mit vergleichsweise außergewöhnlich (bis über 3 cm) langen Internodien. An den Knoten zu vielen im Quirl, die sehr schmalen, linealen Blätter; Seitenäste mit bis 2 cm langen Internodien. An ihren Knoten die fertilen Laubblätter, die, wie die sterilen, ausgebildet sind, zu neun (?) im Quirl; aus ihrem der Basis nahen Teil erhebt sich je ein Sporangiophor, im wesentlichen ähnlich dem von Sph. Dawsoni mit wohl nur einem überhängenden Sporangium.

Sph. tenuissimum Kidston. Mittleres Oberkarbon von England. Bekannt in einem wenige cm langen fertilen Sproßstück. Die sterilen Blätter in der oberen Hälfte einmal gegabelt; über jedem ein mehrfach geteilter Sporangiophor mit je einem Sporangium an jedem Abschnitt. Internodien relativ sehr lang.

Literatur (zu Teil C).

Arber, E. A. N. Catalogue of the fossil Plants of the Glossopteris-Flora in the Departement of Geology, British Museum (Nat. Hist.) S. 34—37. London 1905.

Bureau, M. E., Flores fossiles Bassin de la Basse Loire S. 13—15 u. 207—209. Paris 1914.

Ettingshausen, C. von, Die Steinkohlenflora von Radnitz in Böhmen S. 30—31. Abh. K. K. Geolog. Reichsanst. II. 3. Wien 1854.

Feistmantel, O., Die Versteinerungen der böhmischen Kohlenablagerungen. S. 131—137. Palaeontographica 23. 1875/76.

Germar, E. Fr., Die Versteinerungen des Steinkohlengebirges von Wettin und Löbejün. S. 13—19. Halle 1848.

Grand'Eury, C., Mém. flore carbonifère du Département de la Loire et du Centre de la France. S. 49—54. Mém. sav. étr. Acad. Sc. 24, 1. Paris 1877.

Grand'Eury, C., Géologie et Paléontologie du Bassin houiller du Gard S. 228—231. St. Etienne 1890.

Jongmans, W. J., Anleitung zur Bestimmung der Karbonpflanzen Westeuropas I. S. 367—416. Freiberg 1911.

Kidston, R., Catalogue of the Palaeozoic Plants in the Department of Geology and Palaeontology, British Mus. (Nat. Hist.) S. 48—54. London 1886.

Kidston, R., Carboniferous Lycopods and Sphenophylls S. 116—132. Transact. Nat. Hist. Soc. Glasgow N. S. 6. 1899/1900.

Kidston, R., The Flora of the Carboniferous Period II. S. 360—362. Procced. Yorksh. Geolog. and Polytechnical. Soc. 14,3. 1902.

Kidston, R., Les végétaux houillers recueillis dans le Hainaut belge. S. 215—227. Brüssel 1911.

Kidston, R., On the fossil Flora of the Staffordshire Coalfield Pt. III. S. 129—132. Transact. R. Soc. Edinburgh 50. 1914.

Lesquereux, L., Coal flora of the Carboniferous Formation in Pennsylvania I: S. 51—59, III. S. 726—729. Harrisburg 1880/84.

Nathorst, A. G., Zur Oberdevonischen Flora der Bären-Insel. S. 23—24. K. Svenska Vetensk. Akad. Handlg. 36. 3. 1902

Nathorst, A. G., Zur fossilen Flora der Polarländer II. 1. Die Kulmflora Spitzbergens S. 17—18. Stockholm 1920.

Newberry, I. S. The Genus Sphenophyllum. Journ. Cincinnati Soc. Nat. Hist. 13. 1891.

Renault, B., Études sur le terrain houiller de Commentry, Flore fossile. 2. Partie. S. 473—494. St. Etienne 1890.

Renault, B., Bassin houiller et permien d'Autun et d'Epinac, Flore fossile, II S. 146—170. Paris 1893—96.

Renier, A. Paléontologie du terrain houiller S. 18, Tafel 56—58. Liège 1910.

Roehl, G. v. Foss. Flora d. Steinkohlenformation Westfalens S. 29—33. Palaeontographica 18. 1869.

Sterzel, I. T. Die Flora des Rotliegenden im Nordwestlichen Sachsen S. 23—32. Palaeontologische Abhandlungen (von Dames u. Kayser) 3, 4. Berlin 1886.

Sterzel, I. T. Die Flora des Rotliegenden im Plauenschen Grunde bei Dresden. S, 104/105. Abh. math.-phys. Kl. k. Sächs. Ges. Wiss. Bd. 19. Leipzig 1893,

Sterzel, I. T. Die organischen Reste des Kulms und Rotliegenden der Gegend von Chemnitz. S. 295/296. ibid. Bd. 35. Leipzig 1918.

Stur, D. Die Culmflora: II. der Ostrauer und Waldenburger Schichten. S. 107 bis 119. Abh. K. K. Geolog. Reichsanst. 8, 2. Wien 1877.

Stur, D. Die Karbonflora der Schatzlarer Schichten. 2. Die Calamarien etc. S. 60—66 u. 228—235. Abh. K. K. Geolog. Reichsanst. 11, 2. Wien 1887.

Weiß, Ch. E. Foss. Flora d. jüngsten Steinkohlenformation und des Rotliegenden im Saar-Rheingebiete S. 132—137. Bonn 1869/72.

White, D. Foss. Flora of the Lower Coal Measures of Missouri. S. 173—187. Monogr. U. S. Geolog. Survey 37. Washington 1899.

Yabe, H. Notes on some Mesozoic Plants from Japan, Korea und China. Science Reports of the Tôhoku Imp. Univ. 2. Ser. Geology Bd. 7. 1922.
Zalessky, M. D. Contribution à la flore fossile du terrain houiller du Donetz I. 372—378, II. 431—434. Bull. Comité Géolog. 26. St. Petersburg 1907.
Zeiller, R. Végétaux fossiles du terrain houiller de la France. S. 29—35. Paris 1880.
Zeiller, R. Bassin houiller de Valenciennes, Flore fossile S. 406—425. Paris 1886/88.
Zeiller, R. Bassin houiller et permien de Brive, Flore fossile S. 70—76. Paris 1892.
Zeiller, R. Etude sur la Flore fossile, du Bassin houiller d'Heraclée. S. 55—58. Mém. Soc. Géolog. de France, Paléontologie No. 21. Paris 1899.
Zeiller, R. Bassin houiller et permien de Blanzy et du Creusot, Flore fossile. S. 119—123. Paris 1906.
Zobel, A. in Potonié, H. Abbildungen und Beschreibungen fossiler Pflanzen. VII. 135—140. Berlin 1910.

Allgemeines.

Hinsichtlich der Beziehungen der systematisch-morphologischen und der anatomischen Verhältnisse der Sphenophyllineae zu denen der übrigen Formenreihen der Articulatales sei auf die am Ende der Darstellung der Gruppe (S. 467 ff.) folgenden Bemerkungen verwiesen.

Die ökologischen Verhältnisse der Sphenophyllen sind noch nicht ganz aufgeklärt, und es stehen sich hinsichtlich der Deutung der Lebensweise dieser Pflanzengruppe zwei Theorien schroff gegenüber.

H. Potonié hält die Sphenophyllen für Wasserpflanzen. Er deutet die Sprosse mit den keilförmigen, unzerteilten, sehr oft in einer Ebene ausgebreiteten Blättern (vgl. hiezu besonders die mehr oder minder deutliches Blattmosaik zeigenden Formen mit trizygoider Ausbildung der Blätter) als auf dem Wasserspiegel flottierende Sprosse, während die bei vielen Arten gleichfalls bekannten Sproßteile mit mehr oder minder fein zerteilten Blättern nach seiner Ansicht als unter Wasser getauchte Partien der Pflanzen anzusehen seien. Auch soll das zentrale Leitbündel der Sprosse, das einer Inanspruchnahme der Sprosse durch Zug gerecht wird, darauf hinweisen, daß die Pflanzen nicht aufrecht über der Erde wuchsen und so der Theorie entgegenkommen.

Kidston und Seward dagegen halten die Sphenophyllen mit ihren langen und schmalen Stämmchen für kleine Lianen[1]; es wird besonders auf die Anatomie des Stengels verwiesen, der im wesentlichen dem von kletternden Pflanzen entspricht. So weist Seward (Fossil Plants I, S. 414)[2] auf die Arbeit von M. Westermeier und H. Ambronn 1881 hin, in der gezeigt wird, daß bei rezenten kletternden Pflanzen Tracheen und Siebröhren durch besondere Weite ausgezeichnet sind, was kletternden Sprossen von selbst geringem Durchmesser schnellsten Transport von Wasser und Nährstoffen ermöglicht. Weite Tracheiden bilden nun auch allgemein das Xylem der Sphenophyllen und bei Sph. insigne finden sich auch noch ausnehmend weite Siebröhren. Auch spricht die zentrale Lage der Stele nicht gegen die Annahme, daß es sich um Kletterpflanzen handelt, insofern ja S. Schwendener 1874 und G. Haberlandt 1896 gezeigt haben, daß auch bei kletternden Sprossen, die im wesentlichen durch Dehnung und Zug in Anspruch genommen werden, die Tendenz der zentralen Konzentration der mechanisch wirksamen Elemente festzustellen ist. Auch ist von verschiedenen Seiten darauf hingewiesen worden, daß zerschlitzte Blättchen, die nach Potoniés Theorie Indikatoren der subaqua-

[1]) Dagegen ist wohl anzunehmen, daß so kleine gebrechliche Formen wie Sph. charaeforme mehr der krautigen ± hygrophilen Bodenvegetation angehört haben.

[2]) Vergl. auch Seward, C., The later Records of Plant-Life. Quart. Journ. Geol. Soc. 80. 1924.

tischen Lebensweise der unteren Sproßpartien gewesen sein sollen, sich bei einigen Arten (z. B. bei Sph. cuneifolium) auch wieder unmittelbar unter der Blüte, die doch sicher in keinem Fall unter dem Wasserspiegel war, finden. Umgekehrt haben bei der genannten Art der Sprosse mittlerer Höhe und mittleren Verzweigungsgrades bereits keilförmige Blättchen. Auch ist zu bemerken, daß die mehrfache Peridermbildung, die sich bei den Sphenophyllen ganz allgemein findet, nicht gerade auf unter Wasser lebende Pflanzen hinweist und auch die bedeutende Dickwandigkeit der Epidermiszellen der Blätter, wie sie für Sphenophyllum quadrifidum nachgewiesen ist, spricht dagegen.

Endlich kann auch die bei manchen Arten auffällige Blattmosaik durch trizygoide Blattausbildung und -anordnung nicht als allein für Wasserpflanzen charakteristisch angesehen werden, findet sich doch sehr ausgesprochenes Blattmosaik auch bei vielen Lianen (z. B. Araceen u. a.).

4. Cheirostrobineae.

Cheirostrobaceae.

Cheirostrobus Scott.

Ch. pettycurensis Scott. Unterkarbon (Calciferous Sandstone Series) von Schottland. Einzige bekannte Art; gefunden ist lediglich ein Bruchstück des Blütenzapfens und ein Stück des Blütenzapfenstieles; beide in sehr guter Erhaltung (Fig. 444—449).

Der Blütenzapfen hat einen Durchmesser von 3½ bis 4 cm und dürfte mindestens eine Länge von 10 cm erreicht haben. Seine Organisation (Fig. 444) ist folgende: Die Zapfenachse trug zahlreiche Quirle kompliziert gebauter, verzweigter Sporophylle die in allen Quirlen superponiert stehen. Während im allgemeinen die Zahl der Glieder eines Quirls zwölf beträgt, nimmt sie gegen die Blütenspitze hin etwas ab. Die einzelnen Sporophylleinheiten bestehen aus je einem distalen dreiarmigen Sporangiophor (mit je vier Sporangien an jedem Arm) und einer basalen dreizähligen Brakteengruppe; die drei Sporangiophorarme und die drei Brakteenabschnitte einer Sporophylleinheit sind gleichfalls superponiert. Die Sporangiophorarme gleichen ganz den Sporangienträgern von Calamostachys, nur daß ihre Stiele und die je vier Sporangien, die sie tragen, verhältnismäßig wesentlich länger sind. Die Sporangien hatten ursprünglich wohl eine mehrschichtige Wand, wovon am Objekt jedoch nur noch die äußerste Schicht erhalten ist. Jedes Sporangium enthält eine große Anzahl gleichartiger Sporen von 0,065 mm Durchmesser. Jeder Brakteenarm besitzt an seiner Unterseite an der Stelle, unter welcher sich das äußere Ende jeden Sporangiophorarmes des nächst unteren Quirls befindet, einen zweigeteilten Höker, der, solange die Blüte nicht entfaltet war, offenbar den Sporangiophorarm deckte, so, zusammen mit den aufgebogenen Brakteenspitzen, die im oberen Teil gegabelt über drei Quirle reichten, einen sehr guten Knospenschutz darstellend.

Was die anatomischen Verhältnisse betrifft, so ist der Xylemkörper (Fig. 445 bis 446), der die Zapfenachse durchzieht, zwölfstrahlig

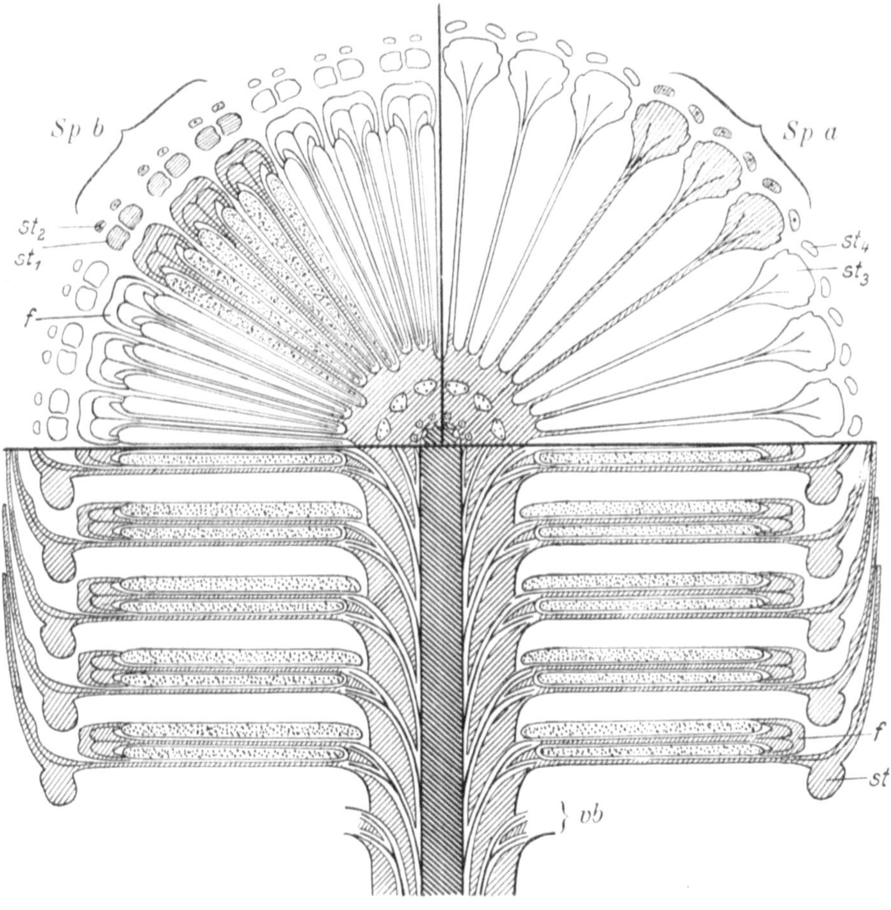

Fig. 444.

Cheirostrobus pettycurensis Scott. Unterkarbon (Calciferous Sandstone Series) von Schottland.

Diagramm des Blütenzapfens: Der obere Teil des Diagrammes zeigt eine Zapfenhälfte im Querschnitt, der untere Teil ein Stück des Zapfens im radialen Längsschnitt. Die Lage der einzelnen Organe korrespondiert in beiden Schnitten. 1. Querschnitt: Die linke Hälfte zeigt von drei Sporophylleinheiten (*Sp b*) die oberen fertilen Glieder: die Sporangiophore mit ihren je drei Armen, von deren je vier Sporangien jeweils nur zwei getroffen sind. Außerhalb der schildförmigen Platten (*f*) der Sporangiophorarme die Doppelbuckel (st_1) der gerade über ihnen liegenden Brakteenarme des nächst höheren Quirls; noch weiter außen die je zwei quergetroffenen Enden (st_2) der Brakteenarme des nächst unteren Quirls. — Die rechte Hälfte zeigt von je drei Sporophylleinheiten (*Sp a*) die je drei unteren, sterilen Glieder: die Brakteenarme (st_3), im wesentlichen von der Fläche getroffen bis zu der Stelle, wo auf ihrer Unterseite die Doppelbuckel ansitzen, außerhalb die je zwei quer getroffenen Enden (st_4) der Brakteenarme des nächst unteren Quirls. — In der Blütenzapfenachse (*ax*) ist zu sehen: zu innerst die Hälfte der zwölfstrahligen Stele, außerhalb die Hälfte eines zwölfgliedrigen Leitbündelkranzes der Sporophylleinheiten des übernächsten Quirls oberhalb der Schnittebene (Bündel noch ungeteilt), noch weiter außen die Hälfte der bereits in vier Arme geteilten Bündel des nächstoberen Quirls von Sporophylleinheiten. — 2. Längsschnitt: Getroffen sind fünf Quirle von Sporophylleinheiten, deren Vertikalabstände, der Deutlichkeit halber, größer als in Natur gezeichnet sind. *f*: je ein Sporangiophorarm; *st* je ein Brakteenarm; *vb*: Leitbündel einer Sporophylleinheit, wovon allerdings nur je einer der je drei oberen und unteren Arme sichtbar ist; *ax*: Stele der Blütenzapfenachse. Nach Scott 1897, etwas verändert.

exarch, mit den Protoxylemgruppen an den Strahlenspitzen; innerwärts anschließend das Metaxylem aus Tracheiden mit mehrreihig angeordneten gehöften Tüpfeln (Fig. 447). Tracheiden, mit etwas Parenchym untermischt, füllen das ganze Stelenzentrum aus. Von den extraxylematischen Partien sind Phloëm und Perizykel nicht erhalten, dagegen die primäre Rinde mit langen Zellsäcken von vermutlich sekretorischer Funktion. Die Strahlenspitzen des Xylems korrespondieren mit den vor ihnen abgehenden Sporophylleinheiten. Jedes dieser wird von

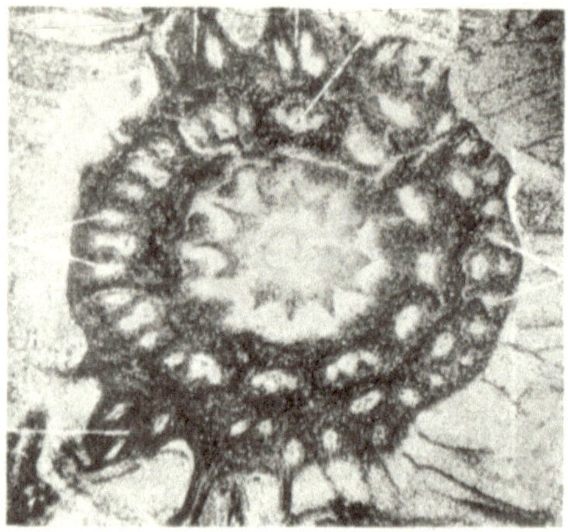

Fig. 445.

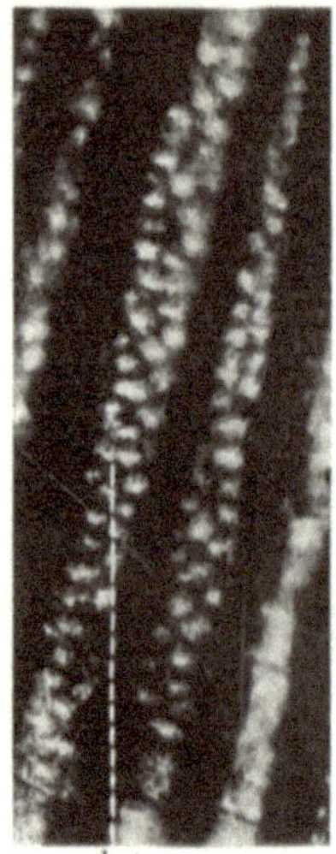

Fig. 447.

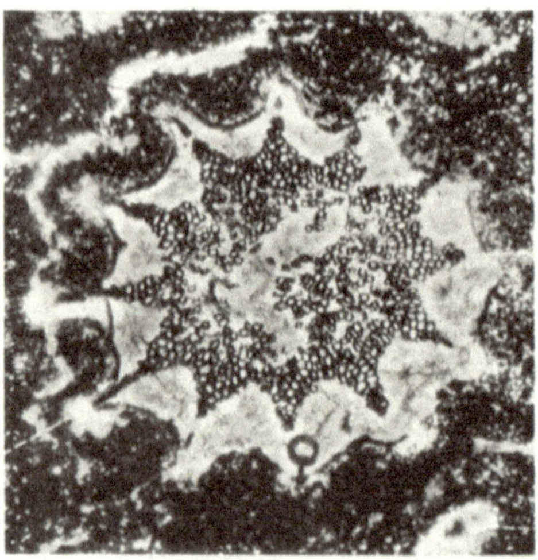

Fig. 446.

Cheirostrobus pettycurensis Scott. Unterkarbon (Calciferous Sandstone Series) v. Schottland.

Fig. 445. Blütenzapfenachse in etwas schrägem Querschliff. In der Mitte die zwölfstrahlige Stele; außerhalb die Leitbündelkomplexe der beiden nächst höher über der Querschliffebene inserierten Sporophylleinheiten. *lt*₁ und *lt.*₂: Leitbündelkomplexe des übernächsthöheren, *lt.*³: des nächsthöheren Sporophylleinheitenquirls (letztere nur in der rechten Bildhälfte). Die Bündelkomplexe der Sporophylleinheiten des übernächsthöheren Quirls sind teils noch ungeteilt, teils drei- und teils viergeteilt zu sehen. 8 ×.

Fig. 446. Detail aus Fig. 445. Stele vergrößert. *px*: Protoxylem; *lt.*: davon abgehendes Leitbündel. 24 ×.

Fig. 447. Metaxylemtracheiden der Stele mit den vielreihigen Hoftüpfeln. 200 ×.

Sämtliche Figuren nach Scott 1897.

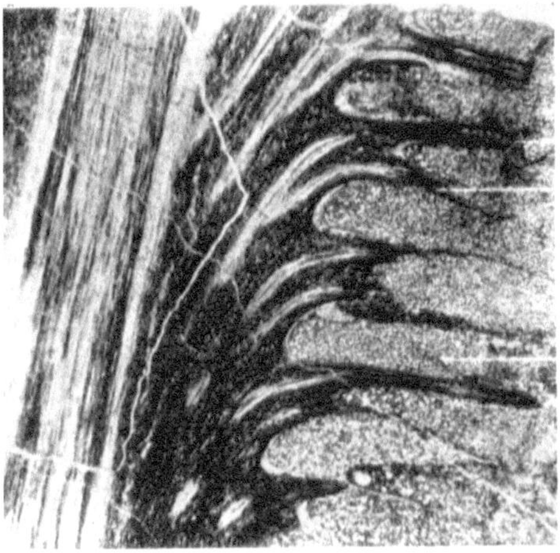

Fig. 448.

Cheirostrobus pettycurensis Scott. Unterkarbon (Calciferous Sandstone Series) von Schottland.

Fig. 448.
Längsschnitt durch die Blütenzapfenachse und die Basalpartien von vier Sporophylleinheiten, deren seriale Gabelung gut zu sehen ist. *inf*: Basalpartie eines der drei Brakteenarme; *sup*: Stiel eines der drei Sporangiophorarme einer Sporophylleinheit; *sp*: Sporangium. 8 ×.

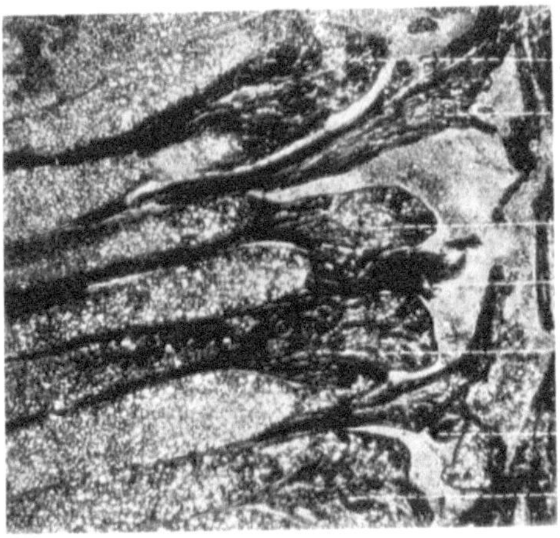

Fig. 449.

Fig. 449.
Längsschnitt durch die apikalen Partien einiger Sporophylleinheiten. f^1—f^4: Sporangiophorarme; st^1—st^3: Brakteenarme; bei st^3 ist gut einer der beiden Buckel an der Unterseite des Brakteenarmes zu sehen. 10 ×. Beide nach Scott 1897.

einem Leitbündel versorgt, das von der radial dahinter liegenden Protoxylemgruppe seinen Ursprung nimmt. Wenn das Leitbündel etwa ein Drittel seiner Strecke zwischen Stele und Sporophyll zurückgelegt hat, teilt es sich kollateral in drei Arme, einen mittleren stärkeren und je einen schwächeren links und rechts. Nach kurzem Weiterlauf teilt sich der mittlere davon senkrecht zur ersten Verzweigungsebene und der nach oben und adaxial gelegene Arm teilt sich seinerseits wieder kollateral in drei Arme, so daß nun jeweils vor jeder Sporophylleinheit drei obere und adaxiale Bündel und drei untere und abaxiale vorhanden sind, die dann gemeinsam in die Basis des Sporophylls eintreten und von hier aus dessen sechs Segmente: die drei Sporangiophorarme oben und die drei Brakteenarme unten innervieren. Nahe dem Scheitel jeden Sporangiophorarmes teilt sich sein Bündel in vier Arme, die zu den vier Sporangien hinziehen. Im oberen Ende jeden Brakteenarmes teilt dessen Bündel einmal, um in die beiden Brakteenarmspitzen einzuziehen.

Der Stiel des Blütenzapfens zeigt im wesentlichen die gleichen anatomischen Verhältnisse wie die eben geschilderte Blütenachse. Mittels eines außerhalb des Protoxylems gelegenen (noch sichtbar erhaltenen) Kambiums ist hier sekundäres Xylem, das von schmalen sekundären Markstrahlen durchzogen ist, gebildet worden; seine radial gereihten Tracheiden offenbar mit treppenförmiger Wandverdickung. Die Organstellung am Blütenstiel ist gleichfalls eine superponiert wirtelige mit, soweit das bei der oft wechselnden Zahl der Glieder der einzelnen Wirtel möglich ist.

Literatur.

Scott, D. H., On the Structur and Affinities of fossil Plants from the Palaeozoic Rocks: On Cheirostrobus, a new type of fossil Cone from the Lower Carboniferous Strata (Calciferous Sandstone Series). Philos. Transact. R. Soc. London, B 189. 1897.

5. Equisetineae.

Pflanzen von entweder Baumgröße und mit mehr minder starker Holzbildung oder von niedrigerem und krautigem Wuchs. Sämtliche Sproßsysteme durchwegs in Knoten und Internodien gegliedert. An den Knoten die quirlig gestellten Blätter und, im Falle von Verzweigung, die Astabgänge, ferner an den submersen Sproßpartien die Wurzeln. In der Regel nehmen die oberirdischen Sproßsysteme ihren Ursprung von im Substrat kriechenden Rhizomsprossen. Beblätterung entweder gleichförmig (in der Regel bei den kleineren Formen) oder zweiförmig (bei den größeren Formen der Calamiten, indem an den relativen Hauptsprossen und — im Falle ausgedehnterer Verzweigung — auch noch an den Ästen erster Verzweigungsgrade zahnförmige bis schmal lanzettliche Blätter ansitzen, während an den Ästen höherer und letzter Verzweigungsgrade die eigentlichen Laubblätter von größerer und etwas mannigfaltigerer Form getragen werden; im Falle einheitlicher Beblätterung folgen die Blätter bald mehr dem einen, bald mehr dem anderen Blattyp der zweiförmig beblätterten Formen). Fast immer gilt, daß die Blätter einfach, unverzweigt und einnervig sind; nur bei wenigen Gattungen (Asterocalamites, Autophyllites und Sphenasterophyllites) sind sie ein- bis mehrfach gabelig geteilt. Blüten entweder nur aus Quirlen unzerteilter Sporophylle oder aus in vertikaler Richtung abwechselnden Quirlen steriler Brakteen und fertiler Sporangiophoren gebildet[1]). Sporophylle und Sporangiophore meist schildförmig mit vier oder mehr Sporangien am Schildrand. Homospor und heterospor.

[1]) Hinsichtlich der morphologischen Deutung dieser Verhältnisse, sowie der Beziehungen der Blüten der Equisetineae zu denen der Protoarticulaten und von Cheirostrobus und Sphenophyllum sei auf die Ausführungen in dem Abschnitt über die vergleichende Morphologie der Articulatenblüte (S. 468 ff.) verwiesen.

Anatomisch ist die Gruppe charakterisiert durch bedeutende Entwickelung zentralen Markes, das bald zerreißend eine Markhöhle schafft. Um diese herum zahlreiche kollaterale Gefäßbündel von meist endarchem Bau. Bei den baumförmigen Typen ± starke Sekundärxylementwicklung.

Die Gruppe beginnt im Oberdevon und reicht mit einer Gattung (Equisetes) bis in die Jetztzeit.

1. Asterocalamitaceae.

Pflanzen von Equisetineencharakter mit mehrfach gabelig geteilten Blättern. Blüten im wesentlichen nur aus Quirlen von schildförmigen Sporophyllen gebildet, deren Reihen nur gelegentlich von einem Quirl steriler Blätter unterbrochen werden. Die Glieder aller Quirle, sowohl derer der vegetativen Sprosse als der Blüten in Superposition und nicht alternierend.

Asterocalamites Schimper.

Einzige Gattung. Mehr oder minder baumförmige Pflanzen, mit verzweigten Stämmen; diese hauptsächlich dadurch ausgezeichnet, daß die zahlreichen um die zentrale Markhöhle ringsum angeordneten Gefäßbündel in den aufeinanderfolgenden Sproßgliedern (Internodien) nicht alternieren und demzufolge auch an den Knoten durchlaufen (Fig. 451 und 473). Blätter an den Knoten zu ebensovielen im Quirl, als Leitbündel vorhanden; bis gegen 10 cm lang, mehrfach gabelig geteilt und bis zur Basis frei. Blüten aus zahlreichen Sporophyllquirlen gebildet, nur mit gelegentlicher Einschaltung eines Laubblattquirls nach einer mehr minder großen Serie von Sporophyllen. Glieder aller Quirle in Superposition, wenigstens solange Zahlengleichheit vorhanden. Sporophylle schildförmig, mit vier Sporangien, homospor.

Oberdevon bis Unterkarbon.

a) Im Abdruck erhaltene Reste.

A. scrobiculatus Schlotheim spec. Weitverbreitet im Oberdevon und besonders im Unterkarbon. (Fig. 450 bis 454.) Von den Stämmen sind Marksteinkerne von bis zu 16½ cm Durchmesser bekannt; Verzweigung häufig, Stellung der Äste ohne bestimmte Regelmäßigkeit; meist sind die Astabgänge auf bestimmte Stammpartien beschränkt; hier in der Regel in einer Serie aufeinanderfolgender Knoten, zwischen welchen die Internodien wesentlich kürzer sind als an den Stammpartien ohne Astabgänge. Äste weiterhin verzweigt. Blätter bis 10 cm lang und mehrfach gabelig geteilt. Rhizom horizontal im Substrat wachsend, an den Knotenpartien der unteren Flanken die dichotom verzweigten Wurzeln. Blüten (als Pothocites Kidston beschrieben) mit dem für die Gattung charakteristischen Bau, gelegentlich gabelig geteilt; die Sporophylle zu sechs und mehr in jedem Quirl.

A. Beyrichii Weiß spec. Unterkarbon des Harzes und von Niederschlesien.

A. Lohesti Renier. Unterkarbon von Belgien. Bekannt in Marksteinkernen von bis 7½ cm Durchmesser; Aststellung sehr regelmäßig, derart, daß an jedem

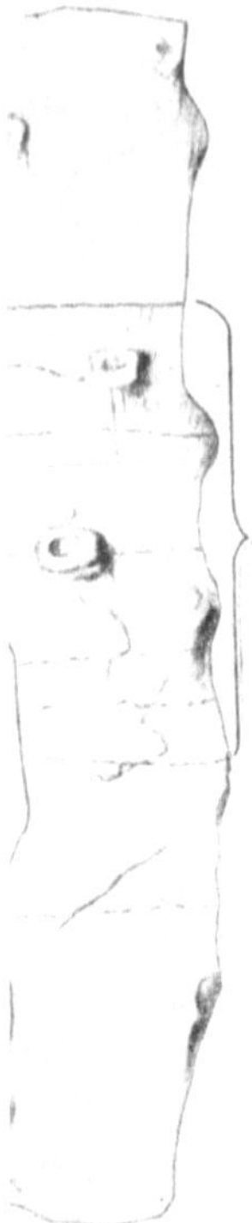

Fig. 450.

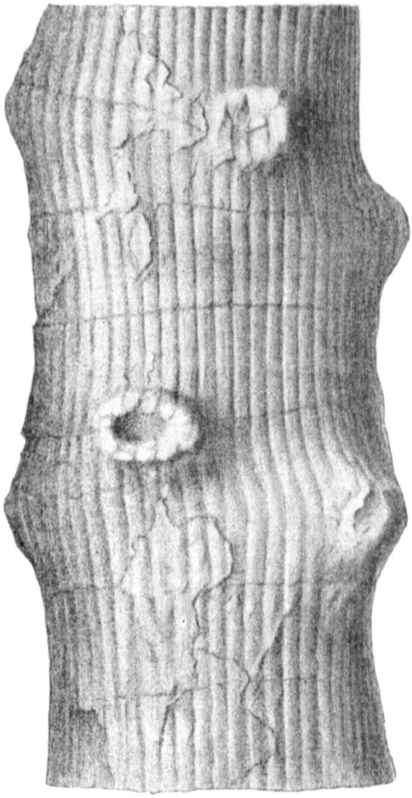

Fig. 451.

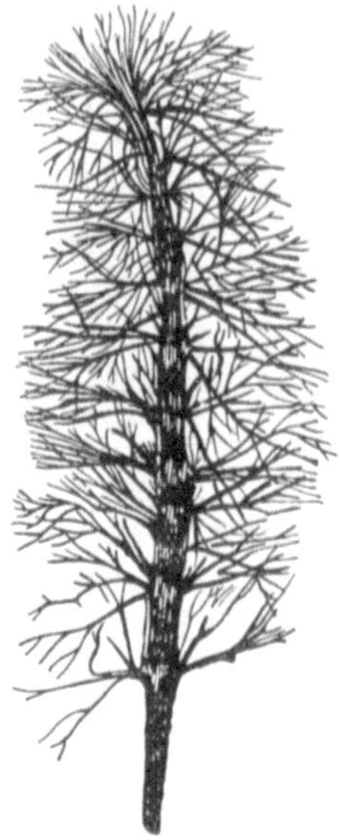

Fig. 452.

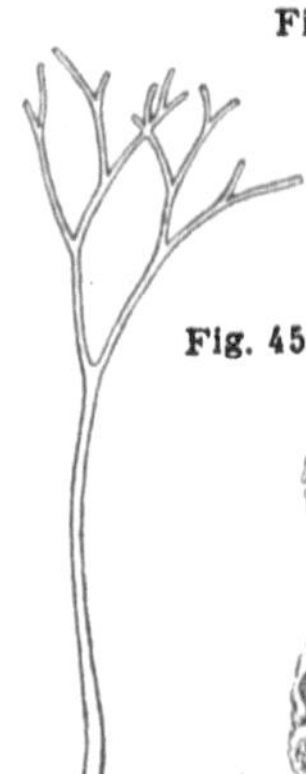

Fig. 453.

Fig. 454.

Asterocalamites scrobiculatus Schlotheim spec. aus dem Unterkarbon des Harzes. (Fig. 450 und 451) und von Niederschlesien. (Fig. 452—454).

Fig. 450. Sproßstück mit zahlreichen Astabgangsstellen. $^{2}/_{3}$ nat. Gr.

Fig. 2. Detail aus Fig. 1. $^{2}/_{3}$ nat. Gr. Nach H. Potonié 1901.

Fig. 452. Beblätterter Seitensproß. $^{1}/_{3}$ nat. Gr.

Fig. 453. Einzelnes Blatt. Ca. $^{1}/_{1}$.

Fig. 454. Blüte (Pothocites). $^{19}/_{20}$ ×. Nach Stur 1875.

Fig. 455. Querschliff durch den Sproß; punktiert: der erhaltene Rest des zentralen Markes; außerhalb: der Xylemmantel. Ca. $^{1}/_{1}$.

Fig. 456. Partie aus Fig. 7: Teil des Xylemringes mit einer Protoxylempartie.

Fig. 457. Treppentracheiden des Metaxylems (links) und Sekundärxylemtracheiden mit vielreihigen Hoftüpfeln. Vergr. (Der Schliff ist zwar tangential geführt, zeigt aber, infolge Verbiegung der Xylemreihen, größtenteils die getüpfelten Radialflächen der Tracheiden.)

Fig. 458. Radialschliff durch die Tracheiden des Sekundärxylems, davor Zellen eines Sekundär-Markstrahles. Vergr.

Fig. 459. Tangentialschliff des Sekundärxylems, die glattwandigen Tangentialflächen der Tracheiden sowie die sekundären Markstrahlen zeigend.
Sämtliche nach Solms-Laubach 1897.

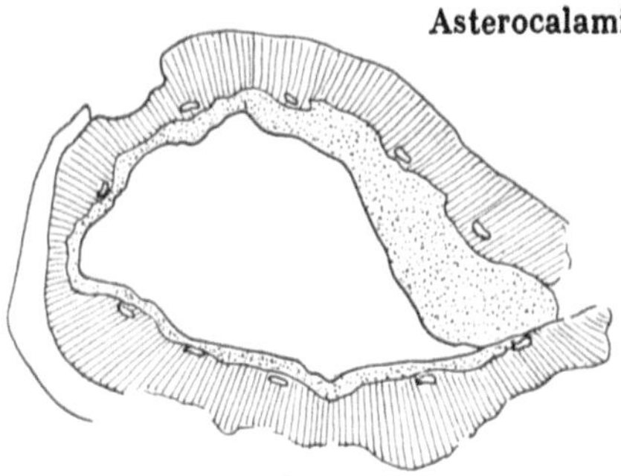

Fig. 455.

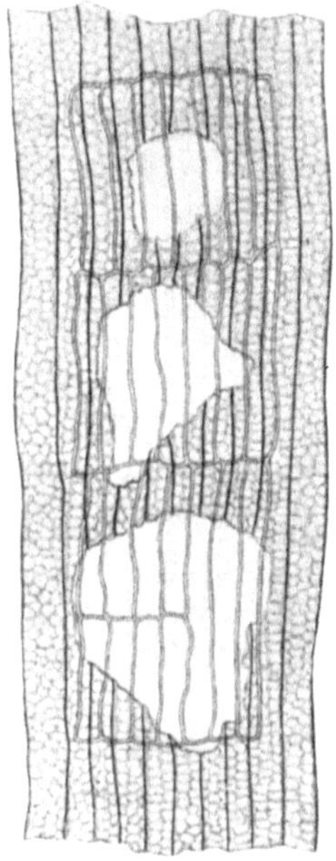

Fig. 458.

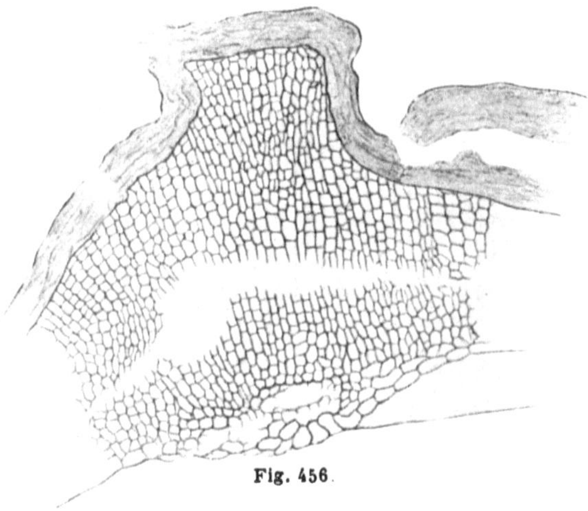

Fig. 456.

Fig. 459.

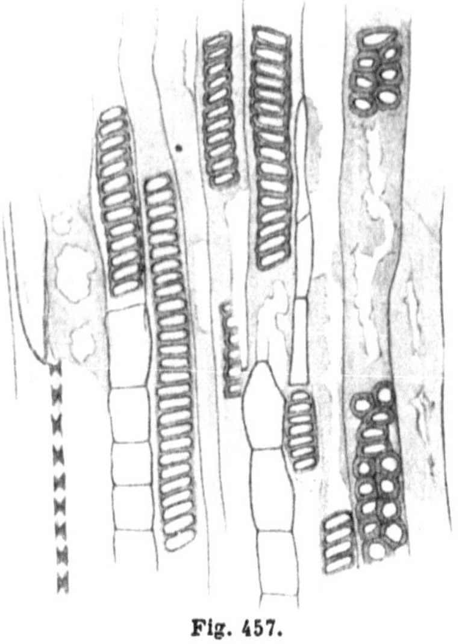

Fig. 457.

Asterocalamites Goepperti Solms spec. aus dem Unterkarbon von Glätzisch-Falkenberg. Erklärung siehe gegenüberstehende Seite.

zweiten Knoten Astabgänge stattfinden, und die Äste je zweier asttragender Knoten miteinander alternieren; an dem stärksten bekannten Stück wurden acht Astabgänge pro Knoten beobachtet (Fig. 460).

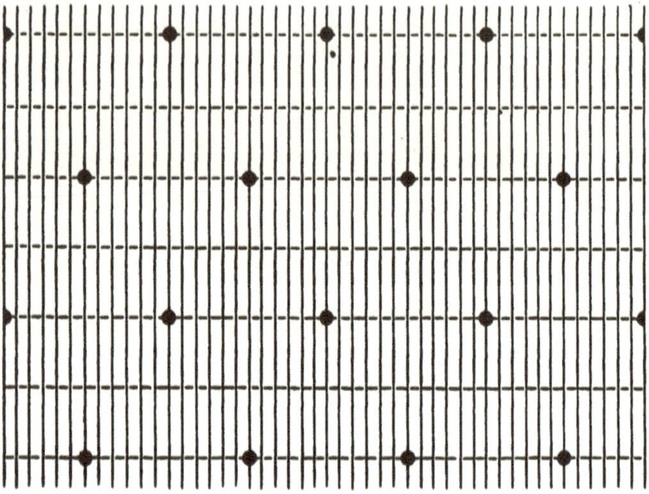

Fig. 460.

Asterocalamites Lohesti Renier. Unterkarbon von Belgien. Schema der Verteilung der Astabgänge am Sproß. (Die Hälfte des Sproßumfanges diagrammatisch dargestellt). — Original.

b) Strukturbietende Stammreste.

A. Goepperti Solms-Laubach. Unterkarbon von Glätzisch-Falkenberg, Niederschlesien. (Fig. 455 bis 459.) An dem besterhaltenen Stück ist folgendes zu beobachten: in dem um die Markhöhle herum gelegenen nicht ganz vollständig erhaltenen Gefäßbündelmantel sind zehn endarche Primärbündel, mit gegen die Markhöhle vorspringenden Protoxylemteilen, zwischen die etwas Parenchym von der Markhöhle aus einstrahlt; im übrigen schließen Metaxylem und Sekundärxylem ohne deutliche Grenze aneinander, auf dem Querschliff einen einheitlichen Ring bildend. Xylem teils aus Treppentracheiden mit einreihig gestellten, quergestreckten Tüpfeln, teils aus Tracheiden mit mehrreihig gestellten, runden Tüpfeln an den Radialwänden. Sekundäre Markstrahlen eine Zellschicht breit und eine bis viele Zellen hoch. Innenrinde aus zartem Parenchym, woran Periderm anschließt.

A. esnostensis Renault und **A. latixylon** Renault. Beide aus den Kulmkieseln von Autun. Primärxylemring ähnlich einheitlich wie bei A. Goepperti; alle Tracheiden nur mit an den Tangentialwänden vielreihig gestellten runden Tüpfeln.

Literatur.

Stur, D., Die Kulmflora I: des mährisch-schlesischen Dachschiefers. S. 2—19. Abh. k. k. Geolog. Reichsanst. Wien, Bd. 8, I. 1875.

Kidston, R. Affinities of the genus Pothocites. Transact. Bot. Soc. Edinburg. 1883.
Potonié, H., Die (Silur- und) Kulmflora des Harzes und des Magdeburgischen. Abh. k. Preuß. Geolog. Landesanst. N. F. 36. S. 86—94. 1901.
Renier, A. Paléontologie du terrain honiller S. 17. Tafel 38. Liege 1910.
Jongmans, W. J., Anleitung zur Bestimmung der Karbonpflanzen Westeuropas. S. 32—41. Freiberg 1911.
Jongmans, W. J., Fossilium Catalogus, II. Plantae: Pars 3, S. 74—85, Pars 9, S. 676/677 und Pars 11, S. 755. Berlin 1914/1922/1924. Hier der gesamte Literaturnachweis für die in Abdrücken und Steinkernen erhaltenen Reste.
Solms-Laubach, H. Graf zu, Über die in den Kalksteinen des Kulm von Glätzisch-Falkenberg in Schlesien enth. Struktur bietenden Pflanzenreste III. Bot. Zeitg. 55. 1897.

In den Verwandtschaftskreis von Asterocalamites dürften noch gehören:

Autophyllites Grand'Eury.

A. furcatus Grand Eury. Oberkarbon von Frankreich (Gard). Bekannt in Sproßresten von bis zu 4 cm Dicke. Marksteinkerne mit in der Regel alternierenden Rippen in den aufeinander folgenden Quirlen. Verzweigung selten und einzeln. Blätter 10—15 cm lang und 3—7 mm breit an der Basis zu einer abstehenden Scheide verwachsen, nahe ihrem oberen Ende einmal gegabelt; mit einem Mittelnerv. Blütenähren zu mehreren über einzelnen Blattwirteln; aus quirlig gestellten Sporophyllen mit wohl je vier Sporangien gebildet.

A. (Bornia) pachystachya Bureau. Unteres Oberkarbon der Loiregegend. Blüten wie bei der vorigen; Blätter bis 3 cm lang 2(—3) mal gabelig geteilt.

Literatur.

Jongmans, W. J., Anleitung zur Bestimmung der Karbonpflanzen Westeuropas. S. 264—267. Freiberg 1911.
Grand' Eury, C., Géologie et Paléontologie du bassin houiller du Gard. S. 225ff. St. Etienne 1890.
Bureau, E., Notice sur la géologie de la Loire inférieure. 1900.
Bureau, E., Flores foss. Bassin de la Basse Loire S. 236—243. Paris 1914.

Pothocitopsis Nathorst.

P. Bertilii Nathorst. Eine Pothocites, d. h. der Blüte von Asterocalamites, zweifellos sehr nahestehende Fruktifikation, die aus in etwa zehnzähligen Quirlen angeordneten, supraponiert stehenden Sporophyllen besteht.

Kulm von Spitzbergen.

Literatur.

Nathorst, A. G., Zur foss. Flora der Polarländer I. 4. Nachtr. z. palaeoz. Flora Spitzbergens. S. 77. Stockholm 1914.

Sphenasterophyllites Sterzel.

Sph. diersburgensis Sterzel. Oberkarbon von Baden. Bekannt in einmal verzweigten Sproßresten von bis zu 1 cm Dicke. Blätter bis zur Basis frei, bis 5 cm lang, in der unteren Hälfte einmal gegabelt. Blüten unbekannt.

Literatur.

Sterzel, J. T., Die Karbon- und Rotliegendfloren im Großherzogtum Baden. S. 694. Mitteil. Bad. Geolog. Landesanstalt. Bd. V. 2. 1907.

2. Calamitaceae.

Pflanzen von Equisetineencharakter mit unzerteilten Blättern. Glieder der Quirle der vegetativen Sprosse regelmässig alternierend (Calamites) oder nur teilweise und ohne bestimmte Regelmäßigkeit alternierend, teilweise noch superponiert (Mesocalamites). Meist beträchtliche Holzbildung. Blüten nur von Calamites bekannt, meist aus abwechselnd aufeinander folgenden Sporangiophor- und Brakteenquirlen bestehend.

Mesocalamites nov. gen.

Zu den im folgenden darzustellenden Calamiten im engeren Sinn stellen die Angehörigen dieser Gattung eine Vorläufergruppe dar. Es handelt sich um die bei Kidston und Jongmans 1917 unter Calamites Sektion 2 behandelten Arten. Sie sind insoferne von besonderem Interesse, als sie, wenigstens was die Stammorphologie betrifft, eine Mittelstellung zwischen Asterocalamites und Calamites einnehmen, und als dieser Tatsache auch ihr zeitliches Auftreten entspricht, insoferne die ganze Gattung nahezu allein auf die oberste Stufe des Unterkarbon beschränkt ist. Lediglich Mc. Roemeri Goeppert spec., der sich im ganzen Unterkarbon findet, macht eine Ausnahme.

Morphologisch ist die Gattung dadurch charakterisiert, daß der Verlauf der Leitbündel der Sprosse sehr variabel ist: es findet sich zwar bereits stellenweise die bei den echten Calamiten fast ausnahmslos übliche Alternanz der Sproßleitbündel der aufeinander folgenden Internodien, daneben ist aber ebenso oft auch — und zwar regellos oder sektorenweise in den aufeinander folgenden Internodien, — die für Asterocalamites charakteristische Superposition der Bündel der aufeinanderfolgenden Sproßinternodien zu beobachten. Verzweigung ziemlich unregelmäßig, sowohl was die Zahl der Astabgänge an einem Knoten, als die vertikale Verteilung der Äste am Sproß betrifft.

Die Beblätterung ist für die einzelnen Arten nicht genauer bekannt; doch ist es wahrscheinlich, daß die S. 448 aufzuführenden Asterophyllites unguis Jongmans, A. Heimansi Jongmans, A. tener Jongmans und Annularia filiformis Jongmans die Beblätterung zu Mc. Roemeri, Mc. Haueri, Mc. cistiformis und Verwandten darstellen. Das ergibt sich aus der Tatsache, daß im oberen Unterkarbon von Epen (Holland) von Calamitaceen (außer einem Rest von Calamites Suckowi) nur die genannten Sprosse und blättertragenden Zweigreste gefunden wurden.

Mc. Roemeri Goeppert spec. Unterkarbon (Niederschlesien, Harz, Großbritannien, Niederlande, Rußland und Kleinasien).

Mc. approximatiformis Stur spec. Unterkarbon des Harzes, Oberstes Unterkarbon von Niederschlesien und Großbritannien.

Mc. cistiformis Stur spec. Oberstes Unterkarbon von Niederschlesien, Großbritannien, Niederlande und Kleinasien.

Mc. Haueri Stur spec. Oberstes Unterkarbon (Niederschlesien und Großbritannien und Niederlande).

Mc. ramifer Stur spec. Oberstes Unterkarbon (Niederschlesien und Großbritannien).

Mc. taitanus Kidston und Jongmans spec. Oberstes Unterkarbon von Großbritannien.

Literatur.

Jongmans, W. J., Geologische en Palaeontologische Beschrijving van het Karboon der Omgeving van Epen (Limburg). Mededeeling 1. van het Geolog. Bureau voor het Nederlandsch Mijngebied. 1925.

Kidston, R., und Jongmans, W. J., A Monograph of the Calamites of Western Europe. Pt I. S. 188—207. 's-Gravenhage 1917.
Stur, D., Die Kulm flora II: der Ostrauer- und Waldenburger Schichten. S. (110—) 195—213. Abh. k. k. Geolog. Reichsanst. 8. Wien 1877.

Hier mag erwähnt werden:

Protocalamites Scott.

Pr. pettycurensis Scott. Calciferous Sandstone Series von Pettykur, Schottland. Im allgemeinen zwar an die Anatomie der echten Calamiten anschließend, zeigt die Art jedoch mesarche Primärbündel, also mit zentripetalem und zentrifugalem Xylem. Die Tatsache, daß an den bisher untersuchten Schliffen Alternanz der Gefäßbündel der aufeinanderfolgenden Internodien festgestellt ist, spricht zwar gegen Zugehörigkeit zu Asterocalamites, nicht aber gegen eine allenfalls mögliche Zusammengehörigkeit mit einer Art von Paracalamites aus dem Unteren Unterkarbon, da ja bei Paracalamites stellenweise Bündelalternanz herrscht. Doch ist Sicheres bisher nicht bekannt.

Literatur.

Lotsy, J. P., Botanische Stammesgeschichte. Bd. 2, S. 528. Jena 1909.
Scott, D. H., Studies in Fossil Plants I. S. 32, 3. Aufl. London 1920.

Calamites Suckow.

Die Gattung ist vom Unteren Oberkarbon bis zum Oberen Rotliegenden in weiter Verbreitung bekannt.

A. Allgemeine Morphologie.

Trotzdem die Gattung sehr artenreich war und ihre Reste in großer Menge bekannt sind, ist dennoch unsere Kenntnis hinsichtlich der Zusammengehörigkeit der Reste infolge ihrer nur bruchstückweisen Erhaltung, die bedingt ist durch die offenbar große Fragilität der gegliederten Sprosse und Zweige, sehr im argen.

Bei Darstellung der allgemeinen morphologischen Verhältnisse der Calamiten kann am besten an die rezenten Equiseten erinnert werden. Nur waren, während selbst die größten lebenden Equiseten (Equisetum giganteum) kaum 3 m Höhe und nur höchstens bis 3 cm Stammdurchmesser erreichen, die fossilen Calamiten zum guten Teil mehr oder minder baumförmig und manche Arten haben Stämme von gegen 1 m Durchmesser und von entsprechender Höhe entwickelt.

Wie die rezenten Equiseten besaßen die fossilen Calamiten ein — wenigstens ist das für manche Arten nachgewiesen — kriechendes Rhizom, von welchem sich nach oben oberirdische Sprosse erhoben, die an der Basis in mehr oder minder viele, meist annähernd gleich starke Stämme verzweigt waren. Rhizome und oberirdische Sprosse sind gegliedert in Knoten, die Blätter und Äste bzw. Infloreszenzen oder Blüten tragen, und in Internodien. Die Verzweigung der Calamitenstämme erfolgte nach verschiedenen Typen; man kennt:

1. Stammstücke ganz oder fast ganz ohne Äste; an den Basalpartien vielfach in etwa gleichstarke Stämme verzweigt; zum Teil von sehr beträchtlichem Umfange: Gruppe Stylocalamites Weiss.

2. Stammteile regelmäßig periodisch verzweigt; die Äste in mehr oder minder vielzähligen Quirlen an gewissen Knoten, die durch eine mehr oder minder große Reihe von Internodien und astlosen Knoten getrennt sind. Gruppe Calamitina Weiss. Vergl. die Rekonstruktion: Fig. 501.)

3. An allen oder doch fast allen Knoten der Stämme bzw. Stammteile entspringen Zweige: Gruppe Eucalamites Weiss. Diese gliedert sich in die

a) Cruciatusgruppe: Äste an jedem Knoten zu vielen im Quirl; Stellung der Äste im wesentlichen quinkunzial, d. h. die Äste eines Knotens alternieren im wesentlichen mit denen des nächst niedriger und nächst höher inserierten Knotens; doch ist die Astzahl an den Knoten nicht immer genau die gleiche; bei einigen Arten folgt auf eine große Periode asttragender Knoten jeweils ein astloser. (Vergl. die Rekonstruktion: Fig. 527.)

b) Carinatusgruppe: Äste an jedem Knoten in der Regel zu zweien im Quirl, einander um 180° gegenüberstehend; die Äste insgesamt indes nicht genau zweizeilig gestellt, sondern alternierend bald etwas links, bald etwas rechts von einer Ebene, die durch den Stammmittelpunkt gelegt zu denken ist; oder die Insertionsebenen eines jeden Astpaares um 120° gegeneinander in einer Drehungsrichtung verschoben; oder die Äste nur zu jeweils einem an jedem Knoten und abwechselnd um 180° einander opponiert. (Vergl. die Rekonstruktion: Fig. 537.)

Hinsichtlich dieser Einteilung ist zu betonen, daß die Gruppen keine ganz natürlichen sind. Vor allem gilt für die Gruppe der Stylocalamiten, daß hier ganz heterogene Elemente vereinigt sind. Es unterliegt nicht viel Zweifel, daß es Calamiten gab, deren Hauptstämme lediglich an der Basis, bald nach Abgang von dem sie tragenden Rhizomsproß mehrfach in annähernd gleich starke Tochtersprosse verzweigt waren, daß diese Tochtersprosse aber nur noch insoweit verzweigt waren, als sie seitenständig Blüten trugen. Es handelt sich aber bei derartigen Calamiten sicher immer nur um vergleichsweise kleinere Formen, wie etwa C. Schulzi (vgl. S. 418 und die Rekonstruktion Fig. 496) und Verwandte. Dagegen darf wohl mit Sicherheit angenommen werden, daß die starken, in ihren Marksteinkernen schon zum Teil bis über 30 cm Durchmesser erreichenden Sproßreste anderer, wegen der Unverzweigtheit der erhaltenen Stücke zu Stylocalamites gezogenen Arten zu Calamiten gehört haben, deren Hauptsproßsysteme nicht dauernd unverästet waren. Vielmehr handelt es sich bei derartigen Sproßstücken sicher nur um mehr minder lang unverzweigte Partien sonst verzweigter Calamitenstämme. Ist ja doch gar nicht ausgeschlossen, daß gerade bei den großen baumförmigen Calamiten die oberirdischen Hauptsprosse in Analogie (und mutatis mutandis) der Verhältnisse bei Lepidodendron und Verwandten längere Zeit unverzweigt wuchsen, bis sie in Verzweigung und Kronenbildung eintraten. Wie diese Verzweigung war, ist nicht bekannt. Möglich ist aber sehr wohl, daß manche der unter den Gruppen Calamitina und Eucalamites vereinigten, Verzweigung zeigenden Formen die Spitzenpartien oder Hauptäste mancher der stärkeren Stylocalamitensprosse waren. Doch gibt es unter den Arten dieser beiden Gruppen sicher auch solche, wo jeder oberirdische Hauptsproß des Calamiten die Calamitina- bzw. Eucalamitesverzweigung schon von der Basis an besaß. Zum mindesten gilt das für Eucalamites carinatus (vgl. S. 441 ff. und Rekonstruktion Fig. 537), wo Reste aller Sproßpartien mit der für die Art charakteristischen Verzweigung bekannt sind.

Was von den Calamitensprossen erhalten ist, sind zum Teil strukturbietende Stücke (Fig. 462 u. 471), bei welchen zwar der ganze Holzkörper, jedoch sehr selten die Rinde erhalten ist; unter den in Abdrücken oder mehr minder inkohlt erhaltenen Resten sind inkohlte Rindenabdrücke (z. B. Fig. 461, 509, 512, 518, 523 u. a.) selten; meist liegen nur Positivausgüsse des hohlen Inneren von Stämmen und Rhizomen vor: die Marksteinkerne, oder deren Negativabdrücke. Sie sind nicht selten in größerer Ausdehnung und sogar in mehrfachen Verzweigungsgraden zusammenhängend gefunden (Fig. 491) und gehören zu den häufigsten Calamitenresten, ja den häufigsten paläozoischen Fossilien überhaupt. An den Marksteinkernen kann man sehr wohl noch erkennen, daß in den Internodien eine große Anzahl (oft weit über 100) ringsum im Kreis gestellter Bündel lang lief, die in den einzelnen übereinander folgenden Internodien in der Regel alternieren und an den Knoten mittels der Kommissuralbündel (Bündel, die durch Gabelung der vom unteren und oberen Internodium kommenden Leitbündelstränge gebildet werden) miteinander in Zusammenhang standen (Fig. 474/75). Beim Positivausguß des Steinkerns (z. B. Fig. 492, 516) bilden die Leitbündelstränge der Internodien feine Furchen, die zwischen mehr oder minder breiten, meist schwach konvexen Rippen angeordnet sind. Am Negativabdruck ist das, wie Fig. 516 zeigt, natürlich umgekehrt. An den Knoten ergeben die Kommissuralbündel der alternierenden Leitbündel je zweier Internodien ein Bild von (meist spitz) zulaufenden, ineinander greifenden Keilen.

Marksteinkerne sind, wie bemerkt, bis zu $\frac{1}{3}$ m Durchmesser bekannt. (C. gigas.) Es ist sicher, daß bei dem sekundären Dickenwachstum die Markhöhlen der Stämme sekundär erweitert wurden infolge Ausdehnung der Interfaszikularpartien (vgl. die für Arthropitys communis α S. 393 aufgeführten Daten). Fest steht auch, daß es manche Arten gab, bei welchen die Markhöhlenentwicklung im Verhältnis zu dem tiefen sekundär gebildeten Holzmantel stets vergleichsweise gering blieb (Arthropitys bistriata, vergl. S. 393). Andere Arten dagegen zeigen eine ausgedehntere Entwicklung der Markhöhle; sei es nun, daß sie auch noch beträchtlichere sekundäre Holzbildung aufweisen, wie Calamodendron striatum (Fig. 471) und Calamites gigas, oder daß es sich um Formen mit mehr krautiger Struktur handelt. — Eingehender sind diese Dinge nicht studiert, so sehr sie auch von physiologisch-anatomischem Standpunkt aus von Interesse sind.

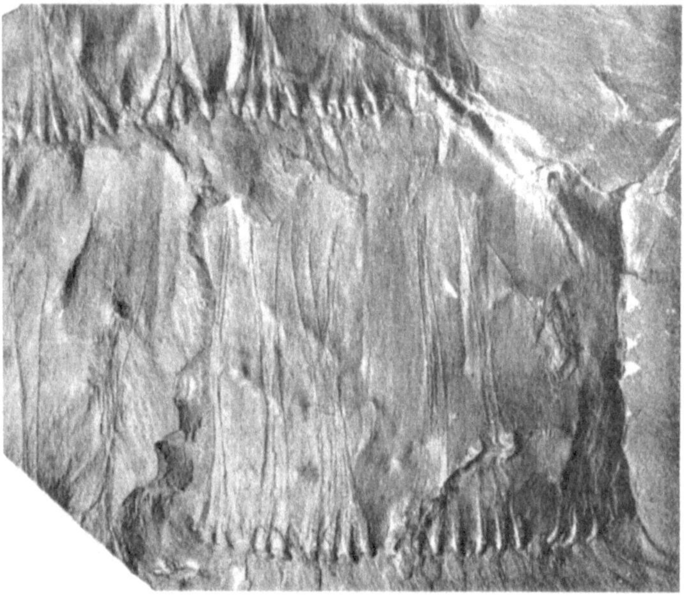

Fig. 461.

Calamites semicircularis Weiß aus dem Mittleren Oberkarbon v. Belgien. Partie der Stammoberfläche mit an den 2 Knoten noch anhaftenden Stammblättern. $^{19}/_{20}$. Nach Renier 1910

Wo Rindenabdrücke (z. B. Fig. 461, 512) erhalten sind, zeigt sich, daß die Rinde stets annähernd glatt war, nur ältere Stücke weisen mehr oder minder starke Zerreißungen des äußeren Rindenmantels auf, die durch das oft sehr beträchtliche Dickenwachstum von Stele und Rinde und die damit verknüpften Gewebespannungen und Zerreißungen bedingt sind. Öfter sind an den Knoten der Stammoberflächenabdrücke noch Beblätterungsreste erhalten, die zeigen, daß an den Sprossen erster Ordnungen die Blättchen schmallineal bis lineallanzettlich und meist untereinander vollkommen frei sind (Fig. 461). Es soll damit aber nicht gesagt sein, daß die Blätter an den Stämmen der Calamiten stets absolut frei waren, vielmehr ist so gut wie sicher, daß, wenigstens bei einem Teil der Arten, vornehmlich bei solchen der Gruppe Calamitina, die Blätter an den jüngeren Sprossen und Sproßteilen zunächst scheidenartig verwachsen waren (vgl. unter Calamariophyllum, S. 452) und erst allmählich bei stärkerem Dickenwachstum der Sprosse sich in einzelne freie Teilstücke auseinander trennten. Häufig sind nur noch die Ansatzstellen der Blätter, kleine an den Knotenlinien in Querreihen gestellte querelliptische oder kreisrunde Eindrücke zu sehen (z. B. Fig. 512, 518); über oder unter ihnen oft die zum Teil großen Male der Astabgänge, wo solche entwickelt waren.

Im allgemeinen gilt, daß jedem Blatt am Knoten ein Leitbündel des Internodiums entsprach (Fig. 474, vgl. S. 396 ff.). Wo Äste abgehen, ist stets ein Konvergieren vieler Leitbündel des unteren und oberen Internodiums am Astmal (besonders gut an den Marksteinkernen zu sehen) festzustellen (Fig. 514, 516). An den Marksteinkernen ist über und unter den Knoten an den Stellen, wo die Rippen zwischen den Leitbündelfurchen keilförmig spitz zulaufen, eine ovale Erhebung bzw. am Negativ eine Eindellung zu sehen, die am oberen Ende der Internodien meist wesentlich größer als am unteren ist. Es handelt sich um die Andeutung von Kanalsystemen, die, aus sehr lakunösem Gewebe gebildet, zum Zweck der Sauerstoffversorgung im Innern der Stämme quer durchliefen: Die Supra- und Infranodalkanälchen (siehe z. B. Fig. 492).

Für die Beblätterung der Äste höherer Ordnung kommen zwei Blattypen in Betracht, deren Zugehörigkeit jedoch nicht jeweils auf gewisse der durch den Verzweigungsmodus unterschiedenen Gruppen beschränkt war: Asterophyllites, lange, nach der Sproßachse zu bogenförmig aufgebogene, schmale Blätter, die bis zur Basis frei waren und zahlreich im Quirl an den Astknoten standen, und Annularia, kürzere Blätter, die an der Basis verwachsen, in annähernd rechtem Winkel zu vielen im Quirl von den Astknoten abstanden (vgl. S. 447 ff.).

Von den Blüten, die teils einzeln stammbürtig, teils in großen Blütenständen getragen wurden, sind mehrere Typen bekannt, die zum Teil bei der Beschreibung der strukturbietenden Reste (S. 401 ff.), zum Teil bei der Beschreibung der Abdrücke (S. 452 ff.) und außerdem im Zusammenhang mit der Darstellung der einzelnen Calamiten, zu welchen sie gehören, behandelt werden.

An allen unterirdischen Partien der Luftsprosse und an den Rhizomen entsprangen zahlreiche zum Teil dicke Wurzeln; zu vielen an den Knoten, aber meist einzeln nebeneinander, seltener in Büscheln; sie trugen Nebenwurzeln, die ringsum in Menge an ihnen entsprangen.

B. Strukturbietend erhaltene Reste.

Hinsichtlich der Anatomie gehören die Calamitenstämme drei verschiedenen Typen an: Arthropitys, Arthrodendron und Calamondendron. Vom ersteren und letzteren Typ sind mehrere Arten unterschieden worden, doch ist die Zugehörigkeit der in strukturbietenden Reste erhaltenen Sproßstücke zu Resten, die in inkohlten

Fig. 462.

Fig. 462. Arthropitys bistriata Goeppert aus dem Mittleren Rotliegenden bei Chemnitz. Querschliff durch den Holzkörper. ³/₄ Original. (Slg. des Verf.)

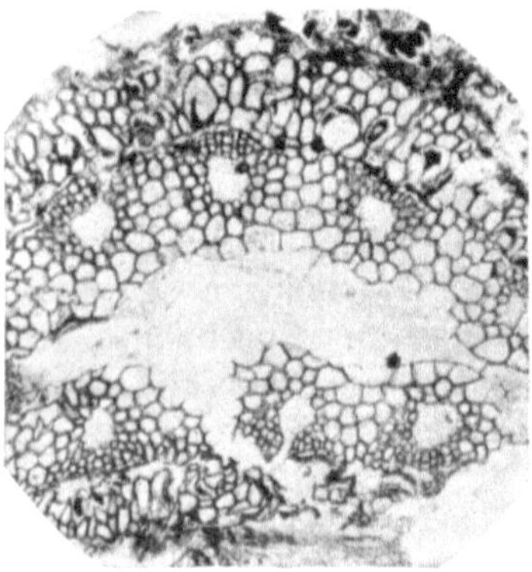

Fig. 463.

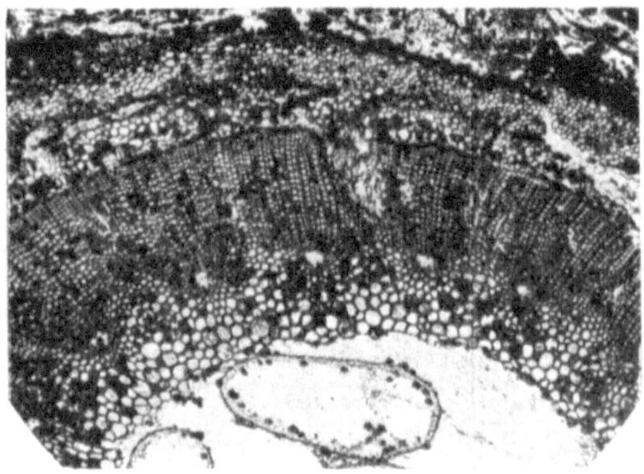

Fig. 464.

Arthropitys communis Binney aus den Lower Coal Measures von England.

Fig. 463. Teil eines Querschliffes durch einen jungen Sproß mit im ganzen 12 Leitbündeln in dem getroffenen Internodium; zwischen den Bündeln die primären Markstrahlen; nach innen anschließend das zentrale Mark mit der bereits gebildeten Markhöhle; außen Phloëm. 45 ×.

Fig. 464. Forma β. Teil eines Querschliffes durch einen älteren Sproß mit Sekundärxylem. Außen anschließend Phloëm und primäre Rinde. In der Markhöhle zwei eingedrungene Stigmariawurzeln, quer getroffen. 20 ×.

Fig. 465. Teil eines radialen Längsschliffes durch einen jüngeren Sproß. Links: Einige langgestreckte Markzellen; anschließend Protoxylem (*px*) aus Schrauben und Netztracheiden, infolge Längsdehnung quer zerrissen; rechts Metaxylem (*sc*) aus Treppentracheiden. 160 ×. Sämtliche nach Williamson u. Scott. 1895.

Fig. 465.

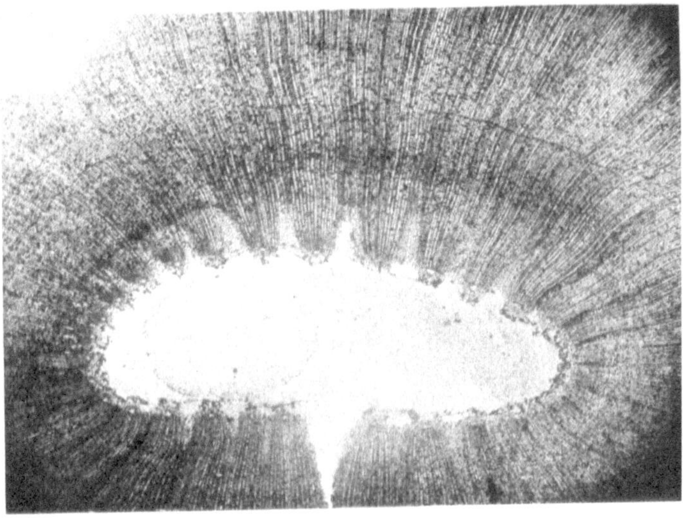

Fig. 466.

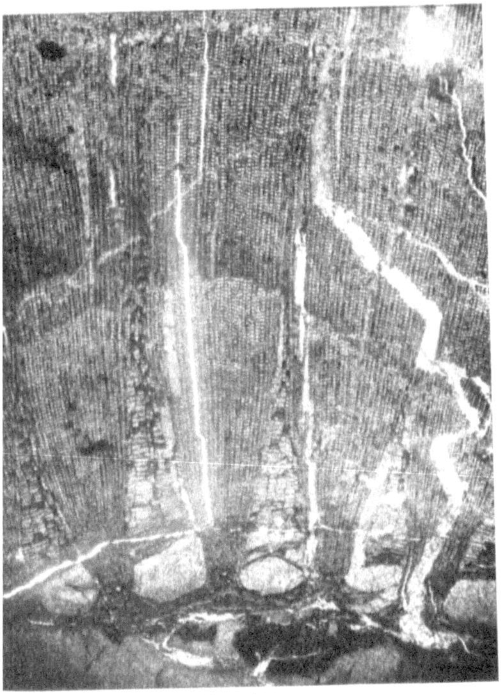

Fig. 467.

Fig. 466 u. 467.
Arthropitys communis Binney var β, aus den Lower Coal Measures von England.

Querschliffe durch die Xylemkörper zweier verschieden alter Sprosse. Beachte die beiden verschieden stark gedehnten Zellen der primären Markstrahlen. Vergrößerung in beiden Fällen gleich stark. 6½ ×. Original. (Palaeont. Staatsslg. München.)

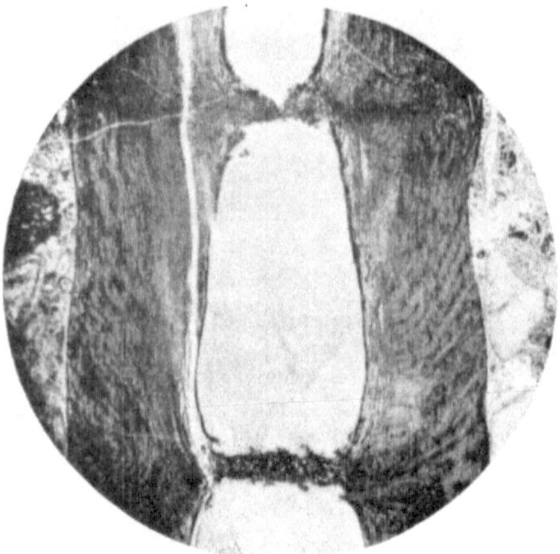

Fig. 468.

Arthropitys communis Binney aus den Lower Coal Measures von England.

Fig. 468. RadialerLängsschliff durch einen Sproß; an den beiden getroffenen Knoten die mehr minder noch ganz erhaltenen queren Markplatten. ca. $7^1/_2 \times$.

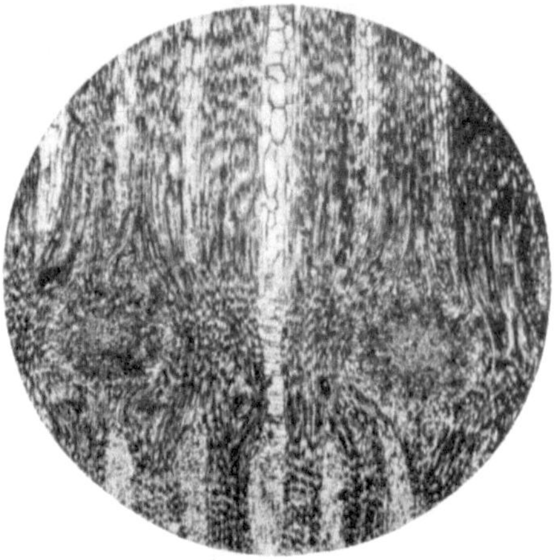

Fig. 469.

Fig. 469 . Tangentialer Längsschliff durch einen Sproß; getroffen sind zwei Internodien und ein Knoten. An letzterem zwei Astabgänge. ca. $9^1/_2 \times$.

Beide nach Williamson u. Scott 1895.

Fig. 470.

Arthropitys communis Binney forma β aus den Lower Coal Measures von England.

Fig. 470. Älteres Stammstück. Quer. ⅔. Aus Seward, foss. Pl. II. 1899.

Stammabdrücken und in Marksteinkernen vorliegen, nur in den allerwenigsten Fällen bekannt. Es ist aber anderseits zu bemerken, daß alle in strukturbietenden Resten erhaltenen Stämme in den wesentlichsten Punkten übereinstimmen und daß hauptsächlich nur die Art, wie sich bei dem sekundären Dickenwachstum der Stele die primären Markstrahlen ausbilden, verschieden ist. Dies hat zur Aufstellung der drei oben genannten Gruppen geführt.

Arthropitys Goeppert. Die am besten bekannte und artenreichste Gruppe. In der folgenden Darstellung sei zunächst ausgegangen von dünnen Sproßstücken (Fig. 463), die noch keine sekundäre Gewebebildung zeigen. Im Zentrum der Sprosse befindet sich Mark, das aber sehr früh bereits in der Mitte reißt und bald mehr und mehr schwindet, wodurch im Innern der Sprosse ein Hohlraum entsteht. Er gelangt besonders früh in den Internodien zur Ausbildung, während an den Knoten das zentrale Mark etwas länger intakt bleibt (Fig. 468), und gelegentlich sogar eine Art inneren Periderms bildet. Das Mark bzw. den Markhohlraum umgibt ringsum ein Kranz von vielen keilförmigen, kollateralen Leitbündeln mit endarchem Xylem, die durch breite primäre Markstrahlen voneinander getrennt sind. Bei den Bündeln findet sich in der Regel an der Stelle, wo das Protoxylen ursprünglich lag, ein kanalartiger Riß, eine den Karinalkanälchen der rezenten Equiseten-Sprosse homologe Bildung, deren Zustandekommen durch Zerreißung der Protoxylemtracheiden beim Streckenwachstum des Sprosses schön an Fig. 465 zu sehen ist.

Während die Tracheiden des Protoxylems schrauben- und ringförmig verdickte Wände besitzen, besteht das Metaxylem aus Treppentracheiden. In der Regel sind die Tüpfel auf die Radialwände beschränkt, wenn auch gelegentlich im Bereich des Metaxylems (aber nur hier) auch an den Tangentialwänden Tüpfelung zu finden ist. Die Art der Tüpfelung ist bei den einzelnen Arten verschieden und man unterscheidet Formen, deren Metaxylem- und Sekundärxylemtracheiden, in der Art der Treppentracheiden, an den Radialwänden ein bis zwei Reihen radial langgestreckter, ovaler Tüpfel zeigen, und Formen, deren Tracheiden an den Radialwänden vielreihig angeordnete, kleine ± runde Tüpfel aufweisen.

Anschließend an das Xylem der Bündel findet sich — bei Stücken bester Erhaltung — etwas Parenchym, das bei beginnendem sekundärem Dickenwachstum der Stele dem Kambium den Ursprung gibt; Daran anschließend Züge zartwandiger Zellen, die als Phloëm anzusprechen sind. Darauf folgt ein innerer Mantel von Parenchymgewebe, der dem nicht weiter differenzierten Perizykel und der inneren Rinde entspricht: dünnwandige weitlumige Zellen, von denen einige, durch dunklen Inhalt ausgezeichnet, möglicherweise sekretorisches Gewebe darstellen. Der äußere Rindenmantel ist gebildet aus englumigen, dickwandigeren Parenchymzellen, die mit radial gestellten Platten von fibrösem Prosenchym wechsellagern.

Sehr früh setzt bei allen Sprossen sekundäres Dickenwachstum sowohl der Stele als der Rinde ein (Fig. 462, 464, 466, 467, 470). Sowohl das sekundäre Holz als das seltener erhaltene Periderm können beträchtliche Dicke aufweisen. So weist das in Fig. 470 abgebildete Stück bei einem Markhohlraum von ca. 2 cm Radius einen über 5 cm tiefen Xylemmantel auf und ein ebenso dickes Periderm, das am lebenden Stamm aber sicher noch mächtiger war als es hier erhalten ist. Im sekundären Xylem von Arthropitys wechseln ± breite Streifen von radial gereihten Tracheiden von der Art derer des Metaxylems (aber nur mit Tüpfeln an den Radialwänden) mit mehr oder minder breiten Parenchymstreifen ab; diese sind die Fortsetzung der primären Markstrahlen, jene im wesentlichen die Fortsetzung der primären Xylemstränge. Je breiter die Keile des sekundären Holzes bei fortschreitendem sekundären Dickenwachstum werden, desto mehr sind sekundäre Markstrahlen von mehreren Zellen Höhe und ein bis wenigen Zellen Breite zwischen die sekundären Tracheidenreihen eingestreut. Die sekundären Teile der primären Markstrahlen bestehen aus Parenchymzellen, die in tangentialer Richtung 2—3 mal, in vertikaler Richtung 5—6 mal so lang sind als in radialer.

Was die genauere Verteilung von Parenchymelementen der primären Markstrahlen und tracheidalen Elementen faszikularer und interfaszikularer Natur betrifft, so finden sich bei Arthropitys folgende vier Typen:

1. Primäre Markstrahlen bleiben parenchymatisch durch die ganze Dicke des sekundären Xylems:
   a) Primäre Markstrahlen bleiben stets gleich breit (A. bistriata Goeppert u. a.).
   b) Primäre Markstrahlen werden allmählich schmäler infolge der stärkeren tangentialen Ausdehnung des Faszikularxylems (A. communis Binney forma β).
2. Primäre Markstrahlen verschwinden nach außen zu infolge der Bildung von Interfaszikularholz. Dabei kann
   c) das Markstrahlenparenchym plötzlich in ganzer Breite von Interfaszikularxylem ersetzt sein (A. communis Binney forma α), oder das
   d) Markstrahlenparenchym nimmt allmählich mehr und mehr ab. Es wird durch Bildung von Interfaszikularxylem in seiner Mitte zweigeteilt und die beiden übrigbleibenden Partien werden außerdem noch mehr und mehr verschmälert durch weitere Bildung von Interfaszikularxylem im Anschluß an das Faszikularxylem. (A. communis Binney forma γ.)

Bei allen vier Typen von Arthropitys gilt aber — das ist das wesentliche für die Gruppe —, daß die primären Markstrahlen aus einheitlich entwickeltem Parenchym gebildet sind (Fig. 464, 466, 467 und 469).

Daß mit dem sekundären Dickenwachstum der Sprosse Dehnung des Markhohlraumes verknüpft ist und demzufolge die Gewebe an der Markhöhle, d. h. die Gewebe der primären Markstrahlen gedehnt werden, dafür mögen als Beispiele, die sich leicht vermehren ließen, zwei Sprosse von Arthropitys communis forma β dienen, von welchen folgende Daten angeführt seien (vgl. die in gleicher Vergrößerung aufgenommenen Mikrophotogramme Fig. 466 u. 467:)

	Fig. 466		Fig. 467
Zahl der Bündel an der Markhöhle	31		nicht alle erhalten, schätzungsweise ca. 65 bis 75
Umfang der Markhöhle	ca. 20,5 mm		ca. 150 mm
Durchmesser der Markhöhle vor der Pressung	ca. 6,5 mm		ca. 47,5 mm
Holzdicke	7,2 mm		39 bis 50 mm
Verhältnis beider Holzdicken wie	1	zu	ca. 5 ½ bis 7
Abstand der einzelnen Bündel (= Breite der primären Markstrahlen, gemessen von Carinalhöhle zu Carinalhöhle der Bündel)	0,3 mm (gepreßt) bis 1,3 mm (gezerrt) Durchschnittswert bei Normalzustand: 0,8 mm		1,9 bis 2,3 mm bei Normalzustand

Somit ergibt sich, daß bei einem Xylem-Sekundärzuwachs um das ca. 5 ½- bis 7fache eine Dehnung der Breite der primären Markstrahlen um das Zwei- bis Dreifache stattfindet. Inwieweit diese Erscheinung bei weiterem sekundärem Holzzuwachs noch ihren Fortgang nimmt, läßt sich schwer sagen, jedenfalls dürfte die Dehnungsfähigkeit der Markstrahlzellen eine gewisse Grenze finden. Daß es sich nicht um Einschaltung kleiner Radialmeristeme, sondern um Zelldehnung handelt, beweisen die zwei Photos. Bei beiden Sprossen sind die Markstrahlen sieben bis neun, höchstens zehn Zellagen breit, von diesen Zellagen werden stets nur die fünf inneren gedehnt.

Periderm bildet sich zunächst aus innersten Schichten der primären Rinde bzw. des Perizykels. Bei den Arten mit größeren Stämmen fand echte Borkenbildung statt. Merkwürdig ist, daß nach aussen gehende Atemöffnungen irgendwelcher Art nirgendwo gefunden sind und, soweit Rindenabdrücke erkennen lassen, auch offenbar nicht oder höchstens in minutiöser Kleinheit vorhanden waren: eine Erscheinung, die frappant ist, wenn man bedenkt, daß damit die Sauerstoffversorgung der inneren Sproßpartien doch sehr erschwert war. Die einzige radiale Durchlüftungsanlage bildeten die an die Markhöhle anschließenden Infra- und Supranodalkanäle. Wie aber die Markhöhle selbst sich Zustrom neuer Luft verschaffte, ist nicht zu ersehen.

Unterschieden werden hauptsächlich folgende Arten:

a) Tracheiden treppenförmig verdickt, Tüpfel ein- (höchstens zweireihig) radial langgestreckt:

Arthropitys bistriata Goeppert. Rotliegendes von Sachsen (Fig. 462) und Frankreich.

Die Art gehört, wie die zahlreichen bei Chemnitz gefundenen Stücke beweisen, zu einem Calamiten der Calamitinagruppe.

Markhöhle meist klein, jedoch gelegentlich auch von beträchtlicherer Größe. In der Chemnitzer Sammlung befindliche Stücke zeigen folgende Maße:

Nr. 297. Markhöhle flachgedrückt, 0,1 × 1,2 cm Durchm., Holzmantel 4,3 cm dick.
Nr. 262. Markhöhle flachgedrückt, 0,3 × 1,8 cm Durchm., Holzmantel bis über 10 cm dick.

Nr. 273. Markhöhle 2,1 cm Durchm., Holzmantel 3,7 cm dick.

Nr. 263. Markhöhle flachgedrückt, 0,6 × 3,0 cm Durchm., Holzmantel bis 6,5 cm dick.

Nr. 298. Markhöhle wenig flachgedrückt, 2,6 × 3,2 cm Durchm., Holzmantel 1,7 cm dick.*

Nr. 276. Markhöhle im Ausguß erhalten, bis 5½ cm Durchm., Holzmantel nicht erhalten.

Stück aus zwei aneinander gepreßten Stämmen bestehend: Markhöhle des einen ca. 3 cm Durchm., Holzmantel 10 bis 15 cm dick.

Ferner finden sich bei Goeppert 1864/65 außer ähnlichen Sproßstücken mit gleichfalls nur geringer Ausdehnung der Markhöhle (Taf. 32 Fig. 1, 3, 4, 6 und 7; Taf. 33 Fig. 6) zwei Sproßestücke mit relativ großer Markhöhle abgebildet; so:

Taf. 32 Fig. 2. Markhöhle wenig flachgedrückt, 5,1 × 3,2 cm, Holzmantel bis 2 cm dick.

Taf. 32 Fig. 5. Markhöhle wenig flachgedrückt, 6,7 × 2,7 cm, Holzmantel bis ca. 3 cm dick.

Jedenfalls zeigen die bei Goeppert abgebildeten letzterwähnten Stücke einerseits, und die im Chemnitzer Museum befindlichen, besonders Nr. 262, 297 und das zuletzt erwähnte anderseits, daß die Ausdehnung der Markhöhle nicht nur konform mit der Stärke des sekundären Dickenwachstums des Holzes geht, sondern auch bei den einzelnen Sprossen innerhalb gewisser Grenzen, von vornherein verschieden war, was auf ähnliche Verhältnisse wie bei den Bambusen hinweist, wo die Dicke der Sprosse (sekundäres Dickenwachstum kommt hier nicht in Frage) und das Ausmaß der Markhöhle gleichfalls sehr variabel ist und abhängt von der Menge von Speicherstoffen, die die Pflanze bei Austreiben neuer Schosse besitzt.

A. ezonata Goeppert. Mittleres Rotliegendes von Chemnitz.

A. communis Binney. Mittleres und Oberes Oberkarbon von Europa und Ostasien (Japan) mit den Formen α, β und γ (vgl. S. 392 und Fig. 463—470).

A. approximata Schlotheim. Vom Mittleren Oberkarbon bis zum Rotliegenden; Schlesien, Sachsen, Frankreich.

A. gallica Renault. Oberstes Oberkarbon von Frankreich (St. Etienne).

A. lineata Renault. Oberstes Oberkarbon und Rotliegendes von Frankreich (Autun).

A. medullata Renault. Oberstes Oberkarbon und Rotliegendes von Frankreich (Autun).

b) Tracheiden vielreihig getüpfelt:

A. gigas Brongniart. Oberstes Oberkarbon und Rotliegendes von Deutschland und Frankreich.

A. Rochei Renault. Oberes Rotliegendes von Autun.

A. porosa Renault. Oberes Rotliegendes von Autun.

A. punctata Renault. Oberes Rotliegendes von Autun.

Arthrodendron Williamson und Scott. Ausgezeichnet durch bedeutende Weite der Infranodalkanalnarben und den bogenförmigen Verlauf der Kommissuralbündel an den Knotenlinien. Tracheiden hauptsächlich netzförmig verdickt. Primäre Markstrahlen in der Regel von prosenchymatischen Zellen gebildet, die kürzer und weiter sind als die Tracheiden des Xylems und deren Wände keine sichtbaren Tüpfel aufweisen; kleine oft nur zwei Zellagen hohe sekundäre Markstrahlen sowohl zwischen dem sekundären Faszikularxylem als dem interfaszikularen Prosenchym. Gelegentlich wird jedoch auch bei dieser Form das Prosenchym der primären Markstrahlen durch echte Tracheiden interfaszikularen Ursprungs ersetzt oder die primären Markstrahlen bestehen auf größere Strecken hin aus normalem Parenchym wie bei Arthropitys. Eine seltene Form; bekannt aus den englischen Lower Coal Measures und dem mittleren Oberkarbon von Belgien.

Fig. 471.

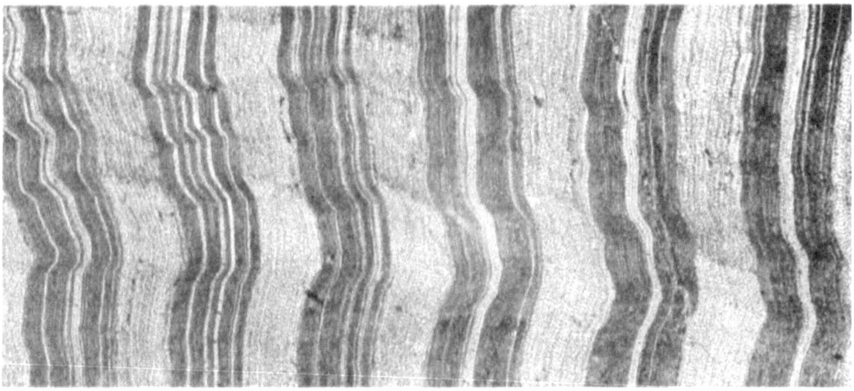

m x^2 m x^2 m x^2 m x^2 m x^2 m

Fig. 472.

Calamodendron striatum Brongniart aus dem Mittleren Rotliegenden bei Chemnitz.

Fig. 471. Xylemkörper eines Sprosses, quer. (In der Markhöhle: Xylemfragmente, die sekundär bei der Fossilisation hereingeraten sind.) ca. $^1/_2$ ×. — Original. (Slg. des Verf.)

Fig. 472. Querschliff durch das Sekundärxylem. x^2: Tracheidenzüge des Sekundärxylems; m: Markstrahlen, die parenchymatischen Partien hell, die sklerenchymatischen dunkel; beide oft in mehrfachem Wechsel innerhalb eines Markstrahles (vgl. besonders die im Bild links). ca, 8 ×. — Original. (Slg. des Verf.)

Calamodendron Brongniart. Anatomie der primären Elemente der Stele wie bei Arthropitys. Primäre Markstrahlen nur in der allermittelsten Partie aus einigen Reihen von Parenchymzellen gebildet, während sich an diese Parenchymplatte nach links und rechts gegen die jeweils nächsten zwei Xylemgruppen zu breitere Platten von fibrösen, großen, prosenchymatischen Zellen anschließen oder die beiden Elemente als radiale Platten in mehrfachem Wechsel sich vertreten. Tracheiden des Metaxylems und Sekundärxylems nur an den Radialwänden verdickt. Zu unterscheiden sind:

1. Formen mit treppenähnlicher Verdickung der Tracheidenradialwände, Tüpfel 1—2reihig und radial langgestreckt;
2. Formen mit vielreihig gestellten ± rundlichen Tüpfeln an den Radialwänden und
3. Formen, wo beide Tracheidenarten gemischt auftreten.

a) Tracheiden mit radial langgestreckten Tüpfeln:

C. striatum Brongniart. Rotliegendes von Sachsen und Frankreich. Eine Form mit relativ großer Markhöhle. Sekundäres Holz bis zu über 7 cm dick bekannt (Fig. 471 u. 472). Ident mit Calamites multiramis Weiss (s. S. 440).

b) Tracheiden mit an den Radialwänden vielreihig gestellten ± rundlichen Tüpfeln:

C. congenium Grand Eury. Oberes Oberkarbon von Frankreich. Nach Kidston und Jongmans gleichfalls ident mit Cal. multiramis Weiss; demnach müßte C. multiramis eine Sammelart sein.

c) Beide unter a) und b) genannten Tracheiden gemischt auftretend:

C. intermedium Renault. Oberes Rotliegendes von Autun (Champ de Borgis).

Es ist noch der Leitbündel-Verlauf in den Calamitensprossen zu besprechen, was durch die schematischen Figuren 474 u. 475 erläutert wird. Die Regel ist, daß die einzelnen Primärleitbündelstränge eines jeden Internodiums in den einzelnen aufeinanderfolgenden Internodien untereinander alternieren. Sie sind untereinander dadurch in Verbindung, daß sie sich so wohl am oberen als unteren Internodiumende vor Erreichung der Knoten gabeln und daß die Gabeläste — Kommissuralbündel — der Leitbündel je zweier aufeinanderfolgender Internodien an den Knoten miteinander in Verbindung treten. Außerdem wird an den Gabelstellen der Leitbündel am oberen Ende der Internodien auch noch ein weiterer Gabelast abgegeben, der als Blattspurstrang über die Gabelstelle hinweg nach außen verläuft (Fig. 474). In selteneren Fällen wird nur von jedem zweiten Leitbündel (am oberen Internodium Ende) ein Gabelast für einen Blattspurstrang abgegeben, während die Anordnung der Leitbündel im Sproß selbst die gleiche wie im oben beschriebenen Normalfall ist (Fig. 475). Eine dritte Möglichkeit ist die, daß die einzelnen Internodien nicht miteinander alternieren. In diesem Falle teilt sich der durch mehr oder minder zahlreiche Internodien gerade fortlaufende Leitbündelzug, an den Knotenlinien vorübergehend und bildet eine Art Öse, durch welche der unterhalb der Öse von jedem Stammleitbündel

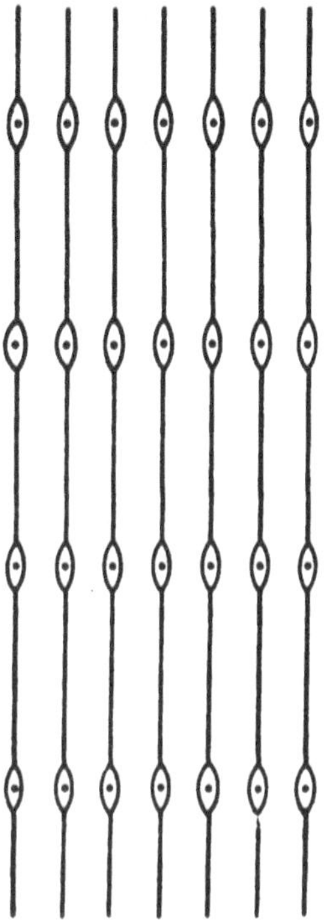

Fig. 473.

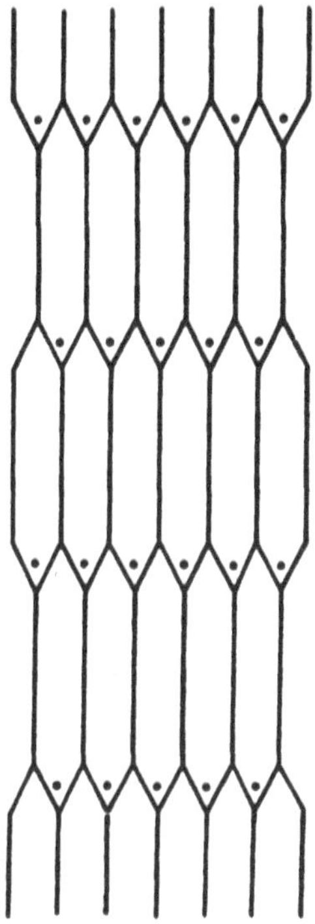

Fig. 474.

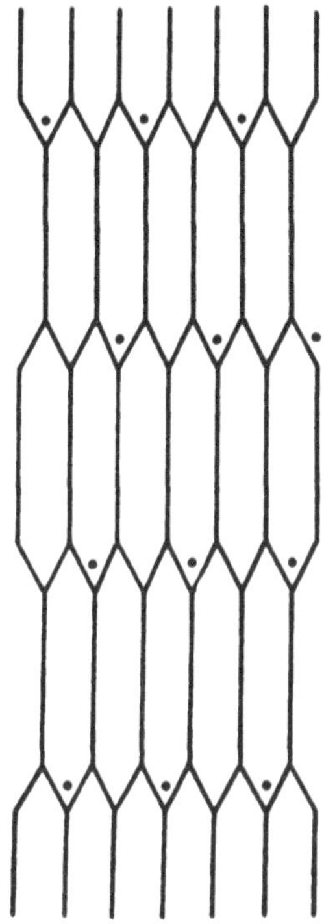

Fig. 475.

Schema des Leitbündelverlaufes im Sproß bei Asterocalamites (Fig. 473) und bei Calamites (Fig. 474 u. 475); die Blattspurbündel als Punkt eingezeichnet. — Original.

abgehende Blattbündelstrang nach außen tritt. Eine derartige Bündelanordnung (Schema 3) ist charakteristisch für Asterocalamites und untermischt mit normalem alternierenden Bündelgang für Mesocalamites (cf. S. 382); findet sich aber in seltenen Fällen stellenweise noch bei zahlreichen Calamitesarten, die sonst den für die Gattung normalen Leitbündelverlauf zeigen (vergl. z. B. Fig. 514).

Hinsichtlich der Verzweigung der Sprosse gilt als Regel, daß die Seitenzweige zwischen je zwei Blättern (nicht in den Blattachseln) und etwas über dem Blattwirtel entspringen. Die Seitenzweige, die im wesentlichen die Anatomie der Muttersprosse wiederholen, laufen kegelförmig spitz an und verbreitern sich in der Regel beträchtlicher erst nach dem Austritt aus dem Rindenmantel des Muttersprosses oder in einiger Entfernung von dessen Oberfläche. Wie die Seitensprosse selbst gegen ihre Abgangsstelle zu ständig schmäler werden, verringert sich auch entsprechend der Durchmesser des zentralen Markes bzw. der Markhöhle, was besonders an Marksteinkernen gut zu sehen ist (Fig. 491, 494).

Ganz allgemein gilt noch, daß, infolge der schnell zunehmenden Verbreiterung der Sprosse nach Abgang von dem sie tragenden Muttersproß die Zahl der Leitbündel nach oben im Sproß durch Einschaltung neuer ständig zunimmt. Bei älteren Sprossen sucht sich die ursprüngliche Schmalheit ihrer Basalpartien (die, wie bemerkt, vergleichsweise nur wenige Leitbündel pro Internodium aufweisen) offenbar durch sehr starkes sekundäres Dickenwachstum auszugleichen. Hier sind die Rippen stets wesentlich breiter als irgendwo, selbst bei den breitesten in oberen Partien erhaltenen Stammteilen (Fig. 494).

Was die anatomischen Verhältnisse der Blätter betrifft, so sind strukturbietende Reste von mehreren Asterophylliten und einer Annularia untersucht.

Die Blätter von **Asterophyllites charaeformis** Sternberg (Fig. 476 A—D) besitzen ein konzentrisches Leitbündel: in der Mitte etwas Xylem, das von einer dünnwandigen Gewebeschicht, vermutlich dem Phloëm, umgeben ist. Darum eine Scheide von weitlumigen Zellen mit dunklem Inhalt, aller Wahrscheinlichkeit nach ursprünglich reichlich mit Stärke angefüllt. An der adaxialen Seite etwas mechanisches Gewebe über dem Leitbündel. Daran schließt eine Lage radial-langgestreckter Palisadenzellen: das Assimilationsgewebe an. Die Epidermis besitzt nur an der adaxialen Seite Spaltöffnungen. Die Schließzellen zeigen ähnliche Streifung wie die der rezenten Equiseten. Bei den Blättern von **Ast. grandis** Sternberg (Fig. 476, E) ist an der adaxialen Seite so reichliches mechanisches Gewebe entwickelt, daß an den entsprechenden Stellen weder Assimilationsparenchym noch Stärkescheide ausgebildet sind. Ähnlichen Bau zeigen zwei weitere in Struktur erhaltene Blattypen, die mit den als **Ast. equisetiformis** Schlotheim und **Ast. longifolius** Sternberg bezeichneten im Abdruck erhaltenen Resten ident gedeutet werden. Ein weiterer Typ: **Ast. Scotti** Thomas (Fig. 476, F), ausgezeichnet durch geringere Entwicklung des Assimilationsparenchyms und sehr bedeutende Ausdehnung des stärkespeichernden Gewebes nahe der Blattunterseite, ist nicht in Abdrücken bekannt.

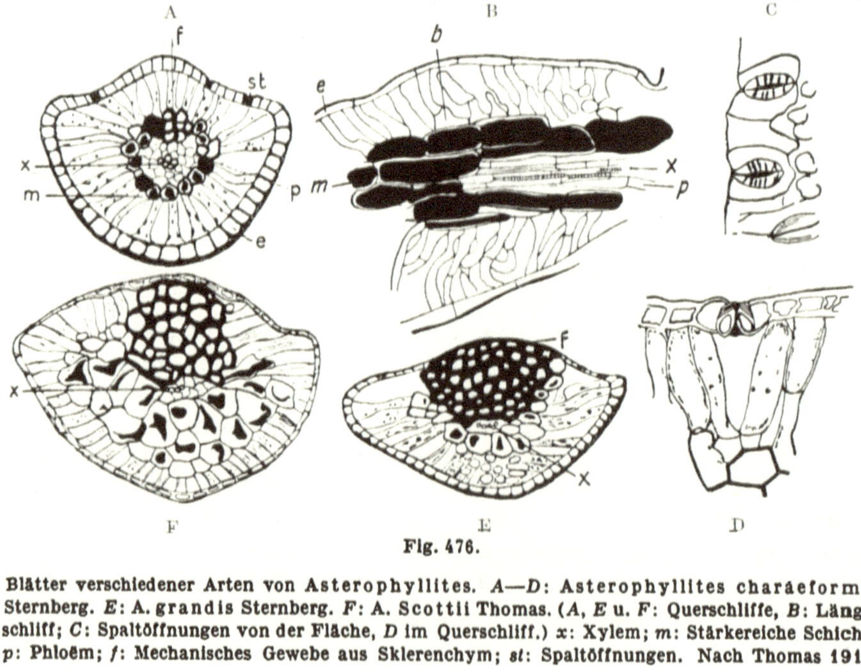

Fig. 476.

Blätter verschiedener Arten von Asterophyllites. *A—D*: Asterophyllites charaeformis Sternberg. *E*: A. grandis Sternberg. *F*: A. Scottii Thomas. (*A*, *E* u. *F*: Querschliffe, *B*: Längsschliff; *C*: Spaltöffnungen von der Fläche, *D* im Querschliff.) *x*: Xylem; *m*: Stärkereiche Schicht; *p*: Phloëm; *f*: Mechanisches Gewebe aus Sklerenchym; *st*: Spaltöffnungen. Nach Thomas 1911.

Bei einem **Annularia stellata** Schlotheim nahestehenden Rest sind die Blätter ziemlich breit mit leicht eingebogenem Rand. Eine deutlich ausgebildete Palisadenschicht von einer Zellage Breite an der konvexen Seite. Sonst im Bau ähnlich Asterophyllites[1]).

Die Wurzeln der Calamiten, die an den Knoten der Stämme und Rhizome meist zu vielen, einzeln oder (seltener) zu mehreren in Büscheln zwischen je zwei Blättern und in derselben Höhe wie die Blätter entsprangen und reichlich Seitenwurzeln besaßen, konnten einen beträchtlichen Durchmesser erreichen, was ohne weiteres verständlich ist, wenn man bedenkt, daß ihnen im wesentlichen die Verankerung der zum Teil mächtig entwickelten Calamitenstämme oblag.

Was Wurzelabdrücke betrifft, so sind außer den mit Sproßresten in mehr minder deutlichem organischen Zusammenhang gefundenen (z. B. Fig. 477, 493, 497, 539) noch 2—3 fach verzweigte Wurzelreste bekannt, die unter **Pinnularia** Lindley und Hutton (**Radicites H.** Potonié) beschrieben sind. Ihre Zugehörigkeit zu Calamiten wird aber nicht von allen Autoren anerkannt.

Bei den strukturbietenden Resten unterscheidet man zwei Typen:

Astromyelon und Myriophyllites, die sich hauptsächlich durch verschiedene Größe des Durchmessers und etwas verschiedenen Bau der Stele unterscheiden. In der Rindenstruktur ganz übereinstimmend, sind beide Typen hinsichtlich der Struktur der Stele durch zahlreiche Übergänge miteinander verknüpft, und es handelt sich bei ihnen wohl lediglich um Wurzeln verschiedener Verzweigungsgrade. Daß die verschiedenen Calamitenarten ihnen spezifisch eigene anatomisch verschiedene Wurzeltypen besessen hätten, ist nicht bekannt.

Astromyelon Williamson (Fig. 478). Die typischen Astromyelon-Wurzeln weisen im Zentrum in ziemlich beträchtlicher Ausdehnung Mark auf, das bei dünnen Wurzeln oft unzerstört und unzerrissen ist, während dickere eine Markhöhlenbildung ähnlich der der Sprossen, aber natürlich ohne Gliederung in Knoten und Internodien zeigen. An das Markparenchym schließt nach außen ein Ring von Xylemsträngen von zentripetalem Bau an, zwischen denen primäre Markstrahlen verlaufen. Metaxylem aus Tracheiden mit netzförmiger Wandverdickung und solchen mit vielreihig gestellten Hoftüpfeln. Alternierend mit den Xylembündeln folgen weiter außen ebensoviele Phloëmgruppen. In älteren Stadien sind beide Partien durch einen vom Kambium gebildeten mehr oder minder breiten Mantel sekundären Xylems und etwas sekundären Phloëms getrennt. Die Bildung der sekundären Xylemelemente kann eine beträchtliche sein. Die mit den Phloëmbündeln alternierenden Parenchymbänder reichen größtenteils nur bis zum Außenrand des Sekundärxylems, und nur ein einreihiger Strahl zieht durch das Sekundärxylem. Zahlreiche sekundäre Markstrahlen sind dem ± einheitlichen Sekundärxylemring eingefügt. Wie bei den rezenten Equiseten fehlt der Perizykel und ist die Endodermis zweischichtig ausgebildet. Die primäre Rinde ist in ihrer mittleren Zone — zum Zweck besserer Sauerstoffversorgung der Pflanzen in dem wasserreichen Boden, in dem die Wurzeln wuchsen — von weiten lakunösen Räumen durchsetzt, die äußerste und innerste Mantelpartie nur durch schmale trabekuläre Bänder und Platten miteinander verbunden. Wie lang an älteren Wurzeln dieses Lakunensystem erhalten blieb und wie und wo die Peridermbildung erfolgte, ist nicht bekannt. Seitenwurzeln endogenen Ursprungs.

---

[1]) Bei verschiedenen Annulariaarten (besonders bei A. sphenophylloides Zenker) erweitert sich nach Praeparaten von J. Walton, die Verfasser auf dem Internat. Kongreß für Karbonstratigraphie zu Heerlen 1927 zu sehen Gelegenheit hatte, das Blattspurbündel gegen die Blattspitze zu beckenartig, um offenbar in eine Hydathode aus zu münden.

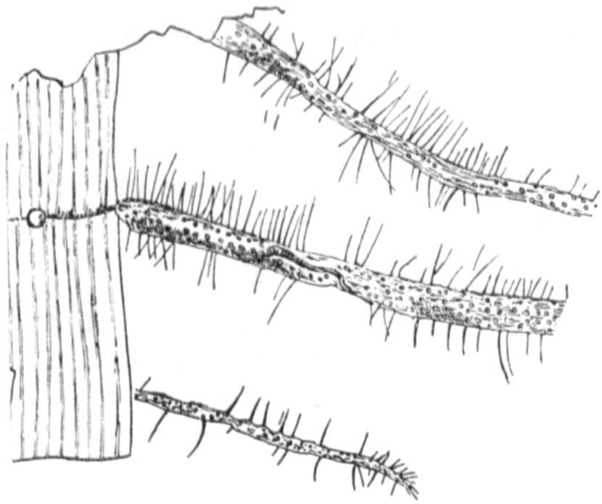

Fig. 477.

Calamites Suckowi Brongniart aus dem Mittleren Oberkarbon von Rußland. Stammstück mit anhaftenden Wurzeln; diese weiter seitlich verzweigt. $^{3}/_{4}$ nat. Gr. Nach Zalessky 1907.

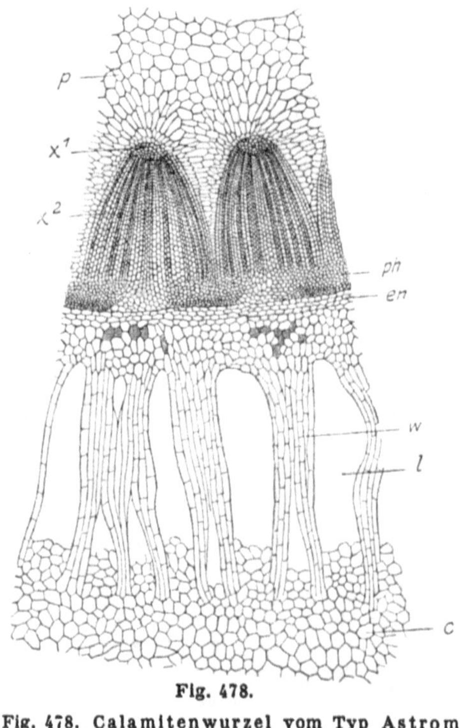

Fig. 478.

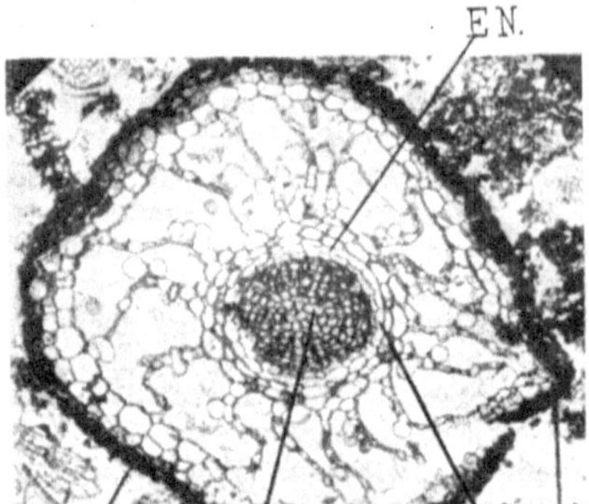

Fig. 479.

Fig. 478. **Calamitenwurzel** vom Typ **Astromyelon** Williamson. Teil eines Querschnittes; *p*: zentrales Mark; x^1 u. x^2: Primär- bzw. Sekundärxylem; *ph*: die mit dem Xylem alternierenden Phloëmgruppen; *en*: Endodermis und anschließend innere primäre Rinde; *w*: Trabekuläres Gewebe der sehr lakunösen mittleren Primärrinde; *c*: äußere primäre Rinde, zum Teil. Vergr. Nach Renault 1893/96.

Fig. 479. **Calamtienwurzel** vom Typ **Myriophylloides** Hick u. Cash. aus dem Lower Coal Measures von England. Stele tetrarch, ohne Markentwicklung mit Metaxylem *(CY)* im Zentrum; *EN:* zweischichtige Endodermis, anschließend die lakunöse Rinde (*C—C*); *Ep:* Epidermis.

Myriophylloides Hick und Cash. (Fig. 479) Die unter diesem Namen gehenden kleineren Wurzeln, die aber, wie oben bemerkt, wohl nur Wurzeln jüngerer Verzweigungsgrade von Astromyelon darstellen, sind ausgezeichnet dadurch, daß bei ihnen das zentrale Mark sehr häufig fehlt und daß sie im Gegensatz zu den polyarchen Wurzeln des Astromyelontyps nur wenige (meist 4) Gruppen von primärem Xylem und Phloëm besitzen. Auch sie können sekundäres Xylem bilden. In der Ausbildung der doppelten Endodermis und der übrigen Teile der Rinde stimmen sie mit Astromyelon überein. — Selbstverständlich ist wohl, daß sowohl die Asteromyelon- als Myriophylloideswurzeln ungegliedert sind, also keine Differenzierung in Knoten und Internodien aufweisen.

Von den Blüten der Calamiten sind in Struktur bietenden Resten zwei Typen bekannt: Calamostachys und Palaeostachya. Besonders die Morphologie des erstgenannten Typs ist gut aufgeklärt.

In beiden Typen sind die Blüten dadurch ausgezeichnet, daß in vertikaler Alternanz stets Quirle von sporangientragenden Organen: Sporangiophoren[1]), abwechseln mit Quirlen steriler Blättchen: Brakteen; diese in Bau und Form ähnlich den Asterophyllitesblättern jedoch an der Basis mehr minder weitgehend zu einem einheitlichen Plattenring verwachsen; ihrem oberen, freien Teil kommt im wesentlichen die Funktion einhüllender Deckblätter zu.

Calamostachys Schimper.

Die schildförmigen Sporangiophore, deren Form im wesentlichen mit der der Sporophylle der rezenten Equiseten übereinstimmt — nur daß im Gegensatz zu diesen von der schildförmigen Platte nur je vier Sporangien getragen werden — sind an der Blüte so inseriert, daß ihre Stiele rechtwinklig von der Blütenachse abgehen. Jeder Sporangiophorquirl steht in genau halber Höhe zwischen je zwei Brakteenquirlen. Die Brakteen eines Quirls sind an der Basis mehr minder weitgehend zu einem Plattenring verwachsen.

Was die Zahlenverhältnisse anbetrifft, so sind bei den meisten Arten in der Regel die Brakteen in doppelt so großer Anzahl in einem Quirl vereinigt, als die Sporangiophore im nächst höheren Quirl. Doch sind die Zahlen der Glieder in den einzelnen Sporangiophor- bzw. Brakteenquirlen innerhalb der ganzen Blüte nicht ganz gleich; in der Regel sind die nahe dem unteren Ende der Blüten befindlichen Quirle reichgliedriger als die der Blütenspitze genäherten. So enthalten z. B. bei **Cst. Binneyana** Carruthers Fig. 480—484) und **Cst. Ludwigi** Carruthers, (beide aus dem Mittleren Oberkarbon[2]) wenn die Stellungsverhältnisse normal und ungestört sind, die unteren Quirle in der Blüte je 8 Sporangiophore bzw. 16 Brakteen, die Quirle nahe der Spitze je 6 Sporangiophore bzw. 12 Brakteen, während eine Übergangsregion Quirle mit 7 Sporangiophoren bzw. 14 Brakteen aufweist. Doch ist zu bemerken, daß sich besonders bei den reichergliedrigen Brakteenquirlen sehr häufig Stö-

[1]) Über die Möglichkeit, daß sie als echte Sporophylle zu deuten sind, vergl. S. 473.

[2]) Über die Unterscheidung beider vergl. Seite 452/3.

Fig. 480

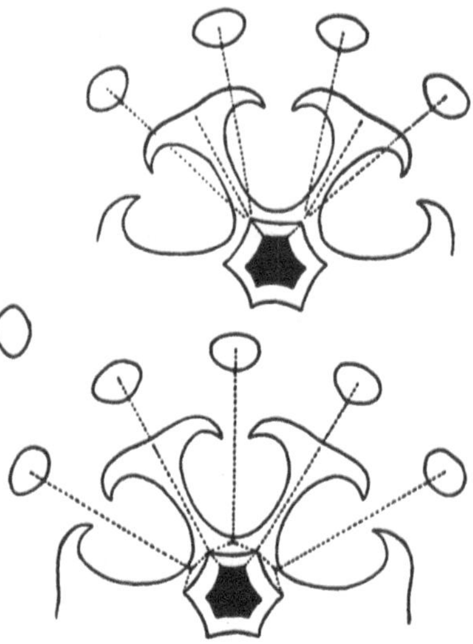

Fig. 481 u. 482.

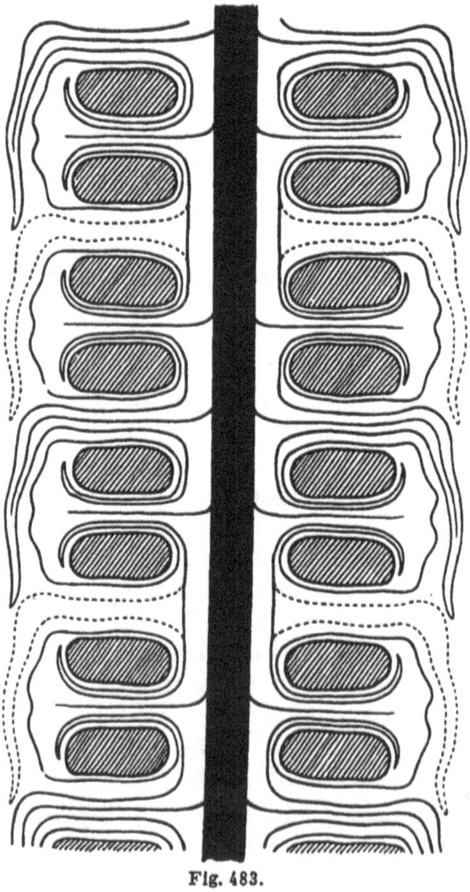

Fig. 483.

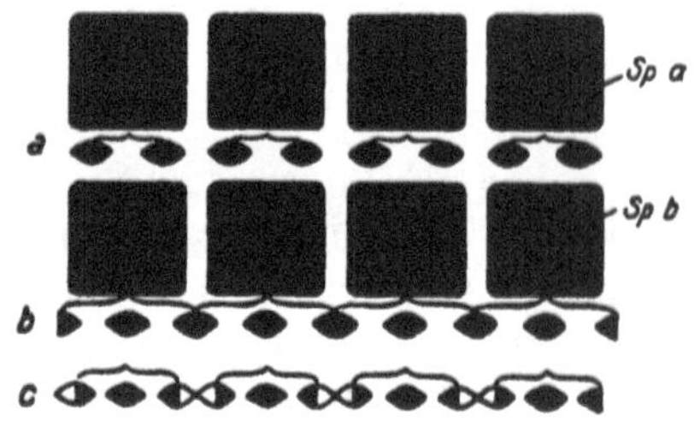

Fig. 484.

Calamostachys Binneyana Carruthers aus den Lower Coal Measuresvon England.

Fig. 480. Diagramm der Organstellung in der Blüte. *Sp*: Sporangiophor (seine 4 Sporangien nicht eingezeichnet); *Br*: Braktee.

Fig. 481 u. 482. Schema der Leitbündelverteilung in zwei aufeinander folgenden Quirlen.

Fig. 483. Schematischer Längsschliff durch die Blüte (die nicht in der Schliffebene gelegenen Brakteen gestrichelt). Figurenerklärung sonst wie in Fig. 480.

Fig. 484. Organstellung der Blüte in Tangentialansicht; bei *a* und *b* die normale Anordnung der Brakteen zweier aufeinander folgender Quirle; *Spa* und *Spb* die zugehörigen Sporangiophorquirle. In *c*: Schematische Darstellung des vermutlichen Zustandekommens der Brakteenzahl- und Ordnung in Quirl *b*. hell: die durch die Verwachsung ausfallenden Brakteenteile vergl. Seite 471. Sämtliche Figuren Original.

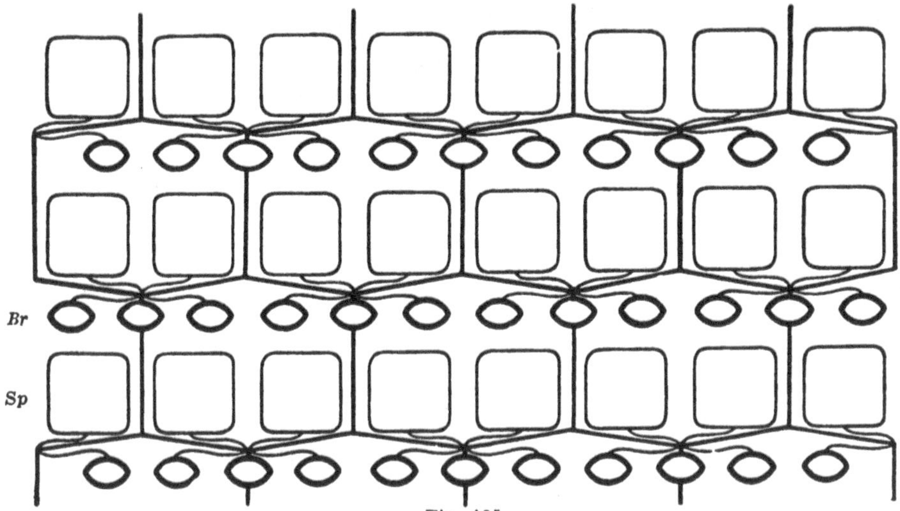

Fig. 485.

Calamostachys Magnae Crucis Browne aus dem Rotliegenden des Loiregebietes. Schema der Verteilung von Sporangiophoren (*Sp*) und Brakteen (*Br*) in je drei aufeinanderfolgenden Quirlen. Die kräftig ausgezogenen Linien bedeuten die in der Blütenachse verlaufenden Leitbündel, die feiner ausgezogenen Linien die zu den Sporangiophoren und Brakteen ziehenden Bündel. Von den 5 Brakteenbündel-Linien ist die mediane wegen des in der Zeichnung dahinter liegenden Achsenstranges nicht zu sehen. — Original.

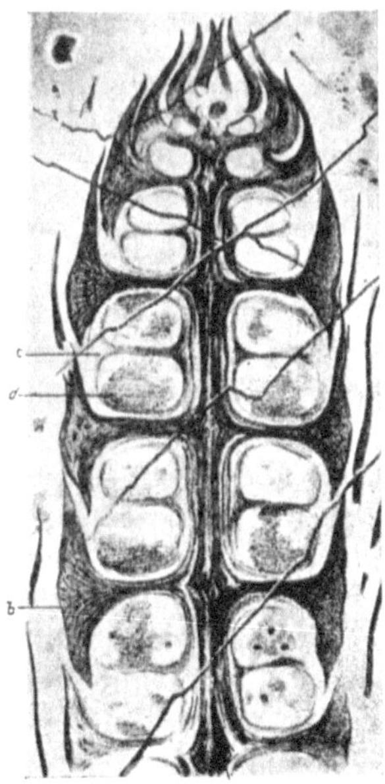

Fig. 486.

Fig. 486. **Calamostachys borgiensis** Renault. Rotliegendes von Autun. Blüte im Längsschnitt. c: Sporangiophor mit Sporangien (*d*); *b*: schildförmige Braktee. ca. 6 ×. Nach Renault 1893/96.

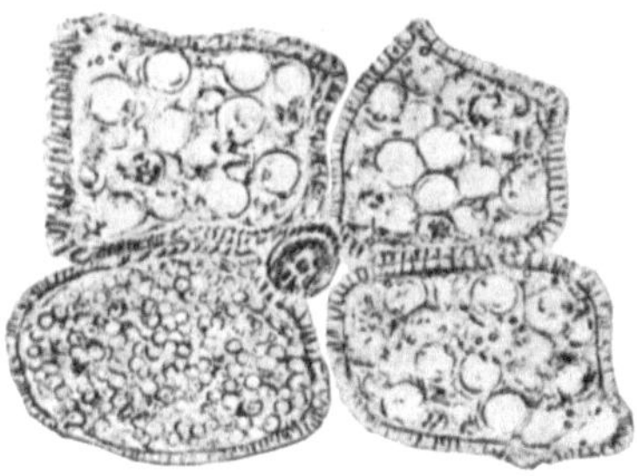

Fig. 487.

Fig. 487. **Calamostachys Casheana** Williamson aus den Lower Coal Measures von England. Die 4 Sporangien eines Sporangiophors, von diesem nur der quer getroffene Stiel sichtbar. 3 Mega- und 1 Mikrosporangium. 20 ×. Nach Williamson u. Scott 1895.

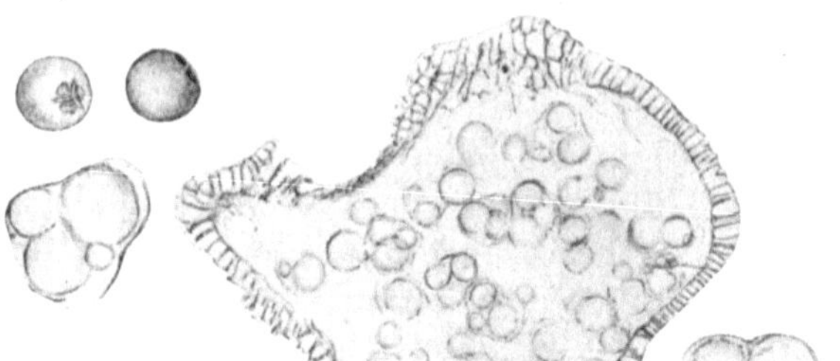

Fig. 488.

Fig. 488. **Calamostachys Binneyana** Carruthers aus den Lower Coal Measures von England. Sporangium, mit Sporentetraden. 67 bez. 135 ×. Vgl. Text S. 404. Nach Williamson u. Scott 1895.

rungen in der Organanlage und Ausbildung finden, so daß die Zahlenverhältnisse in der Blüte oft keine ganz regelmäßigen sind.

Die Stellung der Sporangiophore und Brakteen in den Blüten der genannten Arten ist so, daß in sämtlichen gleichzähligen Quirlen die Sporangiophore superponiert stehen, während die Brakteen in je zwei aufeinander folgenden Brakteenquirlen untereinander alternieren; es sind also das eine Mal die Brakteen eines Quirls zur Hälfte den Sporangiophoren des nächst höheren Sporangiophorquirls superponiert, zur Hälfte damit alternierend gestellt; das andere Mal — stets im nächst oberen oder unteren Brakteenquirl — sind die Brakteen jeweils zu zweien gerade links und rechts je eines Sporangiophors des jeweils nächst höheren Sporangiophorquirls gelegen. (Vgl. das Diagramm der Fig. 480 bis 482.)

Von reichergliedrigen Blüten, die in strukturbietenden Resten erhalten sind. seien noch genannt: **Cst. Grand'Euryi** Renault mit 18 Sporangiophoren bzw, 36 Brakteen im Quirl und **Cst. Decaisnei** Renault mit (sehr wahrscheinllch) je zwölf Sporangiophoren bzw. 24 Brakteen im Quirl; ähnlich wohl auch **Cst. Zeilleri** Renault; sämtliche aus den Rotliegend-Kieseln von Autun. **Cst. tuberculata** Sternberg (zugehörig zu Annularia stellata Schlotheim und Calamites multiramis Weiß). Sporangiophore zu 8—16, Brakteen zu 16—32 im Quirl. Blüten heterospor (vgl. unten).

Abweichend in dem Zahlenverhältnis von Sporangiophoren und Brakteen ist **Cst. magnae crucis** J. Browne. (Oberes Oberkarbon des Loiregebietes; Fig. 485.) Sporangiophore sämtlicher Quirle gleichfalls superponiert, Brakteen der aufeinander folgenden Brakteenquirle alternierend. Bei Normalstellung entsprechen zwei Sporangiophoren drei Brakteen im nächstunteren Quirl, doch sind Störungen häufig. Sporangiophorquirle 14- bis 16gliedrig, Brakteenquirle 21 -bis 24gliedrig.

Eine Form mit nicht nur schildförmigen Sporangiophoren, sondern auch schildförmigen Brakteen ist **Cst. borgiensis** Renault aus dem Rotliegenden von Autun (Fig. 486).

Die Blüten von Calamostachys sind zum Teil homospor, zum Teil heterospor. Dabei finden sich noch Übergänge zwischen beiden Typen. Die Sporangiophore von **Cst. Ludwigi, Cst. Grand'Euryi, Cst. Decaisnei** und **Cst. magnae crucis** haben in allen vier Sporangiophoren stets ganz regelmäßig ausgebildete und genau gleich große Sporen. Gleiches gilt im wesentlichen für **Cst. Binneyana,** wo die normale Größe der Sporen 0,075 mm beträgt. Daneben kommt aber bei dieser Art gelegentlich vor, daß die noch zu einer Tetrade vereinigten, aus einer Sporenmutterzelle hervorgegangenen Sporen verschieden groß sind. Im selben Sporangium (Fig. 448) finden sich Tetraden mit vier gleich großen Sporen, mit drei großen und einer kleinen, mit zwei großen und zwei kleinen und endlich mit einer großen und drei kleinen. **Cst. Casheana** Williamson, Mittleres Oberkarbon von England und Belgien (Fig. 487), ist eine Art, bei welcher die Differenzierung in Mega- und Mikrosporen ganz durchgeführt ist. Am selben Sporangiophor finden sich Sporangien mit sehr zahlreichen kleinen Sporen von etwa 0,04 mm Durchmesser, die zu je vieren aus einer Spormutterzelle hervorgehen und Sporangien mit einer Anzahl großer Sporen von 0,18 mm Durchmesser, bei deren Bildung von den ursprünglich vier Sporen einer Tetrade drei zugunsten der einen überlebenden großen zugrunde gehen. Der Gedanke liegt nahe, daß die gelegentlich bei Cst. Binneyana auftretenden Größendifferenzen der Sporen den ersten Anlauf zu einer Differenzierung in Mega- und Mikrosporen, wie sie bei Cst. Casheana bereits vollständig durchgeführt ist, darstellen. Gleichfalls heterospor ist **Cst. tuberculata** Sternberg, die Blüte von Calamites multiramis Weiss.

Soweit bekannt, ist in allen untersuchten Fällen die Sporangienwand mehrschichtig. Zellen der äußersten Wandschicht mit Verdickungsleisten an den Seitenwänden.

Die Blütenachse von Cst. Binneyana, Ludwigi, tuberculata u. a. besitzt eine der Zahl der Sporangiophore im Quirl entsprechende Zahl von Leitbündelsträngen vom Bau derer der vegetativen Sprosse, die miteinander in Berührung sind und im Zentrum etwas Mark einschließen. Je zwei Sporangiophoren entspricht ein Bündel der Blütenachse, und da die Sporangiophore durchlaufend superponiert stehen, ist auch der Bündelverlauf in der Blütenachse ein gerader und nicht alternierend wie bei den vegetativen Sprossen. Von jedem Achsenbündel gehen nach außen vor je zwei Sporangiophoren und zugehörigen Brakteen je zwei Bündelarme ab, die zunächst durch seriale Gabelung je in einen oberen und unteren Arm sich teilen. Während die zwei oberen der so entstandenen vier Arme je in einen der davor liegenden Sporangiophore eintreten, teilen sich die zwei unteren Arme nochmals kollateral. Es ist klar, daß, da die Stellung der Brakteen in den aufeinander folgenden Brakteenquirlen alternierend wechselt, auch die Wege der sie versorgenden Bündelzüge eine wechselnde ist, wie durch die gestrichelten Linien in Fig. 481 und 482 angedeutet ist.

Ganz anders ist der Strangverlauf in der Blütenachse von Cst. magnae crucis. Hier findet Bündelalternanz statt, und zwar jeweils über einem Sporangiophor und Brakteenquirl zusammen. Im übrigen versorgt ein Achsenbündel je 2 Sporangiophore und 3 darunter inserierte Brakteen, wie das Schema in Fig. 485 klarmacht.

Die genauere Stellung der zum Calamostachys-Typ gehörigen Blüten an den Calamitensprossen bzw. deren Blütenständen ist nur aus im Abdruck erhaltenen Resten bekannt und wird bei Besprechung dieser behandelt werden.

Palaeostachya C. E. Weiss.

Blüten länglich, zylindrisch. Brakteen nicht verwachsen, bogig aufsteigend. Sporangiophore mit apikaler schildförmiger Platte, an welcher vier Sporangien getragen werden. Die Insertion der Sporangiophore an der Blütenachse erfolgt nicht wie bei Calamostachys rechtwinklig an dieser und inmitten zwischen zwei sterilen Quirlen von Brakteen, sondern die Sporangiophore, die sonst im Bau denen von Calamostachys ähnlich sind, entspringen in der Achsel der Basalpartien eines Teils der Glieder jeden Brakteenquirls und steigen von ihrer Insertionsstelle aus in einem Winkel von etwa 45° schräg auf.

Pst. vera Seward, Lower Coal Measures von England (Fig. 489 u. 490); bestbekannte Art; hier finden sich in den Sporangiophorquirlen 16—20 Sporangiophore und die Anzahl der an ihrer Basis zu einer einheitlichen

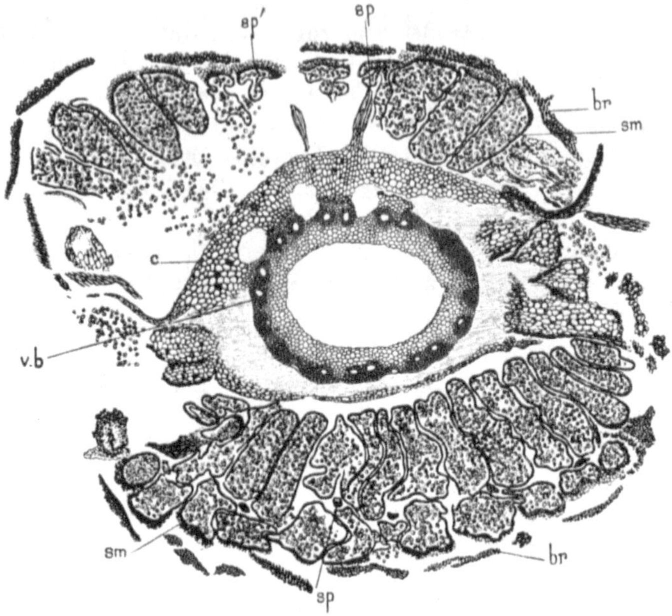

Fig. 489.

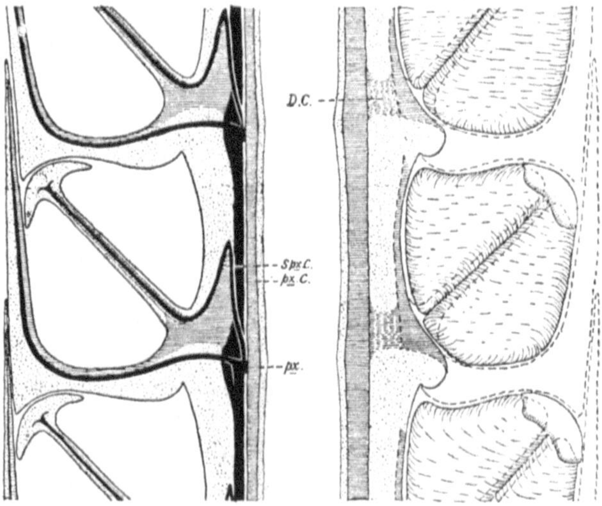

Fig. 490.

Palaeostachya vera Seward. Lower Coal Measures von England.

Fig. 489. Querschliff durch einen Sporangiophor- und Brakteenquirl. *Sp* Sporangiophorstiel *sp* Sporangien; *sm* Sporangienwand; *br* Brakteen des den (getroffenen) Sporangiophorquirl unterlagernden Brakteenquirls; *c* Rinde der Blütenachse; *vb* Leitbündel.
Aus Scott Studies I 1920.

Fig. 490. Schema der Organstellung und des Bündelverlaufes. Nach Hickling 1907.

Scheibe verwachsenen Brakteen jedes jeweils darunter liegenden Brakteenquirls ist annähernd gleich groß. Es ist so gut wie sicher, daß die Sporangiophore in sämtlichen Quirlen superponiert standen; ob das gleiche für die Brakteen gilt, oder ob die Glieder der aufeinanderfolgenden Brakteenquirle (ähnlich wie bei Calamostachys) alternierten, steht nicht fest. Jedenfalls aber sind Querschliffe durch die Blüte bekannt, wo die Sporangiophore gerade über den darunter befindlichen Brakteen liegen. Nur ob dieses Lageverhältnis stets eingehalten war, oder ob etwa je im darunter und darauffolgenden Quirlpaar die Sporangiophore mit den Brakteen alternierten, ist nicht klargestellt.

Die anatomischen Verhältnisse der Blütenachsen gleichen im wesentlichen denen der vegetativen Sprosse der Calamiten. Es finden sich um die Markhöhle verteilt 16 bis 20 Bündel, die am Blütenstiel voneinander noch gleichmäßig entfernt stehen, während sie in der Blütenachse selbst je paarweise etwas zusammengerückt sind. Besonders eigentümlich ist der Verlauf der die Sporangiophore innervierenden Leitstränge. Während die die Brakteen versorgenden Bündel vom jeweiligen Achsenknoten gradewegs in die Brakteen eintreten, gehen die die Sporangiophore versorgenden Bündel erst in der Achse parallel dem Achsenleitbündel, von dem sie jeweils ihren Ursprung nehmen, um dann erst in halber Höhe zwischen ihrem Sporangiophorquirl und dem nächst höheren umzubiegen und zurücklaufend in den zugehörigen Sporangiophor eintreten: den Eindruck erweckend als sei die axilläre Stellung der Sporangiophore bei Palaeostachya erst eine sekundäre Verschiebung von einer Stellung mit rechtwinkligen Abgang der Sporangiophore von der Blütenachse, wie dies bei Calamostachys der Fall ist.

Pst. gracilis Renault, Rotliegendes von Autun (Champ de Borgis), hat abwechselnde Quirle von je zehn Sporangiophoren und 20 Brakteen; die Leitbündel der Blütenachse sind an Zahl gleich der der Sporangiophore eines Quirls.

Während die genannten Arten homospor sind, finden sich in den französischen Rotliegend-Kieseln auch einige heterospore Formen, wie **P. equisetiformis** Renault u. a.

Die Blüten von Palaeostachya standen bei einigen Arten zu mehreren bis vielen quirlig an eigenen Infloreszenzzweigen (Pst. Ettingshauseni Kidston (= Infloreszenz von C. Sachsei Stur) (Fig. 505) und Pst. pedunculata Williamson, Pst. gracillima Weiss und Pst. elongata Presl.) oder sie entsprangen stammbürtig in Quirlen an den Hauptsprossen bzw. stärkeren Ästen (Calamites Schulzi Stur (Fig. 498 und 499) und C. distachyus Sternberg).

Über die nur in Abdrücken erhaltenen Blütenformen Metacalamostachys nov. gen. und Cingularia Weiß, sowie über die nur mangelhaft bekannten Hilfsgattungen Macrostachya Schimper und Huttonia Sternberg vgl. S. 454 ff.

Literatur (zu Teil B).

Binney, E. W., Observations on the structure of fossil plants found in the Carboniferous Strata. Pt. 1: Calamites and Calamodendron. Palaeontolog. Soc. London 1868.

Browne, J. M. P., Note sur les Bractées de Palaeostachya gracilis Renault Bull. Museum national d'Hist. nat. 29. Paris 1923.

Browne, J. M. P., Notes on the Cones of Calamostachys-type in the Renault and Roche Collections. Annals of Botany 39. 1925.

Browne, J. M. P., A note on Calamostachys tuberculata Stbg. The New Phytologist 24. 1925.
Browne, J. M. P., A new theory of the Morphology of the Calamarian Cone. Annals of Botany 41. 1927.
Carruthers, W., On the structure of the Fruit of Calamites. Seemann's Journal of Botany 5. 1867.
Cotta, C. B., Die Dendrolithen in Bezug auf ihren inneren Bau, S. 67—72. Dresden u. Leipzig 1872.
Goeppert, H. R., Die fossile Flora der permischen Formation, S. 179—186. Palaeontographica 12. 1864/65.
Grand'Eury, C., Calamariées, Arthropitys et Calamodendron. Comptes Rendus Acad. Sc. 108. Paris 1889.
Hick, T., On Calamostachys Binneyana. Proceed. Yorksh. Geolog. Soc. 12. 1893.
Hick, T., On the Primary structure of the Stem in Calamites. Mem. and Proc. Manchester Lit. and Phil. Soc. 4 ser. Bd. 8. 1894.
Hick, T., On the structur of the Leaves of Calamites. Ibid. Bd. 9. 1895.
Hick, T., and Lomax, J., On a new sporiferous spike from the Lancashire Coal Measures. Mem. and Proceed. Manchester Lit. and Phil. Soc. 4 ser. Bd. 8. 1894.
Hickling, G., The Anatomy of Palaeostachya vera Sew. Annals of Botany 21. 1907.
Hickling, G., The Anatomy of Calamostachys Binneyana Carr. Mem. and Proc. Manchester Lit. and Phil. Soc. 54. 1910.
Hirmer, M., Zur Kenntnis der Organstellung und der Zahlenverhältnisse in der Gattung Calamostachys, Schimper. Flora (Goebelfestschrift) N. F. Bd. 18/19. 1925.
Leclercq, S., Les Coal balls de la couche de Beauxharmont de Wérister, Mém. Soc. Géolog. Belgique 1925.
Lignier, O., Sphénophyllales et Equisétales, leur origine filicinéenne commune. Bull. Soc. Linnéenne de Normandie, 7. 1903.
Maslen, A. J., On the Relation of Root to Stem in Calamites. Annals of Botany 19. 1905.
Renault, B., Fore fossile Bassin houiller et permien d'Autun et d'Epinac. Bd. II. S. 87—145. Paris 1893/96.
Renault, B., Les végétaux foss. du genre Astromyelon. Ann. Sc. Géolog. 17. 1885.
Renault, B., Nouvelles recherches sur le genre Astromyelon. Mém. Soc. des Sc. nat. de Saône et Loire. 1885.
Renault, B., Notice sur les Calamariées I—III. Bull. Soc. hist. nat. d'Autun. 1895—98.
Sterzel, J. T., Die organischen Reste des Kulms und Rotliegenden der Gegend von Chemnitz. S. 258—261. Abh. math.-phys. Kl. K. Sächs. Ges. Wiss. 35. Leipzig 1918.
Thomas, H. H., On a Cone of Calamostachys Binneyana (Carr.) attached to a leafy shoot. The New Phytologist 8. 1909.
Thomas, H. H., On the Leaves of Calamites (Calamocladus section). Phil. Transact. R. Soc. B 202. London 1911.
Weiss, F. E., Plant structure and environment with special reference to fossil plants (bes. S. 301—305). Journal of Ecology 13. 1925.
Williamson, W. C., On the structure of the woody zone of an undescribed form of Calamite. Mem. Manchester Lit. and Phil. Soc. 3 ser. Bd. 4. 1868/69.
Williamson, W. C., On a new form of Calamitean Strobilus. Ibidem.
Williamson, W. C., On the relations of Calamites to Calamodendron, with description of an intermediate form. Ibidem. 3. ser. Bd. 10. 1886/87.
Williamson, W. C., On the Organization of fossil plants of the Coal Measures. Pt. 1, 5, 9—12, 14, 15 u. 17. Philos. Transact. R. Soc. 161, 164, 169, 171, 172, 174, 179, B180 u. B181. London 1871—1890.

Williamson, W. C., General Morphological and Histological Index to the Author's Collective Memoirs on the fossil Plants of the Coal Measures. Pt. I. Mem. and Proceed. Manchester Lit. and Phil. Soc. 4. ser. Bd. 4. 1890/91.

Williamson, W. C., und Scott, D. H., Further Observations on the Organization of the fossil Plants of the Coal Measures. Pt. I: Calamites, Calamostachys and Sphenophyllum; Pt. II: The roots of Calamites. Philos. Transact. R. Soc. B185 und B186, London 1894 u. 1895.

Yabe, H., und Endô, S., Discovery of Stems of a Calamites from the Palaeozoic of Japan. Sc. Rep. Tohôku Imp. Univ. 5. 1921.

C. Im Abdruck erhaltene Calamitenreste.

Anmerkung: Soweit die Zugehörigkeit von Blütenständen und blatttragenden Astsystemen feststeht, werden diese bereits bei Besprechung der Stämme, die sie trugen, behandelt. Diejenigen Formen von blättertragenden Ästen (Asterophyllites und Annularia) und Blütenständen, deren Zugehörigkeit zu bestimmten Calamitenstämmen zweifelhaft oder unbekannt ist, werden weiter hinten S. 447 ff. u. S. 452 ff. besprochen.

a) Stammreste.

Hilfsgruppe Stylocalamites Weiss.

Definition siehe S. 383.

C. Suckowi Brongniart. Vom Unteren Oberkarbon bis zum unteren Rotliegenden. Weit verbreitet. Nachgewiesen in Europa, Nordamerika, Ostasien und im Malayischen Archipel (Fig. 491 bis 494 u. Fig. 477).

Die Art ist fast nur in Marksteinkernen erhalten, wenn auch — als große Seltenheiten — einige sicher zugehörige Reste der Stammoberfläche bekannt sind.

Stammoberfläche glatt mit feinen Längsstreifen. Marksteinkerne zum Teil von beträchtlicher Breite; das in Fig. 492 abgebildete plattgedrückte Stück hat über 20 cm Breite, ohne daß der ganze Marksteinkern erhalten wäre. Damit ergibt sich für die Markhöhle dieses Stückes ein Durchmesser von mindestens über 13 cm. Internodien meist breiter als hoch, doch findet sich auch das Gegenteil. Internodien bis 9½ cm und mehr lang, nahe der Sproßbasis, allmählich an Länge zunehmend. Rippen flach oder wenig vorspringend, im Maximum bis gegen 5 mm breit, besonders stark verbreitert an der Sproßbasis. Sehr deutlich sind die Narben der Infranodalkanäle am oberen Ende der Internodien ausgebildet (bis 4 mm lang und 2 mm breit). Supranodalkanalnarben wesentlich kleiner. Die aufrecht wachsenden Stämme nahmen, wie Fig. 493 deutlich zeigt, aus im Substrat horizontal kriechenden Rhizomen ihren Ursprung. Sie verzweigten sich an ihrer Basis, mehr oder minder nahe über ihrer Ursprungsstelle am Rhizom, in eine Anzahl gleich starker Sprosse, die sich gegebenenfalls in gleicher Weise weiter verzweigten (Fig. 491). Es sind Fälle bekannt (Kidston und Jongmans Taf. 85 Fig. 1), wo sechs Sprosse von einem Knoten entspringen. Die Ansatzstellen der Sprosse am Muttersproß sind stets sehr ausgeprägt verschmälert und von konischer Form (Fig. 494). Von den Knoten aller unter der Erdoberfläche befindlicher Teile des Calamiten wurden Wurzeln abgegeben, die zu vielen an jedem Knoten stehen, bis 6 mm Breite erreichen und ringsum über ihre ganze Oberfläche verteilt kleine Seitenwürzelchen tragen (Fig. 493 u. 477).

So gut bekannt von diesen Calamiten die unteren Partien der Sprosse und besonders deren Marksteinkerne sind, so weiß man doch über die oberen Partien der Stämme und deren allenfallsige Verzweigungen, über Beblätterung und Fruk-

Fig. 491.
Calamites Suckowi Brongniart aus dem Mittleren Oberkarbon von Westfalen. Marksteinkern der mehrfach verzweigten Basalpartie eines Stammes. ⅔. Rechts oben zwei Knotenpartien vergr. Nach Jongmans und Kukuk 1911.

Fig. 492.

Calamites Suckowi Brongniart aus den Upper Coal Measures von England. Stück eines in der Breite unvollständig erhaltenen Marksteinkernes, möglicherweise von der Nähe der Stammbasis. Beachte die großen ovalen Narben der Infranodalkanäle am oberen Ende der Internodien und die kleinen punktförmigen der Supranodalkanäle am unteren. $^4/_5$. Nach Kidston und Jongmans 1917.

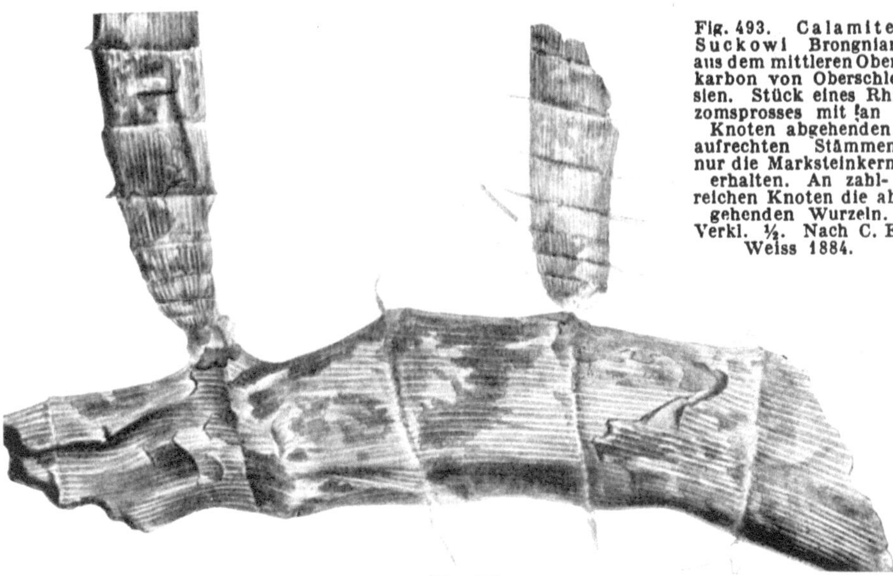

Fig. 493. Calamites Suckowi Brongniart aus dem mittleren Oberkarbon von Oberschlesien. Stück eines Rhizomsprosses mit an 2 Knoten abgehenden aufrechten Stämmen; nur die Marksteinkerne erhalten. An zahlreichen Knoten die abgehenden Wurzeln. Verkl. ½. Nach C. E. Weiss 1884.

Fig. 493.

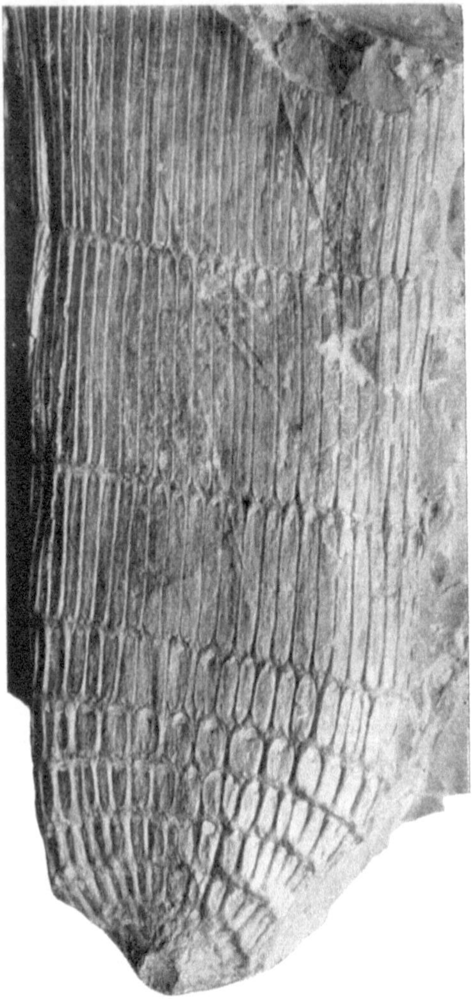

Fig. 494.

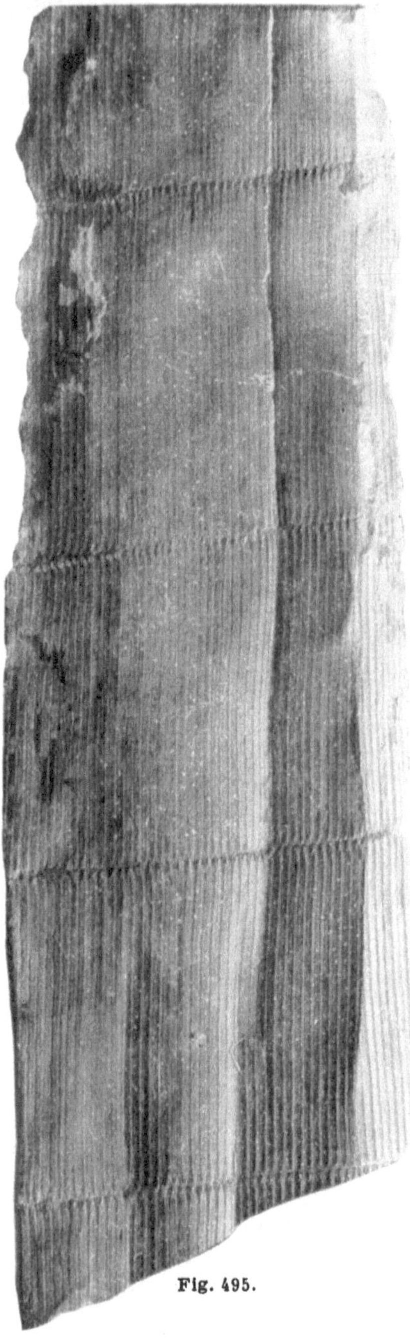

Fig. 495.

Fig. 494. Calamites Suckowi Brongniart aus dem Mittleren Oberkarbon von Westfalen. Marksteinkern der Basalpartie eines Sprosses. ⁴/₅. Nach Jongmans u. Kukuk 1911.

Fig. 495. Calamites Cisti Brongniart aus dem Mittleren Oberkarbon von Westfalen. Marksteinkern eines Sprosses. Verkl. ½. Nach Jongmans u. Kukuk 1911.

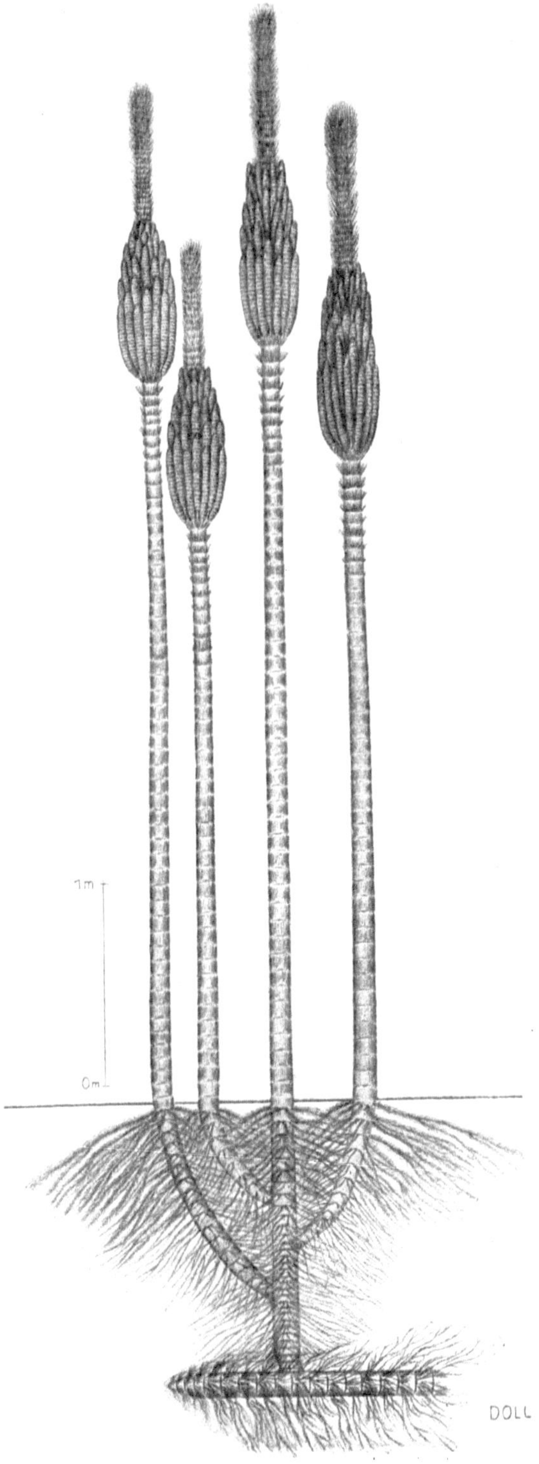

Fig. 496. Calamites (Stylocalamites) Schulzi Stur. Rekonstruktion. Original.

Fig. 497.
Calamites (Stylocalamites) Schulzi Stur aus dem Mittleren Oberkarbon v. Niederschlesien. Basalpartie eines Stammes mit drei in verschiedener Höhe abgehenden gleichstarken Seitenstämmen. Erhalten die Abdrücke der Marksteinkerne und Teile der Stammrinde. An zahlreichen Knoten abgehende Wurzeln. Verkl. ½. Nach C. E. Weiss 1885.

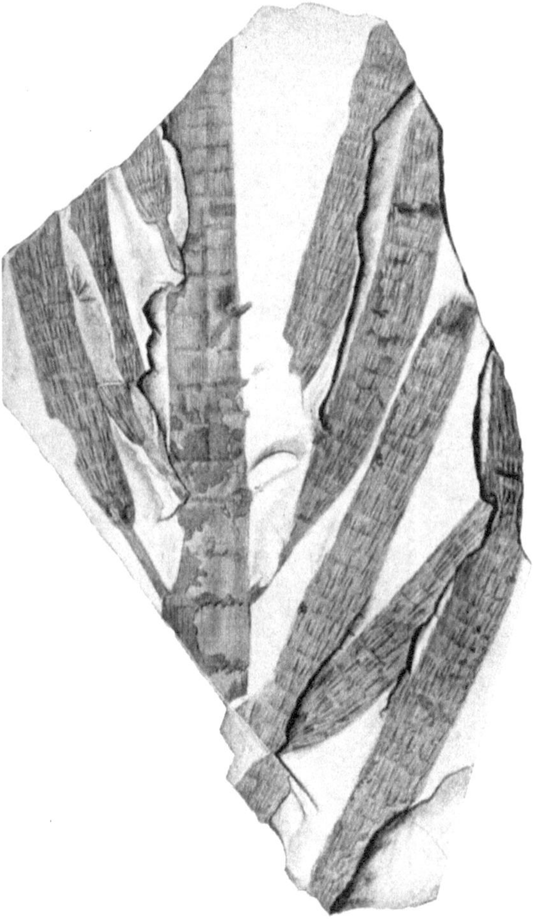

Fig. 498.

Fig. 499.

Calamites (Stylocalamites) Schulzi Stur aus dem Mittleren Oberkarbon v. Niederschlesien.

Fig. 498. Obere Partie eines Stammes mit großen Blüten von Palaeostachyatyp, die zu mehreren an den Knoten entspringen. Verkl. ½ ×. Nach Weiss 1885.

Fig. 499. Obere Partie eines Stammes mit Blüten und aller Wahrscheinlichkeit zugehörigen Blättern. Verkl. ½ ×. Nach Weiss 1885.

Fig. 500. Calamites (Stylocalamites) jubatus Lindley und Hutton aus dem Mittleren Oberkarbon von Nordfrankreich.
Sproßstück mit Beblätterung und Blüten. $^{9}/_{10}$. Nach Kidston und Jongmans 1917.

tifikation fast nichts.[1]) Anatomisch dürfte die Art dem Arthropitystyp angehört haben.

C. Cisti Brongniart. Bekannt vom Mittleren Oberkarbon bis zum unteren Rotliegenden, von im wesentlichen gleicher Verbreitung wie C. Suckowi (Fig. 495).

Ein Calamit, der trotz großer Häufigkeit des Vorkommens seiner Marksteinkerne doch nur sehr fragmentarisch bekannt ist. Internodien bis mehr als 16 cm lang, Marksteinkerne von einem Umfang bis über 20 cm bekannt; Internodien meist länger als breit, wohl charakterisiert durch die feine Berippung und dadurch, daß sich die Rippen nach den Internodienenden zu allmählich verschmälern und in eine spitzbogenförmige Spitze auslaufen. Infranodalkanalnarben elliptisch bis 2 mm lang und bis ³/₄ mm breit. Supranodalkanalnarben stets deutlich wahrnehmbar, wiewohl nur punktförmig klein. Äußere Oberfläche, Beblätterung und Blüten unbekannt.

Was die Verzweigung betrifft, so ist von den mit Sicherheit zu C. Cisti zu rechnenden Resten wohl nur der bei Kidston und Jongmans, Taf. 106 Fig. 5, abgebildete zu erwähnen: ein Marksteinkern von nicht ganz 24 cm Länge und etwas über 16 cm Umfang. Während das erste und letzte der fünf erhaltenen Internodien nur teilweise (etwa je 4 ½ cm) vorhanden ist, ist das zweitunterste Internodium mit etwa 1,7 cm Länge auffallend kurz, während das dritte und vierte Internodium 5,9 cm bzw. 7,5 cm Länge aufweisen. An der nicht ganz in halbem Umfang sichtbaren Knotenlinie am unteren Ende des kurzen zweiten Internodiums sind zehn Abgangsstellen seitlicher Sprossungen zu sehen. Ob es sich um Abgänge von vegetativen Astsystemen oder von Blüten handelt, steht dahin.

Im Hinblick auf die beiden eben besprochenen Arten mag anhangsweise bemerkt sein, daß mehrfach in neuerer Zeit und besonders von Grand' Eury der Versuch gemacht wurde, C. Cisti mit C. Suckowi zu einer Art zu vereinigen, wobei man die bislang als C. Cisti beschriebenen Sproßreste den oberen, die als C. Suckowi beschriebenen den unteren Stammregionen ein und desselben Calamiten zurechnet. So beschreibt Grand Eury 1897 einen bei Treuil gefundenen Calamitenwald, an Hand dessen er die Identität zwischen beiden genannten Calamiten zu beweisen sucht. Von diesen Angaben sei in Anlehnung an die Darstellung bei Jongmans 1911 hier folgendes angeführt: Die unterirdischen Teile liegen in großer Vollständigkeit vor mit Rhizomen, Wurzeln und Seitenwurzeln. Die horizontal liegenden Rhizome und die von ihnen ausgehenden zunächst immer noch unterirdischen aber aufrechten Stämme sind vom Typ des C. Suckowi. Auf den Knotenlinien der unterirdischen Sproßsysteme sollen sich in Abständen von drei bis fünf Rippen Wurzelansatzstellen und ferner gerade oberhalb der Knotenlinie außerdem noch große Male, die Rhizom- und Sproßverzweigungen entsprechen, gefunden haben. Die oberirdischen Organe lagen zwischen den Basalpartien der Stämme vom C. Suckowi-Typ flach ausgebreitet und ein organischer Zusammenhang ist somit nicht erwiesen. Nun heißt es bei Grand' Eury (nach Jongmans): »Kann man einen Stamm von C. Suckowi von unten nach oben eine Strecke weit verfolgen, so sieht man den Stamm dünner und die Glieder länger werden. Die Rippen werden schmäler und deutlich ausgeprägt. Die Knötchen länger. Kurz, der Steinkern zeigt neue Eigenschaften, welche sich denen von C. Cisti nähern . . .« Es wird dann noch angegeben, daß an den Stämmen noch die Rinde erhalten ist, die an den Knotenlinien deutlich Blattnarben und gelegentlich Blätter zeigt. Die Oberflächenstücke vergleicht Grand' Eury mit denen, die er 1875 (Loire, Taf. 5, Fig. 4) als C. foliosus abgebildet hat.

---

[1]) Lediglich bei Feistmantel (1872) ist ein 5³/₄ cm breiter Sproßrest (Marksteinkern) abgebildet, mit dem zusammen, offenbar in organischem Zusammenhang, Blüten vom Typ der Huttonia carinata Germar fossilisiert sind. Diese letzteren sind auch mit einem als C. Suckowi gedeuteten Marksteinkern von ca. 2 cm Breite bei Feistmantel 1874/76 abgebildet. Die hier vollständig erhaltenen Blüten haben bei ca. 2 cm Durchmesser bis gegen 15 cm Länge.

Ferner werden von dem Autor noch Asterophylliteszweige und Blüten von Calamostachys-Typ zugerechnet. Inwieweit die Identifikation und Zurechnung, die in der erwähnten, ohne Abbildungsmaterial veröffentlichten Abhandlung vorgenommen sind, den Tatsachen entsprechen, kann derzeit nicht entschieden werden. Jedenfalls aber sind die Funde in dem Walde von Treuil so interessant, daß sie hier erwähnt werden müssen, wenn auch, hinsichtlich der Zusammenziehung der gesamten gefundenen Reste zu einer Art, nur mit Vorbehalt.

C. gigas Brongniart. Oberes Oberkarbon bis mittleres Rotliegendes von Mitteleuropa.

Eine Art, die jedenfalls zu den größten Calamiten gehört. Stämme bis über 1 m Durchmesser erreichend. Die Stämme zeigen, wenn als Marksteinkern erhalten, große Ähnlichkeit mit denen von Calamites Suckowi. Rippen an den Marksteinkernen ziemlich stark hervortretend, gegen die Knotenlinien spitz zulaufend, bis über 1,1 cm breit. Infra- und Supranodalkanalnarben groß. Internodien bis zu 13 und mehr cm lang. Infolge der oft sehr beträchtlichen Breite meist wesentlich kürzer als breit. Was die Dimensionen der Stämme betrifft, so sind Marksteinkerne bis zu 93 cm Umfang (also fast 30 cm Durchmesser) gefunden worden und der ihnen anhaftende Belag inkohlt erhaltener Reste des Holz- und Rindenmantels ist oft mehr als 1 cm dick, so daß auf eine sehr beträchtliche Bildung sekundärer Elemente in Holz und Rinde geschlossen werden muß. Stämme auch in strukturbietenden Resten erhalten: Arthropitys gigas (vgl. S. 394). Von den der oberen Stammregion angehörenden Stücken sind solche mit Astmalen beobachtet worden, doch ist Genaueres über Stellungs- und Zahlenverhältnisse nicht bekannt. Die Basalpartien der Stämme sind langgezogen-spitzkegelig. An den Knotenlinien wurden in Abständen von der Breite mehrerer Rippen Wurzeln von beträchtlicher Dicke abgegeben. — Stammoberfläche unbekannt. Äste und Beblätterung sowie Fruktifikation nicht sicher bekannt. Über die Möglichkeit der Zugehörigkeit von **Asterophyllites Dumasi** Zeiller und **Calamostachys Dumasi** Zeiller vgl. S. 448 u. 452.

C. Schulzi Stur. Mittleres Oberkarbon von Niederschlesien (Rubengrube bei Neurode), Kleinasien und Nordamerika (Georgia) (Fig. 496—499).

Ein Calamit, der vermutlich zu den kleineren mehr krautigen Typen gehört oder wenigstens nur in vergleichsweise schmächtigen Stammresten bekannt ist, von dem aber sowohl Partien der Stammbasis, als von weiter oben am Stamm, sowie Stammstücke mit Oberfläche und Blättern und besonders reichlich Fruktifikationen erhalten sind. Die Stämme dürften einen Durchmesser von mindestens etwa 6 bis 9 cm erreicht haben, Marksteinkerne von ihnen sind in bis zu etwa 3 cm Durchmesser (über 9 cm Umfang) erhalten. Internodien kürzer als breit, gegen die Knoten zu nicht eingeschnürt. Ob die aufrechten Stämme von unter der Erdoberfläche kriechenden Rhizomen, etwa wie bei Calamites Suckowi, abgegeben wurden oder nicht, ist nicht bekannt, aber sehr wahrscheinlich. Fest steht, daß die Basalpartien der aufrechten Stämme jedenfalls ziemlich tief im Substrat steckten und sich hier in ungefähr gleich starke Sprosse vielfach verzweigten (Fig. 497). Die unter der Erdoberfläche befindlichen Partien haben reichlich Wurzeln an den Knoten. Die oberirdischen Sproßpartien dürften im wesentlichen unverzweigt gewesen sein. Sie trugen an den Knoten in vielzähligen Quirlen angeordnete, bis gegen 7 cm lange Blätter und — wohl nur an den höheren Sproßteilen — an einer Anzahl von Knoten hintereinander und in größerer Anzahl an jedem Knoten wirtelig angeordnete Blüten. Diese, über 20 cm lang und mehr als 1 cm dick, wurden an ganz kurzen, in der Regel eingliedrigen Stielen getragen. Sie dürften, soweit sich aus den allein vorhandenen inkohlten Resten schließen läßt, dem Palaeostachyatyp angehört haben. Die Blüten setzten sich aus 40 bis 50 Wirteln von Sporangiophoren und ebenso vielen Wirteln von Brakteen zusammen. Die Zahl der Brakteen im Wirtel bewegt sich um 40 herum; ob ebenso viele oder weniger Sporangiophore auf jeden Wirtel treffen, ist unbekannt; Brakteen über 3 cm lang.

C. distachyus Sternberg. Mittleres Oberkarbon von Böhmen (Swina und Radnitz).

Ein dem vorigen in mancher Hinsicht ähnlicher Calamit; nur bekannt in dünneren Marksteinkernen von bis 3 cm Umfang; ausgezeichnet durch reichliche Verzweigung in etwa gleich starke Sprosse auch an Stellen der oberen Stammregion. Internodien gegen die Knoten zu leicht eingeschnürt. Infranodalkanalnarben sichtbar. Blüten von Palaeostachyatyp, die Ähren etwa so dick, als die sie tragenden Sprosse; zweizeilig angeordnet, aber nicht an allen Knoten der blütentragenden Region. Stammbasis und Beblätterung unbekannt.

C. jubatus Lindley und Hutton. Mittlerer Teil des Mittleren bis Oberes Oberkarbon (Großbritannien und Frankreich) (Fig. 500). Sproßstücke mit bis zu 3 cm Durchmesser bekannt. Blätter in vielzähligen Quirlen bis 18 cm und mehr lang, sehr schmal. Blüten zwischen den Blättern sitzend, zu je zweien an jedem Sproßknoten, in zwei einander um 180° gegenüberliegenden Reihen, gegen 7 cm lang und ½ cm dick.

Hilfsgruppe Calamitina Weiss.

Definition siehe S. 384.

C. Goepperti Ettingshausen. Mittlerer Teil des Mittleren bis Oberes Oberkarbon von Europa (Fig. 509—511).

Stämme nur in Oberflächenabdrücken gefunden, mit bis zu 16 cm Umfang bekannt. Internodien in der Regel breiter als lang, nur selten länger als breit. Stammoberfläche glatt, doch häufig mit Rindenrissen. Die periodisch am Stamm auftretenden Astquirle sind voneinander getrennt durch eine längere oder kürzere Periode von Gliedern, von denen keine Verzweigungen ausgehen. Die Zahl der Internodien in der Periode wechselt, sowohl bei den verschiedenen Individuen als selbst an ein und demselben Stamm (Fig. 510—511). Am kürzesten ist in der Regel das zweite Internodium, über dem den Astwirtel abgebenden Knoten. Von diesem Internodium ab nimmt dann in vielen Fällen die Länge der Internodien stammaufwärts allmählich zu und dasjenige Internodium, welches gerade unter dem den nächst höheren Astquirl abgebenden Knoten liegt, ist das längste. In anderen Fällen sind die Internodien einer Periode im wesentlichen gleich hoch und nur das gerade unter dem die Äste tragenden Knoten befindliche Internodium ist kürzer. Gelegentlich gehen von den Stämmen außer den im Quirl befindlichen blättertragenden Astsystemen noch stärkere Seitensprosse ab, die außerhalb den Stellen periodischer Verzweigung wohl ± nahe der Basis entstanden sind und im wesentlichen den Aufbau des Muttersprosses wiederholt haben.

Astmale rundlich bis fast quadratisch, ganz nahe aneinander gereiht. Beblätterung der Stämme selbst (durch Weiss 1876, T. 17 Fig. 1, bekannt) ziemlich schmal, nur am unteren Ende leicht verbreitert, bis zum Grunde frei, etwa 1½ cm lang und 1 mm breit. Beblätterung der Seitenäste unbekannt. Marksteinkerne nicht mit Sicherheit bekannt.

Als Blüte gehört möglicherweise **Calamostachys Solmsi** Weiss dazu: große, an kurzen Zweigen endständig getragene Blüten.

C. Sachsei Stur. Mittleres Oberkarbon von Europa (Fig. 501—508).

Stämme von 4 bis 30 cm Umfang bekannt. Internodien breiter als lang, selten und offenbar nur an jüngeren Sproßpartien länger als breit. Oberfläche der Stammrinde glatt. Blattnarben an den Sprossknoten kettenförmig aneinander gereiht, Stamm-Beblätterung selbst nicht bekannt. Verzweigung der Stämme periodisch und in vielzähligen Quirlen; astlose Perioden drei bis zehn und mehr Internodien umfassend. Das Internodium, unter dem der den Astquirl abgebende Knoten liegt, oder das nächstfolgende ist jeweils am kürzesten. Die darauf nach oben folgenden Glieder nehmen schnell an Höhe zu, und das Internodium, welches dem den nächst oberen Astquirl tragenden Knoten vorausgeht, ist jeweils das längste in der Periode (Fig. 503, 505—508); doch finden sich auch hier gelegentlich Ausnahmen, wie Fig. 506 zeigt. Die Zahl der Äste der aufeinanderfolgenden Quirle ist variabel oder mehr minder konstant. Stellung der Äste bei gleichzähligen Quirlen superponiert. Astansatzstellen bis 1,1 cm breit. Beblätterung der Äste nicht sicher bekannt. Marksteinkerne der Stämme bekannt; Leitbündelstränge hier durch relativ breite Rippenstreifen voneinander getrennt. — Daß die als **Palaeostachya Ettingshauseni** Kidston bekannten Blüten zu C. Sachsei gehören ist durch Stur und später vor allem durch Kidston und Jongmans (Taf. 59 Fig. 1) einwandfrei festgestellt worden. Die kurz gestielten, bis etwa 7 cm langen Blüten (Fig. 504) wurden, wohl ziemlich im oberen Teil des Stammes, an quirlig gestellten fertilen Zweigen getragen. Hier standen sie zu vier bis sechs im Quirl an den Knoten. Es hat den Anschein, als hätten die jeweils übereinander befindlichen Sporangiophor- und Brakteenwirtel gleiche Gliederzahlen.

Die Blüten der einzelnen vorliegenden Reste von Blütenständen sind je nach dem Grad der Reife, die sie zu Beginn der Fossilisation besaßen, bald mit mehr locker gestellten, bald mit noch eng aneinander liegenden Brakteen- und Sporangiophorquirlen gefunden. Die an den blütentragenden Zweigen noch ansitzenden Blätter sind von Asterophyllitestyp. Daraus muß geschlossen werden, daß auch die vegetativen blattragenden Äste Asterophyllitesbeblätterung besaßen. Genauer ist diese nicht bekannt. Von Stur wird die forma striata von Asterophyllites longifolius Sternberg als Beblätterung der blatttragenden Äste von Calamites Sachsei angegeben, doch ist ein organischer Zusammenhang nicht erwiesen, wenn schon die Beblätterung von derselben Stelle stammt, von welcher die Typenstücke der Stämme und Blütenstände gefunden sind (Hangendes des Leopoldflözes, Orzesche Grube, Oberschlesien). — Basalpartien und Rhizome unbekannt.

C. verticillatus Ettingshausen. Mittleres Oberkarbon von Großbritannien, Holland und Böhmen.

C. vaginatus Zeiller sp. Mittlerer Teil des Mittleren Oberkarbon (Holland und Kleinasien).

C. dictyoderma Kidston u. Jongmans ebenda (Großbritannien).

C. ohlsbachensis Sterzel. Unterer Teil des Mittleren Oberkarbon (Baden) bis Oberes Oberkarbon (Großbritannien).

C. germarianus Goeppert. Mittlerer Teil des Mittleren Oberkarbon von Ober- und Niederschlesien, Großbritannien und Belgien. (Fig. 518).

Eine Form, die vermittelnd zwischen C. Goepperti und C. Sachsei einerseits und dem unten zu erwähnenden C. discifer Weiss anderseits steht. Astmale an den Knoten dicht gedrängt, verhältnismäßig sehr groß, daher in geringerer Zahl vorhanden. Asttragende Knoten durch Perioden von drei Internodien getrennt. Die einzelnen Internodien annähernd gleich hoch, wesentlich breiter als lang. Marksteinkerne von mehr als 19 cm Umfang bekannt. — Beblätterung der Stämme lanzettlich, über 2 cm lang und ganz frei. Alles übrige unbekannt.

C. Brittsii (D. White) Kidston u. Jongmans. Mittlerer Teil des Mittleren Oberkarbon von Europa und Nordamerika.

C. pseudogermarianus Kidston und Jongmans. Mittlerer Teil des Mittleren Oberkarbon von Großbritannien, Oberschlesien, Niederschlesien und Böhmen. Ein stattlicher Calamit, von dem (Rindenskulptur zeigende) Stammreste mit über 32 cm Umfang bekannt sind.

C. discifer Weiss. Unterer und mittlerer Teil des Mittleren Oberkarbon von Europa.

Stammreste mit bis ca. 12 cm Umfang bekannt. Die astabgebenden Knoten sind durch Perioden getrennt, die aus nur wenigen (meist drei) Gliedern gebildet sind. An den einzelnen Knoten nur wenige Astmale. Manchmal ist die Zahl und Stellung regelmäßig, wie z. B. bei dem in Fig. 520 diagrammierten Sproßstück, wo in Abständen von stets drei Gliedern von den Knoten je drei Äste abgehen, die genau alternierend angeordnet sind. Doch sind solche Regelmäßigkeiten nicht häufig und jedenfalls finden sich auch nicht selten Sprosse mit ganz unregelmäßiger Astanord-

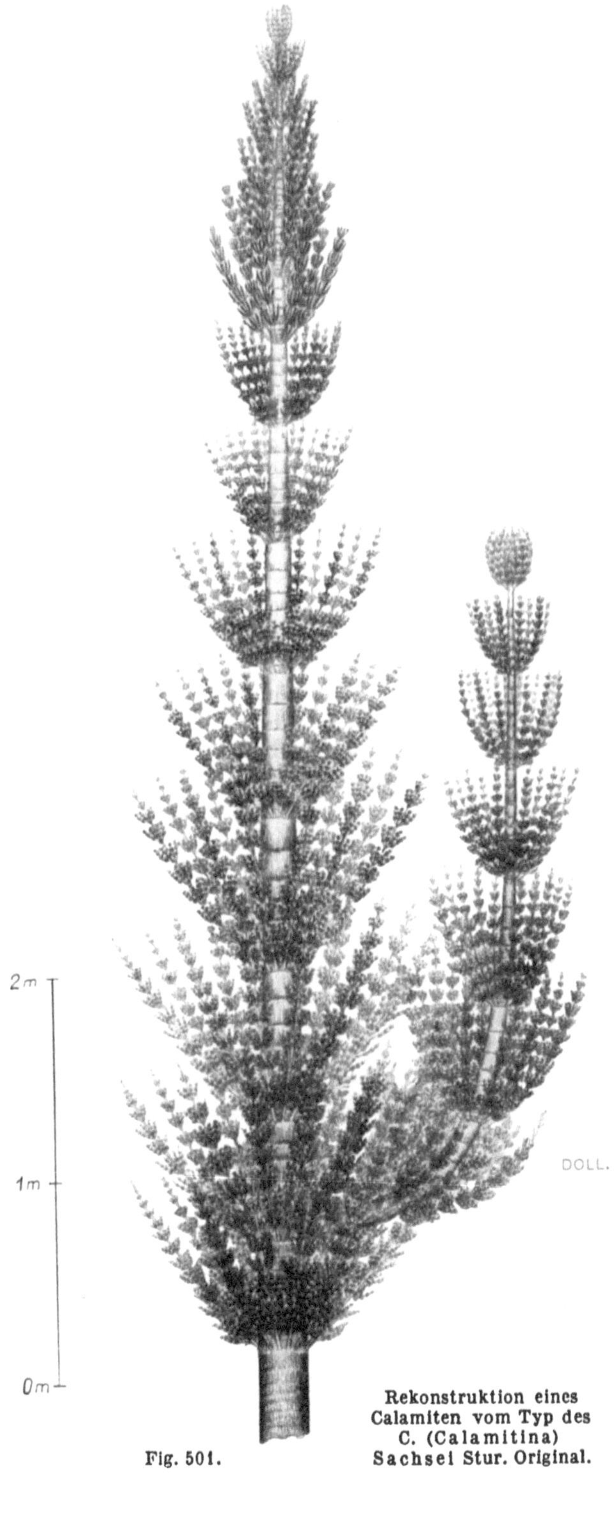

Fig. 501.

Rekonstruktion eines Calamiten vom Typ des C. (Calamitina) Sachsei Stur. Original.

Calamites (Calamitina) Sachsei Stur aus dem Mittleren Oberkarbon von Niederschlesien.

Fig. 502. Sproßstück zum Teil im Abdruck, zum Teil (soweit inkohlt erhalten) im Positiv, mit Abgängen zweier stärkerer Seitensprosse; an allen drei Sproßpartien über je mehreren Knoten die Narben der Seitenäste. ½. Nach Stur 1887.

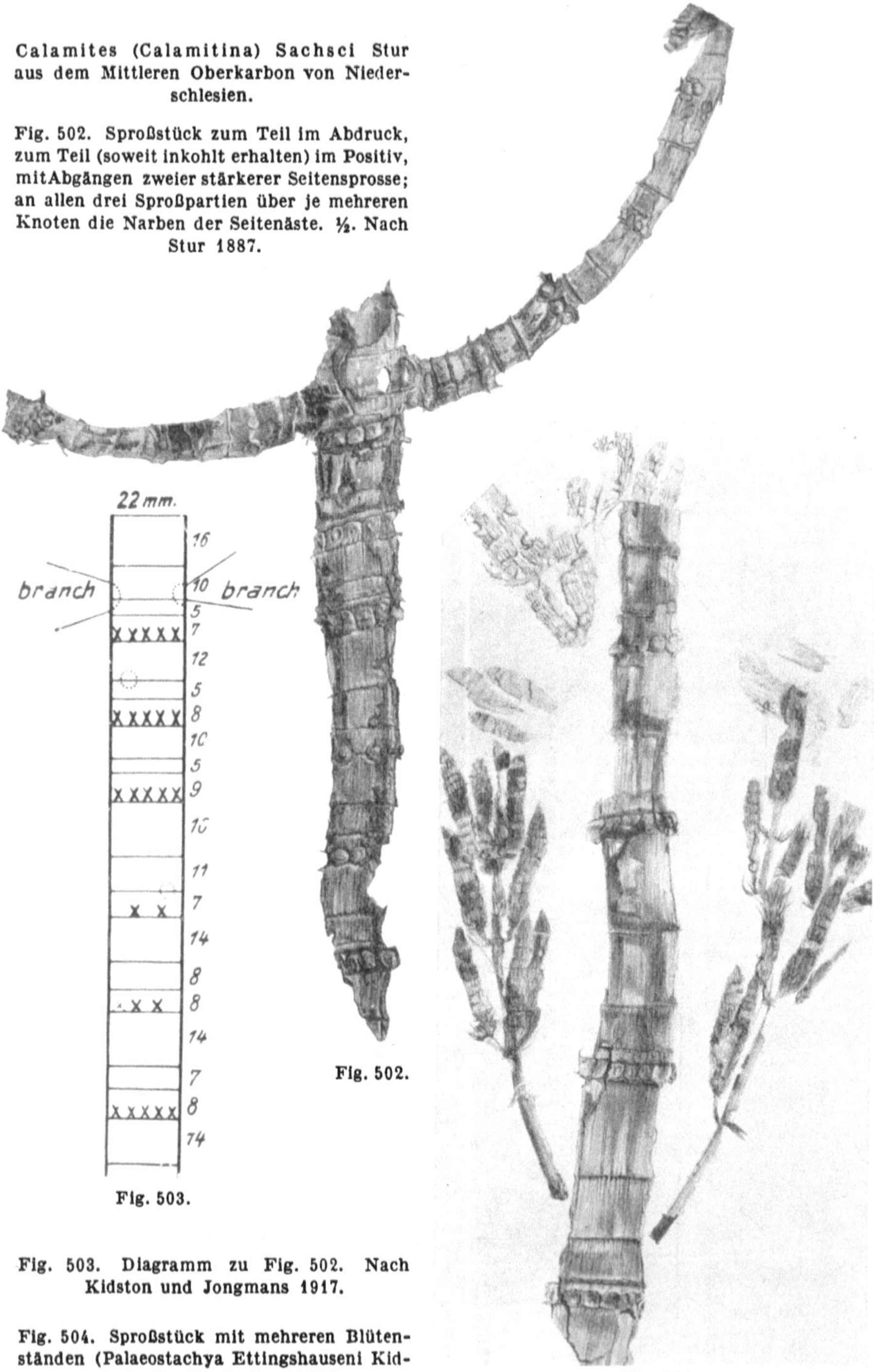

Fig. 502.

Fig. 503.

Fig. 503. Diagramm zu Fig. 502. Nach Kidston und Jongmans 1917.

Fig. 504. Sproßstück mit mehreren Blütenständen (Palaeostachya Ettingshauseni Kidston). ½. Nach Stur 1887.

Fig. 504.

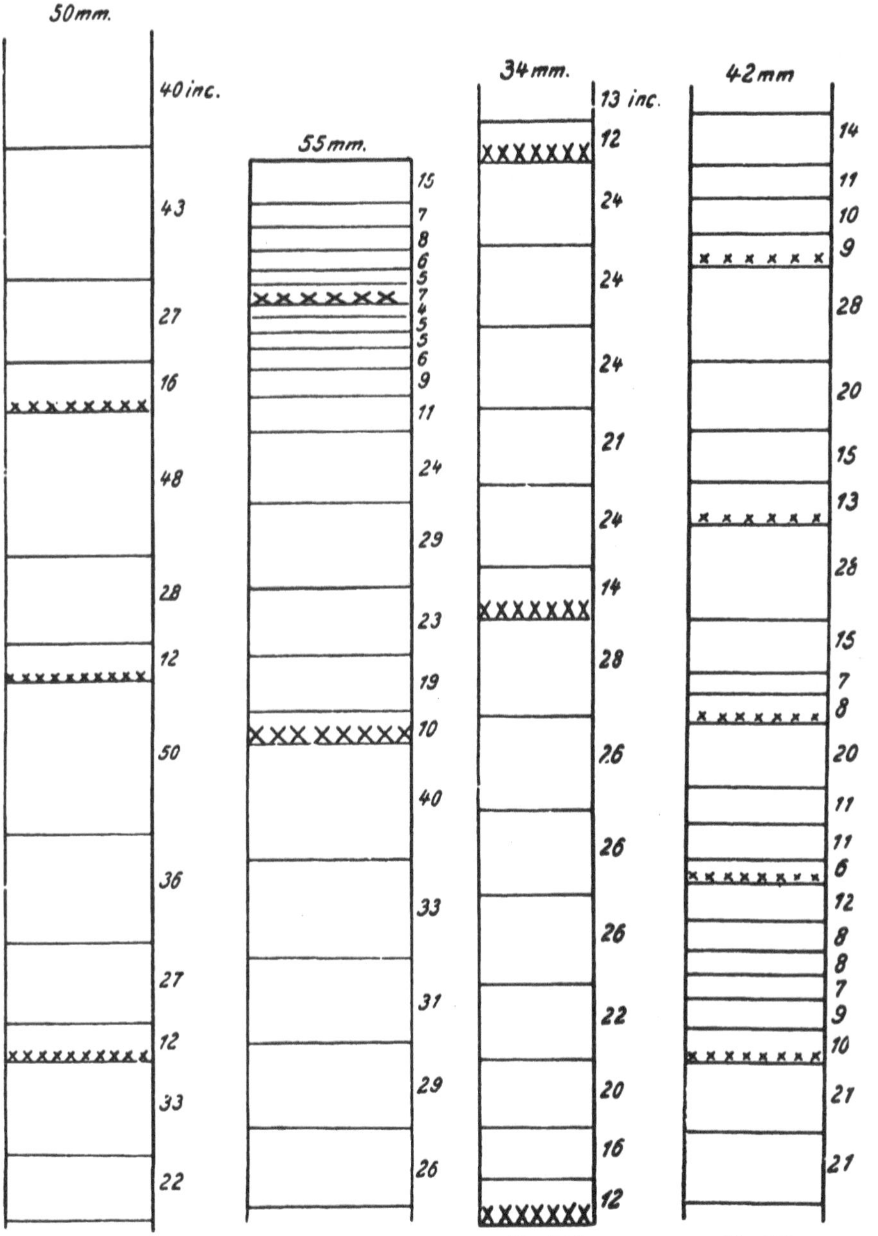

Fig. 505. Fig. 506. Fig. 507. Fig. 508.

Fig. 505—508. Calamites (Calamitina) Sachsei Stur. Diagramme der Seitensproßabgänge und Internodienlängen. Verkl. Nach Kidston und Jongmans 1917.

Fig. 509.

Fig. 510.

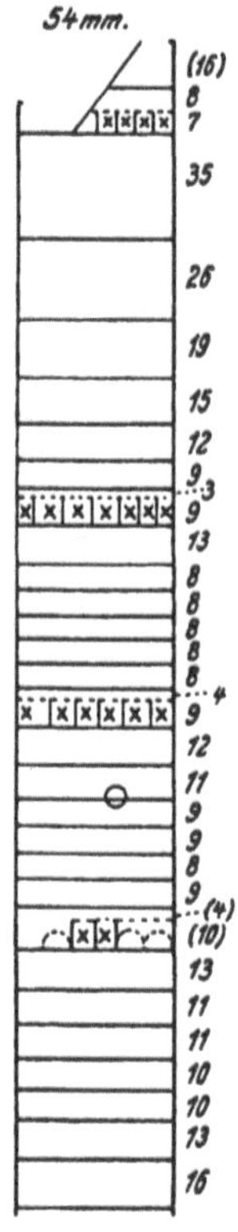

Fig. 511.

Calamites (Calamitina) Goepperti Ettingshausen aus dem Mittleren Oberkarbon von Westfalen (Fig. 510) und Niederschlesien (Fig. 509 u. 511). Stammstück mit zum Teil erhaltener Rinde an acht Knoten die Male der Astabgänge. Im wesentlichen Negativabdruck des Stammes. Da wo die Kohle (ca. 1 mm dick) erhalten ist, zeigt sie die vordere dem Beschauer zugewandte Fläche des Sprosses im Positiv. Verkl. $^{2}/_{3}$.

Fig. 510 u. 511. Diagramme der Seitensproßabgänge an zwei Sproßstücken. Verkl. Nach Kidston und Jongmans 1917.

Fig. 512.

Fig. 512.
Calamites (Calamitina) undulatus Sternberg aus dem Mittleren Oberkarbon von Großbritannien. Negativabdruck der Oberfläche eines Stammstückes. Über den Knoten noch zum Teil die Eindrücke der ursprünglichen Beblätterung sichtbar. Verkl. ½ ×. Nach Kidston und Jongmans 1917.

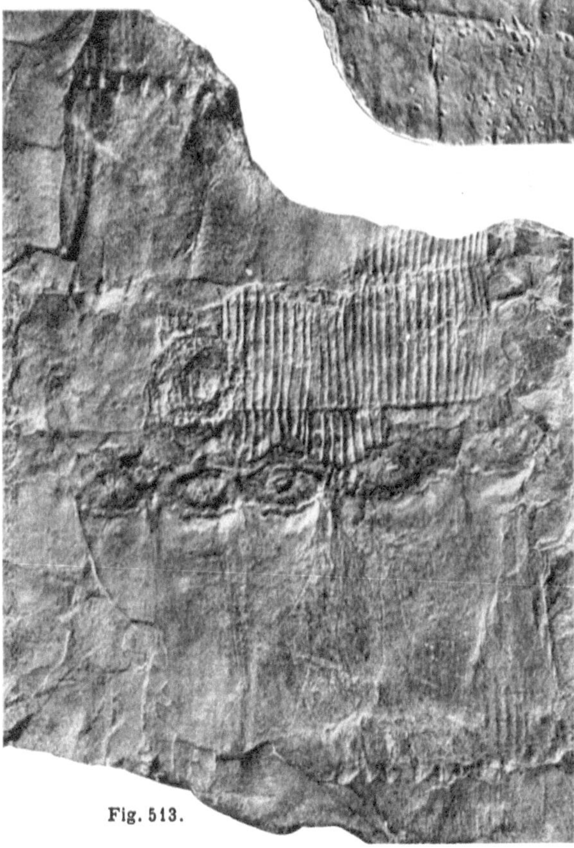

Fig. 513.

Fig. 513.
Calamites (Calamitina) undulatus Sternberg aus dem Oberen Oberkarbon von Wettin. Negativabdruck der Oberfläche eines Stammstückes. An den Knoten zum Teil noch die Eindrücke der Beblätterung. In der Mittelpartie des Stückes über der Astmalreihe ist noch ein Stück des Stammes erhalten, mit den gegen die Markhöhle vorspringenden Leitbündeln. Verkl. $4/5$. Nach Kidston und Jongmans 1917.

Fig. 514.

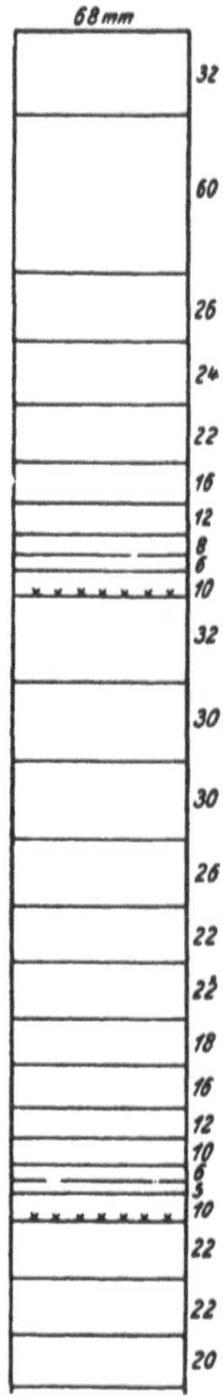

Fig. 515.

Fig. 514. Calamites (Calamitina) undulatus Sternberg aus dem Mittleren Oberkarbon von Westfalen. Marksteinkern. Verkl. ½. Nach Jongmans u. Kukuk 1911.

Fig. 515. Calamites (Calamitina) undulatus Sternberg aus dem Mittleren Oberkarbon von Großbritannien. Diagramm eines Sprosses. Nach Kidston und Jongmans 1917.

Fig. 516.

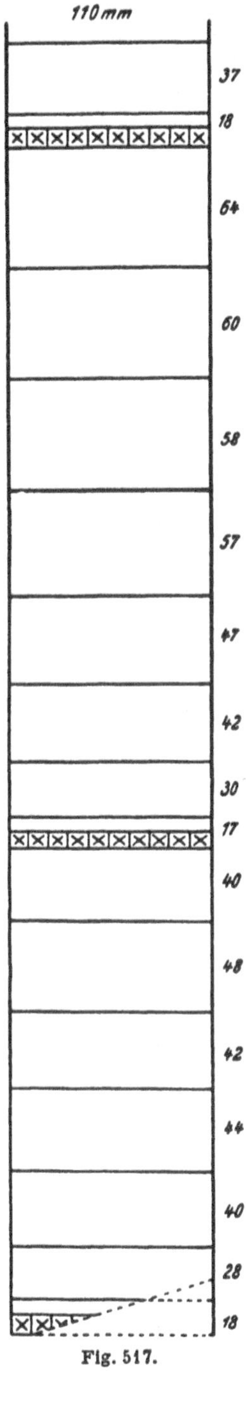

Fig. 517.

Calamites (Calamitina) undulatus Sternberg aus dem Mittleren Oberkarbon von Holland.

Fig. 516. Marksteinkern, oben (bis zur Abbruchstelle in der Mitte) im Positiv; unten im Abdruck $^4/_5$. Nach Kidston und Jongmans 1917.

Fig. 517. Diagramm eines Sprosses. Nach Kidston und Jongmans 1917.

Fig. 518.

Fig. 518. **Calamites (Calamitina) germarianus** Goeppert aus dem Mittleren Oberkarbon von Großbritannien. Negativabdruck der Oberfläche eines Stammstückes. Astansätze unter der Knotenlinie. Verkl. ½. Nach Kidston und Jongmans 1917.

Fig. 519. **Calamites (Calamitina) crassicaulis** Renault spec, Partie eines Stammes mit den großen Malen der Astabgänge und den kleineren, welche den Insertionsstellen der Blüten entsprechen dürften. Rechts oben (bei a) die zugehörige Blütenähre **Macrostachya infundibuliformis** Brongniart. Verkl. ½. Nach Renault und Zeiller 1888/90.

Fig. 519.

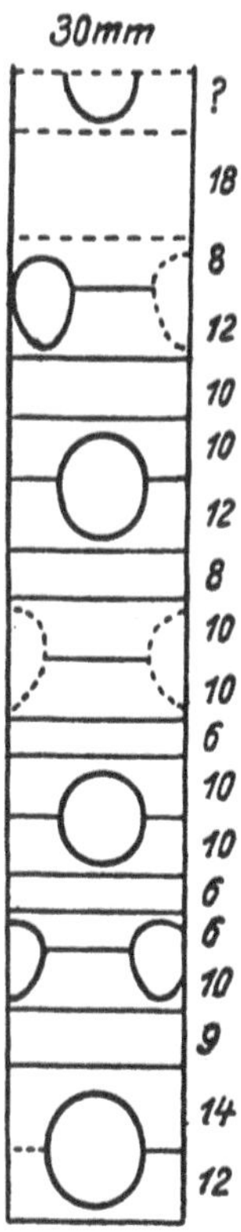

Fig. 520.

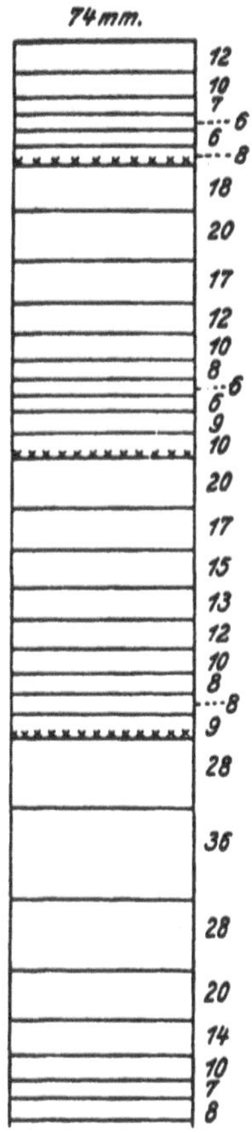

Fig. 521.

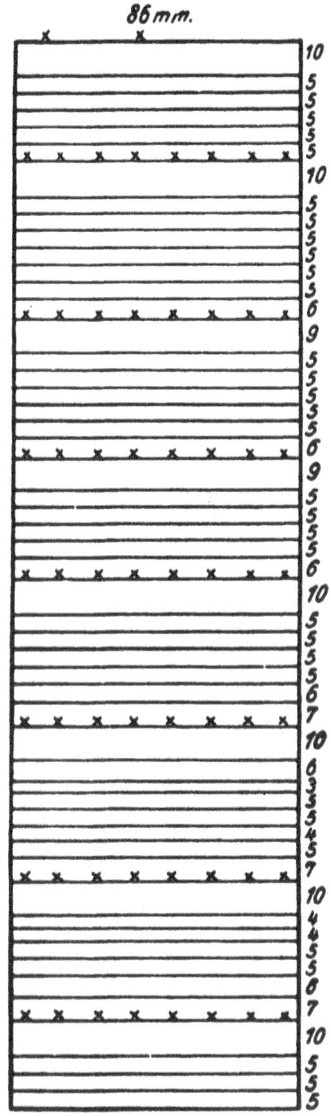

Fig. 522.

Fig. 520. **Calamites (Calamitina) discifer** Weiss aus dem Mittleren Oberkarbon von Niederschlesien. Diagramm der Sproßverzweigung. Nach Kidston u. Jongmans 1917.

Fig. 521/522. **Calamites (Calamitina) schützeiformis** Kidston u. Jongmans aus dem Mittleren Oberkarbon des Saargebietes.

Fig. 521. Forma **typicus**.

Fig. 522. Forma **Waldenburgensis**.
Diagramme des Sproßaufbaues. Nach Kidston u. Jongmans 1917.

Fig. 523.

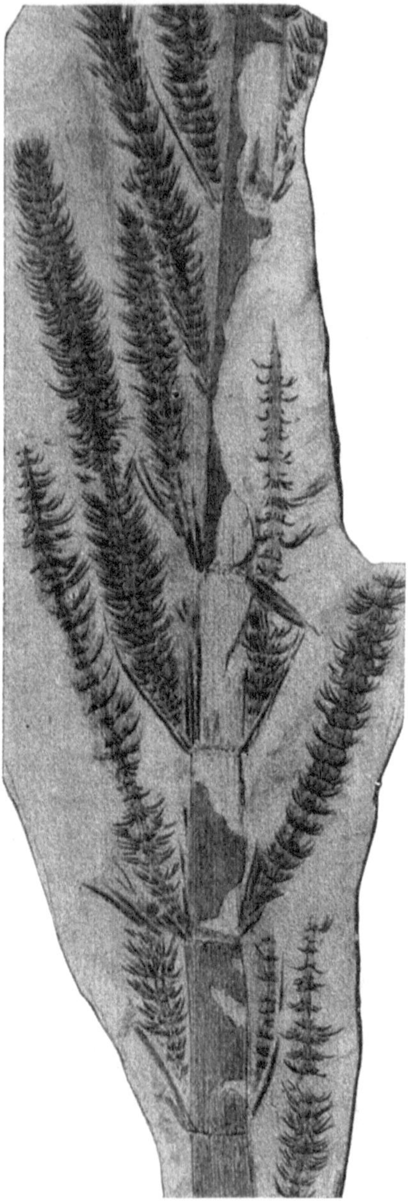

Fig. 524.

Fig. 524. Asterophyllites equisetiformis Schlotheim aus dem Mittleren Oberkarbon von Nordfrankreich. Beblätterter Ast mit opponiert zweizeilig gestellten Blüten (Calamostachys germanica Weiss). Verkl. $^9/_{10}$. Nach Zeiller 1888/90.

Fig. 523. Calamites (Calamitina) alternans Stur aus dem Mittleren Oberkarbon von Niederschlesien. Beblättertes Sproßstück mit 6 erhaltenen Knoten, von deren oberstem Seitenäste (5 sichtbar) vom Typ der Asterophyllites equisetiformis Schlotheim abgehen. Verkl. $^1/_3$. Nach Stur 1887.

Fig. 525.

Fig. 526.

Asterophyllites equisetiformis Schlotheim.

Fig. 525. Sproß erster Ordnung mit opponiert-zweizeiliger Verzweigung. ½. Nach Schimper, Traité.

Fig. 526. Im Austreiben begriffener Sproß erster Ordnung. ½. Nach Renault und Zeiller 1888/90.

nung. Wie auch bei anderen periodisch ästetragenden Calamiten gehen ohne Rücksicht auf diese Astperioden von anderen als den eigentlichen asttragenden Knoten noch gelegentlich stärkere Sprosse ab, die die Verhältnisse des Muttersprosses wiederholen. Marksteinkerne unbekannt. Astmale im Verhältnis zum Stammdurchmesser sehr groß, bis 1¾ cm im Durchmesser. Beblätterung der Stämme (nicht der Äste) bekannt. Es handelt sich um kleine etwa 2 cm lange, schmale Blätter, die bis zur Basis frei, dem Stamm dicht angeschmiegt waren. Basalpartien der Stämme, Rhizome, Äste, Astbeblätterung und Blüten unbekannt.

C. Schützei Stur. Mittlerer Teil des Mittleren Oberkarbon.

C. Vandergrachtii Kidston u. Jongmans, ebenda.

C. schützeiformis Kidston und Jongmans. Mittleres und Oberes Oberkarbon von Europa und Nordamerika. (Fig. 521—522).

Unter diesem Sammelnamen werden von den Autoren hauptsächlich Marksteinkerne zusammengefaßt, die bei bedeutender Größe (Stücke mit bis zu 38 cm Umfang bekannt) dadurch ausgezeichnet sind, daß sie periodische Astabgänge, und zwar in sehr großer Anzahl an den betreffenden Knoten zeigen. Die Marksteinkerne der einzelnen Glieder sind gegen die Knotenlinien zu ziemlich stark eingeschnürt. Die Zahl der Glieder einer astlosen Periode ist sehr groß und die Länge der einzelnen Glieder bei den einzelnen unterschiedenen Varietäten sehr verschieden. Im Maximum beträgt sie bis zu 9 cm. Nach der Länge dieser Glieder werden drei Formen unterschieden, wovon **forma typicus** (Fig. 521) neben kurzen Gliedern auch sehr lange aufweist, wogegen **forma Waldenburgensis** (Fig. 522) nur sehr kurze Glieder besitzt. Die Mitte hält **forma intermedius.**

Während forma typicus auf den mittleren und oberen Teil des Mittleren Oberkarbon beschränkt ist, findet sich forma intermedius auch außerdem noch im Oberen Oberkarbon, und forma Waldenburgensis ist im ganzen Mittleren und im Oberen Oberkarbon nachgewiesen.

C. undulatus Sternberg. Mittleres und Oberes Oberkarbon von Europa und Nordamerika (Fig. 512—517).

Eine große Form; Marksteinkerne mit bis über 34 cm Umfang (= mehr als 10 cm Durchmesser) bekannt. Oberfläche der Stämme (Fig. 512—513) glatt mit feiner, länglicher Streifung. Internodien sehr verschieden lang (bis mehr als 12 cm), jedoch in der Regel kürzer als breit. Blättchen an den Knoten frei, lanzettlich, etwa 1½ cm lang. Astabgänge periodisch (Fig. 515—517), Perioden verschieden groß. Innerhalb einer Periode ist in der Regel — aber nicht immer — dasjenige Glied das kürzeste, das über demjenigen liegt, unter dem der den Astquirl abgebende Knoten sich befindet, und dasjenige das längste, welches unter dem den Astquirl abgebenden Knoten liegt. Äste in großer Zahl an einem Quirl. Beblätterung der Äste und Blüten unbekannt. Außer den periodisch abgegebenen, vermutlich blatttragenden Ästen sind unabhängig von den sie tragenden Knoten große Sprosse abgegeben worden, deren Narben bis zu 4 cm im Durchmesser erreichen. Diese Sprosse dürften wohl nur nahe der Stammbasis entsprungen sein und im wesentlichen die Verzweigung des Hauptstammes wiederholt haben. Marksteinkerne (Fig. 514 u. 516) vornehmlich dadurch ausgezeichnet, daß die Rippenenden nahezu rechtwinklig zugespitzt sind, und die Leitbündelabdrücke zwischen den Rippen in der Regel mehr oder minder stark wellig verlaufen. Infra- und Supranodalkanäle deutlich sichtbar, erstere größer. In Rindenabdrücken bekannt sind auch unterirdische Sproßpartien und Rhizome, die im wesentlichen denselben Bau wie die oberirdischen Sprosse zeigen. Rhizomspitze (Abb. bei Kidston und Jongmans, Taf. 4 Fig. 1 u. 2, Textfig. 18 S. 25) konisch mit sehr kurzen Internodien. An den unterirdischen Partien noch öfter die ringsum an den Knoten entspringenden Wurzeln erhalten.

C. arborescens Sternberg. Mittlerer Teil des Mittleren Oberkarbon von Böhmen (Swina).

Eine Art, die nur in einem einzigen Exemplar bekannt ist, deren Name aber von vielen Autoren auf diejenigen Formen übertragen wurde, die hier in Anlehnung an die Monographie von Kidston und Jongmans unter C. distachyus Sternberg und C. Schulzi Stur aufgeführt wurden. Der prinzipielle Unterschied zwischen diesen beiden Formen und C. arborescens liegt darin, daß C. arborescens, zur Calamitinagruppe gehörig, periodisch verzweigt ist; Perioden meist drei Glieder lang. Sproß ca. 2 ½ cm breit. Die Zahl der Äste an einem Knoten scheint sehr variabel gewesen zu sein. Während an dem einzigen bekannten Sproßstück (Kidston und Jongmans Taf. 104 Fig. 243) an einigen Stellen von den Knoten nur jeweils ein Ast oder ganz wenige Äste abgegeben werden, ist an demselben Sproß auch ein Knoten zu sehen, der ringsum mit zahlreichen Astabgangsmalen besetzt ist. Internodien wesentlich breiter als hoch. Beblätterung der Äste von Asterophyllitestyp, jedoch nicht näher bestimmbar, da der einzige erhaltene Ast (früher des öfteren für eine Blüten gedeutet) sich noch im Knospenzustand befindet.

C. alternans (Germar) Stur. Mittleres Oberkarbon (Fig. 523—526). Unter diesem Namen bildet Stur ein mit Zweigen und Blättern besetztes Sproßstück (Fig. 523) aus dem Karbon von St. Etienne ab, das in der modernen Literatur zwar fast ganz vernachlässigt, dennoch von großem Interesse ist. Es ist hier der organische Zusammenhang mit den als **Asterophyllites equisetiformis** Schlotheim bekannten blatttragenden Astsystemen erwiesen, und da anderseits feststeht, daß zu dem ebengenannten Typ blatttragender Äste als Fruktifikation **Calamostachys germanica** Weiss gehört, so handelt es sich hier um einen der bei den Calamiten so überaus wenigen Fälle, wo Stamm, Äste, deren Beblätterung und Blütenstände zusammen bekannt sind. Allerdings ist die Kenntnis des Stammes und auch die der Blüten bisher noch eine mangelhafte.

Von dem Stammstück der Fig. 523 ist lediglich die Oberflächenstruktur gut sichtbar. Die ganze organische Masse des Calamiten ist nur in einer ganz zarten Kohlehaut erhalten; ihre besondere Dünnheit darf wohl als ein Anzeichen dafür angesprochen werden, daß der Stamm an der erhaltenen Partie weder größere Mengen sekundären Holzes noch Periderms gebildet hat, also wohl einer verhältnismäßig jungen (oberen?) Stammpartie angehört. Was die Ausbildung der Internodien betrifft, so nehmen sie von der untersten erhaltenen Partie gegen die Stelle, wo der Knoten mit den Astabgängen sich befindet, ständig an Höhe ab, was durch die folgenden Zahlen (von denen die erste die Länge des untersten erhaltenen Internodiums in Zentimeter bedeutet) erläutert wird: 7,2 — 6,4 — 5,3 — 4,5 — 4,0 — 1,3 cm. Inwieweit das hier mehr Zufall ist oder eine streng fixierte periodische Abnahme der Internodienhöhe gegen den astabgebenden Knoten zu vorliegt, und inwieweit die Abgabe von Seitenästen streng periodisch erfolgte, ist mangels weiteren Materials natürlich schwer zu sagen. Bemerkt sei, daß ein Calamitensproßstück von ähnlichem Typ und mit gleicher Verzweigung von Lindley und Hutton (Foss. Fl. of Great Britain III, Taf. 190) abgebildet wird, wozu gehörig die Autoren gleichfalls einen Zweig von Asterophyllites equisetiformis rechnen.

Die Seitenzweige des in Fig. 523 abgebildeten Stückes haben eine Breite von etwa 1,2 cm und der längst erhaltene mißt 24 cm. Die ersten Internodien haben geringere Höhe (etwa 2,4 bis 2,7 cm), um dann eine durchschnittliche Höhe von etwas über 3 ½ cm zu erreichen. An den Knoten der Äste ist ebenso deutlich wie an denen des Stammes die Beblätterung zu erkennen. Außerdem gehen von jedem Knoten der Seitenäste in zweizeilig superponierter Stellung je zwei Äste zweiter Ordnung ab. Dies ist im einzelnen viel besser noch zu erkennen an dem gut erhaltenen Aststück, das Fig. 525 wiedergibt. Dieser Ast mißt an der Basis über 1 ½ cm Breite und ist 28 cm lang erhalten, ohne an seiner oberen erhaltenen Partie seinem distalen Ende bereits nahe zu sein, und dürfte mindestens die doppelte Länge besessen haben. Einen noch größeren, wenn auch schlecht erhaltenen Ast bildet Renault (Commentry, Taf. 49 Fig. 1 bis 3) ab, der über 83 cm Länge aufweist. Ein Stück eines eben im Austreiben begriffenen Astes gibt Fig. 526 wieder.

Die zugehörige Fruktifikation: Calamostachys germanica Weiss wird an größeren Fruktifikationsästen getragen. Die einzelnen Blüten sind an den beblätterten Knoten der Äste zu zweien im Quirl zweizeilig superponiert gestellt (Fig. 524), also ebenso angeordnet wie die Zweige zweiter Ordnung an den vegetativen Ästen. Die einzelnen Blüten, 8 bis 15 cm lang, aus alternierenden Quirlen von Brakteen und Sporangiophoren gebildet, sind im wesentlichen vom Typ der Calamostachys Binneyana Carruthers.

C. Wedekindi Weiss. Mittlerer Teil des Mittleren Oberkarbon von Deutschland, Belgien und England. Internodien annähernd gleich lang.

C. semicircularis Weiss. Unterer bis mittlerer Teil des Mittleren Oberkarbon (Fig. 461).

C. crassicaulis Renault spec. Oberes Oberkarbon von Frankreich (Commentry) (Fig. 519).

Eine Form, die sich insofern von den übrigen bisher behandelten Arten der Gruppe Calamitina unterscheidet, als regelmäßig blütentragende und vegetative Äste tragende Knoten abwechseln. Stämme stark; der abgebildete Rest stellt bei über 10 cm Breite nur einen Bruchteil der ursprünglichen Stammbreite dar. Während eine größere Anzahl von aufeinanderfolgenden Knoten nur die Ansatzstellen von Blättern aufweist, finden sich in gewissen Abständen Knoten, die außer diesen auch breite Astabgangsmale zeigen. Diese selbst sind aber wieder von zweierlei Größe. Das eine Mal handelt es sich um sehr große Male, die sich eng berühren und vermutlich die Stelle der Abgänge vegetativer Zweigsysteme darstellen, das andere Mal um weniger große, am Knoten etwas lockerer gestellte Male, die aller Wahrscheinlichkeit nach die Insertionsstellen der großen caulifloren Blüten sind. Die Aufeinanderfolge von einem neben den Blättern astmaltragenden Knoten, einer etwa sechsgliedrigen Reihe von nur Blätternarben zeigenden Knoten, dann einem Knoten, der neben Blattnarben noch Blütenmale zeigt und wieder einer Serie von nur mit Blattnarben besetzten Knoten usw. wiederholt sich, wie die Fig. 519 zeigt, ganz regelmäßig. — Mit dem hier beschriebenen, von Renault (Commentry) abgebildeten Stück dürften ident sein die Blüten und Stammreste, die Geinitz 1855 (Taf. 10 Fig. 6 und 7) abbildet, und die Blüten, die unter dem Namen **Macrostachya infundibuliformis** Brongniart beschrieben sind. Blüten von über 16 cm Länge und über 2½ cm Durchmesser. Die Brakteen der aufeinanderfolgenden Quirle deutlich alternierend; sonst wenig Einzelheiten bekannt; angeblich heterospor. Diese Blütenreste sind vom mittleren Teil des Mittleren Oberkarbon bis zum Obersten Oberkarbon in Europa bekannt.

Hilfsgruppe Eucalamites Weiss:

Definition siehe S. 384.

1. Formengruppe des Calamites cruciatus.

Stammreste, die in erster Linie dadurch ausgezeichnet sind, daß von allen oder wenigstens nahezu allen Knoten je drei bis viele quirlig gestellte und an den aufeinanderfolgenden Knoten in der Regel untereinander alternierende Äste abgehen.

C. cruciatus Sternberg. Mittlerer Teil des Mittleren und Oberes Oberkarbon: Saargebiet, Sachsen, Niederschlesien, Niederlande, Belgien und Frankreich.

Stämme von beträchtlicherem Umfang; Marksteinkerne mit bis über 28 cm Umfang bekannt. Internodien sehr viel kürzer als breit. Äste zu drei bis sechs im Quirl an jedem Knoten, quinkunzial angeordnet; Marksteinkerne mit alternierenden Leitbündeln, deren mehrere an den Stellen der Astabgänge jeweils miteinaner anastomosieren.

Welche blattragenden Zweigsysteme zu Calamites cruciatus gehört haben, ist nicht bekannt. Als sicher kann nur soviel gelten, daß es sich um Zweigsysteme

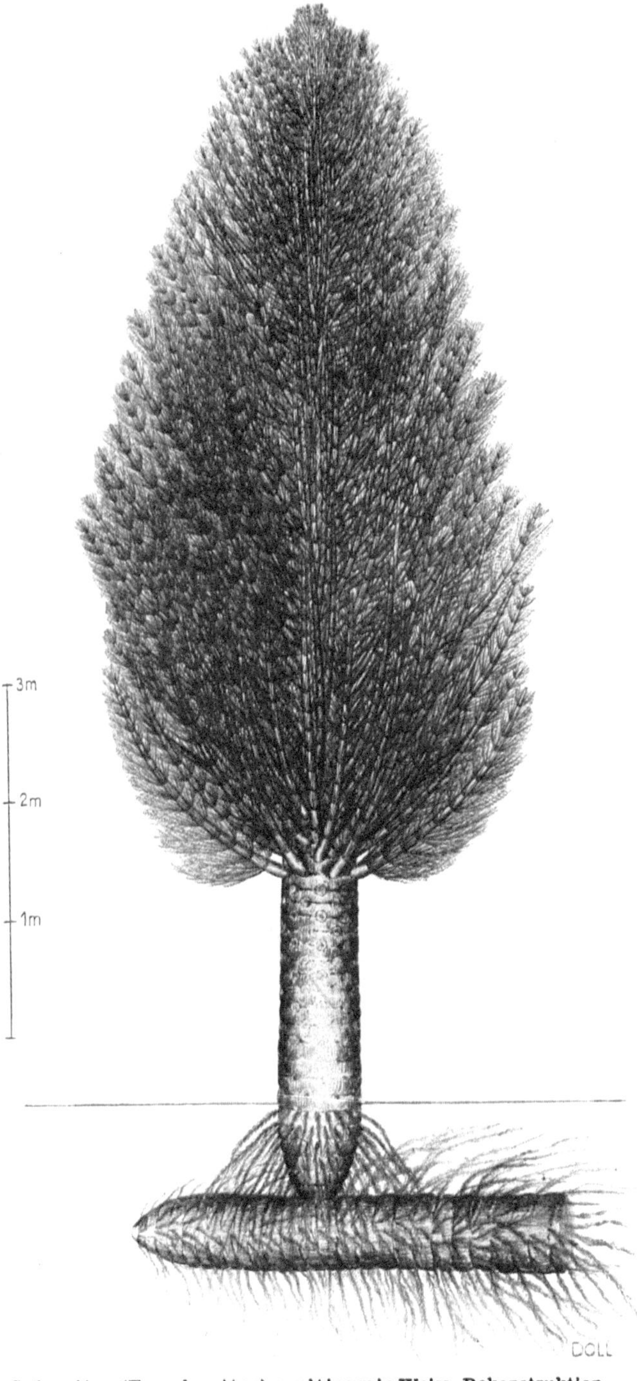

Fig. 527. Calamites (Eucalamites) multiramis Weiss. Rekonstruktion. — Original.

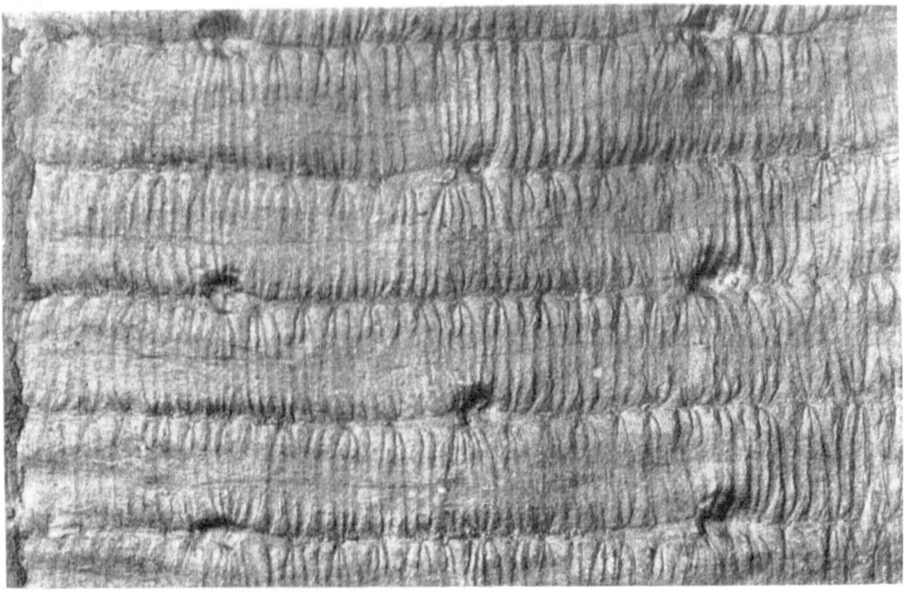

Fig. 528.

Fig. 529.

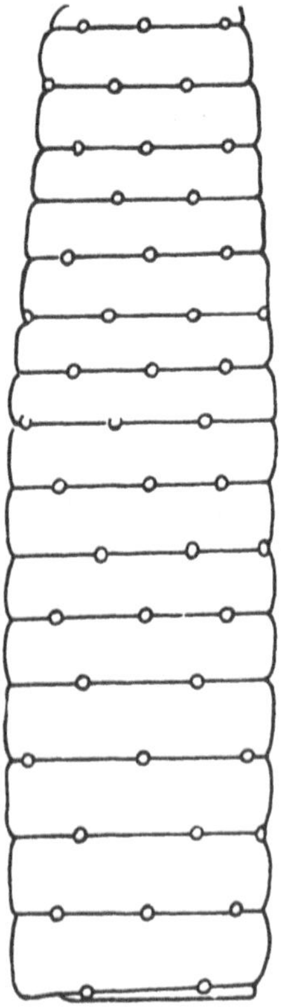

Fig. 530.

Fig. 528. Calamites (Eucalamites) multiramis Weiss aus dem Rotliegenden von Thüringen. Ausschnitt aus einem sehr breiten Marksteinkern mit vergleichsweise sehr niedrigen Internodien. An den Knoten die alternierend gestellten Astabgänge. — $^{9}/_{10}$.

Fig. 529. Calamites (Eucalamites) multiramis Weiss aus den Radstock-Series des Mittleren Oberkarbon von Großbritannien. Diagramm eines Sprosses. Verkl. ⅓.

Fig. 530. Calamites (Eucalamites) multiramis Weiss aus dem Mittleren Oberkarbon des Saargebietes. Stück des Stammrindenabdruckes mit den großen, alternierend gestellten Astmalen und den kleineren Narben der Blütenansatzstellen. ½. Nach Kidston u. Jongmans 1917 (dort als C. cruciatus Stbg. aufgeführt).

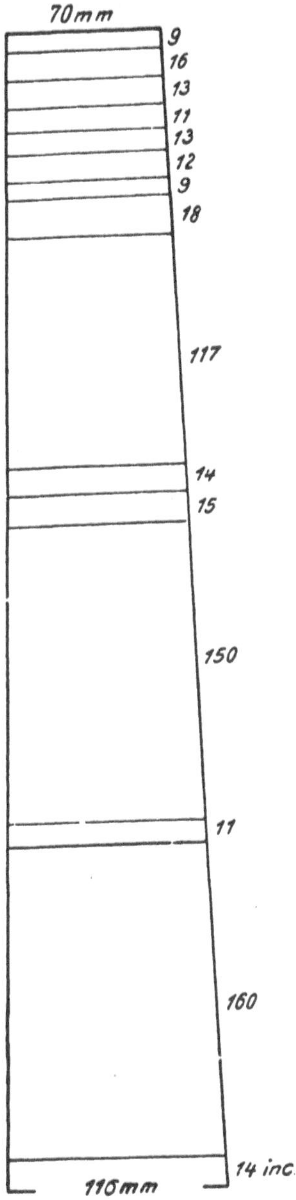

Fig. 531.

Fig. 532.

Fig. 531. Calamites (Calamitina) multiramis Weiss aus dem oberen Teil des Mittleren Oberkarbon von Sachsen (Oelsnitz). Marksteinkern; an den Knoten je 5 Astabgänge. 4/5. Nach Kidston u. Jongmans 1917.

Fig. 532. Calamites (Eucalamites) multiramis Weiss aus dem Obersten Oberkarbon von Frankreich. Diagramm eines großen Sproßstückes in ¼ nat. Gr. Die Astabgänge jeden Knotens nicht eingetragen. Sämtliche nach Kidston u. Jongmans 1917.

Fig. 533. Calamites (Eucalamites) multiramis Weiss aus dem Obersten Oberkarbon von Frankreich (Commentry). Ast erster Ordnung, im Austreiben begriffen. Die vielgliedrig-quirlig getragenen Seitenäste 2. Ordnung (Annularia stellata Schlotheim) noch nicht weiter verzweigt. ½. Nach Renault u. Zeiller 1888/90.

Fig. 533.

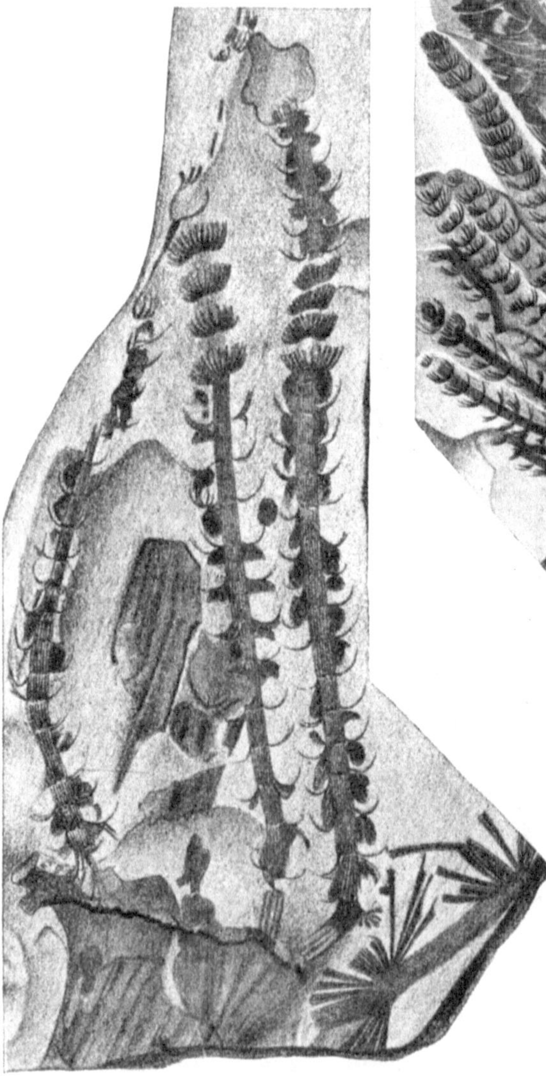

Fig. 534.

Fig. 534. Calamites (Eucalamites) multiramis Weiss aus dem Obersten Oberkarbon von Frankreich (Commentry). Bruchstück eines dickeren Astes (vermutlich 1. Ordnung). An dem einzigen sichtbaren Knoten rechts ein Seitenast vom Typ Annularia stellata Schlotheim (noch nicht weiter verzweigt); außerdem drei Blüten: Calamostachys tuberculata Sternberg $^{9}/_{10}$. Nach Renault u. Zeiller 1888/90.

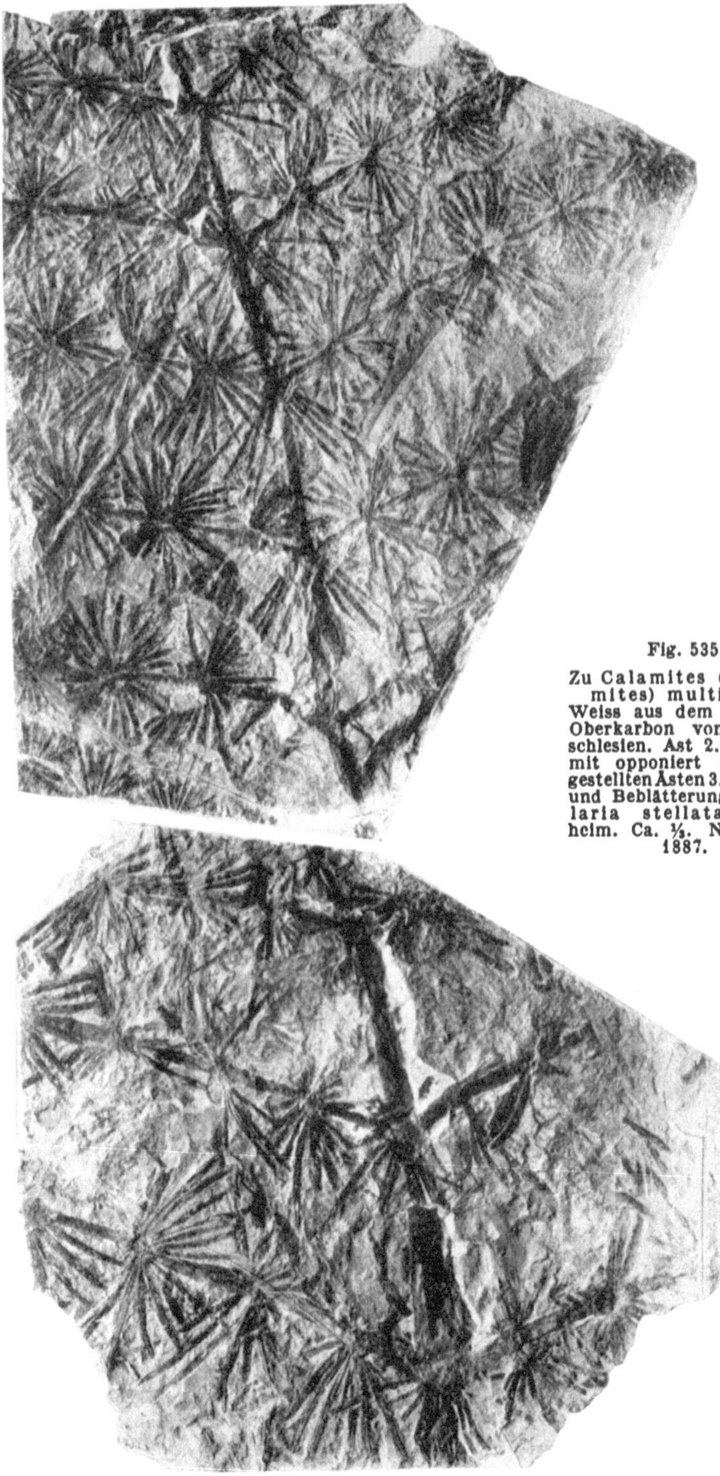

Fig. 535.

Zu Calamites (Eucalamites) multiramis Weiss aus dem Mittleren Oberkarbon von Niederschlesien. Ast 2. Ordnung mit opponiert zweizeilig gestellten Ästen 3. Ordnung und Beblätterung: Annularia stellata Schlotheim. Ca. ⅓. Nach Stur 1887.

von Asterophyllitestyp gehandelt hat, da auch die hinsichtlich ihrer Zugehörigkeit sichergestellten Infloreszenzzweige von **Calamostachys paniculata** Weiss (Fig. 549) Asterophyllitesbeblätterung aufweisen.

Ob diese Blütenstände, die größere Länge erreichten (obwohl nur unvollständig erhalten, mißt der mittlere Ast in Fig. 548 über 64 cm), etwa nur am oberen Teil älterer Stämme, an Stelle vegetativer Äste getragen wurden, oder ob sie periodenweise zwischen vegetativen Zweigen gestellt waren, ist nicht bekannt. Jedenfalls standen sie an den sie tragenden Knoten zu mehreren in Quirl, was Fig. 548 beweist. Die Hauptachsen der Infloreszenz, die bis über 1 cm Durchmesser aufwiesen, trugen an allen Knoten zu sechs bis acht im Quirl gestellte Teilinfloreszenzen je oberhalb eines zehn- bis zwölfgliedrigen Kranzes von Asterophyllitesblättern. Die Teilinfloreszenzen trugen an den einzelnen Knoten außer den Blättern noch je vier Blüten von Calamostachystyp und schlossen mit einer endständigen ab.

C. multiramis Weiss. Oberster Teil des Mittleren Oberkarbon bis Rotliegendes von Europa. (Fig. 528—536).

Stämme von noch größeren Dimensionen als bei C. cruciatus. Es sind Marksteinkerne von mehr als 50 cm Umfang (= etwa 16 cm Durchmesser) bekannt. Internodien von ziemlich variabler Länge, in der Regel so angeordnet, daß Perioden von 2 bis 16 relativ sehr kurzen Internodien unterbrochen werden durch ein (oder selten mehr als ein) sehr langes (bis 21 cm) Internodium. Blattragende Astsysteme an allen Knoten zu je fünf und mehr im Quirl.

Marksteinkerne dadurch ausgezeichnet, daß die Rippen und Leitbündel gegen die Internodienmitte zu fast ganz verschwinden, und daß, abgesehen von der Konvergenz der Bündel, an den Abgangsstellen der Äste auch sonst stets mehrere (zwei bis drei) Bündel zu kleinen Gruppen zueinander konvergieren. — Die Art ist auch in strukturbietenden Resten: Calamodendron striatum Brongniart und C. congenium Grand' Eury bekannt; vergl. S. 396.

Zu C. multiramis gehören die als **Annularia stellata** Schlotheim bekannten blattragenden Zweigsysteme (Fig. 533 u. 535), die, wie bemerkt, zu fünf und mehr an den Knoten getragen wurden. Hauptzweige (Fig. 533) bis 5 cm stark mit zahlreichen langen schmalen Blättern an den Knoten. An diesen gleichfalls im Quirl zu etwa sechs und mehr die Äste zweiter Ordnung mit bis 12 cm langen Gliedern (Fig. 535). An den Knoten die Annulariabeblätterung: lanzettliche bis spatelförmige

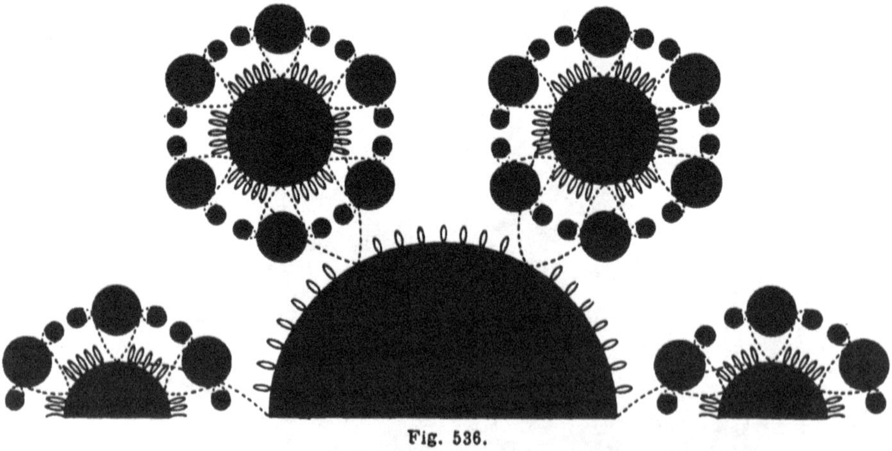

Fig. 536.

Calamites (Eucalamites) multiramis Weiss.

Diagramm der dreifachen Sproßverzweigung und der Blütentragung. Am Hauptsproß und den Ästen 1. Ordnung zwischen den abgehenden Seitenästen die Blüten. Hauptsproß und Äste 1. und 2. Ordnung alternierend vielgliedrig-quirlig, Äste 3. (letzter) Ordnung opponiert zweigliedrig-quirlig verzweigt. — Original.

bis 5 cm lange Blätter, die an der Basis scheidenförmig verwachsen zu 6 bis 32 im Quirl standen. Außerdem an jedem Knoten noch je zwei um 180° einander opponierte. an den einzelnen Knoten genau übereinander gestellte große, blattragende Äste dritter Ordnung mit wieder 16 bis 32 Blättern im Quirl (vergl. Diagramm Fig. 536).

Als Fruktifikation zugehörig ist **Calamostachys tuberculata** Sternberg (Fig. 534). Die Blüten waren nicht zu mehreren an eigenen Infloreszenzen getragen, sondern entsprangen zwischen den blättertragenden Zweigen erster Ordnungen zu vielen, etwa 12 bis 16; mit ihnen zusammen am selben Knoten die Zweige nächst höherer Ordnung. Mit der eigentümlichen Stellung der Blüten an den Knoten der Zweige erster Ordnung mag die für Calamites multiramis charakteristische Eigenschaft der Marksteinkerne in Einklang zu bringen sein, daß sich zwischen den Abgangsstellen der großen Äste an jedem Knoten noch die kleinerer Seitensprosse (eben wohl der Blüten) finden, was durch die Konvergenz je mehrerer Leitbündel wahrscheinlich gemacht wird (vgl. Fig. 528 u. 531). Da sich diese auch an starken Sprossen findet, wird die Annahme nahegelegt, daß die Blüten auch an den jeweils jüngsten Partien der Hauptsprosse selbst getragen wurden. Entgegenkommt der Annahme auch das in Fig. 529 abgebildete Stück; es handelt sich um den Abdruck der Oberfläche eines Sproßstückes (das allerdings meist zu Calamites cruciatus gezogen wird, aber sicher zu Calamites multiramis gehört). Es finden sich an den Knoten außer den großen sichtbaren Astmalnarben noch Narben, die so groß und gleichmäßig kreisrund sind, daß sie als Blattnarben, wie das vielfach getan wird, nicht gedeutet werden können. Es liegt überaus nahe, in diesen Narben die Abgangsstellen der zwischen den großen vegetativen Ästen hervorgetretenen Blüten zu sehen, eine Annahme, mit der auch die Deutung übereinstimmt, die C. E. Weiss gab, der erste, der das interessante Stück veröffentlicht hat.

Blüten kurz gestielt, 15 und mehr cm lang. Zu erwähnen ist, daß Renault (Autun) strukturbietendes Material untersuchen konnte und festgestellt hat, daß die Blüten von normalem Calamostachystyp sind (also von den rosendornartigen Fortsätzen der Sporangiophore, von denen Weiss bei Erläuterung der inkohlt erhaltenen Blütenabdrücke spricht), nichts zu finden ist. Brakteen 16 bis 32, Sporangiophore 8 bis 16 im Quirl. Ähren heterospor, die Megasporangien tragenden Sporangiophore am unteren Blütenende.

C. Brongniarti Sternberg. Bekannt aus dem Mittleren Oberkarbon von England und dem Oberen Oberkarbon von Frankreich.

Eine Form, bei welcher die einzelnen Sproßglieder mehr oder minder gleich hoch sind, bei der aber eine gewisse Periodizität sich insofern zeigt, als auf eine größere Anzahl (sechs bis sieben) asttragender Knoten je ein Knoten folgt, der keine Astabgänge aufweist. Äste zu vier bis zehn im Quirl. Steinkerne mit bis zu 24 cm Umfang bekannt. Rippen an allen Stellen, auch an denen der Astabgänge, streng alternierend, ohne alle Konvergenz. Beblätterung und Fruktifikation unbekannt.

C. britannicus Weiss spec. Mittlerer Teil des Mittleren Oberkarbon (Großbritannien und Holland).

C. oculatus Geinitz. Ebenda (Sachsen).

C. transversalis Kidston und Jongmans und **C. bohemicus** Kidston und Jongmans. Ebenda (Böhmen).

C. cucullatus Weiss. Ebenda (Saar).

C. distichus Renault u. **C. elongatus** Renault. Oberes Oberkarbon (Commentry).

C. infractus Gutbier. Oberes Oberkarbon bis Mittleres Rotliegendes von Deutschland und Frankreich.

2. Formengruppe des Calamites carinatus:

C. carinatus Sternberg (= **C. ramosus** Artis). Mittleres und Oberes Oberkarbon. Weitest verbreitet. (Fig. 537—543).

Der in allen Teilen bestbekannte Calamit. Stämme von ansehnlichem Ausmaß; Marksteinkerne mit bis über 24 cm Umfang bekannt. Internodien sehr verschieden (bis über 20 cm lang) Rindenoberfläche glatt; Marksteinkerne deutlich gerippt, Rippen flach, abgerundet bis stumpf zugespitzt. Infranodalkanalnarben meist schlecht zu sehen; ob Supranodalkanäle ausgebildet waren, ist nicht sicher festgestellt.

Seitenzweige erster Ordnung an jedem Knoten des Hauptsprosses in der Regel zu zweien im Quirl, einander um 180° opponiert, aber nicht in genau zweizeiliger Stellung, sondern so, daß die Astabgänge jeweils alternierend bald links, bald rechts von einer durch den Mittelpunkt des Stammes gelegt zu denkenden Ebene sich finden, und nur die Äste des ersten, dritten, fünften bzw. zweiten, vierten und sechsten Knotens usw. übereinander stehen (Fig. 541). In selteneren Fällen finden sich folgende Abweichungen: die Verzweigungsebenen sind in den aufeinander folgenden Knoten um 120° in einer Drehungsrichtung gegeneinander gewandt, so daß also jeweils erst die je zwei einander gegenüberstehenden Äste des ersten, vierten, siebten usw. bzw. des zweiten, fünften, achten usw. bzw. des dritten, sechsten, neunten usw. Knotens übereinander zu liegen kommen (Fig. 542). Oder als noch seltenerer Fall: nur e i n Ast geht von jedem Knoten ab; die Verzweigung ist dann so, daß je zwei in zwei aufeinanderfolgenden Knoten abgegebene Zweige erster Ordnung sich um 180° gegenüberliegen; also jeweils der einzige Ast des ersten, dritten fünften usw. bzw. des zweiten, vierten, sechsten usw. Knotens nacheinander zu liegen kommen (Fig. 540).

Internodien der sehr reich (bis sechsfach) und stets wieder opponiert zweizeilig verzweigten Äste erster Ordnung sehr lang (bis gegen 20 cm). Internodien der Äste erster, zweiter, dritter und vierter Ordnung allmählich an Länge abnehmend. Die blattragenden Zweigsysteme höherer Ordnung gehen als **Annularia radiata** Brongniart. Die Sproßsysteme erster Verzweigungsordnungen trugen nur die für die Stämme charakteristischen schmalen und untereinander freien Blättchen. Die Annulariabeblätterung findet sich erst an den Knoten der Äste vierten bis sechsten Verzweigungsgrades. Äste drittletzter Ordnung (die ersten beblätterten Äste) bis 7 mm breit und noch mit bis 5 cm langen Internodien. An ihren Knoten außer der Annulariabeblätterung jeweils zwei zweizeilig gestellte Äste vorletzter Ordnung, die aufgerichtet stehen; deren Internodien bis 3 cm lang, bei 3 mm Breite. Äste letzten Verzweigungsgrades gleichfalls zweizeilig gestellt, bis 1 mm breit mit bis 1½ cm langen Internodien; an den Knoten mit Blattwirteln besetzt, deren Ränder einander meist bedecken. Blättchen am oberen Ende scharf zugespitzt, lineal lanzettlich, ½ bis 2 cm lang und bis 2 mm breit, zu 8 bis 20 im Wirtel.

Als Fruktifikation zugehörig ist **Calamostachys ramosa** Weiss. Blüten bis zu 6 cm lang und 3 mm breit; sitzend oder kurz gestielt, an den Astsystemen vorletzter Ordnung zweizeilig gestellt und aufgerichtet getragen; auch endständig (Fig. 543).

Was die Basalpartien der Stämme betrifft, so waren die Ansätze der Stämme an das Rhizom wenig konisch zugespitzt, sondern die Sprosse setzten von vornherein ziemlich breit an das Rhizom an. Die Wurzeln entsprangen an den Knoten der unterirdischen Sproßpartien und Rhizome nicht einzeln, sondern zu vielen in Büscheln an einzelnen Stellen der Knoten.

C. palaeaceus Stur. Mittlerer Teil des Mittleren Oberkarbon von Europa.

Eine Form, die sich hinsichtlich der Verzweigungsart der Hauptsprosse an den für Calamites carinatus typischen Verzweigungsmodus (Fig. 541) anschließt, von Calamites carinatus aber in erster Linie durch die Beblätterung der Äste und die Ausbildung der Blüten abweicht.

Hauptsprosse mit einem Umfang von mehr als 24 cm bekannt; Internodien bis mehr als 21 cm lang; Oberfläche der Sprosse und aller Äste, auch der kleinsten, welche die Blüten tragen, »mit unzählbaren ziemlich großen Höckerchen, die der Oberfläche ein höckerig-grubiges Aussehen verschaffen«, versehen. Äste zu zweien von jedem Knoten abgehend, Rippen der Steinkerne ähnlich wie bei Calamites carinatus gelegentlich Konvergenz mehrerer Leitbündel an den Blattansatzstellen

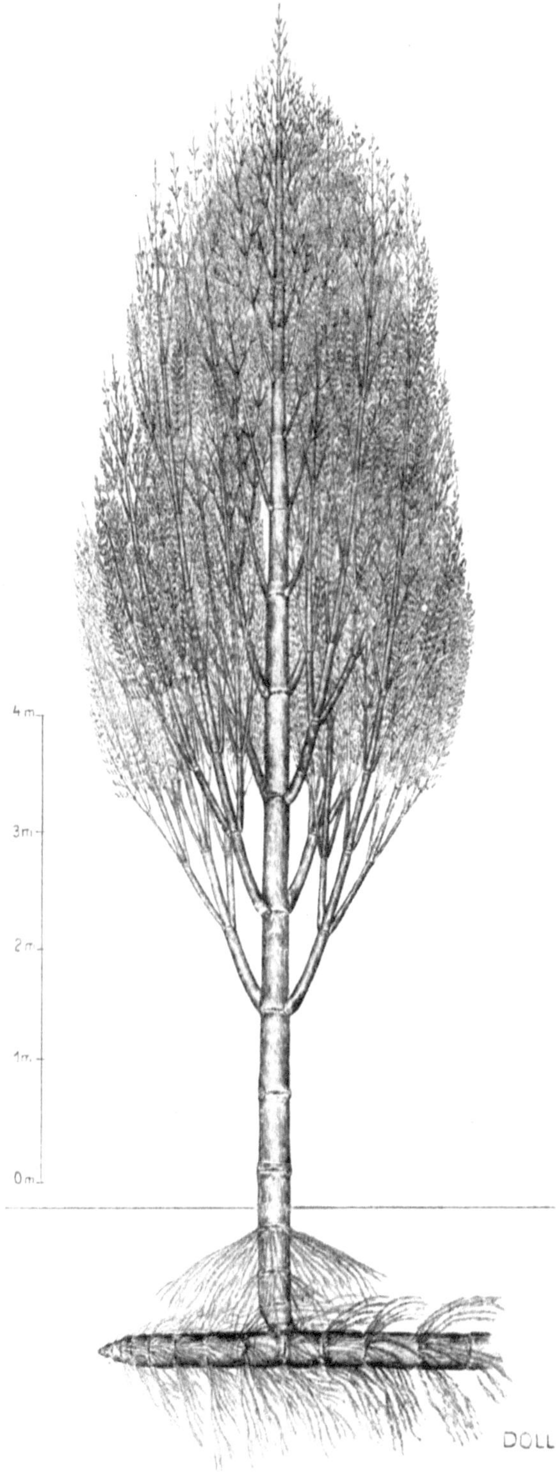

Fig. 537. Calamites (Eucalamites) carinatus Sternberg. Rekonstruktion. — Original.

Fig. 538.

Calamites (Eucalamites) carinatus Sternberg aus dem Mittleren Oberkarbon von Niederschlesien. Obere Partie eines Stammes mit von den 2 erhaltenen Knoten abgehenden opponiert zweizeilig gestellten Seitenästen 1. Ordnung, von denen die aus dem unteren Knoten entspringenden ihrerseits die gleiche Verzweigung wiederholen. (Von Stamm und Ästen lediglich die Marksteinkerne erhalten.) Über die große Platte verstreut zahlreiche Blattquirle von jüngeren Ästen des Calamiten (Annularia radiata Brongniart). Verkl. ½. Nach Weiss 1884.

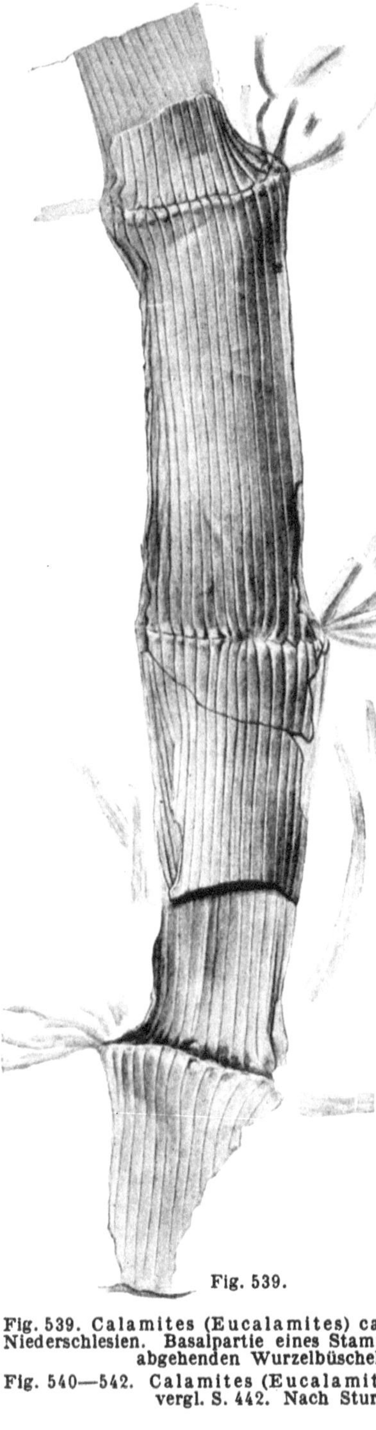

Fig. 539.

Fig. 540.

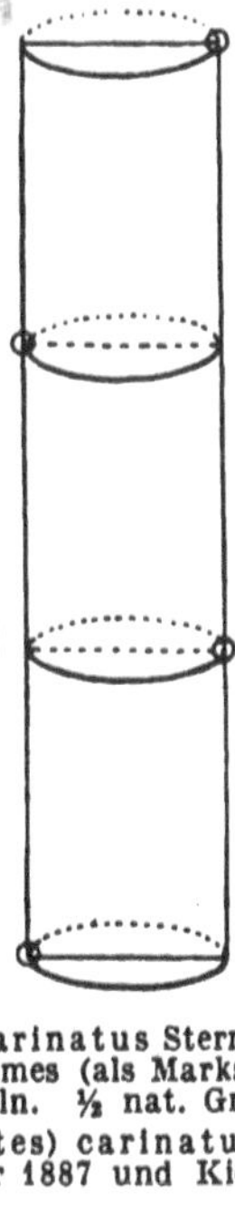

Fig. 541.

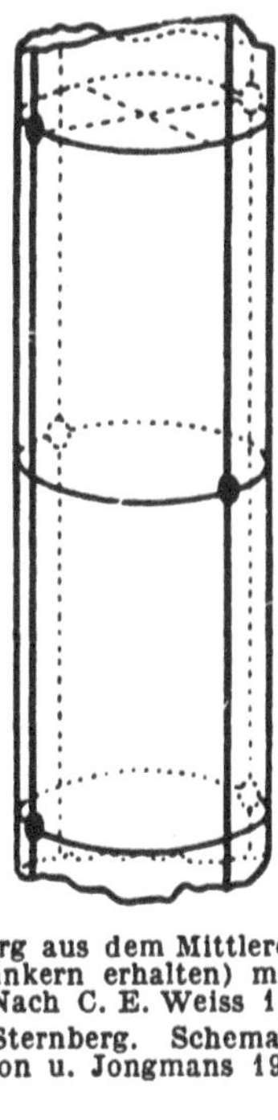

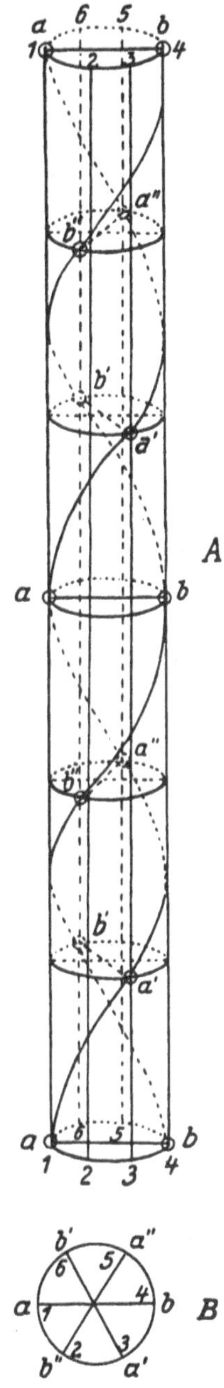

Fig. 542.

Fig. 539. Calamites (Eucalamites) carinatus Sternberg aus dem Mittleren Oberkarbon von Niederschlesien. Basalpartie eines Stammes (als Marksteinkern erhalten) mit von den Knoten abgehenden Wurzelbüscheln. ½ nat. Gr. Nach C. E. Weiss 1884.

Fig. 540—542. Calamites (Eucalamites) carinatus Sternberg. Schema der Verzweigung. vergl. S. 442. Nach Stur 1887 und Kidston u. Jongmans 1917.

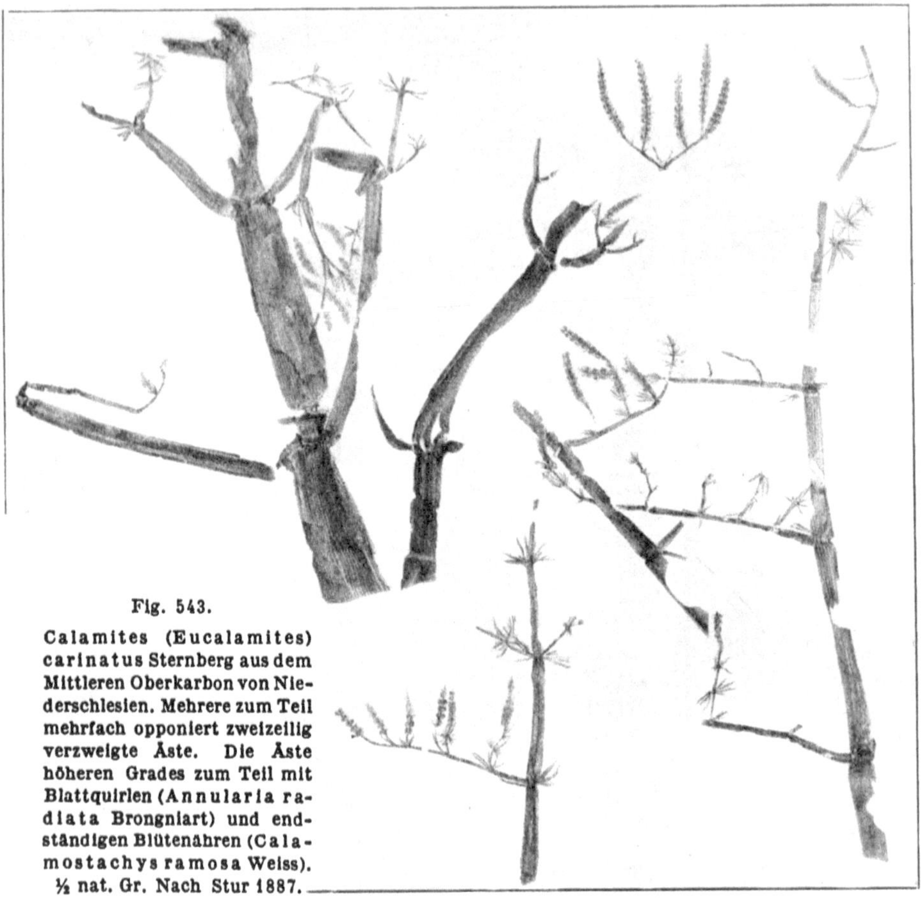

Fig. 543.

Calamites (Eucalamites) carinatus Sternberg aus dem Mittleren Oberkarbon von Niederschlesien. Mehrere zum Teil mehrfach opponiert zweizeilig verzweigte Äste. Die Äste höheren Grades zum Teil mit Blattquirlen (Annularia radiata Brongniart) und endständigen Blütenähren (Calamostachys ramosa Weiss). ½ nat. Gr. Nach Stur 1887.

Calamites (Eucalamites) palaeaceus Stur aus dem Mittleren Oberkarbon von Frankreich (Loire) und Belgien.

Fig. 544. Metacalamostachys palaeacea Stur spec. Blütenstand; in *a*: Teil einer Blüte. Ca. $^{1}/_{1}$. Nach Grand' Eury 1877.

Fig. 545. Schema der Lagebezichung zwischen Braktee und Sporangiophor in der Blüte. Vergr. Nach Kidston 1911.

Fig. 544.

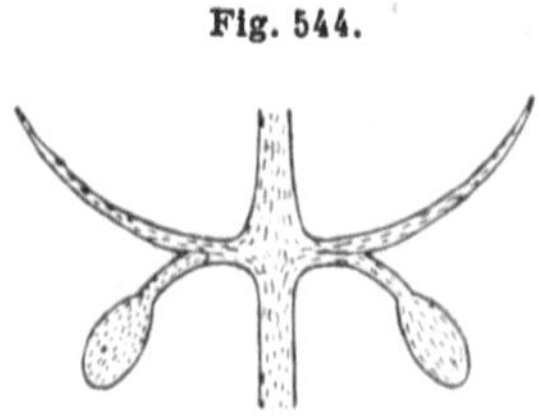

Fig. 545.

zeigend. Wurzeln zum Teil bis über 1 cm breit, auf längere Strecken unverzweigt, zum Teil sehr dünn, kaum 3 mm breit, aber reich verästelt.

Die blättertragenden Zweige sind — als **Asterophyllites palaeaceus** Stur beschrieben. Sie gleichen sehr denen von Asterophyllites grandis Sternberg. Die Verzweigung der Äste war mindestens eine dreifache; die bei Stur (1887, Taf. 11 Fig. 2, rechts) abgebildeten Ästchen, die bereits dreifache Verzweigung zeigen, legen aber im Hinblick auf ihre Dünnheit, verglichen mit den Dimensionen des Stammes, den Gedanken nahe, daß sie selbst noch an Ästen erster Ordnung getragen wurden, die Verzweigung insgesamt also eine vierfache war. Die Blüten **Metacalamostachys palaeacea** Stur spec. (Fig. 544 u. 545) zeigen, was Stellung und Konfiguration der Sporangiophore betrifft, besondere Eigentümlichkeiten: wie sonst bei den verschiedenen Calamiten-Fruktifikationstypen wechseln in jeder Blüte Quirle steriler Brakteen und fertiler Sporangiophore miteinander ab; ungewöhnlich ist aber, daß, ähnlich wie bei Cingularia typica Weiss, die Sporangiophore unmittelbar unter den Ansatzstellen der jeweils über ihnen stehenden Brakteen hochgerückt sind. Jeder Sporangiophor trägt nur ein einziges hängendes Sporangium. Die Länge der ganzen Blüte, die aus etwa acht Quirlen von Brakteen und ebensovielen Quirlen von Sporangiophoren gebildet ist, beträgt gegen 3 cm.

C. Artisi Renault. Oberes Oberkarbon von Frankreich (Commentry).

b) Zu Calamiten zugehörige im Abdruck erhaltene blättertragende Zweigsysteme und Blütenstände.

I. Blättertragende Zweigsysteme:

Asterophyllites Brongniart.

Definition siehe S. 387; Anatomie S. 398.

1. Großblättrige Formen.

a) Zugehörige Stämme bekannt.

A. equisetiformis Schlotheim. Siehe unter Calamites alternans (Germar) Stur (Fig. 523, 525 u. 526).

A. palaeaceus Stur. Siehe unter Calamites palaeaceus Stur, S. 442.

b) Zugehörige Stämme unbekannt.

A. longifolius Sternberg. Unteres Oberkarbon bis Mittleres Rotliegendes (Fig. 546). Eine Form, von der mehrere Varietäten unterschieden werden, die vielleicht zu verschiedenen Calamitenarten gehören.

Zweige bis 1 ½ cm breit, Internodien bis 5 cm lang, Blätter in ca. 30gliedrigen Wirteln an den Knoten, lineal, bis 7 cm lang, leicht gebogen und aufrecht abstehend. — Aller Wahrscheinlichkeit nach handelt es sich bei den großen Zweigen, wie sie Fig. 546 zeigt, um Zweige erster Ordnung, die vermutlich nicht mehr weiter verzweigt waren. Die zugehörige Fruktifikation **Calamostachys Ludwigi** Carruthers (= C. polystachya Stur). Blütenstände mit alternierenden, viergliedrigen Quirlen von Blüten unmittelbar über den Asterophyllitesblättern und einer Endblüte.

Über die mögliche Zugehörigkeit von **A. longifolius** Sternberg, forma **striata** Weiss zu C. Sachsei Stur vergleiche S. 420.

A. grandis Sternberg. Ziemlich allgemein verbreitet im Oberkarbon.

Äste erster Ordnung, reich verzweigt, von bis über 2 cm Zweigstärke bekannt. Internodien bis 4 cm lang; an den Knoten Wirtel von 16 bis 20 linealen Blättern, die kürzer als die Astglieder sind. Von den Knoten der Äste erster Ordnung gehen die Äste zweiter Ordnung in, aller Wahrscheinlichkeit nach, mehrgliedrigen Wirteln ab, während die an diesen entspringenden Äste dritter Ordnung nur zu zweien an jedem Knoten stehen. (Also Verzweigung gerade wie bei Annularia stellata Schlotheim.) Internodien der Zweige dritter Ordnung 2 bis 4 mm lang und bis 1 mm breit und mit acht bis zehn feinen, kaum 1 cm langen Blättchen besetzt[1]).

Zugehörige Stämme unbekannt. Fruktifikation von Calamostachystyp. Blüten 4 bis 5 cm lang; zu mehreren an den Knoten der Blütenstände, je an kurzen Stielchen, die vier bis acht sehr dicht gedrängte Blattwirtel tragen. Ident mit der von H. H. Thomas 1909 beschriebenen strukturbietenden Blüte. Da diese so gut wie sicher ident ist mit der im Abdruck bekannten Calamostachys Williamsoniana Weiss einerseits und der aus den englischen Coal-balls wohlbekannten, in strukturbietenden Resten erhaltenen Calamostachys Binneyana anderseits, so ergibt sich letzten Endes, daß die Fruktifikation von Asterophyllites grandis ident mit **Calamostachys Binneyana** Carruthers (vgl. S. 401 ff.) ist.

A. heimansi Jongmans und Gothan. Oberes Unterkarbon von Holland (Epen), wohl zu Mesocalamites gehörig (vgl. S. 382).

2. Kleinblättrige Formen; zugehörige Stämme unbekannt.

A. lycopodioides Zeiller. Mittleres Oberkarbon; selten. Fruktifikation unbekannt.

A. Dumasi Zeiller. Oberes Oberkarbon und Rotliegendes. Die zugehörige Fruktifikation von Calamostachystyp. An den gleichen Lokalitäten, wo A. Dumasi gefunden wurde, ist auch Calamites gigas beobachtet, so daß die Möglichkeit der Zusammengehörigkeit beider Elemente besteht. (Vergl. S. 418).

A. charaeformis Sternberg. Mittleres Oberkarbon. Zugehörige Fruktifikation von Calamostachystyp.

A. unguis Jongmans u. Gothan. Oberes Unterkarbon von Holland (Epen). Blätter krallig zusammengekrümmt; bekannt sind verzweigte Sprosse, die im unteren Teil an den Knoten je eine Anzahl beblätterter Äste, im oberen Teil Blüten vom Calamostachystyp tragen. Wohl zu Mesocalamites gehörig (vgl. S. 382).

A. tener Jongmans u. Gothan. Oberes Unterkarbon von Holland (Epen). Sehr locker beblätterte Sprosse. Wohl zu Mesocalamites gehörig (vgl. S. 382).

Annularia Sternberg.

Definition siehe S. 387 und Anatomie S. 399.

1. Zugehörige Stämme bekannt.

A. stellata Schlotheim. Siehe unter Calamites multiramis Weiss. (S. 440).

A. radiata Brongniart. Siehe unter Calamites carinatus Stbg. (S. 441).

2. Zugehörige Stämme nicht bekannt.

A. sphenophylloides Zenker. Mittleres Oberkarbon bis Rotliegendes (Fig. 547). Bekannt sind bis dreifach verzweigte Äste; Verzweigung stets zweizeilig und an jedem Knoten; Äste erster Ordnung bis 12 mm breit, mit bis 10 cm langen Internodien. An den beblätterten Knoten, die zweizeilig superponiert gestellten Äste zweiter Ordnung, an deren beblätterten Knoten in gleicher Stellung die beblätterten Zweige dritter (letzter) Ordnung stehen. Blättchen zu 12 bis 18 im Wirtel, 3 bis 10 mm lang und bis 3 mm breit, um so kleiner, je höher der Verzweigungsgrad der sie tragenden Äste ist. Blüten unter **Calamostachys cf. calathifera** Weiss bekannt. Blüten zweizeilig gestellt, an Stelle der Zweige letzter Ordnung; an kurzem beblätterten Stiel, bis 8 cm lang; im Bau denen von Mcst. palaeacea ähnlich.

[1]) Es liegt nahe, den bei Geinitz (Steinkohlenflora von Sachsen, Taf. 17 Fig. 4) abgebildeten Rest als Ast ersten Grades anzusehen, also als den Träger von Ästen zweiten Grades, an welchem solche dritten (letzten Grades) entstehen können, an dem Stück aber noch nicht zur Entwicklung gelangt sind. Für diese Annahme spricht die Figur 1, Tafel 49 bei Sternberg, wo ein Ast mit zum Teil verzweigten, zum Teil nicht verzweigten Ästen zweiter Ordnung zu sehen ist. Äste zweiten Grades mit ausgebildeten zweizeilig gestellten Ästen dritten Grades sind bei Zeiller (Valenciennes, Taf. 59 Fig. 4) abgebildet.

Fig. 548. Macrostachya Hauchecornei Weiss aus dem Mittleren Oberkarbon von Niederschlesien. Blüte. ca. $^{1}/_{2}$ ×. Nach Stur 1887.

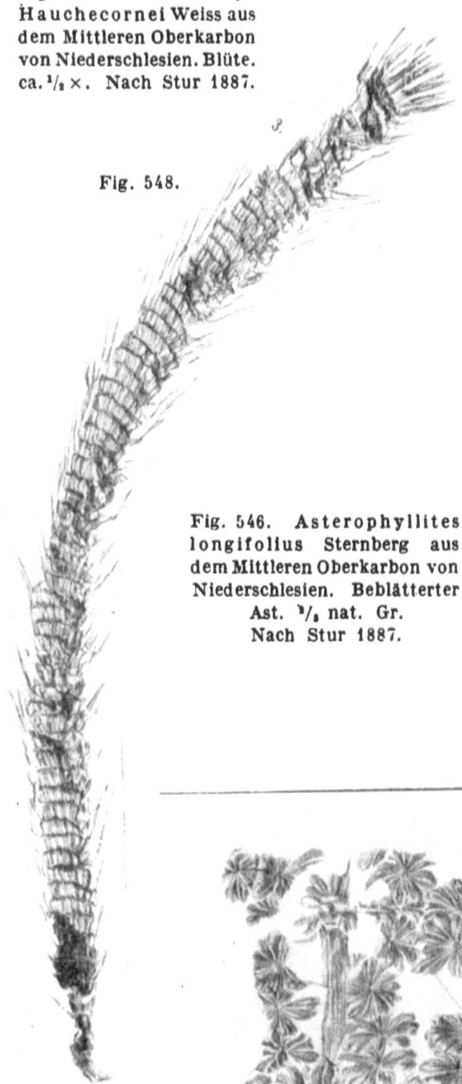

Fig. 548.

Fig. 546.

Fig. 546. Asterophyllites longifolius Sternberg aus dem Mittleren Oberkarbon von Niederschlesien. Beblätterter Ast. $^{3}/_{5}$ nat. Gr. Nach Stur 1887.

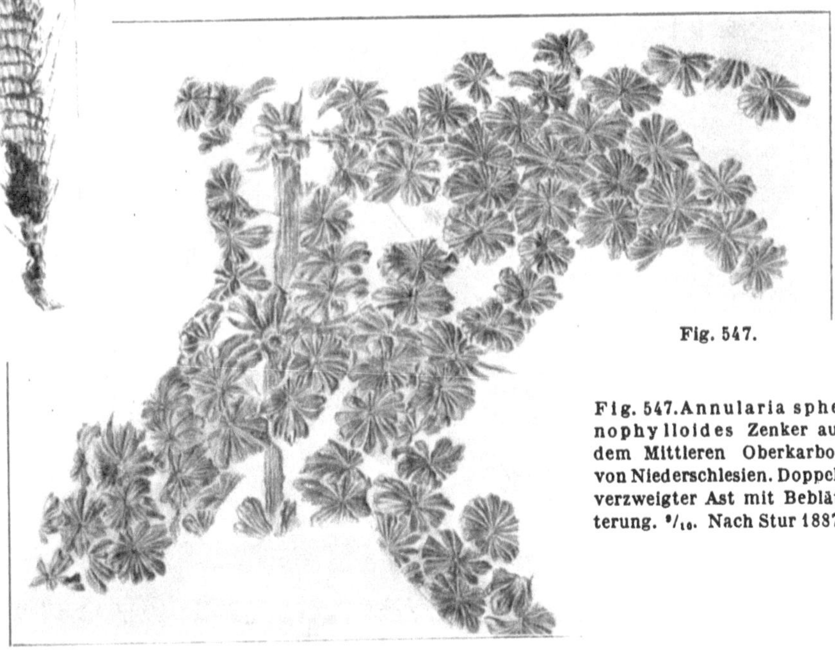

Fig. 547.

Fig. 547. Annularia sphenophylloides Zenker aus dem Mittleren Oberkarbon von Niederschlesien. Doppelt verzweigter Ast mit Beblätterung. $^{9}/_{10}$. Nach Stur 1887.

Fig. 549.

Calamostachys paniculata Weiss aus dem Mittleren Oberkarbon von Niederschlesien. 3 Blütenstände, die vermutlich mit noch einigen weiteren einem Knoten einer Sproßachse entsprungen sind. ca. $^1/_2$ ×. Nach Stur 1887.

Cingularia typica Weiss aus dem Mittleren Oberkarbon des Saargebietes.

Fig. 550. Sproßachse mit zwei Blatt tragenden Knoten und einem Blütenzweig. $^1/_1$.

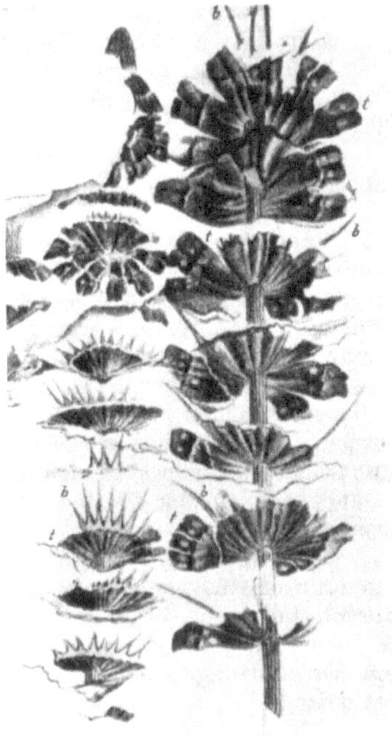

Fig. 550.

Fig. 551.

Fig. 551. Zwei Blütenzweige; *b*: Brakteen; *t*: Sporangiophore. $^1/_1$.

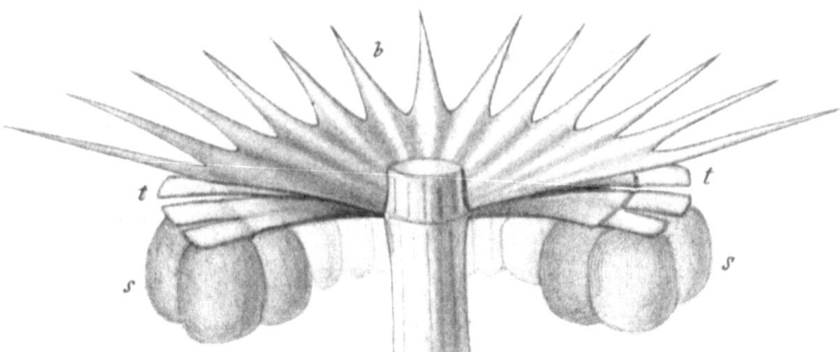

Fig. 552.

Fig. 552. Schematische Darstellung eines Teiles eines Brakteen- und eines Sporangiophorquirls. Sämtliche nach C. E. Weiss 1876.

A. gallioides Lindley u. Hutton. Oberer Teil des Mittleren Oberkarbon; selten.

A. spicata Gutbier. Oberes Oberkarbon und Unteres Rotliegendes; selten.

A. filiformis Jongmans und Gothan. Oberes Unterkarbon von Holland (Epen). Ein durch vergleichsweise außerordentlich lange, feine, pfriemenförmige Blätter auffälliger Typ. Blätter bis 1,75 cm lang und ½ mm breit, fast bis zur Basis frei. Stengel sehr dünn; kaum über 1 mm stark. Wohl zu Mesocalamites (S. 382) gehörig.

Anhangsweise sind zu erwähnen scheidenartig verwachsene Blätter vom Habitus derer der Gattungen Equisetites und Equisetum. Man hat derartige Reste, die aus Oberkarbon- und Rotliegend-Schichten bekannt sind, lange Zeit nicht mit Calamites in Verbindung zu bringen gewagt, indem man von der irrigen Annahme ausging, daß die Blätter der Calamitenstämme und Hauptäste unter sich stets ganz frei gewesen seien. Man hat daher in den betreffenden Blattscheiden die Blattreste größerer palaeozoischer Equisetites-Stämme vermutet, obwohl diese selbst durchaus nie gefunden wurden. Neuere Forschungsergebnisse haben aber gezeigt, daß scheidenförmige Verwachsung der Stammblätter auch den Calamiten und besonders denen der Gruppe Calamitina — zum mindesten in jüngerem Alter — eigen sind.

Derartige Blattreste, die sehr häufig nur in Zusammenhang mit kleinen Stammbruchstücken bekannt und daher in den wenigsten Fällen näher zu identifizieren sind, sind bisher unter Equisetites Sternberg beschrieben worden. Es sei aber, um Verwechslungen mit den wirklich zu Equisetites gehörigen palaeozoischen und mesozoischen Resten vorzubeugen, für sie vorgeschlagen der Formgenus-Name

Calamariophyllum nov. gen.

Aus der Menge der hieher gehörigen palaeozoischen Reste seien genannt:

Cph. lingulatum Germar spec. Mittleres und Oberes Oberkarbon.

Cph. brevidens Schimper spec. Mittleres Oberkarbon.

Cph. Vaujolyi Zeiller spec. Oberstes Oberkarbon und Rotliegendes.

Cph. crassinervium Sandberger spec. Oberes Oberkarbon. Außergewöhnlich große, bis über 10 cm lange und zur Hälfte untereinander verwachsene Blätter.

Cph. zeaeforme (Andrae) Schlotheim spec. Oberkarbon und Rotliegendes; gleichfalls sehr große Blätter.

Cph. Kidstoni Zalessky spec. Oberkarbon des Donetzgebietes.

Cph. giganteum Lindley und Hutton spec. Mittleres Oberkarbon. Bis 3 cm lange Blätter; Stamm zur Calamitina-Gruppe zugehörig.

Cph. Monyi Renault und Zeiller spec. Oberes Oberkarbon; vielleicht zu Calamites Goepperti gehörig.

II. Blütenstände und Blüten.

Calamostachys Schimper.

Definition und allgemeine Morphologie s. S. 401 ff.

A. Blüten zu Blütenständen vereinigt.

a) Zu Ästen mit Asterophyllitesbeblätterung gehörig.

Cst. germanica Weiss. Zugehörig zu Asterophyllites equisetiformis Sternberg und mit diesem zu Calamites alternans Stur (vgl. S. 433).

Cst. paniculata Weiss. (Fig. 549) Zugehörig zu Calamites cruciatus Sternberg (vgl. S. 434).

Cst. Dumasi Zeiller zusammen mit Asterophyllites Dumasi Zeiller möglicherweise zu Calamites gigas Brongniart gehörig (vgl. S. 418).

Cst. Binneyana Carruthers (= Cst. Williamsoniana Weiss spec.). Zugehörig zu Asterophyllites grandis Sternberg; bekannt sind Blütenstände, an welchen außer einer endständigen Blüte je mehrere an den einzelnen Knoten des Infloreszenzstieles getragen werden.

Cst. Ludwigi Carruthers (= Cst. polystachya Sternberg, Stur). Zugehörig zu Asterophyllites longifolius Sternberg (vgl. S. 447).

Cst. charaeformis Sternberg spec. Zu Asterophyllites charaeformis Sternberg gehörig (vgl. S. 448).

Cst. striata Weiss spec. Mittleres Oberkarbon (Oberschlesien). Zugehörigkeit nicht bekannt.

b) Zu Ästen mit Annulariabeblätterung gehörig.

Cst. ramosa Weiss. Zugehörig zu Annularia radiata Brongniart und mit diesem zusammen zu Calamites carinatus Sternberg (vgl. S. 441 ff).

B. Blüten an stärkeren Sproßstücken (Hauptsprossen bzw. Zweigen erster Ordnungen) getragen.

Cst. tuberculata Sternberg. Im Wechsel mit Zweigen von Annularia stellata Schlotheim an den stärkeren Ästen und Stämmen von Calamites multiramis Weiss getragen (vgl. S. 440/441).

Hieher wohl auch:

Cst. Solmsi Weiss. Obere Hälfte des Mittleren Oberkarbon (Saar und Niederschlesien). Große, bis über 15 cm lange Blüten von über 1 cm Durchmesser. Möglicherweise zu Calamites Goepperti Ettingshausen zugehörig.

Cst. Northumberiana Kidston. Mittleres Oberkarbon (England und Böhmen). Der vorigen ähnlich.

C. Blüten unsicherer Tragung und Zugehörigkeit.

Cst. nana Weiss. Mittleres Oberkarbon (Oberschlesien). Blüten sehr klein, kaum 1 cm lang und 1 mm breit. Zu mehreren an kleinem Blütenstand.

Cst. superba Weiss. Mittleres Oberkarbon bis Unteres Rotliegendes.

Cst. mira Weiss. Unteres Rotliegendes von Sachsen. Brakteen offenbar schildförmig, denen von Cst. borgiensis Renault (vgl. S. 404 und Fig. 486) vergleichbar.

Palaeostachya Weiss.

Über die allgemeine Morphologie vgl. S. 405.

A. Blüten zu Blütenständen vereinigt.

Pst. elongata Presl. Mittleres Oberkarbon. Blütenstände doppelt verzweigt. Zweige erster Ordnung in alternierenden zweigliedrigen Quirlen, ebenso die an diesen getragenen Blüten, die bei etwa $^3/_4$ cm Durchmesser über 11 cm Länge erreichten. Brakteen zu etwa 12 im Quirl. Zahl der Sporangiophore eines Quirls annähernd ebenso groß als die der Brakteen des nächst unteren Brakteenquirls. Zugehörigkeit nicht bekannt.

Pst. gracillima Weiss. Mittleres Oberkarbon. Blüten von ähnlicher Gestalt wie bei der vorigen Art, aber möglicherweise weniger Sporangiophore im Quirl als Brakteen im jeweils nächst unteren. Blüten zu je vieren im Quirl und viele blütentragende Quirle am Blütenstand übereinander. Zugehörigkeit unbekannt.

Pst. Ettingshauseni Kidston. Zugehörig zu Calamites Sachsei Stur (vgl. S. 419/420); damit ident wohl **Pst. pedunculata** Williamson, die nur eine Zustandsform von Pst. Ettingshauseni sein dürfte.

B. Blüten nicht zu Blütenständen vereinigt, sondern an stärkeren Sprossen getragen.

Pst. Schulzi Stur. Zugehörig zu Calamites Schulzi Stur (vgl. S. 418).

Pst. distachya Sternberg. Zugehörig zu Calamites distachyus Sternberg (vgl. S. 419).

Metacalamostachys nov. gen.

Blüten gleichfalls mit in vertikaler Alternanz aufeinanderfolgenden Sporangiophor- und Brakteenquirlen; Sporangiophorquirle jedoch unmittelbar unter dem jeweils darüber befindlichen Brakteenquirl inseriert. Jeder Sporangiophor nur mit einem einzigen hängenden Sporangium (Fig. 444 u. 445). Genauere zahlenmäßige und räumliche Bezüge von Sporangiophoren und Brakteen nicht klargestellt.

Mcst. palaeacea Stur spec. Zusammen mit Asterophyllites palaeaceus zu Calamites palaeaceus Stur S. 442 gehörig.

Mcst. calathifera Weiss spec. Zu Annularia sphenophylloides Zenker (S. 448) gehörig.

Cingularia Weiss.

Die fertilen Partien der Pflanzen dieser Gattung sind dadurch ausgezeichnet, daß unter jeweiliger Zwischenschaltung eines längeren Internodiums je zwei Quirle von Organen (entweder Sporangiophore und Brakteen oder nur Sporangiophore) dicht aufeinanderfolgen. Vegetative Sproßpartien wenig bekannt.

C. typica Weiss. Mittleres Oberkarbon (Fig. 550—552). So gut die reproduktive Sphäre dieser Form bekannt ist, so mangelhaft ist unsere Kenntnis der vegetativen Region. Bekannt sind davon lediglich einige Zweigfragmente, deren besterhaltenen Fig. 551 wiedergibt; an Sproßpartien, die gegen 1 cm breit sind und deren einzelne Internodien bis gegen 3 cm Länge erreichen, befinden sich an den einzelnen Knoten außer einem Quirl von 2 bis 3 cm langen und ca. ⅓ cm breiten Blättern noch je 2 Äste von etwa ⅓ cm Dicke und mit kurzen (ca. 1 cm) Internodien; ihre untere Partie trägt eine kleinere oder größere Anzahl von Quirlen steriler Blättchen; ihr oberer Teil die Fruktifikation, bestehend aus einer größeren Anzahl von Wirtelpaaren, deren jeweils oberer aus brakteoiden Blättchen, deren jeweils unterer aus Sporangiophoren gebildet ist. Die sterilen Quirle bestehen aus je 10 bis 12 an der Basis verwachsenen Blättchen, die nahezu horizontal ausgebreitet in ungefähr rechtem Winkel von der Achse abstanden. Die Sporangiophore des unmittelbar unterliegenden Quirls, die gleichfalls rechtwinklig von der Achse abstehen, sind in gleicher Anzahl wie die Brakteen des überlagernden Quirls und diesen infraponiert angeordnet (Fig. 552). Die Außenpartie der lappenförmigen Sporangiophore ist in zwei Hälften gespalten, deren Unterseite je zwei hintereinander gereihte Sporangien trägt, so daß also der Sporangiophor im ganzen 4 Sporangien trägt.

C. Cantrilli Kidston. Mittleres Oberkarbon von Großbritannien. Fruktifizierende Achsen nur mit fertilen Gliedern besetzt, indem die jeweils oberen Quirle eines Quirlpaares nicht wie bei C. typica von sterilen, brakteoiden Gliedern, sondern gleichfalls von fertilen Sporangiophoren in der Ausbildung derer des unteren (bei beiden Arten) fertilen Quirls gebildet sind.

Anhangsweise seien noch zwei Blütengattungen erwähnt, bei denen die genauere Struktur der Blüte nur sehr mangelhaft bekannt ist und die deshalb nur als Provisorien zu betrachten sind.

Macrostachya Schimper.

Große Blüten, an sehr kurzen beblätterten Stielen; zu vielen an gewissen Knoten der Stämme von Calamiten der Calamitinagruppe getragen. Form und Stellung der Sporangienträger unbekannt. Die Unterscheidung der zu dieser Gattung gerechneten Formen von denen, die zu der unten zu behandelnden Gattung Huttonia gezogenen werden, ist infolge mangelhafter Detailkenntnis unmöglich.

M. infundibuliformis Brongniart: vgl. unter Calamites crassicaulis Renault S. 434.

M. Hauchecornei Weiss. Mittleres Oberkarbon (Oberschlesien) (Fig. 548). Eine Blüte, die bei ca. 1 cm Durchmesser gut über 25 cm Länge erreicht. Brakteen sehr fein, über sechs Glieder lang.

Huttonia Sternberg.

Große Blüten von wahrscheinlich Palaeostachya-ähnlichem Bau. Brakteen ziemlich breit und dann plötzlich verschmälert zugespitzt.

H. spicata Sternberg. Mittleres Oberkarbon.

Literatur (zu Teil A und C).

Arber, E. A. N., and Lawfield, F. W., On the external Morphology of the stems of Calamites, with a Revision of the British Species of Calamophloios and Dictyocalamites of Upper Carboniferous Age. Journal Linnean Soc., Botany 44. 1920.

Bureau, M. E., Flores fossiles du Bassin de la Basse Loire. S. 209—248. Paris 1914.

Ettingshausen, C. von, Die Steinkohlenflora von Radnitz in Böhmen. S. 24—30. Abh. K. K. Geol. Reichsanst. II. 3. Wien 1854.

Feistmantel, O., Über Fruchtstadien fossiler Pflanzen aus der böhmischen Steinkohlenformation. I. Equisetaceae et Filices. Abh. K. böhm. Ges. Wiss. 5. 1872.

Feistmantel, O., Beitrag zur Kenntnis der Equiseten im Kohlengebirge. Neues Jahrb. f. Mineralogie, Geolog. u. Palaeont. 1874.

Feistmantel, O., Die Versteinerungen der böhmischen Kohlenablagerungen. S. 89—131. Palaeontographica 23. 1875/76.

Fischer, E., Einige Bemerkungen über die Calamariengattung Cingularia. Mitt. Naturf. Ges. Bern. 1893.

Geinitz, H. B., Die Versteinerungen der Steinkohlenformation in Sachsen. S. 3 bis 12. Leipzig 1855.

Germar, E. Fr., Die Versteinerungen des Steinkohlengebirges von Wettin und Löbejün. S. 21—28, 89—93. Halle 1848.

Grand'Eury, C., Observations sur les Calamites et les Astérophyllites. Comptes Rendus Acad. des Sc. 68. Paris 1869.

Grand'Eury, C., Mém. flore carbonifère du Département de la Loire et du Centre de la France. S. 11—49. Mém. sav. étr. Acad. Sc. 24. 1. Paris 1877.

Grand'Eury, C., Géologie et Paléontologie du Bassin houiller du Gard. S. 200 bis 224. St. Etienne 1890.

Grand'Eury, C., Forêt fossile de Calamites Suckowii. Comptes Rendus Acad. Sc. 124. 1897.

Groom, P., Note on the Internodes of Calamites Journ. Linn. Soc. Bd. 40. 1912.

Jongmans, W. J., Anleitung zur Bestimmung der Karbonpflanzen Westeuropas I. S. 42—366. Freiberg 1911.

Jongmans, W. J., Fossilium Catalogus: II. Plantae: Equisetales I—VII (z. T.). Berlin 1914—1924.

Jongmans, W. J., List of the species of Calamites with enumeration of the Figures as far as they are doubtful or indeterminable or belong to other species. Mededeelingen van s' Rijks Herbarium Leiden Nr. 24. 1915.

Jongmans, W. J., Beiträge zur Kenntnis von Calamites undulatus Stbg. Mededeeling Rijks Herbarium Leiden 1923.

Jongmans, W. J., und Gothan, W., Geolog. en Palaeontolog. Beschrijving van het Karbon der Omgeving van Epen (Limbg.). II. A. Fossiele Planten S. 66—68. Mededeeling Nr. 1 van het Geolog. Bureau v. h. Nederlandsche Mijngebied 1925.

Jongmans, W. J., und Gothan, W., Beiträge zur Kenntnis der Flora des Oberkarbons von Sumatra. S. 293. Mededeeling Nr. 2 van het Geolog. Bureau v. h. Nederlandsche Mijngebied. 1925.

Jongmans, W. J., und Kukuk, P., Die Calamariaceen des rheinisch-westfälischen Kohlenbeckens. Mededeelingen van s'Rijks Herbarium Leiden Nr. 20. 1913. Und Glückauf 1915.

Kidston, R., Catalogue of the Palaeozoic Plants in the Department of Geology and Palaeontology, British Mus. (Nat. Hist.). S. 3—4, 22—48, 55—59. London 1886.

Kidston, R., The Flora of the Carboniferous Period I. S. 198—204. Proceed. Yorksh. Geolog. and Polytechnical Soc. 14, 3. 1902.

Kidston, R., Le Végétaux houillers recueillis dans le Hainaut belge. S. 93—129. Brüssel 1911.

Kidston, R., in Kidston, R., Cantrill, T. C., and Dixon, E. E. L., The forest of Wyre and the Titterstone Clee Hill Coalfields. S. 139—147. Transact. R. Soc. Edinburgh 51. 1917.

Kidston, R., Fossil flora of the Staffordshire Coalfields III. S. 117—128. Transact. R. Soc. Edinburgh 50. 1914.

Die übrigen einschlägigen vor 1911 veröffentlichten Abhandlungen des Verfassers zit. in Jongmans 1911.

Kidston, R., und Jongmans, W. J., A monograph of the Calamites of Western Europe. Pt. I. Mededeelingen van de Rijksopsporing van Delfstoffen Nr. 7. 1917.

Hier die Bearbeitung der bis 1917 bekannt gemachten Calamitenstammreste von Europa und der Literaturnachweis dazu.

Lesquereux, L., Coal flora of the Carboniferous formation in Pennsylvania I. S. 19—51, 59—63, III. S. 701—726, 729—730. Harrisburg 1880/84.

Potonié, H., Der äußere Bau der Blätter von Annularia stellata Schl. mit Ausblicken auf Equisetites zeaeformis und auf die Blätter von Calamites varians. Ber. Deutsch. Bot Ges. 10. 1892.

Potonié, H., Die Flora des Rotliegenden von Thüringen. S. 162—185. Abh. K. Preuß. Geolog. Landesanst. N. F. 9. Berlin 1893.

Potonié, H., Palaeophytolog. Notizen II. Blattwirtelscheide bei Annularia radiata. Naturwiss. Wochenschr. 11. 1896.

Renault, B., Etudes sur le terrain houiller de Commentry, Flore fossile. 2. Partie. S. 381—472. St. Etienne 1890.

Renault, B., Bassin houiller et permien d'Autun et d'Epinac, flore fossile, II. S. 60—145. Paris 1893—1896.

Renier, A., Paléontologie du terrain houiller. S. 16—18, T. 39—55. Liège 1911.

Renier, A., Observations sur des Empreintes de Calamostachys Ludwigi Carruthers. Ann. Soc. géolog. Belg. Mém. in 4°. 1911/12.

Roehl, G. v., Foss. Flora der Steinkohlenformation Westfalens. S. 7—29. Palaeontographica 18. 1869.

Schenk, A., Über Fruchtstände der foss. Equisetineen. Bot. Zeitg. 1876.

Schenk, A., in Richthofen, F. von, China IV. Palaeontologie Berlin 1883.

Schuster, J., Zur Kenntnis der Flora der Saarbrücker Schichten und des Pfälzischen Oberrotliegenden. S. 204—207. Geognost. Jahresh. 20. 1907.

Sterzel, J. T., Über die Fruchtähren von Annularia sphenophylloides Zenker, Zeitschr. Deutsch. Geolog. Ges. 34. 1882.

Sterzel, J. T., Die Flora des Rotliegenden im nordwestlichen Sachsen. S. 12—23, 54—59. Palaeontolog. Abh. (v. Dames u. Kayser) 3, 4. Berlin 1886.

Sterzel, J. T., Die Flora des Rotliegenden im Plauenschen Grunde bei Dresden. S. 54—103, 130—132 u. 142—143. Abh. math.-phys. Kl. K. Sächs. Ges. Wiss. Bd. 19. Leipzig 1893.

Sterzel, J. T., Die organischen Reste des Culm und Rotliegenden der Gegend von Chemnitz. S. 296—299. Ibid. Bd. 35. Leipzig 1918.

Sterzel, J. T., Die Karbon- und Rotliegendfloren im Großherzogtum Baden. S. 784/85 u. a. O. Mitteil. Bad. Geolog. Landesanst. 5, 2. 1907.

Stur, D., Zur Morphologie der Calamarien. Sitzungsber. d. Akad. Wiss. Wien. Math.-naturwiss. Kl. Bd. 83. Abt. 1. Heft 5. 1881.

Stur, D., Die Karbonflora der Schatzlarer Schichten: 2. Die Calamarien usw. Abh. K. K. Geol. Reichsanst. 11, 2. Wien 1887.
Weiss, Ch. E., Foss. Flora der jüngsten Steinkohlenformation und des Rotliegenden im Saar-Rheingebiet. S. 103—131, 137—140.
Weiss, Ch. E., Fruktifikation der foss. Calamarien. Zeitschr. Deutsch. Geolog. Ges. 1873.
Weiss, Ch. E., Beobachtungen an Calamiten und Calamarien. Neues Jahrb. f. Mineralogie, Geolog. u. Palaeont. 2. 1881.
Weiss, Ch. E., Beiträge zur fossilen Flora I: Steinkohlenkalamarien I. Abh. z. geolog. Spezialkarte von Preußen und der thüring. Staaten. Bd. II. 1. Berlin 1876.
Weiss, Ch. E., Beiträge zur fossilen Flora III: Steinkohlenkalamarien II. Ibidem Bd. V, 2. Berlin 1884.
White, D., Foss. Flora of the Lower Coal Measures of Missouri. S. 144—173. Monogr. U. S. Geolog. Survey 37. Washington 1899.
Zalessky, M. D., Contribution à la flore fossile du terrain houiller du Donetz. I. S. 354—372. II. S. 424—430. Bull. Comité Géolog. 26. St. Petersburg 1907.
Zeiller, R., Végétaux fossiles du terrain houiller de la France. S. 11—28. Paris 1880.
Zeiller, R., Bassin houiller de Valenciennes, flore fossile. S. 316—405. Paris 1886/88.
Zeiller, R., Bassin houiller et permien de Brive, flore fossile. S. 56—70. Paris 1892.
Zeiller, R., Etude sur la flore fossile du Bassin houiller d'Heraclée. S. 58—70. Mém. Soc. Géolog. de France, Paléontologie Nr. 21. Paris 1899.
Zeiller, R., Bassin houiller et permien de Blanzy et du Creusot, flore fossile. S. 124 bis 140. Paris 1906.
Die übrigen einschlägigen Abhandlungen des Verfassers zit. in Jongmans 1911.

Equisetaceae.

Pflanzen mit zum Teil noch beträchtlicher Sproßentwicklung (besonders die triasischen Equisetiten), doch im Gegensatz zu der überwiegenden Mehrzahl der Calamiten ohne bedeutendere, bei den meisten Formen sogar ohne alle sekundäre Holzbildung. Blüten nur aus Sporophyllen gebildet. Sporophylle schildförmig mit 6 (oder mehr oder weniger) Sporangien; isospor.

Equisetites Sternberg.

Die fast durchweg mesozoische Gattung reicht nur mit wenigen Arten ins Paläozoikum herunter. Pflanzen ganz vom Habitus der känophytischen und rezenten Arten der Gattung Equisetum, jedoch zum Teil mit Stämmen von beträchtlichen Ausmaßen: 10 m Höhe und bis gegen $\frac{1}{4}$ m Markhöhlendurchmesser.

Oberirdische Sprosse unverzweigt oder quirlig verzweigt, sich zu mehreren bis vielen von horizontal im Substrat kriechenden Rhizomen erhebend. Rhizome und oberirdische Sprosse in Knoten und Internodien gegliedert; mit weiter Markhöhle, die nur bei den Rhizomen gelegentlich nicht ausgebildet gewesen zu sein scheint. Gefäßbündel in Bau und Anordnung wie bei Calamites, nur daß selbst bei den Arten mit bedeutender Stammentwicklung, soweit man das mangels strukturbietender Reste beurteilen kann, Sekundärxylembildung nicht oder doch nur in

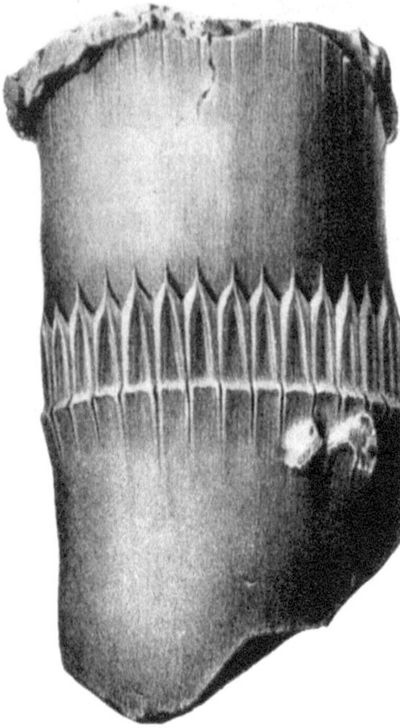

Fig. 553.

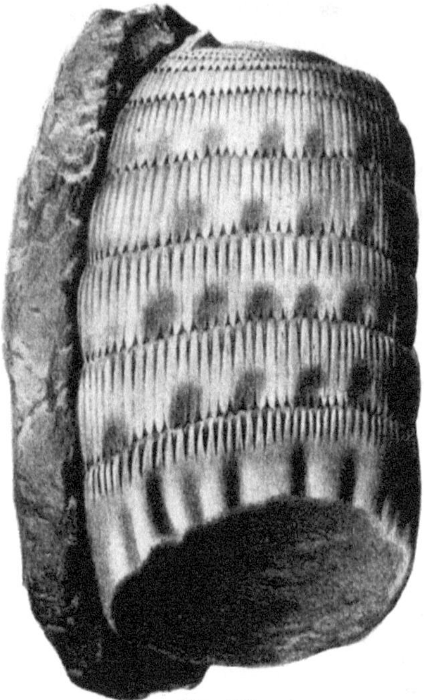

Fig. 554.

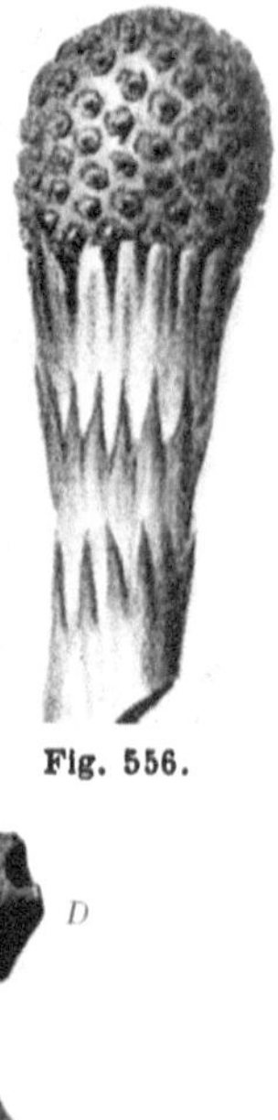

Fig. 556.

Fig. 553. **Equisetites platyodon** Brongniart aus dem Schilfsandstein von Süddeutschland. Partie eines Sprosses in Oberflächenansicht: an dem Knoten die scheidenförmig verwachsenen Blätter. $^2/_3$ nat. Gr.

Fig. 554—555. **Equisetites arenaceus** Jäger aus dem Schilfsandstein von Württemberg.

Fig. 554. Marksteinkern der oberen Partie eines Sprosses, den breiten Sproßscheitel zeigend. (Die Rillen an den Internodien entsprechen den Stammleitbündeln). Links außen anhaftendes Gestein. $^2/_3$ nat. Gr.

Fig. 555. Partie eines Rhizomsprosses: links ganz und rechts oben mit erhaltener Oberfläche, rechts unten sein bloßgelegter Marksteinkern. Bei *C–E*: Abgangstellen von oberirdischen Sprossen; bei *C* der Marksteinkern eines Sproßscheitels. $^2/_3$ nat. Gr.

Fig. 556. **Equisetites Muensteri** Sternberg. Aus dem Rhät von Franken. Blüte. Nat. Gr.

Sämtl. nach Schimper, Traité. 1874.

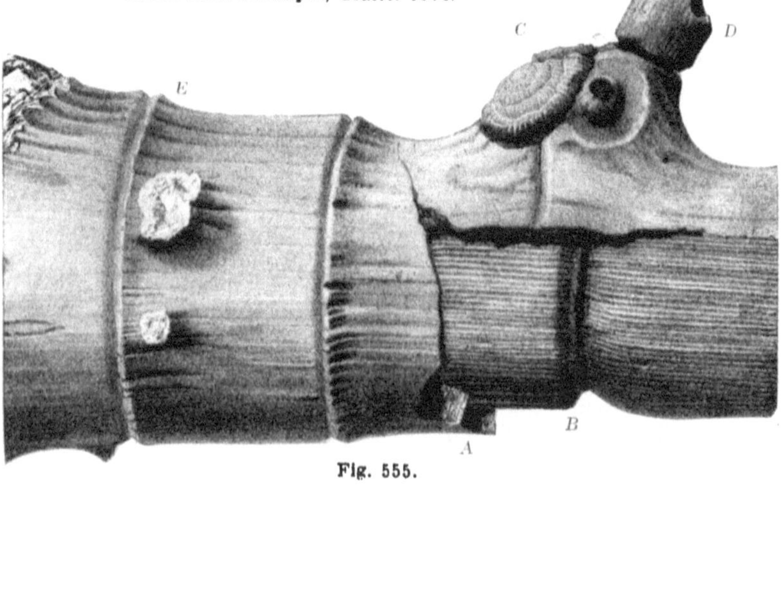

Fig. 555.

ganz unbedeutendem Maße vorhanden war und selbst die größten Arten also mehr oder minder rein krautige Stammbildung besaßen. Weitere anatomische Einzelheiten nicht bekannt.

Außenflächen der Internodien der Stämme und Zweige entweder ganz glatt oder mit teilweise oder durchlaufend an den einzelnen aufeinanderfolgenden Internodien alternierenden Furchen, die mit den Stammleitbündeln korrespondieren. Wurzeln zahlreich an den Knoten aller unterirdischen Sproßpartien. Blätter einnervig, in mehr oder minder reichgliedrigen Quirlen an den Sproßknoten; meist zu einer dem Sproß dicht anliegenden Scheide verwachsen; in der Regel an den aufeinanderfolgenden Knoten alternierend und ebensoviel, als Leitbündel in dem Internodium unter dem sie tragenden Knoten vorhanden sind. Verzweigung der Stämme mehr oder minder reichlich und vielfach hintereinander. Äste unterhalb der Knoten austretend.

Bei manchen Arten erzeugt das Rhizom kurze Seitensprosse, deren einzelne Glieder zu kurzen Reservestoffbehältern umgebildet sind, ähnlich wie das bei den lebenden Equiseten bekannt ist, nur daß bei den fossilen Arten die Reserveknollen zum Teil bis zu 8 cm Durchmesser erreicht haben.

Die Blüten (Equisetitostachys) in der Regel am Ende der Sprosse und der Seitenäste getragen (Ausnahme: E. Hemingwayi, wo sie fast stiellos an den Astknoten zwischen den Blättern sitzen); eiförmig bis länglich zylindrisch. An ihrem Aufbau sind lediglich unzerteilte schildförmige Sporophylle, ganz vom Bau derer von Equisetum beteiligt, die in zahlreichen, alternierenden Quirlen angeordnet sind. Sporophylle meist mit 6 Sporangien an der Schildplatte. Sporen tetraedrisch und ohne episporiale Elateren.

Die spezielle Systematik der einander sehr ähnlichen Arten ist auf Grund der Unterschiede in der Rindenskulptur und der Form der Blattzähne begründet; da die meisten Merkmale, die für die Systematik der rezenten Equiseten von Belang sind, bei den fossilen Equisetiten mangels Erhaltung nicht oder ungenügend festgestellt werden können, ist die Abgrenzung der Arten eine zum Teil recht schwere; auch dürften manche der bisherigen »Arten« als Sammelarten zu bewerten sein.

Genannt seien folgende wichtigste Arten:

1. aus dem Paläozoikum:

E. Hemingwayi Kidston. Mittleres Oberkarbon von England (Yorkshire). Sproß bis zu 21 cm lang bekannt, etwa ½ cm stark; Internodienoberfläche fein gestreift; Blätter bis zur Ansatzstelle am Knoten frei, schmallineal, über 2 cm lang; Blüten direkt an den Sproßknoten seitlich ansitzend; im Bau denen der mesozoischen Arten der Gattung, sowie denen der känozoischen und rezenten Equiseten vollkommen gleich, gegen 3 cm lang und bis 1½ cm im Durchmesser.

E. mirabilis Sternberg. Unteres Oberkarbon von Niederschlesien. Sproßstücke von bis zu 8 cm Durchmesser bekannt, Internodien kaum 1 cm lang. Blätter jedes Knotens zu einer einheitlichen Scheide verwachsen; Blattspitzen rundlich. Organische Reste der Sprosse nur als sehr dünne Kohlehaut erhalten, was auf krautige Sproßausbildung schließen läßt. Fruktifikation unbekannt.

Daß die von manchen Autoren zu Equisetites gezogenen palaezoischen equisetoiden Blattscheidenreste wohl als die noch scheidenförmig verwachsenen Blätter jüngerer Partien von Calamitenhauptsprossen und Ästen erster Verzweigungsgrade, besonders solcher der Calamitinagruppe, anzusprechen sind, ist bereits S. 386 bemerkt worden. Vgl. unter Calamariophyllum (S. 452), unter welchem Namen die diesbezüglichen Reste hier aufgeführt sind.

2. aus dem Mesozoikum; genannt seien

E. Mougeoti Brongniart, Buntsandstein bis Jura von Deutschland und Frankreich.

E. arenaceus Jäger, häufige Art des unteren und mittleren Keupers (Lettenkohle und Schilfsandstein), heraufreichend bis zum Lias. Europa und Westasien (Fig. 554 u. 555). Große Form mit bis zu 10 m hohen Stämmen von bis mehr als ¼ m Durchmesser. Stämme unregelmäßig quirlig verzweigt, gelegentlich bzw. auf größere Strecken unverzweigt. Blätter bis zu 130 in einem Blattquirl. Blüten endständig an den Seitenzweigen, relativ klein.

E. Bronni Sternberg, Keuper von Süddeutschland.

E. columnaris Brongniart, Keuper von Süddeutschland und den Alpen, Jura von Europa und bis China.

E. platyodon Brongniart, seltene Art, jedoch Leitpflanze des Mittleren Keupers (Schilfsandstein), Süddeutschland und Nordschweiz (Fig. 553). Oberirdische Sprosse bis 10 cm dick bekannt, nur mit 20 bis 40 Blättern an den Knoten.

E. macrocoleon Schimper, Unterer Keuper (Lettenkohle) von Franken.

E. Muensteri Sternberg, Charakterpflanze der Rhätflora, Europa, Grönland und Persien (Fig. 556). Wesentlich kleiner als die Keuperarten, Sprosse kaum über 3 cm stark, wenig verzweigt. Blätter zu 12—16 im Quirl. Blüten offenbar endständig an den Hauptsprossen.

E. Guembeli Schenk, Rhät-Lias von Europa und Mittelamerika.

E. rajmahalense Oldham & Morris. Jüngere Gondwanaformation (Bengalen).

E. Bunburyanus Zigno und **E. veronensis** Zigno, beide im Lias der Südalpen.

E. lusitanicus Heer, Jura von Portugal.

E. Burchardti Dunker, **E. Lyelli** Mantell und **E. Phillipsii** Dunker, sämtliche in der Unteren Kreide von Europa und Nordamerika.

Literatur.

Jongmans, W. J., Fossilium Catalogus II: Plantae. Ps. 9: S. 515—567. Ps. 11: S. 792—793. Berlin 1922/24. Außerdem sei aus der l. c. aufgeführten Gesamtliteratur auf folgende Spezialabhandlungen verwiesen:

a) zu palaeozoische Equisetites:

Jongmans, W. J., Anleitung zur Bestimmung der Karbonpflanzen Westeuropas. S. 21—31. Freiberg 1911.

Kidston, R., On the Occurence of the Genus Equisetum in the Yorkshire Coal Measures. Ann. and Magaz. Nat. Hist. 1892.

Kidston, R., The flora of the Carboniferous Period I. Proceed. Yorkshire Geolog. and Polytechn. Soc. 14. 1901.

b) zu mesozoische Equisetitetes:

Frentzen, K., Die Flora des Buntsandsteins von Baden. S. 75—83. Mitteil. Bad. Geolog. Landesanst. 8. 1914.

Frentzen, K., Die Keuperflora Badens. S. 6—21. Verh. Nat.-wiss. Ver. Karlsruhe. 1923.

Halle, T. G., Zur Kenntnis der mesozoischen Equisetales Schwedens. K. Svenska Vetensk. Akad. Hdlg. 43. Stockholm 1908.

Seward, A. C., Catalogue of the Mesozoic Plants in the Department of Geology, British Museum (Nat. Hist.): The Jurassie flora I: The Yorkshire Coast S. 52

bis 67; II: The Liassic and Oolithic floras of England. S. 12/13. The Wealden Flora. Pt. I. S. 22—35. London 1894, 1900 und 1904.
Schenk, A., Die fossile Flora der Grenzschichten des Keupers und Lias in Franken. S. 10—19. Wiesbaden 1867.

Equisetum L.

Einzige rezente Gattung der Articulatales, mit etwa 24 lebenden Arten; von den Tropen bis in die kalten Gebiete beider Hemisphären verbreitet.

Die hieher gezogenen mittelkretazischen bis quartären Reste stimmen im wesentlichen mit den verschiedenen rezenten Typen überein; ob für sie auch die für die rezenten Equiseten eigentümliche Zerschlitzung des Sporen-Epispors in zwei spiralig aufgerollte, hygroskopische Bänder gilt, steht dahin.

Aus der Fülle der beschriebenen »Arten« seien folgende häufigere genannt: **E. Zeilleri** Richter, Quadersandstein des Harzes; **E. texense** Fontaine, Oberkreide bis Tertiär von Nordamerika; **E. globulosum** Lesquereux, Oberkreide bis Eozän von Nordamerika; **E. sulcatum** Dunal, Eozän von Frankreich; **E. repens** Ettingshausen, Eozän bis Miozän von Europa; **E. Parlatorei** Heer, Oligozän bis Miozän von Europa und Nordamerika; **E. limosellum** Heer, Eozän bis Miozän von Europa; **E. limoselloides** Heer, **E. tunicatum** Heer, **E. Braunii** Unger, **E. bilinicum** Unger, **E. Roessneri** Ettingshausen, **E. Winkleri** Heer, sämtliche aus dem Miozän verschiedener Gegenden Europas; **E. Winkleri** Heer, **E. borealis** Heer, **E. Grimaldi** Renault, alle drei im Tertiär der Arktis (Island, Grönland bzw. Spitzbergen); **E. ramosissimum** Desfontaine, Pliozän von Europa.

Literatur.

Jongmans, W. J., Fossilium Catalogus II: Plantae. Ps. 9, S. 567—609; Ps. 11, S. 792—793. Berlin 1922 u. 1924. Hier der gesamte Literaturnachweis.

Phyllotheca Brongniart.

Pflanzen im allgemeinen Habitus, denen mancher rezenten Equiseten ähnlich. Sprosse von höchstens wenigen Zentimetern Durchmesser, unverzweigt oder verzweigt; an den Knoten die Blätter, zu 6 bis 40 im Quirl, an der Basis scheidenförmig verwachsen, sonst zum größten Teil frei und so gebogen, daß die Gesamtheit eines Blattquirls Becherform zeigt. Blattspreite schmal, einnervig. Blätter der aufeinanderfolgenden Quirle in Superposition. Zweige entweder zu mehreren (z. B. Ph. delinquescens, Ph. indica) oder einzeln an den Knoten entspringend. Basalpartien der Sprosse unbekannt.

Die Blüten, (bekannt von Ph. delinquescens und Ph. uluguruana) unterscheiden sich von denen der Gattungen Equisetites und Equisetum im wesentlichen nur dadurch, daß mehrmals hintereinander eine größere Folge von Sporophyllquirlen von einem sterilen Blattquirl unterbrochen ist (Fig. 559, vgl. auch Asterocalamites). Sporophylle im übrigen ganz vom Bau derer von Equisetum, mit gegen sechs Sporangien an ihrer Schildplatte.

Vom Oberen Oberkarbon bis zum Wealden, besonders im Gebiet der Glossopterisflora.

Ph. frondosa Grand'Eury, Oberes Oberkarbon von Frankreich (Gard); **Ph. Sokolowskii** Eichwald, Karbon des Altai, angeblich auch Jura von Asien; **Ph.**

Fig. 559.

Fig. 557.

Fig. 557 u. 558. Phyllotheca Brongniartiana Zigno. Aus dem Lias der Südalpen.

Beblätterter Sproß 1/1 und 2 × vergr. Nach Zigno 1856.

Fig. 559. Phyllotheca delinquescens Goeppert. Aus der älteren Gondwanaformation von Sibirien.

Blüte 1/1. Nach Schmalhausen 1879.

Fig. 560. Phyllotheca Schtschurowskii Schmalhausen. Ältere Gondwanaformation von Sibirien.

1/1. Nach Zalessky 1918.

Fig. 558.

Fig. 560.

Muelleriana D. White, Permokarbon von Brasilien; **Ph. australis** Brongniart, Permokarbon von Brasilien, Perm-Teil der älteren Gondwanaformation von Australien, Tasmanien, Neusüdwales, Queensland und Victoria; Borneo.

Ph. delinquescens Goeppert, Permokarbon von Argentinien, Perm-Teil der älteren Gondwanaformation von Neusüdwales, Südafrika, Falklands-Inseln, Indien (?) und Nordasien; Blätter lang (bis über 6 cm) und sehr schmal. Blüte bekannt (Fig. 559).

Ph. Schtschurowskii Schmalhausen, ältere Gondwanaformation von Sibirien (Kousnetzk). Blätter sehr den von Annularia ähnlich (Fig. 560); **Ph. robusta** Feistmantel, Perm-Teil der älteren Gondwanaformation von Indien; **Ph. Griesbachi** Zeiller, ältere Gondwanaformation von Indien und Brasilien; **Ph. Zeilleri** Etheridge, ebenda in Südafrika; **Ph. Etheridgei** Arber, ebenda in Neusüdwales; **Ph. indica** Bunbury, ebenda in Indien und **var. longifolia** Zeiller, Rhät von Tonkin; **Ph. Ammoni** Schuster, Rhät von China; **Ph. equisetiformis** Zigno, Rhät von Schweden und Lias der Südalpen; **Ph. Brongniartiana** Zigno, Lias der Südalpen; Blätter kurz und an der Basis verbreitert (Fig. 557 u. 558); **Ph. asterophyllina** Saporta, Jura von Frankreich; **Ph. paucifolia** Schmalhausen, **Ph. stellifera** Schmalhausen, **Ph. striata** Schmalhausen, **Ph. equisetoides** Schmalhausen, sämtliche vier im Jura von Sibirien; **Ph. Whaitsi** Seward, Wealden von Südafrika (Kapkolonie). **Ph. uluguruana** Gothan, ein Blütenrest aus der Karooformation von S.-O.-Afrika.

Literatur.

Arber, E. A. N., Catalogue of the fossil Plants of the Glossopteris flora in the Department of Geology, British Museum (Nat. Hist.). S. 16—30 und Einleitung. London 1905.

Feistmantel, O., The fossil flora of the Gondwana System III, 2: The flora of the Damuda and Panchet Divisions S. 65—69. Mem. Geolog. Survey of India = Pal. Indica. 1880.

Gothan, W., Foss. Pfl. a. d. Karruschichten d. Umgebung d. Ulugurugebirges in Deutsch-Ost-Afrika. Palaeontogr. Suppl. 7. 1927.

Jongmans, W. J., Anleitung zur Bestimmung der Karbonpflanzen Westeuropas I. S. 270/272. Vgl. auch S. 235/6 u. 301. Freiberg 1911.

Jongmans, W. J., Fossilium Catalogus II: Plantae, Ps. 9: S. 654—667; Ps. 11: S. 794. Berlin 1922/24.

Schmalhausen, J., Beiträge zur Juraflora Rußlands. Mém. Acad. Imp. Sc. St. P7tersbourg, sér. 7. Bd. 27, 4. S. 62—74. 1879.

Zalessky, M. D., Flore Paléozoique de la série d'Angara. Atlas Taf. 11, 14—17, 24—26, 29, 31, 38, 53 u. 54. Mém. Comité géolog. N. S. 174. Petrograd 1918.

Zigno, A. de, Flora fossilis formationis oolithicae Bd. I: S. 54—62. Padua 1856.

Anhang: Mesozoische Equisetineen-Gattungen nicht ganz sicherer Stellung, doch wohl von Equisetaceen-Verwandtschaft.

Neocalamites Halle.

Stamm gegliedert, hohl; verzweigt; Internodienoberfläche glatt. Blätter in vielgliedrigen Quirlen an den Knoten; einnervig, entweder halmartig lang und schmal (z. B. Nc. hoerensis u. a.) oder sehr denen von Annularia ähnlich, kürzer und breiter (z. B. Nc. Knowltoni u. a.); stets vollkommen frei. Blätter an den Knoten in wesentlich geringerer Zahl als die Stammbündel im jeweils nächsten Internodium unterhalb. Stammbündel nur selten und stellenweise in den aufeinanderfolgenden Internodien alternierend, an den Blattabgangsstellen nicht konvergierend. Blüten unbekannt.

Nur aus dem älteren Mesozoikum bekannt.

Nc. hoerensis Schimper spec., Rhät von Schweden; **Nc. Carreri** Zeiller spec., Rhät von Tonkin, China und Südafrika; **Nc. Meriani** Brongniart spec., Keuper von Franken, der Alpen (Schweiz und Lunz), von Frankreich und Lias des Lago Maggiore-Gebietes; **Nc. virginensis** Fontaine spec. und **Nc. Knowltoni** Berry, Rhät von Nordamerika (Virginia).

Literatur.

Halle, T. G., Zur Kenntnis der mesozoischen Equisetales Schwedens. K. Svenska Vetensk. Akad. Hdlg. 43. 1908.

Berry, E. W., American triassic Neocalamites. The Bot. Gaz. 53. 1912.

Jongmans, W. J., Fossilium Catalogus II: Plantae: Ps. 9: S. 638—639. Berlin 1922.

Annulariopsis Zeiller.

Sprosse in Knoten und Internodien gegliedert; an ersteren 16—24gliedrige Blattquirle. Blätter lanzettlich bis spatelförmig, einnervig bis zur Basis frei. Blätter eines Wirtels offenbar nicht gleich lang.

A. inopinata Zeiller. Rhät von Tonkin und Korea. Einzige Art.

Vielleicht gehört in diesen Verwandtschaftskreis auch **»Annularia« maxima** Schenk aus dem Permokarbon von China.

Literatur.

Zeiller, R., Flore fossile des Gîtes de Charbon du Tonkin. S. 132—137. Paris 1902/03.

Jongmans, W. J., Fossilium Catalogus II: Plantae. Ps. 2: S. 49 und Ps. 11: S. 753. Berlin 1914 u. 1924.

Yabe, H., Notes on some mesozoic plants from Japan, Korea and China. Science Rep. Tôhoku Imp. Univ. 2. ser. (Geology) 7. 1922.

Schenk, A., in Richthofen, F. von, China. Bd. IV. S. 231. Taf. 31, Fig. 3 bis 6. 1883.

Schizoneura Schimper.

Pflanzen mit nur höchstens wenige Zentimeter starken Sprossen. Internodien ziemlich lang. Blätter zu 12—22 an jedem Knoten, einnervig, von oft doppelter Länge als das Internodium über dem sie tragenden Knoten; zunächst bis zum oberen Randverwachsen, bald in meist zwei (und später in mehrere) Lappen zerreißend, so daß jüngere Sproßteile wie von zweigliedrigen Blattquirlen bekleidet erscheinen (Fig. 560). Die Leitbündel der aufeinanderfolgenden Internodien nicht alternierend. Sproßleitbündel und Blätter in Juxtaposition. — Blüten kaum bekannt. Lediglich bei Etheridge (1903) wird eine Blüte erwähnt, die gabelig geteilt, deren weiterer Bau aber nicht aufgeklärt ist.

Vom Permokarbon bis zum Jura, hauptsächlich im Gebiet der Glossopterisflora.

Sch. africana Feistmantel, Permokarbon von Südafrika; **Sch. Wardi** Zeiller, Permokarbon von Indien; **Sch. gondwanensis** Feistmantel, Perm-Teil der älteren Gondwanaschichten von Indien und Australien (Fig. 560 u. 561); **Sch. heinanensis** Kodaira, älteres Mesozoikum von Korea (Chosen); **Sch. paradoxa** Schimper und Mougeot, Buntsandstein bis Keuper von Deutschland, Schweiz, Frankreich und England; **Sch. planicosta** (Rogers) Fontaine, Rhät von Nordamerika; **Sch. Carreri** Zeiller, Rhät von Tonkin; **Sch. hoerensis** Hisinger, Rhät von Norddeutschland, Schweden, Polen und Persien; Jura von China.

Literatur.

Arber, E. A. N., Catalogue of the fossil Plants of the Glossopteries flora in the Department of Geology, British Museum (Nat. Hist.). S. 3—14 und Einleitung. London 1905.

Feistmantel, O., The fossil flora of the Gondwana System. III, 2: The flora of

Schizoneura gondwanensis Feistmantel. Aus der älteren Gondwanaformation von Indien.

Fig. 561. Jüngeres verzweigtes Sproßstück.

Fig. 562. Älteres Sproßstück; beide $^4/_5$ nach Feistmantel 1880.

Fig. 562.

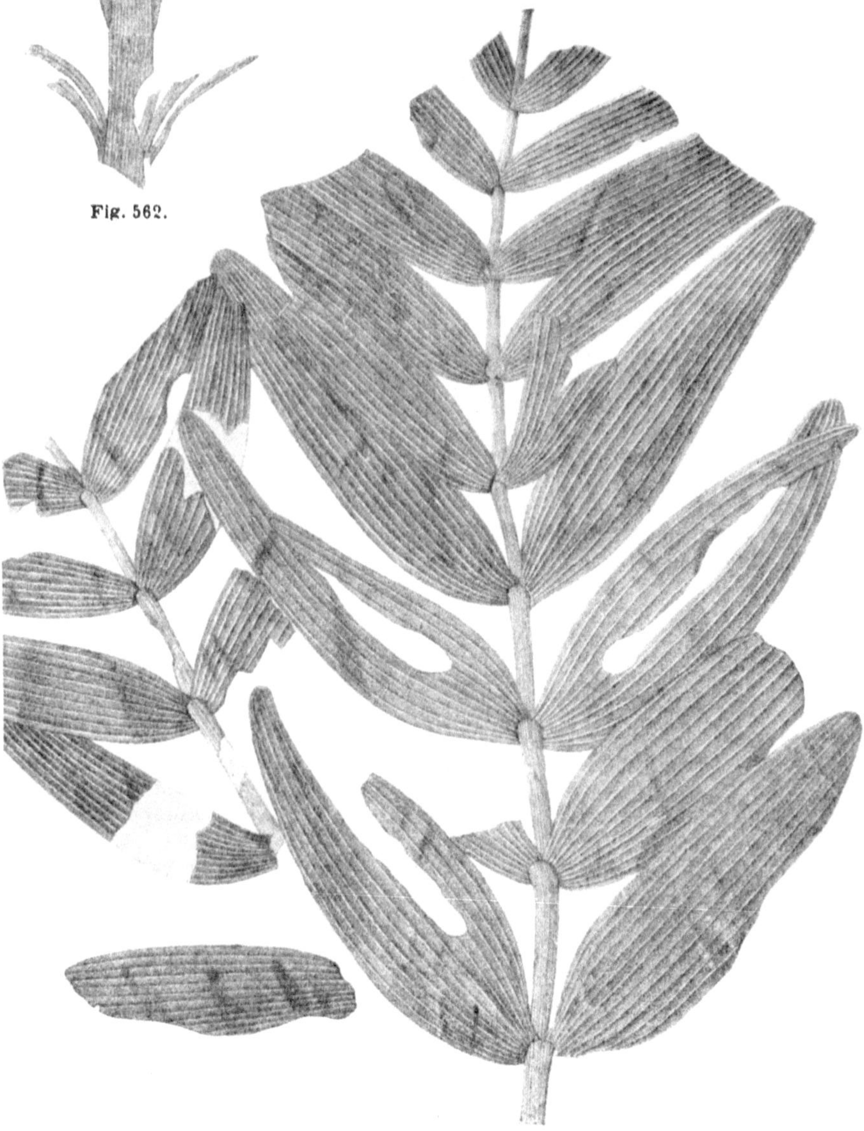

Fig. 561.

the Damuda and Panchet Divisions. S. 59—64. Mem. Geol. Survey India = Pal. Indica. 1880.
Jongmans, W. J., Fossilium Catalogus II: Plantae, Ps. 9: S. 681—692; Ps. 11: S. 794—795. Berlin 1922/24.
Kodaira, R., Note on a new species of Schizoneura from Chosen (Korea). Japan. Journ. Geol. Geogr. 3. 1924.
Sahni, B., The present Position of Indian Palaeobotany Proceed. Asiatic. Soc. Bengal. New Ser. 17. 1921.
Sahni, B., The Southern fossil floras: a Study in the Plant Geography of the Past. Proceed. XIII. Indian Science Congress. 1926.
Schimper, W. P., und Mongeot, A., Monogr. pl. foss. du grès bigarré de la chaine de Vôges. S. 48—51. Leipzig 1844.
Zalessky, M. D., Flore Paléozoique de la Série d'Angara. Atlas. Taf. 30. Mém. Comité Géolog. N. S. 174. Petrograd 1918.

Allgemeines.

1. Zeitliche Verbreitung.

Wie für die Lycopodiales, so gilt auch für die Articulatales, daß die Gruppe im wesentlichen der Vergangenheit angehört; nur die einzige Gattung Equisetum reicht mit ca. 24 Arten in die Gegenwart herein. Auch haben Lycopodiales und Articulatales hinsichtlich ihres zeitlichen Auftretens gemeinsam, daß der Höhepunkt ihrer Entwicklung im Palaeozoikum liegt, wenn auch gegenüber den Lycopodiales insofern ein Unterschied besteht, als noch im Mesozoikum eine namhaftere Menge von Typen (aus dem Formenkreis der Equisetineae) entwickelt ist.

Im einzelnen mag folgendes hier herausgestellt werden. Das erste nachweisbare Auftreten der Gruppe fällt in das obere Mitteldevon (Hyenia und Calamophyton); im Oberdevon treten Pseudobornia, Asterocalamites und einige zerschlitzblätterige Sphenophyllen auf. Während die genannten Protoarticulaten Hyenia und Calamophyton bereits im Oberdevon nicht mehr gefunden sind und Pseudobornia auf das Oberdevon beschränkt gewesen zu sein scheinen, reicht Asterocalamites bis an die obere Grenze des Unterkarbons. Rein unterkarbonisch sind Cheirostrobus und Protocalamites sowie Mesocalamites, welch letztere Gattung besonders für die Grenzschichten des Unter- und Oberkarbons charakteristisch ist. Calamites, die artenreichste Gattung der Gruppe, beginnt im unteren Oberkarbon und reicht bis an die obere Grenze des Rotliegenden, vielleicht bis zum Zechstein[1]); die Calamitenblütengattungen sind zum Teil auf das mittlere Oberkarbon beschränkt: Palaeostachya, Cingularia und Huttonia, zum Teil dem ganzen Oberkarbon: Macrostachya, zum Teil dem Oberkarbon und dem Rotliegenden angehörig, wie Calamostachys und Metacalamostachys. In die Lebenszeit von Calamites fällt der Höhepunkt der Entwicklung der Gattung Sphenophyllum, wenn schon ihre ersten Formen, wie bemerkt, oberdevonisch sind und ihre jüngste bis in die Trias hereinzureichen scheint. Rein oberkarbonisch sind die Gattungen Autophyllites und Sphenasterophyllites.

Von den Formen, die im wesentlichen mesozoisch sind, ist Equisetites seit dem mittleren Oberkarbon, Phyllotheca und Schizoneura seit dem oberen Oberkarbon bekannt. Der Höhepunkt der Gattung Equisetites, wenigstens was Größe der Formen betrifft, liegt in der Trias bis zum mittleren Keuper, die folgenden kleineren Formen gehen, ohne daß eine bestimmte Grenze zu sehen wäre, in die Gattung Equisetum über, und es ist mehr eine allgemein übliche Praxis als etwa auf die systematische Morphologie dieser Formen gegründet, wenn man die Formen bis zur unteren Kreide als Equisetites und die jüngeren als Equisetum zu bezeichnen

[1]) Wofür ein in der Sammlung der Bergschule zu Eisleben aufbewahrter, nicht genauer bestimmter Rest aus den Mannsfelder Kupferschiefern spricht.

pflegt. Phyllotheca und Schizoneura, von denen ein größerer Teil ihrer Arten für die Flora der Gondwana-Länder charakteristisch ist, erreichen beide das obere Mesophytikum: Schizoneura geht bis zum Jura, Phyllotheca bis zur unteren Kreide, der Höhepunkt der Entwicklung beider liegt in der Zeit zwischen oberem Perm und der Trias. Rein der oberen Trias (Keuper und Rhät) gehören Neocalmites und Annulariopsis an.

2. Vergleichende Morphologie, Anatomie und Systematik.

Hinsichtlich der allgemeinen Morphologie der Gruppe herrscht, was die vegetative Region betrifft, eine sehr große Einheitlichkeit. Gliedrigkeit der Stämme, d. h. Gliederung in blatttragende Knoten und in Internodien ist für alle Formenkreise charakteristisch; lediglich in der Verzweigung zeigt sich eine gewisse Mannigfaltigkeit, je nach dem Grade der Verzweigungsfähigkeit und danach, ob die Verzweigungen streng periodische oder ± regellose sind. Abweichend in bezug auf Verzweigung verhalten sich die Protoarticulaten. Während für alle übrigen Gruppen gilt, daß die Sproßverzweigung mit der Gliedrigkeit der Sprosse korrespondiert, mit anderen Worten, daß die Astabgänge (wie auch die Beblätterung) an die Knoten gebunden ist, ist bei diesen ältesten Formen, trotz ± deutlich ausgeprägter Gliedrigkeit der Sprosse, die Verzweigung noch keine rein seitliche und an die Knoten gebundene. So scheint bei Hyenia der Sproßgipfel sich in zahlreiche Arme aufzulösen (vgl. die Parallelbildung bei Pseudosporochnus) und bei Calamophyton ist die gabelige Verzweigung der Sprosse eine noch ganz ausgeprägte. Während im übrigen bei Hyenia die Gliederung der Sprosse in blatttragende Knoten und in Internodien bereits präzise durchgeführt ist, ist das bei dem gleichalten Calamophyton noch nicht ganz der Fall. Vielmehr beginnen hier die Sprosse erst noch mit regellos über die Sproßfläche verstreuten Blättern (vgl. die Blattdornenstellung bei Psilophyton), und erst an den oberen Sproßpartien und den Gabelästen setzt eine präzise wirtelige Anordnung der Blätter ein.

Was die sonst für alle Articulaten ganz allgemein charakteristische wirtelige Anordnung der Blätter betrifft, so ist im Hinblick auf die Verhältnisse am Sproßscheitel von Equisetum in der Literatur darauf hingewiesen worden, daß es sich um keine echte Quirlbildung handle, daß vielmehr »falsche« Quirle vorlägen. Dies ist im Hinblick auf Equisetum sicher nicht ganz abzuweisen. Besitzen doch die Sprosse der rezenten Equiseten eine dreischneidige Scheitelzelle und die Sproßsegmentierung ist demgemäß primär eine dreigliedrig-schraubige, die dann erst durch die in (in der Regel) alternierenden Quirlen zur Anlage gelangenden Blätter und (wo vorhanden) Seitensprosse überdeckt wird. Demgegenüber steht aber fest, daß die quirlige Anordnung der Organe, die, wie bemerkt, schon für die Formen des mittleren Oberdevon (für Hyenia ganz und für Calamophyton wenigstens mit Ausnahme der ersten Sproßpartien) nachgewiesen ist, die Regel bei allen Articulaten, und in der ganzen Gruppe offenbar ein Organisationsmerkmal ersten Ranges ist, und die Frage ist die, ob nicht vielmehr die Scheitelzelle von Equisetum etwas sekundär Erworbenes ist, was die durch die Jahrmillionen fixierte Quirligkeit der Organfolge noch nicht aufzulösen imstande war.

So ist von Goebel[1]) im Hinblick auf die rezenten Pteridophyten betont worden, daß es sehr wahrscheinlich sei, daß die Scheitelzelle eine relativ junge Erwerbung der einzelnen sie besitzenden Pteriodophytenformenkreise sei und daß unter den rezenten Pteridophyten gerade die altertümlichsten Formenkreise wenigstens teilweise sie noch nicht besäßen (Lycopodium und Marattiaceae); eine Annahme, die seit der Entdeckung der Sproßscheitelverhältnisse bei verschiedenen Psilophytales eine sehr starke Stütze, um nicht zu sagen ihren endgültigen Beweis gefunden hat.

In Hinblick auf die Articulaten im besonderen mag noch auf die zum Teil verhältnismäßig sehr breiten Scheitel der älteren mesozoischen Equisetiten ver-

[1]) l. c. 1918. S. 915 ff. und S. 1028.

wiesen werden (vgl. z. B. die Figur bei Schimper 1874, Taf. 9 u. 10 und in diesem Buch von E. arenaceus Fig. 555 bei *D*), der die Existenz einer einzigen Scheitelzelle oder zum mindesten deren Einfluß auf die Organbildung wenig wahrscheinlich macht,[1]) wie denn selbst noch für die rezenten Equiseten erwiesen ist, daß ihre Blattbildung nicht in direktem Zusammenhang mit der Scheitelsegmentierung steht.

Im übrigen gilt noch zum mindesten für Sphenophyllum, daß hier die Quirligkeit offenbar Ausdruck der gesamten Organisation ist, was sich in der präzisen Dreikantigkeit der triarchen (oder hexarchen) Stele, der Superposition aller Quirle und der zahlenmäßigen Bezugnahme der Glieder der Blattwirtel auf die triarche bis hexarche Stele ausspricht. Und ähnliches gilt mutatis mutandis auch für Cheirostrobus.

Was die Beblätterung betrifft, so liegt es wie auch bei den Lycopodiales in der Natur dieser mikrophyllinen Pflanzen, wenn die Blattgestalt wenig verschieden ist und wenn ihre Variation sich auf derselben Linie bewegt wie bei den Lycopodiales: Ungeteiltheit oder Gabelteilung der Blattfläche, oder doch der Blattnervatur, mit der dann die Blattform $\pm$ korrespondiert, sowie peltate Ausbildung, letzteres vielfach bei den Organen der Blüte.

Gegenüber der Einförmigkeit der Verhältnisse in Sproßbau und Beblätterung ist die Morphologie der Blüte eine sehr mannigfaltige; auf sie sei im folgenden näher eingegangen; vgl. dazu außer den entsprechenden Figuren des systematischen Teiles S. 344—466 noch die schematische Darstellung in Fig. 563.

Durch verhältnismäßig einfachere Blütentypen sind die ältesten und jüngsten Formen charakterisiert. So gilt für die beiden Protoarticulaten-Gattungen (Calamophyton und Hyenia), für Astrocalamites und Autophyllites und wieder für Equisetites, Equisetum und Phyllotheca, daß ihre Blüten aus unverzweigten peltaten Sporophyllen gebildet sind.

Dagegen ist Pseudobornia, Cheirostrobus, Sphenophyllum und den Calamiten-Blüten: Calamostachys, Palaeostachya, Metacalamostachys und Cingularia, sowie den weniger bekannten Blüten Huttonia und Macrostachya gemeinsam, daß in ihren Blüten Quirle von fertilen, mannigfach gebauten, zum Teil verzweigten Sporangienträgern mit solchen steriler Brakteen abwechseln, was zum mindesten bei den allermeisten, wenn nicht allen auf Zerteilung des Sporophylls in fertile Abschnitte (Sporangiophore) und in sterile Brakteen beruht.

Unter den Formen mit ungeteiltem, einfachem, schildförmigem Sporophyll herrscht Mannigfaltigkeit lediglich in bezug auf die Zahl der von der Schildplatte getragenen Sporangien. Diese ist am größten bei den jüngeren Formen wie Equisetites, Equisetum und Phyllotheca, wo sich die Sporangienzahl um 6 herumbewegt (bei Equisetum[2]) sind es oft mehr oder weniger).

Bei Astrocalamites und Autophyllites trägt die Schildplatte je 4 Sporangien, bei Calamophyton nur je 2, bei Hyenia oben und unten je 2 bis 3, also insgesamt 4 bis 6. Bei diesen letzteren Formen ist die Schildplatte ziemlich schmal und relativ lang gestreckt und besonders bei Formen wie Hyenia ist klar, daß, wenn man sich den Plattenträger reduziert denkt, man sehr einfach zu einer Form mit zweigeteiltem Sporophyll (bestehend aus einem adaxialen und einem abaxialen Abschnitt) gelangt.

Die Ausbildung des Sporophylls, oder wie es im folgenden heissen mag: der Sporophylleinheit bei den komplizierter gebauten Blütentypen ist eine recht mannigfaltige. Klar liegen die Dinge, wenn man ausgeht von Formen wie Cheirostrobus pettycurensis oder Sphenophyllostachys fertilis.

Bei Cheirostrobus pettycurensis ist jede Sporophylleinheit in 6 Glieder,

---

[1]) Gleiches gilt natürlich auch für die palaeozoischen Calamiten, wo die z. T. apriori großen Markhöhlen der Stämme auf breite Sproßscheitel hindeuten.

[2]) Für diese Gattung ist übrigens entwicklungsgeschichtlich nachgewiesen, daß die Sporangien ursprünglich am Rand der Schildplatte entspringen und erst nachträglich durch eine allerdings ziemlich unbedeutende Wucherung der Schildplatte vom Rand einwärts verlagert werden.

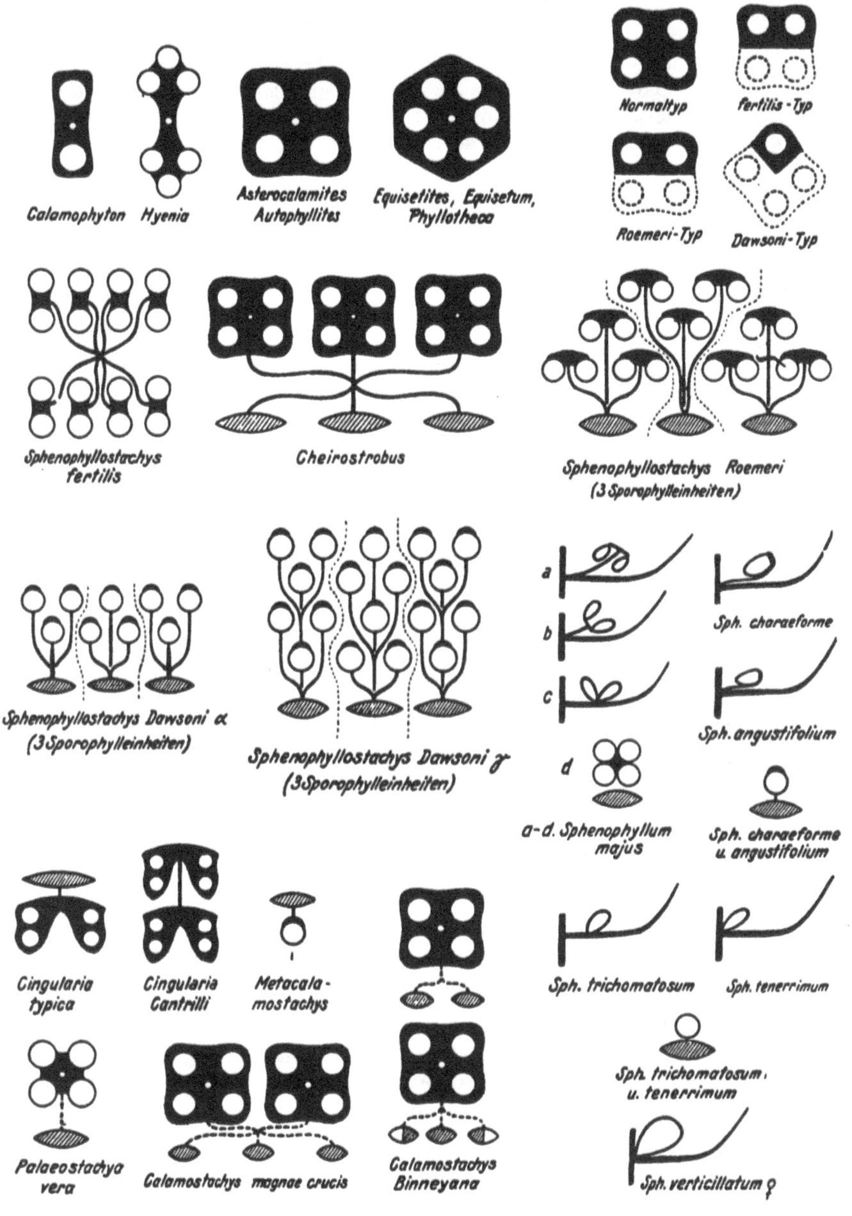

Fig. 563. Schematische Darstellung der Sporophyllbildung und Zerteilung der Sporophylleinheit bei den Blüten der Articulatales.
Bei den Formen mit zerteilten Sporophylleinheiten ist (wo nichts anderes bemerkt) nur je eine Sporophylleinheit dargestellt; über die Deutung der Verhältnisse bei Calamostachys und Palaeostachya vgl. die Ausführungen Seite 471—473; die Sporophylleinheiten der reduzierten Blütentypen von Sphenophyllum charaeforme, angustifolium, trichomatosum, tenerrimum, verticillatum ♀ und maius sind auch von der Seite gesehen dargestellt. Über die Fig. *a* und *b* zu Sph. maius vgl. Seite 471. Rechts oben in der Figur die schematische Darstellung der Reduktion des Sporangiophorarmes bei Sphenophyllum gegenüber Cheirostrobus u. a. — Original.

3 obere fertile und 3 untere sterile, aufgeteilt; erstere zusammen sind als dreigeteilter Sporangiophor, letztere 3 als brakteoide Teilstücke des sterilen Abschnittes anzusprechen. Ihre Zusammengehörigkeit ist daran zu ersehen, daß die Basalpartien der jeweils 3 Sporangiophorarme und der 3 darunter liegenden Brakteen sowohl zunächst unter sich als weiterhin zusammen miteinander verschmolzen sind. Im übrigen gleicht jeder der 3 Sporangiophorarme hinsichtlich seines Baues im wesentlichen einem Sporophyll von Asterocalamites, was aber eben nur eine Konvergenzerscheinung ist[1]).

Bei Sphenophyllostachys fertilis ist die Auflösung der Sporophylleinheit ebenso klar wie bei Cheirostrobus; auch hier hat zunächst Teilung in einen adaxialen und einen abaxialen Abschnitt stattgefunden. Im weiteren ist dann jeder dieser beiden Primärabschnitte in je 4 Arme geteilt und alle 8 Arme (also im Gegensatz zu Cheirostrobus auch die abaxialen unteren) sind fertil; es sind schildförmige Organe mit je 2 Sporangien.

An Hand dieser beiden Fälle sind die Blütenverhältnisse der übrigen Sphenophyllumblütentypen leicht verständlich. Überall ist die Sporophylleinheit in einen adaxialen, fertilen Sporangiophor und eine abaxiale, sterile Braktee geteilt; im übrigen ist die Ausbildung des abaxialen Teiles variabel.

Bei Sphenophyllostachys Dawsoni forma α und β ist der Sporangiophor, d. h. der fertile (adaxiale) Teil zunächst serial in 2 Arme (wieder einen adaxialen und einen abaxialen) geteilt. Die weitere kollaterale Durchteilung ist dann innerhalb eines Quirls eine in horizontaler Alternanz wechselnde, wie das Schema (vgl. auch Fig. 417 u. 418) klar macht. Prinzipiell gleich verhält sich Sph. Dawsoni forma γ, nur daß der Sporangiophor, d. h. fertile (adaxiale) Primärabschnitt, zunächst in 4 serial übereinander gereihte Teilstücke gabelt, und dann innerhalb eines Quirls in horizontaler Alternanz abwechselnd bald der innerste und zweitäußerste, bald der zweitinnerste und äußerste kollateral gegabelt ist. Auf diese Weise entstehen bei Sph. Dawsoni forma α und β je 3 Sporangiophorarme, bei Sph. Dawsoni forma γ je 6 Sporangiophorarme in jeder Sporophylleinheit. Im Gegensatz zu Cheirostrobus und Sphenophyllostachys fertilis sind hier die einzelnen Sporangiophorarme, insbesondere ihre Schildplatte nahezu auf den das einzige Sporangium tragenden Teil reduziert und der abaxiale (sterile) Sporophyllabschnitt ungeteilt.

Eine Variante gegenüber Sph. fertilis ist Sphenophyllostachys Roemeri. Hier ist die Aufteilung der Sporophylleinheit prinzipiell die gleiche wie bei Sph. Dawsoni α und β; doch sind die 3 Arme weniger stark reduziert: ihre quer orientierte Schildplatte trägt noch je 2 Sporangien. Faßt man bei Sphenophyllostachys Dawsoni, Roemeri und fertilis die Sporangientragung jedes Sporangiophorarmes ins Auge und geht von seiner komplettesten Ausbildung bei Cheirostrobus aus, so ist bei Sph. Roemeri und fertilis je die Hälfte erhalten: dort quer und hier längs gestellt, bei Sph. Dawsoni nur noch je ein Viertel. (Vgl. das Schema Fig. 563 rechts oben.)

Andere Formen schließen sich an, wo erstens die weitere Aufteilung des fertilen adaxialen Teiles des Sporangiophors in mehrere Arme unterbleibt und zweitens er selbst ganz oder fast ganz auf das oder die von ihm getragenen Sporangien reduziert ist. Am klarsten sind die Dinge noch bei Sph. charaeforme, wo der ungeteilte Sporangiophor mit einem einzigen Sporangium kurzgestielt der Braktee aufsitzt. Die Details der Sporangienfixierung sind prinzipiell die gleichen wie an den einzelnen Armen von Sph. Dawsoni. Ganz ähnlich verhält sich Sph. angustifolium. Nur ist der Stiel des Sporangiophors noch kürzer. Bei Sph. trichomatosum ist seine Reduktion noch weiter gediehen: das Sporangium sitzt in einer

[1]) Wenn umgekehrt bei Asterocalamites und Phyllotheca in der Blüte gelegentlich bzw. periodisch statt eines Sporophyllquirls ein Laubblattquirl auftritt, so hat das natürlich nichts mit der Aufteilung der Sporophylleinheiten anderer Formen zu tun; es handelt sich in dem Fall nur um eine geringere Stabilisierung der Blüte, in die eben noch gelegentlich vegetative Blätter eindringen.

kurzen Entfernung von der Achse stiellos der Braktee bereits direkt auf; bei Sph. tenerrimum ist es sogar bereits achselständig, ebenso das einzige Megasporangium am Megasporophyll von Sph. verticillatum. Mit letzteren drei Formen sind Verhältnisse erreicht, wie sie für die Sporangieninsertion der Lycopodiales charakteristisch sind (vgl. S. 341).

Prinzipiell ganz gleich liegen die Dinge bei Sphenophyllum majus; der Sporangiophor ist offensichtlich gleichfalls auf seinen allein wesentlichen Bestandteil, d. h. auf die von ihm getragenen Sporangien reduziert, nur daß hier der Sporangiophor offenbar tetra- bis hexa- statt monosporangiat war. Wie man sich die Reduktion zu denken hat, geben die Skizzen *a—c* in Fig. 563 an. Als Ausgangspunkt (*a*) ist ein ungeteilter peltater Sporangiophor mit 4—6 Sporangien zu denken. Die starke Reduktion seines Stieles führt dazu, daß die vom Plattenrand[1]) getragenen Sporangien statt nach dem Stiel zu nach der entgegengesetzten Richtung verlagert werden (*b*). Die weitere Reduktion des Stieles und der Schildplatte führt zu der in Wirklichkeit bei Sph. majus vorliegenden Sporangientragung (*c* u. *d*).

Damit dürften die morphologischen Verhältnisse der Articulatenblüten innerhalb der Verwandtschaftskreise Cheirostrobus und Sphenophyllum klarliegen. Im Gegensatz zu der eingangs behandelten Reihe Protoarticulatineae—Asterocalamites—Autophyllites—Equisetites—Phyllotheca—Equisetum ist hier überall die Aufteilung der Sporophylleinheit in einen adaxialen und einen abaxialen Abschnitt durchgeführt. Die weitere Variabilität der Verhältnisse bewegt sich auf folgenden Linien: Weitere Zerteilung der beiden Primärabschnitte, entweder nur kollateral oder serial und kollateral; Fertilität des abaxialen Abschnittes oder seiner Teilstücke statt der in der Regel alleinigen Fertilität des adaxialen. Abbau der Sporangienzahl von der Tetra-Sporangie zur Monosporangie der einzelnen Sporangiophore bzw. ihrer Arme. Reduktion des Sporangiophors auf das oder die von ihm getragenen Sporangien.

Wenn in dem Cheirostrobus-Sphenophyllum-Formenkreis die Dinge klarliegen und über die zu einem Sporophyll (oder wie der Deutlichkeit halber gesagt sei: einer Sporophylleinheit) gehörigen Teilstücke in keinem Fall ein Zweifel bestehen kann, so ist dies in der Reihe der Calamitenblüten in einigen Fällen dadurch wesentlich erschwert, daß, offenbar durch Aufteilung und Verwachsungen, die Lagebeziehung der fertilen und sterilen Blütenglieder zum Teil stark verändert und mangels der Möglichkeit entwicklungsgeschichtlicher Untersuchungen schwer einwandfrei klarzustellen sind.

Wie die Dinge im einzelnen liegen, ist bei der speziellen Darstellung (S. 401ff. und S. 454) dargetan worden. Hier kommt es nur auf die morphologische Deutung an.

1. Calamostachys. Hier gibt es offenbar zwei Typen: deren einer als Binneyana-, deren anderer als Magnae-crucis-Typ bezeichnet sei.

Für den Binneyanatyp, dem Calamostachys Binneyana, Cst. Ludwigi, Cst. tuberculata und offenbar auch Cst. Decaisnei, Grand'Euryi und Zeilleri angehören, könnte man in Anlehnung an die Verhältnisse bei Cheirostrobus und den Sphenophyllen folgendes denken: Jedes Sporophyll (Sporophylleinheit) ist aufgelöst in einen oberen Sporangiophor und eine untere Brakteengruppe, die, in vertikaler Alternanz abwechselnd, aus 2 und aus 3 Teilbrakteen besteht. In den Fällen, wo die Brakteengruppe dreigliedrig ist, sind indes je 2 Randglieder der benachbarten Brakteengruppen kongenital verwachsen[2]), wodurch die Zahl der

[1]) Vgl. dazu das über die Entwicklungsgeschichte des Sporophylls von Equisetum (Anm. S. 468) Gesagte. Prinzipiell gleich dürfte auch die der Schilder der übrigen Articulaten-Sporangiophore bzw. Sporangiophorarme gewesen sein.

[2]) Derartiges ist aus anderen Verwandtschaftskreisen, wo die Dinge entwicklungsgeschichtlich und vergleichend-morphologisch verfolgt werden konnten, des öfteren bekannt. Es sei nur auf die Nebenblattverwachsung im Kelch der Rosaceae-Potentilleae und die interpetiolare Nebenblattbildung der stellaten Rubiaceae mit

Brakteenglieder in jedem Brakteenquirl gleich groß und die Anordnung derselben eine in vertikaler Alternanz alternierende wird (vgl. Fig. 480—484[1]). Im übrigen ist die ursprüngliche Zusammengehörigkeit der Glieder einer Sporophylleinheit noch dadurch verwischt, daß die Stellung der Sporangiophore und Brakteen an der Blütenachse so ist, daß Brakteen und Sporangiophorquirle in ganz gleichen Abständen aufeinanderfolgen.

Das letztere gilt auch für Calamostachys magnae crucis. Sonst könnte man denken, daß hier der obere Sporophyllabschnitt in 2 Sporangiophore geteilt ist, die ihrerseits unter sich allerdings keine weitere Verbindung als den gemeinsamen Leitbündelursprung zeigen, und der untere Abschnitt würde in je 3 Brakteen zerteilt sein. Bei der prinzipiell anderen Art der Leitbündelversorgung in der Blüte von Cst. magnae crucis gegenüber der von Cst. Binneyana und ähnlichen (vgl. Fig. 481/2 u. 485 und den Text S. 405) würde wahrscheinlich sein, daß im Gegensatz zu diesen, wo sie superponiert stehen, bei Cst. magnae crucis die Sporophylleinheiten alternieren, was allerdings durch die Zweiteilung der Sporangiophorgruppen äußerlich nicht zum Ausdruck kommt.

Die Deutung der Calamostachysblüte in dem vorgetragenen Sinn scheint durch Formen wie Palaeostachya vera, wenigstens äußerlich, wesentlich unterstützt. Hier sind die räumlichen Beziehungen zwischen Sporangiophoren und Brakteen wesentlich klarer. Die Zusammengehörigkeit je eines Sporangiophor- und Brakteenquirls ist äußerlich scheinbar offensichtlich. Dabei spielt keine bedeutendere Rolle, daß die genaue Lagebeziehung der ihrerseits stets superponierten Sporangiophore zu den Brakteen derzeit nicht ganz geklärt ist, indem man nicht weiß, ob in allen Quirlen die Braktee dem zugehörigen Sporangiophor infraponiert war, oder ob die Brakteen je zweier aufeinanderfolgender Quirle in Alternanz, also die Brakteen unter dem einen Sporangiophorquirl infra- und unter dem jeweils nächsten juxtaponiert waren. Wäre letzteres der Fall, würde es sich wohl nur um primäre Zweiteilung und kongenitale Verwachsung je zweier Nachbarbrakteen handeln.

Gegen die Annahme der Ableitung des Palaeostachyatyps von Formen wie Cheirostrobus und Sphenophyllum spricht nun aber der eigentümliche (S. 407 u. Fig. 490) geschilderte Leitbündelverlauf, der von vielen Seiten als Reminiszenz an den Calamostachyszustand, der als der ursprünglichere betrachtet wird, angesprochen wird.

Tatsächlich ist der bei Palaestachya vera vorliegende Bündelverlauf eigentümlich genug, und er fällt um so mehr ins Gewicht, als es immer Stimmen[2]) gegeben hat, wonach die Calamostachysblüte abzuleiten sei aus partieller Sterilisierung von Blüten vom Typus derer von Asterocalamites und analoger. In vertikaler Alternanz würden Sporophyllquirle fertil geblieben bzw. sterilisiert worden sein. Mit der Sterilisierung wäre dann eine kongenitale Durchteilung eingetreten und beim Binneyana-Typus in jedem zweiten Brakteenquirl auch Verwachsung in der in Fig. 484 angedeuteten Richtung, wodurch die zweimal bzw. beim Magnae-crucis-Typ 1½ mal so vielen Brakteen zustande gekommen seien.

Peltate Brakteenformen, wie sie für Calamostachys borgiensis bekannt und für Calamostachys mira wahrscheinlich sind, wären dann natürlich Etappen auf dem Weg der Umbildung der Sporophylle in Brakteen.

Es ist klar, daß dann jeder Sporangiophor der Calamostachysblüte einem

---

scheinbar viergliedrigen Blattquirlen, wie sie die Sprosse von Galium cruciatum u. ä. besitzen, verwiesen.

[1]) Die von Lady Browne für Cal. Grand' Euryi angeführten gelegentlichen Abweichungen (1927, S. 308) sind nach des Verfassers Ansicht nicht beweisend gegen diese Annahme. Es sind eben bei allen Equisetineen und besonders noch bei ihren Blüten Störungen an der Tagesordnung. Dies mag zwar die Erkenntnis der prinzipiellen Organstellung erschweren, darf sie aber nicht hemmen!

[2]) Vgl. Goebel l. c. 1918, S. 1104—10 und die Zusammenstellung bei Browne 1927.

Sporophyll entspricht, gleichgültig ob die Leitbündelversorgung dem Magnae-crucis- oder dem Binneyana-Typus folgt, um so mehr, als in beiden Fällen primär ohnedies je 2 benachbarte Sporangien tragende Glieder (bei der hier angenommenen Deutung: Sporophylle) von einem Hauptstrang der Blütenachse innerviert werden. Wie die Primärlage der Organeinheiten, aus denen durch Aufteilung und eventuell zum Teil wieder nachträgliche kongenitale Verwachsung die Brakteen hervorgegangen sind, gewesen ist, hängt ab davon, ob man für die primäre Organgruppierung nur superponierte Wirtel (Asterocalamites-Typ) oder alternierende Wirtel annimmt (Equisetites — Equisetum-Typ). Wer dem Leitbündelverlauf in der Blüte größeres Gewicht beimißt, wird wohl den Typus von Calamostachys Magnae-crucis von dem von Equisetites-Equisetum ableiten und den von Calamostachys Binneyana und ähnlichen von Asterocalamites, da ja im einen Fall die Hauptbündel der Blütenachse alternieren, im anderen alle durchlaufen.

Soviel über die beiden Möglichkeiten morphologischer Deutung der Blüten von Palaeostachya und Calamostachys. Würden die Blüten des Cheirostrobus-Sphenophyllum-Formenkreises nicht bekannt sein und ebenso nicht die noch zu besprechenden von Cingularia und Metacalamostachys, würde es wohl wenig Stimmen gegen die letztere der hier vorgetragenen Deutungen der Blüten von Calamostachys und Palaeostachya geben.

Die außerdem noch bekannten Calamitenblüten folgen jedenfalls eindeutig dem Sphenophyllum-Typus. Das ist ganz klar bei Metacalamostachys, wo die Verhältnisse wie bei Sphenophyllum charaeforme und angustifolium liegen nur mit dem Unterschied, daß der fertile Abschnitt (ein monosporangiater Sporoganiophor) unter (nicht über) dem sterilen liegt. Bei Cingularia typica ist, was Verteilung von sterilen und fertilen Abschnitten betrifft, die Sache wie bei Metacalamostachys, dagegen sind bei C. Cantrilli beide Abschnitte fertil (Parallele zu Sphenophyllostachys).

Im übrigen hat der Sporangiophor von Cingularia die am meisten abweichende Konfiguration. Wenn man eine morphologische Beziehung des Cingularia-Sporangiophors zu dem der übrigen Articulatenblüten herstellen will, so könnte man vielleicht am ehesten noch Sporangiophore vom Typus des Sphenophyllum Dawsoni heranziehen. Im Fall Cingularia wäre jedoch der Sporangiophor nur kollateral zweigeteilt und ziemlich flächig verbreitert; die beiden serial von jedem Abschnitt getragenen Sporangien könnte man sich auf Grund serialer Durchteilung eines ursprünglich (wie bei Sph. Dawsoni u. a.) einzigen zustande gekommen denken. Im übrigen ist eine derartige Deutung, wenn sie auch viel Wahrscheinlichkeit an sich trägt, natürlich ebenso lange problematisch als uns entsprechende Übergangsformen fehlen.

Um kurz die Beziehungen der verschiedenen Blütentypen untereinander zusammenzufassen, so ist die prinzipielle Übereinstimmung der Blüten von Calamophyton, Hyenia, Asterocalamites, Autophyllites, Equisetites, Equisetum und Phyllotheca klar: Es sind alles Blüten, die aus alternierenden oder superponierten Quirlen ungeteilter, peltater Sporophylle aufgebaut sind. Die gelegentliche Zwischenschaltung eines Quirls steriler Blätter (NB. stets vom Habitus der Laubblätter), wie sie sich bei Asterocalamites und Phyllotheca findet, ist lediglich als gelegentliche sterile Unterbrechung der Blüte anzusehen, die mit der partiellen Sporophylldurchteilung und partiellen Sterilisierung, wie sie sich bei Cheirostrobus u. a. findet, sicher nichts zu tun hat.

Der andere Formenkreis: Cheirostrobus, Sphenophyllum, Metacalamostachys und Cingularia, ist generell charakterisiert durch seriale Durchteilung des Sporophylls in einen abaxialen und einen adaxialen Abschnitt, wovon jeder weiter kollateral und serial durchgeteilt sein kann und wovon entweder einer (sowohl der obere, als der untere) oder auch beide fertil sein können[1]).

---

[1]) In der im obigen gegebenen Darstellung ist in Fällen mit serialer Spaltung der Sporophylleinheit für die Gesamtheit des fertilen Abschnittes, gleich-

Ob Calamostachys und Palaeostachya diesem Cheirostrobus-Sphenophyllum-Metacalamostachys-Cingularia-Formenkreis zuzurechnen sind oder als abgeleitet zu betrachten sind von Formen wie Asterocalamites, Equisetites, Equisetum, hängt ab, welcher von beiden der oben skizzierten Deutungen man zuneigt. Klar ist, daß unter Annahme der ersten Deutung das Bild der Entwicklung der Articulatenblüte ein ganz einheitliches ist, das charakterisiert ist dadurch, daß zwischen Oberdevon und Rotliegendem in der Mehrzahl der Formenkreise seriale Durchteilung der Sporophylleinheit auftritt. Wenn die zweite Deutung zu Recht besteht, stellen Calamostachys und Palaeostachya mit dem Wechsel steriler und fertiler Blütenelemente lediglich eine Konvergenz zur Cheirostrobus-Sphenophyllum-Metacalamostachys-Cingularia-Reihe dar. Die Brakteen sind sterile Sporophylle, deren im Vergleich zu den Sporophyllen zum Teil (Calamostachy) größere Zahl nur sekundär durch kongenitale kollaterale Spaltung entstanden ist; und die Sporangien tragenden Organe sind dann echte Sporophylle.

Über die systematischen Verhältnisse der Articulaten sei hier nur soviel bemerkt, daß nicht nur durch die vergleichsweise große Einheitlichkeit der Morphologie der vegetativen Sphäre der Sprosse, als insbesondere auch die der Blüten die Berechtigung der Zusammenschließung der fünf Formenkreise: der Protoarticulaten, von Pseudobornia, Cheirostrobus, Sphenophyllum und der Equisetineen gegeben ist.

Auch in Hinblick auf die Anatomie steht dem nichts im Wege, und die bei den einzelnen Formenkreisen vorhandenen Differenzen beruhen nur auf dem verschiedenen Grad der Überführung des protostelischen Sproßbaues in den eustelischen. Letzterer ist der für Equisetum und Calamites allgemein gültige. Rein (exarch) protostelisch ist Sphenophyllum; diesem Typus recht nahe steht noch die Blütenachse von Cheirostrobus, wo als Überleitung zur Siphonostele allerdings schon etwas Parenchym dem Xylem des Stelenzentrums untermischt ist. Im übrigen unterscheidet sich die Stele von Cheirostrobus von der von Sphenophyllum nur durch die größere Zahl der gleichfalls exarchen Protoxylemgruppen: 12 gegenüber 3 oder 6 bei Sphenophyllum. Siphonostelisch ist dagegen sogar schon Calamophyton. Unter den Equisetineen macht Asterocalamites den Eindruck noch reiner (endarcher) Siphonostelie. Eine Übergangsbildung zwischen diesem und dem eustelischen Arthropitys und Calamodendron stellt vielleicht Arthodendron dar, wo die primären Markstrahlen des eustelischen Bündelringes noch prosenchymatisch sind und vielleicht partiell rückgebildete Tracheiden darstellen. — Eine Form mit mesarchem Xylem ist Protocalamites, womit selbst in diesem nicht sehr wichtigen Punkt (vgl. das S. 343 Gesagte) die Brücke zwischen der exarchen Sphenophyllum-Cheirostrobusreihe und der endarchen Asterocalamites-Calamites-Equisetumreihe hergestellt ist.

---

gültig, ob es der obere (adaxiale) oder untere (abaxiale) ist oder ob beide fertil sind, der Ausdruck Sporangiophor gebraucht. Weitere Teilstücke sind als Sporangiophorarme bezeichnet. Damit ist ohne weiteres der hier gemeinte Umfang des Begriffes Sporangiophor klar: es ist bei serial geteilten Blatteinheiten der fertile Primärabschnitt.

Bei dem Umfang, den die seriale Spaltung des Sporophylls in der Organbildung der Articulatenblüte einnimmt, ist die Tatsache von Interesse, daß sich eine merkwürdige (zum mindesten) Analogie in der Entwicklungsgeschichte von Equisetum findet. Hier weist bekanntlich jede Blattanlage, sowohl die der sterilen Sproßblätter als der Sporophylle der Blüte, eine deutliche Teilung in einen apikalen und basalen Abschnitt auf. Beide werden bei der Bildung des Sporophylls aufgebraucht, das somit a priori aus zwei Hälften besteht; dagegen gehen die sterilen Sproßblätter nur aus dem oberen Abschnitt hervor, und der basale dient der Sproßberindung. Der Gedanke ist nicht ganz abzuweisen, daß diese Zweiteilung möglicherweise eine sehr alte ist und bei den genannten palaeozoischen Formen organographisch stärker zum Ausdruck kam.

V. Cladoxylales.

Die Gruppe, die im Vergleich zu dem großen stammesgeschichtlichen Interesse, das sie bietet, leider noch immer viel zu wenig bekannt ist, steht, was die äußere Morphologie betrifft, wohl zwischen Psilophytales und Filicales. Anatomisch steht sie beiden fern und weist vielmehr gemeinsame Züge mit den im zweiten Band zu behandelnden Medullosen und deren Formenkreis auf.

Cladoxylaceae.

Einzige Familie.

Cladoxylon Unger.

Einzige Gattung. Stamm polystel, gegen 4 cm im Durchmesser erreichend. Die einzelnen Stelen stets ± stark radial verlängert, meist von ungleichen Ausmaßen im selben Stamm; bei Cl. mirabile und Cl. scoparium ± häufig gegabelt, bei Cl. teaeniatum und Cl. Solmsii ungeteilt; nahe der Peripherie des Zentralzylinders mit je einem Protoxylemzug und Markparenchym; daran ringsum anschließend und besonders noch mittwärts als ± langes Band entwickelt Metaxylem mit unregelmäßig gestellten Treppentracheiden; bei manchen Arten schließt rings außen noch Sekundärxylem an, das bei den einzelnen in Frage kommenden Arten zu verschieden starker Entwicklung gelangt; Tracheiden des Sekundärxylems mit treppenförmiger Tüpfelung nur an den Radialwänden. Sekundäre »Mark«strahlen einzellreihig. Rings um die Xylempartien der einzelnen Stelen je ein schmaler Phloëmmantel. Die Stelen sind eingebettet in parenchymatisches Grundgewebe des Zentralzylinders, die Rinde besteht aus prosenchymatischen Elementen.

Was die Morphologie betrifft, so ist für Cl. mirabile und Cl. Solmsii nachgewiesen, daß von den Stämmen, die offenbar unverzweigt waren, größere Wedel in schraubiger Anordnung getragen wurden, über deren weitere Ausgestaltung, abgesehen von ihrer Anatomie, allerdings nichts bekannt ist. Anders dagegen liegen offensichtlich die Dinge bei Cl. scoparium, einer Art, die, was die allgemeine Morphologie betrifft, recht wohl bekannt ist. Bei dieser ältesten, aus dem Oberen Mitteldevon stammenden Form ist jedenfalls eine Wedelausbildung (im Sinne der Filicales) noch nicht vorhanden. Vielmehr ist der Hauptsproß mehrfach dichotom gegabelt und dabei oft mehrmals unmittelbar hintereinander, so daß von jedem relativen Hauptsproß bis zu vier ungefähr gleichstarke Sprosse ausgehen und dieser Vorgang sich mehrfach wiederholen kann. Alle Sprosse sind dann von aphlebioiden, blättchenartigen Bildungen ringsum besetzt und erst an den obersten Sprossen entspringen schmächtige Seitensprossartige Bildungen, die vielfach unregelmäßig gabelig verzweigt sind und endständig an den Zweigspitzen je ein Sporangium tragen (Fig. 564—567).

Es ist sehr wohl möglich, daß die kleinen Fruktifikationszweigsysteme (die sich übrigens mutatis mutandis ganz ähnlich bei Pseudosporochnus Krejčii finden) sich bei den jüngeren Formen in mehr minder wedelähnliche Bildung umgestaltet haben, und daß korrelativ mit der bedeutenderen Entwicklung der Fruktifikationszweigsysteme zu echten Blattwedeln die Verzweigung der Hauptsprosse unterblieben ist.

Die Gruppe ist bekannt vom Oberen Mitteldevon bis zum Unteren Unterkarbon.

Die Darstellung wird begonnen mit den kulmischen Arten, da deren Anatomie genauer bekannt ist.

Cl. mirabile Unger. Unterkulm von Saalfeld in Thüringen (Fig. 568 bis 572).

Stamm polystel, die einzelnen Stelen im Querschnitt radial verlängert, öfter gegabelt und $\pm$ gebogen, so daß sie nicht selten U-förmig erscheinen; auch Anastomosen zweier Stelenplatten sind häufiger zu beobachten. Jede Stele, bzw. falls gegabelt, jeder Stelenarm mit Protoxylemzug nahe der Peripherie des Zentralzylinders. Sekundärzuwachs des Xylems meist beträchtlich, gelegentlich auch nur partiell. Besonders bei jüngeren, d. h. oberen Sproßteilen noch fehlend (das sind die Stücke, die den Namen Arctopodium radiatum Unger führen).

Was die Anatomie des Blattstiels betrifft, so finden sich in ihm im Querschnitt eine Anzahl ringsum gestellter kreisförmiger bis elliptischer Bündel (in dem abgebildeten Fall der Fig. 568 acht, wobei eines in Teilung begriffen scheint). Im Zentrum des Bündels ist Protoxylem, darum herum Metaxylem, kein Sekundärholz. Das Grundgewebe des Blattstiels ist parenchymatisch. Epidermis mit Haaren, besonders reichlich an der abaxialen Seite des Blattstiels. An der Wedelstielbasis links und rechts je eine doppelt geteilte Aphlebie, deren Teilstücke im Querschnitt annähernd kreisrund erscheinen. Den Abgang der in den Blattstiel eintretenden Bündel von den dem Wedel zunächst liegenden Stelen und Stelengabelarmen erläutert die Fig. 572. Die Sache geht vor sich, indem die vier medianen Stelenarme vier mit je zwei Protoxylemgruppen versehene, median längsgestreckte Bündel abgeben. Diese scheinen sich im weiteren Verlauf serial durchzuteilen, so daß zunächst vier abaxiale und vier adaxiale nebeneinandergereihte Bündel entstehen, die sich dann allmählich ringsum an der Peripherie verteilen und offenbar durch Querteilung noch vermehren können — im ganzen eine einzigartig dastehende Lösung des Problems der Blattstielbündelbildung. Von den zunächst adaxialen Bündeln geben übrigens die beiden zu äußerst links und rechts gelegenen noch jeweils den zur Aphlebie ziehenden Strang ab.

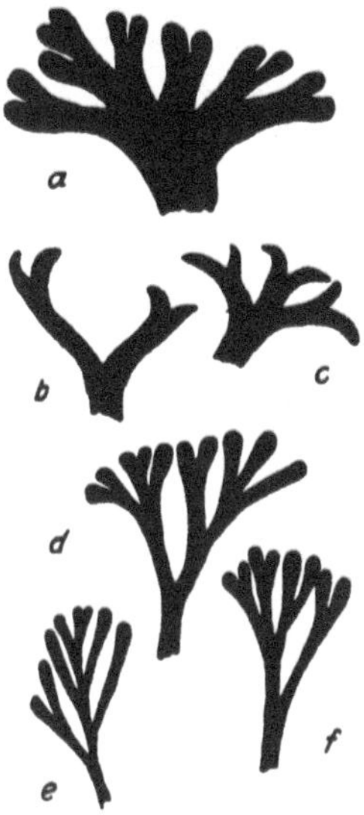

Fig. 565.

Fig. 564.

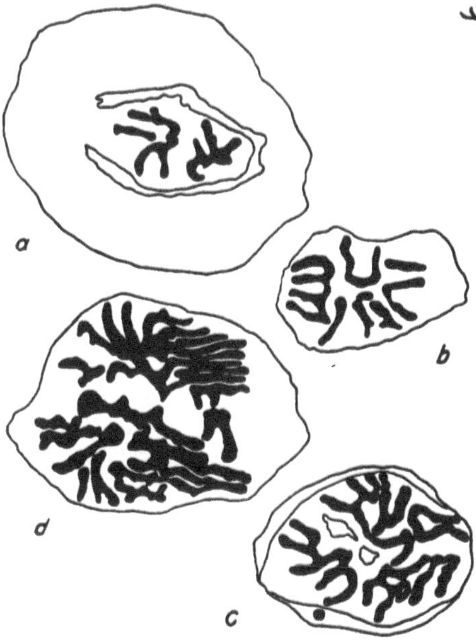

Fig. 567.

Fig. 566.

Cladoxylon scoparium. **Kräusel und Weyland. Aus dem Oberen Mitteldevon von Elberfeld.**

Fig. 564. Rekonstruktion in $^2/_3$ nat. Gr.

Fig. 565. *a* **bis** *c*: **Aphlebioide Blättchen von unteren,** *d* **bis** *f*: **von oberen Achsenteilen. Ca. $2^1/_2\times$.**

Fig. 566. Sporangientragendes Astsystem. Ca. $2^1/_2\times$.

Fig. 567. Querschliffe durch die Sproßachse in verschiedener Höhe; *a*: **am weitesten oben,** *d*: **am weitesten unten, Ca. $8\times$. Sämtl. nach Kräusel und Weyland. 1926.**

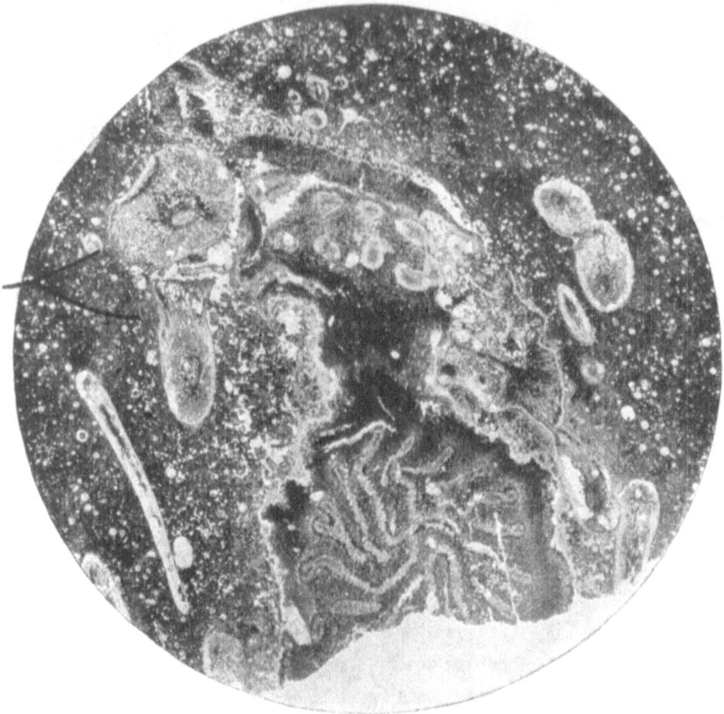

Fig. 568.

Fig. 569.

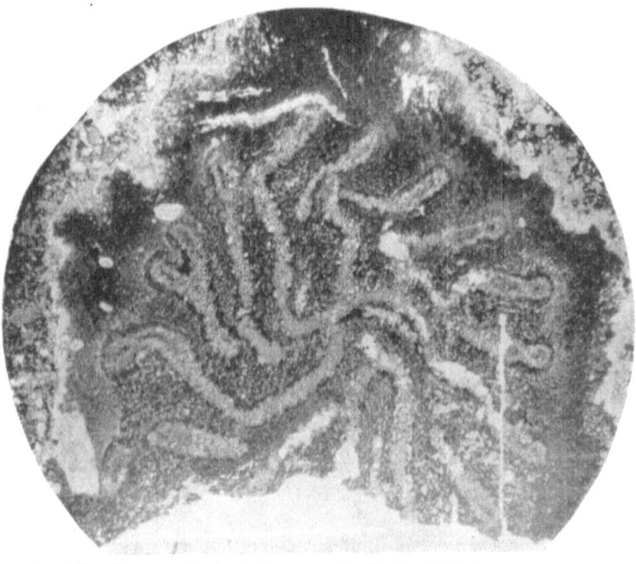

Cladoxylon mirabile Unger. Unterkulm von Saalfeld, Thüringen.

Fig. 568. Querschliff durch einen jüngeren Sproß (Zustand: Arctopodium radiatum Unger) (unten, nicht ganz erhalten) und die Basis eines der von ihm abgehenden Wedel. Bei *a* die je zweigeteilten Aphlebien. Ca. 7 ×. Aus Scott Studies II. 1923.

Fig. 569. Detail aus Fig. 568. Sproßstele. ca. 14 ×. Aus Scott Ext. Pl. 1924.

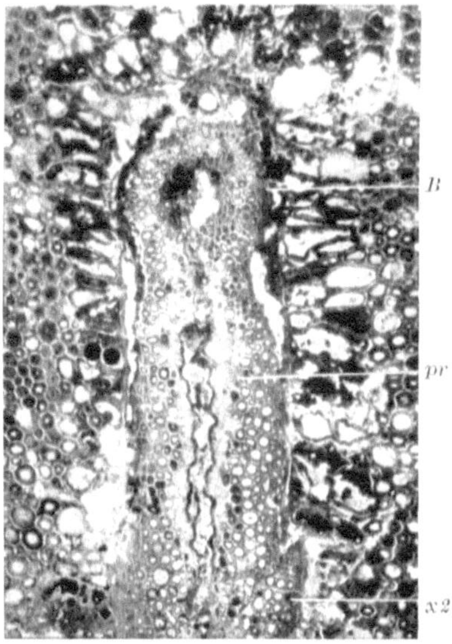

Fig. 570.

Fig. 571.

Fig. 570/72. Cladoxylon mirabile Unger. Unterkulm von Saalfeld, Thüringen.

Fig. 570. Teil eines Stelenarmes. *x1*: Zentrales Primärxylem; *x2*: Sekundärxylem. *pr*: Protoxylematische Partie nahe dem Rand des Stelenarmes. 17×.

Fig. 571. Vorderster Teil eines Stelenarmes während der Abgabe eines Blattspurbündels (*B*). *pr* u. *x2*: wie in Fig. 570. 28×. Beide nach P. Bertrand 1913.

Fig. 572. Schema der Abgabe der Blattspurbündel eines Wedels (*R*); bei *S* ein Teil der Randpartie des Stammes; I—IV die serial teilenden bzw. geteilten Blattbündel; *A*: die beiden Aphlebienbündel. Aus Scott Studies II. 1923.

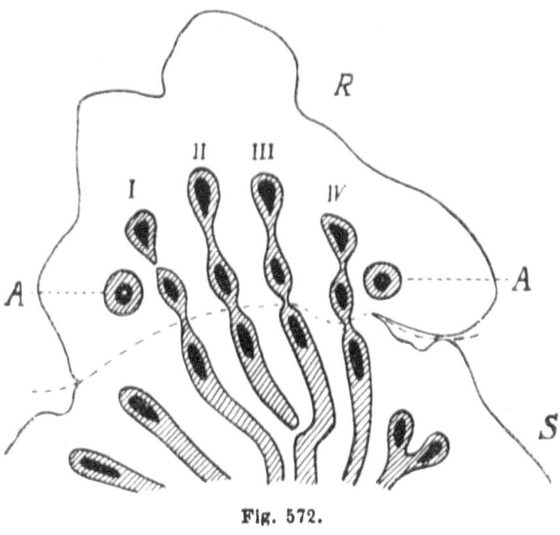

Fig. 572.

Fig. 573.

Fig. 573. Cladoxylon taeniatum Unger. Unterkulm von Saalfeld, Thüringen. Querschliff durch den Sproß; die peripheralen Stelen radial lang gestreckt, die zentralen kreisrund. 3 ×. Aus Scott Studies II. 1923.

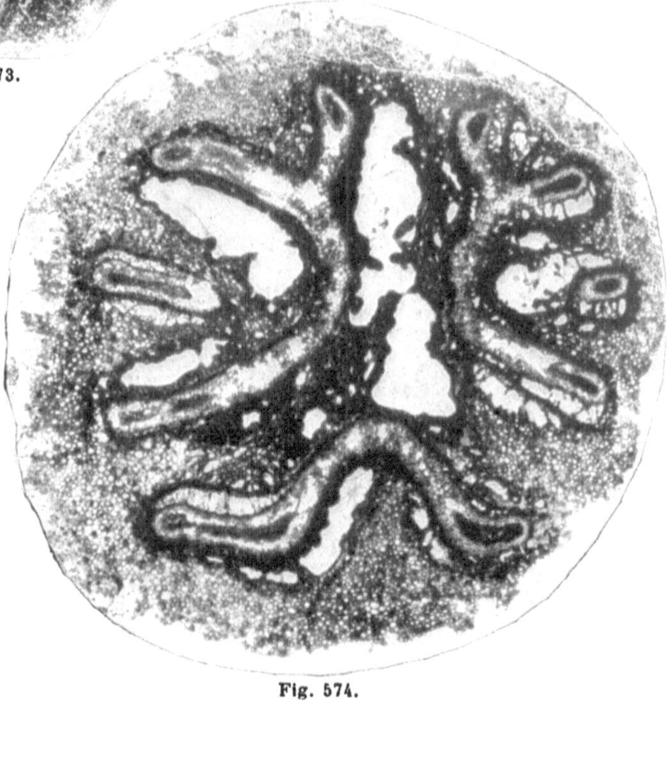

Fig. 574.

Fig. 574. Cladoxylon insigne Unger spec. Aus dem Kulm von Saalfeld (Thüringen). Querschliff durch die Stele. 14 ×. Nach P. Bertrand 1913.

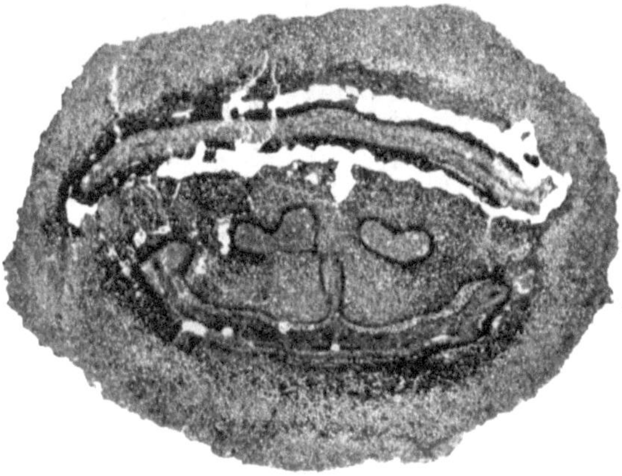

Fig. 575.

Fig. 575. Hierogramma mysticum Unger. Unterkulm von Saalfeld, Thüringen. Querschliff. Vergl. S. 482. 8×. Aus Scott Studies II. 1923.

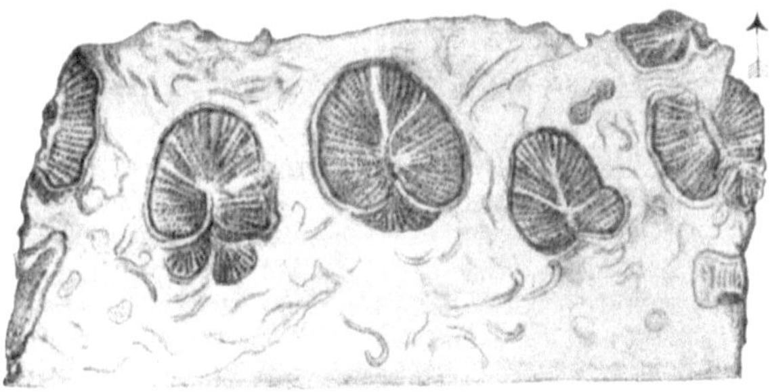

Fig. 576.

Fig. 576. Cladoxylon Kidstoni Solms-Laubach Unterkarbon (Calciferous Sandstone Series) von Schottland.

Querschliff durch einen Teil des Stammes. Ca. 3×. In Richtung der Pfeilspitze die Stammitte. Nach Solms-Laubach 1910.

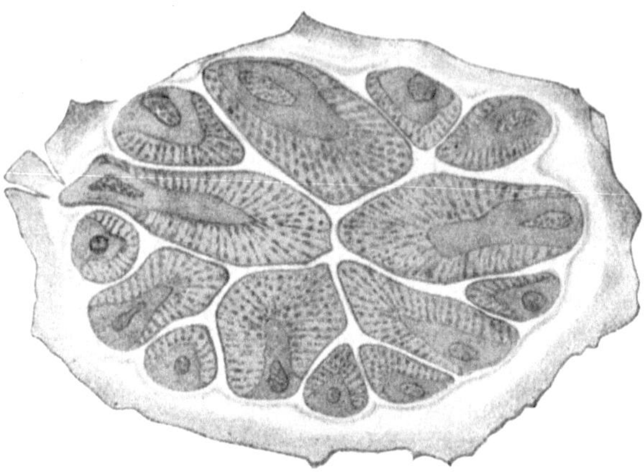

Fig. 577.

Fig. 577. Voelkelia refracta Goeppert spec. Unterkarbon von Glätzisch Falkenberg, Niederschlesien. Querschliff durch den Sproß. In den einzelnen der 14 Stelen ist zuinnerst (punktiert) das Primärxylem, weiter außen (grau) der kollabierte Teil, zu äußerst (schraffiert) der gut erhaltene Teil des Sekundärxylems. 7×. Nach Solms-Laubach 1910.

Ob die zunächst freien acht oder mehr Bündel des Blattstiels weiter oben etwa zu zwei großen quer zur Mediane gestreckten Bündeln verschmelzen, wie das bei den als Hierogramma mysticum Unger bekannten Stadien (die vom gleichen Fundort stammen) der Fall ist, steht nicht sicher fest, da bislang nicht erwiesen ist, ob Hierogramma mysticum Unger wirklich zu Cl. mirabile als obere Partie von dessen Wedelrhachis zu rechnen ist, oder ob es als solche zu einer andern Art von Cladoxylon mit abweichender Anatomie der Wedelrhachis gehört. (Ähnlich steht es mit Syncardia pussilla Unger, einem Stück, das als Spindel erster Ordnung eines Cladoxylonwedels angesehen wird, aber ohne daß die Artzugehörigkeit feststände.

Cl. taeniatum Unger. Unterkulm von Saalfeld in Thüringen. Stamm polystel, die einzelnen Stelen im Querschnitt gerade und radial verlängert, wobei radial längere mit kürzeren unregelmäßig abwechseln. Im Zentrum eine kleinere Anzahl weiterer Stelen von ± kreisförmigem Querschnitt. Beträchtlicher Sekundärzuwachs des Xylems (Fig. 573).

Cl. Solmsii P. Bertrand. Unterkulm von Saalfeld in Thüringen. Der vorigen Art nahestehend; aber die einzelnen radial verlängerten Stelen im Querschnitt gelegentlich ± stark gebogen (wie bei Cl. mirabile), aber nicht gegabelt. Keine zentralen Stelen.

Cl. insigne Unger spec. Unterkulm von Saalfeld in Thüringen. Ähnlich der vorigen (Fig. 574).

Cl. Kidstoni Solms-Laubach. Unterkarbon (Calciferous Sandstone Series) von Berwickshire, Schottland. (Fig. 576). Bekannt in einem Bruchstück des Zentralzylinders des Stammes, worin nur ein Teil der offenbar zahlreichen, im Kreis ringsum gestellten Stelen erhalten sind. Im Zentrum jeder Stele ein schmales Band von Primärxylem. Protoxylemlage nicht bekannt. Anschließend und besonders gegen das Stammzentrum beträchtlich entwickelt ist das Sekundärxylem; seine Tracheiden nur an den Radialwänden getüpfelt, entweder einreihig mit quer ausgezogenen Tüpfeln oder zwei-(bis drei-)reihig mit runder Tüpfelung.

Cl. scoparium Kräusel und Weyland. Oberes Mitteldevon von Elberfeld (Fig. 564—567).

Hauptsproß bis 2 cm im Durchmesser bekannt, mehrfach dichotom verzweigt, sehr oft zweimal unmittelbar hintereinander, so daß, wie das für Pflanzen verschiedener Verwandtschaftskreise der jüngeren Devonzeit (vgl. Pseudosporochnos, Calamophyton, Hyenia u. a.) eigentümlich ist, der Hauptsproß oder der relative Hauptsproß in eine Anzahl — hier meist drei bis vier — annähernd gleich starke Tochtersprosse aufgeht, wobei sich hier bei Cl. scoparium dieser Vorgang noch mehrfach wiederholen kann. Sprosse ringsum mit annähernd schraubig gestellten aphlebioiden Blättchen besetzt. Diese ± stark gabellappig, die der oberen Sproßteile stärker zerteilt (Fig. 565); offenbar sehr abfällig; Blättchenabschnitte nervaturlos. Seitlich an den jüngeren Gabelsprossen kurze, vielfach annähernd in einer Ebene gegabelte, bis zu 2 cm lange Zweigsysteme mit je einem terminalen Sporangium von ca. ½ mm Durchmesser (Fig. 566). Über den Bau des Sporangiums ist nichts weiter bekannt. Sporen isospor. Vgl. auch das S. 475 Gesagte.

Was die Anatomie der vegetativen Sprosse betrifft, so findet sich, wie bei den kulmischen Cladoxylon-Arten, gleichfalls Polystelie, wobei die einzelnen Stelen, je weiter unten sie sich im Sproß finden, mehr und mehr durch vielfache wiederholte Gabelung verzweigt sind, wie die von einer Achse stammenden in verschiedenen Höhen geführten Querschnittsbilder der Fig. 567 zeigen. Protoxylem nahe den Enden der Gabelarme. Tracheiden des Metaxylems meist treppenförmig verdickt, gelegentlich auch mit runden Hoftüpfeln. Sekundärxylem nicht nachgewiesen. Grundgewebe des Zentralzylinders parenchymatisch, Rinde von beträchtlicher Tiefe (Fig. 567a) aus polygonalen Parenchymzellen gebildet.

Literatur.

Unger, Fr., Schiefer und Sandsteinflora (in Richter, R., und Unger, Fr.: Beitr. z. Palaeontologie des Thüringer Waldes). S. 177ff. Denkschr. K. K. Akad. Wissensch. Wien. Bd. 11. 1856.

Solms-Laubach, H. Graf zu, Über die seinerzeit von Unger beschr. strukturb. Pflanzenreste des Unterkulm von Saalfeld in Thüringen. Abh. K. Preuß. Geolog. Landes-Anst. 23. 1896.

Solms-Laubach, H. Graf zu, Über die in den Kalksteinen des Kulm von Glätzisch-Falkenberg erhaltenen strukturbietenden Pflanzenreste. IV. S. 537 bis 542. Zeitschr. f. Bot. 2. 1910.

Bertrand, P., Observations sur les Cladoxylées. Congrès de l'Assoc. Franç. Avanc. d. Sc. 40. session. Dijon 1911.

Bertrand, P., L'étude anatomique des fougères anciennes et les problèmes qu'elle soulève. Progr. rei bot. IV. S. 251—254. Jena 1913.

Bertrand, P., L'étude du stipe de l'Asteropteris noveboracensis. 12. session du Congrès géologique international. Ottawa 1913.

Bertrand, P., État actuel de nos connaissances sur les genres Cladoxylon et Steloxylon. Comptes rend. Assoc. franç. pour l'avancem. Sc. 43. session. Le Hâvre 1914.

Scott, D. H., Studies in fossil Botany. 3. Aufl., Bd. II, S. 158—169. London 1923.

Kräusel, R., und Weyland, H., Beiträge zur Kenntnis der Devonflora II. S. 142 bis 149. Abh. d. Senckenbergischen Naturforschenden Ges. 40. 2. Frankfurt a. M. 1926.

Scott, D. H., New discoveries in the Middle Devonian Flora of Germany. The New Phytologist 25. 1926.

In zweifellos naher Verwandtschaft[1]) mit Cladoxylon steht:

Voelkelia Solms-Laubach.

V. **refracta** Goeppert spec. Kulm von Glätzisch-Falkenberg, Niederschlesien (Fig. 577). Einzige Art der Gattung. Stämmchen polystel, gegen 8 bis 10 mm im Durchmesser, mit verhältnismäßig wenig breiter Rinde. Die zahlreichen Stelen radial angeordnet; zu unterscheiden sind fünf kräftiger entwickelte mit Sekundärxylem, das bis gegen die Stammitte reicht, und dazwischen je eine bis drei schwächere. Was den Bau der einzelnen Stammstelen betrifft, so zeigen sie insgesamt ziemlich bedeutenden Sekundärzuwachs des Xylems, besonders gegen die Stammitte (!) zu, wodurch die primären Xylempartien jeweils exzentrisch nach außen zu liegen kommen. Die Xylemteile jeder Stele bestehen im Zentrum aus

[1]) Vielleicht gehört in die Verwandtschaft von Cladoxylon auch der in neuester Zeit als **Pietzschia Schüleri** Gothan (n. g. et sp.) beschriebene Sproßrest aus dem Unterkarbon von Sachsen (Abh. Sächs. Geolog. Landesanst. 3. Leipzig. 1927,

englumigen Ring- und Netztracheiden des Protoxylems, womit etwas Parenchym untermischt ist; außerhalb folgt Metaxylem aus weitlumigen Treppentracheiden, woran, ohne alle Markstrahlenentwickelung, Sekundärxylem aus gleichfalls weitlumigen Treppentracheiden anschließt. Während die inneren Sekundärxylemelemente mehr minder stark kollabiert sind, ist die Form und seriale Reihung der äußeren gut wahrzunehmen. Phloëm nicht erhalten: alle Stelen sind in das parenchymatische Grundgewebe des Zentralzylinders eingebettet. Die daran anschließende Rinde besteht in ihrer inneren Zone aus parenchymatischen, in ihrer äußeren aus prosenchymatischen Zellen; letztere sind differenziert in klein- und größerzellige Elemente, die jeweils in radial gestellten Platten von annähernd wellenförmigem Verlauf angeordnet sind, womit die bei palaeozoischen Pflanzen der verschiedensten Verwandtschaftskreise (cf. Lepidodendron, Sigillaria, Lyginodendron u. a.) sich findende sogenannte Dictyoxylonstruktur der Rinde auch in dieser Gruppe wieder vertreten ist.

Allenfallsige Stammverzweigung sowie Beblätterung und Fruktifikation unbekannt.

Hinsichtlich der Zugehörigkeit der als Sphenopteris refracta Goeppert beschriebenen Wedelreste aus gleichem Fundort fehlen sichere Anhaltspunkte, wenn auch die Möglichkeit der Zugehörigkeit nicht absolut von der Hand zu weisen ist.

Literatur.

Solms-Laubach, H. Graf zu, Über die in den Kalksteinen des Kulm von Glätzisch-Falkenberg erhaltenen strukturbietenden Pflanzenreste. IV. Voelkelia refracta und Steloxylon Ludwigii. S. 537—542. Zeitschr. f. Bot. 2. 1910.

VI. Filicales.

Pflanzen mit in der Regel bedeutender Blattentwicklung; Stamm entweder aufrecht und baumförmig oder kletternd oder mehr minder tief ins Substrat eingesenkt, in allen diesen Fällen ringsum schraubig oder alternierend-quirlig beblättert, oder der Stamm ist ein zweizeilig beblättertes, kletterndes oder im Substrat kriechendes Rhizom.

Wurzeln allseits am Sproß, zwischen den Wedelbasen hervortretend. Blattwedel mehr minder reich gefiedert[1]). Seine Rhachis in der Regel kräftig entwickelt, oft nicht viel weniger stark als der sie tragende Sproß. Sporangien oft an eigenen fertilen Wedeln oder Wedelabschnitten; fertile Blätter jedoch nie auf besondere Sprosse oder Sproßteile beschränkt, also keine Blütenbildung.

In betreff der Fruktifikation sind folgende beide Momente in systematischer Hinsicht von durchgreifender Bedeutung:

1. die histologische Herkunft und Entwicklung des Sporangiums, und
2. die räumlichen Beziehungen der Sporangien zueinander, ihre Zusammenordnung zu Sporangiengruppen (Sorus) sowie ihre zeitliche Aufeinanderfolge im Sorus.

Was den ersten Punkt betrifft, so ist zu unterscheiden zwischen:

1. Eusporangiatae, mit Entstehung des Sporangiums aus meist mehreren Zellen zweier Blattzellschichten (Epidermis und Hypodermis) und mehrschichtiger Sporangienwand;
2. Protoleptosporangiatae, Sporangienentstehung inter-

[1]) Was den Wedelaufbau bzw. seine Durchfiederung betrifft, so wird im deskriptiven Teil unterschieden werden zwischen Wedelrhachis und Fiedern bzw. Fiederspindeln erster und folgender (zweiter, dritter usw.) Ordnung.

mediär zwischen der für Eusporangiatae und Leptosporangiatae charakteristischen Art;

3. Leptosporangiatae, mit Entstehung des Sporangiums aus einer einzigen Epidermiszelle und mit im Reifezustand nur noch einschichtiger Sporangienwand; die Herausdifferenzierung eines ausgeprägten Dehiszenz- und insbesondere eines Sporenausschleudermechanismusses charakterisieren die höherstehenden Familien der Reihe.

Was den zweiten Punkt betrifft, so ist zu unterscheiden zwischen:

1. Simplices: die zu einem Sorus vereinigten Sporangien entstehen sämtlich gleichzeitig;
2. Complicatae[1]): die Sporangien eines Sorus entstehen zeitlich hintereinander; wobei weiter zu unterscheiden ist zwischen:
   a) Gradatae: die sämtlichen Sporangien eines Sorus kommen in basipetaler Folge zur Anlage und Reife;
   b) Mixtae: die zeitliche Aufeinanderfolge der Sporangien eines Sorus zeigt keine räumlichen Bezüge.

Während alle Eusporangiatae und die Protoleptosporangiatae dem Simplices-Typ angehören, finden sich bei den Leptosporangiatae alle drei Sorustypen vertreten.

Heterosporie ist nur innerhalb der Leptosporangiatae herausgebildet; sowohl unter den Simplices (Marsiliaceae) als unter den Complicatae (Salviniaceae).

Die Einteilung der Gruppe ist folgende:

A. Eusporangiatae.
   1. Coenopteridineae:
      a) Zygopteroideae: Stauropteridaceae, Etapteridaceae, Clepsydraceae.
      b) Botryopteroideae: Botryoperidaceae, Tubicaulidaceae.
      c) Anachoropteroideae: Anachoropteridaceae.
   2. Ophioglossineae: Ophioglossaceae.
   3. Marattiineae: Marattiaceae.

B. Protoleptosporangiatae: Osmundaceae.

C. Leptosporangiatae:
   1. Simplices: Schizaeaceae, Marsiliaceae, Gleicheniaceae, Matoniaceae.
   2. Complicatae: Hymenophyllaceae, Loxsomaceae, Dicksoniaceae, Plagiogyriaceae, Protocyatheaceae, Cyatheaceae, Dipteridaceae, Polypodiaceae, Parkeriaceae, Salviniaceae.

---

[1]) Verfasser möchte die beiden bislang den Simplices parallel gestellten Gruppen der Gradatae und Mixtae hier im ganzen unter einem einheitlichen Namen: der Complicatae, den Simplices gegenüberstellen, da es sich doch = was ja auch F. O. Bower (The Ferns I., S. 216) betont — um zwei aus den Simplices parallel hervorgegangene Formenreihen handelt, und gradate und mixte Sorusentwickelung gelegentlich sogar in einer Gattung vertreten ist.

A. Eusporangiatae.

1. Coenopteridineae.

Obwohl die in dieser Gruppe vereinigten Formen sicher keine engere phyletische Einheit darstellen und manche von ihnen auch noch viel zu ungenau bekannt sind, als daß derzeit über ihre spezielle Verwandtschaft ein abschließendes Urteil möglich wäre, so läßt sich doch sagen, daß es sich im ganzen um sehr primitive Formen handelt, die noch als Grundtypen angesprochen werden müssen. Das zeigt sich in der Anatomie des Stammes, in dem Verhältnis von Wedel zu Stamm, das in manchen Fällen noch nicht so wie bei den höheren Formen der Filicales präzisiert ist, im Wedelaufbau und — wo sie bekannt ist — in der Fruktifikation. Historisch betrachtet sind es die ältesten bekannten Farne; sie beginnen im Oberdevon und erlöschen bereits im Rotliegenden.

Im einzelnen gilt hinsichtlich Morphologie und Anatomie folgendes: Stämme prinzipiell protostelisch, konform mit steigender Zunahme des Achsendurchmessers übergehend in stellate Auflösung der Protostele und mit gelegentlicher Herausdifferenzierung zentraler Parenchympartien. Stämme entweder aufrecht und unverzweigt, mit dicht gedrängt wirtelig oder schraubig gestellten Wedeln, oder kletternd oder kriechend mit entsprechend lockerer Wedeltragung. Bei Stauropteris scheint eine durchgreifende Differenzierung in Stamm und Wedel noch zu fehlen. Wedel bei den Stauropteridaceae und Etapteridaceae noch in mehr als einer Ebene verzweigt, wodurch — besonders bei Stauropteris — der Wedel buschförmig erscheint. Rachisanatomie zum Teil sehr kompliziert. In der Mehrzahl der Fälle scheint den Wedeln noch echte Spreitenbildung zu fehlen, so daß alle Verzweigungsgrade nur spindelig sind. An den Spindelteilen bei manchen Formen in weiter Ausdehnung Aphlebien[1]); diese außerdem sehr häufig an den Wedelbasen und am Stamm selbst, und ferner fast stets an den Abgangsstellen der Spindeln erster Ordnung von der Rachis und auch noch an den höheren Verzweigungsstellen. Fruktifikation — wo bekannt — eusporangiat und dem Simplicestyp angehörig. Sporangien nur mit Öffnungs- nicht mit Sporenausschleudermechanismus, mit Apikalporus oder vielzellreihigem Annulus. Isospor.

Die Gruppe gliedert sich folgendermaßen:

a) Zygopteroideae.

1. Stauropteridaceae: Stauropteris.
2. Etapteridaceae: Dineuron, Metaclepsydropsis (= Arpexylon Williamson), Diplolabis, ?Botrychioxylon, Zygopteris, Asteropteris, Etapteris, Corynepteris; Anhang: Alloiopteris, Cephalotheca, Gymnoneuropteris.

[1]) Vgl. darüber die Ausführungen S. 573/4.

3. Clepsydraceae: Clepsydropsis, Ankyropteris, Asterochlaena.

b) **Botryopteroideae.**

1. Botryopteridaceae: Botryopteris.
2. Tubicaulidaceae: Tubicaulis, Grammatopteris (einschl. Protothamnopteris).

c) **Anachoropteroideae.**

Anachoropteridaceae: Anachoropteris; Anhang: Gyropteris.

Literatur.

(In dieser Liste sind nur die Abhandlungen aufgeführt, in welchen allgemeine, die Gruppe im ganzen betreffende Probleme erörtert sind.)

Arber, E. A. N., On the past history of Ferns. Ann. of Bot. Vol. XX. 1906.

Tansley, A. G., Lectures on the evolution of the Filicinean Vascular System. Cambridge 1908.

Bertrand, P., Etudes sur la fronde des Zygoptéridées. Lille 1909.

Scott, D. H., Dr. Paul Bertrand on the Zygopterideae. The New Phytologist. Bd. 8. 1909.

Pelourde, F., Recherches comparatives sur la structure des fougères fossiles et vivants. Ann. Sci. nat. Bd. X. 1909.

Bertrand, P., Nouvelles remarques sur la fronde des Zygoptéridées. Mém. Soc. hist. nat. Autun. Bd. 25. 1911.

Bertrand, P., L'étude anatomique des fougères anciennes et les problèmes qu'elle soulève. Kapitel III—VI. Progressus rei botanicae Bd. 4. 1913

Sahni, B., Observations on the Evolution of Branching in the Filicales. The New Phytologist. Bd. 16. 1917.

Sahni, B., On the branching of Zygopteridean leaf. Annals of Botany. Bd. 32. 1918.

Bower, O. F., The Ferns. Vol. II, Kap. 18 und 26. Cambridge 1926.

Posthumus, O., On some Principles of Stelar Morphology. Recueil des trav. bot. Néerlandais 21. 1924.

Posthumus, O., Some remarks concerning the classification and the nomenclature of the Inversicatenales. Proceed. K. Akad. v. Wetenschappen. Amsterdam 27. 1924.

Posthumus, O., in Jongmans W. J. Fossilium Catalogus II: Plantae Ps. 12: Inversicatenales. Berlin 1926.

a) Zygopteroideae.

1. Stauropteridaceae.

Wedel mit an der Basis gabelig geteilten Fiedernspindeln erster Ordnung; diese Gabeläste ihrerseits in mehreren Ordnungen hintereinander wieder ebenso gabelig gefiedert. Rhachisleitbündel im Querschnitt stellat. Sporangien terminal an den Fiedernspindeln letzter Ordnung; mit Apikalporus. — Unterkarbon bis Mittleres Oberkarbon.

Stauropteris Binney.

Wedel vier- bis fünffach gefiedert, Fiedern erster, bis vorletzter Ordnung unmittelbar nach ihrem Abgang von der Rhachis bzw. Fiederngabel nächst niederer Ordnung in je zwei gleichstarke Gabeläste geteilt. Der Eindruck buschiger Verzweigung des Wedels, der so erreicht wird, wird noch verstärkt, indem die beiden Gabeläste jeder Fieder annähernd um 90° divergieren, wodurch die Rhachisverzweigung und damit der Wedelaufbau nahezu radiär statt bilateral symmetrisch erscheint (Fig. 578 u. 580).

Die Spindeln letzter Ordnung sind zweizeilig gestellt, bei den Spindeln vorletzter Ordnung kann gelegentlich an den einander zugekehrten Innenseiten die Teilung in zwei Gabeläste unterbleiben. Eine Spreitenentwicklung scheint nach allem, was von dem sehr eingehend untersuchten und in sehr zahlreichen strukturbietenden Resten erhaltenen Wedel bekannt ist, nicht vorhanden gewesen zu sein, worauf auch die starke Entwicklung von Assimilationsgewebe an den Spindeln hinweist. Aphlebien (im Querschnitt oval-kreisrund) sowohl an den Abgangsstellen der Fiedernpaare erster Ordnung von der Wedelrhachis, als auch an den Abgängen aller weiteren Fiedernspindeln bis in die letzte Ordnung hinauf vorhanden. Die jungen Wedelpartien waren bischofstabförmig eingerollt. Sporangien einzeln, terminal an den Spindeln letzter Ordnung; von birnförmiger Gestalt mit mehrschichtiger Wand und apikaler Öffnungsstelle. Isospor (Fig. 581).

Was die Anatomie des Rhachisleitbündels betrifft, so besteht der Xylemteil aus vier annähernd kreuzförmig gestellten Partien, die zu innerst untereinander verschmelzen können. Protoxylem nahe dem Außenrand der Kreuzarme in je einer Gruppe, die sich vor Abgabe der Fiedernpaare jeweils in zwei auflöst, wovon je eine in jedem Kreuzarm zurückbleibt, während die andere in einen der beiden Gabeläste der Fiedern erster Ordnung eintritt und entsprechend weiter geteilt wird (Fig. 579; 582—584).

Metaxylem aus Treppentracheiden, Protoxylemtracheiden mit schraubiger Wandverdickung. Das gesamte Xylem ist rings umgeben von Phloëm, mit besonders weiten Siebröhren in den Buchten, während es sonst außen und ebenso in dem zentralen Binnenraum aus Phloëmparenchym besteht. An dem Querschnitt des Rhachisbündels ist eigentümlich, daß trotz des prinzipiell radiären Baues der Rhachis Vorder- und Hinterseite schmäler sind als die beiden Flankenseiten (Fig. 579 u. 583). Die Leitbündelverhältnisse der Äste der Fiedern erster und zweiter Ordnung sind prinzipiell die gleichen wie die der Rhachis, nur daß die Xylempartie im Querschnitt als einheitliches aus Tracheiden gebildetes Kreuz, ohne Mark im Zentrum. erscheint, und daß mit dem steigenden Grad der Verzweigung die Bündelgröße mehr und mehr reduziert wird und die Spindeln letzter Ordnung nur noch ein schmales protostelisches Bündelchen besitzen. An den Stellen des Abgangs der Bündel der Fiedern erster Ordnung von der Rhachis und derer zweiter und höherer Ordnung von den Fiedergabeln erster bzw. höherer Ordnung löst sich jeweils links und rechts ein protostelischer Bündelstrang ab, der zu der zugehörigen Aphlebie zieht (Fig. 579).

Eine deutliche Abgrenzung der Elemente der Stele gegen die der Rinde scheint nicht vorhanden zu sein. Die letztere besteht in ihren inneren Partien hauptsächlich aus dickwandigem Parenchym. Epidermis mit Spaltöffnungen. Hypodermal ist palisadenartiges, lakunöses Gewebe von wohl assimilatorischer Funktion ausgebildet, das besonders bei den Fiedernspindeln höherer Ordnungen im Verhältnis zum Gesamtdurchmesser einen relativ breiten Raum einnimmt (Fig. 581 B u. 585).

Bekannt ist nur die fertile Wedelform; ob aber überhaupt eigene sterile Wedel vorhanden waren, steht dahin. Bei der Menge der untersuchten Reste, die alle nur dem fertilen Wedeltyp angehören, ist es gerade nicht sehr wahrscheinlich.

Was den Stamm, der bislang noch unbekannt ist, betrifft, so kann nicht viel Zweifel bestehen, daß bei einer Wedelgestaltung wie der eben beschriebenen, nur ein rhizomartiges, mehr minder bodennah kriechendes Sproßsystem in Frage kommen kann. Es handelt sich wohl überhaupt um eine Pflanze mit noch nicht präziser Differenzierung in Sproß und Wedel; derart etwa, daß, ähnlich wie bei Rhynia, Gabelsysteme vorhanden waren, deren eine Glieder vertikal aufwärts steigend zu den oben geschilderten wedelartigen Verzweigungskomplexen wurden, während die anderen horizontal im Substrat weiter wachsend durch weitere Gabelungen das System fortsetzten. Auf eine noch recht unvollständige Differenzierung zwischen Sproß und Wedel deutet jedenfalls die Tatsache hin, daß die Wedelrhachis und selbst noch die Fiedernspindeln erster und zweiter Ordnung bei ihrer stellaten Bündelkonfiguration noch sproßartige Anatomie (vgl. z. B. Asteroxylon u. a.) besitzen.

St. Oldhamia Binney. Mittleres Oberkarbon von Europa (Fig. 578—585). Für die Art gilt im wesentlichen die oben gegebene Beschreibung. Von ihr sind im Sporangium keimende Sporen (Fig. 581 C) gefunden.

St. burntislandica P. Bertrand. Unterkarbon von Pettycur (Schottland). Xylemkörper der Rhachis stets einheitlich aus Tracheiden. (Fig. 586). Rhachis weniger oft gefiedert, mit Dornen besetzt, die ein Drüsenköpfchen (ursprünglich als Bensonites fusiformis R. Scott beschrieben) tragen.

Literatur.

Williamson, W. C., On the Organization of foss. plants of the Coal Measures. Pt. VI. S. 685ff., Fig. 20—24. Phil. Trans. R. S. London. 1874.

Scott, D. H., Germinating spores in a fossil fern-sporangium. The New Phytologist Bd. 3. 1904.

Scott, D. H., The sporangia of Stauropteris oldhamia. The New Phytologist Bd. 4. 1905.

Scott, D. H., The Occurence of Germinating spores in Stauropteris oldhamia. The New Phytologist Bd. 5. 1906.

Scott, R., On Bensonites fusiformis, sp. nov. a fossil associated with Stauropteris burntislandica and on the Sporangia of this latter. Ann. of Bot. 22. 1908.

Bertrand, P., Etudes de la fronde des Zygoptéridées S. 15—70. Lille 1909.

Lignier, O., Le Stauropteris oldhamia Binney et les Coenoptéridées à la lumière de la théorie du meriphyte. Bulletin de la Société Botanique de France Bd. 109 (ser. 4, Bd. 12). Mém. 24. 1912.

Stauropteris oldhamia Binney aus dem mittleren Oberkarbon.

Fig. 578. Schematischer Querschnitt durch den Wedel zur Illustration seiner Verzweigung; an den Fiederchen letzter Ordnung die (als kleine Kreise gezeichneten) terminalen Sporangien. Aphlebien nicht eingezeichnet. Original.

Fig. 579 A—D. Aufeinanderfolgende Querschnittsbilder zur Illustration der allmählichen Ablösung des Xylems der zwei Gabeläste einer Fieder erster Ordnung von dem Xylem der Rhachis. Das Folge-Stadium der rechten Bündelhälfte von *D* ist in der linken von *A* illustriert. In *A* auch der schematische Querschnitt durch die Xylempartien der je zwei Gabeläste von zwei Fiedern erster Ordnung, und (rechts) deren Verzweigung zweiten Grades. Metaxylem schraffiert, Protoxylem schwarz; *a*: Aphlebien. Nach P. Bertrand 1909 und Original.

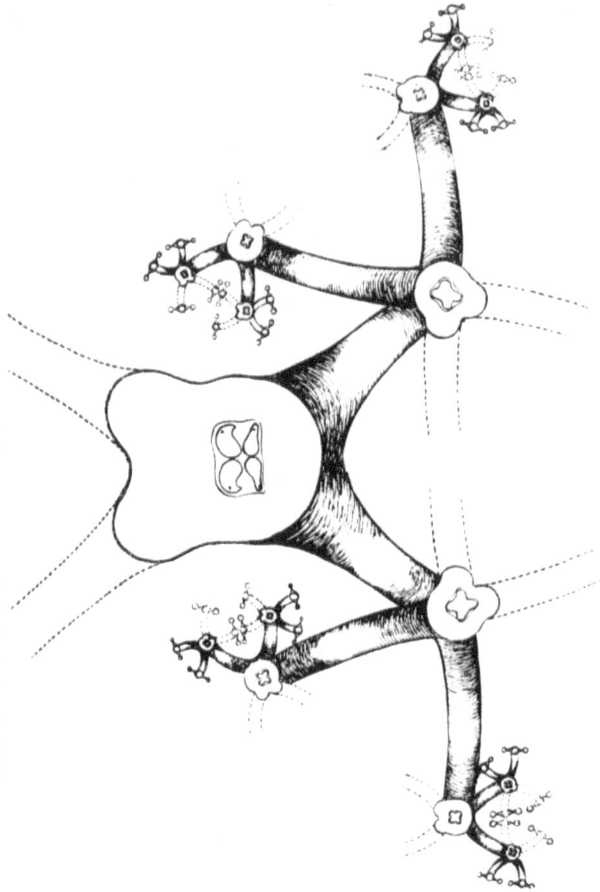

Fig. 578.

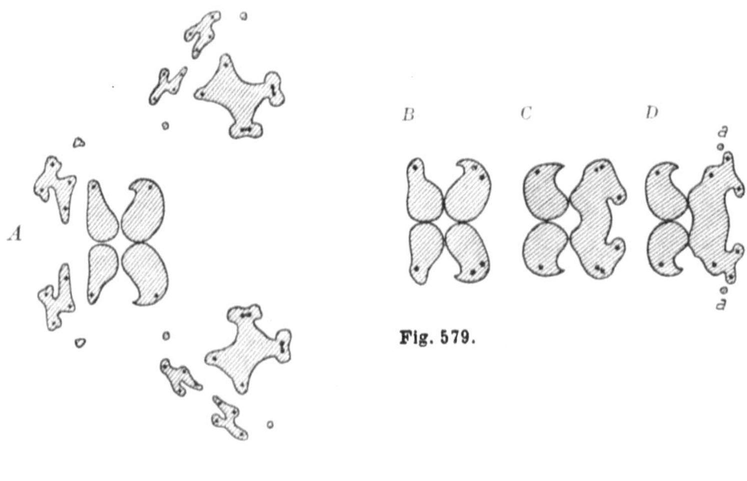

Fig. 579.

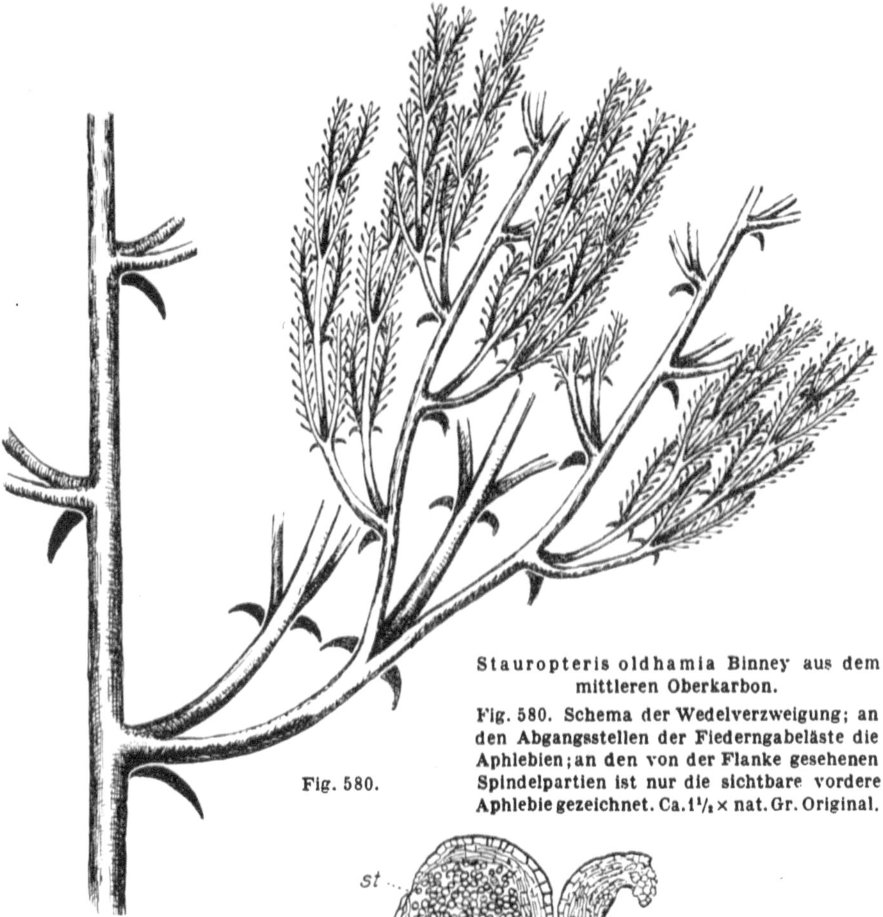

Fig. 580.

Stauropteris oldhamia Binney aus dem mittleren Oberkarbon.

Fig. 580. Schema der Wedelverzweigung; an den Abgangsstellen der Fiederngabeläste die Aphlebien; an den von der Flanke gesehenen Spindelpartien ist nur die sichtbare vordere Aphlebie gezeichnet. Ca. $1^1/_2 \times$ nat. Gr. Original.

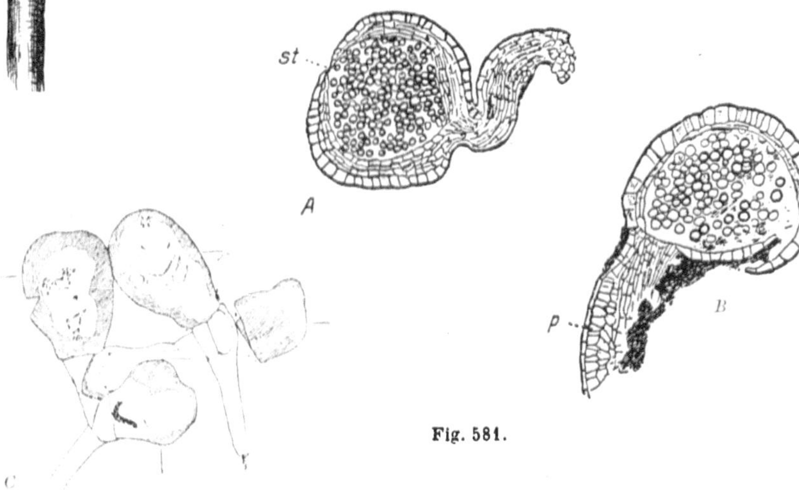

Fig. 581.

Fig. 581 *A* u. *B*. Längsschliffe durch zwei Sporangien. *st*: apikales Stomium, *p*: Palisadenparenchym der Fiedernspindel letzter Ordnung. 33⅓ ×. Nach Scott 1905.
Fig. 581 *C*. Vier keimende Sporen aus dem Innern eines Sporangiums. Ca. 250 ×. Nach Scott 1904.

Stauropteris oldhamia Binney aus den Lower Coal Measures von England.

Fig. 582. Querschliff durch die Rhachis; bei *prx* die Protoxylemgruppen des Xylems der Rhachis; links ungeteilt, rechts zwecks Innervierung der zwei Gabeläste einer Fieder erster Ordnung geteilt. Ca. 20 ×. Nach P. Bertrand 1913.

Fig. 583. Querschliff durch die Rhachis, etwas höher als in Fig. 582; bei f_1/f_1 die Xylemzüge der zwei Gabeläste einer Fieder erster Ordnung, jeder bereits Kreuzform annehmend. Ca. 23½ ×. Nach P. Bertrand 1909.

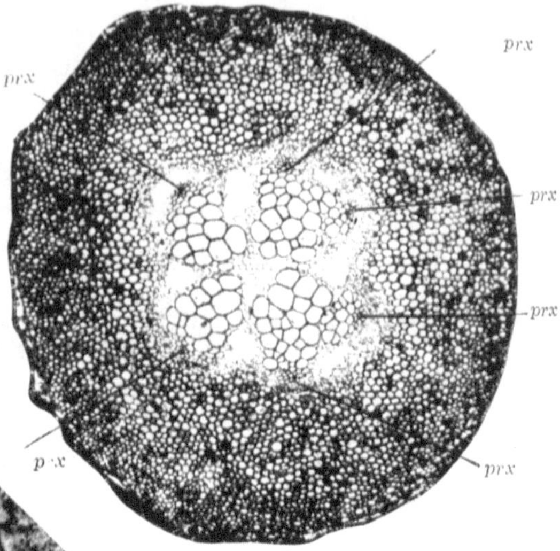

Fig. 582.

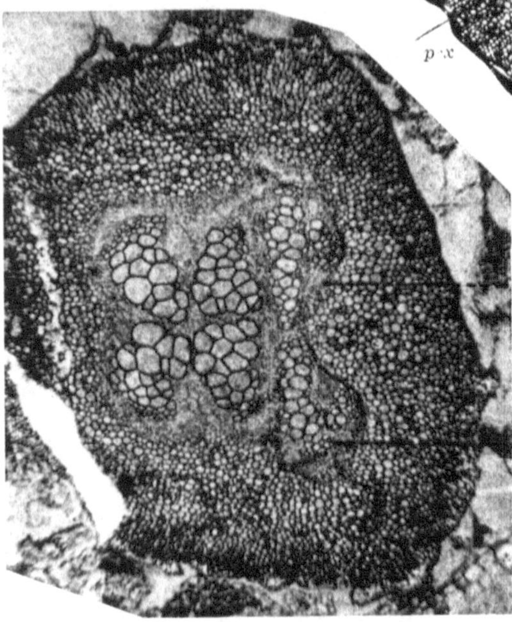

Fig. 583.

Fig. 107. Querschliff durch eine Fiederspindel zweiter Ordnung; rechts von deren Bündel die beiden zu den Gabelästen einer Fieder dritter (vorletzter) Ordnung abgehenden Bündelarme; daran links und rechts (mit *1* und *2* bezeichnet) die Protoxylemgruppen, an denen die Bündel der nur noch zweizeilig gestellten (die terminalen Sporangien tragenden) Fiederchen vierter (letzter) Ordnung ihren Ursprung nehmen. 58 ×. Nach P. Bertrand 1909.

Fig. 108. Längsschliff durch eine Fiederspindel höherer Ordnung; beachte das hypodermale Assimilationsparenchym (*ta*). 68 ×. Nach P. Bertrand 1909.

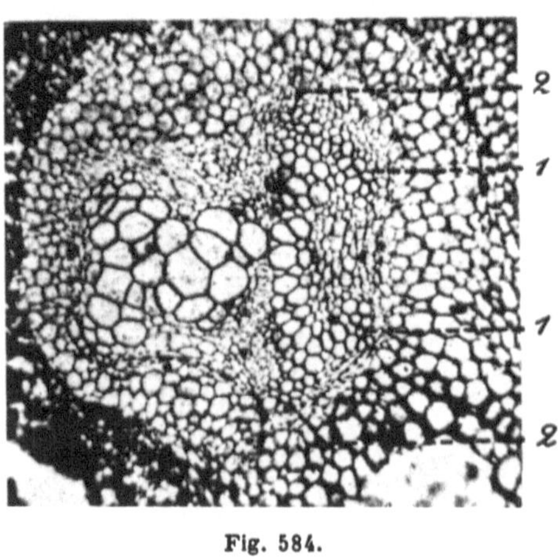

Fig. 584.

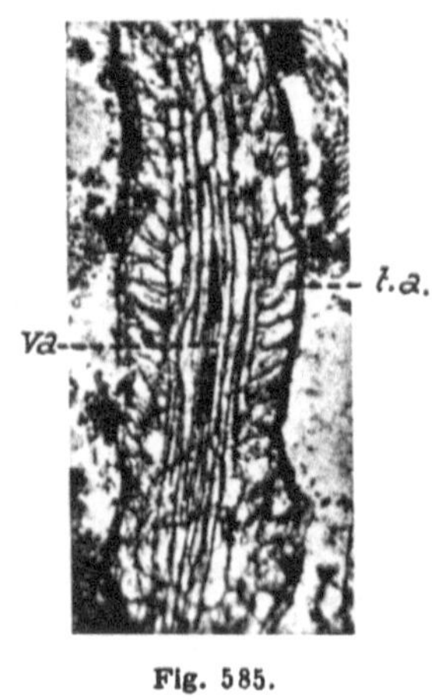

Fig. 585.

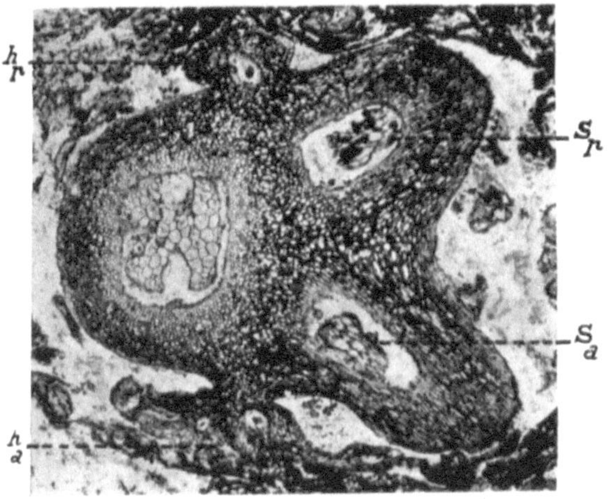

Fig. 586.

Fig. 586.

Stauropteris burntislandica P. Bertrand aus dem Unterkarbon von Schottland.

Querschliff durch die Rhachis; bei s_p und s_a die beiden Gabeläste einer Fieder erster Ordnung, bei h_p und h_a die zugehörigen Aphlebien. 16 ×. Nach P. Bertrand 1909.

2. Etapteridaceae.

Die Familie ist in erster Linie dadurch charakterisiert, daß die Wedelfiedern erster Ordnung unmittelbar nach ihrem Abgang von der Wedelrhachis sich in einer Ebene senkrecht zu der der primären Wedelfiederung einmal gabeln und die so entstehenden Gabeläste dann weiterhin mehrfach, aber stets nur noch zweizeilig weiter durchgefiedert sind.

Stammstele, wo bekannt, meist einfach protostelisch; allerdings bei einigen Gattungen (Metaclepsydropsis und, falls zugehörig, Botrychyoxylon) mit Sekundärzuwachs; bei Asteropteris stellat, mit massivem Xylem.

Die Konfiguration des Blattstielbündels nähert sich im Querschnitt stets mehr oder minder ausgeprägt der H-Form, die allerdings bei den einfacheren Formen, wie Dineuron, erst angedeutet ist. —

Die Angehörigen der Gruppe finden sich vom Unterkarbon (bzw. falls Asteropteris hieher gehört, vom Oberdevon ab) bis zum Rotliegenden.

Sicher zur Familie gehören die Gattungen Dineuron Renault, Metaclepsydropsis P. Bertrand (= Arpexylon Williamson), Diplolabis Renault, Zygopteris Corda s. str., Asteropteris Dawson und Etapteris B. Bertrand, und ferner Corynepteris Bailey.

Die übrigen einschaltungs- und anhangsweise hier aufgeführten Formen sind noch zu ungenügend bekannt, als daß ihre Zugehörigkeit zur Familie endgültig feststände.

Dineuron Renault.

Stamm unbekannt. Wedel sehr klein und wohl nur einfach gefiedert, Fiedern an der Ursprungsstelle gegabelt, wohl ohne Spreitenentwicklung; Fruktifikation unbekannt.

Das Bündel der Wedelrhachis zeigt die einfachste Anatomie innerhalb der Familie, was sicher mit der Kleinheit des Wedels in Beziehung steht: ein zentraler, im Querschnitt elliptischer Xylemkörper mit zwei im Querschnitt elliptischen Parenchym-»Lücken« an den Schmalseiten; an den ad- und abaxialen Seiten dieser Parenchymlücken je eine Protoxylemgruppe, die untereinander durch Ausdehnung an dem Innenrand Halbmondförmig verfließen (Fig. 588). Über den Abgangsstellen der die Spindelpaare der Fiedern erster Ordnung innervierenden Bündel stehen die Parenchymlücken auf eine weitere Strecke hin mit dem Parenchym der Rinde in Verbindung (Fig. 587). Metaxylemtracheiden vielreihig getüpfelt. Protoxylemtracheiden mit ringförmiger Verdickung der Wände. Endodermis ausgebildet. Bündel der Spindeln erster Ordnung gleich bei ihrem Ursprung an der Stele gegabelt, jedes Teilbündel geht aus einer der je zwei Protoxylemgruppen an jedem Parenchymlückenzug hervor. Fiedernbündel protostelisch aus nur wenigen Xylem- und Phloëmzellen bestehend. Ihre Kleinheit macht eine weitere Verzweigung der Spindeln erster Ordnung sehr unwahrscheinlich. Bekannt in zwei Arten:

D. ellipticum Kidston. Unterkarbon (Calciferous Sandstone Series) von Pettycur, Schottland. Durchmesser der Wedelrhachis gegen 2 ¼ mm.

D. pteroides Renault. Kulmkiesel von Esnost bei Autun. Durchmesser der Wedelrhachis etwa 3 ¼ mm, sonst nicht von der vorigen verschieden (Fig. 587—588).

Literatur.

Renault, B., Flore foss. du Bassin houiller et permien d'Autun et d'Epinae. Teil II, S. 22/23. Paris 1896.

Kidston, R., On a new species of Dineuron and of Botryopteris from Pettycur Fife. Transact. R. Soc. Edinburgh. 46. 1908.

Bertrand, P., Etudes sur la fronde des Zygoptéridées. S. 191—193. Lille 1909.

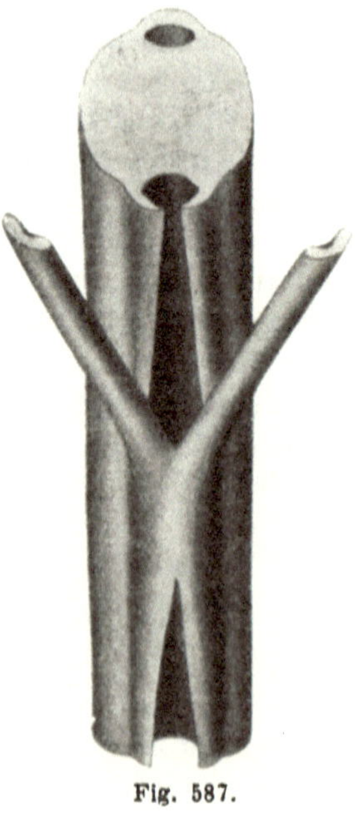

Fig. 587.

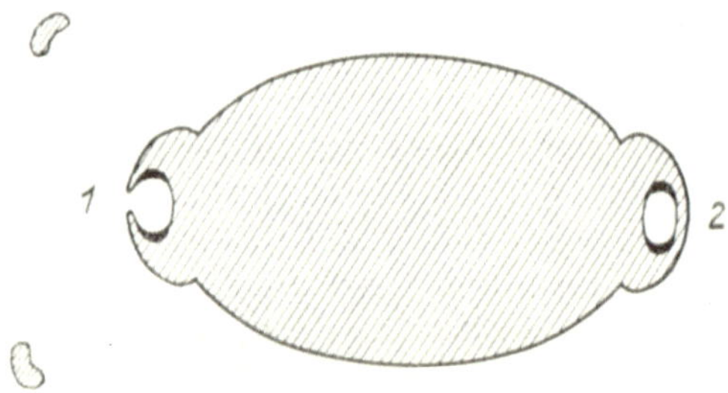

Fig. 588.

Dineuron pteroides Renault aus dem Unterkarbon von Frankreich (Autun).

Fig. 587. Modell der Xylementwicklung in der Wedelrachis an und nahe der Abgangsstelle der beiden Gabeläste einer Fieder erster Ordnung. Nach Posthumus 1924.

Fig. 588. Schematischer Querschnitt durch das Xylem der Rhachis. Protoxylem schwarz, Metaxylem schraffiert. Ca. 54 ×. Nach P. Bertrand 1909.

Metaclepsydropsis P. Bertrand (= Arpexylon Williamson).

M. duplex Williamson. Unterkarbon von Pettycur (Schottland) (Fig. 589—595). Bestbekannte Art. Pflanzen mit gleichmäßig gabelig verzweigtem Rhizom, Wedel in weiten Abständen (bis ca. 11 cm) am Rhizom von einander entfernt. Rhizomgabelung stets gerade über der Blattwedelinsertion. Rhizom ca. 3/4 cm dick.

Wedel im ganzen dreifach gefiedert; die Fiedern erster Ordnung an der Basis gegabelt, die zweiter und dritter Ordnung einfach, sämtliche jeweils alternierend zweizeilig gestellt; wohl ohne Laminaentwicklung. Fruktifikation unbekannt.

Stammstele zylindrisch (Fig. 589); Stelenxylem aus zwei Zonen bestehend: einem äußeren Mantel von weiten Netztracheiden und einer zentralen Säule aus gleichfalls langen, aber engeren Tracheiden mit netz- oder treppenförmiger Wandverdickung; diese Xylempartie mit Parenchymuntermischung und stellenweise in die äußere Xylempartie (im Querschnitt) sternartig ausstrahlend. Gelegentlich, bei verhältnismäßig kräftig entwickelten Stelen, findet sich auch etwas sekundäres Xylem. Stammeigenes Protoxylem fehlt. Das Protoxylem des Rhachisleitbündels verliert sich in der Stammstele unter der Ursprungsstelle des Blattspurbündels allmählich an der Außengrenze des inneren Xylemteiles. Rinde parenchymatisch.

Was die Anatomie des Blattspurbündels (Fig. 589—594) betrifft, so zeigt dieses gleich nach Abgang von der Stammstele einen länglich elliptischen Xylemkörper mit je einer Protoxylemgruppe innerhalb des Randes der Schmalseiten (Fig. 589 D u. 592, 1). Höher oben, am Wedelstiel, tritt an den durch Protoxylem ausgezeichneten Stellen, indem jedes Protoxylembündel sich teilt, noch Parenchym auf und das Bündel nimmt im Querschnitt allmählich die für die Gattung charakteristische Sanduhrform an. Im weiteren Verlauf der jeweiligen Bereitstellung der das Gabelpaar jeder Fieder erster Ordnung innervierenden Bündel finden dann die durch die schematische Figur 592, 2—5 skizzierten Veränderungen statt, die sich auf jeder der zwei die Fiedern abgebenden Seiten der Wedelrhachis bei jedem Fiedernabgang wiederholen. An jeder Seite einer Fieder erster Ordnung wird noch ein Aphlebienbündel frei, das sich weiter oben in zwei Arme teilt. Bündeln der Fiederngabel erster Ordnung sowie die der Fiedern zweiter und dritter Ordnung halbmondförmig mit je einer Protoxylemgruppe links und rechts an der Konkavseite. Fiedernspindeln zweiter und dritter Ordnung an den sie tragenden Spindeln erster bzw. zweiter Ordnung in stumpfem Winkel angeordnet (Fig. 595), wennschon anzunehmen ist, daß am entfalteten Wedel, wenigstens bei den Fiedern höherer Ordnungen letzten Endes mittels Drehung (in der Richtung der Pfeile in Fig. 595) eine mehr plane Front hergestellt wurde. — Im übrigen geht aus dem Schema des Wedelaufbaues der Fig. 595 mit Evidenz hervor, daß — und

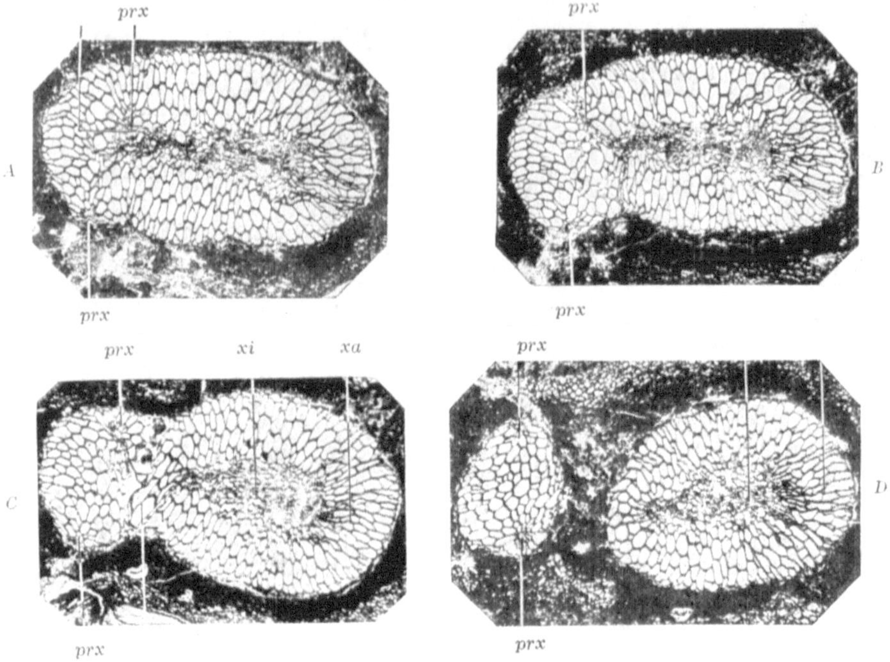

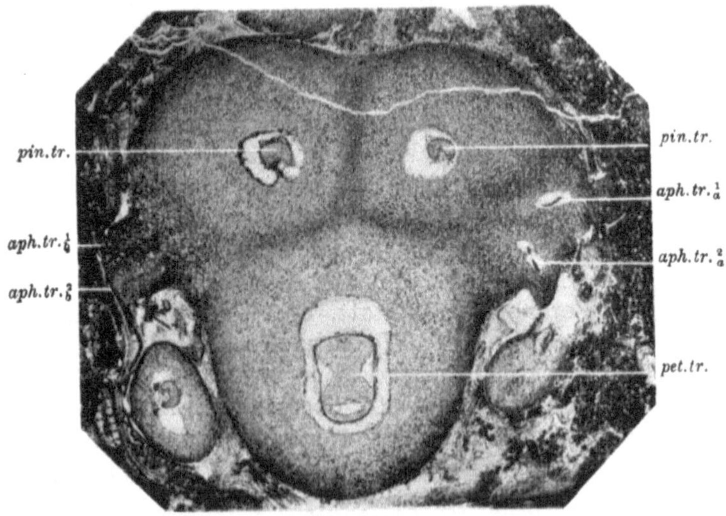

Fig. 590.

Metaclepsydropsis duplex Williamson spec. aus dem Unterkarbon von Schottland.

Fig. 589. Vier Querschliffe durch das Rhizom; während (*A—C*) und nach (*D*) Abgang eines Wedelbündels. *xa* und *xi*: äußere und innere Zone des Primärxylems der Rhizomstele; *prx*: die beiden Protoxylemgruppen des Rhachisbündels. 15 ×. Nach Gordon 1911 und P. Bertrand 1913.

Fig. 590. Querschliff durch die Wedelrhachis unmittelbar über der Abgangsstelle der beiden Gabeläste einer Fieder erster Ordnung. *pin. tr*: die Bündel der beiden Gabeläste; *aph. tr*: die Bündelchen der zweilappigen Aphlebien seitlich links und rechts der Ursprungsstelle der beiden Gabeläste der Fiedern erster Ordnung; *pet. tr*: Rhachisleitbündel. Ca. 3 ×. Nach Gordon 1911.

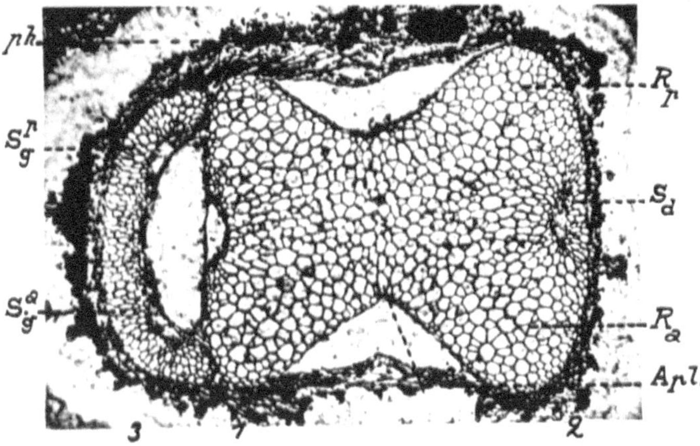

Fig. 591.

Metaclepsydropsis duplex Williamson spec. aus dem Unterkarbon von Schottland.

Fig. 591. Querschliff durch das Bündel der Wedelrhachis; links in der Figur: abgehende Bündelpartie der beiden Gabeläste einer Fieder erster Ordnung (sg_a und sg_p). Der Schnitt ist in einem Niveau geführt, das in der Mitte liegt zwischen den Niveaus der in Fig. 592 in *3* und *4* dargestellten Zustände. 16 ×. Nach P. Bertrand 1909.

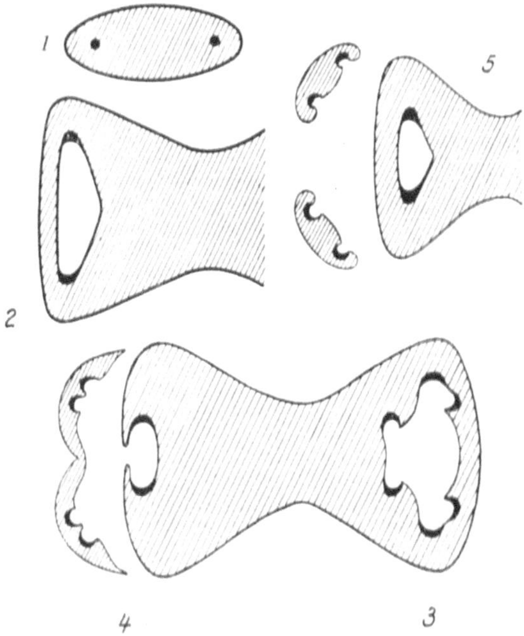

Fig. 592.

Fig. 592. *1*: Querschnitt durch das Rhachisbündel während seines Verlaufes in der Rhizomrinde. *2* bis *5*: schematische Querschnitte durch das Bündel der freien Wedelrhachis zur Illustration seiner Veränderung bei Abgang der Gabeläste einer Fieder erster Ordnung. Protoxylem schwarz, Metaxylem schraffiert. Nach P. Bertrand und Original.

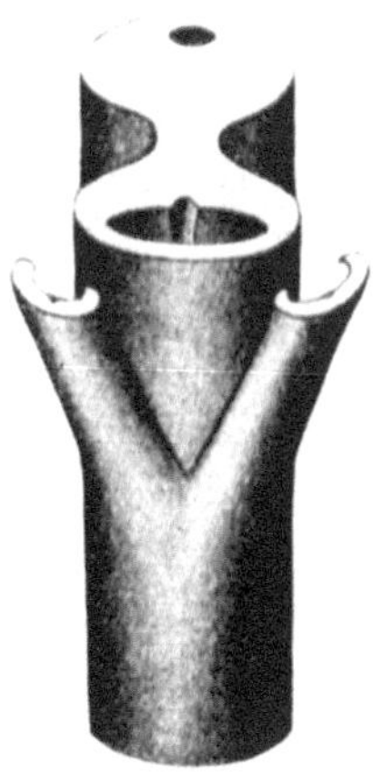

Fig. 593.

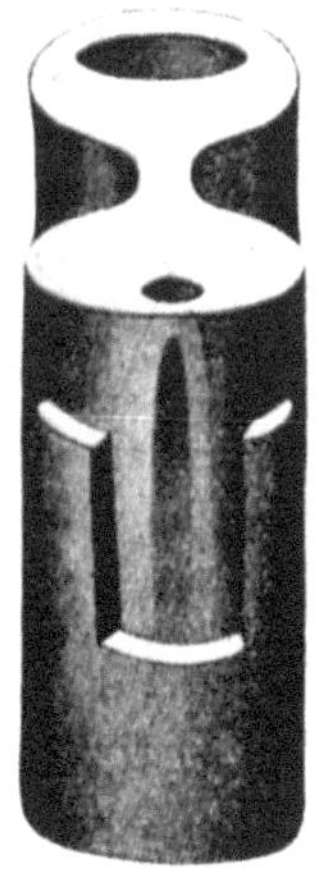

Fig. 594.

Fig. 593 u. 594. Modelle der Xylementwickelung in der Wedelrhachis an und nahe der Abgangsstelle der beiden Gabeläste einer Fieder erster Ordnung; in Fig. 594 ist ein Teil des Xylems der beiden Gabelbündel (unter der Stelle ihrer Auflösung in die beiden Arme) entfernt, um die Lage und Ausdehnung der Parenchym»lücke« zu zeigen. Nach Posthumus 1924.

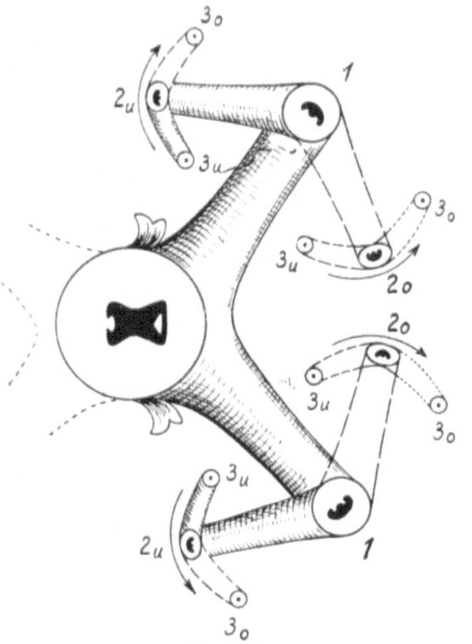

Fig. 595.

Fig. 595.

Metaclepsydropsis duplex Williamson spec.

Schema der Wedelverzweigung und Fiedernstellung. Vergl. Seite 495. Original.

das gilt für die ganze Familie der Etapteridaceae — Wedel dieses Bautyps sich ganz klar ableiten von solchen wie sie Stauropteris aufweist: einfach unter Unterdrückung der Gabelung der Fiedern zweiter und höherer Ordnung — ein Prozeß, der ja auch bei Stauropteris selbst, wenigstens bei den Fiedern letzter und gelegentlich auch vorletzter Ordnung, bereits in Erscheinung tritt.

M. paradoxa Unger spec. Unterkarbon von Saalfeld in Thüringen. Xylem des Blattspurbündels in der Mitte mit stärkerer Einschnürung, die von einer Ersetzung der mittelsten Partie durch dünnwandige Parenchymzellen begleitet ist.

Literatur.

Williamson, W. C., On the Organisation of the foss. Plants of the Coal Measures. Pt. 6. Phil. Transact. R. Soc. London. S. 687. 1874.

Solms-Laubach, H. Graf, Über die seinerzeit von Unger beschriebenen strukturbietenden Pflanzenreste des Unterkarbon von Saalfeld in Thüringen. Abh. K. Preuß. geolog. Landesamt 23. 1896.

Bertrand, P., Etudes sur la fronde des Zygoptéridées. S. 121—131. Lille 1909.

Bertrand, P., Nouvelles remarques sur la fronde des Zygoptéridées. S. 18ff. Mém. Soc. hist. nat. Autun Bd. 25. 1911.

Gordon, W. T., On the Structure and Affinities of Metaclepsydropsis duplex. Transact. R. S. Edinburgh Bd. 48. 1911.

Diplolabis Renault.

D. Roemerii Solms-Laubach (= **D. estnostensis** Renault und einschließlich **D. forensis** Renault). Unterkarbon von Schlesien, Schottland und Frankreich (Fig. 596—601).

Einzige Art. Stamm lang und öfter gabelig verzweigt, Blattwedel in größeren Abständen voneinander. Der Gesamteindruck des Stammes ist der eines kriechenden Rhizoms und die Blattwedel dürften demzufolge wohl wie bei Metaclepsydropsis zweizeilig an ihm gestellt gewesen sein. Sproßstärke 1½ bis 1¾ cm. Wedel dreifach gefiedert, die alternierend zweizeilig gestellten Fiedern erster Ordnung gleich nach ihrem Abgang von der Rhachis in zwei gleichstarke Arme gegabelt, wovon jeder dann nochmals doppelt gefiedert ist mit einer Fiedernstellung gleich der bei Metaclepsydropsis (cf. Fig. 595). Über die Entwicklung einer Blattspreite ist nichts bekannt. An den Abgangsstellen der Fiedernpaare erster Ordnung links und rechts je zwei Aphlebien, deren eine etwas höher als die andere inseriert war.

Anatomie des Stammes: Stammstele zylindrisch (Fig. 598) mit zentralem Xylemstrang aus zwei deutlich verschiedenen Zonen: einer inneren, wohl wasserspeichernden, aus kurzen, engeren Tracheiden und einer breiten peripheren Zone aus weiteren Tracheiden; Tracheiden beider Zonen mit netzförmiger Wandverdickung. Von einer typischen Protoxylembildung im Bereich der Stammstele kann wohl nicht gesprochen werden, wenn auch am Außenrand der Xylemsäule die Elemente relativ englumig werden. Auch finden sich Gruppen englumiger Tracheiden gelegentlich weiter innen, doch dürfte deren Deutung als Protoxylem wohl kaum berechtigt sein. Von den übrigen Stammgeweben ist nur die Außenrinde aus dickwandigem Parenchym erhalten.

Anatomie des Wedels: Nahe seines Ursprungs von der Sproßstele ist das in den Wedel eintretende Leitbündel im Querschnitt elliptisch mit zunächst je einer Protoxylemgruppe in einiger Entfernung von dem Rand der Schmalseiten (Fig. 597, 1a u. 598). Bald darauf teilen sich die Protoxylemgruppen in je zwei, die zunächst in der Längsrichtung der Xylemmasse hintereinander liegen (Fig. 597, 1b u. 599). Diese nimmt im Querschnitt mehr und mehr die Form zweier mit einer Schmalseite miteinander verschmelzender Ellipsen an, während weiterhin zwischen den beiden Protoxylemgruppen nahe jeder Bündelflanke Parenchym erscheint (Fig. 597, 1c); allmählich, indem die je zwei Protoxylemgruppen jeder Bündelhälfte je um 90° wandern, nimmt das Xylem des Bündels X-Form an, nur daß an d e n Stellen im Bündel, wo keine Fiedernabgabe stattfindet, die jeweils an einer Flanke liegenden Enden der X-Balken durch ein Querband verbunden sind. Die Lage des Protoxylems in diesem Zustand zeigen die Fig. 597, 2a u. 2b. Wenn es zur Abgabe der die beiden Gabeläste der Fiedern erster Ordnung innervierenden Bündel kommt, teilt sich jede Protoxylemgruppe in zwei (Fig. 597, 3). Darauf folgt, indem die von der Bündelmitte nach außen zu gelegenen Protoxylemgruppen sich nochmals in je zwei teilen, die Lostrennung des die X-Balken verbindenden Querarmes (Fig. 597, 4) und darauf seine Durchteilung in der Mitte (Fig. 597, 5). Die annähernd halbmondförmigen Bündel jeder Gabel einer Fieder erster Ordnung sind damit fertiggestellt und die Balkenenden des Rhachisbündels werden wieder mit dem Querriegel verbunden (Fig. 597, 5). Jedes Bündel

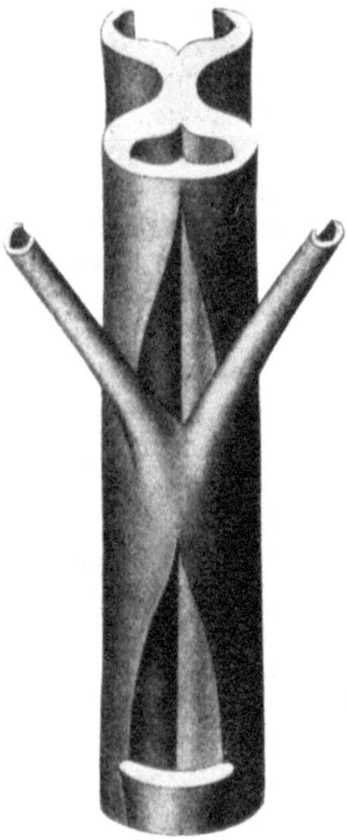

Fig. 596.

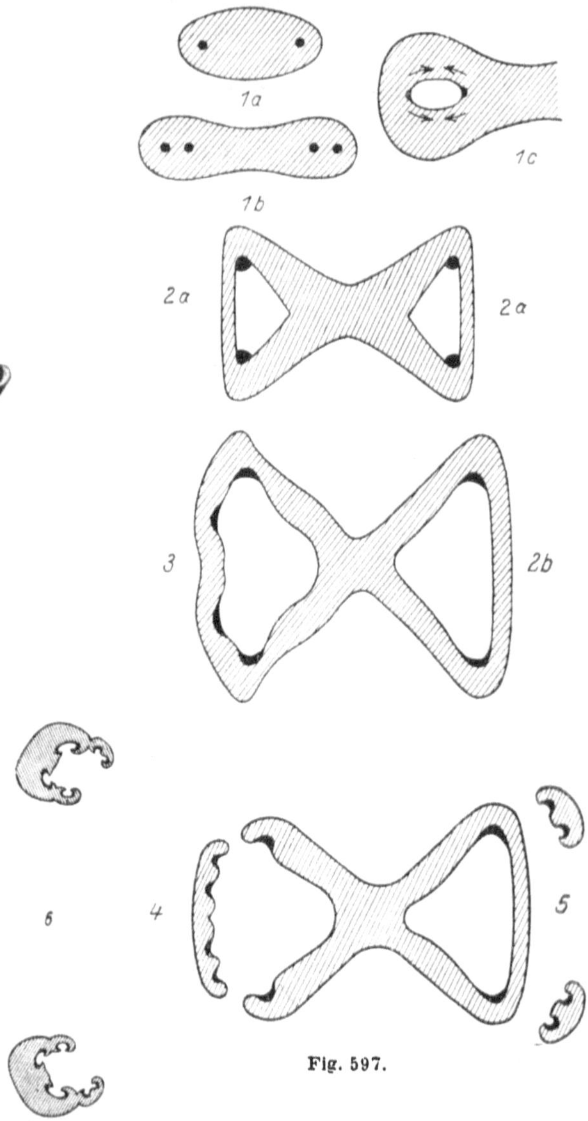

Fig. 597.

Diplolabis Roemeri Solms-Laubach aus dem Unterkarbon von Schlesien, Schottland und Frankreich.

Fig. 596. Modell der Xylementwicklung in der Wedelrhachis an und nahe der Abgangsstelle der beiden Gabeläste einer Fieder erster Ordnung. Nach Posthumus 1924.

Fig. 597. Folge von schematischen Querschnitten durch das Bündel der Wedelrhachis, zur Illustration seiner allmählichen Veränderung nach seinem Ursprung von der Rhizomstele (*1a* bis *2b*) und seines Verhaltens bei der Abgabe der Bündel der Gabeläste einer Fieder erster Ordnung (*2b* bis *5*). In *6*: Abgabe der Bündel der Fiedern zweiter Ordnung, von denen der Arme der Fieder erster Ordnung. Protoxylem schwarz, Metaxylem schraffiert. Nach Gordon 1911, P. Bertrand 1913 und Original.

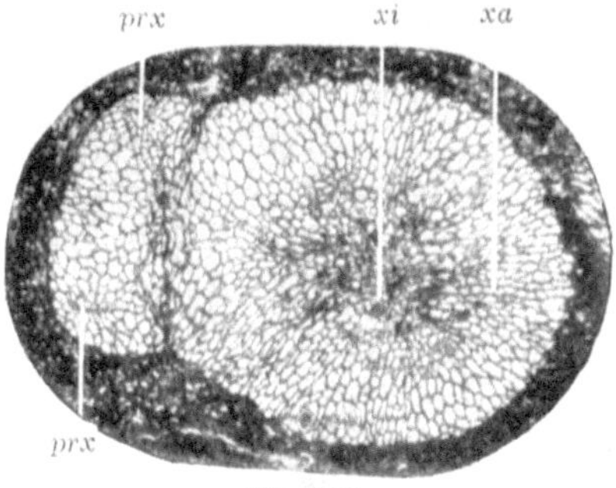

Fig. 598.

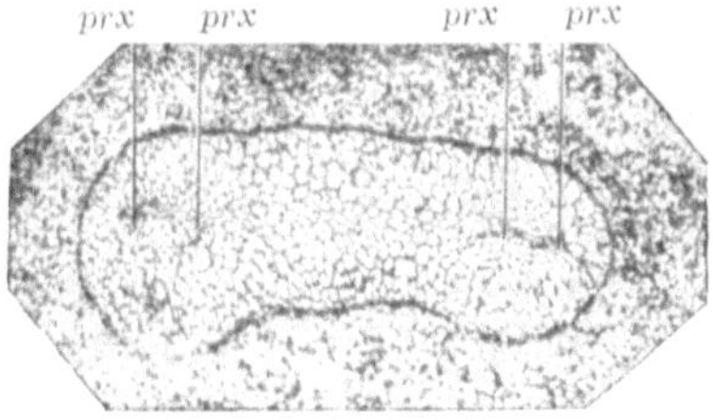

Fig. 599.

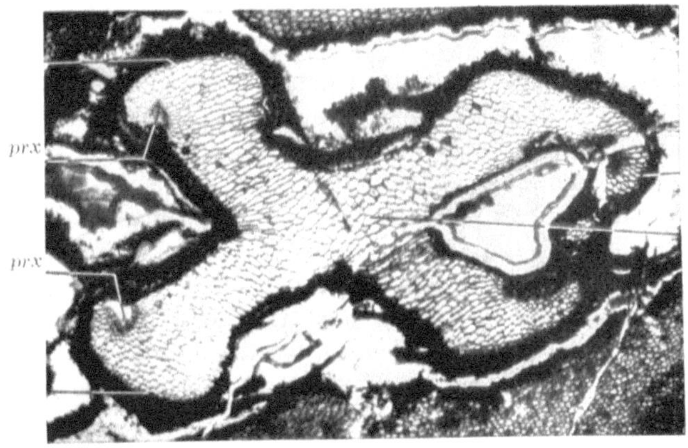

Fig. 600.

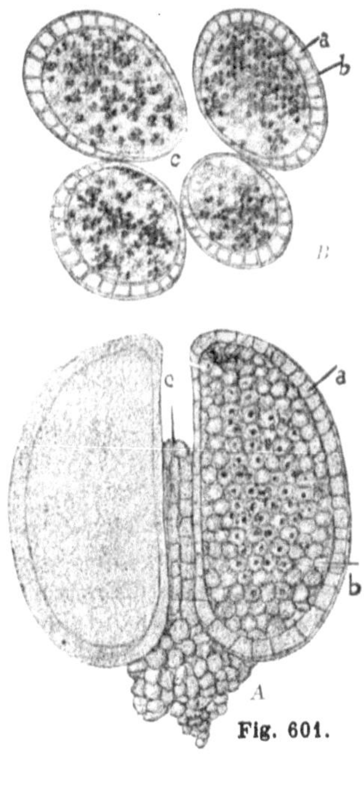

Fig. 601.

Diplolabis Roemeri Solms-Laubach aus dem Unterkarbon von Schottland (Fig. 598—600) und Frankreich (601).

Fig. 598. Querschliff durch die Stele des Rhizoms etwas über der Ursprungsstelle eines Blattspurbündels. *prx*: dessen beide Protoxylemgruppen; *xa*: äußeres, *xi*: inneres Xylem der Stele. 10 ×. Nach Gordon 1911.

Fig. 599. Querschliff durch ein Blattspurbündel noch während seines Verlaufes in der Rhizomrinde kurz nach Abgang von der Rhizomstele. Zustand entsprechend dem in Fig. 597 *1b* dargestellten. *prx*: die 4 Protoxylemgruppen. 6 ×. Nach Gordon 1911.

Fig. 600. Querschliff durch das Bündel der freien Rhachis; Zustand entsprechend dem der Fig. 597, *4*; rechts in der Figur: Abgang der Bündel der beiden Gabeläste einer Fieder erster Ordnung (da der Schliff offenbar ziemlich schief geführt ist, ist doch, obwohl die beiden Bündelpartien von einander getrennt sind, die im Bild untere Partie noch mit dem Xylemkörper der Rhachis in Verbindung). *prx*: Protoxylem. 10 ×. Nach P. Bertrand 1913.

Fig. 601 *A* u. *B*. Sporangiengruppe im Längs- und Querschliff. *c*: zentrales Sorusgewebe; *a*: Wand; *b*: Sporeninhalt. Ca. 40 ×. Nach Renault 1896.

einer Fiederngabel besitzt zwei Protoxylemgruppen an der Konkavseite links und rechts: die Ursprungsstellen der ähnlich gebauten Bündel der Fiedern zweiter Ordnung (Fig. 597, 6). Bei der Entstehung der die zwei Gabeläste der Fiedern erster Ordnung innervierenden Bündel löst sich von dem Komplex des Rhachisbündels noch an den Außenflanken der Gabelbündel je ein Aphlebienbündel ab, das von einfachstem protostelischem Bau ist.

Bemerkt sei noch, daß beim Abgang des Xylems des Rhachisbündels von der Rhizomstele nur die Peripherie des Stelenxylems in Mitleidenschaft gezogen wird, der Wedelleitbündelabgang somit der für protostelische Sprosse typische ist. — Diarche Wurzeln reichlich am Rhizom entspringend.

Was die Fruktifikation betrifft, so sind zwar nicht in organischem Zusammenhang aber doch vergesellschaftet mit vegetativen Resten dieser Art Sporangien gefunden worden, die, unter sich frei, zu drei bis sechs um eine gemeinsame säulenförmige Anheftungsstelle stehen (Fig. 601). Wand mehrschichtig. Ein ausgeprägter Dehiszenzmechanismus ist nicht vorhanden, doch nimmt — unter gleichzeitiger Verringerung der Stärke der Radialwände — die Größe der Zellen der Epidermis der Sporangienwand von der Rückseite der Sporangien her zu der nach innen gelegenen Bauchseite, wo die Aufrißstelle liegt, mehr und mehr ab, so daß auf diese Weise doch wohl eine Erleichterung des Aufreißens der Sporangien erreicht war. Sporen sehr zahlreich; alle gleichförmig.

Literatur.

Solms-Laubach, H. Graf zu, Über die in den Kalksteinen des Kulm von Glätzisch-Falkenberg in Schlesien erhaltenen strukturbietenden Pflanzenreste I. Bot. Zeitung Bd. 50. 1892 .

Renault, B., Bassin houiller et permien d'Autun et d'Epinae: Flore fossil. 2. Teil. S. 11—19. Paris 1896.

Bertrand, P., Etudes sur la fronde des Zygoptéridées. S. 132—136. Lille 1909.

Gordon, W. T., On the structure of a new Zygopteris. Nature. Bd. 81. S. 537. 1909.

Gordon, W. T., On the Structure and Affinities of Diplolabis Roemeri Solms. Trans. R. Soc. Edinburgh. Bd. 47. 1911.

Hörich, O., Einige strukturbietende Pflanzenreste aus deutschem Culm und Devon. S. 509—514 Jahrb. K. Preuß. Geolog. Landes-Anst. Bd. 36. Berlin 1915.

Botrychioxylon Scott.

B. paradoxum Scott. Lower Coal Measures von Lancashire. Einzige Art. (Fig. 602—604). Farn mit kriechendem, gabelig verzweigtem Rhizom von 1 bis 1 ½ cm Durchmesser. Stamm ringsum bekleidet mit aphlebioiden, gabelig verzweigten Dornanhängen. Die Stellung der Wedel, die in weiteren Abständen vom Stamm abgehen, ist nicht genau bekannt, wenn auch der Rhizomnatur des sie tragenden Sprosses entsprechend alternierend zweizeilige Stellung der Wedel wahrscheinlich ist. Über den Wedelaufbau selbst ist nichts bekannt, ebenso nichts über die Fruktifikation. Wurzeln am Stamm entspringend; diarch.

Anatomisch ist der Stamm von besonderem Interesse durch ausgedehnte Bildung sekundären Xylems in der Stele (Fig. 602 u. 603). Primärholz der Stele zylindrisch, aus Treppentracheiden gebildet; mittelste Partie aus Parenchym mit

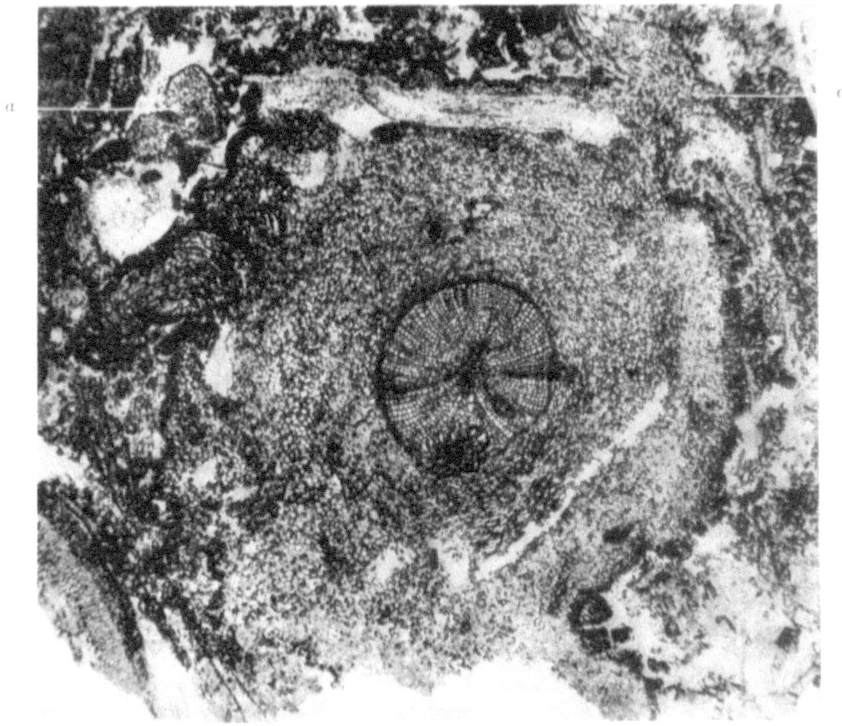

Fig. 602.

Botrychioxylon paradoxum Scott aus den Lower Coal Measures von England.

Querschliff durch den Stamm mit Stele und Rinde; bei *a* die aphlebioiden Dornanhänge der Rhizomoberfläche. Ca. 8 ×. Nach Scott 1912.

eingestreuten weitlumigeren Tracheiden; am Außenrand des Primärxylems das Protoxylem aus Schraubentracheiden, die zu einzelnen Gruppen zusammenliegen. An das Primärxylem schließt ein verhältnismäßig breiter Mantel sekundären Xylems an. Dieses besteht aus weiten Tracheiden mit sowohl an Tangential- als Radialwänden je zwei bis drei Reihen quergestellter Tüpfel; dazwischen Parenchymstrahlen, eine Zelle breit. Kambium normal. Phloëmzone schmal, nur aus relativ engen Zellen bestehend. Perizykel und Endodermis nicht beobachtet. Primäre Rinde parenchymatisch , mit Periderm am Außenrand. Zu den gabelig verzweigten Dornen am Stamm ziehen von der Stammstele aus schmale protostelische Bündelchen. Die Wedelrhachisbündel (Fig. 604) entspringen am Außenrand der Stele. Sie behalten auf eine relativ lange Strecke sekundäre Xylemelemente bei. Im unteren Teil des Wedelstieles zeigt ihr Xylem im Querschnitt ovale Form mit je eine Protoxylemgruppe enthaltenden Parenchymzügen an den Schmalseiten. Weiteres ist unbekannt.

Die systematische Stellung des Farns innerhalb der Coenopteridineae ist bei der mangelnden Kenntnis der Wedelausbildung derzeit nicht fixierbar. Die protostelische Natur der Stammstele, die sich dem Typ derer von Metaclepsydropsis und Diplolabis anschließt, legt den Gedanken der Verwandtschaft mit diesen Formen nahe, um so mehr als auch die Anatomie der Rhachisbasis annähernd dineuroid ist.

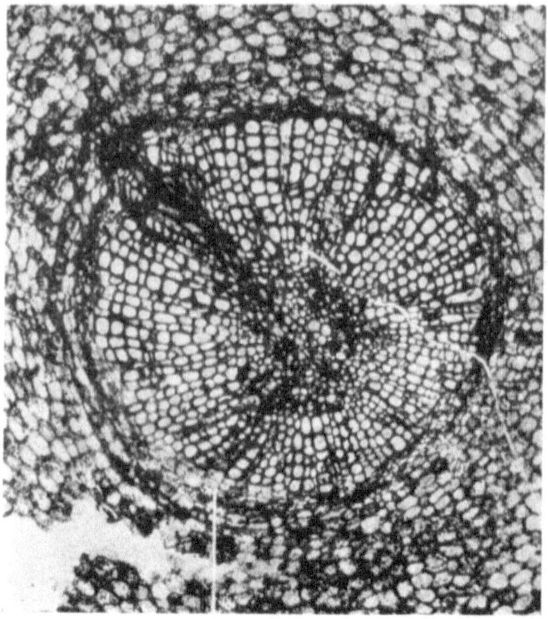

Fig. 603.

Botrychioxylon paradoxum Scott aus den Lower Coal Measures von England.

Fig. 603. Querschliff durch die Stammstele; im Zentrum Primär-, weiter außen Sekundärxylem; *cb* Kambium; zu äußerst etwas primäre Rinde; links oben im Bild ein von der Stammstele abgehendes Wurzelbündel. 31½ ×. Nach Scott 1912.

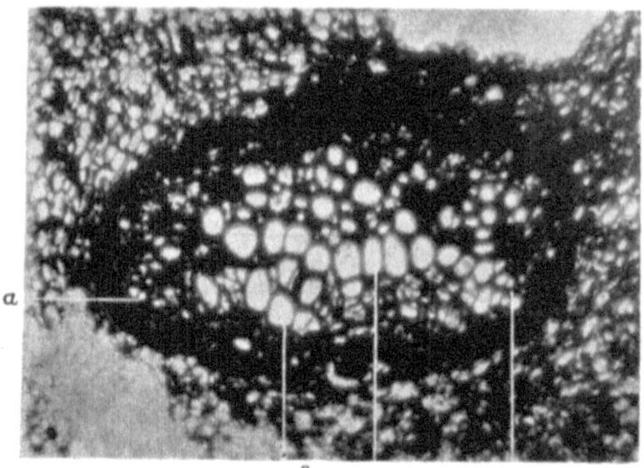

Fig. 604.

Fig. 604. Querschliff durch das Wedelbündel noch während seines Verlaufes in der Stammrinde; x und x^2: zentrale Xylempartie; über a: die Stellen mit Protoxylem und Parenchym. 32 ×. Nach Scott 1912.

Literatur.

Scott, D. H., On Botrychioxylon paradoxum, sp. nov., a Palaeozoic fern with secondary wood. Transact. Linnean Soc. London. 2. Ser. (Bot.) VII. 17. 1912.

Zygopteris Corda s. str.

Z. primaria Corda. Mittleres Rotliegendes von Chemnitz. Einzige Art. Die Pflanze besaß einen aufrechten Stamm, an dem dichtgedrängt in schraubiger Anordnung die Blattwedel standen. Von der Stammstele ist nichts erhalten. Die Blatt spurbündel zeigen im wesentlichen die gleichen anatomischen Verhältnisse wie die von Diplolabis und Metaclepsydropsis, nur daß das Mittelstück des Xylemteils im Verhältnis länger und die zwei Seitenstücke rechts und links weniger groß sind als bei den zwei genannten Gattungen (Fig. 605). Fiedern erster Ordnung wie auch sonst in der Gruppe an der Basis in zwei Arme gegabelt. Weitere Einzelheiten über die anatomischen Verhältnisse und die Wedelfiederung sind nicht bekannt. Fruktifikation gleichfalls unbekannt.

Fig. 605.

Zygopteris primaria Corda. Mittlere Rotliegendes von Chemnitz.

Schematischer Querschnitt durch den Xylemkörper der Wedelrhachis. Protoxylem schwarz, Metaxylem schraffiert. Ca. 13 ×. Nach P. Bertrand 1909.

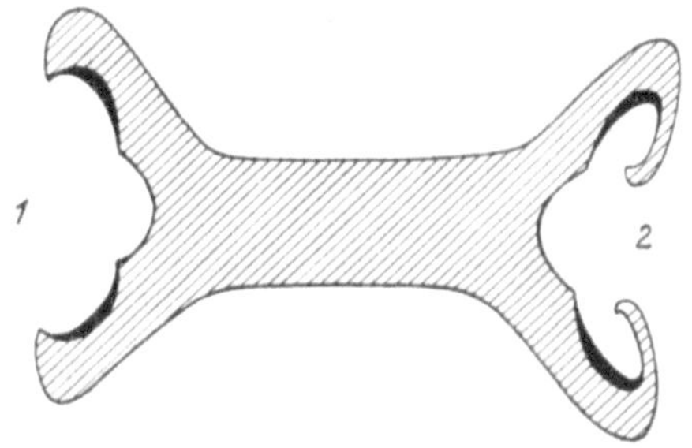

Fig. 605.

Literatur.

Cotta, C. B., Die Dendrolithen in Beziehung auf ihren inneren Bau. T. I, Fig. 1—2. Dresden und Leipzig 1832.

Stenzel, G., Die Gattung Tubicaulis, Cotta. Bibliotheca Botanica 12. S. 25—28. 1889.

Bertrand, P., Etudes sur la fronde des Zygoptéridées. S. 136—139. Lille 1909.

Asteropteris Dawson.

A. noveboracensis Dawson. Oberdevon (Portage Beds) des Staates New York. Einzige bekannte Art. Stamm von etwa 2½ cm im Durchmesser, mit in alternierend zwölfzähligen Quirlen gestellten Wedeln. Stammstele im Querschnitt stellat, durch Gabelung von wenigen, vom Stammittelpunkt ausstrahlenden Xylemplatten zwölfstrahlig. Xylem einheitlich aus Treppentracheiden; nur nahe den Enden der einzelnen Stelenarme dünne Parenchymstränge. Blattspurbündel an den Stelenarmen entspringend. Sie zeigen (im Querschliff) nächst der Ursprungsstelle an der Stele je einen Parenchymzug nahe ihren beiden Flanken (Fig. 606, die beiden Bündel rechts); weiter oben aber wird jeder Parenchymzug zweigeteilt, indem der Hauptteil des Xylemkörpers des Bündels mit dem Xylem am Rand der Bündelflanken in Verbindung

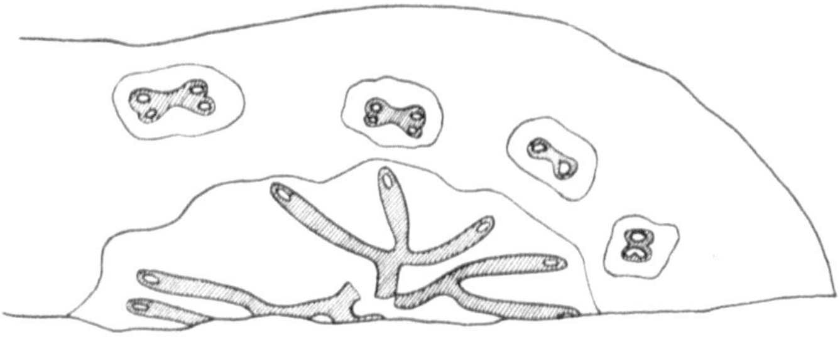

Fig. 606.

Fig. 606.

Asteropteris noveboracensis Dawson. Oberdevon des Staates New York.

Querschliff durch den Stamm (etwas schief geführt). Ca. 3 ×. Nach P. Bertrand 1913.

tritt (die beiden Bündel links in Fig. 606). Die konform den je zwei Parenchymzügen an jeder Bündelflanke vorhandenen zwei Protoxylemzüge machen es sehr wahrscheinlich, daß die Fiedern erster Ordnung gabelig geteilt waren, somit der Farn die für die Dineuroaceae charakteristische Wedelausbildung besaß.

Literatur.

Dawson, J. W., Notes on new Erian (Devonian) Plants. Quarterly Journal of the Geolog. Soc. London. Bd. 37. 1881.

Bertrand, P., L'Etude anatomique des fougères anciennes et les problèmes qu'elle soulève. Progressus rei botanicae IV. S. 255/56. 1913.

Bertrand, P., Etude du stipe de l'Asteropteris noveboracensis Dawson. Comptes Rend. du XII. Sess. du Congr. Géol. internat. S. 910—924. Toronto 1914.

Etapteris Renault.

Stamm unbekannt; Wedel bei einigen Arten groß und kräftig entwickelt, mit einem Rhachisdurchmesser bis zu 2 cm (bei E. diupsilon). Fiedern erster Ordnung an der Basis in zwei Arme geteilt, daran, falls vorhanden, zweizeilig alternierend die Spindeln zweiter Ordnung.

An den sterilen Wedeln bzw. Wedelabschnitten zeigen die Spindeln letzter Ordnung Andeutung von flächiger Befiederung, wenigstens bei den allein auch aus Abdrücken bekannten E. Lacattei und E. cornuta. Sporangien in kleinen Gruppen an den Spindeln letzter Ordnung der fertilen Wedel bzw. Wedelabschnitte, gleichfalls nur von E. Lacattei und E. cornuta bekannt. Sporangien länglich, birn- bis eiförmig mit zwei breiten, mehrzellreihigen, nach der Sporangienspitze zu sich allmählich verlierenden Annulusbändern an zwei einander gegenüberliegenden Flanken; Dehiszenz offenbar scheitelständig.

Bekannt sind folgende Arten:

E. Tubicaulis Goeppert spec. Unterkarbon von Glätzisch-Falkenberg, Niederschlesien.

E. Scotti Bertrand. Mittleres Oberkarbon von England (Lower Coal Measures), Westfalen, Holland und Belgien.

E. diupsilon Williamson
E. shorensis P. Bertrand } Lower Coal Measures von England.

E. Lacattei Renault. Rotliegendes von Autun.

E. cornuta Zeiller spec. Unteres Rotliegendes von Brive.

E. Scotti P. Bertrand Anatomisch bestbekannte Art. Wedelrhachis gegen $^3/_4$ cm im Durchmesser. Das Rhachisleitbündel zeigt die im Querschnitt für die ganze Gattung charakteristische H-Form (Fig. 607 bis 610). An die im rechten Winkel zur Mediane quergestreckte Mittelpartie des Xylemkörpers schließen beiderseits oben und unten seitliche Arme aus Xylem an, die nach der Mediane leicht konvergieren. Indem diese Xylemarme außerdem an den Flankenseiten des Bündels über die Mittelpartie leicht vorspringen, entsteht an jeder Flankenseite eine Doppelbucht, in deren Einzelbuchten je eine Protoxylemgruppe liegt (Fig. 609, 1 u. 2). Die Abgabe der Bündel, welche die zwei Gabeläste der Fiedern erster Ordnung innervieren, erfolgt so, daß von den je zwei

Protoxylemgruppen jeder Bündelflanke sich je ein Bündelarm ablöst (Fig. 609, 2), der weiter oben mit dem Nachbarbündelarm derselben Flanke zu einem einheitlichen, im Querschnitt langgestreckt-halbmondförmigen Bündel vorübergehend verschmilzt (Fig. 609, 3), bis sich dann kurz weiter oben wieder eine Trennung in die beiden in je einen Gabelarm eintretenden Bündel vollzieht (Fig. 609, 4). Deren Xylemkörper weist im Querschnitt wieder die übliche Halbmondform mit je einer Protoxylemgruppe nahe den Flanken, aber noch an der konkaven Innenseite auf (Fig. 609, 4 u. 5). Analog nur noch schmächtiger sind die Bündelchen der Spindeln zweiter Ordnung gebaut (Fig. 609, 5).

Die etwas merkwürdige Art der Abgabe der Bündel für die Gabeln der Fiedern erster Ordnung: erst Abgabe zweier Teilstücke, dann deren Verschmelzung und endlich ihre Wiederauflösung (vgl. besonders das Modell Fig. 608) erscheint dann verständlich, wenn man sich vor Augen hält, daß bei Formen wie Diplolabis und Dineuron, ferner auch noch bei einigen Arten von Etapteris, wie E. Bertrandi und E. Tubicaulis, vor allem aber bei Metaclepsydropsis die Xylemkörper der Rhachisbündel a priori geschlossen sind (nur mit je einem eingeschlossenem Parenchymzug nahe den Flanken), daß also der erste Schritt hier nur die Ablösung des Bündelbalkens von dem Gesamtxylemkörper sein braucht. Bei E. Scotti und analogen Formen der Gattung dagegen, wo ähnlich wie bei Botrychyoxylon und (mutatis mutandis Stauropteris) der Xylemkörper an den Flanken dauernd offen ist, d. h. eine die beiden Protoxylemgruppen enthaltende Parenchym-erfüllte offene Bucht besitzt, müssen bei der Abgliederung der Bündel für die Gabelspindeln erster Ordnung entsprechend den Verhältnissen zunächst zwei getrennte Bündel entstehen. Daß sie sich dann nochmals vorübergehend zu einem einheitlichen Bündelbalken vereinigen, so wie ihn die oben genannten Formen von vornherein besitzen, ist eine der zahlreichen Fälle in der organischen Natur, wo ein Zustand, der bei einer Anzahl von Formen noch durch die übrigen Organisationsverhältnisse gegeben ist: primär einheitlicher Balken bei Dineuron, Diplolabis, Metaclepsydropsis, Etapteris Tubicaulis und E. Bertrandi (bedingt in der primären Geschlossenheit des Xylems des Rhachisbündels), bei anderen Formen noch nachklingt und wiederholt wird, obwohl er kausal betrachtet nicht bedingt ist: vorübergehende Vereinigung der zwei Gabelfiedernbündel, obwohl der Xylemkörper der Rhachis ohnedies bereits offen ist und ohne weitere Annäherung an jeder Flanke je zwei Bündel abgehen könnten. (E. Scotti, E. diupsilon, E. shorensis und E. Lacattei).

Was weitere anatomische Einzelheiten betrifft, so sind die Metaxylemtracheiden netzförmig verdickt. Phloëm umgibt den ganzen Xylemkörper, auch in die medianen Buchten eindringend (Fig. 610); besonders in den Buchten weitlumige Siebröhren; daran anschließend Perizykel mit sekretorischen Zellen. Rinde aus drei Zonen; eine innere aus zartwandigem Parenchym, bezüglich deren allenfallsigen Abschluß gegen den Perizykel mittels einer Endodermis nichts bekannt ist, eine mittlere aus dickwandigen Zellen und eine äußerste aus fibrösem Prosenchym.

Bezüglich der anderen Arten sei folgendes angeführt:

E. diupsylon Williamson (Fig. 611). Mit einer Rhachis von über 2 cm Durchmesser und einem sehr langen Mittelteil mit weitausladenden Armen im Xylem des Rhachisleitbündels.

E. shorensis P. Bertrand, ähnlich der vorigen.

E. Tubicaulis Goeppert spec. (Fig. 612). Hier ist das Mittelstück des Xylems ausnehmend kurz und die Arme sehr massiv entwickelt. Bei dieser Art und besonders bei **E. Bertrandi** Scott (Fig. 617) schließen vor Abgabe der Bündel für das Spindelpaar der Fiedern erster Ordnung die Vorsprünge an den Xylemflanken so zusammen, daß das Parenchym dazwischen rings von Xylem umschlossen ist.

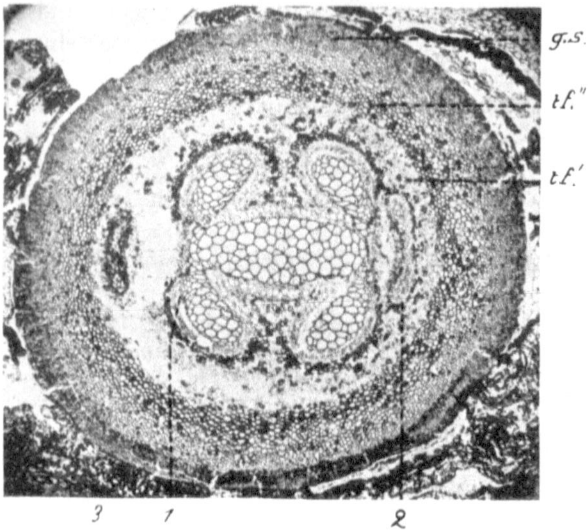

Fig. 607.

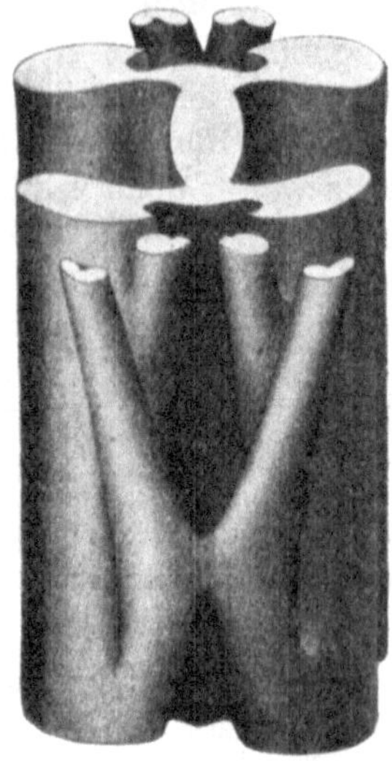

Fig. 608.

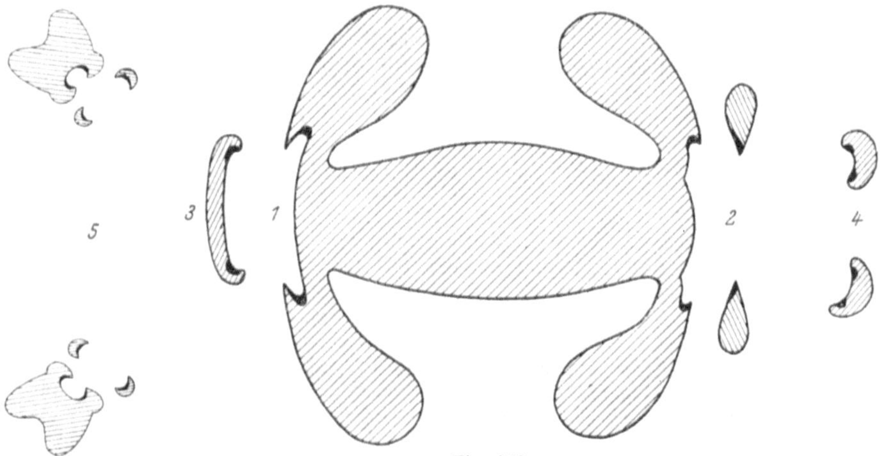

Fig. 609.

Etapteris Scotti P. Bertrand aus den Lower Coal Measures von England.

Fig. 607. Querschliff durch die Rhachis; *tf'*, *tf''* und *gs*: die drei Rindenzonen; *2* und *3*: zu den Gabelarmen zweier aufeinanderfolgender und einander gegenüberstehender Fiedern erster Ordnung ziehende Bündel. Rhachis und Fiedernbündel sind ungefähr in dem Zustand, der dem mit *1* bzw. *3* bezeichneten der schematischen Figur 609 entspricht. 10½ ×. Nach P. Bertrand 1909.

Fig. 608. Schema der Xylementwickelung des Rhachisbündels vor, während und nach Abgabe der die je zwei Arme der Fiedern erster Ordnung innervierenden Bündel. Ca. 12 ×. Nach Posthumus 1924.

Fig. 609. *1*: Schematischer Querschnitt durch das Xylem des Rhachisbündels; *2* bis *5*: durch die zu den zwei Armen einer Fieder erster Ordnung ziehenden Bündel, in verschiedener Höhe, bei *5* auch noch: je zwei Bündel der Fiedern zweiter Ordnung links und rechts der beiden Arme der Fiedern erster Ordnung. Nach P. Bertrand und Original.

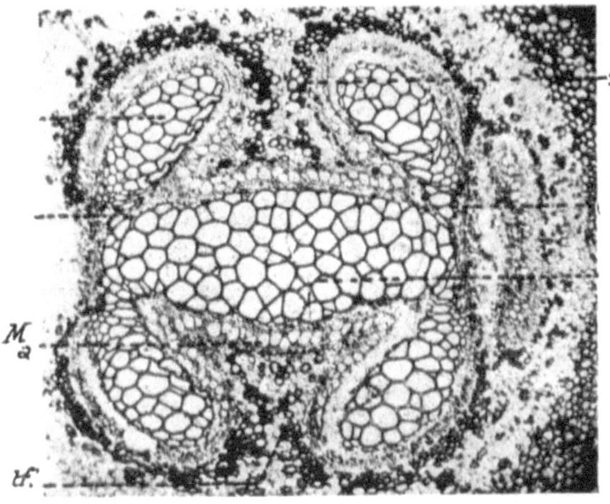

Fig. 610. Etapteris Scotti P. Bertrand aus den Lower Coal Measures von England.

Detail aus Fig. 607; *Ma*: Siebröhren des Phloëms; *gl* in *tf*: Sekretzellen der innersten Rindenpartie. 16 ×. Nach P. Bertrand 1909.

Fig. 610.

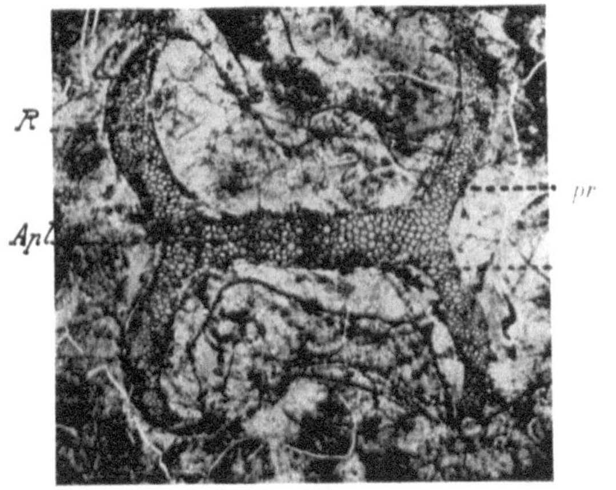

Fig. 611. Etapteris diupsylon Williamson aus den Lower Coal Measures von England.
Querschliff durch das Rhachisbündel; bei *pr*: eine der beiden Protoxylemgruppen jeden Bündelarmes. 7½ ×. Nach P. Bertrand 1909.

Fig. 611.

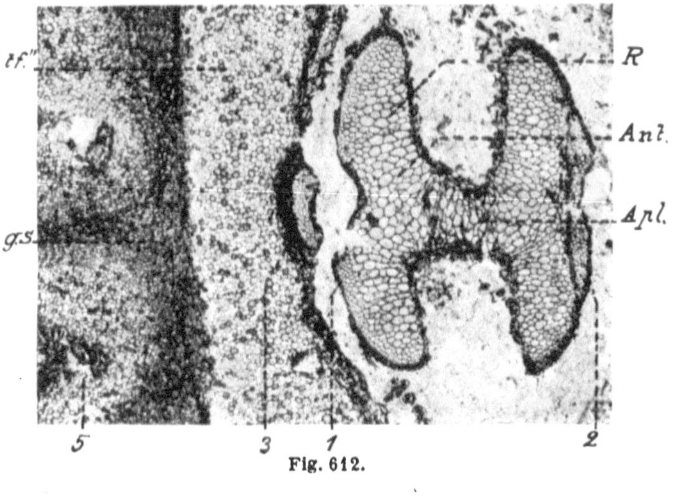

Fig. 612. Etapteris Tubicaulis Goeppert spec. aus dem Unterkarbon von Niederschlesien.

Partie eines Querschliffes durch die Rhachis; außer dem Rhachisleitbündel sind die zu je zwei Armen dreier aufeinanderfolgender Fiedern erster Ordnung ziehenden Bündel getroffen; *1*, *3* und *5*: verschieden weite Zustände der Ablösung dieser Bündel vom Rhachisbündel und ihres Zuges zu den Fiederarmen; bei *5*: die beiden Bündel bereits frei. 10½ ×. Nach P. Bertrand 1909.

Fig. 612.

Fig. 613.

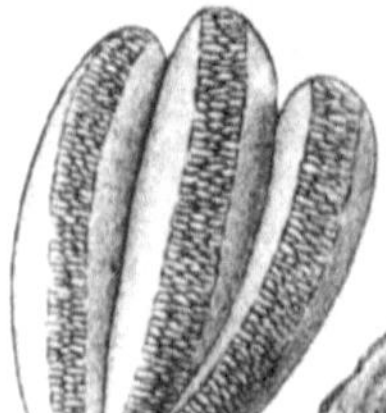

Fig. 614a.

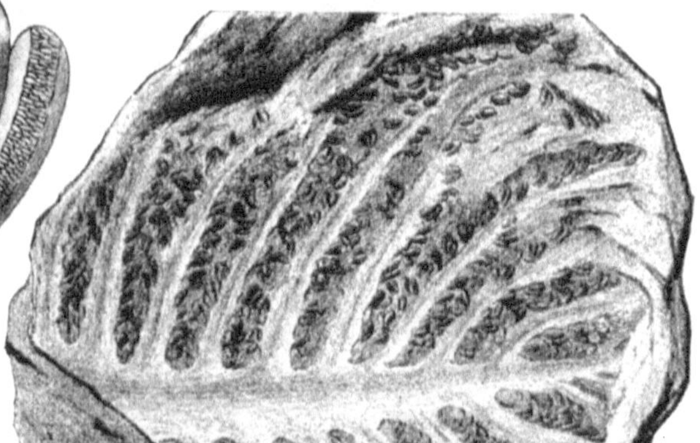

Fig. 614.

Fig. 613 a und b.

Etapteris Lacattei Renault. Rotliegendes von Commentry.

Fig. 613. Bruchstück der Wedelrhachis (links) mit dem größten Teil eines der beiden Arme einer sterilen Fieder erster Ordnung; an den Spindeln zweiter Ordnung die aphlebioiden Fiederchen. Beachte auch die Zwischenfiederung an der Rhachis. Nach Zeiller u. Renault 1888. $^{9}/_{10}$.
Fig. 613a u. b. Zwei aphlebioide Fiederchen. Ca. 4 ×.

Fig. 614. Bruchstück eines Armes einer fertilen Fieder erster Ordnung; an den Spindeln zweiter Ordnung die Sporangien. $^{9}/_{10}$.

Fig. 614a. Gruppe von drei Sporangien. 14 ×. Beide nach Zeiller u. Renault 1888.

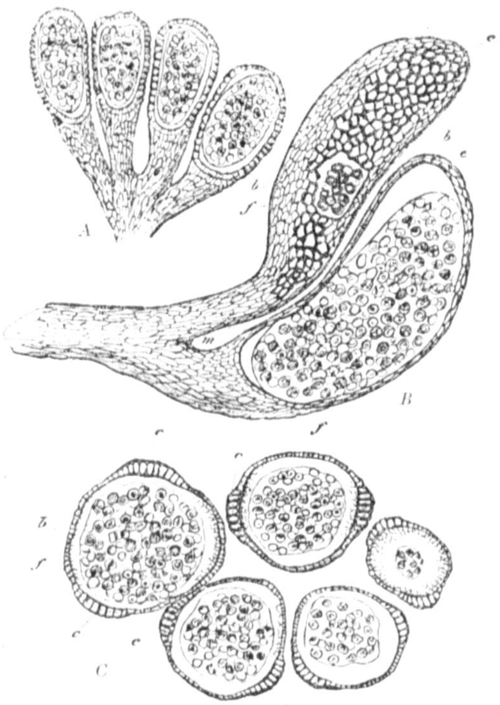

Fig. 615.

Etapteris Lacattei Renault. Rotliegendes von Autun.

Fig. 615. *A*: Gruppe von 4 Sporangien im Längsschliff. 9 ×. *B*: Zwei Sporangien: eines im Längsschliff; das andere in Seitenansicht, mit dem einen seiner beiden Annulusbänder (c), in der Mitte etwas tangential angeschliffen, so daß der Sporeninhalt (*f*) sichtbar ist. 18 ×. *C*: Gruppe von fünf Sporangien im Querschliff. 18 ×. *b*: Sporangienwand, c: Annulusband, *f*: Sporen. Nach Renault 1876 und Scott-Studies I. 1920.

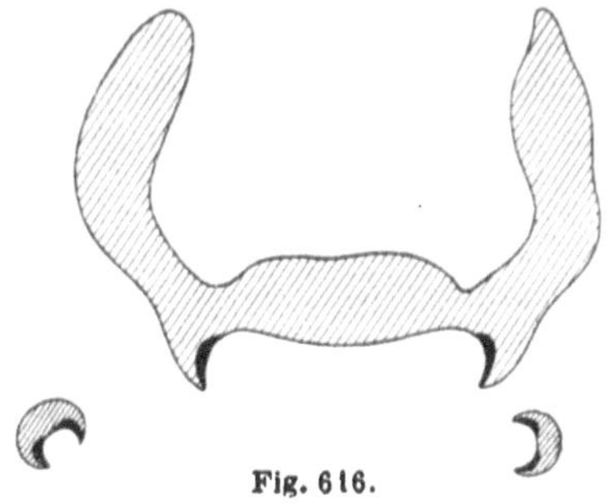

Fig. 616.

Etapteris Lacattei Renault. Rotliegendes von Autun.

Fig. 616. Schematischer Querschliff durch das Xylem eines Armes einer Fieder erster Ordnung, links und rechts, mit den Bündeln zweier aufeinanderfolgender Fiedern zweiter Ordnung. Nach P. Bertrand 1909.

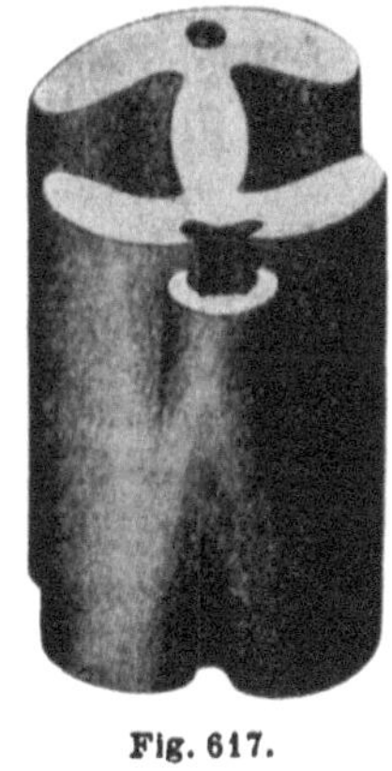

Fig. 617.

Fig. 617. Etapteris Bertrandi Scott aus dem Lower Coal Measures von England. Modell der Xylementwicklung des Rhachisbündels bei Abgabe des zu den zwei Armen einer Fieder erster Ordnung ziehenden Bündels. Nach Posthumus 1924.

E. Lacattei Renault (Fig. 613—616). Die Xylempartien der Gabelspindeln der Fiedern erster Ordnung haben bei dieser Art an der der Rhachis abgekehrten Seite zwei bandartige Vorsprünge (Fig. 616). Hinsichtlich der Offenheit der Flanken des Rhachisbündels gegen das Parenchym zu verhält sich E. Lacattei sowie E. diupsilon und E. shorensis prinzipiell wie E. Scotti.

Die Sporangien treten in Gruppen an den Fiederspindeln zweiter (und wo vorhanden dritter) Ordnung auf; die einzelnen Sporangien sind länglich, birn- oder eiförmig, 2½ mm lang und 1¼ mm im Durchmesser, mit kurzem dicken Stiel, der ein kleines protostelisches Leitbündel enthält; mit ihren Stielchen sind sie zu drei bis acht an der Basis verwachsen. Sporangienwand vielschichtig; die beiden Annulusbänder sind je sechs bis acht Zellen breit; ihre Zellen haben größeren Durchmesser und verdickte Radialwände. Die dazwischen befindlichen Wandpartien des Sporangiums bestehen aus kleinen ± isodiametrischen bis langgestreckten Zellen. Sporen zahlreich, von einheitlicher Größe (ca. 0,08 mm im Durchmesser), tetraedrisch. Vgl. auch das S. 506 bei der Gattungsdiagnose gesagte.

An den Spindeln letzter (zweiter) Ordnung der sterilen Wedel, bzw. Abschnitte die aphlebioiden Fiederblättchen von annähernd sphenopteridischer Form (Fig. 613, und 613 a u. b). Zwischen den Abgängen der Spindelarme der Fiedern erster Ordnung sind als eine Art Zwischenfiederung noch befiederte Spindelchen von der Art derer zweiter Ordnung abgegangen (vgl. Fig. 613, links unten).

Die Art ist auch in Abdrücken bekannt, die aus dem Rotliegenden von Commentry beschrieben sind. Indente bzw. nahverwandte Reste sind aus dem Oberen Oberkarbon der Loire unter dem Namen Schizopteris pinnata Grand' Eury für die sterilen Reste und Sch. frondosa Grand' Eury für die fertilen beschrieben, sowie aus den Lower Coal Measures von Missouri als Brittsia anomala D. White.

E. cornuta Zeiller spec. In Abdrücken bekannt; der vorigen sehr ähnlich, jedoch der Wedel nur einfach gefiedert; die Gabeläste der Fiedern erster Ordnung offenbar teilweise steril, teilweise fertil. Sterile Spindeln mit flächigem, tiefeingebuchtetem Randsaum, in dessen Zahnvorsprünge Seitennerven eingehen; an den fertilen Abschnitten die Sporangien in Gruppen zu 6—12, 2—3 mm lang; Annulusbänder 12—15 Zellreihen breit. — Möglicherweise gehören hiezu auch die als **Aphlebia Dessorti** Zeiller beschriebenen wedelartigen Bildungen mit flächigen Seitenfiedern, deren Rand vielfach zerschlitzt ist. Bekannt in gegen 10 cm langen Stücken; Fiedern ca. 4—5 cm lang und bis 2 cm breit — vom gleichen Fundort wie E. cornuta.

Literatur.

1. Betreffend strukturbietende Reste.

Renault, B., Etudes de quelques végétaux silifiés des environs d'Autun. Etude sur le tige de Zygopteris. Ann. Sc. nat. Bot. 5. sér. 12. 1869.

Williamson, W. C., On the Organisation of fossil Plants of the Coal Measures. Pt. X. S. 537, T. 21. Fig. 90—91. Phil. Transact. R. Soc. London. 1880.

Renault, B., Bassin houiller et permien d'Autun et d'Epinae: Flore fossile. Teil 2. S. 37—38 und 42—44. Paris 1896.

Bertrand, P., Etudes sur la fronde des Zygoptéridées. S. 140—152. Lille 1909.

Posthumus, O., Etapteris Bertrandi Scott, een nieuwe Etapteris van het Boven-Carboon van England, en zijne beteekenis voor de stelair-morphologie. Versl. K. Akad. Wetensch. Amsterdam 32. 1923.

2. Betreffend im Abdruck erhaltene Reste.

Grand'Eury, C., Flore carbonifère du Département de la Loire. S. 198—203. T. XVII. 1877.

Renault, B., und Zeiller, R., Flore fossile de Commentry. T. 32, Fig. 5—7. S. 76. St. Etiénne 1888.

White, D., Fossil flora of the Lower Coal Measures of Missouri. U. S. Geol. Survey Monogr. 37. S. 97. 1899.

Zeiller, R.. Bassin houiller et permien de Brive, Flore fossile. S. 51—56. Paris 1892.

Corynepteris Baily.

Die Gattung ist gegründet auf nur in fertilem Zustand bekannte Wedelreste von C. stellata Baily. Später haben Funde von Abdrücken der nahe verwandten C. coralloides Gutbier spec. ein klares Bild über den Aufbau des Wedels und seine Ausbildung in sterilem und fertilem Zustand gegeben.

C. corallioides Gutbier spec. Mittleres Oberkarbon von Europa (Fig. 618 und 620, g—h, 621, A—C). Wedel an dorsiventralem Rhizom getragen; drei- bis vierfach gefiedert. Fiedern erster Ordnung an der Rhachis alternierend zweizeilig gestellt, mit Gabelung unmittelbar nach ihrem Ursprung — also Wedel genau wie der der strukturbietend bekannten übrigen Etapteridaceae. Gabeläste der Fiedern erster Ordnung mindestens bis 20 cm, Spindeln zweiter Ordnung gegen 6 cm lang. Die beiden Gabelhälften der Fiedern erster Ordnung waren so gegeneinander gedreht, daß sie Rücken gegen Rücken lagen. An den sterilen Wedelabschnitten trugen die Spindeln dritter Ordnung sphenopteridische Fiederchen. Sowohl an der Wedelbasis als an den Abgängen der Fiederngabeln erster Ordnung Aphlebien; an den Fiedern zweiter Ordnung die basalste anadrome Fieder aphlebioid[1]). Fertile Wedel bzw. Wedelabschnitte dreifach gefiedert. An der Basis der Fiedern dritter (letzter) Ordnung über dem Mittelnerv die aus fünf bis sieben Sporangien bestehenden synangialen Sori; Sporangien mit breitem, über den Rand ihrer nach außen gekehrten Partie verkehrt U-förmig verlaufendem Annulus aus mehreren Reihen derbwandiger Zellen.

Die Fruktifikation ist deshalb besonders interessant, weil sich hier die Zusammenfassung einer kleinen Anzahl von Sporangien zu einem echten Synangium mit entsprechender Annulusplazierung, auch für die Etapteridaceae, durchgeführt findet — ein Prozeß der seine Vorstufen hat in einer Sporangienzusammenstellung wie sie Etapteris Lacattei und Diplolabis Roemeri hat.

C. corallioides Gutbier spec., var. **grypophylla** Goeppert pro spec. ist eine schmalspreitige Form.

C. stellata Baily. Mittleres Oberkarbon von Irland.

C. Essinghi Andrae spec. Mittleres Oberkarbon von Europa (Fig. 620, i—k).

C. Sternbergi Ettingshausen spec. Mittleres Oberkarbon von Nordfrankreich, England und Böhmen (Fig. 619) und **var. curta** Jongmans und Gothan, Oberes Unterkarbon von Holland.

C. erosa Andrae spec. Mittleres Oberkarbon von Sachsen.

Hieher möglicherweise noch Pecopteris [C. ?) similis Sternberg.

Literatur.

Baily, W. H., On Corynepteris, a new generic form of fossil fern. Journal Geol. Soc. Dublin. Bd. VIII. 1860.

Andrae, C. J., Vorweltliche Pflanzen II. S. 20ff. Bonn 1865—69.

Zeiller, R., Fructifications de fougères houillers. Ann. Sciences. Nat. 6. Sér. Bd. 16. 1883.

Zeiller, R., Flore fossile du bassin houiller de Valenciennes. S. 41—46 und S. 117 bis 130. Paris 1886—1888.

Bertrand, P., Relation des empreintes de Corynepteris avec les Zygopteris à structure conservée. Comptes Rendus 158. 1914.

Kidston, R., Fossil Plants of the Carboniferous Rocks of Great Britain. Pt. 4. S. 296—305. Mem. of the Geolog. Survey of Great Britain. Palaeontology Vol. II. London 1923—1925.

[1]) Vergl. S. 574.

Fig. 618.

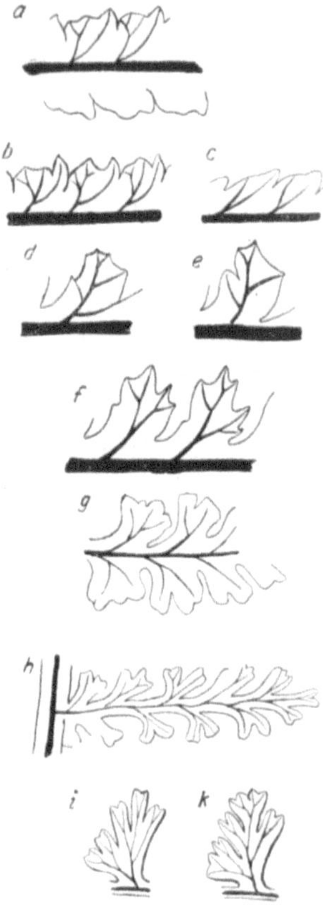

Fig. 620.

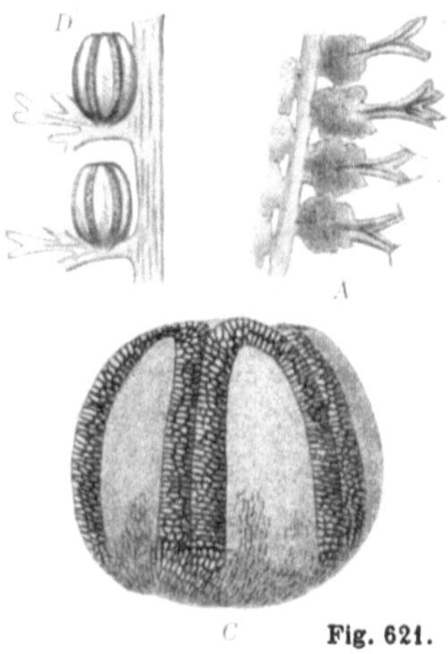

Fig. 621.

Fig. 619.

Fig. 618. Corynepteris coralloides Gutbier spec. aus dem mittleren Oberkarbon von Belgien. Wedelrhachis mit Befiederung; von den je in einem Paar vorhandenen Fiederspindeln erster Ordnung ist stets nur eine zu sehen. ¹⁰/₁₀. Nach Renier 1910.

Fig. 619. Corynepteris Sternbergi Ettingshausen spec. aus dem mittleren Oberkarbon von Belgien. Sterile Wedelpartie. ¹⁰/₁₀. Nach Renier 1910.

Fig. 620. Einzelbilder der Befiederung der Spindeln letzter Ordnung.
a—c. Alloiopteris radstockensis Kidston. Oberster Teil des mittleren Oberkarbon von Großbritannien. 2½ ×.
d—f. Corynepteris Sternbergi Ettingsh. spec. Mittleres Oberkarbon. 4 ×.
g—h. Corynepteris coralloides Gutbier spec. Mittleres Oberkarbon. 7½ u. 4¼ ×.
i—k. Corynepteris Essinghi Andrae spec. Mittleres Karbon. 3 ×.
a—e, *g* und *h*: nach Kidston 1923/25. *f*: nach Gothan 1923; *i* und *k*: nach Zeiller 1886.

Fig. 621. *A—C*: Corynepteris coralloides Gutbier spec. *A* und *B*: Teilstücke einer Fieder vorletzter Ordnung, von unten *(A)* und von oben *(B)* gesehen; an den Fiederchen letzter Ordnung je ein Synangium; in *C*: dieses vergrößert. — 5 bezw. 27 ×.
D: Corynepteris Essinghi Andrae spec. Zwei fertile Fiederchen letzter Ordnung mit je einem Synangium. 4 ×. Nach Zeiller 1883 und Bower 1926.

Alloiopteris H. Potonié.

Eine provisorische Gattung, die Wedel und Wedelabschnitte umfaßt, die nur steril bekannt sind, morphologisch aber den sterilen Wedelteilen der oben genannten Arten von Corynepteris sehr nahestehen; genannt seien:

A. (Trichomanites) Goepperti Ettingshausens pec. Kulm-Dachschiefer von Niederschlesien.

A. quercifolia Goeppert spec. Unteres Oberkarbon von Nieder- und Oberschlesien.

A. Radstockensis Kidston. Oberster Teil des Mittleren Oberkarbon von England (Fig. 620, a—c).

A. serrula Lesquereux spec. Oberkarbon von Pennsylvanien und England.

A. secreta Gothan, **A. magnifica** Gothan, **A. pecopteroides** Gothan und **A. Junghanni** Gothan, sämtliche aus dem Mittleren Oberkarbon von Oberschlesien.

Literatur.

Potonié, H., Lehrbuch der Pflanzenpalaeontologie. 1. Aufl. S. 138. Berlin 1899.

Gothan, W., Die oberschlesische Steinkohlenflora I. S. 103—118. Abh. K. Preuß. geolog. Landes-Anst. N. F. Heft 75. Berlin 1913.

Kidston, R., Fossil Plants of the Carboniferous Rocks of Great Britain. Pt. 4. S. 305—310. Mém. of the Geolog. Survey of Great Britain. Palaeontology. Vol. II. London 1923—1925.

Vielleicht gehört in den Verwandtschaftskreis der Etapteridaceae auch

Gymnoneuropteris Pia.

G. carinthiaca Pia. Oberes Unterkarbon von Kärnten (Fig. 622). Bekannt in einem über 11 cm langen, doppelt gefiederten Wedelrest. Die Fiedernspindeln links und rechts der Hauptspindel deuten, da sie sämtlich leicht nach abwärts gebogen sind, darauf hin, daß diese der (ursprünglich ± vertikal aufgerichteten) Wedelrhachis entspricht. Was die Fiedernspindeln erster Ordnung betrifft, so hat es den Anschein, als ob sie paarweise von der Rhachis entsprängen (vgl. besonders bei den in der Fig. 622 mit *x* bezeichneten Fiedernspindeln). An den Fiedernspindeln erster Ordnung in zweizeiliger Anordnung,

Fig. 622. Gymnoneuropteris carinthiaca Pia. Oberes Unterkarbon von Kärnten. ¹⁰/₁₀ nat. Gr. Nach Pia 1924.

die Spindeln zweiter Ordnung ohne Blattflächenentwicklung. Rhachis und Spindeln erster Ordnung dicht mit Haaren besetzt.

Oberes Unterkarbon von Kärnten.

Literatur.

Pia, J., Über einen Landpflanzenrest aus den Nötschener Schichten. Sitzungsber. Akad. Wiss. Wien, math.-nat.-wiss. Kl. Abt. I. B. 133. 10. 1924.

Cephalotheca Nathorst.

C. mirabilis Nathorst. Oberdevon der Bäreninsel und der Loire (Fig. 623 und 624). Stamm nicht bekannt. Wedel einige Dezimeter

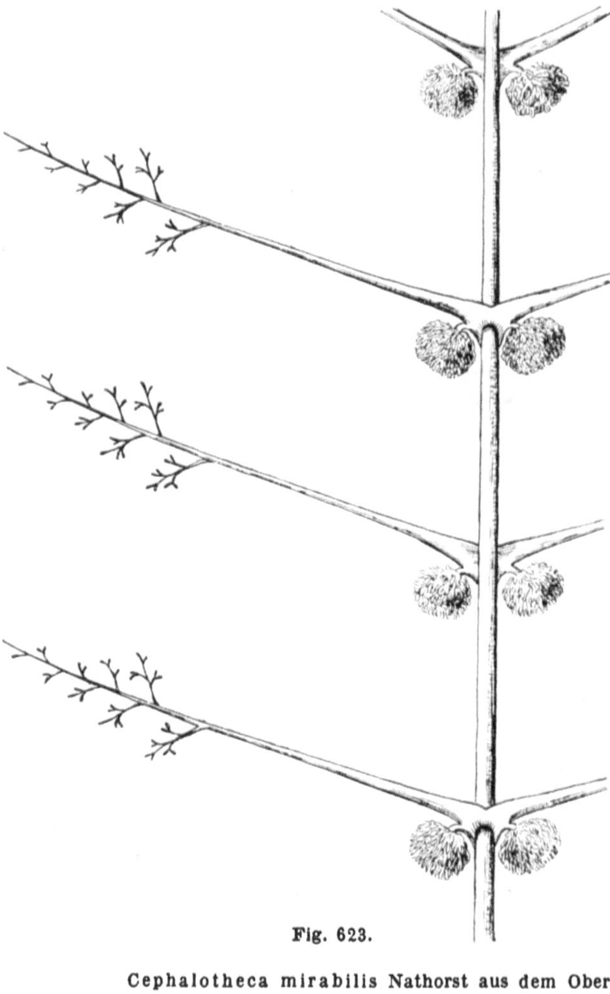

Fig. 623.

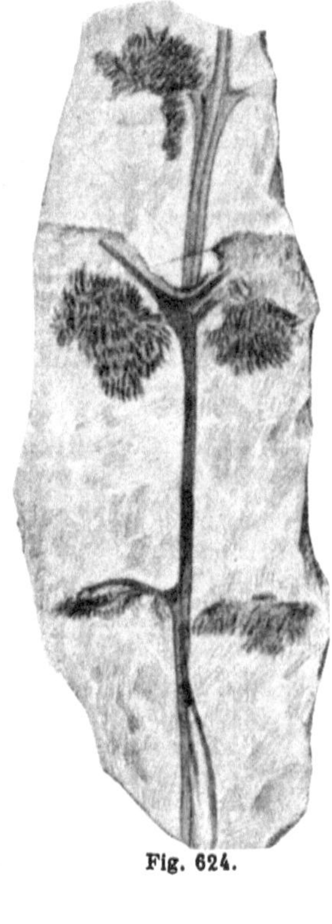

Fig. 624.

Cephalotheca mirabilis Nathorst aus dem Oberdevon der Bäreninsel.

Fig. 623. Schematische Darstellung der Wedelverzweigung und Sporangientragung. Ca. $^{3}/_{5}$ nat. Gr. Original.

Fig. 624. Partie der Wedelrhachis mit drei Sporangien tragenden Basalpartien der Fiedern erster Ordnung. $^{9}/_{10}$ ×. Nach Nathorst 1902.

lang; an der Rhachis in alternierend zweizeiliger Anordnung die Fiedern erster Ordnung, die sofort nach ihrem Ursprung in zwei in sehr stumpfen Winkel (von ca. 150°) auseinander gehende Arme gegabelt sind. Diese Gabelarme waren im unteren Teil des Wedels steril, im oberen fertil. In letzterem Fall besaßen sie gleich über der Stelle, wo die beiden Arme sich trennen, je einen katadromen kurzen Seitenast, dessen durch mehrfach kurz hintereinander erfolgende Gabelung erzeugte Äste eine große Anzahl büschelförmiger Sporangien trugen. Außerdem sind sowohl im sterilen wie fertilen Teil des Wedels die Gabelarme der Fiedern erster Ordnung' in ihrem oberen Teil (etwa gegen 7 cm über ihrer Ursprungsstelle) noch locker verzweigt; die in weiteren Abständen (½—1 cm) alternierend zweizeilig angeordneten Fiederspindelchen zweiter Ordnung sind an ihrer Spitze ein- bis zweimal gegabelt unter einer andeutungsweise spreitenhaften Entwicklung der Endpartien. Die Sporangien sind von länglich-spitzer Form, ohne Annulus.

C. affinis Nathorst und **C. major** Nathorst. Beide gleichfalls aus dem Oberdevon der Bäreninsel.

Literatur.

Nathorst, A. G., Zur oberdevonischen Flora der Bäreninsel. K. Svenska Vetenskaps. Akad. Handlg. 36. S. 15—17. 1902.

Bureau, E., Flores foss. Bassin de la Basse Loire. S. 22—26. Paris 1914.

An die Möglichkeit einer Verwandtschaft mit Cephalotheca ist nach Nathorst (l. c.) zu denken bei

Rhacophytum Crépin.

Rh. condrusorum Crépin. Oberdevon von Belgien; Psammites du Condroz

Literatur.

Crépin, F., Description de quelques plantes fossiles de l'étage des Psammites du Condroz (hier als Psilophyton condr.). Bull. Acad. R. Belgique. 2. sér., Bd. 38. 1874.

Gilkinet, A., Sur quelques plantes foss. de l'étage des Psammites du Condroz. Ibid. 2. ser., Bd. 39. 1875.

Crépin, F., Observations sur quelques plantes foss. des dépôts dévoniens etc. Bull. Soc. R. de Botanique de Belgique. Bd. 14. 1875.

3. Clepsydraceae.

Farne mit schraubig gestellten Wedeln, die bei den nicht kletternden Formen dicht gedrängt, bei den kletternden in weiteren Abständen stehen. Stammstele stellat-protostelisch. Spindeln der Wedelfiedern erster Ordnung an der Basis nicht gegabelt. Wedelrhachisbündel im Querschnitt von annähernd ovaler bis mehr minder H-förmiger Gestalt, mit je einem nahe den beiden Bündelflanken (konform mit deren Ausdehnung mehr minder groß) entwickelten Parenchymzug, der aber — im Gegensatz zu den Verhältnissen bei den Etapteridaceae — bei Abgang der Bündel der Fiedern erster Ordnung nie mit dem Parenchym der Rinde kommuniziert.

Die Angehörigen der Familie finden sich von Grenzschichten zwischen Oberdevon und Unterkarbon bis zum Rotliegenden.

Clepsydropsis Unger.

Die Gattung ist ausgezeichnet durch einen sehr einfachen Bau des Rhachisleitbündels, hat aber eine annähernd ebenso komplizierte Anatomie der Stammstele wie sie die beiden folgenden Gattungen der Familie besitzen. Bekannt sind:

C. australis Osborne. Grenzschichten zwischen Oberdevon und Unterkarbon von Australien (Barbara in Neu-Südwales und Mount Tangorin). Stamm aufrecht, einschließlich der Blattstielbasen der dicht gedrängten, schraubig gestellten Wedel von beträchtlichem Durchmesser (bis gegen 11 cm); unverzweigt. Stammstele (nur von dem Stück von Barbara bekannt) im Querschnitt fünfstrahlig sternförmig, mit breit abgestumpften Armvorsprüngen. Im Zentrum Mark und Tracheiden gemischt, im ganzen der Sternform des Xylems folgend. Blattspurstränge wie bei Ankyropteris an den Sternarmen der Stele entspringend. Xylem im Querschnitt im wesentlichen von elliptischer Form, mit Eindellungen in der Mitte der breiteren Flanken, so daß das Bild einer Sanduhr (daher der Gattungsname) entsteht. Nahe den schmalen Flanken ziehen zwei im Querschnitt länglicheiförmige Parenchymzüge, um die englumigere Tracheiden (Protoxylem?) ringsum verteilt sind. Die Abgabe der Bündel für die Spindeln der Fiedern erster Ordnung des doppelt gefiederten Wedels erfolgt, wie die Fig. 626 zeigt, durch Erweiterung der dem Parenchymzug

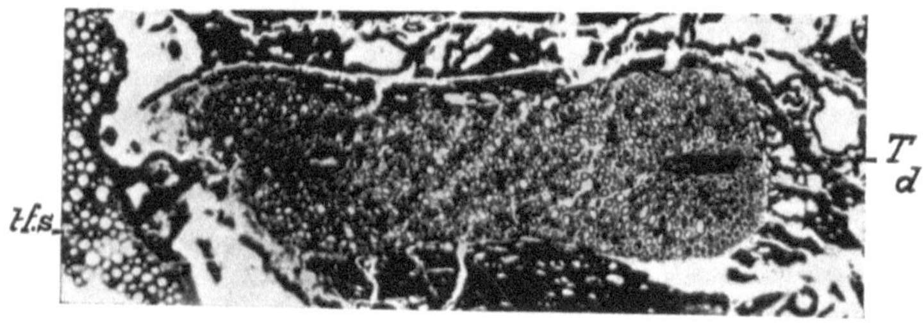

Fig. 625.

Clepsydropsis antiqua Unger aus dem Unterkarbon von Saalfeld in Thüringen.

Fig. 625. Querschliff durch ein Rhachisbündel während seines Verlaufes in der Rinde (*tfs*) des Stammes; bei *Td* einer der beiden Parenchymzüge des Bündels. 17 ×. Nach P. Bertrand 1909.

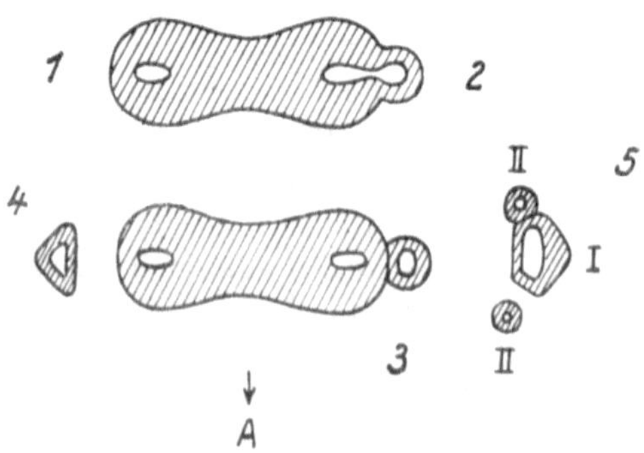

Fig. 626.

Fig. 626. *1* bis *3*: Schema der Veränderung des Querschnitts des Rhachisbündels bei Abgang des Bündels einer Fieder erster Ordnung; *3* bis *5*: Veränderung des Querschnittsbildes eines Bündels einer Fieder erster Ordnung von seinem Ursprung an der Rhachis bis zu der Stelle, wo die Innervierung der Fiedern zweiter Ordnung beginnt. Ca. 6½ ×. Nach P. Bertrand 1909, Sahni 1909 und Original.

nahegelegenen Partie und Abschnürung eines im Querschnitt zunächst kreisförmigen Bündels mit etwas Mark im Zentrum. Später erhält das Bündel mehr dreieckigen Umriß mit breiterem Xylemteil an der abaxialen Seite. Beobachtet sind noch Bündelchen für die Fiedern zweiter Ordnung. Aphlebien an den Abgangsstellen der Fiedernspindeln. Ob eine Blattlamina entwickelt war, ist unbekannt. Wurzeln zwischen den Wedelstielbasen am Stamm entspringend; diarch.

C. antiqua Unger. Kulm von Saalfeld, Thüringen (Fig. 625 und 626). Hievon sind nur Blattstiele und Wedelteile bekannt; sie stimmen anatomisch mit denen von C. australis überein.

Unsicher ist die Zugehörigkeit zur Gattung bei

C. kirgisica Stenzel, aus dem Unterkarbon der Kirgisensteppe, und

C. Ludwigii (Schenk) Sahni. Ebendaher.

Literatur.

Unger, F., und Richter, R., Beitrag zur Palaeontologie des Thüringer Waldes. Denkschr. Akad. Wiss. Wien. Bd. 11. 1856.

Stenzel, G., Die Gattung Tubicaulis. Bibliotheca Bot. 12. Heft, S. 20—22. 1889.

Solms-Laubach, H. Graf zu, Über die seinerzeit von Unger beschriebenen Pflanzenreste des Unterkulm von Saalfeld in Thüringen. Abh. K. preuß. geolog. Landes-Anst. N. F. Heft 23, T. 23ff. Berlin 1896.

Bertrand, P., Etude sur la fronde des Zygoptéridées. S. 127ff. Lille 1909.

Osborne, E. M., Preliminary Observations on an Australian Zygopteris. British Association Report 1915.

Sahni, B., On an Australian specimen of Clepsydropsis. Ann. of Bot. Bd. 33. 1919.

Der vorhergehenden Gattung nahe steht:

Protoclepsydropsis nov. gen.

Pr. (Zygopteris) Kidstoni P. Bertrand spec. Calciferous Sandstone Series von Schottland (Langton Burn, Berwickshire). Nur das schmächtige Stämmchen bekannt; Stele im Querschnitt stellat, wie bei Clepsydropsis, aber mit solidem Xylem. Lediglich an den Spitzen der Sternarme, von denen auch hier die Blattspurstränge entspringen, je ein schmaler im Querschnitt kreisrunder Parenchymzug. Blattstielanatomie und Übriges unbekannt.

Literatur.

Bertrand, P., Structure des Stipes d'Asterochlaena laxa Stenzel. Mém. de la Soc. Géolog. du Nord VII. 1. S. 55. Lille 1911.

Ankyropteris (Stenzel) P. Bertrand.

Kletterfarne. Stamm bis $2^{1}/_{4}$ cm im Durchmesser. Wedel in größeren Abständen voneinander und in schraubiger Anordnung, oder in fünfzähligen Quirlen.

Sporangien birnförmig, mit breitem mehrzellreihigem Annulus; an den Fiederspindeln letzter Ordnung.

Die Verzweigung der Sprosse erfolgt bei der Mehrzahl der Arten monopodial und aus der Achsel der Blätter[1]; bei A. corrugata dagegen ist die Verzweigung noch eine strenggabelige, jeweils über der Abgangsstelle eines Blattwedels. Stamm (wenigstens bei A. scandens) ge-

[1] Es ist aber klar, daß man eine derartige axilläre Verzweigung sehr wohl als abgeleitet auffassen kann, von einer gabeligen, bei der, wie bei A. corrugata, bereits räumliche Beziehungen zwischen Gabelung und Wedelabgang bestehen.

legentlich noch an Stämmen von Psaronius ansitzend oder innerhalb dessen Wurzelmantel und von diesem mehr oder weniger eingehüllt gefunden, so daß an der kletternden Lebensweise dieser Farne kein Zweifel bestehen kann

Blattstiele meist nicht viel dünner als der sie tragende Sproß. Wedel mehrfach gefiedert. Fiedern erster Ordnung an der Basis nicht gegabelt. Sowohl beim Abgang der Fiedernspindel erster Ordnung von der Rhachis als der Spindeln der Fiedern zweiter Ordnung von denen erster Ordnung links und rechts je eine Aphlebie. Wedel wohl ohne Laminaentwicklung der Fiedern letzter Ordnung.

Was die Fruktifikation der Gattung betrifft, so sind bislang bei keiner Art Sporangien in organischem Zusammenhang gefunden worden. Wohl aber finden sich nach Scott (Studies I, S. 327) allgemein vergesellschaftet mit den Resten von A. westfaliensis und A. corrugata birnförmige Sporangien mit einem sehr breiten und ausgedehnt entwickelten Annulus, bezüglich deren Zugehörigkeit zu den genannten Arten nach Scott nicht viel Zweifel bestehen kann.

Bekannt sind folgende Arten:

A. Grayi Williamson spec. Lower Coal Measures von England.

A. scandens Stenzel spec. Rotliegendes von Chemnitz (Sachsen).

A. westfaliensis P. Bertrand. Lower Coal Measures von England und Mittleres Oberkarbon von Westfalen und Belgien.

A. bibractensis Renault spec. Rotliegendes von Autun.

A. Williamsoni P. Bertrand. Lower Coal Measures von England.

A. corrugata Williamson spec. Lower Coal Measures von England u. Belgien.

A. Brongniarti Renault spec. Rotliegendes von Autun.

A. Grayi Williamson spec. (Fig. 627—636) Stamm, monopodial aus der Achsel der Wedel verzweigt (Fig. 627—629), bis 2¼ cm im Durchmesser. Wedel am Stamm in schraubiger Anordnung und in weiten Abständen, nicht viel weniger stark als dieser selbst. Stammstele (Fig. 630 bis 632) im wesentlichen fünfstrahlig. Das Stelenxylem besteht aus einer äußeren Zone von weiten Treppentracheiden, die im Querschnitt einen in 5 Armen vorspringenden Kranz bilden, und einer inneren Zone aus weniger weiten Treppentracheiden, die in jeden der fünf Arme des Außenxylems einen Fortsatz aus englumigen Tracheiden sendet. Zwischen diesen beiden Xylempartien befindet sich Parenchym, das, im wesentlichen der Kontur des Innenxylems folgend, noch etwas in die fünf Sternarme der Stele eindringt. Die Größe dieser Sternarme, von denen die Wedelleitbündel ihren Ursprung nehmen[1]), hängt davon ab,

[1]) Wenn Scott meint, daß die Fünfzahl der Strahlen der Sproßstele und der Umstand, daß die Größe der Strahlen nach 2/5 ab- oder zunehmen, ein Beweis sei dafür, daß die Blätter gleichfalls nach der Divergenz 2/5 gestellt seien, so ist das ein Irrtum. Die Wedel können auch hier sehr wohl, wie das bei den Farnen mit schraubiger Organstellung auch sonst allgemein der Fall ist (und was an anderer Stelle weiter auszuführen sein wird), der Limitdivergenz von 137° 30′ 28″ gefolgt sein und ihre Bündel nur an der fünfkantigen Stele den entsprechenden Anschluß gefunden haben. Es ist übrigens überhaupt nicht festgestellt, ob der Zug jeden Stern-

inwieweit gerade ein Bündel abgegangen ist oder abgehen wird; demgemäß sind auf dem Querschnitt durch die Stele stets je fünf verschieden weite Vorsprünge zu sehen. Unklar ist die Lage bzw. Ausdehnung des Protoxylems, doch liegt am nächsten zu denken, daß die vom zentralen Xylem aus in die peripheren Arme eindringenden engen und zum Teil zerdrückten Elemente protoxylematischer Natur sind. Jedenfalls sind sie in den Sternarmen bis nahe an den Außenrand zu verfolgen, nehmen größere Ausdehnung vor Abgang eines Blattspurbündels an und treten auch in dieses ein.

Phloëm umgibt mantelförmig die Xylemsäule, den durch die Vorsprünge bedingten Kannellierungen folgend; zwischen englumigem Siebparenchym sind ein bis zwei Reihen weitlumiger Siebröhren. An das Phloëm schließt zartwandiges Parenchym an, das die Buchten der Stele ausfüllt und als breiterer Mantel auch noch über die Arme übergreift. Die Außenrinde bilden dickwandige Zellen; die Epidermis ist mit vielzelligen Haaren reichlich bedeckt, außerdem ist die Stammoberfläche besetzt mit zahlreichen dicklicheren schuppenblattähnlichen Aphlebien. Diese sind mit je einem kleinen protostelischen Bündel versehen, das seinen Ursprung an einer der vorspringenden Stelenkanten je nach der Stellung der Aphlebie nimmt (Fig. 630). Beim Eintritt in sie teilt sich das Bündelchen in zwei bis vier Arme. Die Aphlebien sind übrigens nicht auf den Sproß beschränkt, sondern finden sich auch noch links und rechts an der Basis der Wedelstiele (Fig. 628). Am ganzen Stamm entspringen zahlreiche diarche Wurzeln.

Was die Anatomie des Wedels betrifft, so erfolgt der Abgang der Blattspurbündel von der Stele durch Abschnürung der periphersten Partie eines Stelenarmes. Gleich beim Abgang von der Stele zeigt das hier im Querschnitt kurz ovale Blattspurbündel eine einzige median und zentral gelegene Protoxylemgruppe, die mit dem Protoxylem des das Bündel abgebenden Stelenarmes in Verbindung steht. Später wird das Bündel im Querschnitt ungefähr dreieckig mit seiner breitesten Seite der Stammstele abgekehrt und enthält dann, von Metaxylem umschlossen, drei mit etwas Parenchym gemischte Protoxylemgruppen: eine zentral-mediane (*Xi* in Fig. 633) und zwei (*Xe* in Fig. 633)

---

armvorsprunges der Stele mit der Stelenachse parallel ging oder, was wahrscheinlicher ist, entsprechend der vermutlichen Stellung der Wedel nach der Limitdivergenz ein schraubiger war. Analoges findet sich mutatis mutandis auch bei manchen Kakteen, z. B. Echinocactus ornatus und E. myriostigma, wenn sie fünfkantig sind. Auch hier folgt die primäre Organanlage der Limitdivergenz; die einzelnen an Stelle der Blätter vorhandenen Stachelpolster sind aber auf die fünf Kanten beschränkt, wobei die so naturgemäß entstehende Spannung zwischen ursprünglicher Organstellung und der sekundär durch die Aufreihung auf die Kanten erzwungenen mehr minder ausgeglichen wird, indem die Kanten ihrerseits in einer Schraubenlinie am Sproß verlaufen, die mit der primären Divergenz der Organanlage konform geht; worüber gleichfalls in einer anderen Abhandlung ausführlicher zu berichten sein wird.

nahe den beiden seitlichen Ecken des Dreiecks, die sich dann bald weiter in je zwei aufteilen.

Soweit handelt es sich bei dem beschriebenen Bündel um ein komplexes, das in sich das eigentliche Wedelbündel und die Stele des in der Achsel des Blattwedels entspringenden Seitensprosses enthält. Bei der folgenden Trennung (Fig. 634 u. 635) löst sich von dem eigentlichen Blattbündel der zunächst noch protostelische Stelenzug des Achselsprosses, der dann aber bald stellate Form, ebenso wie sie die Muttersproßstele zeigt, annimmt. Das eigentliche Blattspurbündel hat zunächst nahe der Rhachisbasis im Querschnitt die Form wie sie Fig. 635 wiedergibt: ein Querbalken mit nur wenig vorspringenden quergestellten Seitenpartien. Weiter oben in der Rhachis nahe den Stellen des Abgangs der die Fiedern erster Ordnung innervierenden Bündel nimmt es aber dann sehr ausgeprägt die Form eines H an (Fig. 636).

Wedelverzweigung und Fruktifikation unbekannt.

A. scandens Stenzel spec. Mittleres Rotliegendes von Chemnitz ist, soweit bekannt, der vorigen Art sehr ähnlich.

A. westfaliensis P. Bertrand (Fig. 637—639). Bei dieser Art, deren Sproß unbekannt ist, sind die Wedelverhältnisse selbst gut aufgeklärt. Die bereits bei A. Grayi im Querschnitt ausgeprägte H-Form des Rhachisbündels ist hier ebenfalls vorhanden; die stark verlängerten Längsbalken aber konvergieren mit ihren ad- und abaxialen Polen zu einander so, daß das Bild eines Doppelankers (daher der Name der Gattung) entsteht (Fig. 637). Querbalken und Innenseiten der gebogenen Längsarme bestehen aus weitlumigen, die Außenseiten der Längsarme aus englumigen Treppentracheiden (Fig. 639); zwischen beiden dünnwandiges Parenchym. Protoxylem ist an den vier Buchten, wo die Außen- und Innenplatten der Längsarme aneinander treffen. Im übrigen ist das Bündel konzentrisch gebaut mit einem Phloëmmantel rings um das Xylem. Rinde differenziert in eine innere Zone aus kurzzelligem Parenchym und eine äußere aus englumigem Sklerenchym. Oberfläche der Rhachis mit kräftigen Dornfortsätzen besetzt.

Was die Versorgung der alternierend zweizeilig gestellten Fiedern erster Ordnung betrifft, so nehmen die in sie eintretenden Bündel jeweils ihren Ursprung an dem längeren Teil des Längsbalkens des Rachisbündels. Zunächst hat das Fiedernbündel die Form einer plattgedrückten Röhre mit annähernd gleich starken Wänden und Parenchym im Innern (Fig. 638 *A*); weiter oben verstärkt sich die Dicke der Außenwand beträchtlich, indem weitere Tracheiden hinzutreten (Fig. 638 *B*). Schließlich (Fig. 638 *C* und auch Fig. 637 links) verschmelzen Außen- und Innenwand in der Mitte und nur zwei schmale Parenchymzüge bleiben noch übrig, in denen zunächst nahe dem Rande, später gegen die breitere Wand des Bündelxylems zu, je eine Protoxylemgruppe liegt. Eine Öffnung des Parenchyms des Rhachisbündels bei der Abgabe der Bündel der Fiedern erster Ordnung findet nicht statt.

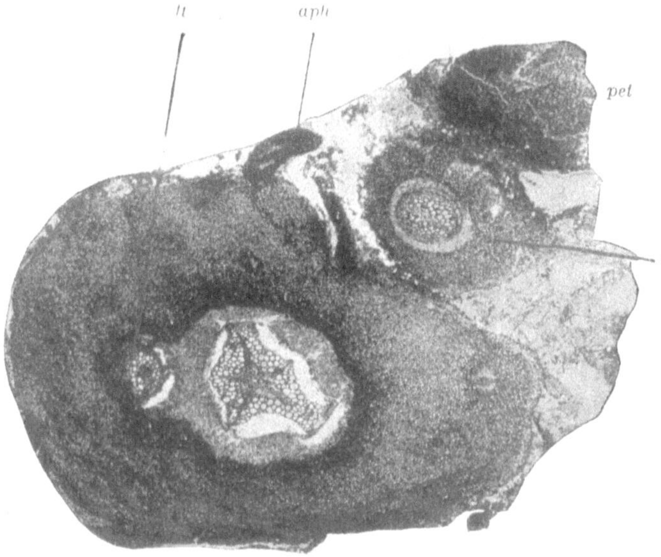

Fig. 627.

Ankyropteris Grayi Williamson aus den Lower Coal Measures von England.

Fig. 627. Querschliff durch ein Stämmchen mit einem Teil einer Wedelrhachis (*pet*) und deren Achselsproß (*ax*); bei *lt*: Blattspurbündel des nächst jüngeren Wedels; *sl*: eine der Aphlebien, die ringsum den Sproß bekleiden. Ca. 4 ×. Aus: Scott Studies I. 1920.

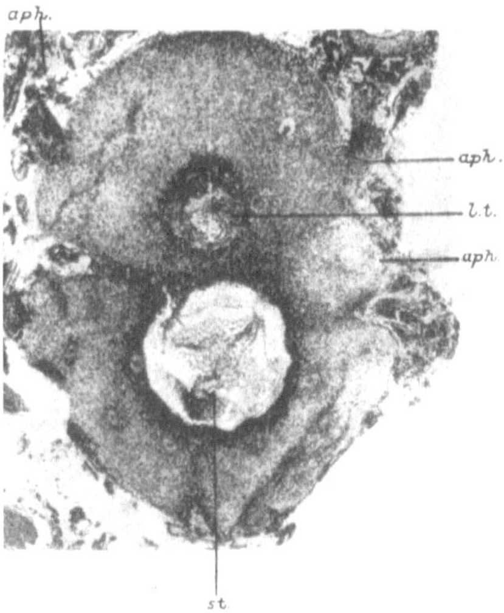

Fig. 628.

Fig. 628. Querschliff durch ein Stämmchen unmittelbar nach Abgang eines Wedels. Blattspurstrang (*lt*) noch komplex, d. h. auch noch die Stele des Achselsprosses enthaltend. Außerhalb der Stammstele (*st*) mehrere Aphlebienstränge ringsum sichtbar. Zwei Aphlebien (*aph*) links und rechts der Ursprungsstelle der Wedelrhachis, weitere noch an dieser selbst. Ca. 3 ×. Nach Scott 1912.

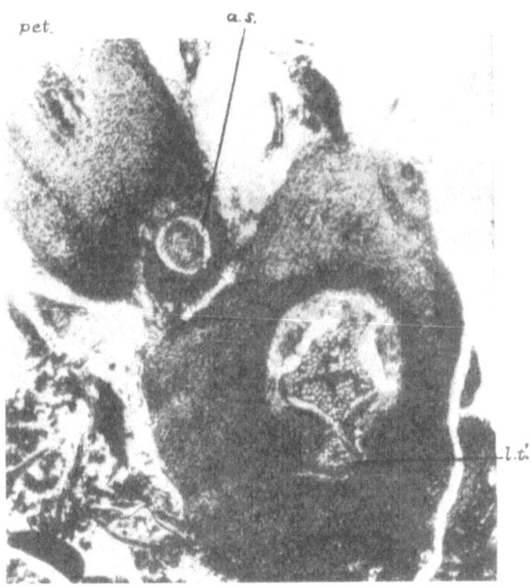

Fig. 629.

Fig. 629. Querschliff durch ein Stämmchen mit Wedelrhachis (*pet*) und zugehörigem Achselsproß (*as*). Hier besonders gut dessen axillarer Ursprung, sowie die im Verhältnis zum Sproßdurchmesser große Dicke der Wedelrhachis zu erkennen. *lt'*: der von der Stele abgehende nächst jüngere Blattspurstrang. Ca. 3 ×. Nach Scott 1912.

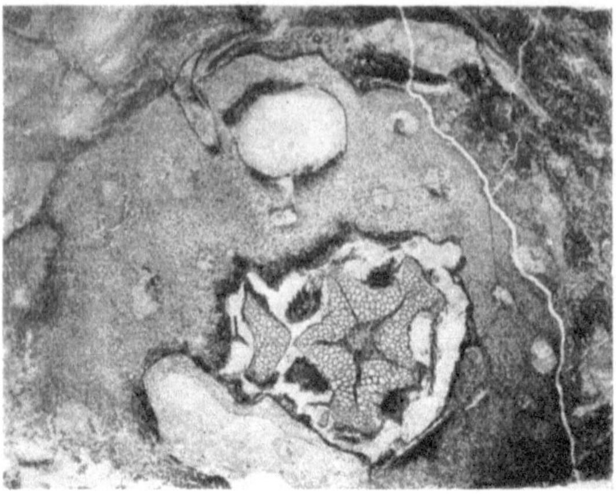

Ankyropteris Grayi Williamson aus den Lower Coal Measures von England.

Fig. 630. Partie eines Querschliffs durch das Stämmchen mit seiner fünfstrahlig-stellaten Stele. Links: ein noch komplexes Blattspurbündel unmittelbar nach seinem Ursprung von der Stele; in der Rinde zahlreiche Aphlebienbündel. Ca. 4 ×. Nach Scott 1912.

Fig. 630.

Fig. 631. Querschliff durch die Stele; *1* bis *5*: deren fünf Strahlenarme. 7 ½ ×. Nach Scott 1912.

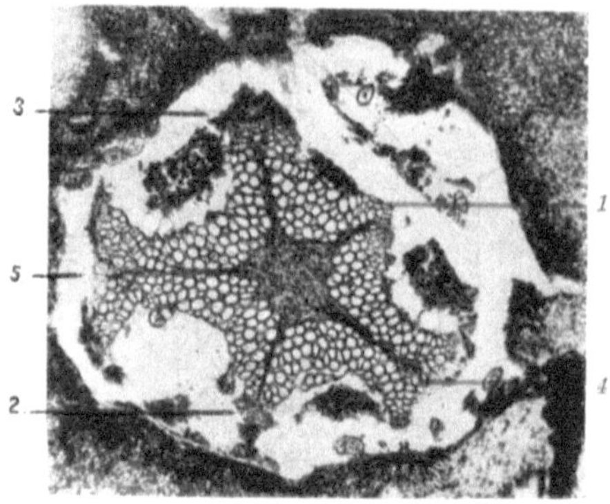

Fig. 631.

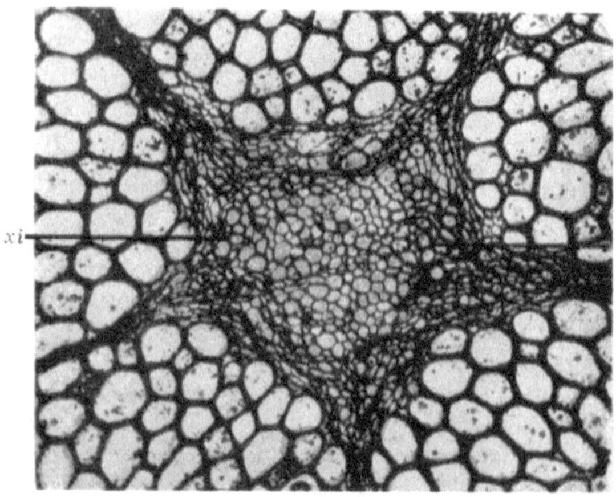

Fig. 632. Querschliff durch die zentrale Partie der Stele. *xi*: deren inneres Xylem an dieses anschließend Parenchym und die zerquetschten protoxylematischen Elemente, die als fünf Strahlen in das periphere Metaxylem aus weitlumigen Tracheiden (ringsum außen) eindringen. 27 ×. Nach Scott 1912.

Fig. 632.

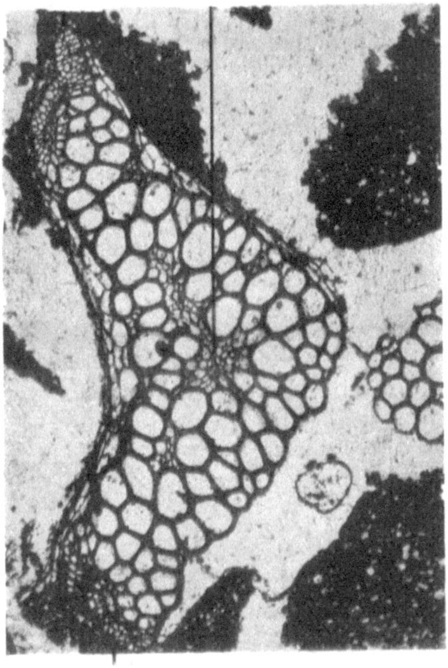

Fig. 633.

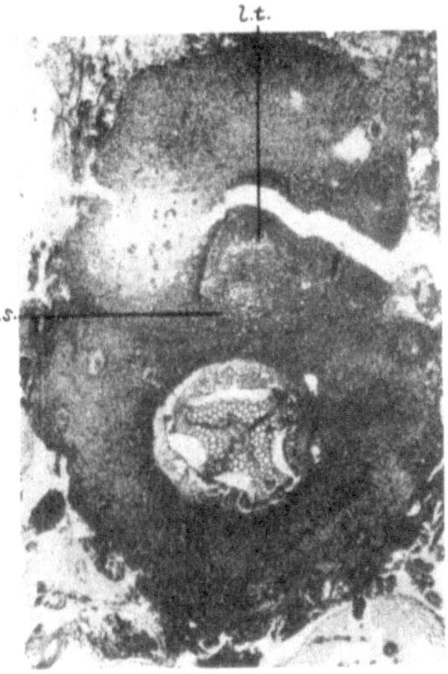

Fig. 634.

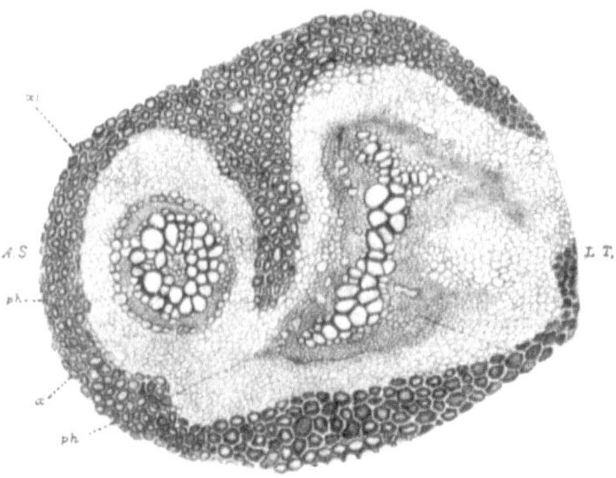

Fig. 635.

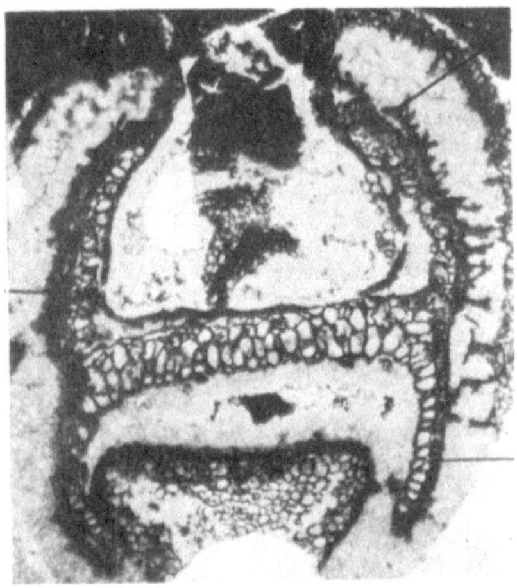

Fig. 636.

Ankyropteris Grayi Williamson spec. aus den Lower Coal Measures von England.

Fig. 633. Querschliff durch das Blattspurbündel (der Fig. 630 links) vor Ausscheidung der Achselsproßstele. x_i: median-zentrales Protoxylem, der zukünftigen Achselsproßstele zugehörig; x_e: die zwei Gruppen lateralen Protoxylems, die dem eigentlichen Rhachisbündel verbleiben. Ca. 27 ×. Nach Scott 1912.

Fig. 634/635. Rhachisbündel (*lt*) nach Abgang der Stele des Achselsprosses (*as*).

Fig. 634. Gesamtansicht eines Querschliffs, wo Rhachis und Achselsproß in diesbezüglichem Stadium getroffen sind. Ca. 3 ×. Nach Scott 1912.

Fig. 635. Detailbild: x_i und x: inneres und peripheres Xylem des Achselsprosses (*AS*); *ph*: Phloëm: *LT*: eigentliches Rhachisbündel. Ca. 14 ×. Nach Scott 1912.

Fig. 636. Querschliff durch ein Rhachisbündel in der endgültigen Fassung; nahe den Enden der Seitenarme oben und unten je eine Protoxylemgruppe. Zwischen den (inneren) weiteren und den (äußeren) engeren Tracheiden des Xylems der Seitenarme das (hier zerquetschte) Parenchym. 13 ×. Nach Scott 1912.

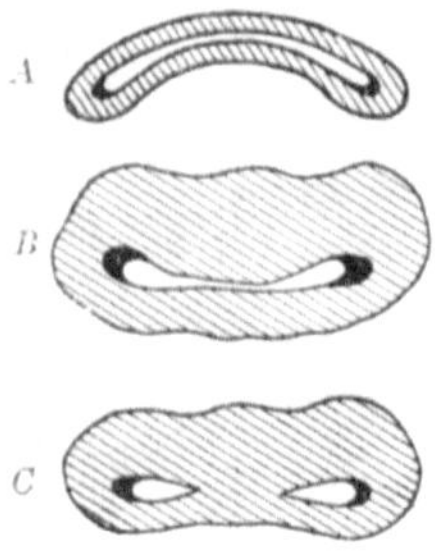

Fig. 638.

Fig. 637—639. Ankyropteris westfaliensis P. Bertrand aus dem mittleren Oberkarbon von Westfalen.

Fig. 637. Schema der Xylementwicklung eines Rhachisbündels. Rechts: Beginn der Abgabe eines Bündels einer Fieder erster Ordnung; links: Bündel der nächst unteren Fieder erster Ordnung mit den Bündelchen zweier Fiedernspindeln zweiter Ordnung. Hier und in Fig. 638: schwarz = Protoxylem, schraffiert = Metaxylem. Ca. 10 ×. Nach P. Bertrand und Original.

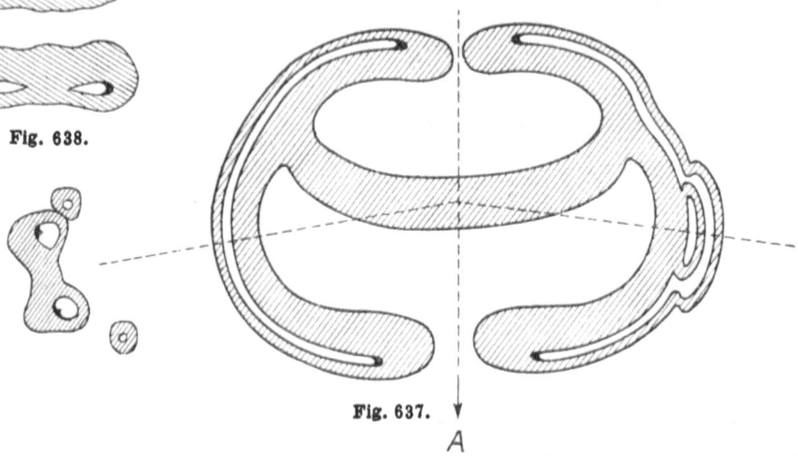

Fig. 637.

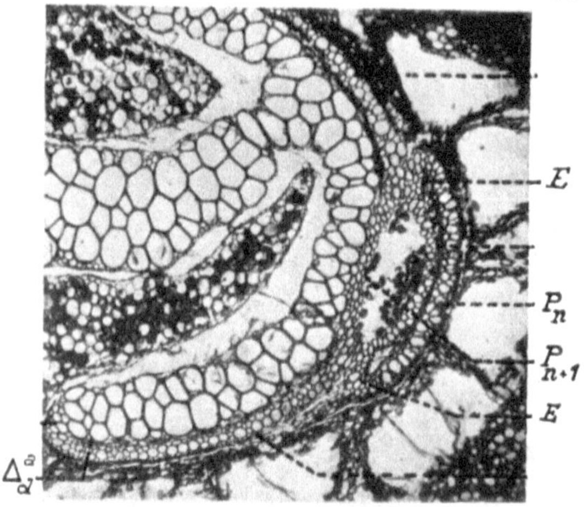

Fig. 639.

Fig. 638. *A* bis *C*: Schema der Veränderung des Bündels einer Fieder erster Ordnung von dem Zustand der Ablösung vom Rhachisbündel an; *A*: entspricht dem Zustand in Fig. 639; *B* und *C*: sind Zwischenstadien zwischen *A* und dem in Fig. 639 links dargestellten endgültigen Zustand. Ca. 12 ×. Nach Photogrammen bei P. Bertrand 1909. Original.

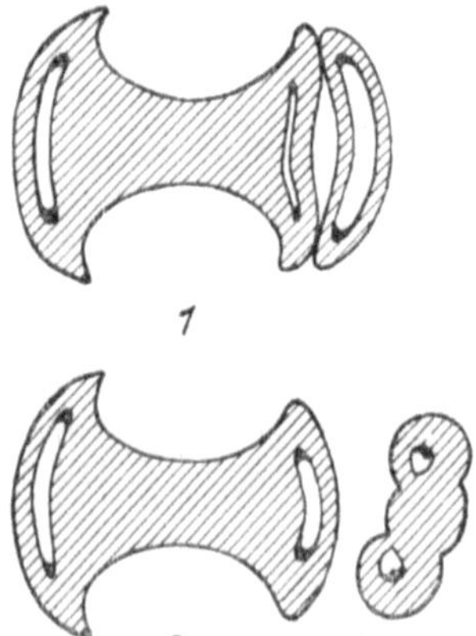

Fig. 640.

Fig. 639. Rechte untere Hälfte des Rhachisbündels mit abgehendem Bündel einer Fieder erster Ordnung; dieses im Querschnitt noch plattgedrückt röhrenförmig, in einem Stadium, das dem in Fig. 639 rechts folgt und dem in Fig. 638 *A* entspricht. *E*/*E*: seine beiden Protoxylemgruppen; *Pn* + *l*: die schmale aus englumigen Tracheiden gebildete Partie der Rhachisbündelarme; Δ^{a}_{d}: Protoxylemgruppe des rechten unteren Armes. 15 ×. Nach P. Bertrand 1909.

Ankyropteris Williamsoni P. Bertrand aus den Lower Coal Measures von England.

Fig. 640. *1* u. *2*: Schema der Xylementwickelung des Rhachisbündels, der Abgabe eines Bündels einer Fieder erster Ordnung (*1*, rechts) und der endgültigen Xylemfassung eines solchen (*2*, rechts). Ca. 40 ×. Nach P. Bertrand 1909.

Ankyropteris corrugata Williamson aus den Lower Coal Measures von England.

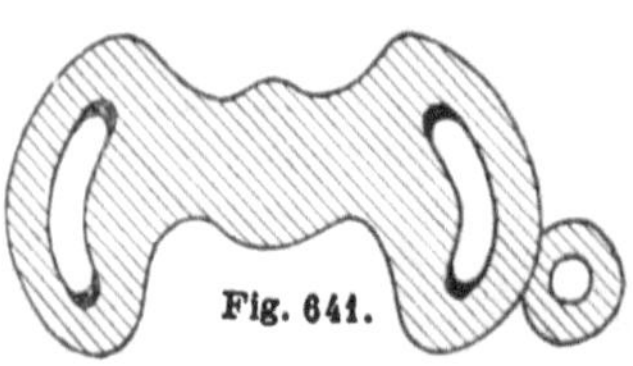

Fig. 641.

Fig. 641. Schema der Xylementwickelung des Rhachisbündels; rechts: Abgabe eines Bündels einer Fieder erster Ordnung. Ca. 24 ×. Nach einem Photogramm bei P. Bertrand 1909. Original. Überall in Fig. 637, 638, 640 u. 641: Protoxylem schwarz, Metaxylem schraffiert.

Die Bündel der Fiedern zweiter Ordnung sind annähernd kreisrund mit einer dünnen Parenchymsäule im Zentrum und anschließendem Xylem- und Phloëmmantel.

Fruktifikation nicht bekannt.

A. bibractensis Renault spec. Schließt sich aufs engste der vorigen Art an.

A. Williamsoni P. Bertrand, (Fig. 640). Bei dieser Art ist, was den Bau des Blattstielbündels betrifft, im Gegensatz zu A. Grayi und besonders A. westfaliensis und den beiden Rotliegend-Nachzüglern der genannten Arten, A. scandens und A. bibractensis, eine beträchtliche Reduktion in der Ausdehnung der Arme des Rhachisleitbündels festzustellen, der aber eine Vergrößerung der Mittelpartie des Bündelxylems gegenüber steht. Nach Scott, Studies I. 1920, könnte diese »Art«, von der nur Rhachisteile bekannt sind, möglicherweise nur den oberen Rhachispartien einer der obengenannten karbonischen Arten, A. Grayi oder A. westfaliensis entsprechen.

A. corrugata Williamson spec. (Fig. 641) ist, abgesehen von der rein gabeligen Sproßverzweigung, wovon bereits oben die Rede war, ausgezeichnet durch eine im Querschliff nahezu kreisrunde Stele. In dieser ist die stellate Ausbildung, wie sie sich so ausgeprägt bei A. Grayi und A. scandens findet, nur noch insoferne angedeutet, als das zentrale Xylem etwas (und offenbar gleichfalls fünfstrahlig) sternförmig gegen das periphere ausstrahlt. Die Konfiguration des Rhachisleitbündels, dessen Durchmesser relativ sehr gering ist, hält, wie Fig. 641 zeigt, die Mitte zwischen A. westfaliensis und bibractensis einerseits und A. Williamsoni anderseits. — Sehr dicke am Sproß entspringende Wurzeln weisen beträchtliche Peridermbildung auf.

A. Brongniarti Renault spec. Unterscheidet sich von allen vorhergehenden dadurch, daß, soweit aus den wenigen Figuren bei Renault 1896 zu entnehmen ist, der Stamm, der sonst dem von A. Grayi zu gleichen scheint, seine Wedel in fünfgliedrigen Quirlen trug, was aus der gleichen Größe aller fünf Arme der stellaten Sproßstele hervorgeht. Nicht feststeht, ob die Glieder der aufeinander folgenden Wirtel alternierten oder, was bei der Konfiguration der Stele dieser Art und der Weise wie in dieser Gattung die Rhachisbündel von der Stele abgehen, fast wahrscheinlicher ist, superponiert waren. Rhachisbündelanatomie und Wedelverzweigung unbekannt.

Literatur.

Renault, B., Etude sur quelques végétaux silifiés des environs d'Autun. Ann. Sciences nat. 5. sér., Bd. 12. 1869.

Williamson, W. C., On the Organisation of fossil plants of the Coal Measures. Pt. 6., Pt. 8., Pt. 10., Pt. 15., Pt. 16. Phil. Transact. R. Soc. 164, 167, 171, 180 B. London 1874, 1877, 1880, 1889.

Williamson, W. C., General morphological and histological Index to the Authors collective Memoirs on the foss. plants of the Coal Measures. Pt. II und III. Mem. and Proceed. Manchester Lit. and Phil. Soc. 4. ser., Bd. 7 und 8. 1893/94.

Stenzel, G., Die Gattung Tubicaulis Cotta. Bibliotheca Botanica. S. 29—36. 1889.

Renault, B., Flore foss. Bassin houiller et permien d'Autun et d'Epinae. Taf. 31, Fig. 9 u. 10. Paris 1893/96.

Scott, D. H., On the structure of some carboniferous ferns. Journ. R. Microscop. Soc. 1906.

Weiss, F. E., On the tyloses of Rachiopteris corrugata. The New Phytologist V. 1906.
Bertrand, P., Etude sur la fronde des Zygoptéridées. 2. Teil, S. 68—116. Lille 1909.
Scott, D. H., On a palaeozoic fern, the Zygopteris Grayi of Williamson. Annals of Botany. Bd. 26. 1912.

Asterochlaena Corda.

Die Gattung übertrifft an Kompliziertheit des Baus der Stammstele die beiden vorhergehenden Arten, steht aber hinsichtlich der Einfachheit des Baues des Wedelstielbündels Clepsydropsis sehr nahe.

A. laxa Stenzel. Rotliegendes bei Chemnitz (Flöha und Hilbersdorf) und Neu Paka (Böhmen) (Fig. 642—647). Stamm aufrecht, radiär, von beträchtlichen Ausmaßen; eigentlicher Stamm ca. 4½ cm im Durchmesser, umgeben von einem Mantel von Blattstielbasen, der über 4 cm Tiefe erreichen kann, so daß der Stamm im ganzen bis über 10 cm Durchmesser aufweist (Fig. 642). Längstes bekanntes Stück gegen 7 cm lang. Blätter am Stamm dichtest gedrängt in schraubiger Anordnung (nach den Angaben von P. Bertrand in Stellungen nahekommend 2/21 und Analogen) (Fig. 643). Stammstele im Querschnitt sternförmig. Die einzelnen Sternarme, die zu drei bis fünf vom Zentrum ausgehen, mehrfach, aber ohne bestimmte Regelmäßigkeit, gegabelt; die Endpartien einfach oder zwei- bis dreigelappt, was bei jedem Arm in den verschiedenen Höhen verschieden ist und im Zusammenhang steht mit den wechselnden Verhältnissen der Blattbündelabgänge.

Was die genauere Anatomie der Stammstele (Fig. 644 u. 645) betrifft, so befindet sich im Zentrum Mark, das mit kurzen, weitlumigen Tracheiden untermischt ist. Es strahlt aus bis gegen den Beginn der Sternarme und erscheint wieder bei den ersten (inneren) Gabelstellen derselben. In den Sternarmen selbst ist im Innern ein Band aus nur englumigen Tracheiden, das bis gegen die parenchymatische Mitte reicht und sich teilend und mit den Teilstücken der Nachbararme verschmelzend, sie umsäumt. Außerdem teilen sich die Bänder englumiger Tracheiden auch an den ersten Gabelstellen der Sternarme und umkleiden die mit Parenchym erfüllten Partien. Im ganzen mögen sie als Protoxylem gedeutet werden. Dieses findet sich auch in der Mitte der Sternarmenden bzw. deren einzelnen lappenförmigen Aufteilungen, zweifellos in ursprünglichem Zusammenhang mit den übrigen protoxylematischen Tracheiden der inneren Stelenpartien. Zu beiden Seiten der protoxylematischen Bänder und die Protoxylemgruppen nahe den Sternarmenden umfassend, ist Metaxylem aus weitlumigen Treppentracheiden. Daran anschließend Phloëm mit weiten Siebröhren. Es hat den Anschein, als ob auch Perizykel und Endodermis differenziert gewesen wären, doch ist die Erhaltung dieser Gewebe zu mangelhaft, um die einzelnen Elemente genau zu bestimmen. Gleiches gilt von der Rinde. Von dieser ist aber jedenfalls noch so viel zu erkennen, daß sie die Buchten zwischen den einzelnen Sternarmen und deren Gabelteilen

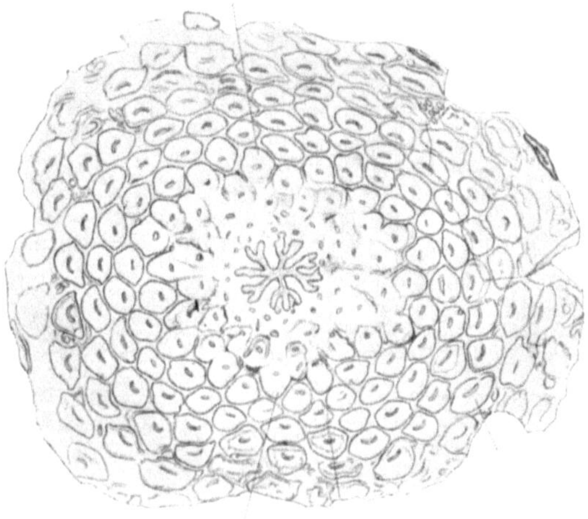

Fig. 642.

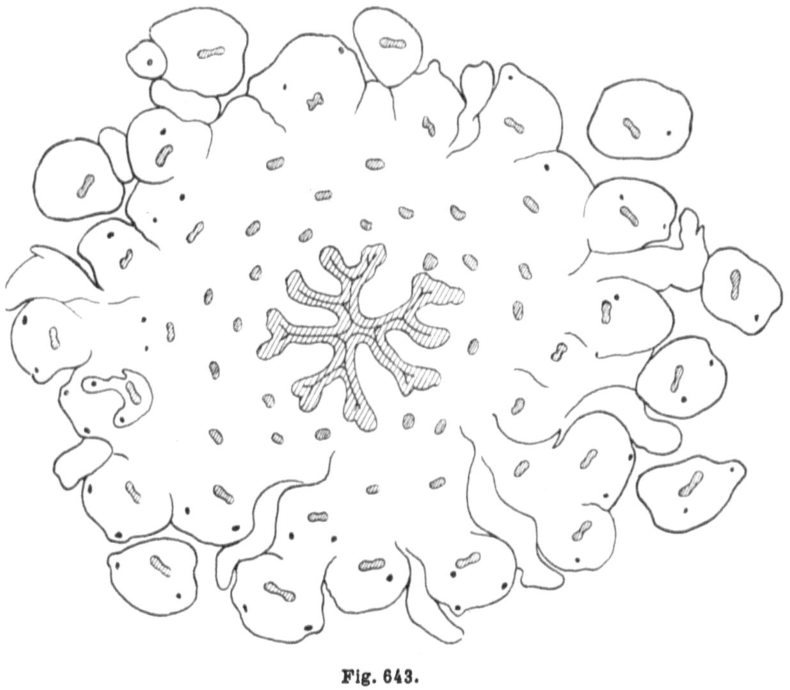

Fig. 643.

Asterochlaena laxa Stenzel. Mittleres Rotliegendes von Chemnitz.

Fig. 642. Ansicht der Querschliffläche des im Museum der Bergakademie in Freiberg befindlichen Stammstückes. $^{1}/_{1}$ nat. Gr. Nach Stenzel 1889.

Fig. 643. Skizze der Lage der Blattspurbündel im Bereich des eigentlichen Stammes (nach dem Stammstück im Naturwiss. Museum zu Chemnitz). Ca. 2 ×. Nach P. Bertrand 1911.

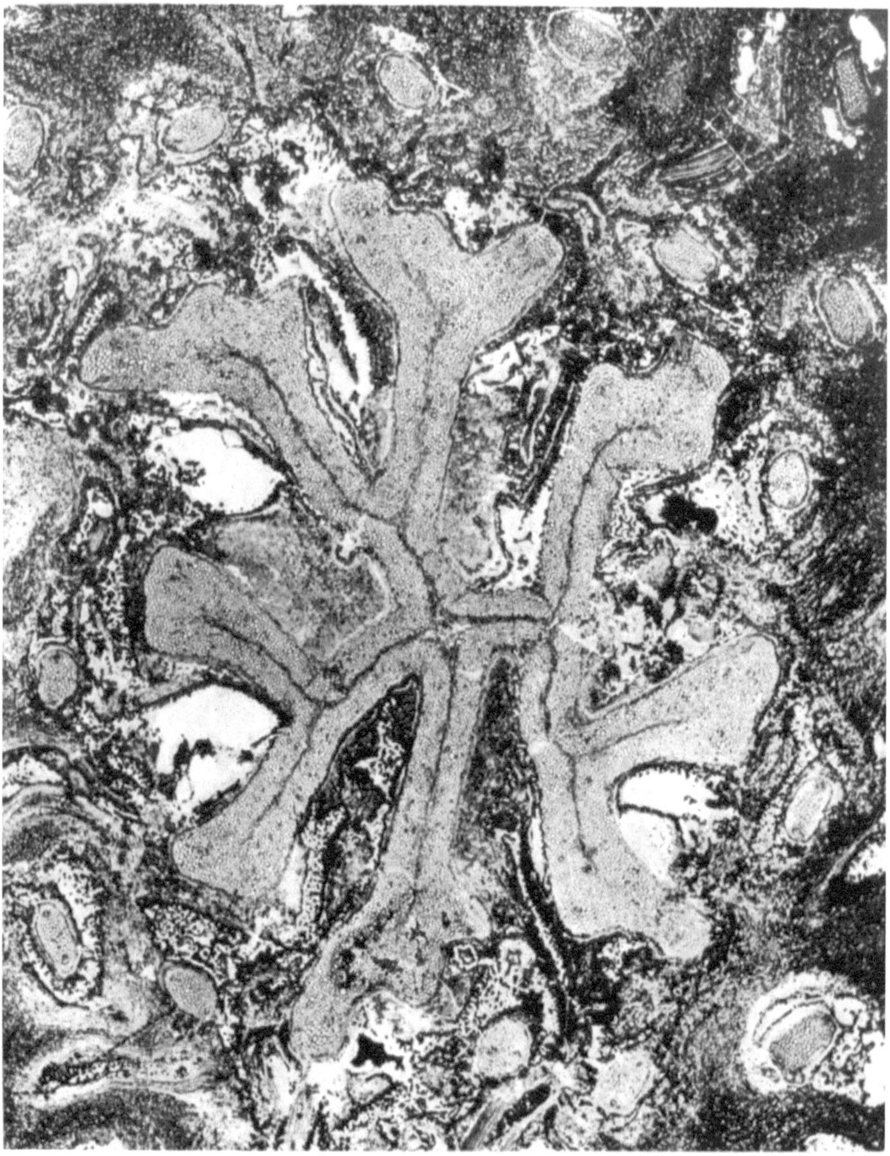

Fig. 644.

Asterochlaena laxa Stenzel. Mittleres Rotliegendes von Chemnitz.
Querschliff durch die Stammstele. Rings außen: abgehende Blattspurbündel. 7⅓ ×.
Nach P. Bertrand 1911.

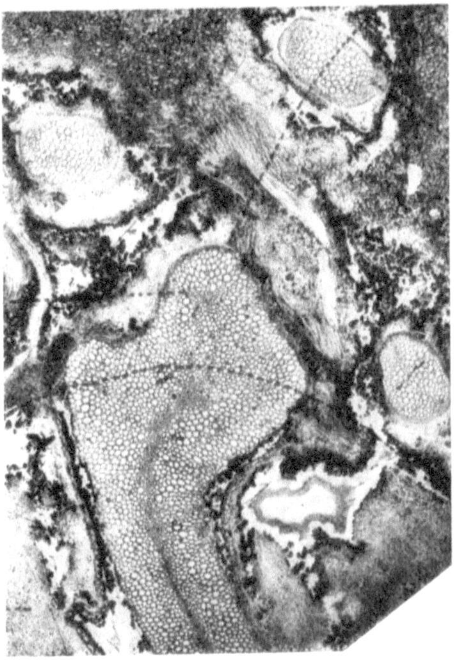

Fig. 645.

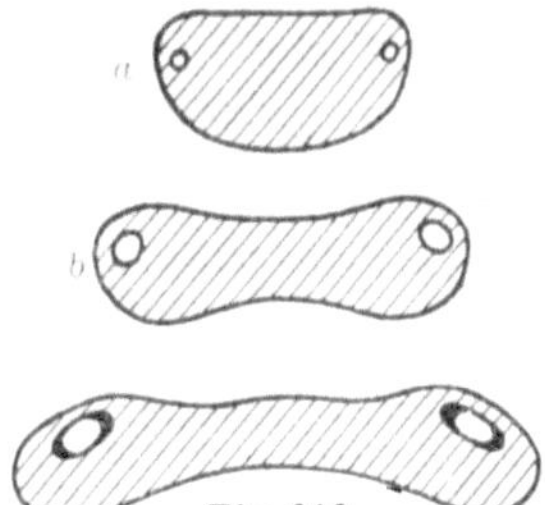

Fig. 646.

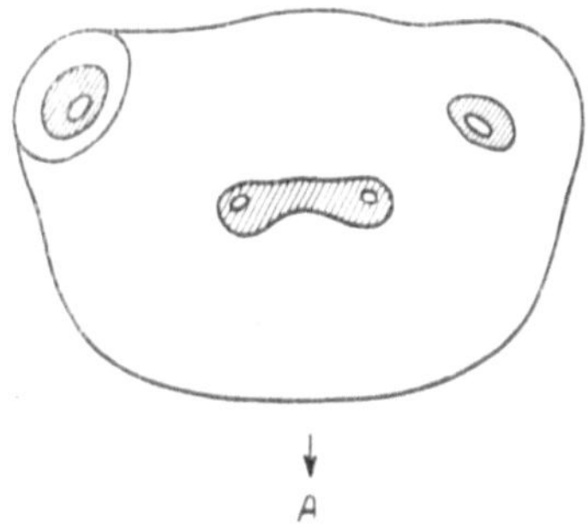

Fig. 647

Asterochlaena laxa Stenzel. Mittleres Rotliegendes von Chemnitz.

Fig. 645. Ende eines Stelensternarmes und drei Blattspurstränge. 12 ½ ×. Nach P. Bertrand 1911.

Fig. 646. *a* bis *c*: Schema der Veränderung eines Blattspurstranges von der Stelle nahe seinem Abgang von der Stammstele bis zu der Stelle in der Rhachis, wo deren Fiederung beginnt. Nach P. Bertrand 1913 und Original.

Fig. 647. Schematischer Querschnitt durch die Rhachis; links und rechts die Basalpartie einer Fieder erster Ordnung. Bei *A*: die adaxiale Seite. 6 ½ ×. Nach einem Photogramm bei P. Bertrand 1911. Original.

ausgefüllt hat und gegen die Stammperipherie zu aus derbwandigen Zellen gebildet war.

Entgegen der Kompliziertheit der Strukturverhältnisse der Stammstele, sind die Blattspurstränge (Fig. 645—647) sehr einfach gebaut und erinnern prinzipiell an die von Clepsydropsis. Sie sind während ihres Verlaufes in der Sproßrinde im Querschnitt von annähernd elliptischem Umriß (Fig. 646a); während ihres Zuges in der Rhachis selbst nehmen sie die Form zweier verschmolzener Ellipsen an, unter allmählicher Förderung der abaxialen Seite und einer leichten Konkaveinbiegung an der adaxialen (Fig. 646b u. c). Nahe den zwei schmalen Flanken wieder Parenchymzüge, daran ringsum anschließend englumiges Protoxylem. Fiedern erster Ordnung an der Rhachis zweizeilig alternierend. Weitere Durchfiederung und Fruktifikation unbekannt. Wurzeln zahlreich am Stamm zwischen den Blattstielbasen entspringend; diarch.

A. ramosa Cotta spec. Fundort unbekannt. Von der vorigen wenig verschieden, Stammstele mit mehr Gabelarmen, Blattstielbündel massiver.

Literatur.

Cotta, B., Die Dendrolithen in bezug auf ihren inneren Bau. T. 3, S. 23—24 Dresden und Leipzig 1832.
Corda, A. J., Beiträge zur Flora der Vorwelt. S. 81. Prag 1845.
Stenzel, G., in Goeppert, H. R., Die Flora der permischen Formation. S. 41—43. Palaeontographica Bd. 12. 1864.
Stenzel, G., Die Gattung Tubicaulis Cotta. Bibliotheca Botanica Heft 12. S. 15—20. 1889.
Bertrand, P., Structure des Stipes d'Asterochlaena laxa Stenzel. Mém. de la Société géologique du Nord. Bd. VII. 1. Lille 1911.

Möglicherweise gehört in diese Familie auch

Menopteris Stenzel.

M. dubia Cotta spec. Rotliegendes von Chemnitz.

b) Botryopteroideae.

Hier seien — dem allgemein üblichen Brauch folgend — primitive palaeozoische Farne vereinigt, die hinsichtlich der Einfachheit der Stammanatomie übereinstimmen, sonst aber wohl keine engere Verwandtschaft aufweisen Stammstele protostelisch, mit entweder exarchem oder endarchem Xylemkörper. Wedel in schraubiger Anordnung; meist dicht gedrängt. Rhachisanatomie bei den einzelnen Gattungen verschieden.

1. Botryopteridaceae.

Botryopteris Renault.

Schmächtige Stämmchen von kaum 1 mm (B. antiqua) bis über 1¼ cm (B. forensis) Durchmesser, ± reich verzweigt. Protostele meist mit endarchem Protoxylem. Wedel am Stamm ± dicht gedrängt, in schraubiger Anordnung. Blattspurbündel mit (adaxialem) endarchem Protoxylem, in der Regel in mehreren im Querschnitt als prominente Zähne erscheinenden Gruppen. Phloëm ringsum scheidenförmig. Wedel z. T. (B. forensis) über dem Stiel gegabelt, jede Gabelhälfte mit zweizeilig alternierend gestellten Fiedernspindeln erster Ordnung. Bei B. forensis trugen die Spindeln letzter (2.—3.) Ordnung sphenopteridische Fiederchen; für die übrigen Arten ist bezüglich allenfallsiger Befiederung des Wedels nichts bekannt. Stämme und Blattstiele aller Arten mit vielzellig-einzellreihigen Haaren besetzt. Sporangien mit multiserialem Annulus in Gruppen an den Fiedern letzter Ordnung. — Vom Unterkarbon bis zum Rotliegenden.

Bekannt sind folgende Arten:

B. antiqua Kidston. Unterkarbon von Frankreich (Esnost) und Schottland (Pettycur).

B. cylindrica Williamson spec. Mittleres Oberkarbon von England und Belgien.

B. tridentata Felix spec. (**B. hirsuta** Williamson spec.). Mittleres Oberkarbon von Westfalen, Aachen, Holland, Belgien und England.

B. ramosa Williamson spec. Ebenda.

B. forensis Renault. Rotliegendes von Autun und des Loiregebietes.

Die typischen Arten der Gattung sind:

B. cylindrica Williamson (Fig. 648—649). Bei dieser Art werden zwei Stammtypen unterschieden:

Forma α (Fig. 648—649). Stämmchen von ca. 2 bis 2½ mm im Durchmesser, ungleich gabelig verzweigt; Stele mit zentralem Protoxylem in ein bis fünf Strängen, ringsum der Metaxylemmantel; anschließend Phloëm mit ziemlich weiten Siebröhren in einer einzigen Reihe und Siebparenchym außen und innen. Rinde in eine innere parenchymatische und eine äußere sklerenchymatische Partie differenziert; Stammoberfläche mit zahlreichen einzellreihig-vielzelligen Haaren besetzt. Wurzeln diarch, am Stamm entspringend. Blattwedel in weiteren (2½ bis 4 cm) Abständen von den Stämmchen abgehend; wohl in schraubiger Anordnung. Blattspurbündel beim Abgang von der Stammstele zunächst endarch mit meist zwei Protoxylemgruppen an der adaxialen Seite; gelegentlich aber auch mit etwas Zentripetalxylem. Wedel mindestens doppelt gefiedert, aber wohl ohne Spreitenentwicklung. Vergesellschaftet mit den vegetativen Resten sind offenbar zugehörige Sporangien gefunden, mit zum Teil noch zu Tetraden zusammenliegenden Sporen und vom Bau derer von B. tridentata und B. ramosa.

Forma β. Sie kommt mit der vorgenannten forma α zusammen vor und ist durch geringere Ausdehnung der Stele und bedeutendere Rindenentwicklung ausgezeichnet. Stele stets nur mit einem zentralen Protoxylemstrang. Rinde einheitlich parenchymatisch ohne Gewebedifferenzierung.

Die beiden Sproßformen, die zweifellos zu ein und derselben Art gehören, dürften als unter verschiedenen Bedingungen lebende Teile einer Pflanze zu betrachten sein. Entweder als Luftsproß (forma α) und im $\pm$ wasserdurchtränkten Substrat wachsendes Rhizom (forma β) oder als Stämmchen der Land- und Wasserform derselben Art.

B. tridentata Felix spec. (Fig. 651). Schlanke Stämmchen von 2 bis 3 mm Durchmesser mit ziemlich dicht gedrängt, schraubig gestellten Blättern, deren Stiele annähernd gleichen Durchmesser wie der Stamm haben. Stamm protostelisch, mit zentralem Protoxylem. Wurzeln diarch, zahlreich am Stamm entspringend. Blattspurbündel mit drei an der adaxialen Seite vorspringenden Xylemzähnen und Protoxylem an den Spitzen. Ringsum und zwischen den Buchten Phloëm. Die Reste sind zum Teil so gut erhalten, daß an ganz jungen Wedelstielen die anatomischen Verhältnisse, d. h. deren Differenzierung sogar entwicklungsgeschichtlich nachgeprüft werden konnte. Über die Sporangien vgl. unter der folgenden Art.

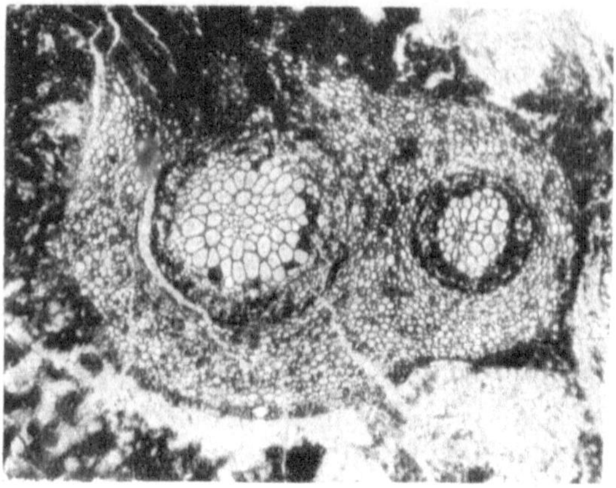

Fig. 648.

Botryopteris cylindrica Williamson spec. forma *α* aus den Lower Coal Measures von England.

Fig. 648. Querschliff durch einen Sproß kurz über einer Gabelteilung; der rechte Ast schwächer als der linke. Ca. 24 ×. Aus Scott Studies I. 1920.

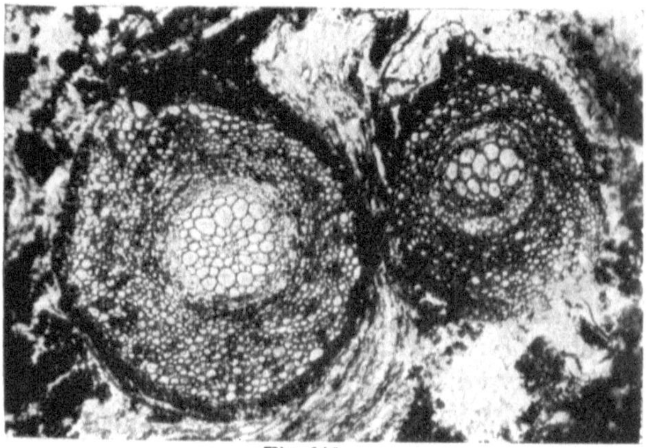

Fig. 649.

Fig. 649. Querschliff durch Sproß und Wedelstiel (rechts). Ca. 24 ×. Aus Scott Studies I. 1920.

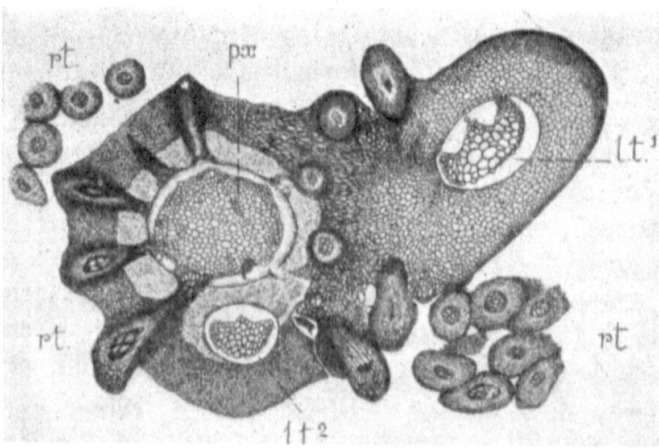

Fig. 650.

Fig 650. **Botryopteris ramosa** Williamson spec. aus den Lower Coal Measures von England. *px*: Protoxylem der Sproßstele; lt_1 und lt_2: zwei Wedelbasen mit ihren Blattspurbündeln; *rt*: Wurzeln. Ca. $6^1/_2$ ×. Aus Scott Studies I. 1920.

Fig. 651. Botryopteris tridentata Felix spec. aus dem mittleren Oberkarbon von Westfalen. Rhachisbündel; *prx*: Protoxylem. 25 ×. Nach P. Bertrand 1913.

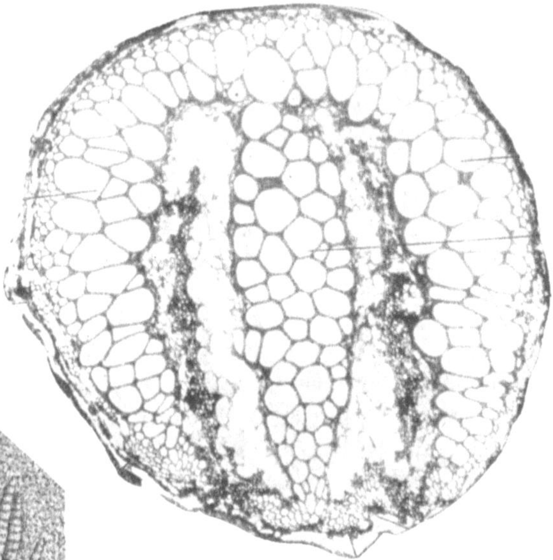

Fig. 651.

Fig. 652.

Botryopteris forensis Renault. Rotliegendes von Autun und Loiregebiet.

Fig. 652. Spitzenteil einer Fieder erster Ordnung in unentfaltetem Zustand. Ca. 20 ×. Nach Renault 1896.

Fig. 653. Fiederchen letzter Ordnung von der Spaltöffnungen (*st*) tragenden Oberseite aus gesehen. *p*: die Haare. 4 ×. Nach Renault 1896.

Fig. 654. Gruppe von Sporangien an einer Spindel letzter Ordnung; an dem quergetroffenen obersten ist an der im Bild oberen Seite die Dehiszenzstelle, an der gegenüberliegenden (im Bild unteren) Seite die vielzellreihige Annulusplatte zu erkennen. Ca. 25 ×. Nach Renault-Scott 1920.

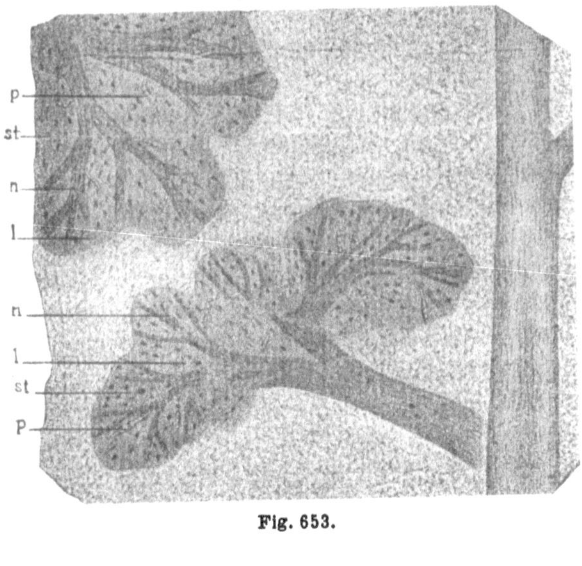

Fig. 653.

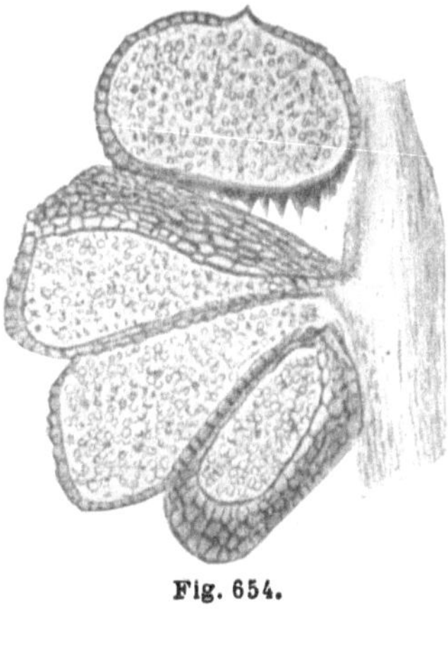

Fig. 654.

B. ramosa Williamson spec. (Fig. 650). Wohl ein epiphytischer oder kletternder Farn. Stämmchen 5 bis 6 mm im Durchmesser, vielfach verzweigt, so daß es auf Querschliffen meist wie von einem Schwarm von stärkeren und dünneren Sprossen umgeben ist. Über die Art der Verzweigung des Stämmchens, d. h. ob gabelige oder, was wahrscheinlicher ist, monopodiale Verzweigung vorlag, sowie über die räumlichen Beziehungen der Seitensprosse zu den Blättern ist nichts bekannt. Stamm mit Protostele, mit zentralem Protoxylem. Tracheiden netzförmig oder treppenförmig mit vielreihigen Tüpfeln. Außenrinde aus dickwandigen Zellen. Blattstiele in schraubiger Anordnung am Stämmchen, an der Basis etwa 3 bis 4 mm breit; Wedel gegabelt mit alternierend zweizeiliger Stellung der Fiedern erster Ordnung an den Gabelästen. Weiterer Wedelaufbau unbekannt. Blattspurbündel oval; an der adaxialen Seite drei Protoxylemgruppen, die nahe der Vereinigungsstelle des Blattspurbündels mit der Stammstele verschmelzen und endarch gelagert werden. Wurzeln diarch, reichlich am Stamm entspringend.

Zusammen mit B. ramosa und B. tridentata sind häufig Sporangien gefunden, die im Bau denen von B. forensis gleichen und wohl zu einer der beiden Arten oder zu beiden zugehörig sind; von 0,35 bis 0,4 mm im Durchmesser, mit an einer Seite mehrzellreihigem Annulus, aus großen derbwandigen Zellen.

B. forensis Renault (Fig. 652—654). Stämmchen kräftig entwickelt, mit bis zu 1¼ cm im Durchmesser; Verzweigung nicht bekannt. Protostele mit den englumigsten Tracheiden an der Peripherie, also vermutlich im Gegensatz zu den andern Arten exarch; Rinde verhältnismäßig sehr breit. Blattwedel schraubig angeordnet, an der Basis gegabelt, die beiden Rhachisgabeläste mehrfach gefiedert, an den Spindeln letzter Ordnung fleischige sphenopteridische Fiedern mit Gabelnervatur, Spaltöffnungen auf der Ober- und Haaren besonders reichlich auf der Unterseite. Xylem des Bündels der Rhachisarme und auch der Fiedernspindeln erster und zweiter Ordnung ω-förmig, mit Protoxylem an den drei weit vorspringenden Zähnen und von diesen auch auf die Flanken übergreifend. Epidermis von Stamm, Blattstiel, Fiedernspindeln und Fiedern dicht besetzt mit zahlreichen, einzellreihig-vielzelligen Haaren, mit feiner Zähnelung der Querwände[1]). Sporangien an den Fiedern letzter Ordnung in Gruppen zu zwei bis sechs; von birnförmiger Gestalt mit kurzem Stiel; ca. 0,55 bis 0,65 mm im Durchmesser. Wand mehrschichtig, an einer Seite des Sporangiums mit Annulus von mehreren Zellreihen Breite und aus derbwandigen Zellen. Die Sporangien sind

[1]) Der Eindruck equisetoider Gliederung, den die Haare hervorrufen, ist dadurch bedingt, daß, während die Außenwände der einzelnen zylindrischen Haarzellen glatt sind, die Querwände vom Außenrand her wellig verbogen sind und so den Eindruck erwecken, als lägen vor ihnen scheidenförmige Auflagerungen auf die untere Partie der Längswände der einzelnen Zellen.

mit einem Leitbündel versehen, das bis zum Sporensack heraufreicht und dessen unteren Teil becherartig umgreift.

Eine heterophylle, habituell von den vorhergehenden abweichende Art ist:

B. antiqua Kidston (Fig. 655 u. 656). Stämmchen mit kaum 2 mm im Durchmesser; gelegentlich gegabelt. Im Stelenzentrum Metaxylem aus Tracheiden mit vielreihig getüpfelten Wänden. Protoxylem in der Regel an der Peripherie, also exarch gelegen und an den Stellen der Blattspurbündelabgänge auf diese konzentriert. Um die Xylemsäule Phloëm. Rinde aus dickwandigem Parenchym; Endodermis entwickelt.

Blätter mit dicken Stielen in schraubiger Anordnung und kurzen Abständen am Stämmchen. Es wechseln zwei verschiedene Blattypen jeweils aufeinanderfolgend am Stamm ab: Der eine Blattyp mit einem eine diarche Blattspur besitzenden Blattstiel, der andere Blattyp mit monarchem Blattspurbündel und mit einer Aphlebie seitlich von seiner Ansatzstelle am Stämmchen. Von den Blättern mit diarchem Rhachisbündel ist bekannt, daß sie zweizeilig alternierend Seitenspindeln trugen, die wahrscheinlich noch einmal gefiedert waren. Laminabildung scheint nicht vorhanden gewesen zu sein. Die Blätter mit monarchem Bündel und seitlicher Aphlebie waren nicht verzweigt. Die jeweils zugehörige Aphlebie, die seitlich dem Blattstiel ansaß, umfing das Stämmchen scheidenförmig in seinem halben Umfang. Blattspurbündel zunächst beim Abgang von der Stele mesarch, später endarch mit einheitlichem Phloëmmantel ringsum. Das winzige, gleichfalls monarche Aphlebienbündel entsprang neben dem eigentlichen Blattspurbündel jeweils direkt an der Sproßstele selbst und zog neben dem Blattbündel durch die Rinde. — Wurzeln diarch, direkt an der Stele des Stämmchens zwischen den Blattspurabgängen entspringend.

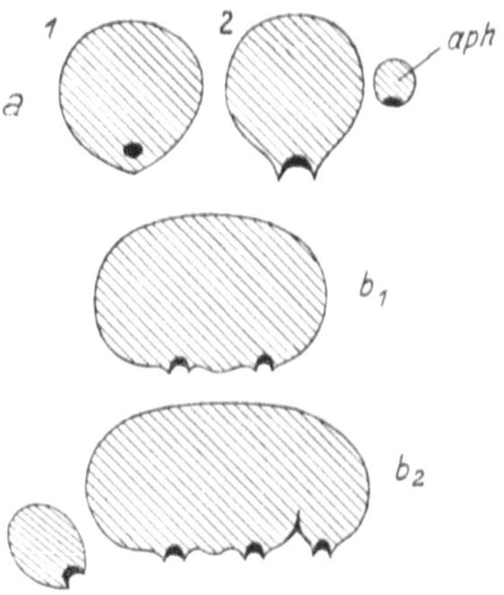

Fig. 655.

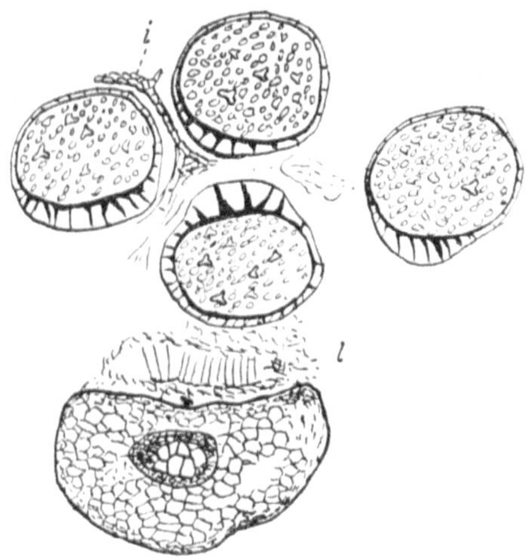

Fig. 656.

Botryopteris antiqua Kidston aus dem Unterkarbon (Calciferous Sandstone Series) von Schottland.

Fig. 655. *a*: Bündel des Blattes mit monarcher Blattspur (bei *1*: während des Verlaufes in der Sproßrinde, bei *2*: im Blattstiel); *aph*: Aphlebienbündel. *b*: Bündel des Blattes mit diarcher Blattspur; b_1: weiter unten, b_2 weiter oben und mit abgehenden Fiedernbündeln. — Schwarz: Protoxylem, schraffiert: Metaxylem. Nach Beuson 1911 und Original.

Fig. 656. Sporangiengruppe; zwischen den einzelnen Sporangien indusiales Gewebe (*i*); bei *l*: eine Fiedernspindel. Ca. 65 ×. Nach Scott 1910.

Sporangien in Gruppen an den Spindeln letzter Ordnung der Wedel mit diarchem Blattspurbündel; mit bandförmigem Annulus von vier bis dreizehn Zellen Breite an der dem Stomium gegenüber liegenden Längsseite. Zwischen den einzelnen Sporangien von der Spindel ausgehende indusiumartige Gewebelamellen (Fig. 656).

Biologisch betrachtet, liegt der Gedanke nahe, daß der kleine Farn ein Epiphyt war und die Aphlebien zusammen mit den reduzierten Blättern mit monarchem Bündel einen humussammelnden Trichter gebildet haben.

Morphologisch lassen sich, worauf M. Benson hinweist, die Blätter mit monarchem Bündel und seitlicher Aphlebie ableiten von denen mit diarchem Bündel, wenn man eine Medianstellung der einen Bündelhälfte und eine weitere Seitwärtsverschiebung der anderen, die Aphlebie innervierenden annimmt.

Literatur.

Renault, B., Etude du genre Botryopteris. Ann. des Sc. nat. (Bot.). sér. 6, Bd. 1. 1875.

Renault, B., Flore fossile d'Autun et d'Epinae. Pt. II. S. 47—59, 1896.

Williamson, W. C., On the organisation of fossil plants of the Coal Measures. Pt. IX. S. 350, Fig. 80—88; Pt. XV. S. 160—161, Fig. 9—15; Pt. XVIII. S. 261—262, Fig. 19—28. Philos. Transact. R. Soc. 169 bzw. 180 B bzw. 182 B. London 1878, 1889 u. 1891.

Felix, J., Unters. über den inneren Bau westfälischer Karbonpflanzen. S. 164/165. Abh. z. geolog. Spezialkarte von Preußen etc. Bd. 7. Berlin 1887.

Hick, Th., On Rachiopteris cylindrica. Mem. and Proc. Manchester Lit. and Phil. Soc. Bd. 41. 1896.

Oliver, F. W., A vascular sporangium from the Stéfanien of Grand Croix. The New Phytologist I. 1902.

Kidston, R., On a new species of Dineuron and of Botryopteris from Pettycur, Fife. Transact. R. Soc. Edinburgh. Bd. 46. 1908.

Scott, D. H., Sporangia attributed to Botryopteris antiqua Kidston. Ann. of Bot. 24. 1910.

Pelourde, F., Observations sur quelques végétaux fossiles de l'Autunois. Ann. Sciences nat. (Bot.) sér 9, Bd. 11. 1910.

Benson, M., New Observations on Botryopteris antiqua, Kidston. Ann. of Bot. 25. 1911.

Bancroft, N., A Contribution to our knowledge of Rachiopteris cylindrica. Ann. of Bot. 29. 1915.

Williams, H., Equisetoid Hairs. Ann. of Bot. 39. 1925.

Möglicherweise gehört in den Verwandtschaftskreis von Botryopteris:

Grammatopteris Renault.

Gr. Rigolotti Renault. Rotliegendes von Autun. Nur mangelhaft bekannt. Stämmchen von ca. $1^1/_2$ cm Durchmesser in einen mehrere Zentimeter tiefen Mantel von dicht gedrängten, schraubig (angeblich nach 2/15) gestellten Blattstielbasen gehüllt. Stele mit zentralem Metaxylem und anscheinend peripherem Protoxylem, Blattstielbündel im Querschnitt tangential bandförmig mit Protoxylem an den beiden schmalen Flanken. Wedelaufbau und Fruktifikation unbekannt.

Hieher wohl auch:

Gr. (Protothamnopteris) Baldaufi Beck spec. Mittleres Rotliegendes von Chemnitz.

Literatur.

Renault, B., Bassin houiller et permien d'Autun et d'Epinae. Bd. II, S. 45—47. Paris 1896.

Beck, R., Über Protothamnopteris Baldaufi n. sp., einem neuen verkieselten Farn aus dem Chemnitzer Rotliegenden. Abh. math.-phys. Kl. Sächs. Akad. d. Wissensch. Bd. 36. 5. Leipzig 1920.

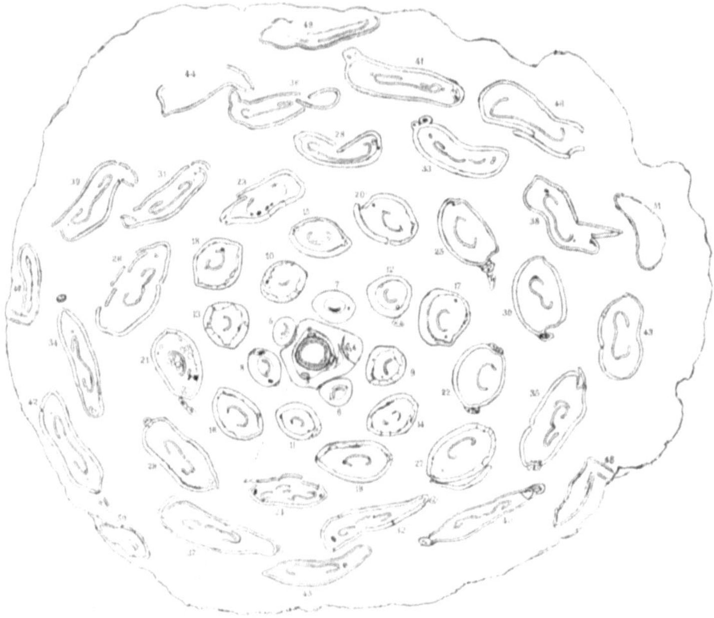

Fig. 657.

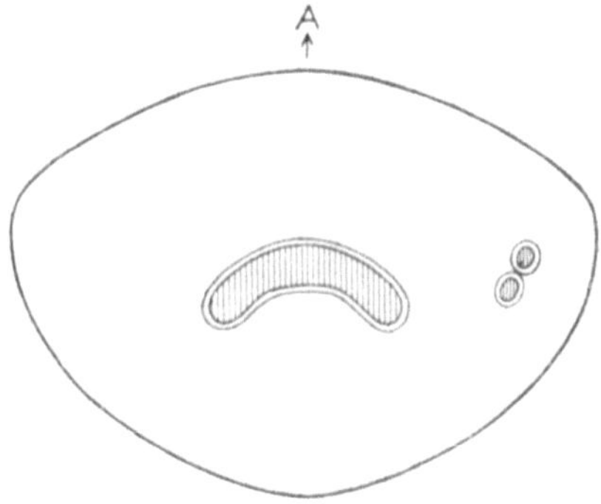

Fig. 658.

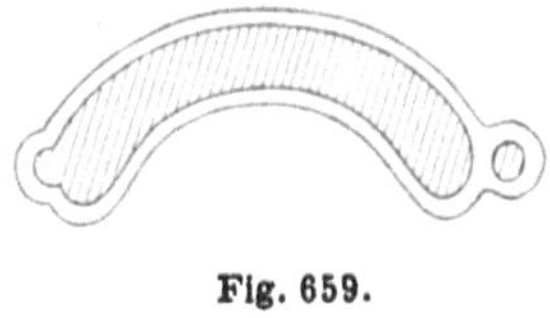

Fig. 659.

Tubicaulis solenites Cotta. Mittleres Rotliegendes von Chemnitz.

Fig. 657. Querschliff durch den Stamm. Zu innerst die Stele; *1—51*: Blattspurtbündel. Ca. $^1/_1$. Nach Stenzel 1889.

Fig. 658. Schematischer Querschnitt durch die Wedelrhachis: rechts seitlich abgehende Fiedernbündel. $6^1/_2$ ×. Original.

Fig. 659. Rhachisbündel mit abgehenden Fiedernbündeln. $9^1/_2$ ×. Original.

Beide nach den bei P. Bertrand 1909 veröffentlichten Schliffen.

2. Tubicaulidaceae.

Tubicaulis Cotta.

Einzige Gattung. Farne mit unverzweigtem, aufrechtem, wohl baumförmigem Stamm von an sich geringem Durchmesser (ca. 1½ cm), der aber von einem breiten Mantel dicht gedrängter, schraubig angeordneter Blattstielbasen umgeben wird. (bei T. solenitis wird damit eine Gesamtdicke des Stammes von bis 20 cm erreicht).

Stammstele protostelisch mit zentralem Metaxylem und peripherem Protoxylem. Blattstielbündel im Querschnitt hufeisenförmig gebogen mit der Konkavseite nach außen. Protoxylemlage nicht geklärt. Es hat den Anschein, als seien die von der Wedelrhachis in alternierend zweizeiliger Stellung abgehenden Fiedern erster Ordnung, ähnlich wie das bei den Etapteridaceae der Fall ist, an ihrer Basis sofort gegabelt gewesen (vgl. Fig. 658); doch ist bei der mangelhaften Erhaltung aller Reste der drei Arten der Gattung sicheres nicht bekannt. Gleiches gilt auch für den weiteren Wedelaufbau. Wurzeln zwischen den Blattstielen entspringend, diarch. Bekannt in drei Arten:

T. Sutcliffii Stopes. Lower Coal Measures von Shore. Vergesellschaftet mit dem Stamm sind kleine Sporangien gefunden worden mit einseitiger entwickelter Annulusplatte, also ähnlich denen von Botryopteris ramosa und B. hirsuta.

T. solenites Cotta. Mittleres Rotliegendes der Umgebung von Chemnitz (Fig. 657—659).

T. Berthieri C. E. und P. Bertrand. Rotliegendes von Autun.

Literatur.

Cotta, B., Die Dendrolithen in Beziehung auf ihren inneren Bau. S. 21, T. 2. 1832.

Stenzel, G., Die Gattung Tubicaulis Cotta. Bibliotheca Botanica. Heft 12. Kassel 1889.

Stopes, M., A new fern from the Coal Measures: Tubicaulis Sutcliffii, spec. nov. Mem. and Proc. Manchester Lit. and Phil. Soc. Bd. 50. 1906.

Bertrand, C. E. und P., Le Tubicaulis Berthieri sp. nov. Mém. de la Soc. d'Hist. nat. d'Autun. Taf. 24. 1911.

c) Anachoropteroideae.

Die typische Gattung der Familie ist Anachoropteris; wenn sie auch, was die Anatomie des Wedelstiels betrifft, zweifellos Tubicaulis nahezustehen scheint, so weicht sie prinzipiell von der Gruppe der Botryopteroideae durch die Ausbildung der Sporangien und ihrer Vereinigung zu echten Synangien ab.

Anachoropteridaceae.

Anachoropteris Corda.

A. pulchra Corda (einschließlich Calopteris dubia Corda und Chorionopteris gleichenoides Corda). Mittleres Oberkarbon von Europa (Fig. 660—666). Einzige Art. Stamm unbekannt. Der Wedelstiel (ursprünglich allein die Bezeichnung A. pulchra führend), zeigt im Querschnitt ein hufeisenförmiges Bündel mit ± tiefer Einrollung der beiden freien Enden nach der Konkavseite zu. Die Lage des

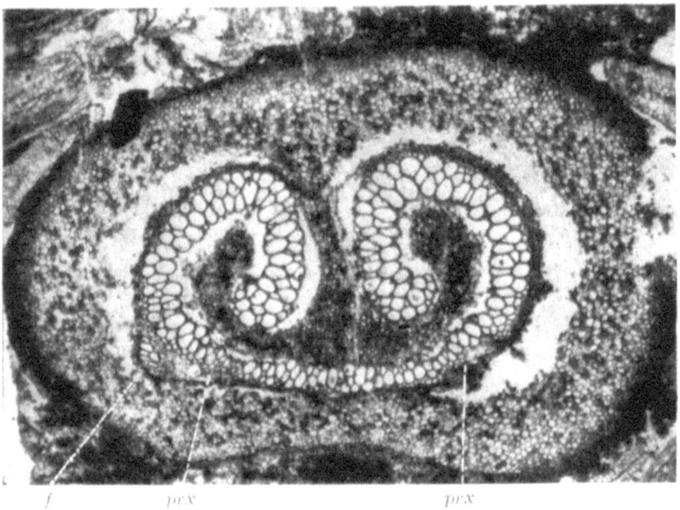

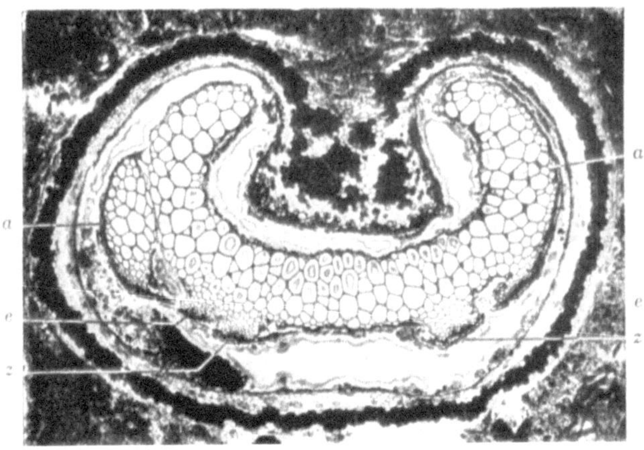

Fig. 661.

Anachoropteris pulchra Corda. Mittleres Oberkarbon.
Fig. 660. Querschliff durch die Wedelrhachis. *prx*: Protoxylem des Rhachisbündels; *f*: abgehendes Fiedernbündel. Ca. 12 ×. Aus Scott Studies I. 1920.
Fig. 661. Forma Decaisnei P. Bertrand. Querschliff durch die Wedelrhachis. *e*: äußere, *z*: innere Protoxylemgruppen; *a*: abgehendes Fiedernbündel. 11 ×. Nach P. Bertrand 1913.
Fig. 661a. Schematische Darstellung des Rhachisbündels. Links bei *a*: das abgehende Bündel einer Fieder erster Ordnung. Schwarz: Protoxylem, schraffiert: Metaxylem. Nach P. Bertrand 1913.

Fig. 662.

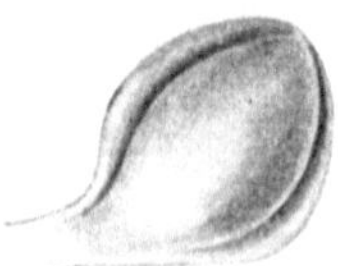

Fig. 662a.

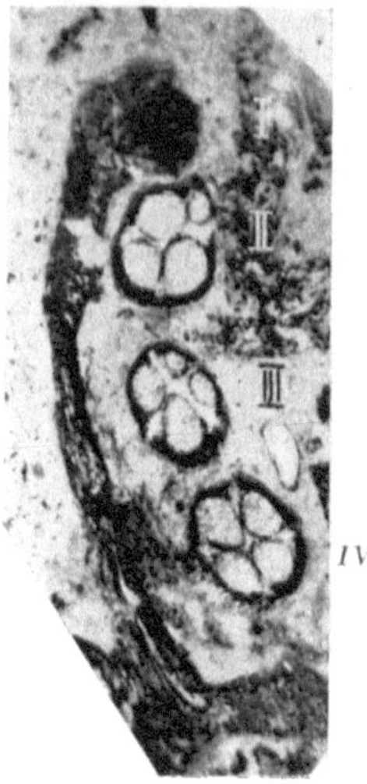

Fig. 663.

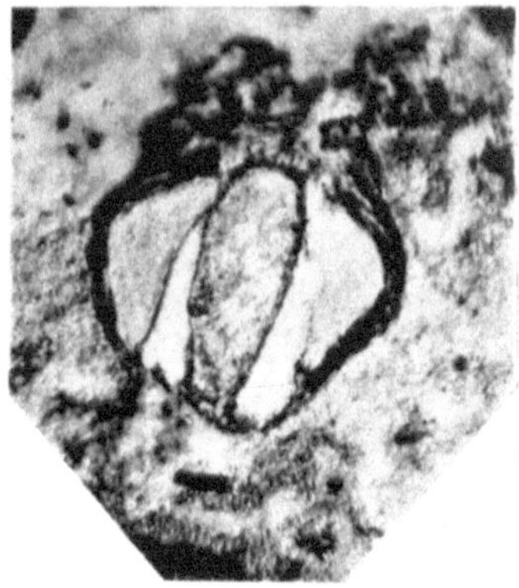

Fig. 664.

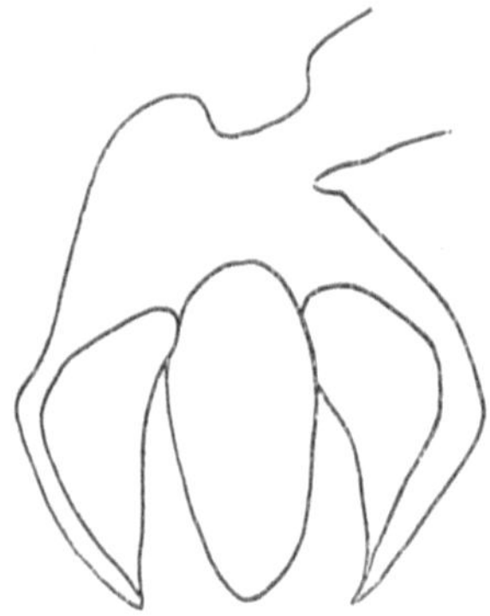

Fig. 664a.

Anachoropteris pulchra*Corda (Chorionopteris gleichenioides Corda).

Fig. 662. Schematische Darstellung einer Fieder letzter Ordnung mit den randständigen, fiedereinwärts gewandten tetrasporangiaten Synangien; in 662a: eines davon vergrößert. Ca. 9 bzw. ca. 30 ×. Original und nach Kubart 1916.

Fig. 663. Schräger Längsschliff durch eine Fieder letzter Ordnung; rechts davon (bei *I*, *II*, *III* und *IV*) ein Teil der zugehörigen Synangien (quer). Ca. 12 ×. Nach Kubart 1916.

Fig. 664. Synangium längs; drei Sporangien zerrissen. Ca. 18 ×; in 664a: die schematische Zeichnung dazu. Nach Kubart 1916.

Bündels im Blattstiel ist so, daß die Konvexseite die adaxiale ist. Metaxylemtracheiden vielreihig getüpfelt. Protoxylem an vier Stellen der Konvexseite des Bündels in Hervorragungen, die im Querschnitt becherförmig erscheinen. Aus den den Flanken des Blattstiels näher gelegenen äußeren Protoxylemgruppen nehmen die Bündel der Fiedernspindeln erster Ordnung ihren Ursprung. Ihre erste Querschnittsform zeigt das Schema der Fig. 661a. Weiter oben wiederholen sie im wesentlichen die Konfiguration des Rhachisbündels, zu der ihre Orientierung parallel ist. Rhachis und Fiedernspindeln mit vielzelligen, einzellreihigen Haaren besetzt.

Wedel mehrfach gefiedert, an den Abgangsstellen der Spindeln erster Ordnung von der Wedelrhachis Aphlebien. An den Spindeln letzter, d. h. zweiter oder dritter Ordnung (= Calopteris dubia) sphenopteridische Fiedern mit randständigen Synangien, zu welchen je vier Sporangien vereinigt sind (Fig. 662). Die einzelnen Sporangien, welche in dem Zustand, in dem sie erhalten sind, nur noch eine Wandschicht zeigen, werden von einer gemeinsamen mehrschichtigen Außenwand umhüllt; dünnwandiges Parenchym auch zwischen den einzelnen Sporangien (Fig. 663 u. 664). Die Öffnung des Synangiums, in dem alle vier Sporangien gleich weit entwickelt sind, fand offenbar durch Auseinanderweichen der vier Sporangien statt; diese selbst scheinen dabei an den Innenwänden aufgerissen zu sein. Sporen alle gleich groß, ca. 0,022 mm im Durchmesser und gegen 2000 in jedem Sporangium; im Exospor Verdickungsleisten.

Mit der synangialen Zusammenfassung der Sporangien sind hier, ähnlich wie bei Corynepteris (vergl. S. 512) Beziehungen zu den Marakiaceen hergestellt, die allerdings da wie dort wohl lediglich auf Konvergenz beruhen dürften und nicht eine nähere Verwandschaft ausdrücken werden. Bezüglich der Ähnlichkeit mit Zeilleria Kidston vgl. S. 674.

Literatur.

Corda, A. J., Beiträge zur Flora der Vorwelt. S. 90, T. 54, Fig. 10—16. Berlin 1845.

Kubart, B., Corda's Sphaerosiderite aus dem Steinkohlenbecken von Radnitz-Braz in Böhmen nebst Bemerkungen über Chorionopteris gleichenioides Corda. Sitzber. K. Akad. Wiss. Wien. Math.-nat. wiss. Kl. 120. 1911.

Kubart, B., Ein Beitrag zur Kenntnis von Anachoropteris pulchra, Corda. Denkschr. K. Akad. Wiss. Wien. Math.-naturwiss. Kl. Bd. 93. 1916.

Fig. 665.

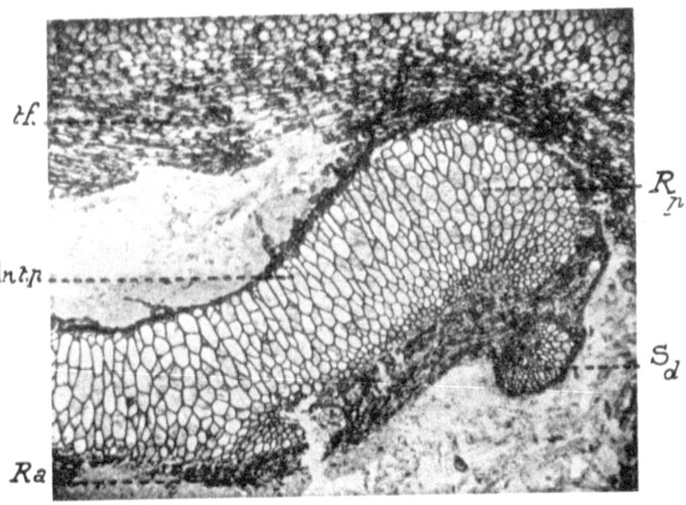

Fig. 666.

Gyropteris sinuosa Goeppert. Unterkarbon von Niederschlesien.

Fig. 665. Schematische Zeichnung des Rhachisbündels und der Bündel der Fiedern erster Ordnung (S). Schwarz: Protoxylem, schraffiert: Metaxylem. Ca. 6 ×. Nach P. Bertrand 1913.
Fig. 666. Rechter Flügel des in Fig. 665 dargestellten Rhachisbündels. 17 ×. Nach P. Bertrand 1909.

Möglicherweise gehört hieher auch

Gyropteris Goeppert.

G. sinuosa Goeppert. Unterkarbon von Glätzisch-Falkenberg in Niederschlesien. Bekannt ist nur der Wedelstiel mit Abgängen der Spindeln erster Ordnung. Auf Grund der Konfiguration des Rhachisbündels mit seinen vier Protoxylemgruppen, wovon nur die zwei äußeren etwas mit der Inervierung der Bündel der Fiedernspindel erster Ordnung zu tun haben, liegt eine gewisse Analogie mit Anachoropteris vor. Ob es sich um tatsächliche Verwandtschaft handelt, kann bei der derzeitigen Unkenntnis der Fruktifikation nicht entschieden werden.

Literatur.

Goeppert, Die foss. Flora des Übergangsgebirges. Nova Act. Leop. Carol. Bd. 22. Supplement. 1852.
Bertrand, P., Etudes sur la fronde des Zygoptéridées. S. 213—214. Lille 1909.
Sahni, B., On the Branching of the Zygopteridean Leaf and its relations to the probable »Pinna« Natur of Giropteris sinuosa Goeppert. Ann. of Bot. 32. 1918.

2. Ophioglossineae.

Ophioglossaceae.

Farne mit ausdauerndem kurzen und aufrechten Sproß oder kriechendem Rhizom. (Sproßstele bei Botrychium mit sekundärem Xylemzuwachs). Wedel in den typischen Fällen stets mit serialer Teilung in einen adaxialen fertilen und einen abaxialen sterilen Abschnitt. Beide ungefiedert oder gefiedert. Sporangien randständig.

A. Rezente Formen.

Bekannt in drei Gattungen mit im ganzen ungefähr 78 Arten.

Helminthostachys Kaulfuß. Eine Art; vom Himalaya durch ganz Vorder- und Hinterindien, Ceylon, den Sundainseln bis zu den Philippinen, Neukaledonien und Queensland.

Botrychium Swartz. Gegen 34 Arten; nahezu über die ganze Erde verbreitet.

Ophioglossum L. Gegen 43 Arten; in den gemäßigten und heißen Zonen beider Hemisphären.

B. Fossile Formen.

Solche sind mit Sicherheit nicht nachgewiesen[1]). Nach Gothan (1921) mag möglicherweise hieher gehören:

Ophioglossum eocaenum Massalongo. Eozän der Gegend von Verona; soll dem rezenten O. lusitanicum nahe stehen.

Literatur.

Schimper, W. Ph., Traité de Paléontologie végétale I. S. 679. Paris 1869.

---

[1]) Ein Rest ganz unklarer Stellung ist **Ophioglossites antiqua** Renault (Flore foss. Bassin houiller et permien d'Autun et d'Epinac Bd. 2. S. 30--32. Paris 1893/96).

3. Marattiineae.

Marattiaceae.

Farne mit mehr oder minder beträchtlich entwickeltem, zum Teil baumförmigem Stamm oder mit dorsiventralem Rhizom. Wedel entweder sehr groß und bis mehrfach gefiedert, oder kleiner und einfach oder nicht gefiedert. Sporangien superfiziell inseriert in Gruppen (Synangien) zusammen geordnet; doch ist zu bemerken, daß schon vom Palaeozoikum ab und bis zur Jetztzeit zwei Typenreihen nebeneinander her bestehen, die eine mit im Synangium nahezu freien Sporangien, die andere mit im Synangium untereinander verschmolzenen Sporangien. Öffnungsmechanismus wenig differenziert. Sporen isospor und sehr zahlreich.

A. Rezente Formen.

Bekannt in sieben Gattungen mit gegen 120 Arten von hauptsächlich tropischer Verbreitung.

1. Synangium mit annähernd freien Sporangien.

Angiopteris Hofmann. Gegen 62 Arten; von Polynesien bis Madagaskar, nördlich bis in die Länder des Himalaya.

Archangiopteris Christ und Giesenhagen. Eine Art; in Yünnan.

Macroglossum Campbell. Eine Art; in Borneo.

2. Synangien mit verschmolzenen Sporangien.

Marattia Swartz. Gegen 28 Arten; Tropen der Alten und Neuen Welt, und einer Art in Südafrika.

Protomarattia Hayata. Eine Art; in Tonkin.

Danaea Smith. Gegen 26 Arten; ausschließlich neotropisch.

Kaulfussia Blume (Christensenia Maxon). Eine Art; von Assam und den hinterindischen Inseln bis zu den Philippinen.

B. Fossile Formen.

1. Stammreste:

a) Strukturbietend erhaltene Stammreste.

Psaronius Cotta.

Die Gattung umfaßt die strukturbietend erhaltenen Stammreste von palaeozoischen Baumfarnen, deren Blattwedelreste unter den auf Wedel- und Fruktifikationsreste begründeten Gattungen Asterotheca, Acitheca, Ptychocarpus u. a. bekannt sind. Die nur inkohlt oder im Abdruck erhaltenen Stammreste von Psaronius gehen unter dem Namen Megaphyton Artis und Caulopteris Lindley und Hutton; worüber weiter unten (S. 566 ff.) zu vergleichen ist.

Im ganzen gilt für die Gattung vieles, was auch für die Stämme der rezenten leptosporangiaten Baumfarne, besonders der Dicksoniaceen und Cyatheaceen gilt. So ist auch für Psaronius bedeutende Stammlänge nachgewiesen und wenigstens eine Anzahl von Arten erreichte Stammhöhen von über 10 m. Was die Stammentwicklung betrifft, so sind gleichfalls da wie dort die Stämme nahe der Basis relativ dünn und schmächtig, entsprechend der Schmalheit des Stammscheitels in den ersten Lebensjahren des Baumes, der erst im Verlauf der weiteren Entwicklung erstarkt; dabei wird nach Erreichung einer gewissen Scheitelbreite diese im weiteren Wachstum annähernd beibehalten, so daß eine ziemlich gleichmäßige Stammstärke, die nur innerhalb geringer Werte noch ab- oder zunimmt, resultiert. Eine sekundäre Vergrößerung des Stammumfanges ist infolge fehlenden sekundären Dickenwachstums der Stämme nicht möglich. Der bei den unteren Stammpartien von Psaronius oft sehr beträchtlich entwickelte Wurzelmantel (vergl. Fig. 671 und 677) wird gebildet aus zwischen den Blattnarben, hauptsächlich nach Abfall der Wedel, hervortretenden Wurzeln, eine Erscheinung, die gleichfalls bei den rezenten leptosporangiaten Baumfarnen zu beobachten ist. In beiden Fällen dient der Wurzelmantel jedenfalls sowohl der Wasseraufnahme als, in seinem unteren Teil, auch der Stützung des Stammes, der infolge seiner — wie oben bemerkt — anfänglichen Dünnheit und des für die Farne charakteristischen Fehlens einer Hauptwurzel an sich nur relativ mangelhaft im Boden verankert ist. Was man an rezenten Baumfarnen oft sehr gut beobachten kann: daß die Basis der hohen Stämme bis einige Meter über dem Boden in einem nach unten an Breite ständig zunehmenden Wurzelmantel steckt, hat Grand' Eury auch für die im Loiregebiet bloßgelegten Stämme von Psaronius (bzw. Megaphyton und Caulopteris) nachgewiesen (Fig. 667).

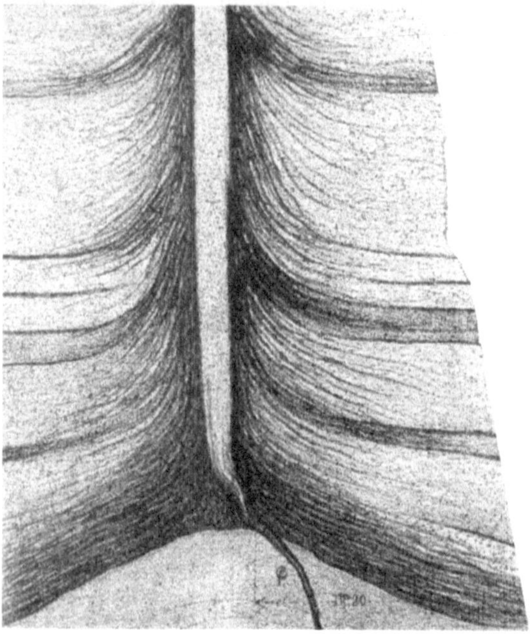

Fig. 667.
Psaronius-Stammbasis mit anhaftender Bewurzelung; aus dem Oberen Oberkarbon der Loire. Das abgebildete Stück war in Natur 3 m hoch. Nach Grand' Eury 1877.

Im einzelnen handelt es sich bei den im folgenden aufzuführenden palaeozoischen Baumfarnen um Stämme verschiedener Typen. In erster Linie ist die Anordnung der von den Stämmen getragenen Blattwedel eine mannigfaltige, womit Hand in Hand eine verschiedene Ausbildung der Achsenanatomie geht.

Was die Symmetrieverhältnisse am Stamm, mit andern Worten die Anordnung der Blattwedel betrifft, so finden sich folgende Formenkreise:

1. Psaronii distichi. Stämme mit alternierend zweizeilig gestellten Wedeln (= Megaphyton Artis, falls Stämme nicht strukturbietend erhalten), vgl. die Rekonstruktion Fig. 670.

2. Psaronii polystichi. Stämme mit entweder alternierend quirlig oder mit schraubig angeordneten Wedeln (= Caulopteris Lindley und Hutton bzw. Ptychopteris Corda, falls Stämme nicht strukturbietend erhalten).

Hier finden sich folgende Verschiedenheiten der Wedelanordnung:

a) Wedel in alternierenden Quirlen:
   1. Quirle zweigliedrig: Psaronii tetrastichi, vgl. die Rekonstruktion Fig. 676.
   2. Quirle drei- und mehrgliedrig: Psaronii polystichi verticillati (vgl. auch Fig. 685).

b) Wedel in schraubiger Anordnung: Psaronii polystichi spirales.

Für die Stammanatomie gilt ganz allgemein folgendes: Im Stamm selbst befinden sich in parenchymatisches Grundgewebe eingebettet mehr minder zahlreiche Leitbündelplatten, die nach dem Stamm zu $\pm$ stark konkav gebogen sind. Ihre Anordnung ist bei den einzelnen Gruppen verschieden und wird bei deren Besprechung behandelt. Zu unterscheiden ist im allgemeinen zwischen den stammeigenen Bündeln und den von ihnen abgegebenen Blattspurbündeln. Der Bau der Leitbündelplatten selbst ist der für viele Farne charakteristische: im Zentrum Xylem aus Treppentracheiden mit und ohne Xylemparenchym, rings außen ein Phloëmmantel. Protoxylemlage meist unbekannt.[1]) Sowohl an der Peripherie vor den äußersten Stammbündeln, den sog. Randbündeln als auch zwischen den weiter innen gelegenen Stammbündeln sind bei einer Anzahl von Arten Sklerenchymplatten entwickelt. Die Verkettung dieser mechanischen Plattensysteme folgt im wesentlichen der der Leitbündelplatten.

Kompliziert sind die anatomischen Verhältnisse des Wurzelmantels (Fig. 668 u. 669). Hier ist zwischen einer äußeren und inneren Zone zu unterscheiden. In ersterer sind die einzelnen Wurzeln untereinander frei, in der inneren, meist ausgedehnteren Zone dagegen liegen sie eingebettet in dichtes Parenchymgewebe. Was die Rindenpartien der Wurzeln beider Zonen betrifft, so sind sie verschieden ausgebildet. Die freien

[1]) Wie bei den rez. Marattiaceen fehlt den Bündelplatten der Stele die Endodermis.

Wurzeln, richtiger die freien Wurzelteile in der peripheren Mantelpartie zeigen in ihrer Rinde eine Differenzierung in eine innere, mehr minder lakunöse Partie und eine äußere aus dichtem Parenchym mit anschließender Epidermis. Zwischen beiden Rindenzonen ist ein Sklerenchymmantel eingeschaltet. Dagegen fehlt den Wurzelpartien des inneren Teiles des Stammwurzelmantels das Parenchym außerhalb der Sklerenchymscheide. Statt dessen gehen von den inneren Wurzelpartien, ringsum radial ausstrahlend, zahlreiche vielzellige Zellhaarfäden epidermalen Ursprungs aus und verflechten sich mit denen der Nachbarwurzeln zu einem engen Gewebe (Fig. 669). Zu diesem Gewirr von Pseudoparenchym treten dann noch in nächster Stammnähe ähnliche vielzellige Zellfäden, die ihren Ursprung von der periphersten (epidermalen) Schicht der sonst sklerenchymatischen eigentlichen Stammaußen-

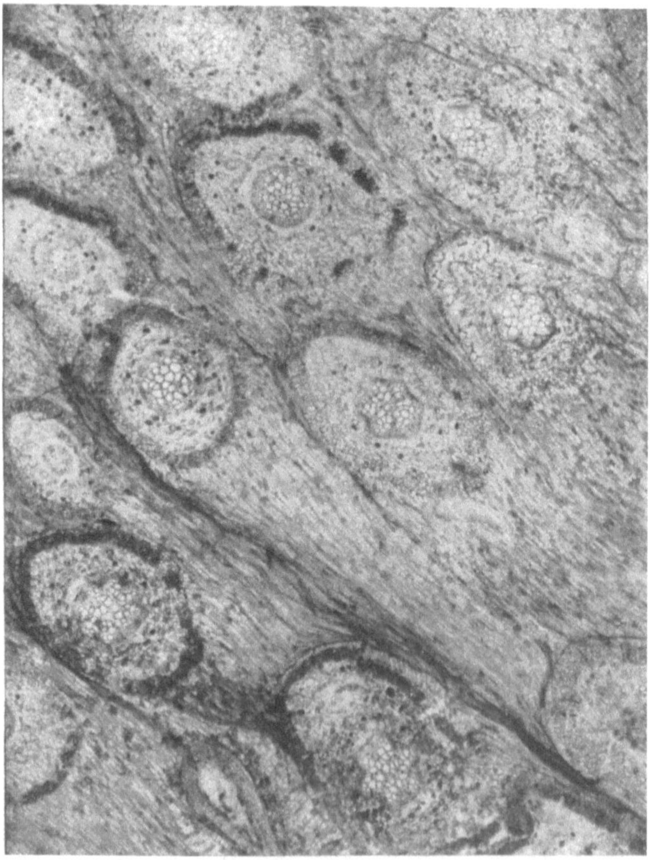

Fig. 668.
Psaronius spec. aus dem Permokarbon von Brasilien.
Innere Partie des Wurzelmantels in schrägem Querschliff. Die einzelnen Wurzeln mit 6—9strahligem Xylem, eingebettet in das von ihrer äußersten Rinde gebildete einheitliche Wurzelmantelgewebe. Ca. 7 ×. Aus Scott Studies I. 1920.

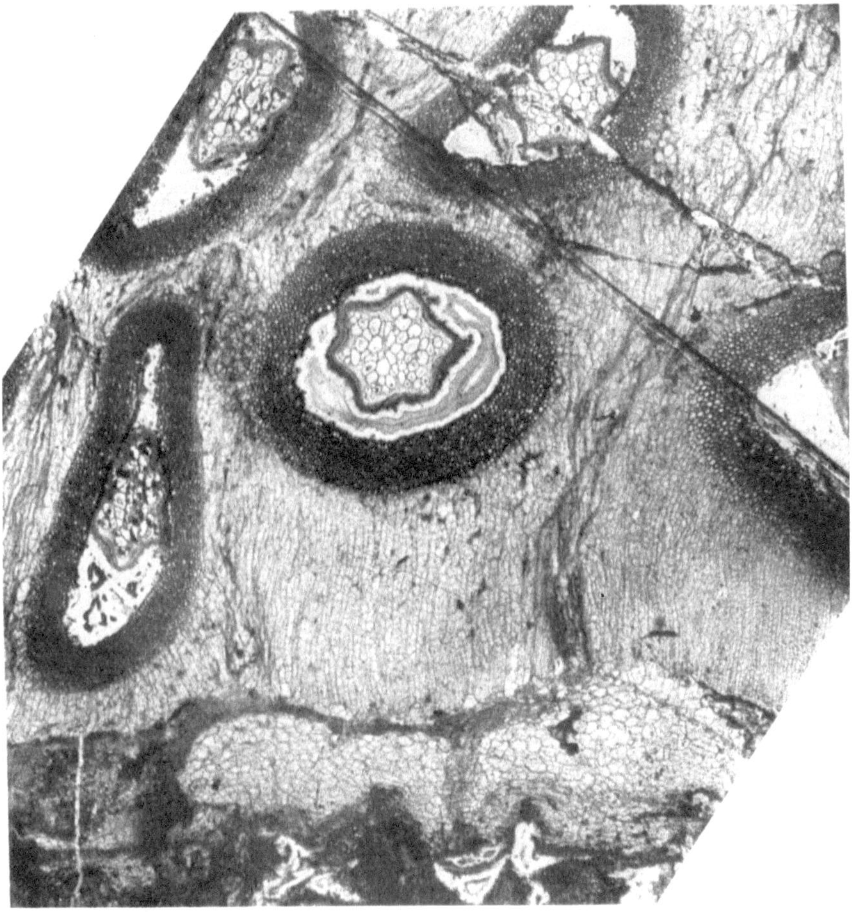

Fig. 669.
Psaronius spec. aus dem Mittleren Rotliegenden von Chemnitz.
Querschliff durch den inneren Teil des Wurzelmantels. An den einzelnen Wurzeln sind außer dem 6strahligen Xylem die sklerenchymatische Innenrinde und die parenchymatischen, untereinander zu einem einheitlichen Gewebe verwachsenen Außenrindenpartien zu erkennen. Ca. 11 ×. Slg. des Verf. Original.

rinde nehmen, so daß also tatsächlich auf diese Weise eine einheitliche Verbindung zwischen der eigentlichen Stammrinde und den inneren Partien des Wurzelmantels hergestellt ist.

Die Wurzeln selbst sind polyarch mit meist fünf bis neun exarchen Xylem- und ebenso vielen Phloëmstrahlen (Fig. 668 u. 669); also im Bau ganz ähnlich denen der rezenten Marattiaceen; ebenso wie bei diesen nehmen die Seitenwurzeln ihren Ursprung aus einem »Pedicule«.

A. Psaronii distichi (Fig. 670—675).

Der bei den Stämmen dieser Gruppe verhältnismäßig einfach gestaltete Leitbündelverlauf mag an Hand des schematischen Quer- und

Längsschnitts (Fig. 673 u. 674) erläutert werden. Im Stamm verlaufen auf eine größere Strecke links und rechts von der Stammachse und in einer Ebene senkrecht zu der, in welcher die Blattwedel am Stamm außen ansitzen, plattenförmige Leitbündelstränge. Der Verlauf der einzelnen nebeneinander ziehenden Bündel ist parallel und insgesamt schräge, so daß die einzelnen Bündel nach ± längerem Lauf an die Stammperipherie gelangen, wo sie blind zu enden scheinen oder möglicherweise auch mit dem jeweils nächstoberen anastomosieren, was mangels an bekannten Längsschliffen nicht festgestellt ist. Gelegentlich finden sich Querverbindungen zweier aufeinanderfolgender Bündel derselben Stammhälfte. Ob und in welcher Weise die einzelnen Bündelplatten jeder Stammseite in ihren unteren Partien in Verbindung sind, ist nicht ganz geklärt; in vielen Fällen hat es den Anschein, als ob sie nach unten, d. h. gegen die Stammmitte zu blind endeten und als ob nur gelegentliche Anastomosen, die aber nicht lokal präzisiert sind, eine allgemeine untere und innere Verbindung der Bündel untereinander hergestellt hätten. In anderen Fällen scheint ein annähernd in der Stammitte längsziehender Bündelstrang der nach links und rechts abgehenden und schräg hochziehenden Bündelplatten vorhanden zu sein, bzw. wie das in dem schematischen Längsschnitt (Fig. 674, hier getüpfelt) angenommen ist, ein sympodiales Zentralbündel, das die Verbindung der vertikal aufeinanderfolgenden, links und rechts abgehenden Bündelplatten, die natürlich gegen die Stammitte zu wesentlich schmäler sind, als gegen die Stammperipherie zu, darstellt.

Eine seitliche Verbindung je zweier aufeinanderfolgenden Bündelplatten (jeweils einer im Stamm links und einer rechts ziehenden) besteht immer nur auf einer Seite, und zwar pro Bündelpaar abwechselnd, bald auf der einen und auf der andern Seite. Aus dieser Verbindung je zweier Bündelplatten geht dann, indem sie sich das Verbindungsstück frei macht, das Blattspurbündel hervor, das eine relativ kurze Strecke im Stamm hochzieht, um dann, quer umbiegend, schnell in den Wedelstiel einzutreten; vgl. die Bündel und Bündelanlagen 1 bis 8 in Fig. 673 und 674.

Zusammenfassend handelt es sich somit um je nach der Stammstärke mehr minder vielfache Ineinanderschachtelung je zweier trichterförmig gegeneinander gestellter Leitbündelplatten, die wechselweise an einer Stammflanke ganz frei und an der gegenüberliegenden solange miteinander in Verbindung sind, bis aus dem sie bindenden Mittelstück die Blattspur sich ablöst. In Einzelheiten herrscht ziemliche Regellosigkeit, besonders was die Anastomosen der radial hintereinander- bzw. vertikal übereinanderliegenden Bündelplatten untereinander betrifft. Auch sind in manchen Fällen zwischen den eine Blattspur abgebenden gegenläufigen Platten noch Bündelplatten eingeschaltet, die keine Blattspur abgeben (Fig. 672 u. 675). Die polyarchen Wurzelbündel nehmen ihren Ursprung von allen Bündelplatten.

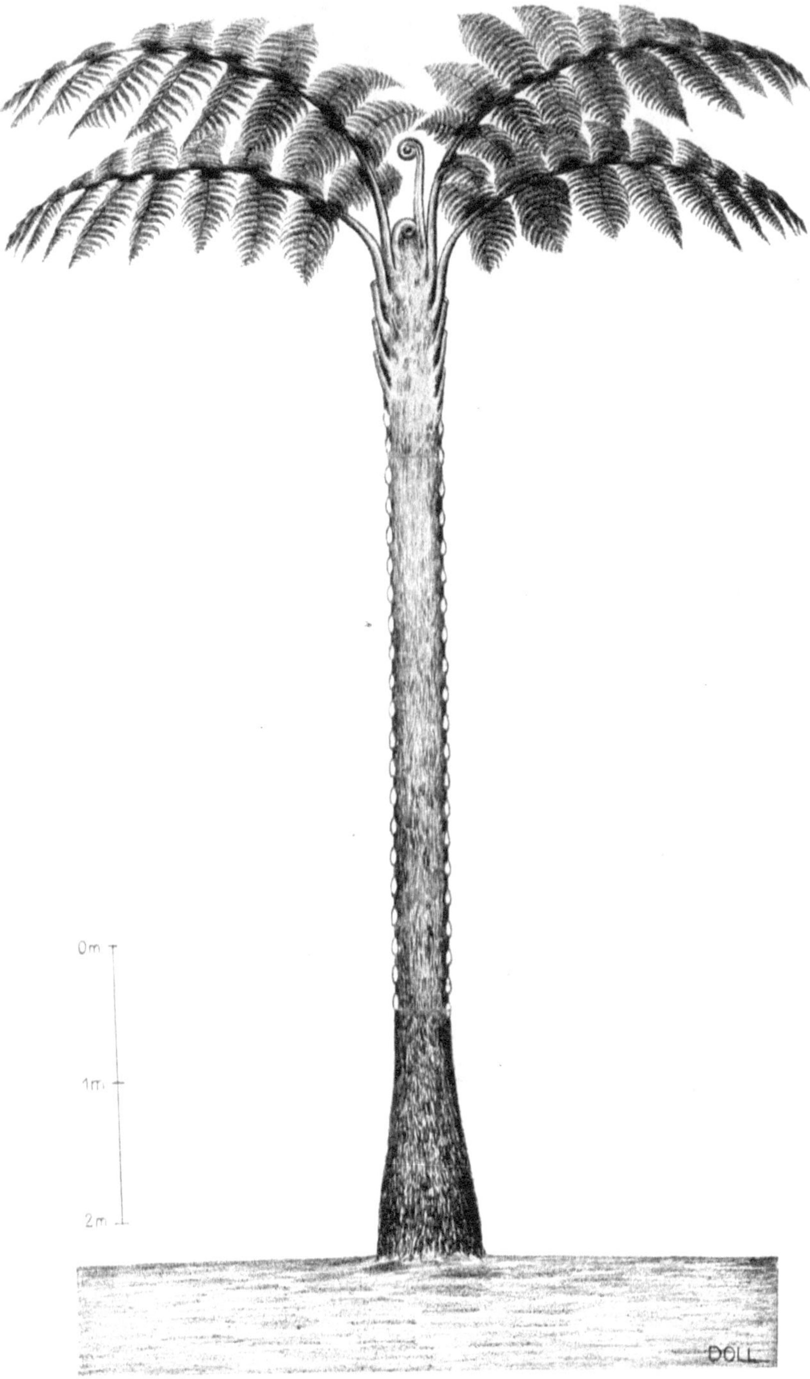

Fig. 670.
Megaphyton Artis. Rekonstruktion. Original.

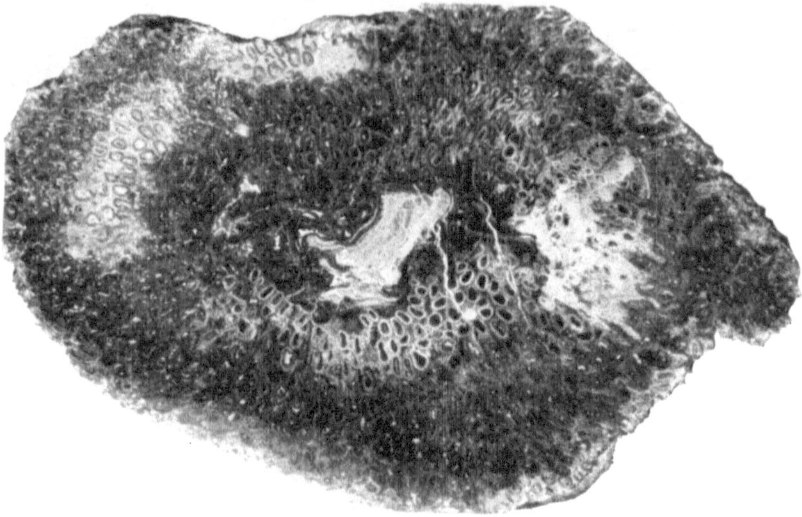

Fig. 671.
Psaronius simplex Unger. Mittleres Rotliegendes von Chemnitz. Querschliff. Partie nahe der Stammbasis. Wurzelmantel beträchtlich entwickelt. Die zweizeilig angeordneten Stammbündel dicht zusammengedrängt. Ca. ¾ nat. Gr. Original. (Slg. des Verf.)

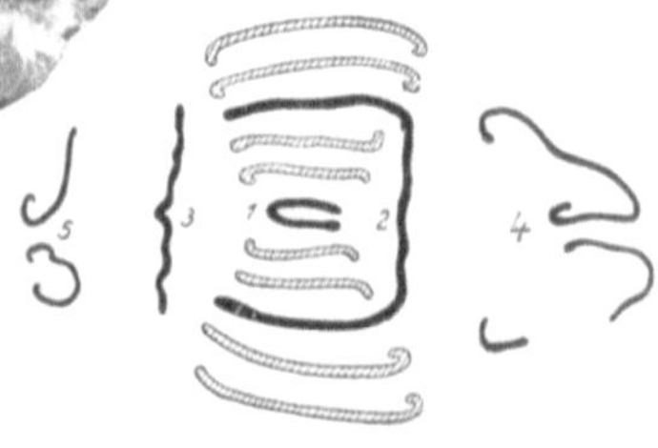

Fig. 672 u. 672a.
Psaronius simplex Unger. Mittleres Rotliegendes von Chemnitz. Querschliff. Partie aus dem oberen Teil eines älteren Stammes. Wurzelmantel nur noch schwach entwickelt. In Fig. 204a: schematische Darstellung der anatomischen Verhältnisse; schwarz: die die Blattspurbündel abgebenden Stammbündel; schraffiert: die keine Blattspurbündel abgebenden Stammbündel.
1—5: Blattspurbündel. Fig. 672: ca. ¾ nat. Gr. Fig. 672a: ca. ½ nat. Gr. Slg. Naturwissenschaftl. Museum in Chemnitz. — Original.

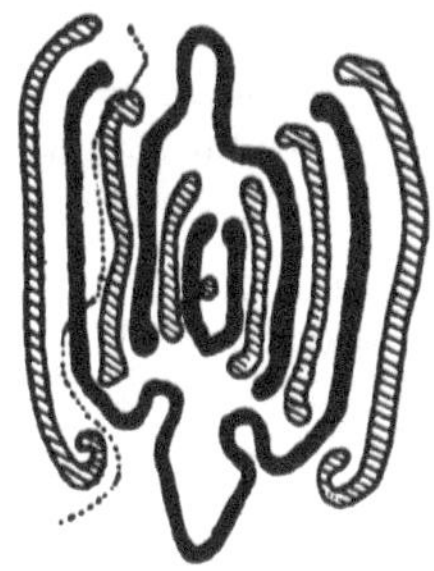

Fig. 675.

Fig. 675. Psaronius Ungeri Corda, forma flaccus Stenzel. Mittleres Rotliegendes von Chemnitz. Schwarz: die die Blattspurbündel abgebenden Stammbündel; schraffiert: die keine Blattspurbündel abgebenden Stammbündel. Links, seitlich der punktierten Linie, ergänzt. 4/1 nat. Gr. Nach Stenzel 1906.

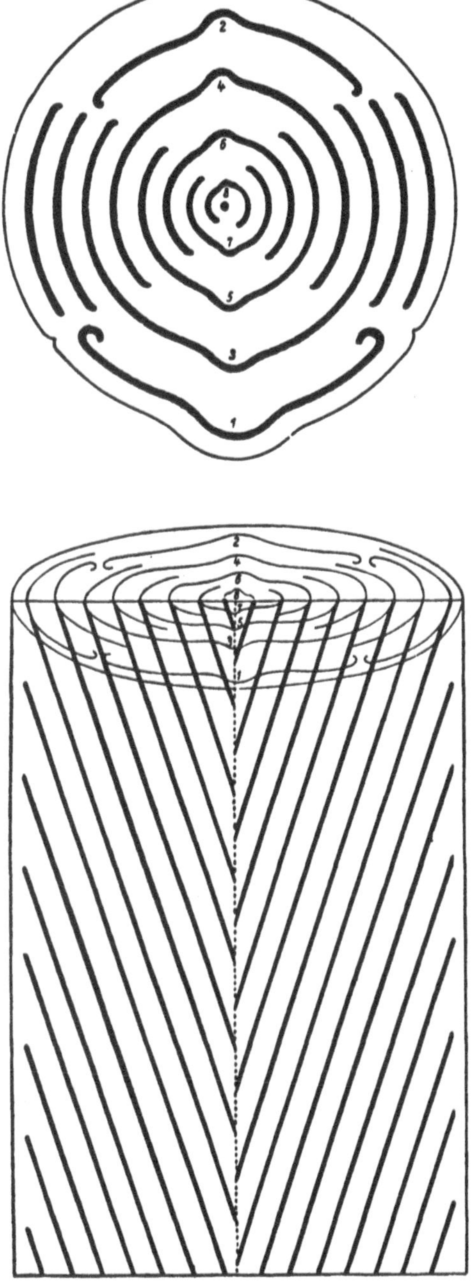

Fig. 673/674. Schema der Gefäßbündelanordnung und der Abgabe der Blattspurbündel (*1—8*) bei einem distichen Psaronius. Quer- und Längsschnitt. Original.

Die Systematik dieser Formen liegt, ebenso wie die der Psaronii polystichi, ziemlich im argen. Als unterscheidende Merkmale gelten Vorhandensein oder Fehlen einer Sklerenchymscheide rings um den die leitenden Elemente umfassenden Stammteil, sowie von Gummigängen im Stammparenchym; schließlich noch die Anzahl der im Querschliff vorhandenen Bündelplatten, obwohl hier, sowohl je nach dem Stammteil, von dem der Fossilrest erhalten ist, Schwankungen vorhanden sein werden (vergl. S. 562 bei Ps. cinctus) als auch sicher noch ziemlich starke Individualvariation in Rechnung zu ziehen sein dürfte.

a) Formen mit Sklerenchymscheide.

1. Mit Gummigängen.

Ps. tenuis Stenzel. Mittleres Rotliegendes von Chemnitz.

Ps. simplex Unger. Mittleres Rotliegendes von Chemnitz und Autun (Fig. 671 u. 672); mit zahlreichen Formen: forma simplex Stenzel, f. Brongniarti Zeiller, f. inermis Stenzel, f. integer Stenzel, f. conjugatus Stenzel.

Von dieser Art ist auch ein Stück mit erhaltener Stammoberfläche von Megaphytontyp bekannt: Wedelnarben 3,6 cm hoch und 1,2 cm breit, Abstand von Narbenmitte zu Narbenmitte in einer Zeile 7 cm.

2. Ohne Gummigänge.

Ps. Levyi Zeiller. Rotliegendes von Autun.

Ps. musaeformis Corda. Mittleres Rotliegendes von Chemnitz; mit den Formen: f. carbonifer Stenzel und f. scolecolithus Unger. Stärkster bekannter Stamm einschließlich Wurzelmantel 50 cm im Durchmesser.

Ps. spurievaginatus Stenzel. Mittleres Rotliegendes von Chemnitz.

b) Formen ohne Sklerenchymscheide.

Ps. Cottae Corda[1]). **Ps. Gutbieri** Corda. **Ps. Chemnitzensis** Corda und forma plicatus Stenzel. **Ps. Ungeri** Corda und forma flaccus Stenzel (Fig. 675). Sämtliche aus dem Mittleren Rotliegenden von Chemnitz.

B. Psaronii polystichi verticillati[2]).

Es sei zunächst eingegangen auf die Anatomie der Psaronii tetrastichi, wofür als Beispiel angeführt sei:

Ps. brasiliensis Brongniart. Vorweggenommen sei, daß — wie ein Blick auf die Fig. 677 zeigt — die beiden Glieder eines Quirls offenbar nicht ganz genau in einer Ebene gelegen haben, Verhältnisse, die sich mehr oder minder häufig und regelmäßig auch bei rezenten Pflanzen mit quirliger Blattstellung finden.

In der Achse ist zu unterscheiden zwischen sog. »Bündelstelen« und »Peripheriestelen«. Die ersteren liegen im Stamm schräg nach oben ziehend hintereinander, in den zwei Ebenen, in welchen die Wedel am Stamm angeordnet sind. Die andern, diagonal gestellt, an den freien Ecken dazwischen und immer zwischen zwei aufeinanderfolgenden Bündelstelenpaaren. In dem abgebildeten Schliff (Fig. 677) sind F_1 und F_2 die beiden ältesten Blattbündelstelen; F_1 liegt bereits so weit außen am Stamm, daß die sie umziehende Sklerenchymscheide sich bereits innerhalb wieder zu schließen beginnt, während F_2 noch außerhalb von ihr eingeschlossen ist. A und B sind die Bündelstelen des nächst jüngeren mit F_1 und F_2 alternierend gestellten Wedelpaares; D und E

---

[1]) Möglicherweise gehören zu dieser Art die als Xylopsaronius Cottae beschriebenen Psaroniusreste, von denen irrtümlich Sekundärxylembildung behauptet wurde. Betr. Literatur s. S. 566.

[2]) Beiläufig sei übrigens bemerkt, daß die bei den Psaronii polystichi verticillati sich findende alternierende quirlige Wedelstellung den rezenten Farnen, zumindestens den leptosporangiaten, nicht ganz fremd ist. So bildet — was in der morphologischen Literatur sonst aber keine Beachtung fand — H. Christ (Die Geographie der Farne, S. 247 Fig. 103) einen Stamm von Cyathea Schanschin aus Brasilien mit alternierend quirliger Organstellung ab; und Verfasser fand (im Garten des Hotels Santa Brigida auf Grand Canaria) einen ca. 2 m hohen Stamm von Cyathea spec., bei dem bis ca. 50 cm über dem Erdboden zwar zunächst schraubige Wedelstellung, von da ab aber dann über $1^1/_2$ m Stammlänge bis zum Stammscheitel dauernd und ungestört alternierend-fünfgliedrige Quirlstellung vorlag. Bower (The Ferns I., S. 68) hat ferner für Amphicosmia Walkerae dreigliedrige alternierend-quirlige Wedelstellung nachgewiesen.

Fig. 676.
Obere Stammpartie eines tetrastichen Psaronius. Rekonstruktion. Original.

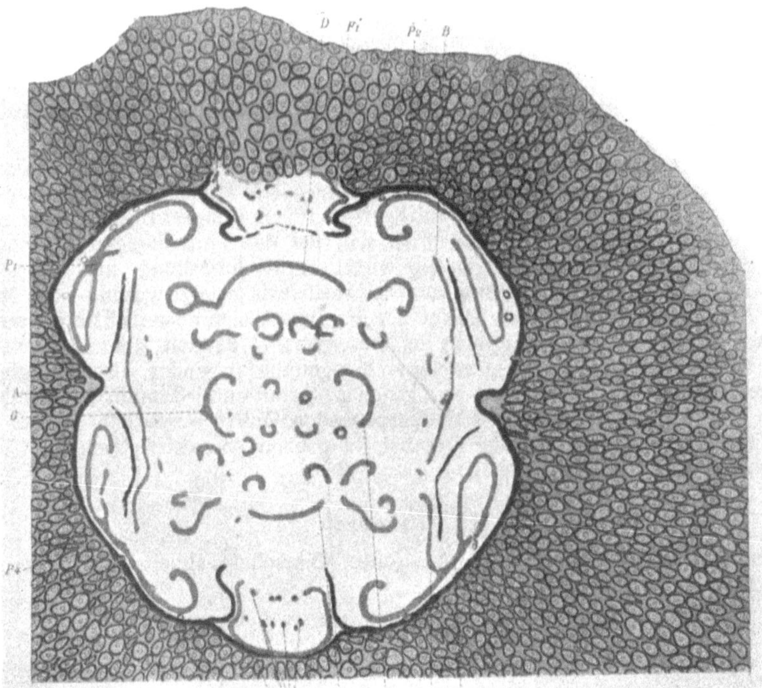

Fig. 677.
Psaronius brasiliensis Brongniart. Permokarbon von Brasilien. Querschliff durch den Stamm. Außen der Wurzelmantel. Bezüglich weiterer Erklärung vgl. den Text S. 554/6. $^3/_4$ nat. Gr. Nach Zeiller 1890.

die übernächsten jüngeren wieder über F_1 und F_2, die noch jüngeren G und H wieder über A und B. P_1, P_2, P_3 und P_4 sind die vier zwischen F_1 und F_2 einerseits und A und B anderseits liegenden Peripheriestelen. Ihnen entsprechen weiter innen zwischen den Bündelstelen D/E und G/H weitere, die in der Figur nicht mehr eigens mit Buchstaben versehen sind. Die Peripheriestelen stellen die eigentlichen stammeigenen Bündel dar, von ihnen geht eine allgemeine Verbindung der Stelenelemente im Stamm aus, insofern von ihnen Bündelteile abgegeben werden, die vor Abgang der Bündelstelen in die Blattwedel jene erreichen. (Für P_1—P_4 sind das die innerwärts davor liegenden und durch Anastomosen verbundenen Bündelpartien, so z. B. vor P_3 das mit C bezeichnete, das den Anschluß mit der in der Figur unteren Hälfte von Blattbündel B herstellt; usw.) Außerdem nehmen von den Peripheriestelen die Wurzeln ihren Ursprung. Im ganzen sind die Peripheriestelen schräg verlaufende viertelkreisförmig stammeinwärts gebogene Platten, deren je vier eine Art Trichter bilden. Indem vom Stammzentrum aus immer wieder neue Peripheriestelen entstehen, und die älteren bei ihrem Verlauf im Stamm allmählich weiter und weiter nach außen gelangen, entsteht wieder, ähnlich wie bei den Psaronii distichi, ein System ineinander gesteckter Trichter. Ob die oberen Partien der Peripheriestelen blind enden oder etwa analog, wie das für die Stammstelen der Psaronii distichi als möglich nahegelegt wurde, miteinander anastomisieren, ist auch hier unbekannt, ebenso wie ihre Verkettung nach der Stammitte zu.

Bezüglich der Systematik der hieher gehörigen Formen, so ist voraus zu bemerken, daß von Stenzel und andern insofern ein Fehler gemacht wurde, als zwischen Psaronii tetrastichi mit quirliger und schraubiger Blattstellung unterschieden wurde. Tatsächlich handelt es sich bei den einschlägigen Formen insgesamt um Psaronien mit zweigliedrig wirteliger Wedelstellung, nur daß — wie das schon an Hand der Darstellung von Ps. brasiliensis gezeigt wurde — die Glieder eines Wirtels nicht ganz in einer Ebene liegen. Daß es sich aber nicht etwa um eine echte schraubige Organstellung nach der Divergenz ¼ handelt, geht ohne weiteres daraus hervor, daß die Bündel je zweier sich gegenüber liegender, also zum gleichen Quirl gehöriger Wedel, stets annähernd gleich groß sind und jedenfalls die Bündel der Glieder des nächstfolgenden und vorhergehenden Quirls wesentlich kleiner bzw. größer sind, wie das für quirlige Organstellung eben charakteristisch ist. Unterschieden werden folgende Formen:

a) Mit Gummigängen.

Ps. brasiliensis Brongniart. Aus (aller Wahrscheinlichkeit nach) permischen Schichten von Brasilien (Fig. 677).

Ps. pusillus Unger. Mittleres Rotliegendes von Chemnitz.

b) Ohne Gummigänge.

Ps. asterolithus (Cotta) Stenzel, einschließlich Ps. speciosus Corda. Mittleres Rotliegendes von Chemnitz, Rotliegendes von Autun.

Ps. arenaceus Corda. Rotliegend-Kohlensandstein von Chomle bei Radnitz in Böhmen.

Psaronii polystichi mit drei- und mehrgliedrigen alternierenden Wedelquirlen.

Die hieher gehörigen Psaronien gehören hinsichtlich ihrer Anatomie folgenden drei Typen an.

Ps. bibractensis Renault (Fig. 678). Die Stämme sind bekannt mit sechsgliedrig alternierenden Wedelquirlen. Die Anatomie dieses Typs ist eine im Vergleich zu der des nachfolgend zu schildernden Ps. infarctus verhältnismäßig einfache. Es handelt sich im ganzen, wie schon bei den

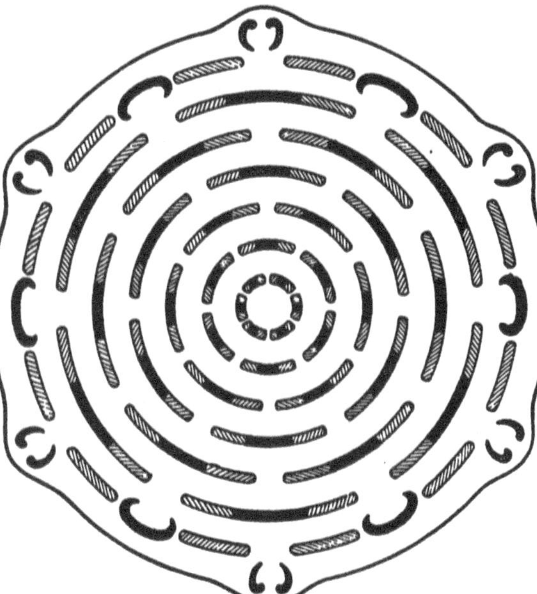

Fig. 678.

Psaronius bibractensis Renault aus dem Rotliegenden von Autun.

Fig. 678. Schematische Darstellung der Stammbündelanordnung und Blattspurbündelabgabe. Die Blattspurbündel bzw. die mittleren Partien der Stammbündel, aus denen sie hervorgehen, sind in den aufeinanderfolgenden Quirlen abwechselnd kreuz schraffiert und schwarz gezeichnet. Übrige Stammbündelteile einfach schraffiert. Original.

vorher besprochenen Formen, wieder um ein System ineinandergeschachtelter Bündeltrichter, deren jeder aus ebensoviel Einzelbündelplatten besteht, als Glieder in einem Wedelquirl sind, wobei die einzelnen Stelenplatten der aufeinanderfolgenden Trichter miteinander alternieren. Die Abgabe der Blattspurbündel eines Wedelquirls erfolgt aus der Mitte jeden Bündels eines Trichters, und zwar jeweils desjenigen, der mit seinem oberen Ende gerade die Stammperipherie in der Höhe des zu innervierenden Wedelquirls erreicht. Während der jeweils mittlere Teil einer jeden Stelenplatte zur Blattspur wird, ziehen die beiden sie flankierenden Partien links und rechts noch eine kurze Strecke im Stamm hoch, um sich dann zu verlieren (vgl. den äußersten Quirl in Fig. 678). Wie dieses Sichverlieren der erwähnten Flankenpartien der einzelnen Stelen jeden Trichters nach erfolgter Blattspurbündelabgabe vor sich geht, ob mittels Anastomose mit den entsprechenden Partien des nächstfolgenden Trichters oder in blindem Enden, steht wiederum nicht fest, ebenso auch

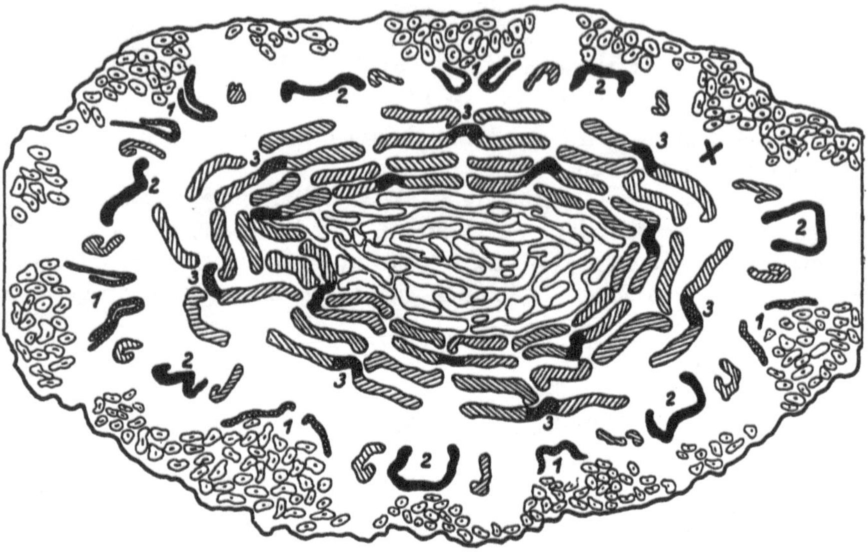

Fig. 679.

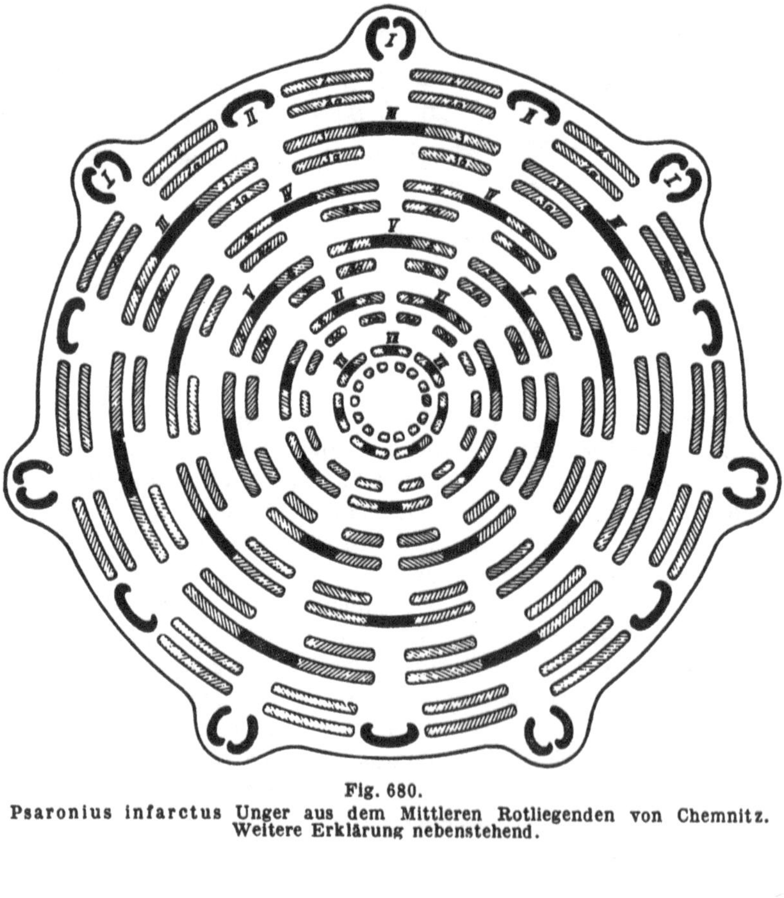

Fig. 680.
Psaronius infarctus Unger aus dem Mittleren Rotliegenden von Chemnitz.
Weitere Erklärung nebenstehend.

Fig. 679. Darstellung der Bündelanordnung im Stamm. Nach dem bei Zeiller 1890 Textfig. 38 (S. 208) veröffentlichten Schliff des Pariser Museums. ⁴/₃ nat. Gr. Blattspurbündel der aufeinanderfolgenden Quirle kreuzschraffiert (*1* u. *3*) bzw. schwarz (*2* u. *4*). Übrige Bündelteile einfach-schraffiert; innerste Bündel nicht schraffiert. Bei × fehlt eines der Blattspurbündel des (kreuzschraffierten) äußersten Quirls. Sklerenchymplatten nicht eingezeichnet. Zu äußerst am Stamm zahlreiche quergetroffene Wurzeln. Original.

Fig. 680. Schematische Darstellung der Stammbündelanordnung und der Blattspurbündelabgabe. Über weiteres vgl. den Text S. 559. Original.

nicht für die noch zu schildernden Formen. Auch die allenfallsige Verbindung der untersten Partien in der Stammitte ist nicht aufgeklärt.

Ps. infarctus Unger (Fig. 679 u. 680). Blattwedel in fünf- bis siebengliedrigen Quirlen. Die Komplikation gegenüber Ps. bibractensis besteht darin, daß parallel mit den die Blattspurbündel abgebenden Bündelplatten eines jeden Stelentrichters noch (vielleicht infolge serialer Abspaltung von den Flanken jeder Trichterplatte) ein weiterer »sekundärer« Trichter herzieht, dessen Teilstücke mit der Wedelbündelabgabe nichts zu tun haben. Der schematische Querschliff der Fig. 679 macht das klar. Die römischen Zahlen *I—VII* bezeichnen die Blattspurbündel, bzw. (an den Stelenplatten von weiter innen im Stamm getroffenen Stelentrichtern) diejenigen Partien, aus denen weiter oben im Stamm noch Wedelbündel hervorgehen. Die arabischen Zahlen *2—6* bezeichnen die Flankenpartien der die Wedelbündel abgebenden Trichterstelen, während *2a—6a* die je sieben Plattenpaare jeden »Sekundärtrichters« sind[1]).

Entsprechend der Tatsache, daß fast unmittelbar nach Abgabe des Blattspurbündels sowohl die Flankenteile jeder Stelenplatte als die jeweils innerwärts davon gelegenen Stelenplatten des je zugehörigen »Sekundärtrichters« auf dem Querschnitt verschwinden, sind in dem Schema Fig. 680, die zu den mit römisch *I* bezeichneten Blattspurbündeln gehörigen Stelenplatten 1 und 1*a* bereits nicht mehr zu sehen. Ebenso die zu Quirl 1 gehörigen in Fig. 679. Übrigens ist in Fig. 679 deutlich zu erkennen, daß die Glieder eines Wedelquirls nicht in ganz genau gleicher Höhe, sondern offenbar einer für jeden Quirl eigenen, allerdings sehr flachen Schraubenlinie folgend inseriert sind, was an der in aufeinanderfolgender Reihe verschieden weit fortgeschrittenen Fertigstellung der Blattspurbündel eines jeden Quirls zu ersehen ist.

Ein anatomischer Typus, der sich prinzipiell umgekehrt wie Ps. bibractensis verhält, wird dargestellt durch

Ps. quadrangulus Stenzel (Fig. 681 u. 682). Stamm mit viergliedrig alternierenden Wedelquirlen. Im Querschliff zeigen sich je vier in einen Kreis gestellte Platten immer alternierend mit den je vier des nächst äußeren und nächst inneren Kreises. Wenn es zur Abgabe der Blattspurstränge (im äußersten Bündelkreis) kommt, werden diese so gebildet, daß jede Platte am Rand links und rechts ein schmales Band ab-

---

[1]) Für den 7. noch in der Figur gezeichneten Bündelquirl sind der Kleinheit der Figur wegen keine Zahlen mehr eingetragen.

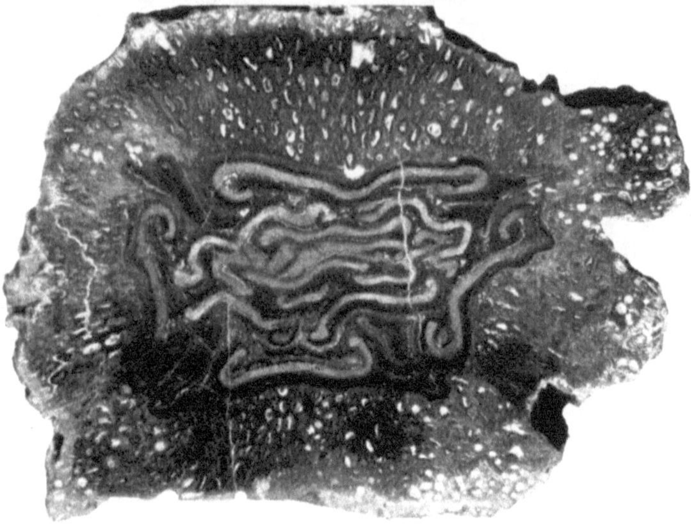

Fig. 681.

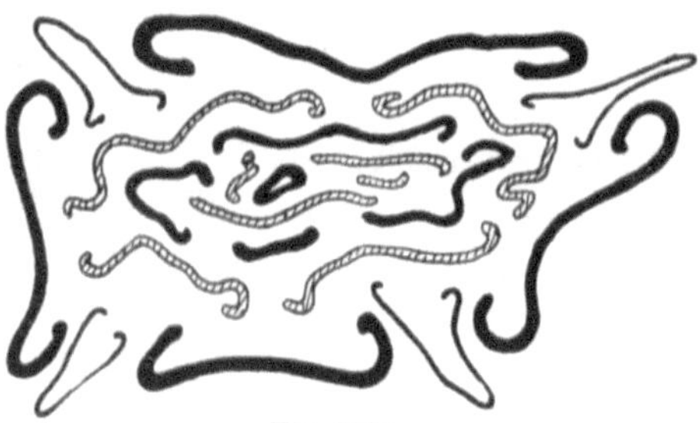

Fig. 681a.

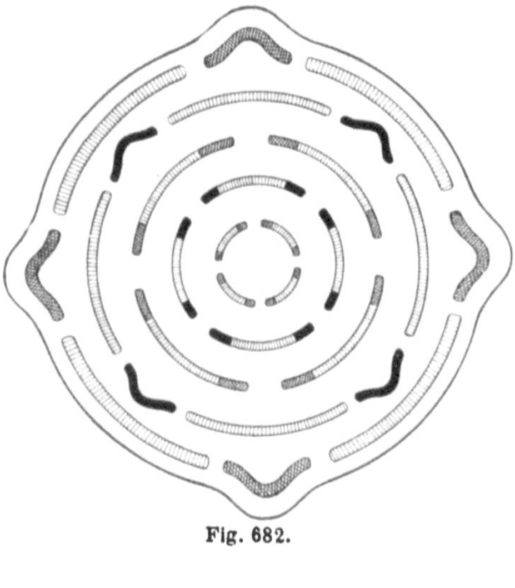

Fig. 682.

Fig. 681—682. Psaronius quadrangulus Stenzel aus dem Mittleren Rotliegenden von Chemnitz.

Fig. 681. Querschliff durch einen Stamm. Zu äußerst der Wurzelmantel. $^1/_1$. Slg. des Naturwissenschaftl. Museums zu Chemnitz. — Original.

Fig. 681a. Halbschematische Bündeldarstellung aus Fig. 681. Die einzelnen alternierenden Stammquirle schwarz bzw. schraffiert. Zwischen dem äußersten Stammbündelquirl die Blattspurbündel. Im zweitäußersten (schraffiert gezeichneten) Plattenquirl bereitet sich die Abgabe der die Wedelbündel liefernden Teile vor, was an der starken Wellung der Randpartien zu erkennen ist. — Original.

Fig. 682. Schema der Bündelverteilung und Blattspurbündelabgabe. Die Blattspurbündel bzw. die ihnen entsprechenden Teile der Stammbündel in den aufeinanderfolgenden Quirlen kreuzschraffiert bzw. schwarz. — Original.

trennt und je zwei Bänder mit den einander zugekehrten Seiten zu einem hufeisenförmigen Blattspurstrang zusammentreten.

Klar ist, daß auch bei Ps. quadrangulus die im Querschliff sichtbaren Bündelstränge plattenförmigen Bündeln entsprechen, die im ganzen wieder von innen nach oben und außen schräg im Stamm verlaufen und ein System ineinandergeschachtelter Trichter bilden, wie das bereits für die di- und tetrastichen Psaronien und Ps. infarctus geschildert wurde.

Ganz allgemein gilt für alle diese Formen mit quirliger Wedelstellung, daß je weiter mittwärts man einen Querschnitt verfolgt, d. h. je weiter unten und in je jüngerem und noch weniger weit differenziertem Zustand man eine Bündelplattentrichtereinheit untersucht, daß desto relativ regelloser die Verhältnisse werden und um so mehr abweichend von der an der Stammperipherie herrschenden zahlenmäßigen Regelmäßigkeit. Biologisch ist das auch wohl »erlaubt«; kommt es doch zwar am Rand, wo die Zahlenverhältnisse durch die alternierenden Quirle gegeben sind, auf zahlenmäßige Präzision an; weiter innen dagegen zunächst nur darauf, daß die Bündel ihre Wasser- und Baustoffe leitende Funktion erfüllen.

Was die spezielle Systematik der hiehergehörigen Formen betrifft, so werden folgende Formen unterschieden:

a) Stammanatomie vom Typ des Ps. infarctus Unger.

Ps. infarctus Unger. Mittleres Rotliegendes von Chemnitz, Rotliegendes von Neu Paka in Böhmen und des Kyffhäuser (Fig. 679 u. 680). Eigentlicher Stamm bis 11 cm und mehr im Durchmesser, Quirle fünf- bis siebengliedrig, Sklerenchymscheide vor den Randbündeln unterbrochen. Bündel in bis zu neun konzentrischen Kreisen; keine Gummigänge.

b) Stammanatomie vom Typ des Ps. bibractensis Renault.

Ps. bibractensis Renault. Rotliegendes von Autun und von Böhmen (Fig. 678) Quirle sechsgliedrig.

Ps. Faivrei Zeiller. Rotliegendes von Autun, Quirle fünfgliedrig.

Ps. hippocrepicus Zeiller pro var. Rotliegendes von Autun.

Ps. rhomboidalis Zeiller. Rotliegendes von Autun.

c) Stammanatomie vom Typ des Ps. quadrangulus Stenzel.

Ps. quadrangulus Stenzel. ·Mittleres Rotliegendes von Chemnitz (Fig. 681 u. 682). Eigentlicher Stamm drei und mehr Zentimeter im Durchmesser, Blätter in viergliedrigen alternierenden Quirlen.

Ps. Freieslebeni Corda. Oberstes Oberkarbon. (Schieferton zwischen den Oberen Kohlenflözen von Ober-Hohendorf bei Zwickau in Sachsen und Kohlensandstein von Chomle bei Radnitz in Böhmen.) Eigentlicher Stamm bis zu 8 bis 9 cm im Durchmesser bekannt, einzelne Quirle dreigliedrig. Keine Gummigänge. Forma triquetrus Stenzel. Mittleres Rotliegendes von Chemnitz, eigentlicher Stamm nur ca. 5 cm stark, sonst wie die Art.

Ps. pictus Stenzel. Mittleres Rotliegendes von Chemnitz. Stamm nur gegen 4 cm im Durchmesser, Quirle fünfgliedrig, Sklerenchymscheide um die Blattbündel unterbrochen. Bündel in bis zu sechs konzentrischen Kreisen; mit Gummigängen.

Ps. cinctus Stenzel. Mittleres Rotliegendes von Chemnitz. Eigentlicher Stamm bis 6 cm im Durchmesser, Sklerenchymscheide ringsum ausgebildet. Keine Gummigänge. Quirle fünfgliedrig, bis zu sechs Bündelkreise im Stamm.

Zu dieser Art gehört das längste strukturbietend bekannte Stammstück von Psaronius: ein Stamm von 5,27 cm Länge, wobei Basis und Spitze noch fehlen. Der ganze Stamm, soweit er erhalten ist, ist von einem Wurzelmantel von nicht sehr bedeutender Tiefe umgeben, so daß wohl anzunehmen ist, daß es sich bei dem vorliegenden Stück noch nicht um die untere Stammpartie, die sicher einen viel breiteren Wurzelmantel[1]) hatte, handelt. Wurzelhülle unten 4,5 cm, oben 1,5 cm tief, Stammdurchmesser unten 18 × 12 cm, oben 12 × 8,5 cm (auf normal berechnet ca. 15 bzw. 10,2 cm). Während somit bei diesem Individuum der Stammdurchmesser nach oben abnimmt, nimmt die Zahl der Glieder pro Wedelquirl zu. Sie beträgt im untersten Stammquerschnitt drei, im oberen fünf (Sterzel 1918, S. 252/53). — Bekannt ist von dieser Art auch ein Stammstück von 1,83 cm Länge und einem Durchmesser von 13 × 16 cm und mit wohlerhaltener Stammoberfläche mit Caulopteris-Oberflächenskulptur. Wedelquirle fünfgliedrig. Das Stück rührt von der oberen Stammpartie her, an der der Wurzelmantel noch nicht entwickelt war (Sterzel 1918, S. 250 und T. 4, Fig. 66). Beide Stücke zusammen zeigen, wie individuell verschieden der Stammdurchmesser ist und daß selbst am selben Stamm die Zahl der Glieder eines Wedelquirls wechseln kann.

Ps. procurrens Stenzel. Fundort unbekannt. Stamm wie bei der vorigen Art, Wedelquirle fünfzählig, Sklerenchymscheide ringsum, keine Gummigänge, gegen sieben Bündelkreise im Querschnitt.

Ps. octangulus Stenzel pro var. Mittleres Rotliegendes von Chemnitz. Stamm mit achtgliedrigen Quirlen, sonst ganz ähnlich Ps. quadrangulus. — Bekannt auch in einem Stück, das Caulopterisstammskulptur zeigt.

C. Psaroni polystichi spirales.

Die Stellung der Wedel bei dieser Gruppe ist ganz dieselbe wie sie sich auch bei nahezu allen rezenten leptosporangiaten Baumfarnen findet, eine Stellung bei der, wie das für die rezenten Farne mit radiärer Symmetrie und schraubiger Wedelstellung nachgewiesen ist[2]), die sämtlichen Wedel auf einer Grundspirale und nach der Limitdivergenz von 137° 30′ 28″ aufgereiht sind.

Daraus ergibt sich ohne weiteres, daß die von Stenzel und Sterzel vorgenommene Einteilung der Psaronii polystichi spirales in 3-, 5- und 8zeilige haltlos ist; denn das, worauf sich die Einteilung bezieht: daß die Stammreste im Querschnitt an der Peripherie drei, fünf oder acht Blattspurbündel getroffen zeigen, bedeutet ja nur soviel, daß bei den Stücken mit drei Blättern im Querschnitt der Vertikalabstand der einzelnen der Grundspirale folgenden Wedel nur ein größerer ist als bei den Formen, wo ein Querschnitt fünf oder gar acht Blattspurbündel trifft — eine Sache übrigens, die, wovon man sich bei Beobachtung lebender Baumfarne leicht überzeugen kann, am selben Individuum wechseln kann.

Was die Stammanatomie (Fig. 683) der hieher gehörigen Formen betrifft, so ist sie ganz allgemein dadurch charakterisiert, daß die auch hier vorhandenen plattenförmigen Stammbündel im ganzen eine trichterförmige Wendeltreppe bilden, zu der mit fortschreitendem Längenwachstum des Stammes von innen heraus immer wieder neue plattenförmige Bündelabschnitte hinzutreten, während die jeweils

[1]) Vgl. diesbezüglich die Angaben für Ps. Weberi S. 564.

[2]) Worüber in einer anderen Abhandlung ausführlicher zu berichten sein wird.

unteren und äußersten nach Abgabe des Blattspurbündels allmählich, offenbar blind endend, sich an der Stammperipherie verlieren. Die Art der Abgabe der Blattspurbündel aus dem dem Gang der Grundspirale folgenden schraubig gereihten Stammbündelplattensystem erfolgt, indem etwas unterhalb den Stellen, wo am Stammäußern die zugehörigen Wedel ansitzen, im Abstand der Limitdivergenz je ein Bündelabschnitt sich von dem Stammbündelsystem ablöst und dann nach kurzem Lauf in den Wedelstiel eintritt.

Fig. 683.
Psaronius Demolei Renault.
Rotliegendes von Autun.

Schematische Darstellung der Bündelverteilung im Stamm und der Abgabe der Blattspurbündel (*1—11*). Letztere schwarz; die allein im Stamm verlaufenden Teile des Bündeltrichters schraffiert gezeichnet. (In Anlehnung an den bei Zeiller 1890 Taf. 24, Fig. 1, veröffentlichten Stammquerschliff gezeichnet.) Ca. 4/5 nat. Gr. Original.

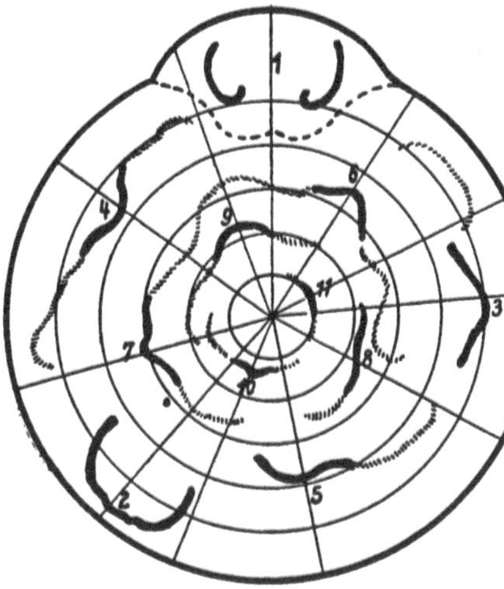

Fig. 683.

Im einzelnen werden folgende Formen unterschieden:

a) Formen mit dichtgedrängter Wedelstellung, so daß ein Stammquerschnitt acht und mehr Blattspurbündel an der Stammperipherie trifft.

Ps. Klugei Stenzel. Mittleres Rotliegendes von Chemnitz. Stamm ca. 5 cm im Durchmesser, mit starker Sklerenchymentwicklung und dichtem Parenchym; keine Gummigänge.

b) Formen mit fünf Blattspurbündeln an der Peripherie des Stammquerschnittes.

Ps. Haidingeri Stenzel. Rotliegendes von Manebach in Thüringen, Chemnitz und Neu Paka (Böhmen). Eigentlicher Stamm bis 6 cm im Durchmesser, ohne Gummigänge, Parenchym lückig. Größter bekannter Stamm einschließlich Wurzelmantel 60 cm stark.

Ps. punctatus Stenzel. Mittleres Rotliegendes von Chemnitz. Stamm bis 4½ cm im Durchmesser, Parenchym dicht, mit Gummigängen.

Ps. helmintholithus Stenzel. Mittleres Rotliegendes von Chemnitz und Neu Paka (Böhmen). Stamm 4 bis 6 cm im Durchmesser, Parenchym dicht, keine Gummigänge.

Ps. Demolei Renault (Fig. 683). Rotliegendes von Autun. Stamm 5 bis 7 cm im Durchmesser, reichliche Sklerenchymentwicklung, Parenchym lückig, keine Gummigänge.

Ps. espargeollensis Renault. Rotliegendes von Autun.

Ps. spissus Stenzel. Mittleres Rotliegendes von Chemnitz. Stamm 5 bis 6 cm im Durchmesser, Parenchym dicht, zwischen äußeren und inneren Bündeln Parenchym.

c) Formen mit lockerer Wedelstellung, so daß ein Querschnitt höchstens drei oder noch weniger Blattspurbündel an der Stammperipherie trifft.

Ps. Weberi Sterzel. Mittleres Rotliegendes von Chemnitz. Bekannt in einem 62 cm hohen Stammstück mit bedeutend entwickeltem Wurzelmantel. Stammdurchmesser unten 3 × 3½ cm, oben 6 × 2½ cm (d. i. auf normal berechnet: 3,35 cm bzw. 4,60 cm). Stammumfang mit Wurzelmantel unten 2¼ m, oben 1,91 m, womit sich ein mittlerer Durchmesser von 72 cm (unten) bzw. ca. 68 cm (oben), und somit eine Tiefe des Wurzelmantels von 34⅓ cm (unten) bis ca. 31½ cm (oben) ergibt. — An der äußeren Wurzelmasse wurden in reichlicher Menge Wedelbruchstücke von Asterotheca Geinitzi Gutbier (vgl. S. 688) anhaftend gefunden.

Ps. radiatus Unger. Rotliegendes von Chemnitz, Neu Paka (Böhmen) und Mühlhausen (Böhmen). Stammentwicklung bedeutend, Parenchym dicht, keine Gummigänge.

Ps. Putoni Stenzel. Mittleres Rotliegendes von Chemnitz, gleichfalls mit starkem Stamm; Parenchym dicht, keine Gummigänge.

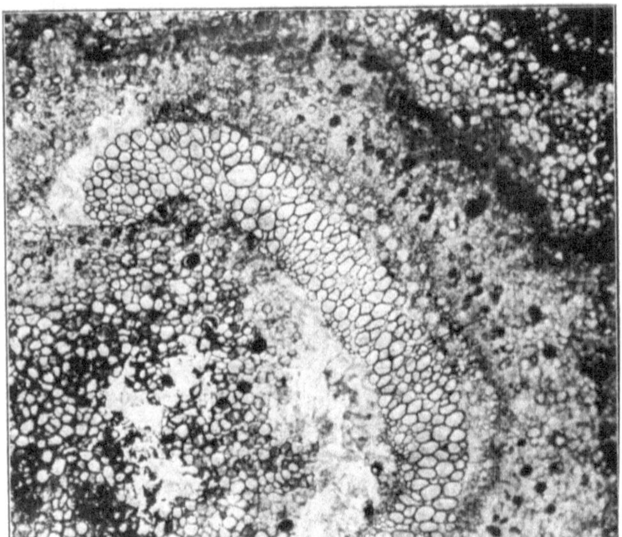

Fig. 684.

Fig. 684. Psaronius Renaulti Williamson. Aus den Lower Coal Measures von England. Partie eines Stammquerschliffes. Am inneren Rand der Stele: Protoxylem. Im Phloëm außen weite Siebröhren; in dem anschließenden Perizykel sekretorische Zellen mit dunklem Inhalt. Links ist der Stelenring durch den Abgang des im Bild nicht mehr sichtbaren Blattspurbündels unterbrochen. — 13 ×. Aus Scott Studies I. 1920.

Zuletzt ist noch einzugehen auf einen Typus aus dem Mittleren Oberkarbon von England, der den im vorstehenden behandelten Psaronien aus dem Rotliegenden ferner steht.

Ps. Renaulti Williamson. Lower Coal Measures von Lancashire (Fig. 684). Der Stamm, der in nicht ganz 2 cm Stärke bekannt ist, enthält eine einzige ringförmige Solenostele, die lediglich an der Stelle des Abgangs der von ihr entspringenden Blattspurstränge vorübergehend unterbrochen wird. Phloëm ist außer- und innerhalb des Xylems entwickelt, das hier bekannte Protoxylem liegt endarch. Im Stammzentrum befindet sich parenchymatisches Mark. Es hat den Anschein, als ob die Wedel in lockerer schraubiger Stellung am Stamm angesessen hätten. Ihr Blattspurbündel dürfte zustandegekommen sein mittels Herausschneidung eines passenden Stückes aus der Stammstele und Wiederzusammenschluß des Stammstelenmantels über dem Bündelabgang. Ebenso wie bei den anderen Psaronien ist die Ausbildung des Wurzelmantels.

Dieser karbonische Typus ist deshalb von besonderem Interesse, weil er hinsichtlich der solenostelischen Xylemausbildung des Stammes einen primitiveren Typus als die Rotliegendformen mit ihrer Auflösung in zahlreiche Einzelstelen zeigt, wenn er auch anderseits in der amphiphloischen Umfassung des Xylems schon einen relativ vorgerückten anatomischen Typus darstellt.

Was die jüngeren Formen betrifft, so ist hinsichtlich ihrer anatomischen Phylogenie die Ableitung von Formen wie Ps. Renaulti nicht schwer, wenn man annimmt, daß das ausschlaggebende Moment in der anatomischen Gestaltung der jüngeren Typen folgendes ist: Nach Abgabe der Blattspurbündel schließt sich der ursprünglich einheitliche Stelenkranz (wie ihn noch Psaronius Renaulti zeigt) nicht mehr und vermag damit an derjenigen Orthostiche, wo einmal ein Blattspurbündel abgegeben wurde, keine neuen Bündel abzugeben. Die Ersetzung der ursprünglich (Ps. Renaulti) einzigen Ringstammstele durch eine konzentrische Folge weiterer wird nötig. Parallel mit der Auflösung der Stelenelemente in radial gereihte konzentrische Abschnitte geht dann noch ihre Auflösung in Einzelstelen innerhalb der einzelnen Bündelsysteme. Alles übrige ist durch die Symmetrieverhältnisse der Wedelstellung bedingt und dieser angepaßt.

Literatur (zu Psaronius).

Sprengel, A., Commentatio de Psarolithis. Halle 1828.

Cotta, C. B., Die Dendrolithen in Bezug auf ihren inneren Bau. Leipzig 1832.

Brongniart, A., Histoire des Végétaux fossiles II. S. 57—67. Paris 1837.

Corda, A. J., Beiträge zur Flora der Vorwelt. Prag 1845. 2. Aufl. 1867.

Stenzel, G., Über die Staarsteine. Nova Acta Acad. Leop. Carol. Bd. 24. Breslau und Bonn 1854.

Stenzel, G., in Goeppert, Die fossile Flora der permischen Formation. Palaeontographica. Bd. 12. S. 46—82. 1864/65.

Feistmantel, O., Über Baumfarnreste der böhmischen Steinkohlen-, Perm- und Kreideformation. Abh. k. böhm. Ges. d. Wissensch. 6. Folge V. Prag 1872.

Sterzel, J. T., Die fossilen Pflanzen des Rotliegenden von Chemnitz in der Geschichte der Palaeontologie. 5. Ber. d. Naturwiss. Ges. zu Chemnitz; darin S. 157—182 und S. 218—223. 1875.

Williamson, W. C., On the Organization of the fossil Plants of the Coal Measures. Pt. 7 (über Ps. Renaulti). Phil. Transact. R. Soc. 166 London. 1876.

Grand'Eury, C., Flore carbonifère du Département de la Loire et du centre de la France. S. 78—98. Mém. sav. étrang. Ac. Sc. Paris 1877.

Sterzel, J. T., Über den Großen Psaronius in der Naturwissenschaftl. Sammlung der Stadt Chemnitz. X. Bericht der Naturwissensch. Gesellsch. zu Chemnitz. 1887.

Zeiller, R., Bassin houiller et permien d'Autun et d'Epinae. Bd. 1. S. 178—271. Paris 1890.
Butterworth, J., Further Research on the structure of Psaronius, a Tree-fern of the Coal Measures. Mem. and Proceed. Manchester Lit. et Phil. Soc. 43. 1900.
Solms-Laubach, H. Graf zu, Über die Schicksale der als Psaronius brasiliensis beschriebenen Fossilreste unserer Museen. Festschr. z. Feier des 70. Geburtstages von P. Ascherson. 1904.
Stenzel, G., Die Psaronien, Beobachtungen und Betrachtungen. Beitr. z. Palaeontologie und Geologie von Österreich-Ungarn. 1906.
Rudolf, K., Psaronien und Marattiaceen. Denkschr. k. Akad. d. Wissensch. Bd. 78. Wien 1906.
Pelourde, F., Recherches sur la position systématique des plantes fossiles, dont les tiges ont été appelées Psaronius, Psaroniocaulon, Caulopteris. Bull. soc. bot. France (4). Bd. 8. 1908.
Pelourde, F., Recherches comparatives sur la structure de la racine chez un certain nombre de Psaronius. Bull. soc. bot. France (4). Bd. 8. 1908.
Derby, A. O., Un fossil intéressante de Museo Nacional. Annuario do Estado do Rio Grande do Sul. 1908.
Solms-Laubach, H., Graf zu, Der tiefschwarze Psaronius Haidingeri von Manebach in Thüringen. Zeitschrift f. Botanik 3. 1911.
Pelourde, F., Observations sur le Psaronius brasiliensis. Ann. des sciences nat. Bot. Ser. 9, Bd. 16. 1912.
Bertrand, P., L'Étude anatomique des fougères anciennes et les problèmes qu'elle soulève. Kap. 7: Problèmes relatifs aux Psaroniées. S. 281—296. Progressus rei botanicae IV. 1913.
Sterzel, J. T., Die organischen Reste des Kulms und Rotliegenden der Gegend von Chemnitz. S. 246—255. Leipzig 1918.

Literatur zu Xylopsaronius (vgl. Anm. S. 554).

Pohlig, H., Xylopsaronius. Les premières filicinées par la formation du bois. Bull. Soc. Belge de Géologie, Paléontologie et Hydrologie. Bd. 24. Brüssel 1910.
Schuster, J., Xylopsaronius — der erste Farn mit sekundärem Holz? Ber. deutsch. Bot. Ges. 29. 1911.
Sterzel, J. T. Über Xylopsaronius Pohlig. 18. Bericht d. Naturwiss. Ges. zu Chemnitz. 1912.

b) Nicht strukturbietend erhaltene Reste.

Stammreste derselben jungpalaeophytischen Baumfarne, die strukturbietend erhalten unter dem Namen Psaronius gehen, sind in den verschiedensten Gegenden auch im Abdruck oder Steinkern mit und ohne Inkohlung bekannt geworden. Sie werden, wie S. 547 bereits angedeutet, unter folgenden Hilfsgattungsnamen beschrieben.

Megaphyton Artis. Stämme mit alternierenden zweizeilig gestellten Wedelnarben, ident mit den Psaronii distichi.

Caulopteris Lindley und Hutton. Stämme mit mehrzeiliger, sowohl alternierend quirliger als schraubiger Wedelstellung; ident mit den Psaronii polystichiverticillati und spirales.

Ptychopteris Corda ist die Bezeichnung für Stämme, die erst nach dem Verlust des eigentlichen Stammrindenmantels zur Fossilisation gelangt sind.

Stipitopteris Grand'Eury ist der Name für Wedelrhachiden, die erst nach Verlust der weiteren Fiedernspindeln und Fiedern zur Fossilisation gelangt sind, und deren Querschnitt- und Bündelverfassung mit der der Blattnarben an den oben genannten Stammresten prinzipiell übereinstimmt.

An der Identität bzw. Zusammengehörigkeit von Megaphyton und Caulopteris (Ptychopteris) einerseits und den entsprechenden Formen von Psaronius anderseits kann kein Zweifel bestehen, da aus den verschiedensten Stellen Struktur- und Stammoberfläche zeigende Stücke entweder verkieselt oder $\pm$ inkohlt erhalten sind.

Sicher ist auch, daß diese genannten Stämme die Träger der Wedel waren, die weiter unten unter den Gattungen Asterotheca, Acitheca (= Scolecopteris) und Ptychocarpus aufzuführen sind. Dafür spricht eindeutig die dauernde und enge Assoziation der Wedelreste dieser Gattungen mit den genannten Stammresten und der Umstand, daß beide erst in der Mitte des Mittleren Oberkarbons auftreten und zur Rotliegendzeit den Höhepunkt ihrer Entwicklung erreichen.

Im einzelnen ist die Identifizierung, d. h. was an Stämmen und Wedeln jeweils zusammengehört, schwierig, um nicht zu sagen unmöglich. Es bleibt eben immer zu bedenken, daß bei den stets mehr oder minder gewaltsamen Vorgängen der die Fossilisation einleitenden Einbettung der Pflanzenreste ein Vereinigtbleiben von einesteils so relativ zarten Gebilden, als Wedelfiedern und Fruktifikation es sind, und anderseits so schweren und massiven Stämmen, wie der Psaronien bzw. Megaphyten und Caulopteriden, praktisch fast unmöglich war.

Auch ist zu betonen, daß es sehr wohl möglich ist, daß sich unter Megaphyton und Caulopteris (einschließlich Ptychopteris) noch verbergen Stämme baumförmiger Typen aus anderen Farngruppen und aus dem Kreis der (im zweiten Band zu behandelnden) Pteridospermen. Sind doch sowohl unter den Pteridospermen als in anderen schon im Palaeozoikum vorhandenen Farngruppen, wie Coenopteridineae, Osmundaceae, vielleicht auch solchen Formen, wie Dactylotheca und ähnlichen, auch baumförmige Typen entwickelt worden, deren Stämme jedenfalls alle Kronen von mehr minder großen Wedelblättern trugen. Berücksichtigt man noch, daß alle diese Formen unter annähernd denselben ökologischen Bedingungen gelebt haben, so ist klar, daß allen solchen Stämmen eine annähernd gleiche physiologische Funktion zukam; was, verbunden mit der Tatsache, daß es sich bei den in Frage kommenden Gewächsen insgesamt um teils systematisch, teils wenigstens habituell einander nahestehende Formen handelt, zu weitgehendster Formkonvergenz, zum mindesten des Stammhabitus geführt hat. Damit steht in Einklang, daß äußerlich faßbare Verschiedenheiten eigentlich überhaupt nur in Anordnung, Größe und Abstand der Blattnarben und in der Gestaltung der in ihnen sichtbaren Blattspurbündel vorhanden sind. Dieser Umstand läßt es verständlich erscheinen, daß Megaphyton und Caulopteris keine systematisch reinen Begriffe sein können.

Da nun eine natürliche Trennung der fossilen Stammreste nicht möglich ist, mag, da eben doch das Gros der Formen zweifellos mit Psaronius ident ist, der ganze Formenkomplex hier behandelt werden, wenn auch mit der oben gegebenen Reserve.

Die Systematik der unter Megaphyton und Caulopteris (einschließlich Ptychopteris) gehenden Reste ist naturgemäß eine schwierige. Man braucht sich nur zu überlegen, daß auch an den rezenten leptosporangiaten Baumfarnen sowohl Wedel-

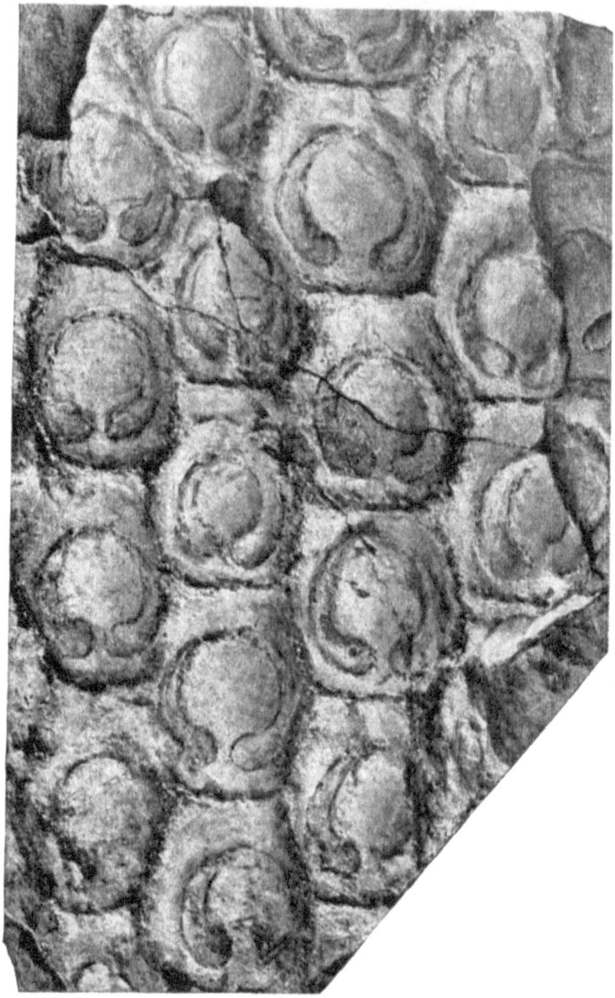

Fig. 685.

Caulopteris Saportae Zeiller.

Aus dem Oberen Oberkarbon von Wettin. 1/1. Aus Gürich Gothan 1923.

stellung als Konfiguration und Größe der Blattnarben und ihr Abstand untereinander am selben Individuum oft sehr verschieden sein können, und daß anderseits die erhaltenen Fossilreste doch fast stets nur kurze Bruchstücke langer Stämme darstellen.

Die derzeit übliche Einteilung der Reste fußt auf der verschiedenen Größe und Konfiguration der Blattnarben und der Form der Eindrücke des Blattspurbündels in ihr. Dieses ist bald in der Ansicht hufeisenförmig und oben offen mit eingebogenen Rändern, bald ringförmig geschlossen, wobei sich dann innerhalb des Ringes noch ein W-förmiges kleines Bündel findet. Auch hier sind aber am gleichen Stammstück noch vielfach Verschiedenheiten.

Megaphyton Artis.

Wedelnarben in zwei Zeilen am Stamm, meist leicht rinnenförmig eingesenkt. (Vgl. die Rekonstruktion Fig. 690). Genannt seien:

M. approximatum Lindley und Hutton (einschließlich **M. Goldenbergii** Weiss). Oberer Teil des Mittleren und Oberes Oberkarbon von Europa und Pennsylvanien. Stamm 10 bis 12 cm im Durchmesser, Narben 2½ bis 3 cm hoch und 4 bis 4½ cm breit, Vertikalabstand der Narbenmitten 3⅓ bis 4½ cm.

M. frondosum Artis (einschließlich **M. distans** Lindley und Hutton und **M. malus** Sternberg). Oberer Teil des Mittleren und Oberes Oberkarbon von Europa. Stamm 15 bis 20 cm im Durchmesser, Narben 5 bis 6 cm hoch und 3 bis 4 cm breit, Vertikalabstand der Narbenmitten 6 bis 8 cm.

M. giganteum Goldenberg. Ebenda. Stamm von mindestens 15 bis 20 cm im Durchmesser, Narben 7 bis 10 cm hoch und 6 bis 8 cm breit, Vertikalabstand der Narbenmitten 7 bis 10 cm.

M. Souchi Zeiller. Ebenda. Stamm 8 bis 10 cm im Durchmesser, Narben 7 bis 8 cm hoch und 2,5 bis 3 cm breit, Vertikalabstand der Narbenmitte ca. 9 cm.

M. macrocicatrisatum Feistmantel, **M. Pelicani** Feistm., **M. trapezoideum** Feistm., **M. Wagneri** Ryba, sämtliche aus dem Oberen Oberkarbon von Böhmen.

M. Grand' Euryi Lesquereux. Oberes Oberkarbon von Pennsylvanien.

M. Mac Layi Lesquereux. Ebenda und im Rotliegenden von Frankreich.

Caulopteris Lindley und Hutton

(einschließlich **Stemmatopteris Corda und Ptychopteris Corda**).

Aus der Fülle der beschriebenen »Arten« seien genannt:

a) mit quirliger Narbenstellung:

C. Cisti Brongniart, **C. Saportae** Zeiller (Fig. 685), **C. appendiculata** Sternberg, **C. primaeva** Lindley und Hutton, **C. Phillipsii** L. u. H., sämtliche aus dem oberen Teil des Mittleren und dem Oberen Oberkarbon; **C. Fayoli** Zeiller, **C. (Pt.) Douvillei** Zeiller, **C. (Pt.) spectabilis** Zeiller, dieser mit bedeutender Stammentwicklung: Narben ca. 10 bis 12 cm hoch und bis 9 cm breit, Vertikalabstand von Narbenmitte zu Narbenmitte ca. 15 cm, Horizontalabstand der einzelnen Blattzeilen eines Quirls ca. 18 cm. **C. endorrhiza** Grand'Eury, **C. patria** Grand'Eury. Sämtliche aus dem Obersten Oberkarbon und dem Rotliegenden.

b) mit schraubiger Narbenstellung:

C. (und Pt.) macrodiscus Brongniart, **C. peltigera** Corda, beide aus dem oberen Teil des Mittleren und dem Oberen Oberkarbon; **C. aliena** Zeiller, **C. varians** Zeiller, **C. (Pt.) Benoiti** Zeiller, **C. (Pt.) Chaussati** Zeiller, **C. protopteroides** Grand' Eury, sämtliche aus dem Obersten Oberkarbon und dem Rotliegenden.

Außer den genannten Arten sind sowohl aus den europäischen als nordamerikanischen Oberkarbonischen und Rotliegend-Kohlengebieten eine große Anzahl von »Arten« angeführt, für die aber infolge der geringen Größe der Reste nicht einmal die genauere Organstellung (ob quirlig oder schraubig) feststeht, und die hier übergangen werden dürfen.

Stipidopteris Grand' Eury.

Davon sind aus dem Oberen Oberkarbon des Loirebeckens folgende Formen beschrieben worden: **St. aequalis** Grand'Eury, **St. punctata** Grand'Eury, **St. verrucosa** Grand'Eury, **St. delineata** Grand'Eury, **St. notata** Grand'Eury.

Auswahl der wichtigsten Literatur.

Brongniart, A., Histoire des végétaux fossiles I. S. 417—422. Paris 1828.

Corda, A. J., Beitr. zur Flora der Vorwelt. Prag 1845.

Feistmantel, O., Über Baumfarnreste der böhm. Steinkohlen-, Perm- und Kreideformation. Abh. k. böhm. Ges. d. Wissensch. 6. Folge, Bd. 5. Prag 1872.

Feistmantel, O., Die Versteinerungen der böhmischen Kohlenablagerungen. Heft III, S. 139—156. Palaeontographica. Bd. 23. 1875—76.
Geinitz, H. B., Die Versteinerungen der Steinkohlenformation in Sachsen. S. 31/32. Leipzig 1855.
Goeppert, H. R., Die foss. Flora der Permischen Formation. S. 82—87. Palaeontographica. Bd. 12. Kassel 1864/65.
Gothan, W., Die oberschlesische Steinkohlenflora I. S. 227/28. Abh. k. preuß. Geolog. Landes-Anst. N. F. 75. Berlin 1913.
Grand'Eury, C., Mém. sur la flore carbonifère du département de la Loire et du centre de la France. S. 79—104. Mém. pres. p. div. savants à l'Acad. d. Sciences de l'Inst. de France. Bd. 24. Paris 1877.
Kidston, R., Catalogue of the Palaeozoic Plants in the Department of Geology and Palaeontology, British Museum (Nat. Hist.). S. 143—148. London 1886.
Kidston, R., Les Végétaux houillers rec. d. le Hainaut Belg. S. 90—91. Brüssel 1909.
Lesquereux, L., Coal flora of Pennsylvania I. S. 336—353. Harrisburg 1880.
Roehl, E. v., Foss. Flora der Steinkohlenformation Westfalens. S. 91. Palaeontographica 18. 1869.
Schimper, W. Th., Traité de paléontologie végétale I. S. 707—716. Paris 1869.
White, D., Fossil Flora of the Lower Coal Measures of Missouri. S. 101—103. Monogr. U. S. Geolog. Survey 37. Washington 1899.
Zeiller, R., Études sur la terrain houiller de Commentry, Flore foss. I. S. 301 bis 363. St. Étienne 1888.
Zeiller, R., Flore foss. du bassin houiller de Valenciennes. S. 307—316. Paris 1888.
Zeiller, R., Flore foss. du bassin houiller et permien de Blanzy et du Creusot. S. 115 bis 118. Paris 1906.
Zeiller, R., Flore foss. du Bassin houiller et permien d'Autun et d'Epinae I. S. 168 bis 178. Paris 1890.

Wiewohl es nicht ganz unmöglich ist, daß auch noch im Mesozoikum baumförmige Marattiaceae existiert haben, so sind doch aus diesen und noch jüngeren Schichten hieher gehörige Reste nicht mit genügender Sicherheit festgestellt. Aus der Reihe mehr minder problematischer Reste sei erwähnt:

Psaronius triassicus Frentzen. Buntsandstein von Baden. Bekannt in einem Stammbruchstück mit peripherem Mantel aus polyarchen Wurzeln. Anatomie des eigentlichen Stammes nicht erhalten.

Literatur.

Frentzen, K., Die Flora des Buntsandsteins Badens. Mitteil. Bad. geolog. Landes-Anst. VIII. S. 87—89. 1915.

2. Wedel- und Fruktifikationsreste.

Zu unterscheiden sind zwei Formenkreise:

a) Pecopteroideae. Sehr große Wedel mit pecopteridischer[1]) Fiederung. Die Fruktifikation sind eusporangiate annuluslose Sporangien, die zu vier oder mehr zu Synangien vereinigt sind. Es handelt sich um die Wedel von wohl hauptsächlich baumförmigen Gewächsen. Die Stämme der palaeozoischen Arten sind unter Psaronius beziehungsweise Megaphytum und Caulopteris beschrieben.

Hauptsächlich palaeozoische Gruppe mit der größten Formenentwicklung im Oberen Palaeophytikum (vom oberen Teil des Mittleren

[1]) Vgl. S. 571.

Oberkarbon bis zum Rotliegenden) jedoch noch mit Sicherheit auch in der Oberen Trias nachgewiesen.

b) Danaeoideae. Nur in Wedelresten bekannte Gruppe. Wedel einfach (bis zweifach) gefiedert mit großen Fiedern letzter Ordnung, im Bau ähnlich den sterilen Blattwedeln von Danaea elliptica Sm. und D. nodosa Sm., wobei allerdings bei der bruchstückweisen Erhaltung der Reste immer noch möglich ist, daß die einfach gefiederten Formen nur die Fiedernabschnitte erster Ordnung darstellen von großen doppelgefiederten Wedeln, wie sie z. B. Arten von Angiopteris und Marattia u. a. zeigen. Die Fruktifikation bilden langgestreckte Synangien, die entweder nahe dem Fiedernrande, oder die ganze Fläche der beiden Hälften einer Fieder bedeckend, auf der Unterseite inseriert sind.

Es ist nicht von vornherein ausgeschlossen, daß die unter Taeniopteris Schimper zusammenzufassenden einfachen ± breitspreitigen Blattwedel des Palaeozoikums und Mesozoikums wenigstens zum Teil auch in diese Verwandtschaft gehören. Zeigt doch der Blattwedel der rezenten Danaea simlicifolia Rudge prinzipielle Übereinstimmung mit diesen Formen. Man ist aber in neuerer Zeit fast allgemein der Ansicht, daß das Gros dieser Reste, soweit es sich um palaeozoische Formen handelt, die Beblätterung von Pteridospermen darstellt oder die von Cycadophyten, soweit mesozoische und jüngere Formen in Frage kommen. Da obendrein keiner dieser Reste mit Fruktifikation bekannt ist, so werden sie erst im zweiten Teil dieses Buches in dem Abschnitt Pteridophyllen incertae sedis zur Besprechung gelangen.

Hier mag einschaltungsweise darauf hingewiesen werden, daß, ehe man die zugehörige Fruktifikation und damit die systematische Stellung der zahlreichen fossilen Wedelreste von Farnwedelhabitus kannte, man sie der äußeren Form ihrer Fiederung nach in sogenannte »Form genera«, d. h. in ein künstliches System brachte, das auch heute noch eine gewisse Geltung hat; um so mehr als damit auch eine systematisch sehr brauchbare Terminologie geschaffen worden ist. Während, wie wir heute wissen, ein gut Teil der Blätter von Farnwedelhabitus, in erster Linie die palaeozoischen, nicht Farnen, sondern den im zweiten Band zu behandelnden Pteridospermen angehört, ist ein anderer Teil zweifellos den echten Farnen, den Filicales, einzureihen. Was Formen sind, die sich nur bei Pteridospermen und anderen Gymnospermen finden oder Wedelreste unsicherer systematischer Stellung, die man jetzt als Pteridophyllae incertae sedis zusammenzufassen pflegt, so sollen sie erst im zweiten Band zur Darstellung gelangen. Dagegen sollen diejenigen Formgenera, die hauptsächlich oder wenigstens zum guten Teil innerhalb der Filicales aufgetreten sind, bereits hier abgehandelt werden. Es sind das die Formgenera: Pecopteris Brongniart und Sphenopteris Bgt.

Formgenus Pecopteris Brongniart.

Hauptcharakteristikum ist, daß die Fiedern letzter Ordnung des drei- bis vierfach gefiederten Wedels mit ihrer ganzen Breite der sie tragenden Spindel letzter Ordnung ansitzen und mit einem deutlichen Mittelnerv versehen sind, von dem nach beiden Seiten mehrfach gegabelte Seitennerven abgehen.

a) Gruppe Eupecopteris Gothan. Das hervorstechende Merkmal ist, daß die Fiedern letzter Ordnung nicht, wie das für die Angehörigen des Formgenus Alethopteris Brongniart charakteristisch ist, mit ihrer katadromen Basalpartie an der sie tragenden Spindel lang laufen, oder (wie das bei den Arten von Neuropteris Brongniart der Fall ist) unmittelbar über der Ansatzstelle an der Spindel plötzlich bis zum Mittelnerven zusammengeschnürt sind. Vielmehr ist der Verlauf der breiten Fiedernränder meist ein annähernd paralleler von der meist breit abgestumpften Spitze bis zur Ansatzstelle an der Spindel, wennschon sich auch hier kleine Abweichungen sowohl bei den einzelnen Arten als auch in kleinerem Ausmaße noch an den einzelnen Partien selbst ein und desselben Wedels finden.

Zur Gruppe Eupecopteris gehören das Marattiaceengenus Asterotheca (S. 576), das Schizaeceengenus Senftenbergia (S. 619) und schließlich noch eine kleine Anzahl von Blattresten, die bislang nicht mit Fruktifikation bekannt sind (S. 583).

b) In nächster Formverwandtschaft damit steht die sogenannte Unita-Gruppe der Pecopteriden mit der Typenspecies Ptychocarpus unita Brongniart. Ausgezeichnet dadurch, daß die Fiedern letzter Ordnung, obwohl in ihrer Nervatur genau charakterisiert und abgegrenzt, doch mit dem größten Teil ihrer Fläche untereinander verwachsen sind. Es ist das eine Erscheinung, die sich naturgemäß auch bei den Wedeln der Arten der Eupecopterisgruppe an der Wedelspitze und am Ende der Fiedern erster Ordnung findet, die aber dort auf diese Partien beschränkt ist, während sie hier bei der Unitagruppe sich über die ganzen, den Spindeln zweiter Ordnung ansitzenden Fiederabschnitte letzter Ordnung erstreckt (S. 590).

Eine dritte Untergruppe hat ihren typischen Vertreter in Dactylotheca plumosa Artis und deren nächsten Verwandten. Die Fiederung ist im ganzen wie bei der Eupecopterisgruppe, die Fiedern letzter Ordnung sind frei, aber ihre Ränder laufen mehr minder stark konvergierend und gelegentlich mit leicht gewelltem Randkontur der Fiedernspitze zu (S. 669).

Eine weitere Untergruppe umfaßt die sogenannten Neuropteridischen Pecopteriden Zeillers, die ihren Hauptrepräsentanten in Acitheca polymorpha Bgt. besitzen. Ihr eigentliches Merkmal besteht in der leichten Einschnürung der Fiederchen letzter Ordnung an der Ansatzstelle an den Spindeln (S. 585).

Soviel über die palaeozoischen Untergruppen des Formgenus Pecopteris, das, wie gezeigt, sowohl eusporangiate Marattiaceen als leptosporangiate Farne mehrerer Verwandtschaftskreise in sich begreift.

Manchen der hieher gehörigen Wedel ist noch eigentümlich, daß sie an der Basis und besonders an den Abgangsstellen der Fiedern erster Ordnung von der Rhachis und z. T. auch der zweiter Ordnung von denen erster Ordnung mehr minder groß entwickelte Aphlebien tragen, Bildungen, denen die Spreuschuppen der jetzt lebenden Farne wohl bis zu einem gewissen Grade ähnlich sind, die bei den palaeozoischen Farnen aber eine zum Teil sehr präzise Stellung und zum Teil bedeutende Größe erreicht haben (vgl. S. 573).

Über das Palaeozoikum hinaus sind Pecopteriden auch im Mesozoikum reichlich nachgewiesen, sie finden sich auch noch im Kaenozoikum und auch die rezenten Farne der verschiedensten Familien zeigen ± pecopteridische Fiedern. Und wenn im allgemeinen zu sagen ist, daß das Gros der Pecopteriden den Filicales angehört, hier allerdings in den verschiedensten Verwandtschaftskreisen auftretend, so ist doch noch zu betonen, daß sie nicht auf die Filicales beschränkt sind und daß auch unter den (im zweiten Band zu behandelnden) Pteridospermen wieder Formen mit pecopteridischer Fiederung zu finden sind.

Formgenus Sphenopteris Brongniart.

Da der größere Teil der zu diesem sehr ausgedehnten Formgenus gehörenden Wedel zweifellos nicht zu Pteridophyten, sondern zu den Pteridospermen gehört, so soll eine eingehende Besprechung dieser Formen erst bei Behandlung dieser letzteren (in Bd. II) stattfinden. Hier sei nur soviel gesagt, daß das generelle Merkmal sphenopteridischer Fiederung darin besteht, daß die Fiedern letzter Ordnung gegen die Basis, mit der sie an der sie tragenden Spindel letzter Ordnung ansitzen, keilförmig verschmälert sind. Ihre Nervatur ist entweder eine rein gabelige, oder es ist eine Mittelrippe entwickelt, von der Seitennerven ausgehen. Im übrigen herrscht schon bei den Fiederchen letzter Ordnung große Formenmannigfaltigkeit, die in noch größerem Maße dann in dem Gesamtaufbau der Wedel in Erscheinung tritt.

Auf die weiteren Formgenera von farnblattähnlichen Resten, wie **Neuropteris** Brongniart, **Linopteris** Presl, **Alethopteris** Sternberg, **Lonchopteris** Brongniart, **Callipteris** Brongniart, **Odontopteris** Brongniart, **Taeniopteris** Brongniart, **Glossopteris** Brongniart u. a., deren Kenntnis für die Besprechung der Filicales nicht von Belang ist, soll erst bei Darstellung der Pteridospermen (in Bd. II) eingegangen werden.

Anhangsweise sei hier noch eingefügt die Besprechung derjenigen, besonders an palaeozoischen Farnen und farnähnlichen Gewächsen häufig auftretenden Bildungen, die man zusammenfaßt in der

Hilfsgattung Aphlebia.

A. Aphlebien im engeren Sinn.

Darunter sind zu verstehen diejenigen fieder- bis dornartigen Bildungen, die sich an den Wedeln zahlreicher, hauptsächlich palaeozoischer Filicales finden, und zwar in der Regel zu beiden Seiten (also auf der Wedelober- und -unterseite) des Abgangs der Fiedernspindeln erster Ordnung von der Wedelrhachis und oft auch noch an den Stellen des Abgangs der Fiedernspindeln zweiter und höherer Ordnung von solchen erster und folgender Ordnungen. Ihre biologische Funktion ist sicher die des Knospenschutzes, d. h. des einhüllenden Schutzes der Wedelfiedern vor ihrer Entfaltung gewesen; das zeigen Funde von jungen Wedeln mit noch eingerollten Fiedern, wie sie z. B. von Dactylotheca plumosa Artis spec. (Fig. 803 u. 804) bekannt sind, sehr deutlich. Strukturbietende Reste von Wedeln der Coenopteridineae zeigen, daß — wenigsten hier — die Aphlebien auch eine Leitbündelversorgung besaßen.

In allen diesen Fällen handelt es sich — das steht einwandfrei fest — sicher nicht um echte Fiederbildungen, die etwa von der sie tragenden Spindel gegen die Rhachis bzw. Spindel nächst niedrigerer Ordnung verschoben wären (so wie das für die S. 574 unter C. aufzuführenden Fälle gilt), vielmehr sind es Bildungen, die zwar streng und mit Bezug auf die Wedelfiederung lokalisiert sind, sonst aber den mehr minder regellos an den Stämmen und Rhachisbasen mancher Coenopteridineae und wohl auch anderer palaeozoischer Farne verstreuten ± dornartigen, gleichfalls mit kleinen Leitbündeln versehenen Gebilden, die man auch Aphlebien nennt, prinzipiell homolog sind. Daß es sich — morphogenetisch betrachtet — um Reste mikrophylliner Bildungen an zu makrophylliner Beblätterung übergegangenen Typen handelt, wird S. 690 weiter anzuführen sein.

B. Aphlebioide Bildungen von wohl Nebenblattcharakter.

Während die unter A. aufgeführten echten Aphlebien, konform ihrer räumlichen Beziehung zu Wedelabschnitten, oder ihrer größeren Zahl an Rhachisbasen und Stämmen, eine mittlere Größe, d. h. eine Ausdehnung von höchstens wenigen Zentimetern Länge und Breite nicht überschreiten, sind Bildungen bekannt, die ihnen äußerlich formal zwar nahestehen, die wohl auch eine gleiche biologische Funktion besessen haben, die aber morphologisch damit nicht homolog sind.

Es sind das die großen, oft einen halben Meter und mehr Länge und entsprechende Breite erreichenden sogenannten »Aphlebien« vom Typus der Aphlebia Germari und anderer, wie sie unten zu beschreiben sind. Obwohl nicht in organischem Zusammenhang gefunden, besteht wohl nicht viel Zweifel, daß diese Gebilde zu seiten der Basis der Wedelrhachis standen und mächtig entwickelte nebenblattähnliche Bildungen darstellen, wofür die Nebenblätter der rezenten Marattiaceen besonders von Marattia fraxinea zum Vergleich anzuführen wären[1]).

[1]) Es liegt allerdings auch der Gedanke nahe, daß es sich wenigstens bei manchen von ihnen vielleicht um rück- und umgebildete echte Wedel handelt, wie sie sich bei lebenden Farnen, z. B. bei den humussammelnden Drynarien und bei epiphytischen Formen, wie Platycerien als »Mantel- und Nischenblätter« finden.

Was die Zugehörigkeit dieser aphlebioiden nebenblattartigen Bildungen zu eigentlichen Wedeln betrifft, so ist, wie bemerkt, ein organischer Zusammenhang damit nirgends bekannt. Die Art der Assoziation mit gewissen Wedeln legt aber die Vermutung sehr nahe, daß sie nur zum Teil zu echten Farnen (den palaeozoischen Marattiaceen), zum guten Teil aber auch zu den großen Wedeln mancher der (im zweiten Band zu behandelnden) Pteridospermen gehört haben.

C. Aphlebioide Fiedern.

Unzweckmäßigerweise ist die Bezeichnung Aphlebia auch noch in der Literatur eingeführt worden, für im Hinblick auf Gestalt und Größe abweichende kata- und anadrome Basalfiedern der Fiedern erster und zweiter Ordnung mancher Farne wie Alloiopteris, Corynepteris u. a. Es handelt sich aber hier um echte Fiedern, und der Vergleich mit Aphlebien ist ganz unpassend und kann höchstens im Hinblick auf in manchen Fällen gleiche funktionelle Bedeutung, nämlich des Knospenschutzes, einigermaßen gerechtfertigt sein.

Auf die äußerlich Aphlebia ähnlichen modifizierten Fiederabschnitte erster Ordnung nahe der Wedelbasis bei manchen Arten der Pteridospermengattungen Neuropteris und Odontopteris wird bei Besprechung dieser Gruppen (im zweiten Band) zurückzukommen sein.

Von den unter A. und B. angeführten Aphlebientypen, den Aphlebien im engeren Sinn und den aphlebioiden Nebenblattbildungen seien folgende wichtigste Formen angeführt: Sie gehen in der Literatur im allgemeinen unter dem Namen

Aphlebia Presl

(einschließlich Fucoides Gutbier (z. T.), Schizopteris Brongniart (z. T.), Rhacophyllum Schimper, Pachyphyllum Lesquereux).

1. Echte Aphlebien.

Über diese ist, soweit sie in organischem Zusammenhang mit zugehörigen Blattwedeln, sowie an den strukturbietend erhaltenen Stamm- und Wedelresten der Coenopteridineae bekannt sind, an den einschlägigen Stellen berichtet.

Von nur isoliert bekannten Formen sei angeführt:

A. ostraviensis Gothan. Oberkarbon von Oberschlesien.

2. »Aphlebien« von offenbar nebenblattartiger Natur.

a) Formen mit rippenartig vorspringender Mittelachse.

A. Boeriana Gothan. Nachgewiesen im Mittleren Oberkarbon von Belgien und Oberschlesien. Große, bis über 20 cm lange, einfach fiedrige »Aphlebie« mit großen rundlichen bis elliptischen Seitenfiedern, die mehrfach geteilt sind und sich am Gipfel in feine, häufig rückwärts gebogene »Lazinien« auflösen. Aderung wenig hervortretend. Offenbar zu Asterotheca Miltoni Artis spec. (vgl. S. 578) gehörig.

A. acanthoides Zeiller. Rotliegendes von Thüringen und Zentralfrankreich (Commentry und Brive) und Nordamerika. Über 30 cm lange, lanzettliche, doppelt gefiederte »Aphlebien« mit deutlich vortretenden Nerven der Fiederabschnitte.

A. Germari Zeiller. Oberes Oberkarbon von Wettin-Löbejün, Böhmen und Nordamerika (Missouri); Rotliegendes von Thüringen und Zentralfrankreich (Brive, Commentry, Blanzy und Creuzôt); sehr große, bis gut über 40 cm lange, doppelt gefiederte »Aphlebie«. (Fig. 686 u. 687).

b) Formen ohne Rippenbildung in der Mittelpartie.

1. Nervatur unsichtbar, starke Haarbildung.

A. Erdmanni Germar. Oberes Oberkarbon von Wettin-Lobejün, Nordamerika (Pennsylvanien), Permokarbon von Zentralfrankreich (Gard, Brive). Große bis gut über 30 cm lange, doppelt gefiederte »Aphlebie« mit sehr breiten Mittelteilen, ohne hervortretende Aderung. Ganze Fläche mit stachelähnlichen Haaren besetzt.

A. Dessorti Zeiller. Permokarbon von Zentralfrankreich (Brive).

Fig. 686.

Fig. 687.

Aphlebia Germari Zeiller.
Aus dem Oberen Oberkarbon von Frankreich (Commentry).

Fig. 686 von vorne, Fig. 687 von der Seite gesehen. ½ nat. Gr.
Nach Zeiller 1888.

2. Nervatur deutlich sichtbar, zahlreiche Parallelnerven auch im Mittelstück.

A. crispa Gutbier (= **A. lactuca** Sternberg). Mittleres Oberkarbon von Europa und Nordamerika (Missouri).

A. Grossouvrei Zeiller und **A. rhizomorpha** Zeiller. Rotliegendes von Commentry.

A. fasciculata Zeiller. Rotliegendes von Blancy und Creuzôt. Große Aphlebie mit sehr schmalen, bandartigen Fiederabschnitten.

c) Formen ohne deutlich ausgeprägte Mittelpartie.

A. flabellata Sternberg. Oberes Oberkarbon des Saargebietes und von Sachsen, Rotliegendes von Thüringen.

Wichtigste Literatur (zu Aphlebia)

(mit besonderer Berücksichtigung der modernen).

Gothan, W., Die oberschlesische Steinkohlenflora I. S. 224—227. Abh. k. preuß. geolog. Landes-Anst. N. F. 75. Berlin 1913.

Kidston, R., On the foss. flora of the Staffordshire Coal Fields. Pt. 2., S. 81 und Pt. 3, S. 115/16. Transact. R. Soc. Edinburgh. Bd. 36, 1891, und Bd. 50, 1914.

Kidston, R., Les végét. houillers recuillis dans le Hainaut Belge. S. 88—89. Brüssel 1909.

Lesquereux, L., Coal Flora of the Carboniferous Formation in Pennsylvania, Bd. I, S. 309—327. Harrisburg 1880.

Potonié, H., Die Flora des Rotliegenden von Thüringen. S. 153—161. Abh. k. preuß. geolog. Landes-Anst. N. F. 9. Berlin 1893.

Potonié, H., Zur Physiologie und Morphologie der foss. Farnaphlebien. Ber. deutsch. botan. Ges. Bd. 21. 1903.

Roehl, E. v., Foss. Flora der Steinkohlenformation Westfalens. S. 47/48. Palaeontogr. 18. 1869.

White, D., Foss. flora of the Lower Coal Measures of Missouri. S. 103—113. U. S. Geolog. Survey. Washington 1899.

Zeiller, R., Études s. l. terr. houiller de Commentry: Flore foss. S. 286—301. St. Étienne 1888.

Zeiller, R., Bassin houiller de Valenciennes: Flore foss. S. 301—306. Paris 1888.

Zeiller, R., Bassin houiller et permien de Brive: Flore foss. S. 49—52. Paris 1892.

Zeiller, R., Bassin houiller et permien de Blancy et du Creuzôt, Flore foss. S. 113 bis 115. Paris 1906.

a) Pecopteroideae.

1. Synangien kreisrund.

a) Sporangien mehr minder frei.

Asterotheca Presl (einschließlich Scolecopteris Zenker).

Farne mit großen bis sehr großen Wedeln, die wohl zumeist an baumförmigen Stämmen (Psaronius bzw. Megaphyton und Caulopteris) getragen wurden. Fiederung dem Eupecopteristyp angehörend. Fertile und sterile Wedel (bzw. Wedelabschnitte) gleichartig. Sporangien zu vier bis fünf (seltener zu mehr oder weniger) zu einem auf einem kurzen Rezeptakulum sitzenden Synangium vereinigt. Synangien zu beiden Seiten des Mittelnerven der Fiedern letzter Ordnung über den Seitennerven. Sporangien annähernd von spitzeiförmiger Gestalt, oder (wenn zu vielen im Synangium, infolge Pressung) von im Querschnitt mehr dreieckiger Form; zum allergrößten Teil unter sich frei; ohne Annulus, mit Dehiszenzstelle an der einander zugekehrten Innenseite.

Was die Zugehörigkeit der einzelnen auf die Form der Wedel und deren Fiederung begründeten Arten zu den einzelnen Arten von Psaronius bzw. Megaphyton und Caulopteris betrifft, so sind unsere Kenntnisse hier noch recht mangelhafte (vergl. S. 567).

A. Palaeozoische Arten:

1. Fiedern letzter Ordnung sehr klein, in der Regel wenig über ½ cm lang.

A. arborescens Schlotheim spec. Vom oberen Teil des Mittleren Oberkarbon bis zum Rotliegenden; gemein; Europa, Nordamerika, Ostasien und Sumatra (Fig. 688). Wedel sehr groß, dreifach gefiedert, Wedelrhachis bis 3 cm breit, glatt, mit feiner Längsstreifung. Fiedern zweiter Ordnung noch bis 11 cm lang bekannt. Fiedern dritter (letzter) Ordnung verhältnismäßig klein, bis gegen 4 mm lang und 1¾ mm breit, nahezu senkrecht der Spindel zweiter Ordnung ansitzend. Seitennerven in der Regel ungegabelt; an den fertilen Wedeln bzw. Abschnitten bedecken die Synangien, die aus drei bis fünf Sporangien bestehen und einen Durchmesser von ¾ mm erreichen, annähernd die ganze Unterseite der Fiedern letzter Ordnung.

Aus dem Mittleren Rotliegenden von Sachsen sind strukturbietend erhaltene Fruktifikationsreste bekannt, die unter dem Namen Scolecopteris elegans Zenker beschrieben sind (Fig. 689—692) und offenbar zu dieser Art gehören[1]). Sporangien zu vier bis fünf, von eiförmiger Gestalt, an der Basis miteinander verbunden und auf kurzem stielartigen Postament, worin ein Leitbündel eintritt, aufsitzend. Wand mehrschichtig, mit Dehiszenzstelle an der einander zugekehrten Seite der Sporangien.

A. (Scolecopteris) **minor** Hoskins. Oberes Oberkarbon von Nordamerika (Illinois). Die strukturbietend erhaltenen Reste stehen Sc. elegans nahe, die Sporangien sind aber von geringerer Größe.

A. cyathea Schlotheim spec. Vom obersten Teil des Mittleren Oberkarbon bis zum Rotliegenden: Europa und Nordamerika. Eine Form, die von manchen Autoren in neuerer Zeit mit A. arborescens vereinigt wird; sie unterscheidet sich davon hauptsächlich durch größere Fiederchen letzter Ordnung, die eine Länge von bis zu 6 mm und eine Breite von über 2 mm erreichen. Seitennerven häufig einmal gegabelt, Rhachis bis 4 cm breit, glatt oder mit feinen unregelmäßigen Streifen, Spindeln erster Ordnung bis 60 cm, die zweiter Ordnung bis über 10 cm lang, Fruktifikation wie bei A. arborescens.

2. Fiedern letzter Ordnung wesentlich größer, gegen 1 cm und mehr lang.

A. Candolleana Brongniart spec. (Fig. 695). Vom obersten Teil des Mittleren Oberkarbon bis zum Rotliegenden, nicht häufig, aber weit verbreitet. Wedel im ganzen dem der beiden vorigen Arten gleich gebaut; Rhachis glatt oder fein längs gestreift. Fiedern letzter Ordnung bis über 1 cm lang aber relativ schmal: 3½ bis 5 mal länger als breit, an der Basis öfter ganz leicht eingeschnürt oder mit der katadromen Seite etwas der Spindel nachlaufend. Seitennerven an der Basis gegabelt, vorderer Gabelast oft nochmals gegabelt. Fruktifikation wie bei den vorigen.

A. lepidorhachis Brongniart spec. Oberes Oberkarbon und Rotliegendes.

A. Daubreei Zeiller. Oberstes Oberkarbon.

---

[1]) Es ist nicht richtig, wenn die genannten strukturbietenden Reste mit denen von Acitheca polymorpha Bgt. (s. S. 585) vereinigt werden, wie das im allgemeinen zu geschehen pflegt. Abgesehen davon, daß die Synangien der letzteren Art ohne Postament auf der Fiederchenlamina aufsitzen und sich hier zwischen ihnen und der Mittelrippe noch ein leistenförmiges Gewebeband findet, das bei Scolecopteris elegans Zenker fehlt, ist besonders zu betonen, daß, wie Fig. 689 zeigt, die Fiederchen von Sc. elegans mit ca. 3½ mm Länge und 1½ mm Breite sehr wohl in der Größe denen von Asterotheca arborescens entsprechen, nicht aber den viel größeren von Acitheca polymorpha (vgl. Fig. 703).

Fig. 688.

Fig. 688. Asterotheca arborescens Schlotheim spec. aus den Radstockian Series des Mittleren Oberkarbon von England. Teil einer Fieder erster Ordnung. $^{19}/_{20}$. Nach Kidston 1924.

A. **euneura** Schimper spec. Oberes Oberkarbon und Rotliegendes.

A. **oriopteridia** Schlotheim spec. Vom oberen Teil des Mittleren Oberkarbon bis zum Rotliegenden; Europa und Nordamerika. Wedel sehr groß, Rhachis über 3 cm breit, Fiedern erster Ordnung, fast senkrecht von der Rhachis abgehend, über 50 cm lang und bis 15 cm breit, mit dem Oberrand einander ein gut Teil deckend. Fiedern letzter Ordnung ziemlich groß und relativ breit, bis über 1 cm lang und über 3 mm breit. Oberfläche der fertilen Fiedern mit feinen Haaren.

A. **pseudovestita** D. White. Vom oberen Teil des Mittleren Oberkarbon. Europa und Nordamerika.

A. **Geinitzi** Gutbier spec. Mittleres Rotliegendes.

A. **Miltoni** Artis spec. Mittlerer und oberer Teil des Mittleren Oberkarbon, sehr häufig. Europa und Nordamerika (Fig. 696 bis 698, 693 u. 694).

Wedel sehr groß, gegen die Basis zu bis viermal gefiedert, Fiedern letzter Ordnung relativ breit; bei dreifacher Fiederung können die Fiedern letzter Ordnung eine Länge von 1,2 cm und eine Breite von 4 mm erreichen; Seitennerven dann mehrfach

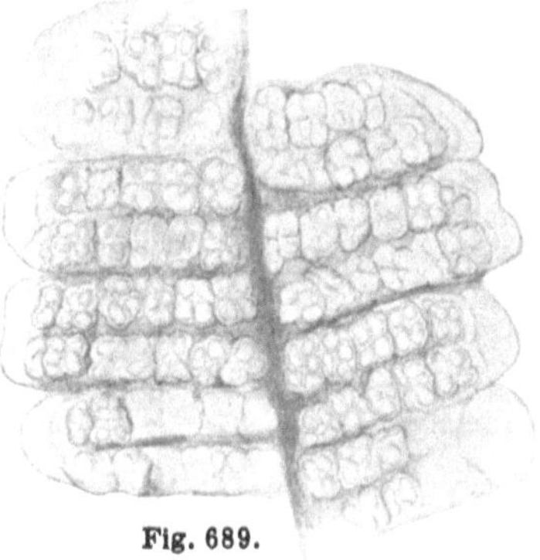

Fig. 689.

Fig. 691.

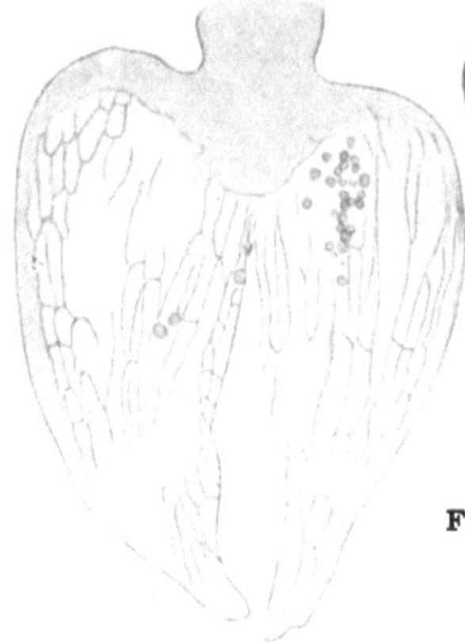

Fig. 692.

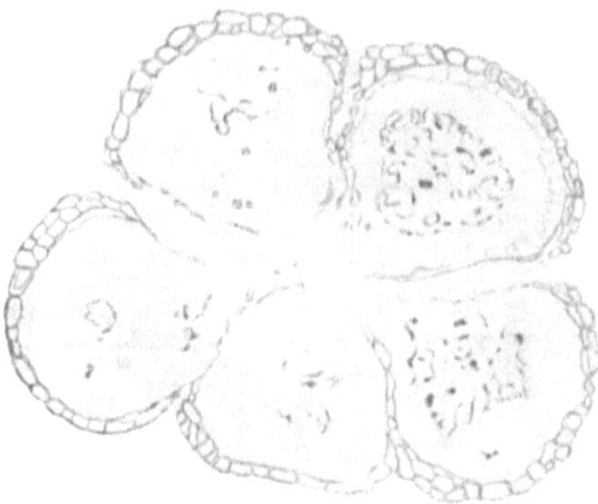

Fig. 690.

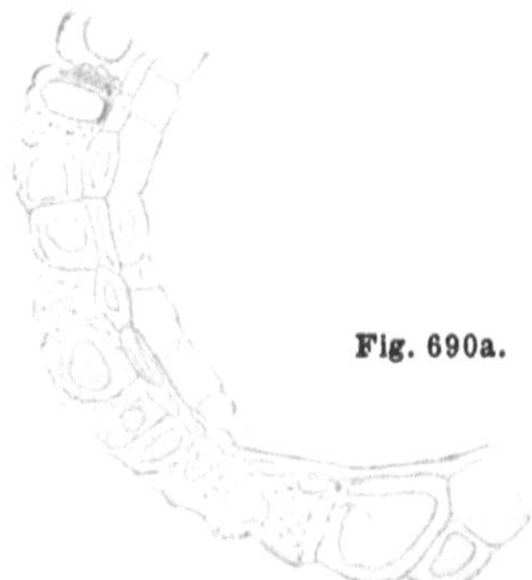

Fig. 690a.

Asterotheca arborescens (Scolecopteris elegans Zenker) aus dem Mittleren Rotliegenden von Chemnitz.

Fig. 689. Oberflächenansicht der Unterseite einiger (fertiler) Fiederchen letzter Ordnung; die einzelnen, zahlreich (zu 10—12) auf jedem Fiederchen sitzenden Synangien bestehen aus in der Regel 4—5 Sporangien. 6 ×.

Fig. 690. Synangium im Querschliff. 60 ×.

Fig. 690a. Partie der Sporangien-Wand. Ca. 150 ×.

Fig. 691. Fiederchen letzter Ordnung quer; links und rechts der Mittelrippe je ein Synangium. 6 ×.

Fig. 692. Synangium im tangentialen Längsschliff. Im rechten Sporangium noch einige Sporen. 60 ×.
Sämtl. nach Strasburger 1874.

Fig. 693. Asterotheca Miltoni Artis spec. aus den Westfalien Series des Mittleren Oberkarbon von England. Fertile Fiederchen letzter Ordnung von unten gesehen. Links und rechts ihrer Mittelnerven die Synangien. 6 ×. Nach Kidston 1924.

Fig. 694. Asterotheca cf. Miltoni Artis spec. aus den Staffordian Series des Mittleren Oberkarbon von England. Tetrasporangiates Synangium. An den einzelnen Sporangien die längs verlaufende Aufrißstelle gut zu erkennen. Stark vergr. Nach Kidston 1924.

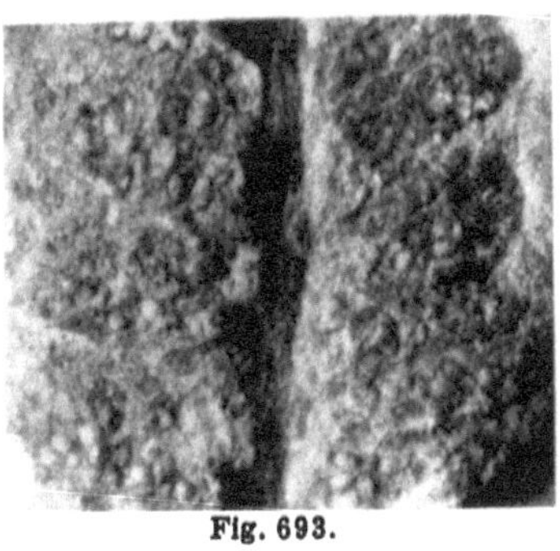

Fig. 693.

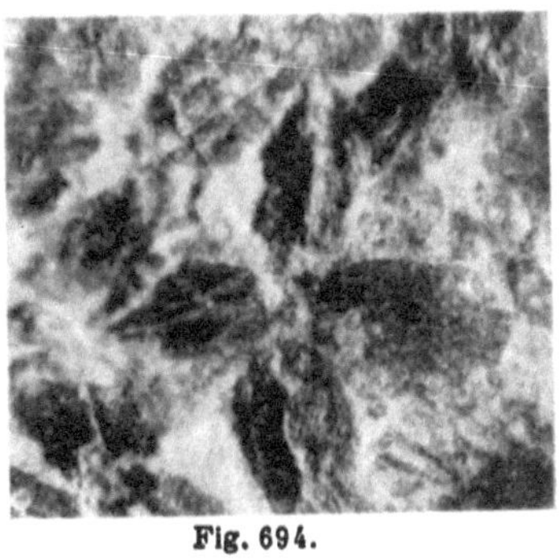

Fig. 694.

Fig. 695a.

Asterotheca Candolleana Brongniart spec.
Aus dem Unteren Rotliegenden von Manebach/Thüringen.
Fig. 695. Bruchstücke steriler und fertiler Fiedern erster Ordnung. 19/20. Original.
(Slg. Preuß. Geolog. Landes-Anst. Berlin.)

Fig. 695a. Schema der Nervatur- und Synangienverteilung an den Fiederchen letzter Ordnung. Ça. 4 ×. Original.

Fig. 695.

Fig. 696.

Fig. 697.

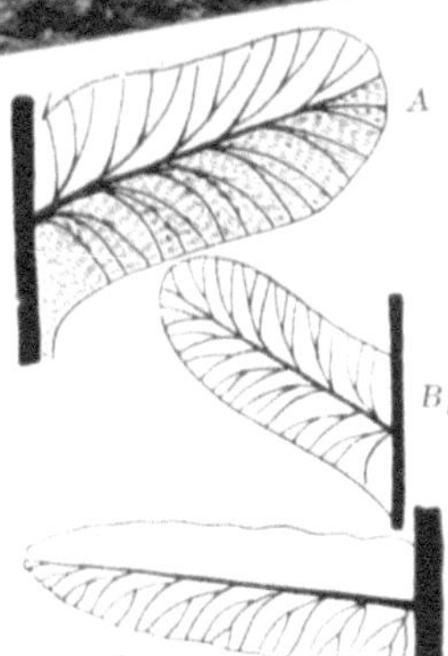

Fig. 698.

Asterotheca Miltoni Artis spec.
Aus dem Mittleren Oberkarbon von England.

Fig. 696. Fiedern zweiter Ordnung (die sie tragende Fiedernspindel erster Ordnung fehlt). $^{19}/_{20}$.

Fig. 697. Teil einer Fieder erster Ordnung, wohl von der unteren Wedelpartie. Die Fiederchen letzter Ordnung fertil. $^{19}/_{20}$.

Fig. 698 *A*—*C*. Fiederchen letzter Ordnung. In *A* z. T. die Behaarung der Oberseite mit eingezeichnet. A: 3 ½ ×, *B* u. *C*: 3 ¼ × vergr. Sämtl. nach Kidston 1924.

Fig. 699.

Fig. 699a.

Fig. 699b.

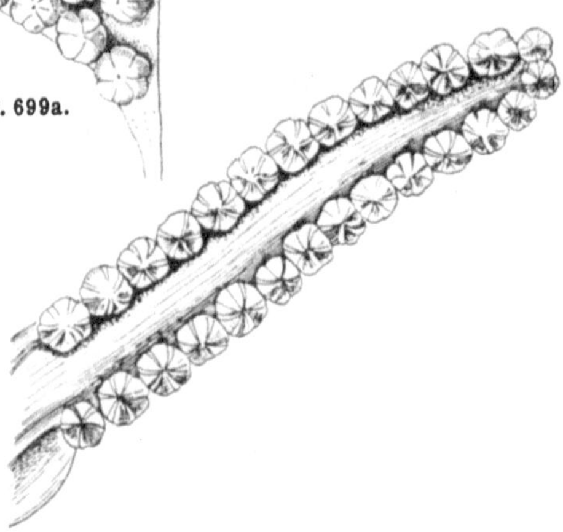

Asterotheca truncata Rost spec. Aus dem Oberen Oberkarbon von Wettin.

Fig. 699. Bruchstück einer Fieder erster Ordnung von der unteren Wedelpartie. Die Fiederchen dritter (letzter) Ordnung fertil. $^{19}/_{20}$.

Fig. 699a u. 699b. Fertile Fiederchen dritter (letzter) Ordnung von der oberen (Fig. 699a) bzw. unteren (Fig. 699b) Wedelpartie. Ca. 5 ×. Nach Germar 1845.

Fig. 700. **Eupecopteris Volkmanni** Sauveur spec. *A*: Fiederchen dritter (letzter) Ordnung. 4 ×. *B* u. *C*: Teile von Fiederchen zweiter (da von der Wedelspitzenpartie stammend, gleichfalls letzter) Ordnung. Die beginnende Herausdifferenzierung einer Durchfiederung bis zum dritten Grad ist gut zu erkennen. 4 ×. Sämtl. nach Kidston 1925.

Fig. 700.

gegabelt. Wo es bis zur Fiederung vierten Grades kommt, sind die Fiederchen letzter Ordnung wesentlich kleiner (kaum über 4 mm lang aber relativ breit, bis über 2 mm), Seitennerven hier einfach. Sehr charakteristisch ist die filzige Behaarung der Oberseite der Fiedern letzter Ordnung. Zugehörig (obwohl noch nicht in organischem Zusammenhang gefunden) dürfte Aphlebia Boerriana Gothan sein; große über 10 cm lange am Rand vielfach zerschlitzte runde Aphlebien, die wohl an der Basis der Wedelrhachis nebenblattartig ansaßen (vgl. S. 574).

A. crenulata Brongniart spec. Vom oberen Teil des Mittleren Oberkarbon bis zum Rotliegenden. Europa und Nordamerika.

A. hemitelioides Brongniart spec. Vom oberen Teil des Mittleren Oberkarbon bis zum Rotliegenden in Europa und Sumatra. Fiedern letzter Ordnung sehr schmal, ca. 0,8 bis 1 cm lang und kaum 2 mm breit, Seitennerven ungegabelt.

A. truncata Rost spec. Oberes Oberkarbon von Deutschland und Frankreich (Fig. 699). Wedel groß, Fiedern letzter Ordnung an der sie tragenden Spindel ein wenig in alethopteridischer Weise langlaufend, an der oberen Wedelpartie verhältnismäßig kurz und breit, an der untern gegen fünfmal so lang als breit. Synangien aus sechs bis acht Sporangien gebildet von im ganzen mehr als 1¼ mm im Durchmesser, fast die ganze Breitenfläche der Fiedern letzter Ordnung bedeckend.

A. Platoni Grand'Eury spec. und **A. alethopterioides** Grand'Eury spec. Beide aus dem Oberen Oberkarbon von Frankreich. Beide der A. truncata sehr ähnlich.

A. Lamuriana Heer spec. Oberer Teil des Mittleren und Oberes Oberkarbon.

3. Anhang:

Palaeozoische Wedel von eupecopteridischem Typ, deren Fruktifikation nur mangelhaft oder gar nicht bekannt ist, die aber formal den Arten von Astrotheca nahestehen.

α) Fruktifikation nur mangelhaft bekannt.[1])

Eupecopteris densifolia Goeppert. Oberstes Oberkarbon und Rotliegendes von Europa.

Eup. palaeacea Zeiller. Oberstes Oberkarbon und Rotliegendes von Frankreich. Eigentümliche Form, deren Wedelrhachis und Spindeln über und über mit kleinen Spreuschuppen bedeckt sind.

β) Fruktifikation ganz unbekannt.

Eupecopteris Bucklandi Brongniart spec. Vom oberen Teil des Mittleren Oberkarbon bis zum Rotliegenden. Europa.

Eup. cisti Brongniart spec. Oberer Teil des Mittleren Oberkarbon von Europa und Nordamerika.

Eup. Fletti Kidston, **Eup. Camertonensis** Kidston und **Eup. minor** Kidston. Alle drei im Obersten Teil des Mittleren Oberkarbon von England.

Eup. Volkmanni Sauveur spec. Mittleres Oberkarbon von Europa (Fig. 700).

Eup. villosa Brongniart spec. Oberer Teil des Mittleren Oberkarbon von Europa.

Für alle diese Formen gilt, daß die Morphologie ihrer Fiederchen letzter Ordnung, bald mehr bald weniger vom echten (S. 571 definierten) Eupecopteristyp abweicht und zu dem Typus von Ptychocarpus unita und besonders dem von Acitheca polymorpha, oft sogar mit größerer Mannigfaltigkeit am selben Wedelstück, übergeht.

Literatur.

Brongniart, A., Histoire des Végétaux fossiles. S. 267—366, zum Teil. Paris 1828—1837.

Goeppert, H. R., Systema filicum fossilium. Nova acta Acad. Leop. Carol. 17. 1836.

---

[1]) Ob zu Asterotheca auch die kulmische **Pecopteris (A.) esnostensis** Renault (Bass. Houill. et perm. d'Autun et d'Epinac, fl. foss. II. S. 5/6) gehört, ist schwer zu sagen. Jedenfalls sind die Sporangien denen von Asterotheca sehr ähnlich. Am auffälligsten ist der außergewöhnlich tiefe Horizont des Vorkommens.

Germar, E. F., Die Versteinerungen des Steinkohlengeb. v. Wettin und Lobejün. S. 43—44. 63—65, 97—109. Halle 1844.
Corda, A. J., Beiträge zur Flora der Vorwelt. Prag 1845.
Geinitz, H. B., Die Versteinerungen der Steinkohlenformation in Sachsen. S. 23 bis 30. Leipzig 1855.
Goeppert, H. R., Perm flora. S. 127—129. Palaeontogr. Bd. 12. 1864.
Röhl, E. v., Foss. Flora d. Steinkohlenform. v. Westfalen. S. 82—91 (z. T.). Palaeontogr. Bd. 18. 1868.
Weiss, Ch. E., Foss. Flora der jüngsten Steinkohlenform. und des Rotliegenden im Saar-Rheingeb. S. 61—98. Bonn 1869—1872.
Straßburger, E., Über Scolecopteris elegans Zenker. Jenaer Zeitschr. f. Naturwissenschaft. Bd. 8 (N. F. Bd. 1). 1874.
Lesquereux, L., Coal flora of Pennsylvania. Bd. I, S. 223ff. zum Teil. Bd. III, S. 755ff. zum Teil. Harrisburg 1880/84.
Stur, D., Die Karbonfl. d. Schatzlarer Schichten. I. Farne. Abh. k. k. geolog. Reichs-Anst. Wien. Bd. 11, S. 106ff. zum Teil! 1885.
Kidston, R., Catalogue of the palaeozoic Plants in the Department of Geology and Palaeontology, British Museum (Nat. Hist.). S. 113—128. London 1886.
Zeiller, R., Flore foss. Bassin houiller de Valenciennes. S. 184—195, 211—213, 216—219. Paris 1886/88.
Zeiller, R., Flore foss. Terrain houiller de Commentry I. S. 94—178. St. Etienne 1888.
Zeiller, R., Flore foss. Bassin houiller et permien d'Autun et d'Epinae I. S. 40—73. Paris 1890.
Zeiller, R., Flore foss. Bassin houiller et permien de Brive. S. 14—29. Paris 1892.
Potonié, H., Die Flora des Rotliegenden von Thüringen. Abh. k. preuß. geolog. Landes-Anst. N. F. 9. 1893.
Zeiller, R., Étude sur la flore foss. du Bassin houiller d'Héraclée. S. 32—34. Mém. Soc. géolog. de France. Nr. 21. Paris 1899.
White, D., Foss. flora of the Lower Coal Measures of Missouri. Monogr. U. S. Geolog. Survey. Bd. 37, S. 74—97, zum Teil. Washington 1899.
Potonié, H., Abh. u. Beschr. foss. Pflanzen I. 10, 11; II. 27; IV. 63—65; VIII. 157. 1903—1912.
Zeiller, R., Flore foss. Bassin houiller et permien de Blancy et du Creuzot. S. 35 bis 58. Paris 1906.
Gothan, W., Die oberschlesische Steinkohlenflora. I. Teil. S. 154—157 u. 163—165. Abh. k. preuß. geolog. Landes-Anst. N. F. 75. Berlin 1913.
Sterzel, J. T., Die Flora des Rotliegenden im Plauenschen Grunde bei Dresden. S. 17—36, 41—45 u. 121—127. Abh. k. Sächs. Ges. Wiss. math.-phys. Kl. Bd. 19. 1913.
Sterzel, J. T., Die org. Reste des Kulms und Rotliegenden der Gegend von Chemnitz. S. 285/286. Abh. k. Sächs. Ges. Wiss. math.-phys. Kl. Bd. 35. 1918.
Kidston, R., Foss. plants of the Carboniferous Rocks of Great Britain. Pt. 5: S. 479—522 und Pt. 6: S. 525—534, 554—575. Mem. of the geolog. Survey of Great Britain. II. London 1923—25.
Jongmans, W. J., und Gothan, W., Beiträge zur Kenntnis der Flora des Oberkarbons von Sumatra. Gedenkb. Verbeek, Verh. Geolog. Mijnbouwk. Genootsch. Nederl. en Kolon. Geolog. Sect. 8. 1925.
Hoskins, J. H., Structure of Pennsylvanian plants from Illinois. The Botan. Gaz. 82. 1926.

C. Mesozoische Arten.

Asterotheca Cottoni Zeiller. Rhät von Tonkin. Wedel vermutlich dreifach gefiedert, Fiedern letzter Ordnung eupecopteridisch mit einfach bis doppelt gegabelten Seitennerven. Synangien gegen 1 mm im Durchmesser, bestehend aus vier bis fünf Sporangien, beiderseits des Mittelnerven der Fiederchen letzter Ordnung, fast die ganze Fiederchenfläche ausfüllend.

A. Meriani Brongniart. Mittlerer Keuper von Europa und Nordamerika.

A. lacera Stur und **A. intermedia** Stur. Mittlerer Keuper von Lunz.

Die genannten mesozoischen Arten sind deswegen besonders interessant, da sie das Weiterbestehen der für das jüngere Palaeozoikum so charakteristischen pecopteridischen Marattiaceen im Mesozoikum beweisen. Mit dieser Tatsache ist immerhin dann auch wahrscheinlich gemacht, daß von den sonst noch aus verschiedenen mesozoischen Schichten beschriebenen eupecopteridischen Pecopteriden, die bislang nur erst ohne Fruktifikation bekannt sind, wenigstens ein Teil noch in den Verwandtschaftskreis der Marattiaceen gehört.

Literatur.

Zeiller, R., Flore fossile des gîtes de Charbon du Tonkin. S. 26—30. Paris 1903.

Leuthardt, F., Die Keuperflora der Neuen Welt bei Basel II. S. 31ff. Abh. Schweiz. palaeontolog. Ges. Bd. 31. 1904.

Krasser, F., Die Diagnosen der v. Dionysius Stur in der obertriadischen Flora der Lunzer Schichten als Marattiaceenarten unterschiedenen Farne. S. 19—21. Sitzber. k. Akad. Wiss. Wien. Math.-nat.-wiss. Kl. 118. I. 1909.

Diplasterotheca n. g.

Wedel mit eupecopteridischer Fiederung, an diesen in zwei Reihen zu beiden Seiten der Mittelnerven, die aus vier Sporangien gebildeten Synangien, die im übrigen denen von Asterotheca gleichen.

D. exigua Renault spec. Rotliegendkiesel von Autun.

Literatur.

Zeiller, R., Flore foss. Bass. houiller et permien d'Autun et d'Epinae. Pars I. S. 70—72. Paris. 1890.

Acitheca Schimper.

Farne mit großen, drei- bis (an der Basis) vierfach gefiederten Wedeln. Fiedern letzter Ordnung ziemlich groß, bis über 1 cm lang und 4—5 mm breit, an der Basis leicht eingeschnürt (Formengruppe der neuropteroiden Pecopteriden). Seitennerven mehrfach gegabelt, besonders da, wo die Durchfiederung vierter Ordnung eingeleitet wird. Synangien zu beiden Seiten des Mittelnerven der Fiedern letzter Ordnung. Synangien jeder Fiederhälfte von dem über sie hinweggreifenden Fiedernrand und einem seitlich nahe dem Mittelnerven auftretenden Wulst, wie in eine Wanne eingebettet (Fig. 703); bestehend aus vier bis fünf Sporangien, die nur an der Basis und den untersten Partien der einander zugekehrten Seiten, infolge einer Auftreibung des Rezeptakelgewebes, verwachsen sind. Sporangium ganz vom Bau derer von Asterotheca, Wand mehrschichtig, ohne Annulus, mit Dehiszenzstelle an der Innenseite. Sporen sehr klein und sehr zahlreich.

A. polymorpha Brongniart (Fig. 701—703). Vom Oberen Oberkarbon bis zum Rotliegenden. Fiedernoberseite mit papillösen Zellen.

Formal nahestehend, aber nicht mit Fruktifikation bekannt, sind:

Pecopteris Pseudobucklandi Andrae und **P. Bredowi** Germar. Oberes Oberkarbon und Rotliegendes.

Literatur.

Kidston, R., Foss. Plants of the Carboniferous Rocks of Great Britain. Pt. 6. S. 535—546. Mem. of the Geolog. Survey of Gr. Britain II. London 1923/25.

Fig. 701.

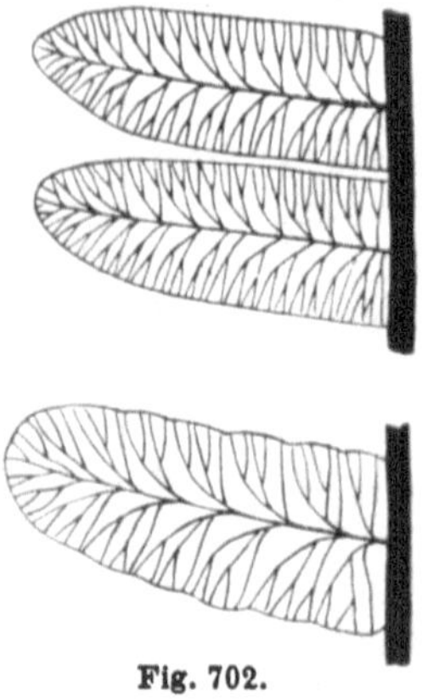

Fig. 702.

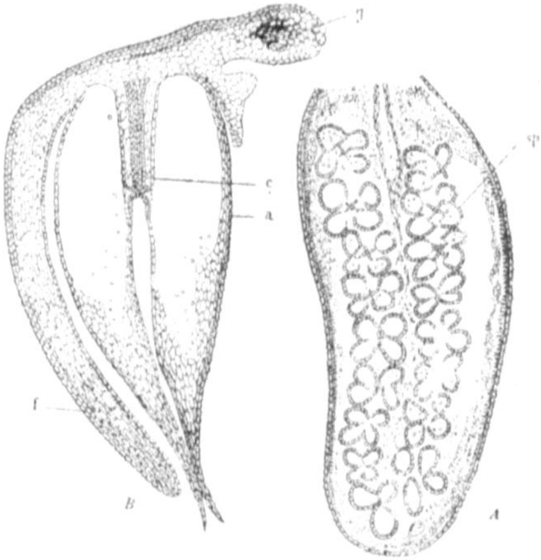

Fig. 703.

Acitheca polymorpha Brongniart spec.

Aus den Staffordian Series des Mittleren Oberkarbon von Großbritannien.

Fig. 701. Teil einer Fieder erster Ordnung mit sterilen Fiederchen letzter Ordnung. $^{19}/_{20}$ ×. Nach Kidston 1925.

Fig. 702. *A* u. *B*: Fiederchen letzter Ordnung. Ca. 3½ ×. Nach Brongniart 1828/37.

Fig. 703. *A*: Fertiles Fiederchen letzter Ordnung mit zahlreichen Synangien *(sp)* links und rechts des Mittelnerven. $5^{3}/_{8}$ ×. *B*: Querschliff durch die Hälfte einer fertilen Fieder letzter Ordnung mit einem längsgetroffenen Synangium. Zu sehen sind 2 der (meist 4) Sporangien (*a*) eines Synangiums, die um die Rezeptakelbasis (*f*) gruppiert sind. *g*: Fiederchenmittelnerv, *f*: Fiederchenrand. 12 ×. Aus Scott Studies I. 1920.

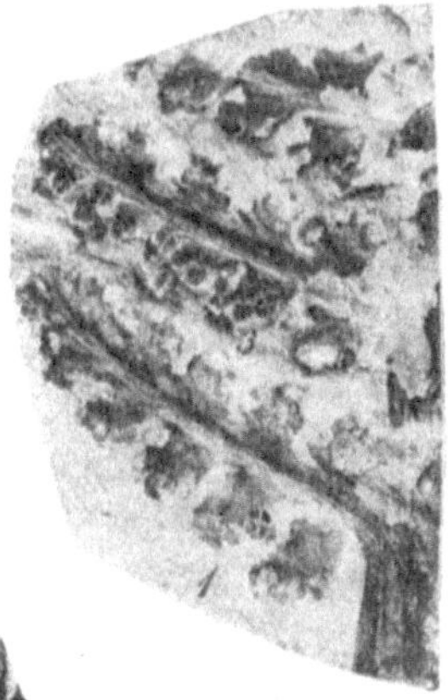

Fig. 705.

Fig. 704.

Tetrameridium caducum Gothan.
Aus dem Mittleren Oberkarbon (obere Muldengruppe) von Oberschlesien.

Fig. 704. Größter bekannter Wedelrest. In der Mitte der Figur die Wedelrhachis oder eine Fiedernspindel erster Ordnung. $^{10}/_{10}$.

Fig. 705. Fiedernspindeln letzter Ordnung mit ansitzenden Fiederchen letzter Ordnung, daran die tetrasporangiaten Synangien. Ca. 3 ×. Nach Gothan 1913.

Tetrameridium Gothan.

T. caducum Gothan. Mittleres Oberkarbon von Oberschlesien (Fig. 704 u. 705). Einzige Art. Wedel dreifach gefiedert, verhältnismäßig klein, Fiedern letzter Ordnung mit ganzer Breite und in alethopteridischer Weise an der Spindel zweiter Ordnung ansitzend, an den Vorderpartien in der Art breit sphenopteridischer Fiederchen mehrfach eingebuchtet, nur mit schwach angedeutetem Mittelnerv; (allenfalls vorhandene) Seitennerven nicht sichtbar. Auf der Unterseite unter den Vorsprüngen der Fiederchen die Synangien, bestehend aus vier Sporangien, soviel ersichtlich von ähnlichem Bau wie die von Asterotheca[1]).

Literatur.

Gothan, W., Die Oberschlesische Steinkohlenflora I. S. 132/133. Abh. k. Preuß. Geolog. Landes-Anst. N. F. 75. Berlin 1913.

[1]) Der Ansicht Gothans, daß die Synangien auf kurzen Stielen der Fläche des Fiederchenvorsprunges ansaßen, kann sich Verfasser nicht anschließen. Gerade der Umstand, daß an den Stellen, an welchen an dem vorliegenden Material die Synangien fehlen, die ganze sie tragende Fläche mit herausgerissen scheint und ein kreisförmiges Loch in dem Abschnitt vorhanden ist (vgl. besonders l. c. T. 27, Fig. 2b unten) spricht doch für ein direktes Aufsitzen des Synangiums und nicht für dessen Anheftung mittels eines dünneren Stielchens.

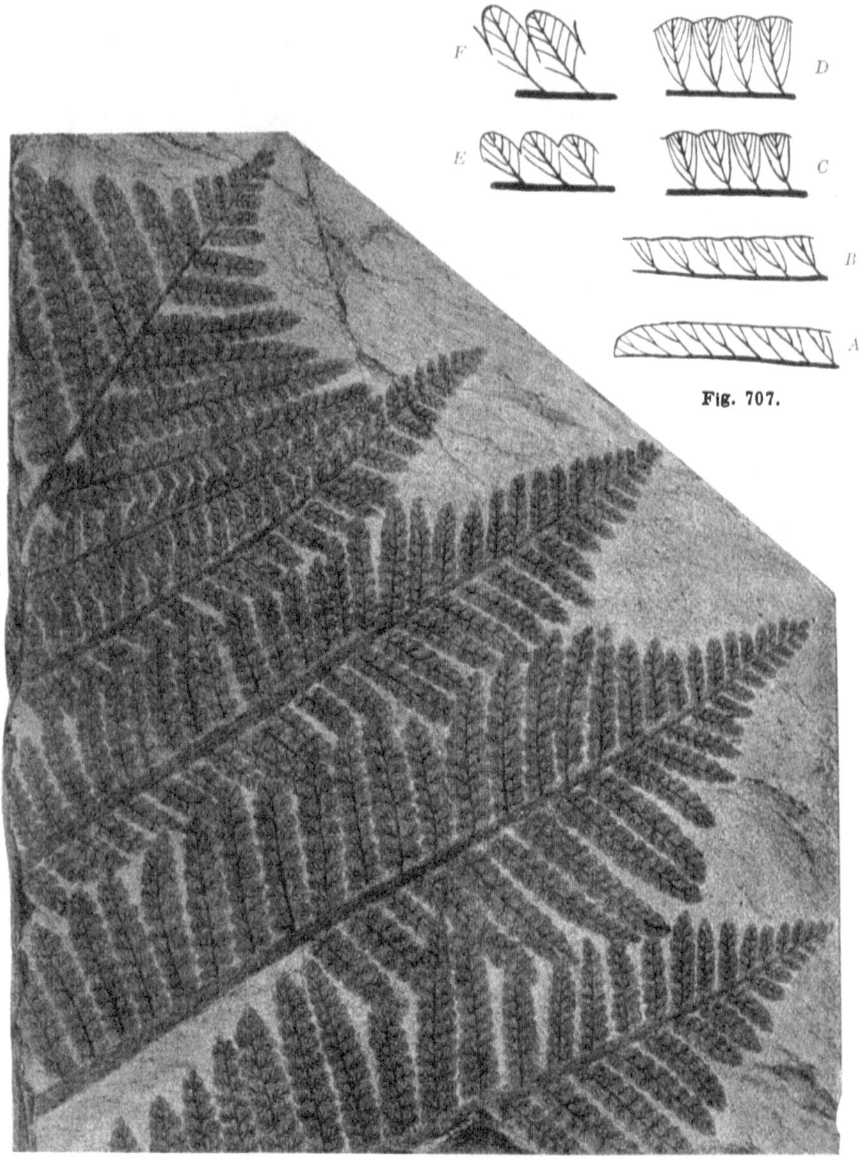

Fig. 707.

Fig. 706.

Ptychocarpus unitus Brongniart spec.
Aus dem Obersten Oberkarbon von Commentry (Frankreich).

Fig. 706. Spitzenteil eines Wedels. Seine Rhachis bei *R*. Die obersten Fiedern erster Ordnung einfach, die unteren doppelt gefiedert. ³/₄. Nach Zeiller 1888.

Fig. 707. *A*—*F*: Teile von Fiedern letzter Ordnung. *A* u. *B*: von nahe der Wedelspitze oder der Spitze von Fiedern erster Ordnung. *C* u. *D*: von Partien weiter unten am Wedel bzw. weiter unten an den Fiedern erster Ordnung. *E* u. *F*: ebenso, aber mit stärkerer Zerteilung der einzelnen Fiederabschnitte. 2½ ×.

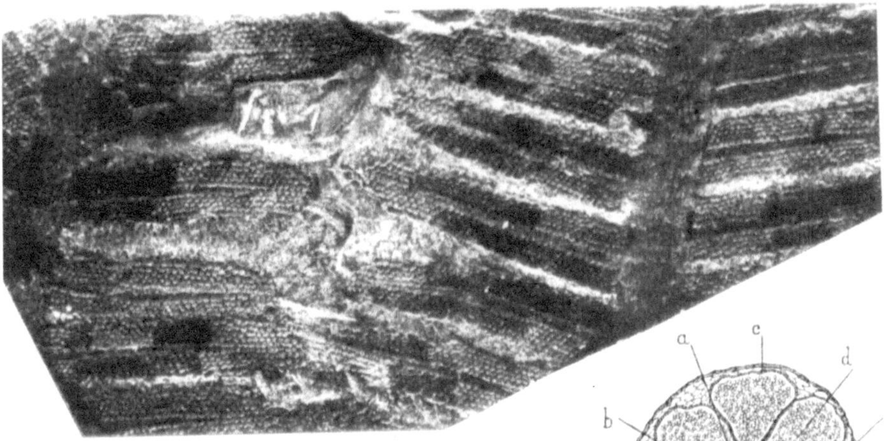

Fig. 708.

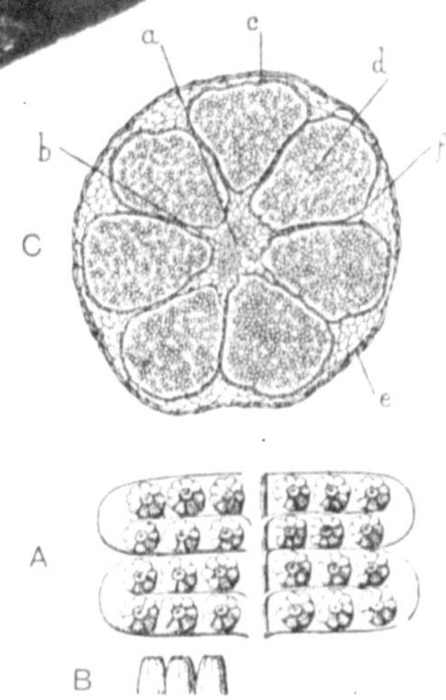

Fig. 709.

Ptychocarpus unitus Brongniart spec.
Aus dem Oberen Oberkarbon von Frankreich.

Fig. 708. Teilstücke zweier Fiedern erster Ordnung mit fertilen Fiedern zweiter Ordnung. Vgl. den Text S. 590. $^{10}/_{20}$. Nach Grand'Eury 1890.

Fig. 709. *A*: schematische Darstellung der Fiederbesetzung mit Synangien. *B*: diese von der Seite gesehen. *C*: Querschliff durch ein Synangium. *a* u. *b*: Leitbündel und Parenchym des zentralen Rezeptakels; *d*: Sporen; *c*: Tapetum der einzelnen Sporangien; *e* u. *f*: die ihnen gemeinsame Synangiumwand. Ca. 35 ×. Nach Scott Studies I. 1920.

Fig. 710. **Pecopteris feminaeformis** Schlotheim spec. Aus dem Oberen Oberkarbon des Saargebietes. Wedelteilstück $^{1}/_{1}$; in *a*: Fiederchen letzter Ordnung 3 × vergr.: nach Potonié 1903.

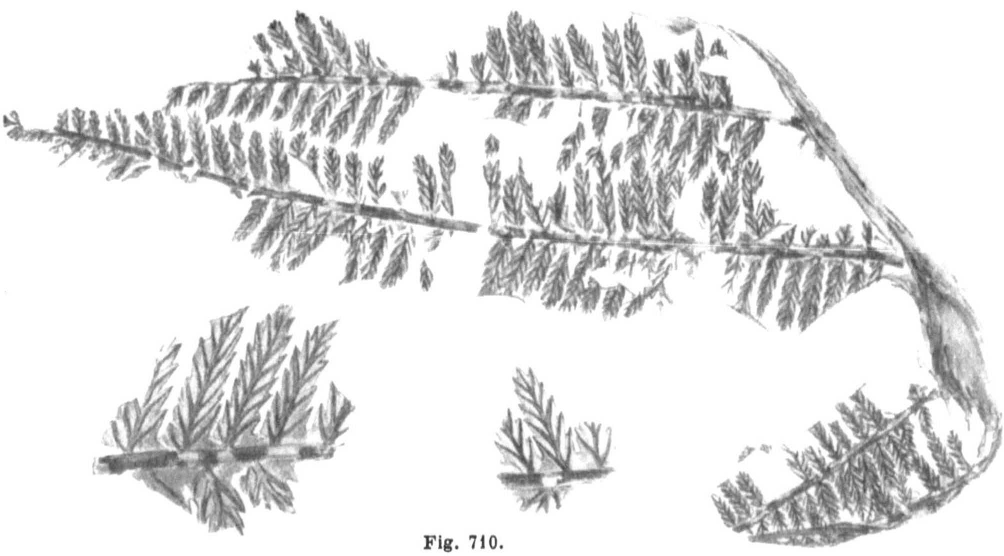

Fig. 710.

b) Sporangien eines Synangiums miteinander verwachsen.

Ptychocarpus Weiss.

Pt. unitus Brongniart spec. Oberer Teil des Mittleren Oberkarbon bis Rotliegendes. Einzige Art (Fig. 706—709). Für die Morphologie des großen Wedels ist charakteristisch, daß die den Spindeln letzter Ordnung ansitzende Fiederung nicht, oder nicht mehr ganz zu freien Fiedern dritter Ordnung aufgelöst ist, sondern daß eine ± weitgehende, im einzelnen ziemlich variable Verschmelzung der Fiedernseitenränder vorliegt.

Die Fruktifikation (Fig. 708) ist ein Synangium, bestehend aus sechs bis acht Sporangien, die alle durch ein einheitliches Wandgewebe einerseits und anderseits durch Ausfüllung des zentralen Raumes zwischen ihnen mit Gewebe (in das übrigens noch ein Leitbündel eingeht), zu einem einheitlichen Ganzen verschmolzen sind. Die einzelnen, das Synangium zusammensetzenden Sporangien haben als einziges ihnen von der Wand selbständig verbleibendes Gewebe nur den ihren Sporensack umgebenden Tapetenmantel. Die Öffnung der Sporangien erfolgte allem Anschein nach durch eine mehr minder scheitelständige porusartige Öffnung. An den fertilen Wedeln (bzw. Wedelabschnitten) (Fig. 708) bilden die Fiedenabschnitte letzter Ordnung infolge durchgehender Verschmelzung der Fiederchen letzter Ordnung eine Fläche von gegen 4½ cm Länge und bis über 1 cm Breite. An ihnen sind die Synangien der Tatsache entsprechend angeordnet, daß jeder Abschnitt letzter Ordnung die Vereinigung von etwa zweimal 20—25 Fiederchen letzter Ordnung darstellt. Demgemäß finden sich auf jedem Abschnitt zweimal 40—50 Reihen von je 4—5 Synangien Tiefe, also im ganzen 320—500 Synangien vereinigt.

Literatur.

Zeiller, R., Flore fossile terr. houiller de Commentry. S. 162—168. Paris 1888.
Zeiller, R., Flore foss. bassin houiller de Valenciennes. S. 40ff. Paris 1888.
Grand'Eury, C., Flore fossil du Bassin houiller du Gard. S. 278. St. Etienne 1890.
Kidston, R., Foss. Plants of the Carboniferous Rocks of Great Britain. Mem. Geolog. Survey of Great Brit. II. Pt. 6., S. 546—554. (Hier die gesamte Literatur aufgeführt.) London 1925.

Nicht mit Fruktifikation bekannt, aber formal nahestehend sind: **Pecopteris Launayi** Zeiller, **P. Monyi** Zeiller und **P. elaverica** Zeiller. Sämtliche im Obersten Oberkarbon und Rotliegenden von Europa.

P. feminaeformis Schlotheim. Vom Oberen Oberkarbon bis zum Rotliegenden. Fiedern dritter Ordnung nur an der Basis miteinander verwachsen, Fiedernrand spitzzähnig, Nerven ungegabelt (Fig. 710).

Literatur.

Zeiller, R., Flore foss. terr. houiller de Commentry. S. 168—178. St. Etienne 1888.
Potonié, H., Abbild. u. Beschr. foss. Pfl. Lief. I. Nr. 11. Berlin 1903.

Möglicherweise gehört in den näheren Verwandtschaftskreis von Ptychocarpus auch

Cyathotrachus Watson.

C. altus Watson. Bekannt sind strukturbietend erhaltene Synangienreste aus den Lower Coal Measures von England. Synangien denen von Ptychocarpus ähnlich, aber größer; in der Mitte eingedellt. Sporangien mit Tracheidenversorgung an der Basis. Vergesellschaftet mit dieser Fruktifikation wurden Fiederchen von Pecopteris-Typ gefunden.

Literatur.

Watson, D. M. S., On a Fern-Synangium from the Lower Coal Measures of Shore, Lancashire. Journ. R. Microscop. Soc. 1906.

2. Synangien länglich, aus in 2 Längsreihen angeordneten offenbar ± freien Sporangien.

Danaeites Goeppert.

Wedel sehr groß, dreifach gefiedert, Spindeln zweiter Ordnung bis über 10 cm lang. Fiederchen letzter Ordnung eupecopteridisch, groß, bis 1⅓ cm lang und 4 mm breit. Seitennerven einfach; auf der Unterseite der Fiederchen letzter Ordnung zu beiden Seiten des Mittelnerven, die Synangien je die ganze Breite einer Fiederhälfte lang, aus 16 bis 20 in zwei Reihen, aneinandergereihten länglichen Sporangien bestehend. Diese ohne Annulus, ihre Öffnungsstelle nicht bekannt.

D. saraepontanus Stur. Mittleres Oberkarbon des Saargebietes (Fig. 711). Möglicherweise hieher auch:

Pecopteris Roehli Stur. Mittleres Oberkarbon von Lothringen.

Literatur.

Stur, D., Die Carbonflora d. Schatzlarer Schichten. I. Farne. S. 221—229. Abh. k. k. Geolog. Reichsanst. 11. Wien 1885.

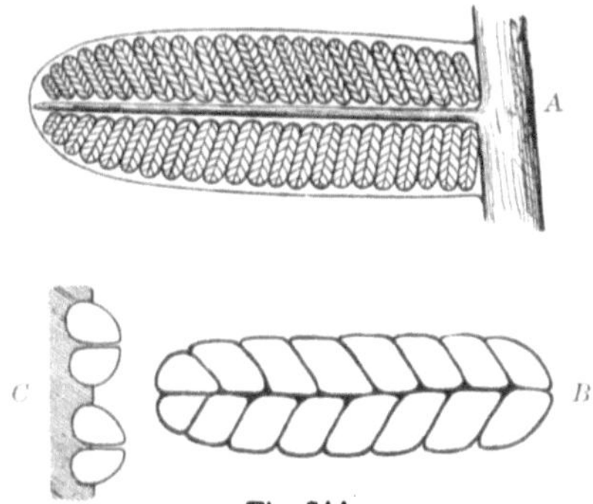

Fig. 711.

Danaeites sarepontanus Stur. Mittleres Oberkarbon des Saargebietes.

A: Fiederchen letzter Ordnung. 3½ × vergr. *B*: Synangium. 21 × vergr. *C*: zwei Synangien quer geschnitten. 18 × vergr. Nach Stur 1885. Original.

Parapecopteris Grand' Eury.

P. neuropteroides Grand'Eury spec. Oberkarbon von Gard u. St. Etienne. Offenbar Danaeites nahestehend.

Literatur.

Grand'Eury, C., Flore foss. du Bassin houiller du Gard. S. 288, T. 6. 26. St. Etienne. 1890.

3. Anhang. Formen mit wohl marattioider, aber nicht genügend bekannter Fruktifikation.

Bernouillia Heer.

Wedel groß, doppelt gefiedert; Fiedern erster Ordnung bis 30 cm lang, Fiedern zweiter Ordnung ungefähr 5 bis 6 cm lang, an der Basis stark eingeschnürt, an den unteren Wedelpartien am Rande ± tief eingeschnitten, eine Fiederung dritten Grades vorbereitend. Fertile Fiedern an eigenen nur fertilen Wedeln oder auch an Abschnitten teilweise steriler Wedel; Fiederflächen beiderseits des Mittelnerven mit Synangien besetzt, die von dem umgeschlagenen Fiedernrand bedeckt sind. Genauerer Bau der Sporangien unbekannt.

B. helvetica Heer. Mittlerer Keuper von Basel.

B. lunzensis Stur. Mittlerer Keuper von Lunz.

B. franconica Frentzen. Unterer Keuper (Lettenkohle) von Franken.

Literatur.

Leuthardt, F., Die Keuperflora der Neuen Welt bei Basel, II. S. 38—39. Abh. Schweiz. palaeont. Ges. Bd. 31. 1904.

Krasser, F., Die Diagnosen d. v. D. Stur in der obertriad. Flora d. Lunzer Schichten als Marattiaceae untersch. Farne. S. 21/22. Sitzber. k. Akad. Wiss. Wien. Math.-nat.-wiss. Kl. 118. I. 1909.

Frentzen, K., Bernouilla franconica n. sp. aus der Lettenkohle Frankens. Centralbl. f. Mineralogie etc. B. 13. 1926.

Merianopteris Heer.

M. augusta Heer. Mittlerer Keuper der Schweiz.

Literatur.

Leuthardt, F., Die Keuperflora der Neuen Welt bei Basel II. S. 32—34. Abh. Schweiz. palaeont. Ges. Bd. 31. 1904.

Krasser, Fr., Die Diagnosen usw. S. 21/22. Sitz ber. k. Akad. Wiss. Wien. Math-nat.-wiss. Kl. 118. I. 1909.

b) Danaeoideae:

1. Synangien, auf die Nähe des Fiedernrandes beschränkt.

Marattiopsis Schimper (einschließlich Daneites Ettingshausen).

Blattwedel einfach (bei manchen Arten auch zweifach?) gefiedert. Fiedern an der Basis eingeschnürt, Seitennerven einfach gabelig. Synangien langgestreckt aus 40 bis 60 untereinander nahezu freien Sporangien bestehend, diese zirka ½ mm lang und 0,2 mm breit.

M. hoerensis Schimper. Rhät von Schonen.

M. Haidingeri (Ettingshausen) Krasser spec. und **M. lunzensis** Krasser spec. Keuper bis Lias der Alpen.

M. Muensteri Goeppert spec. Rhät und unterer Lias, weit verbreitet (Fig. 712).

M. Richthofeni Schenk. Jura von China.

M. firmus Heer spec. Untere Kreide von Grönland.

M. Schlotheimii Debey und Ettingshausen. Untere Kreide von Aachen.

Literatur.

Schenk, A., Die foss. Flora d. Grenzschichten des Keupers und Lias von Franken. S. 99 ff. Wiesbaden 1867.

Schimper, W. Ph., Traité de Paléeontologie végétale I. S. 602—607. 1869.

Krasser, Fr. Die Diagnosen etc. S. 28 ff. zit. S. 595.

2. Synangien, die ganze Fiedernfläche bedeckend.

Danaeopsis Heer (einschließlich Pseudodanaeopsis Fontaine).

Blattwedel einfach (oder doppelt?) gefiedert, Fiedern an der sie tragenden Spindel herablaufend, Seitennerven ein- bis zweimal gegabelt, Gabeln gegen den Rand zu jeweils bogig zusammengehend.

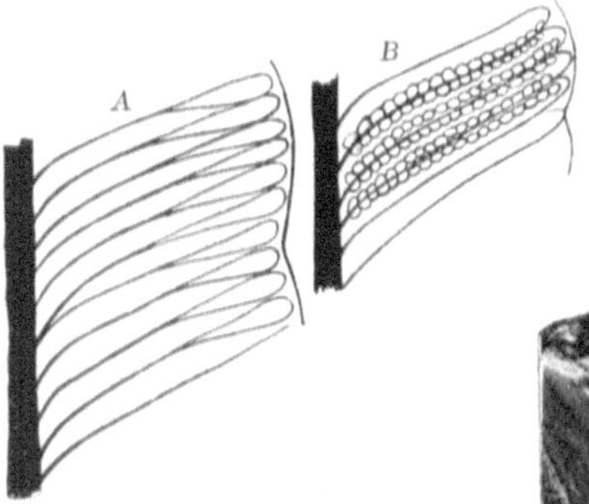

Danaeopsis marantacea Presl spec. Aus dem Keuper von Stuttgart.

Fig. 713. Wedelbruchstück in ⅓ nat. Gr. Nach Schimper 1874. *A* u. *B*: Schema des Nervenverlaufes und der Sporangienverteilung. $^1/_1$. Nach Leuthardt 1904.

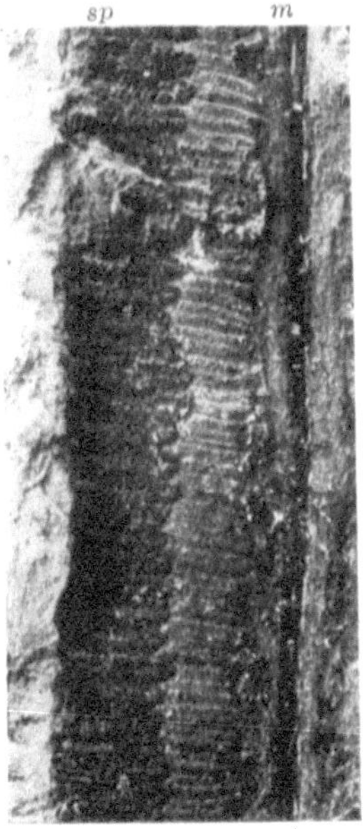

Fig. 712.

Fig. 712. Marattiopsis Münsteri Göppert spec. Aus dem Räth-Lias von Franken. Teilstück einer Fieder letzter Ordnung (nur die linke Hälfte). Bei *sp*: die Synangiengruppen nahe dem Fiedernrand; *m*: Mittelrippe. $2^1/_2\times$. Original.

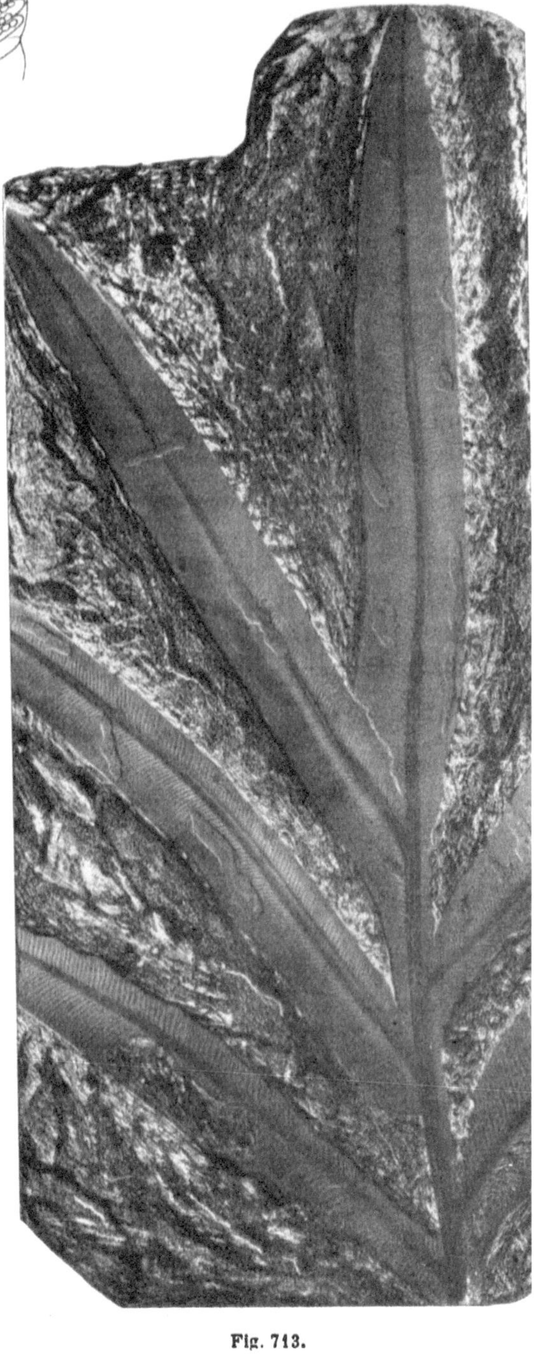

Fig. 713.

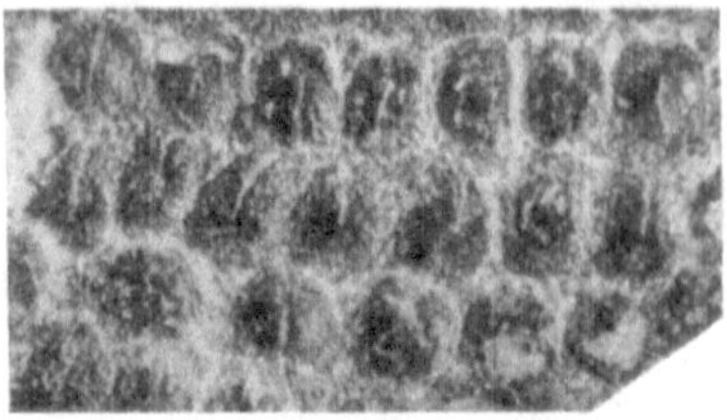

Fig. 715.

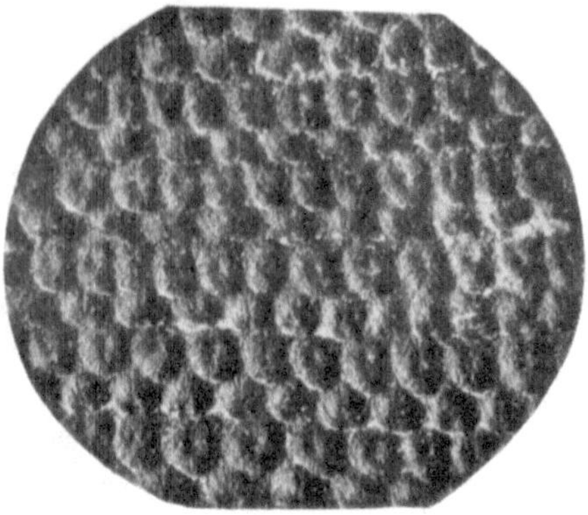

Fig. 716.

Fig. 714.

Fig. 717.

Danaeopsis fecunda Halle.
Rhät von Schonen.

Fig. 714. Fertiler Abschnitt eines Wedels von der Unterseite gesehen.

Fig. 715 bis 717. Vergrößerungen von verschiedenen Stellen des Wedelstückes der Fig 714.

Fig. 715. Sporangien geöffnet, Stomium gut zu erkennen. $11^1/_2\times$.

Fig. 716 und 717: 6 bzw. 24 × vergr.

Nach Halle 1921.

Synangien aus sehr vielen in je zwei Parallelreihen angeordneten Sporangien. Bemerkt sei jedoch, daß — worauf bereits Halle (1922) hingewiesen hat — der Name Danaeopsis irreführend ist. Von einer Ähnlichkeit mit der rezenten Gattung Danaea kann im Hinblick auf Fruktifikation keine Rede sein. Denn die Sporangien eines Synangiums sind nicht irgendwie enger miteinander verschmolzen, sondern unter sich frei und öffnen sich mit einem Längsriß (und nicht wie bei Danaea mittels Porus). Von rezenten Formen steht jedenfalls Archangiopteris am nächsten[1]).

D. marantacea Presl spec. Unterer und Mittlerer Keuper; weit verbreitet (Fig. 713).

D. plana (Emmons) Fontaine spec. Mittlerer Keuper von Europa und Nordamerika.

D. fecunda Halle. Rhät von Schonen (Fig. 714—717). Sporangien 0,8 — 0,9 × 0,65 — 0,75 mm, mit gegen 1000 bis 1100 Sporen.

Literatur.

Schoenlein, J. L., und Schenk, A., Abb. foss. Pfl. a. d. Keuper Frankens. Wiesbaden 1865.

Heer, O., Flora foss. Helvetiae. 2. Lieferung, S. 71ff. 1877.

Fontaine, W. M., Older Mesozoic Flora of Virginia. S. 58ff. Monogr. U. S. Geolog. Survey VI. 1883.

Zeiller, R., Flore foss. des gîtes de Charbon du Tonkin. S. 63—65. Paris 1903.

Leuthardt, F., Die Keuperflora von Neuewelt bei Basel. II. S. 29—31. Abh. schweiz. palaeont. Ges. 31. 1904.

Krasser, Fr., Zur Kenntnis d. foss. Flora d. Lunzer Sch. Jahrb. k. k. Geolog. Reichs-Anst. 59. 1. 1909.

Krasser, Fr., Die Diagnosen d. v. D. Stur i. d. obertriad. Fl. d. Lunzer Sch. als Marattiaceae untersch. Farne. S. 22—25. Sitzungsber. k. Akad. Wiss. Wien, math.-nat.-wiss. Kl. 118. I. 1909.

Halle, T. G., On the Sporangia of some Mesozoic Ferns. Arkiv för Botanik. 17. 1921.

B. Protoleptosporangiatae.

Osmundaceae.

Was Bau und Entwicklungsgeschichte ihrer Sporangien betrifft, zwischen echten Eu- und Leptosporangiaten stehende Farne mit aufrechtem, ± baumförmigem oder kurzem und im Substrat eingesenktem Stamm. Wedel ein- bis mehrfach gefiedert. Annulus der Sporangien plattenförmig, seitlich unter dem Sporangienscheitel.

A. Rezente Formen.

Sporangien entweder marginal und an eigenen fertilen Wedelabschnitten (Osmunda) oder superfiziell (Todea und Leptopteris). Gegen 17 Arten in drei Gattungen.

Osmunda L. Gegen 9 Arten; in den gemäßigten und heißen Zonen beider Hemisphären.

Todea Wildenow-Baker. Eine Art; in Südafrika, Ostaustralien und Neuseeland.

---

[1]) Ob zur Gattung auch die aus dem Lias von Krakau beschriebene »**Danaea**« **microphylla** Raciborski (Fl. Kopalna S. 13/14) gehört ist nicht sicher.

Leptopteris Baker. 7 Arten; in Ostaustralien, Melanesien und Neuseeland.

B. Fossile Reste.

a) Stammreste.

Die fossilen Stammreste dieser Familie sind insofern von größtem Interesse, als sich an der Hand der zeitlich aufeinanderfolgenden Typen eine einheitliche phylogenetische Aufwärtsentwicklung der Stammanatomie von der Protostele zu der für die rezenten Osmundaceen charakteristischen Stele mit durchbrochenem Xylemkörper erkennen läßt.

Bekannt sind folgende anatomische Typen:

A. Protostelische Formen (Xylem in leitende und speichernde Elemente differenziert):
  a) Differenzierung weniger ausgesprochen; keine Endodermis: Zalesskya und Bathypteris.
  b) Differenzierung sehr fortgeschritten; Endodermis ausgebildet: Thamnopteris.

B. Siphonostelische und Dictyostelische Formen:
  1. Mit primitiv gebautem Xylemteil der Stele.
     Keine Blattlücke über der Ursprungsstelle des Blattspurbündels: Osmundites Dunlopi.
  2. Formen mit Protodictyostele.
     a) Blattlücke zwar entwickelt, aber erst eine Strecke über der Stelle des Blattbündelabganges auftretend: Osmundites Kolbei.
     b) Mit modernem Stelenbau, d. h. mit voll entwickelter Blattlücke: Osmundites Gibbiana, O. Dowkeri, O. Schemnitzensis und die Mehrzahl der rezenten Arten der Familie.
  3. Formen mit echter Dictyostele, d. h. durchbrochener amphiphloischer Siphonostele, Osmundites skidegadensis und O. Carnieri sowie, wenigstens bis zu einem gewissen Grade, die rezenten Osmunda cinnamomea und Todea hymenophylloides.

C. Eine Form (mit unbekannter Stele) mit sekundären, von den eigentlichen Blattspurbündeln abzweigenden und im Stamm schräg verlaufenden Nebenbündeln: Paradoxopteris.

A. Protostelische Formen.[1])

Die phylogenische Übersicht der hieher gehörigen Typen ist oben

[1]) Bei »Osmundites« Kidstoni Stopes (Ann. of Bot. 35. 1921), das als protostelische Osmundacee mit Sekundärxylem beschrieben wurde, ist nach Untersuchungen von O. Posthumus (Ann. of Bot. 38. 1924) der in dem fossilen Stammrest gefundene protostelische Stelenteil nebst Sekundärxylem gar nicht zugehörig, sondern ein in die Rinde eines Osmundaceenstämmchens sekundär eingedrungener Sproßrest unbekannter Art. Osm. Kidstoni ist somit zu streichen.

gegeben. In der Einzelbesprechung sei vorausgestellt die am besten bekannte Gattung:

Thamnopteris Brongniart.

Th. Schlechtendalii Eichwald spec. Oberes Perm der Gegend von Bjelebei (Gouvernement Orenburg). Fig. 718—723.

Erhalten in einem Stammstück von ca. 34 cm Länge. Der eigentliche Stamm von ca. 5½ cm Durchmesser war umgeben von einer großen Menge von Blattstielbasen, die, lange persistierend, ihn mantelförmig einhüllten, von denen aber nur noch die innersten erhalten sind (Fig. 718). Der relativ große Durchmesser des Stammes und seine beträchtliche Länge lassen vermuten, daß es sich um eine (zum mindesten niedrig) baumförmig wachsende Pflanze, in der Tracht wohl ähnlich der rezenten Osmunda javanica Blume handelt, wie mehr minder baumförmiger Wuchs sich überhaupt bei einer größeren Anzahl rezenter und auch zahlreicher fossiler Osmundaceen findet.

Während von der Beblätterung und der Fruktifikation nichts bekannt ist, sind die anatomischen Verhältnisse des Stammes und der Blattstielbasen sehr genau aufgeklärt.

Die Stammstele (Fig. 718 u. 719) zeigt etwa 1¼ cm Durchmesser. Das Xylem ist bis ins Zentrum ausgedehnt, Markparenchym nicht vorhanden. Xylem der Stele in zwei Zonen differenziert; die zentrale Partie wird gebildet aus kurzen Tracheiden mit weitem Durchmesser und netzförmiger Wandverdickung, ihre Anordnung zeigt, daß sie aus langgestreckten prokambialen Elementen durch mehrfache Querfächerung derselben hervorgegangen sind. Diesen zentralen Xylemteil, der offenbar der Wasserspeicherung des Stammes gedient hat, umgibt ein Mantel des eigentlichen wasserleitenden Xylems, das einheitlich, ohne alle Beimischung von Xylemparenchym aus Treppentracheiden mit vielreihigen Tüpfeln besteht. Außen schließt eine Xylemscheide von sechs bis acht Lagen ziemlich englumigen Parenchyms an, worauf ein vier bis sechs Zellagen tiefer Mantel weitlumiger Phloëmzellen folgt. Zu bemerken ist, daß dieses Phloëm nur aus Siebröhren ohne irgend zwischengelagertes Parenchym besteht. Ebenso wie bei dem Xylem der Stammstele die protoxylematischen Elemente fehlen, ist auch im Phloëmmantel Protophloëm nicht vorhanden. Den Abschluß der Stele bildet der Perizykel, etwa fünf Parenchymlagen tief. Die Stammrinde zeigt Differenzierung in eine innere Zone aus dünnwandigem Parenchym und eine äußere aus sklerenchymatischen dickwandigen Elementen. Gegen den Perizykel zu ist die Innenrinde durch eine Endodermis abgegrenzt; diese ist im allgemeinen nur eine, selten zwei Zellagen tief, ihre Wände vermutlich verholzt.

Was die Anatomie der Blattspurstränge (Fig. 720—723) betrifft, so bildet sich bei ihrem Abgang von der Stammstele eine Vorwölbung am Außenrand des Stelenxylems; eine Unterbrechung oder Eindellung

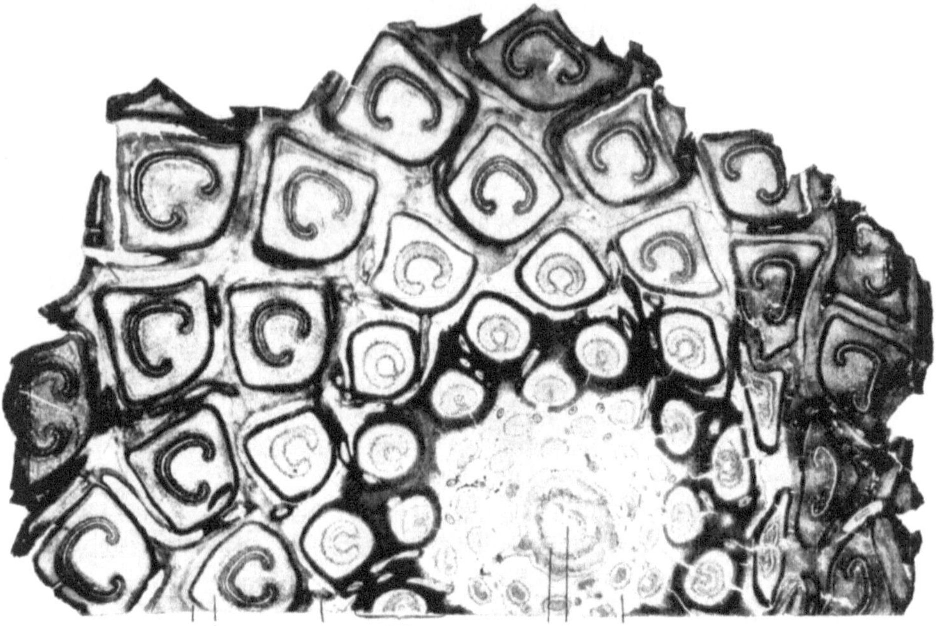

Fig. 718.

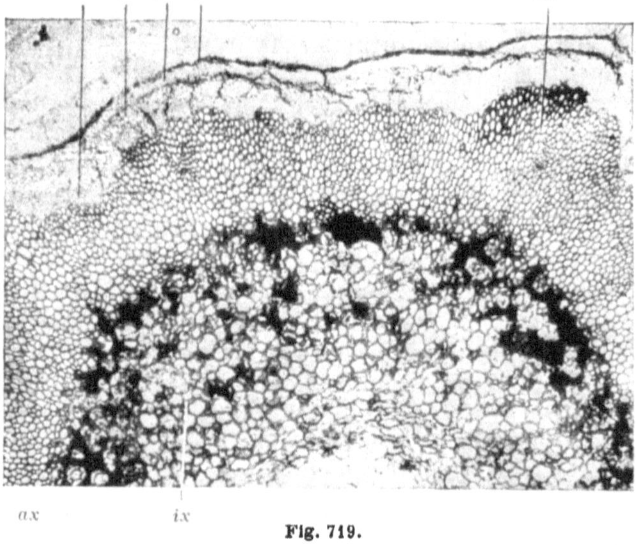

Fig. 719.

Thamnopteris Schlechtendalii Eichwald spec. Oberes Perm von Rußland.

Fig. 718. Querschliff durch den (eigentlichen) Stamm und den ihn umhüllenden Mantel von Wedelstielbasen. *ax* u. *ix*: äußeres und inneres Xylem der Stele; *pR*: parenchymatische Innenrinde; *skR*: sklerenchymatische Außenrinde; *ap* und *ip*: äußeres und inneres Parenchym des Wedelstieles; *r*: Wurzel. $^{11}/_{10}\times$. Nach Kidston und Gwynne-Vaughan 1909.

Fig. 719. Querschliff durch die Stele (Detail aus Fig. 718). *ax* und *ix*: äußeres und inneres Xylem der Stele; *xs*: Xylemscheide aus Parenchym; *ph*: Phloëm; *pr*: Perizykel; *en*: Endodermis. — Ca. 11½ ×. Nach Kidston und Gwynne-Vaughan 1909.

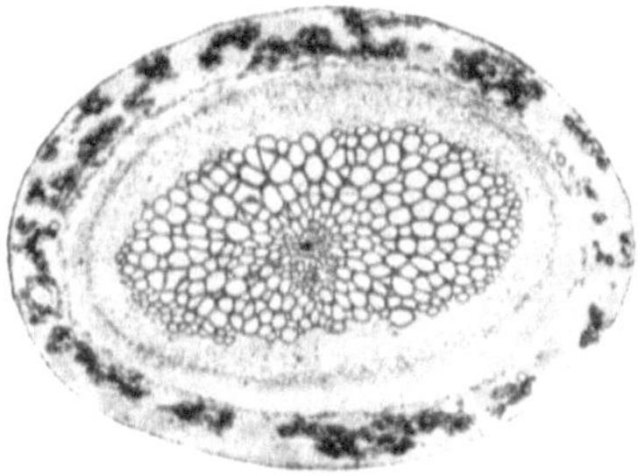

Fig. 720.

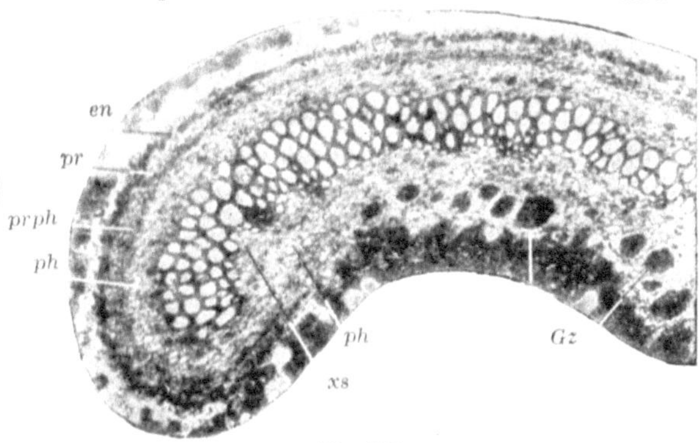

Fig. 723.

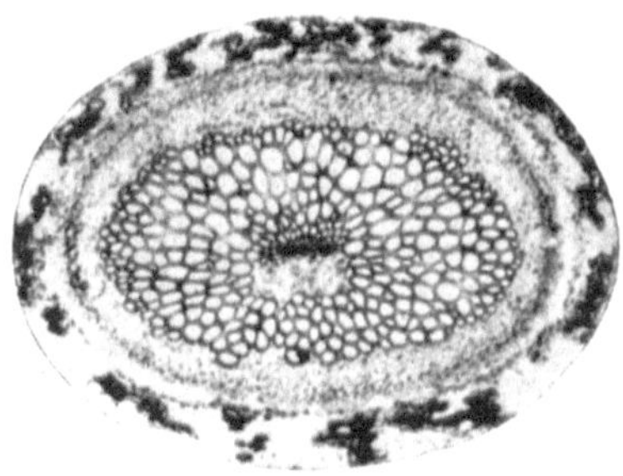

Fig. 721.

Thamnopteris Schlechtendalii Eichwald spec. Oberes Perm von Rußland.

Fig. 720—723. Querschliffe durch das Wedelrhachisbündel in verschiedener Höhe während seines Verlaufes in der Stammrinde. Fig. 720 mit zentralem Protoxylem; Fig. 721 nach Eindringen von Parenchym; Fig. 722 geöffnet und mit in 4 Gruppen aufgelöstem Protoxylem. Sämtl. 13 ×.

Fig. 723. Teil des Rhachisbündels aus der freien Wedelrhachis. *en*, *pr*, *ph*, *xs*: wie in Fig. 719; *prph*: Protophloëm; *Gz*: Sekretzellen des Perizykel. 25 ×. Sämtl. nach Kidston und Gwynne-Vaughan 1909.

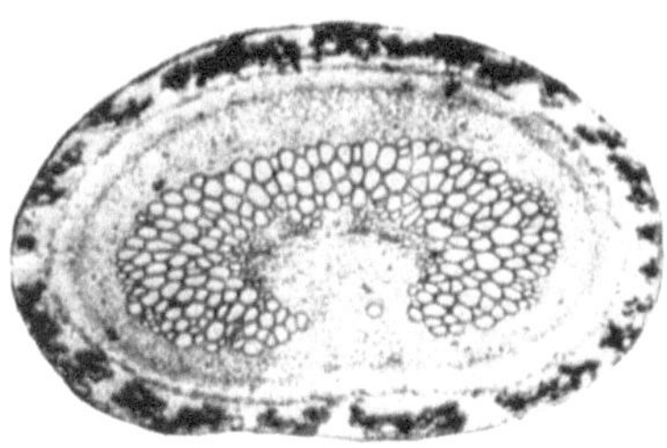

Fig. 722.

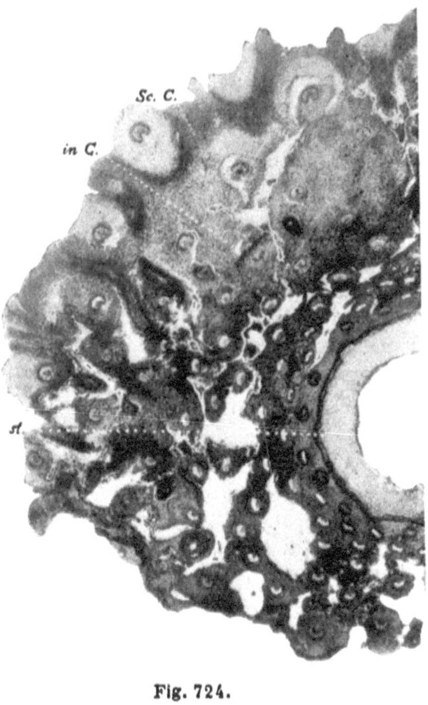

Fig. 724.

Fig. 724. Zalesskya gracilis Eichwald spec. Oberes Perm von Rußland. Querschliff durch den eigentlichen Stamm. *st*: Stele; in *C*: innere, parenchymatische Rinde; *Sc C*: äußere, sklerenchymatische Rinde. 2 ×. Nach Kidston und Gwynne-Vaughan 1909.

desselben findet aber nicht statt, auch nicht in der wasserleitenden Außenzone. In der Regel enthält das Xylem des Blattspurstranges, wenn es die Stele verläßt, einen einzigen zentralen Protoxylemstrang (Fig. 720), nur selten deren zwei; seine somit zunächst mesarche Struktur bleibt eine Strecke weit erhalten. Weiter weg erscheint adaxial des Protoxylems etwas Parenchym (Fig. 721), bis schließlich das Bündel vor seinem Austritt aus dem eigentlichen Stamm endarche Struktur annimmt. Nun teilt sich, falls nur ein Protoxylemstrang vorhanden war, dieser zunächst in zwei und später dann in mehrere (Fig. 722), bis zu 20 Gruppen, die an der adaxialen Innenseite des mittlerweile im Querschnitt hufeisenförmigen Bündels (Fig. 723) zu liegen kommen. Rings um das Xylem des Bündels, das aus Treppentracheiden besteht, geht eine einschichtige Xylemparenchymscheide, an die der Phloëmmantel anschließt; dieser hier mit deutlicher Differenzierung in eine innere Metaphloëm- und eine äußere Protophloëmzone; weiter ringsum der Perizykel, von ca. vier Zellagen Tiefe und — ähnlich wie das auch bei den rezenten Osmundaceen der Fall ist — mit sekretorischen Zellen. Gegen ihn grenzt mit einschichtiger Endodermis die Blattrinde. Blattstielbasen mit Spreuschuppen.

Die diarchen, verzweigten Wurzeln, die zwischen den Blattstielbasen am Stamm hervortreten, entstehen einzeln oder zu mehreren sowohl an der freien Wedelrhachis als auch an dem im Stamm ziehenden Bündelstrang.

Thamnopteris Gwynne-Vaughani Zalessky. Perm des Petchora-Stromgebietes (beim Kozoa-Fluß). Der vorigen ähnlich.

Thamnopteris Kidstoni Zalessky. Perm des Ural. Zentrales Xylem mit etwas Parenchym untermischt.

Zalesskya Kidston und Gwynne-Vaughan.

Die Arten dieser Gattung stimmen hinsichtlich der Ausbildung des gleichfalls allein bekannten Stammes prinzipiell mit Thamnopteris überein, unterscheiden sich davon aber dadurch, daß eine weniger präzise Differenzierung zwischen den Speichertracheiden des zentralen und dem wasserleitenden des peripheren Xylems vorhanden ist; ferner durch außergewöhnliche Breite der inneren Rinde und das Fehlen einer Endodermis.

Z. gracilis Eichwald spec. Oberes Perm der Zeche Kluczersky (Distrikt Bjelebei), Orenburg (Fig. 724).

Bekannt in einem 14 cm langen Stammstück, von dem außer der Stele nur noch der innere Rindenmantel erhalten ist. Durchmesser des erhaltenen Stückes ca. 6 cm, der der Stammstele allein ca. 1⅓ cm. Das Xylem der Stele, das in seinem innersten Teil nicht erhalten ist, zeigt, soweit vorhanden, einen äußeren Mantel von relativ engen (vor allem nahe der Peripherie sehr engen) Treppentracheiden mit durchlöcherten, quergestreckten Tüpfeln. Weiter innenwärts nimmt der Durchmesser der Tracheiden allmählich zu, bis, etwa in 1½ mm Tiefe des Xylemmantels, ausgesprochen weite, aber sehr kurze Tracheiden mit unregelmäßiger und sehr zahlreicher Tüpfelung auftreten, so daß also auch hier, wenn auch nicht so ausgeprägt wie bei Thamnopteris, ein äußerer Mantel von wasserleitenden und ein zentraler Teil von wohl hauptsächlich wasserspeichernden Elementen, der gleichfalls wie bei Tamnopteris das ganze Stelenzentrum erfüllt haben dürfte, vorhanden ist. Ein wohl differenziertes Protoxylem der Stammstele ist nicht vorhanden, wenn auch die äußersten Elemente des peripheren Tracheidenmantels, wie bemerkt, sehr englumig sind und ihre Wandverdickung sich insofern von der der weiter innen gelegenen weiteren Tracheiden unterscheidet, als jede Wand nur eine Tüpfelreihe hat, während die inneren Tracheiden an jeder Wand deren mehrere zeigen. Außerhalb des Xylems die ca. sechs Zellagen starke Xylemscheide aus Parenchym mit möglicherweise zum Teil verholzten Wänden. Der darauf folgende Phloëmmantel besteht hauptsächlich aus weitlumigen Siebröhren mit gelegentlicher Beimischung von englumigem Phloëmparenchym. Protophloëm fehlt. An den Phloëmmantel grenzt der vier bis fünf Zellagen tiefe Perizykel mit Zellen von dunklem Inhalt. Die Stammrinde zeigt nach außen zu allmählich englumiger und dickwandiger werdende Zellen, die wohl in den (nicht erhaltenen) sklerenchymatischen Teil der Außenrinde überleiten.

Beim Ursprung der Blattspurstränge wölbt sich das Stelenxylem nach außen vor. Zunächst von mesarcher Struktur, wird das Blattspurbündel später endarch und hufeisenförmig unter Aufteilung der zunächst einzigen Protoxylemgruppe in zahlreiche. Die diarchen Wurzeln entspringen einzeln oder paarweise unter der Abgangsstelle einzelner (nicht aller) Blattbündel.

Z. uralica Zalessky. Perm des Ural. Der vorigen sehr ähnlich.

Z. diploxylon Kidston und Gwynne-Vaughan. Wohl vom gleichen Fundort wie Z. cracilis Art. Stamm ca. 11 cm lang erhalten, von 3¾ cm Durchmesser; Außenrinde und der Mantel der freien Blattstielbasen fehlen.

Anatomie des Stammes im wesentlichen gleich der von Z. gracilis. Gegensatz zwischen dem zentralen und dem peripheren Xylem der Stele ausgeprägter als dort. Tracheiden beider Xylempartien mit vielreihig gestellten quergestreckten Tüpfeln. Zentrales Xylem aus weiten, sehr kurzen Elementen von nur knapp doppelter Länge als ihr Durchmesser. Phloëm ohne Parenchym.

Wurzeln direkt an der Stele, unterhalb des Abgangs einer Blattspur, entspringend.

Bathypteris Eichwald.

B. rhomboidea Kutagora spec. Oberes Perm des Ural. Im wesentlichen den Formen von Zalesskya nahestehend, Stammstele vergleichweise sehr schmal.

Anomorrhoea Eichwald.

A. Fischeri Eichwald. Aus dem Oberen Perm des Kupferbergwerkes Kloutschewsk Distrikt Bjelebei, Orenburg. Stammstele unbekannt.

B. Siphonostelische und Dictyostelische Formen.

Die Sammelgattung, in die die fossilen siphono- bis dictyostelischen Osmundaceenstammreste vereinigt sind, ist:

Osmundites Unger.

O. Dunlopi Kidston und Gwynne-Vaughan. Jura von Neuseeland (Fig. 725 u. 726).

Der bestuntersuchte Stammrest (von Gore, Distrikt Otago) ist 3 cm lang und hat 6 × 9 cm Gesamtdurchmesser; Durchmesser des eigentlichen Stammes, ohne den Mantel der Wedelstielbasen ca. 17 mm.

Die Haupteigentümlichkeit der Art besteht darin, daß die Blattspurstränge von dem Xylemmantel der Stele entspringen, ohne daß dabei über ihrer Ursprungsstelle die Bildung einer »Blattlücke«, d. h. eine parenchymatische Durchbrechung der Stele stattfände. (Wenigstens gilt das als die Regel und nur ganz gelegentlich ist an der betreffenden Stelle etwas Parenchym festzustellen.) Diese Tatsache ist insofern von besonderer Wichtigkeit, als hier noch eine Form vorliegt, die, wenn sie anatomisch schon in vielem mit den rezenten Osmundaceen und den ihnen nahestehenden fossilen (wie Osmundites Gibbiana, O. Dowkeri und O. schemnitzensis) übereinstimmt, so doch in der im wesentlichen bewahrten Einheitlichkeit des Xylemmantels der Stammstele noch zu den protostelischen Typen überleitet.

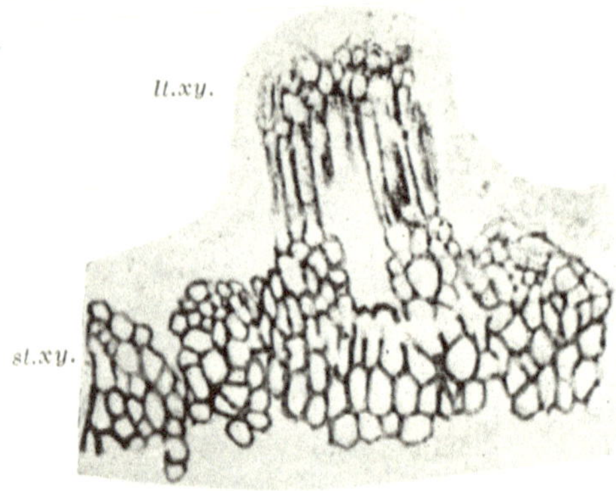

Fig. 725.

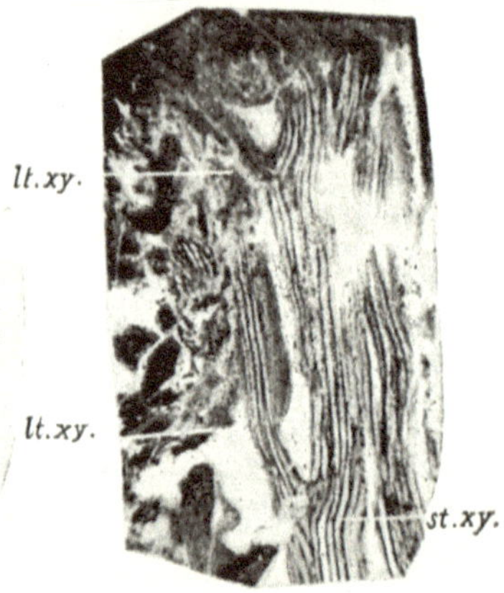

Fig. 726.

Osmundites Dunlopi Kidston und Gwynne-Vaughan. Jura von Neuseeland.

Fig. 725 und 726. Abgang des Wedelspurbündels von dem Xylemring der Stammstele. Fig. 725 im Quer-, Fig. 726 im Längsschliff. *st. xy*: Stelenxylem; *lt. xy*: Wedelbündel-Xylem. 28 bzw. 8 ×. Nach Kidston und Gwynne-Vaughan 1907.

Der Xylemring der Stele besteht aus sechs bis sieben Reihen von Tracheiden, die gegen die äußere Grenze zu immer englumiger werden. Zwischen den Tracheiden kein Parenchym. Tracheiden mit länglich-ovalen Tüpfeln in mehrfachen Reihen. Von dem zentralen Mark, das sicher vorhanden war, ebenso vom Phloëm und Perizykel ist nichts erhalten. Dagegen findet sich eine Andeutung der Endodermis. Das Blattspurbündel zeigt eine kurze Strecke nach seinem Abgang von der Stele (wovon oben bereits die Rede war) eine adaxial (also endarch gelegene) mediane Protoxylemgruppe, die weiter gegen die Stele zu ganz verschwindet. In der Blattstielbasis hat das Bündel die normale Halbkreisform mit zahlreichen adaxialen Protoxylemgruppen. An den Blattstielbasen viele Spreuschuppen. Zwischen den Blattstielen zahlreiche diarche Wurzeln, die an den Blattspursträngen bald nach ihrem Abgang von der Stammstele entspringen.

O. Kolbei Seward. Wealden (Uitenhagenschichten) bei Herbertsdale, Kapkolonie. Erhalten in Resten, die auf einen Stamm von mindestens 90 cm Länge schließen lassen; Durchmesser des eigentlichen Stammes schätzungsweise über $3\frac{1}{2}$ cm, der des Stammes einschließlich der erhaltenen Blattstielbasen ca. 14 cm.

Die Art schließt hinsichtlich der Anatomie im allgemeinen an die vorige an, doch sind zwei Momente hervorzuheben: einerseits findet sich im Zentrum der Stele noch »gemischtes« Mark, d. h. Parenchym mit eingestreuten tracheidalen Elementen[1]), was noch an die protostelischen Typen gemahnt. Anderseits — eine Überleitung zu den Osmundaceen mit moderner Stammanatomie — tritt hier eine echte »Blattlücke« auf; allerdings erst andeutungsweise, insofern sie nicht direkt sondern erst etwas weiter oben über der Abgangsstelle eines Blattspurstranges von der Stammstele zur Entstehung gelangt (Fig. 727 u. 728).

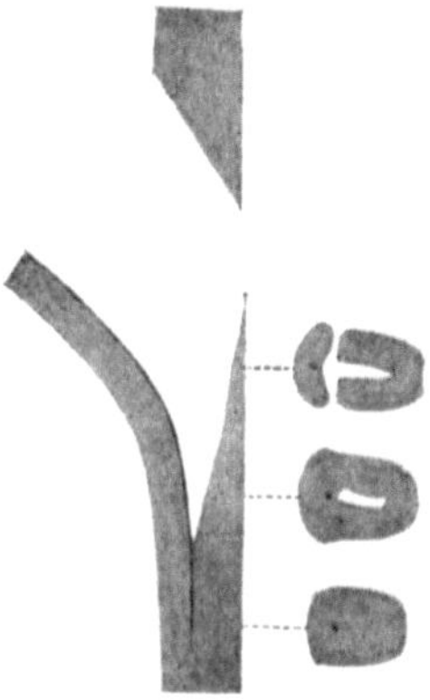

Fig. 727.

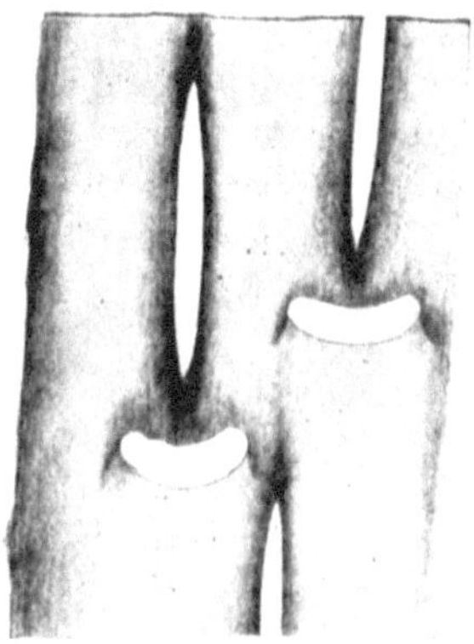

Fig. 728.

Osmundites Kolbei Seward. Wealden von Südafrika.

Fig. 727. Schematische Längsschliff- und Querschliffbilder zur Illustration des Abganges des Wedelrhachisbündels von der Stammstele und der Bildung der „Blattlücke".

Fig. 728. Teil des Xylems der Stammstele von der Außenfläche aus gesehen. Über den zwei Ursprungsstellen der Wedelrhachisbündel die Blattlücken.

Beide nach Kidston und Gwynne-Vaughan 1910.

Was die anatomischen Einzelheiten betrifft, so sind die im ganzen zentralen Stelenteil mit dem Markparenchym zusammen auftretenden Marktracheiden wesentlich kürzer und weitlumiger als die des Xylemmantels. Alle Tracheiden haben an den Wänden mehrere Reihen länglicher Tüpfeln nebeneinander. Von Phloëm und Perizykel sind nur Andeutungen in Gestalt eines einheitlichen, das Xylem umgebenden Mantels zu erkennen. Blattspurbündel beim Ursprung zunächst mesarch, weiter außen endarch mit zahlreichen Protoxylemgruppen. An den Blattstielbasen reichlich Spreuschuppen. Wurzeln paarweise von den Seiten der freien Blattstielbasen entspringend.

Die Stammreste wurden zusammen mit zwei Arten von Cladophlebis (s. S. 612) gefunden: Cl. denticulata Brongniart spec. und Cl. Browniana Dunker spec.

O. Gibbiana Kidston und Gwynne-Vaughan. Jura von Gore (Distr. Otago), Neuseeland (Fig. 729), **O. Dowkeri** Carruthers. Untereocaen der Herne Bay der Insel Wight, **O. Schemnitzensis** Pettko spec. Obermiocaen oder Unterpliocaen von Ungarn (Illia bei Schemnitz) und Oberösterreich zeigen anatomische Verhältnisse, die im wesentlichen mit denen der meisten der rezenten Vertreter der Familie übereinstimmen.

[1]) Was übrigens selbst noch für die rezente Osmunda regalis als gelegentlich auftretend nachgewiesen ist. Vgl. Gwynne-Vaughan, Ann. of Bot. 25, 1911.

Charakteristisch für die Anatomie der genannten fossilen (wie auch der meisten rezenten Osmundaceen) ist, daß das Xylem des Stammes aufgelöst ist, in ein Maschenwerk von Xylemsträngen (ohne Protoxylem), das eine zentrale Marksäule einschließt. Dieses Maschenwerk kommt dadurch zustande, daß unmittelbar über der Abgangsstelle jeden Blattleitbündels eine ziemlich ausgedehnte Blattlücke entsteht, womit der Eindruck erreicht wird, als bestände der gesamte Xylemkörper letzten Endes nur noch aus einer Verkettung von Blattspursträngen, deren jeder jeweils mit dem nächst unteren linken und rechten durch Gabeläste in Verbindung steht (vergl. dazu die Fig. 737 u. 738).

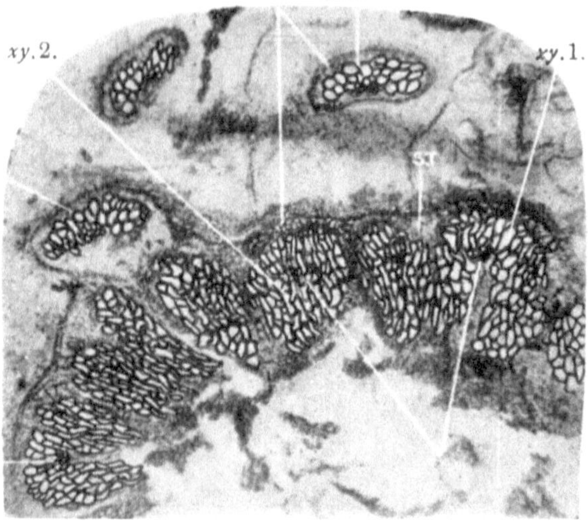

Fig. 729.

Osmundites Gibbiana Kidston und Gwynne-Vaughan. Teil des Xylemringes der Stammstele. xy_1 und xy_2: Stellen der Wedelspurbündelabgabe; xy_2 früherer (im Stamm tiefer liegender) Zustand mit noch mesarchem Protoxylem; xy_1: späterer (im Stamm höher liegender) Zustand mit bereits »geöffnetem« Xylem und endarchem Protoxylem; lt_1 und lt_2: Wedelspurbündel in der inneren Stammrinde; *en*: Endodermis. — Ca. 30 ×. Nach Kidston und Gwynne-Vaughan 1907.

Phloëm ist noch überall als ein einheitlicher, nicht unterbrochener Mantel entwickelt — der letzte Hinweis auf einen ehemals einheitlichen Xylemkörper der Stele.

Für die Anatomie der Blattspurbündel selbst gilt wieder, daß sie bei ihrem Ursprung mesarch sind und weiter oben und unter Auflösung der ursprünglich einzigen Protoxylemgruppe in deren zahlreiche, endarch und amphiphloisch werden, und die für die ganze Gruppe typische Halbkreisform im Querschnitt annehmen.

O. skidegatensis Penhallow und **O. Carnieri** Schuster. Diese beiden Arten stellen hinsichtlich der Stamm-Anatomie den am meisten vorgerückten Formenkreis dar. Die Xylemausbildung in der Stele ist die gleiche wie bei den zuletzt besprochenen fossilen Arten (O. Gibbiana,

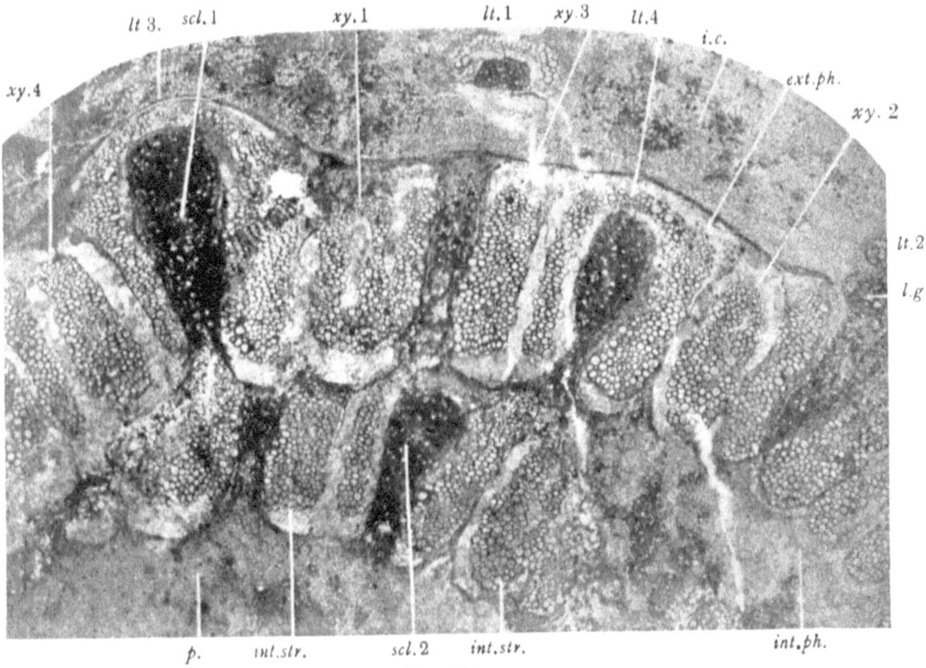

Fig. 730.

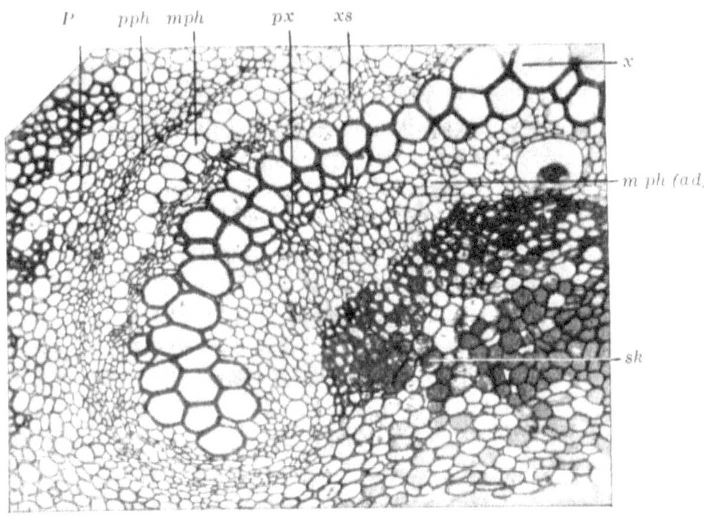

Fig. 731.

Osmundites skidegatensis Penhallow. Untere Kreide von Britisch-Kolumbien.

Fig. 730. Teil des Gefäßbündelringes der Stele mit einem abnormerweise teilweise vorhandenen zweiten (inneren) Stelenkranz (im Bild unten: *int. str*). xy_1—xy_4: einige der einzelnen Bündel des normalen (äußeren) Bündelringes; lt_1—lt_4: abgegangene (lt_1 und lt_2) oder im Abgang von der Stele begriffene (lt_3 und lt_4) Blattspurbündel; sk_1 und sk_2: Sklerenchym zwischen den Stelenbündeln. *p*: Markparenchym des Stelenzentrums; *ext. ph*: äußeres Phloëm, *int. ph*: inneres Phloëm des normalen Bündelringes; *ic*: innere Stammrinde. 11 ×.

Fig. 731. Teil des Wedelrhachisbündels. *x*: Metaxylem, *px*: Protoxylem; *xs*: parenchymatische Xylemscheide; *pph* und *mph*: äußeres (abaxiales) Proto- und Metaphloëm; *m ph* (*ad*): inneres (adaxiales) Metaphloëm (Protophloëm ist adaxial nicht entwickelt); *sk*: Sklerenchym; *P*: Parenchym. Ca. 70 ×. — Beide nach Kidston und Gwynne-Vaughan 1907.

O. Dowkeri und O. Schemnitzensis) und der größeren Anzahl der rezenten Osmundaceen. Es ist aber insofern noch eine weitere Differenzierung erreicht, als das Phloëm nicht nur (wie bei den genannten fossilen und rezenten Osmundaceen) als einheitlicher Mantel den Xylemkörper im ganzen umfaßt, sondern als die einzelnen Xylemmaschen ringsum, also auch auf der stelenmittwärts gekehrten Partie von Phloëm umgeben sind — eine Ausbildung, die sich unter den rezenten Formen bei Osmunda cinnamomea (an den Stellen, wo der Stamm gabelt ± ausgeprägt findet und noch angedeutet ist bei Todea hymenophylloides, insofern sich hier, wenigstens gelegentlich, noch eine innere Endodermis (vgl. S. 611) zeigt.

O. skidegatensis Penhallow. Untere Kreide von Britisch Kolumbien (Alliford Bay auf Skidegate Inlet der Queen Charlotte-Inseln) (Fig. 730 u. 731).

Pflanzen mit außergewöhnlich starkem Stamm, dessen Stele bereits 2,4 cm Durchmesser aufweist. Der Xylemring der Stele enthält im Querschnitt gegen 50 einzelne Bündel, wobei die Gesamtanordnung prinzipiell ganz mit der bei den rezenten Osmundaceen vom Bautyp der Osmunda regalis und den drei obengenannten Osmunditesarten übereinstimmt. Im Stelenzentrum bedeutende Markentwicklung aus teils dünnwandigen Zellen, teils dickwandigen sklerotischen Elementen. Das wichtigste Merkmal ist die völlige Durchbrechung des Stelenringes beim Abgang der Leitbündel: außer dem Xylem wird auch noch das Phloëm unterbrochen und Stelenmark und Rinde gehen in der Achsel der Blattspur ineinander über.

Das im ganzen Bereich der Stammstele neben dem äußeren noch entwickelte innere Phloëm ist mit dem ersteren an den Stellen der Blattbündelabgänge durch die »Blattlücke« in Verbindung. Im äußeren Phloëm finden sich anschließend an die Parenchymelemente der Xylemscheide deutliche und weitlumige Siebröhren und weiter nach außen acht bis zehn Zellagen stark eine Schicht tangentialer langgestreckter Zellen[1]) mit Andeutung von Wanddurchlöcherung bzw. Siebplattenbildung; daran anschließend der Perizykel. Hervorzuheben ist, daß eine Endodermis weder außen gegen die innere Rinde zu, noch auch innen gegen das zentrale Mark zu ausgebildet ist. Das innere Phloëm besteht allein aus Siebröhren und ist vom inneren Xylemrand wieder durch eine vier bis fünf Zellagen breite Parenchymscheide getrennt. Protophloëm ist ebensowenig wie Protoxylem entwickelt (es sei denn, daß man die porosen Zellen als eine Art Protophloëm deuten will). Das innere Phloëm grenzt direkt an das Stelenmark an.

In der Mediane der Blattlücke ist Sklerenchym ausgebildet. Blattspurstränge von der für die Gruppe typischen Ausbildung. Bemerkt sei noch, daß die in Fig. 730 hinter dem äußeren (im Bild oberen) Bündel-

---

[1]) Die an die von Zenetti (Bot. Ztg. 53. 1895) bei den rezenten Osmundaceen beschriebenen porösen Zellschichten erinnern.

kranz liegenden inneren Bündelelemente eine Anomalie darstellen, die auf die hier zufällig getroffene Schnittfläche beschränkt ist. — Wurzeln diarch, unter den Blattspurabgängen entspringend.

Mit dem Stamm vergesellschaftet gefunden sind Blätter vom Habitus der rezenten Osmunda claytoniana.

O. Carnieri Schuster. Horizont unbekannt, nach J. Schuster zwischen jurassischem und tertiärem Alter; Südparaguay (bei Villa Rica) (Fig. 732).

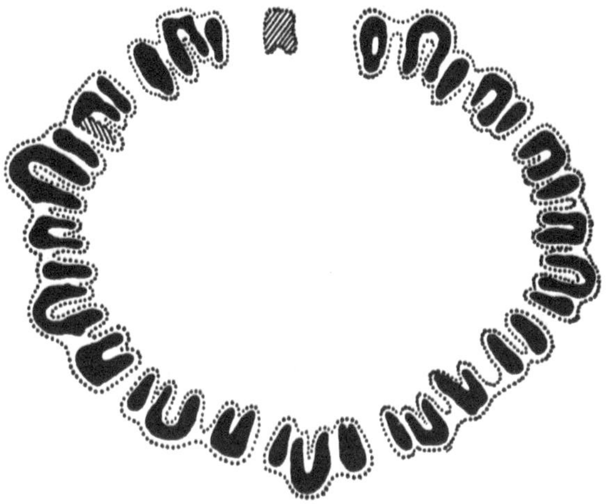

Fig. 732.
Osmundites Carnieri Schuster. Von Argentinien.
Querschliff durch die Stammstele. 1½ ×. Nach Kidston und Gwynne-Vaughan 1914.

Bekannt in einem Bruchstück aus der unteren Partie des Stammes, wo die Blattstielbasen bereits abgefallen sind und an ihrer Stelle ein breiter Wurzelmantel den eigentlichen Stamm umgibt. Dieser von sehr beträchtlichen Ausmaßen: ca. 9 cm im Durchmesser und mit außergewöhnlich großer Stele von 3½ cm im Durchmesser.

Stelenxylem von dem für die jüngeren Osmundaceentypen charakteristischen maschenartigen Bau mit außergewöhnlich großer radialer Tiefe des Xylems. Tracheiden an der Peripherie des Stelenxylems nicht viel weniger weitlumig als die mehr innerwärts gelegenen. Diese mit vielreihigen, die äußeren mit einreihig gestellten Tüpfeln. Das rings um die Xylemmaschenarme entwickelte Phloëm ist nur höchst mangelhaft erhalten. In der Ausbildung einer äußeren und inneren Endodermis unterscheidet sich diese Art von der vorhergehenden. — Blattspurstränge in der für die Gruppe typischen Ausbildung. Wurzeln diarch, median vom Rücken der Blattspurstränge entspringend.

Anhang: Von jüngeren Osmundaceenstammresten ohne erhaltene Stele seien noch erwähnt:

O. Spetzbergensis Nathorst. Tertiär (oberste Sandsteinreihe Nathorst's) von Spitzbergen. Stele unbekannt, Stamm, soweit sonst erhalten, nicht wesentlich von dem der rezenten Osmundaarten verschieden. Die zugehörigen sterilen Blattreste vom Typ von Osmunda regalis.

Fig. 733.

Fig. 734.

Paradoxopteris Stromeri Hirmer spec. Cenoman von Oberägypten.

Fig. 733. Oberflächenansicht eines Stammes: *A*—*E*: Bündel von fünf konzentrisch aufeinanderfolgenden Bündel»kreisen«; dazwischen jeweils die Nebenbündel, und zwar rechts von *C* aufsteigend, links von *C* absteigend. Ca. $^{1}/_{1}$.

Fig. 734. Oberflächenansicht eines anderen Stammstückes. *A*—*C*: Bündel und zugehörige Nebenbündel dreier aufeinanderfolgender Bündel»kreise«. $^{6}/_{10}$ nat. Gr. Beide nach Hirmer 1925.

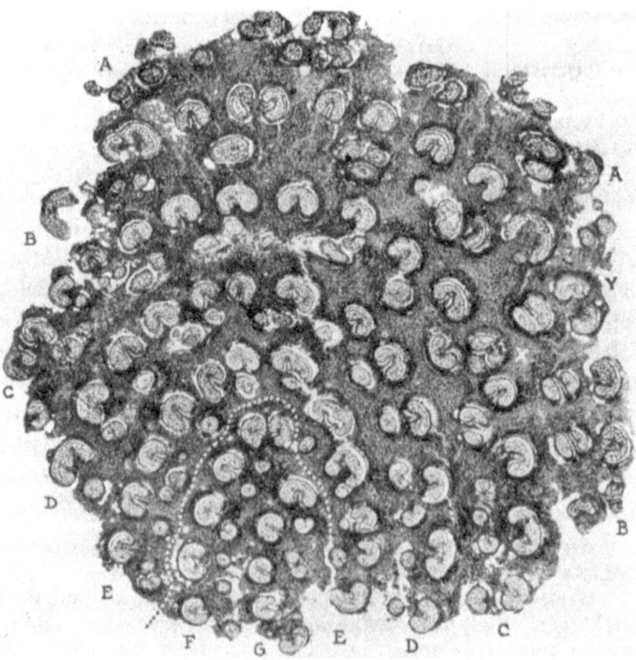

Fig. 735.

Fig. 735. Querschliff durch die Stammrinde. *A*—*G*: Teile aufeinanderfolgender Bündelkreise und der zugehörigen Nebenbündel. $1^{3}/_{5}$ ×. Nach Hirmer 1925.

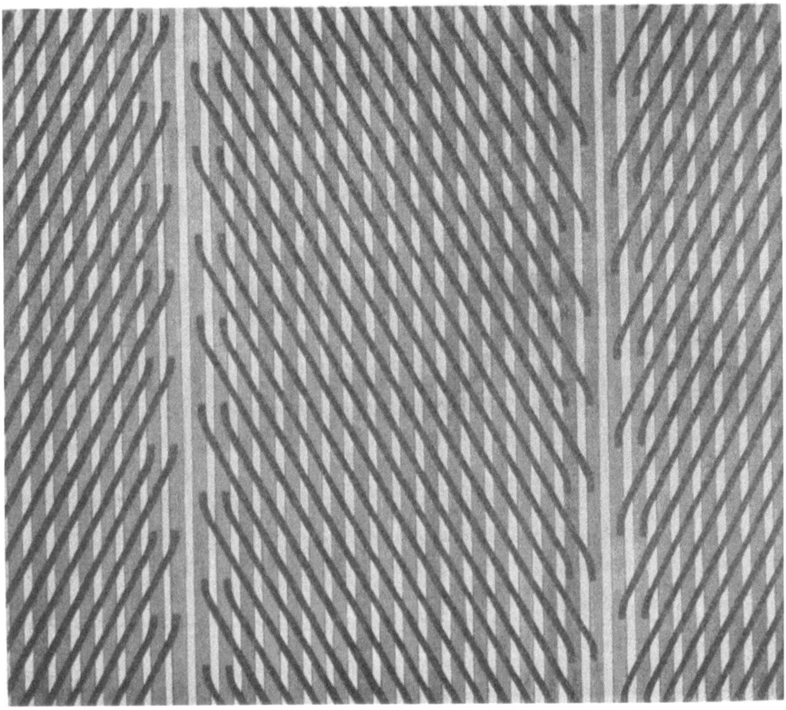

Fig. 736.

Paradoxopteris Stromeri Hirmer spec. Cenoman von Oberägypten.

Schema des Verlaufes der eigentlichen Blattspurbündel (grau) und der Nebenbündel (schwarz) eines Blattspurbündel»kreises«. Das Schema ist so gezeichnet, daß man auf einen an einer Stelle längs geöffneten und plan ausgebreiteten Blattspurbündelkreis vom Stamminnern aus hinblickt. In der Mitte der rechten Hälfte der Figur die Stelle der Nebenbündelabgabe, in der Mitte der linken Hälfte der Figur die um 180° gegenüberliegende Stelle der Nebenbündelaufnahme. Nach Hirmer 1925.

Ein hinsichtlich der Blattbündelverhältnisse gänzlich abweichender Typus ist:

Paradoxopteris nov. gen.

P. Stromeri Hirmer spec. Cenoman von Oberägypten (Baharije-Oase). (Fig. 733—736.) Bekannt in zahlreichen Stammrindenmänteln. Blattspurstränge im allgemeinen von der für die Familie typischen Anatomie, jedoch nur mit je einer medianen Protoxylemgruppe auf der (konkaven) Innenseite. Stammstele unbekannt.

Ohne Analogon ist das Verhalten der Blattspurstränge während ihres Verlaufes im Rindenmantel. Die Blattspurstränge, die zwar primär zweifellos der Grundspirale folgend, in der die Blätter am Stamm angeordnet scheinen, verlaufen, erscheinen in ihrer dichten Drängung in der Rinde wie in konzentrischen Kreisen angeordnet. Auf Querschliffen erscheint zwischen je zweien dieser konzentrischen Kreise eigentlicher Blattspurstränge noch je ein Kreis von schmäleren Bündeln zwischengeschaltet (Fig. 735), die ihren Ursprung folgendem Umstand danken: Während das Gros der Blattspurbündel ungeteilt durch den Stamm zieht, geben einige an einer Längszeile im Stamm nebeneinander liegende Blattspurstränge eines jeden scheinbaren Bündelkranzes in kurzen Vertikalabständen kleinere Nebenbündel ab. Diese verlaufen in der Rinde innerhalb desjenigen Bündelkranzes zu dem die sie abgebenden Bündel jeweils gehören, schräg aufwärts, um, nachdem sie die Hälfte des Bündelkranzumfanges durchwandert haben, von einigen nebeneinander liegenden Bündeln desselben Kranzes, dem die abgebenden Glieder angehören, wieder aufgenommen zu werden. Da nun sowohl von den abgebenden Blattspurbündeln jeden Kranzes, die einen nach rechts und die andern nach links, die schräg ziehenden Nebenbündel abgeben, als von dem aufnehmenden Bündel eines jeden Kranzes die einen die von der einen Seite, die andern die von der andern Seite herkommenden Nebenbündel aufnehmen (Fig. 733), so entsteht — wie das Schema (Fig. 736) klar macht — in der Stammrinde an zwei Flanken im Stamm an jedem Bündelkranz eine Art von Fischgrätenstruktur der Bündel.

Die Stämme müssen zu den größten der Osmundaceen gehört haben, wenigstens was den Durchmesser betrifft, der für den eigentlichen Stamm auf gegen 30 cm zu schätzen ist; auch ist aus dem steilen Winkel, in dem die Blattspurbündel in dem tiefen Rindenmantel verlaufen, auf eine Stammhöhe von allermindestens 60 bis 80 cm Höhe zu schließen.

Allgemeines.

Die große Bedeutung der fossilen Stammreste der Osmundaceen für die phylogenetische Botanik liegt in der Tatsache, daß, an Hand der zeitlich aufeinander folgenden Typen, die Aufwärtsentwicklung der Stammanatomie aus der primitiven Protostelie zur Dictyostelie zu verfolgen ist. Die erste Etappe auf dem Weg von der Protostelie (die in ganz reiner Ausbildung bei den Osmundaceen allerdings nicht gefunden ist) zu dem »modernen« Osmundaceentypus ist die Umbildung der zentralen Stelenelemente der permischen protostelischen Thamnopteris und Zalesskya in wasserspeichernde weitlumige ± parenchymähnliche Tracheiden — eine Erscheinung, die die »Medullation«, d. h. die Bildung zentralen Markes vorbereitend, sich in den verschiedensten Pteridophytengruppen beim Übergang von Proto- zu Siphonostele wiederfindet. Einen Schritt weiter bedeutet der Zustand mit sogenanntem gemischten Mark, d. h. zentralem Parenchym untermischt mit kurzzelligen tracheidalen Elementen (O. Kolbei); im übrigen — als Atavismus — sogar noch bei der rezenten Osmunda regalis wiederkehrend[1]).

Was nun die siphonostelischen Formen betrifft, so leitet einerseits O. Dunlopi mit vollkommen geschlossenem Xylemmantel, den noch keine »Blattlücke« unterbricht, zu den protostelischen Typen über, während O. Kolbei anderseits die

[1]) Gwynne-Vaughan, D. T., On a mixed pith in an anomalous stem of Osmunda regalis. Annals of Bot. 28. 1914.

erste Form ist, bei welcher sich der Übergang zur Dictyostelie vollzieht; allerdings hier noch erst mehr andeutungsweise (Auftreten der »Blattlücke« erst eine Strecke über dem Abgang des Blattspurbündels von der Stammstele).

Im übrigen ist zu betonen, daß sich vom oberen Mesozoikum ab zwei Entwicklungslinien hinsichtlich der Stelenanatomie herausbilden: die eine mit typischer Dictyostelie, d. h. mit maschenartiger Auflösung des Stelenkörpers infolge ausgedehnter Entwicklung der über jedem Blattspurabgang auftretenden »Blattlücke«, wobei die xylematischen Partien ringsum von Phloëm (O. skidegatensis) und im Zustand höchster Differenzierung noch von einer Endodermis umfaßt werden (O. Carnieri). Die zweite Linie, in der die fossilen O. Gibbiana, Dowkeri und Schemnitzensis und die Mehrzahl der rezenten Osmundaceen einbegriffen sind, hat die typische Dictyostelie nicht herausentwickelt; vielmehr ist sie auf einem Zustand stehen geblieben, der am besten als Protodictyostelie bezeichnet werden dürfte. Zwar ist die Xylemdurchbrechung hier genau so wie bei den echt dictyostelischen Typen, das Phloëm dagegen ist als ein von den Unterbrechungen, die die Blattlücken im Xylem bedingen, nicht tangierter einheitlicher Mantel ausgebildet — der letzte Nachklang an die protostelischen Vorfahren — wie denn auch die Entwicklungsgeschichte[1]) der zu dieser Formenreihe gehörigen rezenten Osmundaceen zeigt, daß die phyletische Anatomie noch in der Ontogenie dieser Formen rekapituliert wird.

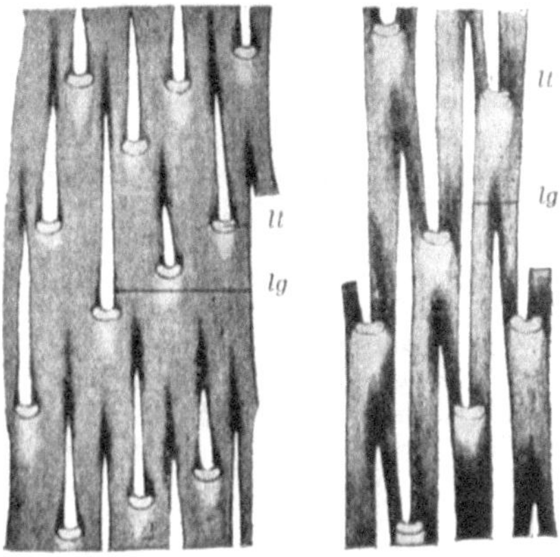

Fig. 737. Fig. 738.

Fig. 737 und 738. Ansicht der Blattlückenbildung im Xylem von Todea barbara (Fig. 737) und Osmunda regalis (Fig. 738). *lg*: Blattlücke; *lt*: Ursprungsstelle der Wedelrhachisbündel. Nach Kidston und Gwynne-Vaughan 1907.

Literatur.

Penhallow, D. P., Osmundites skidegatensis, n. sp. Transact. R. Soc. of Canada. 2. ser., Bd. 8. 1902.

Seward, A. C., und Ford, S. O., The anatomy of Todea, with Notes on the Geological History and affinities of the Osmundaceae. Trans. Linnean Soc. London. 2. ser., Bd. 6. Botany. 1903.

Kidston, R., und Gwynne-Vaughan, D. T., On the fossil Osmundaceae. Pars 1—5. Transact. R. Soc. of Edinburgh. Bde. 45—47 und 50. 1907, 1909, 1910 und 1914.

Sinnott, E. W., Some jurassic Osmundaceae from New Zealand. Ann. of Bot. Bd. 24. 1910.

Schuster, J., Osmundites von Sierra Villa Rica in Paraguay. Ber. Deutsch. Bot. Ges. Bd. 29. 1911.

Zalessky, M. D., On new species of Permian Osmundaceae. Journ. Linn. Soc. Bot. 46. 1922/24.

Zalessky, M., Sur les nouvelles espèces des Osmundacées permiennes. Bull. Jard. Bot. République Russe 24. 1925.

Hirmer, M., Ergebnisse der Forschungsreisen Prof. E. Stromers in den Wüsten Ägyptens. IV. Die foss. Floren: 3. D. Filicales. Abh. Bayer. Akad. Wiss., math.-nat.-wiss. Abt. Bd. 30. 3. München 1925.

[1]) Gwynne-Vaughan, D. T., Some remarks on the anatomy of the Osmundaceae. Ann. of Bot. 25. 1911.

Hofmann, E., Ein Fund von Osmundites Schemnitzensis Pettko. Berg- und Hüttenmänn. Jahrb. 74. 1926.

b) Blattreste.

Todites Seward.

Blattreste, die große Ähnlichkeit mit den Wedeln der rezenten Todea barbara zeigen und — soweit bekannt — Sporangien von dem für die Osmundaceen typischen Bau besitzen.

T. Williamsoni Brongniart spec. Weit verbreitet; Rhät bis Jura (Fig. 740). Eine Sammelart; Wedel doppelt gefiedert, Fiedernabschnitte erster Ordnung bis 30 cm lang, von im ganzen linealer Form in ziemlich gleichmäßiger Breite. Fiedern zweiter (letzter) Ordnung dicht aneinander gereiht und mit breiter Basis an der Spindel ansitzend, leicht gegen die Spitze des Fiedernabschnittes erster Ordnung aufgebogen. Seitennerven mehrfach gabelig verzweigt. Sporangien vom Bau derer der Osmundaceen, ohne echten Annulus; auf der Unterseite der Fiedern und oft über deren ganze Fläche verstreut.

Damit ident oder zumindest nächst verwandt die unter folgenden Namen beschriebenen Blattreste:

T. (Pecopteris) Ruetimeyeri Heer spec. Keuper von Basel.
T. princeps Presl. Rhät von Europa.
T. Roesserti Presl. Rhät von Europa, Südafrika und Tonking.
T. Ottonis Goeppert. Rhät von Franken und Koburg.
T. (Acrostichites) Goeppertianus Schenk. Rhät von Franken.

Cladophlebis Brongniart.

In dieser Gattung werden nach dem allgemein üblichen Brauch Blattreste zusammengefaßt, die zwar den oben beschriebenen Toditeswedelresten habituell gleichen, deren Familienzugehörigkeit aber mangels fertiler Reste oder infolge zu schlechter Erhaltung der Fruktifikation nicht mit Bestimmtheit nachgewiesen werden kann.

Daß unter den als Cladophlebis beschriebenen Arten zweifellos Osmundaceenblattreste mit inbegriffen sind, beweist das Vorkommen von zwei Cladophlebisarten (Cl. denticulata und Cl. Browniana) zusammen mit dem Stammrest von Osmundites Kolbei im Wealden der Kapkolonie. Anderseits ist mit Recht von Seward darauf hingewiesen worden, daß der Typus der Cl. denticulata, was Wedelaufbau und Fiederung betrifft, als solcher nicht allein für Osmundaceen charakteristisch ist, vielmehr sich innerhalb der verschiedensten Formenkreise leptosporangiater Farne wiederfindet, so z. B. bei Struthiopteris germanica, Pteris arguta, Sadleria spec. div., Polypodium spec. div., Alsophila lunulata, Cyathea dealbata u. a. Vgl. auch unter Klukia S. 620 und Eborocia S. 639.

Aufgeführt seien folgende Arten, deren Systematik allerdings noch sehr im argen liegt:

Cl. denticulata Brongniart. Weit verbreitet vom Rhät aufwärts durch Jura und Untere Kreide (Fig. 739). Fruktifikation nur mangelhaft bekannt.

Cl. nebbensis Brongniart spec., und **Cl. Roesserti** Presl spec. Rhät und Lias, weit verbreitet. **Cl. haiburnensis** Lindley und Hutton aus jurassischen Schichten.

Cl. Svedbergii Johansson, **Cl. Sewardii** Johansson, **Cl. divaricata** Johansson, sämtl. im Rhät von Schonen.

Cl. Roylei Arber. Raniganj-Gruppe der Damuda-Abteilung der Glossopteris-Formation von Indien und aus Schichten wahrscheinlich rhätischen Alters von Queensland.

Cl. oblonga Halle **Cl. antarctica** (Nathorst) Halle, beide aus dem Jura des Grahamlandes.

Fig. 739.

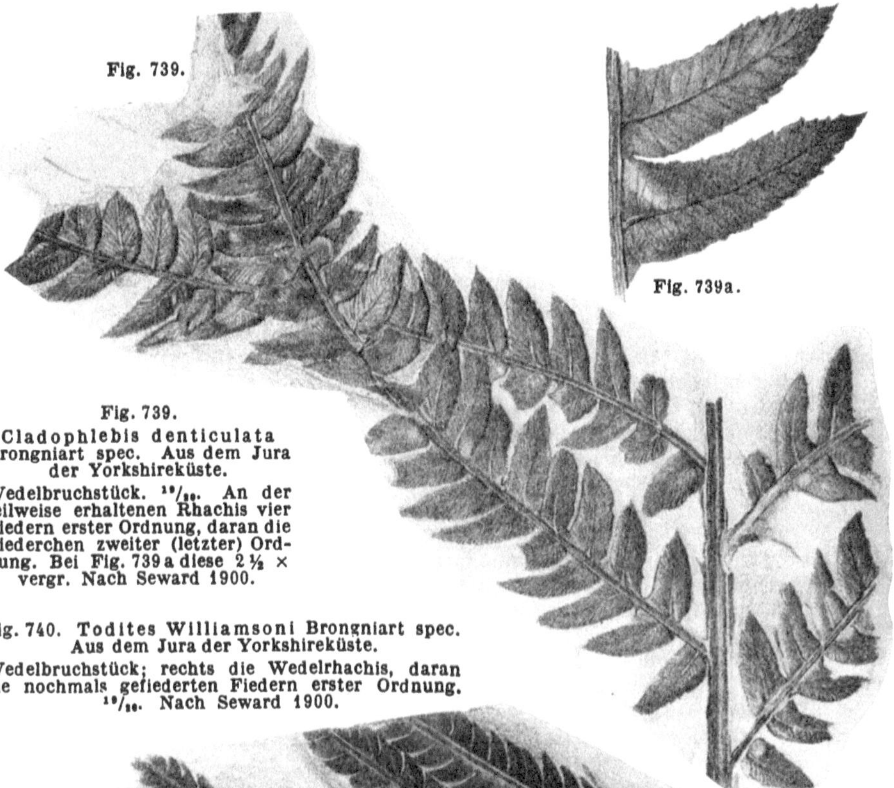

Fig. 739a.

Fig. 739. Cladophlebis denticulata Brongniart spec. Aus dem Jura der Yorkshireküste. Wedelbruchstück. $^{10}/_{10}$. An der teilweise erhaltenen Rhachis vier Fiedern erster Ordnung, daran die Fiederchen zweiter (letzter) Ordnung. Bei Fig. 739a diese 2½ × vergr. Nach Seward 1900.

Fig. 740. Todites Williamsoni Brongniart spec. Aus dem Jura der Yorkshireküste. Wedelbruchstück; rechts die Wedelrhachis, daran die nochmals gefiederten Fiedern erster Ordnung. $^{10}/_{10}$. Nach Seward 1900.

Fig. 740.

Cl. longipennis Arber, **Cl. Albertsii** Dunker, **Cl. Whitbyensis** Brongniart, **Cl. Browniana** Dunker, **Cl. Dunkeri** Schimper; sämtliche aus dem Wealden und weit verbreitet.

Cl. Oerstedi Heer spec., **Cl. frigida** Heer spec., **Cl. arctica** Heer spec., **Cl. Holttumi** Seward; sämtliche aus der Unterkreide von Grönland.

Wichtigste Literatur (zu Todites und Cladophlebis).

Fontaine, W. M., Contr. to the knowledge of the Older Mesozoic fl. of Virginia. Monogr. U. S. Geol. Surv. VI. 1883.

Gothan, W., Die unterliassische (rhätische) Flora der Umgegend von Nürnberg. Abh. Nat.-hist. Ges. Nürnberg. 19. S. 7—10. 1914.

Halle, T. G., The Mesozoic flora of Grahamland S. 12 ff. Wiss. Erg. Schwed. Südpolarexpedition 1901/03. Bd. III. 14. Stockholm 1913.

Johansson, N., Die Rhätische Flora der Kohlengruben bei Stabbarp und Skromberga in Schonen. S. 14—27. K. Svenska Vetensk. Akad. Handlg. 63. 1922.

Leuthardt, F., Die Keuperflora der Neuen Welt bei Basel. II. S. 34/35. Abh. Schweiz. Palaeont. Ges. XXXI. 1904.

Nathorst, A. G., Zur mesozoischen Flora Spitzbergens. K. Svensk. Vetensk. Akad. Handlg. 30. S. 10—11, 31 und 49/50. 1897.

Nathorst, A. G., Palaeobot. Mitteil. III. T. I, Fig. 7. Svensk. Vetensk. Akad. Handl. 43. 1908.

Raciborski, M., Über die Osmundaceen und Schizaeaceen der Juraformation. Englers Bot. Jahrb. Bd. 13. 1891.

Raciborski, M., Flora Kopalna. (Taf. VI, Fig. 17—20; XXI, 1—2 und 8—10; XXIV, 10—13; sämtl. = Todites Williamsoni; Taf. XI, 1—7; XII, 1—6 = Cladophl. lobifolia). Krakau 1894.

Schenk, A., Die foss. Fl. d. Grenzsch. des Keupers und Lias Frankens. S. 44—56. Wiesbaden 1867.

Schenk, A., Die während der Reise d. Graf. Bela Széchenyi in China ges. foss. Pflanzen. Palaeontographica 31. T. III, Fig. 3. 1885.

Seward, A. C., Catalogue of the Mesozoic plants in the Department of Geology, British Museum. The Wealden Flora I. S. 87—104. London 1894.

Seward, A. C., Catalogue of the Mesozoic plants in the Department of Geology, British Museum. The Jurassic Flora I. The Yorkshire Coast. S. 86—97 und 134—150. London 1900.

Seward, A. C., La flore Wealdienne de Bernissart. S. 24—25. Mém. Musée Roy. d'hist. nat. de Belgique I. 1900.

Seward, A. C., On a collection of foss. plants fr. South Afrika. Quart. Journ. Geol. Soc. 64. S. 98. 1908.

Seward, A. C., The jurassic fl. of Sutherland. S. 667—671. Transact. R. Soc. Edinburgh. 47. 4. 1911.

Seward, A. C., Jurassic plants fr. Amurland. S. 26. Mém. Com. Géol. N. S. 81. St. Petersburg 1912.

Seward, A. C., The cretaceous plant bearing Rocks of Western Greenland. Phil. Transact. R. Soc. London. B. 215, S. 86—89. 1926.

Seward, A. C., und Thomas, H. H., Jurassic plants fr. the Balagansk District. S. 14—18. Mém. Com. Géol. N. S. 73. St. Petersbourg 1911.

Thomas, H. H., Jurassic flora of Kamenka. Mém. Com. Géolog. N. S. 71. St. Petersbourg 1911.

Ward, L. F., Status of the Mesozoic floras of the United States I. S. 424. 20. Annual Report of the U. S. Geolog. Survey. Washington 1900.

Ward, L. F., idem II. S. 66—74, 157—165, 225—229, 291—297, 539—540. Monogr. U. S. Geolog. Survey. Bd. 48. 1905.

Yokohama, M., Mesoz. Pl. fr. China. Journ. Coll. Sci. Imp. Univ. Japan 21. 1906,

Zeiller, R., Flore foss. des gîtes de Charbon de Tonkin. S. 36—51. Paris 1902/03.

Speirocarpus Stur.

Wedel dem der Toditesarten ähnlich. Sporangien über die Fiedernunterseite verstreut, kugelig-elliptisch mit rudimentärem apikalem Annulus.

Sp. virginensis Fontaine spec. Obere Trias von Virginien, Keuper von Basel und Lunz.

Sp. Neuberi Stur, **Sp. auriculatus** Stur, **Sp. tenuifolius** Emmons spec.; sämtl. aus dem Keuper von Lunz.

Literatur.

Krasser, Fr., Die Diagnosen d. v. D. Stur i. d. obertriad. Fl. d. Lunzer Sch. als Marattiaceenarten untersch. Farne. S. 10—16. Sitzber. k. Akad. Wiss. Wien, math.-nat.-wiss. Kl. Band CXVIII. 1909.

Fontaine, W. M., Contr. to the knowledge of the Older Mesoz. fl. of Virginia. S. 53ff. Monogr. U. S. Geol. Surv. VI. 1883.

Osmundites Unger.

Blattreste, die größte Ähnlichkeit mit den Wedeln der rezenten Osmundaarten sowohl aus den Sektionen Plenasium Presl, als Osmundastrum Presl, als Euosmunda Presl zeigen.

O. Sturii Raciborski. Lias von Polen. Fertiie Wedel doppelt gefiedert; Sporangien in Gruppen. **O. lignitum** Giebel spec. Vom Eozän bis Miozän. Weit verbreitet. Wedel sehr dem von O. (Plenasium) javanica ähnlich. **O. Schemnitzensis** Pettko. Die zu dem oben genannten Stammrest gehörigen Wedel, vom Typ derer der Sektion Plenasium. **O. skidegatensis** Penhallow. Untere Kreide von Britisch Kolumbien. Zugehörig zu dem Stammrest gleichen Namens (vgl. S. 606). Wedel ähnlich denen von O. (Osmundastrum) claytoniana. **O. eocaenica** Saporta und Marion. Eocaen von Gelinden und **O. Spetzbergensis** Nathorst. Tertiär von Spitzbergen. Sterile Wedelreste völlig denen von O. (Euosmunda) regalis gleich; letztere zusammen mit dem (S. 607) erwähnten Stammrest gleichen Namens gefunden.

Literatur.

Saporta, G., und Marion, A. F., Essai sur l'état de la végétation à l'époque des Marnes heersiennes de Gelinden I. S. 30 u. II. S. 18—20. Brüssel 1873 u. 1878.

Gardener, J. St., und Ettingshausen, C. v., A Monograph of the British Eocene flora. I. S. 49—53. London 1879—82.

Raciborski, M., Flora Kopalna. S. 19—21. Krakau 1894.

Vgl. ferner die S. 611/612 genannten Abhandlungen von Penhallow 1902, Kidston u. Gwynne-Vaughan 1914, Hofmann 1926.

Sporangienreste vom Osmundaceentyp ohne zugehörige Wedel gehen unter

Todeopsis Renault.

T. primaeva Renault. Birnförmige Sporangien mit nahezu apikaler Platte von dickwandigen Zellen. Kulm von Estnost bei Autun.

Sturiella Weiss.

St. intermedia Renault. Kulm.

Literatur (zu Todeopsis und Sturiella)

Zeiller, R., Bassin houiller et permien d'Autun et d'Epinac. Flore fossile. II. S. 21 u. S. 5. Paris 1893/96.

Den Osmundaceen sehr nahestehen[1]):

[1]) Hinsichtlich der Zugehörigkeit der nur in sterilen Wedeln bekannten kulmischen „**Todea Lipoldi** Stur" (Die Culmflora I. des mährisch-schlesischen Dachschiefers. S. 71/72. Abh. k. k. Geolog. Reichs-Anst. I. 1875.) kann mangels Fruktifikation nichts ausgesagt werden.

Fig. 741.

Fig. 741. Discopteris Karwinensis Stur. Aus dem Mittleren Oberkarbon von Niederschlesien. Basalpartie einer Fieder erster Ordnung. An den Abgangsstellen der Spindeln zweiter Ordnung die katadromen, aphlebioiden Fiedern. Fiederchen letzter Ordnung fast sämtliche fertil, die Sori (Sporangiengruppen) an den Spitzen der Fiederchenlappen (vergl. Fig. 742). $^{19}/_{20}$. Nach Stur 1885.

Fig. 743a.

Fig. 743.

Fig. 742.

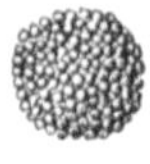

Fig. 742a.

Fig. 742. Discopteris Karwinensis Stur.
Fig. 743. Discopteris Schumanni Stur.
Je ein Fiederchen letzter Ordnung, Ca. 2×; an seinen Lappen end- bzw. flächenständig die Sori (Sporangiengruppen), diese in Fig. 742a und 743a stärker vergr. Aus Gürich-Gothan 1923.

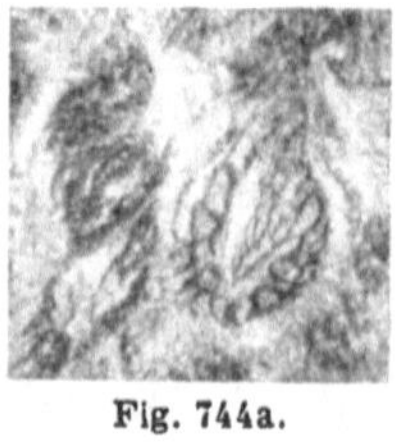

Fig. 744a.

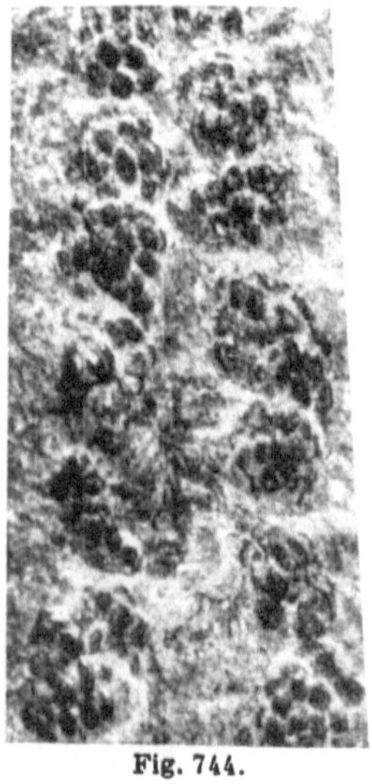

Fig. 744.

Fig. 744. Discopteris cristata Brongniart spec. Aus dem Oberen Oberkarbon von Frankreich (Blanzy nnd Creusot). Fiederchen letzter Ordnung mit den flächenständigen Sori an den Fiederchenlappen. 12×; in Fig. 744a: einige Sporangien 42×; ihre Aufrißstelle (Stomium) ist gut zu erkennen. Nach Zeiller 1906.

Discopteris Stur.

Eine in fertilen und sterilen Wedelresten bekannte Gattung. Wedel drei- bis vierfach gefiedert, mit teils sterilen und teils fertilen Abschnitten; Fiedern letzter Ordnung mehr minder sphenopteridisch; erste katadrome Fieder an den Spindeln letzter Ordnung vielfach aphlebioid. Sori entweder kugelig und randständig an der Spitze der Zähne der Fiedern letzter Ordnung (Sektion Acrotheca Gothan) oder mehr halbkugelig und auf die Unterseite der dann mehr pecopteridischen Fiedern letzter Ordnung verlagert (Sektion Eudiscopteris Gothan) — Sporangien zu vielen (70 bis 100), dicht gedrängt im Sorus. Kurz gestielt, kugelig, mit kleiner scheitelständiger Annulusplatte.

Sektion Eudiscopteris Gothan.

D. Schumanni Stur. Mittleres Oberkarbon von Böhmen und Niederschlesien (Fig. 743). Wedel etwa bis 60 cm breit, drei- bis vierfach gefiedert.

D. Goldenbergi Andrae. Mittleres Oberkarbon des Saargebietes, von Böhmen und Niederschlesien. **D. Vuellersi** Stur. Mittleres Oberkarbon von Oberschlesien und Kleinasien. **D. Rallii** Zeiller. Mittleres Oberkarbon von Kleinasien. **D. cristata** Brongniart. Oberes Oberkarbon von Frankreich (Blancy und Creuzot). (Fig. 744.)

Sektion Acrotheca Gothan.

D. karwinensis Stur. Mittleres Oberkarbon von Ober- und Niederschlesien und Kleinasien und in einer sehr nahestehenden Form von Frankreich. Wedel bis mindestens 1 m breit, vierfach gefiedert (Fig. 741 u. 742).

Literatur.

Stur, D., Die Carbonflora der Schatzlarer Schichten. I. Die Farne. S. 140—159. Abh. k. k. Geolog. Reichs-Anst. Wien. Bd. 11. 1885.

Zeiller, R., Etude sur la flore foss. du bassin houiller d'Héraclée. S. 17—21. Mém. Soc. géolog. de France Nr. 21. Paris 1899.

Zeiller, R., Bassin houiller et permien de Blanzy et du Creuzot, Flore foss. S. 10—23. Paris 1906.

Gothan, W., Die oberschlesische Steinkohlenflora: I. Farne und farnähnl. Gewächse. S. 126—132. Abh. k. Preuß. Geolog. Landes-Anst. N. F. 75. Berlin 1913.

Kidstonia Zeiller.

K. heracleensis Zeiller. Mittleres Oberkarbon von Kleinasien. Wedel vierfach gefiedert; Spindeln letzter Ordnung mit sphenopteridischen Fiederchen; diese an den sterilen Wedelteilen mit mehrfacher Durchteilung, an den fertilen im oberen Teil der sie tragenden Spindel ungeteilt lanzettlich und mit je einem Sporangium nahe der Basis an der Unterseite. Ana- und katadrome Basalfiederchen vorletzter Ordnung aphlebioid mit fächerförmiger Zerschlitzung. Sporangien mit breiter Annulusplatte unter dem Scheitel.

Literatur.

Zeiller, R., Flore foss. Bassin houiller d'Héraclée. S. 21—23. Mém. Soc. Géolog. France. Paléont. 21. Paris 1899.

C. Leptosporangiatae.

a) Simplices.

1. Schizaeaceae.

Farne von sehr verschiedenem Aussehen; Sporangien meist einzeln und fast sitzend, randständig angelegt, später meist auf die Unterseite des Blattes verlagert und hier von dem sekundär gebildeten Blattrandlappen überragt oder bedeckt. Annulus nahe dem Scheitel, quer und vollständig. Sporen tetraedrisch bis kugelig oder bilateral.

Rezent weit verbreitet, im ganzen Tropengebiete und in weiten Gebieten der Subtropen; im Atlantischen Nordamerika den 50. Breitengrad erreichend. Bekannt in vier Gattungen:

Schizaea Sm. mit 25 Arten.
Lygodium Sw. mit 26 Arten.
Mohria Sw. mit 3 Arten.
Aneimia Sw. mit 64 Arten.

Fig. 745.

Fig. 746.

Fig. 747.

Senftenbergia pennaeformis Brongniart spec. Aus dem Mittleren Oberkarbon von Nordfrankreich.

Fig. 745. Bruchstück einer Fieder erster Ordnung. Die Fiederchen letzter (dritter) Ordnung fertil. $^{19}/_{20}$.

Fig. 746. Zwei fertile Fiederchen letzter (dritter) Ordnung mit den Sporangien. 9½ ×.

Fig. 747. Ein Fiederchen 18 × vergr. bei *a* Aufrißstelle der Sporangien. Sämtl. nach P. Bertrand 1911.

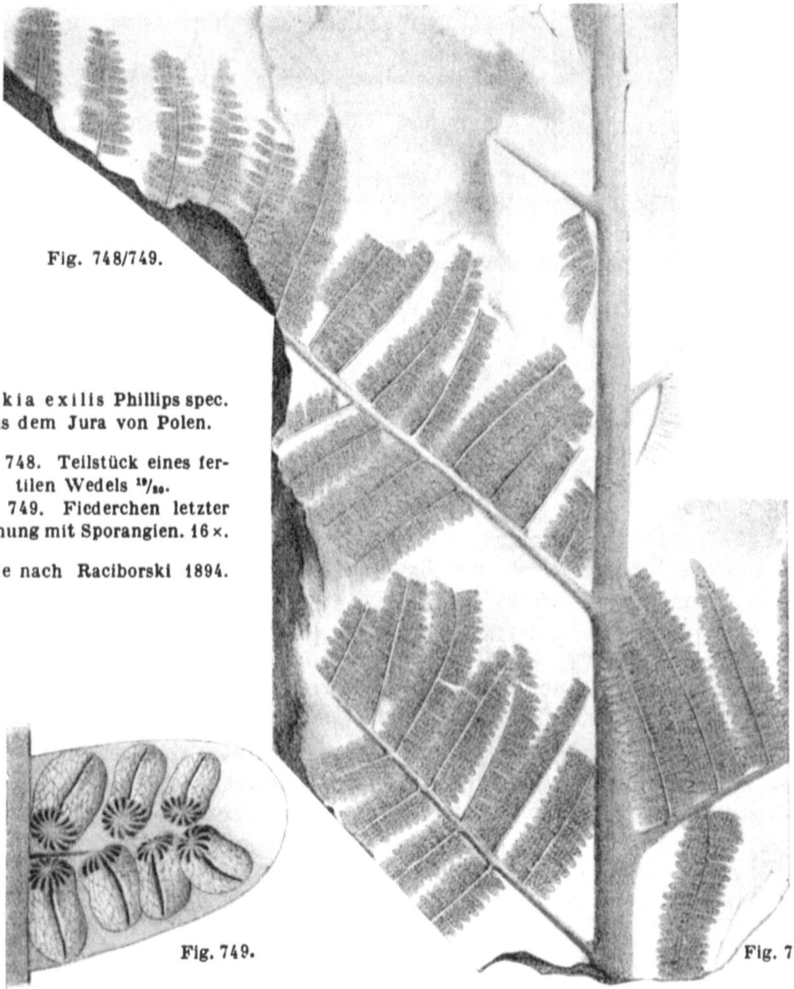

Fig. 748/749.

Klukia exilis Phillips spec. Aus dem Jura von Polen.

Fig. 748. Teilstück eines fertilen Wedels $^{19}/_{20}$.
Fig. 749. Fiederchen letzter Ordnung mit Sporangien. 16×.

Beide nach Raciborski 1894.

Fig. 749. Fig. 748.

Fossile Reste sind mit Sicherheit bereits aus palaeozoischen Schichten nachgewiesen.

Senftenbergia Corda.

Farne mit ansehnlichen, mindestens dreifach gefiederten Wedeln. Fiedern letzter Ordnung vom Typ der neuropteroiden Pecopteriden. Sporangien zu beiden Seiten des Mittelnerven der fertilen Fiedern letzter Ordnung in je einer Reihe und einzeln über einem Seitennerven; im ganzen zu etwa fünf bis neun an jedem Fiederchen; von eiförmiger Gestalt, mit unter dem Scheitel befindlichem, ringsum ausgebildetem und querem Annulus, der aus zwei bis fünf übereinanderliegenden Reihen von typisch entwickelten Annuluszellen gebildet ist. Übrige

Sporangienwand aus dünnwandigen Zellen. Stomium längs verlaufend, deutlich ausgebildet.

Die Gattung enthält nur einige nah verwandte Arten, die sämtliche aus dem Mittleren Oberkarbon von Europa stammen.

S. pennaeformis Brongniart spec. (Fig. 745—747). Wedelrhachis stark mit Spreuschuppen besetzt. **S. elegans** Corda und **S. ophiodermatica** Goeppert spec.

Literatur.

Zeiller, R., Fructifications de fougères. du terrain houiller. Ann. Sci. Nat. 6. Ser., Bd. 16, S. 188—190. 1883.

Zeiller, R., Flore foss. bass. houiller de Valenciennes. S. 50—53 und S. 207—211. Paris 1886/88.

Stur, D., Die Carbonflora der Schatzlarer Schichten. I. Die Farne. S. 64—92. Abh. k. k. Geolog. Reichsanst. Wien. Bd. 11. 1885. (NB.: In der Definition l. c. S. 64 ff. ist die Gattung in einem viel zu weiten Sinn gefaßt.)

Bertrand, P., Note sur un échantillon fructifié de Pecopteris pennaeformis du terrain houiller d'Anzin. Ann. de la Soc. géol. du Nord. Bd. 41. Lille 1912.

Kidston, R., Foss. plants of the Carbon. Rocks of Gr. Britain. Pt. 5. S. 474—479. Mem. Geolog. Survey of Great Britain. Paleont. II. 1923/25.

Klukia Raciborski.

Wedel dreifach gefiedert, Fiedern letzter Ordnung lineal mit ± abgestumpftem Ende, nahe der Basis öfter mit welligem Rande. Sporangien ½ mm lang, einzeln über den Seitennerven, je nach den Arten, zu 7 bis 24 an jeder Fieder letzter Ordnung. Sporangien länglich eiförmig mit deutlich ausgeprägtem, einzellreihigem, ringsum vollständigem Annulus und vertikal verlaufendem Stomium.

Im ganzen hat der Wedel noch große Ähnlichkeit mit dem der paläozoischen Senftenbergien und hat jedenfalls unter den rezenten Schizaeaceen habituell kein Analogon. Anderseits ist zu betonen, daß dagegen die Fruktifikation bereits ganz vom Typ derer der rezenten Formen ist.

Kl. exilis Phillips spec. Rhät von Schonen, Lias von Europa und Kaukasus, Wealden von Japan.

Kl. acutifolia Lindley und Hutton spec. Rhät von Schonen, Lias von Europa.

Kl. Phillipsi Brongniart spec. Lias von Europa.

Klugia nahestehende Blattreste sind ferner als Arten der Sammelgattung **Cladophlebis** beschrieben, so:

Cl. koraiensis Yabe. Jura von Korea und **Cl. Dunkeri** Schimper. Wealden.

Literatur.

Johansson, N., Die rhätische Flora der Kohlengr. bei Stabbarp und Stromberga in Schonen. S. 13—14. K. Svenska Vetensk. Akad. Hdlg. 63. 1922.

Raciborski, M., Über die Osmundaceen und Schizaeaceen der Juraformation. Englers Bot. Jahrb. Bd. 13. 1891.

Raciborski, M., Flora Kopalna I. S. 22—28. Krakau 1894.

Seward, A. C., Catalogue of the Mesozoic Plants in the Department of Geology, British Mus. The Jurassic flora I. The Yorkshire Coast. S. 129—133. London 1900.

Norimbergia Gothan.

N. (Pecopteris) Brauni Goeppert spec. Rhät von Franken. Kleiner Bodenfarn von ziemlich zarter Struktur mit kleinem radiärem Rhizom und zahlreichen schraubig gestellten Wedeln von gegen 10 cm Länge. Die sterilen Wedel dreifach und annähernd sphenopteridisch gefiedert. Bei den nur zweifach gefiederten fertilen

Wedeln zeigen die länglich lanzettlichen Fiedern letzter Ordnung nur einen etwas gekerbten Rand. Sporangien zu neun bis zwölf auf der Unterseite der Fiedern zweiter Ordnung, links und rechts der Mittelrippe, jedes einzeln über einem Seitennerv. Annulus unter dem Scheitel quer und ringsum verlaufend. Einzellreihig.

Literatur.

Schenk, A., Die foss. Flora d. Grenzsch. d. Keupers und Lias Frankens. S. 36—38. Wiesbaden 1867.

Gothan, W., Die unterliass. (rhät.) Flora der Umgeg. v. Nürnberg. Abh. Nat.-Hist. Ges. Nürnberg 19. S. 107—110. 1914.

Schizaeopsis Berry.

S. expansa Fontaine spec. Untere Kreide des östl. Nordamerika (Virginia). Wedel vielfach handförmig geteilt, habituell denen der rezenten Schizaea elegans Sm. ähnlich. Sporangienstruktur nicht bekannt.

Literatur.

Berry, E. W., Lower Cretaceous flora. Maryland Geol. Survey. S. 216. 1911.

Berry, E. W., A lower Cretac. species of Schizaeaceae from Eastern North America. Ann. of Bot. 25. 1911.

Schizaeopteris Stopes und Fujii.

Sch. Tansleyi Stopes u. Fujii. Sporangien vom Typ derer der rezenten Schizaeaceen. Zugehörige Pflanze unbekannt. Obere Kreide von Japan.

Literatur.

Stopes, M., und Fujii, K,, Studies on the Structure and affinities of Cretaceous plants. S. 6—10. Phil. Trans. R. Soc. London. B 201. 1910.

Lygodium Sw.

Unter diesem Gattungsnamen gehen bereits kretazische und tertiäre Blattreste, die zum Teil auch fertil bekannt sind, und die den rezenten Formen von Lygodium formal so nahe stehen, daß sie wohl mit Recht als Repräsentanten der Gattung angesehen werden. Genannt seien:

L. Kaulfussii Heer. Eozän bis Miozän von Europa, Nordamerika und Ostasien. Dem rezenten L. palmatum Sw. ähnlich.

L. cretaceum Debey u. Ettingshausen. Senone Kreide von Aachen.

L. Gaudini Heer. Miozän der Schweiz.

Literatur.

Heer, O., Flora tertiaria Helvetiae. Winterthur 1555/59.

Debey, M. H, und Ettingshausen, C. v., Die urweltlichen Acrobryen des Kreidegebirges von Aachen und Maestricht S. 197—202. Denkschr. k. Akad. Wiss. Math.-nat.wiss. Kl. 17. Wien 1859.

Gardener, J. S., und Ettingshausen, C. von, A Monograph of the British Eocene flora. Vol. I. Filices. S. 47—49 und 67/68. Palaeontolog. Soc. London. 1882.

Knowlton, F. H.,Fossil flora of the Yellowstone National Park. S. 672/73. U. S. A. Geolog. Survey. Mem. 32, pars 2. Washington 1899.

Florin, R., Zur Alttertiären Flora d. südl. Mandschurei. Palaeontologia Sinica A. Bd. 1. Peking 1922.

Möglicherweise gehört in diese Familie auch

Ruffordia Seward.

R. Goepperti Dunker spec. Wealden von Europa und Asien (Fig. 750 und 751). Fertile und sterile Wedelteile sehr denen der rezenten Aneimia adiantifolia Sw. ähnlich. Wedel dreifach gefiedert, Fiederchen letzter Ordnung spheno-

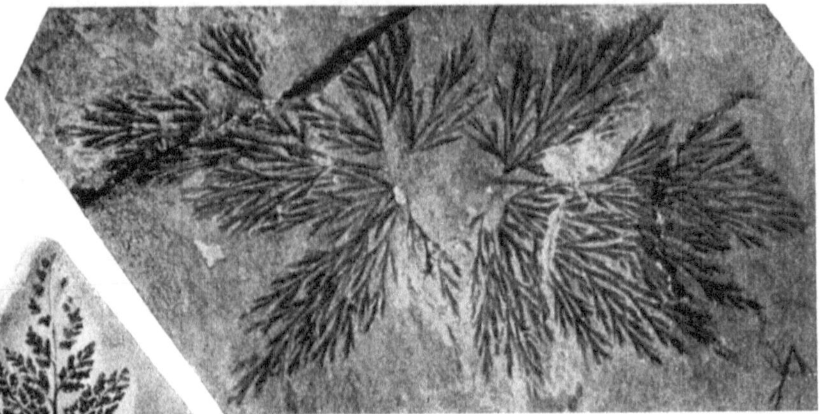

Fig. 750.

Fig. 751.

Ruffordia Goepperti spec. Aus dem Wealden von England.

Fig. 750. Steriler (schmalfiedriger) Wedel. $^{19}/_{20}$.

Fig. 751. Fertiler Wedelabschnitt. $^{19}/_{20}$.

Beide nach Seeward. 1894.

pteridisch, von sehr variabler Breite. Sporangien die ganze Fläche der Fiederchen letzter Ordnung bedeckend; Bau nicht klar gestellt.

Literatur.

Seward, A. C., Catal. mesozoic plants in the Department of Geology. British Museum. The Wealden flora I. S. 75—86. London 1894.

In Beziehung mit der Familie der Schizaeaceae werden auch die als **Pelletiera valdensis** Seward (pro gen. et spec) beschriebenen fertilen Wedelreste gebracht. (Quart. Journ. Geolog. Soc. 63. 1913. S. 91—94(.

Über die mögliche Zugehörigkeit von Tempskya Corda vergl. S. 681.

2. Marsiliaceae.

Rezent in drei Gattungen:

Marsilia L. mit 56 Arten, wovon über die Hälfte tropisch: trop. Amerika (7), trop. Afrika (10), Südasien (8), ozeanische Inseln (3); die übrigen Arten in den temperierten Gebieten beider Hemisphären.

Regnellidium Lindman. Eine Art in Südbrasilien.

Pilularia L. mit sechs Arten; nur in den extratropischen Gebieten der Nordhemisphäre und der Südhemisphäre, mit Ausnahme Afrikas.

Fossil nicht mit Sicherheit nachgewiesen. Am ehesten gehört hieher:

Hydropterangium Halle.

H. marsilioides Halle. Rhät-Lias von Schonen.

Literatur.

On the swedish species of Sagenopteris und Hydropterangium. K. Svensk Vetensk. Ak. Handlg. 45. 1910.

3. Gleicheniaceae.

Erdfarne mit meist kriechender, selten aufrechter Sproßachse. Blätter meist in weiteren Abständen am Sproß. Die häufig kletternden Wedel sind in den Fällen, wo sie verzweigt sind, primär monopodial gebaut; sie erscheinen aber dadurch gabelig verzweigt, daß, nach Anlage des ersten Fiedernpaares erster Ordnung, Wachstum und Verzweigung der Rhachis oberhalb desselben (zumindest zeitweise) zum Stillstand kommen und diese nur als Knospe in dem Winkel zwischen den Fiederabgängen zu sehen ist. Sehr häufig wiederholt sich dann dieselbe Verzweigungsart bei den Fiedern erster und höherer Ordnung. — Sori an der Unterseite der Fiedern letzter Ordnung aus wenigen (zwei bis acht) Sporangien; diese sehr kurz gestielt oder sitzend, Annulus etwas oberhalb der Sporangienmitte, quer; Stomium längsverlaufend. Sporen tetraedrisch oder bilateral.

Rezent in drei Gattungen:

Gleichenia Smith. Mit 79 Arten durch die ganzen Tropen sowie im subtropischen Asien und auch in den extratropischen Gebieten der Südhemisphäre.

Stromatopteris Mettenius. Eine Art in Neukaledonien.

Platyzoma R. Br. Eine Art im nördlichen Australien.

Fossile Reste.

Gleichenites Goeppert (Gleichenia Smith).

Blattwedel, die sowohl morphologisch als auch, soweit diese bekannt sind, im Hinblick auf ihre Fruktifikationsverhältnisse den rezenten Formen von Gleichenia so nahestehen, daß eine Grenze schwer zu ziehen ist.

1. Reste aus Trias und Jura.

a) Auch fertil bekannte Reste.

Gl. gracilis Leuthardt. Mittlerer Keuper von Basel. Hinsichtlich der Sorusverteilung von Mertensia zu Didymosorus (vgl. S. 624) überleitend.

Gl. Rostafinskii Raciborski. Lias von Polen. Den Formen der Mertensiagruppe (vergl. S. 624) nahestehend.

b) Nur steril bekannte Reste.

Gl. elegans Zigno. Lias des Veronesischen (Fig. 752).

Literatur.

Raciborski, M., Flora Kopalna. S. 43—45. Krakau 1894.
Zigno, A., Flora foss. form. oolithicae I. S. 192—194. Padua 1856.
Leuthardt, F., Die Keuperflora v. Neue Welt bei Basel II. S. 40/41. Abh. schweiz. palaeontolog. Ges. 31. 1904.

2. Reste aus Kreide und Tertiär.

a) Sektion: Eugleichenia Diels. Sori am Ende der untersten akroskopen Seitenadern.

Gl. acutipennis Heer, **Gl. nervosa** Heer, **Gl. delicatula** Heer, **Gl. Waltoni** Seward, **Gl. optabilis** Heer und **Gl. micromera** Heer; sämtliche aus der Unteren Kreide (Komeschichten) von Grönland. Letztere auch aus der Unterkreide von Patagonien angegeben.

Gl. San Martini Halle. Untere Kreide von Patagonien.

Gl. protogaea Debey und Ettingshausen. Unterkreide von Aachen.

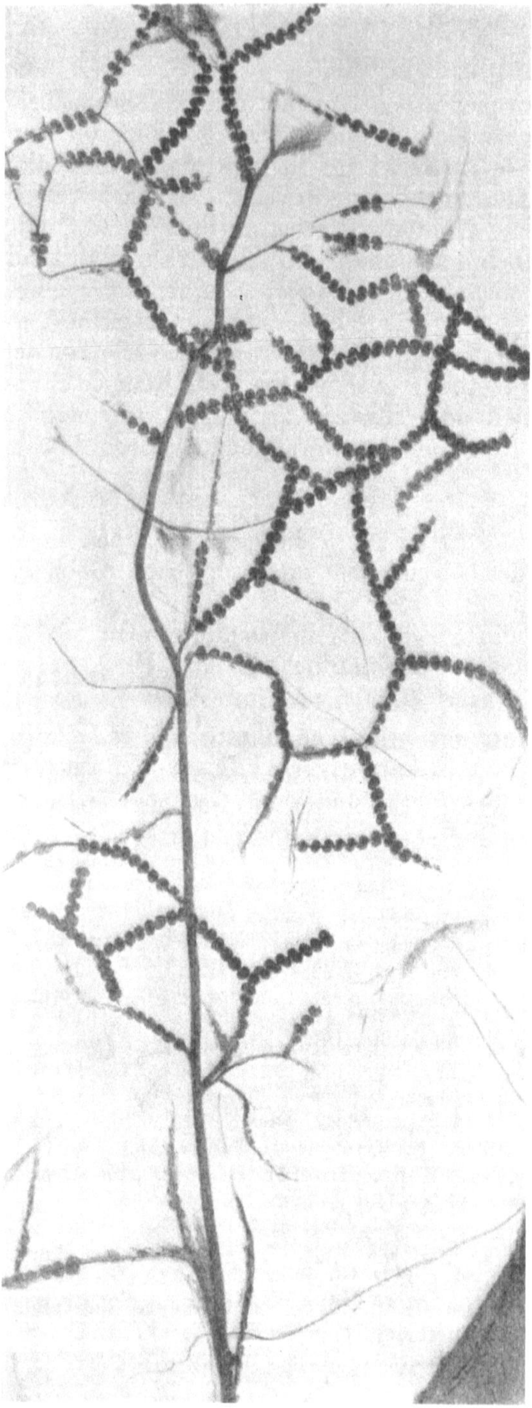

Fig. 752.

b) Sektion: Didymosorus Debey und Ettingshausen.

Nur fossil bekannte Gruppe; auf jeder Fieder letzter Ordnung nur je zwei Sori: diese über dem untersten Seitennerv links und rechts des Mittelnerven.

Gl. gleichenioides Deb. und Ett. und **Gl. varians** Deb. und Ett. Untere Kreide von Aachen.

Gl. comptonifolia Deb. und Ett. Untere Kreide von Aachen und Nieder-Schöna, Sachsen; ferner Komeschichten von Grönland.

Gl. Nordenskioeldii Heer und **Gl. gracilis** Heer. Untere Kreide (Komeschichten) von Grönland.

Gl. Hantonensis Wanklyn. Eozän von Großbritannien (Fig. 753 u. 754) mit Umbildung der katadromen-Fiederchen letzter Ordnung zu Kletterdornen.

c) Sektion: Mertensia Willd (= Dicranopteris Bernh.).

Sori auf den Fiedern letzter Ordnung zu mehreren und je über den Seitennerven.

Gl. Gieseckiana (Heer) Seward (einschl. Gl. Zippei Corda, Gl. Rinkiana Heer, Gl. longipennis Heer und Gl. thulensis Heer). Untere Kreide von Böhmen und Quedlinburg (Harz). Spitzbergen; Nordamerika; Grönland (Kome- und Patootschichten).

Gl. Porsildi Seward. Unterkreide von Grönland.

Gl. Kurriana Heer. Cenoman von Mähren.

Gl. argentinica Berry. Kreide von Argentinien.

Fig. 752. Gleichenites elegans Zigno. Aus dem Lias der Veroneser Alpen. Wedel. $^{9}/_{10}$. Nach Zigno 1856.

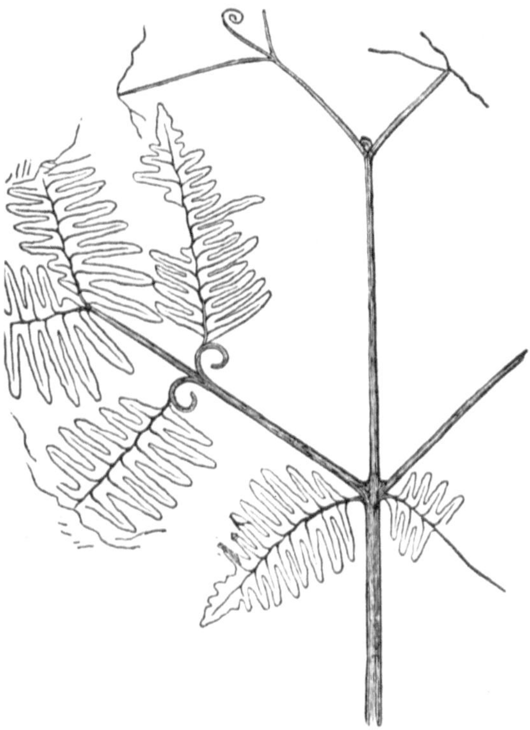

Fig. 753.

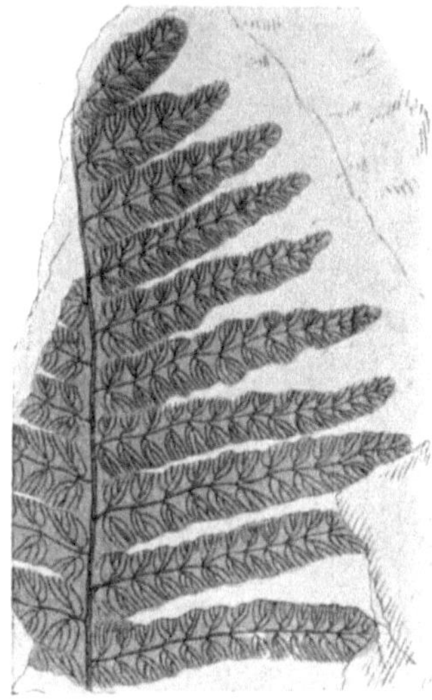

Fig. 754.

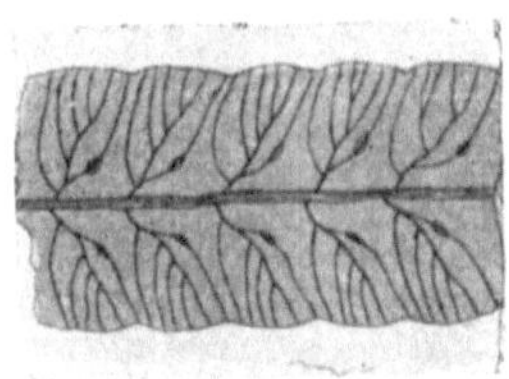

Fig. 754a.

Gleichenia Hantonensis Wanklyn. Aus dem Eozaen von Südengland.
Fig. 753. Wedel auf Grund der gefundenen Teilstücke restauriert. $^3/_4$ nat. Gr.
Fig. 754. Teil einer Spindel zweiter Ordnung mit Fiederchen letzter Ordnung. $^{19}/_{20}$.
Fig. 754a. Teil eines Fiederchens letzter Ordnung. 3 × vergr.
Sämtl. nach Gardener u. Ettingshausen 1879/82.

Literatur.

Berry, E. W., Mesozoic Gleichenia from Argentinia. The Pan-American Geologist 41. 1924.

Debey, W. H., und Ettingshausen, C. v., Die urweltlichen Acrobryen des Kreidegebirges von Aachen und Maestricht. S. 185—192. Denkschr. K. Akad. Wiss. Wien. Bd. 17. 1859.

Gardener, J. S., und Ettingshausen, C. v., A monograph of the British Eocaene Flora. Vol. I: Filices. S. 43—45 und 59—61. London 1879—1882.

Halle, T. G., Some mesozoic plant bearing deposits in Patagonia and Tierra del Fuego. S. 22—25. K. Svenska Vetensk. Akad. Hdlg. 51. 1913.

Heer, O., Flora foss. arctica. Bd. I, S. 78—80; Bd. III, S. 6, 17 und 42—55; Bd. IV. 1: S. 49; Bd. VI, Abt. 2, S. 5; Bd. VII, Abt. 1, S. 7. 1868/83.

Seward, A. C., The Jurassic flora of Sutherland S. 663—666. Transact. R. Soc. Edinburgh 47. 1911.

Seward, A. C. 1922/24. zit. S. 653

Seward, A.C., The cretaceous plant-bearing rocks of Western-Greenland. S. 68—79. Phil. Transact. R. Soc. of London B. 215. 1926.

Fig. 755.

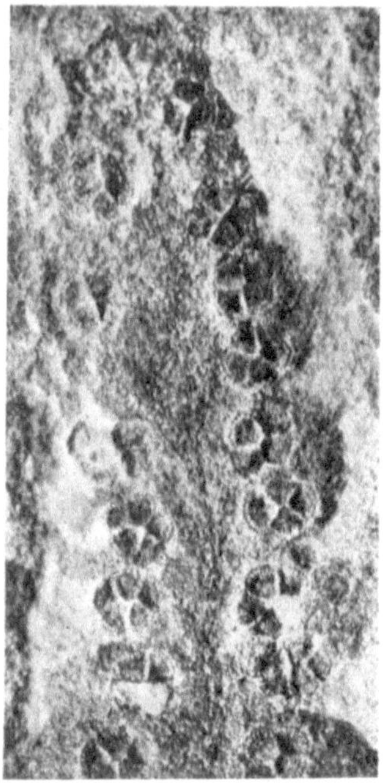

Fig. 756.

Fig. 758.

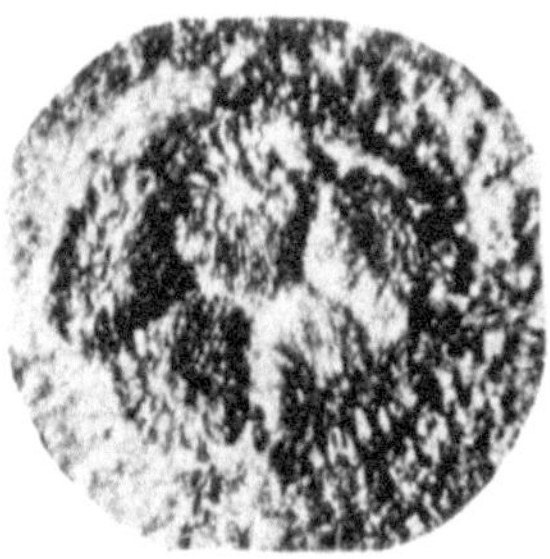

Fig. 757.

Oligocarpia Gutbieri Goeppert. Aus den Staffordian Series des Mittleren Oberkarbon von England.

Fig. 755. Fertiler Fiederabschnitt. 2 × vergr.

Fig. 756. Spindel letzter Ordnung mit den fertilen Fiederchen; an jedem zwei Sporangiengruppen. 9½ ×.

Fig. 757. Gruppe von fünf Sporangien. 37½ ×.

Fig. 758. Teilstück der Wedelrhachis mit einer sterilen Fieder und Aphlebien. 1½ ×.

Sämtl. nach Kidston 1923/25.

Möglicherweise gehören noch folgende paläozoische und mesozoische Formen in diese Familie:

Oligocarpia Goeppert.

Wedel mittelgroß, ca. 20 cm breit, normal fiedrig verzweigt. Dreifach gefiedert. Fiedern letzter Ordnung ± breit sphenopteridisch, manchmal fast pecopteridisch. Rhachis an den Abgangsstellen der Fiedern erster Ordnung und sonst mit fiedrig zerschlitzten Aphlebien besetzt.

An der Unterseite der Fiederchen letzter Ordnung die Sori, meist nur je eines links und rechts des Mittelnerven und nahe der Fiederchenbasis, seltener zu dreien bis vieren auf einem Fiederchen. Sorus aus drei bis sechs (meist vier bis fünf) annähernd birnförmigen Sporangien mit deutlich ausgebildetem Annulus; dieser besteht aus zwei übereinander liegenden Zellreihen und zieht etwas unter dem Scheitel des Sporangiums schräg gegen das auf der Innenseite des Sporangiums gelegene Stomium zu. Sporen tetraedrisch.

Ob die Gattung tatsächlich in die Familie der Gleicheniaceen in der derzeit üblichen Fassung gehört, oder doch wenigstens einen nahe verwandten Vorläufer darstellt, ist umstritten. Jedenfalls fällt der normalfiedrige Wedelaufbau, den die Angehörigen der Gattung Oligocarpia zeigen, nicht besonders ins Gewicht gegen die Annahme engerer Verwandtschaft. Ist doch letzten Endes der Aufbau des Wedels der rezenten und fossilen Gleichenia- (Gleichenites)arten primär ein monopodialer, und die Gabelteilung, die habituell das Gros der Gleicheniaceaen auszeichnet, nur, wie in der Diagnose oben auseinandergesetzt ist, eine scheinbare.

Was die Fruktifikation betrifft, so sind die Ähnlichkeiten im allgemeinen, sowohl was die Anordnung innerhalb des Sorus als auch den Bau der Sporangien betrifft, sicher sehr große, nur ist unsere Kenntnis über den feineren Bau der Sporangien noch zu wenig fortgeschritten, als daß hier ein durchgreifender Entscheid fallen könnte, wenn schon die in Fig. 756 u. 757 gegebenen Mikrophotogramme sehr für Verwandtschaft mit Gleichenia sprechen.

Im ganzen steht jedenfalls soviel fest, daß die Gattung Oligocarpia den rezenten Gleicheniaceen und deren meso- und kaenozoischen fossilen Vorgängern sehr nahe und näher als sonst irgendwelchen Farnen steht und somit zum mindesten einen paläozoischen Vorläufer darstellt.

O. Gutbieri Goeppert. Mittleres Oberkarbon von Sachsen und England (Fig. 755—758).

O. Brongniarti Stur. Mittleres Oberkarbon von Niederschlesien, England, Frankreich und Kanada.

O. lindsaeoides Ettingshausen. Mittleres Oberkarbon von Böhmen.

O. pulcherrima Stur und **O. Beyrichii** Stur. Beide aus dem Mittleren Oberkarbon von Niederschlesien.

Hieher möglicherweise auch **Sphenopteris (? O.) papillosa** Gothan. Mittleres Oberkarbon von Oberschlesien.

Literatur.

Stur, D., Die Karbonflora der Schatzlarer Schichten. I. Farne. S. 128—140. Abh. k. k. Geolog. Reichs-Anst. Wien. Bd. 11. 1885.

Zeiller, R., Flore foss. bassin houiller de Valenciennes. S. 53—56 und 97—100. Paris 1886—1888.

Gothan, W., Die Oberschles. Steinkohlenflora I. Farne und farnähnl. Gew. S. 141. Abh. Preuß. Geolog. Landes-Anst. N. F. 75. Berlin 1913.

Kidston, R., Fossil Plants of the Carboniferous Rocks of Great Britain. Pt. 4. S. 284—291. Mem. of the Geolog. Survey of Great Britain. Paleontology II. London 1923/25.

Sporangien von annähernd Gleicheniatypus sind bekannt aus den Rotliegendkieseln von Autun.

Literatur.

Zeiller, R., Flore foss. bassin houiller et permien d'Autun et d'Epinae. Teil I, S. 12. Paris 1890.

Mertensites Fontaine.

Gleichenia-ähnliche Farne, nicht ganz sicherer Verwandtschaft; Fruktifikation nur mangelhaft bekannt.

M. bullatus Bunbury spec. Obere Trias von Virginien, Nordamerika.
M. distans Fontaine. Obere Trias von Virginien und Keuper von Lunz.
M. coriacea Stur spec. Keuper von Lunz.

Literatur.

Fontaine, W. M., Contrib. to the knowledge of the Older Mesozoic flora of Virginia. U. S. A. Geolog. Survey. Bd. 6, S. 35—40. Washington 1883.

Krasser, Fr., Die Diagnosen d. v. D. Stur in der obertriad. Flora d. Lunzer Schichten als Marattiaceenarten untersch. Farne. S. 28—31. Sitzber. K. Akad. Wiss. Wien. Math. nat.-wiss. Kl. 118. 1909.

4. Matoniaceae.

Sori an der Unterseite der Fiedernabschnitte letzter Ordnung je in einer Reihe links und rechts vom Mittelnerven, Sporangien zu wenigen rings um die Sorussäule gestellt; diese (bei den rezenten Formen und bei Matonidium) das schildförmige Indusium superum tragend. Ring ausgedehnt, schief.

Rhizom kriechend, öfters gabelig verzweigt. Wedelentfaltung nicht regelmäßig akropetal, so daß ein der Spitze näheres Blatt oft weiter entwickelt ist als das nächst hintere.

Rezent in zwei Gattungen:

Matonia R. Brown. Mit zwei Arten: M. pectinata R. Br. auf Malakka, den Lingga-Inseln, Borneo und Amboina und M. Foxworthyi Copeland auf Borneo und Amboina.

Phanerosorus Copeland. Mit einer Art: Ph. sarmentosus Copeld. auf Borneo.

Fossile Reste.

Die Wedel der fossilen Matoniaceen schließen sich äußerlich dem von Matonia an. Allerdings ist zu betonen, daß — mangels entwicklungsgeschichtlicher Untersuchungen — der allgemeine Aufbau des Wedels der rezenten Matonien nicht einwandfrei klargestellt ist. Wahrscheinlich ist, daß primär ein monopodialer Aufbau vorliegt, allerdings mit ausgeprägter Betonung der beiden einzigen Fiedern erster Ordnung links und rechts, die sich — wie das das Schema (Fig. 759) klar macht — weiterhin einseitig exotroph fiederig verzweigen, während der eigentliche Mittelteil des Wedels keine weitere Verzweigung erfährt.

Laccopteris Presl.

Wedel habituell dem von Matonia pectinata nahestehend, mit einem terminalen Mittelteil und sympodial exotropher Verzweigung der beiden einzigen Seitenfiedern erster Ordnung links und rechts, wobei die entstehenden Fiederabschnitte im wesentlichen die Form des Wedelmittelteiles zeigen. Hauptfiederabschnitte sekundär gefiedert oder wenigstens mit $\pm$ fiederschnittigem Rand. Fiederchen letzter Ordnung (falls vorhanden) linear, mit deutlich ausgeprägter Mittelrippe und zahlreichen davon ausgehenden gabelig verzweigten Seitennerven, die bei dem Formenkreis von L. polypodioides durch reichliche Anastomosen maschenartig verbunden sind. Doch sind für L. elegans gleichfalls gelegentlich auftretende Maschenaderungen nachgewiesen. Es ist wahrscheinlich, daß die Hauptfiederabschnitte nicht sämtlich horizontal und senkrecht zum Stiel ausgebreitet waren, sondern ± dütenförmig vom oberen Stielende ausstrahlten (vergl. Fig. 763).

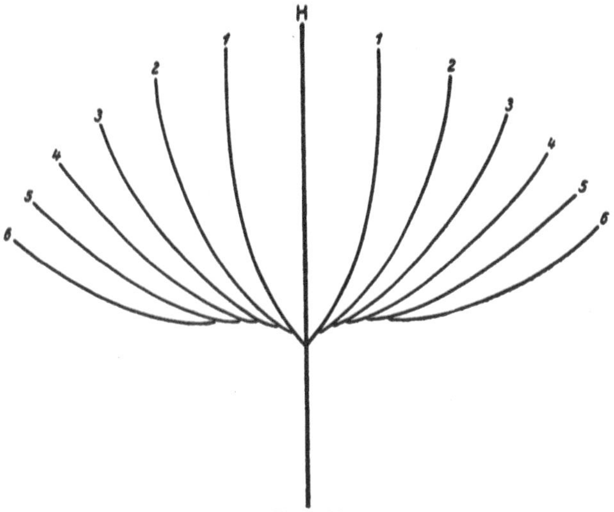

Fig. 759.

Fig. 759. Schema der fiederigen bzw. sympodial-fiederigen Wedelverzweigung bei Laccopteris und wohl auch bei Matonidium und Matonia.
Fiedernspindeln 1 entspringen an der Rhachis (R), Spindeln 2 an Spindeln 1, Spindeln 3 an Spindeln 2 usw. — Original.

Sori kreisförmig zu beiden Seiten der Mittelrippe der Fiedern letzter Ordnung in je einer Reihe. Im Sorus 5 bis 15 Sporangien mit schräg ziehendem Annulus. Indusium nicht sicher nachgewiesen. Sporen tetraedrisch.

In der hier gegebenen Fassung der Gattung sind übereinstimmend mit Seward, Lipps u. a. in die Gattung mit einbezogen die Reste, die ursprünglich unter Phlebopteris Brongniart, Microdictyon Saporta, Carolopteris Debey und Ettingshausen, Nathorstia Heer, Reussia Trauschold, Marzaria Zigno und Gutbiera Presl beschrieben sind.

Die Gattung ist bekannt vom Rhät bis zur Unteren Kreide.

a) Formenkreis des L. elegans.

Fiederabschnitte letzter Ordnung hauptsächlich mit gabeliger Nervatur und nur vereinzelter Maschenaderung.

L. elegans Presl. Rhät-Lias von Franken (und? Obere Trias von Nord-Karolina). (Fig. 760). — Blätter in der für die Gattung charakteristischen Weise handförmig fiederteilig, die einzelnen Hauptfiedernabschnitte annähernd gleichmäßig sekundär durchgefiedert; Fiedern letzter Ordnung an der Basis ineinander übergehend, mit einem Hauptnerven und meist doppelt gabelig verzweigten, gelegentlich anastomosierenden Seitennerven. Sori mit fünf bis acht Sporangien.

Fig. 760.

Fig. 760. **Laccopteris elegans** Presl spec. Aus dem Rhät-Lias von Franken. Wedel einer jungen Pflanze mit sieben Fiederabschnitten erster Ordnung. $^{19}/_{20}$. Links oben ein Fiederchen letzter Ordnung. Vergr. Nach Seward 1899

Fig. 761. **Laccopteris Goepperti** Schenk. Aus dem Rhät-Lias von Franken.

A: Sorus; *B*: Darstellung der Fiederchennervatur; *C*: Sorusverteilung an den Fiederchen. Vergr. Nach Schenk 1867.

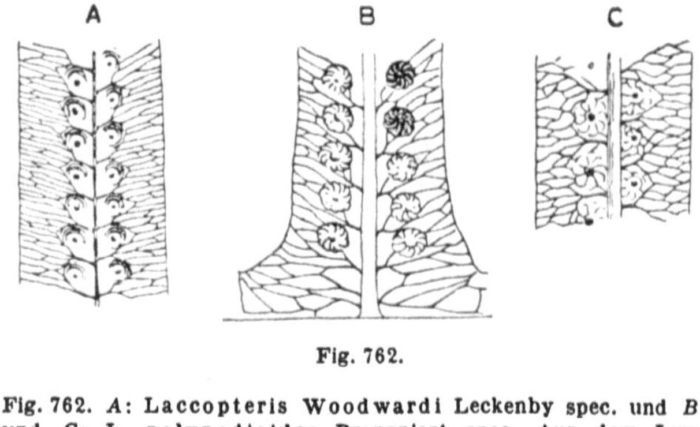

Fig. 762.

Fig. 761.

Fig. 762. *A*: **Laccopteris Woodwardi** Leckenby spec. und *B* und *C*: L. **polypodioides** Brongniart spec. Aus dem Jura (Inferior Oolite) von Yorkshire.

Darstellung der Fiederchennervatur und der Sorusinsertion. Vergr. Nach Seward 1899.

Fig. 763.

Fig. 763. Laccopteris Goepperti Schenk. Rhät-Lias von Franken. Wedel einer ausgewachsenen Pflanze. Rechts unten zwei weitere Wedelreste. ³/₄ nat. Gr. Original. (Paläontologische Staatsslg. München)

L. Goepperti Schenk (= **L. Münsteri** Schenk). Rhät-Lias von Franken. Der vorigen sehr nahestehend, nur dadurch unterschieden, daß die Fiederabschnitte letzter Ordnung nahezu bis zur Basis frei sind (Fig. 761 u. 763).

L. lunzensis Stur. Mittlerer Keuper von Lunz.

L. mirovensis Raciborski. Lias von Polen.

Fig. 765.

Fig. 764.

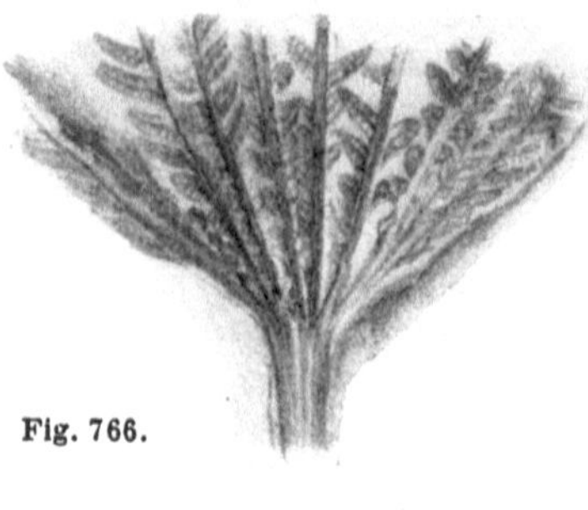

Fig. 766.

Matonidium Goepperti Ettingshausen spec.
Aus dem Jura der Yorkshireküste.

Fig. 764. Wedelrest, mit zahlreichen an dem (nicht erhaltenen) oberen Rhachisende entspringenden Fiederabschnitten erster Ordnung; daran die Fiederchen zweiter Ordnung. $^{19}/_{20}$.

Fig. 765. Oberes Rhachisende mit entspringenden Fiederabschnitten erster Ordnung. $^{19}/_{20}$.

Fig. 766. Basalpartie dreier Fiederabschnitte erster Ordnung mit ansitzenden fertilen Fiederchen. Etwas über $^{1}/_{1}$. Sämtliche nach Seward 1900.

b) Formenkreis der L. polypodioides.

Fiedern letzter Ordnung mit ausgeprägter Maschenaderung.

L. polypodioides Brongniart. Lias von Yorkshire, Bornholm, Deutschland, Siebenbürgen und der Venetianischen Alpen, Ostasien und Australien (Fig. 762).

Wedelaufbau ähnlich dem der Arten des Formenkreises der L. elegans. Seitennerven der Fiedern letzter Ordnung zunächst mehrfach gegabelt, dann durch Anastomosen zwischen den einzelnen Gabelgruppen und ihren Ästen zu Maschen verknüpft. Sori mit 12 bis 14 Sporangien.

L. Woodwardi Leckenby (einschließlich Mikrodictyon Woodwardi Saporta) (Fig. 762). Lias von England, Bornholm, Frankreich, der Venetianischen Alpen, Sardinien (und ? von Polen). Sehr ähnlich der vorigen mit sehr zahlreichen Seitennerven der Fiedern letzter Ordnung und kleineren Sori.

L. densa Edwards. Oberer Jura des westlichen Nordafrika.

L. Dunkeri Schenk. Untere Kreide von Nordwestdeutschland, Belgien, England und Schottland; Böhmen, Rußland und Portugal; und var. **firma** Nath. (pro spec.) in der unteren Kreide von Grönland.

L. rigida Heer spec. und **L. latifolia** Nathorst spec. Untere Kreide von Grönland.

L. alata Halle spec. Untere Kreide von Patagonien-

Andriania C. Fr. Braun.

Zugehörigkeit zur Familie nicht ganz sicher, wenn auch sehr wahrscheinlich.

A. baruthina Braun. Rhät-Lias von Franken, Lias des Banat. Blatt handförmig gefiedert, die einzelnen großen gegen 25 cm langen Fiederabschnitte mit ganz eng gestellten, parallelrandigen, bis 3 cm langen und 3 bis 4 mm breiten Fiedern zweiter Ordnung. Diese mit fiedriger Nervatur. Sporangien wohl von ähnlichem Bau wie die von Laccopteris; zu fünf bis sechs im Sorus.

A. norimbergica Gothan. Rhät-Lias der Gegend von Nürnberg.

Selenocarpus Schenk.

Zugehörigkeit gleichfalls nicht ganz sicher.

S. Münsterianus Schenk. Rhät von Franken. Blatt höchst wahrscheinlich handförmig gefiedert, also im Aufbau ähnlich wie bei Andriania. Fiedern letzter Ordnung schmal, langlineal mit gabelig verzweigten Seitennerven. Sporangien halbmondförmig im Sorus angeordnet. Ring schräg verlaufend.

Matonidium Schenk.

Wedel dem von Matonia pectinata nahezu vollkommen gleich, handförmig fiederig. Fiedern letzter Ordnung linear, nach der anadromen Seite etwas sichelförmig aufgebogen. Sori in je einer Reihe links und rechts vom Mittelnerv der Fiedern letzter Ordnung, mit 15 bis 20 Sporangien; diese von dem für die Matoniaceen charakteristischen Bau. Indusium ganz wie bei Matonia, schildförmig als Indusium superum über dem Sorus.

M. Goepperti Ettingshausen. Lias bis Wealden von England, Schottland, Norddeutschland und Belgien, Böhmen, Rußland, Portugal und Nordamerika (Fig. 764—766).

M. Wiesneri Krasser. Cenoman von Mähren.

Literatur zu Matoniaceae.

Bartholin, C. T., Nogle i den Bornholm'ske Juraformation forekommende Plante forsteninger. Bot. Tidsk. Kjövenhavn 18. 1892.

Debey, M. H., und Ettingshausen, C. v., Die urweltlichen Acrobryen des Kreidegebirges von Aachen und Maestricht. S. 206—211. Denkschr. K. Akad. Wiss. Wien. Bd. 17. 1859.

Ettingshausen, C. v., Begründung einiger neuer oder nicht genau bekannter Arten der Lias und der Oolithflora. Abh. k. k. Geolog. Reichs-Anst. 3. 1852.
Edwards, W. N., On the Occurence of the Jurassie fern Laccopteris in North Africa. Ann. u. Magazine of Nat. Hist. Ser. 9, Bd. 17. 1926.
Gothan, W., Die unterliassische (rhätische) Flora der Umgegend von Nürnberg. Abh. Naturhist. Ges. Nürnberg. Bd. 19, S. 98—104. 1914.
Halle, T. G., Some mesozoic plant bearing deposits in Patagonia and Tierra del fuego. S. 20—22. K. Svensk. Vetensk. Akad. Handlg. 51. 1913.
Hirmer, M., Matoniaceae, rezent und fossil. in Die Pflanzenareale, herausgegeb. von E. Hannig und H. Winkler; in Vorbereitung. Jena 1928.
Krasser, Fr., Beitr. z. Kenntnis d. fossilen Kreideflora von Kunstadt in Mähren. Beitr. z. Palaeont. u. Geol. Österr.-Ung. u. d. Orients 10. 3. 1896.
Krasser, Fr., Foss. Pfl. aus Transbaikalien, Mongolei und Mandschurei S. 593. Denkschr. K. Akad. Wiss. Wien. Math.-nat. wiss. Kl. 78. 1905.
Krasser, Fr., Zur Kenntn. d. foss. Fl.d. Lunzer Sch. S. 110/111. Jahrb. k. k. Geol. Reichsanst. 59. Wien 1909.
Lipps, Th., Über die Unterkreideflora Nordwestdeutschlands, bes. der Flora des Barrêmien von Hildesheim. S. 331—337. Bot. Archiv IV. 1923.
Nathorst, A. G., Über Nathorstia, Palaeobot. Mitteil. K. Svensk. Vetensk. Akad. Handlg. 43. 1908.
Raciborski, M., Flora Kopalna. S. 39—43. Krakau 1894.
Schenk, A., Fossile Flora der Grenzschichten des Keupers und Lias Frankens. S. 64—66 u. 87—99. Wiesbaden 1867.
Schenk, A., Beitr. zur Flora der Vorwelt: Die Flora der Nordwestdeutschen Wealdenformation. S. 219. Palaeontogr. Bd. 19. 1871.
Schenk, A., Zur Flora der Nordwestdeutschen Wealdenformation. S. 160—162. Ibid. Bd. 23. 1876.
Seward, A. C., Catalogue of the Mesozoic Plants in the Departm. of Geology. British Mus. The Wealdenflora I. S. 62—67 und 134—137. London 1894.
Seward, A. C., On the structure and affinities of Matonia pectinata R. Br. with notes on the geological history of the Matonineae. Phil. Trans. R. Soc. 191. 1899.
Seward, A. C., La flore Wealdéenne de Bernissart. Mém. Musée R. d. Hist. nat. Belgique I. S. 10—15 und 33. 1900.
Seward, A. C., Catalogue of the Mesozoic plants in the Department of Geology, Brit. Museum. The Jurassic Flora. Pt. I (S. 72—86) und II (S. 86—89). London 1900/04.
Seward, A. C., The Jurassic flora of Sutherland. S. 661—663. Transact. R. Soc. Edinburgh. Bd. 47. 1911.
Seward, A. C., The cretaceous Plant-bearing Rocks of Western Greenland. S. 79—82. Phil. Transact. R. Soc. London B. 215. 1926.
Ward, L. F., Status of the Mesozoic floras of the United States. S. 281/82. 20. ann. Report U. S. Geolog. Survey. Washington 1900.
Ward, L. F., Status of the Mesozoic floras of the United States. S. 230/31. U. S. Geolog. Survey. Monogr. 48. Washington 1905.
Zeiller, R., Sur les affinités du genre Laccopteris. Bull. Soc. Bot. de France 32. 1885.
Zigno, A. de, Flora fossilis formationis Oolithicae. Bd. I, S. 174ff. Padua 1856.

b) Complicatae.

5. Hymenophyllaceae.

Kleine zartblättrige Farne; Blätter einfach oder ± stark gefiedert. Blattfläche häufig nur einschichtig und nur an den Adern mehrschichtig. Rhizom entweder radiär und ± aufrecht oder dorsiventral und kriechend. Sorus randständig am Ende der Fiedern letzter Ordnung, von säulchenförmiger Gestalt. Sporangien sitzend oder kurz gestielt, Annulus vollständig, das Sporangium rings umfassend, wagrecht bis schief. Stomium dementsprechend vertikal oder schräg gerichtet; Sporen tetraedrisch bis kugelig, Indusium becherförmig oder zweiklappig.

Rezent in zwei Gattungen:
Trichomanes Sm. mit ca. 80 Arten und
Hymenophyllum L. mit ca. 74 Arten.
Beide hauptsächlich in den Tropen der alten und neuen Welt und mit einem zweiten Verbreitungszentrum in Neuseeland. Im übrigen (als Tertiärrelikte) ausstrahlend im Norden bis Westirland und Südnorwegen, Nordamerika (Alabama) und Japan; im Süden bis zur Magelhanestraße und den Falklandsinseln.

Fossile Reste sind mit absoluter Sicherheit nicht nachgewiesen, wenn auch einige paläozoische Fossilien im allgemeinen in den Verwandtschaftskreis der Familie einbezogen zu werden pflegen. Das sind:

Hymenophyllites Goeppert.

H. quadridactylites Gutbier spec. Mittleres Oberkarbon von Sachsen, Nordfrankreich und Großbritannien. — Wedel vierfach gefiedert, in sterilen und fertilen Resten bekannt. Fiedern erster Ordnung mindestens 14 cm lang. Fiederchen letzter Ordnung der sterilen Wedelreste sphenopteridisch, die der fertilen Wedelreste an der Basis den sterilen ähnlich, aber mit becherförmigem Indusium an den Enden der einzelnen Fiederabschnitte. In und vor den Indusienbechern in der Mitte Andeutungen des säulchenförmigen Sorus und eine Anzahl Sporangien mit vollständigem, wagrecht verlaufendem Annulus.

Hier angereiht werden noch folgende, gleichfalls auch fertil, aber weniger genau bekannte Wedelreste.

H. Bronni Gutbier spec. Mittleres Oberkarbon von Sachsen, Nordfrankreich und Großbritannien.

H. herbacea Boulay spec. Ebenda in Nordfrankreich und Belgien.

Möglicherweise gehören noch in diesen Verwandtschaftskreis die als Hymenophyllites *a* und *β* Zeiller bezeichneten Sporangien aus den Kulmischen Kieseln von Estnost bei Autun. Die Sporangien zeigen im Schliff in zwei Drittel ihres Umfangs einen wohlausgebildeten Annulus, doch steht nicht fest wie dessen Orientierung zur Sporangienachse war, so daß eine genauere Verwandtschaftsbestimmung nicht möglich ist.

Aus jüngeren Schichten sind noch beschrieben worden:

? **Hymenophyllites Zeilleri** Raciborski und ? **H. blandus** Raciborski, beide aus dem Lias von Polen. Die Formen, deren Zugehörigkeit mangels der genaueren Kenntnis der Sporangien fraglich ist, gleichen habituell und vor allem durch das becherförmige Indusium manchen rezenten Hymenophyllumarten.

Literatur.

Kidston, R., On the fructification of Zeilleria (Sphenopteris) delicatula Stbg. sp., with remarks on Urnatopteris (Sph.) tenella Bgt. and Hymenophyllites (Sph.) quadridactylites Gutbier spec. Quart. Journ. Geol. Soc. 40. 1884.

Kidston, R., Fossil Plants of the Carboniferous Rocks of Great Britain. Pt. 4. S. 279—284. Mem. Geol. Survey. Palaeontology II. 1923—25.

Raciborski, M., Flora Kopalna. S. 45—47. Krakau 1894.

Zeiller, R., Flore fossile, Bassin houiller de Valenciennes S. 56 u. 100—108. Paris 1886—88.

Zeiller, R., in Renault, B., Flore foss. Bassin houiller et permien d'Autun et d'Epinac. 2. S. 19/20. Paris 1896.

6. Loxsomaceae.

Nur rezent bekannt, in zwei Gattungen:
Loxsoma R. Br. mit einer Art in Neu-Seeland.
Loxsomopsis Christ mit drei Arten in Zentralamerika.

Nach Bower (1926, S. 258/259) gehört in diesen Formenkreis vielleicht:

Stachypteris Thomas.

St. Hallei Thomas. Jura von England. Wedel klein, dreifach gefiedert. Fiedern letzter Ordnung annähernd sphenopteridisch. An den Enden der Spindeln zweiter Ordnung Sori mit ziemlich länglichem Rezeptakel, daran die Sporangien mit vollständigem, etwas schräg ziehendem Ring.

Literatur.

Thomas, H. H., Stachypteris Hallei: A new jurassic fern. Proc. Cambridge Philos. Soc. 16. 1912.

7. u. 8. Dicksoniaceae und Cyatheaceae[1]).

Baumförmige Farne oder Bodenfarne. Wedel der ersteren meist sehr groß und drei- bis vierfach gefiedert, selten ungefiedert (Cyathea sinuata Hooker) oder einfach gefiedert. Sori entweder an eigenen Blattabschnitten an der Spitze von auf die Spindel reduzierten Fiederchen letzter Ordnung (Thyrsopterideae) oder am ganzen Wedel an den Fiederchen letzter Ordnung, und hier entweder randständig mit zweiklappigem Indusium (Dicksonieae) oder wenigstens primär randständig (Dennstaedtieae) oder auf der Fläche der Unterseite (Cyatheae). Bei diesen letzteren entweder mit Indusium inferum, d. h. einem Indusium, das den ganzen Sorus von unten her umgreift und zunächst ganz einschließt (Cyathea) oder mit auf die Hälfte reduziertem Indusium inferum (Hemitelia) oder ohne Indusium (Alsophila ebenso die Protocyatheaeae: Lophosoria und Metaxyia, sowie Plagiogyria). Sporangien mit vollständigem, d. h. nicht durch den Stiel unterbrochenem, etwas schief verlaufendem Annulus. Stomium entsprechend schief-quer.

Rezent in 15 Gattungen mit gegen 600 Arten bekannt. Nach Bower (1926) sind folgende Formenkreise zu unterscheiden:

I. Dicksoniaceae.
  1. Thyrsopterideae mit der einen Gattung:
     Thyrsopteris Kunze, mit 1 Art auf Juan Fernandez.
  2. Dicksonieae mit drei Gattungen:
     Balantium Kaulfuß mit 3 Arten, je eine in Makaronesien, Südamerika und den östlichen Inselgruppen (Melanesien, Polynesien, Samoa und Neukaledonien).
     Dicksonia L'Héritier. 17 Arten in den Tropen und den tropennahen Subtropen der Alten und Neuen Welt.

---

[1]) Diese Zusammenfassung erfolgt aus Zweckmäßigkeitsgründen, da manche der hieher gehörigen Fossilienreste zu wenig genau bekannt sind, als daß sie alle in das neue von Bower (1926) geschaffene System Einordnung finden könnten. Es geht aber die Bowersche Anordnung und Aufteilung der rezenten Formen aus der im weiteren Text gegebenen Übersicht zur Genüge hervor.

Cibotium Kaulfuß. 9 Arten in Südostasien, Sandwich-Inseln und Zentralamerika.

3. Dennstaedtieae mit 5 Gattungen:

Dennstaedtia Bernhardi. 57 Arten in den Tropen.

Microlepia Presl. 29 Arten, tropisch, hauptsächlich im asiatisch-pazifischen Gebiet.

Leptolepia Mettenius. 2 Arten, auf Neuseeland.

Saccoloma Kaulfuß. 8 Arten, in den Neotropen und den malesischen und polynesischen Gebieten.

Hypolepis Bernhardi. 29 Arten im ganzen tropischen und subtropischen Gebiet.

II. Plagiogyriaceae mit der einzigen Gattung:

Plagiogyria Kunze. 11 Arten in den Tropen der Alten und Neuen Welt.

III. Protocyatheaceae mit 2 monotypen Gattungen:

Lophosoria Presl mit 1 Art im tropischen Amerika.

Metaxya Presl mit 1 Art in Südamerika.

IV. Cyatheaceae mit 3 Gattungen:

Alsophila R. Brown. 185 Arten in den Tropen der Alten und Neuen Welt.

Hemitelia R. Brown. 59 Arten ebenda.

Cyathea Smith. 182 Arten ebenda.

Fossile Vertreter sind mit absoluter Sicherheit noch nicht nachgewiesen; es gehören aber wahrscheinlich folgende Reste hieher:

1. Blatt- und Fruktifikationsreste.

Zum Formenkreis der Dicksoniaceae-Thyrsopterideae gehört wahrscheinlich:

Coniopteris Brongniart.

Wedel drei- bis vierfach gefiedert mit sphenopteridischer bis pecopteridischer Ausbildung der Fiedern letzter Ordnung. Sori zum Teil an eigenen fertilen Wedelpartien, zum Teil an sonst sterilen Wedelpartien an der Spitze der auf die Spindel reduzierten Fiederchen letzter Ordnung. Sori, soweit die nicht besonders günstige Erhaltung beurteilen läßt, von einem becherförmigen Indusium, ähnlich dem von Thyrsopteris, eingeschlossen. Sporangien (nur für C. quinqueloba bekannt) im Bau denen von Thyrsopteris nicht unähnlich; ein sicherer Entscheid über die Verwandtschaft läßt sich indes infolge der mangelhaften Erhaltung der untersuchten Sori nicht treffen.

C. hymenophylloides Brongniart (= C. Murrayana Bgt. spec. und Maakiana Heer spec.). Sehr weit verbreitet im Unteren und Mittleren Jura; auch für Spitzbergen, Amurland und Grönland nachgewiesen (von letzterem als Dicksonia [Asplenium] Johnstrupi Heer beschrieben) (Fig. 767—769). Wedel vierfach gefiedert, Fiederchen letzter Ordnung ziemlich vielgestaltig, ± breitspreitig sphenopteridisch entwickelt. Ana- und katadrome Basalfiedern der Spindeln letzter Ordnung ± stark verlängert. Sori zum Teil an ganz fertilen Wedelteilen, zum Teil an den Fiedern der teilweise sterilen Spindeln zweiter Ordnung. — Hierzugehörig auch Dicksonia Heeri Raciborski und D. Zarecznyi Rac., aus dem Lias von Polen.

C. quinqueloba Phillips. Jura von Europa. Fiederchen äußerst schmal, sphenopteridisch.

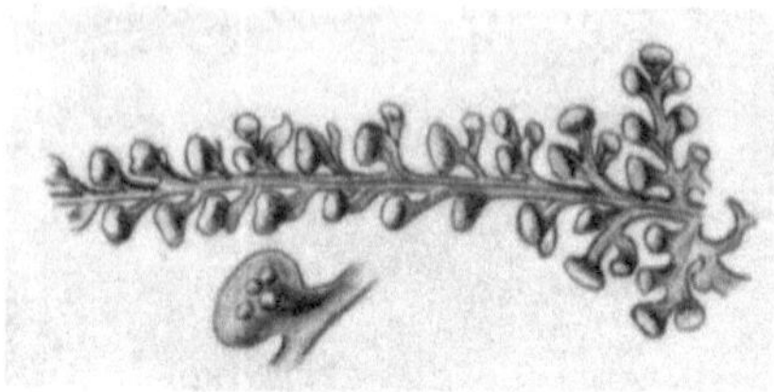

Fig. 769.

Fig. 767.

Fig. 768.

Coniopteris hymenophylloides Brongniart spec. Aus dem Jura der Yorkshireküste. Fig. 767 und 768. Bruchstücke von Fiedern erster Ordnung von zwei verschiedenen Wedeln. $^{10}/_{10}$. Fig. 769. Spitzenstück einer fertilen Fieder zweiter Ordnung mit den sorustragenden Fiederchen dritter (letzter) Ordnung. 2 ×. Sämtl. nach Seward 1900.

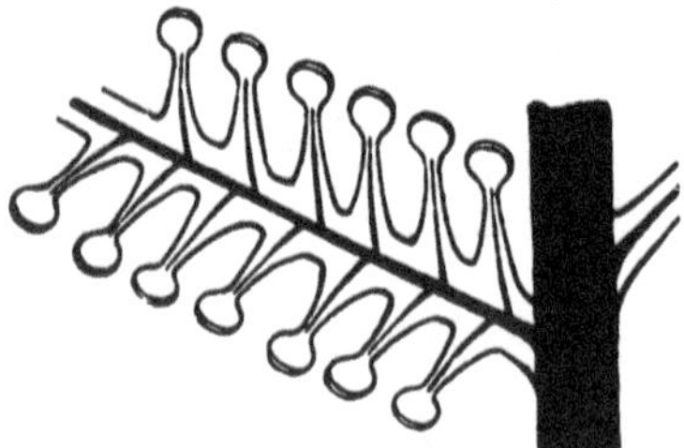

Fig. 770.

Fig. 770. Coniopteris arguta Lindley und Hutton spec. Aus dem Jura der Yorkshireküste. Bruchstück einer fertilen Fieder vorletzter (zweiter) Ordnung. An den Fiederchen letzter Ordnung endständig die den Sorus einschließenden Indusienbecher. Ca. 3 ½ ×. Nach Seward 1900.

C. arguta Lindley und Hutton spez. im Jura weitverbreitet (Fig. 770). Wede dreifach gefiedert, Fiederchen letzter Ordnung nahezu rein pecopteridisch; Sori an den Spitzen der fast auf die Spindel reduzierten Fiederchen letzter Ordnung, an eigenen fertilen Spindeln zweiter Ordnung.

C. burejensis Zalessky spec. Jura des Amurlandes, **C. (Thyrsopteris) Ahnerti** Krasser spec. und **C. prisca** Heer spec. aus dem Jura der Mandschurei.

C. lunzensis Stur. Keuper von Lunz. Zugehörigkeit zur Gattung fraglich.

Dem Formenkreis der Dicksoniaceae-Dicksonieae gehören wohl an:

Eboracia Thomas.

Formal den rezenten Arten von Dicksonia nahestehende[1]) fossile Reste.

E. (Cladophlebis) lobifolia Phillips spec. Weit verbreitet, im Jura (Fig. 771 bis 773). Wedel groß, dreifach gefiedert. Fiedern an der Basis pecopteridisch ansitzend, vorne ziemlich spitz zulaufend. Besonders charakteristisch ist, daß die katadrome und anadrome Basalfieder letzter Ordnung an den Spindeln zweiter Ordnung ziemlich stark verbreitert und zweigeteilt sind. Sori zu mehreren an beiden Rändern der Fiederchen letzter Ordnung, von einem zweiklappigen, becherförmigen Indusium eingehüllt. Sporangien nicht genau bekannt.

E. (Dicksonia) Suessi Krasser spec. Jura von Spitzbergen und Mandschurei und **E. Obrutschewi** Krasser spec. Jura von Westtransbaikalien.

Gonatosorus Raciborski.

G. Nathorstii Raciborski. Lias von Polen (Fig. 774). Wedel pecopteridisch gefiedert; an dem anadromen Rand der Fiedern letzter Ordnung nahe der Basis je ein Sorus mit zweiklappigem Indusium; Sporangien nicht genau bekannt.

Literatur

(zu Coniopteris, Dicksonites, Gonatosorus und Alsophilites).

Krasser, Fr., Die Diagnosen d. v. D. Stur i. d. obertriad. Fl. d. Lunzer Schichten als Marattiaceenarten untersch. Farne. S. 9/10. Sitzb. K. Akad. Wiss. 118. 1909.

Krasser, Fr., Foss. Pfl. aus Transbaikalien, Mongolei u. Mandschurei. S. 593—598. Denkschr. K. Akad. Wiss. Math.-nat.-wiss. Kl. 78. Wien 1908.

Raciborski, M., Flora Kopalna. S. 28—39. Krakau 1894.

Seward, A. C., Catalogue of the Mesozoic Plants in the Dep. of Geology, British Museum (Nat.-Hist.). The Jurassic flora I. S. 98—118 und S. 145—149. London 1900.

Seward, A. C., Jurassic plants from Chinese Dzungaria. S. 38—42. Mém. Comité Géolog. N. S. 75. St. Petersburg 1911.

Seward, A. C., Jurassic plants from Amurland. S. 22—25. Mém. Comité Géolog. N. S. 81. St. Petersburg 1912.

Thomas, H. H., On spores of some triassic ferns. Proc. Cambridge Phil. Soc. 26. 1911. (Zu Eboracia.)

Möglicherweise ist hier auch anzuschließen

Weichselia Stieler.

W. reticulata Stokes und Webb. Weit verbreitet in der Unteren und Mittleren Kreide. Sehr polymorpher Farn; mit kurzem dickknolligem Stamm und zahlreichen ringsum gestellten sehr großen bis 2 m langen Wedeln; Wedelstiel bald nach seinem Abgang vom Stamm in zwei Arme gegabelt, deren jeder von ca. 25 cm über der Gabelstelle ab doppelt gefiedert ist. An dem ungefiederten Basalstück der Gabeln zu beiden Seiten ein aphlebioider ca. 5 cm breiter bandartiger Saum mit feinen parallelen Nerven. Fiedern letzter Ordnung pecopteridisch mit Maschennervatur; an der sie tragenden Spindel in stumpfem Winkel gegeneinander konvergierend. Anscheinend hat die Pflanze eigene fertile Wedel besessen, die im Aufbau den sterilen gleichend, an den Spindeln letzter Ordnung die Sori trugen; diese, soweit aus dem schlecht erhaltenen Material zu urteilen, von einem becherförmigen Indusium eingeschlossen zu beiden Seiten der Spindeln ansitzend. Sporangien nicht bekannt.

---

[1]) Es bleibt natürlich immer, solange es nicht gelingt den Bau der Sporangien genau zu studieren, der Einwand zu Recht bestehen, daß auch aus der Familie der Polypodiaceae ähnliche Formen (z. B. Davallia) entwickelt worden sind.

Fig. 771.

Fig. 773.

Fig. 774.

Fig. 772.

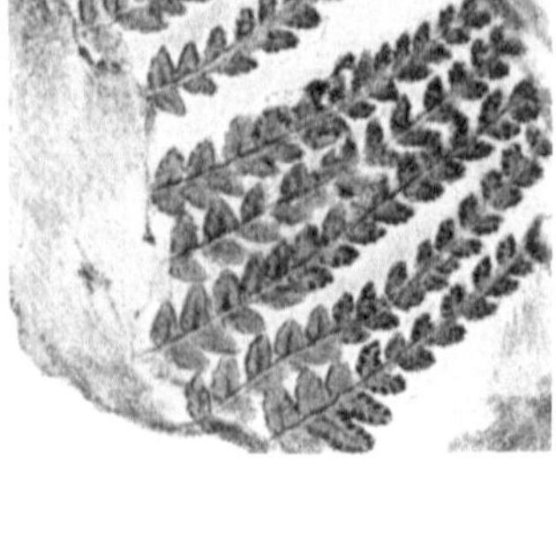

Eloracia lobifolia Phillips spec. Aus dem Lias von Polen.

Fig. 771. Teilstück einer Fieder erster Ordnung. $^{19}/_{20}$.

Fig. 772. Fiedern zweiter Ordnung; die Fiederchen letzter Ordnung teilweise fertil. $^{19}/_{20}$.

Fig. 773. Fertile Fiederchen letzter Ordnung mit den randständigen Indusienbechern. Ca. 8 ×.

Fig. 774. *Gonatosorus Nathorstii* Raciborski. Aus dem Lias von Polen.
Fiederchen letzter Ordnung. Ca. 5 ×.
Sämtl. nach Raciborski 1894.

Literatur.

Gothan, W., in Potonié, H., Abb. u. Beschr. foss. Pflanzen. VII. 126. Berlin 1910.
Gothan, W., Ein vollständiges Exemplar v. Weichselia reticulata im Neokomsandstein v. Quedlinburg. Palaeobot. Mitteilungen 2. Jahrb. Preuß. Geolog. Landes-Anst. Bd. 42. Berlin 1923.
Lipps, Th., Über die Unterkreideflora Nordwestdeutschlands, bes. die Flora des Barrémien v. Hildesheim. Bot. Archiv IV. 1923. S. 337—347.
Hirmer, M., Ergebn. d. Forschungsreisen Prof. E. Stromers i. d. Wüsten Ägyptens. IV. Die foss. Floren, 3. D: Filicales. Abh. Bayer. Akad. Wiss., math.-nat.-wiss. Abt. 30. 1925.

Zu den Cyatheaceae zugerechnet wird:

Alsophilites n. g.

A. polonica Raciborski spec. Jura von Polen. Sowohl formal als hinsichtlich Sorus- und Sporangiumbeschaffenheit Alsophila gleichend. Die (offenbar wohlerhaltenen) Sporangien sind nicht genauer untersucht.

2. Stammreste.

Die Anatomie der Stämme der rezenten baumförmigen Dicksoniaceae und Cyatheaceae ist mehr durch die infolge der größeren physiologischen Inanspruchnahme bedingte, bedeutende Entwicklung von Leitungsbahnen und mechanischem Gewebe charakterisiert, als daß sie in speziellen, systematisch bedeutsamen Merkmalen von denen nicht baumförmiger leptosporangiater Farne abwiche.

Aus diesem Grunde können fossile, ohne Zusammenhang mit Blättern und Fruktifikation gefundene Stammreste, die dem Typus der rezenten Dicksoniaceen oder Cyatheaceen folgen, nur mit einer gewissen Reserve hier eingereiht werden. Es ist klar, daß die Tatsache, daß derzeit nur in diesen Familien wirklich große baumförmige Stämme entwickelt sind, nicht schwer ins Gewicht fallen kann, um so mehr als hervorzuheben ist, daß Ansätze zu Baumförmigkeit sich auch bei manchen rezenten Polypodiaceaen finden und daß sowohl die fossilen wie die rezenten Osmundaceaen (allerdings mit einer sehr charakteristischen Anatomie der Rhachis) mehr minder baumartige Formen einschließen.

Genannt seien:

Protopteris Corda.

Farnstämme vom Typ derer von Dicksonia; bis zu 14 cm im Durchmesser. Blattnarben ± dicht gedrängt, dazwischen Wurzeln, die die Oberfläche ± stark bedecken; Blattbündelnarbe geschwungen hufeisenförmig. Stammanatomie diktyostelisch, ganz ähnlich wie bei den rezenten Arten der Gattung Dicksonia.

Pr. punctata Sternberg spec. Untere und Mittlere Kreide von Europa (Böhmen und England) und Grönland (Diskoinsel). **Pr. Witteana** Schenk. Wealden von Norddeutschland und England. **Pr. cyatheoides** Unger spec. Neokom von Ischl (Salzkammergut). **Pr. cretacea** Stenzel spec. Kreide von Westfalen. **Pr. fibrosa** Stenzel. Turon von Oppeln. **Pr. arborescens** Stenzel und **Pr. Cottaeana** Presl. Oberkreide oder Alttertiär von Sachsen. **Pr. Laubyi** Engelhardt spec. Tertiär von Altsattel in Böhmen.

Rhizodendron Stenzel.

Rh. oppoliense Goeppert. Turon von Oppeln. Ein verhältnismäßig dünner, verzweigter Stamm von ca 2 cm. Durchmesser, der in einen seinen Durchmesser zum Teil um das fünf- bis sechsfache übertreffenden Wurzelmantel gehüllt ist. Stele des Hauptstammes diktyostelisch, die der Gabelzweige, die nur $^1/_5$ bis $^1/_8$ des Durchmessers des Hauptstammes erreichen, solenostelisch.

Literatur (zu Protopteris und Rhizodendron).

Sternberg, K., Graf v., Versuch einer geognost.-botan. Darst. d. Flora d. Vorwelt. T. 4. Fig. 1—2. Prag 1820—38.

Corda A. J., Beiträge zur Flora der Vorwelt. T. 2, Fig. 5. Prag 1845.
Carruthers, W., On Caulopteris punctata. Geolog. Magaz. Bd. 2. 1865.
Heer, O., Flora foss. arctica. Bd. 6. II.: Foss. Flora v. Grönland. 1. Teil. T. 47. 1882.
Stenzel, G., Rhizodendron oppoliense Göpp. 63. Jahresber. Schles. Ges. f. Vaterl. Kultur. 1886.
Stenzel, G., Verkieselte Farne v. Kamenz in Sachsen. Mitt. K. Mineralog.-geolog.-prähist.-Mus. Dresden. 13. 1897.
Frič, A., und Bayer, E., Studien im Gebiete der böhm. Kreideformation. S. 76. Arch. nat.-wiss. Landesdurchforschung von Böhmen. Bd. 11. 1901/02.

Oncopteris (Dormitzer) Feistmantel.

Nur im Abdruck bzw. Ausguß erhaltene Stämme habituell und in den Dimensionen denen von Protopteris gleichend. Blattnarben offenbar quirlig gestellt. Im oberen Teil der Blattnarbe zwei mit dem offenen Ende einander zugekehrte <-förmige Leitbündelnarben, darunter noch ein Halbkreis kleinerer Bündel.

O. Nettwalli Dormitzer. Kreide von Böhmen und **O. Kaunicíana** Velnovsky. Ebendaher.

Literatur.

Feistmantel, O., Über Baumfarnreste der böhm. Steinkohlen-, Perm- u. Kreideformation. S. 28. Abh. K. Böhm. Ges.-Wiss. 6. F. Bd. 5. Prag 1872.
Frič, A., und Bayer, E., Stud. im Geb. d. böhm. Kreideformation. S. 84. Arch. nat.-wiss. Landesdurchforschung v. Böhmen. Bd. 11. 1901/02.
Velenovsky, J., Die Farne der böhm. Kreideformation. Prag. 1888.

9. Dipteridaceae.

Farne mit kriechendem Rhizom und gabelteiliger oder sympodialdichotom geteilter Wedelspreite. Sporangien mit steil-schräg verlaufendem Annulus; in mehr oder minder deutlichen Gruppen über die Wedelfläche verstreut. Die Familie zerfällt, was die fossilen Formen betrifft, in zwei Gruppen. Davon schließt die der Dipterideae engstens an die vier rezenten Arten von Dipteris an, insofern als sich auch hier die für die rezenten Formen charakteristische reine Gabelung des Wedels bezw. der Hauptnervatur findet. Verschieden ist nur die Blattflächenentwicklung bei den einzelnen Gattungen und Arten; neben Formen, bei welchen eine Blattflächenentwicklung seitlich der Hauptgabelnerven nur in geringem Ausmaß vorhanden ist (vgl. die ähnlichen rezenten Dipteris Lobbiana und D. quinquefurcata) sind andere Formen bekannt mit fast einheitlicher Blattfläche oder nur wenigen größeren, den ersten Gabelungen der Nerven entsprechenden Blattabschnitten (vgl. die rezente Dipteris conjugata); schließlich gibt es sogar Formen, bei welchen selbst die primäre Gabelung der Nervatur nicht mehr in der Blattgestalt ihren Ausdruck findet, indem sämtliche Nervengabelungen innerhalb einer einheitlichen, annähernd nierenförmigen Blattfläche sich vollziehen.

Bei dem andern Formenkreis, dem der Camptopterideae, dagegen findet sich nach der ersten Gabelung des Wedels eine ausgesprochen sympodial-gabelige Weiterverzweigung der beiden primären Gabeläste, wodurch von vornherein ein von dem der Dipterideae prinzipiell abweichender Blattbau entsteht. Der Wedelbau der Camptoderideae ist dann weiter dadurch charakterisiert, daß die weitere Wedelverzweigung eine einseitig exotroph geförderte sympodiale Dichotomie ist. Was an Fiederabschnitten erster Größe (der Ausdruck Fiedern erster Ordnung sei hier besser vermieden) entsteht, sind ganz ungleichwertige Abschnitte; so kommen durch die erste Gabelung der beiden Wedelhälften zustande einerseits die beiden Fiederabschnitte, die der ersten Teilungsstelle über dem Blattstiel benachbart sind, und anderseits die Komplexe, aus welchen sich links und rechts durch weitere sympodiale Dichotomie die übrigen Fiederabschnitte erster Größe durch Wiederholung dieser sympodialen Gabelung herausbilden, wovon ein Blick auf das Schema der Fig. 774 u. 782 am besten Aufklärung gibt. Zu betonen ist, daß ein derartiger Wedelaufbau nicht auf die Gruppe der Camptopterideen beschränkt ist, sondern sich auch innerhalb der Polypodiaceen, so z. B. bei mehreren Arten von Adiantum (A. pedatum, A. quadrangulare) u. a. wiederfindet. Im übrigen entstehen durch Drehungen der Gabelsympodien bei der Entfaltung der Wedel mannigfaltige und zum Teil sehr komplizierte Wedelformen, die bei der Darstellung der einzelnen Gattungen und Gruppen zur Besprechung gelangen sollen.

1) Camptopterideae.

Nur fossil bekannt.

a) Formengruppe Clathropteris-Thaumatopteris.

Gabelhälften der Wedelspreite exotroph sympodial-dichotom verzweigt[1]; Gabelsympodien kurz und ohne Drehung.

Clathropteris Brongniart.

Wedel primär gabelig geteilt, jede Hälfte weiterhin sympodial-dichotom verzweigt, jedoch mit ziemlicher Reduktion des Gabelsympodiums (vgl. das Schema Fig. 774); sämtliche Teilstücke an ihrer Basis in größerer Erstreckung zu einer einheitlichen Blattgrundfläche verbunden, erst weiter oben von hier als freie Abschnitte radial ausstrahlend. Freie Fiederabschnitte stark gezähnt. Nervatur der Wedel älterer Pflanzen sehr charakteristisch ausgeprägt: in jedem Fiedernzahn zieht vom Hauptnerv des betreffenden Fiederabschnittes ein starker Seitennerv, der mit dem des folgenden und vorausgehenden Fiedernzahnes durch meist ganz senkrecht ziehende Nerven zweiter Ordnung in Verbindung steht. In diesen Rechtecken sind dann weitere Nervenmaschen verteilt. Fertile Wedel den sterilen gleich; Sori mit 5 bis 12 Sporangien, über die Wedelfläche verstreut. Rhizom von Cl. meniscoides bekannt, als Rhizomopteris cruciata Nathorst beschrieben. Etwa 1½ cm stark, mit weit bis über 15 cm

[1]) Es ist selbstverständlich, daß bei der starken Drängung der Wedelabschnitte an den beiden Gabelsympodien der Wedelspreite deren primäre Gabelteilung oft sehr wenig augenfällig ist, besonders wenn die Zahl der Wedelabschnitte der linken und rechten Wedelhälfte keine ganz gleiche ist.

Fig. 775.

Fig. 774.

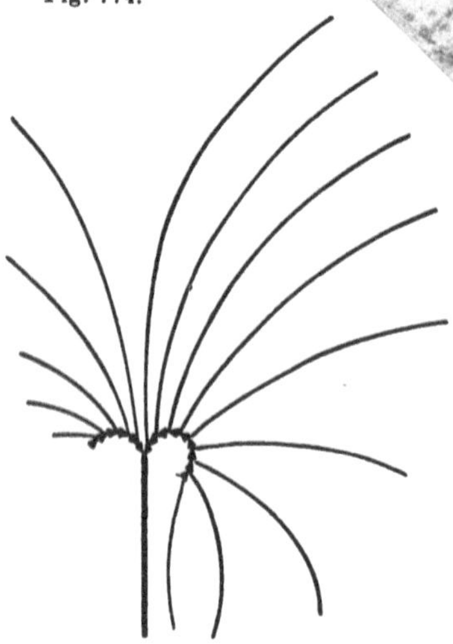

Fig. 774. Schema der Wedelverzweigung bei Clathropteris Brongniart und Thaumatopteris Goeppert. — Original.

Fig. 775. Clathropteris meniscoides Brongniart. Aus dem Rhät-Lias von Franken. Junger Wedel. (Cl. Muensteriana-Zustand) $^{2}/_{3}$ nat. Gr. Paläontolog. Staatsslg. München. — Original.

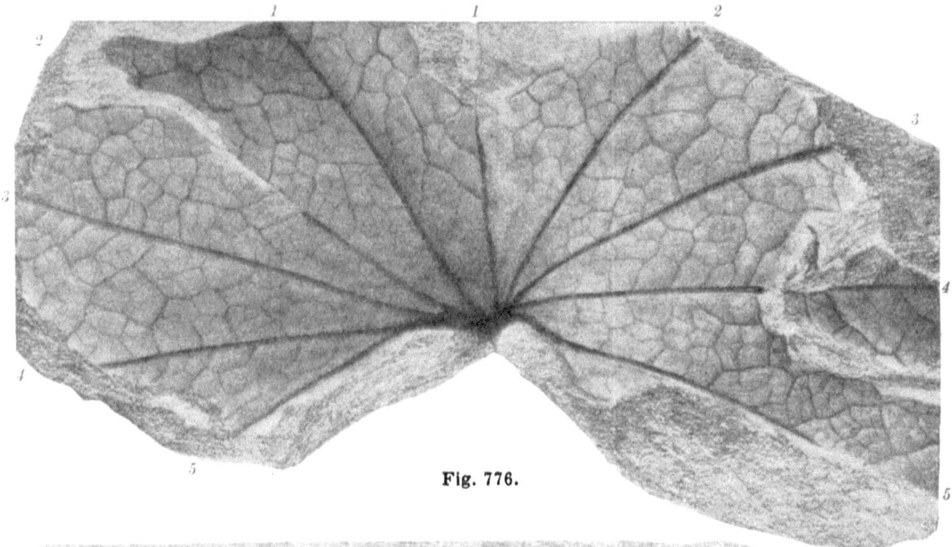

Fig. 776.

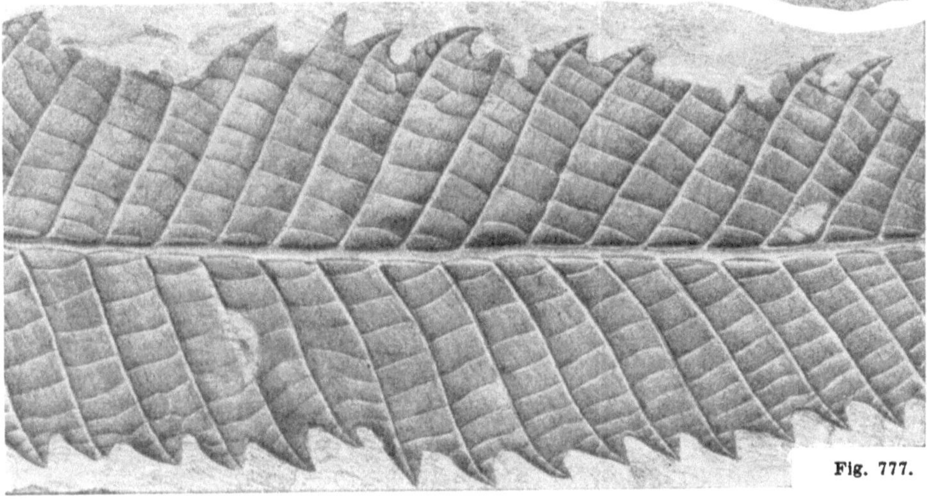

Fig. 777.

Clathropteris meniscoides Brongniart. Aus dem Rhät von Schonen.
Fig. 776. Basalpartie der Wedelspreite. $^3/_4$. Die Zahlen bezeichnen den Gabelungsgrad der Hauptnerven.

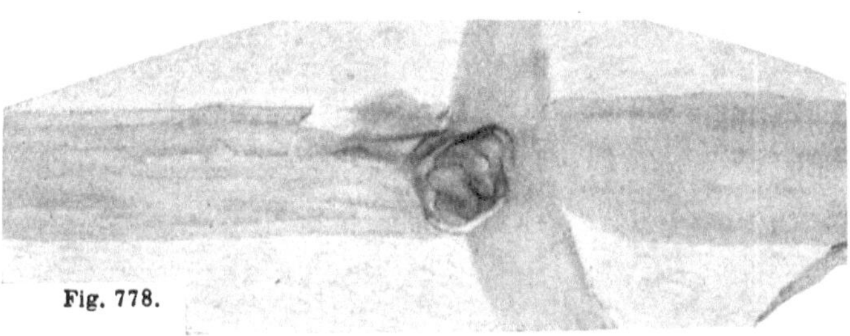

Fig. 778.

Fig. 777. Teilstück eines der freien Wedelabschnitte $^3/_4$.

Fig. 778. Rhizom (**Rhizomopteris cruciata** Nathorst). Teilstück mit einer Blattnarbe und zwei Seitenästen. $^3/_4$.

Sämtl. nach Nathorst 1906.

voneinander entfernten zweizeilig gestellten aber fast auf die Medianlinie der Rhizomoberseite verschobenen Blattnarben. Seitlich jeden Blattabganges entspringt links und rechts je ein Seitenzweig des Rhizomes.

Cl. meniscoides Brongniart (einschließlich Cl. platyphylla Goeppert). (Fig. 775—778). Jüngere Blätter ursprünglich als Cl. Muensteriana Presl (Fig. 778) beschrieben. Keuper bis Lias von Europa; Persien, Tonkin, China; Nordamerika.

Cl. aegyptiaca Seward. Untere Kreide von Ägypten.

Thaumatopteris Goeppert.

Wedel langgestielt, fußförmig geteilt, mit mindestens 7—9 Wedelabschnitten erster Größe, die infolge fast völliger Verwischung der ursprünglichen sympodialen Dichotomie und Reduktion der beiden sympodial gebildeten Gabeläste auf ein ganz kurzes Stück nahezu radial vom oberen Blattstielende ausstrahlen (Fig. 774). Es hat den Anschein, daß an der lebenden Pflanze die Wedelabschnitte derart um das obere Blattstielende gestellt waren, daß sie zusammen über ihm einen Trichter bildeten (Fig. 779). Wedelabschnitte erster Ordnung bis über 30 cm lang, mit fast bis zur Basis freien Seitenfiedern; diese bis über 6 cm lang und mit starkem Mittelnerv. Seitennerven sehr fein, wiederholt gegabelt, die Zweige der angrenzenden Nerven zu Maschen verbunden. Sori an der Fiedernunterseite, mehr minder dicht gedrängt, mit je 8—10 Sporangien von je ¼ mm Durchmesser. — Die Wedel wurden — aller Wahrscheinlichkeit nach — an gabelig verzweigten kriechenden Rhizomen getragen. Solche wurden zusammen mit Th. Schenki gefunden und als Rhizomopteris Schenki Nathorst beschrieben. Blattnarben zweizeilig, nahezu auf die Medianlinie der Rhizomoberseite verschoben. Blattbündelspur hufeisenförmig.

Th. Schenki Nathorst. Rhät bis Lias von Europa (Fig. 779—781). Fiedernrand regelmäßig gekerbt. Zugehörig aller Wahrscheinlichkeit Rhizomopteris Schenki Nathorst.

Th. Brauniana Popp. Rhät bis Lias von Franken und Voralpengebiet. Fiedern ganzrandig.

b) Formengruppe Dictyophyllum-Camptopteris.

Gabelsympodien der beiden Gabelhälften der Wedelspreite in der Regel beträchtlich entwickelt und mit ± starker Drehung.

Dictyophyllum Lindley u. Hutton (einschließlich Thaumatopteris Goeppert z. T.).

Große Wedel mit in zwei Hauptarme geteilter Spreite. Beide Arme sind exotroph sympodial gabelig verzweigt, so daß die resultierenden Wedelabschnitte primär nach den einander zugekehrten Flanken der beiden Wedelhauptarme angeordnet sind (vgl. das Schema in Fig. 782). Da diese aber nahe der Stelle ihrer Vereinigung gegenläufig eine Drehung um 180° ausführen, so sind, wie das Schema Fig. 783 und die Rekonstruktion von D. exile (Fig. 784) zeigt, tatsächlich sämtliche Wedelabschnitte jeweils nach außen gekehrt. Im übrigen ist, wie die Fig. 784/85 und 789 von D. exile zeigen, der Abstand der Wedelabschnitte voneinander ein

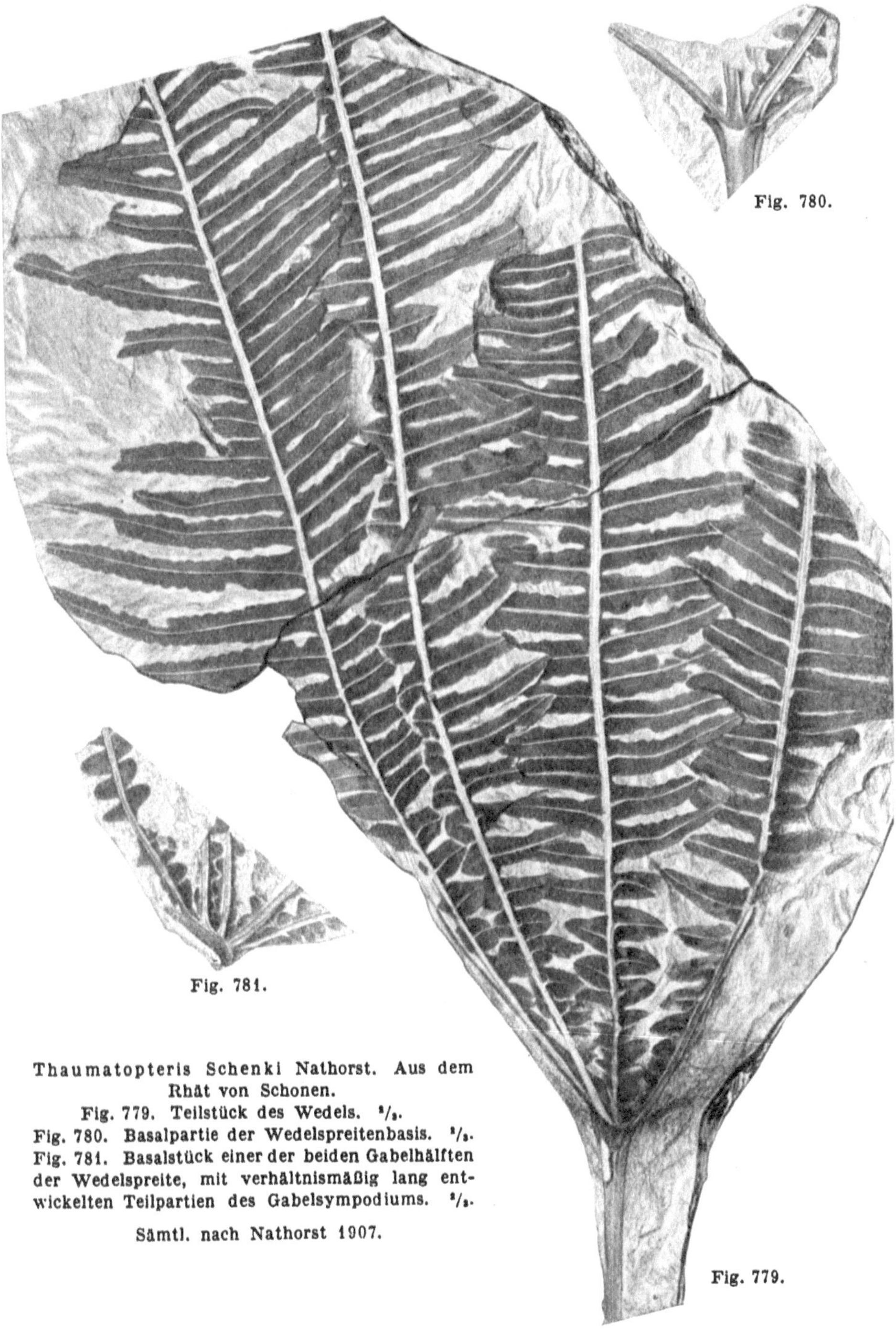

Fig. 780.

Fig. 781.

Thaumatopteris Schenki Nathorst. Aus dem Rhät von Schonen.

Fig. 779. Teilstück des Wedels. $^{2}/_{3}$.

Fig. 780. Basalpartie der Wedelspreitenbasis. $^{2}/_{3}$.

Fig. 781. Basalstück einer der beiden Gabelhälften der Wedelspreite, mit verhältnismäßig lang entwickelten Teilpartien des Gabelsympodiums. $^{2}/_{3}$.

Sämtl. nach Nathorst 1907.

Fig. 779.

verhältnismäßig beträchtlicher, was davon herrührt, daß im Gegensatz zu Clathropteris und Thaumatopteris, auch jeder kurze (das Gabelsympodium fortsetzende) Gabelast eine beträchtlichere Länge besitzt; wie überhaupt jedes der beiden Gabelsympodien hier, wie auch bei Camptopteris, zum eigentlichen Träger der flächigen Wedelabschnitte wird, während diese bei Clathropteris und Thaumatopteris bei der Kürze der beiden Gabelsympodien im wesentlichen von dem Wedelstiel selbst getragen erscheinen. Die eigentliche Wedelfläche war, wie aus der Lage der fossilisierten Wedel im Gestein hervorgeht, zum Stiel im rechten Winkel abgebogen, und zwar mit der morphologischen Oberseite des Gesamtwedels nach unten. Damit ist dann die durch die Drehung der Gabelsympodien um 180° bedingte Wendung der Wedelabschnitte um 180 wieder kompensiert und ihre morphologische Oberseite zenithwärts gewandt gewesen. — Fläche der Wedelabschnitte mehr minder fiederschnittig, bei den einzelnen Arten in Hinblick auf Breite und Ausschnittsform verschieden. Jeder Fiederlappen letzter Ordnung mit Mittelnerv, wovon in annähernd rechtem Winkel die gabelig verzweigten Seitennerven abgehen, die untereinander zu einem Netzwerk mit blindendenden Maschen verbunden sind. — Sporangien dicht gedrängt, über der Unterseite der Blattfläche verteilt. Soweit der Erhaltungszustand ein Urteil zuläßt, gleichen sie sowohl habituell als auch im Hinblick auf die Ausbildung des Annulus ganz denen von Dipteris.

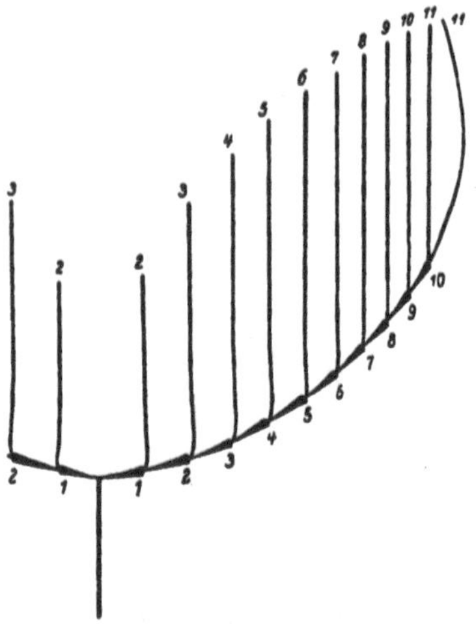

Fig. 782.

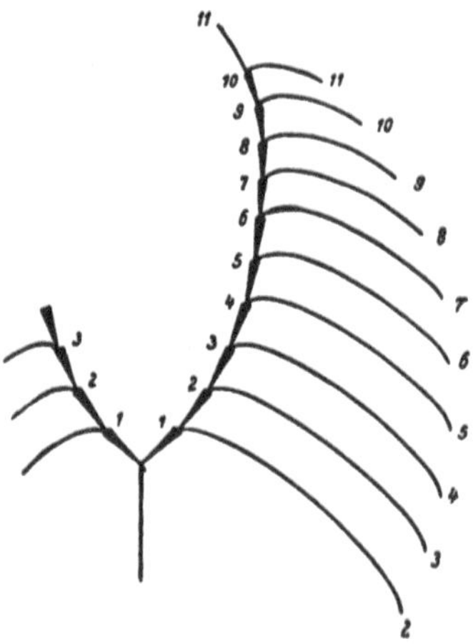

Fig. 783.

Schema der Wedelverzweigung bei Dictyophyllum Lindley und Hutton. Fig. 782 theoretisches Schema, Fig. 783 Schema der wirklichen Tragung der Wedelabschnitte (vgl. S. 646). — Original.

D. exile Brauns spec. Unterstes Rhät von Schonen (Fig. 784—787 u. 789). Wedel lang gestielt, Stiel bis 60 cm und mehr lang und ca. 1 cm stark. Infolge sehr ausgeprägter sympodialer Dichotomie des Wedels entstehen zwei Hauptarme mit scheinbar einseitig ansitzenden Wedelabschnitten. Diese beiden Hauptarme des Wedels sind meist so stark gebogen, daß sie eine ovale Fläche begrenzen und sich zuletzt treffen oder mit den Spitzen kreuzen; nur selten ist ihr Verlauf mehr parallel. Wedelabschnitte bei kräftig entwickeltem Wedel zu etwa 24—25 an jedem Gabelarm, bis gegen 60 cm lang, bis zur Basis frei und mit ziemlich spitzem Ende[1]; an der Basis ganzrandig, weiter oben in zahnförmige Fiedersegmente zerschnitten, die bis zur Hälfte oder bis zu zwei Drittel untereinander verwachsen sind. Bei den fertilen Wedeln bedecken die Sori die ganze Unterseite der Spreite bis zur Spitze der Segmente und sind bis zur Basis der einzelnen Wedelabschnitte ausgedehnt. Infolge der gedrängten Stellung der Sori ist die Zahl der auf einen Sorus treffenden Sporangien schwer zu bestimmen, dürfte aber zwischen 4 und 7 schwanken (vergl. jedoch bei D. rugosum S. 654). Durchmesser des Sporangiums 0,5—0,6 mm. Ring unvollständig. Rhizom: Rhizomopteris maior Nathorst.

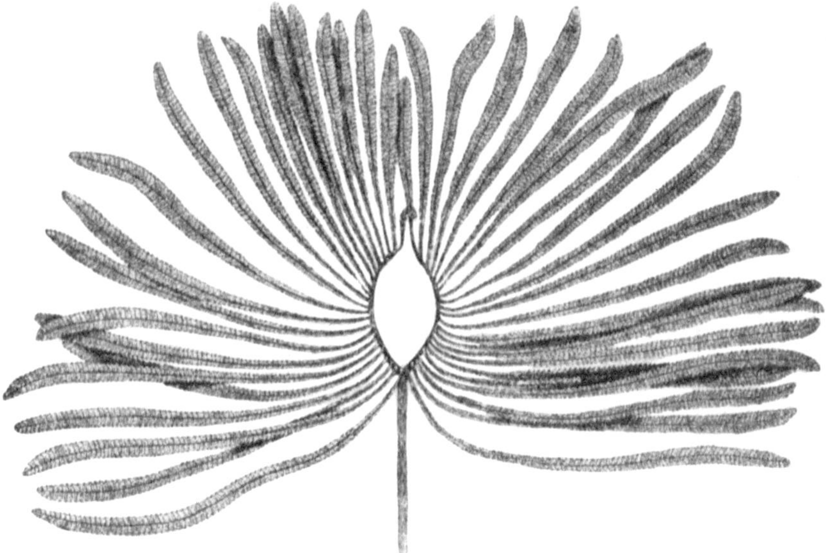

Fig. 784.

Dictyophyllum exile Brauns spec. Aus dem Rhät von Schonen.
Fig. 784. Rekonstruktion des Wedels. Ca. $^1/_8$ nat. Gr.

D. Nathorsti Zeiller. Rhät von Tonkin und Jura von Sibirien (Kamenka). Der vorigen sehr nahestehend, aber die Wedelabschnitte erster Ordnung an der Basis bis zu einer Höhe von 5—8 cm untereinander verbunden.

D. Carlsoni Nathorst. Rhät von Schonen und Chile (La Tenera).

D. Nilssoni Brongniart. Rhät bis Lias von Europa. Die großen Wedel im Bau mit D. exile prinzipiell übereinstimmend, jedoch mit kürzeren Gabelsympodien. und weniger — nur gegen 9 — Wedelabschnitten an jedem Wedelhauptarm; Wedelabschnitte aber fast doppelt so breit als bei D. exile, an das Basis miteinander verwachsen. Rhizom gabelig verzweigt, dem Rhizomopteris Schenki Nathorst ähnlich.

D. acutilobum Schenk. Rhät von Franken. Ähnlich dem Vorigen (Fig. 788).

D. Muensteri Schenk. Rhät-Lias von Franken und Voralpengebiet. An den beiden Sympodienarmen des Wedels sind die Zwischenstücke zwischen den Abgangsstellen je zweier Wedelarme stark verkürzt, sodaß diese Art zu Thaumatopteris überleitet. Fiedern sehr lang, gelegentlich mit weiterer Durchfiederung.

[1]) An der in Fig. 784 wiedergegebenen Restauration sind die Spitzen der Wedelabschnitte versehentlich zu stumpf gezeichnet.

Fig. 785.

Fig. 786.

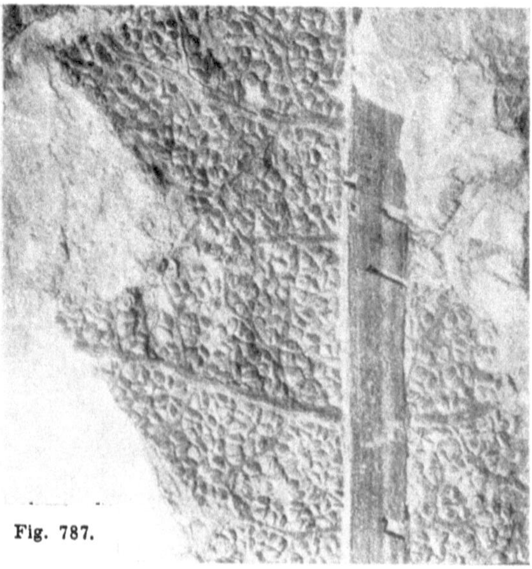

Fig. 787.

Dictyophyllum exile Brauns spec. Aus dem Rhät von Schonen.
Fig. 785. Spreitenteil eines großen Wedels. An der mit × bezeichneten Stelle, wo die beiden Wedelarme auseinandergebrochen sind, war die Ansatzstelle des Wedelstieles. ½.
Fig. 786. Teilstück eines Wedelabschnittes. $^{10}/_{10}$.
Fig. 787. Unterseite eines fertilen Wedelabschnittes mit den über die ganze Fläche verstreuten Sporangiengruppen. Ca. 4 × vergr.
Sämtl. nach Nathorst 1906.

Fig. 788.

Fig. 789.

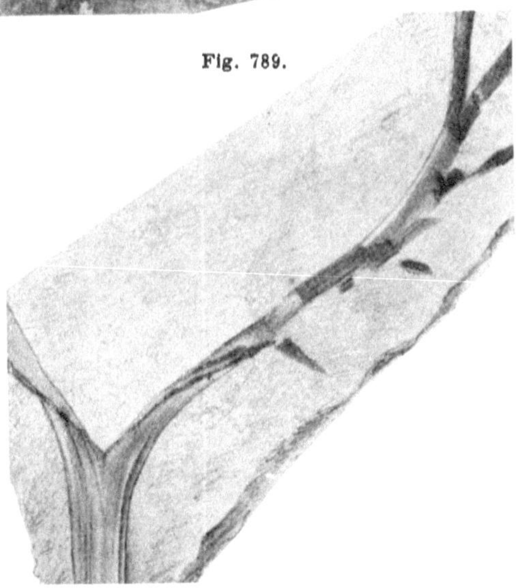

Fig. 788. Dictyophyllum acutilobum Schenk. Aus dem Rhät-Lias von Franken. Spreitenbruckstück eines jungen Wedels; die dichotom-sympodiale Verzweigung beider Spreitenhälften ist gut sichtbar. $^{2}/_{3}$. — Paläontolog. Staatssammlung München. — Original.

Fig. 789. Dictyophyllum exile Brauns spec. Aus dem Rhät von Schonen. Teilstück eines jungen Wedels; die Drehung der beiden Wedelhälften-Sympodien ist gut zu erkennen. $^{10}/_{10}$. Nach Nathorst 1906.

D. Dunkerianum Nathorst. Rhät von Schonen und **D. Sturi** Krasser spec. Mittlerer Keuper von Lunz; dem D. Muensteri nahestehend.

D. serratum Kurr. Keuper von Württemberg.

Weitere Arten mit nur bruchstückweise erhaltenen Wedelresten, so daß der Wedelaufbau im ganzen nicht klar ist, sind:

D. Remauryi Zeiller, Rhät von Tonkin. Wedelaufbau nur ungenau bekannt, vielleicht mehr vom Typ dessen von Th. Muensteri. Wedelabschnitte an der Basis etwas verwachsen, mit weit ausladenden, bis über 20 cm langen und an ihrer Basis bis zu 3 cm breiten Fiedern letzter Ordnung.

Fig. 790.

Fig. 790. Camptopteris spiralis Nathorst. Aus dem Rhät von Schonen. Wedel, rekonstruiert, etwa ⅓ nat. Gr. Nach Nathorst 1906.

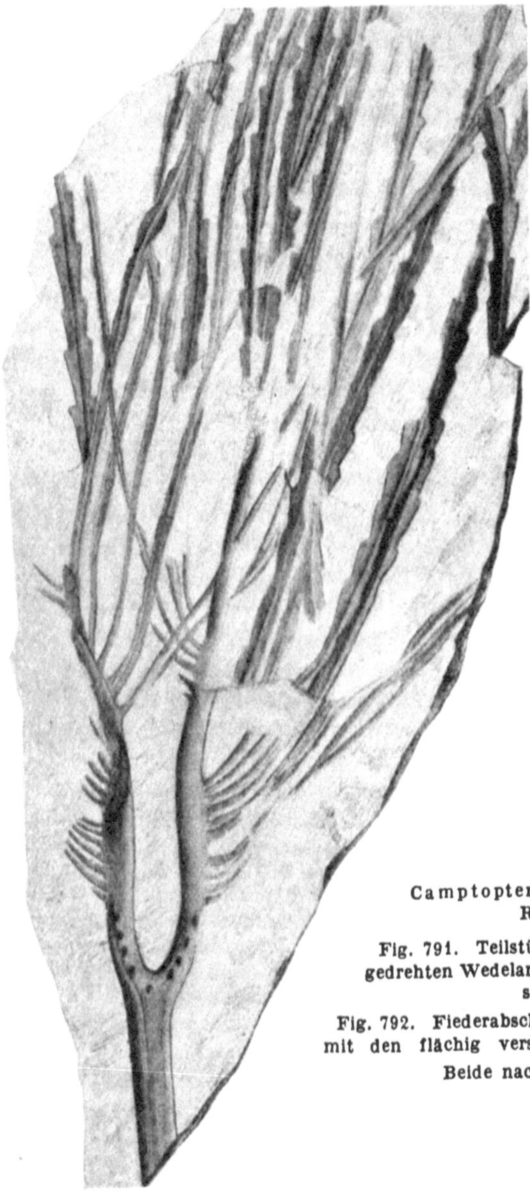

Fig. 791.

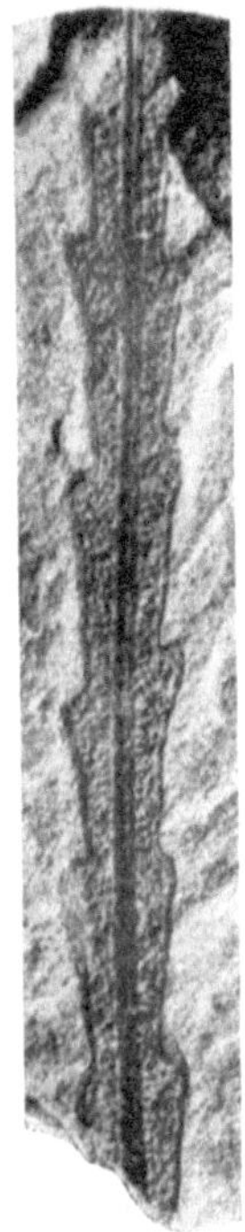

Fig. 792.

Camptopteris spiralis Nathorst. Aus dem Rhät von Schonen.

Fig. 791. Teilstück des Wedels mit den beiden gedrehten Wedelarmen, an diesen die Fiederabschnitte. $^{10}/_{10}$.

Fig. 792. Fiederabschnitt (z. T.), von der Unterseite mit den flächig verstreuten Sporangien. Ca. 2×.

Beide nach Nathorst 1906.

D. Sarani Zeiller. Rhät von Tonkin. Fiedern letzter Ordnung noch breiter als bei der vorigen. **D. Fuchsi** Zeiller. Ebenda.

D. Roemeri Schenk. Wealden von Nordwestdeutschland.

D. Dicksoni Heer. Untere Kreide von Grönland.

D. spec. Halle. Mittlerer Jura des Grahamlandes (66° s. Br.).

Ein hinsichtlich der Sporangientragung abweichender Typus ist:

D. rugosum Lindley und Hutton, Jura von England. Sporangien nicht in Sori zusammengefaßt sondern wie bei den rezenten Cheiropleuria und Platycerium acrostichoid über die Wedelfläche verstreut. 128 Sporen im Sporangium. — Wedel im Aufbau ähnlich dem von D. Muensteri, aber Fiedernabschnitte letzter Ordnung breiter und bis fast $^2/_3$ verwachsen.

Camptopteris Nathorst.

Wedel mit langem Blattstiel, der sich oben in zwei Gabeläste teilt, die sich in der Ebene des Wedelstieles und annähernd parallel zueinander fortsetzen und dicht gedrängt (infolge exotropher sympodialer Dichotomie) einseitig gestellte Fiederabschnitte tragen. Infolge der Auswärtsdrehung jeden Gabelastes erhalten die an dem Gabelast einseitig ansitzenden Wedelabschnitte eine schraubige Stellung um ihn. Die schraubige Auswärtsdrehung der beiden Gabeläste ist eine sehr bedeutende und erstreckt sich über ihre ganze Länge, so daß die Wedelabschnitte in mehrfachen vollständigen Schraubenumgängen jeden Ast umlaufen. Gabeläste bei kräftig entwickelten Wedeln von C. spiralis bis zu 40 cm lang, mit bis zu 50 cm langen Wedelabschnitten, wobei jeder Ast bis zu 160 derselben trägt. Unterster Wedelabschnitt unmittelbar an der Gabelstelle des Wedels. Bei den fertilen Wedeln ist die Unterseite der Fiederabschnitte ganz von Sporangien bedeckt; diese von kugeliger Form und ca. ½ mm im Durchmesser. Der verhältnismäßig breite Annulus scheint nicht ganz vollständig das Sporangium zu umgreifen. Im wesentlichen dürften die Sporangien im Bau mit denen von Dictyophyllum übereinstimmen.

C. spiralis Nathorst. Rhät von Schonen (Fig. 790—792). Fiederabschnitte sehr schmal und lineal mit gesägtem Rand; starr-ledrig und dick. Sekundärnerven mit mehrfacher Gabelung. Fiedernrand sehr dick und umgebogen. — Was die Biologie der Pflanze betrifft, so hat Nathorst darauf hingewiesen, daß die Wedelabschnitte mit ihrer starr-ledrigen Textur an den nahezu parallel nebeneinander aufgerichteten Wedelgabelästen offenbar steil aufgerichtet waren und so eine relativ sehr kleine Bodenfläche wohl einer verhältnismäßig großen Menge von Wedeln genügen konnte. Nach ihm dürften die Pflanzen dicht gedrängt auf sumpfigem oder vielleicht zum Teil vom Wasser bedeckten Boden gewachsen sein.

C. lunzensis Stur. Keuper von Lunz; der vorigen sehr nahestehend; Fiedern ganzrandig.

Literatur (zu Camptopterideae).

Brongniart, A., Note sur les végétaux fossiles de l'Oolithe à fougères de Mamers. S. 417. Ann. sc. nat. 4. 1825.

Goeppert, H. R., Fossile Farnkräuter. S. 344ff. Nova Acta Caes. Leop. Carol. 17. Suppl. 1836.

Gothan, W., Die unterliassische (rhätische) Flora d. Umgebung von Nürnberg. S. 104—107. Abh. nat.-hist. Ges. Nürnberg 19. 1914.

Halle, T. G., The Mesozoic flora of Graham Land. S. 9—11. Wissensch. Ergebn. Schwed. Südpolarexpedition (1901—03). Bd. 3. Teil 3. Stockholm 1911.

Hirmer, M., Dipteridaceae, rezent u. fossil in Die Pflanzenareale. Herausgeg. von E. Hannig und H. Winkler (in Vorbereitung). Jena 1928.

Johansson, N., Die rhätische Flora der Kohlengruben bei Stabbarp und Skromberga in Schonen. S. 8—11. K. Svenska Vetensk. Akad. Handlg. 63. 1922.

Krasser, Fr., Zur Kenntnis einiger foss. Floren d. unt. Lias der Sukzessionsstaaten v. Österreich-Ungarn. S. 349—354. Sitzber. Akad. Wiss. math.-nat.-wiss. Kl. I. Abt. Bd. 130. Wien 1921.

Nathorst, A. G., Floran vid Höganäs och Helsingborg. S. 44—48. K. Svenska Vetensk. Akad. Handlg. 16. 1878.

Nathorst, A. G., Floran vid Bjuf. Sver. geolog. Undersökn C 27. 33, 35. 3 Teile. 1878—86.

Nathorst, A. G., Bemerkungen über Clathropteris meniscoides Bgt. und Rhizomopteris cruciata Nath. K. Svenska Vetensk. Akad. Handlg. 41. 1906.

Nathorst, A. G., Über Dictyophyllum und Camptopteris spiralis. K. Svenska Vetensk. Akad. Handlg. 41. 1906.

Nathorst, A. G., Über Thaumatopteris Schenki Nath. K. Svenska Vetensk. Akad. Handlg. 42. 1907.

Schenk, A., Foss. Flora d. Grenzsch. d. Keupers u. Lias von Franken. S. 68—86. Wiesbaden 1867.

Seward, A. C., Catalogue of the Mesozoic plants in the Department of Geology, Brit. Mus. The Jurassic Flora I: The Yorkshire Coast. S. 118—129. London 1900. II. Liassic and Oolitic floras of England. S. 17—19 u. 89/90. London 1904.

Seward, A. C., Foss. plants from Egypt. Geol. Magaz. 4. 1907.

Seward, A. C., Hooker Lekture. A Study in Contrasts: The Present and Past Distribution of certain Ferns. Journ. Linn. Soc. Bot. 46. 1922/24.

Seward, A. C., und Dale, E., On the Structure and affinities of Dipteris, with notes on the geological history of the Dipteridinae. Phil. Trans. R. Soc. B 194. 1901.

Thomas, H. H., On some new and rare jurassic plants from Yorkshire, V: Fertile specimens of Dictyophyllum rugosum L. u. H. Proceed. Cambridge Philos. Soc. 21. 1922.

Zeiller, R., Flore fossile des gîtes de Charbon du Tonkin. Etudes gîtes minéraux France. Paris 1903.

2) Dipterideae.

Rezent in einer Gattung:

Dipteris Reinw. Mit 4 Arten in den Indomalesischen Tropengebieten.

Fossile Reste sind:

Hausmannia Dunker (einschließlich Protorhipis Andrae).

Wedel im Vergleich zu dem der rezenten Dipterisarten meist klein; bei den größeren Arten bis zu 12 cm lang und breit, auf kürzerem oder längerem Stiel. Blattfläche mit annähernd regelmäßig und rein gabelig verzweigter Hauptnervatur, entweder ungeteilt und nierenförmig oder ± stark gabelig zerteilt und den Hauptnerven im Kontur folgend. Seitennerven ± rechtwinklig zu den Hauptnerven; die so gebildeten Nervaturfelder von feinen Nervenmaschen erfüllt. Sori klein, über die ganze Fläche der Wedelunterseite verstreut, innerhalb der weiteren Nervenmaschen. Sporangien im Bau mit denen von Dipteris übereinstimmend; 0,2 mm im Durchmesser. — Wedel an schmächtigen, kriechenden Rhizomen.

Nachgewiesen vom (Rotliegenden) Rhät bis zur Unteren Kreide.

Von paläozoischen Resten werden hieher gerechnet einige der als **Schizopteris** Brongniart beschriebenen Reste, über deren wirkliche Zugehörigkeit man aber doch wohl im Zweifel sein kann. Genannt seien:

Sch. Guembeli Geinitz, Unteres Rotliegendes von Erbendorf. Wedel vielfach gabelig zerteilt. **Sch. trichomanoides** Goeppert und **Sch. dichotoma** Guembel Rotliegendes von Frankreich.

Einwandfrei zugehörige Reste sind vom Rhät bis zur Unteren Kreide bekannt; so

H. crenata Nathorst. Rhät von Schonen. Blattfläche rundlich, im ganzen einheitlich mit tiefen Kerben. Ähnliche Formen sind: **H. Richteri** Seward. Oberer Jura von Schottland (Sutherland). Blattspreite einheitlich nierenförmig; ferner **H. ussuriensis** Kryshtofowich. Trias von Ussuri. **H. asarifolia** Zigno spec. Lias der Südalpen und **H. cordata** Heer. Unterkreide von Grönland.

H. Buchi Andrae. Unterer Lias (von Steierdorf, Banat), Oberer Jura (Sutherland). Blattfläche einheitlich mit grober Zähnung, in die die Nervenhauptgabeläste einmünden.

H. Zeilleri Andrae. Unterer Lias von Steierdorf (Banat). Blattfläche mehrfach tief geschlitzt, Sori nachgewiesen.

H. Forchhammeri Bartolin. Mittlerer Lias von Bornholm. Blattfläche im ganzen einheitlicher, mit rundlichen Kerben am Rand.

H. cracoviensis Raciborski. Lias von Krakau.

H. dichotoma Dunker. Oberer Jura von Schottland und Wealden von Norddeutschland. Wedel bis ca. 10 cm lang, vielfach tief zerteilt.

H. Pelletieri Seward. Wealden von England. Blattspreite ± tief geteilt.

H. gracillima Richter. Untere Kreide von Norddeutschland. Wedel sehr klein mit vielfach gabelig zerteilter Blattfläche.

H. Sewardi Richter. Unterkreide von Strohberg. Blätter klein (Blattfläche nur bis 2½ cm lang und gegen 2 cm breit), ungeteilt; Rhizom ca. 2 mm stark.

H. Kohlmanni Richter. Unterkreide von Strohberg. Blattfläche bis zu 4—5 cm lang mit einem tiefen Einschnitt in der Mitte; Rhizom bis 3 mm stark.

H. cretacea Velenovski. Cenoman von Böhmen.

Podoloma Gardener und Ettingshausen.

P. polypodioides Gardener und Ettingshausen. Eozän von Südengland. Wedel habituell und hinsichtlich der Nervatur Dipteris conjugata nahestehend.

Literatur (zu Dipterideae).

Andrae, K. T., Die fossile Flora Siebenbürgens und des Banats. S. 36. Abh. k. k. Geolog. Reichsanst. 2. 1853 und Berichtigung dazu. Ibid. 1861.

Bartholin, C. T., Nogle i den Bornholm'ske Juraformation forekommende Plante forsteninger. Bot. Tidskr. 18. 1892.

Dunker, W., Monographie der norddeutschen Wealdenbildung. Braunschweig 1846.

Gardener, J. S., und Ettingshausen, C. v., A monograph of the British Eocaene flora. I. Filices. Palaeontolog. Soc. London 1882.

Hirmer, M., l. c. S. 653.

Kryshtofovich, A., Pleuromeia and Hausmannia in Eastern Sibiria etc. Americ. Journ. Sc. 5. 1923.

Lipps, Th., Über die Unterkreideflora Nordwestdeutschlands, bes. d. Flora des Barrémien v. Hildesheim. Bot. Arch. 4. 1923.

Moeller, H., Bidrag till Bornholms fossila flora: Pteridophyta. Lunds Univ. Årsskrift 38. 1902.

Nathorst, A. G., Om Floran i Skånes Kolförande Bildningar. Flora vid Biuf I. Sver. Geol. Undersök. C. 1878.

Richter, P. B., Beitrag z. Flora d. unteren Kreide Quedlinburgs, I: Die Gattung Hausmannia Dunker u. einige seltenere Pflanzenarten. Leipzig 1906.

Schenk, A .Beiträge z. Flora d. Vorwelt 4. u. 5: Die Flora der nordwestdeutschen

Wealdenformation S. 223/24 in Palaeontographica 19. 1871, und S. 162/63 in ibid. 23. 1874.
Seward, A. C., The Jurassic flora of Sutherland S.659--660. Transact. R. Soc.-Edinburgh. 47. 1911.
Seward, A. C., Contributions to our Knowledge of Wealden Floras. S. 89/90. Quart. Journ. Geolog. Soc. 69. 1923.
Seward, A. C., l. c. 1922/24 zit. S. 653.
Zeiller, R., Note sur quelques fossiles du Terrain permien de la Correze. S. 196. Bull. Soc. Geol. France. 8. 1879.
Zeiller, R., Revue des traveaux de Paléontologie végétale. S. 51. Rev. Gén. botanique 9. 1897.
Zigno, A. de, Flora foss. Form. oolithicae I. Padua 1856.

10. Polypodiaceae.

Farne von mannigfaltiger Tracht. Sporangien meist in rand- oder flächenständigem Sorus, bei einigen Formenkreisen ohne Sorusbildung über die Blattfläche verstreut; mit vertikalem, unvollständigem Annulus und querem Stomium. Sporen bilateral oder tetraedrisch-kugelig.

Die Familie, die vom Tertiär ab im Höhepunkt ihrer Entwicklung steht, umfaßt derzeit mehrere tausend Arten in über 70 Gattungen und stellt damit heute die formenreichste Gruppe nicht nur der Leptosporangiaten Filices, sondern der gesamten Pteridophyten dar. Die Polypodiaceae sind über die ganze Erde verbreitet, jedoch in verhältnismäßig geringer Zahl in den arktischen und subarktischen Gebieten beider Hemisphären und mit ausgesprochenen Verbreitungszentren im neotropischen Gebiet und in den westlich an Vorderindien anschließenden Tropengebieten.

Die Familie gliedert sich in die 9 Gruppen[1]): der Woodsieae, Aspidieae, Oleandreae, Davallieae, Asplenieae, Pterideae einschließlich Gymnogrammeae, Vittarieae, Polypodieae und Acrosticheae.

Die Kenntnis der fossilen Polypodiaceae liegt noch sehr im argen. Das hängt in erster Linie damit zusammen, daß die Einbettungsmöglichkeit von Filicalesresten im Oberkreide- und Tertiärwald sicher wesentlich größeren Schwierigkeiten begegnet ist als der der Zweige und Blätter der Gymnospermen und Angiospermen. Wurden doch die letzteren relativ leicht durch den Wind an zur Fossilisation geeignete Stellen getragen, während die Reste der doch hauptsächlich den Bodenwuchs bildenden Farne nur schwer von ihrem Standort entfernt wurden und eben nur unter mehr minder katastrophalen Umständen, unter denen die Wedel dann auch bis zur Unkenntlichkeit zerstört wurden, zur Fossilisation gelangten. So kommt es, daß die uns überlieferten Reste meist äußerst dürftige sind und die ihnen von mehr minder wenig kritischen Autoren beigelegten Bestimmungsnamen sind vielfach entschieden das bedeutendste an ihnen.

Aus der Masse der beschriebenen Reste mögen folgende als einigermaßen gesichert gelten:

1. Woodsieae:

Onoclea L. bekannt seit dem Eozän in Europa und aus dem Miozän des westlichen Nordamerika.

---

[1]) Die Aufzählung der einzelnen Gattungen mag in Hinblick darauf, daß nur die wenigsten fossil nachgewiesen sind, unterbleiben.

2. Aspidieae:

Aspidium L. bekannt in Europa seit dem Miozän. **Nephrodium** Rich. Lastraeastrum Presl).

3. Davallieae:

Davallia Sm. eine formal der Gattung nahestehende Form ist aus dem Lias von Krakau beschrieben: **D. Saportana** Raciborski.

4. Asplenieae:

Blechnum L. zugehörige Arten sind bekannt aus dem Eozän von Sezanne, dem Oligozän von Böhmen und Dalmatien u. a.

Woodwardia Sm. Sicher der Gattung nahestehende Arten sind: **Woodwardites Muensterianus** Sternbg. u. Presl aus dem Miozänen Basalttuff von Schlesien; **W. Roessneriana** Unger spec. aus dem Miozän von Kroatien; ferner gehören möglicherweise hieher: **W. minor** Beck aus dem Oligozän von Sachsen und **W. latifolia** Lesquereux aus dem Miozän von Kolorado; eine offenbar mit der rezenten **Woodwardia radicans** (L.) Sw. idente Form ist aus dem Pliozän von Meximieux bekannt.

Vielleicht gehört in die Verwandtschaft der Gattung **Woodwardia** auch **Woodwardites microlobus** Schenk aus dem Rhät-Lias von Franken.

Asplenium L. Zugehörige Arten sind aus der älteren Kreide von Grönland: **A. Dicksonianum** Heer und von der Oberkreide ab aus Europa beschrieben.

Scolopendrium L. bekannt aus dem Pliozän von Thüringen.

5. Pterideae.

Pteris L. Davon sind einige Arten aus dem Mittleren und Oberen Tertiär von Europa und Nordamerika beschrieben.

Adiantum L. Genannt seien: a) mit einfacher, ungeteilter Wedelspreite: **A. formosum** Heer, Untere Kreide von Grönland, **A. renatum** Unger, Miozän der Steiermark und **A. cf. reniforme** L., Pliozän von Meximieux; b) mit zerteilter Wedelfläche: **A. Lindsayoides** Seward, Jura von Australien, auch fertil bekannt, und **A. Sewardi** Yabe, Jura von Korea. **A. Dicksonii** Heer, Alttertiär von Spitzbergen, **A. apalophyllum,** Saporta u. Marion Eozän von Sezanne; weitere Arten aus dem jüngeren Tertiär.

Onychiopsis Yokoyama. Dem rezenten Cryptogramme R. Br. (= Onychium Kaulf.) nahestehende Wedel; **O. Mantelli** Brongniart spec. weit verbreitet im Wealden. Fertil und steril bekannt, und weitere Arten.

Cheilanthes Sw. bekannt aus dem Miozän; **Ch. Laharpii** Heer und **Ch. oeningensis** Heer.

6. Polypodieae:

Drynaria Bory. Der rezenten Dr. ireoides Lam. nahestehende Formen sind aus dem Miozän der Schweiz beschrieben.

Ferner wird genannt: **Polypodium oregonense** Fontaine aus dem Jura von Oregon.

7. Acrosticheae:

Acrostichum L. (Chrysodium Fee); den Wedeln der Gattung ähnliche Reste werden aus dem Eozän der Insel Wight, von Aix und dem Monte Promina sowie aus dem Miozän von Manosque angegeben.

Ferner sei genannt: **Acrostichopteris Fontaine: A. Ruffordi** Seward aus dem Wealden von England.

Literatur.

Auf eine Aufzählung der Literatur über die känophytischen Formen sei hier verzichtet; sie findet sich im 2. Bd. bei Behandlung der känophytischen Koniferen und Angiospermen.

Hier sei nur die Literatur zu den mesozoischen Formen genannt:

Raciborski, M., Flora Kopalna. S. 49—51. Krakau 1894.

Seward, A. C., On a Collection of Jurassic plants from Victoria. Rec. Geolog. Survey Victoria I, 3. 1904.

Seward, A. C., Catalogue Mesozoic Pl. Dept. of Geology, Brit. Mus. The Wealden Flora I. S. 40—62.
Fontaine, W. M., in Ward, L. F., Status of the Mesozoic floras of the United States II. U. S. Geolog. Survey Monogr. 48. Washington 1905.
Yabe, H., Mesozoic Plants from Korea. Journ. Coll. Sci. Imp. Univ. Japan 20. 1905.
Yokoyama, M., Jurassic plants from Kaga, Hida and Echizen. Journ. Coll. Sci. Imp. Univ. Japan. Bd. 3. 1889.

11. Parkeriaceae.

Nur rezent bekannt, in einer monotypen Gattung: Ceratopteris Brongniart. C. thalictroides (L.) Brgt., tropisch.

12. Salviniaceae.

Rezent in zwei Gattungen:

Salvinia L. mit ca. 11 Arten, hauptsächlich in den Tropen der Alten und Neuen Welt, sowie mit einer Art (S. natans) in der nördl. gemäßigten Zone.

Azolla Lam. mit 4 Arten; in den Tropen und Subtropen der Alten und Neuen Welt, sowie in Nordamerika (und eingebürgert in Europa).

Fossile Reste sind bekannt nur von:

Salvinia L.

Die Gattung ist seit der Oberen Kreide bekannt; genannt seien:

S. elliptica Newberry, Obere Kreide von Carbonado (Washington).

S. Zeilleri Fritel, Eozän von Paris, bekannt in Schwimm- und wurzelähnlichen Wasserblättern sowie Sporokarpen; der rezenten S. auriculata Aubl. aus den Tropen Amerikas ähnlich.

S. Mildeana Goeppert, **S. cordata** Ettingshausen, **S. formosa** Heer, aus dem Miozän von Europa, letztere auch in Ostasien; sämtliche mit größeren Schwimmblättern als die unserer einheimischen S. natans Hoffm.

Literatur zu Salvinia.

Hollick, A., Fossil Salvinias, including description of a new species. Torrey Bot. Club 21. 1894.
Florin, R., Eine Übersicht der fossilen Salviniaarten. Bull. Geol. Inst. Upsala 16. 1919.
Kräusel, R., Nachtr. z. Tertiärflora Schlesiens III. Über einige Originale Goepperts und neuere Funde. S. 371—372. Jahrb. Preuß. Geolog. Landes-Anst. 40. Berlin 1920.

D. Farne unklarer systematischer Stellung.

1. Wedel- und Fruktifikationsreste.

Die im folgenden aufzuführenden Reste sind nicht soweit bekannt, daß ihre genauere Familienzugehörigkeit festzustellen wäre oder daß es berechtigt wäre ihretwegen eigene Familien aufzustellen. Viele der hieher gehörigen paläozoischen Reste nicht mehr den Filicales zuzurechnen, sondern — wie das manche Autoren tun — den Pteridospermen einzugliedern, und die jeweils einzige bekannte Fruktifikation, der Kleinheit der Sporen halber, als die männliche anzusehen, muß aber solange als verfrüht betrachtet werden, als zugehörige weibliche Fruktifikationsreste nicht bekannt sind; diese sind jedoch bisher von den im folgenden aufgeführten Formen nirgends gefunden.

Fig. 793.

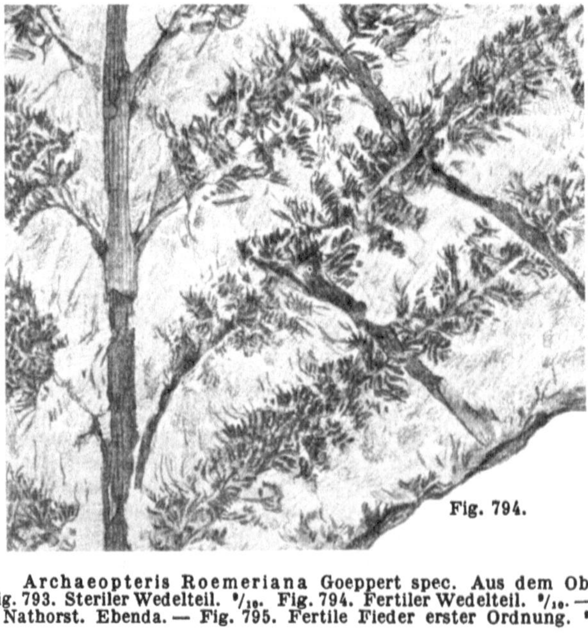

Fig. 794.

Fig. 795.

Archaeopteris Roemeriana Goeppert spec. Aus dem Oberdevon der Bäreninsel. Fig. 793. Steriler Wedelteil. $^9/_{10}$. Fig. 794. Fertiler Wedelteil. $^9/_{10}$. — Archaeopteris fimbriata Nathorst. Ebenda. — Fig. 795. Fertile Fieder erster Ordnung. $^9/_{10}$. Sämtl. nach Nathorst.

a) Sporangien ohne Annulus

Archaeopteris Dawson.

Bekannt in sterilen und fertilen Wedeln. Wedel mittelgroß, bei einigen Arten bis gegen 80 cm lang; doppelt gefiedert, an der Basis der Rhachis mit Nebenblättern. Fiederchen letzter Ordnung mehr minder spatelförmig, entweder mit einheitlicher oder mehr minder stark zerschlitzter Fläche. Bei den meisten Arten sind zwischen den Abgangsstellen der Fiedernspindeln erster Ordnung Zwischenfiederchen von der Form der Fiederchen letzter Ordnung eingeschaltet. Fertile Wedel meist im unteren Teil fruktifizierend, im oberen steril. Sporangien zu vielen am Rand oder auf der Fläche der Fiederchen letzter Ordnung; ziemlich groß, eiförmig, auf kurzen, öfters gabelig geteilten Stielchen; Öffnung mittels Längsriß, sonst offenbar kein weiterer Dehiszenzmechanismus ausgebildet.

Die Gattung scheint auf das Oberdevon beschränkt zu sein.

A. fimbriata Nathorst. Oberdevon der Bäreninsel (Fig. 795). Fiederchen spatelförmig, ± tief, jedoch nicht bis zum Grund gefranst; Sporangien offenbar auf der Fläche der schmal-lanzettlichen fertilen Fiederchen.

A. fissilis Schmalhausen und **A. archetypus** Schmalhausen, beide im Oberdevon des Donetzgebietes; der vorigen nahestehend.

A. intermedia Nathorst. Oberdevon der Bäreninsel. Fiederchen wenig zerteilt.

A. Roemeriana Goeppert spec. Oberdevon von Europa (Fig. 793 und 794). Fiederchen letzter Ordnung ganzrandig. Sporangien in Büscheln an den Fiedern letzter Ordnung.

A. Halliana Goeppert spec. und **A. Rogersi** Dawson, beide gleichfalls aus dem Oberdevon; der vorigen sehr ähnlich.

A. hibernica Forbes spec. Oberdevon von Irland und Schottland. Wedel und Fiederchen größer als bei den vorhergehenden Arten. Fiederchen ganzrandig, einander sehr nahe gestellt und sich deckend.

A. minor Lesquereux. Oberdevon von Pennsylvanien; der Vorigen sehr nahestehend.

A. gaspiensis Dawson und **A. Jacksoni** Dawson, beide aus dem Oberdevon des östlichen Nordamerika.

Nicht zur Gattung gehört »A.« Tschermaki Stur, vgl. unter Archaeopteridium Kidston in Bd. 2.

Literatur.

Nathorst, A. G., Zur oberdevonischen Flora der Bäreninsel. S. 17—23. K. Svenska Vetenskaps-Akad. Handlg. 36. 1902. (Hier der Nachweis der gesamten einschlägigen älteren Literatur.)

Johnson, T., Is Archaeopteris a Pteridosperm? The Scientific Proceed. R. Dublin Soc. 13. (N. S.). 1911.

Johnson, T., The occurence of Archaeopteris Tschermaki Stur, and of other species of Archaeopteris in Ireland. Ibidem.

Rhacopteris Schimper.

Wedel einfach gefiedert, lang, mit schmalem Gesamtumriß; Fiedern ungeteilt oder mehrfach ± tief gabelig zerteilt, asymmetrisch im Umriß (Gruppe Anisopteris Oberste-Brink), oder annähernd symmetrisch (Gruppe Eurhacopteris Oberste-Brink). In die Fiedern treten jeweils

Fig. 796. Rhacopteris (Anisopteris) lindseaeformis Bunbury spec. Aus dem Kulm von Schlesien. Fertiler Wedel. $^{9}/_{10}$. Nach Stur 1875.

Fig. 796.

Fig. 797.

Fig. 797. Rhacopteris (Anisopteris) petiolata Goeppert spec. Aus dem Unterkarbon von Großbritannien. $^{9}/_{10}$. Nach Kidston 1923/25.

Fig. 798. **Rhacopteris (Anisopteris) inaequilatera** Goeppert spec. Aus dem Unterkarbon von Großbritannien. Stämmchen mit zwei Wedelbruchstücken und nahe seiner Spitze (links) weiteren Wedelansätzen. $^{9}/_{10}$. Nach Walton 1926.

Fig. 798.

Fig. 799.

Fig. 799. **Rhacopteris (Eurhacopteris) asplenites** Gutbier spec. forma **elegans** Ettingshausen. Aus dem mittleren Oberkarbon des Saargebietes. Wedelbruchstück. $^{9}/_{10}$. Nach Potonié 1903.

eine große Anzahl gleichstarker Nerven ein. Was die Fruktifikation betrifft, so ist sie lediglich für Rh. (Anisopteris) Lindseaeformis Bunbury und Rh. fertilis Walton bekannt.

Die Gattung ist eine rein karbonische, mit den meisten Arten im Unterkarbon.

1. Gruppe Anisopteris.

Formen mit nicht oder kaum zerteilten Fiedern:

R. lindseaeformis Bunbury spec. (einschließl. **R. paniculifera** Stur). Unterkarbon von Europa (Fig. 796). Wedel im Gesamtumriß linear lanzettlich, einfach gefiedert, Fiedern dicht gestellt, sich mit dem Oberrand ± deckend, halbfächerförmig, nur nahe dem Rande mehrfach leicht eingeschnitten. Fruktifikation an eigenen Wedeln, deren Rhachis zweimal hintereinander geteilt ist. An den Flanken der so entstandenen vier Gabeläste die Fiedernspindeln, an welchen gebüschelt die eiförmigen Sporangien sitzen. Diese, soweit bekannt, ohne besonderen Dehiszenzmechanismus. (Bemerkt sei, daß die von mehreren Autoren vermutete Verwandtschaft mit den Ophioglossales völlig haltlos ist.)

R. inaequilatera Goeppert spec., Unterkarbon von Europa (Fig. 798). Der vorigen sehr ähnlich. Fiedern verhältnismäßig länger, mit konkavem Unterrand und annähernd horizontal an der Rhachis orientiert. Von dieser Art allein ist das Stämmchen bekannt. Es hat eine Breite von 1⅓ cm und war im Boden offenbar aufrecht oder wenigstens schräg aufwärts orientiert, was aus der Tatsache hervorgeht, daß die Wedel an ihm ringsum entsprangen. Stämmchenoberfläche dicht mit Haaren und Wurzeln bedeckt.

Rh. circularis Walton. Unterkarbon von Großbritannien.

R. Machanecki Stur. Unterkarbon.

R. dubia Lindley und Hutton. Mittleres Oberkarbon.

Fiedern mitteltief zerteilt:

Rh. transitionis Stur. Unterkarbon von Europa.

Fiedern tief zerteilt:

Rh. petiolata Goeppert spec. Unterkarbon von Europa (Fig. 797). **Rh. dichotoma** Kidston. **Rh. robusta** Kidston. **Rh. Geikiei** Kidston spec., **Rh. subcuneata** Kidston und **Rh. Weissii** Walton. Sämtliche aus dem Unterkarbon von Großbritannien. **Rh. Moyseyi** Arber spec. Mittleres Oberkarbon v. Großbritannien.

Unsicherer Stellung innerhalb der Gattung aber doch wohl zu Anisopteris gehörig, ist das nur in einem fertilen Wedel bekannte

Rh. fertilis Walton. Unterkarbon von Großbritannien. Wedel im obersten Drittel seiner ganzen Länge gegabelt. Jeder Arm in der Ebene der Gabelteilung einfach und im untersten Teil doppelt gefiedert. An den Spindeln letzter Ordnung in Gruppen die länglich eiförmigen Sporangien; diese mit feingestreifter Oberfläche, offenbar ohne Dehiszenzmechanismus.

2. Gruppe Eurhacopteris.

Rh. asplenites Gutbier spec. (einschließlich Rh. elegans Ettingshausen und Rh. Busseana Stur) im Mittleren Oberkarbon von Europa (Fig. 799). Fiedern vielfach tief geteilt, ± symmetrisch.

Literatur.

Kidston, R., Foss. Plants of the Carboniferous rocks of Gr. Britain. Pt. 2. S. 203 bis 222. Mem. of the Geolog. Survey of Gr. Britain. Paleont. II. London 1923/25.

Oberste-Brink, K., Beitr. z. Kenntnis d. Farne u. farnähnl. Gew. d. Kulms v. Europa. S. 93—103. Jahrb. K. Preuß. Geolog. Landes-Anst. Bd. 35. Berlin 1914.

Potonié, H., Abbild. u. Beschr. foss. Pflanzen. I. 1. Berlin 1903.
Stur, D., Die Culmflora I. d. mähr.-schles. Dachschiefers. S. 72—78. Abh. k. k. Geolog. Reichs-Anst. Bd. 8. Wien 1875.
Walton, J., Contributions to the Knowledge of Lower Carboniferous plants. S. 201 bis 212. Phil. Transact. R. Soc. B. 215. London 1926.

Renaultia Zeiller (1883) = Hapalopteris Stur (1883/85).

Die Gattung umfaßt eine Anzahl Farne mit sehr zarten, relativ kleinen Wedeln, die nur in Bruchstücken bekannt sind. Wedel etwa 25—35 cm breit, dreifach gefiedert; Fiedern letzter Ordnung ± deutlich sphenopteridisch bis pecopteridisch. Basalfiedern an den Spindeln letzter Ordnung aphlebioid. Sporangien eiförmig, einzeln oder in Gruppen zu 2—5, an den Nervenendigungen nahe dem Rand der Fiederchen letzter Ordnung; soweit bekannt ohne Annulus. — Rein oberkarbonische Gattung.

a) Mit Fruktifikation bekannt sind:

R. chaerophylloides Brongniart spec. (= H. typica Stur), Mittleres und Oberes Oberkarbon (Fig. 801). **R. gracilis** Brongniart spec. Unteres und Mittleres Oberkarbon. **R. microcarpa** Lesquereux spec. Mittleres Oberkarbon, auch von Pennsylvanien (Fig. 802). **R. rotundifolia** Andrae spec., **R. bella** Stur spec., **R. Crépini** Stur spec., **R. Schwerini** Stur spec. (Fig. 800, bei sch.), sämtliche aus dem Mittleren Oberkarbon; **R. germanica** Potonié spec. Unterer Teil des Mittleren Oberkarbon; **R. Hemingwayi** Kidston, Oberer Teil des Mittleren Oberkarbon.

b) Ohne Fruktifikation bekannt, aber wohl zur Gattung gehörig sind:

Sphenopteris (R.) Laurenti Andrae. Mittleres Oberkarbon von Westfalen, Nordfrankreich, Oberschlesien; Kleinasien. Wedel sehr dem von R. rotundifolia nahestehend. **Sph. (R.) Schatzlarensis** Stur spec. (einschließlich Hapalopteris Aschenborni Stur). Mittleres Oberkarbon von Oberschlesien (Fig. 800).

Literatur.

Gothan, W., Die oberschlesische Steinkohlenflora. I. Farne u. farnähnl. Gewächse. S. 133—140 u. 147/48. Abh. k. Preuß. Geolog. Landes-Anst. N. F. 75. Berlin 1913.
Kidston, R., On the fructification of Eusphenopteris tenella and Sph. microcarpa. Proceed. R. Phys. Soc. Edinburgh 7. 1882.
Kidston, R., Foss. plants of the Carboniferous rocks of Great Britain. Pt. 4. S. 311—326. Mem. of the Geolog. Survey of Gr. Brit. Paleontology vol. II. London 1923/25.
Stur, D., Die Karbonflora der Schatzlarer Schichten, 1. Farne. S. 26—64. Abh. k. k. Geolog. Reichsanst. Bd. 11. Wien 1885.
Zeiller, R., Fructifications de Fougères du terrain houiller. Ann. Sciences nat. 6. sér. Bd. 16. 1883.
Zeiller, R., Bassin houiller de Valenciennes, Flore fossile. S. 28—30 u. S. 90—92 u. 94/95. Paris 1886/88.
Vgl. auch: Behrend, G., in Potonié, H., Abh. u. Beschr. foss. Pfl. (Gattung Ovopteris.) I. Nr. 7 u. 8, IV. Nr. 61 u. 62, V. Nr. 83 u. VI. Nr. 106. Berlin 1903—09.

Dactylotheca Zeiller.

Wedel mittelgroß, 3—5fach gefiedert, Fiederchen rein pecopteridisch von der Form derer der Eupecopteriden; ± ganzrandig oder, wenn ein weiterer Durchfiederungsgrad vorbereitet wird, ± tief gelappt; stets mit gegen die Fiederchenspitze zu konvergierenden Fiederchenrändern.

Fig. 800.

Fig. 800. Sphenopteris (Renaultia) Schatzlarensis Stur spec. Aus der Muldengruppe (mittl. Teil d. Mittleren Oberkarbon) von Oberschlesien. Teilstück des Wedels. In der Nebenfigur (rechts unten) beim Pfeil und in der Hauptfigur bei +: aphlebioide Fiederchen, bei *sch*: Teilstück eines Wedels von R. Schwerini Stur. Aus Gürich-Gothan, 1923.

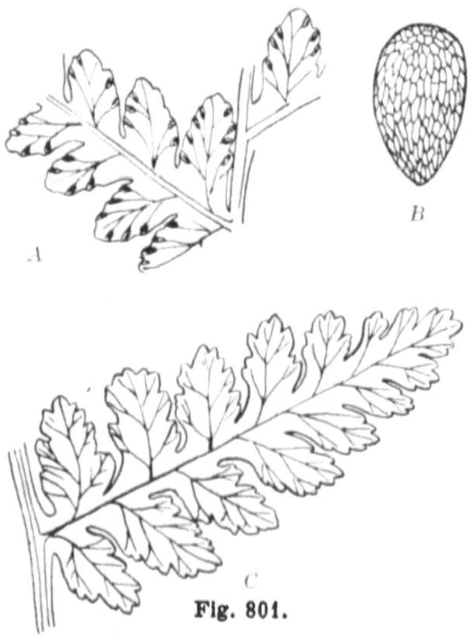

Fig. 801.

Fig. 801. Renaultia chaerophylloides Brongniart spec. Aus dem mittleren Oberkarbon von Nordfrankreich.
A Fertile Fiederchen letzer Ordnung. 4 ×.
B Sporangium. 50 ×.
C Sterile Fieder vorletzter Ordnung. 3 ×.
Nach Zeiller 1886/88.

Fig. 802.

Fig. 802. Renaultia microcarpa Lesquereux spec. Zwei fertile Fiederchen letzter Ordnung. Vergr. Nach Kidston 1882.

Wedelspindeln ± stark punktiert, an den Abgangsstellen der Fiedern erster Ordnung mit je einem Aphlebienpaar besetzt, wovon jeweils eine Aphlebie auf der Ober-, die andere auf der Unterseite der Wedelspindel sitzt. Sporangien länglich eiförmig, vorne zugespitzt, ½—¾ mm lang, einzeln nahe den Seitennervenendigungen auf der Unterseite der Fiederchen letzter Ordnung. Ohne Annulus. Rein oberkarbonische Gattung.

D. plumosa Artis spec. (einschließlich D. dentata Brongniart spec.). Mittleres und Oberes Oberkarbon, weit verbreitet (Fig. 803—807). Wedel über 1 m lang, bis vierfach gefiedert, alle Fiederteile, auch die Fiederchen letzter Ordnung, sehr schräg aufwärts gerichtet. Diese pecopteridisch, jedoch im ganzen deutlich zur Dreiecksform neigend; ziemlich klein und ganzrandig oder größer und mit ± gekerbtem, leicht eingebogenem Rand. Seitenadern ein- bis zweimal gegabelt. (Formen mit relativ breiten Fiederchen letzter Ordnung sind als forma dentata Brongniart pro spec. unterschieden.) Aphlebien doppelt gefiedert. Wedelrhachis fein punktiert. Fruktifikation gut bekannt.

D. Gruneri Zeiller. Rotliegendes von Frankreich (Comentry); steht den Dentataformen der D. plumosa nahe.

D. acuta Brongniart spec. Mittleres und Oberes Oberkarbon. Der vorigen sehr ähnlich, möglicherweise damit ident. Fiederchen letzter Ordnung relativ breit, Seitenadern ungegabelt. Fruktifikation nicht genauer bekannt.

D. attenuata Schuster spec. Mittleres Oberkarbon des Saargebietes. Der vorigen sehr ähnlich, Fiederchen letzter Ordnung sehr zierlich und relativ kurz. Fruktifikation bekannt.

D. aspera Brongniart spec. Unteres bis Mittleres Oberkarbon (Fig. 808). Wedel 4—5fach gefiedert, Fiederchen letzter Ordnung, wenn einfach, ca. dreimal so lang als breit. Häufig mit Übergängen zu weiterer Durchfiederung und dann ± tief gelappt. Mittelader stark, Seitenadern kaum sichtbar. Spindel kräftig punktiert; Aphlebien fächerförmig, Fruktifikation bekannt.

D. Sturi Sterzel. Unteres Oberkarbon und **D. Volkmanni** Sauveur spec, Mittleres Oberkarbon, beide nächst verwandt mit D. aspera; Fruktifikation nicht bekannt.

Ein abweichender Typ ist:

D. parallela Kidston. Unterer Teil des Mittleren Oberkarbon von Großbritannien. Nur fertile Wedelstücke bekannt, Wedel dreifach gefiedert, Fiedern letzter Ordnung ganz parallelrandig bis zur Basis, Sporangien ½ mm lang, im Bau ganz mit denen von D. plumosa übereinstimmend.

Den Dactylothecaarten stehen in mancher Hinsicht formal nahe:

Pecopteris Schwerini Stur. Mittleres Oberkarbon von Schlesien.

P. Bioti Brongniart. Rotliegendes von Frankreich; der D. Grunneri nahestehend.

P. minima Jongmans und Gothan. Oberes Unterkarbon von Epen (Limburg). Fiederchen sehr klein, Basalfiederchen sphenopteridisch.

P. abnormis Gothan. Mittleres Oberkarbon von Oberschlesien. Basalfiedern vorletzter Ordnung aphlebioid.

Es ist klar, daß, solange die Fruktifikation dieser Arten nicht bekannt ist, über ihre natürliche Verwandtschaft nichts auszusagen ist.

Literatur.

Zeiller, R., Fructif. de Fougères du terrain houiller. Ann. Sci. nat. 6. sér. Bd. 16. 1883.

Stur, D., Carbonflora d. Schatzl. Schichten: 1. Farne. S. 64ff. Abh. k. k. Geolog. Reichsanst. Wien. Bd. 11. 1885.

Dactylotheca plumosa Artis spec. Aus dem Mittleren Oberkarbon des Saargebietes (803/4) und von Yorkshire (805).

Fig. 803. Links: Teilstücke zweier Fieder erster Ordnung in entfaltetem Zustand. Rechts: junger, noch nicht entfalteter Wedel. An den Abgängen der noch eingerollten Fiedern erster Ordnung beiderseits Aphlebien. $^1/_1$. Aus Gürich-Gothan 1923.

Fig. 804. Noch jüngerer Wedel (als der in Fig. 803 abgebildete) in unentfaltetem Zustand. $1^3/_5$ n. Gr. Original. Slg. Preuß. Geolog. Landes-Anstalt, Berlin.

Fig. 805. Teilstück eines entfalteten Wedels. An den Abgängen der Fiedernspindeln erster Ordnung die Aphlebien. $^{19}/_{20}$. Nach Kidston 1923/25.

Fig. 803.

Fig. 805.

Fig. 804.

Fig. 806.

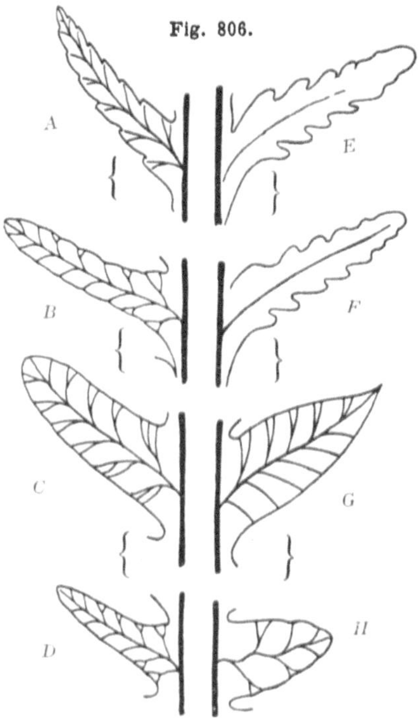

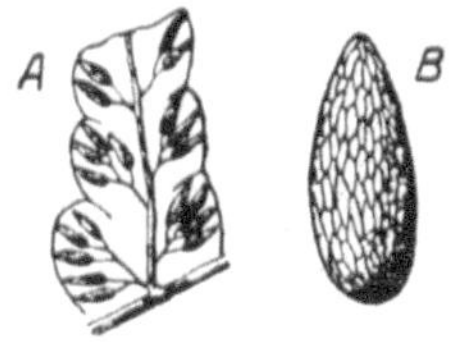

Fig. 807.

Dactylotheca plumosa Artis spec. Fig. 806. Verschiedene Ausbildungsformen von Fiederchen letzter Ordnung. Ca. 3 ×. *A*, *C*, *G* und *H* aus Gürich-Gothan 1923; *E* und *F* nach Kidston 1923/25.

Fig. 807. *A*: Teil eines fertilen Fiederchens von der Unterseite mit ansitzenden Sporangien, 6 ×; *B*: eines derselben 35 × vergr. *B*, *D*, Nach Zeiller 1886/88.

Fig. 808. Dactylotheca aspera Brongniart spec. Aus dem Mittleren Oberkarbon (untere Muldengruppe) von Oberschlesien. Wedelstück. Rechts ein Teil der Rhachis; an den Abgängen der Fiedernspindeln erster Ordnung (links unten und rechts oben) ist je eine (der beiden) fächerförmigen Aphlebien zu sehen. 1/1. Aus Gürich-Gothan 1923.

Fig. 808.

Zeiller, R., Flore foss. du Bassin houiller de Valenciennes. S. 30 u. 196—207. 1886/88.

Schuster, J., Z. Kenntnis d. Flora d. Saarbrückener Schichten u. des pfälz. Oberrotliegenden, S. 186/88 u. 190/93. Geognost. Jahreshefte f. 1907. Bd. 20. München 1908.

Gothan, W., Die Oberschlesische Steinkohlenflora I. Farne etc. S. 149—154 u. S. 166. Abh. k. Preuß. Geolog. Landesanst. N. F. 75. Berlin 1913.

Kidston, R., Foss. Plants of the Carboniferous Rocks of Great Britain. S. 382—400. Mem. Geolog. Survey of Gr. Britain. Paleontology. Bd. II. London 1923/25.

Jongmans, W. J., und Gothan, W., Geolog. en palaeont. Beschr. v. h. Karboon der Omgeving van Epen (Limbg.). S. 72/73. Mededeeling Nr. 1 v. h. Geolog. Bureau v. h. Nederlandsch Mijngebied. 1925.

Myriotheca Zeiller.

Nur in dreifach gefiederten fertilen Wedelbruchstücken bekannt; Fiederchen letzter Ordnung rundlich-sphenopteridisch, die ganze Unterseite bedeckt mit zahlreichen Sporangien; diese eiförmig, ungestielt sitzend, frei; etwa ⅓ bis ²/₃ mm lang; ohne besonderen Dehiszenzmechanismus.

M. Desaillyi Zeiller. Mittleres Oberkarbon von Nordfrankreich. Sporangien klein, nur ⅓ mm lang.

M. anglica Kidston. Mittleres Oberkarbon von Großbritannien. Sporangien ²/₃ mm lang, weniger zahlreich an den Fiederchen.

Literatur.

Zeiller, R., Flore foss. du Bassin houiller de Valenciennes. S. 32 u. 140. Paris 1886/88.

Kidston, R., Foss. Plants of the Carboniferous Rocks of Great-Britain. Pt. 4. S. 366. Mem. of the Geolog. Survey of Gr. Britain. Paleontology. Vol. II. 1923/25.

Cyclotheca Kidston.

C. biseriata Kidston. Unterer Teil des Mittleren Oberkarbon von Großbritannien. Sporangien in zwei Reihen an schmalen, bis über 2½ cm langen Fiederchen.

Literatur.

Kidston, R., Foss. Plants of the Carbon. Rocks of Gr. Britain. Pt. 5. Mem. of the Geolog. Survey of Gr. Brit. Paleont. Vol. II. S. 379. 1923—25.

b) Sporangien mit apikaler Öffnung.

Sphyropteris Stur.

Wedel nur in kleinen Bruchstücken bekannt, bis dreifach gefiedert, Fiedern letzter Ordnung ± deutlich sphenopteridisch, zum Teil sehr schmal. Sporangien auf einer hammerförmigen Fruktifikationsplatte angeordnet; die mittels Querverbreiterung der Spitze der Fiedern letzter Ordnung bzw. der Endfieder an der Spindel letzter Ordnung gebildet ist. Sporangien frei, sitzend, ohne Annulus, sich nahe dem Scheitel öffnend.

Sph. obliqua Marrat spec. (einschließlich Sph. Crépini Stur). Mittleres Oberkarbon von Belgien und Großbritannien (Fig. 809, A—C u. F). Wedelrest dreifach gefiedert, Fiederchen letzter Ordnung sphenopteridisch.

Sph. tomentosa Stur. Ebenda (Fig. 809, D u. E). Wedel mindestens bis 30 cm breit, dreifach gefiedert. Fiedern mehr pecopteridisch.

Sph. epeniana Jongmans u. Gothan. Oberes Unterkarbon von Epen (Limburg), der Vorigen nahestehend.

Sph. Schumanni Stur. Mittleres Oberkarbon von Böhmen und Niederschlesien. Fiedern letzter Ordnung schmal-sphenopteridisch.

Sph. Boehnischi Stur. Ebenda und in einer ähnlichen Form in Oberschlesien (Fig. 809, *G—J*). Fiedern letzter Ordnung schmal lineal. Ähnlich ist **Sph. frankiana** Gothan, Mittleres Oberkarbon von Westfalen.

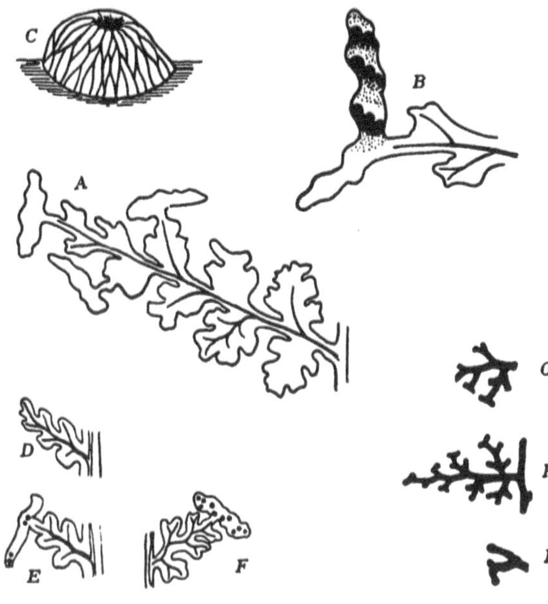

Fig. 809. Sphyropteris spec. div.

A—C: Sphyropteris obliqua Marrat spec. Aus den Westfalian Series des Mittleren Oberkarbon von Lancashire. *A*: Spindel letzter Ordnung mit zum Teil fertilen, zum Teil sterilen Fiederchen letzter Ordnung. 5 ×. *B*: Spitzenpartie aus *A*, 15 ×; im oberen Teil der Hammerplatte ist die Sporangieninsertion (in schrägen Streifen) eingezeichnet. *C*: einzelnes Sporangium mit seiner apikalen Öffnungsstelle. 42 ×. Nach Kidston 1923/25.

D und *E*: Sphyropteris tomentosa Stur. Aus dem Mittleren Oberkarbon von Belgien. *D*: steriles, *E*: fertiles Fiederchen. 2 ×.

F: Sphyropteris Crepini Stur. Ebendaher. Fertiles Fiederchen. 2 ×. Die Punkte auf der Hammerplatte in *E* und *F* bedeuten die Sporangien.

G—I: Sphyropteris Boehnischi Stur. Aus dem Mittleren Oberkarbon von Niederschlesien. *G* u. *H* fertile Fiederchen. 2 ×. *I*: Hammerplatte mit drei Sporangien. 3 ×. D—J nach Stur 1885.

Literatur.

Stur, D., Carbonflora der Schatzlarer Schichten: I. Farne. S. 16—26. Abh. k. k. Geolog. Reichsanst. Wien. Bd. 11. 1885.

Gothan, W., Die Oberschlesische Steinkohlenflora. I. Farne und farnähnl. Gewächse. S. 132. Abh. k. Preuß. Geolog. Landesanst. N. F. 75. Berlin 1913.

Kidston, R., Foss. Plants of the Carboniferous Rocks of Great Britain. Pt. 4 S. 362—365. Mem. of the Geolog. Survey of Gr. Britain. Paleontology. Bd. II. London 1923/25.

Jongmans, W. J., und Gothan, W., Geolog. en Palaeont. Beschr. v. h. Karboon der Omgeving van Epen (Limbg.). S. 69—70. Mededeeling Nr. 1 v. h. Geolog. Bureau v. h. Nederl. Mijngebied. 1925.

Urnatopteris Kidston.

Pflanzen mit kleinen, sterilen und fertilen Wedeln. Sterile Wedel drei bis vierfach gefiedert, mit sphenopteridischen Fiederchen. Fertile Wedel zwei- bis dreifach gefiedert, an den spreitenlosen Spindeln letzter Ordnung die Sporangien in zwei Reihen; diese länglich-eiförmig mit apikalem Öffnungsporus.

U. tenella Kidston. Unterer und mittlerer Teil des Mittleren Oberkarbon (Fig. 810). Sterile Wedel drei- bis vierfach gefiedert mit 5—6 alternierenden Fiedern erster Ordnung. Fiederchen letzter Ordnung schmal sphenopteridisch. Fertile Wedel (Spreite und Stiel) ca. 8 cm lang, zwei—dreifach gefiedert; Sporangien links und rechts der auf die Spindel reduzierten Fiederchen letzter Ordnung dicht nebeneinander ca. 1½ mm lang und 1 mm breit. Sporen tetraedrisch, 0,044 bis 0,067 mm im Durchmesser.

U. herbacea Boulay. Mittleres Oberkarbon. Sterile Wedel breiter sphenopteridisch gefiedert.

Literatur.

Kidston, R., On the fructification of Eusphenopteris tenella and Sphenopteris microcarpa. R. Phys. Soc. Edinburgh. Bd. 7. 1882.

Kidston, R., On the fructification of Zeilleria (Sphenopteris) delicatula Sternbg. sp., with remarks on Urnatopteris (Sphenopteris) tenella Bgt. and Hymenophyllites (Sphenopteris) quadridactylites Gutbier sp. Quart. Journ. Geol. Soc. Bd. 60. 1884.

Kidston, R., On the microsporangia of the Pteridospermae, with remarks on their relationship to existing ferns. Phil. Trans. R. Soc. B. 198. 1906.

Kidston, R., Fossil Plants of the Carboniferous Rocks of Great Britain. Pt. 4. S. 356—362. Mem. of the Geolog. Survey of Great Britain. Paleontology Vol. II. 1923/25.

Fig. 810.
Urnatopteris tenella, Kidston. Aus dem Mittleren Oberkarbon von England. *A* Spreitenteil eines fertilen Wedels. $^1/_1$. *B* Teilstück einer Fieder letzter Ordnung mit Sporangien, stark vergr. Nach Kidston 1884.

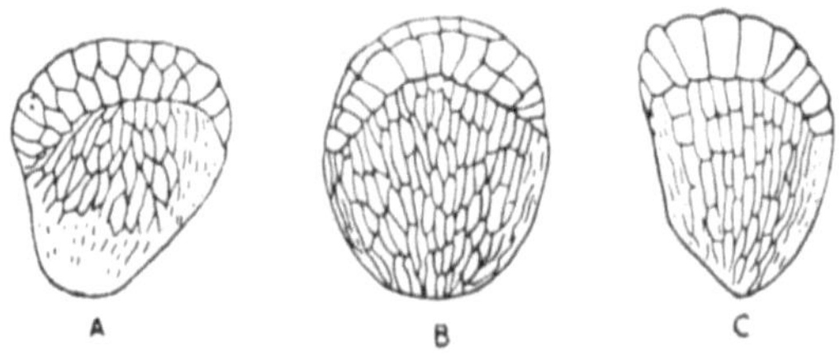

Fig. 811.
Boweria Schatzlarensis Kidston
Sporangium von verschiedenen Seiten gesehen. 40 ×.
Nach Kidston 1923/25.

c) Sporangien mit ausgebildetem Annulus.

Boweria Kidston.

Wedelreste mit sphenopteridischer Fiederung, Sporangien ziemlich nahe dem Unterrande der Fiederchen letzter Ordnung, je eines an den einzelnen Zähnchen. Sporangien frei, kurzeiförmig, ca. ½ mm lang mit deutlichem Annulus, der aus zwei Reihen großlumiger Zellen gebildet ist und sich über den Scheitel des Sporangiums und einen Teil der Flanken erstreckt.

B. Schatzlarensis Kidston Mittleres Oberkarbon (Fig. 811) und **B. minor** Kidston. Ebenda.

Literatur.

Kidston, R., Foss. Plants of the Carboniferous Rocks of Gr. Britain. Pt. 4. S. 291 bis 296. Mem. of the Geolog. Survey of Gr. Britain. Paleontology II. London 1923/25.

Die Sporangien dieser Gattung zeigen große Ähnlichkeit mit strukturbietend erhaltenen Sporangien, die aus dem Lower Coal Measures von England beschrieben sind (vgl. Scott, Studies in foss. Plants, I, S. 265—267, 3. Aufl., London 1920) und mit andern vereinigt werden, in der Sammelgattung:

Pteridotheca Scott.

Genannt seien: **Pt. Williamsonii** Scott und **Pt. seriata** Scott.

Sarcopteris Renault.

Kugelige Sporangien, mit mehrzellreihigem, unvollständigem Annulus, der offenbar in halber Sporangienhöhe quer verläuft; gefunden an pecopterischen Fiederchen.

S. Bertrandi Renault. Rotliegendkiesel von Autun.

Literatur.

Renault, B., Cours de Botanique fossile III. S. 129/130. Paris 1883.

d) Fertile Farnwedelreste, deren Sporangienverhältnisse strukturell noch sehr ungenügend bekannt sind.

Milleria Lang.

Wedelähnliche Systeme, deren alternierend zweizeilig gestellte Fiederäste nochmals Fiedernspindeln tragen, woran (offenbar endständig) Sporangien sitzen. Bau der Sporangien unklar.

M. (Ptilophyton) Thomsoni Dawson. Mitteldevon von Schottland und Nordamerika.

M. pinnata Lang spec. Mitteldevon von Schottland, Sporen 0,1 mm im Durchmesser. Hieher vielleicht auch

(? **M.**) **Spiropteris hostimensis** Potonié und Bernard. Oberes Mitteldevon von Böhmen.

Literatur.

Lang, W. H., Contributions to the Study of the Old Red Sandstone flora of Scotland. I. On Plant-remains from the Fish-beds of Cromarty. II. On a Sporangium bearing branch-system from the Stromness Beds. III. On Hostimella (Ptilophyton) Thomsoni, and its Inclusion in a new genus: Milleria. Transact. R. Soc. Edinburgh 54. 1925/26.

Potonié, H., und Bernard, C., Flore dévonienne de l'étage H de Barrande. S. 11 bis 13. Leipzig 1904.

In diesem Zusammenhang mögen noch zwei bei Lang (l. c. S. 266—276) beschriebene Fossilien erwähnt werden:

Hostimella racemosa Lang. Mittlerer Old Red-Sandstein von Schottland. Stengel von 2 mm Stärke, die zweizeilig seitenständig an 5 mm langen Stielchen eiförmige Sporangien von ca. 5 mm Länge und 2 mm Breite tragen.

Hostimella globosa Lang. Ebenda. Kleine sporangientragende Seitenzweigsysteme. Sporen 0,06 mm im Durchmesser.

Aphyllopteris Nathorst (Pteridorhachis Nathorst).

Rhachisähnliche, ± regelmäßig gabelig verzweigte Systeme ohne alle Spreitenentwicklung, z. T. möglicherweise Wedeln oder Wedelteilen von gewissen Coenopteridineen, z. T. wohl Sprossen von Psilophyten entsprechend. Bekannt aus dem ganzen Devon.

Literatur.

Nathorst, A. G., Zur Devonflora des westl. Norwegens. S. 14—16. Bergens Mus. Aarbok, 9. 1915.

Halle, J. G., Lower Devonian Plants from Roeragen in Norway. K. Svenska Vetensk. Akad. Handlg. 57. 1916.

Broeggeria Nathorst.

Mehrfach in gleichstarke Hauptäste verzweigte wedelähnliche Stengelreste, mit endständigen Sporangienähren von 4—5 cm Länge und 1—1 ½ cm Durchmesser. Hauptstengel kräftig, gegen ½ cm im Durchmesser, mit seitlich entspringenden schwächeren Seitenästen. Keine Spreitenbildung.

B. norwegica Nathorst. Oberes Mitteldevon von Südwest-Norwegen.

Literatur.

Nathorst, A. G., Zur Devonflora des westl. Norwegens. S. 21—22. Bergens Mus. Aarbok, 9. 1915.

Fig. 812.

Fig. 813.

Zeilleria avoldensis Stur spec. Aus dem Mittleren Oberkarbon von Belgien (Fig. 812) u. England. [(Fig. 813).

Fig. 812. Teil einer fertilen Fieder erster Ordnung $^{19}/_{20}$. Nach Stur 1885.

Fig. 813. Teil einer fertilen Fieder zweiter Ordnung. $^{19}/_{20}$. in *A* und *B*. Fiederchenabschnitte mit den endständigen Synangien. Stärker vergr. Nach Kidston 1923/25.

Zeilleria Kidston.

Bekannt in fertilen und sterilen Wedeln mit ± sphenopteridischer Fiederung. Am Scheitel der Fiederchen letzter Ordnung oder deren seitlicher Abschnitte sind die gegen 1 mm langen Synangien getragen. Diese in jüngerem Zustand von kugeliger oder eiförmiger Gestalt und geschlossen, in reifem Zustand in 4 oder 5 Segmente aufreißend und von becherartiger Form mit zahlreichen Sporen.

Die Fruktifikation steht (zum mindesten habituell) sehr der von Anachoropteris pulchra (Chorionopteris gleichenioides), vgl. S. 542, nahe. Es ist sehr wohl möglich, daß die Segmente, in welche sich das Synangium bei der Reife teilt, wie bei Chorionopteris, je einem Sporangium entsprechen, während in jungem, unreifem Zustand die einzelnen Sporangien eines Synangiums einen einheitlichen Körper bildeten, der vielleicht wie bei Chorionopteris von einer gemeinsamen Hülle umschlossen war.

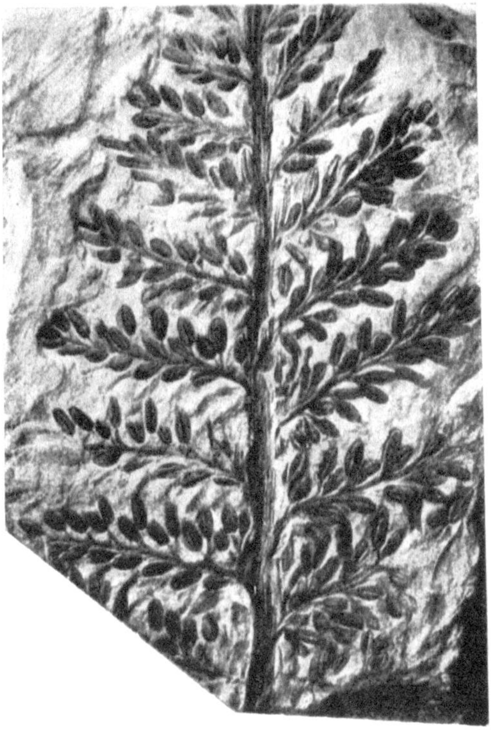

Fig. 814.

Fig. 815.

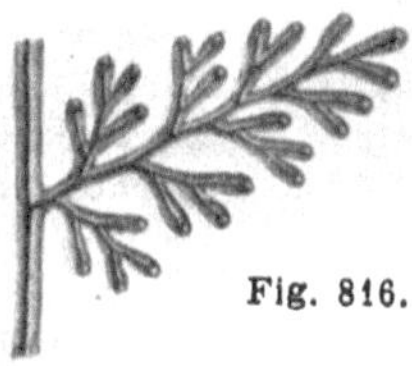

Fig. 816.

Fig. 814. Hymenotheca Beyschlagi Potonié. Mittleres Oberkarbon des Saargebietes. Wedelteilstück. $^{9}/_{10}$.

Fig. 815. Hymenotheca Weissi Schimper spec. Mittleres Oberkarbon des Saargebietes. Fiederbruchstück. Ca. $1^{1}/_{2}\times$.

Fig. 816. Hymenotheca Dathei Potonié. Mittleres Oberkarbon von Oberschlesien. Einzelne Fieder. Ca. $1^{1}/_{2}$. Sämtliche nach Potonié 1892.

Z. delicatula Sternberg spec. Mittlerer und oberer Teil des Mittleren Oberkarbon. Wedel dreifach gefiedert, Fiederchen letzter Ordnung typisch sphenopteridisch, sehr zart. **Z. hymenophylloides** Kidston. Mittlerer Teil des Mittleren Oberkarbon.

Z. Frenzli Stur spec. Ebenda. Fiederchen sehr schmal.

Z. avoldensis Stur spec. Mittlerer und oberer Teil des Mittleren Oberkarbon (Fig. 812—813). Fiederchen letzter Ordnung ziemlich lang, mit ± tiefen Einkerbungen, im ganzen von fast pecopteridischem Habitus. Wedel groß, Fiedern erster Ordnung über 30 cm lang und 15 cm breit.

Z. moravica Ettingshausen spec. Unterkarbon. Fiederchen letzter Ordnung schmal sphenopteridisch.

Z. minima Mayas spec. Unterkarbon von Sachsen. Eine winzig kleine Form, jedoch eine typische Art der Gattung.

Literatur.

Kidston, R., Foss. Plants of the Carboniferous Rocks of Great Britain. Pt. 3. S. 223—225, und Pt. 5, S. 427—444. Memoirs of the Geolog. Survey of Gr. Britain. Palaeontology II. London 1923/25. (Hier der gesamte Literaturnachweis.)

Hymenotheca H. Potonié.

Wedel mehrfach gefiedert, Fiederchen schmal-sphenopteridisch. An den fertilen Wedeln bzw. Wedelabschnitten sitzen die z. T. recht großen Sporangien (Synangien?) nahe den Enden, aber noch auf der Fläche der Abschnitte der Fiederchen letzter Ordnung. Weiteres unbekannt.

H. Dathei H. Potonié. Mittleres Oberkarbon von Oberschlesien (Fig. 816). Sporangien (Synangien?) verhältnismäßig klein (ca. ½ mm im Durchmesser), halbkugelig.

H. acuta Kidston. Mittleres Oberkarbon von England, der Vorigen nahestehend.

H. Weissi Schimper spec. Mittleres Oberkarbon des Saargebietes (Fig. 815). Sporangien (Synangien?) länglich-eiförmig, 2—3½ mm lang und etwas über 1 mm breit, mit deutlicher Längsfurche in der Mitte.

H. Beyschlagi, H. Potonié. Mittleres Oberkarbon des Saargebietes (Fig. 814). Sporangien (Synangien?) 5—6 mm lang und gegen 2 mm breit, mit Längsfurche in der Mitte; die ganze Fläche der Endpartie der Abschnitte der Fiederchen letzter Ordnung einnehmend, und von ihrem schmalen proximalen Teil wie von einem Stielchen getragen.

Literatur.

Potonié, H., Über einige Karbonfarne I. Jahrb. k. Preuß. Geolog. Landes-Anst. f. 1889. Berlin 1890.

Kidston, R., Foss. Plants of the Carboniferous Rocks of Gr. Britain. Pt. 4. S.374/75. Mem. of the Geolog. Survey of Gr. Britain. Paleontology II. London 1923.

Radstockia Kidston.

Nur in fertilen Wedelresten bekannt. Ein an Hymenotheca Beyschlagi anknüpfender Fruktifikationstyp. Sporangien (Synangien?) paarweise an den Spindeln letzter Ordnung, auf kurzen Stielchen (d. h. stielähnlichen Fiederchen letzter Ordnung); relativ groß, mit längslaufender Furche.

R. sphenophylloides Kidston spec. Oberer Teil des Mittleren Oberkarbon von England.

Literatur.

Kidston, R., Foss. Plants of the Carboniferous Rocks of Gr. Britain. Pt. 4. S. 372 bis 374. Mem. of the Geolog. Survey of Gr. Britain. Paleontology. II. London 1923/25.

Unatheca Kidston.

Bekannt in fertilen, bis dreifach gefiederten Wedelfragmenten. An den Spindeln letzter Ordnung in fiedriger Stellung die (auf einer dünnen Fiederlamelle aufsitzenden?) länglichen Sporangien mit längslaufender Aufrißstelle.

U. oblonga Kidston. Oberer Teil des Mittleren Oberkarbon v. Großbritannien.

Literatur.

Kidston, R., Foss. Pl. Carb. Rocks of Gr. Britain. Pt. 5. S. 380/81. Mem. Geolog. Surv. Gr. Britain. Paleont. II. London 1923/25.

Coseleya Kidston.

Ringlose, birnförmige Sporangien; ringsum oder zweizeilig an den Spindeln letzt. Ordn. der mehrfach gefiederten Wedel (bezw. Wedelabschnitte).

C. glomerata Kidston und **C. Barkeri** Kidston. Beide im Mittleren Oberkarbon von Großbritannien.

Literatur.

Kidston, R., Foss. Plants of the Carboniferous Rocks of Gr. Britain. Mem. of the Geolog. Survey of Gr. Britain. Paleontology II. 4. S. 368—371. London 1923.

Ootheca Nathorst.

O. Nordenskiöldii Nathorst. Kulm von Spitzbergen. **O. globosa** Kidston. Unterkarbon von Großbritannien.

Literatur.

Nathorst, A. G., Zur foss. Flora d. Polarländer I. 4. Nachtr. z. palaeoz. Fl. v. Spitzbergen. S. 19/20. Stockholm 1914.

Kidston, R., Foss. Plants of the Carboniferous Rocks of Gr. Britain. Pt. 4. S. 371 u. 372. Mem. of the Geolog. Survey of Gr. Britain. Paleontology II. London 1923—25.

Neuropteridium Schimper.

Farne mit kurzem, aufrechtem Stamm, an dem in schraubiger Anordnung die Wedel getragen werden (wie das wenigstens für N. intermedium bekannt ist). Wedel einfach gefiedert, etwa 40 cm und mehr lang, mit derber Rhachis. Fiedern meist mäßig groß, nur bei einigen Arten bis 5 cm lang und über 2 cm breit; in der Form typisch neuropteridisch, d. h. die ± breit linearischen, vorne breit abgestumpften Fiederblättchen sind, wie bei den zu den Pteridospermen gehörigen Neuropteriden, an der Basis gelegentlich ganz zusammengezogen; sie sitzen nur mit einer schmalen Partie, durch die der Mittelnerv und einige ihn begleitende weitere Nerven eintreten, der Rhachis an. Mittelrippe mehr minder deutlich herausgearbeitet, meist noch links und rechts von weiteren Nerven flankiert, die ± direkt von der Rhachis ausgehen. Mittelnerv mit zahlreichen, mehrfach gabelig verzweigten Seitennerven, Fruktifikation nur andeutungsweise bekannt, als Crematopteris Schimper beschrieben. An den Abdrücken der Unterseite der Fiedern der so bezeichneten fertilen Wedel kleine Knötchen, die möglicherweise als Sporangium anzusehen sind.

Alle Arten aus dem Buntsandstein von Europa.

N. intermedium Schimper und Mougeot spec. Wedel gegen 40 cm lang, Fiedern gegen 2 cm lang und ¾ cm breit.

N. Voltzii Schimper und Mougeot spec. Wedel mit derber Rhachis und bis über 4 cm langen und 1 cm breiten Fiedern. — Dazu als Fruktifikation aller Wahrscheinlichkeit gehörig: **Crematopteris typica** Schimper und Mougeot. Fiedern wie bei den sterilen Wedeln von N. Voltzii mit den oben erwähnten sporangienartigen Skulpturen.

N. imbricatum Schimper und Mougeot spec. Fiederchen bis 1¾ cm lang und ½ cm breit, sich dachziegelförmig deckend.

N. elegans Schimper und Mougeot spec. Wedel nur gegen 18 cm lang mit Fiedern von 1 cm Länge und ½ cm Breite.

N. grandifolium Schimper und Mougeot spec. Großer Wedel mit bis 5 cm langen und über 2 cm breiten Fiedern.

Literatur.

Schimper, W. P., und Mougeot, A., Monographie des Plantes fossiles du Grès bigarré de la chaine des Vosges. S. 73—81. Leipzig 1844.

Blanckenhorn, M., Die fossile Flora des Buntsandsteins und des Muschelkalkes der Umgebung von Commern. Palaeontographica Bd. 32. S. 117.

In Zusammenhang mit N. grandifolium wird gebracht das für die ältere Gondwanaflora charakteristische

Neuropteridium validum Feistmantel (= N. Plantianum Carruthers). Aus dem Permokarbon von Brasilien und Indien. Wedel bis 50 cm lang. Fiederung ganz ähnlich wie bei N. grandifolium. Inwieweit zwischen den nur in sterilen Resten bekannten Fossilien tatsächlich eine generische Verwandtschaft besteht, muß dahingestellt bleiben. Jedenfalls ist die Einschnürung der Fiedern an der Basis, d. h. an der Ansatzstelle an die Rhachis bei N. validum nicht so ausgeprägt als bei N. grandifolium. Auch treten neben dem Mittelnerven zahlreiche schwächere seitlich links und rechts ausstrahlende Nerven noch direkt von der Rhachis in die Fieder ein, womit dann rein formal auch der Anschluß an das in dem europäischen Paläozoikum heimische Formgenus Cardiopteris (vgl. Bd. 2) gegeben ist.

Literatur.

Feistmantel, O., The foss. flora of the Lower Gondwanas I. The flora of the Talchir-Karharbari beds. S. 9—11. Mem. of the Geological Survey of Indien. Ser. XII. Calcutta 1879.

Arber, E. A. N., Catalogue of the foss. Plants of the Glossopterisflora in the Department of Geology, British Museum (Nat. hist.). S. 115—120. London 1905.

White, D., Foss. flora of the Coal Measures of Brazil. S. 484—491. Rio de Janeiro 1908.

Fig. 817.

Fig. 817. Anomopteris Mougeoti Brongniart spec. Aus dem Bundsandstein der Vogesen. Teilstück eines fertilen Wedels. $^{9}/_{10}$. Nach Schimper und Mougeot 1844.

Anomopteris Schimper.

A. Mougeoti Brongniart spec. (einschließlich Cottea Mougeoti Schimper und Mougeot). Buntsandstein von Europa. (Fig. 817). Pflanzen mit kurzem aufrechtem Stamm (als Cottea bezeichnet) der einschließlich der Blattstielbasen bis zu 10 cm Durchmesser und mehrere Dezimeter Länge erreicht. Wedel doppelt gefiedert, gegen 1 m lang mit bis 25 cm langen, in spitzem Winkel abgehenden, Fiedernspindeln erster Ordnung. Fiedern zweiter (letzter) Ordnung klein, ca. ½ cm lang und gegen 2 mm breit, offenbar von annähernd pecopteridischer Form. Fruktifikation im einzelnen unbekannt, doch steht soviel fest, daß die Sporangien von den dem Wedelaußenrand nahestehenden Fiedern letzter Ordnung getragen wurden.

Literatur.

Schimper, W. P., und Mougeot, A., Monogr. Pl. foss. du Grès bigarré de la Chaine des Vosges. S. 69—73. Leipzig 1844.

Stark, P., Pflanzenreste im Buntsandstein des südwestl. Kraichgau. S. 137. Ber. ü. d. 42. Vers. d. Oberrhein. Geolog. Ver. Karlsruhe 1909.

Frentzen, K., Die Flora des Buntsandsteins von Baden. Mitteil. Bad. Geolog. Landesanst. Bd. 8. I. S. 83—85. 1915.

Chiropteris Kurr.

Wedel gestielt mit breiter unregelmäßig fingerförmig geteilter Spreite von bis ca. 40 cm Flächendurchmesser; in jeden Blattabschnitt tritt je ein Mittelnerv ein, von dem aus reichlich anastomosierende Gabelnerven links und rechts abgehen. Blatt von lederiger Textur, Fruktifikation unbekannt, doch wohl ein Farn.

Ch. digitata Kurr. Unterer und Mittlerer Keuper von Mitteleuropa.

Ch. Zeilleri Seward. Rhät von Südafrika, und eine ähnliche Art im Rhät von Queensland.

?**Ch. Williamsii** Newberry. Unterkreide von Montana (U. S. A.).

Literatur.

Carruthers, W., Notes on foss. pl. from Queensland, Australia. Quart. Journ. Geolog. Soc. 28. 1872.

Newberry, J. S., The flora of the Great Falls Coal Field, Montana. Americ. Journ. Science 41. 1891.

Schimper, W. Ph., Traité de Paléont. végét. I. S. 643. Paris 1869.

Schönlein, J. L., und Schenk, A., Abbild. foss. Pflanzen a. d. Keuper Frankens. S. 16. Wiesbaden 1865.

Seward, A. C., Foss. floras of Cape Colony. Ann. S. African Mus. IV. 1. S. 63. 1903.

Die übrigen ohne Fruktifikation bekannten farnwedelähnlichen Blattreste unsicherer Stellung gelangen in Bd. 2 zur Darstellung.

2. Stammreste.

Tietea Solms.

T. singularis Solms. Permokarbon von Brasilien. Bekannt sind Bruchstücke des Stammes, der im ganzen einen Durchmesser von 30 bis 40 cm erreicht haben dürfte. Das Stammzentrum ist erfüllt von einer sehr großen Anzahl untereinander ± anastomosierender Stelen, die in Parenchym eingebettet sind; die Stelen sind zum Teil im Querschliff kreisrund und solenostelisch, mit peripherem und zentralem Phloëm um den im Querschliff ringförmigen Xylemteil, zum Teil ± halbkreisförmig geöffnet mit Phloëm rings um das im Querschliff bogenförmige Xylem. Die in die Wedel eintretenden Bündelgruppen, deren eine Anzahl auf jedem Querschliff in dem schmalen Rindenmantel eingebettet zu sehen sind, bestehen aus bogenförmig aneinandergereihten Stelen vom Typ derer des eigentlichen Stammes, aber von im Querschliff mannigfaltigerer Form. Sie entsprechen entweder direkt austretenden Stelen aus der Peripherie des eigentlichen Stammes oder sind aus Abzweigungen dieser hervorgegangen. Der eigentliche Stamm ist umhüllt von einem Mantel tetrarcher bis pentarcher Wurzeln, die ähnlich wie bei Psaronius untereinander zu einem $\pm$ einheitlichen Gewebe verbunden sind.

Hinsichtlich der verwandtschaftlichen Beziehungen, ist es sehr wahrscheinlich, daß Tietea zu dem Formenkreis der eusporangiaten Filicales gehört; auch sind Beziehungen zu Psaronius nicht zu verkennen. Die regellose Verteilung der zahlreichen Stelen des Stamminneren, sowie die rohe und unpräzise Art der Abgabe der Blattspurbündel sprechen aber entschieden gegen die Annahme einer engeren Verwandtschaft mit den anatomisch so präzise organisierten Psaronien.

Literatur.

Solms-Laubach, H. Graf zu, Tietea singularis, ein neuer fossiler Pteridinenstamm aus Brasilien. Zeitschr. f. Bot. 5. 1913.

Eskdalia Kidston.

E. minuta Kidston, Unterkarbon von Nordengland; ein im Abdruck erhaltenes Stämmchen, möglicherweise von einem Farn.

Literatur.

Kidston, R., The foss. Plants of the Carboniferous Rocks of Canonbie, Dumfriesshire and of Parts of Cumberland and Northumberland. Transact. R. Soc. Edinburgh 40. S. 750—51. 1903.

Knorripteris Hörich (Adelophyton Bertrand).

Kn. Jutieri Renault spec. (einschließlich Kn. Mariana Michael spec.). Muschelkalk von Oberschlesien und wohl aus gleichaltrigen Schichten des Elsaß. Farnstämmchen von sehr eigentümlichem Bau; Stele (ca. 2 mm Durchmesser) im Zentrum mit solidem Xylemstrang, an den eine Parenchymscheide von mehrfacher Tiefe, als der Durchmesser des Xylemstranges beträgt, anschließt. In diesem Parenchym verstreut und besonders an seiner Peripherie kurze tracheidale Elemente; der anschließende Phloëmmantel besteht aus zahlreichen sich verzweigenden und untereinander wieder anastomosierenden Einzelzügen von Phloëm und zwischengefügtem Parenchym. Anschließend eine breite Rindenzone, deren innerster Teil aus derbwandigem Parenchym, deren mittlerer Teil aus noch derbwandigeren sklerotischen Zellen und deren periphererster Teil aus $\pm$ dickwandigem und sehr interzellularenreichem Gewebe besteht. Sämtliche Rindenzonen sind von Blattspursträngen, die auf dem Querschliff in schraubiger Anordnung erscheinen, durchzogen. Der Xylemteil der Blattspurbündel besteht während ihres Durchzugs in der Rinde aus 5—7 Xylemzügen, die $\pm$ kreisförmig gestellt sind. Eine Anzahl (gegen 3) von Phloëmbündeln schließt jeweils an die abaxiale Seite dieses Bündelkreises an. Es hat den Anschein als entsprängen die Xylemteile der Blattspurbündel aus dem zentralen Xylemzug des Stammes; möglicherweise auch erst aus den peripheren Xylemtracheiden außen am Parenchymrohr der Stele. Bei Passage des Stelenphloëms schließen sich die Phloëmzüge der Blattspur an. — Übriges unbekannt.

Die Anatomie dieses Stammes ist eine ganz außergewöhnliche. Es hat den Anschein, als ob die Ersetzung tracheidaler Xylemelemente durch Parenchym, die bei Übergang von Protostelie zu Siphono- oder Solenostelie im Zentrum der Xylemsäule der Stele erfolgt, hier bei Knorripteris in beträchtlichem Umfang in der Peripherie der Xylemsäule stattgefunden hätte. Mit dieser exorbitanten Stelenverfassung steht dann in Einklang, daß die innerste Rinde bereits aus derbwandigen, mechanisch-festigendem Gewebe besteht, so daß dieses mechanisch die Funktion des Xylemrohres bei normal siphono- oder solenostelischer Stelenkonstruktion einnimmt.

Literatur.

Renault, B., Sur un nouveau genre de tige fossile. Bull. Soc. Hist. Nat. d'Autun. 13. 1900.

Bertrand, P., Etude du stipe de l'Adelophyton Jutieri. Mém. Soc. Sciences. Lille 1907.
Bertrand, P., Nouvelles remarques sur le Knorripteris (Adelophyton) Jutieri. Ann. Soc. Géol. Nord. 40. 1911.
Hörich, O., Knorripteris mariana. in H. Potonié. Abb. u. Beschr. foss. Pfl. VII. 134. 1910.
Hörich, O., Knorripteris Jutieri, ein eigenartiger Farnstamm aus dem Muschelkalk. Palaeobot. Zeitschr. Bd. I. 1912.

Tempskya Corda.

Es handelt sich um einen Farn, bei dem ein verhältnismäßig dicker Scheinstamm dadurch erzielt wurde, daß eine größere Anzahl (wohl ursprünglich aus einem einzigen hervorgegangener) gabelig verzweigter Stämmchen mittels eines dicht verflochtenen Wurzelgewirrs zu einem scheinbar einheitlichen Stamm zusammengehalten wird. Die einzelnen Stämmchen ausgesprochen dorsiventral, mit Solenostele. Die Wedelbündel wurden alternierend in zwei auf einer Sproßseite dicht nebeneinander liegenden Reihen von der Stele abgegeben, während an der gegenüber liegender Seite die Wurzeln entsprangen. Eine bestimmte (etwa zur Peripherie des Scheinstammes gerichtete) Orientierung der Blattzeilen an den zahlreichen Stelen eines Scheinstammes ist, wie Querschliffe zeigen, nicht vorhanden. — Beblätterung unbekannt. Wurzeln diarch.

Im Wurzelgewirr von T. Knowltoni sind Sporangien von Schizaeaceentypus gefunden, was die Zugehörigkeit von Tempskya zu dieser Familie einigermaßen wahrscheinlich macht.

Bekannt sind folgende einander sehr nahestehende Arten, sämtliche von Unterkreidealter:

T. Schimperi Corda, bekannt aus Frankreich, Deutschland und Böhmen. **T. erosa** Stokes u. Webb und Mantell spec. aus England. **T. Whitei** Berry aus Maryland, **T. Knolwtoni** Seward aus Montana und **T. rossica** Kidston und Gwynne-Vaughan aus einem tertiären Konglomerat (von wohl kretazischem Ursprung) von Rußland.

Literatur.

Kidston, R., und Gwynne-Vaughan, D. T., On a new species of Tempskya from Russia. Verh. Russ. k. Mineralog. Ges. 48. 1911.
Stopes, M. C., The Cretaceous flora, II. Lower Greensand (Aptian) Plants of Britain (Catalogue of the Mesoz. Pl. in the British Mus. Nat. Hist.). S. 9—21. London 1915.
Seward, A. C., On a new species of Tempskya from Montana: Tempskya Knowltoni sp. nov. Ann. of Bot. 38. 1924.

Solenostelopteris Kershaw.

S. japonica Kershaw. Obere Kreide von Nordjapan. Ein Farnrhizom mit Solenostele.

Literatur.

Kershaw, E. M., A fossil solenostelic fern. Ann. of Bot. 24. 1910.

Fasciostelopteris Stopes und Fujii.

F. Tansleii Stopes und Fujii. Obere Kreide von Japan. Dictyostelisches Farnstämmchen von 5 mm Durchmesser mit 5 Meristelen. Blattspurbündel im Querschliff hufeisenförmig. — Möglicherweise von Dicksoniaceenverwandtschaft.

Literatur.

Stopes, M. C., und Fujii, K., Studies on the structure and affinities of Createaceous Plants. S. 10—15. Phil. Transact. R. Soc. B 201. London 1910.

Allgemeines.

I. Zeitliche Verbreitung.

Gegensätzlich wie die morphologischen Verhältnisse der Filicales gegenüber denen der Lycopodiales und Articulatales sind, sind auch deren zeitliche Verbreitungsverhältnisse gegenüber denen der genannten beiden mikrophyllinen Gruppen. Während, wie Seite 236 und 466 gezeigt wurde, diese insgesamt nur mit wenigen Gattungen in der Jetztzeit vertreten sind und im wesentlichen der Vergangenheit angehören, sind die Filicales, wenigstens in einigen der leptosporangiaten Familien derzeit noch auf der Höhe der Entwicklung; so zählen heute die Cyatheaceae mehrere hundert Arten, die Polypodiaceen sogar deren mehrere Tausende. Demgegenüber steht allerdings auch fest, daß andere noch rezent vertretene Formenkreise offenbar mehr oder minder als Relikte der Vergangenheit anzusehen sind, so die meisten simplizen Leptosporangiaten und die eusporangiaten Marattiaceen. Darüber hinaus handelt es sich bei den unter den Coenopteridineen vereinigten Gattungen um Formenkreise, deren Existenz bereits mit dem Ende des Paläophytikum erloschen ist.

Damit ist schon im großen ganzen das Verhältnis der verschiedenen Filicalesgruppen zu den verschiedenen Erdepochen umrissen. Im einzelnen ist folgendes anzufügen. Wie die eusporangiaten Coenopteridineen ausgesprochen paläophytische, d. h. mit dem Ende der Rotliegendzeit erloschene Formen sind, so sind, wiewohl bis in die Gegenwart hereinreichend, auch die übrigen eusporangiaten Filicales zweifellos Formen, die den Höhepunkt ihrer Entwicklung schon im Paläophytikum und zum Teil auch noch im älteren Mesophytikum, etwa bis zum Lias, gehabt haben. Das gilt sicher für die Marattiaceen. Von ihnen ist der Formenkreis der pecopteridischen Marattiaceen (Asterotheca, Acitheca, Ptychocarpus u. a.) sowie Psaronius (einschließlich Caulopteris und Megaphyton) am formenreichsten im jüngeren Paläophytikum, etwa von der oberen Hälfte des Mittleren Oberkarbon bis zum Rotliegenden entwickelt; Vorläufer scheinen allerdings bereits im Unterkarbon vorhanden gewesen zu sein[1]); und in der Trias anderseits sind noch echte Asterothecaarten bekannt. Der Formenkreis, der in diesem Buch als Danaeoide Marattiaceen zusammengefaßten Typen scheint im älteren Mesophytikum entstanden zu sein, wie Formen wie Danaeopsis und Marattiopsis beweisen. Unklar ist der Ursprung der Ophioglossineen; so altertümlich ihr Gepräge ist, so sind einigermaßen sichere Reste doch erst aus dem Eozän bekannt.

Was die Geschichte der protoleptosporangiaten Osmundaceen betrifft, so sind sie einwandfrei vom Oberen Perm ab nachgewiesen und ihr hohes Alter klingt in der zum Teil relativ primitiven Organisation auch der rezenten Vertreter heute noch nach.

Nicht so klar liegen die Dinge, was das erste Auftreten der echten leptosporangiaten Filicales betrifft. Sicher ist, daß selbst die Formen der Simplicesreihe erst im Mesophytikum und zum Teil sogar erst in dessen oberer Hälfte größere Formenfülle erreicht haben. Demgegenüber aber ist doch zu betonen, daß Schizaeaceen und Gleicheniaceen im Paläozoikum zum mindesten Vorläufertypen entwickelt haben, so Senftenbergia für die Schizaeaceen und Oligocarpia für die Gleicheniaceen[2]).

Im älteren Mesophytikum scheinen Matoniaceae und Dipteridaceae, Dicksoniaceae und Cyatheaceae entstanden zu sein. Die drei ersteren damals mit Arten von zum Teil erdweitester Verbreitung, was übrigens auch noch für die jungmesophytischen Formenkreise der Gleicheniaceen, Matoniaceen und Dipteridaceen gilt. Während heute, wie bemerkt, die Cyatheaceen noch in voller Formenentfaltung begriffen scheinen, sind Matoniaceen und Dipteridaceen fast erloschen, und auch die übrigen primi-

[1]) So Pecopteris (Asterotheca) esnostensis, vgl. S. 583.

[2]) Und wesentlich mehr würde zweifellos bekannt werden, wenn die aus den Rotliegendkieseln von Autun bekannten Sporangien verschiedener Art einer exakten Nachuntersuchung unterzogen würden.

tiveren Familien zählen nur eine kleine Schar, gemessen an den mehreren Tausenden von Polypodiaceen, die in größter Formenmannigfaltigkeit derzeit die Wälder, vor allem die der Tropen und Subtropen zieren.

II. Allgemeine Morphologie und Anatomie der Filicales.

Die Tatsache, daß die Filicales in immer neuen Formenkreisen vom älteren Paläophytikum bis zur Jetztzeit und unter den verschiedensten ökologischen Bedingungen existiert haben und existieren, läßt die Fülle der systematisch-morphologischen, der anatomischen und organographischen Probleme klar sein, die allein schon bei Betrachtung der rezenten Formen sich dem Beobachter vor Augen stellt. Auf sie in umfassenderer Form einzugehen, ist hier nicht der Ort, und es sei hier nochmals auf die beiden Seite 117 und 118 genannten Werke von Goebel (1918) und Bower (1923/26) verwiesen, deren jedes glänzend in seiner Art von verschiedenen Fragestellungen ausgehend diese Probleme zur Darstellung bringt.

Was auf dem engen, in diesem Buch zur Verfügung stehenden Raum zur Erörterung zu bringen ist, sind lediglich die Probleme, die sich an Hand des Fossilienmateriales gegenüber den rezenten Filicales ergeben.

Dabei ist zu unterscheiden zwischen den Fragen, die die Filicales als solche allein betreffen und denen, die das Verhältnis der Filicales als makrophylle Formen zu den mikrophyllen Formenkreisen der Pteridophyten berühren.

Bemerkungen zur allgemeinen Morphologie, Anatomie und Systematik der Filicales.

Was die Filicales im ganzen auszeichnet, und was mit ihnen unter den Pteridophyten lediglich noch die kulmischen Arten von Cladoxylon und allenfalls Voelkelia (s. S. 475ff.) gemein zu haben scheinen, das ist die Bildung ausgesprochen großer, vom Stamm seitlich getragener Wedelblätter, die in der Regel mehr oder minder stark fiederig, seltener rein gabelig verzweigt[1]) sind, wobei im ersteren Fall die fiederige Verzweigung sich von sympodialer Dichotomie eindeutig ableitet. Auf das historisch-morphogenetische Verhältnis von Wedel zu Stamm und auf die Entwicklung des Wedels überhaupt werfen Formen, wie Asteroxylon und die primitiveren Coenopteriden ein Licht, worauf jedoch erst weiter unten bei Darstellung der morphologischen Beziehungen zwischen mikro- und makrophyllen Pteridophyten (S. 687) eingegangen werden soll.

Was an dieser Stelle zunächst zur Diskussion steht, sind die Fragen, welche die Entwicklung des Sporangienbaues betreffen, sowie allgemeine Probleme der Anatomie der Filicales.

Sorus- und Sporangienbildung. Was Sporangienöffnung und Sporenausstreuung betrifft, so stellt bekanntlich das Sporangium der komplikaten Leptosporangiaten den vollendetsten Typ dar, ein Typus, dessen Ausbildung offenbar erst im älteren Mesophytikum angebahnt worden ist. Die ältesten, oberdevonischen und viele karbonische Sporangientypen scheinen noch keinen ausgeprägteren Dehiszenzmechanismus besessen zu haben. Das zeigen Formen wie die oberdevonischen Archaeopteris (S. 661), die unterkarbonischen Rhacopteris (soweit fertil bekannt, S. 661) und Diplolabis (S. 501) und selbst noch eine Anzahl oberkarbonischer Formen, wie Dactylotheca (S. 669), Renaultia (S. 666), Myriotheca und Cyclotheca (S. 670) u. a. Gegenüber der völligen Undifferenziertheit der Sporangienwand der primitiveren Psilophytales, wie Rhynia (S. 156) und Hornea (S. 160) und wohl auch Psilophyton (S. 164) ist ein Fortschritt lediglich in einer Art von Stomium zu erkennen, mittels dessen das Sporangium sich längs geöffnet hat und demgegenüber die übrige Sporangienwand als Ganzes als eine Art »Annulus«, wenn man das Wort gebrauchen will, funktioniert hat[2]).

[1]) Wo sie unverzweigt sind, d. h. die Wedelfläche eine einheitliche ist, liegt so gut wie sicher überall Rückbildung vor.

[2]) Inwieweit die Zellwände in dieser Hinsicht entsprechend ausgebildet waren, ist nicht bekannt; eine Anbahnung dazu scheint jedenfalls bei Diplolabis (S. 501) vorzuliegen.

Fest steht, daß es neben den annuluslosen Sporangientypen vom Oberkarbon ab bereits Formen mit mehr oder minder ausgeprägter Annulusbildung gab, wobei allerdings die allermeisten Formen multiseriale Annulusbänder besaßen, wie das für Corynepteris (S. 514), Botryopteris (S. 535 u. 537), Boweria (S. 672), Kidstonia (S. 617), Senftenbergia (S. 618) u. a. bekannt ist. In der Vielreihigkeit der Annulusbänder stellen diese Sporangien das Bindeglied her zwischen den oben erwähnten nur mit Stomium versehenen primitivsten Typen einerseits und den modernen Typen mit einzellreihigem Annulus anderseits. Die Dehiszenz dieser Sporangien war offensichtlich überall, wie bei den primitivsten Typen auch, eine longizide, d. h. die Sporangienöffnung erfolgte mittels eines längs verlaufenden Stomiums.

Die dabei möglichen Varianten hinsichtlich der Annulusanordnung sind, wie ein Überblick über die verschiedenen Sporangientypen mit multiserialem Annulus lehrt, mannigfaltige, wobei sich einige Varianten bis zu modernen Sporangientypen mit einzellreihigem Annulus herauf verfolgen lassen.

Noch an die Typen ohne Annulusdifferenzierung, wie Dactylotheca, und die anderen oben damit in Zusammenhang genannten Formen knüpfen Sporangien an, wie sie für mehrere Botryopterisarten (S. 535) bekannt sind. Hier geht noch ohne deutliche Grenze der am Sporangium längs entwickelte Annulus ziemlich allmählich in das Stomium über. Präziser ist seine Ausbildung bei den folgenden Typenreihen. Hier ist der Annulus entweder nahezu vollständig, und nahe des Sporangiumscheitels entwickelt, wobei eine Form wie Senftenbergia (S. 618) mit bis 5 Zellagen hohem Annulus einerseits und Lygodium, Klukia (S. 619) und die übrigen jüngeren Schizaeaceen anderseits die extremen Typen darstellen. Oder der Ring ist gleichfalls nahezu vollständig, ist aber mehr in der Mitte des Sporangiums entwickelt. Formen wie Oligocarpia (S. 626), und bis zu einem gewissen Grade wohl auch Boweria (S. 672) einerseits und anderseits die Gleicheniaceen im engeren Sinn stellen die Extreme dieser Entwicklungsreihe dar. Bei Corynepteris (S. 514), wo je eine kleinere Anzahl von Sporangien in lockerem synangialen Verband zusammensteht, verläuft der mehrzellreihige Annulus, die freie Fläche der Sporangienwand ausnutzend, hufeisenförmig. Schließlich ist eine vierte Variante die, daß der Annulus nahe unter dem Sporangiumscheitel lokalisiert ist und mehr oder minder unvollständig ausgebildet, stets die Form einer mehr oder minder ausgedehnten Platte besitzt, wie bei Kidstonia (S. 617) und anderen weniger gut bekannten Formen einerseits und den Osmundaceen im engeren Sinn anderseits.

Den Formen mit längs verlaufendem Stomium gleichzeitig und vielleicht sogar noch vorausgehend sind andere bekannt, bei denen das Sporangium, wie bei der Psilophytale Asteroxylon Mackiei (S. 170) sich mit Apikalporus öffnet, so Stauropteris (S. 491), ferner Urnatopteris (S. 672) und Sphyropteris (S. 671), alles Sporangientypen ohne weitere sichtbare Annulusausprägung, also hinsichtlich des Verhältnisses von Öffnungsstelle zu übriger Sporangienwand mutatis mutandis Formen wie Dactylotheca und anderen mit ähnlich gebauten Sporangien vergleichbar. Solchen Typen mit nur Apikalporus gegenüber ist dann ein »Fortschritt« erreicht bei Sporangien, wie sie von mehreren Etapterisarten bekannt sind, wo sich (s. S. 511) unterhalb der scheitelständigen Aufrißstelle auf zwei einander diametral gegenüber liegenden Sporangienflanken je ein längsverlaufendes multiseriales Annulusband herausdifferenziert hat.

Es ist klar, daß derartige Sporangien mit Apikalporus als radiäre Sporangientypen zu betrachten sind gegenüber den dorsiventralen Formen mit längs verlaufendem Stomium[1]). Daß die ältesten Typen von Sporangien mit präformierter Aufrißstelle zu ihnen gehören, ist gut verständlich, wenn man bedenkt, daß die primitivere Sporangientragung die terminale ist (vgl. Psilophytales und Stauropteris) oder daß sie wenigstens noch randständig ist, und erst mit dem Übergang zur super-

[1]) Wenn es unter den Marattiaceen mit im Synangium einheitlich verschmolzenen Sporangien gleichfalls Formen gibt, wo sich die Sporangien mittels Apikalporus öffnen, wie bei dem oberkarbonischen Ptychocarpus unitus und Verwandten und den rezenten Gattungen Danaea

fiziellen Sporangientragung, d. h. mit der Verlagerung der Sporangien vom Blattrand auf die Fläche der Blattunterseite und mit der Vereinigung einer Anzahl von Sporangien zu einem Sorus oder einem Synangium die räumliche Beziehung des Sporangiums zu Blatt oder Sorus sich so gestaltet, daß das Sporangium a priori bis zu einem gewissen Grad dorsiventral ausgebildet oder wenigstens dorsiventral orientiert ist.

Die Herausbildung eines für den bekannten Adhäsions-Kohäsionsmechanismus anatomisch in extremer Weise differenzierten Annulus, der nicht nur die Sporangienöffnung sondern auch die Ausschleuderung der Sporen garantiert, scheint erst den jüngeren Formenkreisen der Leptosporangiaten gelungen zu sein. Der Vollzug dessen und ebenso die Frage, wie sich (z. T. sicher unter dem Einfluß der Stellung am Sorus) die Sporangienkonfiguration, d. h. Annulus- und Stomiumlage, bei den jüngeren Formen umgeändert hat, bis schließlich (bei den Polypodiaceen) ein rein vertikaler Annulus und ein queres Stomium zustande kam, liegt größtenteils im Untersuchungsgebiet der rezenten Farne und ist, so reizvoll die Verfolgung dieser Frage wäre, hier nicht zu erörtern.

Was das Verhältnis von Eusporangie zu Leptosporangie betrifft oder, präziser gefaßt, die Frage, ob die einfach gebauten Sporangien, wie sie Archaeopteris, Dactylotheca, Renaultia und die mehrfach in diesem Zusammenhang genannten anderen Formen, ferner Sphyropteris und Urnatopteris besitzen, im Reifezustand eine mehr- oder eine einschichtige Wand besaßen, ist weniger belangvoll. Bei der einfachen Öffnungsart dieser Sporangien ist jedenfalls Mehrschichtigkeit der Wand sehr wohl möglich gewesen, was Diplolabis und Botryopteris zeigen. Es ist aber klar, daß sich unter Reduktion der Wandschichten und entsprechender Modifikation der Entwicklungsgeschichte (Entstehung des Sporangiums aus einer Epidermiszelle statt aus deren mehrerer und noch hypodermaler Zellen) Leptosporangie in den verschiedensten Formenkreisen glatt zustande kommen konnte. Das ist derzeit bei den rezenten Osmundaceen an Hand der Entwicklungsgeschichte noch direkt zu verfolgen.

Hinsichtlich der soralen Disposition ergibt sich schon aus dem Vergleich mit den Psitophytales (die bereits mehrfach herangezogen wurden, da sie, morphogenetisch betrachtet, für das Verständnis der Pteridophyten im ganzen und auch der Filicales im besonderen ungemein wichtig sind), daß die terminale Sporangienstellung, wie bereits oben angedeutet, die ursprüngliche ist. Mit der Ausbildung dorsiventraler Blattwedel, über deren morphogenetischen Werdegang unten (S. 687) gesprochen werden soll, hat die randständige Sporangieninsertion Platz gegriffen bis schließlich die superfizielle[1]) zur Vorherrschaft gelangte. Dabei hat sich Synangie in mehr oder minder weitgehender Form sowohl bei marginaler wie bei superfizieller Planzentation und bei verschiedenen eusporangiaten Formenkreisen, wie Diplolabis (S. 501), Etapteris (S. 511), Corynepteris (S. 514), Anachoropteris (S. 542), Zeilleria (S. 674) und die Marattiaceen im engeren Sinn (S. 567ff.) herausgebildet.

Die anatomischen Verhältnisse der Filicales sind generell dadurch charakterisiert, daß keine Gruppe über die Dictyostelie hinausgekommen ist. Nirgends ist Eustelie erreicht. Und Sekundärxylembildung ist äußerst selten (Botrychioxylon, Metaclepsydropsis und unter den rezenten Formen Botrychium). Im übrigen lassen sich hinsichtlich der Anatomie des Stammes zwei Linien unterscheiden, die beide von der Protostele ausgehen: die eine mit bei den höheren Formen solenostelischem oder dictyostelischem einfachem Bündelzylinder, die andere mit mehreren konzentrisch hintereinander gereihten Bündelzylindern.

---

und Kaulfussia, wo aber das Sporangium sichtlich dorsiventral ist, so handelt es sich da wohl nicht um einen primären Apikalporus sondern um Reduktion eines longiziden Stomiums, die in der engen Verbindung der Sporangien im Synangium ihren Grund haben mag.

[1]) Diese ist übrigens schon bei verhältnismäßig recht frühen Typen bekannt; so haben schon manche der oberdevonischen Archaeopteris-Arten superfizielle Sporangientragung, und im Karbon zeigen sie schon eine Menge von Formen.

Unter den primitiveren Typen, wie sie durchwegs die Coenopteridineen darstellen, ist Protostelie nahezu die Regel und Komplikationen sind nur insoweit erreicht, als die zentralen Partien des Stelenxylems bei einer Anzahl von Formen von Mark erfüllt ist, womit also der Weg zur Siphonostelie bzw. Solenostelie[1]) betreten ist. Bei Sprossen mit größerem Durchmesser ist dann noch die stellate Auflösung der ± einfachen Protostele eine häufige Erscheinung. Daß davon sich Formen mit zahlreichen radial divergierenden Einzelstelen, wie sie die Sprosse von Cladoxylon besitzen, ableiten, ist ohne weiteres ersichtlich. Den Übergang zeigt die anatomisch noch ganz sproßähnliche Wedelrhachis von Stauropteris (S. 492). Hier ist bei der unterkarbonischen St. burntislandica die Stele noch typisch stellat mit Xylem im Zentrum; dagegen ist bei der jüngeren St. oldhamia aus dem Mittleren Oberkarbon die zentrale Partie des Xylems bereits durch parenchymatisches Gewebe ersetzt. Von hier zu Verhältnissen, wie sie die Stämme von Cladoxylon (S. 477—481) bieten, ist nur noch ein Schritt.

Der einfache proto- bis siphonostelische Sproßtyp, der die Coenopteridineen auszeichnet, ist selbst noch am erwachsenen Sproß bei einer Anzahl lebender Familien, allerdings solcher primitiverer Natur, verwirklicht[2]). So nicht nur bei den Ophioglossaceen (wo übrigens bei einigen Ophioglossumarten auch Dictyostelie erreicht ist), sondern auch bei einer Anzahl leptosporangiater Filices. So sind z. B. die Gleicheniaceen sogar noch nahezu rein protostelisch (nur Platyzoma hat eine unvollständige Solenostele) und ebenso die Hymenophyllaceen. Ein Fortschritt ist bei den Loxsomaceen erreicht, die solenostelisch sind, und innerhalb der Schizaeaceen finden sich proto-, soleno- und dictyostelische Arten. Dagegen ist bei den Polypodiaceen, von reduzierten Formen abgesehen, und ebenso bei den Dicksoniaceen neben Solenostelie die Dictyostelie die Regel. Letztere ist übrigens, wenn auch meist in nicht ganz vollständiger Ausbildung (vgl. S. 611), bei den rezenten Osmundaceen trotz ihrer relativ primitiven systematischen Stellung und wohl im Zusammenhang mit der verhältnismäßigen Stärke der Sprosse verwirklicht. Bei allen Formen mit höherer anatomischer Differenzierung, d. h. den soleno- und dictyostelischen Formen wird übrigens in der Ontogenie des Individuums der phylogenetische Entwicklungsgang rekapituliert, welch letzterer sich, wie das S. 610/611 gezeigt, bei den Osmundaceen noch lückenlos verfolgen läßt.

Die zweite anatomische Reihe ist, wie bemerkt, durch radiale Reihung von Stelenzylindern charakterisiert. Anatomisch-baumechanisch kann man sich die Entstehung dieser Typen sehr wohl vorstellen, wenn man statt rein zentraler Ersetzung des mittlersten Teils des Stelenxylems durch Markparenchym eine ein- oder mehrmalige partielle, d. h. ringförmige Parenchymbildung annimmt[3]). Die damit verbundene Herausdifferenzierung von Phloëmmänteln um die einander herziehenden Bündelxyleme sind nur weitere und konsequente Folgerungen auf dem einmal beschrittenen Wege.

Im einzelnen ist das Bild folgendes: Eine regellose parenchymatische Ersetzung von Teilen der leitenden Stelenelemente findet sich bei den Cyatheaceen. Hier sind bei vielen Arten im Stamm neben dem dictyostelischen Hauptzylinder zahlreiche schmächtige mark- und bei vielen Arten auch noch rindenständige Bündel vorhanden, die sich nach mehr oder minder langem Verlauf wieder verlieren. Wesent-

[1]) Bei der Unregelmäßigkeit, mit der die Bezeichnungen Siphonostele und Solenostele von den verschiedenen Autoren gebraucht werden, sei bemerkt, daß hier von Siphonostele gesprochen wird, soferne es sich um Stelen handelt, deren zentrale, innerhalb des einheitlichen Xylemzylinders gelegene Partie von reinem (oder mit Tracheiden untermischtem) Parenchym erfüllt ist; dagegen wird hier unter Solenostele derjenige Stelentypus verstanden, bei welchem sowohl innerhalb als außerhalb des Xylemzylinders Phloëm entwickelt ist, wobei inneres und äußeres Phloëm ebenso wie die meist vorhandenen es begleitenden Endodermen an den Blattlücken miteinander in Verbindung sind.

[2]) Über die Beziehungen zwischen Stelenform und Sproßdurchmesser vgl. Bower F. O., l. c. 1923 u. 1926 und die dort zitierten weiteren diesbezüglichen Abh.

[3]) Ein gutes Beispiel für die völlige Umdrehung der normalen Verhältnisse, wie sie bei normaler Siphono- bzw. Solenostelie auftreten, zeigt, wie S. 680 bemerkt, Knorripteris Jutieri, wo das Parenchym nicht als zentrales Mark, sondern als periphere Scheide um einen zentralen Xylemstrang auftritt.

lich präziser ist die Bündelanordnung bei Matonia, wo je nach der Stärke des Rhizoms zwei bis drei konzentrische Solenostelenzylinder ineinander gesteckt sind, wobei die zwei äußeren an den Stellen der Blattspurabgänge miteinander in Kontakt treten, während die Verbindung des innersten mit dem mittleren von den dreien eine weniger präzise ist.

Als radiale Spaltung[1]) eines ursprünglich einheitlichen Solenostelenringes müssen wohl diejenigen Fälle aufgefaßt werden, wo konzentrisch ineinander gesteckte Bündeltrichter im Stamm verlaufen. Das ist schon bei der vergleichenden Betrachtung von Psaronius Renaulti und den jüngeren Psaronien (S. 565) dargetan worden. Auch ist gezeigt worden, daß die wendeltreppenförmige Verbindung der Stelentrichter, wie sie sich bei den Psaronien mit schraubiger Organstellung findet, eben in Kausalkonnex mit dieser Schraubenstellung der Wedel am Stamm steht. Der letztere Typ ist denn auch bei den einschlägigen rezenten Formen, wo schraubige Wedeltragung ja die nahezu[2]) allein übliche ist, der einzig verwirklichte. So bei einer Anzahl von Marattiaceen (Angiopteris, Marattia, Danaea)[3]), bei Thyrsopteris und den Dennstaedtiineen.

Im übrigen ist durch die Entwicklungsgeschichte[4]) von Dannaea alata und Marattia alata der Nachweis für die vorgetragene Ansicht hinsichtlich der Ableitung dieser komplizierten Stelenverhältnisse erbracht: Die Sprosse beginnen protostelisch; unter schneller Passage des solenostelischen Stadiums (Psaronius Renaulti-Zustand) gehen sie zu der für die älteren Sprosse charakteristischen Stelenverfassung, einer wendeltreppenartigen Dictyostelie, über.

Die Frage nach der Entstehung der Blattwedel und ihrer räumlichen Beziehung zum Stamm leitet über zu den hier anzufügenden]

III. Bemerkungen zur vergleichenden Morphologie der Pteridophyten.

Wenn auch von einer irgendwie erschöpfenden Behandlung der hier einschlägigen Probleme in dem Rahmen dieses Buches keine Rede sein kann, so mögen doch wenigstens einige Probleme und besonders die, deren Untersuchung in erster Linie durch das fossile Pflanzenmaterial gefördert werden kann, zu kurzer Darstellung gelangen. Schon eingangs (S. 147) ist hervorgehoben worden, daß innerhalb der Pteridophyten zwischen mikrophyllen und makrophyllen Formenreihen zu unterscheiden ist, d. h. daß zu unterscheiden ist zwischen Pteridophyten mit kleinen, in der Regel ungeteilten, seltener ein- oder mehrmals gabelig geteilten Blättern, deren Größe stets wesentlich hinter dem sie tragenden Sproß zurücksteht und die nur eine einfache oder höchstens gabelteilige Nervatur besitzen, und anderseits Pteridophyten mit großen, mehr oder minder oft verzweigten wedelartigen Blättern und entsprechend hoher anatomischer Differenzierung deren Leitbündel.

Die Grundfrage ist die, in welchem Verhältnis — allgemein morphogenetisch und phylogenetisch betrachtet — beide Pteridophytentypen zueinander stehen. Darüber geben manche Psilophytales und Coenopteridineen bis zu einem gewissen Grade Aufschluß.

Psilophyton knüpft, wie schon S. 177 auseinandergesetzt wurde, allgemein morphologisch betrachtet eng an Rhynia an: die oberen Gabelzweige der Luftsprosse beider Typen tragen nach mehr oder minder öfteren, ziemlich regelmäßigen Gabelteilungen endständig die Sporangien und die Ähnlichkeit wird sogar noch er-

---

[1]) Daß solche Spaltungen nicht nur im phylogenetisch-anatomischen Sinn zu verstehen sind, sondern sogar tatsächlich auch bei Formen mit normal einfachem Stelenzylinder gelegentlich auftreten, zeigt der in Fig. 730 teilweise abgebildete Querschliff durch den Stamm von Osmundites skidegatensis. Hier ist abnormalerweise der Dictyostelen-Zylinder stellenweise, offenbar infolge Spaltung, doppelt ausgebildet.

[2]) Vgl. Anm. S. 554.

[3]) Wenn bei Angiopteris evecta und anderen Marattiaceen gleichen Bautyps die Bündeltrichter eine Zerteilung zeigen, die gegenüber analogen rezenten Formen (z. B. Saccoloma) und fossilen (z. B. Psaronius Demolei) außergewöhnlich stark ist, so ist das eine mit der Auflösung der Blattspur in zahlreiche Bündel verknüpfte Erscheinung. Im Prinzip stimmen diese Formen alle überein.

[4]) Vgl. hiezu Bower l. c. 1926, S. 101—104.

höht dadurch, daß die oberen Partien der Luftsprosse dieser Pflanzen nackt, also noch ganz Rhynia-gleich waren. Bei Asteroxylon sind die die Sporangien tragenden Sproßsysteme im Zusammenhang mit der sympodial-dichotomen (praktisch nahezu monopodialen) Verzweigung der Luftsprosse dieser Pflanzen (vgl. Fig. 183 und 198) seitenständig. Während die Luftsprosse und deren untere Seitensprosse offenbar über und über mit dornähnlichen Blättchen besetzt sind, sind die an den oberen Teilen der Luftsprosse seitlich abgehenden Fruktifikationssysteme nackt.

Offensichtlich besitzen Psilophyton und Asteroxylon typische mikrophylle Beblätterung, wenn auch noch, gemessen an den Verhältnissen der übrigen mikrophyllen Formenkreise, die Beblätterung hier eine sehr rudimentäre ist. Es wird aber auch zu zeigen sein, daß mit Typen wie Asteroxylon — wenigstens morphogenetisch betrachtet — die Brücke zu den Makrophyllinen geschlagen ist.

Faßt man die fortgeschrittenen Vertreter der makrophyllen Pteridophyten: die Marattiaceen und die Leptosporangiaten allein ins Auge, mag die Kluft zwischen Asteroxylon und ihnen noch recht groß erscheinen. Sie ist es aber nicht, sobald man als vermittelnde Glieder die Zygopteroiden Coenopteridineen (S. 487ff.) in die Betrachtung mit einbezieht. Sowohl ihre Sprosse als ihre Wedel stellen die Verbindung zwischen Asteroxylon und den höheren Filicalestypen her.

Bei Asteroxylon sind die die Fruktifikation tragenden Seitenzweige mehr oder minder sympodial gabelig und offenbar in mehreren Ebenen verzweigt. Auf sympodiale Dichotomie[1]) geht nun bekanntlich auch die Wedelkonstruktion der meisten, selbst noch der höheren Farne zurück. Während nun aber die Wedel der höheren Farne in ihrer ausgesprochen bilateralen Symmetrie und der meist ausgesprochen spreitenhaften Entwicklung weit abstehen von den Fruktifikationssystemen von Asteroxylon, die ihnen — wie gleich vorweggenommen sei — sicher homolog sind, so ergibt sich doch eine morphologische (und auch anatomische) lückenlose Übergangsreihe beim Vergleich mit verschiedenen Coenopteridineen und Asteroxylon einerseits und jenen und den höheren Farnen anderseits. Sind doch die Wedel der verschiedensten Coenopteridineen noch dadurch von denen der höheren Farne unterschieden, daß bei ihnen noch keine echte Spreitenbildung vorhanden ist, daß vielmehr ihre mehr oder minder stark entwickelte Fiederung in Form einfacher Spindeln der Rhachis ansitzt. So liegt also eine Bildung vor, die sich von der von Asteroxylon nur noch ganz graduell unterscheidet (nämlich: in der prominenter und präziser durchgeführten fiederigen Anordnung der Seitenäste des Gabelsympodiums). Es ist klar, daß die senkrecht zur Ebene des primären Gabelsympodiums erfolgende Gabelteilung der Fiedernspindeln erster Ordnung, wie sie sich bei allen Etapteridaceen (S. 493ff.) findet und die Festhaltung dieser Verzweigungsart bis selbst in höhere Fiederungsgrade, wie sie Stauropteris[2]) (S. 491) zeigt, noch ein deutlicher Anklang an Formen ist, wo, wie bei Asteroxylon, die Fruktifikationssysteme noch nicht bilateral-symmetrisch waren und eher als Seitensprosse denn als Blattwedel im üblichen Sinn anzusprechen sind.

In welcher Weise die rein bilateral-symmetrischen und flächigen Wedel der höheren Farne an die von Stauropteris und der Etapteriden anknüpfen, wird schon bei Betrachtung der als Zygopteroideen zusammengefaßten Familien der Stauropteridaceen, Etapteridaceen und Clepsydraceen klar. Schon S. 498 ist auseinandergesetzt worden, daß die Wedel der Etapteridaceen Diplolabis und Clepsydropsis ohne weiteres als abgeleitet von solchen von Stauropteris zu betrachten sind: einfach, indem schon die Fiederspindeln zweiten und wo vorhanden höheren Grades nur noch in einer Ebene, also bilateral symmetrisch, an der sie tragenden Fiederspindel nächstniedrigerer Ordnung inseriert sind, ein Prozeß, der (wohl aus raumkorrelativen Gründen) auch bei Stauropteris bei der Fiederung letzten und gelegentlich auch vorletzten Grades eingeleitet ist. Von Wedeln von Etapteridaceencharakter zu den bereits

[1]) Wo nicht, handelt es sich sogar noch um rein gabelige Verzweigung.

[2]) Wo auch die Rhachisanatomie noch sehr an die stellater protostelischer Sprosse anklingt (vergl. S. 686).

rein in einer Ebene verzweigten der Clepsydraceen ist nur noch ein Schritt: in dem auch die Fiederspindeln erster Ordnung nur in der Ebene der Rhachisverzweigung sich verzweigen. Und die flächige Verbreiterung der mehr oder minder weit durchgefiederten Fiedergabeln erster Ordnung zeigen sogar schon manche Etapteridaceen selbst, so Etapteris Lacattei (S. 510) und E. cornuta, und in noch prominenterer Form Corynepteris (S. 514).

Das Bild der lückenlosen Aneinanderreihung der genannten Formen von Asteroxylon bis zu den höheren Farnen wird ergänzt bei Betrachtung der Sporangientragung dieser Formen. Daß bei den höheren Farnen die randständige (marginale) Plazentation gegenüber der flächenständigen (superfiziellen) als primitivere anzusehen ist, und daß die letztere sich in lückenlosen Reihen von der ersteren ableiten läßt, ist dank der Untersuchungen von Goebel und Bower u. a. (vgl. l. c.) bekannt genug, als daß weitere Darlegungen diesbezüglich nötig wären. Anderseits ist von der terminalen Sporangientragung bei Asteroxylon zu der marginalen der höheren Farntypen keine Kluft. Noch der Wedel von Stauropteris hat an seinen Spindeln letzter Ordnung die Sporangientragung terminal, ganz genau so wie sie (mutatis mutandis) die Fruktifikationszweige von Asteroxylon zeigen, anderseits kommt man von Stauropteris zur rein marginalen Plazentation ohne weiteres, wenn man sich die Zwischenräume zwischen den Sporangien tragenden Spindeln letzter Ordnung von Formen wie Stauropteris flächig ausgefüllt denkt; daß so tatsächlich die flächige Fiederung zustande gekommen ist, zeigen Formen wie Corynepteris u. a., deren Wedel sich von denen der primitiveren Etapteridaceen rein formal lediglich in der flächigen Verbreiterung der Fiederung letzter Ordnung unterscheidet.

Sporangientragungen mit mehr oder minder an der Spindel ansitzenden Sporangien, wie sie z. B. Etapteris Lacattei u. a. zeigen, sind unter Verkürzung der das Sporangium bzw. die Sporangiumgruppe endständig tragenden Fiederspindeln letzter Ordnung verständlich. Nur ein Schritt weiter ist getan in Fällen, wo die Sporangien bzw. Sporangiengruppen nicht mehr zweizeilig an der Spindel orientiert sind, sondern an ihr mehr oder minder allseits entspringen, wie das bei Osmunda und anderen primitiven Leptosporangiaten der Fall ist. Die Reduktion der Sporangienträger führt zu allseitiger Plazierung der Sporangien an der Spindel.

Keine prinzipielle und trennende Bedeutung hat es, wenn bei Asteroxylon und Stauropteris die Sporangien noch einzeln stehen und bei den übrigen Formen Sporangiengruppen (Synangien und Sori) vorhanden sind. Das zeigt schon einerseits der Umstand, daß das Synangium in mehr oder minder enger Zusammenfassung der Sporangien aus mehreren Formenkreisen sich herausgebildet hat (Diplolabis, Etapteris, Corynepteris, Anachoropteris, Zeilleria, Marattiaceen); anderseits die Variabilität der Sorusgröße oder, mit anderen Worten: der Zahl der Sporangien an einem Sorus, die bei den verschiedenen Leptosporangiaten bis zur Auflösung des Sorus bei den acrostichoiden Polypodiaceen und Dipteridaceen zu finden ist.

Wenn so von Asteroxylon bis zu den höheren Farntypen die Entwicklung des Wedels klarliegt, so ist anderseits der Anschluß von Asteroxylon an die primitiveren Psilophytales nicht minder eindeutig. Ist doch (abgesehen von speziellen Differenzen im Hinblick auf Anatomie und Sporangienbau) rein allgemein morphologisch betrachtet, der trennende Unterschied zwischen Asteroxylon und Psilophyton princeps nur der, daß die Sproßverzweigung bei letzteren noch eine annähernd rein gabelige ist und die Sporangien tragenden Zweigsysteme demnach nicht seitenständig an den Luftsprossen stehen, sondern deren mehr oder minder reich gabelig verzweigte Endpartien darstellen. Was letzten Endes so einfache Formen wie die beiden Rhyniaarten vom Psilophyton trennt, ist, wie S. 687 bemerkt, nur die Bekleidung der unteren Sproßpartien des letzteren mit mikrophyllen Dornblättchen gegenüber der Nacktheit der Sprosse von Rhynia.

Daß diese mikrophylle Dornbekleidung von Psilophyton und Asteroxylon als Ausgangspunkt der Mikrophyllie der Lycopodiales, Psilotales und Articulatales und von Formen wie Cladoxylon scoparium anzusprechen ist, ist schon mehrfach angedeutet worden und wird weiter unten noch etwas eingehender zu erörtern sein. Auch ist bereits hervorgehoben worden, daß Asteroxylon mit seiner mikrophyllen Sproßbeblätterung und seiner die Wedelbildung der makrophyllen Typen morphogenetisch vorbereitenden Fruktifikationstragung vermittelnd zwischen beiden Gruppen steht.

Mikrophylle Bekleidung bei offensichtlich makrophyller Gestaltungstendenz zeichnet übrigens nicht nur Asteroxylon aus, sondern klingt bis in höhere Formengruppen der echten Filicales nach: in Form der (im systematischen Teil, vgl. S. 573/74) als echte Aphlebien bezeichneten Bildungen. Sie bekleiden (noch ebenso wie bei Asteroxylon) den ganzen Sproß bei verschiedenen Coenopteridineen, wie Botrychioxylon, Ankyropteris u. a. und haben da auch noch eigene Leitbündelversorgung, die wie die der eigentlichen Wedel von der Sproßstele ihren Ursprung nimmt. Bei den Wedeln zahlreicher primitiverer Filicales sind sie nicht nur am Ursprung der Rhachis vom Stamm sondern auch noch über die Rhachis selbst ausgedehnt, wie bei Arten von Ankyropteris Oligocarpia u. a. und nur eine abgeleitete Erscheinung ist es, wenn unter räumlicher größerer Präzisierung die Aphlebien an den Abgangsstellen der Fiederspindeln erster und oft noch höherer Ordnungen von der Rhachis bzw. den Fiederspindeln nächstniedrigerer Ordnung angeordnet sind, wofür als Beispiele Stauropteris, Diplolabis, Metaclepsydropsis und andere Coenopteridineen, ferner von bereits rein spreitigen Wedeln die von Dactylotheca genannt seien.

Das alles zeigt, wie lang die Urform noch nachwirkt. Im übrigen, das sei nochmals betont, liegt es dem Verfasser fern, in der hier skizzierten Ableitung des Wedelbaues der makrophyllen Pteridophyten von Formen wie Asteroxylon etwa eine Reihe im rein phylogenetischen Sinn entwickeln zu wollen. Es soll sich bei dem Gesagten lediglich um die Darstellung allgemein morphogenetischer Probleme handeln und um Betrachtungen, die die Dynamik der Entstehung der Formen behandelt.

Ob es angezeigt ist, in Asteroxylon gerade den Urtyp makrophylliner Formen und den phylogenetischen Ausgangspunkt derselben zu sehen, ist bei der doch noch geringen Kenntnis der ältesten Landpflanzen, die wir trotz der bedeutenden Funde von Rhynie und Elberfeld haben, fraglich. Jedenfalls ist z. B. Cladoxylon scoparium (S. 482) offensichtlich gleichfalls eine zwischen Mikro- und Makrophyllinen intermediäre Form, wenn auch mit etwas höherer Entwicklung der mikrophyllen Beblätterung und abgeleiteteren anatomischen Verhältnissen[1]). Daß diese Form des oberen Mitteldevon mit den übrigen kulmischen Cladoxylen nächstverwandt ist, ist nicht zu bestreiten und die Gesamtheit der Cladoxylen zeigt, wie schon S. 475/6 angedeutet, den gleichen Aufstieg zur Makrophyllie.

Mit einigen Worten ist noch auf das Verhältnis von Sproß und Wedel der Makrophyllinen einzugehen. Ziemlich klar liegen da die Dinge bei den Formen mit zweizeiliger Wedeltragung, wie sie zahlreiche Farne mit dorsiventralem Rhizom und die distichen Psaronien zeigen. Entsprechend der oben gegebener Ableitung des Wedels der Makrophyllinen von Seitensprossen in der Art der Fruktifikationsseitensprosse von Asteroxylon handelt es sich hier um zweizeilig verzweigte Gabelsympodien, die sich von denen der genannten Psilophytale nicht prinzipiell, sondern lediglich in der praezisen Differenzierung von Spross und Wedel unterscheiden.

Wesentlich schwieriger scheint das Verständnis der Formen mit aufrechter, vielzeilig beblätterter Stammbildung, besonders was die Formen mit quirliger Wedeltragung betrifft. Man kann sich vorstellen, daß die schraubige Organstellung der Farn-

[1]) Ob zwischen Asteroxylon und Cladoxylon scoparium eine engere phyletische Verwandtschaft besteht, steht dahin; wenn schon die Stelenverhältnisse der Cladoxylen sich, wie S. 686 angedeutet, von stellater Protostelie ableiten lassen und zugegeben werden muß, daß die Unterschiede hinsichtlich der mikrophyllen Beblätterung und der Fruktifikationssysteme beider Typen keine prinzipiellen sind. Wer zu phylogenetischen Spekulationen neigt, wird diese letzteren Tatsachen geltend machen. Nur ist eben immer noch die Frage die, ob Asteroxylon der Zentraltypus ist, von dem Filicales einerseits und Cladoxylales anderseits phylogenetisch abzuleiten sind, oder ob Cladoxylon scoparium und Asteroxylon Paralleltypen sind und der Zentraltypus uns unbekannt ist.

stämme auf eine einseitig geförderte und nicht in einer Ebene, sondern schraubig divergent erfolgende Dichotomie zurückgeführt werden könnte, wofür u. a. noch Stellungen, wie sie sich z. B. bei Asterochlaena (S. 528 u. 529) finden, sprechen würden. Dagegen könnte quirlige Wedeltragung, wie sie im Paläozoikum zahlreich vertreten ist (Asteropteris noveboracensis, Ankyropteris Brongniarti und die Marattiaceen des Formenkreises der Psaronii polystichi verticillati) doch wohl nur so verstanden werden, daß bei diesen Formen die ursprüngliche Ableitung des Wedels als Seitensproß eines Gabelsympodiums sich dynamisch nicht mehr ausgewirkt hat, trotzdem sie, wie Asteropteris, z. T. bereits im Oberdevon — also ziemlich bald nach dem ersten Auftreten der auf die altpaläophytische Psilophytenflora folgenden jüngeren paläophytischen Flora — erschienen sind. Das System, an dem die Anlage der Wedel erfolgt, ist offenbar bereits ein rein monopodiales und die Organanlage vollzieht sich komplexweise und periodisch. Nur eine sekundäre Erscheinung der Quirligkeit der Organstellung ist dann die, daß vielfach Alternanz der Quirle auftritt.

Morphogenetisch interessant ist, daß nicht nur ganz analoge, sondern sogar ganz idente schraubige und quirlige Stellungen sich bei den mikrophyllinen Formenkreisen herausgebildet haben, obwohl der Ausgangspunkt der mikrophyllen Beblätterung von dem der makrophyllen offensichtlich ein fundamental verschiedener ist.

Daß die mikrophylle Beblätterung aus seitlichen dornartigen Auswüchsen sich herausgebildet hat, ist ohne weiteres zu ersehen aus dem, was für die Psilophytales bekannt ist. Wie zögernd die Überführung der Dornauswüchse in Blätter angebahnt wird, zeigt klassisch Asteroxylon Mackiei, wo das »Blattspurbündel« vor Eintritt ins Blatt haltmacht und erlischt.

Wie die Übertragung der Sporangienbildung auf die mikrophyllen Blätter zustande kam, ergibt die Untersuchung der primitivsten Vertreter der mikrophyllen Formenkreise. Theoretisch betrachtet, muß der Vorgang so gewesen sein, daß mit dem Verlust endständiger Sporangientragung (wie bei Rhynia und Psilophyton und ähnlichen) bzw. mit dem Verlust (oder Nievorhandensein) eigener Fruktifikationssysteme vom Typ derer bei Asteroxylon oder Cladoxylon scoparium von den mikrophyllen Blättern selbst aus Sporangien produziert worden sind. Dabei ist möglich, daß die älteste Form die der Sporangientragung an mehr oder minder schildförmigen Blättern (vgl. Calamophyton, Hyenia) war. Seriale Spaltungen der Sporophylle haben dann offenbar bei allen Gruppen eine sehr bedeutende Rolle gespielt. Sie ist, wie in S. 468ff. gezeigt wurde, in allen möglichen Abwandlungen für die Articulaten nachgewiesen und, wie S. 341 angedeutet, wohl auch das morphogenetisch ausschlaggebende Prinzip bei der Sporophyllgestaltung der Lycopodiales (sowie auch der Psilotales). Wenn auch bei diesen beiden Gruppen die Dinge im einzelnen nicht so klar liegen als bei den Articulates und die für die Lycopodiales typische Sporophyllform jedenfalls schon sehr früh (vgl. Lycopodites hostimensis aus dem Oberen Mitteldevon, S. 320) aufgetreten ist.

Daß — als eines der vielen Beispiele der Konvergenz morphologischer Phänomene — seriale Spaltung nicht auf die Mikrophyllen beschränkt ist, zeigen die Ophioglossineen, wo gleichfalls eine Teilung in einen adaxialen fertilen und einen abaxialen sterilen Abschnitt des Wedels vorliegt und die Differenzen gegenüber analogen Bildungen der Sporophylle der mikrophyllen Stämme durch die mit der Makrophyllie gegebene Gesamtmorphologie bedingt ist[1]). —

[1]) Der Ansicht mancher Forscher, daß es sich bei dem adaxialen fertilen Wedelabschnitt der Ophioglossineen um Verwachsungen zweier Fiederabschnitte und sekundäre Medianstellung handelt, vermag Verf. nicht zu folgen. Vgl. dazu auch Goebel (1918, S. 1115ff.) Fälle, wie sie Ophioglossum palmatum bietet und die für Bowers Ansicht sprechen könnten, kann man wohl ebensogut auf sekundären Verlust des Medianteiles des adaxialen fertilen Wedelabschnittes und sekundäre Verlagerung der fertilen Fiedern erster Ordnung auf die Fläche des sterilen Abschnittes deuten. Ebenso wenig sprechen die Anomalien bei Botrychium lunaria gegen des Verfassers Ansicht. Hier handelt es sich offenbar nur um partielles Fertilwerden des normalerweise sterilen Blattteiles, was ja mutatis mutandis auch bei den serial geteilten Sporophyllen einiger mikrophyllen Formen auftritt

Aus den obigen Darlegungen über die morphologischen Beziehungen der mikro- und makrophyllen Formenreihen der Pteridophyten zu den Psilophytales ergibt sich schon zur Genüge, welche Stellung den letzteren gegenüber den übrigen Pteridophytenstämmen im System zukommt: es handelt sich bei den Psilophytales zweifellos um — gemessen an den höheren Pteridophytenstämmen — ausgesprochen primitive Formen, in denen, wie gezeigt, zum mindesten morphogenetisch betrachtet, die höheren Pteridophytenstämme wurzeln. Die Psilophytales indes, wie das mehrfach angeregt wurde, von den übrigen Pteridophyten abzutrennen, als eine diesen gleichwertige Einheit, wäre sicher verfehlt. Schon ein nur flüchtiger Blick über die morphologischen Verhältnisse der Lycopodiales, Psilotales und Articulatales zeigt klar, wie relativ entfernt diese ihrerseits den makrophyllen Filicales sind. Anderseits aber knüpfen mikrophylle und makrophylle Pteridophyten engstens an Asteroxylon an, an dessen Beziehungen hinwiederum zu den primitiveren Psilophytales nicht zu zweifeln ist. Schließlich mag noch betont werden, daß bei Cladoxylon selbst innerhalb einer Gattung nochmals der Aufstieg von einer durch die Zwischenstellung zwischen Mikro- und Makrophyllie mit Asteroxylon parallelisierbaren Form (Cl. scoparium) zu makrophyllen, mit den Filicales parallelisierbaren Formen (Kulmische Cladoxylen) sich vollzogen hat. So sprechen, um kurz zusammenzufassen, die im ganzen morphologische Verbundenheit der fünf höheren Pteridophytenstämme mit den Psilophytales einerseits und anderseits die vergleichsweise großen Unterschiede, die sich doch im einzelnen zwischen den höheren Pteridophytenstämmen finden, ziemlich eindeutig dafür, daß die Psilophytales im Rahmen der übrigen Pteridophyten zu belassen sind.

Die vorstehenden Bemerkungen zur allgemeinen Morphologie der Pteridophyten machen, wie bereits oben gesagt wurde, keinerlei Anspruch auf Vollständigkeit. Trotzdem sind sie vielleicht geeignet, den Leser auf einige der fundamentalen Probleme der Pteridophytenmorphologie hinzuweisen. Anderseits mögen sie auch ein Beweis sein für die Wichtigkeit der Heranziehung der fossilen Reste nicht allein in Fragen der systematischen Phylogenie, sondern auch der allgemeinen Morphologie.

Nachträge zu den Thallophyten.

Während des Druckes sind mir noch folgende wichtige Arbeiten bekannt geworden:

Über **Diatomeen** (zu S. 44).

Heinrich, A., Untersuchungen über die Mikrofauna des Hallstätter Kalkes. Verh. Geol. Reichsanst. Wien, 1913, S. 225.

Beim Auflösen eines Stückchens karnischen (obertriadischen) Hallstätter Kalkes wurden 13 durchwegs noch lebende Diatomeengattungen gefunden, darunter am häufigsten **Melosira, Synedra, Cyclotella, Stephanodiscus** und **Coscinodiscus.** In mehreren anderen Proben desselben Gesteines waren aber gar keine Diatomeen enthalten. Ich habe mich vergeblich bemüht, in der nachgelassenen Sammlung des Verfassers Belegpräparate zu entdecken. Dagegen umfaßte diese verschiedene jüngere Diatomeengesteine. Eine Verwechslung wäre vielleicht nicht undenkbar.

Frenguelli, J., Contribuciones al conocimiento de las Diatomeas Argentinas. IV. Diatomeas fósiles del Prebelgranense de Miramar (Prov. de Buenos Aires). Bolet. Acad. Scienc. Córdoba, Bd. 29, S. 5, Buenos Aires 1926.

Über **Botryococcaceen** (zu S. 56).

Potonié, R., u. Hellmers, H., Zur Entstehung der Gerinnungskörper (der sogenannten Algen) der Bogheadkohlen und -schiefer. Jahrb. Preuß. Geol. Landesanst. f. 1927, Bd. 48, S. 152, Berlin 1927.

Pila und **Reinschia** sollen keine Fossilreste, sondern rein physikalisch entstandene Gerinnungskörper sein. Ich kann vorläufig nicht glauben, daß dies allgemein gilt.

Über **Codiaceen** (zu S. 58).

Höeg, O., Dimorphosiphon rectangulare. Preliminary note on a new Codiacea from the Ordovician of Norway. (Avhandl. Norske Videnskaps-Akad., Matem.-Naturv. Kl., 1927, No. 4, Oslo 1927.

Dimorphosiphon zeichnet sich durch einen sehr deutlichen Gegensatz zwischen dicken Markschläuchen und dünneren Radialschläuchen aus. Übrigens ist er Halimeda sehr ähnlich. (Die Art muß wohl »rectangularis« heißen.)

Über **Dasycladaceen** (zu S. 71).

Favre, J., Sur la présence de Clypeina jurassica n. sp., Algue siphonée calcaire, dans le Portlandien de divers points du Jura méridional. Comptes Rendus Soc. phys. et hist. nat. Genève, Bd. 44, S. 49, Genève 1927.

Favre, J., et Richard, A., Étude du Jurassique supérieur de Pierre-Châtel et de la cluse de la Balme (Jura méridional). Mém. Soc. paléont. Suisse, Bd. 46, Genève 1927.

Die Gattung **Clypeina** soll bis in den obersten Jura zurückreichen. Dies scheint meiner Auffassung von ihrer systematischen Stellung günstig zu sein. Clypeina dürfte wohl unmittelbar von Actinoporella abstammen.

J. Pia.

Namenverzeichnis.

In dem folgenden Verzeichnis sind außer den Gattungs- und Artnamen der in den systematischen Teilen behandelten Fossilien nur noch die Familiennamen angeführt. Bezüglich der Namen der höheren Gruppen sei auf die Inhaltsübersicht am Anfang des Bandes verwiesen.

1. Abteilung: Thallophyta.

2. Abteilung: Bryophyta.

3. Abteilung: Pteridophyta.

Berichtigungen.

Seite	37	statt	Stromotolithi lies Stromatolithi
„	219	„	Phoëm lies Phloëm
„	220	„	califerous lies calciferous
„	238	„	Carruthus lies Carruthers
„	255	ist	Sigillaria limbata Zalessky zu streichen
„	387	statt	Calamondendron lies Calamodendron
„	475	„	teaeniatum lies taeniatum
„	503	„	Bochryoxylon lies Botrychioxylon
„	596	„	skidegadensis lies skidegatensis
„	640	„	Eloracia lies Eboracia.

www.ingramcontent.com/pod-product-compliance
Lightning Source LLC
LaVergne TN
LVHW092120300926
849161LV00002B/185